生命科学实验指南系列

Molecular Cloning: A Laboratory Manual (Fourth Edition)

分子克隆实验指南

（原书第四版）

（中册）

主　编　〔美〕M.R. 格林　J. 萨姆布鲁克

主　译　贺福初

副主译　陈　薇　杨晓明

科学出版社

北　京

图字：01-2013-2619 号

内 容 简 介

分子克隆技术 30 多年来一直是全球生命科学领域实验室专业技术的基础。冷泉港实验室出版社出版的《分子克隆实验指南》一书拥有的可靠性和权威性，使本书成为业内最流行、最具影响力的实验室操作指南。

第四版的《分子克隆实验指南》保留了之前版本中备受赞誉的细节和准确性，10 个原有的核心章节经过更新，反映了标准技术的发展和创新，并介绍了一些前沿的操作步骤。同时还修订了第三版中的核心章节，以突出现有的核酸制备和克隆、基因转移及表达分析的策略和方法，并增加了 12 个新章节，专门介绍最激动人心的研究策略，包括利用 DNA 甲基化技术和染色质免疫沉淀的表观遗传学分析、RNAi、新一代测序技术，以及如何处理数据生成和分析的生物信息学，例如介绍了分析工具的使用，如何比较基因和蛋白质的序列，鉴定多个基因的常见表达模式等。本书还保留了必不可少的附录，包括试剂和缓冲液、常用技术、检测系统、一般安全原则和危险材料。

任何使用分子生物学技术的基础研究实验室都将因拥有一部《分子克隆实验指南》而受益。本书可作为学习遗传学、分子生物学、细胞生物学、发育生物学、微生物学、神经科学和免疫学等学科的重要指导用书，可供生物学、医药卫生，以及农林牧渔、检验检疫等方面的科研、教学与技术人员参考。

图书在版编目(CIP)数据

分子克隆实验指南：第四版/（美）M.R.格林（Michael R. Green），（美）J. 萨姆布鲁克（Joseph. Sambrook）主编；贺福初主译. —北京：科学出版社，2017.3
（生命科学实验指南系列）
书名原文：Molecular Cloning: A Laboratory Manual (Fourth Edition)
ISBN 978-7-03-051997-9

Ⅰ. ①分…　Ⅱ.①M…　②J…　③贺…　Ⅲ. ①分子生物学-克隆-实验-指南　Ⅳ.①Q785-33

中国版本图书馆 CIP 数据核字（2017）第 042159 号

责任编辑：王 静 李 悦 刘 晶 夏 梁 / 责任校对：郑金红
责任印制：赵 博 / 封面设计：刘新新

科 学 出 版 社 出版
北京东黄城根北街 16 号
邮政编码：100717
http://www.sciencep.com
天津市新科印刷有限公司印刷
科学出版社发行　各地新华书店经销
*
2017 年 3 月第 一 版　开本：880×1230 1/16
2025 年 1 月第 八 次印刷　印张：103 1/2
字数：2 808 000

定价：598.00 元（上、中、下册）
（如有印装质量问题，我社负责调换）

《分子克隆实验指南》（第四版）翻译及校对人员名单

主　译： 贺福初

副主译： 陈　薇　杨晓明

译校者名单：（按姓氏汉语拼音排序）

伯晓晨　陈红星　陈苏红　陈　薇　陈昭烈　陈忠斌
程　龙　迟象阳　丁丽华　付汉江　葛常辉　郭　宁
韩勇军　贺福初　侯利华　胡显文　李长燕　李建民
李伍举　梁　龙　林艳丽　刘威岑　刘星明　仇纬祎
邵　勇　宋　伦　宋　宜　孙　强　田春艳　铁　轶
童贻刚　汪　莉　王婵娟　王恒樑　王　建　王　俊
王　双　王友亮　吴　军　吴诗坡　徐俊杰　徐小洁
杨晓明　杨益隆　叶玲玲　叶棋浓　于长明　于　淼
于学玲　余云舟　张　浩　张令强　张　哲　赵　镈
赵　怡　赵志虎　郑晓飞　朱　力

统筹人员名单：

王　琰　韩　铁　郑晓飞　阎明凡　徐俊杰　于学玲
张金龙

译者序

天地玄黄，宇宙洪荒。人类的生命在日月星辰的映衬下显得如此微茫，但人类对科研探索的执着追求却给世界带来了翻天覆地的变化。1953 年 DNA 双螺旋结构的发现解开了“生命之谜”，从此生物科技的发展突飞猛进。《分子克隆实验指南》一书就是在生物技术更新换代的背景下应运而生的。这部分子生物学领域的经典巨著、生命科学前沿科研的实验室“圣经”，自 1982 年问世以来便受到世界关注，后经 1989、2001 年两次再版，一直是科学实验和技术领域的中流砥柱，该书提供的精妙的实验室方案使它成为分子生物学领域的黄金标准。

本书为第四版，在第三版的基础上修订了核心章节，新增包括新一代测序技术、DNA 甲基化技术、染色质免疫沉淀和生物信息学分析等前沿技术，并尽可能全面地囊括分子生物学的实验方法，为广大科研人员探索基因图谱提供了多种新的实验技术和方法。

近年来，生物科技步伐进一步加快，基因编辑等颠覆性生物技术风生水起，而《分子克隆实验指南》一书为基因的分离、克隆、重组、表达等研究承担着铺路石的职能，在整个生命科学领域，尤其是分子生物学领域发挥着不可或缺的基石作用，对人类生物技术的未来也将施以辐射式的深远影响。

军事医学科学院的广大学者，在繁忙的科研工作之余，秉承致之以求、精益求精、与时俱进的科研精神，挑灯夜战、牺牲节假日，在指定时间内将本书第四版译为中文。希望此书能进一步推动我国分子生物技术的更大、更快发展，助更多华人科学家取得不凡的成就。

是为序。

译　者

2017 年 3 月

第四版前言

人类和模式生物全基因组序列的获得对各领域生物学家现有的科研方式产生了深远影响。对浩瀚的基因图谱的探索需要开发多种新的实验技术和方法，传统的克隆手册必然会过时，已建立的方法也会被淘汰，这都是《分子克隆实验指南》一书全新版本问世的主要推动力。

在准备《分子克隆实验指南》（第四版）的初期，我们进行了全面的回顾来决定哪些旧材料应被保留，哪些新材料需要补充，最难的是，哪些材料应该被删除。在回顾过程中，许多科学家提出了宝贵的建议，他们的名字在下一页的致谢中列出，我们对他们深表感激。

仅是一本实验室手册当然不可能涵盖所有的分子生物学实验方法，所以必须从中做出选择，有时是艰难的选择。我们猜测对于其中一部分选择，有些人会提出异议。然而我们的两个指导原则是：第一，《分子克隆实验指南》是“以核酸为中心”的实验室手册，因而总体上我们没有选取非直接涉及 DNA 或 RNA 的实验方法。所以，尽管本书中有分析蛋白质之间相互作用的酵母双杂交实验操作的章节，但并不包括许多其他的不直接涉及核酸的蛋白质间相互作用的研究方法。第二，本着 John Lockean“为尽可能多的人们做最多的善事”的思想，我们尝试囊括尽可能多的广泛用于分子和细胞实验室的以核酸为基础的方法。对我们而言，较为困难的任务是决定哪些材料应该被删除，而这个任务在与冷泉港实验室出版社协商之后难度大大降低，他们同意把较陈旧的方法放在冷泉港方案网站上（www.cshprotocols.org），方便大家免费获取。

由于新实验方法的激增，由一个人（甚至两个人）权威撰写所有相关的实验方法是根本不现实的。因此，与前一版《分子克隆实验指南》最大的不同是组织了众多领域内的专家们来撰写指定章节，提供指定方案。没有他们这些科学家的热心参与，本书不可能呈献给大家。

自第三版《分子克隆实验指南》问世后，各种商业化试剂盒层出不穷，这是一把双刃剑。一方面，试剂盒提供了极大的便利，尤其用于个别实验室非常规的实验操作；另一方面，试剂盒可能经常太过便利，使得使用者在进行实验时并不理解方法背后的原理。我们提供了商业化试剂盒列表，并描述它们如何工作，以尝试解决这一矛盾。

许多人对《分子克隆实验指南》（第四版）的出版发挥着重要的作用，我们对他们表示由衷的感谢。Ann Boyle 帮助《分子克隆实验指南》（第四版）起步，在项目早期也承担了关键的组织角色，后来，她的任务由其得力助手 Alex Gann 接手。Sara Deibler 在《分子克隆实验指南》（第四版）所有时期的各个方面都做出了贡献，尤其是协助撰写、编辑和校对。Monica Aalani 对第 9 章的内容和撰写做出了极大的贡献。

我们特别感谢冷泉港实验室出版社员工的热情支持以及卓越合作和包容，尤其是 Jan Argentine，她负责整个项目并把关财务。感谢我们的项目经理 Maryliz Dickerson、项目编辑 Kaaren Janssen、Judy Cuddihy 和 Michael Zierler，制作经理 Denise Weiss，制作编辑 Kathleen Bubbeo，当然还有冷泉港实验室出版社的幕后智囊 John Inglis。

Michael R. Green
Joseph Sambrook

致谢

作者希望感谢以下这些提供了十分有价值帮助的人员：

H. Efsun Arda
Michael F. Carey
Darryl Conte
Job Dekker
Claude Gazin
Paul Kaufman
Nathan Lawson
Chengjian Li
Ling Lin
Donald Rio
Sarah Sheppard
Stephen Smale
Narendra Wajapeyee
Marian Walhout
Phillip Zamore
Maria Zapp

冷泉港出版社希望感谢以下人员：

Paula Bubulya
Tom Bubulya
Nicole Nichols
Sathees Raghavan
Barton Slatko

目　录

上　册

中 册

下 册

中　　册

第9章 实时荧光聚合酶链反应定量检测DNA及RNA

导言

方案

信息栏

导　言

普通聚合酶链反应（PCR）仅能在反应结束后粗略地检测扩增产物的量（即所谓的终点法），不能用于定量检测样品中的核酸，这主要是因为，随着反应的进行引物和核苷酸不断被消耗而变得极为有限，从而降低了扩增效率。由于PCR反应是一个模板指数增长过程，每一轮循环中扩增效率的小差异都能导致最终扩增产物得率的大不同。因此，在传统PCR中，扩增产物最终得率与模板起始拷贝数之间不具有线性关系。

定量PCR的基本原理是：在反应体系中加入已知浓度的核酸模板作为参照，扩增这个参照模板所使用的引物与扩增样本中的靶序列所使用的引物是一致的。通过比较参照模板和靶基因模板所产生的扩增产物量，确定反应开始前反应体系中参照模板和靶基因之间的比例，从而实现定量检测。通常，这个方法中需要对PCR指数增长期间的参照基因及靶基因进行定量。有许多不同的方法可用于检测和定量扩增产物，包括扩增时测定放射性掺入量或使用计算机软件分析溴化乙锭染色的凝胶等。

近年来，随着精密实时荧光PCR仪的开发，它们能扩增特异核酸序列并同时测定其浓度，可在反应过程中实时监测PCR扩增的动力学过程，这使核酸定量检测的方法产生了革命性变化。实时荧光PCR，或称实时定量PCR[或简称为定量PCR（qPCR）]，亦或称为动态PCR，是通过对荧光报告基团信号的检测及定量来实现对扩增DNA量的测定，反应过程中荧光信号增长与扩增产物的量成正比。荧光报告基团可被实时荧光PCR仪（荧光检测热循环仪）的光源所激发。通过记录每个循环的荧光发射量，可以监测PCR进入指数增长期的过程，此时PCR产物量首次显著跃升，而此时的PCR产物量与模板起始量是相关的（见第7章PCR理论）。在所有反应组分充足的情况下，在PCR指数增长期定量检测核酸的能力，显著提高了靶序列定量的准确性。此外，由于荧光检测的高敏感性，实时定量PCR能够检测较宽动力学范围内靶DNA的起始浓度（高至8或9个数量级的差别），并且高度灵敏（少至1个拷贝的模板DNA）。

实时荧光PCR技术广泛应用于基础及临床研究（Klein 2002）。在研究性实验室，实时荧光PCR结合反转录（称为实时反转录PCR或定量RT-PCR）可用来定量检测microRNA（miRNA）水平（Benes and Castoldi 2010），并已成为定量信使RNA（mRNA）水平、验证微阵列分析和其他基因组技术生成的基因表达数据（Nolan et al. 2006）的首选方法。实时荧光PCR也可以用来检测基因拷贝数的改变（D'Haene et al. 2010），或者对样本中特定DNA序列的丰度进行定量，如从染色质免疫沉淀中获得的DNA（Taneyhill and Adams 2008）。在临床上，实时荧光PCR技术促进了一些新型生物医学诊断的发展，包括病原微生物检测（Gupta et al. 2008）、定量病毒载量（Niesters 2001）及监测癌症患者中的癌细胞等（Martinelli et al. 2006）。实时荧光PCR还可以用于等位基因的区别和鉴定，以及单核苷酸多态性（SNP）基因分型（见信息栏"SNP基因分型"）。

实时荧光PCR技术最主要的优点是定量范围宽，灵敏度高，并能同时处理多个样本。虽然这一技术功能强大，但是由于方法没有标准化，研究人员还是经常面临实验可靠性及重复性等困扰。因此在进行PCR实验时，为了得到准确的、可重复的结果，务必要对反应体系和反应条件进行优化，包括适当的内部和外部对照，并执行严格的数据分析。

实时荧光 PCR 化学原理

现已有多种可产生荧光信号的化学方法被用于检测实时荧光 PCR 产物（Mackay and Landt 2007）。它们可分为三个基本类型：DNA 结合染料法、基于探针的化学法和猝灭染料引物法（表 9-1）。

表 9-1　实时荧光 PCR 化学原理概述

	DNA 结合染料法	基于探针的化学法	猝灭染料引物法
基本原理	应用一种带有荧光的、非特异的 DNA 结合染料检测 PCR 过程中积累的扩增产物	应用一个或多个荧光标记的寡核苷酸探针检测 PCR 扩增产物；依赖荧光能量共振传递（FRET）检测特异性扩增产物	采用荧光标记引物扩增，从而使荧光标记基团直接掺入 PCR 扩增产物中；依赖荧光能量共振传递（FRET）
特异性	检测所有双链 DNA 扩增产物，包括非特异反应产物，如引物二聚体	仅检测特异性扩增产物	检测特异性扩增产物及非特异反应产物，如引物二聚体
应用	DNA 及 RNA 定量；基因表达验证	DNA 及 RNA 定量；基因表达验证；等位基因鉴别；SNP 分型；病原体和病毒检测；多重 PCR	DNA 及 RNA 定量；基因表达验证；等位基因鉴别；SNP 分型；病原体和病毒检测；多重 PCR
优点	可对任何双链 DNA 进行定量；不需要探针，因此减少了实验设计及运转成本；适合于大量基因的分析；简单易用	探针和目标片段的特异性杂交产生荧光信号，因此减少了背景荧光和假阳性；探针可标记不同波长的荧光基团，用于多重 PCR 反应	探针和目标片段的特异性结合产生荧光信号，因此减少了背景荧光和假阳性；探针可标记不同波长的荧光基团，用于多重 PCR 反应
缺点	由于染料可同时检测特异性及非特异性 PCR 产物，因此会产生假阳性；需要 PCR 后处理过程	对于不同的靶序列需要合成不同的探针，原料成本较高	对于不同的靶序列需要合成不同的探针，原料成本较高
举例	SYBR Green I	TaqMan、分子信标、Scorpion 和杂交探针	Amplifluor 和 LUX 荧光引物

DNA 结合染料法

荧光 DNA 结合染料以一种非序列特异的方式结合到双链 DNA 上。在溶液中荧光染料几乎不发荧光，当结合到 DNA 上时荧光被激发，发出强荧光（图 9-1）。由于每个 DNA 产物可以结合许多染料分子，因此产生的信号很强并与 PCR 产生的 DNA 总量成正比。

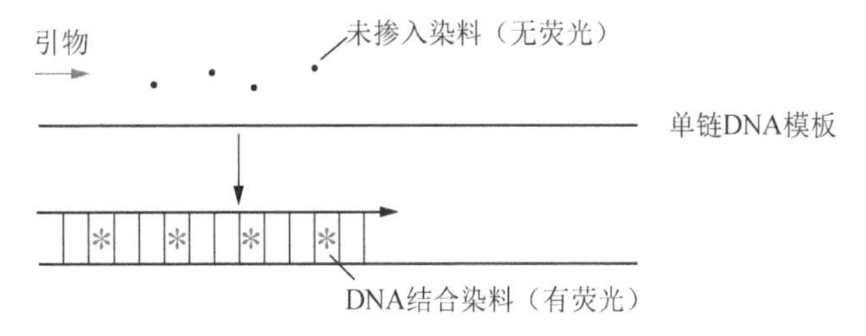

图 9-1　与双链 DNA 结合后荧光染料的荧光强度增强。在溶液中荧光染料不发荧光，但与双链 DNA 结合后被激发，发出强荧光信号。荧光 DNA 结合染料以非序列依赖方式与双链 DNA 结合。

最常用的荧光 DNA 结合染料是 SYBR Green I。事实上，由于 SYBR Green I 具有相对高的灵敏度和可靠性、成本低、简单易用等特点，它已成为目前最流行的实时荧光 PCR 化学检测试剂。对于涉及大量基因的检测，SYBR Green I 不失为一种经济的选择，它不像探针法和猝灭染料引物法，需要为待检的所有靶序列合成昂贵的荧光标记寡核苷酸探针（后文会详细介绍）。SYBR Green I 的最大吸收和发射波长分别为 494nm 和 521nm，与 DNA 双链结合后，该染料的荧光可增强约 1000 倍。有报道称 SYBR Green I 的灵敏度低于探针法；但是，它与传统 PCR 一样，灵敏度在很大程度上依赖于 PCR 过程中使用的引物。通过适当的设计，SYBR Green I 可得到与探针法相当甚至是更好的灵敏度（Schmittgen et al.2000;

Newby et al. 2003）。其他可用于实时荧光 PCR 的 DNA 结合染料包括 LC Green I（Wittwer et al. 2003）、SYTO 9（Monis et al. 2005），以及非对称花青素小沟结合物家族 BEBO（Bengtsson et al. 2003; Karlsson et al. 2003b）、BETO（Karlsson et al. 2003a）、BETIBO（Ahmad and Ghasemi 2007）、BOXTO （Karlsson et al. 2003a）、BOXTO-PRO（Eriksson et al. 2006）和 BOXTO-MEE（Eriksson et al. 2006），它们可同时结合单链和双链 DNA 分子。

荧光 DNA 结合染料法的缺点是它们能在反应中结合所有 DNA 双链，其中包括在实时荧光 PCR 过程中产生的、可引起大量背景噪声信号的引物二聚体，以及其他非特异的反应产物。因为荧光强度与双链 DNA 的总量相关，这种非特异噪声信号可能会导致对靶基因浓度的高估。最糟的情况下，所发射的荧光强度可能与靶 DNA 起始量及全长产物量没有多大关系或根本没有关系。出于这个原因，使用 DNA 结合染料法检测需要大量优化并进行后续分析以验证结果。通常在 PCR 结束时，需要生成扩增 DNA 的熔解曲线（也称为热变性曲线或解离曲线）以测定 PCR 产物的熔解温度（T_m）。熔解曲线的形状可表明扩增产物是否单一，而 T_m 值可进一步确认是否扩增出了特异的正确产物（详细信息见方案 1）。长度较短的引物二聚体通常在较低温度进行变性，因此可以与扩增的目标 DNA 进行区分。但是，对于单一 PCR 产物的反应，通过精心设计引物（如为进行高特异扩增设计的引物）、SYBR Green I 也可以得到非常好的结果，虚假的非特异性背景仅在后期扩增循环中出现。

在精心设计后可产生高特异性扩增的前提下，DNA 结合染料法可用于核酸的定量和基因表达的验证。但是，在临床诊断使用中，一般建议采用基于探针的方法，以确保扩增产物的特异性。

基于探针的化学法

基于探针的化学法包含一个或多个能与扩增产物内部序列杂交的荧光标记的寡核苷酸探针。荧光信号强度与靶基因扩增产物量成正比，并且不受引物二聚体等非特异扩增产物的影响。通常，基于探针的化学法使用一对荧光染料，它们可以同时标记在同一条探针上，也可以标记在两条不同的探针上，通过荧光（或 Förster ）共振能量转移（FRET）从一个荧光基团转移到另一个荧光基团来产生荧光信号。当 FRET 发生时，一种染料的发射光谱必须与另一种染料的激发光谱有部分重叠，这样，当两种染料彼此接近时才会发生能量转移。

探针法可应用于所有实时荧光 PCR 检测，包括核酸定量、基因表达分析、微阵列数据验证、SNP 基因分型和临床诊断。此外，探针法可实现在同一样本中扩增不同 DNA（多重 PCR），因为每条探针可以设计不同的荧光染料对（详见信息栏“多重 PCR”）。探针法的鉴别能力远远大于 DNA 结合染料法，因为它们仅与真正的目标产物结合，而不与引物二聚体或其他非特异产物结合。因此，与 DNA 结合染料法相比，探针法不需要 PCR 后处理。探针法最大的缺点是它的合成价格相对昂贵；因为需要对欲分析的每个基因进行探针合成，所以探针法对涉及大量基因分析的应用来说不是一种经济的选择。

探针法包括 TaqMan 探针、分子信标、蝎型（scorpion）探针和杂交探针。其中，TaqMan 探针和分子信标最为常用。

TaqMan 探针

TaqMan 探针（又称水解探针或双标记探针）是线性分子，通常长 18～24 个碱基，5′端标记有荧光报告基团，3′端标记猝灭基团（Heid et al. 1996）。在非杂交状态下，荧光基团与猝灭基团距离较近，当受到照射时，荧光报告基团通过荧光能量共振转移原理将能量转移到邻近的猝灭基团上，从而抑制荧光报告基团发射出荧光信号。进行 PCR 时，TaqMan 探针可特异地复性杂交到 PCR 产物上。*Taq* 酶在链延伸过程中遇到与模板结合的 TaqMan 探针，其 5′→3′外切酶活性将探针降解，使荧光报告基团与猝灭基团分开，破坏了 FRET，从而产生荧光信号（图 9-2），荧光信号强度与 PCR 过程中扩增得到的靶 DNA 产物量成正比。因为只有靶序列与探针互补时荧光信号才会增加，所以不会检测到非特异扩增。

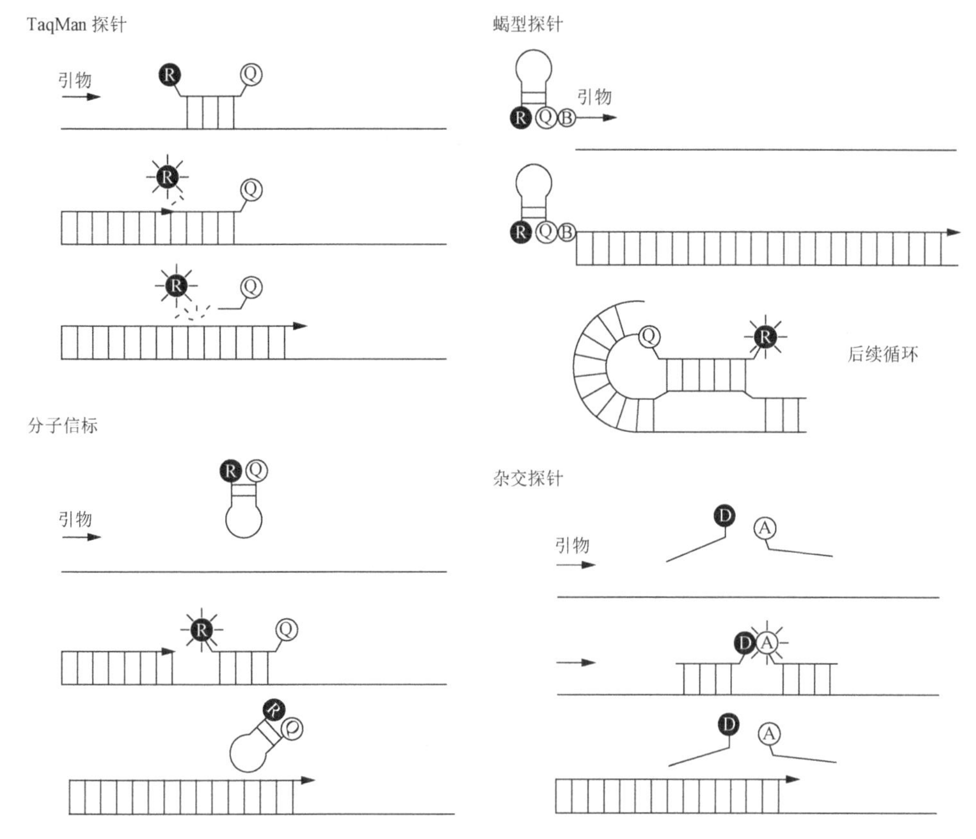

图 9-2 依赖于报告基团（R）和猝灭基团（Q）的 FRET 探针法。蝎型探针（scorpion probe）中，探针是通过一个不参与扩增的"茎"（B）与 PCR 引物序列相连接的。杂交探针成对使用，其供体（D）与受体（A）需紧密靠近才能发生荧光能量共振转移。

多种荧光报告基团和猝灭基团可用于 TaqMan 探针及其他基于探针的化学法，如分子信标和蝎型探针（见下文）（表 9-2）。常用的荧光报告基团有：6-羧基荧光素（6-FAM）、六氯荧光素（HEX）和四氯荧光素（TET）；花青染料家族成员的 Cy3 和 Cy5；罗丹明类染料四甲基罗丹明（TAMRA）和得克萨斯红。

表 9-2 实时荧光 PCR 中常用报告基团及猝灭基团

	最大吸光波长/nm	最大发射波长/nm
报告基团		
6 - 羧基荧光素（6-FAM）	495	517
六氯荧光素（HEX）	537	553
四氯荧光素（TET）	521	538
花青素 3（Cy3）	550	570
花青素 5（Cy5）	650	667
JOE	520	548
ROX	581	607
四甲基罗丹明（TAMRA）	550	576
得克萨斯红（Texas Red）	589	610
猝灭基团		
黑洞猝灭剂（BHQ-1）	535	无
BHQ-2	579	无
4-[4-（二甲基氨基）苯偶氮]苯甲酸（DABCYL）	453	无
四甲基罗丹明（TAMRA）	550	576

由于猝灭基团必须与荧光报告基团有光谱重叠，因此需要进行相应的选择。常用的猝

灭基团有四甲基罗丹明（TAMRA）和 4-[4-（二甲基氨基）苯偶氮]苯甲酸（DABCYL），但它们也有一定的局限性：TAMRA 本身具有荧光导致信噪比较低，而 DABCYL 与 480nm 以上的荧光发射光谱重叠较少，猝灭范围较窄。为了克服这些局限性，研究者开发出一类新型、高效、被称为“黑洞猝灭剂”（BHQ-1、BHQ-2 和 BHQ-3）的“暗”猝灭剂。BHQ 染料本身无荧光，因此荧光背景更低，信噪比更高，从而提供更高的灵敏度和准确性（综述见 Marras et al. 2002）。此外，它们具有最大的光谱重叠，所以猝灭范围宽。

TaqMan 探针最常用的荧光-猝灭剂组合是：6-FAM 或 TET 作为 5′端报告基团，TAMRA 作为 3′端猝灭基团；其他常用的 TaqMan 探针荧光-猝灭对见表 9-3。

表 9-3　TaqMan 探针常用荧光-猝灭对

5′端报告染料	3′端猝灭染料
HEX	TAMRA、BHQ-1 或 BHQ-2
TET	TAMRA 或 BHQ-1
6-FAM	TAMRA 或 BHQ-1
JOE	BHQ-1
Cy3	BHQ-2
Cy5	BHQ-2
ROX	BHQ-2
TAMRA	BHQ-2
Texas Red	BHQ-2

分子信标探针

分子信标是一种呈发夹结构的茎环双标记探针分子，与 TaqMan 探针一样，包含有 5′端的荧光报告基团和 3′端的无荧光猝灭基团（Tyagi and Kramer 1996）。通常，分子信标探针长 28～44 个核苷酸，两端有 5～7 个核苷酸可相互配对形成茎结构，中间形成环结构的 18～30 个核苷酸与靶 DNA 互补。当分子信标游离在溶液中时，茎部分的报告基团与荧光基团相互靠近，通过 FRET 使荧光基团的荧光被猝灭基团所猝灭（见图 9-2）。进行 PCR 时，探针的环部分与靶 DNA 杂交，致使报告基团与猝灭基团分开，破坏了 FRET，从而产生荧光信号。虽然 DABCYL 是一种相对较弱的猝灭基团（见上文），但它非常适合用在分子信标中，这是因为发夹结构使猝灭基团与荧光报告基团极为贴近（表 9-4）。与 TaqMan 探针不同的是，分子信标在整个 PCR 扩增过程中保持完整不变，因此每个循环都必须再结合到靶序列上以进行信号检测。

表 9-4　分子信标探针常用荧光-猝灭对

5′端报告基团染料	3′端猝灭基团染料
HEX	DABCYL
TET	DABCYL
6-FAM	DABCYL
Cy3	DABCYL
Cy5	DABCYL
TAMRA	DABCYL
ROX	DABCYL
Texas Red	DABCYL

蝎型探针

蝎型探针是双功能分子，其中荧光探针共价连接在 PCR 引物上（Whitcombe et al. 1999）。探针为发夹结构的分子，5′端标记有荧光报告基团，而内部猝灭分子直接连接在引物的 5′端（见图 9-2）。探针与引物之间被一个扩增阻滞分子（如六乙二醇 HEG）分隔开，以阻止在 PCR 过程中扩增到探针序列。发夹结构的序列与 PCR 延伸产物互补。在非杂交状态下，蝎型探针保持发夹结构，荧光基团和猝灭基团相互靠近使得荧光被猝灭。进行 PCR 时，*Taq* 聚合酶延伸 PCR 产物，在随后的循环中，发夹结构被解开，探针的环状部分与新生成的靶扩增序列中的互补序列进行分子内杂交（探针可有效地卷曲回原形，因此绰号“蝎子”），此时，荧光和猝灭分子不再互相靠近而产生荧光。蝎型探针适用的荧光-猝灭对如表 9-5 所示。

表 9-5　蝎型探针常用荧光-猝灭对

5′端报告基团染料	3′端猝灭基团染料
HEX	DABCYL、BHQ-1 或 BHQ-2
TET	DABCYL 或 BHQ-1
6-FAM	DABCYL 或 BHQ-1
Cy3	DABCYL 或 BHQ-2
Cy5	DABCYL 或 BHQ-2
TAMRA	DABCYL 或 BHQ-2
ROX	DABCYL 或 BHQ-2
Texas Red	DABCYL 或 BHQ-2
JOE	BHQ-1

蝎型探针的主要优点在于，探针分子与引物物理耦合，这样通过单分子重排即可生成荧光信号。而 TaqMan 探针或分子信标等其他探针法需要两个分子的碰撞。单分子重排的好处是显著的：在发生任何竞争性或副反应（如靶扩增子的复性或错误的靶折叠）之前，反应能有效地瞬时进行，这样导致信号更强，探针设计更可靠，反应时间更短，鉴别能力更好。

杂交探针

杂交探针系统使用一对能杂交到模板 DNA 相邻区域（相隔 1～5 个碱基）的探针（Wittwer et al. 1997）。与基于探针的化学法相比，杂交探针设计采用了一对荧光基团——称为“供体”和“受体”，只有当两个荧光基团靠近时才会有荧光信号（见图 9-2）。通常，上游探针 3′端标记“供体”染料，如荧光素；而下游探针 5′端标记“受体”染料，如 LC Red 640 或 LC Red 705。为了阻止 DNA 聚合酶的延伸，上游探针连接一个扩增阻滞剂，如 3′磷酸基团或一个碳基基团（Cradic et al. 2004）。在 PCR 每轮循环的复性完成时采集荧光信号，当探针与特异的目标区域杂交时，供体发射的能量激发受体染料发出荧光信号。探针在随后的高温（72℃）延伸步骤熔解解离，即使有一些探针仍与靶序列结合，也会被聚合酶取代下来（注意，此类化学原理是 LightCycler 探针的基础，该探针针对 Roche 公司的 LightCycler 热循环仪设计）。杂交探针在信号检测中能提供高特异性和高灵敏度，适用于众多实时荧光 PCR 检测。但杂交探针不适用于多重检测，这是因为除了两条 PCR 引物之外，额外的寡核苷酸杂交探针增加了 PCR 系统的复杂性，并限制了多重检测的能力。

猝灭染料引物法

猝灭染料引物将引物与探针组合成一个分子，随着引物延伸，它们依赖 FRET 产生荧光信号。与 DNA 结合染料法一样，即使生成的是非特异扩增产物，猝灭染料引物也可以发出荧光信号，因此，使用这种猝灭染料引物也需要仔细验证。但与染料法不同的是，猝灭染料引物可进行多重 PCR 扩增。事实上，猝灭染料引物常被用于 SNP /突变检测研究，标记不同荧光基团的引物与共同的反向引物一起使用可鉴定单个碱基的序列差异。

Amplifluor 引物

与蝎型探针一样，Amplifluor 引物由引物序列和分子内可形成发夹结构的探针连接组成，这个探针是能够保持荧光信号正常猝灭的（图 9-3）。在 PCR 的第一个循环，Amplifluor 引物结合到模板上并开始延伸，在随后的扩增循环中，互补链的延伸取代并打开发夹结构，从而使荧光基团和报告集团分开产生荧光信号。

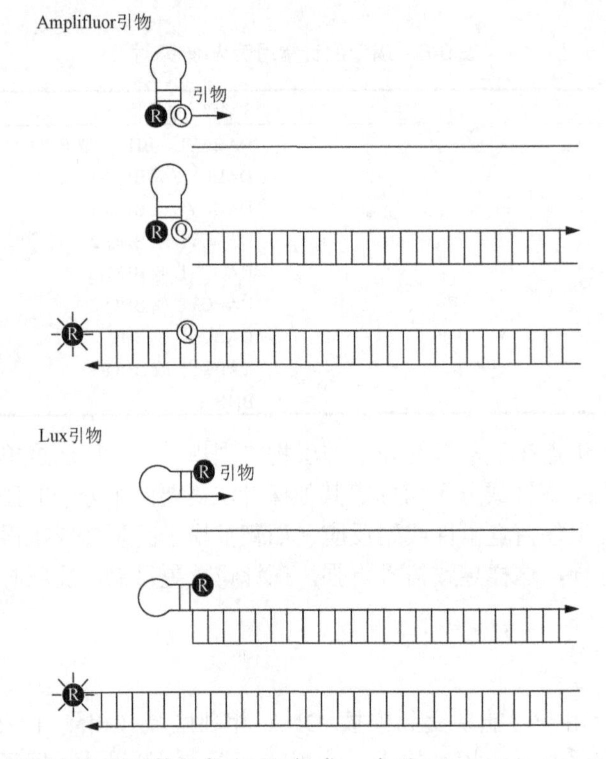

图 9-3 猝灭染料引物将引物与探针组合成一个分子。与基于探针的化学法一样，Amplifluor 引物也依赖于报告基团（R）和猝灭基团（Q）间的 FRET。Lux 引物标记单一的荧光基团，不含猝灭分子。

LUX 引物

LUX（light upon extension）引物为标记单一荧光基团的寡核苷酸链，通常长 20～30 个碱基，不含猝灭基团。该技术基于某些荧光染料能被邻近的鸟苷酸残基或 DNA 的二级结构所自然猝灭的原理设计而成（Crockett and Wittwer 2001）。因此，LUX 引物需通过专业的软件设计（D-LUX Designer），以形成发夹结构，使得荧光基团靠近鸟苷酸残基。当引物掺入到双链 PCR 产物上时，发夹结构打开，荧光基团不能被猝灭，从而产生荧光信号（见图 9-3）。LUX 引物常用 FAM 或者 JOE 染料标记，但其他荧光基团也可以使用，如 HEX、TET、ROX 和 TAMRA 等，它们都需依赖寡核苷酸的序列及结构来产生荧光信号。

实时荧光 PCR 仪

实时荧光 PCR 系统包括热循环仪，用于荧光激发和发射收集的光学系统和计算机，以及用于数据采集、管理和分析的配套软件。这项技术发展迅速，市场上已有许多实时荧光 PCR 仪，这使得选择一台合适的仪器可能非常有挑战性。购买一款实时荧光 PCR 仪时需要考虑以下几个参数：

- 样品容量。有些是标准的 96 孔式；有些只能处理较少的样本，或是需要使用专门的玻璃毛细管。

- 激发方式。有些使用激光器，有些使用广谱光源和可调谐滤波器，如光发射二极管（LED）或卤钨灯。
- 光学检测方法。有些使用光电二极管，有些使用 CCD 相机。
- 整体灵敏度。有些机器可以检测到一个拷贝的靶序列。
- 动力学范围。通常线性动力学范围是 4～9 个数量级。
- 多重检测的能力。
- 支持的荧光种类。例如，SYBR Green 染料、TaqMan 探针等。

实时荧光 PCR 系统相对昂贵，在写这本书时，它们的价格为 25 000～95 000 美元。

选购实时荧光PCR系统时需考虑的一个重要参数是仪器的激发方法，或者更具体地说，是仪器的激发范围。依靠单一激发激光器的仪器往往不灵活，因为激光的激发范围（488～514nm）太窄以至于不能有效激发现在常用的广谱荧光基团。另外，激光器仅对位于其波长中段的荧光基团提供高光谱亮度和灵敏度。与此相反，卤钨灯可在较宽的波长范围提供均匀激发，这对于多重 PCR 来说是非常重要的，因为多重 PCR 需要选择合适的荧光基团以尽量减少荧光的交叉干扰。

下面罗列了几种目前常用的实时荧光PCR系统。详情可登录各制造商的网站进行查阅。

- 7500 实时荧光 PCR 系统和 7500 Fast 实时荧光 PCR 系统是 Applied Biosystems 公司的第三代实时荧光 PCR 系统。其热循环系统是一个基于珀尔帖效应的 96 孔模块，可使用 96 孔光学板或 0.2mL 管。光学系统由卤钨灯和 5 个一组的校准滤波器组所组成，这组校准过滤器可对新染料重新校准，而无需额外的过滤器组。与 Applied Biosystems 公司上一代仪器相比，这些系统提供了更可靠和更完整的数据分析软件。值得一提的是，7500 Fast 实时荧光 PCR 仪据称能在短短的 30min 内提供高质量的结果。这些系统需使用一个被动内部参考染料——ROX，它的荧光输出可在 PCR 每个循环的变性阶段进行测定，从而给出一条基线，可对非 PCR 相关的、孔与孔间的差异进行校准。
- Bio-Rad 公司的 iCycler IQ 实时荧光 PCR 系统采用了卤钨灯，与合适的过滤器组合可激发 400～700nm 范围的荧光团，这可实现在同一样本管中进行多至 5 种荧光报告基团的多重 PCR 扩增。它配备有简单、直观的软件用于获取原始数据。该系统可同时进行 96 个样品的扩增，最近新推出的模块容量扩大到了 384 个样品。
- Roche 应用科学部推出两种不同的 LightCycler 实时荧光 PCR 系统用于实时荧光 PCR。原 RocheLightCycler2.0 实时荧光 PCR 系统价格相对较低，对于个别实验室非常有吸引力。PCR 混合液被加入到一次性玻璃毛细管中进行热循环反应，而不是加入到 EP 管或是 PCR 板中。玻璃毛细管利用气流进行升降温，从而大大减少了每轮 PCR 循环所需的时间。LightCycler 480 实时荧光 PCR 系统是一种高通量的基因定量或基因分型的实时荧光 PCR 平台，有可调换的 96 孔和 384 孔模块。
- QIAGEN 公司的 Rotor-Gene Q 系统运用了独特的离心式旋转设计，这与传统模块式 PCR 仪完全不同：反应在一个被放置于转速为 500r/min 的 36 孔或 72 孔转子内的标准微量离心管中进行，这可确保热循环过程中所有样品都处在同一温度下。整个反应过程中始终保持高速运转，包括数据分析阶段和升降温阶段。所有的管子通过光学检测器的时间为 0.15s，保证数据能被快速采集。转子的离心力可消除由移液或水蒸气冷凝所引入的任何气泡，这样无需等待温度平衡就可使样品间达到热均一。因此，样本间温度差异小于 0.01℃，这种差异比模块式 PCR 仪小了约 1/20。该系统具有很宽的光学检测范围，跨越紫外线到红外线波段，可检测多至 6 个通道。
- Stratagene 公司的 MX4000 多重定量 PCR 系统使用激发范围 350～750nm 的卤钨灯和检测波长 350～830nm 的 4 个光电倍增管。比较独特的是，该系统中为用户提供操作界面的计算机与嵌入式微处理器可独立运行。在计算机断电或是通信错误的情况下，数据不会丢失，因为一旦通信恢复，数据将从仪器的嵌入式软件自动传输到外部计算机的软件上。这样，实验数据会被保存，实验就可以完成。此仪器进行了多路记忆设计，4 个扫描光纤头分别独立地激发和检测染料，这样在单管中可读取多至 4 种染料。优化的干涉滤光片能精确匹配每种荧光团的发射波长和吸收波长，可防止相邻荧光团的无关交叉，从而最大限度地减少背景和干扰，同时提高对染料的辨识力。

实时荧光 PCR 实验数据的处理：数据分析及归一化方法

实时荧光 PCR 系统以扩增曲线图的方式输出结果，以 PCR 循环数和荧光强度来作图（图 9-4）（见盒内参考染料）。扩增曲线是一个 S 形曲线。对于前 10～20 个循环，曲线是平坦的，处于基线水平，因为扩增产物的量还没有积累到可检测到荧光信号的临界点。曲线在接下来的几个循环中会陡增。这种急剧增加的时段是相当窄的，代表了反应的指数增长。只有在这个阶段，可以认定荧光信号的强度和反应产物积累的量是正相关的。最后，随着反应试剂的消耗变少，曲线进入平台期，又重新变平。

反应中起始模板量越大（即起始拷贝数越高），PCR 中观察到荧光信号显著增加的时间点也就越早，并且达到特定扩增产物量时所需的循环数也就越少。靶基因的起始浓度可以用扩增达到阈值的循环数表示。这个值被称为循环阈值，或 C_T 值。该阈值代表荧光信号强度显著超过背景荧光，与 PCR 对数增长期相关（图 9-4）。

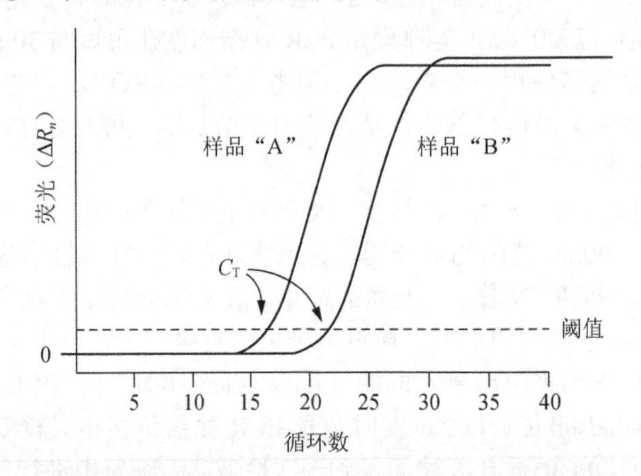

图 9-4 以 PCR 循环数对增加的荧光强度（ΔR_n 值）作图得到的扩增曲线示意图。靶基因的起始浓度可以用扩增达到阈值的循环数表示。这个值被称为循环阈值，或 C_T 值。在这个例子中，样品 A 较样品 B 起始浓度高，因此 C_T 值小。

采用下面两种数据分析方法之一可将 C_T 值转换成一个有意义的数值：绝对定量或相对定量。方法的选择取决于实验用途并且会影响实验设计。

绝对定量

在绝对定量中，将待检样品中靶基因的 C_T 值与标准曲线（C_T 值对浓度的对数）上已知浓度的标准品的 C_T 值进行比较，通过标准曲线换算得到靶基因的浓度。这个方法可用来测定样品中靶分子的具体量，例如，测定血液样品中的病毒颗粒数（DNA 或 RNA）、染色体或细胞中基因的拷贝数。因此，从标准曲线中计算得到的靶基因的量需要用样本的单位量来进行归一化，如细胞数、体积或核酸总量。最终结果是对单个样品的定量描述，不依赖任何其他样品的特性。这种定量检测法概念简单，并且运算分析容易进行。

运用这种方法，必须有来源可靠、浓度已知（通过其他独立的方法来检测）的模板，而且每次试验时标准品都必须能和样品一起平行扩增。绝对定量还要求靶序列与外部标准品有同等的扩增效率。值得注意的是，标准曲线只可用于推测标准品覆盖范围内未知样品的浓度，不能用于推算覆盖范围外样品的浓度，因为标准品覆盖范围之外的检测可能不是线性的。

相对定量

在相对定量中，将待检样品中靶基因的 C_T 值与质控品或参考品（一般称为校准品）的 C_T 值进行比较。因此，结果用样本中的靶基因量相对于校准品量的比值（或差异倍数）来表示。此方法用来测定两个不同样品中靶基因量的差异，例如，特殊处理后基因表达水平的改变。这种方法在实时 RT-PCR 法定量检测 mRNA 水平中最为常见，足以研究生理变化对基因表达水平的影响。这种情况下，校准品可以是未处理的对照组、随时间过程而变化的 0 时间点的样本或正常的组织样本等。

在相对定量中，非常重要的一点是要确保待检样品和校准品中的靶基因是从等量起始原料中得到的（因为有研究显示，如果待检样品的起始量是校准品的 2 倍，那么待检样品中靶 mRNA 的量是校准品的 2 倍就没有任何意义）。现在已有一些归一化方法，包括归一化起始细胞数或总 RNA 的量（Huggett et al. 2005）。但最常见的仍是用内参基因（endogenous reference gene）（传统上称为持家基因，housekeeping gene）的水平来归一化靶基因的表达水平，因为所有待检样品中持家基因的表达是恒定不变的；内参基因可代表样品中 mRNA 的总量。在相对定量时，待检样品和校准品中的靶基因首先采用内参基因进行归一化，然后将归一化的两个数值进行比较得出差异倍数。通常，校准品的归一化后靶基因表达量被设置为“1”，样本的归一化后靶基因表达量以比校准品增加或降低 n 倍来表示。与绝对定量相比，相对定量的优点在于内标（内参基因）的使用可以最大限度地减少样本制备和处理过程中产生的潜在差异，规避对起始材料进行精确定量和精确上样的要求。

相对定量可以使用以下两种方法之一来进行：标准曲线法或比较 C_T 值法。

标准曲线法

在标准曲线法中，首先用标准曲线确定样本和校准品中靶基因及内参基因的量，然后用内参基因归一化两样本中的靶基因量。与绝对定量中的标准曲线法不同，相对定量中的标准品不需要已知浓度，因为最终归一化后的测试样品中靶基因表达量要除以校准品中的靶基因量，从标准曲线中换算得到的单位也会被去掉。

该方法的准确度取决于选用合适的参照模板作为标准品。对于每个要分析的靶基因，都必须同内参基因一起单独建立标准曲线，并同时在测试样品和校准样品中运行。因此，当需要分析大批基因时，这种方法可能有点费时、费力且费试剂。此外，每次试验都要带上标准曲线限制了可同时分析的样本数量。因此，这种方法适合于仅分析一个或几个基因的低通量实验。

比较 C_T 值法

比较 C_T 值法，也被称为 $\Delta\Delta C_T$ 法或 Livak 法，使用计算公式来比较靶基因与内参基因的 C_T 值。这种方法不要求使用标准曲线，因此表面上看起来比标准曲线法简单。但是，使用比较 C_T 值法，靶基因与内参基因的扩增效率必须大致相同（等于或接近 100%的范围，彼此差异在 5%以内），这就需要大量的优化。但这种方法还是非常适合用于高通量试验的。

实时荧光 PCR 反应引物、探针设计和反应条件优化

接下来的几节将详细介绍实时荧光 PCR 或实时荧光 RT-PCR 实验的每个步骤：设计引物和探针、优化引物探针浓度、构建标准曲线及实验运行。

实时荧光 PCR（或 RT-PCR）的准确性取决于对反应条件的恰当优化，以得到最佳的效率、特异性及灵敏度。对于病毒定量和 SNP 基因分型的实时荧光 PCR 来说，高特异性十分重要；对于病原体及罕见 mRNA 检测，高灵敏度十分重要。恰当的优化对确保定量准确和结果的重复性至关重要。

实时荧光 PCR 的优化关键在于使 DNA 扩增效率最大化。理想情况下，实时荧光 PCR 实验中 DNA 扩增效率应该非常高，为 85%～110%（效率 100%意味着每个循环后扩增产物的量恰好翻倍）。与传统 PCR 一样，一些技术变量可以影响实时荧光 PCR 的效率，包括扩增片段的长度、模板质量、是否存在二级结构，以及引物的质量（即杂交效率、特异性、形成引物二聚体能力）。引物浓度同样可以影响 PCR 效率，它会影响引物-靶基因二聚物结构的热稳定性。

实时荧光 PCR 优化包括一系列步骤：选择合适的扩增靶序列，设计引物（和探针），优化引物（和探针）的浓度，分析扩增图谱（后两步在方案 1 中详细介绍）。此外，如果使用 SYBR Green I，还需要在扩增后进行熔解曲线分析（见方案 1），以确定是否有降低反应效率和灵敏度的非特异性产物（如引物二聚体）。一旦确定引物（和探针）的最佳浓度，就可在较宽的模板浓度范围内进行测试，通过建立、分析标准曲线来确定实验效率、灵敏度和重复性（方案 2）。每设计一次新的实验（如新的引物对）都需要进行这些优化步骤。

靶序列的选择

设计实时荧光 PCR 所需引物和探针的第一步是确定靶序列。选择扩增的靶区域时有几个参数需要考虑。

- 长度。为了得到高效率的扩增，扩增序列的长度要相对短些，最好在 50～150 个碱基之间（不超过 400 个碱基）。较短的扩增产物可得到较高的扩增效率，需要的扩增时间较短，这样污染进来的基因组 DNA 被扩增的可能性就会更低。
- 序列。使用 BLASTN 搜索引擎（http://blast.ncbi.nlm.nih.gov/Blast.cgi）分析靶序列是否存在多态性或测序错误，这些因素会影响引物与模板的结合，因此，引物（探针）设计时要避开多态性或测序错误的区域。靶序列中的重复序列，以及与其他基因组的同源序列会导致引物非特异性结合，从而降低 DNA 扩增效率和检测灵敏度，因此引物（探针）设计也应该避开这些序列。
- GC 含量。扩增序列中的 GC 含量必须≤60%，以确保热循环过程中能有效变性，从而提高扩增效率。此外，高 GC 含量容易产生非特异性扩增，在使用 SYBR Green 等 DNA 结合染料时，会在实验中产生非特异性信号。
- 二级结构。扩增子应该不含反向重复序列，因为这些区域高度结构化的形成不利于引物或探针与靶序列的有效杂交。
- 内含子数目。对于实时荧光 RT-PCR，扩增子的选择非常重要，基因组位点上的扩增子要包含两个或更多个内含子，以避免污染的基因组序列、假基因及其他相关基因的共扩增（详细信息参阅“引物和探针设计”）。可采用 BLAST 检索来确定基因组 DNA 数据库中靶 cDNA 序列的内含子位置。对 mRNA 的各类可能的拼接体进行确认也很重要，要确保实时 PCR 实验中检测的 mRNA 拼接体种类在所分析的细胞中是的确存在的。如果在反转录聚合酶链反应中使用 oligo（dT）引物，扩增子应

该设计在模板的3′端区。

模板的质量

当模板能进行扩增且扩增方法没有错误时，实时荧光PCR才能可靠使用。PCR仅扩增在引发位点间具有完整磷酸二酯骨架的DNA。此外，DNA损伤会影响扩增效率，如碱基位点缺失和胸腺嘧啶二聚体，这种损伤的DNA在实时荧光PCR中将不能充分扩增或根本不能扩增。最后，一些PCR添加剂（如DMSO）和污染物（如提取过程中残留的SDS）能抑制DNA聚合酶，从而影响实时荧光PCR的结果。如果使用长寡核苷酸作为扩增靶分子，需要进行PAGE纯化。

引物和探针设计

下面我们讨论实时荧光PCR或实时荧光RT-PCR引物和探针设计的基本原则。但是，在开始设计你所需基因或感兴趣靶序列的引物探针这个费时过程之前，有必要去检索已发表文献和在线公共数据库以确定针对你的基因是否已建立有经过验证的实时荧光PCR方法，是否有扩增效率、特异性、灵敏度和引物二聚体等信息。即使已有验证过的方法，也有所有相关信息，仍需要亲自去验证这个方法的性能，尤其是要验证其扩增效率和最低检测限。现已有几个可用的公共的引物探针数据库，以下三个数据库都是很好的信息资源。

- RTPrimerDB（http://medgen.ugent.be/rtprimerdb/）（Pattyn et al. 2003, 2006; Lefever et al.2009）。这个数据库含有经验证的、约6000个基因的引物和探针序列，这些序列均由研究人员提交，且大部分（约70%）已发表。该数据库可使用多种参数（例如，官方的基因名或特征，Entrez或集成的基因标识码、SNP识别码）进行检索。此外，可以将检索词限定成某种特定用途（例如，基因表达定量/检测，DNA拷贝数定量/检测，SNP检测，突变分析，基因融合定量/检测，染色质免疫沉淀）、微生物（例如，人、小鼠、斑马鱼或果蝇）或化学反应等进行查询。
- PrimerBank（http://pga.mgh.harvard.edu/primerbank/index.html）（Wang and Seed 2003;Spandidos et al. 2008）。这个数据库是公共数据库，有超过300 000条PCR引物，这些引物由一种算法设计得到，该算法的PCR效率和特异性已经过实时荧光PCR试验广泛测试。数据库引物包括人类和小鼠基因。到目前为止，有约27 000对小鼠引物已得到验证，其成功率为83%，PrimerBank网站可提供所有实验验证数据。该数据库可以使用多种参数进行查询（例如，GenBank登录号、NCBI基因ID或基因符号，或蛋白质识别码），也可以在数据库中对自己的基因序列进行BLAST。
- Real Time PCR Primer Sets（http://www.realtimeprimers.org/）。这个数据库列出的引物对和探针，都经过合成、测试及优化。该数据库首先根据引物/探针的类型进行检索（如SYBR Green引物、杂交探针、水解探针[TaqMan]、分子信标），然后是生物类型（人、小鼠、大鼠或其他），最后由基因名称进行检索。

还应当指出，现在有许多商业软件程序和免费的网站工具可辅助进行引物和探针设计。市售最全面的程序可能是Beacon Designer（Premier Biosoft International公司产品，http://www.premierbiosoft.com），它可以用来设计SYBR Green法PCR实验的引物和各种基于探针的化学法的引物/探针组。Beacon Designer通过自动分析BLAST结果来避开显著同源的区域，并通过热力学特性和二级结构来筛选引物/探针，因此设计的引物/探针具有很高的特异性。另一个出色的市售软件程序是Primer Express（Applied Biosystems公司开发），它可用于设计SYBR Green I染料法及TaqMan探针法实时荧光PCR的引物和探针。另一个可供自由选择的优秀软件是RealTimeDesign，可在Biosearch Technologies公司技术网站上（http://www.biosearchtech.com/realtimedesign）获取。要设计SYBR Green I实验中的引物，使用在线的免费软件，如 Primer3Plus（http://www.bioinformatics.nl/cgi-bin/primer3-plus/primer3plus.cgi）往往能得到很好的结果。

引物

使用同一标准的引物设计算法设计得到的实时荧光 PCR 引物对，也可用于传统 PCR 中（详细的信息请参阅第 7 章）。

- 长度。为了最大限度地提高结合特性，引物的长度应为 18～30 个核苷酸。
- 熔解温度（T_m）。引物的 T_m 应为 55～60℃，引物对中的两条引物 T_m 之差应在 2～3℃。
- 序列。每条引物的 3′端最后 5 个碱基中应该有一个（但是最多 2～3 个）G 或者 C。3′端单个的 G 或者 C 可以减少 PCR 过程中的非特异扩增。但是，3′端过多的 G 或 C 可能会导致引物与目标位点的非特异结合，最终导致错误延伸（称为“滑动效应”）。此外，每条探针都不应该有连续的（例如，多于 3 或 4 个核苷酸）的同一核苷酸（尤其是 G 和 C），因为聚合物延伸同样会引起“滑动效应”。最后，引物对的 3′端不应有任何可能导致引物二聚体形成的互补序列。因为引物二聚体有负的自由能 ΔG，所以应选择自由能 ΔG 不少于-10kcal/mol 的引物。
- GC 含量。引物 GC 含量应为 50%左右（理想的是 40%～60%）。如果引物要结合到富含 AT 的模板上（富含 70%的 AT 序列），一种非常有用的方法是用锁核酸（LNA）类似物代替引物中的一个或多个碱基，这样可以在保持 T_m 值不变的前提下，减少引物的总长度（见下文“LNA 类似物”的讨论）。
- 二级结构。引物中应避免出现任何反向重复序列，因为反向重复序列可形成稳定的发夹结构，使得引物不能有效结合（或使引物完全失去结合能力）。
- 避免基因组 DNA。在实时荧光 RT-PCR 实验中，因为基因组 DNA 的扩增而产生假阳性。因此，引物应该设计在长内含子侧翼或是多个短内含子上，抑或跨越外显子-外显子交界区（图 9-5）。

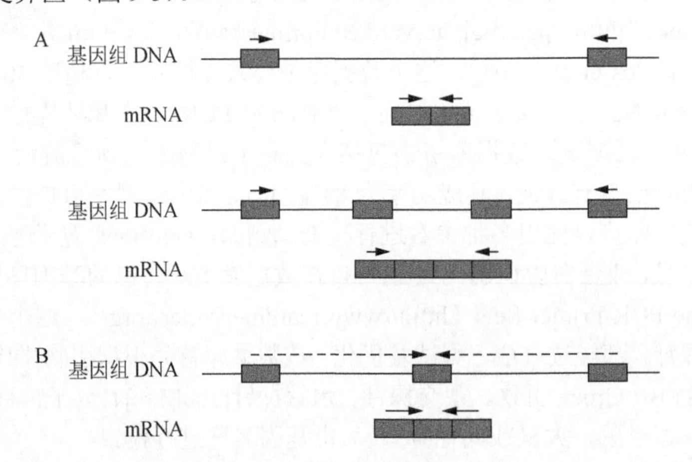

图 9-5 RT-PCR 试验引物设计原理图。（A）内含子侧翼引物。设计的引物在长内含子的侧翼（头部）或多个短内含子（尾部）。（B）跨外显子-外显子交界区的引物。引物仅有部分与基因组 DNA 互补，除非复性温度极低，否则将不与 PCR 产物杂交或扩增出 PCR 产物。方块表示外显子；灰色线表示内含子；箭头表示引物。

- 引物需进行脱盐纯化。

应该注意的是，尽管为优化反应条件做了所有的尝试，但仍有许多引物组合不能扩增出想要的模板，因此，必须重新设计新的引物进行试验。

TaqMan 探针

精心设计的 TaqMan 探针几乎不需要优化。TaqMan 探针的设计应考虑以下因素。

- 长度。TaqMan 探针最佳长度为 20 个核苷酸（不超过 30 个核苷酸），可实现最大猝灭。长度大于 30 个核苷酸也是可行的，但在这种情况下，内部猝灭基团应在距离 5′端 18～25 个碱基处。
- 熔解温度。TaqMan 探针的 T_m 要求比引物的 T_m 高约 10℃，通常在 65～70℃之间。T_m 差异对于确保探针先于引物杂交结合到模板上是必要的。如果探针 T_m 值较引物高出 8～10℃，当邻近引物延伸时，探针将先于引物与靶序列复性结合以确保检测的进行。
- 序列。应该避免连续的单碱基重复序列，尤其是 G，因为这可能会影响探针的二级结构，并降低杂交效率。在没有其他序列可选择的情况下，用肌苷替代以中断连续的 G 可显著改善探针性能。此外，探针 5′端不应该含有太多的 G，因为它能够猝灭荧光。一般情况下，应该避免探针和靶序列之间的错配（除非用探针进行 SNP 基因分型检测）（见信息栏“SNP 基因分型”），并且探针不应该与任一引物互补。
- GC 含量。设计的 TaqMan 探针的 G / C 含量约为 50%（理想情况下 30%～80%）。如果靶序列是富含 AT 的序列，可掺入锁核酸（LNA）（LNA；Roche 公司）或小沟结合剂（MGB；Applied Biosystems 公司）等核酸类似物（LNA 和 MGB 详见下一节）。
- 探针 5′端应该尽可能接近引物 3′端，但不能重叠，以确保 *Taq* DNA 聚合酶快速切割降解。
- TaqMan 探针应采用 HPLC 纯化。

锁核酸（LNA）碱基和小沟结合剂（MGB）

新型 TaqMan 探针采用 LNA 碱基或共轭 MGB 基团，大大提高了探针与靶序列结合的热稳定性（Letertre et al. 2003）。LNA 碱基是一种核苷酸类似物，其化学结构限制了呋喃核糖环的灵活性，使其构象刚性地锁定为理想的 Watson-Crick 双螺旋结构。根据序列信息，插入一个 LNA 碱基可以使 T_m 值增加 3～6℃。 MGB 基团由一个能结合到 DNA 小沟上的三肽分子组成（例如，双氢环吡咯并吲哚三肽 DPI3），其能与互补的单链 DNA 高特异和高强度结合。探针-靶序列二聚体间的稳定性增加具有两个好处。首先，增强了探针的杂交特异性（Kutyavin et al. 2000），同时减少非特异性的背景荧光，提高了信噪比，从而提高整个实验的灵敏度。其次，它允许使用更短的探针序列，可以克服许多与探针设计有关的限制。例如，为满足设计需求，AT 序列丰富的探针的长度通常是 30～40 个核苷酸，而单个 LNA 碱基或 MGB 基团的取代使高特异、更短探针的优化设计变得非常容易，即使长度为 13～20 个核苷酸也能很好的工作。

TaqMan探针中加入一个LNA碱基或MGB基团的情况最常用于SNP基因分型（Johnson et al. 2004）。单碱基错配的存在对 LNA/MGB 探针和靶核酸间二聚物形成的破坏性影响远远大于其对传统 DNA 探针的影响（见信息栏“SNP 基因分型”）。掺入 LNA 碱基和 MGB 基团也使调整引物和探针的 T_m 值成为可能，这对于要求所有引物、所有探针的复性温度必须一致的多重 PCR 试验来说是十分重要的（见信息栏“多重 PCR”）。需要注意的是，所谓的 TaqMan MGB 探针除了 MGB 基团外，还包含一个无荧光的猝灭剂，它可实现报告染料的荧光的更准确测定。

引物和探针的保存

引物和探针储备溶液应使用无 DNA 酶/RNA 酶的水进行制备和分装，以避免反复冻融和整批次污染。引物需储存在-20℃，工作浓度为 10～100μmol/L。无论探针是干粉，还是

2～10μmol/L 的溶液，都需要避光保存在-70℃。储备溶液长期保存时间是可变的，从 6 个月到数年不等。

引物和探针浓度的优化

实时荧光 PCR 试验最佳引物浓度需要凭借经验确定。由扩增图谱分析发现，能够得到最佳灵敏度和重复性的引物组合是那些能产生最低 C_T 值（荧光信号超过阈值时的循环数）（见“实时荧光 PCR 实验数据的处理”部分）和最高 ΔR_n（PCR 产生的荧光信号强度的指标，是敏感度的度量指标）的引物组合。为了便于筛选出符合这个标准的引物浓度，需要设计引物优化矩阵，在该矩阵中正向和反向引物的浓度都是独立变量且需组合进行试验（方案 1）。

对于使用 TaqMan 探针的试验，制备引物优化矩阵时需保持探针浓度不变。由于 TaqMan 探针在反应过程中被破坏，保持足量的探针是十分重要的。由于这个原因，一个标准的探针浓度即 250nmol/L（反应体系中的终浓度）被推荐用于多数实时荧光 PCR 引物优化试验，这个浓度可避免探针不足并确保最高的灵敏度。但如果不需要高灵敏度（如靶序列足量时），少量探针就足够了，这样的好处是能减少检测成本。探针优化试验可以使用一个恒定的最佳引物浓度来测试几种探针浓度，通常在 50～250nmol/L 范围内对探针进行优化。同样，分析得到的扩增图谱可确定能产生最低 C_T 值和最高 ΔR_n 的探针浓度。实际上，需要注意的是，即使设计的实时荧光 PCR 采用的是 TaqMan 探针法，也可用 SYBR Green I 法对引物浓度进行优化，这样可检测到那些会降低扩增效率和特异性的引物二聚体，以及其他非特异性扩增产物。

虽然我们推荐进行引物浓度优化试验，以确保获得最大的特异性，但试验建立和分析有些繁琐且耗时。相反，在实践中，大多数研究者仅仅从一个标准的引物浓度开始优化——一般 TaqMan 探针法为 500nmol/L（探针浓度为 250nmol/L），SYBR Green I 法为 200～400nmol/L（反应体系中的终浓度）。引物浓度根据标准曲线实验进行测定和评估（方案 2）。如果测试的标准品范围是线性的，且效率大于 85%，就不需要进行进一步的引物探针浓度优化了。

进行优化实验时，模板序列可以使用人工合成的扩增子（最适用于可靠的定量）、线性质粒、PCR 产物，或包含有目标 PCR 片段的 cDNA。引物/探针优化实验不需要知道模板自身的浓度，但应该选择 C_T 值在 20～30 之间的模板浓度。这个模板浓度是凭经验确定的。

尽管大多数厂家建议使用 50μL 反应体系，本章方案中使用的 PCR 体积为 20μL。但是，如果 PCR 靶标模板的量不是很充足（如每个样本中只有 1～10 拷贝），采用大体积则可以得到更好的重复性。

标准曲线的构建

制定标准曲线是每个实时荧光 PCR 实验的重要组成部分。当设计试验和优化引物浓度时，标准曲线被用来测定实验的扩增效率、灵敏度、重复性和工作范围。随后，在数据分析时，标准曲线被用于进行绝对定量，或用于相对定量的标准曲线法中。在使用比较 C_T 值法时，为了表示靶序列和内参基因扩增效率是等效的，也需要使用标准曲线。

构建标准曲线（方案 2），需要制备一系列梯度稀释的参照模板，并用与待检样品相同的条件进行扩增。标准曲线最少需要 3 次重复（理想情况是 5 次或更多次），并且需要至少 5 个对数级的模板浓度。这种严谨度对于准确定量和扩增效率计算来说是需要的。此外，标准曲线的动力学范围上限和下限应该能超出待检样品预期最高和最低的 C_T 值范围。在绝对定量中，只有当未知拷贝数的样品落在这个稀释浓度范围内，才可进行定量。为了进行优化，重要的是确定实验在测试浓度范围内是有效的、灵敏的和可重复的。

当构建定量标准曲线时，以 C_T 值对已知浓度的对数值作图得到的标准曲线是一条直线。如果建立的标准曲线仅用于测定实验的效率、灵敏度和重复性，就没有必要知道模板的浓度，可用 C_T 值对稀释倍数（可以是任意单位）的对数值进行作图获得标准曲线。观察图中不同浓度对应的 C_T 值可获取扩增效率、灵敏度和重复样品间的一致性（如重复性）等重要信息。

斜率

在以浓度的对数或稀释倍数的对数（x 轴）对 C_T 值（y 轴）作图获得的标准曲线中，扩增效率可以通过这条直线的斜率进行计算。大多数实时荧光 PCR 系统的自带软件都能够作出标准曲线，并计算扩增效率。如果没有这个功能，可用 C_T 值对核酸起始量的对数（或稀释倍数的对数）作图，并进行线性回归。运用下列公式计算这条线的斜率：

$$E=10^{(-1/\text{slope})}$$

如果效率为 100%，每轮循环的产物量恰好翻倍，图中直线的斜率为-3.32（需要注意的是，一些仪器将 C_T 值作为 x 轴，将浓度或稀释倍数的对数作为 y 轴；在这种情况下，如果效率为 100%，则直线的斜率为-0.301）。

$$\begin{aligned}\text{效率}&=10^{(-1/\text{slope})}\\&=10^{(-1/-3.32)}\\&=10^{(0.3012)}\\&=2.00\end{aligned}$$

将 E 值转换成百分比，使用下面的公式：

$$\text{效率\%}=(\text{效率}-1)\times 100$$

R^2 值

另一个计算 PCR 效率的关键参数是决定系数（或相关系数）——R^2，这是一个衡量实验数据与回归线拟合度的方法（或换句话说，标准曲线的线性衡量标准）。如果所有数据点都完全落在这条线上，R^2 值等于 1。实际上，R^2 值大于 0.98 就被认为实验结果可信。

请注意，虽然标准曲线法是计算扩增效率最常用的方法，但现在又开发了几种计算效率的方法，这些方法基于单个反应的动力学来计算扩增效率（见 Tichopad et al. 2003; Zhao and Fernald 2005）。这些替代方法无需建立标准曲线，节省了时间和金钱。

灵敏度

任何能够有效地扩增和检测一个拷贝的起始模板的测定实验已经达到了灵敏度的极限水平，不论其 C_T 的绝对值是多少。效率<100%的实时荧光 PCR 的灵敏度较低。

重复性

一般情况下，实时荧光 PCR 检测的每个样品都应该进行一式三份的重复测试和分析。同一样本的副本产生相似定量值的程度被称为“重复性”。最常见的重复性检测法是标准偏差法（即方差的平方根）。

实时荧光 PCR 反应运行

在实时热循环仪（方案 3）和标准 PCR（见第 7 章）中，DNA 模板扩增的必需步骤有所不同。如上所述，在实时荧光 PCR 中，引物探针浓度的优化及标准曲线的建立是必需的，考虑将采用的数据分析方法也是很重要的（见上文）。

反转录实时荧光 PCR 反应运行

实时荧光 RT-PCR[通常也被称为定量 RT-PCR（简称 qRT-PCR、为 RT-qPCR）]是目前可采用的最敏感的 RNA 检测和定量技术。事实上，实时荧光 RT-PCR 的灵敏度足以对单个细胞中的 RNA 进行定量检测（Ståhlberg and Bengtsson 2010）。近年来，实时荧光 RT-PCR 法已成为 mRNA 水平检测分析的最常用方法，如验证微阵列分析结果和分析药物处理前后基因表达变化。与 Northern 印迹、RNase 酶保护测定、原位杂交等其他 mRNA 分析技术相比，实时荧光 RT-PCR 技术的速度更快，且不需要使用有毒化学物质或放射性探针。实时荧光 RT-PCR 技术同样可用于细胞中 mRNA 绝对拷贝数的定量（Bustin 2000），以及病毒载量的检测和定量（例如，Le Guillou-Guillemette and Lunel-Fabiani 2009）。

与常规 RT-PCR（参见第 7 章，方案 8）一样，实时定量 RT-PCR 包括两个步骤。第一步，RNA 利用依赖 RNA 的 DNA 聚合酶（反转录酶）反转录成与之互补的 DNA（cDNA）；第二步，cDNA 利用耐热 DNA 聚合酶进行扩增。实时 RT-PCR 法定量结果差异大，且重复性差，因此，评价实时荧光 RT-PCR 试验每一步的质量是十分关键的。样本采集和 RNA 纯化是每个实时荧光 RT-PCR 试验的起始步骤，模板的质量对实时荧光 RT-PCR 试验的可重复性起着极其重要的决定性作用。对于基因表达研究，反转录步骤必须使用高纯度的试剂，并且需要多孔重复试验，因为这一步可能引起模板复制的差异。尽管反转录步骤是高度可变的，但在最佳条件下运行时，试验的 PCR 扩增部分还是有高度重复性的。

制备高质量 RNA

纯度

选择 RNA 提取方法时，一个重要的考虑因素是 RNA 模板制备中可能残留有抑制剂。培养基的存在、RNA 提取试剂的组分（如苯酚），或生物样本中共纯化出的组分都会导致实时荧光 PCR 的动力学范围及灵敏度的显著降低（Guy et al. 2003; Perch-Nielsen et al. 2003; Lefevre et al. 2004; Rådström et al. 2004; Suñén et al. 2004; Jiang et al. 2005）。最好的情况下，抑制剂也会导致不准确的定量结果；最坏的情况下，高度抑制甚至会造成假阴性结果。

使用单相裂解试剂提取的 RNA 是实时荧光 PCR 的最佳模板（使用单相裂解试剂提取总 RNA 的步骤在第 6 章，方案 1～4），尽管单相裂解试剂提取的产量较高，但能抑制后期 PCR 的酚类化合物极有可能被同时纯化，因此有必要小心去除 RNA 样本中的所有痕量酚类物质。

另外一个麻烦的污染物是混在 RNA 中的基因组 DNA，它可能会与靶 mRNA 共扩增，从而干扰准确定量。如果靶 mRNA 相对富余（每个细胞含有成百上千个拷贝），则基因组 DNA 的含量相对于靶 mRNA 就显得微不足道。相反，若 mRNA 的相对含量较低（每个细胞低于 100 个拷贝），则基因组 DNA 的扩增会导致 mRNA 水平的错误高估。为避免 RT-PCR 过程中的基因组 DNA 扩增，应选择一段包含一个或更多内含子的扩增子，设计引物时应跨过内含子，从而避免基因组 DNA 的共扩增（见图 9-5）。如果靶基因不含任何内含子或 RT-PCR 中的引物只在单一外显子区域或短内含子区域，则需用无 RNA 酶的扩增级的 DNA 酶进行处理以去除里面所混的基因组 DNA（见第 6 章，方案 8）。通过运行无反转录酶的对照试验（通常称为“no-RT”对照），很容易就能检测到基因组 DNA 的扩增；若发生基因组 DNA 扩增，在 no-RT 对照中可观察到信号。

完整性

只要靶mRNA的表达量用内参进行归一化且扩增子较短(<250bp),则中度降解的RNA样本也可进行可靠的分析和定量(Fleige and Pfaffl 2006),为评价总RNA的完整性,可取一份提纯RNA样品在EB染色的变性琼脂糖凝胶上进行电泳(见第6章的末尾,方案10,检测所制备RNA的质量)。另外,RNA样本也可用安捷伦2100生物分析仪(Agilent Technologies公司)进行分析,它能同时分析一个样本中RNA的浓度、完整性及纯度。如果没有对mRNA的完整性进行测定的可靠方法,可分析指定样本中的特定mRNA序列来反映总mRNA的完整性(Nolan et al. 2006)。在这类分析方法中,一般测定一些广泛表达的mRNA(如GAPDH)的完整性。可通过设计多重PCR实验来测定,定量检测GAPDH序列上三个不同的目标扩增子的水平。这三种扩增子的比例可反映RT-PCR是否可在全长的转录物上成功运行。但因为不同的mRNA降解速率不同,所以有必要用相同的方法检测多个目的片段。

选择反转录反应的引发方法

在荧光定量RT-PCR实验中,RNA转换成cDNA模板的过程对检测结果的可变性和缺乏重复性具有重要的潜在贡献。如果mRNA丰度低,则由模板丰度决定的RNA-cDNA的转化效率也会很低(Karrer et al. 1995)。而且,每种不同的合成cDNA的引发方法——基因特异引物法、oligo(dT)引物法、随机引物法,或者oligo(dT)和随机引物的组合法,在特异性和cDNA产量方面也存在显著差异(见第7章,方案8)。因此,只有在相同引发策略和反应条件下,实时定量PCR的结果才具有可比性(Ståhlberg et al. 2004)。

目前最常用的实时荧光RT-PCR的引发方法是oligo(dT)引物法,它比随机引物法的特异性更好,此方法是从有限的RNA样本中同时扩增几个目标mRNA的最佳方法。首先用oligo(dT)引物反转录产生一个cDNA池,然后将cDNA池分成几份,以便对每个靶基因各自进行PCR扩增。由于扩增长度的限制,当所有目标扩增子均位于mRNA的3′ poly(A)末端附近时,oligo(dT)是个很好的选择。但是,如果存在二级结构,或者靶mRNA中包含一个很长的3′端非翻译区,反转录酶可能无法达到上游引物结合位点(Sanderson et al. 2004)。另外,因为oligo(dT)引物法需要oligo(dT)与3′ poly(A)尾复性,所以它不适用于对可能已降解的RNA进行有效的反转录。

下一个要介绍的最常用的实时荧光RT-PCR实验引发方法是随机引物法(Bustin et al. 2005)。由于随机引物(六聚体、八聚体、10聚体、11聚体或12聚体)包括所有可能的碱基组合,因此,针对每一个原始mRNA模板,它们会产生不止一种cDNA靶标。此外,从总RNA反转录得到的cDNA大多数来自核糖体RNA(rRNA)。因此,如果感兴趣的目的mRNA的水平较低,可能不能成比例地被引发,则后续的扩增不能进行定量。事实上,现已证明,与特异性引物相比,使用随机六聚体可能导致mRNA拷贝数被高估19倍之多(Zhang and Byrne 1999)。随机引物法的另一个缺点是,与特异性引物引发的反应相比,随机引物引发的反应线性范围更窄(Bustin and Nolan 2004)。然而,如果PCR产物距离3′端几千个碱基或RNA不是聚腺苷化的,随机引物将比oligo(dT)给出更好的检测结果。如果PCR产物的位置或RNA的polyA水平发生变化,把oligo(dT)和随机引物混合将会得到更好的结果。

使用最少的实时荧光PCR引发方法为基因特异性引物法。虽然它可能为定量实验带来最大的灵敏度(Lekanne Deprez et al. 2002),但这种方法需要为每个待分析的靶RNA设计单独的引物,而在后来需要的时候,不可能回过头来再对其他靶基因进行相同的制备和扩增。虽然这种方法能在单一的反应管里扩增一个以上的靶基因(多重RT-PCR)(Wittwer et al. 2001），但需要仔细的实验设计和优化，以获得准确的定量数据。基因特异性引物的一个优点是，所有的反转录产物将编码感兴趣的基因，这可能会实现极低丰度的mRNA的定量，而这是非特异性反转录引物无法实现的。

酶的选择

进行RT-PCR实验，可使用既有反转录活性又有DNA聚合酶活性的单一酶种，也可分别使用反转录酶和DNA聚合酶两种酶。

反转录和PCR使用单一酶种

Tth聚合酶同时具有DNA聚合酶活性和反转录酶活性，可用于实时荧光PCR。该方法中，所有的试剂在反应开始时就被加入到一个管中（Cusi et al. 1994；Juhasz et al. 1996），从而减少操作时间和潜在的污染。但是它不可能将两个反应分开来优化，并且，Tth聚合酶的反转录活性较低，所以此法灵敏度不高（Easton et al. 1994）。此外，这种方法只能使用基因特异性引物，而且经常会产生大量引物二聚体，这可能会掩盖定量的真实结果（Vandesompele et al. 2002）。由于这些原因，单一酶种的方法很少使用。

反转录和PCR使用不同的酶

两酶法具有更大的灵活性、敏感性和优化潜力，与单酶法相比，通常会得到优先选择。在两酶法中，反应可在单管或两管中进行。

在一步法反应（单管）中，反转录和PCR反应在同一体系内进行。在高浓度dNTP和特异下游引物存在时，反转录酶合成cDNA，随后在同一管里加入耐热DNA聚合酶、PCR缓冲液（不含Mg^{2+}）和基因特异引物，并进行PCR反应。一步法RT-PCR简化了高通量应用，并有助于减少交叉污染，因为在cDNA合成及扩增过程中反应管始终保持封闭状态。这种方法有两个主要的缺点：首先，病毒反转录酶的模板开关活性能在反转录过程中形成副产物（Mader et al. 2001）；其次，反转录酶失活后也能抑制PCR扩增，导致扩增效率和靶基因的定量值被高估。

在两步法PCR反应中（方案4），反转录和PCR在两个反应管内进行，在第一管中反转录酶与oligo（dT）、随机引物或特异下游引物一起以最佳条件合成cDNA。然后部分反转录产物转到装有DNA聚合酶、缓冲液和PCR引物的第二管中，并在最佳反应条件下进行PCR反应。这种方法适应性最强，使得cDNA合成引物的选择更为灵活，并能实现从单个RNA样品中检测多种基因，因此也最常用。

选择内参基因

使用内参基因来归一化实时RT-PCR实验是一个简单而常用的方法，是目前首选的方法（Huggett et al. 2005）。作为一个合适的归一化因子，所有待检样品中的内参基因的表达量必须是恒定不变的，它的表达不能因研究过程中的各种处理而发生改变。从历史上看，最常用的内参基因是那些在所有细胞类型中表达量都较高的基因，如β-肌动蛋白（β-actin）、3-磷酸甘油醛脱氢酶（GAPDH）、次黄嘌呤-鸟嘌呤磷酸核糖转移酶（HPRT）和18S核糖体RNA。但是，有实验表明在某些细胞类型或某种条件下，这些经典的内参基因的表达水平也会发生变化。例如，巨细胞病毒感染后18S rRNA的水平增加（Tanaka et al. 1975）。许多人类组织中的*HPRT*基因表达始终处于较低水平，但在中枢神经系统的某些部分的表达水平很高（Stout et al. 1985）；β-肌动蛋白mRNA在不同白血病肿瘤样本中存在差异表达（Blomberg et al. 1987）；GAPDH在某些侵入性癌症里表达明显升高（Goidin et al. 2001）。因此，在任何实验中，验证待分析样品中的内参基因的表达是否恒定都是非常重要的，这可以通过实时 RT-PCR 实验进行验证，在该实验中，内参基因的表达量用样品中总 RNA 的量来进行归一化。如果样品间 C_T 值的差异较小，且待测样本的差异远大于内参基因的差异，则内参基因仍然可以使用（Huggett et al. 2005）。

在某些情况，可能有必要使用多个内参基因，而不是一个基因，以获得准确的定量和归一化（Vandesompele et al. 2002）。使用多基因的归一化是一个能得到准确结果的强大方法，也是精密测量的更可取方法。但是，这种方法需要大量的样品，增加了试验的成本，因此，这种方法不推荐使用。现有多种方案可进行多内参基因的评价，但必须在实验条件下认真分析内参基因的表达，并测定和报告其差异性。

- 免费软件 geNorm 通过计算候选 cDNA 的几何平均数来鉴定最合适的内参基因（Vandesompele et al. 2002）。
- BestKeeper 与 geNorm 类似，选择几何平均数变异最小的基因。与 geNorm 不同的是，BestKeeper 使用原始数据（Pfaffl et al. 2004）。
- NormFinder 不仅测量差异，而且根据试验条件下对表达的影响大小来对潜在的内参基因进行分组（Andersen 2004）。

在设计实时荧光 RT-PCR 实验时，重要的是要考虑采用的定量方法（数据分析）类型（见本章导言），因为这个选择将影响实验设计。首先，当使用绝对定量或相对定量的标准曲线法时，系列稀释的标准品必须与测试样品平行运行（见方案 1）。当为多个反应板制备标准曲线时，必须使用同一储存模板，使不同反应板间的相对量具有可比性。最后，需要牢记的是，通常不能使用 DNA 作为 RNA 绝对定量的标准品，因为它不能监控反转录过程的效率。

MIQE 指南

虽然实时荧光 PCR 的概念和实践的简单性使其成为最常见的核酸定量方法，但是在如何能最好地实施荧光 PCR、解释其实验结果等方面还未达成共识。因此，实时荧光 PCR 的数据质量是可变的，导致难以对结果进行评价，甚至实验结果难以重现。与此问题共存的是发表的文献中没有提供足够的实验细节，这就进一步妨碍了对数据的关键评价。为了应对这些问题，Bustin 开发了一套名为 MIQE（The Minimum Information for Publication of Quantitative Real Time PCR Experiments，定量 PCR 实验数据发表所需最低限度信息）的指南，作为发表论文中全面描述实时荧光 PCR 实验的标准（Bustin et al. 2009）。这项指南的目的是为了“给作者、读者及编辑提供关于 qPCR 实验中必须提供的最低信息的详细说明，以确保实验的相关性、精确性、正确的解释及重复性。”这些指南的目的是帮助提高实验室之间的一致性和实验透明度。当前需努力使各期刊采纳 MIQE 标准，这将强制要求发表文章时附一份完整的清单，如同发表微阵列数据的 MIAME 标准（Minimum Information about a Microarray Experiment，关于微阵列实验的最低限度信息）。

实时荧光 PCR 实验方案

本章的余下部分将介绍两种最常用化学法（SYBR Green I 和 TaqMan 探针）的实时荧光 PCR 和 RT-PCR 实验方案。至于其他化学法，请参照上文关于引物/探针设计和试验部分提及的文献。通常，实时荧光 PCR 的基本做法与传统 PCR 类似（见第 7 章），同样需要制备纯化的模板、设计引物和优化反应体系。实验流程图如图 9-6 所示：首先优化实时荧光 PCR 的引物和探针浓度（方案 1）；然后建立标准曲线（方案 2）；再进行实时荧光 PCR（方案 3）或实时 RT-PCR（方案 4）实验；最后分析实时荧光 PCR 或 RT-PCR 实验的原始数据（方案 5）。

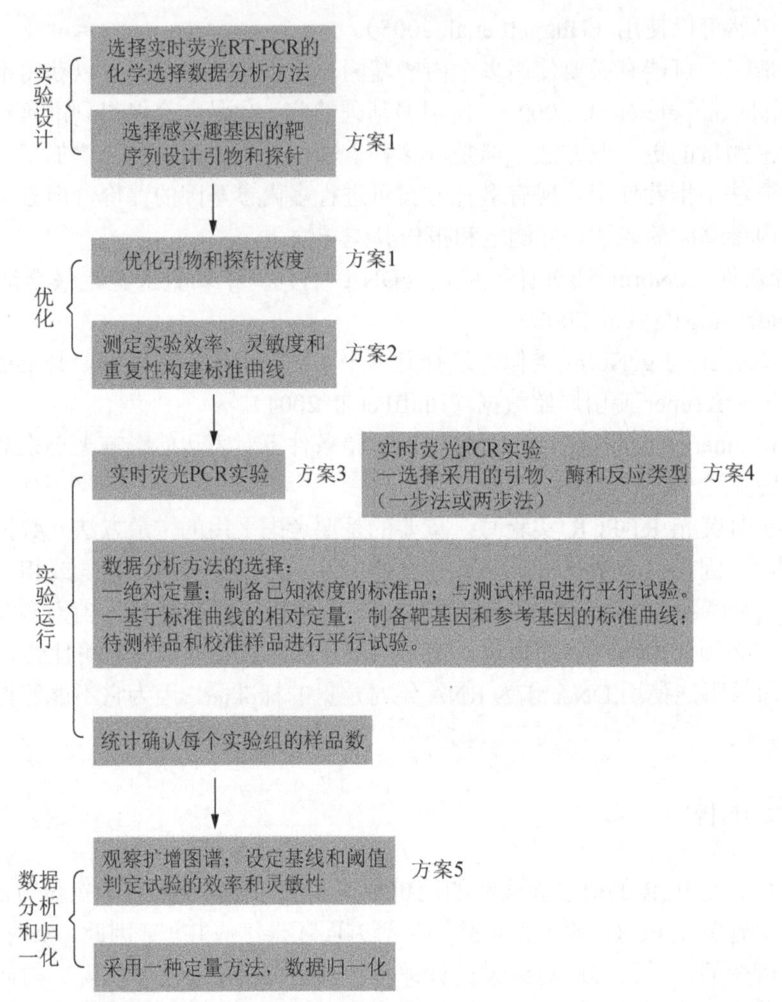

图 9-6 实时荧光 PCR 和 RT-PCR 实验流程图。

内部被动参考品染料

对于某些实时 PCR 仪器，被动参考染料（因其不参与 PCR 反应而得名）被加入到所有样品中，用以归一化可能存在于样品之间的非 PCR 相关荧光信号的差异，这些差异的产生可由移液误差、样品挥发或仪器的局限性带来。常见的被动参考染料是 ROX（5-羧基-X-碱性蕊香红），它应用于 ABI 公司和 Stratagene 公司的实时 PCR 仪上。

当使用被动参考染料时，仪器将会以荧光值对 ΔR_n 值进行绘图，它表示在给定的 PCR 条件下产生的荧光信号的强度：

$$\Delta R_n = (R_n^{+}) - (R_n^{-})$$

式中，R_n 表示报告染料发射的荧光强度与被动参考染料发射荧光强度的比值；R_n^{+} 表示含有所有组分（包括模板）的反应的 R_n 值。R_n^{-} 表示未反应样品的 R_n 值，此值可来自无模板对照，更为常见的是来自 PCR 实验中的早期循环，此时尚不能检测到显著的荧光增强。

参考文献

Ahmad AI, Ghasemi JB. 2007. New unsymmetrical cyanine dyes for real-time thermal cycling. *Anal Bioanal Chem* **389**: 983–988.

Andersen CL, Jensen JL, Orntoft TF. 2004. Normalization of real-time quantitative reverse transcription-PCR data: A model-based variance estimation approach to identify genes suited for normalization, applied to bladder and colon cancer data sets. *Cancer Res* **64**: 5245–5250.

Benes V, Castoldi M. 2010. Expression profiling of microRNA using real-time quantitative PCR, how to use it and what is available. *Methods* **50**: 244–249.

Bengtsson M, Karlsson HJ, Westman G, Kubista M. 2003. A new minor groove binding asymmetric cyanine reporter dye for real-time PCR. *Nucleic Acids Res* **31**: e45. doi: 10.1093/nar/gng045.

Blomberg J, Andersson M, Fäldt R. 1987. Differential pattern of oncogene and β-actin expression in leukaemic cells from AML patients. *Br J Haematol* **65**: 83–86.

Bustin SA. 2000. Absolute quantification of mRNA using real-time reverse transcription polymerase chain reaction assays. *J Mol Endocrinol* **25**: 169–193.

Bustin SA, Nolan T. 2004. Pitfalls of quantitative real-time reverse-transcription polymerase chain reaction. *J Biomol Tech* **15**: 155–166.

Bustin SA, Benes V, Nolan T, Pfaffl MW. 2005. Quantitative real-time RT-PCR—A perspective. *J Mol Endocrinol* **34**: 597–601.

Bustin SA, Benes V, Garson JA, Hellemans J, Huggett J, Kubista M, Mueller R, Nolan T, Pfaffl MW, Shipley GL, et al. 2009. The MIQE guidelines: Minimum information for publication of quantitative real-time PCR experiments. *Clin Chem* **55**: 611–622.

Cradic KW, Wells JE, Allen L, Kruckeberg KE, Singh RJ, Grebe SK. 2004. Substitution of 3′-phosphate cap with a carbon-based blocker reduces the possibility of fluorescence resonance energy transfer probe failure in real-time PCR assays. *Clin Chem* **50**: 1080–1082.

Crockett AO, Wittwer CT. 2001. Fluorescein-labeled oligonucleotides for real-time PCR: Using the inherent quenching of deoxyguanosine nucleotides. *Anal Biochem* **290**: 89–97.

Cusi MG, Valassina M, Valensin PE. 1994. Comparison of M-MLV reverse transcriptase and Tth polymerase activity in RT-PCR of samples with low virus burden. *BioTechniques* **17**: 1034–1036.

D'Haene B, Vandesompele J, Hellemans J. 2010. Accurate and objective copy number profiling using real-time quantitative PCR. *Methods* **50**: 262–270.

Easton LA, Vilcek S, Nettleton PF. 1994. Evaluation of a 'one tube' reverse transcription-polymerase chain reaction for the detection of ruminant pestiviruses. *J Virol Methods* **50**: 343–348.

Eriksson M, Westerlund F, Mehmedovic M, Lincoln P, Westman G, Larsson A, Akerman B. 2006. Comparing mono- and divalent DNA groove binding cyanine dyes—Binding geometries, dissociation rates, and fluorescence properties. *Biophys Chem* **122**: 195–205.

Fleige S, Pfaffl MW. 2006. RNA integrity and the effect on the real-time qRT-PCR performance. *Mol Aspects Med* **27**: 126–139.

Goidin D, Mamessier A, Staquet MJ, Schmitt D, Berthier-Vergnes O. 2001. Ribosomal 18S RNA prevails over glyceraldehyde-3-phosphate dehydrogenase and β-actin genes as internal standard for quantitative comparison of mRNA levels in invasive and noninvasive human melanoma cell subpopulations. *Anal Biochem* **295**: 17–21.

Gupta V, Cobb RR, Brown L, Fleming L, Mukherjee N. 2008. A quantitative polymerase chain reaction assay for detecting and identifying fungal contamination in human allograft tissue. *Cell Tissue Bank* **9**: 75–82.

Guy RA, Payment P, Krull UJ, Horgen PA. 2003. Real-time PCR for quantification of *Giardia* and *Cryptosporidium* in environmental water samples and sewage. *Appl Environ Microbiol* **69**: 5178–5185.

Heid CA, Stevens J, Livak KJ, Williams PM. 1996. Real time quantitative PCR. *Genome Res* **6**: 986–994.

Huggett J, Dheda K, Bustin S, Zumla A. 2005. Real-time RT-PCR normalisation; strategies and considerations. *Genes Immun* **6**: 279–284.

Jiang J, Alderisio KA, Singh A, Xiao L. 2005. Development of procedures for direct extraction of *Cryptosporidium* DNA from water concentrates and for relief of PCR inhibitors. *Appl Environ Microbiol* **71**: 1135–1141.

Johnson MP, Haupt LM, Griffiths LR. 2004. Locked nucleic acid (LNA) single nucleotide polymorphism (SNP) genotype analysis and validation using real-time PCR. *Nucleic Acids Res* **32**: e55. doi: 10.1093/nar/gnh046.

Juhasz A, Ravi S, O'Connell CD. 1996. Sensitivity of tyrosinase mRNA detection by RT-PCR: rTth DNA polymerase vs. MMLV-RT and AmpliTaq polymerase. *BioTechniques* **20**: 592–600.

Karlsson HJ, Eriksson M, Perzon E, Akerman B, Lincoln P, Westman G. 2003a. Groove-binding unsymmetrical cyanine dyes for staining of DNA: Syntheses and characterization of the DNA-binding. *Nucleic Acids Res* **31**: 6227–6234.

Karlsson HJ, Lincoln P, Westman G. 2003b. Synthesis and DNA binding studies of a new asymmetric cyanine dye binding in the minor groove of [poly(dA-dT)]$_2$. *Bioorg Med Chem* **11**: 1035–1040.

Karrer EK, Lincoln JE, Hogenhout S, Bennett AB, Bostock RM, Martineau B, Lucas WJ, Gilchrist DG, Alexander D. 1995. In situ isolation of mRNA from individual plant cells: Creation of cell-specific cDNA libraries. *Proc Natl Acad Sci* **92**: 3814–3818.

Klein D. 2002. Quantification using real-time PCR technology: Applications and limitations. *Trends Mol Med* **8**: 257–260.

Kutyavin IV, Afonina IA, Mills A, Gorn VV, Lukhtanov EA, Belousov ES, Singer MJ, Walburger DK, Lokhov SG, Gall AA, et al. 2000. 3′-Minor groove binder-DNA probes increase sequence specificity at PCR extension temperatures. *Nucleic Acids Res* **28**: 655–661.

Lefever S, Vandesompele J, Speleman F, Pattyn F. 2009. RTPrimerDB: The portal for real-time PCR primers and probes. *Nucleic Acids Res* **37**: D942–D945.

Lefevre J, Hankins C, Pourreaux K, Voyer H, Coutlée F, Canadian Women's HIV Study Group. 2004. Prevalence of selective inhibition of HPV-16 DNA amplification in cervicovaginal lavages. *J Med Virol* **72**: 132–137.

Le Guillou-Guillemette H, Lunel-Fabiani F. 2009. Detection and quantification of serum or plasma HCV RNA: Mini review of commercially available assays. *Methods Mol Biol* **510**: 3–14.

Lekanne Deprez RH, Fijnvandraat AC, Ruijter JM, Moorman AF. 2002. Sensitivity and accuracy of quantitative real-time polymerase chain reaction using SYBR green I depends on cDNA synthesis conditions. *Anal Biochem* **307**: 63–69.

Letertre C, Perelle S, Dilasser F, Arar K, Fach P. 2003. Evaluation of the performance of LNA and MGB probes in 5′-nuclease PCR assays. *Mol Cell Probes* **17**: 307–311.

Mackay J, Landt O. 2007. Real-time PCR fluorescent chemistries. *Methods Mol Biol* **353**: 237–261.

Mader RM, Schmidt WM, Sedivy R, Rizovski B, Braun J, Kalipciyan M, Exner M, Steger GG, Mueller MW. 2001. Reverse transcriptase template switching during reverse transcriptase-polymerase chain reaction: Artificial generation of deletions in ribonucleotide reductase mRNA. *J Lab Clin Med* **137**: 422–428.

Marras SA, Kramer FR, Tyagi S. 2002. Efficiencies of fluorescence resonance energy transfer and contact-mediated quenching in oligonucleotide probes. *Nucleic Acids Res* **30**: e122. doi: 10.1093/nar/gnf121.

Martinelli G, Iacobucci I, Soverini S, Cilloni D, Saglio G, Pane F, Baccarani M. 2006. Monitoring minimal residual disease and controlling drug resistance in chronic myeloid leukaemia patients in treatment with imatinib as a guide to clinical management. *Hematol Oncol* **24**: 196–204.

Monis PT, Giglio S, Saint CP. 2005. Comparison of SYTO9 and SYBR Green I for real-time polymerase chain reaction and investigation of the effect of dye concentration on amplification and DNA melting curve analysis. *Anal Biochem* **340**: 24–34.

Newby DT, Hadfield TL, Roberto FF. 2003. Real-time PCR detection of *Brucella abortus*: A comparative study of SYBR green I, 5′-exonuclease, and hybridization probe assays. *Appl Environ Microbiol* **69**: 4753–4759.

Niesters HG. 2001. Quantitation of viral load using real-time amplification techniques. *Methods* **25**: 419–429.

Nolan T, Hands RE, Bustin SA. 2006. Quantification of mRNA using real-time RT-PCR. *Nat Protoc* **1**: 1559–1582.

Pattyn F, Speleman F, De Paepe A, Vandesompele J. 2003. RTPrimerDB: The real-time PCR primer and probe database. *Nucleic Acids Res* **31**: 122–123.

Pattyn F, Robbrecht P, De Paepe A, Speleman F, Vandesompele J. 2006. RTPrimerDB: The real-time PCR primer and probe database, major update 2006. *Nucleic Acids Res* **34:** D684–D688.

Perch-Nielsen IR, Bang DD, Poulsen CR, El-Ali J, Wolff A. 2003. Removal of PCR inhibitors using dielectrophoresis as a selective filter in a microsystem. *Lab Chip* **3:** 212–216.

Pfaffl MW, Tichopad A, Prgomet C, Neuvians TP. 2004. Determination of stable housekeeping genes, differentially regulated target genes and sample integrity: BestKeeper—Excel-based tool using pair-wise correlations. *Biotechnol Lett* **26:** 509–515.

Piqueur MA, Verstrepen WA, Bruynseels P, Mertens AH. 2009. Improvement of a real-time RT-PCR assay for the detection of enterovirus RNA. *Virol J* **6:** 95. doi: 10.1186/1743-422X-6-95.

Rådström P, Knutsson R, Wolffs P, Lövenklev M, Löfström C. 2004. Pre-PCR processing: Strategies to generate PCR-compatible samples. *Mol Biotechnol* **26:** 133–146.

Sanderson IR, Bustin SA, Dziennis S, Paraszczuk J, Stamm DS. 2004. Age and diet act through distinct isoforms of the class II transactivator gene in mouse intestinal epithelium. *Gastroenterology* **127:** 203–212.

Schmittgen TD, Zakrajsek BA, Mills AG, Gorn V, Singer MJ, Reed MW. 2000. Quantitative reverse transcription-polymerase chain reaction to study mRNA decay: Comparison of endpoint and real-time methods. *Anal Biochem* **285:** 194–204.

Spandidos A, Wang X, Wang H, Dragnev S, Thurber T, Seed B. 2008. A comprehensive collection of experimentally validated primers for polymerase chain reaction quantitation of murine transcript abundance. *BMC Genomics* **9:** p633. doi: 10.1186/1471-2164-9-633.

Ståhlberg A, Bengtsson M. 2010. Single-cell gene expression profiling using reverse transcription quantitative real-time PCR. *Methods* **50:** 282–288.

Ståhlberg A, Håkansson J, Xian X, Semb H, Kubista M. 2004. Properties of the reverse transcription reaction in mRNA quantification. *Clin Chem* **50:** 509–515.

Stout JT, Chen HY, Brennand J, Caskey CT, Brinster RL. 1985. Expression of human HPRT in the central nervous system of transgenic mice. *Nature* **317:** 250–252.

Suñén E, Casas N, Moreno B, Zigorraga C. 2004. Comparison of two methods for the detection of hepatitis A virus in clam samples (*Tapes* spp.) by reverse transcription-nested PCR. *Int J Food Microbiol* **91:** 147–154.

Suslov O, Steindler DA. 2005. PCR inhibition by reverse transcriptase leads to an overestimation of amplification efficiency. *Nucleic Acids Res* **33:** e181. doi: 10.1093/nar/gni176.

Tanaka S, Furukawa T, Plotkin SA. 1975. Human cytomegalovirus stimulates host cell RNA synthesis. *J Virol* **15:** 297–304.

Taneyhill LA, Adams MS. 2008. Investigating regulatory factors and their DNA binding affinities through real time quantitative PCR (RT-QPCR) and chromatin immunoprecipitation (ChIP) assays. *Methods Cell Biol* **87:** 367–389.

Tichopad A, Dilger M, Schwarz G, Pfaffl MW. 2003. Standardized determination of real-time PCR efficiency from a single reaction set-up. *Nucleic Acids Res* **31:** pe122. doi: 10.1093/nar/gng122.

Tyagi S, Kramer FR. 1996. Molecular beacons: Probes that fluoresce upon hybridization. *Nat Biotechnol* **14:** 303–308.

Vandesompele J, De Preter K, Pattyn F, Poppe B, Van Roy N, De Paepe A, Speleman F. 2002. Accurate normalization of real-time quantitative RT-PCR data by geometric averaging of multiple internal control genes. *Genome Biol* **3:** presearch0034–research0034.11.

Wang X, Seed B. 2003. A PCR primer bank for quantitative gene expression analysis. *Nucleic Acids Res* **31:** e154. doi: 10.1093/nar/gng154.

Whitcombe D, Theaker J, Guy SP, Brown T, Little S. 1999. Detection of PCR products using self-probing amplicons and fluorescence. *Nat Biotechnol* **17:** 804–807.

Wittwer CT, Herrmann MG, Moss AA, Rasmussen RP. 1997. Continuous fluorescence monitoring of rapid cycle DNA amplification. *BioTechniques* **22:** 130–131, 134–138.

Wittwer CT, Herrmann MG, Gundry CN, Elenitoba-Johnson KS. 2001. Real-time multiplex PCR assays. *Methods* **25:** 430–442.

Wittwer CT, Reed GH, Gundry CN, Vandersteen JG, Pryor RJ. 2003. High-resolution genotyping by amplicon melting analysis using LCGreen. *Clin Chem* **49:** 853–860.

Zhang J, Byrne CD. 1999. Differential priming of RNA templates during cDNA synthesis markedly affects both accuracy and reproducibility of quantitative competitive reverse-transcriptase PCR. *Biochem J* **337:** 231–241.

Zhao S, Fernald RD. 2005. Comprehensive algorithm for quantitative real-time polymerase chain reaction. *J Comput Biol* **12:** 1047–1064.

网络资源

Biosearch Technologies http://www.biosearchtech.com/products/probe_design.asp
BLASTn searching http://blast.ncbi.nlm.nih.gov/Blast.cgi
Premier Biosoft International http://www.premierbiosoft.com
PrimerBank http://pga.mgh.harvard.edu/primerbank/index.html
Primer3Plus http://www.bioinformatics.nl/cgi-bin/primer3plus/primer3plus.cgi
Real Time PCR Primer Sets http://www.realtimeprimers.org/
RTPrimerDB http://medgen.ugent.be/rtprimerdb/

方案 1　实时 PCR 反应用引物和探针浓度的优化

设计和选定引物、探针后（见导言部分），有必要优化 PCR 体系中引物和探针的使用浓度。设计一组 PCR 实验，在这些实验中，上、下游引物浓度可以单独改变。通过扩增曲线进行比较分析。通过制作标准曲线（见方案 2）可以确定实验的扩增效率、灵敏度和重复性。若用 SYBR Green I 代替探针，还需要分析熔解曲线。

材料

为正确使用本方案中的器材和危险试剂，必须查阅相应的材料安全数据表并咨询所在机构的环境卫生和安全办公室。

本方案专用试剂的配方以<R>表示，在本方案末尾提供。附录 1 给出了常用储备溶液、缓冲液和试剂的配方，标记为<A>。使用时稀释储备溶液到合适浓度。

本方案的专用试剂标注<R>，配方在本方案末提供。常用储备溶液、缓冲液和试剂标注<A>，配方见附录 1。储备溶液应稀释至适用浓度后使用。

试剂

上游和下游引物（10μmol/L）

无 RNA 酶的水

探针（假设用 TaqMan 探针）（10μmol/L）

用于 SYBR Green I 或 TaqMan 的实时荧光 PCR 预混液 <R>

预制的实时荧光 PCR 预混液包含除模板和引物以外的所有 PCR 所需试剂，可从公司（如 Applied Biosystems、QIAGEN、Life Technologies、Bio-Rad）购买。这种预混液可以简化实验过程，降低污染概率，提供最佳性能。另外，可以参考本章节附录自己配制预混液。

模板 DNA

如本章导言部分所述，C_T 在 20～30 范围的模板 DNA 浓度需要凭经验测定，而 10～50ng 的基因组 DNA 或 0.1～1ng 的质粒 DNA 是一个较好的起点。

设备

适用于自动微量移液器的滤芯吸头

微量离心管（0.4～1.5mL，无菌）

PCR 塑料制品（PCR 管，单排或 96/384 孔板）

PCR 塑料制品要根据 PCR 制造商的说明要求来选择。所使用的反应板必须与 PCR 仪的加热模块完全匹配才能保证高效的传热性能和孔间均一性。假如系统通过管盖收集信号，那么必须使用光学等级的管盖。为避免样品蒸发，必须确保反应管或板有良好的密封性。有些系统（但不是所有的），能很好地与热封覆盖膜兼容。

实时荧光 PCR 热循环仪

方法

配制和运行 PCR

1．在无菌微量离心管中，用无 RNA 酶水制备 20μL 浓度分别为 1μmol/L、2μmol/L、3μmol/L 和 6μmol/L 的上、下游引物溶液。

2．参照下面的引物浓度优化矩阵，每管各加入 1μL 上、下游引物，这样每管的体积为 2μL，每个反应重复 3 管。另外再配制 3 管或 3 孔含最低和最高引物浓度的反应液（如 1μmol/L 上游+1μmol/L 下游、6μmol/L 上游+6μmol/L 下游）。这些样品不加模板作为实验的阴性对照（通常称之为无模板对照 NTC）。

上游引物	1μmol/L	2μmol/L	3μmol/L	6μmol/L
下游引物	终浓度/（nmol/L）			
1μmol/L	50/50	50/100	50/150	50/300
2μmol/L	100/50	100/100	100/150	100/300
3μmol/L	150/50	150/100	150/150	150/300
6μmol/L	300/50	300/100	300/150	300/300

3．在无菌微量离心管中配制含样品模板的 PCR 反应混合液。下表列出了单个反系的体积，你所需配制的反应体积为反应份数乘以单个反应体积。

在本例子中，总反应体积为 16×3=48。配制 PCR 反应混合物时，可能会出现移液不准，建议要为所有样品和对照多配制出 1 或 2 个反应的体积量。

如果使用热启动酶，如 ABI 公司的 AmpliTaq Gold DNA 聚合酶，需要 9～12min 的热启动（92～95℃）来激活酶的活性，因为 AmpliTaq Gold DNA 聚合酶在室温条件下无活性，所以无需在冰上配制反应液。

SYBR Green I 法

组分	单个反应加入量/μL
水	3
模板	5
SYBR Green I 预混液	10

TaqMan 探针法

组分	单个反应加入量/μL
水	2.5
探针/（10μmol/L）	0.5
模板	5
TaqMan 预混液	10

4．在另一个无菌微量离心管中配制无模板对照的反应体系。

在本例子中，需要 6 个无模板对照反应，因此需要配制 7 次分量反应体系。

SYBR Green I

组分	单个反应加入量/μL
水	8
SYBR Green I 预混液	10

TaqMan

组分	单个反应加入量/μL
水	7.5
探针/（10μmol/L）	0.5
TaqMan 预混液	10

5．在含有上、下游引物溶液的 PCR 管/孔里加入 18μL PCR 混合液，用吸头上下反复轻柔吹打，并避免产生气泡。小心盖上盖子。短暂离心，将溶液收集到管底。

为了避免潜在的交叉污染，在所有试剂分装完后，需要设置不加模板的空白对照。

6．把 PCR 板或管放到实时热循环仪上。使用以下热循环参数设置程序并运行仪器。下面的反应程序是专为使用 AmpliTaq Gold 热启动 DNA 聚合酶的实时荧光 PCR 实验设置的。

SYBR Green I

	温度	时间
起始步骤		
1．AmpErase UNG 酶激活[a]	50℃	2min
2．AmpliTaq Gold 热启动酶激活	95℃	10min
PCR（40 个循环）		
3．变性	95℃	15s
4．复性/延伸	60℃	1min
熔解曲线		
5．变性	55～95℃	

a. 该步骤仅适用于含有 AmpErase UNG（尿嘧啶-*N*-糖基化酶）酶的体系。

TaqMan

	温度	时间
起始步骤		
1．AmpErase UNG 酶激活 [a]	50℃	2min
2．AmpliTaq Gold 热启动酶激活	95℃	10min
PCR（40 个循环）		
3．变性	95℃	15s
4．复性/延伸	60℃	1min

a. 该步骤仅适用于含有 AmpErase UNG 酶的体系。

配制好反应液后应尽快进行 PCR 反应。一些市售的混合液含有甘油和 DMSO，可以在-20℃储存 12h 以上。但其他的体系不宜长时间放置。请参阅生产商的说明。

分析扩增曲线

7．观察扩增曲线（ΔR_n 对循环数）（图 9-7）

首先检查所有样品的扩增曲线（线图），找出扩增异常曲线（详见方案 5）。大多数实时荧光 PCR 仪器都可以自动设置基线和阈值，在这一点上，通常可以让机器设置这些参数。其次，确认无模板对照组没有扩增信号，如果有检测信号，应该排查原因。最后，确定实验的最佳引物浓度。能同时给出最低 C_T（20～30）和最高 ΔR_n 的引物组合的灵敏度最高，重复性最好。如果 C_T 在此范围以外，模板的浓度需要进行调整。根据经验，一般 10 倍的浓度差相当于 3.3 个循环，按照此算法可相应减少/增加引物浓度。

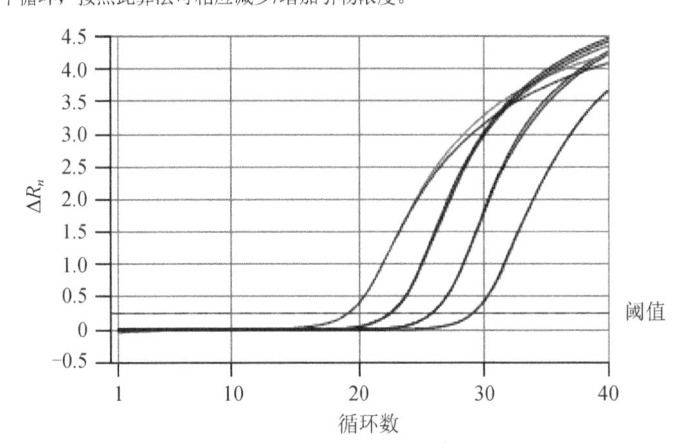

图 9-7　扩增曲线（线图）示例。 每组重叠的曲线表示三份不同引物浓度组合的反应。C_T 值在 20～30 之间的引物组合得到的实验结果最佳。

8．分析扩增曲线后，根据标准曲线，确定实验的检测效率、灵敏度和重复性（见方案 2）。

分析熔解曲线

9．若使用的是 SYBR Green 染料，还需要分析熔解曲线（图 9-8）。

在熔解曲线分析过程中，随着扩增后反应混合物的温度逐渐升高，会引起双链 DNA 分离，导致结合的荧光染料释放，荧光信号也相应减少。DNA 解链温度（又称 T_m）和荧光强度降低依赖于扩增产物的大小和序列。因此，可以根据他们的 T_m 值来鉴定扩增产物。最佳的引物浓度就是含模板组可以产生单一的尖锐峰，而无模板组没有信号时的浓度（见“疑难解答”），该单一峰表明靶序列的特异扩增（图 9-8A）。如果形成引物二聚体，其产物较短，T_m 也比长靶扩增子的 T_m 低，从而产生两种不同的熔解曲线峰（图 9-8B）。当加入的 RNA 浓度较低时，引物二聚体的量会增加。

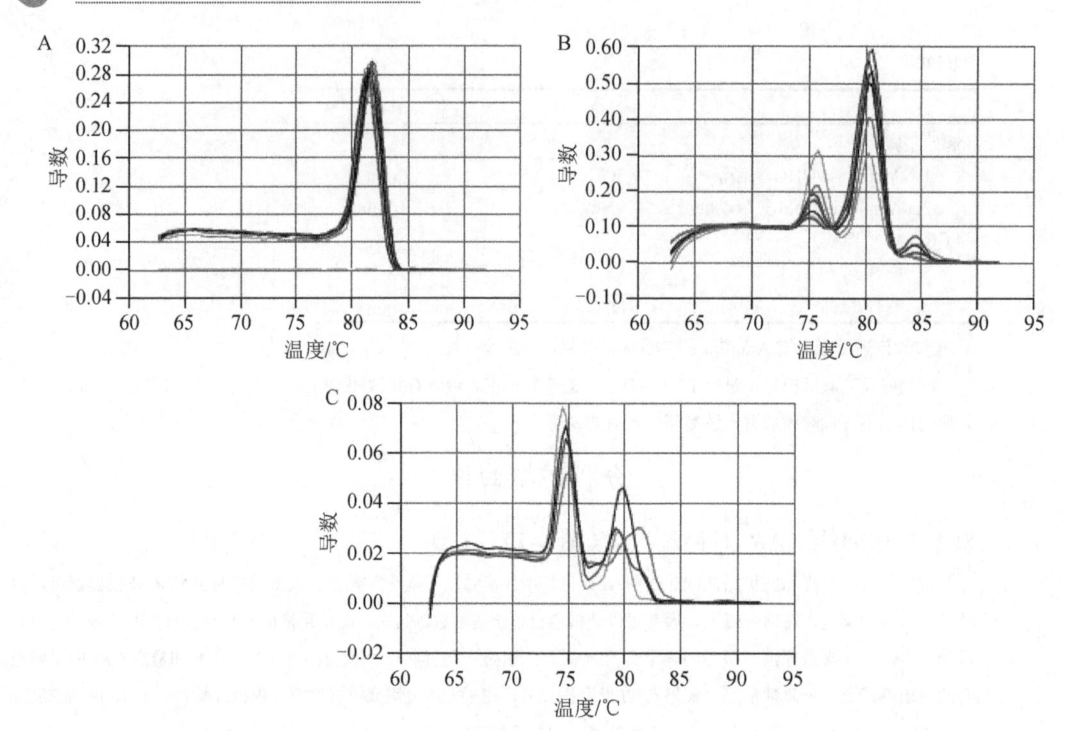

图 9-8　熔融曲线示例。（A）单峰，来自特异性扩增。（B）双峰，其中较低的峰值表明形成引物二聚体。（C）双峰，其中较高的峰值表示基因组 DNA 的扩增

疑难解答

问题（步骤 7 和步骤 9）： 无模板对照组的引物组合产生信号。

解决方案： 如果无模板组的熔解温度比有模板组的熔解温度低，选择在无模板对照组中产生最小低熔解温度峰的引物组合，其可能是引物二聚体。在每个循环的复性/延伸步骤后，加入一个测量荧光的步骤，该步骤的温度比预期 PCR 产物的溶解温度低 3℃，时长 15s，即可避免检测到非特异信号，或至少可以最小化。

配方

为正确使用本方案中的器材和危险试剂，必须查阅相应的材料安全数据表并咨询所在机构的环境卫生和安全办公室。

SYBR Green I 或 TaqMan 实验所用的实时荧光 PCR 混合物

该配方可替代预制的实时荧光 PCR master mix。各组分的最佳浓度如下：

终浓度 200μmol/L 的 dNTP

若用 dUTP 代替 dTTP（见 UNG 介绍），dUTP 终浓度应为 400μmol/L。

0.1μL（0.5U）*Taq* 聚合酶

使用热启动 *Taq* 聚合酶可以提高实时荧光 PCR 的特异性，如 JumpStart Taq（Sigma-Aldrich 公司）、HotStarTaq（(QIAGEN 公司）或 AmpliTaq Gold（Applied Biosystems 公司）。一般每 20μL 体系加入 0.1μL（0.5U）*Taq* DNA 聚合酶（5.0U/μL）。必要时可以按 0.1U 浓度梯度增加来优化反应酶用量。在 TaqMan 实验中，所使用 *Taq* 酶需具有 5′→3′外切酶活性，如 AmpliTaq 或 AmpliTaq Gold（Applied Biosystems 公司）。

4～7mmol/L $MgCl_2$

UNG

先前通过 PCR 得到的扩增产物可能是实时荧光 PCR 实验的潜在污染源。为防止潜在 PCR 产物的污染，可以在反应体系中加入尿嘧啶-*N*-糖基化酶（UNG 酶，如 Applied Biosystems 公司的 AmpErase UNG），它能酶切破坏污染

物，防止外来产物的再次扩增。含 UNG 的预混液，需用 dUTP 部分或全部替换 dTTP。UNG 酶可将反应体系中含 U 的 DNA 污染物中的尿嘧啶碱基降解，从而造成污染 DNA 链的断裂。因此在后续的 PCR 循环中，只有靶基因 DNA 能进行扩增，由前期实验中带来的污染物不会被扩增。

被动参考染料

在用 Applied Biosystems 仪器进行实时荧光 PCR 实验时，ROX 染料可作为内部参考；但在 LightCycler 或 iCycler 仪器上，ROX 不适用。ROX 使用终浓度为 0.45nmol/L。

方案 2　制作标准曲线

每次实时荧光 PCR 实验都必须制作标准曲线（见本章导言）。本方案用于制作浓度未知的模板的标准曲线，这种标准曲线适用于优化实验和用标准曲线法进行相对定量。此处所述的制作原则同样适用于制作绝对定量标准曲线，但是标准品的浓度必须用一个独立的方法来测定，通常为 A_{260} 吸光度法或基于染料的 DNA 测定法，详情参见第 1 章中的“DNA 定量的介绍”和“分光光度法”信息栏；至于 RNA，可参见第 6 章的方案 6。质粒 DNA 和体外转录 RNA 常用来制备绝对定量标准品。采用 A_{260} 吸光度法，要确保 DNA 或 RNA 标准品是单一的、纯净的。例如，从大肠杆菌提取的质粒 DNA 经常污染 RNA，致使 A_{260} 升高，影响质粒拷贝数的计算。为了精确测定 A_{260} 值，质粒 DNA 或体外转录 RNA 需要浓缩，然后浓缩的 DNA 或 RNA 要稀释 100 或 1000 倍，使其与生物样品中靶基因的浓度相似。另外，一般不能用 DNA 作为标准品来定量 RNA，因为其无法监控 RNA 的反转录效率。

材料

为正确使用本方案中的器材和危险试剂，必须查阅相应的材料安全数据表并咨询所在机构的环境卫生和安全办公室。

试剂

上游和下游引物（最佳浓度，见方案 1）

无 RNA 酶的水

探针（如果采用 TaqMan 探针）（最佳浓度，见方案 1）

用于 SYBR Green I 或 TaqMan 的实时荧光 PCR 预混液

预制的实时荧光 PCR 预混液包含除模板和引物以外的所有 PCR 所需试剂，可从公司（如 Applied Biosystems、QIAGEN、Life Technologies、Bio-Rad）购买。这种预混液可以简化实验过程，降低污染概率，提供最佳性能。另外，可以参考本章节附录自己配制预混液。

DNA 模板

设备

适用于自动微量移液器的滤芯吸头

微量离心管（0.4～1.5mL，无菌）

PCR 塑料制品（PCR 管，单排或 96/384 孔板）

PCR 塑料制品要根据 PCR 制造商的说明要求来选择。所使用的反应板必须与 PCR 仪的加热模块完全匹配才能保证高效的传热性能和孔间均一性。若系统通过管盖收集信号，那么必须使用光学等级的管盖。为避免样品蒸发，必须确保反应管或板有良好的密封性。有些系统（但不是所有的）能很好地与热封覆盖膜兼容。

实时荧光 PCR 热循环仪

 方法

1. 在无菌微量离心管中，用无 RNA 酶水制备至少 5 个 10 倍梯度稀释的模板。

制备系列稀释液时，精确移液非常重要。

2. 每个反应管/孔里加入 5μL 稀释液，一式三份；无模板对照组，三份中各加入 5μL 水。

3. 在无菌微量离心管中，按照下表配制 PCR 混合液。每个反应体积为 5μL，乘以所需反应数即为所需配制总体积量。

配制 PCR 反应混合物时，可能会出现移液不准的情况，建议要为所有样品和对照多配制 1～2 人份的体积量。如果使用热启动酶，如 Applied Biosystems 公司的 AmpliTaq Gold DNA 聚合酶，需要 9～12min 的热启动（92～95℃）来激活酶的活性，因为 AmpliTaq Gold DNA 聚合酶在室温条件下无活性，所以无需在冰上配制反应液。

SYBR Green I

组分	单个反应加入量/μL
水	3
上游引物（最佳浓度）	1
下游引物（最佳浓度）	1
SYBR Green I 混合液	10

TaqMan

组分	单个反应加入量/μL
水	2.5
探针（最佳浓度）	0.5
上游引物（最佳浓度）	1
下游引物（最佳浓度）	1
TaqMan 混合液	10

4. 将 15μL PCR 混合液加到 PCR 孔或板里，用吸头上下轻轻吹打混匀，避免产生气泡。小心盖上管盖。短暂离心，将溶液收集到管底。

5. 将反应板或管移至实时荧光 PCR 仪上，按下表参数设置程序并运行。

SYBR Green I

	温度	时间
起始步骤		
1. AmpErase UNG 酶激活[a]	50℃	2min
2. AmpliTaq Gold 热启动酶激活	95℃	10min
PCR（40 个循环）		
3. 变性	95℃	15s
4. 复性/延伸	60℃	1min
熔解曲线		
5. 变性	55～95℃	

a. 该步骤仅适用于含有 AmpErase UNG 酶的体系。

TaqMan

	温度	时间
起始步骤		
1. AmpErase UNG 酶激活[a]	50℃	2min
2. AmpliTaq Gold 热启动酶激活	95℃	10min
PCR（40 个循环）		
3. 变性	95℃	15s
4. 复性/延伸	60℃	1min

a. 该步骤仅适用于含有 AmpErase UNG 酶的体系。

配好反应液后应尽快进行 PCR 反应。一些市售的混合液含有甘油和 DMSO，可以在-20℃储存 12h 以上，但其他的体系不宜长时间放置。请参阅生产商的说明。

6．使用仪器自带软件进行分析，以 C_T 值对稀释倍数的对数作图，得到图 9-9 所示的图形，测定斜率（评价有效性）和 R^2 值

如上所述，最佳斜率为-3.32，但-3.10～-3.74（85%～110%的效率）的斜率范围也是能接受的（若结果不理想，见“疑难解答”）。R^2 最佳值为 1，但大于 0.98 即可（若结果不符，见“疑难解答”）。

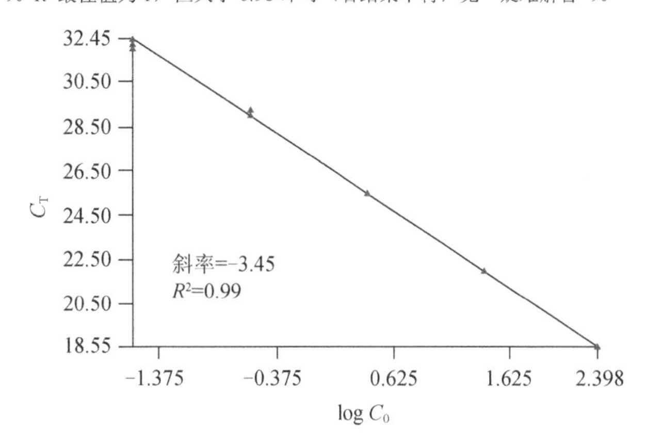

图 9-9　标准曲线示例。每个数据点集代表模板浓度重复 3 次。该线性的斜率为-3.45（效率为 94.9%），R^2 为 0.99，表明该定量结果可靠。

7．若使用的是 SYBR Green I 染料，要分析熔解曲线以确保仅有特异产物扩增，并且模板浓度在分析范围内（见方案 1，步骤 9）。

比较 C_T 值法的标准曲线

使用比较 C_T 值法的前提是靶基因和内参基因的扩增效率接近 100%且偏差在 5%以内。这两个参数可以通过归一化实验进行判定。将同时表达靶基因和内参基因的样品进行梯度稀释，在不同的管里分别对两基因进行实时荧光 PCR 扩增，获得不同稀释浓度的靶基因和内参基因的 C_T 值，然后可以计算出其差值：$\Delta C_T = C_T$（靶基因）$- C_T$（内参基因）；

以该 ΔC_T 值对起始浓度的对数作图获得一条半对数回归直线。若在起始模板浓度范围内，靶基因和内参基因的扩增效率相同，则直线斜率为 0；若斜率小于 0.1 或大于 0.1，说明扩增效率不一致，实验需要重新优化。

疑难解答

问题（步骤 6）：PCR 扩增效率太低。

解决方案：低扩增效率说明引物设计得不好、反应条件不合适或有移液误差。为提高扩增效率，需要优化引物浓度，设计合适的引物，并小心移液以尽量避免移液误差。

问题（步骤 6）：PCR 扩增效率太高。

解决方案：效率超过 100%可能是因为样品中的抑制剂导致高浓度样品 C_T 值滞后，PCR 抑制剂可来源于原始材料（如蛋白质或多糖），也可由核酸提取过程引入（如 SDS、苯酚、乙醇、蛋白酶 K、离液剂或乙酸钠），此时，可尝试用其他适合该样品类型的试剂盒对提取的 DNA 样品重新提取。

问题（步骤 6）：R^2 值太低（<0.9）。

解决方案：低 R^2 值可能意味着引物设计不好。重新设计引物。

问题（步骤 6）：重复性差。

解决方案：许多技术方面的因素会造成重复性的损失，如移液不精确、组分混合不完全、反应孔中有气泡、孔边缘的信号下降、在管/板盖上做标记等。为提高重复性，要小心移液，确保反应组分混合均匀，离心样品以去除气泡，确保所有组分位于反应管/孔底部，并且不在管盖上做标记。

问题（步骤 6）：最低浓度起始核酸对应的一个或多个点偏离曲线图的线性范围。

解决方案：当浓度水平低于检测灵敏度时，这是完全可能的。为提高灵敏度，需要优化引物浓度或设计不同的引物。

问题（步骤 6）：最高浓度起始核酸对应的一个或多个点偏离曲线图的线性范围。

解决方案：当靶基因浓度超出实验的有效范围和反应饱和时有可能发生这种现象。为解决这种问题，可减少核酸的加入量或将样品核酸进行稀释。

问题（步骤 6）：几个随机点高于或低于直线。

解决方案：可能是精确移液的问题。检查吸头是否与移液器完全匹配且体积分装均匀。

方案 3　实时荧光 PCR 定量检测 DNA

在进行实时荧光 PCR 实验前，进行引物浓度优化（TaqMan 法还需优化探针浓度）以确定实验的有效性、灵敏性和重复性是非常重要的（见方案 1 和方案 2）。在设计实时荧光 PCR 时，确定采用哪种定量方法（或数据分析）也很重要（见本章导言中的“实时荧光 PCR 实验数据处理”）。若采用绝对定量，必须与测试样品一起运行标准曲线（见方案 2）。可以用已知绝对浓度的质粒 DNA 或其他 DNA 来制作标准曲线。但是，必须确定所使用标准品的 PCR 扩增效率与未知样本相同。若采用相对定量，内参基因也必须要和检测样本同步实验（见本章导言）。

材料

为正确使用本方案中的器材和危险试剂，必须查阅相应的材料安全数据表并咨询所在机构的环境卫生和安全办公室。

试剂

上游和下游引物（最佳浓度，见方案 1）

无 RNA 酶的水

探针（若使用 TaqMan 探针法）（最佳浓度，见方案 1）

用于 SYBR Green I 或 TaqMan 的实时荧光 PCR 预混液

预制的实时荧光 PCR 预混液包含除模板和引物以外的所有 PCR 所需试剂，可从公司（如 Applied Biosystems、QIAGEN、Life Technologies、Bio-Rad）购买。这种预混液可以简化实验过程，降低污染概率，提供最佳性能。另外，可以参考本章节附录自行配制预混液。

DNA 模板

设备

适用于自动微量移液器的滤芯吸头

微量离心管（0.4～1.5mL，无菌）

PCR 塑料制品（PCR 管，单排或 96/384 孔板）

PCR 塑料制品要根据 PCR 制造商的说明要求来选择。所使用的反应板必须与 PCR 仪的加热模块完全匹配才能保证高效的传热性能和孔间均一性。假如系统通过管盖收集信号，那么必须使用光学等级的管盖。为避免样品蒸发，必须确保反应管或板有良好的密封性。有些系统（但不是所有的）能很好地与热封覆盖膜兼容。

实时荧光 PCR 热循环仪

方法

1．每个反应体系里加入 5μL DNA 模板，一式三份；对照组加入 5μL 水，一式三份。

2．在无菌微量离心管中，按照下表配制 PCR 混合液。每个反应体积为 15μL，乘以所需反应数即为所需配制总体积量。

配制 PCR 反应混合物时，可能会出现移液不准的情况，建议要为所有样品和对照多配制 1～2 人份的体积量。如果使用热启动酶，如 Applied Biosystems 公司的 AmpliTaq Gold DNA 聚合酶，需要 9～12min 的热启动来激活酶的活性，因为 AmpliTaq Gold DNA 聚合酶在室温条件下无活性，所以无需在冰上配制反应液。

SYBR Green I

组分	单个反应加入量/μL
水	3
上游引物（最佳浓度）	1
下游引物（最佳浓度）	1
SYBR Green I 混合液	10

TaqMan

组分	单个反应加入量/μL
水	2.5
探针（最佳浓度）	0.5
上游引物（最佳浓度）	1
下游引物（最佳浓度）	1
TaqMan 混合液	10

3．将 15μL PCR 混合液加到 PCR 孔或板里，用吸头上下轻轻吹打混匀，避免产生气泡。小心盖上管盖。短暂离心，将溶液收集到管底。

4．将反应板或管移至实时荧光 PCR 仪上，按下表参数设置程序并运行。

SYBR Green I

	温度	时间
起始步骤		
1．AmpErase UNG 酶激活[a]	50℃	2min
2．AmpliTaq Gold 热启动酶激活	95℃	10min
PCR（40 个循环）		
3．变性	95℃	15s
4．复性/延伸	60℃	1min
熔解曲线		
5．变性	55～95℃	

a. 该步骤仅适用于含有 AmpErase UNG 酶的体系。

TaqMan

	温度	时间
起始步骤		
1. AmpErase UNG 酶激活[a]	50℃	2min
2. AmpliTaq Gold 热启动酶激活	95℃	10min
PCR（40 个循环）		
3. 变性	95℃	15s
4. 复性/延伸	60℃	1min

a. 该步骤仅适用于含有 AmpErase UNG 酶的体系。

配制好反应液后应尽快进行 PCR 反应。一些市售的混合液含有甘油和 DMSO，可以在-20℃储存 12 h 以上。但其他的体系不宜长时间放置。请参阅生产商的说明。

PCR 运行结束后，分析实验数据（方案 5）。

方案 4　实时荧光 PCR 定量检测 RNA

本方案所介绍的是使用两种酶（见本章导言的选酶部分）和两步法的实时荧光 PCR 实验，可以采用 SYBR Green 或 TaqMan 探针法。本方案所使用的 PCR 体系为 20μL（多数生产商建议使用 50μL 体系）。但在靶基因浓度很低时（如样本浓度为 1～10 个拷贝），使用较大体积，样品间的重复性可能会更好。

有关制备高质量 RNA、选取引发方法和内参基因的其他信息请参加本章导言中实时荧光 PCR 操作部分。

材料

为正确使用本方案中的器材和危险试剂，必须查阅相应的材料安全数据表并咨询所在机构的环境卫生和安全办公室。

▲为了减少污染外源 DNA 的概率，要准备和使用 PCR 专用试剂和耗材。所使用的玻璃器皿要在 150℃烘烤 6h，塑料器皿要高压灭菌。至于更多的信息，参看本章介绍中 PCR 污染部分。

试剂

脱氧核糖核酸酶 I （DNase I）

有几种选择可供采用。第一种，使用 Ambion 公司的 DNA 酶处理和去除试剂有可能在溶液中进行消化。成本较低的方法是使用 DNase I 处理 RNA 样本，然后用苯酚抽提处理 DNase I，再用乙醇纯化（见第 6 章，方案 8），但这样处理很可能导致 RNA 损失和苯酚污染。QIAGEN 公司的 DNase 可以直接用于 RNA 柱提，因此减少了污染和引入 PCR 抑制剂的机会。

dNTP 混合液（10mmol/L）

DTT（0.1mol/L）

上游和下游引物（最佳浓度，见方案 1）

无 RNA 酶的水

$MgCl_2$ （25 mmol/L）

聚合酶

两步法扩增，需使用热稳定性反转录酶（如 Life Technologies 公司的 Superscript III）和热启动 *Taq* 聚合酶（如 ABI 的 AmpliTaq 酶或 AmpliTaq Gold 酶）

反转录引物[50μmol/L oligo（dT）$_{20}$，2μmol/L 特异性引物，或 50ng/μL 随机引物]

探针（若使用 TaqMan 探针法）（最佳浓度，见方案 1）

用于 SYBR Green I 或 TaqMan 的实时荧光 PCR 预混液

预制的实时荧光 PCR 预混液包含除模板和引物以外的所有 PCR 所需试剂，可从公司（如 Applied Biosystems、QIAGEN、Life Technologies、Bio-Rad）购买。这种预混液可以简化实验过程，降低污染概率，提供最佳性能。另外，可以参考本章附录自己配制预混液。

参照模板

该模板用于对照或制作标准曲线（如通用 RNA：Stratagene 公司）

反转录酶（如 Life Technologies 公司的 SuperScript III 酶）（200U/μL）

目前市售的 M-MLV 反转录酶是经过改进的反转录酶，降低了 RNase H 活性，增强了其热稳定性（Life Technologies、Stratagene）。该酶在 42～55℃条件下可以将纯化的 poly(A)$^+$或总 RNA 合成 cDNA 第一条链，其特异性高于其他反转录酶，cDNA 产物量越多，合成的链越长。后述实验使用 SuperScript III 酶（Life Technologies）。

RNase H（可从 Life Technologie 公司购买）（2U/μL）

RNase 抑制剂（可从 Life Technologie 公司购买）（40U/μL）

请参阅第 6 章信息栏“RNase 抑制剂”。

RT 缓冲液（10×）

SuperScript III 的 10×RT 缓冲液含有 200mmol/L Tris-HCl （pH 8.4）和 500mmol/L KCl。

总 RNA 模板，不含 DNA，浓度已知且片段完整

用单相裂解试剂提取的 RNA 是进行实时 RT-PCR 最好的模板（见第 6 章中“用单相裂解试剂提取总 RNA 方案”，方案 1～4）。提取后，必须检测 RNA 的完整性（见第 6 章“检测所制备 RNA 的质量”，方案 10）并进行定量。使用 A_{260} 读数测定的 RNA 浓度来进行实时 RT-PCR 不太准确。取而代之的是 NanoDrop 分光光度计或 Ribo-Green 法（见第 6 章，方案 6）。重要的是，同批实验要用同一方法测量所有样品的浓度，并且不能将不同程序得到的数据相比较，因为采用不同的方法会产生不同的结果。

设备

适用于自动微量移液器的滤芯吸头

微量离心管（0.4～1.5mL，无菌）

PCR 塑料制品（PCR 管，单排或 96/384 孔板）

PCR 塑料制品要根据 PCR 制造商的说明要求来选择。所使用的反应板必须与 PCR 仪的加热模块完全匹配才能保证高效的传热性能和孔间均一性。假如系统通过管盖收集信号，那么必须使用光学等级的管盖。为避免样品蒸发，必须确保反应管或板有良好的密封性。有些系统（但不是所有的）能很好地与热封覆盖膜兼容。

实时荧光 PCR 热循环仪

水浴锅或加热块，预设成 25℃（若需要的话）、50℃、65℃、85℃

方法

反转录

1. 在无菌微量离心管中配制如下反应混合液，一式三份（一份作为无反转录酶对照）。

总 RNA	最多 5μg
引物	1μL
dNTP 混合液（10mmol/L）	1μL
水	至 10μL

若使用 oligo（dT）或随机引物，一次反应得到的 cDNA 产物可用于分析多种不同的 mRNA。如果使用基因特异引物，针对每种待分析靶 mRNA 都需要配制一管反应混合物。

2. 将上述混合液在 65℃反应 5min 使 RNA 变性，然后迅速转移到冰上放置 1min。

3．在反应管中，按顺序加入如下组分。

RT buffer (10×)	2μL
$MgCl_2$ (25mmol/L)	4μL
DTT (0.1mol/L)	2μL
RNaseOUT (40U/μL)	1μL
SuperScript III RT (200U/μL)	1μL

4．无反转录酶对照管中，按以下顺序加入反应组分。

RT buffer (10×)	2μL
$MgCl_2$ (25mmol/L)	4μL
DTT (0.1mol/L)	2μL
RNaseOUT (40U/μL)	1μL
水	1μL

无论引物是否跨越内含子，都需要验证实时 RT-PCR 实验的特异性，可通过无反转录酶对照评价 DNA 扩增的特异性来进行验证。如上所述，RT-PCR 可能会扩增含有短内含子（≤1kb）的 DNA 序列。有些基因还具有额外的副本或缺失一至多个内含子的假基因。因此，必须检测 qRT-PCR 实验中是否有潜在的 DNA 扩增，这需要通过运行包含反转录过程及同一 RNA 但不含反转录酶的反应来实现。

5．轻弹管壁以混匀管内组分，简短离心使内容物集中于管底。如果引物使用的是 oligo（dT）或特异性引物，反应体系在 50℃温育 50min；若使用的是随机引物，反应体系先于 25℃反应 10min，再在 50℃温育 50min.

6．将反应管在 85℃反应 5min 以终止反转录。反应管在冰上制冷至少 1min。简短离心，使内容物集中于管底。

7．每管加入 1μL RNase H 酶，37℃孵化 20min，以去除 cDNA:RNA 杂交体中的 RNA 模板。

合成的 cDNA 可以立即用于 PCR 反应，也可在-20℃ 保存至多 6 个月。

实时荧光 PCR

8．每个反应体系里加入 5μL cDNA 模板，一式三份；对照组加入 5μL 水，一式三份。

若需要作标准曲线，用无 RNA 水制备出至少 5 个 10 倍梯度稀释的模板，每管加入 5μL 稀释模板，各重复 3 管。

9．在无菌微量离心管中，按照下表配制 PCR 混合液。每个反应体积为 15μL，乘以所需反应数即为所需配制的总体积量。

配制 PCR 反应混合物时，可能会出现移液不准的情况，建议要为所有样品和对照多配制 1～2 人份的体积量。如果使用热启动酶，如 Applied Biosystems 公司的 AmpliTaq Gold DNA 聚合酶，需要 9～12min 的热启动来激活酶的活性，因为 AmpliTaq Gold DNA 聚合酶在室温条件下无活性，所以无需在冰上配制反应液。

SYBR Green I

组分	单个反应加入量/μL
水	3
上游引物（最佳浓度）	1
下游引物（最佳浓度）	1
SYBR Green I 混合液	10

TaqMan

组分	单个反应加入量/μL
水	2.5
探针（最佳浓度）	0.5
上游引物（最佳浓度）	1
下游引物（最佳浓度）	1
TaqMan 混合液	10

10．将 15μL PCR 混合液加到 PCR 孔或板里，用吸头上下轻轻吹打混匀，避免产生气泡。小心盖上管盖。简短离心，将溶液收集到管底。

11．将反应板或管移至实时荧光 PCR 仪上，按下表参数设置程序并运行。

SYBR Green I

	温度	时间
起始步骤		
1．AmpErase UNG 酶激活[a]	50℃	2min
2．AmpliTaq Gold 热启动酶激活	95℃	10min
PCR（40 个循环）		
3．变性	95℃	15s
4．复性/延伸	60℃	1min
熔解曲线		
5．变性	55～95℃	

a. 该步骤仅适用于含有 AmpErase UNG 酶的体系。

TaqMan

	温度	时间
起始步骤		
1．AmpErase UNG 酶激活[a]	50℃	2min
2．AmpliTaq Gold 热启动酶激活	95℃	10min
PCR（40 个循环）		
3．变性	95℃	15s
4．复性/延伸	60℃	1min

a. 该步骤仅适用于含有 AmpErase UNG 酶的体系。

配制好反应液后应尽快进行 PCR 反应。一些市售的混合液含有甘油和 DMSO，可以在-20℃储存 12h 以上。但其他的体系不宜长时间放置。请参阅生产商的说明。

PCR 运行结束后，分析实验数据（方案 5）。

疑难解答

问题（步骤 11）： 无 RT 酶对照组产生信号。

解决方案： 如果无 RT 酶对照组的 C_T 值比正常组大 5 个以上（少 32 倍），则 DNA 扩增不受影响。但是，如果无 RT 酶对照组的 C_T 值与正常组的差异小于 5 个循环，DNA 扩增可能不能正确反映 mRNA 的量。在 DNA 扩增子含量较高时，进行 qRT-PCR 前应该用无 RNA 酶的 DNase I 消化 RNA，以得到可信的 mRNA 定量结果。

方案 5　实时荧光 PCR 实验数据的分析和归一化

实时荧光 PCR 实验产生大量的实验数据，一般可用实时荧光 PCR 仪器自带软件进行数据分析。实验设计和使用的仪器不同，数据分析也会不一样，因此按照制造商说明书上提供的合适方式进行数据分析是非常必要的。但是，即使有分析数据的软件，为了生成可报告的结果，也要对原始荧光数据进行检查，然后再评价数据的质量和可靠性。这需要三个基本步骤。

- 查看原始数据（扩增曲线），如果有必要可以调节基线和阈值。C_T值是基线和阈值的函数。软件的默认选项提供了一定程度的主观性，但这些设置并不总是适合，可能需要改变。
- 验证实验的效率和灵敏度。
- 应用定量方法并归一化数据。

一旦数据被分析，研究者面临数据进一步处理的一系列选择。本文将以一个广泛应用于归一化 ChIP-qPCR 数据的方法作为例子进行介绍（见下文）。另外，绝对定量和相对定量需要假设靶基因和内参基因的扩增效率一致，并且整个 PCR 过程都保持恒定（尽管并非总是如此）。为了规避扩增效率问题，现已开发出几个数学模型用来处理 PCR 数据（Cikos and Koppel 2009）。这样的数据处理可以极大地影响实时荧光 PCR 结果的解释，并显著影响最终结果，使得难以对已发表的数据集进行比较。在没有公认的参考程序（请看本章导言部分的“MIQE 指南”）前，由研究者自行决定数据处理的方法。

材料

为正确使用本方案中的器材和危险试剂，必须查阅相应的材料安全数据表并咨询所在机构的环境卫生和安全办公室。

设备

实时荧光 PCR 热循环仪和配套的数据管理分析软件。

方法

查看原始数据（扩增曲线）

设置基线

数据分析的目的之一就是确定靶基因的扩增信号明显高于背景信号，以便更准确地测定荧光。基线范围通常由仪器自动生成，绝大多数仪器的基线设置范围为循环数 3～15。尽管该设置方法适合大多数实验，但检查生成的基线正确与否、是否需要进行调整还是极其重要的。为此，需要查看所有样本的扩增曲线（如用来制作扩增曲线的标准品），找出所有不正常曲线。多数情况下，不规则的扩增曲线都是由不合适的基线造成的，需要手动调节基线（这可能要根据情况对每个孔进行单独的调节）。正确设置的基线需要凭经验决定。一个较好的做法是，基线的最小值（有时也称为“起始循环数”）应该设置在背景噪声的尾巴之后，最大值（称之为“结束循环数”）应该设置在信号对数扩增起始点。设置范围不应太宽，大概 5 个循环就可以，但多一些循环数会更好。正确的基线设置最好由扩增曲线的对数图来设定，因为这样可以看到背景信号的变化情况。

1. 分析扩增曲线对数图

    假如样本扩增曲线刚好在基线最大值处开始出现（如最高浓度的样品），基线不用再调节（图 9-10A）。一般如果最大浓度的样本 C_T 小于 15（基线的上限），基线也不必再调节。如果最大浓度样本的扩增曲线出现在基线最大值的前面，表明基线太高，需要进行调节。基线若太高，扩增曲线的中间有“破坏断裂”发生（图 9-10B）。在这种情况下，可以将基线的结束值调小 1～2 个循环数，使其位于最大浓度的扩增曲线之前，再进行重新分析。假如最大浓度样本的扩增曲线起始点距基线最大值太远，表明基线太低。这时，扩增曲线在较低 C_T 值处出现“破坏断裂”（图 9-10C）。可以将基线结束值调大 1～2 个循环数，使其在最早扩增曲线的前面，再进行重新分析。

    如果基线调节不能纠正扩增曲线的不规则，见“疑难解答”。

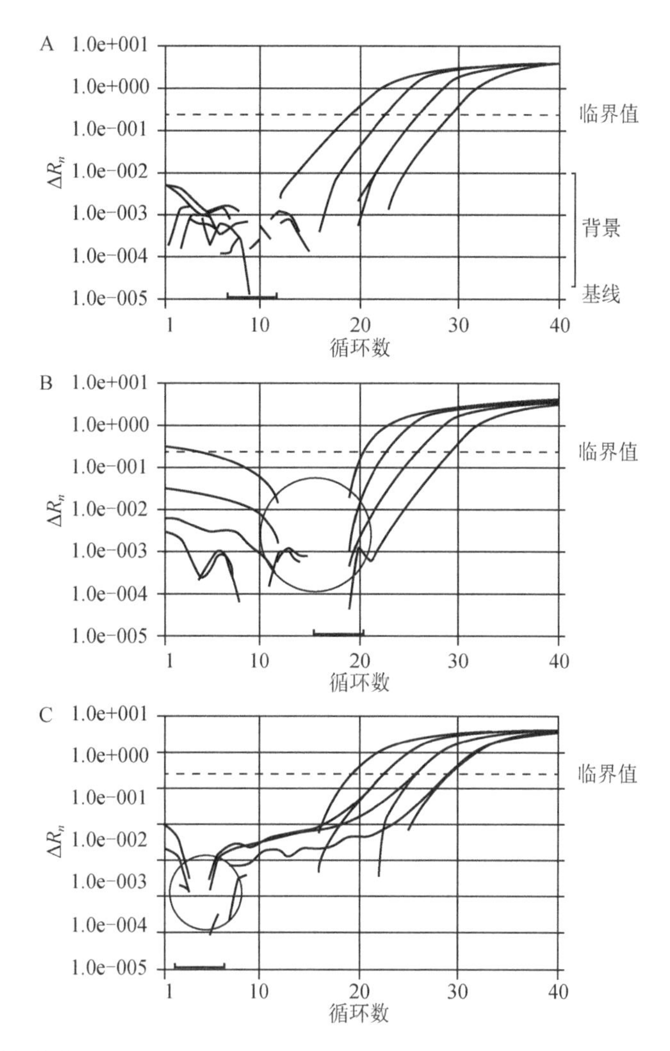

图9-10　扩增曲线图（对数图）示例。每组重叠的曲线代表不同DNA样本重复3次的结果。（A）正常的曲线图，最早扩增的样品在基线最大值的后面。（B）基线偏高的不正常的扩增曲线，该图显示曲线在中间位置出现特有的断裂（圆圈标示处）。（C）基线偏低的不正常扩增曲线，该图显示曲线在较早循环位置出现特有的断裂（圆圈标示处）。

设置域值

域值是分配给每个反应的数值，它由早期PCR循环数的平均标准偏差 R_n 乘以归一化因子计算得到。域值是荧光信号相对于基线有统计学意义的显著增强的点，它应该被设置在PCR产物指数扩增区。大多数仪器根据基线（背景）平均信号自动计算荧光信号的阈值水平，设定一个比平均值高10倍的阈值。一旦基线已正确设置，也可以手动调整阈值。与基线设置一样，可以根据经验调节阈值。要注意的是，正在读取阈值相关的分析数据时，不得改变阈值设置。只有分析相同或不同的样品，或同一标准曲线的样品中不同的靶基因时，才可以调整阈值来读取不同基因的分析数据。

2．查看对数扩增曲线，在能代表指数扩增的区域设置域值，既不能设置在扩增的起始阶段，也不能设置在背景荧光区域内。

3．一旦改变域值，就要查看标准曲线的斜率和 R^2 有无改善。若没有使用标准曲线，可检查三复孔的标准偏差，好的域值设置可以减少 C_T 值的散乱。

其他分析

4．检测复孔。所有复孔间的差别应该在 $0.5C_T$ 内。在 35 个循环以后，C_T 值变化较大，定量结果可能不太可靠。

5．若使用标准曲线，要确保所有数据点都在标准曲线的定值浓度范围内。

6．若使用标准曲线，通过标准曲线的斜率和 R^2 来判断 PCR 的效率和灵敏度。斜率必须在−3.2～−3.5 之间，R^2 必须大于 0.98。

7．若使用 SYBR Green I 染料，需要检测熔解曲线。理想的熔解曲线应该是单一峰，如方案 1 中图 9-8A 所示。

运用定量方法和归一化数据

绝对定量

需要提醒的是，进行绝对定量时，必须满足两个标准。首先，待测样品的 C_T 值必须落在标准曲线的 C_T 值范围内才可进行定量。其次，为了在待测样品和标准曲线间进行精确的比较，样本和标准品的扩增效率必须一致。理想情况下，测试样本和标准品的扩增效率要优化到接近 100%。

准确计算反应效率和起始模板量依赖于能不能确定原始荧光强度数据的哪部分落在对数线内。斜率的一个小变化将引起计算值的大不同，因此，点的选择是至关重要的。现已有几种方法发表，包括用眼睛选择恰好落在最佳直线上的点，计算数据的二阶导数（Luu-The et al. 2005），通过反应的线性阶段来进行相当复杂的回归线的统计分析（Ramakers et al. 2003）。

绝对定量的数学公式很简单。通过标准品的拷贝数的对数（x 轴）和对应的 C_T 值（y 轴）作图来建立标准曲线。常规线性回归直线方程式为

$$y = mx + b$$

式中，m 表示直线的斜率；b 表示 y 轴截距，或

$$C_T = m（浓度的对数）+ b$$

根据此公式，下面的公式可以推导出未知样本的浓度。

$$浓度=10^{([C_T-b]/m)}$$

根据计算公式，每个复孔样品的靶基因浓度都能计算出来，然后归一化到同一个单位，如细胞数、体积或总核酸量。这个数值通常用平均值±SD 表示。

相对定量

对于相对定量的标准曲线法和比较 C_T 值法，选择一个合适的归一化方法很重要。为了分析靶基因表达，往往使用内参基因（如持家基因）来归一化。若对染色质免疫沉淀反应（常缩写为 ChIP-qPCR）进行 DNA 定量，则需要对起始染色质的量、沉淀效率和 ChIP 后复性 DNA 变异方面的差异进行归一化。目前用于 ChIP 分析的归一化方法包括背景消减（Mutskov and Felsenfeld 2004）、输入百分比（%IP）（Nagaki et al. 2003）、富集倍数（Tariq et al. 2003）、对照序列相关的归一化（Mathieu et al. 2005）、核小体密度相关的归一化（Kristju-han and Svejstrup 2004）。关于这些方法及其优缺点的讨论可以参见 Haring 等（2007）。

标准曲线法。使用这个方法，靶基因和外源对照的 PCR 效率可以不同。对于每个实验样本，靶基因和外参基因都通过合适的标准曲线来测定，与前述的绝对定量方法相似。通过靶基因的量除以外源性参照的量得到归一化后的靶基因值。实验样品之一（如未处理组或不同时间点研究中的 0 时间组）被选作校正品。每个归一化后的靶基因值除以校准品归一化的靶基因值得出表达的相对水平；这种方式中，校准品的水平被设为 1。因此，归一化后的靶基因值是一个无单位的数值，所有的定量都被表示为相对于校准品的差异倍数。

比较 C_T 值法。如前面所述，若使用比较 C_T 值法，靶基因的扩增效率和外参基因的扩增效率必须接近 100%且差异不能超过 5%。另外，靶基因和参照基因的动力学范围相似。这些参数均可用验证试验进行验证（见方案 2）。

当进行验证试验时，一定要确保实验数据经过严格分析且实时荧光 PCR 实验操作正确，PCR 抑制剂、基线和域值设置不正确、重复孔出现异常值都会改变效率计算值。当预计会发生高倍数（如 100 倍或 1000 倍）的变化时，效率发生变化可以接受，因为倍数变化计算稍有误差，不会影响最终结果的解释。然而，如果只发生了较小倍数的变化（如 2～4 倍），对效率的改变容忍度可能会极小。这种情况下，可能需要重新设计实验，使其能够通过验证试验，或者使用相对标准曲线法。PCR 效率不同引入的误差可以通过比较相对标准曲线法和比较 C_T 法得到的结果来评价。因为相对标准曲线法的准确性不依赖于靶基因和参照基因的相对效率，这种对比方法可以用于评价比较 C_T 法结果的误差量。因此，有必要评估出现的误差是否能被特异性实验所接受。

只要靶基因和参照基因具有相似的扩增效率及动力学范围，那么比较 C_T 值法就是最适用的方法。定量时，对于待测品和校准品，首先都要用参照基因的 C_T 值归一化靶基因的 C_T 值：

$$\Delta C_{T\,(\text{待测样})} = C_{T\,(\text{靶基因，待测样})} - C_{T\,(\text{参照基因，待测样})}$$

$$\Delta C_{T\,(\text{校准品})} = C_{T\,(\text{靶基因，校准品})} - C_{T\,(\text{参照基因，校准品})}$$

然后，待测样本的 ΔC_1 用校准品的 ΔC_T 进行归一化：

$$\Delta\Delta C_T = \Delta C_T\text{（待测样）} - \Delta C_T\text{（校准品）}$$

最后，应用 $2^{-\Delta\Delta C_T}$ 方程式可计算出归一化后的表达率，2 表示 100%的扩增效率（见本章导言中“标准曲线的构建”部分）。如果靶基因和参照基因具有相同的扩增效率，但效率不等于 2，可以使用修正公式，用真实效率代替 2（例如，若靶基因和参照基因的扩增效率为 1.95，可以使用公式 $1.95^{-\Delta\Delta C_T}$）。

疑难解答

问题（步骤 1）：通过调整基线不能纠正不规则扩增曲线。

解决方案：仪器的光源可能需要更换（多数仪器要求使用 2000h 以后进行更换）。

参考文献

Cikos S, Koppel J. 2009. Transformation of real-time PCR fluorescence data to target gene quantity. *Anal Biochem* **384:** 1–10.

Haring M, Offermann S, Danker T, Horst I, Peterhansel C, Stam M. 2007. Chromatin immunoprecipitation: Optimization, quantitative analysis and data normalization. *Plant Methods* **3:** 11. doi: 10.1186/1746-4811-3-11.

Kristjuhan A, Svejstrup JQ. 2004. Evidence for distinct mechanisms facilitating transcript elongation through chromatin in vivo. *EMBO J* **23:** 4243–4252.

Luu-The V, Paquet N, Calvo E, Cumps J. 2005. Improved real-time RT-PCR method for high-throughput measurements using second derivative calculation and double correction. *BioTechniques* **38:** 287–293.

Mathieu O, Probst AV, Paszkowski J. 2005. Distinct regulation of histone H3 methylation at lysines 27 and 9 by CpG methylation in *Arabidopsis*. *EMBO J* **24:** 2783–2791.

Mutskov V, Felsenfeld G. 2004. Silencing of transgene transcription precedes methylation of promoter DNA and histone H3 lysine 9. *EMBO J* **23:** 138–149.

Nagaki K, Talbert PB, Zhong CX, Dawe RK, Henikoff S, Jiang J. 2003. Chromatin immunoprecipitation reveals that the 180-bp satellite repeat is the key functional DNA element of *Arabidopsis thaliana* centromeres. *Genetics* **163:** 1221–1225.

Ramakers C, Ruijter JM, Deprez RH, Moorman AF. 2003. Assumption-free analysis of quantitative real-time polymerase chain reaction (PCR) data. *Neurosci Lett* **339:** 62–66.

Tariq M, Saze H, Probst AV, Lichota J, Habu Y, Paszkowski J. 2003. Erasure of CpG methylation in *Arabidopsis* alters patterns of histone H3 methylation in heterochromatin. *Proc Natl Acad Sci* **100:** 8823–8827.

信息栏

多重 PCR

多重 PCR 反应是指扩增一种以上的靶基因。现有多种跨越可见光谱的荧光染料可使用，这使运行多重实时荧光 PCR 成为可能。TaqMan 探针、分子信标、蝎型探针和 LUX 荧光引物都可用于多重 PCR 实验，只要每条探针标记具有不同光谱的报告-猝灭染料对。为避免检测到非特异信号，光谱范围距离越远越好。举例来说，两重 PCR 反应最好采用 FAM-BHQ-1 和 HEX-BHQ-1 或 BHQ-2。一个反应管中能同时检测的基因数目随着 DABCYL 的使用得到了增加，DABCYL 是一个可以在探针 3′端代替 TAMRA 的通用猝灭剂。

对于多重 PCR 反应，最关键的一点是所有实验要一起设计（如 Beacon Designer 软件 Premier Biosoft International 能设计出四重 PCR 反应），因为扩增长度必须相似（差异小于 5bp），而且所有引物和探针的复性温度必须一样。此外，还需规避寡核苷酸序列间潜在的交叉杂交。为了进行多重 PCR 实验，选用激光、卤钨灯或 LED 光源激发的热循环仪，因为这可使发射光谱和荧光团间的匹配更精确。此外，多重实验必须使用能检测不同荧光团的仪器。

SNP 基因分型

SNP 分析需要两条不同的探针，每条分别与对应的特异等位基因相匹配并标记不同的荧光-猝灭对。探针与靶 DNA 错配杂交体的熔解温度较低，而完全配对杂交体的熔解温度较高。熔解温度上的差异足以用来鉴别区分野生型或突变型靶 DNA。对于等位基因鉴别实验，将多态位点放置在探针的中间位置是非常重要的，同时与多重 PCR 一样，要保证两条探针的 T_m 值是相同的。Applied Biosystems 公司推荐使用 TaqMan MGB 探针，尤其传统 TaqMan 探针长度超过 30 个核苷酸时。

TaqMan MGB 探针在 3′端含有无荧光的猝灭剂（因为猝灭剂不发荧光，所以可更加准确地测定报告染料的贡献）和小沟结合剂，小沟结合剂能增加探针的 T_m，从而可使用较短的探针。因此，Taq Man MGB 探针使匹配和错配探针的 T_m 差异更大，更易进行准确的等位基因鉴别。

分子信标也适用于 SNP 基因分型。分子信标的茎环结构使其比线性探针能更好地识别单碱基错配，因为与线性探针的错配杂交体相比，发夹结构使错配杂交体的热稳定性降得更低。扩增前，茎上的互补碱基杂交形成分子信标的“茎环”结构。茎的形成使探针 T_m 值升高，因此分子信标能识别靶序列上的单碱基差异。

（陈苏红　赵　怡　译，陈红星　校）

第 10 章　核酸平台技术

导言

方案

导　言

所有的微阵列实验都是基于共同的模式（图 10-1）。第一步，将大量的核酸“点”排列在一个基质上，常用的基质有玻璃片、硅芯片或者微球。第二步，通常用荧光染料对核酸样品（从细胞中分离、体外合成文库筛选或者其他来源）进行标记。第三步，将标记的核酸与微阵列上的互补点杂交。第四步，洗涤杂交后的微阵列，对杂交的标记物进行定量。通过对原始数据进行分析，可计算出核酸样品中每种 RNA 的表达水平。

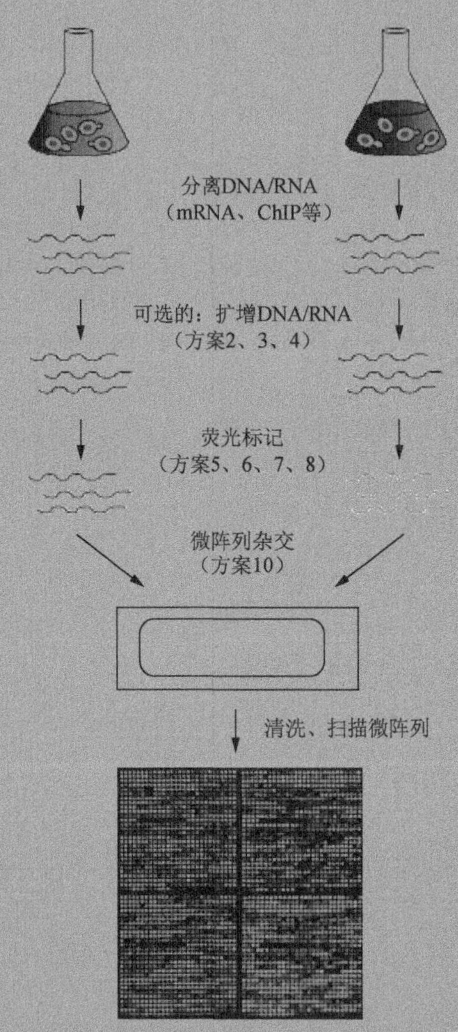

图 10-1　双色微阵列实验的设置及运行的基本步骤。
每一步骤的详细介绍见正文（彩图请扫封底二维码）。

微阵列可以采用单色或者双色标记的形式。在单色微阵列芯片中，只有一个样品（如肝细胞 RNA）被标记，根据基因互补点的荧光强度推断目的 RNA 的丰度。对于每一个点来说，杂交都会受到许多因素的影响，因此对单色实验的解释可能是复杂的。数据分析时需使用适当的生物信息学工具处理这些复杂的影响因素。双色微阵列（图 10-1）是一种竞争性杂交，用某一种颜色（如绿色）标记其中一种核酸样品，第二种核酸样品用另外一种颜色（如红色）标记。杂交结束后，去除未结合的核酸，然后对微阵列进行激光扫描，检测红色和绿色荧光标记的位置，确定每一个点的荧光强度，然后计算每一个点的红/绿荧光值。进行数据分析时，该比值可以用来衡量两个样品中目的核酸分子数量的值。例如，正常肝脏细胞的RNA标记为绿色，肝脏肿瘤的RNA标记为红色，则红色点代表在肿瘤中表达上调的RNA，绿色点代表表达下调的RNA。

Tiling 微阵列由一系列按规律间隔排列的寡核苷酸组成，能够密集地覆盖部分或整个基因组。例如，酵母III号染色体若用长度为50个核苷酸、间隔20个碱基的寡核苷酸平铺，则点1包括1～50碱基，点2为21～70碱基，依此类推。因此Tiling微阵列连续地覆盖了整条染色体，可以进行全基因组范围内的转录结构、蛋白定位的研究。Tiling微阵列的一个不足之处是，并非所有的基因组序列都适用于微阵列操作。例如，一个基因组中并不是所有的50核苷酸聚合体都是唯一的，这会导致平铺的路径上出现缺口，使基于杂交的方法无法确定杂交材料来源于基因组中的拷贝一或拷贝二（或拷贝*N*）。更进一步说，杂交相关的特征，如AT残基的百分比、寡核苷酸的T_m值均依据不同探针而变化。不过许多类似的问题可以通过对双色阵列的标准化来解决。标准化能够补偿点之间或者微阵列之间的系统性技术差异，进而区别样品之间的系统性生物学差异。

微阵列的应用

早期微阵列研究大多集中于mRNA的表达谱分析，但实际上微阵列可用于以比较两个核酸群体差异为目的的任何研究中，如比较从肿瘤细胞和正常细胞中提取的RNA之间的差异。在此，我们列举了一些已经发表的微阵列分析的例子（但绝不是全部）。

mRNA表达水平

早期的基因表达微阵列由排列的点构成，每一个点含有对应于一个基因的cDNA。例如，第一个酵母基因表达微阵列包括6000个cDNA点，几乎涵盖了啤酒酵母（*S. cerevisia*）基因组的所有基因（DeRisi et al. 1997）。寡核苷酸芯片的问世，逐渐淘汰了cDNA芯片，随着寡核苷酸合成技术的发展，合成与任意一个给定的基因互补的长链寡核苷酸组成的基因表达微阵列已经成为可能。合成的寡核苷酸可以以液体形式出售，由点样仪排列成为阵列，类似cDNA阵列。也有一些商品化的微阵列是生产厂家采用“原位”合成寡核苷酸的方法，将寡核苷酸直接印制在微阵列基片上。这使得寡核苷酸微阵列的印制更加灵活，比液态寡核苷酸阵列的使用更为广泛，实验室不再需要为了进行微阵列实验而购买过量的寡核苷酸。

监测转录组的变化

典型的mRNA表达实验起始于两种相关的细胞poly(A)tRNA的分离，如30℃培养的酵母和从30℃升温至37℃培养的酵母，然后分别用分离的mRNA制备荧光标记的cDNA。通常使用的花青染料是Cy5(在芯片图像中呈现伪彩色红色)和Cy3（伪彩色绿色）。标记的cDNA混合并和微阵列杂交。杂交并清洗后，用可以激发荧光团的激光扫描微阵列，处理图像，得到微阵列上每一个点的Cy5/Cy3值。微阵列数据经标准化后，产生每一个点的Cy5/Cy3值列表，进而分析全基因组的转录组变化。

微阵列数据经标准化后，使平均$\log_2$(Cy5/Cy3)为0；这是微阵列数据分析必需的步骤，因为任一通道的绝对强度（Cy5或Cy3）均受多种因素的影响，如RNA的使用量、标记效率等。在解释基因微阵列的结果时应始终牢记此标准化过程。例如，肝RNA和精子RNA之间的比较结果可能表明一些RNA相对富集于精子，但由于两种细胞中的RNA丰度不同，因此精子中这些RNA的绝对数量可能低于肝细胞中的数量。

mRNA 丰度

前面描述的实验可以提供关于两种细胞群中每一个 mRNA 表达的相对丰度的信息。绝对表达水平如何呢？可以通过两种途径进行测定。第一，使用 Affymetrix 平台进行的单色实验能够合理地测定 mRNA 的丰度，因为微阵列中特定点的强度和与它互补的 mRNA 在原始的标记种群中的绝对强度有关。第二，对于双色实验，直接估算转录丰度的方法是比较标记的 mRNA 与标记的基因组 DNA，该基因组 DNA 应当以单拷贝基因存在（除非要解决的基因问题来自于一个多拷贝基因家族）。因此，基因组 DNA 用 Cy3 标记，mRNA 用 Cy5 标记，Cy5/Cy3 值提供了 mRNA 丰度的相对值。如果已知任何 RNA 的绝对丰度，这些比率可以转换为绝对 mRNA 丰度。标准化可用于设置 RNA 的绝对水平，所有其他 RNA 的丰度可以从其 Cy5/Cy3 值相对于已知标准的 Cy5/Cy3 值来推断。

比较基因组杂交

比较基因组杂交（CGH）用来检测整个基因组 DNA 拷贝数的变化（Pollack et al. 1999）。在 CGH 实验中，使用 Klenow DNA 聚合酶对两个种群的基因组 DNA 进行荧光标记。使用与 mRNA 表达分析相同的实验设计对标记的 DNA 进行比较。Cy5/Cy3 值反映了拷贝数的变化。该方法最常用于肿瘤研究，在肿瘤发生过程中基因缺失及基因扩增的作用已有大量的报道。通过分析基因拷贝数的变化，可鉴定区域性扩增甚至整条染色体拷贝数的变化。以此方法为基础的改良方法亦已用于分析复制时相，由于 S 期 DNA 呈现拷贝数的变化，根据基因组 DNA 片段是否复制，可确定复制的时相。

转录结构的确定

用一个探针（点）检测一个基因的微阵列可以很容易地分析 mRNA 水平的变化，但需要不同的方法检测转录物的结构变异。转录物结构的变异包括剪切模式、转录的起始和终止位点的改变。这些转录物结构的改变及其他变化可用 Tiling 微阵列进行检测及作图。例如，转录起始位点可通过与上述绝对丰度杂交类似的方法，精确定位到 10～20 个核苷酸的范围。简单地说，用 Cy5 标记的 mRNA 和 Cy3 标记的基因组 DNA 进行杂交。表达的 RNA 应呈现 Cy5/Cy3 值高的一条长的“方波”：RNA 互补的点两侧对应的基因组序列 Cy5/Cy3 值应较低。高 Cy5/Cy3 值应开始于包含对应序列的 RNA 的 5′端，持续至 RNA 的末端（图 10-2）。这一技术在酵母中已被用来确定转录起始位点，分辨率可达约 20 核苷酸（Yuan et al. 2005），亦用于检测并定位人类细胞中新的转录物(Shoemaker et al. 2001)。

剪切模式的变化亦可通过微阵列进行检测和定位。在采用 Tiling 微阵列分析时，表达的外显子应呈现 Cy5/Cy3 的峰。确定外显子的另外一种方法是外显子微阵列技术，外显子微阵列中的每个点对应于一个外显子。当样品与外显子微阵列杂交时，特定组织中所有表达的外显子均呈高 Cy5/Cy3 值(Shoemaker et al. 2001)。

Tiling 微阵列也被用于发现非编码 RNA 和新基因。因为表达微阵列只涵盖已知基因，而一个 Tiling 微阵列则包含了整个基因组。例如，21 号和 22 号染色体的 Tiling 微阵列揭示了几乎全部人类基因组的低转录水平的基因（Kapranov et al. 2002）。

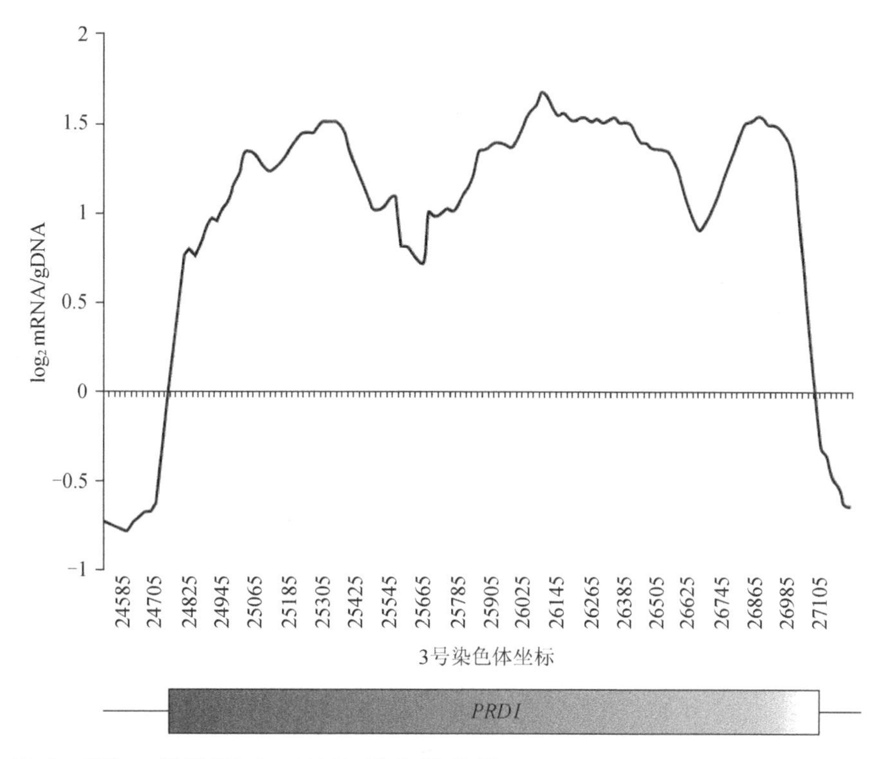

图 10-2　Tiling 微阵列对 mRNA 结构的分析。图中显示的是标记的 mRNA 与标记的基因组 DNA 进行 Tiling 微阵列杂交获得的数据，*y* 轴代表 log2 mRNA/gDNA 值，*x* 轴代表微阵列探针对应的基因组坐标。

鉴定 RNA-蛋白质相互作用

采用免疫共沉淀方法分离目标蛋白，鉴定出能与特异性的 RNA 结合蛋白相互结合的 RNA 分子。这些 RNA 分子（或者 RNA 的一部分）可与不加抗体的对照免疫沉淀分离的非特异性 RNA 进行比较分析(Hieronymus and Silver 2003；Gerber et al. 2004)。

RNA 群的亚细胞定位

RNA 的功能特征（如翻译）可以用更精密的分离技术进行微阵列分析。在早期的研究中，微阵列已应用于多聚 RNA 的分析(Arava et al. 2003)。如果有合适的纯化技术，也可以研究 RNA 的亚细胞定位，如从神经元中分离树突用于鉴定相关的 RNA 群体(Eberwine et al. 2002)。

蛋白质定位研究

目前，Tiling 微阵列最普遍的应用是“芯片上的染色质免疫共沉淀”（或 ChIP-on-chip; 见第 20 章）。通过染色质免疫共沉淀可以分析特定的蛋白质在染色质上的定位，如转录因子。简单地说，用甲醛将蛋白质共价交联于基因组，染色质通过超声处理成小片段（约 500bp）。用特定蛋白的抗体（针对表位标签的抗体，或蛋白特异性的抗体，甚至特定修饰状态的抗体）通过免疫沉淀分离与此蛋白相关联的 DNA。洗涤后，打断共价交联，分离基因组 DNA。通常此 DNA 经过扩增，扩增后的样品被标记，与标记的不加抗体的对照扩增反应或沉淀前的样品进行竞争性杂交。ChIP-on-chip 微阵列的结果分析能提供转录因子在基因组上定位的“快照”，且已被证明是研究转录因子和染色质对转录调节的强有力工具(Ren et al. 2000; Iyer et al. 2001)。

结构探针的核酸酶可及性

Tiling 微阵列也可与标记前经核酸酶诊断性处理的基因组 DNA 杂交，此方法利用基因组的染色质结构能强烈影响核酸酶可及性的特点。目前，已两种核酸酶用于全基因组研究。第一种是 DNA 聚合酶 I，已知其超敏位点位于基因组的调控元件，如启动子、增强子及绝缘子。染色质经 DNA 聚合酶 I 轻微消化，分离被切割的位点后，使用 Tiling 微阵列可分析鉴定切割位点周围的 DNA (Sabo et al. 2006)。第二种是微球菌核酸酶（MNase），其是一种非加工的核酸酶，常切割核小体之间的 DNA 连接子。已证实分析不被 MNase 切割的 DNA(包括与全基因组 DNA 的比较)是全基因组核小体定位研究的重要工具(Yuan et al. 2005)。

拼接微阵列

虽然外显子微阵列（见上文）能监测微阵列上呈现的每一个外显子的表达，但不能区别转录产物的结构，特别是外显子微阵列不能检测外显子的连接方式。例如，外显子 1、2、3 和 5 的表达可能为含有所有 4 个外显子的单一转录物，或可能为两种或多种转录物（1-2-5 及 1-3-5 等）。为了确定外显子的连接方式，需要采用由互补于特定拼接序列的寡核苷酸构成的拼接微阵列。

再测序和 SNP 检测

DNA 杂交的序列特异性也可用于再测序和多态性检测等基因组分析。在这些应用中，每一个基因组定位在微阵列上由含一个核苷酸差异的几个寡核苷酸表示。如果研究的基因组区域含有 AATGCCA 序列，含有 AATTCCA、AATCCCA 和 AATACCA 的寡核苷酸也将被印制在芯片上。将基因组 DNA 与这些寡核苷酸杂交，可用于确定这些寡核苷酸所探查位点突变或序列多态性。

利用微阵列进行再测序的一种方法即所谓的序列捕获方案（Hodges et al. 2007）。把待研究的基因组区域相对应的寡核苷酸印制于微阵列。然后用 DNA 或 RNA 与此微阵列杂交，经过清洗步骤，所有互补序列都保留于微阵列上。通过杂交保留待测基因组区域后，洗脱杂交材料，用深度测序法测序（参见第 11 章）。

进行微阵列实验

实验目的不同，特异性结合的寡核苷酸、标记的探针以及微阵列杂交分析的细节也有所不同，但大多数微阵列实验都包括 6 个步骤。

（1）设计微阵列；

（2）印制或者购买微阵列；

（3）分离并扩增 DNA 或 RNA 探针；

（4）用荧光基团标记 DNA 或 RNA；

（5）标记的探针与微阵列杂交；

（6）分析微阵列杂交结果。

在本章中，我们将按顺序依次讨论每一个步骤。方案 1 提供了自制微阵列的印制方法；方案 2～方案 4 提供了 DNA 和 RNA 的分离及扩增的方法；方案 5～方案 8 提供了几种将荧光基团加至核酸分子的技术；方案 9 阐述了如何对结合在自制微阵列上的带正电荷的多聚赖氨酸进行封闭。最后提供了一个详细的标记探针与微阵列进行杂交、扫描、格式化以及杂交数据保存的通用方法（方案 10）。微阵列分析的简要指南参见第 8 章。

设计微阵列

很多种类的微阵列现已商品化，对于大多数研究者来说，现成的产品足以满足需要。否则，可从厂家定制微阵列或自行设计并印制。微阵列的合理设计取决于其应用目的。对于大多数应用来说，基本的设计原则是相同的。本节介绍两种基本的微阵列，基因表达微阵列和 Tiling 微阵列。特殊形式的微阵列，如拼接微阵列和再测序微阵列，是针对不同的生物体设计的，我们推荐感兴趣的读者阅读相关文献(Hacia 1999; Mockler et al. 2005; Blencowe 2006; Hughes et al. 2006; Calarco et al. 2007; Cowell and Hawthorn 2007; Gresham et al. 2008)。

基因表达微阵列

设计用于微阵列的寡核苷酸需要生物信息学方面的专业知识。但是一些基本的设计要素是很容易理解的。第一，选择适当的寡核苷酸长度。目前，大多数寡核苷酸的微阵列印制长度为 50～70 个核苷酸。设计理想长度的寡核苷酸需要考虑几个因素，包括信号强度、特异性、费用及合成效率。越短的寡核苷酸越容易与特定基因组中许多不同的区域交互杂交，通常熔解温度（T_m）非常低，易造成杂交技术上的问题。有关寡核苷酸长度与敏感性和特异性之间的关系的详细分析可见 Hughes 等的报道(2001)。对丁大多数应用来说，可采用合理的经验法则，60 个核苷酸的寡核苷酸能在这些互相制约的因素之间提供最佳平衡。

寡核苷酸设计要考虑的第二点是微阵列上的寡核苷酸与待研究的生物体的 RNA 种类的特异性或互补性的程度，一般说来，设计的寡核苷酸应当仅与一种 RNA 互补。通常 BLAST 检索（参见第 8 章）可用于筛选设计的寡核苷酸与相应的基因组序列的互补性，以鉴定其与待研究的基因组中多个序列互补的可能性。理想的情况下,使用者应选择在基因组中匹配性仅次于最低的寡核苷酸，而不是关注正常范围的 BLAST 值。

设计寡核苷酸要考虑的第三点是杂交特性的优化。有若干特性是可以优化的，但最重要的是寡核苷酸熔解温度（T_m）。明确地说，微阵列上所有寡核苷酸的 T_m 值应在一个尽可能狭窄的区间。其他的一些要素，如熵（序列的复杂性）、GC 含量以及自身互补性也应当同时被优化。可借助一些软件工具进行寡核苷酸的设计，包括可公开获得的工具，如 ArrayOligoSelector（见下文），或由微阵列公司提供的有偿服务（有关寡核苷酸设计的更多细节见第 7 章、第 8 章）。

例如，某研究者希望为一种近期完成基因组测序的非模式生物设计基因表达微阵列。设计基因表达微阵列的第一步，当然是鉴定基因。由于基因鉴定通常可通过基因组测序完成，因此假定这些基因已用标准工具进行了预测(Zhang 2002; Ashurst and Collins 2003; Brent 2005; Solovyev et al. 2006)。

ArrayOligoSelector

一旦编码区得到鉴定，就需要针对每一个基因设计寡核苷酸。已有许多程序可用于寡核苷酸筛选,包括应用广泛的 ArrayOligoSelector (Bozdech et al. 2003a,b)，在 http://arrayoligosel.sourceforge.net/免费提供使用（更多细节见第 7 章、第 8 章）。

ArrayOligoSelector 被设计用于全基因组分析及制备用户设定长度的寡核苷酸。对于每一条寡核苷酸，ArrayOligoSelector 可计算其唯一性、序列复杂度、自复性、GC 含量的得分。唯一性衡量的是一个特定的寡核苷酸与其最佳匹配或同源性次之的基因组序列的结合能的理论差值。序列复杂度的分析可使用户滤除含有同源聚合物的寡核苷酸，否则将导致杂交问题。自复性分数衡量的是寡核苷酸自复性产生的二级结构。自复性也是出现杂交问题的另外一个潜在原因。最后，将寡核苷酸间 GC 含量比例（%）的差异性降到最低也很重要，同时还有降低 T_m 值的差异、降低点之间的荧光强度的差异。

运行 ArrayOligoSelector 时，可确定以下几个特征：寡核苷酸长度、GC%、每个基因对应的寡核苷酸数量、掩蔽序列及唯一性的正常范围。通常寡核苷酸的长度为 60 聚体或 70 聚体，GC 含量取决于待研究的基因组的 GC 含量，通常选取的是基因组编码区的平均值。每一个基因的寡核苷酸数量取决于使用的微阵列是购买的还是自制的。如果购买的寡核苷酸用于自己印制微阵列，考虑到成本和可印制的点密度，一般很难采用每个基因多于 1 个或 2 个寡核苷酸。另外一种情况，如果使用商品化的微阵列，则可用的点数量决定每一个基因的寡核苷酸数量。掩蔽序列通常不是特定的，但是如果基因组中含有容易出问题的短重复元件，有时就需要将其掩蔽于微阵列的寡核苷酸之外。唯一性的正常范围通常是空白的，这将导致初始化数值的使用（更多信息见《ArrayOligoSelector 手册》）。

实验者可以对 ArrayOligoSelector 输出的结果进行过滤。例如，因为基于反转录酶的标记在基因 3′端区域效率更高，所以通常希望使用位于基因 3′端的寡核苷酸。

Tiling 微阵列

Tiling 微阵列设计的寡核苷酸设计比基因表达微阵列的设计更简单，因为 Tiling 微阵列假定微阵列含有待研究区域内的所有寡核苷酸。最简单的 Tiling 微阵列设计包括：选择某一区域内的核苷酸 1～50 平铺作为点 1，核苷酸 21～70 作为点 2，依此类推。一旦完成所有寡核苷酸的设计，即可用 BLAST 来寻找与目的基因有多个位点匹配的寡核苷酸，这些寡核苷酸将被去除。更为细致的平铺设计采用了寡核苷酸定位的微小“摆动”，即点 2 为核苷酸 16～65，点 3 为 45～94，依此类推。这样做对于匹配杂交特性的处理，如 T_m 值和 GC 含量，更优于简单的 Tiling 微阵列。

印制或购买微阵列

一旦完成寡核苷酸的设计，就可通过商品化渠道印制微阵列。寡核苷酸亦可经商品化渠道合成或通过自己的研究平台合成，然后用点样仪自行印制（参见方案 1）。

用于微阵列杂交的核酸样品的分离及扩增

大多数用于微阵列的样品制备程序按照标准的方案，许多方案均可在本书的其他章节找到。例如，第 1 章描述了用目的样本中分离的基因组 DNA 进行比较基因组杂交分析（CGH）。第 6 章中描述了基因表达或拼接研究用的 RNA 或 mRNA 的纯化方案。第 20 章描述的染色质免疫共沉淀（ChIP）分离的样品是蛋白定位分析的材料。通常情况下，这些方案的后期检测是基于印迹技术或定量 PCR 分析，仅需要纳克级的样品。而微阵列标记通常需要几微克核酸，因此，在标记前必须对样品进行扩增。

扩增的一般注意事项

核酸扩增是杂交前的步骤，用以产生标记的微阵列探针，核酸扩增不能偏向基因组的任何特殊序列。因此，无偏离（或最小偏离）全基因组扩增方法是许多微阵列应用中的关键部分。

此章节包括 3 种扩增方案：两种适用于 DNA（方案 2 和方案 3），一种适用于 RNA（方案 4）。在进行扩增实验时，要注意以下几点：第一，初次尝试一个扩增方法时，采用量大且易于获得的材料（如肝脏 RNA）扩增小量的起始材料。对扩增材料和起始的“大宗池”的微阵列对比，能提供有价值的扩增偏离数据。完美的扩增结果是一个“黄色”的阵列，所有的原始材料和扩增材料均无任何差异的点。第二，避免任何可能含有 DNA 或 RNA 的物质污染样品。即使是极微量的外源核酸，也将被扩增、污染样品并破坏微阵列实验。

在进行分离和扩增实验时，需戴手套并使用带滤膜的吸头。第三，实验中需设置用水（无 DNA 或 RNA）进行的对照扩增实验，以确定试剂没有被可扩增材料污染。

用于表达谱研究的 RNA 扩增

相对于 DNA 扩增，RNA 扩增不是很普遍，但在一些使用微量的细胞种群的实验中仍然有可能用到，如用激光捕获的细胞群进行的神经生物学研究。RNA 扩增试剂盒可以从若干供应商获得（如 Ambion 公司），或者按照方案 4 的方法进行扩增。

荧光标记核酸探针

除了 Affymetrix 微阵列外，用于微阵列的核酸标记与大多数微阵列实验平台中的核酸标记类似。对于大多数平台（自制或购买），荧光分子通过 DNA 聚合酶 I 的 Klenow 片段结合于 DNA。对于 RNA 标记，反转录酶用于制备标记的 cDNA。标记方法包括标记反应中所用的荧光标记的 dNTP（方案 5 和方案 7）。这一方法快速但昂贵，另外有一种便宜但是较为烦琐的替代方案，首先将氨基烯丙基核苷酸结合于核酸分子，然后再将氨基烯丙基基团偶联于荧光基团（方案 6 和方案 8）。在所有的标记实验方案中，标记前的源核酸可未经扩增抑或是扩增后的样品。

与微阵列杂交

使用自制微阵列和商品化的微阵列时，标记探针与微阵列杂交的方法明显不同。对于自制的微阵列，首先要封闭玻片，因为残留在玻片上的多聚赖氨酸可与标记材料结合，若不用琥珀酸酐处理以中和，将导致背景显著升高。方案 9 和方案 10 分别提供了自制微阵列的封闭和杂交方案。如果使用商品化的微阵列，通常由厂商提供杂交方案。杂交后，使用台式扫描仪进行扫描。数据经收集、格式化，并以数字形式保存用于后续的分析。

分析微阵列数据

对微阵列进行数据分析时采用的工具取决于要解决的实验问题：基因定位研究和基因表达研究需要的工具不同。第 8 章中提供了一些可用的资源。以下我们概括了数据分析的基本步骤。

微阵列数据分析的第一步是去掉错误数据（一些被“标示”的点的数据，因为这些点受荧光沉淀的影响而变得模糊等），然后将其余数据标准化。GenePix 软件输出的标准数据格式是“.gpr”文件，对这些文件进行操作时，通常去掉所有被标示（flagged）的探针，然后处理 $\log_2$ 比值数据。更高级的用户可以考虑使用特定的功能，如前景和背景强度。

大多数双色微阵列研究采用的标准化方法是 $\log_2$ 比值平均为 0。此标准化过程隐含的假设是所有被评估的点均未发生整体的变化。因此，面对这些标准化数据时，重要的是记住评估的是相对数值而不是绝对数值。实际上，标准化可通过将未标记的对数比值数据进行平均，然后将表中每一项均减去此数值来实现。这一过程可用电子表格手工计算或用通用命令的语言，如 MATLAB、Perl 或 R。

完成标准化后，根据 log 比值的数据对表格进行归类，以鉴别出明显表达上调或者下调的基因（如果是基因表达微阵列）或鉴别出待研究的蛋白质中的高丰度位点。数据分析途径依据要解决的问题不同而不同。很多微阵列研究都设计多重微阵列，通常将数据进行聚类分析以鉴别行为相似的基因或位点。

聚类分析和聚类的可视化，网上有很多程序可用。本书使用的是经典的 Cluster 和 TreeView 程序(Eisen et al. 1998)，可通过 SourceForge（http://sourceforge. net/）或通过 Eisen

实验室网站（http://www.eisenlab.org/)在线获得。用于指导聚类文件格式化的范例文件也可找到，此处不再描述格式化的过程。简言之，将数据上传于 Cluster，设置各种阈值（对于特定基因缺失的数据、超出某些阈值的基因数量等），选用几个聚类算法之一进行分析。聚类的数据输出通过 TreeView 可视化，用户即可建立一个经典的微阵列数据"热图"。

致谢

此章节中的实验方案修改自 Ash Alizadeh、Chih Long Liu、Audrey Gasch、Jason Lieb、Bing Ren 和 L. Ryan Baugh 撰写的实验方案，感谢他们慷慨提供。

参考文献

Arava Y, Wang Y, Storey JD, Liu CL, Brown PO, Herschlag D. 2003. Genome-wide analysis of mRNA translation profiles in *Saccharomyces cerevisiae*. *Proc Natl Acad Sci* 100: 3889–3894.

Ashurst JL, Collins JE. 2003. Gene annotation: Prediction and testing. *Annu Rev Genomics Hum Genet* 4: 69–88.

Blencowe BJ. 2006. Alternative splicing: New insights from global analyses. *Cell* 126: 37–47.

Bozdech Z, Llinas M, Pulliam BL, Wong ED, Zhu J, DeRisi JL. 2003a. The transcriptome of the intraerythrocytic developmental cycle of *Plasmodium falciparum*. *PLoS Biol* 1: e5. doi: 10.1371/journal.pbio.0000005.

Bozdech Z, Zhu J, Joachimiak MP, Cohen FE, Pulliam B, DeRisi JL. 2003b. Expression profiling of the schizont and trophozoite stages of *Plasmodium falciparum* with a long-oligonucleotide microarray. *Genome Biol* 4: R9. doi: 10.1186/gb-2003-4-2-r9.

Brent MR. 2005. Genome annotation past, present, and future: How to define an ORF at each locus. *Genome Res* 15: 1777–1786.

Calarco JA, Saltzman AL, Ip JY, Blencowe BJ. 2007. Technologies for the global discovery and analysis of alternative splicing. *Adv Exp Med Biol* 623: 64–84.

Cowell JK, Hawthorn L. 2007. The application of microarray technology to the analysis of the cancer genome. *Curr Mol Med* 7: 103–120.

DeRisi JL, Iyer VR, Brown PO. 1997. Exploring the metabolic and genetic control of gene expression on a genomic scale. *Science* 278: 680–686.

Eberwine J, Belt B, Kacharmina JE, Miyashiro K. 2002. Analysis of subcellularly localized mRNAs using in situ hybridization, mRNA amplification, and expression profiling. *Neurochem Res* 27: 1065–1077.

Eisen MB, Spellman PT, Brown PO, Botstein D. 1998. Cluster analysis and display of genome-wide expression patterns. *Proc Natl Acad Sci* 95: 14863–14868.

Gerber AP, Herschlag D, Brown PO. 2004. Extensive association of functionally and cytotopically related mRNAs with Puf family RNA-binding proteins in yeast. *PLoS Biol* 2: e79. doi: 10.1371/journal.pbio.0020079.

Gresham D, Dunham MJ, Botstein D. 2008. Comparing whole genomes using DNA microarrays. *Nat Rev Genet* 9: 291–302.

Hacia JG. 1999. Resequencing and mutational analysis using oligonucleotide microarrays. *Nat Genet* 21: 42–47.

Hieronymus H, Silver PA. 2003. Genome-wide analysis of RNA–protein interactions illustrates specificity of the mRNA export machinery. *Nat Genet* 33: 155–161.

Hodges E, Xuan Z, Balija V, Kramer M, Molla MN, Smith SW, Middle CM, Rodesch MJ, Albert TJ, Hannon GJ, McCombie WR. 2007. Genome-wide in situ exon capture for selective resequencing. *Nat Genet* 39: 1522–1527.

Hughes TR, Mao M, Jones AR, Burchard J, Marton MJ, Shannon KW, Lefkowitz SM, Ziman M, Schelter JM, Meyer MR, et al. 2001. Expression profiling using microarrays fabricated by an ink-jet oligonucleotide synthesizer. *Nat Biotechnol* 19: 342–347.

Hughes TR, Hiley SL, Saltzman AL, Babak T, Blencowe BJ. 2006. Microarray analysis of RNA processing and modification. *Methods Enzymol* 410: 300–316.

Iyer VR, Horak CE, Scafe CS, Botstein D, Snyder M, Brown PO. 2001. Genomic binding sites of the yeast cell-cycle transcription factors SBF and MBF. *Nature* 409: 533–538.

Kapranov P, Cawley SE, Drenkow J, Bekiranov S, Strausberg RL, Fodor SP, Gingeras TR. 2002. Large-scale transcriptional activity in chromosomes 21 and 22. *Science* 296: 916–919.

Mockler TC, Chan S, Sundaresan A, Chen H, Jacobsen SE, Ecker JR. 2005. Applications of DNA tiling arrays for whole-genome analysis. *Genomics* 85: 1–15.

Pollack JR, Perou CM, Alizadeh AA, Eisen MB, Pergamenschikov A, Williams CF, Jeffrey SS, Botstein D, Brown PO. 1999. Genome-wide analysis of DNA copy-number changes using cDNA microarrays. *Nat Genet* 23: 41–46.

Ren B, Robert F, Wyrick JJ, Aparicio O, Jennings EG, Simon I, Zeitlinger J, Schreiber J, Hannett N, Kanin E, et al. 2000. Genome-wide location and function of DNA binding proteins. *Science* 290: 2306–2309.

Sabo PJ, Kuehn MS, Thurman R, Johnson BE, Johnson EM, Cao H, Yu M, Rosenzweig E, Goldy J, Haydock A, et al. 2006. Genome-scale mapping of DNase I sensitivity in vivo using tiling DNA microarrays. *Nat Methods* 3: 511–518.

Shoemaker DD, Schadt EE, Armour CD, He YD, Garrett-Engele P, McDonagh PD, Loerch PM, Leonardson A, Lum PY, Cavet G, et al. 2001. Experimental annotation of the human genome using microarray technology. *Nature* 409: 922–927.

Solovyev V, Kosarev P, Seledsov I, Vorobyev D. 2006. Automatic annotation of eukaryotic genes, pseudogenes and promoters. *Genome Biol* 7: S10.1–S10.12.

Yuan GC, Liu YJ, Dion MF, Slack MD, Wu LF, Altschuler SJ, Rando OJ. 2005. Genome-scale identification of nucleosome positions in *S. cerevisiae*. *Science* 309: 626–630.

Zhang MQ. 2002. Computational prediction of eukaryotic protein-coding genes. *Nat Rev Genet* 3: 698–709.

方案 1　印制微阵列

大多数实验室选择从供应商处订购微阵列，如 NimbleGen、Agilent、Affymetrix 或 Illumina 公司。这些供应商销售的产品涵盖了生命体基因组的 3 个领域。大多数公司也可根据订单定制微阵列。印制微阵列非常简单，对微阵列需求广泛的小实验室也会发现其成本效益，值得制作自己的微阵列。印制微阵列需要一个点样机器人。能够买到的点样机器人有若干种，如 OmniGrid series (Digilab Genomic Solutions)。这些设备很昂贵，通常放置于研究院所或大实验室的仪器中心。多年前斯坦福大学的 Brown 实验室已完成了点样机器人的设计，可作为一种选择。制造点样机器人的方法不在本章节讨论的范围内，感兴趣的读者可以在 http://cmgm.stanford.edu/pbrown/mguide/找到制作方案。

对于典型的微阵列，寡核苷酸配制于 3×SSC，浓度为 20～40μmol/L，然后分别加入 384 孔板。寡核苷酸被印制在多聚赖氨酸包被过的微阵列玻片上。印制过程中湿度最好高于 50%。当湿度为 20%～30%时，有可能出现点样针干燥的问题。为了提高或维持适当的湿度，可以考虑在机器人周围建造一湿度可控的外包。对于缺少外包的机器人，在印制过程中打开 1 或 2 台加湿器就足够了。

印制方案的细节根据使用的机器人不同而变化，因此请按照生产厂家的说明进行操作。本方案提供了一个使用配备接触式钢羽针的机器人的典型工作流程。

材料

为正确使用本方案中的器材和危险试剂，必须查阅相应的材料安全数据表并咨询所在机构的环境卫生和安全办公室。

本方案的专用试剂标注<R>，配方在本方案末提供。常用储备溶液、缓冲液和试剂标注<A>，配方见附录 1。储备溶液应稀释至适用浓度后使用。

试剂

所需序列的寡核苷酸

寡核苷酸通常溶于 20～40μmol/L 的 3×SSC 中。

剪切后的鲑鱼精 DNA<A>（150ng/μL，重悬于 3×SSC）

SSC（3×）<A>

仪器设备

干燥器

压缩氮气

平板（384 孔）

多聚赖氨酸包被的玻片

可以用多聚赖氨酸包被玻片，但是根据我们的经验，失败的比例很高。商品化的多聚赖氨酸包被的玻片（如 Erie Scientific）成本效益最佳。

塑料玻片盒

点样仪

方法

准备印制

第 0 天

1. 将寡核苷酸按照每孔相同体积加入 384 孔板（通常 10～20μL/孔）。如果使用冷冻保存的寡核苷酸溶液，可将其置于 4℃过夜融化。如果使用寡核苷酸干粉，则将其用 3×SSC 重悬，并置于 4℃过夜。

2. 通过测试印制确认所有的点样针都能印制，并确定阵列经过正确的校准（图 10-3）。

为了尽可能接近实际印制板的黏度，使用含有150ng/μL剪切过的鲑鱼精DNA（重悬于3×SSC）进行试印制。测试印制时，所有的点样针均应连续印制数百个点。另外，需在玻片盘的多个位置进行测试印制以确定盘片在上次使用后是否被显著扭曲。

如果试印制显示点样机器人不能按要求工作，参见“疑难解答”。

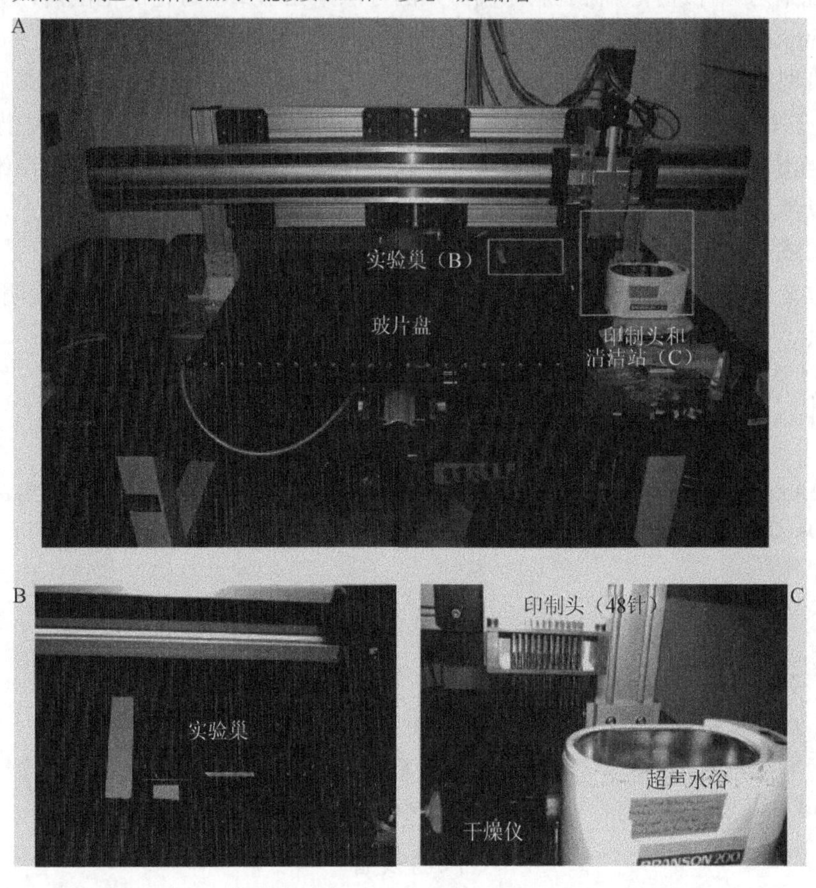

图10-3　点样仪。图中显示了玻片盘（A），实验巢（B）和印制头及清洁/干燥站（C）的位置（彩图请扫封底二维码）。

第一天

3．再次进行测试印制，以确定点样针依然能正常印制。

4．轻轻地将玻片放置于微阵列仪的玻片盘中。确定所有的玻片都放平并牢固地附着（根据微阵列仪使用抽真空、夹子或者胶带加固）。

▲小心对玻片进行操作，以免产生微小的玻璃片落在玻片表面。

5．使用压缩氮气吹拂玻片表面除尘。

6．如果微阵列仪配备了超声水浴来清洗点样针，将其灌满新鲜的水。

7．将4个含有寡核苷酸的384孔印制板从4℃取出，放置至少1h，使其恢复到室温。

8．约1000r/min离心2min，以去除板盖上的冷凝水。小心地移去384孔板的盖子和印制板的胶黏板盖。

▲小心不要摇晃板子，孔之间的交叉污染会对后续各种实验数据分析带来严重影响。

9．将板子放置于点样机器人的持板器上。

印制微阵列

10．开始印制。始终要注意板子的顺序及方向。微阵列数据分析时，确定板子的顺序对于将基因名称与点的位置对应并生成“.gal”文件是必需的。在印制过程中的任何错误，如印制板顺序颠倒（如将 3 号板置于 2 号板之前）等，只要被发现就可随时改正。

11．当完成一块板的印制时，印制头完全停止。若印制板欲干燥储存,可将板子置于超净台中挥发干燥，或用铝箔覆盖并盖上盖子，储存于-80℃。

12．将下一块板子放于持板器。

13．如果不进行背靠背的印制，印制完成后，将玻片干燥过夜。

第二天

14．将所有的玻片从微阵列仪转移至塑料玻片盒中。将其储存于干燥器中。

15．关闭微阵列仪电源。

疑难解答

问题（步骤 2）：印制针不能正确印制。

解决方案：如果印制针不能印制，可从下面 4 个方面解决。第一，如果脏东西或者其他材料堵塞了针尖，用超声水浴彻底清洗点样针。第二，如果在显微镜下检查发现是某根针被堵塞，可试用剃须刀片仔细地疏通针尖，以清除污物。第三，针的长度的细微差别会使有的针无法工作，更换印制头内的针可改进印制。第四，如果采用所有步骤后，有些针还是不能工作，则换用一根新针。

问题（步骤 2）：测试板在微阵列仪的不同位置印制不一致。

解决方案：如果微阵列仪在某些特定位置不能印制，可调整该位置的印制高度。机器人附带的软件可执行高度的调节。

讨论

成功的印制需要对印制平板进行小心的操作，以避免交叉污染，点样针要定时检查（如每完成一块或两块 384 孔板之后）以确定其仍能正常印制，清洗针时，水浴（或超声仪）中的水必须足以覆盖点样针，在印制过程中，我们通常每 6h 向超声仪中加水 5～10mL，但这也取决于环境湿度。

为了确定点样针在印制，可从一定角度用手电筒观察玻片。印制过程中沉积的盐呈白色，当点样针停止工作时，印制过的部分与其他部分有所区别。例如，如果印制了 5 行×20 个点，应能看到一个完美的 5×20 的矩形，如果某一根点样针没有正常工作，矩形不完整。

当某根针停止印制时，小心将其取下，如针内外有灰尘，可在显微镜下清理。若未见灰尘，有时通过超声彻底地清理可恢复正常。否则，用备用针替换有问题的针或移动印制头周围的针作为最后的补救措施。印制过程暂停后，用一张新玻片替换第一张玻片，再次进行测试印制以确认新的调整是否奏效。重新启动点样机器人时，确认印制命令精确地重启于印制工作暂停的位置。

网络资源

建造点样机器人的方法：http://cmgm.stanford.edu/pbrown/mguide/

方案 2　Round A/Round B DNA 扩增

此程序的目的是随机扩增样本 DNA 以获得最佳的序列重现性。此程序已成功地应用于扩增少于 10ng 的基因组 DNA 样品。此方案包括 3 个系列的酶促反应。在 Round A 中，使用测序酶来延伸随机复性引物以产生后续 PCR 反应的模板。在 Round B 中，特异性引物用于扩增前面产生的模板。最后，扩增后的材料按方案 7 或方案 8 进行标记；还可用此方案的 Round C 在额外的 PCR 循环中掺入氨基烯丙基-dUTP 或 Cy-染料偶联的核苷酸。此方案不适用于小于 250bp 的材料扩增，小于 250bp 的材料不能被均一性地扩增。在这样的情况下，建议使用方案 3。方案节选自 Bohlander 等(1992)。

材料

为正确使用本方案中的器材和危险试剂，必须查阅相应的材料安全数据表并咨询所在机构的环境卫生和安全办公室。

本方案的专用试剂标注<R>，配方在本方案末提供。常用储备溶液、缓冲液和试剂标注<A>，配方见附录 1。储备溶液应稀释至适用浓度后使用。

试剂

aa-dNTP/Cy-dNTP 混合物（100×）<R>

BSA（500μg/mL）

从待研究的样品中分离的 DNA（10～100ng）

例如，对于 CGH 分析，按第 1 章的方法分离基因组 DNA；对于蛋白质定位研究，按照第 20 章所述用染色质免疫共沉淀（ChIP）的方法分离 DNA。

dNTP 混合物 （3mmol/L）

dNTP （100×；每种核苷酸 20mmol/L）

DTT （0.1mol/L）

$MgCl_2$ （25mmol/L）

PCR 缓冲液（10×）(500mmol/L KCl，100mmol/L Tris，pH 8.3）

引物 A：GTTTCCCAGTCACGATCNNNNNNNNN (40pmol/μL)

引物 B：GTTTCCCAGTCACGATC (100pmol/μL)

测序酶（13U/μL）(US Biochemical，目录号 70775)

测序酶缓冲液（5×）

测序酶稀释缓冲液

Taq 聚合酶（5U/μL）

仪器设备

琼脂糖凝胶（1%）

Microcon 30 spin column (Millipore)

热循环仪

方法

Round A：随机复性引物的延伸

1．按如下配方准备 Round A 反应：

DNA	7μL
测序酶缓冲液（5×）	2μL
引物 A (40pmol/μL)	1μL

应用此方案可有效扩增低至 10ng 的 DNA。设置一个用水来代替 DNA 的反应作为阴性对照。

2．94℃加热 2min 然后快速降温至 10℃，使模板 DNA 变性及引物复性。将反应混合物在 10℃放置 5min。

3．配制反应混合物：

测序酶缓冲液（5×）	1μL
dNTP (3mmol/L)	1.5μL
DTT (0.1mol/L)	0.75μL
BSA (500μg/μL)	1.5μL
测序酶（13U/μL)	0.3μL

4．将反应混合物与模板-引物混合，放入热循环仪，按如下程序延伸引物。

i．8min 内从 10℃梯度升温至 37℃。

ii．37℃保温 8min。

iii．快速梯度升温至 94℃，保温 2min。

iv．快速梯度降温至 10℃，加入 1.2μL 稀释的测序酶（1∶4 稀释），10℃保温 5min。

v．8min 内从 10℃梯度升温至 37℃。

vi．37℃ 保温 8min。

5．用水稀释样品至终体积为 60μL。

Round B：PCR 扩增

6．按以下配方准备 Round B 反应物：

Round A 模板	15μL
$MgCl_2$	8μL
PCR 缓冲液（10×）	10μL
dNTP (100×)	1μL
引物 B (100pmol/μL)	1μL
Taq 聚合酶	1μL
水	64μL

7．将管子放入热循环仪，按以下程序扩增模板。

循环数	变性	复性	聚合
15～35 循环	94℃ 30s	40℃ 30s， 然后 50℃ 30s	72℃ 2min

注：4℃恒温放置。

根据起始材料的量，运行程序 15～35 个循环。

为了优化循环数，应每 2 个循环取出一部分溶液以监测扩增的进展。最好使用最少的循环数产生可见的模糊带形（见步骤 8）。

▲必须确认阴性对照中无 DNA。

8．取 5μL 反应液，进行 1%的琼脂糖凝胶电泳。应当在 500bp 和 100bp 之间出现 DNA 的模糊带形。

9．使用 Round C 程序、方案 7 或方案 8，标记 DNA。

Round C：花青染料标记或氨基烯丙基活化 DNA

10．准备 Round C 反应液：

Round B 模板	10～15μL
$MgCl_2$	8μL
PCR 缓冲液(10×)	10μL
aa-dNTP/Cy-dNTP (100×)	1μL
引物 B (100pmol/μL)	1μL
Taq 聚合酶	1μL
水	63～68μL

11．将管子置于热循环仪，然后按如下程序标记模板：

循环数	变性	复性	聚合
15～25 循环	94℃ 30s	40℃ 30s，然后 50℃ 30s	72℃ 2min

注：4℃恒温放置。

程序运行 10～25 个循环。

循环数凭经验确定，即产生 2～3μg 杂交用材料所需的最少循环数。

12．如果在 Round C 中使用 aa-dNTP，需去除 Tris 缓冲液使样品脱盐，因为 Tris 会干扰染料的偶联。在含有样品的 Microcon 30 中加入 400μL 水，然后 12 000r/min 离心 8min。再加入 500μL 水重复此步骤。

13．Cy-染料的偶联按照方案 8 步骤 11 进行。

讨论

此扩增方案的产品是双链 DNA，测定吸光度对 DNA 进行定量（见第 2 章），根据 DNA 的投入量计算扩增倍数。初次使用此方案的用户，可以用凝胶电泳来检测扩增 DNA 的大小分布。

配方

为了正确使用本方案中所用的器材和危险试剂，必须查阅相应的材料安全数据表并咨询所在机构的环境卫生和安全办公室。

aa-dNTP/Cy-dNTP 混合物 (100×)

试剂	终浓度
dATP	25mmol/L
dCTP	25mmol/L
dGTP	25mmol/L
dTTP	10mmol/L
氨基烯丙基-dUTP 或 CyX-dUTP	15mmol/L

注：aa-dUTP 和 dTTP 的比值可改变或优化。

参考文献

Bohlander SK, Espinosa R III, Le Beau MM, Rowley JD, Diaz MO. 1992. A method for the rapid sequence-independent amplification of micro-dissected chromosomal material. *Genomics* 13: 1322–1324.

方案 3　核小体 DNA 和其他小于 500bp 的 DNA 的 T7 线性扩增（TLAD）

方案 2 广泛应用于基因组定位分析，尤其对于经超声剪切为约 500bp 的 DNA 效果最佳。但是，当 DNA 被剪切成小于 500bp 的片段时，PCR 过程中的倾向性将导致一些基因组位点的重现性发生偏离(Liu et al. 2003) 。然而，一系列的应用需要扩增小于 500bp 的 DNA 片段，如对单核小体 DNA 的 ChIP 实验，其 DNA 片段长约 150bp(Liu et al. 2005)。在这些情况下，首选 T7 线性扩增 DNA（TLAD），与方案 2 中描述的扩增方法相比，它更精确地保持短 DNA 片段的均一性扩增。

利用 TLAD 对双链 DNA 的扩增起始于通过 TdT 将多聚腺嘧啶加于 DNA 的 3′端。其次，用大肠杆菌 DNA 聚合酶的 Klenow 片段以及 T7-Poly（A）引物，产生带有 5′端 T7 引物的互补片段。最后，T 结尾的 DNA 链的扩增产生适合基于 T7 转录的模板，最终产生扩增的 RNA（aRNA）。该技术避免了 PCR 中出现的“jackpotting”问题，即一个扩增早期事件导致某一个特定序列比例过高，因为 PCR 遵循指数动力学，而转录是一个线性增长过程。

完成此方案需要一些时间。表 10-1 给出了估算的每一步骤所需的时间。

表 10-1　小 DNA 分子的 T7 线性 DNA 扩增（TLAD）

步骤	时间
TdT 加尾和净化	30～40min
第二链合成及净化	2～2.5h
IVT	5.5～20.5h
IVT 净化	15～30min
RNA 质量及数量评价	40～60min
合计	9.5～25h

注：TdT，末端转移酶；IVT，体外转录。

材料

为正确使用本方案中的器材和危险试剂，必须查阅相应的材料安全数据表并咨询所在机构的环境卫生和安全办公室。

本方案的专用试剂标注<R>，配方在本方案末提供。常用储备溶液、缓冲液和试剂标注<A>，配方见附录 1。储备溶液应稀释至适用浓度后使用。

试剂

β-巯基乙醇
小牛肠磷酸酶 (CIP) (New England Biolabs, catalog nos. M0290S 或 M0290L)
$CoCl_2$ (5mmol/L)
双脱氧核苷酸加尾溶液(8%) (92mmol/L dTTP, 8mmol/L ddCTP) (Life Technologies)
dNTP 混合物 (5mmol/L) <A>
EDTA (0.5mol/L, pH 8.0) <A>
乙醇 (95%～100%)
DNA 聚合酶 I 的 Klenow 片段(New England Biolabs)
矿物油
NEB 缓冲液 2 (10×) (New England Biolabs)
NEB 缓冲液 3 (10×) (New England Biolabs)
NTP 混合物 (75mmol/L)
试剂盒提供的反应缓冲液
无 RNase 的水
RNase 抑制剂
T7-A_{18}B 引物

引物序列 5'-GCATTAGCGGCCGCGAAATTAATACGACTCACTATAGGGAG$(A)_{18}$[B]，B 代表 C、G 或 T。引物应经过 HPLC、PAGE 或其他等效方法纯化。

T7 RNA 聚合酶
模板 DNA (最大 500ng/10μL)
末端转移酶 (TdT) (New England Biolabs, 目录号 M0315S 或 M0315L)
末端转移酶缓冲液 (5×) (Roche, 目录号 11243276103)

仪器设备

MinElute kit (QIAGEN, 目录号 28204)
无 RNA 酶/DNA 酶的小管(1.5mL)
无 RNA 酶的 PCR 管(0.2mL)
RNeasy Mini Kit (QIAGEN)
旋转蒸发仪 (如 SpeedVac)
热循环仪
真空管 (可选；参见步骤 17)
37℃水浴或者加热模块

方法

用 CIP 处理携带 3′端磷酸基团的样品

当源 DNA 经过剪切或 MNase 处理时，需用 CIP 进行处理。用 CIP 对 DNA 处理将去除其 3′端磷酸基团，产生含游离羟基的 3′端，这对于用 TdT 进行有效加尾是必需的。此步骤若失败，将可能导致扩增产物降低 50%。

1．配制如下反应液：

CIP (2.5 U)	0.25μL
NEB 缓冲液 3 (10×)	1μL
模板 DNA (最大 500ng/10μL)	8.75μL

37℃反应 1 h。

每次反应可放大至每管 100μL。

2．按生产厂家提供的使用说明，用 MinElute 小柱净化 DNA，洗脱 DNA 至 20μL。

对小于 100ng 的 DNA 进行操作时，按厂家（QIAGEN）提供的说明采用 10μL 洗脱液，收率可能低于厂家声称的 80%。必要时，可将洗脱体积增至 15～20μL，并在干燥过程中减少 DNA 的体积。

用末端转移酶进行加尾反应

3．配制加尾反应液：

TdT 缓冲液(5×)	2μL
8%ddCTP 与 100μmol/L dTTP 的混合液	0.5μL
$CoCl_2$ (5 mmol/L)	1.5μL
模板 DNA（最多 75ng）	5μL
TdT 酶（20U）[a]	1μL

a．最后加。

不要使用 NEB 末端转移酶提供的 NEB 缓冲液 4，因为缓冲液中的 DTT 会使 $CoCl_2$ 沉淀从而抑制反应。建议使用二甲砷酸盐缓冲液（1mol/L 的二甲砷酸钾，125mmol/L Tris-HCl，以及 1.25mg/mL BSA，pH 6.6），Roche 的酶提供此缓冲液，也可单独购买。使用此含砷的缓冲液时需注意，按照所在科研院所的适当的废物处理要求操作。

dNTP 混合物反复冻融勿超过 3 次。过多冻融将使 dNTP 降解并降低反应效率。

以获得约 1pmol 的模板分子为目标。实验的范围为每 10μL 反应体系中 2.5～75ng DNA。可增加起始的模板量而扩大反应体积。对于 ChIP 样本，使用敏感的紫外可见分光光度计或荧光计对样品精确定量。如果 DNA 量是未知的，可扩大反应体积至 20μL，以确保足量的 TdT 酶进行有效的加尾反应。注意，如果使用的酶量不足，此方案中后续步骤的效率将受到显著影响，并导致产量的明显降低（可低至正常预期产量的 5%～10%）。

我们强烈建议此方案中使用 NEB 的末端转移酶；其他来源的 TdT 酶尚不能满足需求。若使用 Roche 的重组 TdT，酶量需加倍。

4．在反应液表面加 1～2 滴矿物油以免在孵育过程中反应物蒸发。在 37℃孵育 20min。

5．加入 2μL（每 10μL 反应体积） EDTA(0.5mol/L, pH 8.0)以终止反应。

6．按照生产厂家提供的使用说明，用 MinElute 小柱净化 DNA。用 20μL 洗脱 DNA。

在将反应物加入离心柱之前，如起始体积为 10μL，则加入 10μL 水使体积达到 20μL。若 DNA 量少于 100ng，按照厂家的方案采用 10μL 的洗脱体积，则回收率可低于 QIAGEN 声称的 80%。若需要可增加洗脱体积至 15～20μL，然后晾干以减少体积。

用 Klenow 片段聚合酶进行第二链合成

7．配制第二链合成反应体系：

$T7\text{-}A_{18}B$ 引物(25μmol/L)	0.3μL
NEB 缓冲液 2 (10×)	2.5μL
dNTP 混合物(5.0mmol/L)	1μL
水	0.2μL
尾端加 T 的 DNA	20μL

如果模板非特异性产物的产生是一个显著问题，降低反应液体积同时维持反应物的浓度（尾端加 T 的 DNA 除外），具体范例见此方案末。

dNTP 混合物勿反复冻融超过 3 次。过多冻融将使 dNTP 降解并降低反应效率。

NEB（2004 年年初）将提供的 Klenow 酶缓冲液从 EcoPol 缓冲液改为 NEB 缓冲液 2。使用此缓冲液的产量至少与旧缓冲液相当，实际上一般可能提高约 14%的产量。

▲不要使用矿物油。痕量的矿物油会干扰净化和体外转录。

8．在热循环仪中设置如下的程序：

i．94℃，2min。

ii．从 94℃梯度降温至 35℃，速度为 1℃/s，然后保持 2min 复性。

iii．从 35℃梯度降温至 25℃，速度为 0.5℃/s。

iv．25℃保持 45s（或达 6min）。

在此期间，加入 1μL（5U）Klenow DNA 聚合酶。如果需要，可离心将管壁和管盖上的液体收集到管底。

v．37℃，90 min。

vi．（可选）4℃暂时终止酶活性直到从循环仪中取出反应管。

9．加入 2.5 μL EDTA (0.5mol/L, pH 8.0)终止反应（终浓度为 45mmol/L）。

10．按照厂家提供的方案，用 MinElute 小柱净化 DNA。用 20μL 洗脱 DNA。

若 DNA 量少于 100ng，按照厂家的方案采用 10μL 的洗脱体积，则回收率可低于 QIAGEN 声称的 80%。若需要可增加洗脱体积至 15～20μL，然后晾干以减少体积。对于 50ng 样品来说，此步骤的 20μL 洗脱体积能提高回收率 30%～40%。

体外转录（IVT）

11．体外转录（IVT）需要 8μL 双链 DNA（dsDNA）。使用旋转蒸发仪以中等热力加热 10～12min，将洗脱产物从 20μL 蒸发减少至 8μL（蒸发速度约为 1μL/min）。

12．在 0.2mL 无 RNA 酶的 PCR 管中按如下配方配制体外转录反应液：

75mmol/L NTP 混合物	8μL
反应缓冲液 (首先恢复至室温!)	2μL
RNA 酶抑制剂和 T7 RNA 聚合酶	2μL
双链 DNA 模板	8μL

如果 IVT 试剂盒是新的，先在一个管中混合各种 NTP，然后再分装至 4 个管中。在第一个反复 3 次的冻融过程中，每冻融一次回收率下降 10%～15%。如果 NTP 冻融超过 3 次，每一次后续的冻融可导致回收率下降达 50%。

缓冲液需在室温下使用。冰冷的缓冲液和 dsDNA 混合将导致 DNA 沉淀。若发生沉淀，将缓冲液回温至 37℃，直至沉淀溶解。

13．将反应液置于顶盖加热的热循环仪或空气浴孵箱中，37℃保温过夜。

反应时间为 5～20h；通常过夜，一般大约 16h。

使用 RNeasy 小柱纯化扩增的 RNA（aRNA）

14．准备缓冲液（每一个 IVT 反应需 433.5μL）：

β-巯基乙醇（14.2mol/L 储存液）	3.5μL
无 RNA 酶的水	80μL
RLT 缓冲液（RNeasy Mini Kit 提供）	350μL

15．将混合物分装至无 RNA 酶/DNA 酶的 1.5mL 管中。

16．将 IVT 混合物（来自步骤 13）转移至无 RNA 酶/DNA 酶的管中，轻轻瞬时振荡。

17．加入 250μL 95%～100%的乙醇，用移液器混匀（不要离心！）。采用离心或者真空泵方法，用 RNeasy 小柱纯化扩增的 aRNA。

离心纯化 aRNA

i. 将样品全部加入 RNeasy Mini 离心柱，置于收集管之上。大于或等于 8000*g* 离心 15s，将流出液弃去。

ii. 将 RNeasy 小柱转移至新的收集管，加入 500μL RPE 缓冲液（使用前务必加入乙醇），大于或等于 8000*g* 离心 15s。弃去流出液，重复使用收集管。

iii. 在 RNeasy 小柱中加入 500μL RPE 缓冲液，以最大转速离心 2min。

iv. 弃去流出液，再吸取 500μL RPE 缓冲液加入小柱，最大转速离心 2min。

这次额外的清洗，不是 QIAGEN 的实验方案中要求的，而是避免洗脱的 RNA 被异硫氰酸胍污染所必需的。

用多头真空装置纯化 aRNA

i. 将样品（700μL）加入 RNeasy Mini 离心柱，并连接真空装置，抽真空。

ii. 关闭真空泵，吸取 500μL RPE 缓冲液加入小柱，抽真空。

iii. 重复步骤 ii。将离心柱转移至 2mL 收集管，最高转速离心 2min。

iv. 将小柱再次连接真空装置，加入 500μL RPE 缓冲液，抽真空。

v. 将离心柱转移至 2mL 收集管，最高转速离心 1min，使柱子流干。

18. 将 RNeasy 柱转移至一个新的 1.5mL 收集管，直接在膜上加入 30μL 无 RNA 酶的水，大于或等于 8000*g* 离心 1min 以洗脱 RNA。可重复此过程，回收率大于 30μg。

19. 检测 A_{260} 的吸光度和 A_{260}/A_{280}，检查 RNA 的浓度和纯度。

见“疑难解答”。

20. 进行方案 5 或者方案 6，对 RNA 进行荧光标记。

疑难解答

除了下面列出的内容，IVT 试剂盒生产厂家提供的操作指南中的疑难解答部分也是很有参考价值的。

问题（步骤 19）：扩增的 RNA 好像被 RNA 酶破坏。

解决方案：用 Ambion IVT 试剂盒中提供的 250ng pTRI-Xef-线性化质粒进行 IVT 对照试验。如果不使用此试剂盒，可用适量含 pT7 启动子的 dsDNA 模板。确认所选择的模板曾被成功地用作 T7 RNA 聚合酶的模板。限于 QIAGEN RNeasy 小柱的结合能力约为 100μg，产量一般为 100～140μg。如果 IVT 对照模板的产量很低，通过 2%非变性琼脂糖凝胶电泳 Tris-acetate-EDTA (TAE)和溴化乙锭（EB），可推断是否被 RNA 酶污染。被 RNA 酶污染的 IVT 样品将产生低分子质量的拖尾（smear）。如果确实由于 RNA 酶被污染，确保使用气溶胶屏障和无 RNA 酶的移液器吸头，并用 RNA 酶净化剂(如 RNA 酶 Zap; Ambion catalog no. 9780)处理工作台面。这对于 ChIP 样品的操作尤为重要。

问题（步骤 19）：aRNA 产量很低，但不是由于 RNA 酶污染造成的。

解决方案：如未检测到 RNA 酶污染，问题有可能是因为 IVT 的反应条件。考虑以下几点：

- NTP 混合物过度冻融。NTP 对冻融过程很敏感，每冻融一次均降低产量。使用新鲜的 IVT 试剂盒，并在使用前对 NTP 混合物进行分装。
- 在反应过程中，反应体积过度蒸发。前面描述的 IVT 条件（步骤 11～步骤 13）是为限制长时间孵育过程中蒸发和蒸汽体积而设计。不推荐使用矿物油，因为有可能干扰 IVT 反应和（或）aRNA 净化。

讨论

此方案的产物是扩增的RNA(aRNA)，经标记后适用于方案5和方案6中提及的微阵列研究。确定产生的aRNA产量及计算所获的扩增量是很重要的。典型的扩增结果将导致至少200倍的扩大。例如，投入75ng DNA将产生20μg的aRNA。使用1%～2%的凝胶电泳评价扩增的RNA组成及质量。除非RNA的大小分布对实验至关重要，否则不必进行变性凝胶电泳。由于凝胶电泳分辨率的限制，扩增产物在凝胶上的迁移可能延缓20～40bp。这种漂移是可以预计的，因为增加了小分子的poly(A)尾及由T7启动子增加的序列。poly(A)尾巴的大小分布在固定大小的模板的扩增产物中变得尤为明显，如PCR产物或限制酶消化的质粒。

用有限的引物合成第二链

第二链合成过程中，起始材料的浓度显著低于引物浓度时,偶尔在凝胶底部出现约100bp 低分子质量条带。在这些情况下，可能会产生大量的小分子质量产物，这是在第二条链合成过程中通过引物二聚体形成的TVT有效模板而产生的扩增产物。如果这种低分子质量产物为下游分析的无关物质，观察到其大量产生时，则必须限制引物的量。

当从非常少量的初始材料扩增时，限制引物的量是非常重要的。限制引物量不仅可减少引物二聚体的产生，也可提高目标扩增产物的产率。表10-2描述了用于所建议的初始材料质量范围的单次反应的体积。

表10-2　用有限的引物合成第二链

DNA/ng	T7引物/μL	NEB 2缓冲液/μL	5mmol/L dNTP/μL	水/μL	加尾的DNA/μL	Klenow/μL	总体积/μL
>75	0.60（25μmmol/L）	5.0	2.0	20.4	20.0	2.0	50
50～75	0.30（25μmmol/L）	2.5	1.0	0.20	20.0	1.0	25
25	0.15（25μmmol/L）	2.5	1.0	0.35	20.0	1.0	25
10[a]	1.50（1μmmol/L）	1.0	0.4	0.20	6.5	0.4	10
5[a]	0.75（1μmmol/L）	1.0	0.4	0.95	6.5	0.4	10
2.5[a]	0.38（1μmmol/L）	1.0	0.4	1.32	6.5	0.4	10

注：按照总反应体积10μL，在真空离心管中将加尾的DNA浓缩至指定的体积。

a. 如果使用无加热盖的热循环仪，则在37℃过程中，每30min离心一次。

参考文献

Liu CL, Schreiber SL, Bernstein BE. 2003. Development and validation of a T7 based linear amplification for genomic DNA. *BMC Genomics* 4: 19. doi: 10.1186/1471-2164-4-19.

Liu CL, Kaplan T, Kim M, Buratowski S, Schreiber SL, Friedman N, Rando OJ. 2005. Single-nucleosome mapping of histone modifications in *S. cerevisiae*. *PLoS Biol* 3: e328. doi: 10.1371/journal.pbio.0030328.

方案4　RNA的扩增

研究基因表达谱通常需要微克级数量的mRNA，有时很难获得。在这种情况下，RNA必须扩增，以便有足够的材料进行微阵列标记和杂交。目前，RNA扩增最常用的工具是使用商品化的试剂盒，如已被成功应用的 MessageAmpII（Ambion）。这些试剂盒一般比较昂贵，因而该方案提供了一种替代的 RNA 扩增程序，改编自 Baugh 等(2001)的相关资料。

该方案可以从有限数量的总 RNA 产生扩增的反义 RNA（aRNA）（图 10-4）。它的设计是围绕最大限度地提高产量和产品长度，同时最大限度地减少模板非依赖的反应。模板非依赖的反应与模板依赖的反应相竞争，比使用的 RNA 模板量不足的情况更糟。如果扩增产物主体为模板非依赖的产物，将导致微阵列杂交的敏感性和信号差异显著降低。值得注意的是，用于反转录（RT）实验的 oligo（dT）引物在体外转录（IVT）过程中可产生不依赖于任何 cDNA 模板的高分子质量产物(Baugh et al. 2001)。此反应在实验过的所有条件下均可发生，因而此方案的设计旨在限制反应起始使用的引物量。此外，若使用的 T7 RNA 聚合酶活性过高，存在生物素化的 NTP 且不存在任何多聚体时，也会产生高分子质量、模板非依赖的产物。T7 RNA 聚合酶活性过高时，还可产生分子质量不正确、下游反应中功能受限的模板依赖的产物。从本质上讲，产量更高并不总是更好。此方案通过采用小体积的 cDNA 合成来限制引物的数量。

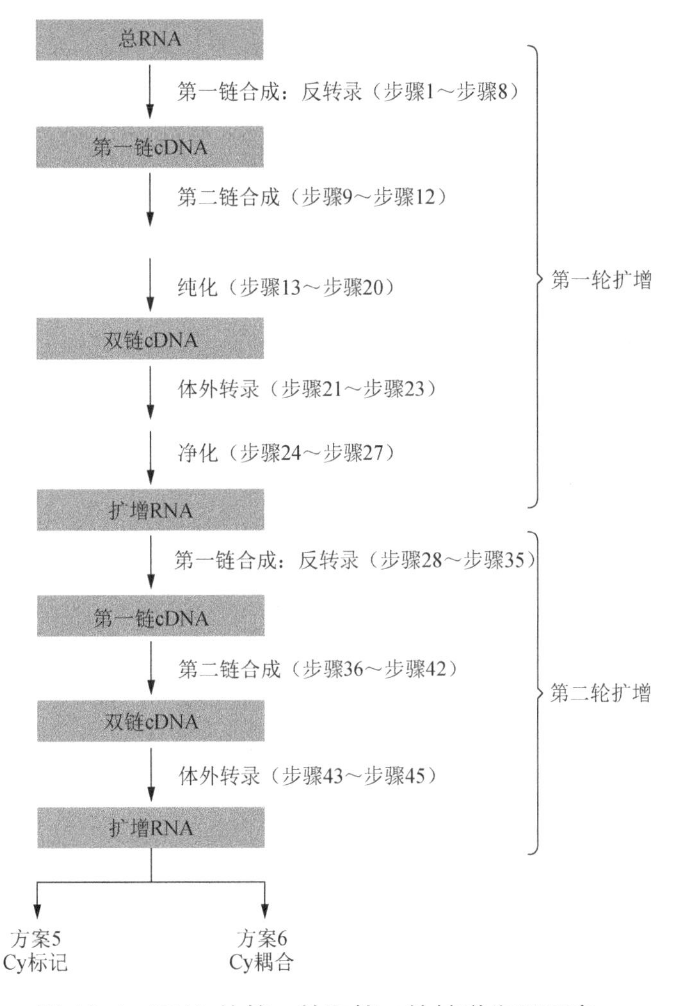

图 10-4　RNA 的第一轮和第二轮扩增步骤顺序。

方案 2 和方案 3 中所述的关于 DNA 标记，任何扩增方案中关键要考虑的是防止扩增材料的产物发生偏差。如同 DNA 扩增实验，对于一个 RNA 扩增的新手来说，通过微阵列杂交比较非扩增 RNA 和扩增 RNA 是一种很有价值的初始实验。实验结果应当能揭示扩增后哪些序列过表达和低表达以及程度如何。

在此方案的结尾，对扩增材料的产率进行量化。单轮扩增一般能产生 5～20 倍的起始材料的转化。如果第一轮的 aRNA 用于第二轮扩增的模板，一般产生 200～400 倍扩增。

材料

为正确使用本方案中的器材和危险试剂，必须查阅相应的材料安全数据表并咨询所在机构的环境卫生和安全办公室。

本方案的专用试剂标注<R>，配方在本方案末提供。常用储备溶液、缓冲液和试剂标注<A>，配方见附录 1。储备溶液应稀释至适用浓度后使用。

试剂

载体

加入 5μg 线性聚丙烯酰胺（LPA）或 20μg 糖原。如果使用第二轮扩增（或者其他下游的反转录逆应），则推荐使用 LPA，而不是糖原。LPA 能减缓 Microcon 的清洗（500g、室温条件下 100s，从 12～14min 延缓到 28～32min），但不会影响反转录酶活性。

DEPC 双蒸水

DEPC 处理的 TE(pH 8.0)

大肠杆菌 DNA 连接酶

DNA 聚合酶 I

dNTP (10mmol/L)

DTT (100mmol/L)

(dT)-T7（引物）

引物序列：5′- GCATTAGCGGCCGCGAAATTAATACGACTCACTATAGGGAGA(T)21V-3′（V 代表 A,C，或者 G）。

乙醇（70%和 95%）

第一链缓冲液（5×），由试剂盒提供

高产量 T7 体外转录试剂盒（如 Epicentre 公司的 AmpliScribe；Ambion、Promega 及其公司的类似产品)

IVT 缓冲液（10×），由 IVT 试剂盒提供

NaCl (5mol/L)

NTP 混合物 (100mmol/L)

NTP 混合物含有 ATP、CTP、GTP 和 UTP，各 100mmol/L。

酚：氯仿

随机引物

反转录酶（SuperScript II；Life Technologies 公司)

大肠杆菌 RNase H

第二链合成缓冲液（5×）<R>(Lifetech 公司或自制)

T4gp32（单链结合蛋白；8mg/mL）

T4 DNA 聚合酶

高浓度 T7 RNA 聚合酶（80U/μL）

总 RNA（100ng 溶于水或 TE；步骤 1 中 RNA 被浓缩，所以不用考虑浓度）

仪器设备

Bio-Gel P-6 Micro-Spin 柱(Bio-Rad 公司)

65℃和 70℃的加热块

14～16℃的孵箱

Microcon 100 离心柱(Millipore 公司)
Phase Lock Gel Heavy tubes (0.5mL) (Eppendorf 公司)
热循环装置（顶盖加热）或设置为 42℃和 70℃的空气浴箱
管子（0.6mL）
旋转蒸发仪（如 SpeedVac）

方法

反转录

1．将 100ng (dT)-T7 引物和 100ng 总 RNA 混合，加入 0.6mL 小管中。抽真空将体积降低至 5.0μL。

▲不要使 RNA 彻底干燥。

2．在冰上准备反转录预混合物：

第一链缓冲液（5×）	2.0μL
DTT（100mmol/L）	1.0μL
dNTP（10mmol/L）	0.5μL
T4gp32 (8.0mg/mL)	0.5μL
RNA 酶抑制剂（约 20U）	0.5μL
SuperScript II (100U)	0.5μL

3．将 RNA/引物混合物放入带顶盖加热的热循环仪中，70℃、4 min 使其变性。
4．在冰上快速冷却混合物。

变性后体积可能会减小。

5．将 5.0μL 预冷反转录预混合物加入含有 RNA/引物混合物的小管中，用移液器混匀。终体积为 10μL。

如果在变性过程中（步骤 3）蒸发导致体积减小，加双蒸水调整体积至 10μL。在加入 RNA 之前，先用一个对照核酸进行初始的这些步骤来确定蒸发导致的体积损失。

6．将 RT 反应液在顶盖加热的热循环仪或空气孵箱中 42℃保温 1h，勿用水浴以减少污染。
7．65℃热灭活反应 15min。
8．置于冰上冷却。

第二链合成

9．准备第二链合成（SSS）预混合物：

第二链合成缓冲液（5×）	15μL
dNTP (10 mmol/L)	1.5μL
DNA 聚合酶 I	20U
大肠杆菌 RNase H	1U
大肠杆菌 DNA 连接酶	5U
加水	至 65μL

置于冰上冷却。

10．将 65μL 冰浴后的 SSS 预混合物加入 RT 反应管，用移液器混匀。14～16℃反应 2h。
11．加入 2U（10U）T4 DNA 聚合酶，颠倒、轻轻振荡混匀。14～16℃再反应 15min。

12．70℃、10min 灭活反应。从 15℃迅速升温至 70℃，不要将小管置于室温，以免出现不需要的酶活性。

13. 加入 75μL 的酚∶氯仿（1∶1），剧烈抽吸混匀。将混合物转移至预先离心过的 Phase Lock Gel Heavy 0.5μL 小管，13 000r/min 离心 5min。

14．根据生产厂家提供的使用说明，准备 Bio-Gel P-6 Micro-Spin 小柱。

15．转移步骤 13 的水相至准备好的 P-6 小柱，1000*g* 离心 4min，将流出液（80μL）收集至干净的 1.5mL 小管中。

流出液可以在 1.5mL 小管中保存，也可以根据 IVT 反应步骤的细节要求，转移至不同大小的小管。例如，如果要在热循环仪中进行反应，则将产物保存于 4℃，而不要过度孵育。

16．加入适量的载体和 3.5μL 的 5mol/L NaCl 用以沉淀 DNA，振荡混匀。加入 2.5 倍体积的 95%乙醇（约 220μL），充分混匀。−20℃沉淀至少 2h。

17．13 000r/min 离心 20min 沉淀 DNA。

18．小心去除上清。用 500μL 70%的乙醇清洗沉淀，然后 13 000r/min 离心 5min。

19．小心去除上清。短暂离心（最大转速），收集残留于管底的乙醇。

20．用移液器吸去残留的上清。将沉淀放置 2～3min 晾干。

体外转录

21．室温下准备 IVT 预混合物以免沉淀：

DEPC 水	16.5μL
IVT 缓冲液（10×）	4.0μL
ATP (100mmol/L)	3.0μL
CTP (100mmol/L)	3.0μL
GTP (100mmol/L)	3.0μL
UTP (100mmol/L)	3.0μL
DTT (100mmol/L)	4.0μL
RNA 酶抑制剂（约 60U）	1.5μL
高浓度 T7 RNA 聚合酶（80U/mL）	2.0μL

22．将 40μL IVT 预混合物加入到 DNA 沉淀中（步骤 20）。将沉淀重悬于预混合物中，轻轻地颠倒、振荡混匀。42℃反应 9h。

如果起始的总 DNA 浓度达到微克级，则使用 60μL 或 80μL 反应体积，可提高 IVT 产量。

23．进行净化和另外的扩增，或将 IVT 反应物−80℃冷冻保存。

净化

24．在 IVT 反应管中加入 480μL DEPC 处理过的 TE。

25．将 500μL 反应物转移至 Microcon 100，500*g* 离心直至体积小于 20μL（不加 LPA 时，室温 11～15min；加 LPA 时，28～32min）。

如果样品中含有 LPA 时，反应物流出 Microcon 柱的速度较慢，但不影响结果。亦可选择 RNeasy 柱用于净化过程。

26．再加入 500μL DEPC 处理的 TE，如前所述离心。再次重复这一步骤（共 3 次）。

如果计划进行第二次扩增，最后一次清洗要用水，并应使滤液体积减小。

27．如果需要，测定并调整溶液体积，以便用于后续操作。

最好通过电泳对产物进行定量及定性分析，也可直接进行第二轮扩增。

第二轮扩增

28．将 0.5μg 随机引物加入至 aRNA（来源于步骤 26）。抽真空缩小体积至 5.0μL。

29．用顶盖加热的热循环仪70℃、5min使RNA变性。

30．将混合物置于冰上快速冷却，然后室温下放置5min。

31．在冰上准备RT预混合物：

第一链缓冲液（5×）	2.0μL
DTT（100mmol/L）	1.0μL
dNTP（10mmol/L）	0.5μL
T4gp32 (8.0mg/mL)	0.5μL
RNA 酶抑制剂（约20U）	0.5μL
SuperScript II (100 U)	0.5μL

32．将5μL平衡至室温的RT预混合物加入到RNA，用移液器混匀。

终体积应为10.0μL。如果变性过程中体积有蒸发损失（步骤28），加水调整体积至10.0μL。

33．将反应管置于顶盖加热的热循环仪中，进行如下的程序：

i．37℃、20min；

ii．42℃、20min；

iii．50℃、10min；

iv．55℃、10min；

v．65℃、15min；

vi．37℃保温。

34．加入1U RNA酶H，轻轻振荡混匀。37℃反应30min，然后95℃加热2min。

35．将管子置于冰上，短暂离心收集浓缩物，置于冰上。

36．向冰浴中的管内加入1μL 100ng/μL的(dT)-T7引物。42℃反应10min使引物复性。

37．准备SSS预混合物（不含连接酶）：

第二链缓冲液（5×）	15μL
dNTP（10mmol/L）	1.5μL
DNA 聚合酶 I	20U
大肠杆菌 RNase H	1U
加水	至65μL

38．将步骤36中的样品置于冰上快速冷却。

39．在预冷的反应管中加入65μL冰冷的SSS预混合物，14～16℃反应2h。

40．加入10U T4 DNA聚合酶，然后轻轻颠倒振荡混匀。14～16℃再反应15min。

41．加热至70℃灭活反应。

42．按照步骤13～20进行酚：氯仿抽提，Bio-Gel P-6色谱分析以及核酸沉淀。

43．按照步骤21准备IVT预混合物。

44．在DNA沉淀中加入40μL IVT预混合物（步骤42），通过轻轻颠倒振荡混匀。42℃反应9 h。

45．按照步骤24～27进行净化，或将IVT反应物-80℃冷冻保存。

讨论

此步骤的产物为扩增的RNA，适用于微阵列杂交的直接或者间接标记（方案5或方案6）。对于DNA扩增，通常定量扩增样品的产率，设置不加RNA的对照扩增反应，以确保所有试剂均未被污染。

初次使用此方案的实验者会发现，用变性或非变性凝胶对扩增产物进行分析很有益（图10-4，Baugh et al. 2001）。如果在无模板的对照中出现高分子质量的产物，可能说明引物过量，可以通过减少初始的体外转录反应体系中的引物浓度尽量避免。

另一个有用的对照是从高丰度 RNA 的源材料中扩增 RNA，用扩增的 RNA 与源 RNA 和含有基因的 5′端和 3′端探针的微阵列竞争杂交。如果 RNA 扩增方案运行良好，则 aRNA 和原始的 RNA 样品应高度相关，且 5′/3′比值应接近 1。5′/3′比值低提示体外转录反应欠佳，可通过增加此方案中 RNA 的投入量予以纠正。此外，5′/3′比值低还提示可在体外转录反应体系中未加入单链 DNA 结合蛋白 T4gp32。

配方

为正确使用本方案中的器材和危险试剂，必须查阅相应的材料安全数据表并咨询所在机构的环境卫生和安全办公室。

第二条链合成缓冲液（5×）

试剂	终浓度
Tris-HCl (pH 6.9)	100mmol/L
$MgCl_2$	23mmol/L
KCl	450mmol/L
β-NAD	0.75mmol/L
$(NH_4)_2SO_4$	50mmol/L

参考文献

Baugh LR, Hill AA, Brown EL, Hunter CP. 2001. Quantitative analysis of mRNA amplification by in vitro transcription. *Nucleic Acids Res* **29:** e29. doi: 10.1093/nar/29.5.e29.

方案 5 RNA 的 Cyanine-dUTP 直接标记

此方案提供了用于表达分析的最简单的 RNA 标记方法。用 oligo(dT)和随机六聚体引物进行 RNA 反转录。随机六聚体能改进标记的总效率，尤其是 RNA 5′端的标记。荧光标记的 dUTP 掺入 cDNA，反转录后，RNA 被降解，然后将标记的 cDNA 与未结合的 Cy 染料分离以纯化。最后，按方案 10 所述用 Cy3 和 Cy5 标记的样品与封闭核苷酸混合，用于杂交。

材料

为正确使用本方案中的器材和危险试剂，必须查阅相应的材料安全数据表并咨询所在机构的环境卫生和安全办公室。

本方案的专用试剂标注<R>，配方在该方案末提供。常用储备溶液、缓冲液和试剂标注<A>，配方见附录 1。储备溶液应稀释至适用浓度后使用。

试剂

Cy3-dUTP 或 Cy5-dUTP (GE Healthcare Life Sciences 公司)
DEPC 水
HCl（0.1mol/L）
NaOH (0.1mol/L)
oligo(dT) (2μg/μL)
随机六聚体 (4μg/μL)

N6 随机六聚体可以从任何寡聚核苷酸公司订购，浓度为 5mg/mL，溶于无 RNA 酶的 TE 或水。

反转录酶 200U/μL (SuperScript II 公司；Life Technologies 公司)

第一链缓冲液<R>和 DTT 由 SuperScript II 提供，需在步骤 3 中制备混合物的母液。

总 RNA（来自于方案 3 或方案 4）
未标记的 dNTP（低 dTTP）储液<R>

仪器设备

设定为 65℃的加热块
MinElute kit (QIAGEN 公司，目录号 28004)
热循环仪

方法

RT 反应

1．在微量离心管中分别准备如下 RNA/寡聚体反应混合物。

	Cy3	Cy5
总 RNA（建议使用 30μg）	20～50μg	20～50μg
oligo(dT) (2μg /μL)	2μL	2μL
随机六聚体（4μg /μL）	1μL	1μL
DEPC 水	定容至 15.4μL	定容至 15.4μL

2．65℃加热微量离心管 10min，然后置于冰上降温以使引物与 RNA 复性。

3．当 RNA/寡聚体反应时，准备两种反应混合物母液，其中一种含 Cy3-dUTP，另一种含 Cy5-dUTP，体积要足以使每管 RNA/寡聚体混合物中加入 14.6μL 混合物母液。

	Cy3-dUTP	Cy5-dUTP
第一链缓冲液（5×）	6.0μL	6.0μL
DTT (0.1mol/L)	3.0μL	3.0μL
未标记的 dNTP (低 dTTP)	0.6μL	0.6μL
Cy3-dUTP (1mmol/L)	3.0μL	
Cy5-dUTP (1mmol/L)		3.0μL
SuperScript II (200U/μL)	2.0μL	2.0μL
总体积	14.6μL	14.6μL

4．每管 Cy3 RNA/寡聚体反应混合物中加入 14.6μL Cy3 反应混合物母液（步骤 3），每管 Cy5 RNA/寡聚体反应混合物中，加入 14.6μL Cy5 反应混合物母液（步骤 3）。42℃反应 1h。

5．每个反应体系中加入 1μL SuperScript II 酶（200U/μL），用移液器充分混合，继续反应 1h。

6．每个反应体系中加入 15μL 0.1mol/L 的 NaOH，65～70℃反应 10min 以降解 RNA。

7．每个反应体系中加入 15μL 0.1mol/L 的 HCl 中和反应。

净化

若欲对掺入的荧光定量，则需用 MinElute 柱分别对 Cy5 和 Cy3 标记的 cDNA 样品净化。如果杂交时使用薄的盖玻片或探针的量较少（方案 10），则必须纯化 Cy5 和 Cy3 标记的 cDNA 样品，或在洗脱后真空离心以缩小体积。

8．每个样品中加入 600μL 缓冲液 PB（结合缓冲液）。

9．将 MinElute 柱置于一个 2mL 的收集管上。

10．将全部 660μL 或者 720μL（每种颜色的样品经过分别净化或同时净化可导致体积不同）加入 MinElute 柱。10 000*g* 离心 1min。弃去流出液，将柱子放回管中。

11．在柱子中加入 750μL 清洗缓冲液 PE，10 000*g* 离心 1min，弃去流出液，将柱子放回管中。

12．用最大转速再离心 1min，以去除残留的乙醇。

13．将小柱置于新的 1.5mL 管，加入 10μL 水洗脱。加入洗脱缓冲液后至少放置 2min。

14．最大转速离心 1min。加入 10μL 水洗脱。加入洗脱缓冲液后至少放置 2min。

15．最大转速离心 1min。

16．测定每个样品的洗脱液体积。每个柱的洗脱体积应约为 18μL。

讨论

该方案的产物是 Cy5 和 Cy3 标记的 cDNA。标记的 DNA 可立即用于微阵列杂交，亦可用铝箔包裹储存（以免褪色），4℃下可储存 1 周。检测标记是否成功的简单方法是观察去除未结合的核苷酸以后标记样品的颜色（见步骤 16）。良好的标记实验能得到蓝色的 Cy5-DNA 以及红色的 Cy3-DNA。

配方

为正确使用本方案中的器材和危险试剂，必须查阅相应的材料安全数据表并咨询所在机构的环境卫生和安全办公室。

第一链缓冲液

试剂	终浓度
Tris-HCl (pH 8.3)	250mmol/L
KCl	375mmol/L
$MgCl_2$	15mmol/L

未标记的 dNTP（低 dTTP）储存液

未标记的 dNTP	体积	终浓度
dATP (100mmol/L)	25μL	25mmol/L
dCTP(100mmol/L)	25μL	25mmol/L
dGTP(100mmol/L)	25μL	25mmol/L
dTTP(100mmol/L)	15μL	15mmol/L
ddH_2O	10μL	
总体积	100μL	

方案 6 RNA 的氨基烯丙基-dUTP 间接标记

该方案比简单的直接标记方案耗时略长，但比利用方案 5 中昂贵的 Cy-dNTP 更便宜。该标记方法被称为间接标记，因为荧光基团在反转录过程中不掺入 RNA，而是掺入核苷酸类似物（氨基烯丙基-dUTP），然后分离 cDNA，花青染料与氨基烯丙基基团结合，产生需要的荧光标记 cDNA。

材料

为正确使用本方案中的器材和危险试剂，必须查阅相应的材料安全数据表并咨询所在机构的环境卫生和安全办公室。

本方案的专用试剂标注<R>，配方在本方案末提供。常用储备溶液、缓冲液和试剂标注<A>，配方见附录 1。储备溶液应稀释至适用浓度后使用。

试剂

aa-dUTP 混合物（50×）<R>

锚定的 oligo(dT) (Life Technologies 公司)

锚定的 oligo(dT)引物是一个 12 核苷酸引物的混合物，每条引物含 20dT 残基的序列，尾部为 2 个核苷酸 VN，V 代表 dA、dC 或 dG，N 表示 dA、dC、dG 或 dT。因此，VN 锚限制了引物与 mRNA 5′端的 poly（A）尾发生复性。

花青染料（通常是 Cy3 和 Cy5）(GE Healthcare Life Sciences 公司)

颜料为干粉，可用 11μL DMSO 重悬，足以用于 3 个标记反应。如果一次不能全部用完，则分装成 3μL 的小份，真空干燥，储存于-20℃。

DTT (0.1mol/L)

EDTA (0.5mol/L)

HEPES (1mol/L, pH 7.5)

$NaHCO_3$ (50mmol/L，pH 9.0)

NaOH (1mol/L)

反转录酶(SuperScript II 公司；Life Technologies 公司)

反转录酶缓冲液（5×）(Life Technologies 公司)

RNasin (核酸酶抑制剂)

总 RNA (来源于方案 3 或方案 4)

仪器设备

设为 67℃、70℃及 95℃的加热块

避光的盒子

MinElute kit (QIAGEN 公司，目录号 28204)

热循环仪(42℃)

Zymo 柱(Zymo Research 公司，目录号 D3024)

方法

反转录获得 aa-dUTP 标记的 cDNA

1. 将 30μg 总 RNA 加水至终体积为 14.5μL，加入 1μL 浓度为 5μg/μL 的锚定 oligo(dT)，用移液器混匀，70℃加热 10min。

2. 将反应管置于冰上冷却 10min。

3. 短暂离心使反应物沉淀至管底。

4. 使用前准备混合物母液（必须最后加酶）：

SuperScript II 反转录酶缓冲液（5×）	6.0μL
DTT (0.1mol/L)	3.0μL
aa-dUTP 混合物（50×）	0.6μL
水	2.0μL
SuperScript II 反转录酶	1.9μL
RNasin	1.0μL

5. 在 RNA 管中加入 14.5μL 混合物母液，用移液器混匀，42℃反应 2h。

6. 95℃反应 5min，迅速移至冰上。

7. 加入 13μL 1mol/L NaOH 和 1μL 0.5mol/L EDTA 以水解 RNA。混合反应试剂并短暂离心。67℃反应 15min。

8. 加入 50μL 1mol/L HEPES（pH 7.5）中和反应。振荡并短暂离心。

9. 使用 Zymo 柱纯化反应物，以去除未结合的核苷酸。

   i. 在反应物中加入 1mL 结合缓冲液，用移液器混匀。将一半的材料加入小柱。最大转速离心 10s，弃去流出液。

   ii. 加入剩余的反应物，最大转速离心 10s，弃去流出液。

   iii. 加入 200μL 清洗缓冲液，最大转速离心 30s。

   通常会同时进行多个不同的标记实验，因为一个双色的芯片至少需要 2 个反应。

   iv. 再加入 200μL 清洗缓冲液，最大转速离心 1min。弃去流出液，最大转速离心 1min。

   v. 在滤膜上加入 10μL 50mmol/L 的 $NaHCO_3$(pH 9.0)。室温反应 5min。最大转速离心 30s 以洗脱 cDNA。

10. 将洗脱的物质直接加入 DMSO 重悬的 Cy3 或者 Cy5 中，使花青染料与 aa-dUTP 掺入的 cDNA 偶联。室温下，在避光盒或抽屉中避光保存 1h 至过夜。

纯化标记的 cDNA

11. 按照生产厂家的使用说明，用 MinElute 试剂盒纯化 DNA。

讨论

该方案的产物是 Cy5 标记和 Cy3 标记的 cDNA，可用于微阵列杂交。实验材料可在铝箔（避免褪色）中 4℃保存一周。去除未标记的核苷酸后，观察标记的 cDNA 的颜色是检查标记是否成功的方法：良好的标记结果是净化的产物中呈蓝色（Cy5）或红色（Cy3）。

配方

为正确使用本方案中的器材和危险试剂，必须查阅相应的材料安全数据表并咨询所在机构的环境卫生和安全办公室。

aa-dUTP 混合物（50×）

将 1mg 氨基烯丙基-dUTP(Sigma-Aldrich 公司)溶解于以下溶液

试剂	数量	终浓度
dATP (100mmol/L)	32.0μL	12.5mmol/L
dGTP (100mmol/L)	32.0μL	12.5mmol/L
dCTP (100mmol/L)	32.0μL	12.5mmol/L
dTTP (100mmol/L)	12.7μL	5mmol/L
水	19.3μL	

方案 7　用 Klenow 酶对 DNA 进行 Cyanine-dCTP 标记

与 RNA 直接标记方案（方案 5）相似，用 Cy-dCTP 对 DNA 进行直接标记是标记 DNA 最简单、最快捷的方法。此处提供的是一个标准的 Klenow 标记方案，在标记反应过程中，Cy-dCTP 被掺入 DNA，反应终止后，标记的核苷酸与未发生反应的 Cy-dCTP 分离，将 Cy3 和 Cy5 标记的样品混合后用于杂交（方案 10）。此方案适用于很多操作应用，包括拷贝数变化的检测、核小体作图，以及其他定位分析（如 ChIP-chip）。

材料

为正确使用本方案中的器材和危险试剂，必须查阅相应的材料安全数据表并咨询所在机构的环境卫生和安全办公室。

本方案的专用试剂标注<R>，配方在本方案末提供。常用储备溶液、缓冲液和试剂标注<A>，配方见附录 1。储备溶液应稀释至适用浓度后使用。

试剂

Cy3-dCTP 和 Cy5-dCTP(GE Life Sciences 公司)

dNTP 混合物（10×）<R>

EDTA (0.5mol/L, pH 8.0)

基因组 DNA（或方案 2 中的）

人 Cot-1 DNA (1μg/μL) (GIBCO 公司)

大肠杆菌 DNA 聚合酶 I 的 Klenow 片段（40～50U/μL）

poly(dA-dT) (Sigma-Aldrich 公司)

用无核酸酶的水配制成 5μg/μL 的储存液，-20℃保存。

随机引物/缓冲液<R>

可以从 Life Technologies 公司提供的“BioPrime”标记试剂盒中获得或实验室配制。

TE (pH 7.4)

酵母 tRNA (GIBCO 公司)

用无核酸酶的水配制成 5μg/μL 的储存液。

仪器设备

设为 37℃和 95～100℃的加热块

Microcon 30 离心柱(Millipore 公司)

方法

1．在离心管中加入 2～3μg DNA。

对于复杂程度高的 DNA，如哺乳动物基因组 DNA，通过超声或限制性内切核酸酶消化减小片段大小，可提高标记效率。通过超声剪切至平均大小约 1000bp 可满足后续操作。

2．在 DNA 中加水至终体积 21μL，加入 20μL 2.5×随机引物/缓冲液混合物，将离心管置于加热块中，95～100℃煮沸 5 min。

3．将离心管置于冰上 5min。

4．按顺序加入下列试剂：

dNTP 混合物（10×）	5μL
Cy5-dCTP 或 Cy3-dCTP	3μL
Klenow 酶高浓度（40～50U/μL）	1μL

也可使用 Cy-UTP，但如果使用 UTP，需相应地调整 10×dNTP 混合物。

5．37℃反应 1～2h。

为了提高标记效率，反应进行 1h 后加入 1μL Klenow。继续反应 1h。

6．加入 5μL EDTA (0.5 mol/L, pH 8.0)以终止反应。

标记 DNA 的净化

7．将 Cy3 和 Cy5 标记的样品混合，加入 450μL TE(pH 7.4)。

8．将混合后的样品加入 Microcon 30 离心柱。使用微型离心机 10 000*g* 离心 10～11min。

9．弃去流出液。

10．如果使用自制的微阵列进行杂交，在此步骤加入封闭核苷酸：

C_0t-1 DNA (1μg/μL)	30～50μg
酵母 tRNA (5μg/μL)	100μg
Poly(dA-dT) (5μg/μL)	20μg

如果使用商品化的微阵列，按厂家的使用说明使用特定的杂交缓冲液和封闭核苷酸。

11．加入 450μL TE，如步骤 8 所示离心。

12．测定离心柱内剩余液体的体积。如果需要，再离心 1min。所需探针的体积约为 20μL。探针的精确体积取决于含芯片的盖玻片大小。如果是小的微阵列，则体积可低至 12μL（参见方案 10，步骤 3）。

13．弃去流出液。将离心柱反向放置于新的收集管，从膜上回收标记的 DNA。10 000*g* 离心 1min。

14．进行微阵列杂交步骤（方案 9 和方案 10）。

讨论

该方案的产物是 Cy5 标记和 Cy3 标记的 cDNA，可用于微阵列杂交。实验材料可在铝箔（避免褪色）中 4℃保存一周。去除未标记的核苷酸后，观察标记的 cDNA 的颜色是检查标记是否成功的方法：良好的标记结果是净化的产物中呈蓝色（Cy5）或红色（Cy3）。

配方

为正确使用本方案中的器材和危险试剂，必须查阅相应的材料安全数据表并咨询所在机构的环境卫生和安全办公室。

dNTP 混合物（10X）

试剂	终浓度
dATP	1.2mmol/L
dGTP	1.2mmol/L
dTTP	1.2mmol/L
dCTP	0.6mmol/L
Tris (pH 8.0)	10mmol/L
EDTA	1mmol/L

随机引物/缓冲液溶液

试剂	终浓度
Tris (pH 6.8)	125mmol/L
$MgCl_2$	12.5mmol/L
β-巯基乙醇	25mmol/L
随机八聚体	750μg/mL

方案 8　DNA 的间接标记

与 RNA 标记方案一样，DNA 的直接与间接标记之间的主要差别在于费用和时间的权衡。DNA 的间接标记比直接标记要多用约 2h，但费用便宜数百美元。

材料

为正确使用本方案中的器材和危险试剂，必须查阅相应的材料安全数据表并咨询所在机构的环境卫生和安全办公室。

本方案的专用试剂标注<R>，配方在本方案末提供。常用储备溶液、缓冲液和试剂标注<A>，配方见附录 1。储备溶液应稀释至适用浓度后使用。

试剂

aa-dUTP/dNTP 混合物（3mmol/L）

将 6μL 50×的用于 cDNA 合成的储存液<R>加入 44μL 水。

花青染料（通常是 Cy3 和 Cy5）(GE Healthcare Life Sciences 公司)

颜料为干粉，可用 11μL DMSO 重悬，足以用于 3 个标记反应。如果一次不能全部用完，则分装成 3μL 的小份，真空干燥，储存于−20℃。

EDTA (0.5mol/L, pH 8.0)

基因组 DNA

按照自己常用的方案制备基因组 DNA。DNA 应当很纯，应避免采用快速但易污染的方法。例如，第 1 章方案 12 和方案 13 所述，可使用商品化的 gDNA 分离试剂盒。原则是 $OD_{260/280}$ 比值应不低于 1.8。

Klenow 酶缓冲液

DNA 聚合酶 I 的 Klenow 片段

$NaHCO_3$ (50mmol/L，pH 9.0)

随机六聚体

随机六聚体可从寡聚核苷酸公司购买，用无 RNA 酶的 TE/水配制成 5μg/μL。

仪器设备

设为 37℃和 100℃的加热块

避光盒（步骤 11）

MinElute 试剂盒(QIAGEN 公司)

Zymo 柱(Zymo Research 公司，目录号 D3024)

方法

基因组 DNA 的标记

1．对于每一个微阵列反应，需混合 4μg 基因组 DNA、10μg 随机六聚体（N6），水加至终体积为 42μL。100℃反应 5min。

2．将管子置于冰上快速降温 10min。

3．短暂离心，使反应物沉降于管底部。

4．在冰上，加入：

Klenow 酶缓冲液（10×）	5μL
aa-dUTP/dNTP (3mmol/L)	2μL
Klenow 40U/μL	0.8μL

用移液器混匀，37℃反应 2h。

5．加入 5μL 0.5mol/L EDTA (pH 8.0)以终止反应。

随机引物标记的 DNA 纯化

6．加入 1mL 结合缓冲液。混匀，将反应混合物的一半（527μL）分别加入 2 个 Zymo 柱中。最大转速离心 10s。

大体积的结合缓冲液有助于单链 DNA 的沉淀。

7．弃去流出液。用 200μL 洗液洗涤柱子。最大转速离心 1min。

8．重复步骤 7。

9．在每一个柱子的滤膜上加 10μL 50mmol/L $NaHCO_3$ (pH 9.0)，室温下反应 5min。

10．最大转速离心 1min，从柱子上洗脱 DNA。

11．将洗脱的物质直接加入 3μL Cy3 或 Cy5 的 DMSO 悬液，使花青染料与 aa-dUTP 掺入的 cDNA 偶联。室温下，在避光盒或抽屉中反应 1h 至过夜。

标记基因组 DNA 的纯化

12．按照厂家的使用说明，用 MinElute 试剂盒纯化 DNA。

配方

为正确使用本方案中的器材和危险试剂，必须查阅相应的材料安全数据表并咨询所在机构的环境卫生和安全办公室。

aa-dUTP/dNTP 混合物（50×）

将 1mg 氨基烯丙基-dUTP(Sigma-Aldrich)溶解于以下溶液：

试剂	数量	终浓度
dATP (100mmol/L)	32.0μL	12.5 mmol/L
dGTP (100mmol/L)	32.0μL	12.5 mmol/L
dCTP (100mmol/L)	32.0μL	12.5 mmol/L
dTTP (100mmol/L)	12.7μL	5 mmol/L
dH_2O	19.3μL	

方案 9　封闭自制微阵列上的多聚赖氨酸

自制微阵列被印制于多聚赖氨酸包被的玻片。赖氨酸形成一个带正电荷的表面，在杂交过程中可非特异性地结合酸性的核苷酸，导致背景荧光显著升高。因此，微阵列实验中的一个关键步骤是封闭表面未与微阵列点中的寡聚核苷酸结合的赖氨酸。赖氨酸的ε-氨基基团与丁二酸酐反应发生琥珀酰化（图 10-5）。酸酐在水中容易被水解，因此必须使用新鲜的试剂，以防其吸收过多的水分。

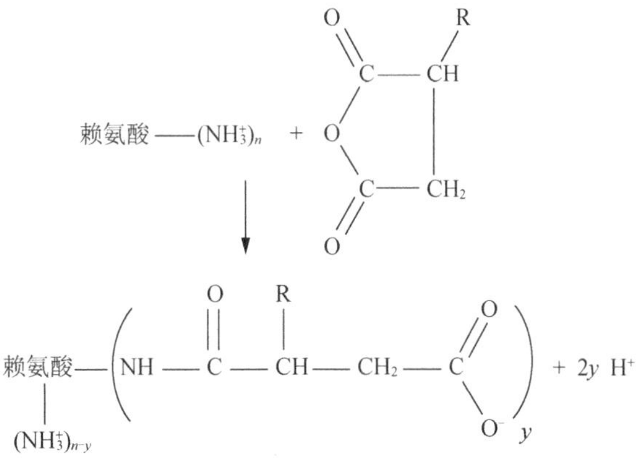

$$\text{赖氨酸}-(NH_3^+)_n + \text{O}(\text{C(=O)}-\text{CH(R)}-\text{CH}_2-\text{C(=O)}) \longrightarrow \text{赖氨酸}(NH_3^+)_{n-y}-\left(NH-\overset{O}{\overset{\|}{C}}-\overset{R}{\overset{|}{CH}}-CH_2-C(=O)O^-\right)_y + 2y\,H^+$$

图 10-5　赖氨酸的琥珀酰化反应。

(经 Cold Spring Harbor Laboratory Press 授权，转载自 Simpson 2003)

这个过程比较简单。如果微阵列印制（方案 1）后经脱水处理，则需要复水。微阵列复水后，多余的液体通过适当的加热去除，然后进行琥珀酰化反应。反应完成后，玻片用乙醇清洗并晾干，立即用于杂交或者储存于干燥器。微阵列储存于干燥器时，微阵列上的点通常会由于干燥而形成“圆环”。微阵列复水可恢复成完整的点。

材料

为正确使用本方案中的器材和危险试剂，必须查阅相应的材料安全数据表并咨询所在机构的环境卫生和安全办公室。

本方案的专用试剂标注<R>，配方在本方案末提供。常用储备溶液、缓冲液和试剂标注<A>，配方见附录1。储备溶液应稀释至适用浓度后使用。

试剂

乙醇（95%）（步骤11）

1-甲基-2-吡咯烷酮

仅可使用HPLC级的。如果颜色微黄，说明其吸收了过多的水分，即不可再用。

印于玻片上的微阵列[自制（方案1）或购买]

硼酸钠（1mol/L，pH 8.0）

SSC (0.5×) <A>

丁二酸酐

储存固体丁二酸酐的试剂瓶应放置于真空干燥器中（或充氮气）。

▲如果受潮，切勿使用。

仪器设备

烧杯（500mL和4L）

配有微孔板适配器的离心机

玻璃蚀刻笔

玻片架和清洗池（如Thermo Scientific Fisher公司，目录号NC9516192)

无粉手套

设置为80℃的加热块（步骤5）

设置为80℃的加热板

能放标准大小玻片的湿盒（如Sigma-Aldrich公司，目录号H6644)

塑料微阵列玻片盒

轨道摇床

适用于500mL烧杯的搅拌棒

80℃的水浴

方法

1．选择15张处理后的玻片。操作玻片的每一面时均必须戴无粉手套。确定每一张玻片的正确方向。用玻璃蚀刻笔轻轻地在玻片背面画出微阵列的边界。

标记出微阵列边界很重要，因为处理后微阵列就看不见了。

2．在一个4L的烧杯中加入足量的蒸馏水，使得玻片架被放入时能被完全浸没。将烧杯置于加热板上，加热至80℃。

微阵列的复水

3. 在湿盒底部注满 0.5×SSC。将微阵列正面朝上悬置于 SSC 中，盖上湿盒盖子。

4. 复水至微阵列上的点开始闪光（室温下通常 15min）。

使微阵列上的点略微膨胀，但不要让它们彼此接触混淆。复水不充分会导致点上 DNA 结合不充分，而复水过度又会导致点相互连成片。

5. 将微阵列的 DNA 面朝上放置，在倒置的加热块上 80℃晾干 3s，使微阵列的每一面均干燥。

6. 将微阵列放到玻片架上，把玻片架放入置于轨道摇床上的空玻片盒内。

封闭微阵列玻片上的游离赖氨酸

7. 准备封闭溶液：量取 335mL 1-甲基-2-吡咯烷酮，加入一个干净的、干燥的 500mL 烧杯中，加入 5.5g 丁二酸酐，用搅拌棒搅拌至充分溶解。

8. 丁二酸酐溶解后立刻加入 15mL 1mol/L 的硼酸钠（(pH8.0)，混合。将封闭缓冲液迅速倒入干净的、干燥的玻片盘中。

9. 迅速将玻片浸入封闭溶液中，手动剧烈振荡玻片架，始终保持玻片浸没在封闭液中。30 s 后，盖上玻片盒，置于轨道摇床上轻轻振荡 15min。

10. 将多余的封闭液沥干，约 5s。将玻片架浸没于 80℃水浴。轻轻地将玻片架在水下往复移动数秒钟，反应 60s。

11. 快速将玻片架转移到 95%乙醇的玻璃盘中，浸入并混合。

确保乙醇洁净透明。切勿使用有颗粒杂质或浑浊的乙醇。

12. 将浸有玻片架的玻璃盘移至台式离心机（事先准备一个等重的玻片架用于平衡），将玻片上多余的乙醇沥干 5s，快速将玻片架放到微孔板适配器上，用台式离心机 550r/min 离心 3min。

13. 离心后，玻片应该是干净、干燥的。将玻片从架子上取下，储存于塑料的显微玻片盒中。微阵列可立即使用，也可储存于干燥器中，室温下可储存至少 3～4 个月。

参考文献

Simpson RJ. 2003. Peptide mapping and sequence analysis of gel-resolved proteins. In *Proteins and proteomics*, pp. 343–424. Cold Spring Harbor Laboratory Press, Cold Spring Harbor, NY.

方案 10　自制微阵列的杂交

从概念上说，标记探针与微阵列的竞争性杂交与其他杂交方法相似，如 Southern 杂交等。对于大量的多重杂交来说，使用双色杂交具有显著的优势。使用两种颜色——通常是 Cy3 和 Cy5 标记的探针，可控制影响杂交强度的因素，包括标记核苷酸的数量、每一寡聚核苷酸的 T_m 值等。这样，芯片上点之间荧光强度的差别可定量并分析，以评估生物学现象，如基因表达的变化或转录结构的细节。

杂交理论上是一个简单的过程——将“冷的”（无荧光）封闭核苷酸加入混合的探针

中，再加入杂交缓冲液，然后将此混合液加到微阵列表面。杂交反应过夜后，洗涤微阵列并扫描。此方案在技术上唯一有难度的步骤是将探针溶液加到微阵列表面和放置盖玻片（步骤 8 和步骤 9）。在使用荧光标记的 DNA 探针进行实验之前，可使用含有鲑鱼精 DNA 的杂交缓冲液练习这些步骤，以提高快速操作的能力，避免产生气泡或刮伤微阵列表面。

有多种商品化的杂交盒可供选择，一般由 2 个金属小室组成，其内部空间足以容纳微阵列玻片。在内部小室里常有小的低洼，可以储存多余的缓冲液，以维持杂交盒的湿度。盒周围有防水的橡胶垫圈密封。其他的杂交系统，包括“Maui”混合器，可在微阵列上往复移动杂交溶液。对于自制微阵列的使用者，不需要购买这些昂贵的杂交系统。

材料

为正确使用本方案中的器材和危险试剂，必须查阅相应的材料安全数据表并咨询所在机构的环境卫生和安全办公室。

本方案的专用试剂标注<R>，配方在本方案末提供。常用储备溶液、缓冲液和试剂标注<A>，配方见附录 1。储备溶液应稀释至适用浓度后使用。

试剂

Cot-1 DNA (GIBCO 公司)

商品化的 Cot-1 DNA 浓度为 1μg/μL。杂交前，在旋转蒸发仪中将 Cot-1 DNA 浓缩至 10μg/μL。

Cy5 和 Cy3 标记的核苷酸（来自方案 5、方案 6、方案 7 或方案 8）

HEPES (1mol/L, pH 7.0)

印制在玻片上的微阵列[自制（方案 1）或购买]

如果使用自制的，杂交前按照方案 9 封闭玻片。

poly(A) RNA（10μg/μL）(Sigma-Aldrich 公司，目录号 P9403)

SDS (10%)

SSC (20×)<A>

酵母 tRNA（10μg/μL）(GIBCO 公司，目录号 15401-011)

仪器设备

盖玻片

使用 22×60 常规的薄盖玻片或 22×60 Erie M-series Lifter slips 宽边盖玻片。

清洗微阵列的平皿（步骤 13）

无粉手套

设置为 95～100℃的加热块

杂交盒

避光盒

微阵列扫描仪

使用自制微阵列时，标准的扫描仪是 GenePix 4000B (Molecular Devices 公司)。

微阵列玻片盒

纸巾

设置为 65℃的水浴

方法

杂交溶液的准备

如果Cy探针已混合并已加入封闭物和缓冲液，跳至步骤4。

1. 混合以下封闭用核酸：

Cot-1 DNA (10μg/μL)	2μL
poly(A) RNA (10μg/μL)	2μL
tRNA (10μg/μL)	2μL

2. 混合Cy5和Cy3标记的核酸。
3. 按照下表准备完全的杂交溶液。为了避免溶液产生气泡，在加入SDS之后不要振荡。

	盖玻片大小	
	22×60常规薄盖玻片	22×60 Erie M-series Lifter Slips宽边盖玻片
Cy5和Cy3标记的核酸	21.16μL	36.68μL
Cot-1、poly(A)、tRNA混合物	6μL	6μL
SSC（20×）	5.95μL	9.35μL
SDS（10%）	1.05μL	1.65μL
HEPES (1mol/L, pH 7.0)	0.84μL	1.32μL

注：对于其他尺寸的盖玻片，调整溶液体积，维持SSC、SDS和HEPES浓度不变。但是，封闭混合物[Cot、poly(A)和tRNA]在任何情况下均应为6μL。
建议使用HEPES于所有探针。

4. 将杂交溶液置于注水的加热块加热至95～100℃ 2min，使探针变性。
5. 将探针置于暗处室温下避光10min。
6. 进行步骤5时，按需要准备杂交盒。在干净、平整的表面打开每一杂交盒，将玻片的微阵列面朝上，放入杂交盒。
7. 室温下14 000r/min离心5 min。

将杂交溶液加到微阵列上

8. 小心地吸取探针溶液，加一滴于微阵列的一端。在吸液时要避免产生气泡，注意不要用吸头触碰微阵列表面（图10-6）。

   保留约2μL探针于管内。如果当探针加到玻片上时出现沉淀，参见“疑难解答”。

9. 小心地将盖玻片的一端置于玻片上靠近探针的位置，慢慢地放下另一端，可用另一张盖玻片作为杠杆和楔子便于放下盖玻片（图10-6）。
10. 关闭杂交盒，立刻将其浸没于65℃水浴中。

    小心不要倾斜杂交盒。可使用金属镊子将杂交室放入水浴。

11. 若进行多个微阵列的杂交，重复步骤8～步骤10。

    操作务必快速有效，因为探针不应在室温下放置若干时间。尽量在10～15min将所有探针加到玻片上。

12. 将杂交室置于65℃反应16～20h。

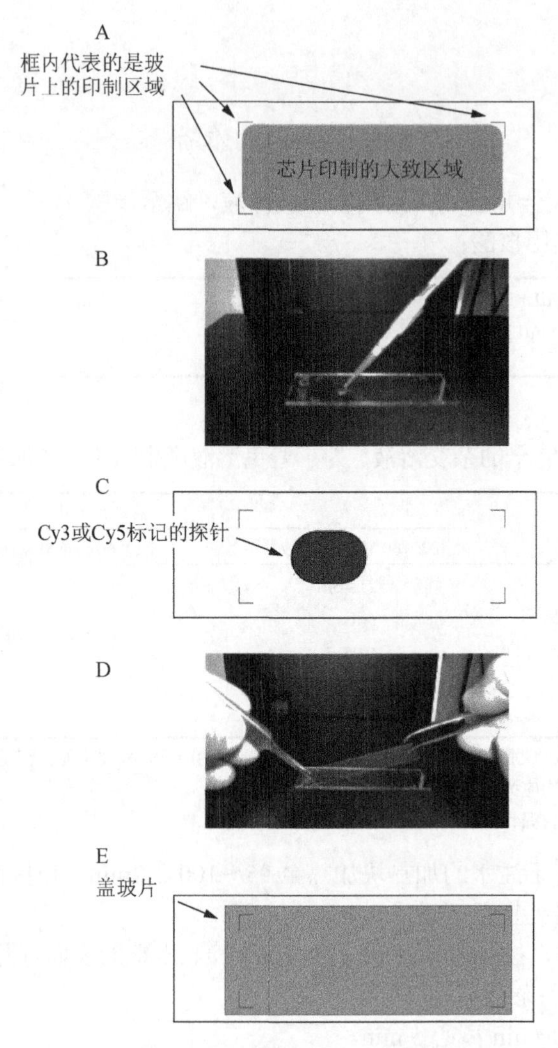

图 10-6 在微阵列上滴加探针溶液和放置盖玻片的正确操作（彩图请扫封底二维码）。

微阵列的清洗和扫描仪的设置

13．准备平皿，加入如下清洗溶液：

洗液 1A 和洗液 1B：含有 0.03% SDS 的 1×SSC
洗液 2：0.2×SSC
洗液 3：0.05×SSC

	洗液 1A	洗液 1B	洗液 2	洗液 3
SSC（20×）	20mL	20mL	4mL	1mL
SDS（10%）	1.2mL	1.2mL	—	—
dH_2O	379mL	379mL	396mL	399mL
温度	室温	室温	37℃	室温

14．如果有臭氧洗涤器，在对微阵列进行扫描之前打开与扫描仪连接的臭氧洗涤器，臭氧洗涤至少 15min。

夏季的城市环境使 Cy5 染料褪色成为一个突出的问题。夏季臭氧浓度高，使用臭氧洗涤器尤为重要。若不使用臭氧洗涤器，可考虑在阴凉或阴雨天进行杂交。

15．打开扫描仪，至少预热 15min，使激光输出稳定。

16．启动 GenePix Pro 软件，将其连接到扫描仪和网络硬件。

17．将杂交盒从水浴里取出，快速用纸巾擦干。打开杂交盒，取出玻片，用戴手套的手持玻片，轻敲盛有洗液 1A 的平皿底部，直至盖玻片从玻片上轻轻地滑落。

18．将玻片移至预先浸没于洗液 1B 的玻片架上。将玻片浸在洗液 1B 中，直到移完所有的微阵列玻片。

19．快速将玻片架从洗液 1B 移至洗液 2 中（往复倾斜玻片架若干次以去除多余的洗液）。将玻片架在洗液 2 中上下晃动若干次。反应 5min，并间断地上下晃动数次。

20．快速地将玻片架从洗液 2 移至洗液 3 中（往复倾斜玻片架若干次以去除多余的清洗液）。将玻片架在洗液 3 中上下晃动若干次。反应 5min，并间断地上下晃动数次。

21．用最快的速度将玻片架从洗液 3 移至台式离心机，将纸巾垫于玻片架下。500～600r/min 离心 5min。

22．将微阵列置于避光盒内，立刻开始扫描。

通常一次可以清洗 4 或 5 张微阵列。若进行超过 5 张微阵列的杂交，则在扫描第一批微阵列的最后一张时，开始清洗下一组微阵列。

微阵列的扫描

23．打开扫描仪的门，插入玻片，使微阵列面朝下，条码或标签距扫描仪边缘最近。

24．点击右侧工具栏顶部的预扫描双箭头按钮，预览微阵列。

预扫描的分辨率低（40μm），主要确定微阵列的位置。

25．预扫描完成后，选择左侧工具组中“扫描区域”按钮。在含微阵列特征的区域用鼠标拉出一个矩形框。

扫描数据仅限于此区域，可减少每次扫描所需的时间。

26．点击窗口右侧的“硬件设置”按钮，调出设置框。

27．用窗口左侧的“自动亮度/对比度”按钮调节图像的亮度和对比度（两种颜色均被调整）。点击顶部左侧的图像选项卡上相应的射线按钮，可在红色和绿色通道之间切换。

28．设置像素分辨率为 10μm，然后开始数据扫描。放大扫描图像的上半部分，目测图像，调整红色和绿色通道的 PMT 增益设置，使平均信号强度平衡。

虽然步骤 29 借助强度直方图介绍了如何操作，但仍需要一些练习。肉眼观察的目的是平衡微阵列，使黄色占优势，绿色和红色斑点的数量大致相等。如果一个微阵列大多是绿色斑点，则将需要升高红色通道的 PMT，反之亦然。

通常情况下，绿色通道的 PMT 增益（532nm）比红色通道少约 100（635nm）。调整设置，使任意“着陆指示灯”（印制于微阵列“顶端”的很亮的点，对应于高表达基因）和一些阳性对照的点在微阵列上饱和，但许多其他特征并非如此。饱和的像素在图像上被画成白色。

总体而言，目的是尽可能地减少微阵列的扫描时间，因为某些颜色的失衡可在后续步骤中标准化，因此对于色彩平衡来说，快速比精确更为重要。

29．步骤 28 的一种替代选择是，通过“Histogram”键来检测红/绿值。在左手边的“图像平衡”区域设置最小和最大强度区，分别为 500 和 65 530。目的是使比值计算域值为 1.0，但是使两个直方图曲线尽可能接近重合更为重要。

30．一旦两个通道的 PMT 增益值平衡了，点击窗口右侧的“Stop Scan”红色按钮以停止扫描。在“Hardware Settings”窗口更改像素分辨率至 5μm，确保 Lines to Average 区域值为 1（数值过大不会损害扫描图像，但是扫描将需要更长的时间）。

31．采用新的设置条件重新开始扫描。在 Excel 表中记录每个微阵列的 PMT 值以及玻片观察中的特殊现象（如红色信号很微弱等）。将此表格与图像文件保存于同一个文件夹。

32．所有微阵列的扫描完成后，点击窗口右侧的“File”按钮。选择“Save Images”，在 Save As Type 区域，选择“Single-Image TIFF Files”，确定两个波长均已选择。用标签上印制的识别码命名微阵列，然后点击“Save”按钮。

此时应有两个 TIFF(*.tif)文件，一个是绿色通道（532nm）的数据，另一个是红色通道（635nm）的数据。

33．扫描下一个微阵列，重复步骤 23～32。对于每一个微阵列，必须平衡两个通道的 PMT，因为不同的 RNA 或 DNA 样品的标记效率不同。

34．所有微阵列的扫描均完成后，退出 GenePix Pro 程序，关闭扫描仪。

网格化微阵列

35．打开 GenePix 软件，打开要处理的图像文件。

36．打开“.gal”文件，此文件描述的是每一个点上发现的 DNA。此文件由微阵列厂商提供或用 GenePix 软件中的 ArrayList 生成器生成。

37．将每一个模块（对应于一个印制指针）对准图像，这样图像中的点可粗略地与.gal 文件中的圆圈对应。

38．点击[F5]寻找每一个模块的特征。GenePix 将移动.gal 文件上的圆圈来覆盖距离最近的点，同时对强度过低的点进行标记。

39．对于每一个模块，用肉眼扫描所有部分，手动标记划伤或荧光灰尘外观而非 DNA 的点。

40．当所有模块均标记后，点击“Analyze”键，提取.gpr 文件。

41．此时，可存储.gpr 输出文件，或选择“Flag features”自动设置阈值。

我们通常使每一通道（532、635）的信噪比<3 来标记所有的点。

42．保存.gpr 文件。

疑难解答

问题（步骤 8）：将杂交溶液加到微阵列玻片上时，探针有沉淀。

解决方案：对于一些自己印制的微阵列，室温下将探针加到玻片上时，标记探针有可能沉淀。沉淀的探针充填印制过程中产生的凹陷，将导致芯片中“针眼”形态的出现。为了减少此现象的发生，在加杂交溶液前，将杂交盒放在 55～60℃的加热块上，然后加杂交溶液。

（王友亮　译，郭　宁　校）

第 11 章　DNA 测序

导言

方案

信息栏

导　言

DNA 测序已成为生物学家的一个基本工具。自从本手册的上一版本发行以来，下一代测序（next-generation sequencing，NGS）给该领域带来了革命性的改变。本章第一节介绍用毛细管测序仪进行荧光法测序，该方法现在仍然很常用，但本章重点是讲述下一代测序。我们设想读者希望了解如何制备用于测序的样品，或者他们将接受特定测序仪器的培训。因此，我们适当减少仪器操作说明，重点叙述测序策略，并介绍各种类型样品及其制备方法。

Sanger 双脱氧法测序的历史

最初的 DNA 测序采用费时费力且通量很低的化学裂解反应方法进行，通过这种测序方法完成的项目包括 λ 噬菌体基因组的黏性末端(Wu 1970; Wu et al. 1970; Wu and Taylor 1971)，这种方法测定含有几个核苷酸的序列需要数周或数月。测序技术经过大约 40 年的发展，现在短短几周内即可完成 3 亿碱基对的人类基因组测序，大型测序中心每月输出的测序数据量以万亿碱基对来计算。这种快速的发展给生物学、微生物学和人类遗传学领域带来了巨大的变革。

第一代 DNA 测序技术是指 Sanger 等发明的酶法测序技术（1977a），以及 Maxam 和 Gilbert 共同发明的化学降解法测序技术（1977）。虽然这两种测序方法在原理上完全不同，但二者都能产生长度差 1 个核苷酸的寡核苷酸片段。这些寡核苷酸都起始于同一固定核苷酸位点，而终止于不同的碱基位点。简单地讲，测序反应产生四组寡核苷酸片段，分别终止于 A、G、C 和 T 碱基，这些终止于特定碱基的寡核苷酸片段是随机产生的。上述四组寡核苷酸中的某一组（如终止于 A 碱基的一组）都是由一系列寡核苷酸组成，这些寡核苷酸的长度由该特定碱基（如 A 碱基）在模板 DNA 片段上的位置所决定，对这些寡核苷酸片段进行凝胶电泳，分离长度仅差一个核苷酸的不同 DNA 分子 (Sanger and Coulson 1978)。将四组寡核苷酸加样于测序凝胶的若干个相邻泳道上，即可从凝胶的放射自显影照片上直接读出原始 DNA 模板的核苷酸序列。

双脱氧法 DNA 测序

Sanger 测序技术是通过控制 DNA 的合成来产生终止于靶序列特定位置的寡核苷酸片段。这一思路源于将核苷酸类似物——双脱氧核苷三磷酸（ddNTP）引入合成反应。特定 ddNTP（如 ddATP）可以替代相应的脱氧核苷三磷酸（如 dATP）在 DNA 聚合酶催化作用下掺入新生链的相应位置，并导致 DNA 链终止延伸（Sanger et al. 1977a)。在分别进行的四种含 ddNTP 的合成反应中，可以产生终止于模板链任意位置的四组寡核苷酸片段。

每个反应包括 DNA 合成所需的全部成分（引物、模板、聚合酶、脱氧核苷三磷酸）以合成新的 DNA 链，此外，每个反应还包含一个双脱氧核苷酸。例如，A 反应体系中含有 dATP 和 ddATP，同时含有其他三个脱氧碱基的混合物（dTTP、dCTP 和 dGTP）；C 反应体系含有 dCTP 和 ddCTP，同时含有其他三个脱氧碱基的混合物（dTTP、dATP 和 dGTP）；等等（图 11-1）。测序反应过程中，终止于不同位点的寡核苷酸片段不断产生，例如，对于一些模板分子，在任何一个应插入 A 的位点，双脱氧 A 均可能取代 A 被添加到新生的 DNA 链中，从而在该位点终止 DNA 链的合成。反应完成后，理论上所有的位点均可能有掺入的双脱氧核苷，从而产生终止于任何一个位点的寡核苷酸片段。这四组反应中的寡核苷酸片段可以通过凝胶电泳分离形成“阶梯”，最小的条带对应的是第一个碱基，每个较大条带代表多 1 个核苷酸的较长片段。从四条泳道的条带顺序能推断出一段 DNA 的全部序列。

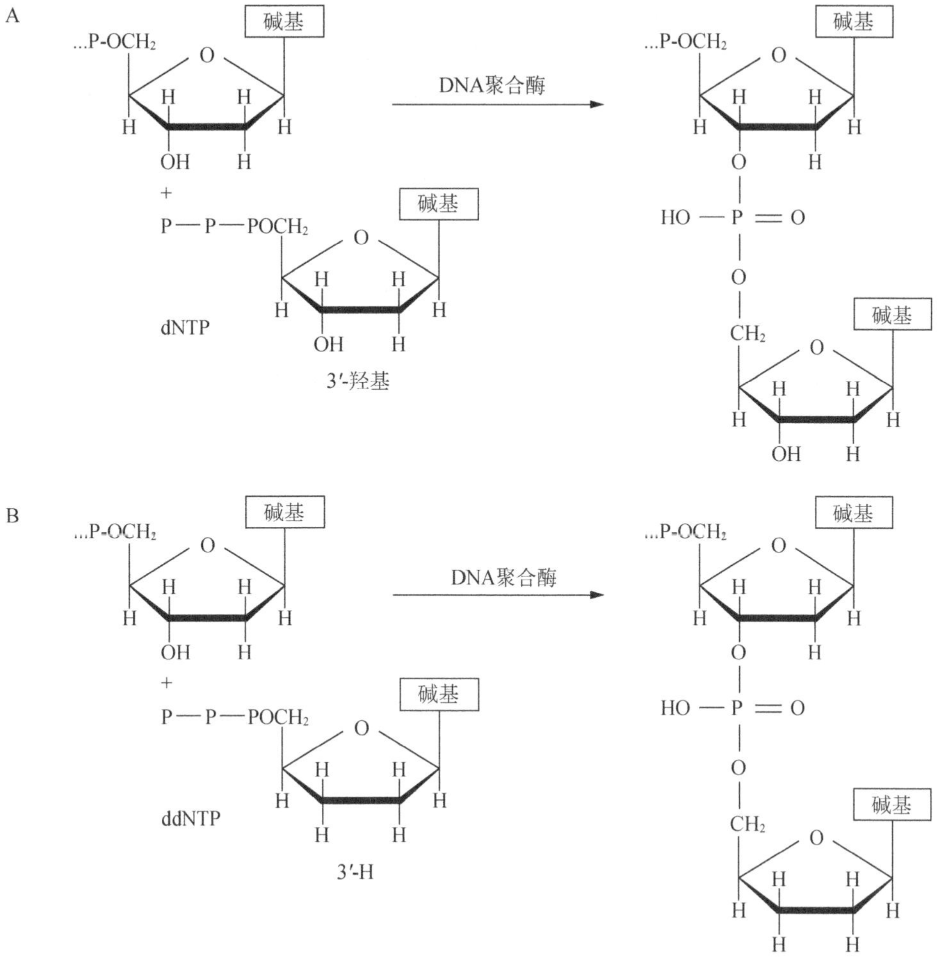

图 11-1 ddNTP 掺入导致 DNA 合成终止。（A）DNA 聚合酶催化普通 dNTP 与 DNA 3′ 端核苷酸的酯化反应。通过连接单个核苷酸使引物得以延伸，该反应重复进行，直到模板链上的所有碱基都与新生链碱基完成配对。（B）使用缺少 3′-羟基的 ddNTP 的酯化反应，ddNTP 掺入 DNA 聚合酶延伸的新生链中，由于缺少进一步形成 5′→3′ 磷酸酯键的 3′-羟基，ddNTP 起到了终止子的作用。

Sanger 测序技术有一些自身的缺陷，最大的麻烦是需要使用单链 DNA 作为测序反应模板。从凝胶电泳图上读取序列也是个问题，因为电泳产生的高温常常导致凝胶变形，以至于 DNA 条带发生移位。经过多年的实践，人们找到了一些办法来解决这些问题，从 20 世纪 80 年代初，Sanger 法已成为 DNA 常规测序的首选方法，在人类基因组 DNA 测序中发挥了重要作用(Lander et al. 2001; Venter et al. 2001)。

化学法 DNA 测序

双脱氧链终止法是 Sanger 在早期对蛋白质和 RNA 测序工作的基础上发展起来的，而化学法 DNA 测序则是 Walter Gilbert 实验室的偶然发现(见 Gilbert 1981)。在 20 世纪 60 年代后期和 70 年代初期，Gilbert 的工作集中于 lac 阻遏物（repressor）和 lac 操纵子的体外相互作用的研究。他分离出阻遏物保护的 DNA 片段，并将其拷贝成 RNA，然后采用 Sanger 实验室建立的 RNA 测序技术测定了该序列(Gilbert and Maxam 1973)。当苏联科学家 Andrei

Mirzabekov 于 1975 年访问哈佛时，这一方法发生了改变。在莫斯科苏联科学院分子生物学研究所工作时，Mirzabekov 就发现组蛋白和抗生素与 DNA 的结合能阻止硫酸二甲酯对嘌呤的甲基化。他劝说 Gilbert 通过阻断操纵子 DNA 的甲基化，看能否根据阻遏物的结合找出序列中被保护的碱基。Gilbert 与 Mirzabekov、Allan Maxam 和 Jay Gralla 一道用了一顿午餐的时间探讨这一问题，他在讨论中产生的想法最终成为了化学法测序技术的基础。如果将 DNA 片段的一端用放射性磷酸基团标记，然后用碱基特异的化学反应使 DNA 部分降解，DNA 链中每一位置的碱基就可以通过测定标记末端和断裂位点的距离加以确定。到 1976 年，这一方法已能被用于确定短 DNA 序列（约 40 个核苷酸）中腺嘌呤和鸟嘌呤的位置。如果知道两种嘌呤碱基在 DNA 两条互补链的每一条链上，原则上就可以推断出全部的 DNA 序列。在随后的一年里，他们又找到了在胞嘧啶和胸腺嘧啶碱基处断裂的方法，进而可以确定两种嘧啶碱基在 DNA 序列中的位置。到 1977 年，Maxam 和 Gilbert 发表了完整的化学法 DNA 测序技术(Maxam and Gilbert 1977)。

从发表之日到现在，化学测序法经过了一系列不断的改进和完善。碱基特异性断裂反应方法不断增加、测序效率和分辨率逐步提高，一般能读出 200～400 个碱基。但是，这些进步不足以挽救化学测序法走向衰落的命运。化学试剂的毒性、大量使用放射性同位素、测序胶时常模糊不清，尤其是没有自动化的方法制备末端标记的模板，所有这些使化学法测序同链终止法测序相比显得黯然失色了。

双脱氧链终止法测序的演变：关键点

单链模板用于 DNA 测序

早期的双脱氧测序法中最困难的问题之一是要求使用单链 DNA 作为测序反应模板。这个缺点导致早期人们经常选择化学裂解法测序。然而，在 20 世纪 70 年代后期，慕尼黑马普研究所（Max Planck Institute）的 Joachim Messing 和他的同事发现单链噬菌体 M13 可以用于外源 DNA 的克隆和测序。首先，噬菌体基因组能够容纳外源序列而不影响自身的复制。其次，在噬菌体的生命周期中有双链 DNA 分子存在，噬菌体感染大肠杆菌后，单链基因组以双链的形式复制，然后产生单链复制子并最终以出芽的方式产生大量子代噬菌体。双链噬菌体基因组可以分离并用于克隆外源基因，而生成单链重组子可以作为双脱氧测序反应的模板。经过基因工程改造过的噬菌体载体包含了部分大肠杆菌乳糖操纵子用于筛选重组子（相关信息请见第 1 章的信息栏“α-互补”和“X-gal”）。

鸟枪法测序

来自英国剑桥大学MRC实验室的一个研究小组开发了使用随机克隆进行测序的工具和方案，极大地推动了测序技术的发展。最初 Sanger 测序方法每个反应可测几百个碱基序列，尽管进行了较大的改进，该方法还是需要利用限制性内切核酸酶将目的DNA 切成小片段进行克隆再测序。剑桥大学的 Bart Barrell 及其同事认识到可以避开繁琐的限制性内切核酸酶图谱绘制工作，直接将目标 DNA 裂解为随机的、互相重叠的片段，然后将其克隆到 M13 噬菌体载体。这些随机片段测序后，他们利用剑桥大学 Rodger Staden 开发的计算机程序来完成重叠片段的拼接，无需任何限制性酶切图谱信息。鸟枪法测序标志着生物信息学开始介入 DNA 测序。

λ噬菌体：第一个“基因组”序列

Sanger 测序技术最初是通过报道噬菌体ΦX174 基因组测序发表的，但在当时这项成果并没有获得太多的关注(Sanger et al. 1977)，或许是因为当时不十分了解噬菌体ΦX174 的生物学特性。接下来的几年中，测序主要集中在较小的基因、cDNA 或质粒如 pBR322(Sutcliffe 1978，1979)。1982 年，Sanger 研究组利用鸟枪法测序和 M13 单链载体等先进技术，完成了一项在技术上和生物学中堪称杰作的成果，即首次完成了对于生物学研究具有重要意义的物种——λ 噬菌体的全基因组测序（Sanger et al. 1982）。该工作具有双重意义：所用 DNA 模板要比之前的测序方案长 10 倍以上（λ 噬菌体基因组长约 50kb）；更为重要的是，这项研究成果将 λ 噬菌体的丰富生物学特性与其基因组序列联系起来（Sanger et al. 1982），突显了基因组序列对于了解一个物种生物学特性的重要作用。

荧光法测序

高精度分离 DNA 片段所使用的电压会在分离胶中产生热量，结果会导致分离的 DNA 条带变形（主要因为不均匀的热量分布）。变形的 DNA 条带需要专业人员通过人工判别来确定 DNA 条带的正确位置，这使得自动读胶变得非常困难。加州理工学院(Caltech) Lee Hood 实验室开发了基于荧光的 Sanger 测序技术弥补了上述不足（Smith et al. 1986）。

该方法使用一套（4 种）荧光标记的引物，在激光照射下，每种荧光标记物发射不同波长的光。尽管这些染料的光谱有一些重叠，但还是可以进行有效区分。该方法要求 4 个反应（A、C、T、G）单独进行，每个反应都有一个特定的荧光标记引物和一个特定的双脱氧核苷酸（Smith et al. 1986）。由于 4 个反应产生的延伸产物可被荧光标记的引物进行区分，可在反应后进行混合并在一个胶孔中进行电泳分离（Smith et al. 1986）。自动读取软件通过读取一个泳道中梯状条带产生序列（图 11-2），假设胶中的红色条带代表了所有被双脱氧胸腺嘧啶（ddTTP）终止的反应，如果最短的片段是红色，这个条带代表 T；比其大一个碱基的片段如果是黄色，则代表被双脱氧胞嘧啶（ddCTP）终止，这个序列则为 TC；依此类推。该方法不仅无需放射性物质，更为重要的是荧光测序可实现条带分离与读胶同步进行。针对同一模板的 4 个反应在同一个泳道中进行分离消除了条带在迁移过程中变形的影响，通过检测系统，软件可以依次检测每个条带发射的荧光颜色。这些技术给测序自动化带来革命性的进步，使人类基因组测序成为可能。

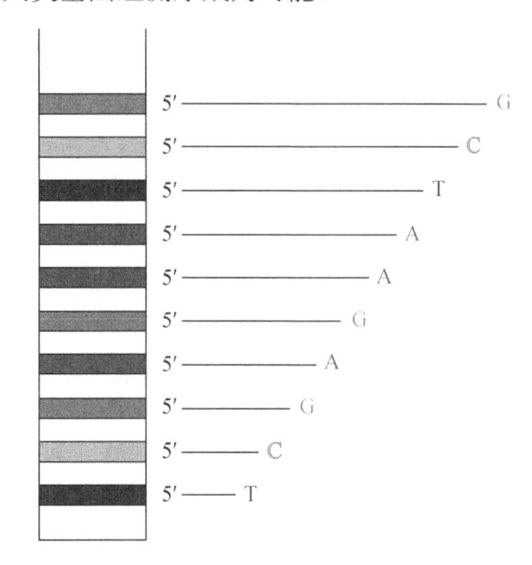

图 11-2　荧光法 DNA 测序（彩图请扫封底二维码）。

染料终止法测序

尽管荧光法测序具有极大潜力，但也有缺点，最主要的缺点是需要使用一套位于载体上的荧光标记引物启动测序反应，这使得测序引物的选择受到限制。利用放射性同位素测序，测序过程从鸟枪法测序开始，然后进行原始数据组装，最后进行定向测序或构建基因组完成图。进行基因组完成图的构建，需从拼接好的 contig 末端开始测序，利用特定的寡核苷酸引物向 contig 片段之间的空隙（gap）延伸以完成全部序列的测定。该方法最早被 Tom Caskey 及其同事大规模使用，他们采用放射性同位素方法完成了人类基因组 *HGPRT* 位点的测序工作（Edwards et al. 1990）。这种测序方案本来可能成为测定人类基因组的主要方法，但是，在当时的条件下利用荧光测序完成该计划仍是不可能的。因此，自动测序系统的早期使用者又回到测定限制性内切核酸酶片段（Gocayne et al. 1987）或外切酶产生的片段（Henikoff 1990），从而避免产生鸟枪法测序留下的空隙或未完成区域。ABI 公司开发的荧光标记双脱氧核苷酸使得荧光测序可以使用任何引物，由于所产生的片段被 4 种不同的荧光标记，所有 4 种测序反应可在一个管内进行，这对于人类基因组计划需要使用数以千万计的模板显得尤为重要。

循环测序

自从最早的基于放射性同位素标记的 Sanger 测序技术诞生以来，测序所用的 DNA 聚合酶经历了几次更新换代。每种聚合酶都有自身的特点，常混合应用或先后加入以提高其催化反应效率。然而，所有这些聚合酶的作用原理都是相同的，它们都催化与模板结合引物的延伸。聚合酶链反应（PCR）从 1989 年开始被广泛使用（Saiki et al. 1985; Mullis and Faloona 1987），多种耐热聚合酶被发现并用于 PCR 反应，其中之一被用于测序，催化多轮延伸、热变性（使新生链与模板分离）、复性、延伸循环，这种方法最初被用于同位素测序（Carothers et al. 1989; Murray 1989; Smith et al. 1990）。多轮延伸提高了测序反应的信号强度，该策略迅速被采用并将其应用于荧光染料终止法测序（McCombie et al. 1992; Craxton 1993）。循环测序策略不仅有助于同位素测序方法，更有利于荧光测序方法，因为荧光测序在起始时信号更弱。循环测序还大大降低了模板的使用量和对质量的依赖，实现了对双链模板的测序，所有这些都为今天的循环测序奠定了基础。

毛细管测序

20 世纪 70 年代中期到 90 年代中期，Sanger 测序都在大块聚丙烯酰胺胶上进行。荧光测序虽然避免了使用大块胶的弊端，如发热导致的 DNA 条带变形及对放射自显影的依赖，但是这些胶还是有不足之处，其中之一存在于制胶过程中。虽然越长的胶所读取的序列也越长，但是灌胶却变得更为困难且需要专门设备和软件控制电泳。另外，荧光测序需要被扫描的区域是光学透明的，由于测序胶含有高浓度尿素，要做到这点并不容易。为了保证每次运行能测更多的样品，每个泳道必须足够小，这使得灌胶更为困难。最后，胶的尺寸决定了更长的电泳时间，早期 ABI 公司的胶通常需要 8h 电泳。

毛细管测序的出现解决了以上问题并节省了时间、降低了错误率。ABI 公司在 20 世纪 90 年代中期发布了两个版本的毛细管测序仪。其中之一为 ABI3700，利用该设备获得了大部分人基因组序列（Lander et al. 2001; Venter et al. 2001）和小鼠基因组参考序列（Waterston et al. 2002）。下一代测序仪 ABI3730XL 于一年后被引入实验室，至今仍广为使用。本章所提及的 Sanger 测序方案也针对该设备进行了适当的优化。对于测序而言，毛细管比大块胶有优势，每个毛细管都是独立的物理个体，因此能被独立灌注，更易于自动化制备。ABI3730 装有多个进行测序反应的 96 孔板，内部的一个马达将板放置到一个机械平台，该平台将毛细管头插入 96 孔板中，通过电动注射方式将样品注入毛细管介质中。毛细管的热分布属性可以分离只差一个碱基的大片段（可获得更长的序列）。自动上样和自动换胶使得一个机器可以运行多个 96 孔板，在 24h 的运行周期中无需人工参与，这些特性使得该设备更广泛地应用于各研究机构。

改进的序列组装工具

本章不详细阐述用于序列组装的生物信息学工具，而是简要说明其主要进展和重要意义。正如我们前面所提及的，早期最有效的大规模测序基于鸟枪法及后续填补空隙（gap）的定向测序（Edwards et al. 1990）。为了更高效地大规模测序，该方法需要软件排列鸟枪法测序得到的序列，并允许人工编辑得到的大片段以解决不同模板产生的偏差。自从 Staden 开发了第一个组装工具（Staden 1979, 1996）以来，基本实现了用计算机程序来拼接序列和组装大片段，但是对于更大的片段如细菌人工染色体（BAC），这些最初的拼接工具效率非常低，对于全基因组的拼接更是困难。另外，这些软件并没有针对荧光测序所产生的偏差进行优化，因此，需要更有效的拼接软件纠正随机测序所产生的偏差来拼接人基因组序列。这一领域的两个软件值得一提：其一是由 Phil Green、David Gordon 及其同事开发的 PHRED、PHRAP 和 CONSED（Ewing and Green 1998; Ewing et al.1998; Gordon et al. 1998），该生物信息学工具包被用于拼接人类基因组计划中的克隆片段；另外一个是由 Gene Myers 及其同事开发的 Celera 拼接软件及组合工具（Myers 1995）。目前有各种商业化或免费的软件可用于序列拼接、比对及读取荧光测序数据（见第 8 章，方案 1 和方案 2）。

人类基因组参考序列

已有多种出版物完整地描述了人类基因组计划（Davies 2001; Shreeve 2004; McElheny 2010），在这里我们只对人类基因组计划进行简要描述，解析其用途及缺陷。需要注意的是，人类基因组参考序列是个持续更新的数据，对其描述是基于时间的先后顺序。人类基因组参考序列经历了长时间的发展，目前已经到了第 19 版（HG19），这是根据递交到 NCBI 数据库的顺序来定义的，HG19 的意思是第 19 版参考序列。由于递交的序列越来越精细，发布新的序列已经不太常见，且新发布的序列与之前的相比差别也变得更小。尽管如此，每次新发布的序列都较之前有所改变，新的克隆被鉴定并测序，错误也更少，更多的空隙被填充，早先测序效果较差或拼接不理想的区域被重新处理，对人类基因组的描述更趋完全。另外，值得注意的是，人类基因组参考序列不代表任何个体的基因组，大约 74%的参考序列来自同一个人，其他部分则来自不同个体的组合（Lander et al. 2001）。不同规模的基因组计划进一步细化了人类基因组的多样性，因此，参考序列逐渐演变成一种统计学上的代表序列，意味着人类基因组在各个区域最常见的等位基因及其可能的变异，以及这些变异在特定人群中出现的频次。

下一代测序技术

用于构建人类基因组参考序列的 Sanger 双脱氧链终止测序技术直至 2005 年还是唯一的测序方法。其后，一系列的技术进步产生了新的测序设备和方法，统称为“下一代”测序技术。这些技术的进步为测序带来革命性的变化，直至本书写作之际，这一领域还在不断发生着巨大的变化。“下一代”测序的定义由于测序方法的持续、快速更新已不是十分严格。

本章中，我们先介绍下一代测序技术的历史、一般特征和应用，然后讨论和比较当前广泛应用的各种平台及新出现的测序系统。

下一代测序技术的历史

下一代测序技术的产生得益于多学科的研究进展，体现了多种技术之间绝妙的交叉融合，包括微米或纳米技术、有机化学、光学工程和蛋白质工程。这些仪器的研发基金来自美国人类基因组研究所的“$1000/$100 000 基因组”技术研发启动基金；事实上，最后研发成功的多项技术在它们研发的初始阶段都是由这项基金资助的。然而，要使这些技术转化为切实可行的商业产品，其所需的数千万美元主要来自风险资本和其他商业机构的投资。此外，大型基因组中心和其他有影响力的基因组实验室作为下一代测序技术的早期市场化试点也作出了很多贡献，这些试用者参与投资了这些新技术，评估了这些技术的性能（读长、错误率、GC 偏性等），并在同行评阅的论文、基因组学相关会议或者私人通信中报告了他们的发现。他们的反馈很大程度上决定了这些技术在商业阶段的成败。

下一代测序技术的现状

至2005年，人们已经利用前述传统的、基于克隆的方法对许多生物的基因组（包括人类的基因组）构建了高精度的物理图，并完成了全基因组测序。有了这些参考基因组，生物学家就可以着手研究物种间及种内的基因组差异，研究具有各种遗传疾病表型的个体的基因组特点等。2005年出现的首批商业化的下一代测序仪使这类实验变得更加容易且价格越来越低廉。

与基于克隆及毛细管的测序技术相比，下一代测序技术一般有几个与之不同的特点。一个特点是建库的步骤，要求将待测序DNA打断成相对短（100～800bp）的片段，并将其末段削平或者补平，将特定的接头（linker/adaptor）（人工设计合成的特定序列dsDNA）结合到打断的测序DNA片段的两侧，就可产生一个适于测序的DNA模板库（这样就省去了将DNA片段克隆进载体并在宿主菌内扩增的复杂工作）。第二个特征是固定化DNA片段的扩增。这种片段扩增是以酶催化且在固体支持物（珠子或玻片，依仪器而不同）上进行，固体支持物表面通过共价键与接头相连，这些接头使单个分散的待测DNA分子进行扩增，在局部空间上产生大量相同DNA片段以便于在测序反应中产生足够的信号可被检测。因为每个扩增的分子簇来自于单个模板分子，下一代测序方法对每一个特定的序列可提供一个表征其丰度的数值。因此，每个簇代表库中一个独立来源的分子，在测序实验中该序列被读取的次数代表了它在初始库中的相对频数，在数据分析时可以用各种分析方法来了解这个特征。最终通过仪器、建库和扩增组合起来实现了下面将要叙述的下一代测序技术中的DNA大规模平行测序。各种下一代测序平台特性的比较，包括每轮的数据量、读长、反应离子类型、成本等，见表11-1。

表11-1 各种下一代测序平台特征的比较

平台设备	运行时间	读长/bP	每次运行的数据量/Gb	测序方法	错误类型	错误率/%	每次运行的试剂成本	进货成本（X1000）
454 FLX Titanium	10h	400(avg)	0.5	焦磷酸测序	Indel	1	$6 000	$500
454 GS Jr. Titanium	10h	400(avg)	0.5	焦磷酸测序	Indel	1	$3 000	$108
HiSeq 2000 v3	10～11 d/2 Flow cells	100×100	>600	合成测序	Substitution	<0.7	$23 500	$690
MiSeq	19h	150×150	>1	合成测序	Substitution	<0.1	$1 000	$125
SOLiD 5500xl	8～14 d/2 FlowChips	75×35PE 60×60MP	155	连接测序	A-T bias in substitution	<0.01	$13 500	$595
PGM 316 Chip	3h	100(avg)	0.1	pH感应测序	Indel	1	$750	$49.50
Pacific Biosciences RS	14 h/～8 SMRTCells	1500(avg)	0.045 per SMRTCell	实时荧光测序	Insertion	15	$500	$695

PE, paired-end reads; MP, mate-pair reads.

下一代测序技术的测序过程与传统的基于毛细管的测序方法形成鲜明的对比，在传统的基于毛细管的测序方法中，测序反应发生在微量滴定板（96孔板）独立的反应孔中，仪器则用来分离和检测反应产物的条带。下一代测序则通过一系列重复的步骤进行测序（引物延伸、检测新加入核苷酸、以化学或酶的方法清除反应底物或荧光源），同时检测每个片段群进行反应所产生的信号。这样的“大规模并行测序”可以使数十万乃至数亿个测序反应同时进行和被同步检测，因此，一轮测序的数据量相当可观，需要特定的数据分析方法。下一代测序技术的另一个标志是测序产生的读长相比毛细管测序的长度更短。下一代测序技术的短读长问题所带来的挑战及其在生物医学实验中日益普及的应用，使得面向基因组的生物信息学和算法研究又重新焕发了活力。一个例外是Pacific Biosciences平台，它可产生很长的读段数（reads）。这些 reads 目前比起其他下一代测序平台有更高的错误率，故而产生了其特有的生物信息学问题。

下一代测序最后一个特征是从片段库的两端产生 DNA 序列数据（图 11-3）。这种双末端测序根据所用的库片段的长度不同可分为两种类型。测序产生的配对 reads 提供了两个相隔已知距离（该距离有一定的波动范围）的序列，一种测序类型为“paired-end”测序，用长 300～500bp 的短片段建库，这些短片段的 5′ 端和 3′ 端加入了不同序列的接头（图 11-3A）。这些片段先从一端测序，也就是从“正向”接头开始，然后在另一端利用反向接头的作为引物测序。另一种类型的双末端测序为“mate-pair”测序：先将长的库片段（1000～10 000 bp）的两端环化并在环化部位连入一段已知序列接头。一旦两个末端利用接头配对成功，即可通过一些巧妙的实验方法构建只含有接头和最初 DNA 的两侧末端的片段库（图 11-3B）。

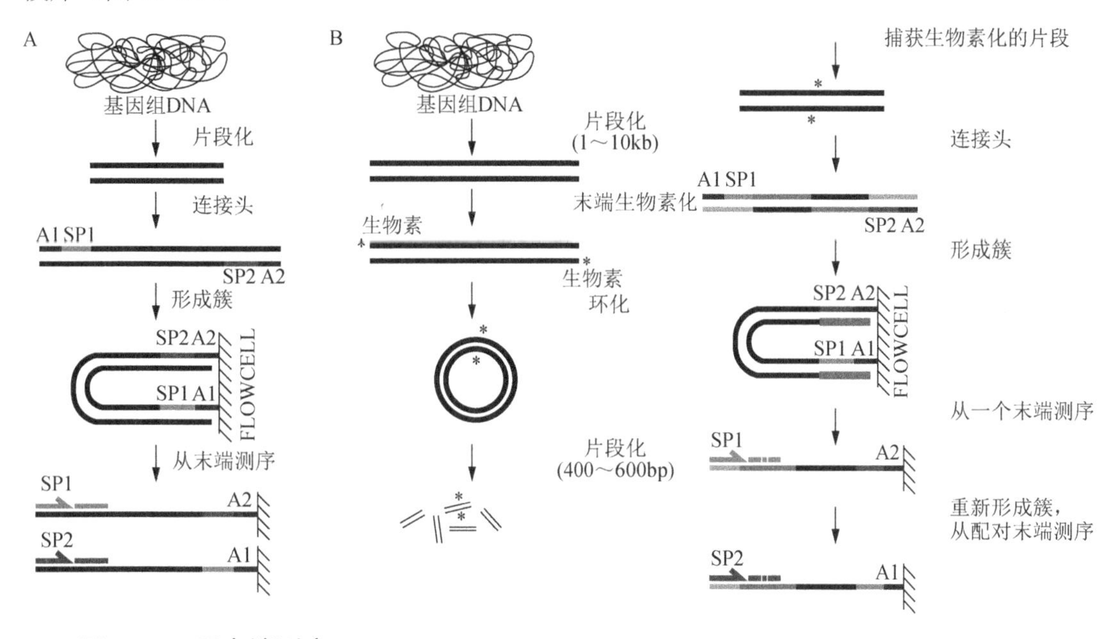

图 11-3 双末端测序。这里描述的两种方法都采用了双接头策略，结合到基因组 DNA 片段的接头由两套序列组成。A1 和 A2 接头序列（adaptor sequence）与测序芯片“flow cell”表面上的寡核苷酸互补，因此 DNA 片段可以杂交到测序芯片表面，而 SP1 和 SP2 则与测序引物互补，用于测序反应。(A) paired-end 建库。(B) mate-pair 建库（彩图请扫封底二维码）。

利用全基因组测序寻找变异

通过下一代测序的 reads 比对来分析个体变异的前提是有一个高质量的基因组作为参考序列。为全基因组准备的标准建库流程如上所述，由 DNA 打断、接头连接和测序前扩增组成。基因组的“覆盖”倍数或者采样倍数受以下因素的影响：测序读长（长读长意味着只需要低覆盖）、高质量 reads 的比例，以及是否为 paired-end/mate-pair 数据。一般而言，所要求的覆盖倍数力求获得：①足够的 reads 测序深度以确保能够可靠地识别变异；②充分的覆盖面以确保基因组的所有部分都能达到足够的覆盖深度从而发现变异。一般而言，对于短 reads 测序技术如 Illumina 和 SOLiD，全基因组测序中业内接受的标准覆盖倍数为 30 倍左右；而对于长 reads 测序技术如 Roche/454，则只需要 12 倍，覆盖倍数“越多越好”。业内公认的标准对于发现高度可信的变异是足够了，更多的覆盖倍数可获得更高的可信度。然而，太高的覆盖数对排除假阳性率是不利的——比如，Illumina 测序数据达到 10 000 倍的覆盖时，随机的碱基判读错误可能被误认为是非随机的变异。

在从全基因组数据发现变异的过程中，要找出不同类型的变异需要用不同的算法去分析。正如我们下面将要详细讨论的，所有变异的发现都依赖于将 reads 和参考基因组作比对。根据各实验室的经验和实践，可以单独或组合应用各种算法查找分析变异位点，例如，单核苷酸变异（single nucleotide variant，SNV）是一条序列相对于参考基因组发生的碱基替换，一个或多个碱基的插入或缺失常常被叫做“in/del”变异，它要求特殊的比对算法，允许碱基的插入或缺失，匹配有空隙的或断掉的 reads。结构变异（structural variant，SV）的检测方法最具数学挑战性，因为有几种类型，如大于 100bp 的缺失或插入、染色体内序列倒置，以及染色体内和染色体间的序列易位。现在的结构变异算法中，适用于克隆测序数据的算法是由 Eichler 及其同事建立的(Tuzun et al. 2005)，而适用于下一代测序数据的算法则是由 Snyder 及其同事提出的(Korbel et al. 2007)。针对下一代测序数据的算法主要依赖于 paired-end 或 mate-pair 数据中的 reads 所处的位置和方向。例如，如果一个 paired-end 库具有 300bp 的平均建库长度，配对的 reads 映射（mapping）到参考基因组上时，其相对距离期望值应该接近这个距离，实际距离和理论距离之间有一定范围的偏差。如果两个 reads 映射位置间的距离明显大于或小于期望的距离范围，并且多对 reads 都反映出这种异常映射，那么就很有可能发生了缺失或插入事件。

对结构变异特征的进一步分析可借助局部拼接算法（有很多）来完成。在这种方法中，识别特定结构变异的 reads 作为局部拼接算法的输入数据，常可以拼接出一段序列，前提是这段序列满足两点：①真实存在；②相对不那么复杂。通过这种方法，结构变异可以精确到单个核苷酸，因此可以预测下游基因转移导致的可能的基因融合，或者识别发生过缺失突变的基因。结构变异的识别是一个非常活跃的领域，很可能在本书出版时又有了新的进展。进行此类研究的人员需要利用文献中最新的方法。

虽然从数据的产生和分析来看，全基因组测序仍然较昂贵，但它却是掌握所有变异的最全面的方法。这对于疾病很重要，比如癌症一直以来被认为含有各种类型的、广泛的结构变异，因而需要特异性的诊断、预后和治疗（Her2 阳性的乳癌和慢性粒细胞白血病就是两个人们熟知的例子）。然而对于癌基因组测序来说，肿瘤标本被传统病理学分析之后常常所剩无几，而且某些类型的肿瘤（如前列腺癌和胰腺癌）具有分散的现象，这些肿瘤细胞的富集需要采用激光显微切割和捕获。由于肿瘤形成初期即含有早期基因变异信息（这些早期变异常被认为是癌变的始作俑者），研究早期的组织增生病灶是有必要的。基于各种理由，我们已经开发出了低模板投入量的肿瘤全基因组测序方法，它能够产生一个复杂度足够的模板库，并通过测序产生足够的覆盖倍数（>30×），且不需要对基因组 DNA 进行扩增，这样可以减少人为引入的错误。该方法基本上精简了可能导致 DNA 损失的步骤，并且省掉了置换缓冲液和酶的乙醇沉淀步骤。该方法对待测 DNA 片段库的片段大小分析实现了自动化，采用自由区带电泳（free-zone electrophoresis）装置如 Caliper XT，不需要人工观察电泳条带的位置，而是利用仪器自动比较 DNA 片段库的电泳条带与参考条带的位置，从而得出 DNA 片段的平均长度。该方法利用 100ng DNA 就可以实现全基因组建库，主要操作程序将在本章后面叙述。

定向测序：概述

对基因组特定区域进行测序，过去常采用 PCR 扩增目标区域，这需要针对目标区域设计一对或多对引物以作为 DNA 聚合酶复制的起始位点。PCR 产物经纯化以去除多余的引物和核苷酸，而后直接进行测序或者亚克隆到 TA 载体并用通用引物进行测序。随着下一代测序技术的产生，每台下一代测序仪的测序能力很快超过了高度自动化的 PCR 测序流水线的产出。对特定基因而非全基因组选择性测序需求的增加，催生了称为“杂交捕获”的各种测序方法。杂交捕获的最初设想和实现均基于固体表面寡核苷酸微阵列（Albert et al. 2007; Hodges et al. 2007; Okou et al. 2007)，利用标准的微阵列打印技术将目标序列的互补序列高密度地固化在微阵列中，然后用基因组 DNA 与这些阵列杂交，洗掉未结合的 DNA。最后洗脱被捕获的 DNA，建库并测序。几个描述这种方法的研究报告差不多同时一起发表出来。此外，还有一篇详细描绘了一种可以靶向很多但不是所有外显子的高度多重化的方案 (Porreca et al. 2007)。其中，有一种捕获方法还显示了个体基因组中几乎所有已注释的外显子，即外显子组（exome），都能够被捕获和测序(Hodges et al. 2007)。但是这个过程需要相当的实验技巧和从微阵列中洗脱及提取 DNA 的复杂步骤，这意味着将其规模化应用于大量样品是很困难的。幸运的是，理念的快速发展和在溶液中完成这些步骤的能力解决了这些问题。

基于溶液杂交捕获的基本前提是，人工合成的单链 DNA 或 RNA 探针（见第 13 章）(Gnirke et al. 2009; Bainbridge et al. 2010)与过量的全基因组片段库混合时，能够杂交为探针/片段复合物。第二步是选择性分离探针/片段复合物，去除剩下的基因组片段和单链探针，上述分离依赖于探针序列含有生物素，可以与携带链霉亲和素的磁珠反应，在磁场的作用下可将复合物从溶液中吸出来（见信息栏“生物素”和“磁珠”）。而后，被捕获的大量片段从探针上释放出来并用 PCR 进行扩增。图 11-4 显示了用于下一代测序的杂交捕获技术的基本流程。目前针对人和小鼠外显子组的试剂已经能够捕获基因组中绝大多数的已注释

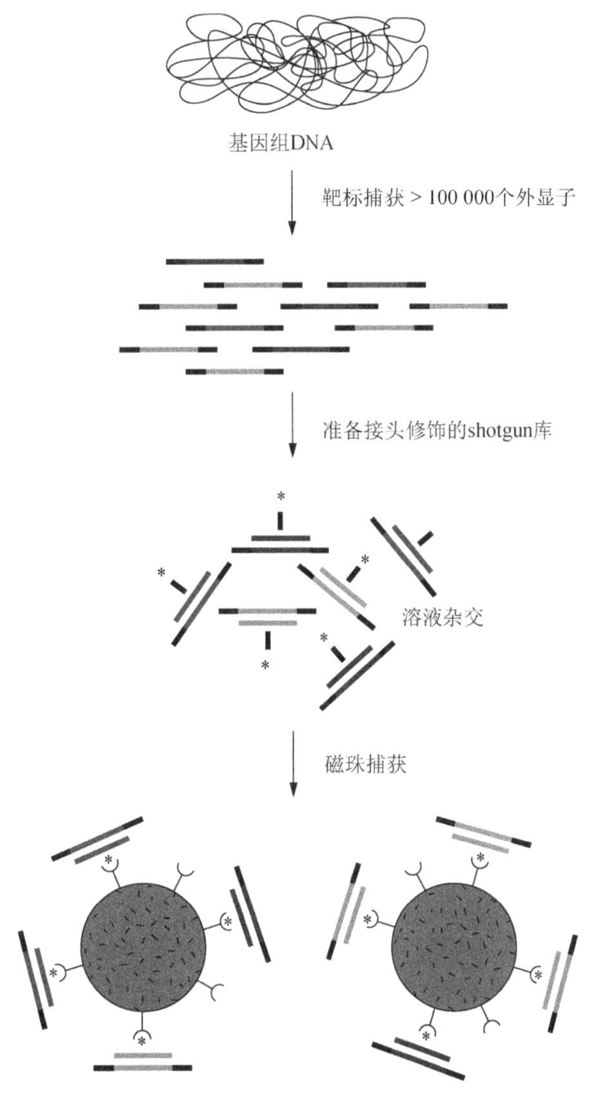

图 11-4 外显子组或靶区域的杂交捕获。在杂交捕获中，全基因组文库片段的末端都包含平台特异性接头，这些片段被一组含有与靶基因相对应的探针所筛选。这些探针加有生物素标记，因而可以利用磁珠将探针-基因组文库片段的杂合体挑选出来。捕获的杂合体通过磁场从溶液中分离出来。通过变性过程，将基因组的文库片段从杂合体中洗脱出来，这些片段用于后续的测序工作（彩图请扫封底二维码）。

基因。由于不同的试剂所要捕获的基因有所不同，用户在选择这类产品时应仔细考察以确保想得到的基因确实是对应探针集所定向捕获的基因(Clark et al. 2011; Parla et al. 2011)。有些试剂中的探针长度是均一的，而另外一些长度不完全均一。如果是后者，则可以通过调整探针的长度来调整 T_m 值，这可能增加被成功捕获的基因的数量。另一个导致某个试剂没有成功捕获到特定基因的原因是该基因属于某个基因家族，要针对这样的目的基因设计特异性的探针或许是不可能的。认识到这一点很重要，因为一个探针靶向一个特定的基因，而每个探针的捕获效率并不完全一样，结果目的基因序列有可能在捕获的片段中出现得很少。大多数为定向捕获而设计的变异检测算法为找出真正的变异都要求目的片段覆盖倍数达到一个最低限值，而性能不良的探针常常使覆盖倍数达不到要求。对于复杂的哺乳动物基因组，通常 85%～90%的已知基因都有针对大多数或所有外显子设计好的探针。这些探针中 80%～85%会产生足够的覆盖度用于检测变异（Clark et al. 2011; Parla et al. 2011)。

然而，人们或许不希望把整个外显子组作为靶标，定制试剂可以为亚外显子组（即外显子组的一部分）靶标所设计，包括在外显子以外或外显子之间独特的序列。亚外显子组捕获的问题是，在基因组上定位到亚外显子组的总大小（碱基对）越少，由于“脱靶效应”，将导致捕获效率越低。脱靶效应得到随机捕获的片段，这些片段来自于捕获过程中的随机或局部杂交而阻抑了探针靶向序列的获得。产生这种效应的原因是基因组中非靶标序列大大多于靶标序列，导致许多被测序的片段并没有出现在基因组的靶区域。因此，尽管有针对性的捕获比全基因组测序的方法要便宜，但它的费用会超出预想，尤其是当靶区域很窄的时候。

有关序列覆盖率的问题

“序列覆盖率”是一个简单但又常容易混淆的概念，指的是在基因组上某一特定区域（如每个碱基）上能发生匹配的测序 reads 的数量，它关系到某个指定测序项目为了产生一定质量的数据而必需的序列覆盖率。覆盖率通常表示为测序长度内所有覆盖率的平均值，近来又被当做阈值。例如，平均 10×或者 10 倍覆盖表示在测序区域（或基因组）内每个碱基平均被 10 个独立的测序 reads 所覆盖到。当用来表示阈值时，覆盖率值通常表示为目标区域被覆盖到的百分比。例如，80%的目标区域达到至少 20×的覆盖率。这表示目标区域的每 1000 个碱基中有 800 个碱基至少被 20 个独立测序的 reads 所覆盖到。

有一些因素决定了某个项目所需要的覆盖率。例如，细菌等单倍体基因组所需的覆盖率比二倍体基因组的要低，因为要想发现二倍体基因组中所有的等位基因，两条染色体都要被充分覆盖到。另一个决定样品需要更高覆盖率的因素是样品复杂度。例如宏基因组样品或者肿瘤组织和正常组织的混合样品就属此例。

理解平均覆盖率的含义也很重要。比如在人类基因组测序达到 20×覆盖率的情况下，我们可以推知，平均每一个碱基被 20 个独立的 reads 覆盖到。然而，请记住这个值只代表一个分布，因此，有的碱基会明显多于或少于 20 倍的覆盖率。虽然在二倍体基因组中对于每一个碱基来说 20×的覆盖率已经足够用于检测变异，而事实上，20×的覆盖率表示一部分基因组只被少数 reads 所覆盖到，因而不足以检测基因组上这些部分的变异。因此，在做二倍体生物纯 DNA 样品全基因组测序项目时，研究者通常设定短 reads 的最低平均覆盖率为 30×。另外一些因素，如典型的肿瘤组织样本，可能要将平均覆盖率提高到 50×或者更高；相反，当利用下一代测序来发现大规模的结构变异时，可以使用低得多的覆盖率，但是更高的覆盖率可以得到更好的分辨率和更加精确的分析结果。

虽然全基因组测序给出某个平均覆盖率时意味着一个相对可预测的覆盖率范围，但是存在一些与纯统计模型相关的偏差，使某一区域覆盖率过高或者过低。实验要求越多的样品处理过程，如靶向捕获和外显子组测序，就可能会有很大潜在的偏差。这些偏差导致外显子组的某些区域极大地高于或者低于平均覆盖率（甚至完全没有覆盖到）。因此，表述外显子组覆盖率最好的方式是用我们上面所提到的阈值。例如，我们可以说 80%的目标区域（这是一个通用值）有 20×或者 30×的最小覆盖度。对于覆盖率的进一步探讨，见信息栏“覆盖率和多重性：由飞速发展的测序通量所带来的困境”。

认识下一代测序中质量控制的评估也很重要，下面将详细描述。

覆盖率和多重性（multiplexing）：由飞速发展的测序通量所带来的困境

当第一台商业化的 Solexa（后来变成 Illumina）测序仪在 2007 年出现的时候，微流体“flow cell”中每 8 个 lanes 可以产生 10 亿个碱基（相当于每个 lane 产生 1.25 亿个碱基）。这些努力的结果是测序技术与之前的仪器相比发展迅速，但是对人类全基因组进行测序，每个项目需要许多的 lanes 或者多个完整的 run。然而，测序产量从 2007 年初到 2011 年之间有所增长，IlluminaHiSeq 2000 目前 16 个 lanes 的测序产量是 6000 亿个碱基，即平均每个 lane 产生 375 亿个碱基。飞速增长的测序能力却产生了相反的效果，只有较大的项目才能实现低成本的运行方式。现有的仪器可以让全基因组在少数 lane 上测序(而一代高通量测序仪需要几十个完全 run)，就目前的下一代测序而言，即使是人类外显子组测序这样的大项目，也不能充分地利用单个 lane 的容量。

一种解决实际覆盖率和需求不一致的方法是，在建每个测序文库的时候将 DNA 条形码（bar code）序列包含在接头序列（adaptor sequence）内。这样产生的文库可以在测序前以等比例结合；然后在测序过程中，DNA 条形码序列被看成是测序数据产出的一部分。利用 DNA 条形码的标识，那些结合上的文库以外的片段在测序数据进行分析后一起作废。从某种程度上说，这是一种易于处理的方法；然而，测序产出量的快速增长与满足更高通路测序所需的现成 bar-code 不相符。例如，对于一个 50Mb 的人类外显子文库，现有的 HiSeq 2000 一个 lane 可以产出 750 倍的覆盖率，其中只需要 100 倍的覆盖率来检测可靠的 SNP 和插入缺失。虽然这种理想化的计算没有考虑诸如在捕获靶标时的动态变化因素，但这一水平的覆盖率仍然大大高出几乎任何外显子组测序的需求。

问题由此变成，为了充分利用现有的测序能力，如何利用足够的条形码使样品能够汇集到 Illumina 测序仪上的单个 lane。这一问题在测序容量增加或者需要测序的基因组区域降低时会变得更糟。例如，如果需要测序的只是人类基因组中的 100 个基因，其平均大小为 50kb，Illumina HiSeq2000 一个 lane 可以在靶基因上产生约 7500 倍的覆盖率。理论上，相同的 lane 可以从 75 个样本中产生 100 倍的覆盖率。此外，重要的是，要认识到这种理论计算从未完全与真实的实践值相符合。例如，合并样品时的移液器误差等问题可能导致一个样品多于或少于理论值，因此必须在一定程度上超量测序，以确保所有样品的最低覆盖率。然而，显而易见的是，问题是对于每一个样品如何在一个 lane 上集合 50 套基因而不是同一样品中的 50 个基因，这样可以大规模降低测序的费用。等到本书英文版出版之时（2012 年），很可能大多数的仪器制造商会有很多解决这种问题的方法。这些解决方案会从低容量测序仪（参见信息栏“桌面基因组测序仪：下一代测序的未来？”）到多重性试剂，因此允许足够多的加条形码样品合并到一个测序 lane，充分利用仪器的通量能力。

序列验证和质量控制

任何测序数据，无论是基于 Sanger 测序法还是下一代测序法，都是实验数据，因此会有相关误差。下一代测序产生的大量数据集，不仅需要统计学方法，还需要特殊的验证变异的方法。当对靶标正确使用、充足的覆盖率时，下一代测序仪会产生非常准确的一致序列。然而，虽然如此，这样的数据还是会有一些错误。例如，人类的全基因组测序中每 1000 万个碱基发生一次错误的错误率已经很低，但是仍然会产生大约 200～300 个错误。也许更真实的错误率是每 300 万个碱基发生一次错误，同样的数据会包含大约 1000 个错误。另外，有的区域会覆盖得不够好（甚至完全没有覆盖到），导致数据出现假阴性。

下一代测序有许多处理质量控制的方法，随着技术的发展会有质量评估的方法。在全基因组测序中，质量评估的一个重要途径是将测序结果与全基因组 SNP 阵列的结果进行比较（Ley et al. 2008）。这种方法通过利用与测序过程相同的基因组 DNA 进行微阵列分析来检测变异。通过将基因组序列中发现的 SNP 与微阵列实验所得的结果进行比较，可以确定由微阵列检测到同时也被测序检测到的纯合子和杂合子变异的比例。与基因组覆盖度一样，这种方法提供了质量评估的附加值（根据假阴性率），但是不能测量假阳性率；同时提供了对于样品标识的确定。

在基因组测序或者只测序如外显子或单个基因等很小的范围时，最好是进行其他类型的验证方法，如特异的关键突变和其他随机选取的突变。后者使人们认识到总体误差率固有存在于测序和发现变异的过程中。可以通过在小规模内选择一些变异型，扩增基因组上的这些区域，用毛细管测序仪（一种快速和廉价的产生正交数据的方式）直接测序这些扩增产物的方式进行验证。大量的变异型可以用定制的捕获阵列进行验证，例如，癌症基因组研究中的全基因组验证（E Mardis, pers. comm.），可能会演变为一个更快的转折，特别是近期发展的桌面下一代测序仪（见信息栏“桌面基因组测序仪：下一代测序的未来？”）。关键问题是需要某种外部的质量控制方式，最好是正交的，从而可以监测下一代测序及其所有相关步骤（可能包括捕获、远距离 PCR，或者其他一些分离基因组区域的方法），以及其他地方讨论过的变异型检测算法，都会在错误和覆盖度方面有所体现。

外包测序

产生数据所需的费用快速降低，这使得人类基因组测序成为人类遗传学中的一种日益可行的工具。虽然在任何一个达到指定水平的实验室进行全基因组测序在技术上是可行的，但是建设需要的基础设施有时却任务艰巨，特别是计算生物学分析。因此，许多人类遗传学家寻求基础设施齐备、并能做所需生物信息学的外部合作者，或者将项目外包给越来越多的合同测序公司。

虽然外包测序有一定的劣势，包括失去对项目某一阶段的控制权和依赖他人的时间表，但是当数量有限的全基因组需要在一个相对较短的时间内被测序完全的时候，外包确实提供了一个特别有吸引力的方案。目前，一些合约服务可以提供人类全基因组测序，如 Complete Genomics 和 Illumina，以及其他较少公开的公司。

这一过程从把基因组 DNA 样品送到合约测序公司开始；服务包括提供个人全基因组序列的服务，同时也提供一些深度的生物信息学分析。也有一些公司会分析其他来源的测序数据。这些选择对于那些不需要在很长一段时间内或者定期进行全基因组测序，而是只需要对有限数量的样品进行测序和/或分析的人特别有用。

合约服务也可以应用于全基因组测序以外的一些其他服务（如外显子组测序）。然而，由于外显子组测序需要更多前期的样品准备和处理过程，就每个碱基的成本而言，它比全基因组测序要昂贵得多。由于现在的成本差异相当倾向于全基因组测序，多个公司以廉价的全基因组测序积极竞争占领市场。在编写本书的时候（2011 年），利用商业供应商测序一个全基因组可能要比一个外显子组昂贵 2～3 倍。然而，在一个下一代测序基础设施已经到位的实验室里，全基因组测序的成本大概是外显子组测序的 10 倍以上。这种合同成本与内部成本之间的差异应该予以考虑，尤其是外显子组测序或其他靶向测序项目。

下一代测序对科学研究的影响

下一代测序技术（NGS）在生物学研究中仍然有着意义深远的影响。由 NGS 单独产生数据的规模是前所未有的，超过摩尔定律预测的几倍。依据产生和存储数据的直接成本总量计算，学术实验室可以在几天内花费大约 10 000 美元左右测序一个相当于整个人类基因组的序列（截止到定稿时），该价格包括所有产生和存储数据的直接费用。NGS 在研究 RNA 表达的时候可以标识一个样品中的所有表达基因，成本与一个给定目标的（defined-content）微阵列相当，但却可以同时提供多得多的表达水平的数据，并检测 RNA 水平的各种现象，如可变剪切。另外，下一代测序从根本上增加了对基因组范围内的组蛋白和转录因子结合位点进行分类的幅度与精度（见第 20 章）。

随着测序范围的扩大和测序成本的降低，下一代测序促进了新的研究领域的发展。其中一个应用是增加非编码 RNA 的分类和新的转录产物种类的发现。“宏基因组学”也随着下一代测序的进步而得到快速发展。从一个特定环境里分离收集到的所有物种 DNA，首先通过测序来描述其特征，然后与数据库中已测序过的所有数据进行比对。尽管最初在一个特定环境分离的 DNA 是先通过鸟枪法建库，然后利用毛细管测序法进行测序，但下一代测序因其在相对短的时间内便可获得足够浓度的测序数据，其低成本、高通量的优点却大大加速了这一领域的发展。受到下一代测序技术促进的不仅只有核酸测序方面。基因组 DNA 上甲基化位点的分析现已可采用“Methyl-seq”（甲基化测序）方法在全基因组范围完成。甲基化测序方法、首先利用亚硫酸氢盐转换、免疫共沉淀等方法进行处理，然后对这些经过处理的片段进行测序（见第 12 章）。

除了单一用途以外，从前许多基于阵列的实验可转而应用下一代测序技术进行，这为多次实验间引入了可重复性。因为以杂交为基础的方法容易导致实验结果发生波动，从而缺乏这种可重复性。此外，由于所有的分析都是基于测序且产生的都是数字化的数据，在一个样本或一组样本等多种实验中使用下一代测序技术可大大增强数据间的一体化。

数据分析依然是最难、最贵、最费时的一个环节。相较于毛细管电泳测序，下一代测序数据比对和/或数据组装的主要难点在于测序长度较短、reads 错误形式多样。好在生物信息学和计算生物学的兴起为解决这些棘手的问题带来了创新和活力。然而，相对于庞大的测序数据产量而言，数据分析能力呈现出严重的“瓶颈”状态。第 8 章广泛论述了短序列的分析方法。

下一代测序仪器的概述

截止到定稿时（2011 年底），常用的三个主要测序平台分别是 Roche/454 焦磷酸测序仪、Illumina/Solexa 测序仪和 Life Technologies SOLiD/5550 测序仪。本节会对这些测序平台和一些新的“个人测序仪”（personal genome machines），以及桌面测序仪进行描述（不同测序平台的特性比较见表 11-1）。另外，我们将首次对有可能成为新的测序趋势的单分子测序仪进行简单介绍。

Roche/454 焦磷酸测序仪

第一款商业化的下一代测序仪是由后来被 Roche 收购的 454 公司开发的（Margulies et al. 2005）。这台仪器融合了一项新的技术——油包水 PCR（emPCR），即在表面上共价结合有衔接子的聚苯乙烯珠子上扩增文库片段，从而进行大规模并行焦磷酸测序。该仪器其他的大规模并行特征包括：PicoTiter 板（PTP）；一个双重用途的石英玻璃耗材［①可容纳扩增过的珠子，以及表面带有用于产生信号的酶的更小的辅助性珠子；②含有流体管道保证测序试剂扩散到孔中］。PTP 的一面是透明的，这样给珠子和获取图像的 CCD 相机提供了接口。由于用于 454 焦磷酸测序的试剂是没有荧光标记的核苷酸，它们在 PTP 中需要分步聚合，这就要求在每次反应后必须进行图像捕获并清除未反应试剂。

焦磷酸测序的主要步骤见图 11-5。当每次核苷酸从连有引物的文库片段上流过时，如果该核苷酸与模板上的核苷酸互补，就会发生由 DNA 聚合酶催化的聚合反应。当聚合反应发生时，产生的焦磷酸盐（PPi）将会触发下游一系列由偶联到珠子上的酶（包括硫酸化酶和萤光素酶）催化的反应，进而发光。发射的光信号会被电荷耦合（CCD）的相机检测到，荧光信号采集发生在每次核苷酸聚合后，可采集来自数十万计的 PTP 孔中珠子上的信号，产生的光强度与增加的核苷酸数目成比例（直到荧光检测最大值）。在测序文库衔接子分子上含有一段“key”序列，该序列以特定的顺序在每条待测 DNA 序列的起始位置提供单个 T、G、C 和 A 碱基，用来对代表单个碱基聚合的荧光值进行定量。机器每运行一次测序反应，系统利用“key”序列中每个碱基聚合产生的荧光值来计算每个循环所掺入的碱基数目。运行后的分析过程会使用初始 4 个 flow（即“key”序列）的信号翻译 PTP 上每个位置每个核苷酸 flow 的信号。最终产生的“flowgram”由碱基和相应的质量值构成。

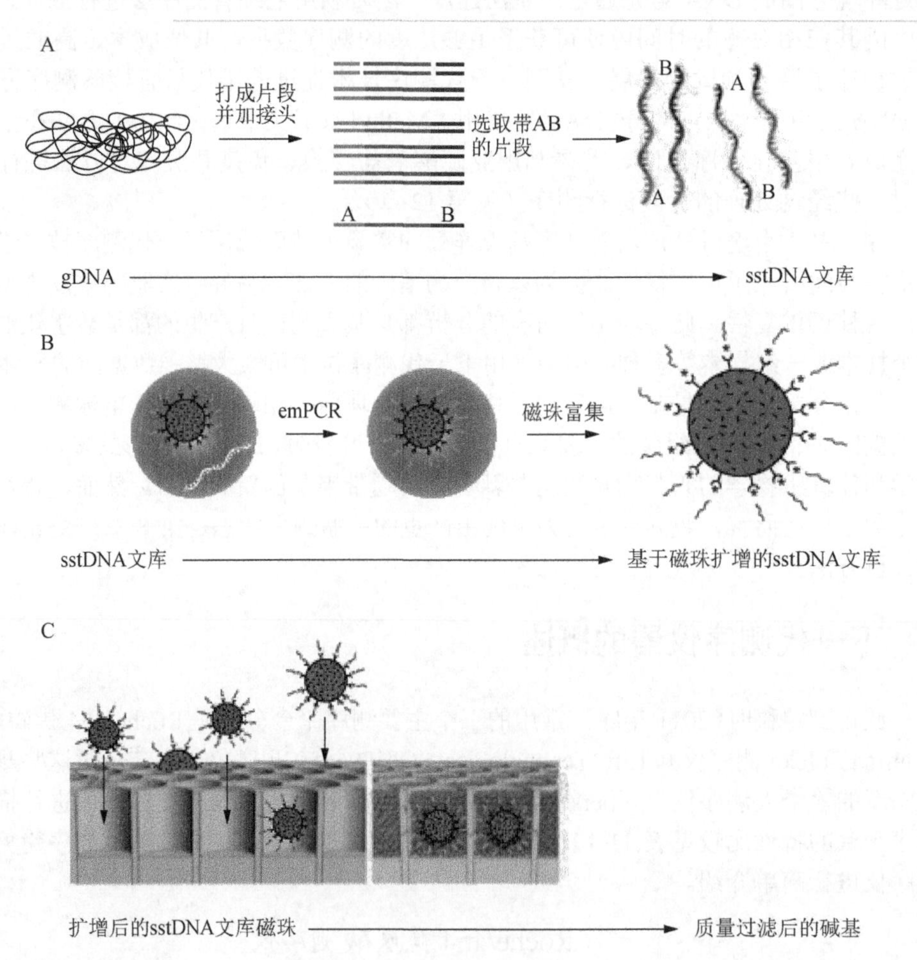

图 11-5 焦磷酸测序。Roche/454 测序仪使用该法扩增单链 DNA，这些单链 DNA 来源于珠子上的片段文库。（A）文库构建准备，基因组 DNA 被打断成片段并在其末端加上衔接子。（B）DNA 片段与珠子以约 1∶1 的比例混合，珠子上含有与 DNA 片段末端的衔接子互补的寡核苷酸，通过强烈的振荡将该混合物包入含有 PCR 试剂并被油包裹着的液相里，最后被移到 96 孔板进行 PCR 扩增。（C）珠子上最终生成原始单链片段的约 100 万个拷贝 DNA，这为接下来检测和记录核酸结合事件的焦磷酸测序过程提供了充足的信号强度。sstDNA，单链模板 DNA（Mardis 2008）（彩图请扫封底二维码）。

由于每个核甘酸 flow 是按顺序依次流入，454 的碱基替换错误率是相当低的。相反，插入和缺失错误却以较高的频率发生，特别是在单碱基重复序列中。该错误的产生是由于相同类型的多个碱基（例如一串 A 碱基）同时插入会产生一个很高的信号峰，仪器的碱基读取软件无法准确地整合峰的面积，从而无法确定具体加入的碱基数目。当核苷酸合成过程中检测 CCD 达到对光信号线性响应的最高值时，该问题可能会更早出现。

在 Roche/454 测序仪上市之前，基于微量滴定板的焦磷酸测序系统已经商业化。该仪器系列称为 PyroMark，由 QIAGEN 公司提供，适用于突变的检测和/或验证，以及甲基化检测（见第 12 章）。它的一个主要的优点是，在对种群的 DNA 混合模板进行测序时，单一测序反应便可提供定量的测序数据（例如，一个患病人群样本等位基因多态性频率或 DNA 甲基化修饰位点频率的确定）。该设备与 Roche/454 有着相似的测序原理，随着每个核苷酸的依次掺入而发光，每个序列被包含在微量滴定板上不同的孔里。然而该仪器的结果分析是逐孔进行的，因为与 454 焦磷酸测序系统的 PTP 板相比，PyroMark 微量滴定板孔密度很小，因此不需要明显的分析时间，也不需要大量的计算分析，就可以向用户返回序列结果。

Illmina/Solexa 测序仪

自 2006 年上市以来，Solexa 测序仪不管是在测序反应本身还是在每次运行可以产生的 reads 的数量上都与其他下一代测序系统不同。文库构建过程与上述的总体描述一致（见前面“下一代测序技术的现状”），但建库之后的其他过程均与 454 测序不同。它不是在珠子上进行油包水 PCR，而是在硅基玻璃片表面的 8 个微流体通道组成的“flow cell”上添加 DNA，之后 DNA 被导入一个“三明治”结构中，形成密闭的微流体结构。flow cell 上的通道介导试剂的进入和移除。在 flow cell 通道的表面被厂商预涂有与用于文库构建通用衔接子序列互补的寡核苷酸序列。当变性的文库序列通过 flow cell 上的通道时，文库序列就会与涂布在 flow cell 上的核苷酸序列杂交。紧接着文库序列会在原位进行所谓的“桥式扩增”，即与共价结合在 flow cell 上的互补衔接子序列杂交的文库序列，由 DNA 聚合酶介导进行多次等温扩增反应（循环间由 NaOH 变性），从而使每个片段扩增得到一簇大量的 DNA。一旦扩增结束，一种特殊试剂会流入 flow cell，使通道上正向反应特异性衔接子释放离开通道，其他的衔接子依旧附着在 flow cell 上。这种化学反应产生线性 DNA 模板，这种模板先被降解来提供单链模板，然后通过与释放衔接子对应的特异寡核苷酸引物结合来启动 DNA 测序反应（图 11-6），该引物提供用于 DNA 合成的游离 3′-OH，复制每一簇 DNA 中的每一条模板，掺入的核苷酸共价结合两个特殊的化学基团，其 3′ 端含有阻遏基团，将合成反应限制在每次结合一个核苷酸。此外，还有一个荧光基团，当用激光扫描 flow cell 时，该基团可以发出荧光供系统识别。

当 flow cell 上部和下部的所有通道被仪器扫描后（HiSeq 2000 系统，以及更早的 Solexa/Illumina 测序仪只扫描一面），每个结合核苷酸上的阻遏基团和荧光标记基团被化学切割，使合成反应继续进行，从而允许启动下一个测序循环。这一系列的测序步骤重复运行，直至达到用户定义读长，然后启动从该序列末尾开始的第二次读取（如果需要）。在准备第二次读取时，测完序的链从它们的模板链变性移除，再运行一次简短有限的桥式扩增产生双链 DNA 簇。再次以一个化学反应来释放相反的衔接子，产生适于启动反向测序的线性分子。系统引进第二个 read 测序所用寡核苷酸引物并复性，重复前述的第一个 read

的测序过程。第二个 read 测序结束后，系统使用 Illumina 提供的数据处理流程，对每一循环、每一簇的波长信号进行分析，重建每一簇的第一个 read 和第二个 read 序列，包括每个碱基的质量值。紧接着是一系列的用于除去低质量序列的过滤，高质量的序列将会比对到选定的参考基因组上。基于这些比对和其他运行参数，一系列运行结果参数将会产生并解析成报告（如过滤后的簇数、每个 flow cell 的碱基数、平均错误率等），这些结果和参数可以帮助用户评估每次测序反应的质量。

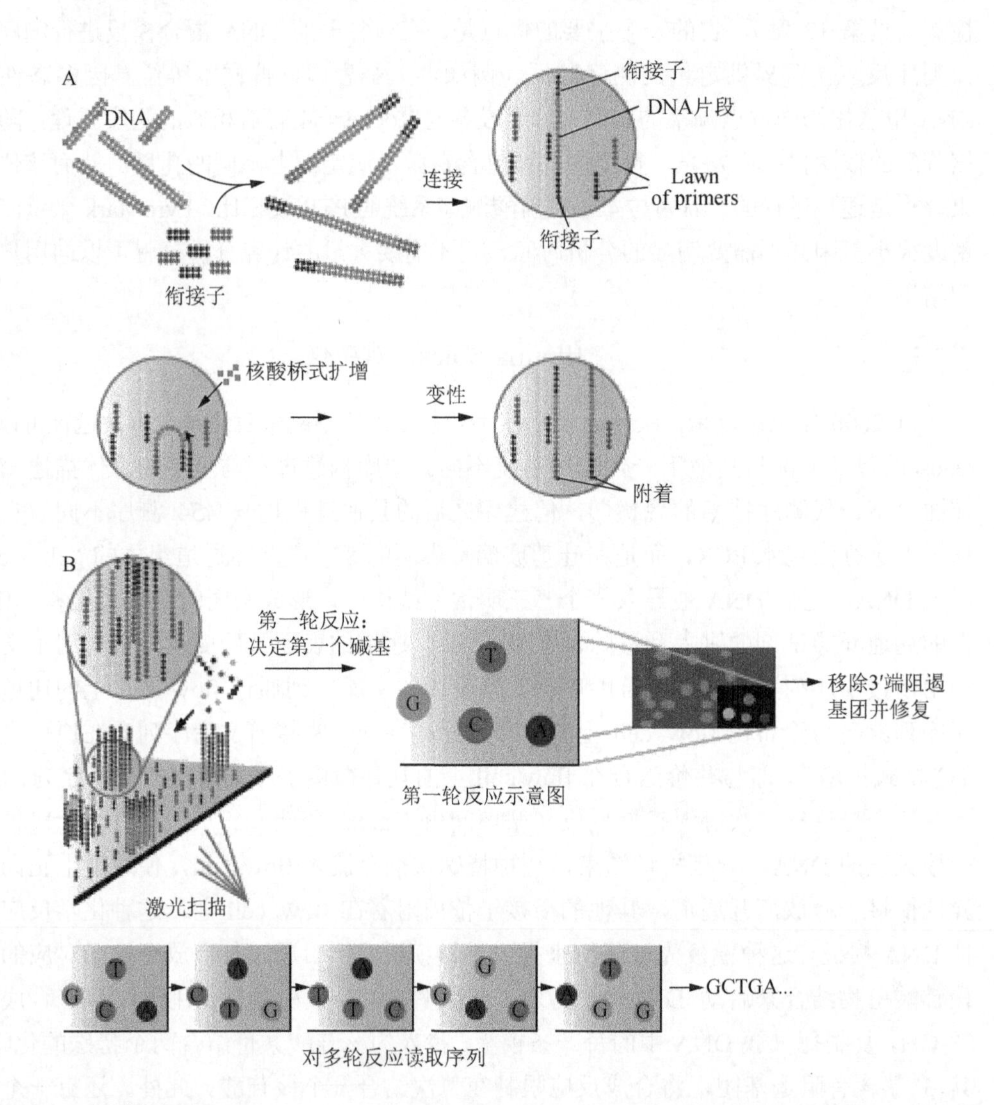

图 11-6　合成测序法。（A）在含有 DNA 聚合酶的 flow cell 上，桥式扩增产生的簇与测序引物杂交，掺入 4 种荧光基团标记且 3′-羟基端含阻遏基团的核苷酸。（B）簇链每次延长一个核苷酸。在一次聚合反应结束后，没有使用的核苷酸和聚合酶分子被冲洗掉，扫描缓冲液被添加到 flow cell 上，光学系统对 flow cell 上的每个 lane 的不同单元（简称 tile）分别进行图像捕获。成像结束后，末端碱基上的荧光基团和阻遏基团被降解掉，以利于下一轮荧光标记核苷酸的聚合（引自 Mardis 2008）（彩图请扫封底二维码）。

Life Technologies SOLiD/5500 测序仪

SOLiD 利用连接测序而非依赖于 DNA 合成酶的逐个碱基测序，这种被称为“双碱基编码”的大规模平行测序利用 DNA 连接酶连接特殊设计的杂交寡核苷酸到复性的引物末端。SOLiD 测序文库（小的插入文库或 mate-pair 文库）可在直径约 1μm 的磁珠上通过 emPCR 进行扩增，经纯化去除表面没有 DNA 的磁珠。在 FlowChip 上可以进行大量珠子的测序，因此需要很大的 emPCR 反应体系。需要三个阶段来准备所需的文库：①乳化；②大体积 emPCR 扩增；③去乳化和回收珠子。将珠子加到 FlowChip 上，第一轮测序引物结合到文库片段上，然后引入 DNA 连接酶和一系列半简并寡核苷酸。所有寡核苷酸根据 3′ 端的第 1 位和第 2 位的碱基固定为 16 种可能的双核苷酸组成之一，其余位置为简并状态。每个寡核苷酸在 5′ 端还含有四种荧光标签之一，每种荧光标签代表一套双核苛酸组成形式。在测序过程中，如果出现与珠子表面给定文库片段能够有 5 个碱基正确杂交的寡核苷酸，那么随后会被连接到引物上。荧光扫描可以对靠近引 5′ 端的碱基进行“解码”（在寡核苷酸的位置 1）。由于前两个碱基是固定的，所以引物 5′ 端的第二个核苷酸也可以被确认，因此称为“双碱基编码”（图 11-7A）。扫描完成后，利用外切酶消化简并的寡核苷酸部分，除去荧光基团，为随后的寡核苷酸链接提供新的引物 5′ 端，为下一轮连接测序做准备。之后采用相似的方法进行下一轮的杂交，寡核苷酸连接和扫描确定碱基。每一轮合成反应起始于引物 5′ 端的固定距离（例如，第 5 位、第 10 位、第 15 位碱基等）。当引物通过每次解码 5 个碱基而延伸到达指定的重复次数（读长）后，新合成链通过降解和水洗而移除，接下来反应起始于一个 5′ 端复性到模板（*n*−1）位置上的引物，随后重复进行预期次数的连接测序反应。而后，程序分别利用位于模板（*n*−2）、（*n*−3）、（*n*−4）位置上的引物进行重复测序，使得一个连续的序列被读出来（图 11-7B）。典型的 SOLiD 读长为 50～75 个核苷酸。后处理软件可以用来整理数据，过滤低质量的 reads，获得核苷酸序列和每个碱基的质量值。

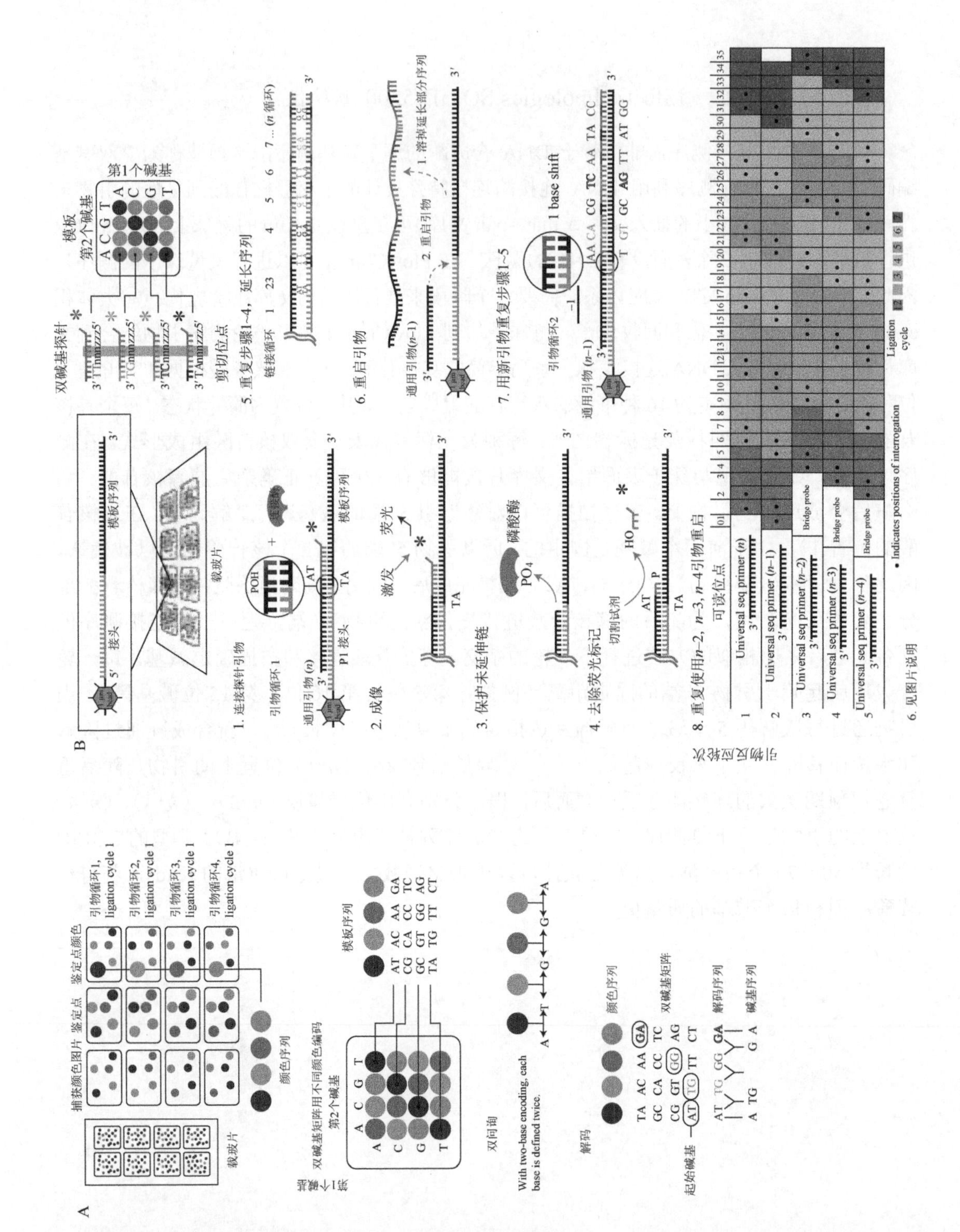

图 11-7　SOLiD 测序。（A）双碱基编码原理。由于连接在 8-mer 上的每个荧光信号组区分一个碱基组合（每个组合包含 4 种 2bp 序列），通过单个 reads 与已知的高质量参考序列比对，可以判别碱基读取的是错误、真实的多态性还是单碱基缺失。（B）Applied Biosystems SOLiD 测序仪的连接测序。采用类似于 Roche/454 油包水 PCR 扩增的方式，SOLiD 测序的 DNA 片段先在 flow cell 上的 1μm 磁珠表面进行扩增，从而可提供足够的测序反应信号。连接测序开始于引物复略到每个扩增片段末端共有的接头序列上，随后 DNA 连接酶，以及第 4 位和第 5 位标记荧光基团的 8-mers 寡核苷酸流入，并发生连接反应。每一连接步骤后进行荧光检测，然后降解简并碱基（包括荧光基团和阻遏基团），同时准备好已延伸的引物用于另一轮连接测序（引自 Mardis 2008）（彩图请扫封底二维码）。

Pacific Biosciences RS

由 Pacific Biosciences 生产的 DNA 测序仪在 2010 年中期被引入 beta-test 实验室，并且在 2011 年 5 月正式上市。这种测序仪是基于一种叫做“ZMW”（零模波导孔）的纳米结构，该结构能够聚焦检测 DNA 模板上进行合成的 DNA 聚合酶活性位点。ZMW 是一个小的针孔结构，它可以让仪器的光和检测信号特异地聚焦在聚合酶活性位点上（图 11-8A）。数以万计的 ZMW 被植入二氧化硅芯片表面，用以提供大量的检测信号。Pacific Biosciences 的文库构建和其他的下一代测序是很类似的——特定接头连接在所有的片段上。接头是部分双链部分开环的新型“棒棒糖（lollipop）”结构（图 11-8B）。片段和接头连接后变性产生环状 DNA 分子。每个 DNA 环特异地共价连接在 ZMW 表面的 DNA 聚合酶形成复合物，这些复合物被加入到含有 150 000 个 ZMW 的 SMARTCell 装置上，经过短暂的时间，DNA/聚合酶复合物就沉淀到 ZMW 内，加入测序试剂进行测序。在收集数据时，仪器对每个正在进行聚合反应的聚合酶活性位点实时捕获“影像”信号（每个 run 达到 75 000 个 ZMW），每个影像记录活性位点荧光标记核苷酸进入后停留的时间，该时间足够使荧光基团被激光激发从而被检测到。一个检测完成之后光学系统进行复位，即可开始第二个反应的检测，记录另外一组影像。不像其他已介绍的测序仪，Pacific Biosciences 仪器每个 SMARTCell 只需要单次添加反应物，每个 SMARTCell 运行时间为 105min，目前平均读长为 1500bp 左右，而大于 10 000bp 或者更长的 reads 也经常被检测到。影像立刻在仪器上转化为相当小的脉冲文件，然后转换成带有质量值的碱基信号。

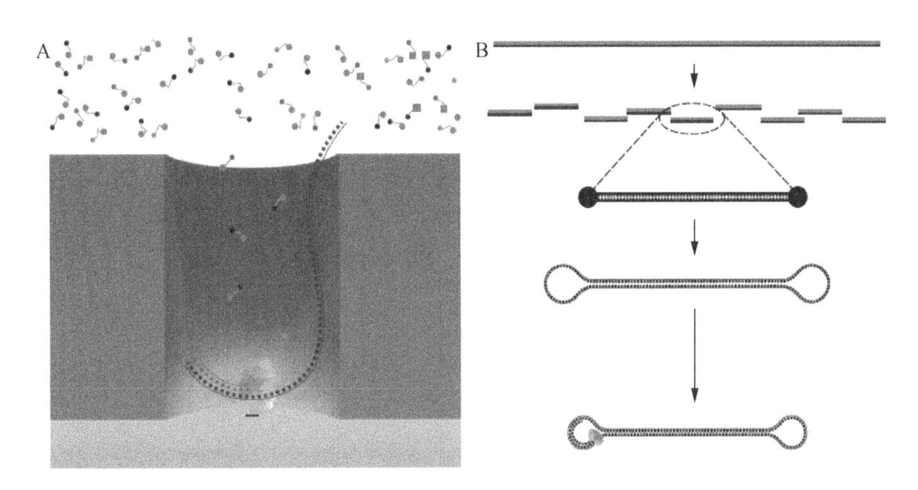

图 11-8 PacBio 测序。（A）一个活化聚合酶固定在 ZMW 底部，核苷酸底物扩散到 ZMW。4 个核苷酸 A、C、G、T 被不同激发光谱的荧光染料标记，用于识别碱基。由于信号从 ZMW 的底部激发，由聚合酶结合的核苷酸在聚合前发出延伸信号来识别聚合的碱基。（B）SMARTCell 测序模板的构建，DNA 片段被连接到发夹结构的衔接子上。下侧描述的是 DNA 聚合酶结合到其中一个接头序列的通用聚合酶起始位点上（Redrawn，经允许引自 Pacific Biosciences of California, Inc.）。

Pacific Biosciences RS 可以被用来对不同应用和不同插入长度的文库进行测序，如非常短的插入序列（250bp）、标准插入序列（1～3kb）或者更长插入片段（10kb）的文库。在测序非常短的插入序列（250bp）时，每个片段的链可以在每个 run 里被测定多次，从而产生一个高质量的一致序列（重复测环状模板）。这种技术被称为“环状共有序列测序”技术（CCS）。它被典型应用于 PCR 产物测序，从而进行检测或者鉴定突变。用非常长的插入片段（10kb）和延伸影像获取时间（75min 左右）可以使 DNA 聚合酶在每个插入里产生非常长的读长，这些序列可以与高覆盖的短 reads（如 Illumina 末端配对测序）结合起来，从头组装超长的基因组序列。在“标准模式”运行中，1～3kb 的片段可以用 45min 的影像捕获而获得。初级 reads 集可以用来组装细菌或者病毒的基因组。对于更大的基因组（如简单的真核生物基因组），标准长度与非常长的插入文库的结合可以用来填补标准读长的 contigs 间的 gaps，因此可以为基因组提供连续的组装。这个系统也可以在 DNA 合成时实时进行 DNA 修饰基团的检测，如 5-羟甲基-胞嘧啶甲基化。这种检测的原理在于，聚合酶遇到修饰碱基时，相比于遇到无修饰碱基的标准 IPD（脉冲间距离），观察到的结合信号时间间隔会变长（引自 Flusberg 2010）。

Ion Torrent 个人用基因组测序仪（PGM）

Ion Torrent 测序仪所用的理念和流程都与 Roche/454 测序仪极其相似（图 11-9）。与检测核苷酸聚合后荧光素酶催化发光不同，Ion Torrent 测序仪检测核苷酸聚合后氢离子的释放所导致的 pH 变化。许多过程都与 454 测序相同，包括：①油包水 PCR 扩增连接在磁珠上的带有接头的文库片段；②打破乳液为测序做准备；③油包水 PCR 结束后，在 PGM 离子芯片上装载扩增的磁珠；④通过连续添加核苷酸的方式逐步测序。目前 Ion Torrent 的平均读长是 100 个核苷酸，完成一个完整的 run 需要大约 2h。未来 Ion Torrent 和其他“桌面”测序仪的详细内容，参见信息栏“桌面基因组测序仪：下一代测序的未来？”

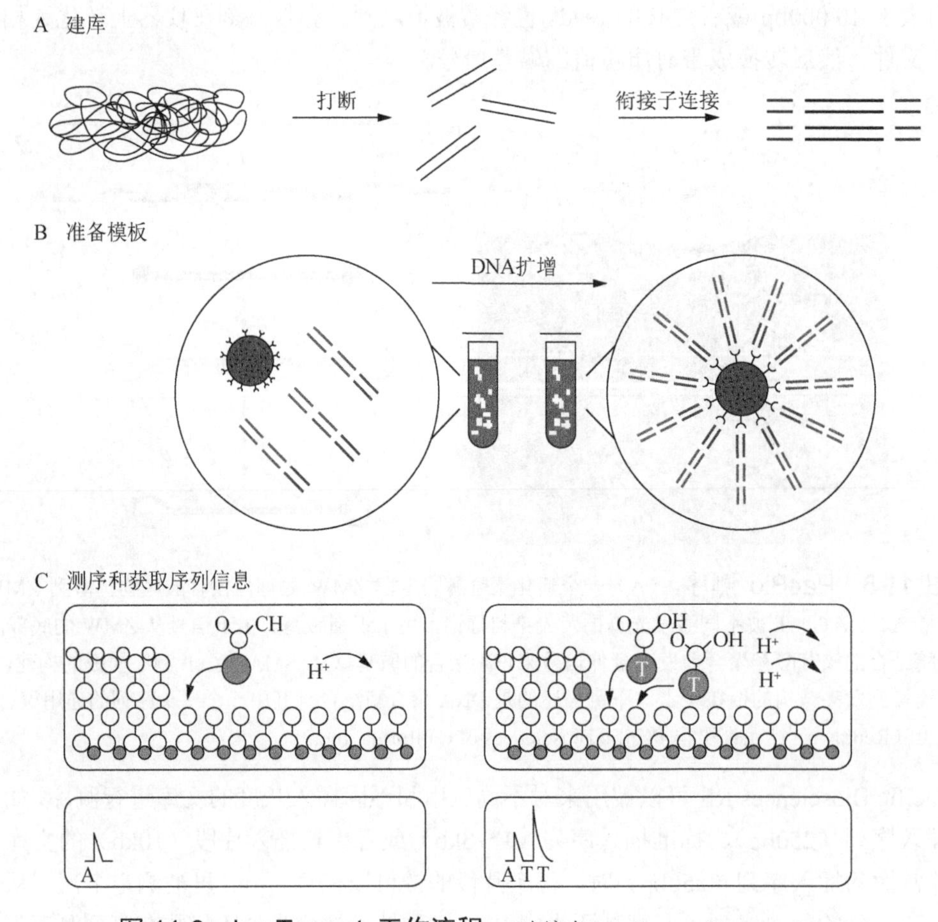

图 11-9 Ion Torrent 工作流程。(改编自 Ion Torrent Systems, Inc.)

桌面基因组测序仪：下一代测序的未来？

今天的超高通量下一代测序已使得实验领域越来越多样化，如分子生物学、植物基因组学和人类遗传学；然而它们也是有局限的。其中一个问题在信息栏“覆盖度和（多重性）：由飞速发展的测序通量所带来的困境”中讨论过。另外，虽然现在的设备通量很高，但运行成本也很高，购买仪器的花费和有效利用数据的生物信息学支持的花费也相当高。

因此，三个主要的仪器制造企业向市场推出了体积小、低产量、低花费的“桌面测序仪”，其中包括罗氏的 454 GS Junior 测序仪、Life Technologies 公司的 Ion Torrent PGM 测序仪和 Illumina 公司的 MiSeq 测序仪。到本书定稿时，GS Junior 测序仪已经被客户使用一年多了，Ion Torrent 测序仪在 2011 年中旬推出，MiSeq 在 2011 年夏末运送给早期授权用户。因为只有 GS Junior 在市场上持续推出了一段时间（见表 11-1），因此我们无法对这些仪器有一个完整的描述。然而，桌面测序仪在未来的测序工作中将扮演重要角色，因此在这里是值得讨论的。另外一部分关于 Ion Torrent 仪器的内容在导言部分已经讲述。

所有这些“个人用”测序仪都是为产生比毛细管测序仪更多的数据量而设计的。但是它们的容量却远远低于相应的高端仪器，结果是，虽然大型测序中心可能会利用这些小型仪器开发/优化一些技术，并且进行文库的质量控制，但是这些仪器放在小型实验室里比放在大型的测序公司里更加适合。

桌面测序仪有许多潜在用途，包括：小到中型序列的测序工作，采用正交试验的方法验证检测到的变异体（例如，用 Ion Torrent 验证利用 Illumina 仪器测序整个基因组所检测到的变异体），文库的质量检测和探索新方法。Ion Torrent 和 MiSeq 都旨在让运行速度大大高于各自仪器制造商生产的高端仪器。例如，Illumina MiSeq 仅需要一天的时间即可完成从建库到测序再到与参考序列比对的全部工作；与此相比，利用 Illumina HiSeq2000 测序需要额外的 10 天时间才能获得最大的通量。然而，值得注意的是，HiSeq2000 由此将产出 6000 亿个碱基对，而 MiSeq 最早说明书中提到的 MiSeq 一个 run 只能产生 15 亿个碱基（令人惊奇的是，2007 年 MiSeq 的统计量比原始的 Solexa 仪器公布的要高）。除了这些仪器的速度和非常有用的通量以外，它们在初始购买价和运营开支方面都比高端仪器要低很多。与数千美元的高端仪器相比，最新的仪器一个 run 消耗低于 1000 美元（到本书定稿时）。此外，仪器本身的耗费只占同厂生产的高端仪器的 10%～20%。通过连续几代化学技术和硬件条件的改进，这些仪器的发展将会很有前景。对于许多生物学家来说，他们测序的主要需求将会被这些新兴仪器满足。

Sanger 测序与下一代测序的比较：如何合理选择测序平台

Sanger 测序（毛细管测序）和下一代测序技术有明显的区别，在此进行简短的概述。Sanger 测序技术的优势在于能够从小的目标分子中产生准确度高的、较长片段的数据；而下一代测序技术能从大量的分子中获得读长较短（至少短于毛细管电泳），准确度稍低的数据。考虑到两种测序技术的差异，在何种情况下采用何种测序技术就很明确了。

在测序技术中，有时测序要求计算不同序列的分子数量，如检测 RNA 的相对表达水平、使用 ChIP-Seq 分析蛋白结合位点（参见第 20 章，方案 6），以及大规模测序项目。这些项目显然是需要下一代测序技术。在另一些时候，常常需要测定某个特定克隆的序列，或使用特异性引物扩增的目的基因片段，或通过测序检查特定基因是否发生突变，或通过测序验证所构建质粒的序列。对于这些项目，就应该采用双脱氧/毛细管测序。然而，应该注意的是，对于大量患者样品中单一基因的测序，下一代测序技术可能会更合适。毛细管测序所得到的人类基因组参考序列的错误率是万分之一，而实际的错误率大概几十万分之一。下一代测序技术及其所提供的高覆盖率，会使所得结果的错误率低于百万分之一，因此下一代测序技术的准确度会远超过与之比对的原始参考序列。

也许最复杂的测序是一个基因组的 *de novo* 测序（以前从未测序的基因组，无参考序列）。经验表明，毛细管测序数据拼接的基因组更加完整。然而，这种测序技术的成本大大超过下一代测序技术。目前，对基因组的 *de novo* 测序要么联合使用长 reads 下一代测序仪（454）和短 reads 下一代测序仪（Illumina 或 SOLiD），要么单独采用 454。Pacific Biosciences 测序仪的长 reads 也可能会在这里发挥很好的作用。有时毛细管测序获得的长 reads 也可用来完成拼接。一般来说，研究人员可视项目的经费情况将不同的测序方法进行组合。

方案介绍

我们在此提供了一系列方案，分为两个部分。第一部分涉及毛细管测序及代表性平台（Illumina 和 454）的各种样品制备方法。第二部分是对测序结果进行评估和分析处理。

毛细管测序在分子生物学领域仍然处于重要地位。对于验证一个克隆构建是否正确，或下一代测序技术发现的一个有趣的变种是否可靠，毛细管测序是一个非常灵活的工具。毛细管测序的模板一般是克隆的质粒 DNA（参见方案 1）或 PCR 产物（参见第 7 章，方案 2）。若为后者，则需设计特异性引物来扩增原始样品中的目的 DNA 序列，扩增的产物则采用定制的引物测序。用于扩增目的序列的特异性引物是用专门的软件设计的。第 8 章方案 3 中介绍的 Primer 3 是通常用于设计引物的软件，方案 3 介绍了质粒 DNA 和 PCR 产物的毛细管测序。

截至目前，Illumina 因其低成本、高通量的优势已经成为使用最广泛的下一代测序平台。下文将介绍各种 Illumina/Solexa 测序样品的制备方法，包括全基因组文库的构建方案（方案 4～8）、RNA 文库构建方案（方案 9）、外显子组和靶向捕获文库构建方案（方案 10），文库定量的各种方法在方案 12～14 中介绍。

与 Illumina 和 SOLiD 测序平台不同，454 测序平台近年来在测序成本上没有大幅下降，但是 454 测序平台在基因组学的两个主要领域仍然在使用。首先，对于一些首次测序的基因组，454 测序平台 reads 的长度在 *de novo* 拼接中具有优势。总体来看，454 的长读长 reads 有助于基因组的初步拼接，而方案（方案 7 和方案 8）中所介绍的 3kb 和 8kb 的 mate-pair 数据更有助于基因组序列大范围的拼接及其完成。其次，在测序过程中该平台碱基替代的错误发生率较低，能够提供准确可靠的数据，具有独特的优势。对于采用生物信息学方法筛选突变体，基于合成测序原理的 454 测序技术在提供准确有效数据方面是一个有利的工具。在 454 测序平台中，大量的 PCR 产物和杂交捕获产物可以混合在一起进行平行测序，并且碱基替代错误发生的概率比较低，所以能够快速、准确地筛选出可靠的突变体，避免假阳性结果出现。方案 15～17 分别介绍了文库的构建、emPCR 及 Roche/454 测序仪的使用。

第二部分中的方案主要介绍了测序的后处理和数据分析——测序数据的确认（方案 18）、质量控制（方案 19），以及生物信息学分析（方案 20）。

致谢

在本实验室下述人员的帮助下我们完成了本章的编写工作：Mardis 实验室，Lisa Cook 和 Henry Bauer；操作方案和评阅：McCombie 实验室的 Eric Antoniou，Elena Ghiban, Melissa

Kramer, Shane McCarthy, Stephanie Muller, Jennifer Parla, Rebecca Solomon，Maureen Bell 和 Carolann Gundersen。本章的出版获得了 Cold Spring Harbor Laboratory 出版社下述人员的大力支持：主编 Kaaren Janssen 和 Alex Gann；项目经理 Maryliz Dickerson；出版编辑 Kathleen Bubbeo。

最后，我们要感谢 Jim Watson 领导的人类基因组计划，感谢他在 CSHL 实验室近 20 年无私奉献于基因组分析、DNA 测序，以及对基因组学的毕生贡献。

参考文献

Albert TJ, Molla MN, Muzny DM, Nazareth L, Wheeler D, Song X, Richmond TA, Middle CM, Rodesch MJ, Packard CJ, et al. 2007. Direct selection of human genomic loci by microarray hybridization. *Nat Methods* **4**: 903–905.

Bainbridge MN, Wang M, Burgess DL, Kovar C, Rodesch MJ, D'Ascenzo M, Kitzman J, Wu YQ, Newsham I, Richmond TA, et al. 2010. Whole exome capture in solution with 3 Gbp of data. *Genome Biol* **11**: R62.

Carothers AM, Urlaub G, Mucha J, Grunberger D, Chasin LA. 1989. Point mutation analysis in a mammalian gene: Rapid preparation of total RNA, PCR amplification of cDNA, and *Taq* sequencing by a novel method. *BioTechniques* **7**: 494-6–498-9.

Clark MJ, Chen R, Lam HY, Karczewski KJ, Chen R, Euskirchen G, Butte AJ, Snyder M. 2011. Performance comparison of exome DNA sequencing technologies. *Nat Biotechnol* **29**: 908–914.

Craxton M. 1993. Cosmid sequencing. *Methods Mol Biol* **23**: 149–167.

Davies K. 2001. *Cracking the genome: Inside the race to unlock human DNA.* The Free Press, New York.

Edwards A, Voss H, Rice P, Civitello A, Stegemann J, Schwager C, Zimmermann J, Erfle H, Caskey CT, Ansorge W. 1990. Automated DNA sequencing of the human HPRT locus. *Genomics* **6**: 593–608.

Ewing B, Green P. 1998. Base-calling of automated sequencer traces using phred. II. Error probabilities. *Genome Res* **8**: 186–194.

Ewing B, Hillier L, Wendl MC, Green P. 1998. Base-calling of automated sequencer traces using phred. I. Accuracy assessment. *Genome Res* **8**: 175–185.

Flusberg BA, Webster DR, Lee JH, Travers KJ, Olivares EC, Clark TA, Korlach J, Turner SW. 2010. Direct detection of DNA methylation during single-molecule, real-time sequencing. *Nat Methods* **7**: 461–465.

Gilbert W. 1981. DNA sequencing and gene structure (Nobel Lecture, December 8, 1980). *Biosci Rep* **1**: 353–375.

Gilbert W, Maxam A. 1973. The nucleotide sequence of the *lac* operator. *Proc Natl Acad Sci* **70**: 3581–3584.

Gnirke A, Melnikov A, Maguire J, Rogov P, LeProust EM, Brockman W, Fennell T, Giannoukos G, Fisher S, Russ C, et al. 2009. Solution hybrid selection with ultra-long oligonucleotides for massively parallel targeted sequencing. *Nat Biotechnol* **27**: 182–189.

Gocayne J, Robinson DA, FitzGerald MG, Chung FZ, Kerlavage AR, Lentes KU, Lai J, Wang CD, Fraser CM, Venter JC. 1987. Primary structure of rat cardiac β-adrenergic and muscarinic cholinergic receptors obtained by automated DNA sequence analysis: Further evidence for a multigene family. *Proc Natl Acad Sci* **84**: 8296–8300.

Gordon D, Abajian C, Green P. 1998. Consed: A graphical tool for sequence finishing. *Genome Res* **8**: 195–202.

Henikoff S. 1990. Ordered deletions for DNA sequencing and in vitro mutagenesis by polymerase extension and exonuclease III gapping of circular templates. *Nucleic Acids Res* **18**: 2961–2966.

Hodges E, Xuan Z, Balija V, Kramer M, Molla MN, Smith SW, Middle CM, Rodesch MJ, Albert TJ, Hannon GJ, et al. 2007. Genome-wide in situ exon capture for selective resequencing. *Nat Genet* **39**: 1522–1527.

Korbel JO, Urban AE, Affourtit JP, Godwin B, Grubert F, Simons JF, Kim PM, Palejev D, Carriero NJ, Du L, et al. 2007. Paired-end mapping reveals extensive structural variation in the human genome. *Science* **318**: 420–426.

Lander ES, Linton LM, Birren B, Nusbaum C, Zody MC, Baldwin J, Devon K, Dewar K, Doyle M, FitzHugh W, et al. 2001. Initial sequencing and analysis of the human genome. *Nature* **409**: 860–921.

Ley TJ, Mardis ER, Ding L, Fulton B, McLellan MD, Chen K, Dooling D, Dunford-Shore BH, McGrath S, Hickenbotham M, et al. 2008. DNA sequencing of a cytogenetically normal acute myeloid leukaemia genome. *Nature* **456**: 66–72.

Mardis ER. 2008. Next-generation DNA sequencing methods. *Annu Rev Genomics Hum Genet* **9**: 387–402.

Margulies M, Egholm M, Altman WE, Attiya S, Bader JS, Bemben LA, Berka J, Braverman MS, Chen YJ, Chen Z, et al. 2005. Genome sequencing in microfabricated high-density picolitre reactors. *Nature* **437**: 376–380.

Maxam AM, Gilbert W. 1977. A new method for sequencing DNA. *Proc Natl Acad Sci* **74**: 560–564.

McCombie WR, Heiner C, Kelley JM, Fitzgerald MG, Gocayne JD. 1992. Rapid and reliable fluorescent cycle sequencing of double-stranded templates. *DNA Seq* **2**: 289–296.

McElheney V. 2010. *Drawing the map of life: Inside the Human Genome Project.* Basic Books, New York.

Mullis KB, Faloona FA. 1987. Specific synthesis of DNA in vitro via a polymerase-catalyzed chain reaction. *Methods Enzymol* **155**: 335–350.

Murray V. 1989. Improved double-stranded DNA sequencing using the linear polymerase chain reaction. *Nucleic Acids Res* **17**: 8889.

Myers EW. 1995. Toward simplifying and accurately formulating fragment assembly. *J Comput Biol* **2**: 275–290.

Okou DT, Steinberg KM, Middle C, Cutler DJ, Albert TJ, Zwick ME. 2007. Microarray-based genomic selection for high-throughput resequencing. *Nat Methods* **4**: 907–909.

Parla JS, Iossifov I, Grabill I, Spector MS, Kramer M, McCombie WR. 2011. A comparative analysis of exome capture. *Genome Biol* **12**: R97. doi: 10.1186/gb-2011-12-9-r97.

Porreca GJ, Zhang K, Li JB, Xie B, Austin D, Vassallo SL, LeProust EM, Peck BJ, Emig CJ, Dahl F, et al. 2007. Multiplex amplification of large sets of human exons. *Nat Methods* **4**: 931–936.

Saiki RK, Scharf S, Faloona F, Mullis KB, Horn GT, Erlich HA, Arnheim N. 1985. Enzymatic amplification of β-globin genomic sequences and restriction site analysis for diagnosis of sickle cell anemia. *Science* **230**: 1350–1354.

Sanger F, Coulson AR. 1978. The use of thin acrylamide gels for DNA sequencing. *FEBS Lett* **87**: 107–110.

Sanger F, Nicklen S, Coulson AR. 1977a. DNA sequencing with chain-terminating inhibitors. *Proc Natl Acad Sci* **74**: 5463–5467.

Sanger F, Air GM, Barrell BG, Brown NL, Coulson AR, Fiddes CA, Hutchison CA, Slocombe PM, Smith M. 1977b. Nucleotide sequence of bacteriophage φX174 DNA. *Nature* **265**: 687–695.

Sanger F, Coulson AR, Hong GF, Hill DF, Petersen GB. 1982. Nucleotide sequence of bacteriophage λ DNA. *J Mol Biol* **162**: 729–773.

Shreeve J. 2004. *The genome war: How Craig Venter tried to capture the code of life and save the world.* Alfred A. Knopf, New York.

Smith LM, Sanders JZ, Kaiser RJ, Hughes P, Dodd C, Connell CR, Heiner C, Kent SB, Hood LE. 1986. Fluorescence detection in automated DNA sequence analysis. *Nature* **321**: 674–679.

Smith DP, Johnstone EM, Little SP, Hsiung HM. 1990. Direct DNA sequencing of cDNA inserts from plaques using the linear polymerase chain reaction. *BioTechniques* **9**: 48, 50, 52; passim.

Staden R. 1979. A strategy of DNA sequencing employing computer programs. *Nucleic Acids Res* **6**: 2601–2610.

Staden R. 1996. The Staden Sequence Analysis Package. *Mol Biotechnol* **5**: 233–241.

Sutcliffe JG. 1978. Nucleotide sequence of the ampicillin resistance gene of *Escherichia coli* plasmid pBR322. *Proc Natl Acad Sci* **75**: 3737–3741.

Sutcliffe JG. 1979. Complete nucleotide sequence of the *Escherichia coli* plasmid pBR322. *Cold Spring Harb Symp Quant Biol* **43**: 77–90.

Tuzun E, Sharp AJ, Bailey JA, Kaul R, Morrison VA, Pertz LM, Haugen E, Hayden H, Albertson D, Pinkel D, et al. 2005. Fine-scale structural variation of the human genome. *Nat Genet* **37**: 727–732.

Venter JC, Adams MD, Myers EW, Li PW, Mural RJ, Sutton GG, Smith HO, Yandell M, Evans CA, Holt RA, et al. 2001. The sequence of the human genome. *Science* **291**: 1304–1351.

Waterston RH, Lander ES. 2002. Initial sequencing and comparative analysis of the mouse genome. *Nature* **420**: 520–562.

Wu R. 1970. Nucleotide sequence analysis of DNA. I. Partial sequence of the cohesive ends of bacteriophage and 186 DNA. *J Mol Biol* **51**: 501.

Wu R, Donelson J, Padmanabhan R. 1970. Nucelotide sequence analysis of DNA. *In 8th International Congress on Biochemistry*, p. 166. Staples Printers, Kent, UK.

Wu R, Taylor E. 1971. Nucleotide sequence analysis of DNA. II. Complete nucleotide sequence of the cohesive ends of bacteriophage DNA. *J Mol Biol* **57**: 491.

方案 1　毛细管测序质粒亚克隆的制备

该方案参考少量制备的方法（参见第 1 章，方案 1），介绍如何从细菌培养物或保存的培养物中制备质粒。所制备的质粒 DNA 在数量和特性方面适合用做毛细管 DNA 测序（方案 3）的模板。另一种制备模板的方法就是方案 2 中介绍的目的 DNA 的扩增。该方案需要使用 Biomek 自动化液体处理系统。

材料

为正确使用本方案中的器材和危险试剂，必须查阅相应的材料安全数据表并咨询所在机构的环境卫生和安全办公室。

本方案的专用试剂标注<R>，配方在本方案末提供。常用储备溶液、缓冲液和试剂标注<A>，配方见附录 1。储备溶液应稀释至适用浓度后使用。

本方案中提供的试剂供测序使用。溶液 P1、P2、P3 可根据配方在实验室自行配备或自 QIAGEN 公司购买。

试剂

琼脂糖凝胶（0.8%琼脂糖），以 1×TAE 配制<A>，含有 0.1μg/mL 溴化乙锭；其他琼脂糖凝胶电泳所需的试剂和设备，见第 2 章方案 1 的描述

含有待分析质粒的大肠杆菌培养物

乙醇（70%）

甘油（40%）<R>

异丙醇（100%）

NaOH (10mol/L) <R>

P1 缓冲液<R>

P2 缓冲液<R>

P3 缓冲液<R>

RNase H (10mg/mL) (无 DNase) <R>

SDS (10%)<R>

乙酸钠(10mmol/L) <R>

Tris-Cl (10mmol/L, pH 8.0) <R>

仪器

Biomek FX 工作站（Beckman Coulter 公司）

圆孔盒（96 孔，每孔 1mL）（Beckman Coulter 公司）

Costar 检测板（96 孔）

铝箔纸带

深孔培养管（2mL）（Whatman 公司）

Jouan 离心机

裂解液澄清板（Whatman 公司）

封口膜（塑料）

涡旋仪

定量仪器（分光光度计、荧光光度计等）

密封垫（硅胶）
摇床－培养箱
Skan Wash 2000 洗板机
计时器

方法

用于保存和质粒分离的克隆制备

1. 在 2mL Whatman 培养管中培养携带目的质粒的大肠杆菌 16～24h。

确保细菌培养物在合适的温度下培养，16～24h 为宜。液体培养物和空气的比例为 1∶1（1mL 培养物在 2mL 的管中），用透气膜封口。摇床的转速对于细菌的最佳生长也是至关重要的。细菌典型的培养温度和转速应该是 37℃、275r/min。

2. 将 2mL Whatman 培养管从摇床中移出。

3. 用 Biomek FX 工作站取 50μL 过夜培养物加入 50μL 40%无菌甘油，然后加入到 96 孔培养板中。

4. 用铝箔纸带密封 96 孔培养板，混匀 5min。短暂离心后置于−80℃保存。

5. 将 Whatman 培养管中剩余的培养物（步骤 2）置于 Jouan 离心机中，2700r/min 离心 5min。

6. 从离心机中取出试管，轻轻地弃掉上清（不要碰到沉淀）。将试管倒置于吸水纸上，将残留的培养基晾干（1min）。

检查沉淀的大小以确定是否继续后续实验：

可接受的沉淀块大小 

不可接受的沉淀块大小 O 或者更小

如果 30%以上的沉淀属于不可接受大小的范围，就不能进行后续实验。细菌沉淀和试管必须排除任何的残留液体以使裂解充分。

▲直接进行步骤 7，用铝箔纸带密封试管，置于−20℃条件下保存。

细菌裂解

7. 用 Biomek FX 工作站每孔加入 200μL 的 P1 溶液，再用封口膜封住培养板。

8. 用最高转速涡旋混匀 10min。

为保证细菌沉淀充分的重悬，可较长时间混匀。充分的重悬是裂解细菌的关键因素。

9. 裂解阶段。
   i. 将封口膜取下，设置计时器为 5min。
   ii. 使用 Biomek FX 工作站，每孔加入 200μL 的 P2 溶液，并迅速地用封口膜封上孔板。
   iii. 开始计时，并标记第一个孔为“1”。
   iv. 呈 45° 角倾斜孔板 6 次。
   v. 重复步骤 9.ii～9.iv，并编号。

细菌加入 P2 缓冲液后不能超过 5min。P2 缓冲液必须每 2 天配制一次。使用之前检查瓶子上的日期。

10. 中和反应。
    i. 5min 后，向标注为 1 的孔板的每个孔中加入 200μL 预冷的 P3 缓冲液。
    ii. 用封口膜将孔板密封，轻柔地倾斜孔板 6 次，置于冰上。
    iii. 其余的孔板重复 10.i～10.iii 步骤。
    iv. 当最后一个孔板置于冰上后，开始计时 10min.

P3 缓冲液 4℃保存。

过滤操作

11．向 96 孔、1mL 圆孔盒的每个孔中加入 240μL 100%异丙醇。所有裂解液都需加入到圆孔盒中。

12．在 96 孔圆孔盒的顶层放置一个裂解液澄清板，组成过滤器组件。

13．将 96 孔圆孔盒浸入冰浴 10min，用 Biomek FX 工作站取 400μL 细菌裂解液加入到过滤器组件中。将所有 96 孔圆孔盒中的细菌裂解液转移完毕。

在转移前确保能看见每个孔里有白色沉淀物。

14．过滤器组件在 Jouan 离心机中以转速 1000r/min 离心 3min。

15．丢弃顶层的过滤板，用硅胶密封垫密封底部的圆孔。将 96 孔圆孔盒快速颠倒 6 次充分混匀，避免平板上各孔之间的污染。

将过滤板丢弃前确保其上无任何液体。

16．将 96 孔圆孔盒以转速 3800r/min 离心 15min.

17．立即将上清液倒入乙醇废弃瓶中，简单地在吸水纸上吸干液体。

18．使用 Skan Wash 2000 洗板机向每个孔中加入 300μL 70%的乙醇，用硅胶密封垫重新密封，反复颠倒几次以便彻底清洗各孔。

可以使用步骤 15 里的硅胶垫；为了减少孔的污染，也可以用一个新的。

19．以转速 3800r/min 离心 5min。

20．弃上清液至乙醇废弃瓶中。

21．将 96 孔圆孔盒板倒置于纸巾上约 5min，除去残留液体。

22．重复步骤 18～21。

▲可室温过夜储存孔板，以使 DNA 沉淀干燥（第二天进行 DNA 的重悬）。也可以 37℃旋转孵育 1h 使 DNA 沉淀干燥。

无论哪种方法，在进行后续步骤前确保孔内完全干燥。见“疑难解答”。

DNA 的重悬和随机定量

23．使用 Biomek FX 工作站向每孔加入约 70μL 的 10mmol/L Tris-Cl (pH8.0)（洗脱体积根据下游实验而定）。

24．用密封垫密封 96 孔圆孔盒板，以最高转速涡旋 10min。

25．轻敲 96 孔圆孔盒板，收集孔底液体。用 Biomek FX 工作站将每个孔内的液体完全转移到 96 孔 Costar 检测板中。

26．用铝箔纸密封，储存在-20℃。

27. 从 96 孔 Costar 检测板上随机挑选三个样品进行电泳，以确定所得的质粒的质量和浓度是否符合要求。3μL 样品加 7μL 的 1×上样染料，进行 0.8%琼脂糖凝胶电泳，使用 1kb DNA 分子质量标准。

见“疑难解答”。

28．如果需要将模板定量，可用分光光度计或荧光光度计及其他类似仪器。

见“疑难解答”。

疑难解答

问题（步骤 27）：琼脂糖凝胶电泳中除质粒 DNA 的条带之外，出现一条额外的带。

解决方案：如果 P1 缓冲液没有加入 RNase H，那么 RNA 可能会在琼脂糖电泳中跑出额外的一条带。通常在完成整个质粒提取过程后向 DNA 中加入 RNase 来解决这个问题。

问题（步骤 22 和步骤 28）：A_{260}/A_{280} 的比值（分光光度计）比预期值高（>1.8～2.0)。

解决方案：可能是样品中存在乙醇。重悬和洗脱 DNA 模板之前将所有残留在 96 孔圆孔盒板中的 70%乙醇（步骤 22）晾干至关重要。这个过程可能需要 1.5h（37℃孵育）或过夜（室温）。

讨论

根据克隆效率（无论克隆来自低拷贝数质粒还是高拷贝数质粒），一般用此方法制备的质粒浓度为 100～500ng/μL。如上所述，洗脱体积随下游实验而定。

配方

为正确使用本方案中的器材和危险试剂，必须查阅相应的材料安全数据表并咨询所在机构的环境卫生和安全办公室。

甘油(40%) (1 L)

1．在一个洁净的 1L 烧杯中加入：

无菌蒸馏水	600mL
甘油（100%）	400mL

2．搅拌溶液 5min 后，倒入一个 1L 的瓶内高压灭菌。

NaOH(10mol/L)

▲制备该溶液时一定要小心，否则可能导致严重烧伤。

1．在一个干净的 500mL 烧杯中，加入：

NaOH 固体（戴手套）	100g
无菌蒸馏水	100mL 至总体积 250mL

2．用无菌搅拌棒搅拌，直至颗粒完全溶解。

▲注意：这是一个强放热反应。

3．小心加入无菌蒸馏水，定容至 250mL。

4．室温储存在玻璃瓶中。此溶液在室温下可稳定储存 1 年。

P1 缓冲液（1L）

1．在一个干净的 2L 烧瓶中，加入：

无菌蒸馏水	920mL
Tris-Cl (1mol/L, pH 8.0)	50mL
EDTA (0.5mol/L, pH 8.0)	20mL
RNase H (无 DNase)(10mg/mL)	10mL

2．用无菌搅拌棒搅拌 5min。

3．过滤后 4℃保存，标注日期（现配现用)。

P2 缓冲液（1L）

此缓冲液每两天制备一次。

1. 在一个洁净的 1L 烧杯中，加入：

无菌蒸馏水	880mL
NaOH (10mol/L)	20mL
SDS (10%)	100mL

2. 用无菌搅拌棒搅拌 5min。为避免 SDS 沉淀，在加入 SDS 溶液前先向水中加入 NaOH 溶液并搅拌几分钟。标注日期。

3. 为避免 SDS 沉淀，P2 缓冲液应该室温保存。如果出现沉淀，在 37℃温浴并搅拌几分钟。

P3 缓冲液

1. 在一个洁净的 1L 烧杯中加入：

乙酸钾	294.5g
无菌蒸馏水	500mL

2. 搅拌至晶体完全溶解，然后加入 110mL 无水乙酸。

3. 不断搅拌并测定 pH。加入无菌蒸馏水至 900mL，pH 应为 4.8～5.5；如果 pH 不在此范围内，用无水乙酸滴定。最终体积定容至 1L。

4. 过滤后 4℃保存。

RNase H (10 mg/mL)(无 DNase)

1. 在一个洁净的 15mL 离心管中，加入：

牛胰 RNase H	100mg
乙酸钠（10mmol/L, pH4.8）	9mL

2. 涡旋至 RNase 晶体完全溶解。
3. 将离心管置于沸水浴中 15min。取出离心管，冷却至室温（5min)。
4. 加入 1mL 的 1mol/L Tris-Cl，涡旋 30s。
5. 可将此溶液等分为每份 5mL，于-20℃保存。

RNase H 在-20℃可稳定保存 6 个月。

SDS（10%）

▲制备此溶液时要特别小心。SDS 是一种潜在的神经毒素。制备时应戴口罩，在通风橱里完成。

1. 在一个洁净的 500mL 烧杯中，加入：

SDS	50g[a]
无菌蒸馏水[b]	500mL

a. 戴手套。

b. 小心加入。

2. 用无菌搅拌棒搅拌直至 SDS 完全溶解。
3. 过滤并室温保存，该溶液在室温下可稳定保存 6 个月。

乙酸钠（10mmol/L）

1. 在一个洁净的 50mL 离心管中，加入：

乙酸钠（3mol/L，pH4.8）	167μL
无菌蒸馏水	40mL

2．涡旋 30s，加入无菌蒸馏水至 50mL。

3．室温保存，在室温下可稳定保存 6 个月。

Tris-Cl (10mmol/L, pH 8.0)

1．在一个洁净的 1L 的烧杯中，加入：

无菌蒸馏水	900mL
Tris -Cl（1mol/L，pH8.0）	10mL

2．搅拌 5min，倒入 1L 的瓶子中，高压灭菌。

方案 2　毛细管测序之 PCR 产物的制备

该方案介绍了 Sanger 毛细管 DNA 测序（方案 3）中扩增产物的制备，如验证克隆或重组质粒。该方法基于方案 LongAmp（第 7 章，方案 5）中的 DNA 扩增方法和 BigDyc 测序（方案 3）用的试剂。

向扩增后的产物中加入外切核酸酶和虾碱性磷酸酶的混合物，从而除去 PCR 产物中未结合的引物和多余的 dNTP，然后可直接进行测序。该方案需要用到 Biomek FX 工作站或者多通道移液器。

材料

为正确使用本方案中的器材和危险试剂，必须查阅相应的材料安全数据表并咨询所在机构的环境卫生和安全办公室。

试剂

琼脂糖凝胶（1.0%琼脂糖），以 1×TAE 配制<A>，含有 0.1μg/mL 溴化乙锭；其他琼脂糖凝胶电泳所需的试剂和设备见第 2 章、方案 1 的描述

DNA 样品（如克隆或待验证的重组质粒）

dNTP 溶液，包含 4 种 dNTP，每一种的浓度为 10mmol/L(NEB 公司)

乙醇（100%）

外切核酸酶 I（USB 公司）

LongAmp *Taq* DNA 聚合酶（NEB 公司）

LongAmp *Taq* 反应缓冲液（5×，有 Mg^{2+})(NEB 公司)

NaOAc (3mol/L, pH4.8)(Sigma-Aldrich 公司）

引物（稀释到浓度为 10μmol/L，最好用 Tris-HCl 稀释)

上游和下游（正向和反向）引物对于需要扩增的靶 DNA 是特异性的。

虾碱性磷酸酶（USB 公司）

水，PCR 级

仪器

Biomek FX 工作站或多通道移液枪（电动或手动的）

离心机

锥形瓶（50mL）
冰盒或带盖子的托盘
PCR 反应板（96 孔）（带裙边或无裙边）
实验板和/或涡流混合器
密封垫（使用硅胶垫或热封胶带）
PCR 仪

方法

模板的扩增

1．准备一个 96 孔 PCR 反应板。

2．加 4μL DNA 样本至相应的孔里（25ng/μL）。

在每个反应中用到的样本总浓度为 100ng。假如材料有限，那么应进行相应的调整使得反应的总体积为 50μL。

3．准备如下所示的“下层混液”。下面给出的体积是一个单独的反应所需的。制备过量的下层混液，以满足实验中所有的样品和对照的用量。

LongAmp *Taq* 酶反应缓冲液(5×，有 Mg^{2+})	5μL
4 种 dNTP 的 dNTP 溶液，每种浓度在 10mmol/L	1.5μL
PCR 级水	10.5μL(总体积为 17μL)

4．使用多道移液器加 17μL 的“下层混液”至含有 DNA 样本的相应孔里。

5．加入引物：每个相应的孔里分别加入 2μL、10μmol/L 的上游引物和 2μL、10μmol/L 的下游引物，注意更换吸头来避免不同孔之间的污染。

6．密封 96 孔板，短暂离心以使所有液体聚集到孔底。在进行下一个步骤之前预热 PCR 仪（请参阅步骤 9 中的参数）。

整个循环程序大概是 1.5h。

7．准备如下所示的“上层混液”。下面给出的体积是一个单独的反应所需的。制备过量的上层混液，以满足实验中所有的样品和对照的用量。

LongAmp *Taq* 酶反应缓冲液(5×，有 Mg^{2+})	5μL
LongAmp *Taq* DNA 聚合酶	2μL
PCR 级水	18μL (总体积为 25μL)

8．使用多道移液器加 25μL 的“上层混液”至相应的孔里（非常重要的是，要将“上层混液”置于“下层混液/模板/引物”层的上面）。用一个的硅胶垫或热封胶带将板密封；接下来打开 PCR 仪。

9．将反应管放置在 PCR 仪上，按下表中设置程序（这里列出了典型的循环条件）并进行扩增。

循环数	变性	复性及延伸
1	94°C，1min	
35 个循环	94°C，15s	62°C，80s
末循环		62°C，5min

许多 PCR 仪的结束程序是扩增样品保持在 4℃直至被取出。

复性温度应在最低平均解链温度 5℃以下（引物信息应该由厂商提供）。注意，当使用的复性温度超过 60℃，两步法是可行的，如上所示。

聚合酶的延伸时间通常是 50s/kb。

10．用 1%琼脂糖凝胶电泳对选定的样品进行质量控制（QC）检查。

见“疑难解答”。

用外切核酸酶/虾碱性磷酸酶处理

在进行毛细管测序前，要用外切核酸酶/虾碱性磷酸酶对 PCR 扩增产物进行处理，以消除多余的引物和 dNTP。

11．混合下列试剂来准备“EXO-SAP 预混液”。下面给出的体积是一个单独的反应所需的。制备过量的预混液，以满足实验中所有待处理的样品。

外切核酸酶 I	0.3μL
虾碱性磷酸酶	0.15μL
PCR 级水	1.55μL(总体积 2μL)

12．加 2μL EXO-SAP 预混液至 96 孔 PCR 反应板的每个孔的底部。

13．每个 PCR 产物取 8μL 加入到相应的孔中，使总反应体积为 10μL。

PCR 产物的体积可以按比例增加或下降，这取决于测序反应所需的产物的量，而这个量又是由扩增子的质量和数量决定的。

14．用一个硅胶垫或热封胶带将板密封，然后短暂离心并将其放置在 PCR 仪上。执行下列程序：

37℃，1h

然后 72℃，30min

此板可以储存在−20℃下或可以直接用于测序反应。

疑难解答

问题（步骤 10）： QC 评估表明扩增失败。

解决方案： 在扩增“样本”DNA 之前，用对照组 DNA 进行 PCR 测试来判断引物的质量。扩增产物通过琼脂糖凝胶纯化并查看结果。如果凝胶图像是可以接受的（即看到适当大小的单一条带），继续用“样品”的 DNA 来进行下一步实验。如果凝胶图像是不可接受的（多条带或引物二聚体），那么就改变（提高或降低）复性温度（进一步详情，请参阅第 7 章的介绍）。

方案 3　循环测序反应

循环测序往往被用于直接测定克隆以检测基因突变及基因结构。模板通常是由小量提取质粒得到（如方案 1 所述）。在测序反应中，按方案 2 所描述的方法制备的扩增产物可以分别用 LongAmp 扩增反应中的两个引物来进行测序。两条用于扩增模板的引物都是基于“目的片段”特异设计的。这种使用 ABI3730xl 毛细管测序的方法也可以用来验证基因型数据和检验更先进的 DNA 测序技术得到的结果（例如，Illumina 公司或 Pacific Biosciences 公司；详见在这些平台的讨论简介）。

材料

为正确使用本方案中的器材和危险试剂，必须查阅相应的材料安全数据表并咨询所在机构的环境卫生和安全办公室。

试剂

ABI BigDye V1.1（Life Technologies 公司）

ABI 测序缓冲液（5×）（Life Technologies 公司）

琼脂糖凝胶（1.0%琼脂糖），以 1×TAE 配制<A>，含有 0.1μg/mL 溴化乙锭；其他琼脂糖凝胶电泳所需的试剂和设备，见第 2 章、方案 1 的描述

dNTP 溶液，含有所有 4 种 dNTP，每种浓度为 10mmol/L（NEB 公司）

乙醇（100%和 70%）

引物（稀释到浓度为 10μmol/L，最好用 Tris-HCl 稀释）

上游和下游引物（正向和反向）是测序靶 DNA 中的特异序列。

模板 DNA

这里的模板可以是方案 1 中准备的质粒或方案 2 中扩增的 PCR 产物（用 Exo-SAP 处理过的）（见“讨论”部分）。

设备

ABI3730xl 毛细管测序仪

Biomek FX 液体工作站或者多道移液器

离心机

锥形管（50 mL）

冰盒或带盖子的托盘

PCR 反应板（96 孔）（带裙边或无裙边）

实验板和/或涡流混合器

密封垫（使用硅胶垫或热封胶带）

PCR 仪

方法

循环测序法

1. 准备循环测序反应混合液。下面给出的体积是一个单独的反应所需的。准备过量的混合液，以满足所有的测序样品。

ABI BigDye version 1.1	1μL
ABI 测序缓冲液（5×）	1.5μL
PCR 级水	1.5μL（4μL 总体积）

2. 加 4μL 的循环测序反应混合液至 96 孔 PCR 反应板的各个孔中。

3. 每个孔中加入 1μL 10μmol/L 引物。

从方案 2 中得到的 PCR 产物，其测序引物与扩增它们的引物是相同的。

4．加入适当体积的模板 DNA。由于该反应的总体积为 10μL，模板 DNA 产物的体积不应超过 5μL。如果小于 5μL，加适量的 PCR 级水来弥补体积的差异。

在进行下一个步骤之前预热 PCR 仪（参见步骤 7 中的设置）。

5．用一个硅胶垫或热封胶带来密封 96 孔 PCR 反应板。

6．离心 96 孔 PCR 反应板。

7．将 96 孔 PCR 反应板放入 PCR 仪中，按下表中设置程序，并进行测序：

循环数	变性	复性	延伸
1	96°C，2min		
35	96°C，10s	50°C，5s	60°C，4min

4 °C 保存

BigDye 循环测序反应的沉淀

8．循环完成后，立即离心 96 孔 PCR 反应板。

9．准备一份“沉淀预混液”，在 50mL 锥形管混合 1mL 3mol/L 乙酸钠和 23mL 100%的乙醇。

10．取 25μL 沉淀预混液加入到循环测序板（即上述 96 孔 PCR 反应板）各孔里。

11．快速涡旋 96 孔 PCR 反应板使液体混合，然后离心。

12．将 96 孔 PCR 反应板置于冰盒或带盖子的托盘中（ABI 的 BigDye 试剂是光敏感的）冰浴 30min。

要确保所有的孔都在冰面下。

13．将 96 孔 PCR 反应板以 4000r/min 离心 30min。

14．从 96 孔 PCR 反应板中倒出液体，并轻轻拍打，把所有剩余的液体都吸附到纸巾上，注意不要搅动沉淀。

15．加 200μL 的 70%乙醇到相应的孔中，用硅胶垫密封 96 孔 PCR 反应板，颠倒三次来清洗孔壁。

16．将 96 孔 PCR 反应板以 4000 r/min 离心 15min。

17．从 96 孔 PCR 反应板中倒出液体，并在纸巾上轻轻拍打 96 孔 PCR 反应板。

18．重复步骤 15～17，总共用 70%乙醇洗涤两次。

19．第二次洗涤后，再次离心 96 孔 PCR 反应板，这次将 96 孔 PCR 反应板翻扣于折叠纸巾上，以 200 r/min 的转速除去过量的乙醇。

20．将 96 孔 PCR 反应板放置在一个 PCR 仪上，37℃、10 min 或室温下 1 h，晾干。

▲在沉淀结块重悬之前必须确保将 96 孔 PCR 反应板的乙醇清除干净。

21．在确定所有的孔晾干之后，加 30μL 的 PCR 级水至 96 孔 PCR 反应板各孔中并用胶垫密封好。

22．用涡旋振荡器高转速（2500 r/min）涡旋 96 孔 PCR 反应板 10 min。

23．为了使样品达到能在 ABI3730xl 毛细管测序仪进行分析的标准，还需用甲酰胺在 384 孔板中稀释样品，稀释方法如下：

i．选择合适数量的孔，每孔加入 4μL 甲酰胺。

ii．每孔加入 3μL 重悬的沉淀测序产品，总体积共 7μL，用来上样。

用 384 孔板稀释是为了避免上样量过大，因为上样量过大会使信号强度过高，从而导致碱基判读出错。

讨论

这些反应所需的扩增产物（经外切核酸酶/虾碱性磷酸酶处理纯化）的体积应通过肉眼观察扩增产物的亮度来估算和均一化。大体上来说，如果条带看上去“弱”，那么可以用5μL 经 EXO-SAP 处理过的产物进行循环测序反应。对于一个看上去“强”的条带，用 1～2μL 经 EXO-SAP 处理过的产物就可以了。此外，如果要验证 ABI3730xl 毛细管测序仪上得到的结果，可以使用 1/8 体积的 BigDye V.1.1 反应体系重复上述测序反应。

方案 4　全基因组：手工文库制备

此方案介绍手工方法制备适用于 Illumina 测序的基因组文库。将超声破碎获得的基因组 DNA 片段连接到接头并进行 PCR 扩增；随后通过凝胶电泳分离和筛选合适片段的扩增DNA，即可作为全基因组测序的模板。自动化的文库制备方法见方案 5 和方案 6。

材料

为正确使用本方案中的器材和危险试剂，必须查阅相应的材料安全数据表并咨询所在机构的环境卫生和安全办公室。

本方案的专用试剂标注<R>，配方在本方案末提供。常用储备溶液、缓冲液和试剂标注<A>，配方见附录 1。储备溶液应稀释至适用浓度后使用。

试剂

聚丙烯酰胺凝胶，预制（Life Technologies 公司）
dATP（1mmol/L）
DNA 分子质量标记(100bp) (NEB 公司)
DNA 分子质量标记 (50bp) (TrackIt; Life Technologies 公司)
DNA 1000 reagents (Agilent 公司)
DNA Terminator End Repair Kit (Lucigen 公司)
乙醇(70% 和 100%)
FlashGel DNA 电泳槽(2.2%, 12+1 孔) (Lonza 公司)
FlashGel DNA 分子质量标记(50bp～1.5kb) (Lonza 公司)
FlashGel 上样染料 (Lonza 公司)
含溴酚蓝的凝胶上样缓冲液(10×) <A>
基因组 DNA
GlycoBlue (15mg/mL) (Ambion 公司)
Klenow 片段外切核酸酶(New England Biolabs 公司)
MinElute PCR Purification Kit (QIAGEN 公司)
NaCl (400mmol/L)
PE forked adaptor duplex (4μmol/L) (Illumina, Sigma-Aldrich 公司)

PE PCR 引物 1.0 (8μmol/L) (HPLC purification, 100-nm scale; IDT):

A*ATGATACGGCGACCACCGAGATCTACACTCTTTCCCTACACGACGCTCTTCCGATCT

PE PCR 引物 2.0 (8μmol/L) (HPLC purification, 100-nm scale; IDT):

C*AAGCAGAAGACGGCATACGAGATCGGTCTCGGCATTCCTGCTGAACCGCTCTTCCGATCT

Phusion High-Fidelity PCR Master Mix with HF Buffer (2×) (Finnzymes 公司)

Quick Ligation Kit (NEB 公司)

SYBR Green I nucleic acid gel stain (Life Technologies 公司)

TBE 缓冲液<A>

TBE 凝胶(Novex 4%～12%, 1.0mm×12 well) (Life Technologies 公司)

设备

DNA 1000 芯片和分析仪(Agilent 公司)

荧光光度计（例如，Qubit 公司，Life Technologies 公司）

HV DuraPore filter columns (0.4μm) (Millipore 公司)

微量离心管 (0.2mL 和 1.7mL)

microTube (6mm×16 mm), with AFA fiber and Snap-Cap (Covaris 公司)

Quant-iT dsDNA High Sensitivity Assay Kit (Life Technologies 公司)

超声破碎仪(Covaris 公司)

THQmicro microTube holder (Covaris 公司)

XCell SureLock Mini-Cell (Life Technologies 公司)

方法

文库的超声处理和片段的末端修复

1. 准备 100ng、500ng、1μg 或 3μg 基因组 DNA 样品。
2. 按下述配方在 1.7ml 离心管中稀释 DNA：

末端修复缓冲液(5×)	10μL
DNA 样品	xμL
纯水	(40–x)μL
总体积	50μL

振荡混匀 1～2s 后，离心 5s。

3. 将稀释后的 DNA 转入超声仪样品管，离心以确保溶液中无气泡。
4. 参照超声仪说明书对样品进行超声处理。

   提供你要处理的目的片段的大小以决定选择合适的超声处理条件。

5. 将 DNA 进行破碎后，从（冰）水浴中取出样品管，离心收集样品于管底。
6. 往样品管加入 2μL 末端修复酶混合液，轻轻振荡混匀，短暂离心，室温下反应 30min。
7. 在 1.7mL 离心管中混合 50μL 反应液和 250μL PB 或 PBI 缓冲液，振荡混匀。
8. 按下述方法用 MinElute 柱纯化 DNA：

   i. 将步骤 7 的混合液加入 MinElute 柱，14 000g 离心 1min，或者放入抽真空装置中抽出液体。

   ii. 若离心，弃去废液。

   iii. 加 750μL 的 PE 缓冲液，14 000g 离心 1min，或者放入抽真空装置中抽出液体。

   iv. 若离心，弃去废液。

v. 加 750μL 的 PE 缓冲液，14 000*g* 离心 1min，或者放入抽真空装置中抽出液体。

vi. 若离心，弃去废液；若使用抽真空装置，将柱子放入废液收集管，14 000*g* 离心 1min。

vii. 将管子旋转 180°，14 000*g* 离心 1min。

viii. 弃去废液管。

ix. 将柱子放入 1.7mL 的离心管。

x. 往柱子里加 16μL EB 缓冲液，室温孵育 1min，14 000*g* 离心 1min。

xi. 如果需要的话，可再在柱子里加 16μL 的 EB 缓冲液，室温孵育 1min，14 000*g* 离心 1min。

只有超声破碎的 DNA 量过多时（如 3μg）才需进行两次洗脱。

xii. 弃掉柱子，样品转至 0.2mL 的 PCR 管。

3′ 端腺苷酰化 (加 A 尾)

9. 用步骤 8.xii 纯化的 DNA 进行加 A 尾

纯化的末端修复 DNA	32μL
Klenow 缓冲液（10×）	5μL
dATP（1.0mmol/L）	10μL
Klenow 外切核酸酶（5U/μL）	3μL
总体积	50μL

移液器上下摇匀，短暂离心，37℃孵育 30min。

10. 在 1.7mL 离心管中，将 50μL 反应液与 250μL PB 缓冲液振荡混匀。

11. 按照步骤 8.i～8.xii 用 MinElute 柱对 DNA 进行纯化，其中 EB 洗脱液用量如下表中所示：

起始 DNA 样品量			
100ng	500ng	1μg	3μg
10μL 两次	10μL 两次	18μL 两次	18μL 两次

接头连接

12. 使用加 A 尾反应的纯化产物（得自步骤 11），按下表准备接头连接反应：

	起始 DNA 样品量			
	100 ng	500 ng	1μg	3μg
纯化的带 A 尾 DNA	20μL	20μL	20μL	20μL
PE forked adaptor duplex	1.0μL	2.5μL	5.0μL	7.0μL
NEB 快连缓冲液（2×）	25μL	25μL	25μL	25μL
水	1.5μL	—	—	—
NEB 快速连接酶（2000U/mL）	2.5μL	2.5μL	2.5μL	2.5μL
总体积	50μL	50μL	52.5μL	54.5μL

i. 在离心管中混合 DNA 与接头，短暂离心。

ii. 加 2×缓冲液和水，吹打混匀，短暂离心。

iii. 加连接酶，吹打混匀，短暂离心。

iv. 室温孵育 15min。

13．按步骤 8.i～8.xii，用 MinElute 柱对 DNA 进行纯化，其中步骤 8.x 和步骤 8.xi EB 洗脱液用 10μL。

14．使用 Quant-iT dsDNA HS Assay Kit (用于 100ng 起始 DNA 样品量)或 BR Assay Kit (其他量)，用 1μL DNA 测 DNA 浓度，荧光光度计读取结果（应用方案 11 或方案 12)。

纯化的、连接好的 DNA 产量应该不少于起始 DNA 样品量的 20%。例如，100ng 的初始 DNA 文库应该产生不少于 20ng 的连接好的 DNA。

若纯化的 DNA 浓度>10ng/μL，按下表用 EB 缓冲液稀释样品：

起始 DNA 样品量	稀释至
100ng	1ng /μL
500ng	10ng/μL
1μg	10ng/μL
3μg	10ng/μL

样品用量按下述方法计算

定量后样品的洗脱体积为 10.5μL。DNA 浓度为 21.6ng/μL。如果起始 DNA 样品量是 500ng 的话，要将纯化好的 DNA 稀释至 10ng/μL。用下面的公式计算需要添加多少 EB 缓冲液到样品中，从而获得浓度为 10ng /μL 的样品。

最终体积=（10.5μL×21.6ng /μL）/（10ng /μL）=22.68μL

22.68μL−10.5μL=12.18μL≈12.2μL←添加 12.2μL 的 EB 缓冲液到样品中以稀释至 10ng /μL。

PCR 循环数优化

15．在 0.2mL PCR 管里，为每个文库构建反应设置扩增反应。不管有多少样品，都要设一个阴性对照（用 EB 缓冲液替代 DNA）。可以先配置不含 DNA 的扩增反应混合液，分装至 0.2mL PCR 管中。然后加入 1μL 样品或 EB 缓冲液（阴性对照)，混匀并短暂离心。

从连接反应（步骤 13）纯化获得的 DNA 样品	1μL
Phusion PCR master mix (2×)	25μL
PCR PE 引物 1.0 (8μmol/L)	1μL
PCR PE 引物 2.0 (8μmol/L)	1μL
水	22μL
总体积	50μL

EB 缓冲液	1μL
Phusion PCR master mix (2×)	25μL
PCR PE 引物 1.0 (8μmol/L)	1μL
PCR PE 引物 2.0 (8μmol/L)	1μL
水	22μL
总体积	50μL

16．设置 2 个 PCR 程序

程序 1

循环数	变性	复性	聚合
1	98°C, 30s		
4 或 6[a] 个循环	98°C, 10s	65°C, 30s	72°C, 30s

a．10ng PCR 进行 4 个循环，1ng PCR 进行 6 个循环。

程序结束后维持在 4°C。

程序 2

循环数	变性	复性	聚合
2	98°C, 10s	65°C, 30s	72°C, 30s

程序结束后维持在 4°C。

17. 标记一个 0.2mL 管作为 PCR 阴性对照。

18. 标记 6 个 0.2mL 管。

1ng PCR 标为： PCR-6, PCR-8, PCR-10, PCR-12, PCR-14, PCR-16

10ng PCR 标为： PCR-4, PCR-6, PCR-8, PCR-10, PCR-12, PCR-14

19. 使用步骤 15 配制的 50μL 反应液，运行 PCR 程序 1，在标为 PCR-6（1ng 初始 DNA）或 PCR-4（10ng 初始 DNA）的 0.2mL 管中，取扩增产物 5μL。

20. 继续运行 PCR 程序 2 来优化 PCR 反应条件，在这一组第 2 个 0.2mL 管中取出 5μL 扩增产物。

21. 重复步骤 20，收集剩余 4 个循环收集点的扩增产物。

22. 在最后一个循环收集点收集 5μL 阴性对照反应产物。

23. 每 5μL 反应产物加入 1μL 上样染料，快速振荡并离心。

24. 准备 2.2% FlashGel，13 孔内各加 4μL 水，第 7 泳道加 4μL 的 Flash 50～1500bp 分子质量标记物，在第 1～6 泳道和第 8～12 泳道加扩增产物，第 13 泳道加阴性对照反应产物。最后一轮扩增产物不需要两份重复。

25. 在第 1～6 泳道和第 8～12 泳道中加入 6μL 扩增产物，第 13 泳道加阴性对照，275V 电泳 7min。

26. 凝胶照相。确定哪些循环数会过度扩增。进行大规模 PCR 时（下一部分）采用未显现过度扩增的最大循环数。

对于小片段插入文库，1.2% FlashGels 的分辨率不足以分离未使用的引物/引物二聚体、PE 接头假象和 PCR 产物抹带拖尾。没有 2.2%的 DNA FlashGels 时才可用 1.2%的 DNA FlashGels。

过度扩增的例子见方案 8 步骤 83 的图 11-10。

连接片段的 PCR 扩增

27. 用从接头连接反应纯化得到的样品（步骤 13）配制 8 份（起始文库量为 500ng、1μg 或 3μg 时）或者 16 份（起始文库量 100ng 时）PCR 反应。

接头连接反应产物 DNA（10ng/μL）	1μL
Phusion PCR Master Mix (2×)	25μL
PE 引物 1.0 (8μmol/L)	1μL
PE 引物 2.0 (8μmol/L)	1μL
水	22μL
总体积	50μL

28. 根据前一部分优化结果设定 PCR 程序的循环数。

循环数	变性	复性	延伸
1	98℃，30s		
N 个循环 [a]	98℃，10s	65℃, 30s	72℃, 30s
末循环			72℃, 5min

程序结束后维持在 10℃

a．应该使用能得到扩增产物的最优循环数（*N*）。

29. 在 15mL 锥底管中合并全部 PCR 扩增产物，然后加入 5 倍体积的 PBI 缓冲液。

若混合液呈紫蓝色则加入 5μL 3mol/L 的乙酸钠（pH 5.0）。

30．用 MinElute 柱纯化扩增的 DNA，每 8 份 PCR 反应用一个柱子。

i．在 MinElute 柱中加入反应液/缓冲液的混合液，若用 2 个柱子，尽可能平均分配。

ii．14 000*g* 离心 1min 或者放入抽真空装置中抽出液体。

iii．若离心，弃去废液。

iv．重复步骤 30.i～30.iii，直至所有的反应液流出 MinElute 柱子。

v．用 750μL PE 缓冲液清洗柱子两次。

vi．若使用抽真空系统，可将柱子置于废液收集管，14 000*g* 离心 1min。

vii．管旋转 180°，14 000*g* 离心 1min。

viii．弃去收集管。

ix．将柱子放入 1.7mL 的新离心管。

x．加 13μL 的 EB 缓冲液，室温放置 1min。

xi．14 000*g* 离心 1min。

xii．取 1μL 样品跑 2.2% FlashGel，取 1μL 样品用 Qubit Quant-iT dsDNA HS DNA assay 测 DNA 浓度。

扩增数不应超过 12 个循环。过高的循环数会导致特异性序列片段数量减少。如果纯化回收的已连接 DNA 太少或者需要太多的 PCR 循环来富集样品，那么可能需要准备新鲜的样品。在文库构建前，确认样品是否够用或者文库是否可以耐受含量比较低的特异片段。

大小选择

31．用 TBE 缓冲液配置聚丙烯酰胺凝胶。

32．向全部纯化的 DNA 样品（约 10μL）中加入 3μL 10×凝胶上样缓冲液。

33．按如下方案上样：

泳道	试剂	用量
泳道 1	凝胶上样缓冲液(10×)	
泳道 2	Lonza 公司 50～1500bp DNA 分子质量标记	5μL
泳道 3	TrackIt 公司 50bp DNA 分子质量标记	5μL
泳道 4	空白	
泳道 5	样品	500ng (全部[起始文库量为 1μg 时]或一半[起始文库量为 100ng 时])
泳道 6	样品	500ng (样品的一半[起始文库量为 100ng 时])
泳道 7	空白	
泳道 8	TrackIt 公司 50bp DNA 分子质量标记	5μL
泳道 9	Lonza 公司 50～1500bp DNA 分子质量标记	5μL
泳道 10	凝胶上样缓冲液(10×)	

注意丙烯酰胺凝胶电泳不能过度上样。过量的 DNA 片段可能迁移到不正确的位置。例如，若太多 120bp PE 连接产物加入到单个泳道，很可能跑到>120bp 的凝胶位置。

丙烯酰胺凝胶上样是个技术活儿。1∶5（5×染料∶DNA）稀释 PCR 可能不足以使样品沉到上样孔底部。多加点儿染料（1∶1）会使样品沉入上样孔底且不影响电泳。DNA 量越多，成功上样所需的染料越少。

应该先用少量的 DNA+染料（1～2μL）上样来试验样品是否能沉入孔底。上样吸头的末端应尽量靠近孔底，并且处于中央。吸头要慢慢地从孔中移出，不能产生气泡，也不能使 DNA 与染料溢出。

34．180V 电泳约 50min。

凝胶纯化

35．用 SYBR Green（1∶10 000 稀释）染胶 10min。

36．用 TBE 缓冲液或者水脱色 3min。

37．通过用针将其戳通，制备一个或两个用于切胶的 0.7mL 离心管，分别放置于 1.7mL 离心管中。

38．切下所需大小位置的凝胶块，置于 0.7mL 离心管，盖上盖子并标记。

39．凝胶照相。

40．将 0.7mL 离心管（放于 1.7mL 离心管中）14 000r/min 离心 5min。

41．取下 0.7mL 离心管，确认所有的凝胶收集到 1.7mL 离心管，否则再离心一次。

42．往剪平的凝胶中加入 400μL 400mmol/L NaCl，将离心管放于摇床至少摇 2h（也可过夜），以便从凝胶上洗脱 DNA。

43．用大口径的 200μL 吸头，把全部胶块及溶液转移至 0.45μm HVDuraPore 过滤柱。

44．14 000r/min 离心 5min，使液体通过滤膜。

45．弃去柱子，将溶液转入新的 1.7mL 离心管。

46．加入 1μL GlycoBlue 试剂和 1mL 乙醇，−20℃孵育 60min。

47．14 000*g* 离心 30min。

48．弃去乙醇，请注意不要把管底蓝色沉淀弃去。

49．加 1mL 70%乙醇，14 000*g* 离心 5min。

50．弃去乙醇，请注意不要把管底蓝色沉淀弃去。

51．重复步骤 49 和步骤 50。

52．用小吸头小心地、尽可能地吸出乙醇。必要时可进行短暂离心。

53．用真空抽干机离心样品，每次 1min，直至样品变干。

54．用 20μL EB 缓冲液重悬样品，反复振荡并离心几次直至样品完全溶解。

55．用 Agilent DNA 1000 芯片运行跑 1μL 样品，重复两次上样 1 次，记录大小和浓度以便进行稀释。

56．用 Qubit/ Quant-It dsDNA HS kit 和荧光光度计测 DNA 浓度。

57．若 DNA 文库质量合格，用电子表格计算器（spreadsheet calculator）和 qPCR 将文库稀释至 10nmol/L。

获得大小分布严格的干净文库比过量的 DNA 更重要。新一代测序仪使用更少的泳道即可实现完整的全基因组测序。

方案 5　全基因组：自动化的无索引文库制备

本方案介绍使用 CyBio-SELMA 自动化移液器、Covaris E210 破碎仪和 epMotion 5075 自动化构建无索引 Illumina DNA 文库的方法。该方法通过超声，利用高频声波能量剪切 DNA 获得基因组 DNA 片段。首先将双链 DNA 暴露于自调整聚焦超声剪切能（adaptive focused acoustic shearing AFA；见信息栏“DNA 片段化”）分裂成片段，然后将 DNA 片段连接到接头，PCR 扩增后用磁珠筛选所需大小片段，获得的产物可作为全基因组测序的模板。

常用的自动化移液系统有好几种，本书建立的自动化方案（方案 5 和方案 6）使用的是 Eppendorf 公司的 epMotion 系列机器人移液器。这些简单的机器人具有很好的适用性：可升级，并附带一个热孵设备，以及一个在本章许多制备方案中都要用到的磁分离装置。没有机器人平台但又想要自动化的用户，应该参考手工文库制备方案（方案 4）。自动化文库构建附加方案，介绍了一种构建带索引的和无索引的 Illumina DNA 文库的通用方法。

材料

为正确使用本方案中的器材和危险试剂，必须查阅相应的材料安全数据表并咨询所在机构的环境卫生和安全办公室。

试剂

AMPure 磁珠

dATP(1mmol/L)

洗脱缓冲液（EB）(QIAGEN 公司)

EB 是一种通用缓冲液，首先由 QIAGEN 公司推出，其成分为 10mmol/L Tris (pH8.0)。水也可以作为 DNA 缓冲液，但当 DNA 浓度过高或者 DNA 溶液反复冻融时会导致 DNA 的降解。应根据实验方案选择合适的缓冲液。

末端修复缓冲液（NEB 公司）

末端修复酶（NEB 公司）

乙醇(70%)

基因组 DNA

Indexes 1～12 (8μmol/L) (IDT)

Indexes 1～12 (8μmol/L) (Illumina)

Klenow 缓冲液（10×）(NEB 缓冲液 2）

Klenow 外切核酸酶（5U/μL）

PE forked adapter duplex (4 μmol/L) (Illumina)

PE PCR 引物 1.01 (8μmol/L) (IDT 公司)

PE PCR 引物 2.01 (8μmol/L) (IDT 公司)

Phusion PCR Master Mix (2×)

快速连接酶 (2000U /μL) (NEB 公司)

快速连接缓冲液(2×) (NEB 公司)

设备

DNA 剪切仪 (Covaris 公司，目录号 E210)

epMotion 用的废液罐

Agencourt SPRIPlate 96R 磁铁板 (Beckman Coulter 公司)

96 孔 microTUBE 板 (Covaris 公司)

PCR 板(96 孔)

epMotion 用的移液器吸头 (50μL 和 300μL) (epT.I.P.S. Motion; Eppendorf 公司)

移液仪(CyBi-SELMA 公司)

96 孔圆底板 (Costar 公司)

透明的平板封口膜

Reservoir cold block

epMotion 用的带盖子容器 (30 mL)

PCR 仪

导热板(Eppendorf 公司)

epMotion 用的废吸头收集盒
CyBi-SELMA 用的吸头盒

方法

文库超声

▲启动任何 epMotion 程序前，标记工作台上的所有平板及容器，务必检查所有的 PCR 平板（试剂和样品）放在正确的位置。

1．在 2D 管托盘中稀释 3μg、1μg 或 500ng 全基因组 DNA 样品至 38μL，冰浴备用。

2．点击电脑桌面的“epBlue Client”图标打开软件，登录。

i．选择 File。

ii．启动 Application。

iii．选择 96 Non-Indexed。

3．选择应用程序 End Repair Buffer to 2D，程序将添加 10μL 末端修复缓冲液至含稀释 DNA 的 2D 管托盘中。

4．一旦打开，点击“Work Table”设置实验器具摆放位置。

5．运行程序前复核“Deck Layout and Labware Orientation”

6．点击软件中绿色的 Start 按钮。

i．将出现 Available Devices 的提示框。

ii．点击 Run。

iii．选择 OK。

7．出现 Minimum Volumes 提示框时，精确输入 Minimum Volume 栏显示的体积，程序开始运行。

8．应用程序结束后，用透明的平板封口膜封住 Covaris 平板，振荡含 DNA 的 2D 管 1～2s，瞬时离心。

9．用 CyBi-SELMA（96 孔移液仪）从 2D 管中转移 48μL 到 Covaris 的 96 孔 microTUBE 板。

10．用铝箔密封 microTUBE 板，振荡并瞬时离心以确保孔内无气泡。

11．将平板放入 Covaris 的 E210 剪切仪中，选择并启动程序 96 well_plate_prog01_200-300bp_20DC_5I_500CB_120s。

12．程序结束后，从剪切仪器上取下 microTube 板。

13．吸干板底，瞬时离心。

14．取掉平板最上层的铝箔，用一个 96 孔 PCR 盘刺穿剩余的铝箔。用 96 孔移液仪从 Covaris 板吸取 48μL 液体到 96 孔圆底板，瞬时离心。

末端修复

这一步用末端修复酶把剪切导致的突出末端转化为平末端。96 个样品的末端修复需要大约 2h 又 7min。

15．当有 96 个样品时，往 Eppendorf PCR 板的第 1 列（A～H 孔）每孔加入 30μL 末端修复酶，48 个样品则加 19μL。瞬时离心，冰上保存。

16．在 epMotion 上选择应用程序 End Repair。

17．复核“Deck Layout and Labware Orientation”。

18．运行程序。epMotion 将执行如下步骤。

i．往每个样品内加 2μL 末端修复酶，混匀。

ii．室温孵育样品 30min。

iii．加入 1.5 倍样品体积（75μL）的磁珠运行 AMPure 磁珠清洗。

iv．用 70%乙醇清洗样品两次，每次 165μL。

70%乙醇洗后，将会有弹出框提示从磁铁上取出磁珠板抽干样品。根据所用真空抽干仪的性能，抽干需要 10～15min。完全干燥后磁珠会破裂。将磁珠板放回到磁铁上，按照提示操作。

v．用 32μL EB 缓冲液洗脱干燥的磁珠板，并转移到 Costar96 孔板。

3′端腺苷酰化（加 A 尾）

平末端片段的 3′端需要加一个核苷酸 A 以防止片段间的连接。接头的 3′端含有一个与 A 对应的核苷酸 T，从而使接头与片段之间可以通过互补的黏性末端进行高效连接。96 个样品加 A 尾需要大约 2h 又 6min。

19．制备末端加 A 尾反应混合液：

	1 个样品（1×）	48 个样品（56×）	96 个样品（112×）
Klenow 缓冲液（10×）	5μL	280μL	560μL
dATP (1.0 mmol/L)	10μL	560μL	1120μL
Klenow 外切核酸酶(5 U/μL)	3μL	168μL	336μL
总体积	18μL	1008μL	2016μL

20．振荡混合液并短暂离心。

21．当有 96 个样品时，往 Eppendorf PCR 板的第 2 和第 3 列（A～H 孔）每孔加入 117μL 加 A 尾混合液。若有 48 个样品，仅往第 2 列每孔中加 117μL 加 A 尾混合液。冰上保存。

22．用 1mL 移液器吹打几次重悬磁珠液。

23．在 epMotion 上选择应用程序 A-Tail。

24．复核“Deck Layout and Plate Orientation”。

25．运行程序，epMotion 将执行如下步骤。

i．往完成末端修复的样品中加 18μL 加 A 尾混合液 Klenow buffer、dATP 和 Klenow 外切核酸酶鸡尾液，混匀。

ii．37℃孵育样品 30min。

iii．加入 1.5 倍样品体积（75μL）的磁珠运行 AMPure 磁珠清洗。

iv．用 70%乙醇清洗样品两次，每次 165μL。

磁珠仅结合大于 100bp 的 DNA，末端修复反应残留的 dNTP 将被洗掉。

70%乙醇洗后，将会有弹出框提示从磁铁上取出磁珠板抽干样品。根据所用真空抽干仪的性能，抽干需要 10～15min。完全干燥后磁珠会破裂。将磁珠板放回到磁铁上，按照提示操作。

v．用 20μL EB 缓冲液洗脱干燥的磁珠板，并转移到 Costar 的 96 孔板。

接头连接

本程序将接头连接到 DNA 片段末端。此反应给基因组片段每条链的 5′端和 3′端加上不同的序列。在本方案后续步骤中，会通过用加尾引物进行 PCR，为基因组片段添加附加序列。这些附加序列是簇形成过程中在“flow cell”进行文库扩增所必需的。96 个样品接头连接反应运行时间为为 1h 又 40min。

26．按下表之一制备接头连接反应混合液：

1μg 和 3μg 起始文库量	1 个样品（1×）	48 个样品（56×）	96 个样品（112×）
NEB 快速连接缓冲液 (2×)	25μL	1400μL	2800μL
Ill PE forked adapter duplex (4μmol/L)	5μL	280μL	560μL
NEB 快速连接酶(2000U/μL)	2.5μL	140μL	280μL
总体积	32.5μL	1820μL	3640μL

500ng 起始文库量	1 个样品（1×）	48 个样品（56×）	96 个样品（112×）
NEB 快速连接缓冲液 (2×)	25μL	1400μL	2800μL
Ill PE forked adapter duplex (4μmol/L)	2.5μL	140μL	280μL
NEB 快速连接酶(2000U/μL)	2.5μL	140μL	280μL
总体积	30μL	1680μL	3108μL

27．振荡混合液并短暂离心。放入标记为接头连接混合液的 30mL 容器，冰上保存。

将容器放入保温箱来保持接头连接混合液处于低温可以防止潮湿。

28．用 1mL 移液器吹打几次重悬磁珠液。

29．在 epMotion 上基于起始文库量（250ng 和 500ng，或者 1μg 和 3μg）选择合适的 Ligation 应用程序。

30．复核“Deck Layout and Plate Orientation”。

31．运行程序，epMotion 将执行如下步骤。

i．往样品中加连接混合液并混匀。

ii．室温孵育样品 15min。

iii．加入 1.5 倍样品体积（75μL）的磁珠运行 AMPure 磁珠清洗。

iv．用 70%乙醇清洗样品两次，每次 165μL。

70%乙醇洗后，将会有弹出框提示从磁铁上取出磁珠板抽干样品。根据所用真空抽干仪的性能，抽干需要 10～15min。完全干燥后磁珠会破裂。将磁珠板放回到磁铁上，按照提示操作。

v．用 30μL EB 缓冲液洗脱干燥的磁珠板，并转移到 PCR 板。

已连接片段的 PCR 扩增

PCR 用于选择性富集两端都连接了接头的 DNA 片段，并扩增文库 DNA 以进行精确定量。用能与接头末端复性的 2 个引物进行 PCR。96 个样品的已连接片段的 PCR 扩增需要约 38min。

32．制备 PCR 反应混合液（每个样品将进行 4 份反应）。

	1 个样品（1×）	48 个样品（224×）	96 个样品（448×）
Phusion PCR Master Mix (2×)	25μL	5 600μL	11 200μL
PE 引物 1.0 (8μmol/L)	1μL	224μL	448μL
PE 引物 2.0 (8μmol/L)	1μL	224μL	448μL
水	18μL	4 032μL	8 064μL
总体积	45μL	10 800μL	20 160μL

33．振荡混合液并短暂离心。放入标记为 PCR 反应混合液的 30mL 容器，冰上保存。

34．在 epMotion 上，基于样品数目选择合适的 PCR Amplification 应用程序。有运行 8 个和 96 个样品的两种程序。

35. 复核“Deck Layout and Plate Orientation”。

36. 运行程序，epMotion 将执行如下步骤。

i. 用接头连接步骤纯化的样品设置 4 份 5μL PCR 反应。

ii. 往 45μL PCR 反应混合液中加入 5μL 样品。

iii. 如下运行 PCR 扩增循环：

循环数	变性	复性	聚合
1	98°C，30s		
8 个循环	98°C，10s	65°C，30s	72°C，30s
末循环			72°C，5min

循环结束后维持在 10°C

37. 应用结束后，盖上 PCR 板并快速离心，冰上保存。

PCR 产物合并

96 个样品进行 PCR 产物合并的运行时间约为 30min。

38. 在 epMotion 上选择应用程序 PCR Pooling。

39. 复核“Deck Layout and Plate Orientation”。

40. 运行程序，epMotion 会在 Costar96 孔板上合并成对的相同 PCR 产物（合并后的体积为 100μL）。

41. 程序结束时，快速离心合并的 96 孔板。

用双重 SPRI 磁珠进行大小筛选

从合并的文库中选择 300～500bp 的片段。96 个样品用双重 SPRI 磁珠进行大小筛选的运行时间约为 1h 又 50min。

42. 用 1mL 移液器吹打几次重悬磁珠液。

43. 在 epMotion 上选择应用程序 Dual SPRI EB。

44. 复核“Deck Layout and Plate Orientation”。

45. 运行程序，epMotion 将执行如下步骤。

i. 首先加 60μL 磁珠（0.6×）选择较大的片段，≥500bp 的片段可结合到磁珠上。

ii. 将含<500bp 片段的 60μL 上清液加到含 20μL（0.8×）浓缩磁珠的 Costar 板，≤300bp 的片段可结合到珠子上。

iii. 洗脱含 300～500bp 的片段。

46. 当程序结束后，快速离心洗脱样品板，置于冰上，每个样品的终体积约为 50μL。

检测样品浓度、大小分布和质量

47. 用 Varioskan Flash Multimode Reader、Agilent 或 CaliperGX 仪器测终浓度，参照相应的仪器操作手册进行浓度测量。

48. 制备每个样品的 5nmol/L 稀释液，要在管上清楚地标明文库已稀释到 5nmol/L。

关于样品稀释的技术帮助，可查询 http://www.promega.com/biomath/Calculators&AdditionalConversions/ Dilution。

49. 样品现在可以用于 qPCR 和 Illumina Genome Analyzer 测序。

附加方案 自动化的文库制备

本方案介绍一种通用的自动化方法，可以用于构建带索引的和无索引的 Illumina DNA 文库。

附加材料

为正确使用本方案中的器材和危险试剂，必须查阅相应的材料安全数据表并咨询所在机构的环境卫生和安全办公室。

试剂

AMPure 磁珠
EB 缓冲液
dATP (1mmol/L)
末端修复缓冲液
末端修复酶
乙醇 (70%)
Indexes 1～12 (8μmol/L) (IDT 公司)
Indexes 1～12 (8μmol/L) (Illumina 公司)
Klenow 缓冲液 (10×) (NEB 缓冲液 2)
Klenow 外切核酸酶 (5U/ μL)
PEforked adapter duplex (4μmol/L) (Illumina 公司)
PE PCR 引物 1.01 (8μmol/L) (IDT 公司)
PE PCR 引物 2.01 (8μmol/L) (IDT 公司)
Phusion PCR Master Mix (2×)
快速连接酶(2000U/μL) (NEB 公司)
快速连接缓冲液 (2×) (NEB 公司)

带索引的试剂

IDT PE Indexed Adapter Oligo (4μmol/L)
Illumina Indexed PE Adapter Oligo Mix (4μmol/L)
Indexes 1～12 (8μmol/L) (IDT 公司)
Indexes 1～12 (8μmol/L) (Illumina 公司)

设备

自动化移液器
DNA 剪切仪(E210; Covaris 公司)
Agencourt SPRIPlate 96R 磁铁板(Beckman Coulter 公司)
96 孔 microTUBE 板 (Covaris 公司)
96 孔 PCR 板
自动移液器吸头

96 孔圆底板(Costar 公司)
透明的平板封口膜

方法

文库超声

1．用 Covaris E210 将 DNA 剪切为差不多大小（如果不太在意样品的稳定性，这一步可以提前进行），片段的平均大小约为 250bp。

末端修复

这一步用末端修复酶把剪切导致的突出末端转化为平末端。

2．自动化移液器将执行如下步骤。

i．往每个样品中加 2μL 末端修复酶并混匀。

ii．室温孵育 30min。

iii．加入 1.5 倍样品体积（75μL）的磁珠运行 AMPure 磁珠清洗。

iv．用 70%乙醇清洗样品两次，每次 165μL。

v．用 32μL EB 缓冲液洗脱干燥的磁珠板，并转移到 Costar96 孔板。

3′端的腺苷酰化（加 A 尾）

平末端片段的 3′端需要加一个核苷酸 A 以防止片段间的连接。接头的 3′端含有一个与 A 对应的核苷酸 T，从而使接头与片段之间可以通过互补的黏性末端进行高效连接。

3．制备加 A 尾反应混合液。

4．自动化移液器将执行如下步骤。

i．往末端修复的样品中加入 18μL 反应混合液并混匀。

ii．37°C 孵育样品 30min。

iii．加入 1.5 倍样品体积（75μL）的磁珠运行 AMPure 磁珠清洗。

iv．用 70%乙醇清洗样品两次，每次 165μL。

磁珠仅结合大于 100bp 的 DNA，末端修复反应残留的 dNTP 将被洗掉。

v．用 20μL EB 缓冲液洗脱干燥的磁珠板，并转移到 Costar96 孔板。

接头连接

本程序将接头连接到 DNA 片段末端。此反应给基因组片段每条链的 5′端和 3′端加上不同种类的序列。在本方案后续步骤中，会通过用加尾引物进行 PCR 为基因组片段添加附加序列。这些附加序列是簇形成过程中在“flow cell”进行文库扩增所必需的。

5．制备接头连接反应混合液。

6．自动化移液器将执行如下步骤。

i．往样品中加入连接反应混合液并混匀。

ii．室温孵育样品 15min。

iii．加入 1.5 倍样品体积（75μL）的磁珠运行 AMPure 磁珠清洗。

iv．用 70%乙醇清洗样品两次，每次 165μL。

v．用 30μL EB 缓冲液洗脱干燥的磁珠板，并转移到 PCR 板。

连接片段的 PCR 扩增

PCR 用于选择性富集两端都连接了接头的 DNA 片段，并扩增文库 DNA 以进行精确定量。用能与接头末端复性的 2 个引物进行 PCR。

7. 制备 PCR 反应混合液（每个样品进行 4 份反应）。

8. 自动化移液器将执行如下步骤。

   i. 将用接头连接步骤纯化的样品设置为 4 份 5μL PCR 反应。

   ii. 往 45μL PCR 反应混合液中加入 5μL 样品。

9. 扩增 DNA。

通过添加 PCR 添加索引分子

10. 准备竖排含 IDT 或者 Illumina 索引分子的索引板。

11. 用自动化移液器往每个样品加 1μL 索引分子(IDT 或 Illumina 索引引物，8μmol/L)。添加索引序列是为了在多重测序实验中区分样品。

12. 扩增 DNA。

合并 PCR 合并产物

13. 自动化移液器可在 Costar96 板中合并成对的相同 PCR 产物(合并后体积为 100μL)。

14. 程序结束后，迅速离心合并的平板。

用双重 SPRI 磁珠进行大小筛选

从合并的文库中选择 300～500 bp 的片段。96 个样品用双重 SPRI 磁珠进行大小筛选的运行时间约为 1h 又 50min。

15. 用 1mL 移液器吹打几次悬浮磁珠溶液。

16. 自动化移液器将执行如下步骤。

   i. 首先加 60μL 磁珠（0.6×）选择较大的片段，≥500bp 的片段可结合到磁珠上。

   ii. 将含<500bp 片段的 60μL 上清液加到含 20μL（0.8×）浓缩磁珠的 Costar 板，≤300bp 的片段可结合到珠子上。

   iii. 用 28μL EB 缓冲液或水洗脱 300～500bp 的片段（因为 PCR 合并样品是双份的合并样品是有重复的，将合并为最终产物）。

17. 当程序结束后，振荡洗脱样品板并快速离心。

确定样品的浓度、大小分布以及质量

18. 继续主方案的步骤 46。

方案 6　全基因组：自动化的带索引文库制备

本方案介绍构建带索引 Illumina DNA 文库的自动化程序。该方法通过超声利用高频声波能量剪切 DNA 获得基因组 DNA 片段。首先将双链 DNA 暴露于自适应聚焦超声剪切

(adaptive focused acoustic shearing，AFA；见信息栏“DNA 片段化”)的能量中打断分裂成片段，然后将 DNA 片段连接到接头，PCR 扩增后用磁珠筛选所需大小片段，获得的产物可作为全基因组测序的模板。

没有机器人平台但又想要自动化的用户应该参考手工文库制备方案（方案 4）。方案 5 的附加方案——自动化的文库制备，介绍了一种构建带索引的和无索引的 Illumina DNA 文库的通用方法。

材料

为正确使用本方案中的器材和危险试剂，必须查阅相应的材料安全数据表并咨询所在机构的环境卫生和安全办公室。

试剂

AMPure 磁珠

dATP (1mmol/L)

洗脱液 (EB) (QIAGEN 公司)

EB 是一种通用缓冲液，首先由 QIAGEN 公司推出，其成分为 10mmol/L Tris (pH8.0)。水也可以作为 DNA 缓冲液，但当 DNA 浓度过高或者 DNA 溶液反复冻融时会导致 DNA 的降解。应根据实验方案选择合适的缓冲液。

末端修复缓冲液(NEB 公司)

末端修复酶

乙醇(70%)

基因组 DNA

IDT PE Indexed Adapter Oligo (4 μmol/L)

Illumina Indexed PE Adapter Oligo Mix (4μmol/L)

Indexes 1～12 (8μmol/L) (IDT 公司)

Indexes 1～12 (8μmol/L) (Illumina 公司)

Klenow 缓冲液(10×) (NEB Buffer 2; New England Biolabs 公司)

Klenow 外切核酸酶 (5U/μL)

PE PCR 引物 1.01 (8μmol/L) (IDT 或 Illumina 公司)

PE PCR 引物 2.01 (8μmol/L) (IDT 或 Illumina 公司)

Phusion PCR Master Mix (2×)

快速连接酶 (2000U/μL) (New England Biolabs 公司)

快速连接缓冲液(2×) (New England Biolabs 公司)

设备

DNA 剪切仪 (Covaris 公司，目录号 E210)

epMotion 用的废液罐

Agencourt SPRIPlate 96R 磁铁板 (Beckman Coulter 公司)

96 孔 microTUBE 板 (Covaris 公司)

PCR 板(96 孔)

epMotion 用的移液器吸头 (50μL 和 300μL) (epT.I.P.S. Motion; Eppendorf 公司)

移液器(CyBi-SELMA 公司)

96 孔圆底板 (Costar 公司)

透明的平板封口膜

Reservoir cold block

epMotion 用的带盖子容器（30mL）

PCR 仪

导热板(Eppendorf 公司)

epMotion 用的废吸头收集盒

CyBi-SELMA 用的吸头盒

方法

文库超声处理

▲启动任何 epMotion 程序前，标记工作台上的所有平板以及容器，务必检查所有的 PCR 平板（试剂和样品）放在正确的位置。

1．在 2D 管盘中稀释 500ng、1μg、3μg、5μg 全基因组 DNA 样品至 38μL，冰浴备用。

2．点击电脑桌面的“epBlue Client”图标打开软件，登录。选择 File，运行 application。

3．选择应用程序 End Repair Buffer to 2D，程序将添加 10μL 末端修复缓冲液至含稀释 DNA 的 2D 管盘中。

4．运行程序前复核“Deck Layout and Labware Orientation”。

5．点击软件上的绿色 Start 按钮开始运行。

i．出现弹出框 Available Devices。

ii．点击 Run。

iii．选择 OK。

6．出现 Minimum Volumes 提示框时，精确输入 Minimum Volume 栏显示的体积，程序开始运行。

7．应用程序结束后，用透明的平板封口膜封住 Covaris 平板，振荡含 DNA 的 2D 管 1～2s，短暂瞬时离心。

8．用 CyBi-SELMA (96 孔移液仪)从 2D 管中转移 48μL 到 Covaris 的 96 孔 microTUBE 板。

9．用铝箔密封 microTUBE 板，振荡并短暂瞬时离心以确保孔内无气泡。

10．将平板放入 Covaris 的 E210 剪切仪中，选择并启动程序 96 well_plate_prog01_200～300bp_20DC_5I_500CB_120s。

11．程序结束后，从剪切仪器上取出 microTube 板。

12．吸干板的底部，短暂瞬时离心。

13．取掉平板最上层的锡箔，用一个 96 孔 PCR 盘刺穿剩余的铝箔。用 96 孔移液仪从 Covaris 板吸取 48μL 液体到 96 孔圆底板，短暂瞬时离心。

末端修复

这一步用末端修复酶把剪切导致的突出末端转化为平末端。96 个样品的末端修复需要 2h 又 7min。

14．当有 96 个样品时，往 Eppendorf PCR 板的 Column 1（A～H 孔）每孔加入 30μL 末端修复酶。48 个样品则加 19μL。短暂离心，冰上保存。

15．在 epMotion 上选择应用程序 End Repair。

16．复核“Deck Layout and Labware Orientation”。

17．运行程序。epMotion 将执行如下步骤。

i．每个样品内加 2μL 末端修复酶，混匀。

ii．室温孵育样品 30min。

iii．加入 1.5 倍样品体积（75μL）的磁珠运行 AMPure 磁珠清洗。

iv．用 70%乙醇清洗样品两次，每次 165μL。

70%乙醇洗后，将会有弹出框提示从磁铁上取出磁珠板抽干样品。根据所用真空抽干仪的性能，抽干需要 10～15min。完全干燥后磁珠会破裂。将磁珠板放回到磁铁上。按照提示操作。

v．用 32μL EB 缓冲液洗脱干燥的磁珠板，并转移到 Costar96 孔板。

3′腺苷酰化（加 A 尾）

平末端片段的 3′端需要加一个核苷酸 A 以防止片段间的连接。接头的 3′端含有一个与 A 对应的核苷酸 T，从而使接头与片段之间可以通过互补的黏性末端进行高效连接。96 个样品加 A 尾需要 2h 又 6min。

18．制备加 A 尾反应混合液。

	1 个样品(1×)	48 个样品(56×)	96 个样品(112×)
Klenow 缓冲液 (10×)	5μL	280μL	560μL
dATP (1.0mmol/L)	10μL	560μL	1120μL
Klenow Exo (5U/μL)	3μL	168μL	336μL
总体积	18μL	1008μL	2016μL

19．振荡混合液并短暂离心。

20．当有 96 个样品时，往 Eppendorf PCR 板的 Column 2 和 3（A～H 孔）每孔加入 117μL 加 A 尾的混合液。若有 48 个样品，仅往 Column 2 中加 117μL 加 A 尾混合液。冰上保存。

21．用 1mL 移液器吹打几次重悬磁珠液。

22．在 epMotion 上选择应用程序 A-Tail。

23．复核“Deck Layout and Plate Orientation”。

24．运行程序，epMotion 将执行如下步骤。

i．往完成末端修复的样品中加 18μL 加 A 尾混合液，混匀。

ii．37℃孵育样品 30min。

iii．加入 1.5 倍样品体积（75μL）的磁珠运行 AMPure 磁珠清洗。

iv．用 70%乙醇清洗样品两次，每次 165μL。

磁珠仅结合大于 100bp 的 DNA，末端修复反应残留的 dNTP 将被洗掉。

70%乙醇洗后，将会有弹出框提示从磁铁上取出磁珠板抽干样品。根据所用真空抽干仪的性能，抽干需要 10～15min。完全干燥后磁珠会破裂。将磁珠板放回到磁铁上，按照提示操作。

v．用 20μL EB 缓冲液洗脱干燥的磁珠板，并转移到 Costar 96 孔板。

接头连接

本程序将接头连接到 DNA 片段末端。此反应给基因组片段每条链的 5′端和 3′端加上不同种类的序列。在本方案后续步骤中，会通过用加尾引物进行 PCR 为基因组片段添加附加序列。这些附加序列是簇形成过程中在“flow cell”进行文库扩增所必需的。96 个样品接头连接反应运行时间为 1h 又 40min。

25．按下表之一制备接头连接反应混合液：

5μg 加入量	1 个样品(1×)	48 个样品(56×)	96 个样品(112×)
NEB 快速连接缓冲液(2×)	25μL	1400μL	2800μL
IDT PE Indexed Adapter Oligo (4μmol/L)或 Illumina Indexed PE Adapter OligoMix (4μmol/L)	10μL	560μL	1120μL
NEB 快速连接酶 (2000U/μL)	5μL	280μL	560μL
总体积	40μL	2240μL	4480μL

1μg 及 3μg 加入量	1 个样品(1×)	48 个样品(56×)	96 个样品(112×)
NEB 快速连接缓冲液(2×)	25μL	1400μL	2800μL
IDT PE Indexed Adapter Oligo (4μmol/L)或 Illumina Indexed PE Adapter Oligo Mix (4μmol/L)	5μL	280μL	560μL
NEB 快速连接酶 (2000U/μL)	2.5μL	140μL	280μL
总体积	32.5μL	1820μL	3640μL

500ng 加入量	1 个样品(1×)	48 个样品(56×)	96 个样品(112×)
NEB 快速连接缓冲液(2×)	25μL	1400μL	2800μL
IDT PE Indexed Adapter Oligo (4μmol/L)或 Illumina Indexed PE Adapter OligoMix (4μmol/L)	2.5μL	140μL	280μL
NEB 快速连接酶 (2000U/μL)	2.5μL	140μL	280μL
总体积	30μL	1680μL	3108μL

26．振荡混合液并短暂离心。放入标记为接头连接混合液的 30mL 容器，冰上保存。

将容器放入保温箱来保持接头连接混合液处于低温，这样可以防止潮湿。

27．用 1mL 移液器吹打几次重悬磁珠液。

28．在 epMotion 上基于起始文库量（250ng 和 500ng，或者 1μg 和 3μg）选择合适的 Ligation 应用程序。

29．复核“Deck Layout and Plate Orientation”。

30．运行程序，epMotion 将执行如下步骤。

i．往样品中加连接混合液并混匀。

ii．室温孵育样品 15min。

iii．加入 1.5 倍样品体积（75μL）的磁珠运行 AMPure 磁珠清洗。

iv．用 70%乙醇清洗样品两次，每次 165μL。

70%乙醇洗后，将会有弹出框提示从磁铁上取出磁珠板抽干样品。根据所用真空抽干仪的性能，抽干需要 10～15min 不等。完全干燥后磁珠会破裂。将磁珠板放回到磁铁上。按照提示操作。

v．用 30μL EB 缓冲液洗脱干燥的磁珠板掉干燥磁珠，并将混合液转移到 PCR 板。

已连接片段的 PCR 扩增

PCR 用于选择性富集两端都连接了接头的 DNA 片段，并扩增文库 DNA 以进行精确定量。该 PCR 用能与接头末端复性的 2 个引物进行 PCR。96 个样品的已连接片段的 PCR 扩增需要 38min。

31．制备 PCR 反应混合液（参照加下面的表格和选项），每个样品将进行 4 份反应。

32．振荡混合液并短暂离心。放入标记为 PCR 反应混合液（PCR Mix）的 30mL 容器，冰上保存。

下面是三个扩增选项（以及使用的是两种不同的 epMotion 程序和 PCR 反应混合液）。

选项 1：用一次性平板进行 PCR 扩增

用 4 个一次性平板进行 PCR 扩增。epMotion 将添加 DNA 和 Phusion 混合液添加到一个一次性平板，该平板中已经含有总体积为 8μL 的索引分子（IDT 或 Illumina 公司）、引物 1.01、引物 2.01 和水。自动操作机器可将 5μL DNA 和 37μL Phusion 混合液，或者 1μL DNA 和 41μL Phusion 混合液加入到 4 个平板中。

一次性平板

每孔包含：

PE 引物 1.01 (8μmol/L)	1μL
PE 引物 2.01 (0.5μmol/L)	1μL
IDT 或 Illumina Index Primer (8μmol/L)	1μL
水	5μL
总体积	8μL

选项 1 和 2 用的混合液

	1 个样品(1×)	48 个样品（56×4=224×）	96 个样品（112×4=448×）
Phusion PCR Master Mix (2×)	25μL	5600μL	11 200μL
水	12μL	2688μL	5376μL
总体积	37μL	8288μL	16 576μL

选项 2：用含 Index 的反应混合液进行 PCR 扩增

本程序要用到跟一次性平板程序相似的、仅含水/Phusion 的混合液，以及一个含引物 1.01、引物 2.01 和 Indexes 的反应混合液盘（带密封盖的 PCR 盘）。程序将依次添加水/Phusion 混合液、5μL DNA 和 3μL 引物-Index 混合液（每个样品进行 4 份反应）。

选项 3：用 Index Addition 进行 PCR 扩增

用 4 个空 PCR 板进行 PCR 扩增。epMotion 添加 DNA，以及含有水、Phusion mix、引物 1.01、引物 2.01 的混合液。机器人自动操作机器会将 5μL DNA 和 44μL 混合液，或 1μL DNA 和 48μL 混合液添加至 4 个空板。Index 引物将由另外一个独立程序进行添加（PCR Index）。

选项 3 用的混合液

	1 个样品(1×)	48 个样品（56×4=224×）	96 个样品（112×4=448×）
Phusion PCR Master Mix (2×)	25μL	5 600μL	11 200 μL
PE 引物 1.01(8μmol/L)	1μL	224μL	448μL
PE 引物 2.01 (0.5μmol/L)	1μL	224μL	448μL
水	17μL	3808μL	7616μL
总体积	44μL	9856μL	19 712μL

33．根据样品数选择适当的 PCR Amplification 程序。Eppendorf epMotion 网站上有可用于 8 个和 96 个样品的程序。

34．复核“Deck Layout and Plate Orientation”。

35．运行程序。

36．若使用选项 3，则继续下一步——附加 PCR 引物（PCR Index Addition）；否则跳到步骤 40。

附加 PCR 引物(若不使用一次性板)

37．准备竖排含 IDT 或者 Illumina Indexes 的索引板。例如，IDT 第一竖排为 A1～H1，含 Indexes 1～8；第二竖排为 A2～H2，含 Indexes 9～16，依此类推。Illumina 第一竖排为 A1～H1，含 Index 1；第二竖排为 A2～H2，含 Index 2；依此类推。

38．根据样品集大小选择 PCR Index 程序。

39．运行程序，epMotion 将添加所有引物（每个引物各 1μL，即添加 IDT 或 Illumina 索引引物 8μmol/L）到每个样品中。往每个样品加 1μL Index（IDT 或 Illumina Index Primer, 8μmol/L）。

依次添加索引序列是为了在多重测序实验中区分样品。

40．程序结束后，将全部 4 个 PCR 板盖上盖子，振荡并迅速离心。最终，终体积约为 50μL。

41．使用下述 PCR 程序扩增 DNA：

循环数	变性	复性	聚合
1	98°C，30s		
18 个循环	98°C，10s	65°C，30s	72°C，30s
末循环			72°C，5min

结束后维持在 10°C。

42．当扩增程序结束，迅速离心 4 个 PCR 板，置于冰上。

合并 PCR 产物

96 个样品进行 PCR 产物合并的运行时间约为 30min。

43．在 epMotion 上选择应用程序 PCR Pooling。

44．复核“Deck Layout and Plate Orientation”。

45．运行程序，epMotion 会在 Costar 的 96 孔板上合并成对的相似 PCR 产物（合并后的体积为 100μL）。

46．程序结束时，快速离心合并的 96 孔板。

用双重 SPRI 磁珠进行大小筛选

从合并的文库中选择 300～500 bp 的片段。96 个样品用双重 SPRI 磁珠进行大小筛选的运行时间约为 1h 又 50min。

47．用 1mL 移液器吹打几次重悬磁珠液。

48．在 epMotion 上选择应用程序 Dual SPRI EB。

49．复核“Deck Layout and Plate Orientation”。

50．运行程序，epMotion 将执行如下步骤。

i．首先加 60μL 磁珠（0.6×）选择较大的片段，则≥500bp 的片段可结合到磁珠上。

ii．将含<500bp 片段的 60μL 上清液添加到含 20μL（0.8×）浓缩磁珠的 Costar 板内，则≤300bp 的片段可结合到珠子上。

iii．洗脱仅含 300～500bp 片段的样品。

51．当程序结束后，快速离心洗脱样品（eluted sample）板，置于冰上，每个样品的最终体积约为 50μL。

检测样品浓度、大小分布和质量

52．用 Varioskan Flash Multimode Reader、Agilent 或 CaliperGX 仪器测终浓度，参照相应的仪器操作手册进行浓度测量。

53．为每一个样品制备每个样品的 5nmol/L 稀释液，要在管上清楚地标明文库已稀释到 5nmol/L。

关于样品稀释的技术帮助，可查询 http://www.promega.com/biomath /Calculators&AdditionalConversions/ Dilution。

54．稀释后的样品现在可以用于 qPCR 和 Illumina Sequencer 测序。

方案 7　用于 Illumina 测序的 3kb 末端配对文库的制备

本方案介绍如何制备 3kb 末端配对文库。本方法扩增得到的 DNA 适用于在 Illumina 测序仪上进行测序（参照导言中关于配对文库的讨论）。

材料

为正确使用本方案中的器材和危险试剂，必须查阅相应的材料安全数据表并咨询所在机构的环境卫生和安全办公室。

本方案的专用试剂标注<R>，配方在本方案末提供。常用储备溶液、缓冲液和试剂标注<A>，配方见附录 1。储备溶液应稀释至适用浓度后使用。

试剂

AMPure XP 磁珠 (Beckman Coulter 公司)
琼脂糖凝胶 (0.8% LE)
EB 缓冲液 (QIAGEN 公司，目录号 19086)
ERC 缓冲液 (QIAGEN 公司，目录号 1018144)
PE 缓冲液 (QIAGEN 公司，目录号 19065)
QG 缓冲液(QIAGEN 公司，目录号 19063)
DNA 分子质量标记(1kb)
DNA 聚合酶(NEB 公司，目录号 M0209)和缓冲液 2 (10×)
DNA 末端修复试剂盒(Lucigen 公司，目录号 40035-2)
dNTP (10mmol/L)
乙醇 (70%)
溴化乙锭
FlashGel (2.2%) (Lonza 公司)
胶上样缓冲液 IV <A>
基因组 DNA
Internal adaptors (2μmol/L) (AB 公司)

Internal adaptor duplexes (2μmol/L= 2 pmol/μL):

internal_adaptor-A: 5′-Phos / CGTACA(Bio-dT)CCGCCTTGGCCGT-3′

internal_adaptor-B: 5′-Phos / GGCCAAGGCGGATGTACGGT-3′

Klenow 大片段

文库结合缓冲液 (2×) (Applied Biosystems 公司)

LMP CAP adaptors (50μmol/L) (Applied Biosystems 公司)

CAP adaptor duplexes (50μmol/L =50pmol/μL)

LMP Cap_adaptor-A 5′-Phos / CTGCTGTAC-3′

LMP Cap_adaptor-B 5′-ACAGCAG-3′

NaCl (3mol/L)

Paired End Sample Prep Kit (Illumina 公司，目录号 1001809)

PCR 引物 1.0 和 2.0 (Illumina 公司)

PE forked adaptor duplex (Illumina 公司)

Phusion 混合液 (2×) (Thermo Scientific 公司)

Plasmid-Safe ATP-Dependent DNase (Epicenter 公司，目录号 E3110K)

QIAquick PCR 纯化柱(QIAGEN 公司，目录号 28183)

快速连接试剂盒(New England Biolabs 公司，目录号 M2200L)

S1 核酸酶(Life Technologies 公司，目录号 18001-016)

偶联了链亲和素的磁珠 (Dynabeads 公司，目录号 M-270；Life Technologies 公司，目录号 653-05)

分子级水

设备

DNA 剪切仪(例如，Covaris 公司生产的 S2 系统)

荧光光度计(例如，Life Technologies 公司生产的 Qubit，目录号 Q32857)

冰水浴

磁珠收集器 (MPC)

miniTUBE－Blue AFA plastic tube (Covaris 公司，目录号 520065)

Quant-iT dsDNA BR Assay Kit (Life Technologies 公司，目录号 Q32850)

Quant-iT dsDNA HS Assay Kit (Life Technologies 公司)

PCR 仪

紫外透射仪

试管旋转仪 (例如 Thermo Scientific 公司生产的 Labquake)

带盖子的锥底管 (0.2 mL、1.7 mL 和 15 mL)

真空干燥器 (如 SpeedVac)

方法

DNA 片段化

1. 取 10μg DNA 并测其体积，然后加入 EB 缓冲液直至终体积为 200μL。将该 200μL 溶液全部转移到一个 miniTUBE（蓝底）。

2．使用 Covaris S2 DNA 剪切仪剪切 DNA：

i．打开 Covaris 软件。

ii．点击 Open 按钮选择操作条件。

iii．选择文件 3Kb_shearing，点击 Open。

iv．在软件主界面，复核如下参数是否如下：

Duty Cycle: 20%

Intensity: 0.1

Cycles per Burst: 1000

Total Treatment Time: 600 sec

v．把将第一步配制好的 DNA 样品（来自步骤 1）放入 miniTUBE 试管架，将试管架放入水浴。

vi．点击 Start 按钮开始剪切程序。

vii．剪切完成后从试管架取出 miniTUBE。

viii．将该 DNA 样品转移到 1.7mL 微离心管。

3．用 1.2%凝胶（FlashGel）电泳以确保所有样品均已切割为 3kb 左右的片段。

末端修复

4．在含 DNA 样品（200μL）的 1.7mL 离心管内依次加入下述试剂：

末端修复缓冲液（5×）(Lucigen 公司)	60μL
分子级水	38μL
末端修复酶混合液(Lucigen 公司)	2μL
总体积	300μL

振荡混匀，室温下孵育 30min 进行末端修复反应。

5．用 QIAquick PCR 纯化柱纯化末端修复片段，一个纯化柱可回收 10μg DNA。

i．将末端修复反应液加入到 900μL 的 ERC 缓冲液中并混匀。

ii．将反应液/缓冲液混合物加入到 QIAquick 纯化柱，14 000*g* 离心 1min，或者将其放置于抽真空装置直至 ERC 混合物全部过柱。

iii．若离心，弃去废液。

iv．加 750μL PE 缓冲液，14 000*g* 离心 1min，或者将其放置于抽真空装置直至 PE 全部过柱。

v．若离心，弃去废液。

vi．将离心管旋转 180°，14 000*g* 离心 1min。

vii．将纯化柱放入新的 1.7mL 离心管，弃去废液管。

viii．加入 30μL EB 缓冲液，室温孵育 1min，14 000*g* 离心纯化柱 1min。

ix．再加入 30μL EB 缓冲液，室温孵育 1min，14 000*g* 离心纯化柱 1min。

x．弃去纯化柱，保留含洗脱 DNA 的 1.7mL 收集管。

6．取 1μL DNA 用 Quant-It dsDNA BR Assay Kit 测量纯化 DNA 的浓度，用分光光度计读取结果（可参见方案 11 或方案 12）。

Cap 接头连接

7．计算需要多少皮摩尔的 LMP CAP 接头（双链）。首先根据大小计算插入片段 DNA 的皮摩尔数，公式如下：

（所用 DNA 的微克数；来自步骤 6）×0.51pmol DNA=样品中 DNA 的皮摩尔数，

（样品中 DNA 的皮摩尔数）×100＝ 所需 LMP CAP 接头的皮摩尔数（片段的 100 倍），

$$\frac{\text{所需LMP CAP接头的皮摩尔数}}{50\text{pmol}/\mu\text{L LMP CAP接头}}=\text{所需LMP CAP接头的微升数}。$$

例如，如果是 12.6μg 的约 3000bp 插入片段 DNA：

$$\frac{12.6\mu\text{g DNA}\left(\dfrac{1\mu\text{g DNA}\times(10^6\text{pg}/\mu\text{g})\times1\text{ pmol}/660\text{pg}}{3000\text{bp}}\right)\times100}{50\text{pmol}/\mu\text{L LMP CAP接头}}$$

=12.73μL LMP CAP 接头需要用于这个样品。

8．在 1.7mL 离心管混合下述组分：

来自步骤 6 的 DNA	60μL
步骤 7 计算出的 CAP 接头	*x*μL
快速连接酶缓冲液（2×）	150μL
分子级水	*y*μL
连接酶	7.5 μL
总体积	300μL

快速振荡混匀，室温孵育 15min 进行连接反应。

9．将连接反应液加入到 900μL REC 缓冲液并混匀。按照步骤 5.ii～5.viii，用 QIAquick PCR 纯化柱纯化已连接片段，用 1.7mL 离心管收集洗脱下的 DNA。

大小筛选

10．准备 0.8% LE 琼脂糖凝胶。进行电泳前加 20μL 溴化乙锭到凝胶缓冲液中。

11．将 1kb DNA 分子质量标记（15μL 分子质量标记+1.5μL 凝胶上样缓冲液）上样至合适孔。

12．往步骤 9 纯化获得的 DNA 样品中加 3μL 10×胶上样缓冲液。将全部样品上样至凝胶中，120V 电泳 60min。

13．从胶上切下 2～4kb 大小的 DNA。

电泳结束后一定要彻底清洗凝胶以去除残留的溴化乙锭。

14．称量切下的胶块并转入 15mL 锥底管。每 2g 凝胶加入 6mL QG 缓冲液。

15．用台式摇床剧烈振荡管子直至凝胶彻底溶解。

16．用 1 个或者多个 QIAquick 凝胶提取柱纯化 DNA。单个柱子能处理的凝胶量上限约为 400mg，因此要根据切下的凝胶重量来计算柱子数量（例如，上述溶解于 6mL QG 缓冲液的 2g 凝胶需要分成 5 份使用 5 个柱子）。

i．在每个 QIAquick 柱子中加入溶解了最多 400mg 凝胶的 QG 缓冲液。

ii．14 000*g* 离心柱子 1min 或使用抽真空装置使 QG 混合液全部过柱。

iii．若离心，弃去废液。

往柱子里加入更多的 QG 凝胶混合液并重复离心，直至 QG 凝胶混合液全部过柱。

iv．按照步骤 5.iv～5.viii 纯化已连接片段。

v．弃去柱子，保留含有洗脱 DNA 的 1.7mL 离心管，合并纯化的 DNA。

17．取 1μL DNA 用 Quant-It dsDNA BR Assay Kit 测量纯化 DNA 的浓度，用分光光度计读取结果（可参见方案 11 或方案 12）。

如果发现 DNA 的量<1μg，推荐重新开始本方案。

DNA 环化

18．在 1.7mL 离心管合并和混匀下列组分。可能要设置多组重复反应。

环化反应

来自步骤 17 的 DNA	1μg（2～4kb）
快速连接酶缓冲液(2×)	280μL
Internal adaptors(2μmol/L)	0.65μL
连接酶	14μL
无核酸酶的水	*x*μL
总体积	560μL

计算无核酸酶的水的量（*x*），使反应液达到各自终体积。体积和 DNA 浓度对于有效环化很关键。

19．振荡混匀，室温孵育 10min 进行环化反应。

20．在 15mL 锥底管中混合各个环化反应液和 1680μL（即 3 倍体积） ERC 缓冲液，振荡混匀。

21．用 QIAquick PCR 纯化柱按照步骤 5.ii～5.x 纯化环化片段。

质粒安全的 DNA 酶处理

22．在 1.7mL 离心管混合下列组分：

来自步骤 21 的 DNA	60μL
ATP（25mmol/L）	5μL
Plasmid Safe 缓冲液(10×)	10μL
分子级水	24μL
Plasmid Safe DNase(10U/μL)	1μL
总体积	100μL

振荡混匀，37℃孵育 40min 进行反应。

23．如果前面进行了多组重复环化反应，合并所有的反应液，加入 3 倍体积 ERC 缓冲液并混匀。

24．按照步骤 5.ii～5.x，用 QIAquick PCR 纯化柱纯化 DNA。

25．取 1μL DNA 用 Quant-It dsDNA BR Assay Kit 测量纯化 DNA 的浓度，用分光光度计读取结果（可参见方案 11 或方案 12）。

切口平移

26．往每 200ng 步骤 24 回收的环化 DNA 中添加如下组分，并于冰上混匀冷却。

来自步骤 24 的 DNA (200ng)	*x*μL
NEB 缓冲液 2 (10×)	10μL
dNTP (10mmol/L)	10μL
无核酸酶的水	*y*μL
总体积	98μL

27．往每个反应管中加 2μL 10U/μL DNA 聚合酶 I，振荡混匀，立即冰水浴（0℃）20min 进行反应。

28．加入300μL（即3倍体积）ERC缓冲液终止反应。

29．用QIAquick PCR纯化柱子按照步骤5.ii～5.x纯化DNA。

需要注意的是，由于只要300～500bp的片段，如果切口平移步骤产生的片段大小不在300～500bp的范围，那么这一步得到的文库样本可能不足以进行测序。

S1核酸酶消化

如果进行了多组重复切口平移反应，每个反应应该分别进行消化。

30．用S1核酸酶稀释缓冲液将S1核酸酶稀释至200U/μL。

31．在1.7mL离心管中加入下列组分并混匀：

DNA(来自步骤29)	60μL
S1缓冲液（10×）	10μL
NaCl（3mol/L）	10μL
分子级水	18μL
S1核酸酶（200U/μL）	2μL
总体积	100μL

振荡混匀，37℃温育15min进行反应。

32．合并反应液，加入3倍体积的ERC缓冲液并振荡。

33．按照步骤5.ii～5.viii用QIAquick PCR纯化柱纯化DNA，用1.7mL离心管收集洗脱的DNA。

末端修复

34．在1.7mL离心管中加入下列组分并混匀：

DNA(来自步骤33)	30μL
末端修复缓冲液（5×）	10μL
分子级水	8μL
末端修复酶混合液	2μL
总体积	50μL

振荡混匀，室温孵育15min进行末端修复反应。

35．加入3倍体积的ERC缓冲液并振荡。

36．用QIAquick PCR纯化柱纯化DNA，步骤如下：

i．按照步骤5.ii～5.vii操作。

ii．加入25μL EB缓冲液，室温孵育1min，14 000*g*离心柱子1min。

iii．再次加入25μL EB缓冲液，室温孵育1min，14 000*g*离心柱子1min。

iv．弃掉柱子，用1.7mL离心管收集洗脱的DNA。

结合链亲和素磁珠

37．取25μL链亲和素磁珠放入一个新离心管，使用磁珠收集器（MPC）使磁珠沉淀并弃去上清液。

38．使用MPC用50μL 2×文库结合缓冲液清洗磁珠两遍，每次清洗要充分振荡。

39．用50μL 2×文库结合缓冲液重悬磁珠。

40．将50μL清洗过的链亲和素磁珠加入到得自步骤36的50μL DNA中，振荡混匀，放置于离心管旋转器上室温孵育15min。

41．将离心管放入MPC仪使磁珠沉淀，弃掉上清。

42．使用MPC用500μL EB缓冲液清洗结合的文库3遍，每次清洗要充分振荡。

43．吸去残留的 EB 缓冲液，用 32μL EB 缓冲液重悬沉淀。

加 A 尾

44．在 1.7mL 离心管中加入下列组分并混匀：

来自步骤 43 的 DNA/磁珠	32μL
NEB 缓冲液 2（10×）	5μL
dATP(1mmol/L)	10μL
Klenow 片段（5U/μL）	3μL
总体积	50μL

振荡混匀，37℃温育 30min 进行反应。

45．使用 MPC 用 500μL EB 缓冲液清洗结合的文库 3 遍，每次清洗要充分振荡。

46．吸去残留的 EB 缓冲液，用 15μL EB 缓冲液重悬沉淀。

Illumina 末端配对接头连接

47．在 1.7mL 离心管中加入下列组分并混匀：

来自步骤 46 的 DNA/磁珠	15μL
快速连接酶缓冲液（2×）	25μL
PE forked adaptor duplex	5μL
连接酶	5μL
总体积	50μL

振荡混匀，室温孵育 15min 进行反应。

48．使用 MPC 用 500μL EB 缓冲液清洗结合的文库 3 遍，每次清洗要充分振荡。

49．吸去残留的 EB 缓冲液，用 15μL EB 缓冲液重悬沉淀。

PCR 参数优化

50．在 0.2mL 离心管内为每个反应混合下述组分。为每个配对文库构建准备一个反应。

进行循环数优化是为了测定最佳 PCR 循环数。然后用预先测定的循环数进行后续的文库扩增。

DNA/磁珠	2μL
Phusion 混合液(2×)	25μL
PE PCR 引物 1.0	0.5μL
PE PCR 引物 2.0	0.5μL
分子级水	22μL
总体积	50μL

51．创建两个 PCR 程序。

程序 1

循环数	变性	复性	聚合
1	98°C，30s		
10 个循环	98°C，10s	65°C，30s	72°C，30s

结束后保持在 4℃。

程序 2

循环数	变性	复性	聚合
2 个循环	98°C，10s	65°C，30s	72°C，30s

结束后保持在 4℃。

52．取 6 个 0.2mL 离心管，分别标记为：PCR-10，PCR-12，PCR-14，PCR-16，PCR-18，PCR-20。

53．用步骤 50 准备的 50μL 反应液，运行 PCR 程序 1，取出 5μL 反应液放入标记为 PCR-10 的 0.2mL 离心管。

54．运行 PCR 程序 2 继续 PCR 优化，取出 5μL 反应液放入标记为 PCR-12 的 0.2mL 离心管。

55．重复步骤 54 完成剩余的 4 个循环数优化试验（PCR-14，PCR-16，PCR-18，PCR-20）。

56．每 5μL 反应产物加入 1μL 上样染料，快速振荡并离心。

57．准备 2.2% FlashGel，13 孔内各加 4μL 水，第 1 和第 8 泳道加 2μL 的 Flash 50～1500bp 分子质量标记物。

58．第 2～7 个泳道中各加入 6μL PCR 产物，275V 电泳 5～7min。

59．凝胶照相。确定哪些循环数会过度扩增。进行大规模 PCR 时采用未显现过度扩增的最大循环数。例如，如果 PCR-18 和 PCR-20 显现过度扩增而其他循环数未显现，则用 16 个循环扩增文库。

大规模 PCR

60．根据下述每份反应的用量和总共的 PCR 反应数，准备 PCR 反应混合液。我们推荐进行 12 份反应。

Phusion mix (2×)	25μL
PE PCR 引物 1.0	0.5μL
PE PCR 引物 2.0	0.5μL
分子级水	22μL
每份反应的终体积	48μL

61．根据前一部分优化的循环数设定 PCR 程序。

循环数	变性	复性	聚合
1	98℃，30s		
N 个循环[a]	98℃，10s	65℃，30s	72℃，30s

程序结束后维持在 4℃。

a．能得到扩增产物的最少循环数（*N*）。

62．在每个反应管中加入 48μL PCR 混合液和 2μL 来自步骤 49 的 DNA/磁珠，放入 PCR 仪进行 DNA 扩增。

63．循环结束后，将所有样品合并到一个 1.5mL 锥底管中，用 EB 缓冲液调节样品至终体积为 600μL。

64．加入 3 倍体积的 ERC 缓冲液，振荡。

65．用 QIAquick PCR 纯化柱进行纯化 DNA，操作如下：

i．按照步骤 5.ii～5.vii 进行操作。

ii．加入 50μL EB 缓冲液，室温孵育 1min，14 000*g* 离心 1min。

iii．加入 50μL EB 缓冲液，室温孵育 1min，14 000*g* 离心 1min。

iv．弃掉柱子，保留含 100μL 洗脱 DNA 的 1.7mL 离心管。

双重 AMPure 磁珠纯化

66．振荡 AMPure XP 磁珠。

67．往步骤 65 得到的 100μL 样品中加入 60μL AMPure XP 磁珠，置于离心管旋转器上 5min。将此离心管标记为 1 号管。

68．取 60μL AMPure XP 磁珠放入一个新的 1.5mL 离心管中，将此离心管标记为 2 号管。

69．将 2 号管放置于 MPC 上 3min，直到磁珠与上清液完全分离。

70．弃掉上清，往“干的”磁珠中加入 20μL AMPure XP，振荡重悬磁珠。

71．从选择器中取出 1 号管放入 MPC，放置 2min 直到磁珠与上清液完全分离。

72．将 1 号管的上清液转移到 2 号管中，振荡 2 号管以重悬磁珠，将 2 号管放置于选择器上 5min。弃掉 1 号管。

73．将 2 号管放置于 MPC 上 2min，直到磁珠与上清液完全分离。

74．弃掉上清液。

75．用 500μL 70%乙醇清洗磁珠，清洗时上下颠倒离心管数次，在 MPC 上放置 1min，弃掉上清液。

▲在整个清洗过程中将离心管放置于 MPC 上。

76．重复步骤 75。

77．尽可能地去掉离心管内和盖子上残留的乙醇。

78．瞬时离心将磁珠收集至离心管底部。

79．将盛有磁珠的离心管放置于真空干燥器上抽干 1min，检查在离心管底或者磁珠上是否有液体残留（磁珠看起来应该是“破碎的”而不是发亮的）。

80．如有必要，重复抽干 1min。

81．用 20μL EB 缓冲液从磁珠上洗脱 DNA。

尽量将所有磁珠都弄到溶液中。例如，可以轻弹离心管，用吸头将管壁的磁珠推入溶液，等等。

82．将离心管放置于 MPC 上，小心地将上清转移到一个新离心管中。

▲保留好上清，这是最终样品。

最终文库定量

83．取 1μL 来自步骤 82 的最终样品，用 2.2%的凝胶电泳验证 DNA 大小。

84．取 1μL 最终样品用 Quant-It dsDNA BR Assay Kit 测量纯化 DNA 的浓度，用分光光度计读取结果（可参见方案 11 或方案 12）。

85．将浓度值输入 Illumina 文库稀释计算器（Illumina Library Dilution Calculator）中，将末端配对文库最终样品稀释至 5nmol/L。

方案 8 用于 Illumina 测序的 8kb 末端配对文库的制备

本方案介绍如何制备适用于 Illumina 测序仪的 8kb 末端配对文库。这些是大片段插入文库，初始的剪切将使用多种参数和不同的仪器以获取所需大小的片段（可参考信息栏“DNA 片段化”）。如果要了解更多的细节，可参考本章导言部分关于末端配对文库的讨论。

材料

为正确使用本方案中的器材和危险试剂，必须查阅相应的材料安全数据表并咨询所在机构的环境卫生和安全办公室。

本方案的专用试剂标注<R>，配方在本方案末提供。常用储备溶液、缓冲液和试剂标注<A>，配方见附录 1。储备溶液应稀释至适用浓度后使用。

试剂

扩增引物（100μmol/L）
AMPure XP 磁珠（Agencourt，目录号 A63880）
ATP，锂盐（100mmol/L）(Roche，目录号 14470220)
Bst DNA 聚合酶，大片段（8000U/mL）（NEB，目录号 M0275L）
EB 缓冲液（10mmol/L Tris pH 7.5～8.5）
ERC 缓冲液（QIAGEN，目录号 1018144）
PBI 缓冲液（QIAGEN，目录号 19066）
PE 缓冲液（QIAGEN，目录号 19065）
QG 缓冲液（QIAGEN，目录号 19063）
DNA 载体
Circularization 接头（20μmol/L）
Cre 重组酶（NEB，目录号 M0298L）
dATP(1mmol/L)
DNA 分子质量标准（1kb）（Life Technologies，目录号 15615-024）（稀释至 100ng/μL）
DNA 终止末端修复试剂盒（Lucigen，目录号 40035-2）
dNTP（10mmol/L）（Roche，目录号 11581295001）
DTT(1mol/L)
乙醇（70%）
外切核酸酶 I（20 000U/mL）（NEB，目录号 M0293L）
含有溴酚蓝的胶上样缓冲液（10×）＜A＞
基因组 DNA
GS FLX Titanium Paired End Adapter Kit（Roche，目录号 05 463 343 001）
PCR 引物（8μmol/L）(IDT)
PE forked adaptor duplex（4μmol/L）（Illumina，Sigma-Aldrich）
Klenow 缓冲液（10×）（NEB 缓冲液 2）（New England Biolabs）
Klenow 外切核酸酶（5U/μL）（NEB，目录号 M0212L）
文库接头（20μmol/L）
文库结合缓冲液（2×）＜R＞
引物

引物/寡聚核苷酸序列参见表 11-2。

多重 PCR 引物 1.0（8μmol/L）(IDT)

多重 PCR 引物 2.0（0.5μmol/L）(IDT)

PCR 引物 PE 1.0(8μmol/L) (IDT)

PCR 引物 PE 2.0(8μmol/L) (IDT)

PE forked adaptor duplex（4μmol/L）(Illumina，Sigma-Aldrich)
Phusion HF PCR 混合物（2×）（NEB，目录号 F-531L）
Plasmid-Safe ATP 依赖型 DNase（Epicenter，目录号 E3110K）
快速连接酶试剂盒（NEB，目录号 M2200L）
SDS(20%)
SeaKem LE 琼脂糖（Lonza，目录号 50004）
乙酸钠（3mol/L, pH5.5）
链亲和素磁珠（Dynabeads，目录号 M-270；Life Technologies，目录号 653-05）
SYBR Green I 核酸凝胶染料（Life Technologies，目录号 B9004S）
TBE 缓冲液＜A＞
ThermoPol 反应缓冲液（10×）（NEB，目录号 B9004S）
Tris-HCl（10mmol/L，pH8.0）或者 EB 缓冲液（QIAGEN，目录号 19086）

设备

生物分析仪（Agilent2100，目录号 5067-1504）
DNA 1000 试剂盒（Agilent2100，目录号 5067-1504）
DNA 剪切装置（Hydroshear；Gene Machines，目录号 JHSH000000-1）
DNA 剪切装置（Hydroshear Large Assembly；Gene Machines，目录号 JHSH204007）
DNA 剪切仪（Covaris S2 系统）
电泳装置（Chef Mapper）
磁珠收集器（MPC）
带有盖子的离心管（0.2mL 和 1.7mL）
MinElute 柱（QIAGEN，目录号 28006）
MiniTMBE-Blue AFA 塑料管（Covaris，目录号 520065）
QIAquick 柱（QIAGEN, 目录号 28183）
Quant-iT Assay Kit
Qubit 测量管
Qubit 分光光度计和测试试剂盒
PCR 仪
试管旋转器（如 Labquake）
真空干燥器（如 SpeedVac）

表 11-2　接头和引物的序列

接头和引物	序列
I11-PE 交叉接头 duplex(4μmol/L)(Sigma-Aldrich)	5′-P-GATCGGAAGAGCGGTTCAGCAGGAATGCCGAG
	5′-ACACTCTTTCCCTACACGACGCTCTTCCGATCT
PE PCR 引物 1.0	5′AATGATACGGCGACCACCGAGATCTACACTCTTTCCCTACACGA CGCTCTTCCGATCT
PE PCR 引物 2.0	5′-CAAGCAGAAGACGGCATACGAGATCGGTCTCGGCATTCCTGCT GAACCGCTCTTCCGATCT
ILL IndexAdapter Duplex IDT	5′-P-GATCGGAAGAGCACACGTCT(5′-磷酸化)
	5′-ACACTCTTTCCCTACACGACGCTCTTCCGATCT(去磷酸化)
多重 PCR 引物 1.0	5′-AATGATACGGCGACCACCGAGATCTACACTCTTTCCCTACACG ACGCTCTTCCGATCT
多重 PCR 引物 2.0	5′-GTGACTGGAGTTCAGACGTGTGCTCTTCCGATCT
PCR 引物，Index1	CAAGCAGAAGACGGCATACGAGATCGTGATGTGACTGGAGTTC

续表

接头和引物	序列
PCR 引物，Index2	CAAGCAGAAGACGGCATACGAGATACATCGGTGACTGGAGTTC
RCR 引物，Index3	CAAGCAGAAGACGGCATACGAGATGCCTAAGTGACTGGAGTTC
PCR 引物，Index4	CAAGCAGAAGACGGCATACGAGATTGGTCAGTGACTGGAGTTC
PCR 引物，Index5	CAAGCAGAAGACGGCATACGAGATCACTGTGTGACTGGAGTTC
PCR 引物，Index6	CAAGCAGAAGACGGCATACGAGATATTGGCGTGACTGGAGTTC
PCR 引物，Index7	CAAGCAGAAGACGGCATACGAGATGATCTGGTGACTGGAGTTC
PCR 引物，Index8	CAAGCAGAAGACGGCATACGAGATTCAAGTGTGACTGGAGTTC
PCR 引物，Index9	CAAGCAGAAGACGGCATACGAGATCTGATCGTGACTGGAGTTC
PCR 引物，Index10	CAAGCAGAAGACGGCATACGAGATAAGCTAGTGACTGGAGTTC
PCR 引物，Index11	CAAGCAGAAGACGGCATACGAGATGTAGCCGTGACTGGAGTTC
PCR 引物，Index12	CAAGCAGAAGACGGCATACGAGATTACAAGGTGACTGGAGTTC
PCR 引物，Index13	CAAGCAGAAGACGGCATACGAGATAAACCTGTGACTGGAGTTC
PCR 引物，Index14	CAAGCAGAAGACGGCATACGAGATTTGACTGTGACTGGAGTTC
PCR 引物，Index15	CAAGCAGAAGACGGCATACGAGATGGAACTGTGACTGGAGTTC
PCR 引物，Index16	CAAGCAGAAGACGGCATACGAGATTGACATGTGACTGGAGTTC
PCR 引物，Index17	CAAGCAGAAGACGGCATACGAGATCTATCTGTGACTGGAGTTC
PCR 引物，Index18	CAAGCAGAAGACGGCATACGAGATGATGCTGTGACTGGAGTTC
PCR 引物，Index19	CAAGCAGAAGACGGCATACGAGATAGCGCTGTGACTGGAGTTC
PCR 引物，Index20	CAAGCAGAAGACGGCATACGAGATAGATGTGTGACTGGAGTTC
PCR 引物，Index21	CAAGCAGAAGACGGCATACGAGATCTGGGTGTGACTGGAGTTC
PCR 引物，Index22	CAAGCAGAAGACGGCATACGAGATGGACGGGTGACTGGAGTTC
PCR 引物，Index23	CAAGCAGAAGACGGCATACGAGATTTCTCGGTGACTGGAGTTC
PCR 引物，Index24	CAAGCAGAAGACGGCATACGAGATATTCCGGTGACTGGAGTTC
PCR 引物，Index25	CAAGCAGAAGACGGCATACGAGATAGCTAGGTGACTGGAGTTC
PCR 引物，Index26	CAAGCAGAAGACGGCATACGAGATGTATAGGTGACTGGAGTTC
PCR 引物，Index27	CAAGCAGAAGACGGCATACGAGATTCTGAGGTGACTGGAGTTC
PCR 引物，Index28	CAAGCAGAAGACGGCATACGAGATCAGCAGGTGACTGGAGTTC
PCR 引物，Index29	CAAGCAGAAGACGGCATACGAGATCTAAGGGTGACTGGAGTTC
PCR 引物，Index30	CAAGCAGAAGACGGCATACGAGATCCGGTGGTGACTGGAGTTC
PCR 引物，Index31	CAAGCAGAAGACGGCATACGAGATCGATTAGTGACTGGAGTTC
PCR 引物，Index32	CAAGCAGAAGACGGCATACGAGATTCCGTCGTGACTGGAGTTC
PCR 引物，Index33	CAAGCAGAAGACGGCATACGAGATTATATCGTGACTGGAGTTC
PCR 引物，Index34	CAAGCAGAAGACGGCATACGAGATAGCATCGTGACTGGAGTTC
PCR 引物，Index35	CAAGCAGAAGACGGCATACGAGATCTCTACGTGACTGGAGTTC
PCR 引物，Index36	CAAGCAGAAGACGGCATACGAGATCGCGGCGTGACTGGAGTTC
PCR 引物，Index37	CAAGCAGAAGACGGCATACGAGATTGGAGCGTGACTGGAGTTC
PCR 引物，Index38	CAAGCAGAAGACGGCATACGAGATTGTGCCGTGACTGGAGTTC
PCR 引物，Index39	CAAGCAGAAGACGGCATACGAGATCAGGCCGTGACTGGAGTTC
PCR 引物，Index40	CAAGCAGAAGACGGCATACGAGATGCGGACGTGACTGGAGTTC
PCR 引物，Index41	CAAGCAGAAGACGGCATACGAGATGCTGTAGTGACTGGAGTTC
PCR 引物，Index42	CAAGCAGAAGACGGCATACGAGATATTATAGTGACTGGAGTTC
PCR 引物，Index43	CAAGCAGAAGACGGCATACGAGATGAATGAGTGACTGGAGTTC
PCR 引物，Index44	CAAGCAGAAGACGGCATACGAGATTGCCGAGTGACTGGAGTTC
PCR 引物，Index45	CAAGCAGAAGACGGCATACGAGATGGTAGAGTGACTGGAGTTC
PCR 引物，Index46	CAAGCAGAAGACGGCATACGAGATCATTCAGTGACTGGAGTTC
PCR 引物，Index47	CAAGCAGAAGACGGCATACGAGATGGAGAAGTGACTGGAGTTC
PCR 引物，Index48	CAAGCAGAAGACGGCATACGAGATATGGCAGTGACTGGAGTTC

方法

DNA 片段化

该方法使用大型剪切装备 Hydroshear，将速度设置为 9、循环数设置为 14 时，可以产生平均大小为 8kb 的 DNA 片段。不过每种装备产生的 DNA 片段大小范围不同，应该根据生产商推荐的参数先进行测试。

1．往 1.7mL 离心管中加入至少 15μg 基因组 DNA 样品，然后加入 EB 缓冲液至终体积 150μL。

2．加入 40μL 的 50×Lucigen End Repair Buffer，上下翻转颠倒离心管使之混匀。

3．打开桌面的 Hydroshear 软件。

4．将 Hydroshear 拨到 Output。点击 OK。

5．在“Shearing Paramenters”界面设置参数如下：

Volume: 200μL

Number of cycles: 14

Speed Code: 9

6．点击 Edit Wash Scheme，确认用 det1、det2 和水各清洗 4 次。点击 OK。

7．按照电脑弹出框提示完成清洗和最后的排气。

8．上样。

9．除了刚完成上样的时候，都按照弹出框操作。不要按弹出框的提示拨向 Output，反而要拨向垂直位置。点击 OK。

10．在注射器中的气泡已经排出并且机械臂停下后拨向 Output。

11．开始剪切。

12．完成样品剪切和回收后，执行步骤 6 和步骤 7 清洗仪器。

13．清洗完毕后，点击 Manual Operation。

设置参数如下：

Volume: 500μL

Speed Code: 10

Valve: 0

14．点击 Reinitialize 排空注射器两次。

15．抽入 500μL 水保存。

末端补平

16．检查剪切样品的体积，加水至终体积为 198μL，加入 2μL Lucigen 末端修复补平酶混合物。上下翻转颠倒或者轻弹离心管使之混匀，瞬时离心后室温孵育 30min 进行末端修复补平反应。

17．用 QIAquick PCR 纯化柱纯化末端修复补平片段。用一个纯化柱。

i．将末端修复补平反应液加入到 600μL 的 ERC 缓冲液中并混匀。

ii．将反应液/缓冲液混合物加入到 QIAquick 纯化柱，14 000*g* 离心 1min 或者将其放置于抽真空装置直至 ERC 混合物全部过柱。

iii．离心结束后，弃去废液。

iv．加 750μL PE 缓冲液，14 000*g* 离心 1min 或者将其放置于抽真空装置直至 PE 全部过柱。

v. 离心结束后，弃去废液。

vi. 将离心管旋转 180°，14 000*g* 离心 1min。

vii. 将纯化柱放入新的 1.7mL 离心管，弃去废液管。

viii. 加入 30μL EB 缓冲液，室温孵育 1min，14 000*g* 离心纯化柱 1min。

ix. 再加入 30μL EB 缓冲液，室温孵育 1min，14 000*g* 离心纯化柱 1min。

x. 弃去纯化柱，保留含洗脱 DNA 的 1.7mL 离心管。

18. 取 1μL DNA 用 Quant-It dsDNA BR Assay Kit 测量纯化 DNA 的浓度，用分光光度计读取结果（可参见方案 11 或方案 12）。

环化接头连接

19. 在 1.7mL 离心管中混合以下组分：

DNA	59μL
分子级水	21μL
环化接头（20μmol/L）:	10μL
快速连接缓冲液（2×）	100μL
总体积	190μL

轻弹或者翻转离心管使其混匀。

20. 加入 10μL 2000U/μL 的连接酶至反应液中，轻弹或颠倒离心管混匀，瞬时离心后室温孵育 15min 进行连接反应。

21. 加入 20μL 10×凝胶上样缓冲液和 2μL 20% SDS 终止反应。

22. 65℃加热反应液 10min 后冰浴冷却，准备凝胶电泳。

用 FIGE 进行大小筛选

23. 混合 200mL 0.5×TBE 和 2g LE 琼脂糖，配制 200mL 1%的 LE 琼脂糖凝胶。

24. 往电场反转凝胶电泳（FIGE）槽内倒入 2.5L 0.5×TBE，打开 FIGE 冷却器，设置温度为 14℃。

25. 向 30μL 100ng/μL 的 1kb DNA 分子质量标准中加入 3μL 10×凝胶上样缓冲液。

26. 各取 16.5μL DNA 分子质量标准加到 1 号和 5 号上样孔。

27. 将全部样品加入到 3cm 宽的 3 号上样孔。

将样品和分子质量标准隔开一个泳道，尽量避免 DNA 分子质量标准污染。

28. 用 Auto Algorithm 选项运行 FIGE 胶，输入下限 3K、上限 15K，点击 Enter 键设置程序的剩余选项。开始电泳，大约需要 17.5h 完成。

29. 用 SYBR Green 染胶 45min。

30. 用水脱色 15min。

31. 用蓝光源（300nm）看凝胶中的 DNA 并切取 6.5～9.5kb 大小的区段。

32. 称量切下的胶块并转入 15mL 锥底管，加入 3 倍体积的 QG 缓冲液（例如，3g 的胶块加入 9mL 的 QG 缓冲液）。

33. 轻轻摇动离心管直至胶块完全溶解，需要 5～10min。

▲不能振荡！

34. 用 1 个或者多个 QIAquick 凝胶提取柱纯化 DNA。单个柱子能处理的凝胶量上限约为 400mg，因此要根据切下的凝胶重量来计算柱子数量。

i. 在每个 QIAquick 柱子中加入溶解了 400mg 凝胶的 QG 缓冲液。

ii. 14 000*g* 离心柱子 1min，或使用抽真空装置使 QG 混合液全部过柱。

iii. 离心，弃去废液。往柱子里加入更多的 QG 凝胶混合液并重复离心，直至 QG 凝胶混合液全部过柱。

iv. 按照步骤 17.iv～17.vii 纯化已连接片段。

v. 往第一个柱子加入 20μL、其他的柱子加入 10μL EB 缓冲液。

vi. 打开盖子室温孵育柱子 1min。然后盖上盖子，14 000*g* 离心第一个柱子 1min。

vii. 弃掉第一个柱子，将第一个柱子的 20μL 洗脱液加入第二个柱子。14 000*g* 离心第二个柱子 1min。

viii. 弃掉第二个柱子，将第二个柱子的 20μL 洗脱液加入第三个柱子。14 000*g* 离心第三个柱子 1min。

ix. 弃掉第三个柱子，保留含有约 40μL 洗脱 DNA 的 1.7mL 离心管。

补齐反应

35. 在 1.7mL 离心管合并和混匀下列组分：

LoxP-adaptor 连接 DNA	38μL
10×ThermoPol 缓冲液	5μL
PCR 核苷酸混合液（10mmol/L）	4μL
Bst DNA 聚合酶，大片段（8U/μL）	3μL
总体积	50μL

轻轻翻转混匀，50℃温育 15min 进行补齐反应。

36. 按照说明书用 Quant-It dsDNA BR Assay Kit 测量 DNA 的量（也可参见方案 11）。

▲强烈推荐用荧光定量而不是用基于紫外吸收的定量方法。

在这一步中，DNA 的平均产量应该>400ng，后续步骤需要至少 300ng DNA。如果获得的 DNA 量>300ng，则将剩余的 DNA 用于环化反应；如果 DNA 产量<300ng，则应重新合成。

37. （可选）DNA 样品可以 4℃保存过夜。

DNA 环化

38. 取 300ng 补齐的 DNA，加分子生物学级水至终体积为 80μL。

39. 在 0.2mL 离心管内依次加入下列组分：

Filled-in LoxP DNA(300ng)（自步骤 35）	80μL
10×Cre 缓冲液	10μL
Cre 重组酶（1U/μL）	10μL
总体积	100μL

轻轻翻转混匀。

40. 使用下述程序在 PCR 仪上进行反应：

37℃，45min

70℃，10min

4℃，永久

41. 用 1mol/L DTT 储存液配制新鲜的 100mmol/L DTT，振荡混匀，放置于冰上。

DTT 100mmol/L 稀释液在当天用完就扔掉。

分子生物学级水	18μL
DTT(1mmol/L)	2μL
总体积	20μL

42. 孵育完成后，向 Cre 酶处理的 DNA 反应液中加入 1.1μL 100mmol/L DTT，上下翻转颠倒混匀，瞬时离心。

43．往上述样品中加入以下试剂：

ATP(100mmol/L)	1.1μL
Plasmid-Safe ATP-Dependent DNase(10U/μL)	5.0μL
外切核酸酶（20U/μL）	3.0μL

轻轻翻转，颠倒混匀。

44．37℃温育30min进行反应。

45．在PCR仪内70℃孵育30min热灭活。

46．（可选）DNA样品4℃保存过夜。

*LoxP*环化DNA的片段化

47．将110μL DNA样品转入miniTUBE-Blue AFA管，离心去除气泡。

48．将样品放入Covaris水浴槽。

运行Covaris程序 8kb_illumina：

Duty Cycle: 20%

Intensity: 5

Cycles/burst: 500

Time: 30 sec

49．水浴锅中取出样品管并将溶液转移至1.7mL离心管中。

50．合并被剪切的DNA。如果只做了一份环化反应，则无需合并。

51．往被剪切的DNA中加入3倍体积的ERC缓冲液，振荡。

52．用QIAquick PCR 纯化柱纯化。

i．将反应液/缓冲液的混合液加入纯化柱。

ii．14 000*g*离心柱子1min，或使用抽真空装置使ERC混合液全部过柱。

iii．离心结束后，弃去废液。

iv．加入750μL PE缓冲液。

v．14 000*g*离心柱子1min，或使用抽真空装置使PE 缓冲液全部过柱。

vi．离心结束后，弃去废液。

vii．将离心管旋转180°，14 000*g*离心1min。

viii．将纯化柱放入新的1.7mL离心管，弃去废液管。

ix．加入20μL EB缓冲液，室温孵育1min，14 000*g*离心纯化柱1min。

x．再加入20μL EB缓冲液，室温孵育1min，14 000*g*离心纯化柱1min。

xi．弃去纯化柱，保留含洗脱DNA的1.7mL离心管。

片段末端修复补平

53．在1.7mL离心管内加入下述试剂：

DNA	38μL
5×末端修复补平缓冲液	10μL
末端修复补平酶混合液	2μL
总体积	50μL

振荡混匀，室温下孵育30min进行末端修复补平反应。

54．加入3倍体积ERC缓冲液，振荡。

55．按照步骤52.i～52.viii用QIAquick PCR纯化柱纯化末端，修复补平片段。

56．用33μL EB缓冲液洗脱DNA。室温孵育1min。

57．取 1μL DNA 用 Quant-It dsDNA BR Assay Kit 测量纯化 DNA 的浓度，用分光光度计读取结果（可参见方案 11 或方案 12）。

末端配对加 A 尾

58．用步骤 56 的纯化产物设置加 A 反应：

纯化的末端修复补平 DNA	32μL
10×Klenow 缓冲液	5μL
dNTP(1.0mmol/L)	10μL
Klenow Exo（5U/μL）	3μL
总体积	50μL

在 PCR 仪内 37℃温育 30min。

59．加入 3 倍体积 ERC 缓冲液，振荡。

60．按照步骤 52.i～52.viii 用 QIAquick PCR 纯化柱纯化 DNA。

61．用 16μL EB 缓冲液洗脱 DNA。室温孵育 1min。

末端配对接头连接

62．计算需要多少皮摩尔的 DNA 接头（双链）。

i．首先根据其大小计算需要多少皮摩尔的插入片段 DNA。

插入片段 DNA 的皮摩尔数=DNA 的微克数×（1pmol/660pg）×10^6pg/μg×1/N

N 是插入片段 DNA 的平均大小；

所需 DNA 接头=（插入片段 DNA 的皮摩尔数）×50

例如，对于 30ng 平均大小为 850bp 的 DNA：

插入片段 DNA 的皮摩尔数

=0.03μg×（1pmol）/（660pg）×10^6pg/μg×1/850=0.053pmol

所需 DNA 接头

=（0.053pmol）×50=2.7pmol

63．将 PE Illumina 接头寡聚核苷酸混合液从 4μmol/L 稀释至 1μmol/L。使用 2.7μL 1μmol/L DNA 接头储存液。

或者用网站 http://www.Promega .com/biomath /default.Htm.上的计算器。选择 dsDNA：“micrograms to picomoles”，输入数字得到样品的皮摩尔数。

例如：以步骤 62 的例子为例，选择“micrograms to picomoles”回答以下问题。

- How long is your DNA(in base pairs)? 输入 850
- How many micrograms of DNA do you have? 输入 0.03

然后点击 Calculate ，会给出答案：0.053pmol DNA

将样品皮摩尔数乘以 50（50 倍）

对于带索引文库，用“ILL Index Adaptor Duplex”代替“ILL_indexAdaptor_Duplex_IDT”

64．在 1.7mL 离心管混合下述组分：

加 A 尾的 DNA	15μL
2×快速连接酶缓冲液	25μL
ILL PE forked adaptor duplex 或者 ILL index adaptor duplex	xμL
水	yμL
总体积	45μL

65．轻弹或者翻转颠倒混匀，加入 5μL 2000U/μL 的连接酶，室温孵育 15min。

66．用 AMPure XP 磁珠纯化 DNA。

i．往 DNA 样品中加入 75μL 校准的 AMPure 磁珠。

ii．于离心管旋转器上室温孵育 5min。

iii．MPC 上静置 2min 以分离上清液和磁珠。

iv．吸去上清液。

v．用 500μL 70%乙醇清洗磁珠两遍。

vi．真空干燥器中抽干 2min。

vii．加入 50μL EB 缓冲液，振荡，室温孵育 1min。

viii．MPC 上静置 1min。

ix．将上清转移到新的 1.7mL 离心管。

末端配对文库的固定

67．吸取 25μL 链亲和素磁珠到一个新离心管中，使用 MPC 聚集磁珠并吸去缓冲液。

68．使用 MPC，加入 50μL 2×文库结合缓冲液清洗磁珠两遍。

每次清洗时涡旋混匀。

69．用 50μL 2×文库结合缓冲液重悬磁珠，加入 50μL 清洗过的链亲和素磁珠到步骤 65 的 50μL DNA 中，涡旋混匀，置于离心管旋转器上室温孵育 15min。

70．用 MPC 聚集磁珠并吸去上清液。

71．用 500μL TE 缓冲液清洗固定化的文库三次。每次清洗要涡旋混匀。

72．吸去全部 TE 缓冲液，用 30μLTE 缓冲液重悬磁珠。

末端配对 PCR 的优化

执行步骤 73 或者步骤 74。

对于 Nonindex 文库

73．在 0.2mL 离心管中加入下述组分为一个反应体系：

DNA/磁珠	2μL
Phusion 混合液(2×)	25μL
PE PCR 引物 1.0（8μmol/L）	0.5μL
PE PCR 引物 2.0（8μmol/L）	0.5μL
分子级水	22μL
总体积	50μL

对于 Index 文库

74．从 Index 1～48 中挑选一个 Index PCR 引物。在同一个流动槽中运行不同的文库，为每个文库挑选不同的 Index PCR 引物。

DNA/磁珠	2μL
Phusion 混合液(2×)	25μL
Multiplexing 引物 1.0（8μmol/L）	1uL
Multiplexing 引物 2.0（0.5μmol/L）	1μL
Index PCR 引物（8μmol/L）	1μL
分子级水	20μL
总体积	50μL

75．设置两个 PCR 程序。

程序 1

循环数	变性	复性	聚合
1	98°C，30s		
14 个循环	98°C，10s	65°C，30s	72°C，30s

程序结束后维持在 4℃。

程序 2

循环数	变性	复性	聚合
2 个循环	98°C，10s	65°C，30s	72°C，30s

程序结束后维持在 4℃。

76．取 6 个 0.2mL 离心管，分别标记为：PCR-14，PCR-16，PCR-18，PCR-20，PCR-22，PCR-24。

77．运行 PCR 程序 1，从标记为 PCR-14 的 0.2mL 离心管中吸出 5μL 反应液。

78．运行 PCR 程序 2 继续进行 PCR 优化，从标记为 PCR-16 的 0.2mL 离心管中取出 5μL 反应液。

79．重复步骤 78 完成剩余的 4 个循环数优化试验（PCR-18，PCR-20，PCR-22，PCR-24）。

80．取 5μL 反应产物加入 1μL 上样染料，快速涡旋并离心。

81．制备 2.2% FlashGel，13 孔内各加 4μL 水，第 1 和第 8 泳道各加 2μL Flash 50～1500bp 分子质量标记物。

82．第 2～7 泳道中各加 6μL PCR 产物，275V 电泳 5～7min。

83．凝胶照相。确定过度扩增的循环数。进行大规模 PCR 时采用未显现过度扩增的最大循环数。例如，如果 PCR-22 和 PCR-24 显现过度扩增而其他循环数未显现，则使用 PCR-20 的条件。一个样本的 PCR 结果见图 11-10（例如，Turtle 24×泳道显现过度扩增）。

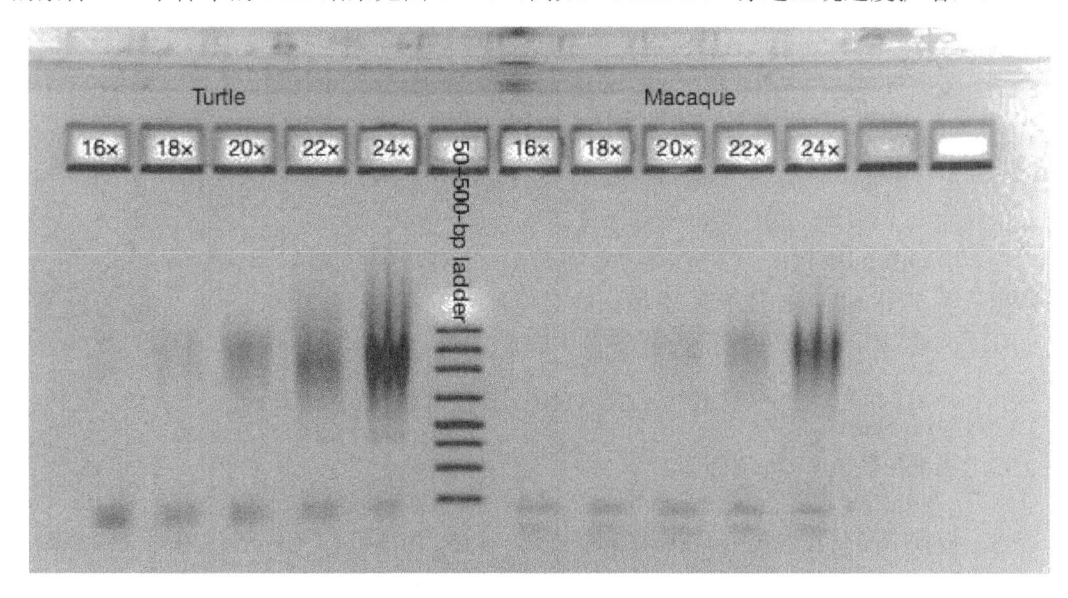

图 11-10 扩增循环数优化试验的凝胶电泳。

大规模 PCR

84．每个反应的用量乘以反应数，制备 PCR 反应混合液。我们推荐进行 15 个反应。

PCR 组分（用于 nonindex 文库）

DNA/磁珠	2μL
Phusion 混合液（2×）	25μL
PE PCR 引物 1.0（8μmol/L）	0.5μL
PE PCR 引物 2.0（8μmol/L）	0.5μL
分子级水	22μL
总体积	50μL

PCR 组分（用于 index 文库）

DNA/磁珠	2μL
Phusion 混合液（2×）	25μL
Multiplexing 引物 1.0（8μmol/L）	1μL
Multiplexing 引物 2.0（0.5μmol/L）	1μL
Index PCR 引物（8μmol/L）	1μL
分子级水	20μL
总体积	50μL

引物寡聚核苷酸序列见表 11-2。

85．根据前一部分优化结果设定 PCR 程序：

循环数	变性	复性	聚合
1	98℃，30s		
N 个循环 [a]	98℃，10s	65℃，30s	72℃，30s
最后一轮			72℃ 5min

程序结束后维持在 4℃。

a．能得到扩增产物的最少循环数（*N*）。

86．DNA 扩增。

87．循环结束后，将所有样品合并到一个 15mL 锥形管中，用 EB 缓冲液调节至终体积为 750μL。

88．加入 3 倍体积 ERC 缓冲液，涡旋。

89．用 QIAquick PCR 纯化柱按照步骤 52.i～52.viii 纯化 DNA。

90．用 50μL EB 缓冲液洗脱 DNA。室温孵育 1min。

91．重复步骤 90。弃掉柱子，保留含 100μL 洗脱 DNA 的 1.7mL 离心管。

双重 AMPure 磁珠纯化进行片段大小选择

92．涡旋振荡 AMPure 磁珠。

使用校准的 AMPure 磁珠非常关键。校准方法见附加方案 AMPure 磁珠校准。

93．根据下面公式加入 *x*μL AMPure 磁珠。往公式中输入 AMPure 磁珠的双末端截止值（PE 截止值）（PE 截止值的测定见附加方案“AMPure 磁珠校准”）。

xμL=（PE 截止值）×100

xμL=0.65×100=在样品中加入 65μL AMPure 磁珠

94．涡旋混匀，室温静置 5min。

95．使用 MPC 使磁珠聚集在离心管壁上。

96．将上清液吸出至新的离心管中，确保上清体积等于 100μL+*x*μL（来自步骤 93）；

如果不足，则加 Tris-HCl 至该体积（例如，100μL+65μL=165μL）。在上清液中加入 75μL 10mmol/L Tris-HCl（pH 7.5～8.5），然后加入 yμL AMPure 磁珠：

$$y\mu L = x\text{（来自步骤 93）}\mu L + 20\mu L$$

例如，

$$y = 65\mu L + 20\mu L = 85\mu L$$

97．涡旋混匀，室温静置 5min。

98．使用 MPC 使磁珠聚集在离心管壁上。在清洗时把离心管一直放在 MPC 上。

99．弃掉上清液，用 500μL 70%乙醇清洗磁珠两遍，每次清洗孵育 30s。

100．快速离心并弃去所有上清液。

101．37℃放置 2min 风干 AMPure 磁珠，当看到磁珠开始出现裂缝时即可，不能过度干燥。

102．加入 30μL 10mmol/L Tris-HCl（pH 7.5～8.5），涡旋重悬磁珠，将双末端文库从 AMPure 磁珠上洗脱下来。

103．使用 MPC 聚集磁珠到离心管壁上，将上清液转至新离心管，弃掉磁珠。

最终文库定量

104．取 1μL 步骤 103 的最终样品加到 Agilent 2100 Bioanalyzer DNA 1000 芯片上验证其大小范围。

105．取 1μL 最终样品用 Quant-It dsDNA HS Assay Kit 测量纯化 DNA 的浓度，用荧光计读取结果（可参见方案 11 或方案 12）。

106．将上述值输入 Illumina 文库稀释计算器（Illumina Library Dilution Calculator）中，将双末端文库稀释至 5nmol/L。

附加方案　AMPure 磁珠校准

在本方案的文库制备过程中，AMPure 磁珠用于去除文库中过小或者过大的 DNA 片段。由于不同批次 AMPure 磁珠的分子排阻特性具有高度可变性，因此每次购买到的 AMPure 磁珠都要进行校准以测定其分子排阻特性。校准结果将决定在文库制备过程中要用到的 AMPure 磁珠与 DNA 样品比例（V∶V），以构建适用于 GS FLX Tianium 化学原理测序的最佳大小文库。

在 AMPure 磁珠校准试验中，将 100～1500bp DNA 分子质量标记物和不同磁珠-DNA 比的 AMPure 磁珠孵育，比值范围为 0.5∶1 至 1∶1（V∶V），每个磁珠-DNA 比将提供不同的片段大小截止值参数。通过用 Agilent Bioanalyzer DNA 7500 LabChip 分析磁珠上滞留的 DNA 来评估这些截止值，记录处于 200～500bp 范围的峰值（DNA 浓度）区间。比较校准试验结果和通过经验得到的最优数据，决定所测批次磁珠用于 DNA 文库构建的最佳比值。

方法

1．标记 11 个 1.7mL 离心管用于本试验一系列磁珠-DNA 比；其范围如表 11-3 所示，从 0.50∶1 到 1.00∶1，增量为 0.05。

2．在一个新离心管中加入 48μL 100～1500bp DNA 分子质量标记物，用 1152μL 分子生物学级水稀释。

3．往每个标记的离心管中精确地加入 100μL 稀释的 DNA 分子质量标记物。

4．剧烈振荡装有 AMPure 磁珠的管子，取出 900μL 到新离心管用于下面的试验。

5．用吸取 100μL 稀释的 DNA 分子质量标记物的同一个移液器，往每个样品中加入适量的磁珠。一定要按下述方式操作。

- 每次吸取前振荡磁珠。
- 每次吸取磁珠更换吸头。
- 慢慢吸出磁珠，确保没有吸入空气以及在吸头外面没有磁珠。
- 慢慢将磁珠推出，确保所有的磁珠都加入到样品中。

表 11-3　每种磁珠-DNA 比所用的稀释的 DNA 分子质量标记物和 AMPure 磁珠体积

磁珠/DNA(体积比)	稀释的 DNA 分子质量标记物/μL	AMPure 磁珠/μL
0.50：1	100	50
0.55：1	100	55
0.60：1	100	60
0.65：1	100	65
0.70：1	100	70
0.75：1	100	75
0.80：1	100	80
0.85：1	100	85
0.90：1	100	90
0.95：1	100	95
1：1	100	100

6．振荡所有离心管，室温孵育 5min。

7．用 MPC 仪沉淀磁珠，由于悬液比较黏稠，可能需要几分钟。

8．弃掉上清，用 500μL 70%的乙醇清洗磁珠两遍，每次清洗时孵育 30s。

随着磁珠-DNA 比的提高截止值逐步降低，更长的 DNA 片段将结合 AMPure 磁珠，在每个孵育条件中小于截止值的 DNA 分子将在下一步被洗掉。

9．吸去每个离心管中的上清，将 AMPure 磁珠彻底风干。为了减少干燥时间，可以将 AMPure 磁珠放入 37℃烘箱，当能看到沉淀开始破裂时即可。

10．从 MPC 中取出离心管，每管加入 10μL Tris-HCl，振荡重悬磁珠。

11．用 MPC 仪沉淀磁珠，将上清液转移至一套标记好的新离心管中。

12．加入 6μL 水稀释 4μL 未处理的 DNA 分子质量标记物作为对照。

13．从磁珠筛选的和对照 DNA 分子质量标记物中各取 1μL 用一个 Bioanalyzer DNA 7500 LabChip 进行分析。

磁珠校准分析

结果表明，随着磁珠-DNA 比降低，DNA 分子质量标记物样品中的小片段将逐渐被去除（即只有大片段能结合于低比值的磁珠）。用 12 通道 LabChip 监测所有样品（包括未处理的对照分子质量标记物）在 200～500bp 范围的浓度峰值来评估校准试验。900bp 处的峰应该存在于所有待测磁珠-DNA 比样品中，并用于所有通道的标准化。

- 对每个通道，用 200bp、300bp、400bp 和 500bp 处的 DNA 浓度值（ng/μL）除以该通道 900bp 处的 DNA 浓度值。
- 将 11 个样品的这 4 个值与表 11-4 中第 2 和第 3 列的数值比较。
- 将能产生与表 11-4 中第 2 列数值最相似数值的磁珠-DNA 比用作步骤 93 的截止值。
- 要确保对照通道的峰值比与表 11-4 中第 3 列数值相符。

表 11-4 低分子质量峰与 900bp 峰 DNA 浓度的最优比值

峰比（DNA 浓度）	最优 PE 截止值	对照 DNA 的比值
200/900	N/A	0.7
300/900	0.25	1.1
400/900	0.4	1.4
500/900	1.5	3.4

配方

为正确使用本方案中的器材和危险试剂，必须查阅相应的材料安全数据表并咨询所在机构的环境卫生和安全办公室。

文库结合缓冲液（2×）（2mol/L NaCl/2×Tris-EDTA 缓冲液）100mL

Sigma 水	58mL
NaCl (5mol/L)	40mL
TE 缓冲液（100×, 1∶0.1 mol/L)	2mL

1．在 250mL 烧杯内按上述次序加入并混合试剂。

2．搅拌 30min，测量并记录电导率、pH 和密度。

3．每管 10mL 分装于 15mL 锥底管。贴上标签（用绿标签以区分用途）并加入 IMP 数据库。该溶液保质期 3 个月，要在标签上写好过期日期。-20℃保存。

方案 9 RNA-Seq:RNA 反转录为 cDNA 及其扩增

Ovation RNA-Seq 试剂盒可快速、简便地用总 RNA 扩增得到 cDNA。该方法从转录物的 3′端起始扩增，跨越整个转录序列范围；因其读长分布于整个转录序列，故非常适合下一代测序。本方案扩增的 cDNA 将用于构建为 Illumina Genome Analyzer II 平台而优化的文库。

附加方案介绍样品反转录为 cDNA 之前如何去除已降解的小 RNA。

材料

为正确使用本方案中的器材和危险试剂，必须查阅相应的材料安全数据表并咨询所在机构的环境卫生和安全办公室。

本方案的专用试剂标注<R>，配方在本方案末提供。常用储备溶液、缓冲液和试剂标注<A>，配方见附录 1。储备溶液应稀释至适用浓度后使用。

试剂

DNA 7500 试剂（Agilent，目录号 5067-1506）

乙醇（100%和 70%）

Minelute PCR 纯化试剂盒（QIAGEN,目录号 28004）

Ovation RNA-Seq 试剂盒（NuGEN,目录号 7100-08）

Quant-iT dsDNA BR Assay 试剂盒（Life Technologies，目录号 Q32853）

Quant-iT RNA Assay 试剂盒（Life Technologies，目录号 P11496）

RNA Nano Assay（Agilent）

RNA 6000 Pico 试剂盒（Agilent，目录号 5067-1513）

要扩增的 RNA 样品

TE 缓冲液（1×）<A>

设备

2100 生物芯片分析仪（Agilent，目录号 G2939AA）

荧光光度计（如 Qubit；Life Technologies）

Qubit 检测管或类似品牌（Life Technologies，目录号 Q32856）

SPRIPlate 96R ring magent plate（Beckman Coulter，目录号 000219）

以前是 96 孔板。

带 0.2mL 离心管加热板、加热盖和 100μL 反应容量的 PCR 仪

离心管（1.7mL 和 0.7mL）

PCR 用薄壁离心管（0.2mL）

方法

RNA 评估

1．对样品中的 RNA 进行定量，必要时可稀释（参见方案 12～14）。如有必要，按照附加方案“RNAclean XP 磁珠纯化”（RNA-Seq 前）描述的方法去除 RNA 样品中已降解的小 RNA。

2．稀释一份 RNA 样品至试验所需浓度范围：25～500ng/μL 用于 RNA Nano Assay（Agilent）或者 50～5000pg/μL 用于 RNA 6000 Pico Assay（Agilent）。用 RNA Nano Assay 或者 RNA 6000 Pico Assay 评估 RNA 样品的质量（范例见图 11-11）。

cDNA 第一条链的合成

3．轻弹含有 First-Strand Enzyme Mix（蓝色盖子，来自 NuGEN Ovation RNA-Seq 试剂盒的 A3），瞬时离心，放置于冰上。

4．室温融化含有 First-Strand Primer Mix（蓝色盖子的 A1）、First-Strand Buffer Mix（蓝色盖子的 A2）和水（绿色盖子的 D1）的离心管，振荡，瞬时离心，放置于冰上。

5．在 0.2mL PCR 管中为每份 cDNA 文库构建混合下述组分：

First-strand primer mix	2μL
RNA(100ng)	*x*μL
水	（5-*x*）μL

总体积为 7μL，RNA 不能超过 100ng。

将 PCR 管瞬时离心，放置于冰上。

RNA 的量超过 100ng 时可能会抑制扩增，必要时可以把反应体积增加到 8μL。

6．将 PCR 管放入预热至 65℃的 PCR 仪，孵育 5min 后冷却至 4℃，取出 PCR 管放置于冰上。

7．在 0.7mL 离心管内为每个样品混合 2.5μL First-Strand Buffer Mix 和 0.5μL First-Strand Enzyme Mix。吹打混匀，瞬时离心，放置于冰上。

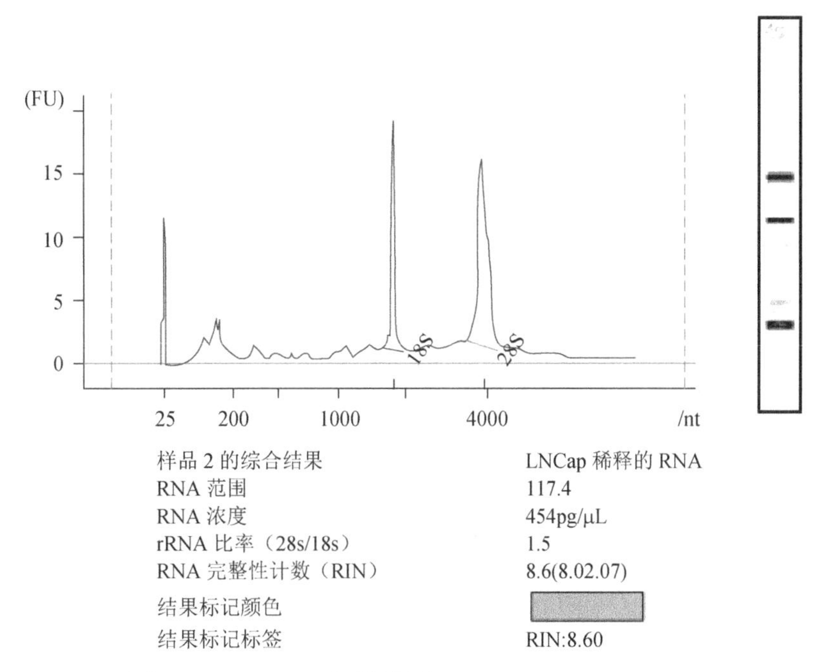

样品 2 的综合结果	LNCap 稀释的 RNA
RNA 范围	117.4
RNA 浓度	454pg/μL
rRNA 比率（28s/18s）	1.5
RNA 完整性计数（RIN）	8.6(8.02.07)
结果标记颜色	
结果标记标签	RIN:8.60

图 11-11　RNA 定量结果（彩图请扫封底二维码）。

8．向来自步骤 5 的每个离心管加入 3μL 稀释的酶混合液（总体积=10μL），吹打 6～8 次混匀，瞬时离心。

9．将离心管放入 4℃预冷的 PCR 仪，按下述条件合成 cDNA 第一条链：

i．4℃，1min

ii．25℃，10min

iii．42℃，10min

iv．70℃，15min

v．冷却至 4℃。

10．取出离心管放置于冰上，立即继续 cDNA 第二条链的合成。

cDNA 第二条链的合成

11．将 AMPure RNA Clean 磁珠放在实验桌上，自然升温至室温。

12．轻弹含有 Second-Strand Enzyme Mix（黄色盖子的 B2）的离心管，瞬时离心，放置于冰上。

13．室温融化含有 Second-Strand Buffer Mix (黄色盖子的 B1) 的离心管，振荡，瞬时离心，放置于冰上。

14．在 0.7mL 离心管内为每个样品混合 9.7μL Second-Strand Buffer Mix 和 0.3μL Second-Strand Enzyme Mix，吹打混匀，瞬时离心，放置于冰上。

15．往来自步骤 10 的每个第一条链反应管中加入 10μL 稀释的酶混合液（总反应体积=20μL)，吹打 6～8 次混匀，放置于冰上。

16．将离心管放入 4℃预冷的 PCR 仪，按下述条件合成 cDNA 第二条链：

i．4℃，1min

ii．25℃，10min

iii．50℃，30min

iv．80℃，20min

v．冷却至 4℃。

17．取出离心管放置于冰上，立即继续 cDNA 纯化。

cDNA 纯化

18．开始前先确保 RNA Clean 磁珠（来自步骤 11）已经完全达到室温。翻转离心管重悬磁珠。

▲不能振荡或者离心沉淀磁珠。

19．在室温条件下往每个离心管中加入 32μL 磁珠，吹打 10 次混匀，室温孵育 10min。

20．将离心管放置于 SPRI 96R 磁板上使磁珠沉淀。

21．从每个离心管中吸去 42μL 结合缓冲液。

22．用 200μL 新配置的 70%乙醇清洗磁珠 3 遍。尽可能地去除乙醇。

23．放置于磁板上风干至少 15～20min。

24．用结合在干磁珠上的 cDNA 立即进行 SPIA 扩增。

SPIA

25．室温融化含 SPIA Primer Mix（红色盖子的 C1）和 SPIA Buffer Mix（红色盖子的 C2）的离心管。振荡混匀，瞬时离心后放置于冰上。

26．冰上融化 SPIA Enzyme Mix（红色盖子的 C3），轻轻地上下颠倒 5 次使之混匀，瞬时离心后放于冰上保存。

27．在 0.7mL 离心管按照下表配制 SPIA 反应混合液。

▲确保最后加酶。吹打混匀，瞬时离心后放置于冰上，立即使用。

试剂	每份反应
SPIA Primer Mix	10μL
SPIA Buffer Mix	20μL
SPIA Enzyme Mix	10μL

28．向每个含有干磁珠（来自步骤 23）的离心管中加入 40μL SPIA 反应混合液。用调至 30μL 刻度的移液器吹打 8～10 次混匀。

29．将离心管放入预冷至 4℃的 PCR 仪，用下述程序进行反应：

i．4℃，1min

ii．47℃，60min

iii．95℃，5min

iv．冷却至 4℃。

30．取出离心管放置于冰上。

31．将离心管放置于 SPRI 96R 磁板上，沉淀磁珠 5min。

SPIA 后修饰 I

32．将含有 35μL 已扩增 cDNA 的上清液转移到新的 0.2mL 离心管中。弃去磁珠。

33．室温融化 post-SPIA Primer Mix（紫色盖子的 E1），振荡混匀，瞬时离心后放置于冰上。

34．往 35μL 样品中加入 5μL 引物混合物，吹打 6～8 次混匀，瞬时离心后放置于冰上。

35．将离心管放入预热至 98℃的 PCR 仪孵育 3min。冷却至 4℃。

36．取出离心管放置于冰上，立即进行 SPIA 后修饰 II。

SPIA 后修饰 II

37．室温融化 post-SPIA Buffer Mix（紫色盖子：E2），振荡混匀，瞬时离心后放置于冰上。

38．瞬时离心 post-SPIA Enzyme Mix（蓝紫色盖子：E3），放置于冰上。

39．在 0.7mL 离心管按照下表配制 SPIA 后修饰混合液，吹打混匀，瞬时离心后放置于冰上。

试剂	每份反应
Buffer Mix	5μL
Enzyme Mix	5μL

40．往每 40μL 反应液（来自步骤 36）中加入 10μL SPIA 后修饰混合液。

41．用调至 40μL 刻度的移液器吹打 6～8 次混匀，瞬时离心后放置于冰上。

42．将离心管放入预冷至 4℃的 PCR 仪，按下述条件进行反应：

i．4℃，1min

ii．30℃，10min

iii．42℃，15min

iv．75℃，10min

v．冷却至 4℃。

43．取出离心管，瞬时离心后放置于冰上。−20℃保存扩增的 cDNA。

扩增 cDNA 的纯化

44．按下述过程用 MinElute 柱纯化扩增 cDNA。

i．加入 5 倍样品体积的 PB 缓冲液（250μL）。

ii．用新配制的 80%乙醇洗两遍。

iii．瞬时离心去掉柱子里的水分。

iv．用 30μL 1×TE 缓冲液（2×15μL）洗脱样品。

v．孵育 2min。

vi．离心回收 cDNA。

双链 cDNA 得率的定量

45．每个双链 cDNA 样品配制一份 10 倍稀释液，用稀释样品参照方案 14 进行 Qubit 分析（dsHS）。

46．每个样品配制一份约 50ng/μL 的稀释液，用 Agilent DNA7500 仪器分析稀释样品。cDNA 大小范围应该是从＜100bp 到 1.5kb，且以＜1kb 的为主（范例见图 11-12）。

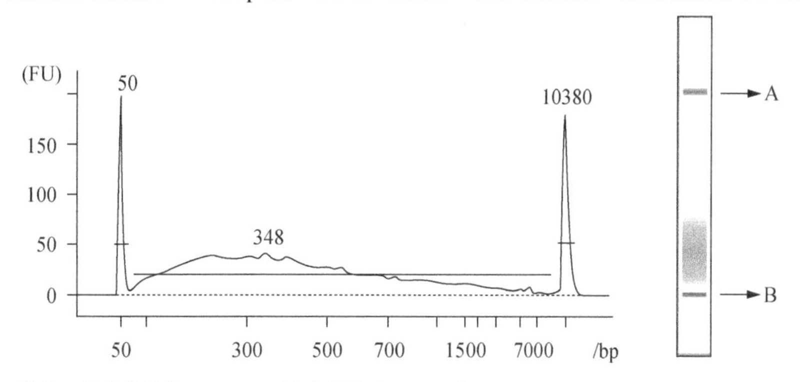

样品 3 的总体结果：　ALS 4 枕叶皮质（1015268）
峰的数目：　1
样品 3 中峰的表格　ALS 4 枕叶皮质（1015268）

峰	大小/bp	浓度/(ng/μL)	体积摩尔浓度/(nmol/L)	观测值
1	50	8.30	251.5	低分子质量标记物
2	348	48.11	209.5	
3	10.380	4.20	0.6	高分子质量标记物

图 11-12　cDNA 定量结果（彩图请扫封底二维码）。

47. 进行 Illumina 文库构建（参见方案 4～8）。PE 文库构建参见下述修正版 Illumina PE 文库构建（仅用于 NuGEN cDNA）。

如果起始 RNA 被降解，cDNA 片段将变小，几乎没有大于 700bp 的片段。如果这样的话，应可以略过 cDNA 剪切直接进行 cDNA 末端修复。

Illumina 文库构建通常需要 500ng cDNA，不过 1μg 也可以。

修正版 Illumina PE 文库构建（只用于 NuGENcDNA）

1. 往 Covaris microTube 中加入下述组分

样品	cDNA 量（1μg）	5×Lucigen DNA Terminator End Repair Buffer	无核酸酶水	终体积
样品 cDNA	*x*μL	10μL	*y*μL	50μL

2. 振荡后瞬时离心。

3. 用 Covaris 程序（*prog2-5DC-4I-200CB-90s*）进行片段化。

4. 将样品转移到 1.7mL 离心管中。

末端修复

5. 往每个 1.7mL 离心管中加入 2μL Lucigen DNA 终止子末端修复酶。

6. 室温孵育 30min，然后 70℃孵育 15min 热灭活。

AMPure XP 大小筛选

7. 往样品中加入 1.3 倍体积的 AMPure XP Cleanup 磁珠[参见附加方案“RNAclean XP 磁珠纯化”（RNA-Seq 前）]

i. 往样品中加入 1.3 倍体积（67.6μL）的 AMPure XP 磁珠。

ii. 振荡混匀。

iii. 室温孵育 10min。

iv. 放置于 MPC 上使磁珠沉淀。

v. 弃掉上清。

vi. 用 500μL 70%乙醇清洗磁珠两遍。

vii. 风干。

viii. 用 33μL EB 缓冲液洗脱，振荡重悬，放置于 MPC 上使磁珠沉淀。

ix. 将洗脱的 DNA 转移至 0.2mL PCR 管。

8. 继续 Illumina PE 文库构建的加 A 尾反应及后续步骤。

对方案 4 来说，这是步骤 9（前 7 步代替了方案 4 的步骤 1～8）。

附加方案　RNAClean XP 磁珠纯化（RNA-Seq 前）

该方法有时用于从 RNA 样品中去掉大多数已经降解的小 RNA 片段（范例见图 11-13）；其成功率达不到百分之百，不能确保用 NuGEN Ovation RNA-Seq 试剂盒一定能得到长片段 cDNA。

方法

1. 往新的 1.7mL 离心管中加入 1μg 降解的 RNA 样品。
2. 用 1.6 倍体积 RNA Clean XP 磁珠（不是 AMPure XP）进行纯化。
   i. 轻轻吹打或者轻弹混匀（RNA 不能振荡）。
   ii. 室温孵育 10min。
   iii. 放置于 MPC 上使磁珠沉淀（5min）。
   iv. 吸去上清液。
   v. 用 500μL 新配制的 70%乙醇清洗磁珠两遍，每次清洗孵育 30s 后吸去上清液。
   vi. 室温放置 15～20min 风干磁珠。
   vii. 用 13μL 无核酸酶的水洗脱样品。
3. 从每个样品取 1μL 进行 Qubit RNA Assay。
4. 再从每个样品取 1μL 稀释至约 5ng/μL。
5. 取 1μL 稀释的样品进行 Agilent RNA 6000 Pico Assay，每个样品两次重复。

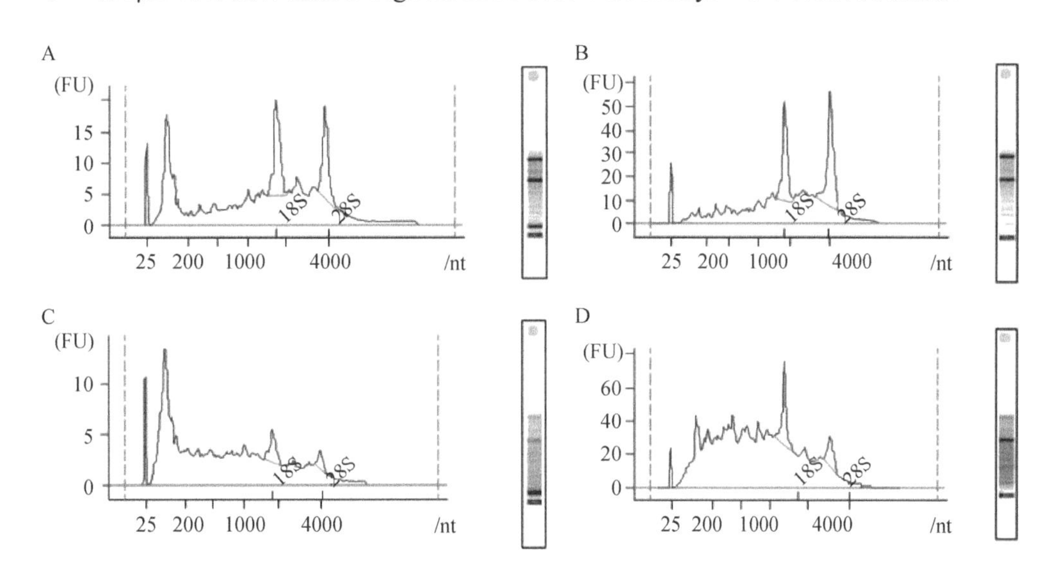

图 11-13　RNA 纯化范例。（A）范例 1：RNA 纯化前。（B）范例 1：RNA 纯化后。（C）范例 2：RNA 纯化前。（D）范例 2：RNA 纯化后（彩图请扫封底二维码）。

方案 10 液相外显子组捕获

本方案介绍基因组 DNA（gDNA）末端配对文库的构建，以及后续的用 NimbleGen 序列捕获探针和 Illumina TruSeq 寡核苷酸方法捕获基因组特定区段。捕获的 DNA 经过纯化和定量后适于用作 Illumina 测序模板。本方案是最常用的外显子组捕获方法。从前用的是固相方法，但是现在已经被液相方法所取代，部分原因是由于许多公司各自开发特定的试剂。有关液相捕获外显子组方法的优缺点见本章导言“定向测序：概述”部分的讨论（也可参见本章导言部分的图 10-1）

附加方案包括“AMPure 磁珠纯化和琼脂糖凝胶大小筛选”。

材料

为正确使用本方案中的器材和危险试剂，必须查阅相应的材料安全数据表并咨询所在机构的环境卫生和安全办公室。

本方案的专用试剂标注<R>，配方在本方案末提供。常用储备溶液、缓冲液和试剂标注<A>，配方见附录 1。储备溶液应稀释至适用浓度后使用。

试剂

琼脂糖（Bio-Rad，低融点）

安捷伦生物分析仪 DNA 1000 和 DNA 12 000 试剂

用于 DNA 样品浓缩和纯化的 AMPure XP 磁珠（Beckman Coulter）

条形码（Bioo Scientific NEXTflex）

荧光定量级 COT 人类 DNA（1mg/mL，1mL）

洗脱缓冲液（EB）

EB 是一种通用缓冲液，首先由 QIAGEN 公司推出，其成分为 10mmol/L Tris (pH8.0)。水也可以作为 DNA 缓冲液，但当 DNA 浓度过高或者 DNA 溶液反复冻融时会导致 DNA 的降解。应根据实验方案选择合适的缓冲液。

End Repair Buffer Mix (NEXTflex)

End Repair Enzyme Mix (NEXTflex)

乙醇（100%）

外显子组文库探针（NimbleGen SeqCap EZ Choice 或者 SeqCap EZ 人类外显子组文库 V2.0 探针）

荧光光度计试剂（Qubit 或者 Quant-iT 试剂盒）

基因组 DNA 样品（gDNA）

杂交试剂盒和纯化试剂盒（NimbleGen）

无核酸酶的水

HF 缓冲液（2×）带 Phusion 高保真性酶（New England Biolabs）

QIAquick DNA 纯化试剂盒 （QIAGEN）

重悬缓冲液（Bioo Scientific）

测序试剂盒（Bioo Scientific NEXTflex）

偶联了链亲和素的 Dynabeads 磁珠（Life Technologies）

TAE 缓冲液（1×）＜A＞

TE(pH8.0)＜A＞

TruSeq 寡核苷酸（HPLC 纯化；Illumina）

下表是本方案要用到的 TruSeq 寡核苷酸：

序列名称	数量/μmol	碱基数	序列
TS-PCR Oligo 1	0.25	22	AATGATACGGCGACCACCGAG*A
TS-PCR Oligo 2	0.25	22	CAAGCAGAAGACGGCATACGA*G
TS-HE Oligo 1	0.25	58	AATGATACGGCGACCACCGAGATCTACACTCTTTC CCTA CACGACGCTCTTCCGATC*T
TS-HE GENERIC Index	0.25	57	GATCGGAAGAGCACACGTCTGAACTCCAGTCAC/ ideoxy1//ideoxy1//ideoxy1//ideoxy1//ideoxy1// ideoxy1/ATCTCGTATGCCGTCTTCTGCTT*G

注：TS，TruSeq 酶；HE，杂交增强；*，3′-磷硫酰修饰；TS-HE Index Oligos，我们用 TS-HE GENERIC Index Oligo 替代不同的特异性 TS-HE Index Oligos。这种通用引物可以在杂交实验过程中替代任意的 TS-HE 引物，从而降低材料成本和实验流程的复杂度；不过通用引物得到的实验结果质量可能不如用特异性 TS-HE 引物的好。

设备

Bioanalyzer 2100 (Agilent)

Bioanalyzer 利用微液流技术平台可以进行 DNA、RNA 和蛋白质的大小筛选、定量及质量控制。

平板和离心管用的离心机

超声用的 Covaris 管

烘箱（预先设定 95℃和 47℃）

荧光光度计（例如，Qubit、Wallac 1420 multilabel counter)

凝胶电泳槽和支架

Gene catcher 或手术刀

磁力架 (Ambion 或 DynaMag-2)

离心管

0.8mL、96 孔 MIDI 板

96 孔 PCR 板

PCR 平板盖（Bio-Rad 公司）

移液器和吸头

超声破碎仪（Covaris 公司）

分光光度计（如 NanoDrop）

PCR 仪

平板和单个离心管用的振荡仪

水浴锅（预先设定为 47℃）

方法

剪切用于文库制备的基因组 DNA

1．用 DNA 12000 Bioanalyzer 芯片检测基因组 DNA 的质量。

2．用荧光光度计测定样品浓度。

3．往 1～3μg gDNA 样品中加入洗脱缓冲液稀释至终体积 80μL。

DNA(gDNA)	1～3μg
EB 缓冲液	(80μL DNA 体积)

用 EB 缓冲液或水作为洗脱缓冲液，不要用 TE 缓冲液，因为 TE 中的 EDTA 会影响后面的酶反应。

4．将稀释液转移至 Covaris 管，注意避免产生气泡。

5．将 Covaris 管放在固定支架上放入 Covaris 超声破碎仪，运行所需的 Covaris 方案。如果要得到 250bp 左右的剪切片段，使用下述参数：

Duty Cycle: 10%
Intensity: 5
Cycle Burst: 200
Time: 90 s (Treatments: 30 s, 30 s, and 30 s)

6．（可选项）DNA 1000 Bioanalyzer 芯片分析 1μL 剪切的样品，检测样品的片段分布。

浓缩剪切的 DNA

按照 Bioo Scientific 公司的操作方案将 DNA 浓缩至 40μL。

7．室温融化 AMPure XP 磁珠至少 30min。

8．振荡磁珠 1min，使其彻底混匀。

9．取 144μL（1.8×80μL）磁珠放入 1.5mL 离心管或 MIDI 板的孔里。

10．将剪切的 DNA 样品转入含有 AMPure XP 磁珠的 1.5mL 离心管或 MIDI 板孔里。

11．吹打混匀，将 MIDI 板盖上平板盖。

12．瞬时离心（约 1s）收集磁珠（不要沉淀磁珠）。

13．室温条件下 2000r/min 振荡 5min 又 30s，使 DNA 结合到磁珠上。

14．瞬时离心（约 1s）收集磁珠（不要沉淀磁珠），然后放在磁力架上静置 2min。

15．轻轻地吸去上清液，以免搅动磁珠。

千万不要吸走珠子，宁可残留少量液体到乙醇清洗阶段去掉。

16．用新配置的 80%乙醇清洗磁珠。

i．现配 80%乙醇。

80%乙醇具有吸湿性，应该现用现配以取得最佳结果。

ii．在磁力架上往每个样品中加入 200μL 80%乙醇，室温静置 30s。

小心不要搅动磁珠沉淀。

iii．用移液器吸去 80%乙醇。

17．重复步骤 16 一次。

18．室温风干磁珠 5min 去除残留乙醇。

用 37℃烘箱可以加快磁珠干燥，然而干磁珠容易破裂成薄片，需要额外小心，不要让磁珠飘飞。

19．往干磁珠中加入 42μL 无核酸酶的水，室温孵育 5min 彻底重悬磁珠。

20．离心使磁珠沉淀。

21．放在磁力架上静置 2min，吸取 40μL 洗脱液转移到 PCR 板里。

文库制备

按照 Bioo Scientific NEXTflex DNA 测序试剂盒提供的方法制备末端配对（PE）文库。

22. 配制末端修复反应如下反应体系如下：

试剂	体积
浓缩的 DNA 片段（来自步骤 21）	40μL
NEXTflex End Repair Buffer Mix	7μL
NEXTflex End Repair Enzyme Mix	3μL
总体积	50μL

吹打混匀，放入 PCR 仪 22℃孵育 30min。

23. 按照附加方案“AMPure XP 磁珠纯化”的步骤纯化末端修复的 DNA。使用 x=1.8 倍体积（90μL AMPure 磁珠）（即 1.8×50μL）和 y=17μL Resuspension Buffer（Bioo Scientific 公司）。

24. 配制 3′腺苷酰化反应如下：

试剂	体积
纯化的末端互补 DNA(步骤 23)	17μL
Adenylation Mx（NEXTflex 公司）	3.5μL
总体积	20.5μL

吹打混匀，放入 PCR 仪 37℃孵育 30min。

接头连接

我们用 Bioo Scientific NEXTflex DNA Barcodes 进行连接。目前我们使用 48 个 Barcodes（每个条形码长度是 6 个碱基）。将条形码标记文库合并在一起时，一定要尽可能地平衡条形码库的碱基组成。例如，全部 4 个碱基都应该出现于条形码库中所有条形码的第 1 到第 6 位，如果做不到，至少要保证每个位置有一个 A 或 C 和一个 G 或 T。

表 11-5 用已知组合的 48 Barcodes 合并的例子阐述这个原则。

25. 配制接头连接反应如下：

试剂	体积
3′-腺苷酰化 DNA	20.5μmol/L
NEXTflex Ligation Mix	31.5μmol/L
NEXTflex DNA Barcode	2.5μmol/L
合计	54.5μmol/L

吹打混匀，放入 PCR 仪 22℃孵育 30min。

26. 使用下述方法之一进行连接产物的大小筛选。

凝胶筛选的效果好但是费时间，磁珠筛选更适合于高通量。根据实验需要选择哪一种方法，更多的考虑参见讨论部分。

i. 按照附加方案“AMPure XP 磁珠纯化”的步骤进行第一轮纯化。使用 x=0.4 倍体积（22μL AMPure 磁珠）和 y=55μL Resuspension Buffer（Bioo Scientific 公司）洗脱 DNA。

这一步滞留 400bp 以上的 DNA 片段。

ii. 按照附加方案“AMPure XP 磁珠纯化”的步骤进行第二轮纯化。使用 x=1.0 倍体积（55μL AMPure 磁珠）和 y=20μL Resuspension Buffer（Bioo Scientific 公司）洗脱 DNA。

这一步有助于去除可能的引物二聚体。

iii. 继续步骤 27。

表 11-5 NEXTflex Barcode 组合

Barcode 编号	序列	基于 Barcode 中前 3 个碱基
1	CGATGT	和其他任意 Barcode 合并
2	TGACCA	和其他任意 Barcode 合并
3	ACAGTG	和其他任意 Barcode 合并
4	GCCAAT	和其他任意 Barcode 合并
5	CAGATC	不能与 33 号 Barcode 合并
6	CTTGTA	和其他任意 Barcode 合并
7	ATCACG	和其他任意 Barcode 合并
8	TTAGGC	和其他任意 Barcode 合并
9	ACTTGA	不能与 25 号 Barcode 合并
10	GATCAG	和其他任意 Barcode 合并
11	TAGCTT	和其他任意 Barcode 合并
12	GGCTAC	和其他任意 Barcode 合并
13	AGTCAA	不能与 14 号 Barcode 合并
14	AGTTCC	不能与 13 号 Barcode 合并
15	ATGTCA	不能与 26 号 Barcode 合并
16	CCGTCC	和其他任意 Barcode 合并
17	GTAGAG	和其他任意 Barcode 合并
18	GTCCGC	和其他任意 Barcode 合并
19	GTGAAA	不能与 20 号 Barcode 合并
20	GTGGCC	不能与 19 号 Barcode 合并
21	GTTTCG	和其他任意 Barcode 合并
22	CGTACG	和其他任意 Barcode 合并
23	GAGTGG	和其他任意 Barcode 合并
24	GGTAGC	和其他任意 Barcode 合并
25	ACTGAT	不能与 9 号 Barcode 合并
26	ATGAGC	不能与 15 号 Barcode 合并
27	ATTCCT	和其他任意 Barcode 合并
28	CAAAAG	不能与 29 号 Barcode 合并
29	CAACTA	不能与 28 号 Barcode 合并
30	CACCGG	不能与 31 和 32 号 Barcode 合并
31	CACGAT	不能与 30 和 32 号 Barcode 合并
32	CACTCA	不能与 30 和 31 号 Barcode 合并
33	CAGGCG	不能与 5 号 Barcode 合并
34	CATGGC	不能与 35 号 Barcode 合并
35	CATTTT	不能与 34 号 Barcode 合并
36	CCAACA	和其他任意 Barcode 合并
37	CGGAAT	和其他任意 Barcode 合并
38	CTAGCT	不能与 39 号 Barcode 合并
39	CTATAC	不能与 38 号 Barcode 合并
40	CTCAGA	和其他任意 Barcode 合并
41	GACGAC	和其他任意 Barcode 合并
42	TAATCG	和其他任意 Barcode 合并
43	TACAGC	和任意 Barcode 合并
44	TATAAT	和任意 Barcode 合并
45	TCATTC	和任意 Barcode 合并
46	TCCCGA	和任意 Barcode 合并
47	TCGAAG	不能与 48 号 Barcode 合并
48	TCGGCA	不能与 47 号 Barcode 合并

该表由 Cold Spring Harbor Laboratory McCombie 实验室的 Stephanie Muller 制作。

用磁珠加凝胶电泳进行大小筛选

i. 按照附加方案“AMPure XP 磁珠纯化”的步骤进行第一轮纯化。使用 x=1.0 倍体积(55μL AMPure 磁珠)和 y=55μL Resuspension Buffer（Bioo Scientific 公司）洗脱 DNA。

ii. 按照附加方案“AMPure XP 磁珠纯化”的步骤进行第二轮纯化。使用 x=1.0 倍体积(55μL AMPure 磁珠)和 y=20μL Resuspension Buffer（Bioo Scientific 公司）洗脱 DNA。

这一步有助于去除可能的引物二聚体。

iii. 参照附加方案“琼脂糖凝胶大小筛选”的步骤进行最后一步纯化。

iv. 继续步骤 27。

用连接的介导 PCR 扩增捕获前样品文库

用与测序接头互补的引物扩增连接了接头的 DNA 文库，用于和 SeqCap 探针文库杂交。

27. 配制连接介导的（LM)-PCR 反应混合液如下：

LM-PCR 混合液	每份反应的量	终浓度
Phusion Master Mix HF Buffer（2×）	50μL	1×
PCR 级水	26μL	
TS-PCR Oligo1（100μmol/L）	1μL	1μmol/L
TS-PCR Oligo2（100μmol/L）	1μL	1μmol/L
总体积	80μL	

NG Tech Note 推荐使用终浓度为 2μmol/L 的 TS-PCR 引物。我们减少这个量以降低引物二聚体峰。

28. 吸取 80μL 混合液到 0.2mL 离心管或 96 孔 PCR 板中。

29. 往混合液中加入 20μmol/L 来自步骤 26 的文库样品 (或 PCR 级水作为阴性对照)，吹打混匀。

30. 放入 PCR 仪，按照下述程序进行 PCR 扩增。

循环数	变性	复性	聚合
1	98℃，30s		
8 个循环	98℃，10s	60℃，30s	72℃，30s
末循环			72℃，5min

结束后维持在 4℃。

31. 纯化扩增的捕获前文库样品。

▲一定要用 PCR 级水而不要用 TE 或 EB 缓冲液洗脱扩增的文库样品。

使用纯化柱纯化文库

i. 将样品加入到 QIAGEN QIAquick DNA 纯化柱。

ii. 用 50μL PCR 级水洗脱样品。

使用磁珠纯化文库

按照附加方案“AMPure XP 磁珠纯化”的步骤进行纯化。使用 x=1.8 倍体积（180μL AMPure 磁珠）和 y=50μL PCR 级水洗脱 DNA。

32. 用分光光度计（如 NanoDrop）或荧光光度计（如 Qubit 或荧光偏振检测仪，比如 Wallac 1420 VICTOR[3]）对样品进行定量。

33. 取少量纯化的文库样品用 DNA 1000 试剂盒在 Agilent 2100 Bioanalyzer 上进行分析，验证 PCR 富集片段的大小、质量和大小分布。

参见“疑难解答”。

制备外显子组文库

34．将来自步骤 31 的样品与人外显子组文库杂交。

i．按照 NimbleGen Technical Note Supplement: Targeted Sequencing with Nimble-Gen SeqCap EZ Libraries and Illumina TruSeq DNA Sample Preparation Kits 里介绍的“Hybridization of Amplified Sample and EZ Probe Libraries”方法进行操作。

ii．用 EZ Choice 或 EZ Human Exome Library v2.0 探针作为自定义探针源。

TS-HE Index Oligos：我们用 TS-HE GENERIC Index Oligo 替代不同的特异性 TS-HE Index Oligos。这种通用引物可以在杂交实验过程中替代任意的 TS-HE 引物，从而降低原料成本和实验流程的复杂度；不过通用引物得到的实验结果质量可能不如用特异性 TS-HE 引物的好。

如果杂交之前要进行多组重复扩增文库样品的合并，那么将合并样品的总量调整为 1μg。比如，如果要合并 4 份样品，则每份取 250ng 进行合并可得到总共 1μg 样品。

35．用链亲和素 Dynabeads 磁珠回收结合在探针上的模板 DNA，洗去未结合的 DNA。按照 NimbleGen SeqCap EZ Exome Library SR 用户操作指南 2.2 版第 6 章的“Washing and Recovery of Captured DNA”方法进行操作。

捕获后样品文库的扩增

用 LM-PCR 扩增链亲和素 Dynabeads 磁珠捕获 DNA。每个样品进行两份反应，随后合并以降低 PCR 试验误差。

36．配制 LM-PCR 混合液如下：

LM-PCR 混合液	两个反应的总体积	终浓度
Phusion Master Mix HF Buffer（2×）	100μL	1×
PCR 级水	52μL	
TS-PCR 引物 1（100μmol/L）	4μL	2μmol/L
TS-PCR 引物 2（100μmol/L）	4μL	2μmol/L
总体积	80μL	

37．吸取 80μL 混合液到两个 0.2mL 离心管或 96 孔 PCR 板中。

38．往每份混合液中加入 20μL 捕获的 DNA 样品作为模板。吹打混匀。另外，用 PCR 级水代替 DNA 设置一个阴性对照。

39．放入 PCR 仪，按照下述程序进行 PCR 扩增。

循环数	变性	复性	聚合
1	98℃，30s		
18 个循环	98℃，10s	60℃，30s	72℃，30s
末循环			72℃，5min

结束后维持在 4℃。

捕获后扩增文库样品的纯化和质控

40．合并每个样品的两份反应产物得到共 200μL 合并的捕获后扩增文库。

参见步骤 41 的注释。

41．纯化反应产物。

使用纯化柱纯化

用 QIAGEN QIAquick DNA 纯化柱纯化样品，用 50μL PCR 级水洗脱样品。

使用磁珠纯化

按照附加方案“AMPure XP 磁珠纯化”的步骤进行纯化。使用 x=1.8 倍体积（360μL AMPure 磁珠）和 y=50μL EB 洗脱 DNA。

两份反应可以分开（即每份反应用 180μL AMPure 磁珠）纯化，然后合并纯化产物。

富集片段的大小、质量和大小分布

42．取少量样品用 DNA 1000 试剂盒在 Agilent 2100 Bioanalyzer 上进行分析，验证 PCR。

参见“疑难解答”。

43．配制至少 10μL 文库样品的 10nmol/L 稀释液。

▲如果捕获后要进行多份样品的合并，确保总体积为 10μL。例如，如果是合并 4 个样品，那么每个样品加 2.5μL 得到总共 10μL。

现在样品可以用于 Illumina 测序仪测序了。

疑难解答

问题（步骤 33）：回收到的捕获前文库非常少或没有。

解决方案 1：考虑提高初始 DNA 的量并重新开始文库制备。

解决方案 2：检查试剂、材料和设备，确保没有质量问题。

问题（步骤 33 和步骤 42）：回收的文库片段（捕获前和捕获后文库）不符合所需的大小范围。

解决方案：检查试剂、材料和设备，确保没有质量问题，特别是纯化阶段用到的东西。

问题（步骤 42）：捕获后文库中检测到大量的引物二聚体。

解决方案 1：在杂交反应中将文库用量提高到 1.5～2.0μg 并加入双倍的 HE 引物。

解决方案 2：用方案 8 中的附加方案“AMPure XP 磁珠校准”进行磁珠校准，根据校准结果修改磁珠比。

讨论

用 1～3μg 初始基因组制备文库应该得到 1～4μg 捕获前 DNA。捕获得到的 DNA 量随着捕获探针靶向基因组不同的特定区段而有所不同。最终，捕获后 DNA 产量必须足够进行目标 DNA 的测序。

文库片段的大小筛选是样品处理过程中一个重要也是非常耗时的环节。研究者们尝试用多种方法来加快大小筛选进程，包括使用专用设备和改良的处理流程。虽然凝胶电泳传统上是一种制备高质量文库的可靠方法，但现在看来最好的解决方案是不要使用凝胶。而且仅涉及液体处理的新方案具有可以使用机器人进行全自动操作的优势（方案 11）。

附加方案　AMPure XP 磁珠纯化

AMPure XP 磁珠纯化方法应用于方案 13 中各种不同酶促反应步骤之后。按照这里提供的通用步骤进行操作。一定要使用适合的磁珠比（标为 x，通常是磁珠-试剂体积比）及适合反应的洗脱液体积（标为 y）。

附加材料

为正确使用本方案中的器材和危险试剂，必须查阅相应的材料安全数据表并咨询所在机构的环境卫生和安全办公室。

材料

AMPure XP 磁珠

方法

1．室温融化一份 AMPure XP 磁珠，至少 30min。

2．振荡 1min 充分混匀。

3．取 x μL（适合的磁珠比）AMPure XP 磁珠放入 1.5 mL 离心管或者 MIDI 板的孔里。

4．将酶促反应后的 DNA 样品放入来自步骤 3 的离心管或者 MIDI 板孔里。

5．充分混匀，室温孵育 15min 使样品结合在 AMPure XP 磁珠上。如果使用 MIDI 板，在孵育之前要盖上盖子。

6．将离心管或者平板放在磁力架上静置 5min，直到样品澄清。

7．轻轻地吸去上清液，注意不要吹散磁珠，宁可残留少量液体。

8．用新配置的 80%乙醇清洗磁珠。

i．现配 80%乙醇。

80%乙醇具有吸湿性，应该现用现配以取得最佳结果。

ii．在磁力架上往每个样品中加入 200μL 80%乙醇，室温静置 30s。

小心不要搅动磁珠沉淀。

iii．用移液器吸去 80%乙醇。

9．重复步骤 8 一次。

10．从磁力架上取下离心管或者平板，室温风干 5min 去除残留乙醇。

11．用 y μL(取决于前面的酶促反应步骤)推荐的洗脱缓冲液（EB）重悬干磁珠。轻轻吹打混匀，确保磁珠不再贴壁。

12．室温孵育重悬的磁珠 2min。

13．将离心管或者平板放在磁力架上静置 5min，直到样品澄清。

14．吸取上清液至新离心管或 PCR 板。

如果需要暂停实验，可以在这一步将样品-20℃保存。下次将冻存的样品放在冰上融化继续后面的步骤。

附加方案　琼脂糖凝胶大小筛选

琼脂糖凝胶电泳可以应用于纯化接头连接反应后的基因组 DNA 片段。电泳以后，切下所需 DNA 片段大小位置的凝胶块，然后从胶块中提取 DNA 并过柱纯化。

附加材料

为正确使用本方案中的器材和危险试剂，必须查阅相应的材料安全数据表并咨询所在机构的环境卫生和安全办公室。

试剂

用 1×TAE<A>配制的含有 SYBR Gold（每 150mL 冷却的 1×TAE<A>加入 15μL SYBR Gold）的琼脂糖凝胶（2%的低熔点凝胶），其他琼脂糖凝胶电泳所需的试剂和仪器见第 2 章，方案 1

纯化柱
柱洗脱液
DNA 结合缓冲液液
DNA 清洗缓冲液液（加乙醇的，参见试剂配制）
100%乙醇，室温存放
上样缓冲液（6×）
连接了接头的全基因组 DNA（gDNA）片段
DNA 分子质量标记物（100bp）
NEXTflex PCR-Free DNA Sequencing 试剂盒所提供的试剂（Bioo Scientific 公司）

设备

1.5mL 无核酸酶离心管
用于切胶的干净刀片或手术刀
紫外透射仪或凝胶成像分析系统

方法

1. 往每份 gDNA 样品中加入 4μL 上样缓冲液（6×），将全部样品上样到一个泳道中。

   如果要处理多个样品，建议分开电泳或者样品间隔几个空泳道以免交叉污染。

2. 往一个泳道中加入 6μL 分子质量标记物，与样品至少隔开两个泳道。
3. 100～120V 电泳 60～120min。
4. 用紫外透射仪或凝胶成像分析系统观察胶。
5. 用干净刀片或手术刀切取 300～500bp 区段的凝胶。

   这个区段内的 DNA 包含 200～400bp 的 gDNA 插入片段（每个片段有约 120bp 是 NEXTflex Barcode 接头）。根据所需片段大小切取相应的凝胶区段。

6. 往胶块中加入 400μL DNA 结合缓冲液并混匀。室温孵育并不时地振荡直到凝胶彻底溶解。
7. 往每个样品中加入 20μL 100%乙醇并混匀，然后转移到纯化柱中。
8. 14 000r/min 离心纯化柱 1min。

9．倒去流出液，将纯化柱放回原收集管中。

10．往每个纯化柱中加入 700μL DNA 清洗缓冲液，14 000r/min 离心 1min。

11．倒去流出液，将纯化柱放回原收集管中。

12．重复步骤 10 和步骤 11。

13．14 000r/min 离心 1min 去除残留乙醇。

14．将纯化柱放入干净的 1.5mL 无核酸酶离心管中，往纯化柱中央加入 25μL 洗脱缓冲液，室温静置 1min。

15．14 000r/min 离心 1min 洗脱 DNA。

如果需要暂停实验，可以在这一步将样品-20℃保存。下次将冻存的样品放在冰上融化继续后面的步骤。

方案 11　自动化大小筛选

Caliper LabChip XT 是一种替代基于凝胶大小的筛选方法的自动化核酸分选仪。该仪器通过利用纵横交错的微液流管道、光学检测和电脑控制自动提取目标片段并输送到收集孔。得到的样品具有精确大小，并且溶于测序兼容的缓冲液。

材料

为正确使用本方案中的器材和危险试剂，必须查阅相应的材料安全数据表并咨询所在机构的环境卫生和安全办公室。

本方案的专用试剂标注<R>，配方在本方案末提供。常用储备溶液、缓冲液和试剂标注<A>，配方见附录 1。储备溶液应稀释至适用浓度后使用。

试剂

芯片试剂盒（5 个芯片）

收集缓冲液（红色瓶）

DNA 样品

染料（蓝色瓶）

DNA 分子质量标记物（黄色瓶）

用于 LabChip® XT 的试剂盒（DNA 750 Hi Res Kit）

上样缓冲液（6×）（绿色瓶）

配制缓冲液（粉色瓶）

TE<A>

生物学级水

设备

LabChip XT（Caliper Life Sciences 公司)

1mL 吸头(如 MAXYMum Recovery、Axygen Biosciences 等公司)

抽真空管

用于准备 DNA 芯片时去除样品可收集孔中多余的胶。

方法

制备步骤准备样品和试剂

1. 将试剂盒平衡至室温，大概要 30min。
2. 配制 DNA 分子质量标记物如下：
   i. 用 8μL 水或 TE 稀释 2μL DNA 分子质量标记物。
   用与步骤 3 相同的溶液稀释。
   ii. 往稀释的 DNA 分子质量标记物中加入 2μL 6×上样缓冲液（绿色瓶），振荡后，瞬时离心进行收集。
3. 准备 DNA 样品如下：
   i. 如有必要，可以将 DNA 样品稀释至 10μL。
   ii. 往 10μL 样品中加入 2μL 6×上样缓冲液（绿色瓶），振荡后，瞬时离心进行收集。

设置 LabChip 软件的 Run File

▲完成芯片准备前直接先打开运行软件。

4. 在 LabChip XT 主界面选择 Tools→Run File Editor。打开“Run File Editor”窗口。
5. 从 Fractionation Method 下拉列表中选择 XT DNA 方法。
6. 在 Run File Editor 窗口的 Setup 表格中输入每个管道要收集的片段大小范围和名称。
7. 点击 Run File Editor 窗口的 Advanced 表格，为每个管道选择要进行的操作：

Disabled, Ladder, eXtract and Stop, eXtract and Continue, eXcLuDe Region, Separation, eXtract and Pause, 或者 Skip Extraction。多重提取选择 eXtract and Pause 操作模式（图 11-14）。

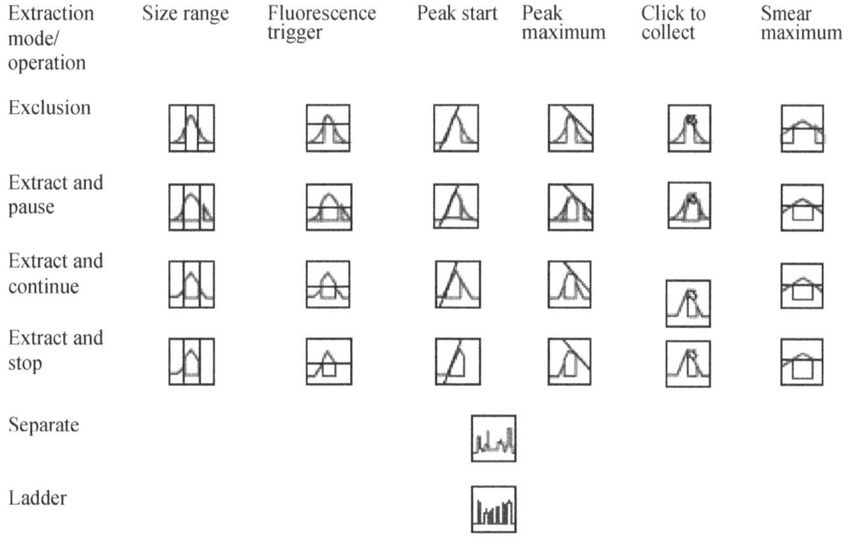

Extraction mode/ operation | Size range | Fluorescence trigger | Peak start | Peak maximum | Click to collect | Smear maximum

Exclusion

Extract and pause

Extract and continue

Extract and stop

Separate

Ladder

图 11-14 实验芯片显示（彩图请扫封底二维码）。

- *Disabled*。这个管道将不会使用。任何一个已经用过的管道均会自动设为Disabled，不能再使用。
- *Ladder*。这个管道含DNA分子质量标记物，用于估算处于其他管道的样品片段大小。
- *eXtract and Stop*。这个管道中的样品将一直运行到提取完毕。提取后其他样品将不能再通过这个管道。
- *eXtract and Continue*。这个管道中的样品将一直运行到芯片末端。在Extraction Region中指定大小范围的片段将收集到收集管中。
- *eXcLuDe Region*。除了选定范围片段进入芯片的收集孔外，这个管道中的剩余样品将收集到芯片的废液孔中。从废液孔提取所需产物。

Separation。这个管道中的样品将输入到废液孔中。不收集。

8．选择需要的提取模式：(a) Size Range; (b) Fluorescence; (c) Peak Start; (d) Peak Max; (e) Collect On Click; (f) Smear Max（图11-14）。

9．点击“Sizing Table”选项。用默认的或自选分子质量标记物。

i．如果用默认的分子质量标记物，选择Method Ladder。

ii．如果用自选分子质量标记物，选择Custom Ladder选项，在相应位置输入各个分子质量标记物峰的大小。

10．单击Output选项，确认Data Path并输入File Format。点击Save按钮在指定文件夹创建运行文件。点击Save按钮创建运行文件。

11．为每个管道选择需要的提取模式。

- *Size Range*。指定大小范围片段将转移到芯片收集孔。大小范围可以在Setup表格设定为Size±百分比，或者在Advanced表格的Extraction Region文本框中输入起始和结束大小。Setup和Advanced表格将被同步以确保设定相同参数。
- *Peak Start*。该模式设定一个斜率阈值用于检测峰值的开始，单位为RFU（相对荧光单位）/min。当斜率大于输入的阈值时开始收集。当“Collection Width”文本框中设定的碱基（bp）数被收集到时，结束收集。
- *Fluorescence*。该模式设定一个RFU阈值，超过阈值时开始收集。当“Collection Width”文本框中设定的碱基（bp）数被收集到时，结束收集。
- *Peak Max*。该模式以百分比形式设定一个以最大峰为中心的、要收集的Collection Width。在最大峰到达开关点时，检波点和开关点之间的芯片空间提供转移样品到收集管的时间。当软件检测到收集范围内的最大峰时，会通过用最大峰减去Collection Width的一半来计算起始收集大小。如果收集宽度很大，计算的起始收集大小已经通过转换点，立即开始收集，仍然收集与收集宽度相等的大小范围。如果在指定的大小范围内没有检测到最大值，则不进行提取。如果在指定大小范围的起始处信号逐渐降低，则从指定的起始大小开始提取。实际获得的收集范围将报告于Channel Table。
- *Collect On Click*。该模式以百分比形式设定一个要收集的Collection Width。当用户点击LabChip XT主窗口的CLICK时，会打开一个确认窗口。点击Confirmation窗口的OK开始收集。当文本框中指定的Collection Width(%)被收集到后结束。

12．点击Output并确认Data Path。

13．点击Save按钮将创建的运行文件保存于指定文件夹。

准备XT DNA芯片

14．从锡箔袋中取出一个芯片，撕开芯片顶部密封条。

15．轻轻取掉样品孔和收集孔梳子。

16．在抽真空管末端接一个吸头，吸去样品和收集孔中过量的凝胶。

17．确保芯片上表面干燥。

18．将芯片放在工作台上。

19．往圆形的收集孔（图 11-15）中加 20μL 收集缓冲液（红色瓶）。

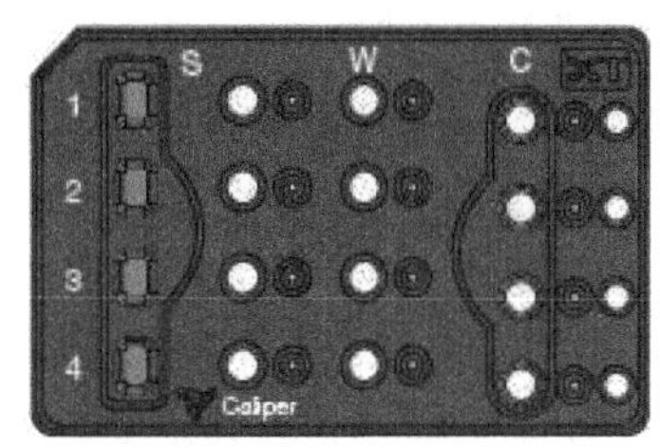

加入 Stacking buffer

图 11-15　芯片收集孔（彩图请扫封底二维码）。

20．往方形的样品孔中加 20μL Stacking buffer（粉色瓶）。

21．将芯片放入 LabChip XT，关上盖子。点击 Instrument 和 Test Chip，在继续下一步之前改正任何可能的错误。

22．从 LabChip XT 中取出芯片。

23．振荡染料后瞬时间离心。往 4 个废液孔中各加入 15μL XT DNA 染料（蓝色瓶）。

24．捏住芯片的侧面左右轻轻摇动，混匀染料和缓冲液。在继续下一步之前，肉眼观察确认染料均匀分布于整个孔。

25．将样品和准备好的分子质量标记物加入样品孔。

▲调整移液器的位置，确保移液器的吸头轻轻接触但不要戳入孔底。用移液器非常慢地加入样品，目标是将样品注入孔底且避免样品与 Stacking buffer 混合。

运行 LabChip XT

26．使左上角的切口与仪器上的图案对齐，将芯片放入 LabChip XT 仪器。

27．关上盖子，点击 Instrument 和 Start Run。

28．点击 Start Fractionation 窗口下方的 Import 键来从先前保存的运行文件中导出设置。

29．选择所需的运行文件，点击 Open 按钮，然后点击 Start。

收集分选产物

30．运行完成后，打开仪器的盖子。

31．取出芯片放在实验桌上。

32．从每个收集孔吸出回收的 DNA 样品，放入干净离心管用于后续实验。

方案 12　用 SYBR Green-qPCR 进行文库定量

为了对复杂 DNA 文库进行定量，Kapa Biosystems 公司改造得到一种专门用于基于 SYBR Green 的 qPCR 的 DNA 聚合酶，能有效扩增野生型 DNA 聚合酶难以扩增的模板，如富含 GC 的 DNA（参见第 1 章导言部分关于 SYBR Green 的讨论）。Kapa Library Quantification

Kits 含有这种改造的聚合酶，可以确保有效扩增很宽 GC 含量范围的 DNA 长片段。

Kapa Library Quantification Kits 提供 6 个 DNA 标准品。在每一个 qPCR 板中都应该包含三份重复的这一套 DNA 标准品。除了 DNA 标准品外，每个双链 DNA 文库需要至少 12 份反应（1∶1000 稀释文库的 3 份重复反应，以及可选的 1∶2000、1∶4000 和 1∶8000 稀释各 3 份重复反应）。图 11-16 总结了对 DNA 片段文库中可扩增分子进行精确定量的必要步骤。

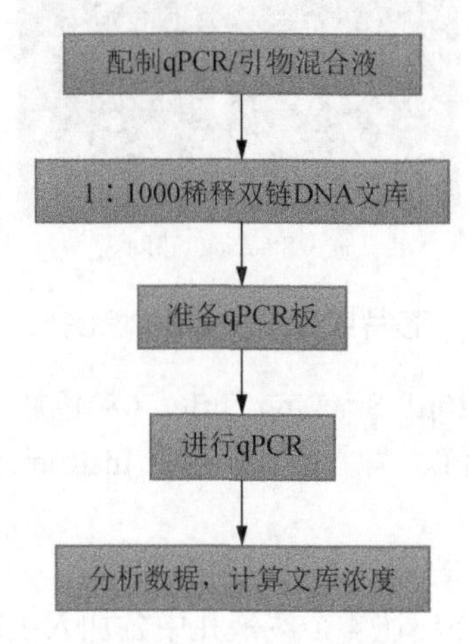

图 11-16 qPCR 实验流程。

材料

为正确使用本方案中的器材和危险试剂，必须查阅相应的材料安全数据表并咨询所在机构的环境卫生和安全办公室。

试剂

洗脱缓冲液（EB）

Illumina GA DNA Standards（6×80μL）（目录号 KK4804；试剂盒目录号 KK4852）

Illumina GA Primer Premix（10×,1×1mL）（目录号 KK4805，试剂盒目录号 KK4852）

Kapa SYBR FAST qPCR Master Mix（2×）

文库稀释缓冲液（10mmol/L Tris-HCl pH8.0, 0.05% Tween20）

文库 DNA 或 DNA 标准品（5nmol/L）

PCR 级水

设备

台式离心机

Kapa SYBR FAST LightCycler 480 qPCR Kit（目录号 KK4610；试剂盒目录号 KK4852）

低吸附吸头

本方案全程使用低吸附吸头。

qPCR 仪器（如 LightCycler 480）

振荡仪

方法

为了得到准确的结果，确保所有试剂在使用前都已经溶解且混匀。

文库样品制备

1．每个 5nmol/L 文库样品用稀释缓冲液配制 3 份 1∶1000 稀释液如下：

文库稀释缓冲液	999.0μL
文库 DNA	1μL
总计	1000.0μL

成功的文库定量高度取决于准确的 DNA 文库稀释，确保使用正确的移液技术。

2．振荡 10s 充分混匀。

每份稀释液运行两次，每个文库总共会得到 6 份数据。

qPCR 设置

3．往 5mL Kapa SYBR FAST qPCR Master Mix（2×）中加入 1mL 10×Illumina GA Primer Premix。

4．为 6 个 DNA 标准品和每个文库稀释液（来自步骤 1）设置 3 份重复的 qPCR，每个样品上样 2 次，每个文库总共 6 份重复。往 PCR 板每个孔加入总体积 20μL 的下述试剂：

含 Primer Premix 的 Kapa SYBR- FAST qPCR Master Mix	12.0μL
PCR 级水	4.0μL
稀释的文库 DNA 或 DNA 标准品（1～6）	4.0μL

5．确保 qPCR 板密封好，轻轻混匀反应液，然后瞬时离心。

6．进行 qPCR。

i．在 qPCR 仪上设定合适的参数（如下），对文库样品和 DNA 标准品进行 qPCR。

ii．点击桌面上的 Admin 图标，输入用户名和密码（在机器上）。

- 点击 New Experiment From Template。
- 在 Templates 中选择 Kapa_Sybr_Illumina_std.curve。
- 在 Subset Templates 中什么都不选。
- 在 Sample Editor templates 中选择 Matt automation standard a19。
- 点击 check mark symbol。
- 将 PCR 板放入仪器并核对 a1 orientation。
- 点击 Start Run。
- 选择实验文件夹并命名。

分析

7．按照 qPCR 仪器操作指南分析数据之前标注 DNA 标准品如下：

样品名	双链 DNA 浓度/（pmol/L）
Std 1	20
Std 2	2
Std 3	0.2
Std 4	0.02
Std 5	0.002
Std 6	0.0002

每个标准品必须做 3 次重复试验，每 20μL 反应使用 4μL 试剂盒提供的 DNA 标准品。输入双链 DNA 的准确浓度。

8．确认根据 DNA 标准品梯度稀释计算的反应效率介于 90%～110%之间。

9.（可选）确认根据两次重复的文库 DNA 标准梯度稀释计算的反应效率介于 90%～110%之间。

10. 按照下述范例激素计算每个文库的浓度：

i. 以 DNA 标准品 1～6 的浓度为参照计算 DNA 文库 1∶1000（以及可选的 1∶2000、1∶4000 和 1∶8000）稀释液的浓度。

ii. 根据文库片段大小平均值与 DNA 标准品大小（452bp）的差异对计算结果进行修正。

iii. 通过稀释倍数（1000）和每份反应所用体积（4μL）来计算未稀释文库的浓度。

文库名	qPCR 仪计算的浓度（3 份重复数据）/（pmol/L）	平均浓度/（pmol/L）	大小修正后浓度/（pmol/L）	文库浓度/（pmol/L）
文库 1∶1000	A1 A2 A3	A	A×452=W 片段平均长度	W×1000

11. 采用落在 DNA 标准品动态范围之内稀释倍数最低的 6 份重复试验数据平均值计算未稀释文库的浓度。

12. 去掉 6 个数据中两两差异超过 0.5 的数据，计算平均值并换算为 nmol/L。

如果结果小于 3nmol/L 或大于 11nmol/L，用 5nmol/L 文库样品重新进行 qPCR。

如果 6 份重复试验数据中有一个异常值，那么去掉这个值进行计算。

如果 3 份重复试验数据中有不止一个异常值，则重做整个试验。

13. 如果重复实验数据复制物长在 3～11nmol/L 范围内，根据计算得到的浓度配制文库的 2nmol/L 稀释液。

删除不用的 nmol/L 栏，即如果整个试验都用 2nmol/L 稀释液，那么删除或隐藏表中 1nmol/L 栏。

14. 测序前用 1nmol/L 和 2nmol/L 稀释样品进行 qPCR 验证样品质量。如果误差在 0.2nmol/L 以内，则可以进行测序；如果超出了这个范围，则要检讨文库制备过程中哪个环节可能有问题。

15. 将样品上样至微流槽进行桥式 PCR。

本方法较计算得到的未稀释文库浓度通常比非 qPCR 方法得到的高，因而用这个方法计算的每个微流槽最佳浓度通常是偏低的。

方案 13 用 PicoGreen 荧光法进行文库 DNA 定量

本方案介绍用 PicoGreen 和荧光光度计进行 DNA 定量来测量用于后续试验的 DNA 样品浓度（参见第 1 章导言部分关于 PicoGreen 的讨论）。因为基于染料的方法不检测降解的或小片段 DNA，所以 PicoGreen 法要求 DNA 大于 50bp，像 20bp 的短片段也可以检测但结果不那么可靠。

材料

为正确使用本方案中的器材和危险试剂，必须查阅相应的材料安全数据表并咨询所在机构的环境卫生和安全办公室。

本方案的专用试剂标注<R>，配方在本方案末提供。常用储备溶液、缓冲液和试剂标注<A>，配方见附录 1。储备溶液应稀释至适用浓度后使用。

试剂

对照 DNA: Human buffy coat（罗氏 100μg 人全基因组 DNA）<R>
DNA 样品（2μL）
溶于 TE 缓冲液的 DNA 标准品（100μg/mL）
PicoGreen 双链 DNA 试剂
PicoGreen Reagent Kit（Life Technologies 公司的 Quant-iT）
TE 缓冲液（20×）<A>
无核酸酶的水（Sigma-Aldrich 公司）

设备

可以离心平板的离心机
锥底管（50mL）
荧光光度计（Thermo Scientific 公司的 Varioskan）
96 孔板（Thermo Scientific 公司的 Microfluor）

方法

开始实验前，将所有试剂和 DNA 样品平衡至室温。

配制 DNA 标准品和 DNA 对照

1. 参照下表用无核酸酶的水和 100μg/mL DNA 标准品（PicoGreen Assay Kit 提供）配制 2 份重复的梯度稀释:

样品(PicoGreen std)	初始浓度/（ng/μL）	样品/μL	水/μL	最终浓度/（ng/μL）
100ng/μL	100	10	10	50
50ng/μL	50	10	10	25
25ng/μL	25	10	10	12.5
12.5ng/μL	12.5	10	10	6.25
6.25ng/μL	6.25	10	10	3.125
3.13ng/μL	3.125	10	10	1.5625
1.56ng/μL	1.5625	10	10	0.78

配制 PicoGreen 工作液

一板 DNA 标准品和对照 DNA 需要大约 5mL 的 PicoGreen 稀释液。一板 96 个样品需要大约 10mL 的 PicoGreen 稀释液。

2. 用 20×储备溶液配制 40mL 1×TE 缓冲液。
3. 往 50mL 锥底管中加入 15mL 1×TE 缓冲液，然后加入 75μL PicoGreen，翻转几次混匀。

▲PicoGreen 是光敏感的。每次新鲜配制，并用锡箔包住锥底管以避光。

4. 往标准品/对照 96 孔板的 A1-H1、A2-H2、A3-C3、A4-C4 孔中加入 98μL PicoGreen 稀释液。
5. 往 96 孔样品板中每孔加入 98μL PicoGreen 稀释液。

设置标准品、对照和样品

6．按照下表往标准品/对照板相应孔中加入 2μL 标准品或对照，留下 2 个只含 PicoGreen 的空白孔。

	1	2	3	4	5	6	7	8	9	10	11	12
A	50ng/μL 标准品	50ng/μL 标准品	70ng/μL 对照	70ng/μL 对照								
B	25ng/μL 标准品	25ng/μL 标准品	30ng/μL 对照	30ng/μL 对照								
C	12.5ng/μL 标准品	12.5ng/μL 标准品	空白	空白								
D	6.25ng/μL 标准品	6.25ng/μL 标准品										
E	3.125ng/μL 标准品	3.125ng/μL 标准品										
F	1.5625ng/μL 标准品	1.5625ng/μL 标准品										
G	0.78ng/μL 标准品	0.78ng/μL 标准品										
H	0ng/μL 空白	0ng/μL 空白										

7．混匀后低速离心收集样品到管底。

8．往样品板每孔加入 2μL 各种 DNA 样品。

该反应在避光条件下能保持稳定 3h。

用 Varioskan 荧光光度计检测荧光

启动软件

9．点击电脑桌面上的 SkanIt RE for Varioskan Flash 2.4.3 图标打开软件。使用用户名 admin(不需要密码)。

10．用锡箔纸盖好平板。

11．点击 Open Session 选择 Shake。

i．点击 Open。

ii．插入平板。

iii．选择页面左下角的 Connect。

iv．振荡平板 20s。

12．孵育平板 15min。

13．打开 96 well Varioskan。

14．另存为 Sample Name。

15．进入 Executing Session。

方案设置（只针对新项目）

16．在左上角的 Session Structure 框选择 Protocol。

17．在 Steps 框点击右键然后选择 Fluorometric。设置下述参数：

Emission wavelength	530 nm
Measurement time	900
Excitation	485
Excitation BW	12
Dynamic Range	Auto Range

平板布局设置（只针对新项目）

18．在左上角的 Session 框选择 Plate Layout。

19．在 Plate Layout 页面的顶部将该页命名为 Standards_Controls。

20．使用右上角的 Fill Wizard，填写第一个平板的标准曲线、对照和空白。

21．点击 96 孔板图上 A1 的位置，会出现一个红点。

22．在 Samples/Type 下拉菜单中选择 Calibrator（标准曲线样品就是 Calibrator）。使 Fill Order 箭头向下。

23．在 Replicates 下拉菜单中选择 2. 使 Fill Order 箭头向右。

24．在 Conoentrations 选项中输入 50（单位=ng/μL）。

25．点击 Generate Series。

26．在 Series/Operators 下拉菜单中选择 Divide, Step by 2。点击 OK。

27．在 Samples/Type 下拉菜单中选择 Controls, Number of controls 2, and Number of replicates 2。点击 Add/Close。

28．在 Samples/Type 下拉菜单中选择 Blank, Number of replicates 2。点击 Add/Close。

29．在 Plate Layout 页面顶端选择 New。将该页命名为 Samples 或者取一个项目名字。

30．选择 Fill Wizard。

31．在 Samples/Type 下拉菜单中选择 choose Unknown, Number of unknowns 96（样品就是 Unknown）。使 Fill Order 箭头向下。

32．在 Dilution/Unit 下面输入 ng/μL。点击 Add/Close。

33．布局设置完毕后，点击 Session 和 Save As。以日期或样品板为名保存项目。

结果设置（只针对新项目）

只要保存了项目，可以在运行结束后设置或改变结果。

34．在左上角 Session 框选择 Results。

35．左下角 Results 框里的 Fluorometric 上点击右键选择 Blank Subtraction。点击右键 Blank Subtraction 选择 Quantative Curve Fit。

36．在 Extrapolation 里核实 Enable Extrapolation 并将最大浓度改为 500。

37．在左下角 Results 框选择 Report。

38．在右上角选择 Parameters 表格。

39．按住[Ctrl]键，选择 Blank Subtraction1、Curve Fit1 和 Fluorometric1。点击 Add。

40．从 Added 列表中选择 Curve Fitl。

  i．选择 Format。

  ii．选择 List、Plate、Well 和 Calculated。

  iii．点击 OK。

41．在窗口下面底部，务必核实 Save to File 和 Unique Name。

42．文件应该保存在 Z:\varioskan\appropriate year\month 文件夹中，文件保存格式为.xls。

执行项目

项目设置并保存后，进行下述步骤。

43．点击 Varioskan 软件左下角的 Plate Out 按钮，将第一个平板（标准曲线）放入仪器的平板台。

44．点击 Start。

45．平板扫描完毕后，点击 Plate Out 按钮取出平板。

46. 取出标准曲线平板，插入样品板。
47. 运行完毕后取出样品板。
48. 点击 Varioskan 软件左下角的 Run Plate 按钮使平板台归位。
49. 查看电脑 My Computer/My Documents 文件夹的.xls 格式结果文件。

配方

为正确使用本方案中的器材和危险试剂，必须查阅相应的材料安全数据表并咨询所在机构的环境卫生和安全办公室。

对照 DNA: Human buffy coat

用无核酸酶的水稀释储备溶液配制 70ng/μL 和 30ng/μL 的 Human Buffy Coat。

样品	初始浓度/（ng/μL）	样品/μL	水/μL	终浓度/（ng/μL）
Human buffy coat 储备溶液	200	7	13	70
Human buffy coat 储备溶液	70	8.6	11.4	30

方案 14　文库定量：用 Qubit 系统对双链或单链 DNA 进行荧光定量

Qubit 是一种基于荧光的高灵敏度精确定量系统。有几种试剂盒专门针对 Qubit 荧光光度计进行了优化，不过用其他荧光光度计也能有效地发挥功能。高灵敏度双链 DNA Qubit 试剂盒的检测范围是 0.2～100ng。单链 DNA Qubit 试剂盒的检测范围是 1～200ng。

材料

为正确使用本方案中的器材和危险试剂，必须查阅相应的材料安全数据表并咨询所在机构的环境卫生和安全办公室。

试剂

试剂盒（Life Technologies 公司的 Qubit dsDNA 或 Qubit ssDNA Assay Kit）

每个试剂盒中包含了浓缩的染料、稀释缓冲液和 DNA 标准品。

设备

Qubit 测试管（Life Technologies 公司）
Qubit 荧光光度计（Life Technologies 公司）
运行 Windows XP 的个人电脑
Qubit Data Logger 软件

方法

试剂和样品配制

1．为每个样品，以及标准品 1 和 2、对照 1 和 2 要用的测试管做好标记。

2．配制对照 1 和 2。对照 1 是 1μL 标准品 2（高灵敏度双链 DNA 试剂盒：10ng/μL；单链 DNA 试剂盒：20ng/μL）。对照 2 是 1μL 标准品 2 的 1∶10 稀释液。

3．为每个样品混合 1μL 浓缩的染料和 199μL 稀释缓冲液。为每个样品、两个标准品、两个对照和两份补充测试配制足够的工作液。

4．振荡 5s。

5．往每个标记好的样品测试管中加入 199μL 工作液。

6．往每个标记好的标准品测试管中加入 190μL 工作液。

7．往 190μL 工作液中加入 10μL 标准品 1。往 190μL 工作液中加入 10μL 标准品 2。

8．往 199μL 工作液中加入 1μL 对照 1（即标准品 2）。往 199μL 工作液中加入 1μL 对照 2（稀释的标准品 2）。

9．往 199μL 工作液中加入 1μL 样品。

10．每个标准品和样品振荡 5s。

握住测试管顶部而不是底部操作样品。该方法对温度敏感。

11．室温孵育 2min。

DNA 定量

12．打开电脑上的 Qubit 软件（确定 Caps Lock 没有打开）。

13．点击 Qubit Data Logger 上的 Start 打开 Qubit 仪接口。

14．按照屏幕上的指示打开荧光光度计。

15．选择你要进行的测试应用程序，按下 Go。

16．选择 Run new calibration，按下 Go。

17．轻轻摇动标准品 1 测试管，放入 Qubit 仪并关上盖子。按下 Go，然后等待读取完毕。

18．轻轻摇动标准品 2 测试管，放入 Qubit 仪并关上盖子。按下 Go，然后等待读取完毕。

19．在 Qubit 仪记录器里点击合适的孔，扫描样品管上的条形码。

20．轻轻摇动样品测试管，放入 Qubit 仪并关上盖子。按下 Go，然后等待读取完毕。

握住盖子操作测试管，不要使样品在手中捂热。

21．选择 Calculate the concentration，按下 Go。

22．按照提示输入所用样品的体积，按下 Go。

23．从 Qubit 仪取出样品。

见“疑难解答”。

24．为每个样品重复步骤 19～23，依次保留好样品。

25．以.csv 格式将 Qubit 记录器文件保存在桌面上。

清理

26．关上 Qubit 仪盖子，关掉 Qubit 仪。按下 Home 按钮。按下箭头至 Power Off 位置，然后按下 Go。

27．将样品液倒入二甲基亚砜废液瓶。将测试管盖上盖子后放入危险性废物容器中。

疑难解答

问题（步骤 23）：样品读数超出仪器范围。

解决方案：配制 DNA 样品的 1∶5 稀释液，重复步骤 8～22。

方案 15　为 454 测序制备小片段文库

本方案介绍 454 测序系统的 DNA 小片段文库的制备（FLX 或者 XLR）。打断的基因组 DNA 经纯化和加接头之后固定在特定的磁珠上。小片段文库包含了一套单链的 DNA 片段，囊括了全部的目的 DNA。通过质量评价和定量后，单链的文库就可以通过 emPCR 扩增，如方案 16 中叙述。

材料

为正确使用本方案中的器材和危险试剂，必须查阅相应的材料安全数据表并咨询所在机构的环境卫生和安全办公室。

本方案的专用试剂标注<R>，配方在本方案末提供。常用储备溶液、缓冲液和试剂标注<A>，配方见附录 1。储备溶液应稀释至适用浓度后使用。

试剂

接头

AMPure 磁珠（Beckman Coulter）

　　用于浓缩和纯化 DNA 样品。

ATP

BSA

EB 缓冲液（室温）

PBI 缓冲液（室温）

PE 缓冲液（室温）

DNA 样品（溶于 TE 缓冲液<A>）

dNTP 混合液

电极清洗液

酶和接头试剂盒（-20℃）

乙醇（70%）

补平聚合酶

补平聚合酶缓冲液（10×）

文库结合液（2×）

文库固定磁珠（4℃）

文库准备缓冲液（所有缓冲液保存在-20℃）（Roche）

文库洗脱液

连接酶
连接酶缓冲液（2×）
Melt Solution

用微生物学级水准备 10mol/L NaOH。见步骤 31。

MinElute PCR 纯化试剂盒

MinElute 柱储存在 4℃。柱子在使用前室温放置约 15min。

雾化缓冲液
中和液

用 PB 缓冲液加入 20%的乙酸配制。见步骤 33。

补平缓冲液（10×）
RNA Pico Chip Kit（室温）（Agilent）
RNA 6000 Pico Chips（Agilent）
RNA 6000 Pico Cond Solution（Agilent）
RNA 6000 Dye Concentrate（Agilent）
RNA 6000 Gel Matrix（Agilent）
RNA 6000 Pico Kit（4℃）（Agilent）
RNA 6000 Pico Ladder（Agilent）（储存在−20℃）
RNA 6000 Pico Marker（Agilent）
离心柱（4℃）
T4 DNA 聚合酶
TE 缓冲液
T4 PNK
Tris-HCl（10mmol/L）
水，分子生物学级

设备

Aeromist Nebulizer（雾化器）
FlashGel（1.2%）和 FlashGel Rig（Lonza）
孵育器
磁力架（MPC）
微量离心机
微量离心管（1.7mL）
微型离心机（Bench-Top）
雾化凝集管
雾化器支架
雾化试剂盒：室温（Roche）
雾化器塞
氮气罐
合适量程的移液器
带滤芯吸头
Safe-Lock Tubes
分光光度计（如 NanoDrop）
螺旋口滤器

注射器工具包
试管旋转器
歧管真空泵
通风雾化罩
涡旋振荡器

方法

本方案中所说的室温都假设为22℃。

DNA片段化

1. 通过FlashGel来鉴定DNA样品的质量和浓度。

2. 用移液器加3～5μg的DNA样品（溶于TE）至雾化器的底部。加入TE缓冲液使终体积为100μL。然后加500μL的雾化缓冲液，充分混匀。

3. 组装雾化器，将软管接在雾化器的进气口。然后将雾化器转移至通风橱。

4. 将雾化器放到雾化器支架上，将雾化器软管的末端连接到氮气罐上。

5. 用45psi的氮气处理1min打断DNA，然后断开氮气。

6. 等压力恢复正常，断开雾化器软管。

7. 将打断的DNA样品1500r/min离心30s，然后小心拧松雾化器的顶部，检测雾化样品的体积。

总回收量应大于300μl。

8. 加2.5mL的PBI缓冲液到含有DNA样品的雾化杯中，涡旋混合。

9. 用MinElute PCR纯化试剂盒中的两个柱子纯化雾化后的DNA样品（确保柱子在使用时恢复至室温）。如果样品体积较大，每个柱子可以分两次。每个柱子用一半的DNA样品，具体操作方法如下：

i. 把柱子插到歧管真空连接器中。

ii. 加750μL样品至MinElute柱，打开真空泵。再加750μL样品或是直至所有样品全部抽干。

iii. 在MinElute柱中加入750μL的PE缓冲液洗涤DNA。

iv. 关掉真空管，把MinElute柱放回废液收集管。

v. 13 000r/min离心MinElute柱1min。

vi. 旋转离心柱，13 000r/min再离心30s，以去除残留的PE缓冲液。

vii. 将MinElute柱转移至1.5mL的干净离心管中。

viii. 加25μL的EB缓冲液（室温）至MinElute柱底膜中心洗脱DNA。

ix. 将柱子室温静置1min，13 000r/min离心1min。

x. 重复步骤9.i～9.viii，用第二个柱子回收另一半样品。

xi. 将两个柱子的洗脱液收集至同一管中，总体积约为50μL。

xii. 用分光光度计（如NanoDrop）对样品进行定量。

10. 为确保样品雾化成合适片段（300～800bp），在FlashGel上分析1μL的样品。

11. 用移液器定量洗脱体积，用EB缓冲液补至终体积50μL。

12. 加35μL的AMPure磁珠，涡旋混合，室温孵育5min。

13. 使用磁力架（MPC）将磁珠完全吸附在离心管壁一侧。

14. 弃掉上清，用500μL 70%的乙醇洗涤磁珠两次（每次静置30s）。

15. 弃掉所有乙醇，并将AMPure磁珠完全晾干（可以使用37℃的金属浴）。

16. 从 MPC 上移下管子，加 24μL 的 EB 缓冲液（pH8.0），涡旋重悬磁珠。

这一步是将雾化的 DNA 从 AMPure 磁珠洗脱下来。

17. 使用 MPC 再次将磁珠吸附至管壁，然后将含有纯化 DNA 的上清转移至一个新离心管中。

18. 取 1μL 混匀的雾化样品，用 FlashGel 鉴定样品质量。

样品 DNA 的平均大小应在 400～800bp 之间。

片段末端补平和加接头

19. 在一个 0.2mL 的离心管中 ，依次加入以下试剂（来自于酶和接头试剂盒）：

DNA 片段（步骤 15）	约 23μL
补平缓冲液（10×）	5μL
BSA	5μL
ATP	5μL
dNTP	2μL
T4 PNK	5μL
T4 DNA 聚合酶	5μL
总体积	50μL

充分混合后 12℃孵育 15min；立刻转移至 25℃继续孵育 15min。

20. 用 MinElute PCR 纯化试剂盒的一个纯化柱来纯化已补平的片段（确保柱子在使用前恢复到室温）。

i. 把柱子插到歧管真空连接器中。

ii. 加 5 倍样品体积的 PBI 缓冲液：先加 100μL 的 PBI 缓冲液至样品管，吹打混匀，全部转移至 MinElute 柱中，抽真空。

iii. 再加 150μL PBI 缓冲液至样品管，吹打混匀，转移至 MinElute 柱中。

iv. 在 MinElute 柱中加入 750μL 的 PE 缓冲液来漂洗样品 DNA。

v. 关掉真空泵，将 MinElute 柱转移回 2mL 的收集管中。

vi. 13 000r/min 离心 MinElute 柱/管 1min。

vii. 旋转 MinElute 柱/管，13 000r/min 再离心 30s，以去除残留的 PE 缓冲液。将 MinElute 转移至一个干净的 1.5mL 的离心管中。

viii. 在 MinElute 柱底膜中心加 16μL 的 EB 缓冲液，洗脱样品 DNA。

ix. 将柱子静置 1min，13 000r/min 离心 1min。

x. 使用分光光度计（如 NanoDrop）定量样品（1μL）。

21. 在一个 0.2mL 离心管中，依次加入以下试剂（来自于酶和接头试剂盒）：

▲试剂的添加顺序非常重要！

Polished DNA	约 15μL
连接酶缓冲液（2×）	20μL
接头	1μL
连接酶	4μL
总体积	40μL

混合均匀，瞬时离心，25℃连接 15min。

22. 利用这段时间来准备固定用的磁珠。

i. 加 50μL 的文库固定化磁珠至 1.5mL 的新离心管中。

ii. 将离心管放在 MPC 上，待磁珠聚集后弃掉缓冲液。

iii. 在 MPC 上使用 100μL 的 2×文库结合液洗涤磁珠两次。

iv．加 25μL 的 2×文库结合液至磁珠中，冰上放置，以备步骤 24（文库固定）使用。

23．使用 MinElute PCR 纯化试剂盒的柱子来纯化连接产物（确保柱子在使用时恢复至室温）。

i．把柱子插到歧管真空连接器中。

ii．加 5 倍样品体积的 PBI 缓冲液：先加 100μL 的 PBI 缓冲液至样品管（步骤 21），吹打混匀，全部转移至 MinElute 柱中，抽真空。

iii．再加 100μL PBI 缓冲液至样品管，吹打混匀，转移至 MinElute 柱中。

iv．在 MinElute 柱中加入 750μL 的 PE 缓冲液来洗涤样品 DNA。

v．关掉真空泵，将 MinElute 柱转移回 2mL 的收集管中。

vi．13 000r/min 离心 MinElute 柱 1min。

vii．旋转 MinElute 柱/管，13 000r/min 再离心 30s，以去除残留的 PE 缓冲液。将 MinElute 转移至一个干净的 1.5mL 的离心管中。

viii．在 MinElute 膜的中心加 16μL 的 EB 缓冲液，洗脱样品 DNA。

ix．将柱子静置 1min，13 000r/min 离心 1min。

x．使用分光光度计（如 NanoDrop）定量样品（1μL）。

文库的固定和补平反应

24．将洗脱的样品 DNA 加至已洗涤的文库固定磁珠中。

25．充分混合后放置在试管旋转器上室温旋转 20min。

26．将含有 DNA 样品和磁珠的离心管放置于 MPC 上，用 100μL 的文库洗脱液漂洗文库两次。

27．使用一个 1.5mL 的离心管，依次加入如下试剂（来自于酶和接头试剂盒），混合均匀。

▲试剂的添加顺序非常重要！

水，分子生物学级	40μL
Fill-in polymerase buffer（10×）	5μL
dNTP	2μL
Fill-in polymerase	3μL
总体积	50μL

28．将步骤 26 离心管放置在 MPC 上，从中吸去 100μL 文库洗脱液。

29．在步骤 28 离心管中加入步骤 27 准备的 50μL 补平反应混合液，混合均匀，不要产生气泡，37℃孵育 20min。

30．放置于 MPC 上，用 100μL 的文库洗脱液洗涤结合的文库两次。

单链 DNA 样品（sstDNA）文库的分离

31．在 1.5mL 的离心管中，加入 500μL 的 PBI 缓冲液和 3.8μL 的 20%的乙酸，混匀，制备成中和液。

32．将步骤 30 离心管放置于 MPC 上，弃掉 100μL 文库洗脱液。

33．在 9.875mL 水中加入 0.125mL 10mol/L NaOH，配制 1×Melt Solution。

Melt Solution 只能保持 7 天，使用时先确定它配制了几天，必要时重新配制。

34．在带有洗涤文库的磁珠中加入 50μL Melt Solution（步骤 30）。

35．涡旋，放在磁力架上，使磁珠脱离 50μL 上清液形成小球状。

36．小心吸出上清，把它转移到新鲜配制的中和液中。

37. 重复步骤 34～36，共获得 100μL 冲洗磁珠 Melt Solution（把所有上清液加到同一管中和液中）。

38. 用 MinElute PCR Purification Kit 中的柱子纯化中和过的单链模板 DNA(sstDNA)（确保柱子在使用时已平衡至室温）。

i. 把柱子插到歧管真空连接器中。

ii. 用移液器吸取样品到柱子中，抽真空以使 DNA 结合。

iii. 加入 750μL PE 缓冲液冲洗 DNA。

iv. 关掉真空泵，把柱子放回到 2mL 收集管中。

v. 13 000r/min 离心 1min。

vi. 13 000r/min 再次离心 30s，移掉所有剩余的 PE 缓冲液。

vii. 把柱子转移到一个干净的 1.5mL 管中，在柱子膜中央加入 15μL TE 来洗脱 DNA。

viii. 放置 1min，13 000r/min 离心 1min。

单链模板 DNA 文库的质量评估及定量

使用时，把 Agilent kits 平衡至室温 30min，凝胶必须平衡至室温。注意 RNA marker 只能放在冰上。

39. 取 1μL 文库在 RNA Pico 6000 LabChip 上运行。

40. 用分光光度计（NanoDrop 或者 Qubit）定量文库（1μL 重复 3 次），并测定文库质量。

平均片段长度应该在 400～800bp，300nt 以下的应小于 10%；总 DNA 量大于 10ng，并且没有可见的二聚体峰。

41. 根据 Pico 6000 LabChip 测定信息，用计算工具（454 Molecular Calculator）按照下面公式计算每微升分子数。

$$\frac{\text{分子数}}{\mu\text{L}}=\frac{(\text{样品浓度}[\text{ng}/\mu\text{L}])\times(6.022\times10^{23})}{(328.3\times10^{9})\times(\text{平均片段长度}[\text{nt}])}$$

吸取 1μL 文库，加 TE 稀释到 1×10^8 个/μL。

原始库于-25～-15℃保存（如果不立即使用，稀释到 1×10^8 倍后储存）。

42. 必要的话，用浓度为 1×10^8 的单链模板 DNA 文库进一步制备稀释液，涡旋混匀所有的稀释液。

i. 取 1μL 1×10^8 储存液到 9μL TE 缓冲液中制备 1×10^7 稀释液。

ii. 取 1μL 1×10^7 储存液到 9μL TE 缓冲液中制备 1×10^6 稀释液。

iii. 取 1μL 1×10^6 储存液到 9μL TE 缓冲液中制备 1×10^5 稀释液。

这些稀释液将会用于 emPCR 中的磁珠与 DNA 的滴度测定（方案 16）。

43. 设置 4 个单管 emPCR，加入下述体积的不同浓度的 DNA 模板库，得到每个磁珠结合的单链模板 DNA 分子数理论值如下：

- Tube 1：1.5μL 2×10^5/μL 单链模板文库（=每个磁珠结合 0.5 个分子数）
- Tube 2：6.0μL 2×10^5/μL 单链模板文库（=每个磁珠结合 2 个分子数）
- Tube 3：1.2μL 2×10^6/μL 单链模板文库（=每个磁珠结合 4 个分子数）
- Tube 4：4.8μL 2×10^6/μL 单链模板文库（=每个磁珠结合 16 个分子数）

44. 上述 4 管涡旋混匀 5s。

45. 按照方案 16 进行 emPCR。

方案16 单链DNA文库的捕获及emPCR

这个方案描述如何扩增方案15中制备的单链模板DNA文库中的DNA片段。文库片段首先复性，然后捕获磁珠、乳化、PCR扩增。收集带有扩增的单链模板的磁珠，加入测序引物混匀复性。这样得到的固化DNA文库即可用于454 FLX或XLR Titanium测序。

材料

为正确使用本方案中的器材和危险试剂，必须查阅相应的材料安全数据表并咨询所在机构的环境卫生和安全办公室。

试剂

扩增混合物（5×）
复性缓冲液TW（1×）
磁珠回收试剂盒
漂白剂(10%)
捕获磁珠洗涤液（10×）
去核酸试剂
DNA捕获磁珠
emPCR Kit（XLR Titanium）(−20°C)
乳化油
强化液TW（1×）
富集引物
酶混合物
异丙醇（190 proof）
Melt solution（步骤42）
Mock扩增混合物
NaOH（10mol/L）
PPIase（肽基脯氨酰基顺反异构酶）
测序引物
已滴定sstDNA文库（方案15制备的）
水，分子生物级（MBG）（Sigma-Aldrich）

设备

微量离心机
移液管吸头（10.0mL）
SABA unit的圆锥管帽（50mL）
圆锥管（50mL）
库尔特（Coulter）计数器
Custom Blue adaptor
一次性手套
富集磁珠

Eppendorf 重复加样器
锥形瓶架
合适量程的带滤芯吸头
一次性实验服
加热器（预设到 65°C）
滚轴混匀仪（Labquake tube roller）
磁性颗粒收集器（MPC）
微型离心机
微型离心管（1.7mL）
合适量程的移液器
带边缘的平板（96 孔）
半自动破碎装置（SABA）（用于打破油包水）
酒精棉球
热循环仪
组织研磨仪
组织研磨管管架
8 道移液器
SABA 管
真空管接口
吸液垫（或吸水纸）
涡旋仪
废液缸

方法

▲整个实验过程中需戴手套及穿一次性实验服。

洗涤捕获磁珠

1. 把下列试剂混合，制备捕获磁珠洗涤液：

水(MBG)	9mL
捕获珠清洗缓冲液	1mL

2. 按如下步骤在微量离心机上富集磁珠使其呈小球状。
   i. 离心磁珠 10s。
   ii. 旋转管子 180°，再次离心 10s。
   iii. 小心弃掉上清液，不要碰到磁珠。
3. 吸取 1000μL 1×捕获珠清洗缓冲液到磁珠中，涡旋 5s，重悬磁珠。
4. 按步骤 2 在微量离心机上富集磁珠成小球状。
5. 重复步骤 3 和步骤 4，第二次洗涤后不要重悬磁珠。

结合单链模板 DNA 文库片段

6. 获得足够数量的单链模板 DNA 文库来扩增。

   每管包括 3500 万个磁珠(每个试剂盒有 2 管)

   按下列公式计算加入文库的量：

   每个珠子的拷贝数/文库分子质量=加入磁珠中文库的微计数

7．在每管捕获珠中加入在方案 15、步骤 43 中所得到的 sstDNA。

8．涡旋 5s 混匀各组分，使用前一直放置于冰上。

第一次振荡乳化油

9．打开组织研磨仪的防护罩，移去管架装置。

10．把装有乳化油的样品杯放在组织研磨仪上。

11．把样品杯用螺丝拧紧在合适的位置(不要拧得过紧从而使杯子破裂)，放下防护罩。

12．设置组织研磨仪的参数为 28 cycles/s，2min，按下开始按钮开始振荡。

制备 Titanium XLR Live 扩增混合物

13．将冷冻的试剂盒中试剂取出放在冰上使其完全解冻，酶放在-20°C，解冻后，涡旋试剂（除了酶）5s。

14．制备 Titanium XLR Live 扩增混合物（如下表），最多可做 4 个 LVE（1kit=2LVE），使用前一直放在冰上。注意：如果有多个文库扩增，每个文库必须制备一管 Live 扩增混合物。

试剂	1LVEs 体积	2 LVEs 体积	4 LVEs 体积
水（MBG）	2700	5400	10 800
扩增混合液（5×）	780	1560	3120
扩增引物	230	460	920
酶	200	400	800
PPIase	5	10	20

准备乳化杯

15．在 15mL 圆锥管中，加入 1mL 5×Mock 扩增混合物到 4mL 水中，把 5×Mock 扩增混合物稀释成 1×（用到的每一个试剂盒）。

16．把装有乳化油的样品杯从组织研磨仪上取下。

17．加入 5mL Mock 扩增混合物到样品杯中。

18．把样品杯放在组织研磨仪上，用螺丝拧紧在合适的位置，放下防护罩，设置组织研磨仪参数为 28 cycles/s，5min，按下开始按钮开始振荡。

加 Live 扩增混合物到磁珠及乳化油中

19．加 1mL Live 扩增混合物到 Library/DNA capture bead 管中，用移液器上下吹打混匀，吸头在下一步骤中继续使用。

20．把 Library/DNA capture bead/Live 扩增混合物加到一个新的 15mL 圆锥管中，吸头在下一步骤中继续使用。

21．加 1mL Live 扩增混合物到原始 Library/Capture bead 管中，快速涡旋，短暂离心，把剩余磁珠混匀，加到步骤 20 的 Library/Capture bead/Live 扩增混合物中。

22．在步骤 20 中得到的 15mL 圆锥管中加入另外 1.75mL（共 3.75mL）Live 扩增混合物。

23．把含有乳化油和 Mock 扩增混合物的振荡过的样品杯从组织研磨仪上取下。

24．快速涡旋文库/捕获磁珠/Live 扩增混合物，将其倒入含有乳化油和 Mock/Live 扩增混合物的样品杯。

25．将样品杯放回到组织研磨仪上用螺丝拧紧在合适的位置，放下防护罩，设置组织研磨仪参数为 12 cycles/s，5min，按下开始按钮开始振荡。

制备用于扩增的乳化剂（控制室）

26．将吸液垫放置在 emulsion hood 上。

27．乳化后，把样品杯从组织研磨仪上取下，打开乳液杯。

28．用 Eppendorf 重复加样器取出并分装 200μL 到 96 孔 PCR 板（约 90 孔）。

29．用板盖（盖垫或封板条）盖好平板，除去 hood。

30．扔掉在 emulsion hood 及工作台中用过的吸液纸（将用过的吸液纸丢弃于垃圾篓），然后用以下物品清洗 emulsion hood 和工作台：

- 10%漂白液
- DNA Away
- 棉签（酒精擦拭巾）

将用过的纸巾丢入垃圾篓。

31．打开 emulsion hood 内部的紫外灯，照射 30min。照射完毕后确保 emulsion hood 上的开关都已关闭。

扩增反应和珠子回收（扩增子室）

32．将乳化扩增反应液放在热循环仪上。

33．检查以确保热盖温度与加热板温度相差不超过 5℃。

34．设置并开始 Titanium EMBPC 热循环程序。

35．热循环完成后，把所有扩增反应的平板从热循环仪上取出。

戴上手套，穿上一次性实验服做此步骤。

36．用以下物品清洗工作台和 breaking hood：

- 10%漂白液
- DNA Away
- 棉签（酒精擦拭巾）

将用过的纸巾丢入垃圾篓。

37．在 breaking hood 和工作台上放置一排吸水纸。

38．打开 breaking hood 中的紫外灯开关。照射 30min。

39．记录 breaking hood 的使用量，并确保照射结束后罩子上的所有设置已关闭。

40．在 4×强化缓冲液 TW 中加入 187.5mL 水，制备 1×强化缓冲液 TW。

41．在 10×复性缓冲液 TW 中加入 72mL 水制备 1×复性缓冲液 TW。

42．在 40mL 水中加入 500μL 10mol/L NaOH 制备 1×Melt solution，一周后重新制备。

43．根据以下说明书设置半自动破碎装置（SABA）（图 11-17）。

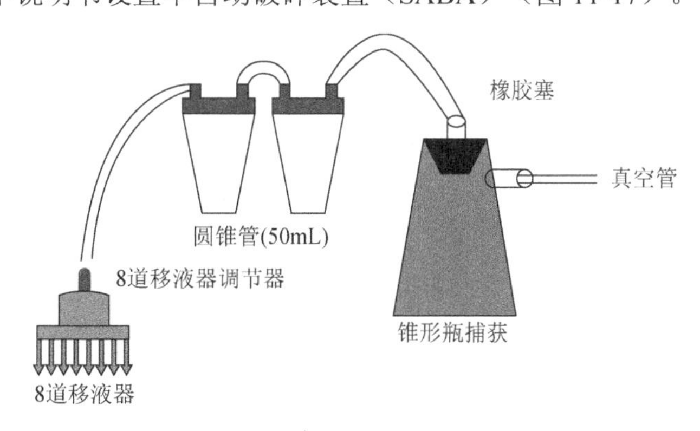

图 11-17 SABA 装置。

i. 打开真空泵。

ii. 把8道移液器慢慢放入乳化液中，逐排吸取每个孔中的乳化液，当所有孔都被吸过后，倒置8道移液器，以促进圆锥管吸入乳液。

iii. 用150μL的异丙醇再次填充各孔。上下吹打以确保乳化液和异丙醇充分混匀。

iv. 用8道移液器再次吸取异丙醇/乳化液，倒置8道移液器便于充分吸取。

v. 用150μL的异丙醇再次填充各孔。上下吹打以确保乳化液和异丙醇充分混匀。

vi. 用8道移液器再次吸取异丙醇/乳化液，倒置8道移液器便于充分吸取。

vii. 一旦所有的乳化液都被吸完，慢慢吸取多通道容器中的5mL异丙醇到8道移液器中。

viii. 关闭真空泵。

44. 拿掉50mL圆锥瓶上的盖子，换成50mL圆锥瓶的原始盖子。

45. 颠倒管子数次使磁珠充分悬浮。

46. 反复倾倒两个管子直到乳化油混合液均匀分配在两管中。

47. 在管中加入异丙醇，使终体积为40mL。

48. 离心前，涡旋振荡磁珠使其悬浮。

离心法破乳及清洗磁珠

49. 离心含有乳化液/异丙醇混合液的50mL锥形管，2000r/min离心5min（Allegra 6型离心机930*g*）。

50. 不要碰到沉淀，倒掉上清液，加入35mL异丙醇，涡旋振荡，直到沉淀完全重新悬浮。

51. 离心含有乳化液/异丙醇混合液的50mL圆锥管，2000r/min离心5min（Allegra 6型离心机的930*g*）。

52. 重复步骤50和步骤51。

53. 不要碰到沉淀，倒掉上清。

54. 加入35mL 1×强化缓冲液TW。涡旋振荡直至沉淀完全重悬。

55. 离心含有乳化液/异丙醇混合液的50mL圆锥管，2000r/min离心5min（Allegra 6型离心机的930*g*）。

56. 倒掉上清液，不要碰到沉淀，留下磁珠上方2mL液体或者用50mL移液器吸弃33mL上清液。

57. 用P1000移液器转移磁珠至1.7mL离心管（需要两个1.7mL管）。

58. 用600μL强化缓冲液冲洗50mL锥形管，并且与其余磁珠合并于一个管中。

如果仍留有一些磁珠，需要重复这个步骤。此时1.7mL管中的磁珠需离心沉淀以减少体积。

59. 所有的磁珠被转移后，离心磁珠10s。旋转管180°，并再次离心10s。

60. 弃掉上清液。加入1mL 1×强化缓冲液TW，涡旋。

61. 离心磁珠10s。旋转管180°，并再次离心10s。

62. 弃掉上清液。加入1mL 1×强化缓冲液TW，涡旋。

63. 离心磁珠10s。旋转管180°，并再次离心10s。

64. 弃掉上清液。加入1mL 1×强化缓冲液TW，涡旋。

间接富集

65. 离心磁珠10s。旋转管180°，并再次离心10s。

66．在每一个 1.7mL 管中加入 1mL 1×溶解液，涡旋。

▲不要让磁珠在溶解液中的时间超过 10min。

67．离心沉淀这些磁珠 10s。旋转管 180°，并再次离心 10s。

68．弃掉上清液。再加入 1mL 1×溶解液，涡旋。

69．弃掉上清液。加入 1mL 1×复性缓冲液 TW，涡旋。

70．离心磁珠 10s。旋转管 180°，并再次离心 10s。

71．重复步骤 69 和步骤 70，用 1×复性缓冲液 TW 共洗涤 3 次。

72．弃掉最后一次洗涤液后，加入 45μL 1×复性缓冲液 TW 和 25μL 富集引物于每个试管中。涡旋至完全混合。

73．把试管放在 65℃加热 5min，然后冰浴 2min。

74．加入 800μL 1×富集缓冲液 TW，涡旋。

75．离心磁珠 10s。旋转管 180°，并再次离心 10s。

76．弃掉上清液，用 1.0mL 1×强化缓冲液 TW 洗涤两次。

77．弃掉最后一次洗涤上清液后，加入 800μL 1×强化缓冲液 TW。

富集

78．准备富集磁珠。

i．涡旋振荡富集磁珠 1min，使其完全重悬。

ii．使用磁力架（MPC）使富集磁珠形成小球状。

iii．弃掉上清液，小心不要弃掉任何富集磁珠。

iv．从 MPC 中取出试管，在每个试管中加入 1mL 1×强化缓冲液 TW。

v．涡旋 3s 重悬磁珠。

vi．使用 MPC，使富集磁珠形成小球状。

vii．弃掉上清液，小心不要弃掉任何富集磁珠。

viii．重复步骤 78.iv～78.vii。

ix．加入 160μL 1×强化缓冲液 TW。

79．富集带有 DNA 的磁珠。

i．加 80μL 洗涤过的磁珠至各个含扩增 DNA 磁珠的 1.7mL 管中，涡旋（按照 XLR 方案涡旋）。

ii．在室温（15～25℃）条件下，用滚轴混匀仪旋转 5min。

iii．把管放在 MPC 上，静置 2min，使富集磁珠形成小球状。

此时上清液呈白色。

iv．小心移弃上清液，不要弃掉任何富集磁珠。

v．从 MPC 上移下管子，轻轻地加入 1mL 1×强化缓冲液，涡旋。

vi．把管子放在 MPC 上，静置 2min，使磁珠形成小球状。

此时上清液呈白色。

vii．弃掉上清液。

viii．重复步骤 79.v～79.vii 直到在上清液中观察不到磁珠。这一步可能需要 6 次或 6 次以上洗涤。为了确定上清中是否仍存在磁珠，你可以将上清液收集至一个新的 1.7mL 的离心管中，短暂离心。

80．收集富集的 DNA 磁珠。

i．从 MPC 上取下离心管，用 700μL 溶解液重悬磁珠。磁珠在溶解液中的时间应不超过 10min。

ii．涡旋 5s，将离心管放回 MPC 上使磁珠成小球状。

iii. 转移含有富集的DNA磁珠的上清至一个单独的1.5mL的离心管中。

iv. 重复步骤80.i～iii以更好地回收DNA磁珠，将两次的溶液（共1400μL）合并在一起。

v. 弃掉含富集磁珠的离心管。

vi. 依旧通过离心沉淀富集的DNA磁珠。

vii. 弃掉上清，用1mL 1×复性缓冲液洗涤富集DNA磁珠。弃掉上清液，不要碰到磁珠。

viii. 再用1mL 1×复性缓冲液重悬磁珠以完全中和溶解液，如上离心，弃掉上清液，不要碰到磁珠。

ix. 重复步骤80.viii 2次，共洗涤3次。

x. 弃掉最后一次洗涤液，加入200μL 1×复性缓冲液TW。

测序引物链接反应

81. 各个含磁珠的离心管中加入50μL测序引物，涡旋5s。
82. 将离心管放置在65℃加热块上5min，冰上2min。
83. 加入800μL 1×复性缓冲液，按照之前的方法沉淀磁珠，弃掉上清。
84. 用1mL 1×复性缓冲液洗涤磁珠一次，涡旋，离心，弃掉上清。
85. 重复步骤84，洗涤2次。
86. 用950μL 1×复性缓冲液TW重悬磁珠。
87. 根据说明书，用库尔特计数器计算出3μL溶液所含有的磁珠数。

    磁珠的数目因emPCR及富集的效率而不同。
88. 将带有克隆扩增的、富集的sstDNA文库的磁珠储存于4℃。
89. 用干净的吸液纸擦洗试验台表面，吸液纸扔入垃圾桶。
90. 用下面物品清洗工作台：
    - 10%漂白液
    - DNA Away
    - 棉签（酒精擦拭巾）

    将用过的纸巾丢入垃圾篓。

方案17 Roche/454测序：执行一个测序运行

该方案叙述：①用于Prewash运行的sstDNA文库（经过克隆扩增和富集的）的准备(见方案16)；②测序反应中PicoTiter Plate（PTP板）的准备，具体的操作详见454 Life Sciences Titanium XLR Sequencing System说明书。注意：建库（见方案15）和emPCR（见方案16）的准备工作对于454 FLX测序系统同样适用，二者只是循环次数和读长有区别。如果使用FLX测序系统有更好的预期效果，则可以参照厂家提供的针对FLX的操作手册进行。

材料

为正确使用本方案中的器材和危险试剂，必须查阅相应的材料安全数据表并咨询所在机构的环境卫生和安全办公室。

试剂

漂白剂 (10%)
去核酸试剂
乙醇（50%）
454 Life Sciences Titanium XLR Sequencing 试剂盒
- 试剂盒 1：
  - 腺苷三磷酸焦磷酸酶（Apyrase）
  - 磁珠缓冲液添加剂
  - 对照组 DNA
  - dATPs
  - DTT
  - 酶珠
  - Insert w/assorted 缓冲液
  - 聚合酶
  - 聚合酶辅助因子
- 试剂盒 2：
  - 磁珠缓冲液
  - Prewash 缓冲液
- 试剂盒 3：
  - 吸管
- 试剂盒 4：
  - CB 缓冲液（5 瓶，4℃放置 48h 后，过滤并室温放置）
- 试剂盒 5：
  - Prewash 管
- 试剂盒 6：
  - 包装珠子
- 试剂盒 7：
  - 载珠片
  - 密封垫
  - PicoTiter Plate（PTP 板）

SparKLEEN 实验用洗涤剂
sstDNA 磁珠，前期制作的（见方案 15 和方案 16）
Texwipes（酒精擦拭巾）
吸液垫
去离子蒸馏水

设备

磁珠沉淀装置
磁珠沉淀装置底座
磁珠沉淀装置平衡锤
密封垫
离心机
离心机微型板托盘
离心机吊篮

锥型管(50mL)
各种规格的吸头
手套
无尘擦镜纸
磁力架（MPC）
纸巾
PicoTiter Plate (PTP)槽
不同规格的移液器，包括 50mL
预洗添加物
试剂槽
Zeiss 擦镜湿纸巾

方法

实验室和试剂准备

1. 使用下列物品清洁工作台：
   - 10%漂白剂
   - 去核酸试剂
   - 酒精擦拭巾

   使用过的纸巾和湿巾要放入废纸篓里，工作台要用吸液垫擦拭。
2. 将冷冻保存的 Sequencing Reagents Insert 试剂盒取出。

   聚合酶及聚合酶辅助因子需在-20℃放置。
3. 打开包装袋，将试剂在室温条件下放置 2～3h 使其解冻，或者放在盛有水的水槽中进行解冻，但是要保持试剂盒的直立，并且避光放置。
4. 将瓶装的磁珠缓冲液放在冰上。
5. 按照下面的方法过滤 5 瓶 CB 缓冲液：
   i. 需要一个 1L、0.22μm 孔径的 Stericup 滤器。
   ii. 将滤器安装在真空泵上。
   iii. 过滤 CB 缓冲液。
   iv. 在过滤缓冲液时，请用去离子水清洗原瓶。
   v. 将过滤后的缓冲液 CB 转移至清洗后的原瓶。
   vi. 用标有刻度的吸管，将从第 5 瓶得到的 44mL 过滤后的 CB 缓冲液转移到 50mL 的 Falcon 管中，并放置于冰上冰浴。
6. 当 Sequencing Reagents Insert 完全解冻之后，将其转移至 4℃冷藏，直到使用。

   注意储存时间不要超过 8h。

预洗涤运行

7. 将 GS FLX Sequencing 试剂盒和 GS PicoTiter Plate 试剂盒取出，-20℃保存的试剂转移至冰上，4℃保存的试剂放于常温下。但是清洗液 2 和磁珠缓冲液 1 需要 4℃保存。
8. 点击上右上角的“X”关闭上一次测序运行的窗口。
9. 窗口关闭后，通过双击“SystemStop”图标使系统停止，让它再运行，然后再停止。
10. 双击“System Start”图标，等待灯光颜色变成橙色并停止闪烁。
11. 打开外部门，抬起吸管架。取出 Insert cassette，旋转试管架。

12. 将试剂槽中试剂瓶里残留的液体倒掉，并冲洗 Insert cassette。
13. 用纸巾将试剂槽的表面擦干。
14. 用 50%乙醇对试剂槽进行清洗。
15. 更换所有吸管。
    i. 移除（逆时针）所有已使用的吸管。
    ii. 安装（顺时针）新的吸管（4 个长的在左侧；8 个短的在右侧）。当听到咔哒声时停止旋转。
    iii. 旋转吸管至水平位置。
16. 准备 Prewash 试剂盒：将 Prewash cassette insert 分装至 8 个小管（右侧）及 4 个大管（左侧）中。
17. 用 Prewash 缓冲液将管子填满，放于试剂槽中，小心将吸管放低并关闭外部的门。

启动预洗涤运行

18. 如果“Instrument Run”窗口没有打开，请双击“GS Sequencer”图标。
19. 确保用户名是“adminrig”，然后点击“Sign In”。
20. 点击“start”。
21. 当“Instrument Procedure”界面打开后，请进行如下操作：

“Prewash”→“Next”→“Start”

PicoTiter Plate 装置的准备

22. 准备磁珠缓冲液 2：将 34mL 的三磷酸腺苷焦磷酸酶（Apyrase）溶液加至盛有 200mL 磁珠缓冲液的瓶内，在瓶身做好标记后置于冰上。
23. 准备 PTP 板。
    i. 去除 PTP 板托盘的盖子。
    ii. 小心地用手指或塑料钳将 PTP 板从托盘中移出 (请勿触摸顶部的托盘)。
    iii. 将 PTP 板放置在上述托盘上。

    记录 PTP 板背面的 6 位数条形码供以后使用。
24. 将磁珠缓冲液 2 倒入托盘，直到 PTP 板完全被浸没。
25. 将 PTP 板在磁珠缓冲液 2 中室温下浸泡至少 10min，直到开始组装 Bead Deposition Device（BDD）（步骤 44）。
26. 从包装中取出磁珠装载垫，并用 SparKLEEN solution 进行清洗。然后用纳米级纯水进行第二次清洗，清洗完毕后放于纸巾上晾干。

孵育混合和 DNA 珠子的准备（样本）

27. 孵育混合和 DNA 珠子的准备：按照下表中的试剂比例进行混合，并放于 2 个 1.7mL 的离心管内，轻轻涡旋，短暂离心后收集底部的所有液体。

上样区大小	PTP 板规格	珠子缓冲液	聚合酶辅助因子	DNA 聚合酶	总体积/μL
大（30mm×60mm）	70mm×75mm	785（×2）	75（×2）	150（×2）	1010（×2）

28. 确保得到足量 sstDNA 珠子。我们可以依据 emPCR 过程中的珠子数来确定所需体积。如果 sstDNA 库中珠子的浓度是 2000 珠子/mL，可选用下表中的体系。

这只是一个例子，你需要按照正确体系比例：

上样区大小	PTP 板规格	DNA 珠子数/区	sstDNA 珠子（样品）/μL	对照组 DNA 珠子数/μL
大（30mm×60mm）	70mm×75mm	90 0000（×2）	450（×2）	18（×2）

29．涡旋并混匀 sstDNA 库磁珠，取适量的体积转移至 2mL 的管子中。

30．取适量对照组 DNA 珠子加入到每个 sstDNA 管中（上表中第 5 列）。

31．于转速 10 000r/min（9300 RCF）下离心 1min，管子 180° 旋转后再离心 1min。

32．保留 30μL 的上清液，其余丢弃（DNA 珠子数量依据缓冲液的要求决定）。

下面我们以浓度为 2000 珠子/μL 的 sstDNA 库为例。

上样区大小	PTP 板规格	总体积/μL	移除/μL	剩余/μL
大（30mm×60mm）	70mm×75mm	233（×2）	203（×2）	30（×2）

33．移除上清液，注意不要接触磁珠。

34．按照下表所示，吸取适当体积的 DNA bead incubation mix，加入至含 DNA 珠子的管中并涡旋。保留剩余的 DNA 磁珠以备用。

上样区大小	PTP 板规格	DNA 珠子/μL	DNA bead incubation mix/μL	总体积/μL
大（30mm×60mm）	70mm×75mm	30（×2）	870（×2）	900（×2）

35．把样品放在转子（rotator）上，室温下孵育 30min。

包装珠子的准备

36．准备包装珠子。

i．涡旋包装珠子。

ii．将 1mL 的磁珠缓冲液 2 加入到装有包装磁珠的管中，涡旋直至充分均匀悬浮。

iii．10 000r/min（9300 RCF）离心 5min。

iv．小心去除上清液，不要接触到珠子。

37．重复步骤 36 两次清洗磁珠。

38．清洗三次以后，加入磁珠缓冲液 2（550μL/管），涡旋直至充分悬浮。

39．用一个移液器分别从每个管中吸取 360μL 重悬的包被珠子，分别加入 2mL 的管子中。再向每个管子中加入 80μL 剩余的 DNA bead incubation mix（来自步骤 34）。

40．把管子放在转子中旋转 15～20min 备用。

酶珠子的准备

41．涡旋酶珠子并开始使用磁力架（Maghetic Particle Collector，MPC）收集珠子。

i．把盛有酶珠子的管子在磁力架上放置 30s，使珠子沉降。翻转磁力架（MPC）几次，将可能残留在管帽里的珠子冲洗下来。再放置 30s 使珠子沉降。

ii．去除上清液，小心不要让微量移液器吸头接触到珠子。

iii．从磁力架中移除管子。

42．清洗酶珠子三次，具体步骤如下：

i．向每管酶珠子中各加入 1mL 磁珠缓冲液 2，并涡旋使其混合均匀。

ii．将管子在磁力架（MPC）上放置 30s，使珠子沉降。翻转磁力架（MPC）几次，将可能残留在管帽里的珠子冲洗下来。再放置 30s 使珠子沉降。

iii．去除上清液，注意请不要让吸头接触到珠子。

iv．将管子从磁力架（MPC）上移开。

43．清洗三次后，加入起始量的磁珠缓冲液 2（1000μL/管），涡旋使沉淀重悬。放在冰上，保持酶珠子的悬浮。

珠子分解装置（Bead Deposition Device，BDD）的组装

44．将浸泡的 PicoTiter 板（PTP）从包装中取出，用无尘纸擦拭 PicoTiter 板的背面。

45．将 PicoTiter 板放到 BDD 基座上，确保 PicoTiter 板上的缺口角与 BDD 基座对齐。

i．将洗净、干燥的垫圈扣紧在 BDD 基座上。

ii．把 BDD 盖在组装好的 BDD 基座/PicoTiter 板/垫圈顶部。

iii．将 BDD 基座的两个把手卡在 BDD 顶部的凹槽里，保证密封。

测序运行

湿润 PicoTiter 板

46．每个加样区域应根据所使用的加样垫圈的规格加入一定体积的磁珠缓冲液 2：

上样区大小	PicoTiter 板规格	加样体积/μL
大（30mm×60mm）	70mm×75mm	1860（×2）

47．将组装好的 BDD 和 BDD 平衡物放入离心机吊篮，检查并确认将吊篮对称放置在转子上。检查 microplate carriers 放置是否正确。

48．2640r/min（1254RCF）离心 5min。

当准备好下一步之后再去掉 PicoTiter 板中的磁珠缓冲液 2。

分解第 1、2 层珠子（DNA 和包装珠子）

49．取出装有 PicoTiter 板的 BDD，用吸头吸出并丢弃内部所有的磁珠缓冲液 2。

50．加 960μL 磁珠缓冲液 2 到 DNA mix 管子中，涡旋 DNA beads mix 管子 20s，将管子快速离心，使液体从收集管中流下。

51．反复吹吸 3 次使珠子重悬，在 BDD 板每个区域加注 1860μL bead mix。

52．将 PicoTiter 板静置在 BDD 里 10min，使 DNA beads 沉降到板子上。

53．取出 BDD 板，用吸管将每个区域内的上清液吸出，分别加入 2mL 管子中。

54．将盛有上清液的管子于 10 000r/min（9300RCF）离心 1min。

55．用吸管吸取 1460μL 上清，注意不要接触到磁珠，并加入到装有 440μL 包装珠子的管子中，涡旋混匀。

56．从每个管子里吸取 1860μL packing beads mix，加入到 BDD 板的两面。

57．以转速 2640r/min（1430RCF）离心 BDD 板 10min。

离心期间可以进行仪器和测序试剂的准备（见步骤 70～84）。

分解第 3 层珠子(酶珠子)

58．涡旋清洗过的酶珠子，确保混匀。

59．在两个 2mL 的管子中，按下表所示比例混合酶珠子和 Bead buffer 2，并上下吹吸珠子多次，确保混合均匀。

Kit	酶珠子/μL	磁珠缓冲液 2/μL	总体积/μL
70×75	920（×2）	980（×2）	1900（×2）

60．涡旋确保混合完全，得到均匀的悬浮液。

61．待包装珠子层离心结束后，将 BDD 板从离心机中取出，从包装珠子层吸弃上清液。

62．取总的稀释的酶珠子上清液 1860μL（步骤 59，表格最后一列）。

63．用吸管吹吸 3 次使其重悬，并将珠子上清液注入到 BDD 板中，重复操作加满 BDD 每个区域。

64．待所有区域都加满后，将 BDD 板 2640 r/min（1430 RCF）离心 10min，转速同上。

使用这 10min 的时间完成机器准备（见步骤 70～84）。

运行测序：工具准备

65．确保预洗涤运行完成后，打开外门，将吸管架完全抬起。

66．从机器的前方取出试剂槽。

67．将预洗涤的管子和架子从槽中拿出，清空管子后丢掉。

68．用纸巾擦拭试剂槽的外表面。

69．用纸巾蘸取 50%乙醇，擦拭板子，并使之风干。

测序试剂盒的准备和上样

70．将 4 瓶 CB 缓冲液放到试剂槽里，打开瓶盖并分别加入 1mL DTT，盖上瓶盖，轻轻涡旋混匀。

71．将 4℃保存的试剂取出，放置于载有焦磷酸酶（黄色标签）管子的试剂槽上。

72．取 164μL 焦磷酸酶到含焦磷酸酶缓冲液的管子里，涡旋混匀。

73．加 1.5mL dATP 到含 dATP buffer 的瓶子里（紫色标签），涡旋并使其混匀。

74．去掉所有的盖子，把试剂槽放在仪器里，大的瓶子放在右边，小的管子放在左边。小心地降低吸管架高度，关上外门。

加载 PicoTiter Plate

75．在软件中选择“Unlock Camera Door”，残液将会被泵到废液瓶，门将自动解锁，然后手动打开门。

如果打开相机盖后 PicoTiter 板暗盒没有完全清空残液，那么盖上相机盖，等待 5s，重新打开相机盖弃去残液。重复上述步骤直到没有任何液体残留在盒子内。

76．按压 PicoTiter 板的弹簧闸会使 PicoTiter 板抬起，取下暗盒内用过的 PicoTiter 板。按照下列步骤清洗暗盒：

i．将密封垫从暗盒中取出并丢弃。

ii．将 50%的乙醇喷洒在无尘纸上，擦拭晾干。

iii．用 10%的 Tween 重新擦拭，并晾干。

iv．用湿润的 Zeiss 擦镜纸再次擦拭相机面板并晾干。

在计算机上运行建立

77．当准备运行（Prep Run）完成后，一个小的“Run Complete”窗口会弹出。点击 OK 按钮并继续。

78．在窗口操作以下步骤：

i．点击 Start。

ii．选择 Custom Sequencing Run 自定义测序反应。

iii．选择 Next。

iv．在 PicoTiter 板 ID 框内，将 PicoTiter 板背后的六位数字（见步骤 23.iii）输入到 ID 框内，选择 Next。

79．在出现的两个对话框中，选择 Application 1。

80．打开登录终端，登录 Linux 系统，并输入 ssh@linus170，按[Enter]键。

81．输入密码，并按[Enter]键。

82．输入 454Loader，并按[Enter]键，在打开的界面内输入对应的信息。

83．在 454 载入界面的底部，找到“DRI Name”按钮，输入从供给商得到的 DRI name。

i. 点击“Add To Filled Region List”按钮。确认窗口显示的信息正确，再次点击按钮。

ii. 窗口会再次显示信息，确认并点击“Click Here to Generate Run PSE ID To Copy and Paste”按钮。

iii. 上一步会生成一个 ID 号，选择、复制并粘贴到“Instrument Procedure”窗口的“454 Run Name”框内。

84. 完成程序设置：

i. 点击 Next 选择“LR70”框。

ii. 点击 Next 选择 2 Region。

iii. 点击 Next 选择 100 Cycles。

iv. 点击 Next 选择合适的分析方法。

v. 点击 Next，再次点击 Next。

软件准备就绪。

安装 PicoTiter Plate 到机器上并开始运行

85. 待第三层珠子离心结束后（步骤 64），从离心机上取下 BDD。

86. 轻轻吸取并丢弃第二层珠子的上清。

87. 按照以下步骤将 PTP（Pico Titer Plate）从 BDD 中取出：

i. 向下旋转 BDD 的把手。

ii. 小心地取下 BDD 的盖子。

iii. 轻轻提起垫圈。

iv. 取下 PTP，注意只能接触边缘位置。

88. 将 PTP 安装到暗盒里。

89. 按照下列方法安装密封圈：

i. 确认方形区域的密封圈朝上，将其放入暗盒凹槽内。

ii. 如果有必要的话，戴手套轻叩密封圈，一定不要用任何东西重击密封圈。

iii. 将 PTP 卡在暗盒内。

iv. 点击窗口底部的 Finish 键退出窗口并且开始运行。

90. 清理准备区

i. 将吸液垫晾于桌面（可丢弃于垃圾筒中）。

ii. 用下列方式清洗工作台表面：

- 10%的漂白剂
- DNA Away
- 酒精棉球

iii. 将用过的纸巾和湿巾丢弃在垃圾筒内。

方案 18 结果有效性确认

下一代测序技术已经开启了全新的研究领域，但要清醒地认识到这些新技术产生的实验数据是存在误差的。在执行严谨而熟练的操作，以及选择适当覆盖倍数的条件下，成熟的下一代测序平台（454、Illumina 及 SOLiD）均仅有很低的错误率（大约 1000 万个碱基出现一个错误）。然而，受分析错误的影响，测序的错误率可能增加，这些分析错误包括测序片段被错误地匹配到参考基因组上、扩增过程中引入的碱基替换，以及未能去除 PCR 反应中产生的包含同样错误的重复片段。这些问题在大规模的实验中可能会被放大，导致在最终的 DNA 序列中存在大量的错误。对于研究人员来说，注意以下几点至关重要：①知晓这些错误；②了解错误发生的原因；③采取过滤策略，去除已知来源的错误。

验证下一代测序的结果也十分重要。有两种方法可用于下一代测序结果的验证，分别为统计验证、对特定感兴趣的结果进行确认。

统计验证

统计验证的意思是随机选择变异位点，使用相同的或者不同的测序方法重新进行测序（参见方案 2 和方案 3 中的毛细管测序）。或许将来重复测序试验是不必要的，但现在这似乎是当前测序领域的标准。前些年研究人员倾向于验证毛细管测序的结果，使人们对于毛细管测序存在固有误差有了清醒的认识。

毛细管测序验证为下一代测序数据提供了严格的检验，但它的成本和通量方面的原因导致这种验证往往不切实际。重点数据（如从目标捕获区域获得的数据）的统计验证可以通过测定一定数量的随机变异体来实现，同时测定一些不变区域用于验证假阴性率。这些测序结果可以使用 PCR 结合毛细管测序进行验证。更大的数据集（外显子组或整个基因组）可使用大规模 PCR 或液相捕获，然后用 Roche/454、Ion Torrent、Pacific Biosciences CCS 或 MiSeq 平台进行测序。

统计验证的另外一种重要形式是使用测序确定的多态性基因型与来源于阵列的基因型数据之间的交叉验证。正如上文所述，在全基因组和外显子捕获的测序中，最好对同一样品进行 SNP 阵列分析作为验证。阵列和测序数据之间的相关性包括：①对于假阴性现象和测序深度有很好的提示作用；②可能发现样本弄混的情况。然而，阵列结果并不能确定假阳性的情况。因此，要估计假阳性的数量，由下一代测序得出的一系列随机变异应用 PCR 和毛细管测序验证，如果存在大量变异，则应采用液相捕获技术结合适当规模的测序平台加以解决（所选方法由验证位点的数目决定，见下文）。

正如在本章的导言部分所述，测序技术正在发生变革。令人特别感兴趣的是，针对基因组小区域的新测序方法的诞生，以及新的个人基因组测序仪如 Ion Torrent 和 MiSeq 的出现。这些仪器使快速高质量评估变异成为可能，同时可以消除对毛细管测序验证方法的需求。由于这些测序技术具有互补性，因此由 HiSeq 测序仪发现的大量变异可由像 Ion Torrent 这样的小型测序仪进行验证。

另一种验证方法是对特定感兴趣的结果进行确认。对于具有生物学意义的变异进行额外验证在时间和费用上都非常值得，这样可以避免对假阳性变异结果进行大量的进一步实验。

生物学指标也可以用来帮助识别错误率。例如，当对大量个体进行测序时，在样本中出现百分比较高的变异（如 5%或者更高），其假阳性的可能性明显比那些罕见的变异低。虽然这并不意味着罕见的变异不是真正的变异，但这些罕见变异更有可能是由于测序错误引起的，而不是存在于测试样本中的共有变异。同样，在进行家系分析时，非孟德尔事件的存在可能是由于测序错误造成，因此，至少一个区域的序列应使用不同的测序技术进行验证。

总之，下一代测序数据与新数据分析方法结合来寻找新的生物学发现导致错误产生。研究人员必须认识和了解特定系统中的错误，采用持续发展的业界标准验证下一代测序技术发现的变异。因为这些技术都很新，随着我们更好地了解不同的分析方法所产生的错误类型，测序领域的通行方法很可能将继续改进——至少在短期内会是如此。

方案 19　测序数据的质量评估

下一代测序仪产生大量的测序数据，因此，每次运行测序时都进行质量监测十分关键，可确保仪器和测序试剂处于最佳性能。主流下一代测序平台上的质量评估非常相似，所有的平台都提供每个碱基的质量值，该值主要依靠信噪比进行评估。此外，在每次运行中还提供基本的测序指标，如片段长度、总数据量或测序平台特有的数据过滤。来源于标准库或者已知参考序列的对照样品的测序结果可以提供测序错误率和整体测序质量。在测序过程中，实时的测序指标往往会在屏幕上显示，提示测序过程中试剂或仪器性能可能存在的问题。每个平台的用户指南都提供了指标说明、问题解决方法和保持高测序质量的所有必要细节。通常情况下，数据质量的检验发生在测序的后处理阶段，主要是样品总体测序表现、接头污染、GC 偏性、文库插入大小、重复 reads、匹配质量及碱基识别的可靠性。我们这里以 Illumina 平台作为质量评估的具体例子。

对照样品的测序对于质量控制和故障诊断是非常有用的。最常见的对照是掺入 Illumina 公司的 PhiX 对照文库。每个 lane 中加入少量（一般为 1%～3%）的 PhiX 库及目的测序样品。Illumina 的实时分析软件（RTA v1.10）提供实时碱基识别、质量值验证及 PhiX 库的结果比对情况。每次测序的总结报告既可以在测序设备上直接观察，也可以在报告被传递到辅助服务器上时从报告文件中解析。对照样品的测序结果可以用于评估仪器功能与试剂质量。对于一个 pair-end 的 100 次循环测序，比对到参考基因组后 PhiX 库每个片段的错误率应<1%（片段长度较短的应产生更少的错误）。虽然 read2 结果文件（反向测序）的错误率普遍稍高，但如果仪器工作正常，错误率与 read1（正向测序）相差不应太大。

RTA 软件和 CASAVA 软件也提供总结报告、簇密度图、信号强度图、质量值图和错误率图，这些图表提供了一系列详细的质量指标（见 *CASAVA v1.8 User Guide* 第 2 章“运行质量解释”）。在运行过程中，可以查看各种图形报告，该报告包含 flow cell 上的 read、循环、lane、tile 的相关信息。簇密度图可以显示样品加载量的多少，或显示簇生成失败。簇过密会导致簇匹配故障，并会导致 Illumina 的信噪比质量过滤失败；而簇稀疏则会使数据产量低。监测 flow cell 每个循环的信号强度与聚焦效果可以评估 4 种染料是否均匀掺入，并检测由于试剂流动受阻、相机或激光故障、气泡或其他表面障碍导致的信号丢失。碱基识别质量图往往可作为测序运行表现的早期指标。测序片段 3′端的碱基测序质量往往略有下降，但良好的测序结果中整条序列的碱基质量值都应该在 30 以上。同理，如果测序片段比对到参考序列上，观察不同碱基位置的错误率可以确定后处理过程中是否有必要剪切 3′端片段。Summary.htm 文件中包含对每个 lane 或每个样品运行情况的统计及详细的概述，包括簇密度、通过 Illumina 质量过滤的簇的百分比、碱基质量不低于 Q30 的百分比、比对与错误统计、信号强度，以及相位超前与相位延迟率。在非常高的簇密度下，测序片段通过过滤的比例趋于下降，但一般在推荐密度范围内的通过过滤比例应在 80%左右。正常情况下，应获得较高百分比（约 80%）的 Q30 碱基，同时有较大比例的片段（约 80%）应以预期的方向匹配到参考序列上，并且错误率应该是很低的（注意，多态性和结构变异会影响比对和错配率）。每对片段的相位超前与延迟百分比均应低于 1%。该值过高可能表明试剂发生化学问题（流量问题、试剂质量等）。read1 和 read2 统计信息有明显区别可能表明发生了末端配对模块或模板再生故障。保留在运行过程中拍摄图像的“缩略图”相当有价值，如果在任何特定的 lane、tile 或循环中发现数据质量下降，通过手工检查图像往往可以定位或确认问题。*CASAVA v1.8 Users Guide* 提供了 QC 图和运行报告的例子，对各个参数做了说明，对每个指标能够普遍接受的标准给出了提示。

FASTQ 文件（使用的 Sanger 质量值编码方式）由 CASAVA v1.8 生成（参见 *CASAVA v1.8 Users Guide* 第 3 章“BCL 转换”）。FASTQ 文件是一种普遍被接受的输入文件格式，很多下游分析工具使用这种格式进行组装、比对、寻找变异。基本 Sanger 格式的 FASTQ 文件是一种包含 4 行记录的、紧凑的文件格式。第一行为标题行，然后是测序片段序列，第三行为另一个标题行，最后是碱基的质量值（分数由质量值+33 的 ASCII 码进行编码）。仪器上的 Real Time Analysis 软件（RTA v1.10）所产生的.bcl 文件以二进制格式包含了碱基识别的质量值信息，.bcl 文件传输到辅助服务器后转换为 FASTQ 格式。如果在每个 lane 中有多个样品的测序并使用了 Illumina 3 的测序片段索引方法（barcode 标记），那么样品测序数据可以使用 CASAVA v1.8 软件进行分离。分离过程使样品文件依照索引排序分开，同时对于每一个特定的索引提供摘要信息（每个索引的片段数、每个索引的质量值等）。

有关 Illumina 的检查运行质量的分析流程与工具的最新信息，请参阅 *Illumina CASAVA v1.8 Users Guide*；HiSeq 仪器请参阅 *RTA v1.10/HCS v1.3 Guide*；GAIIx 仪器请参阅 *RTA v1.9/SCS v2.9 Guide*。

方案 20 数据分析

变异体发现分析

发现变异体的首要步骤是下一代测序数据与参考基因组的比对。可以从测序仪器的生产公司、SourceForge 或其他开源网站，或者与同行沟通来获得大量的比对算法。目前，Burrough-Wheeler 算法（bwa）较受欢迎。大多数比对算法产生一个匹配质量指标，该指标可被下游变异检测算法识别，因为测序数据错误匹配到参考序列（可由低的匹配质量提示）可以很容易地被错误地检测为变异。正如本章的导言部分中提到的，变异检测需要不同的算法，算法的数量和类型由想要发现的变异类型所决定，其中的一些方法参见第 8 章。

从头组装

下一代测序数据的另一种常用的应用方式为无需使用参考序列的基因组组装（即所谓的“无向导”组装）。短的 reads 组装可以包括一个或多个测序类型/平台的数据，并可以结合 paired-end 数据和不同插入长度的 mate-pair 数据，以期拼接出最长序列。病毒和细菌的基因组组装相对容易和完整，但大型哺乳动物的基因组太复杂，有太多的重复序列，因此无法组装完全，甚至无法部分组装成完整的染色体。

信息栏

生物素

生物素（维生素 H，又名辅酶 R；相对分子质量 244.31）（化学结构，见图 1）是一种可以高亲和力结合亲和素（avidin）的水溶性维生素。亲和素是具有 4 亚基的糖蛋白，在卵白液中含量丰富（综述见 Green 1975）。亲和素的每个亚基可以结合一个生物素分子，所以 1mg 的亲和素可以结合约 14.8μg 的生物素。结合形成的复合物的解离常数约为 1.0×10^{-15}mol/L，对应的结合自由能为 21kcal/mol。由于结合如此紧密，解离速度非常之慢，在 pH7.0，复合物半衰期为 200 天（Green and Toms 1973）。因此从实际意义上说，亲和素与生物素的结合几乎是不可逆的。另外，亲和素-生物素复合物对离液剂（3mol/L 盐酸胍）及极端的 pH 和离子强度具有抵抗力（Green and Toms 1972）。

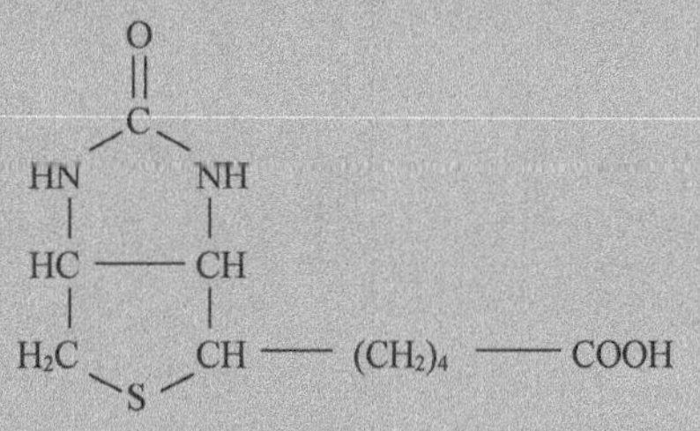

```
            O
            ‖
            C
         /     \
      HN         NH
       |          |
      HC ——————— CH
       |          |
     H2C         CH ——— (CH2)4 ——— COOH
         \     /
            S
```

图 1　生物素的结构。

生物素可以连接到许多蛋白质和核酸上，这种连接通常不改变它们的性质。亲和素（或链霉亲和素、非糖基化的原核等同物质）可以连接到报告酶上，通过酶反应定位和/或定量亲和素-生物素-靶标物质复合物。例如，在酶联免疫检测中，生物素化的抗体可以结合到固定化抗原上，已经连接了亲和素-生物素的辣根过氧化物酶或碱性磷酸酶就可以检测一级抗体的量（Young et al. 1985；French et al. 1986）。在核酸杂交中，生物素标记的探针可以被亲和素标记的酶或荧光物质所检测。生物素衍生物可用于标记蛋白质、多肽及其他分子（综述及参考文献见 Wilchek and Bayer 1990），它们包括：

- 多种 *N*-羟基琥珀酰亚胺生物素酯，可与蛋白质或多肽中的自由氨基反应形成酰胺（*N*-羟基琥珀酰亚胺作为副产品得到释放）。
- 具有光反应活性的生物素（光敏生物素），可被汞蒸气灯照射（350nm）激发，通过形成一个芳香硝基中间化合物，非特异性地与蛋白质、寡糖、脂类及核酸反应。
- 吲哚生物素，可特异性地与巯基反应，产生一个稳定的硫酯键。
- 肼化生物素，可与碳水化合物中经温和氧化产生的醛基反应。
- 带长臂的生物素衍生物（如 ε-氨基己酰-*N*-羟基琥珀酰亚胺生物素酯），这些长臂提高了亲和素与生物素化的大分子之间的反应效率。

生物素与亲和素之间的强力反应提供了一个桥梁系统，使天然状态下没有亲和力的分子能够紧密连接在一起。

核酸的生物素标记

从商业途径获得的生物素化核苷酸是多种聚合酶的有效底物，它们包括大肠杆菌的 DNA 聚合酶、*Taq* 酶、T4 噬菌体聚合酶等 DNA 聚合酶，以及 T3 和 T7 噬菌体的 RNA 聚合酶，因此生物素标记的核酸几乎可以用于所有体外制备放射性标记探针的方法（缺口平移、PCR 末端填补、随机引物标记和转录标记）。另外，生物素加合物可通过化学方法引入核酸和寡核苷酸，这包括5′氨基基团的连接。在常规氰乙基亚磷酸胺法合成寡核苷酸的最后一步接上氨基基团，带氨基的寡核苷酸可用商业来源的*N*-琥珀酰亚胺-生物素酯进行标记。

如果标记核酸中生物素的量不超过一定的比例，则标记探针结合靶序列的比率与未标记探针大致相同。标记时引入过多的生物素残基不太可能增加检测的敏感性，因为结合到单个生物素残基上的一个典型的亲和素-报告分子（如亲和素-碱性磷酸酶）将覆盖50～100个核苷酸。

如果生物素基团与核酸之间的连接序列足够长，能够消除空间位阻并使生物素基团有效地深入到亲和素上的结合位点，那么用亲和素-报告分子系统检测生物素标记探针的效率将大大增加。有多家公司出售带连接序列的生物素化核苷酸，这些连接序列含有6个或更多的碳原子。

可以简单地将光敏生物素和双链DNA或单链DNA或RNA混合，然后用可见光照射激发（350nm），从而将生物素引入核酸（Forster et al. 1985），这种方案制备的核酸中平均每200个左右核苷酸带有一个生物素残基。这种适当水平的修饰当然不会影响探针与靶序列的杂交，而且足够用于从哺乳动物DNA的Southern杂交中检测出单拷贝序列（Mcinnes and Symons 1989）。生物素标记探针的优点如下：

- 可长时间保存不丧失活性。
- 不需特殊处理方法。
- 生物素标记探针的信号可通过多种亲和素-报告分子进行检测，包括可用化学发光和荧光检测的报告分子。这意味着单个探针可用于多种不同的用途（例如，同时用于Southern印迹和原位杂交）。
- 生物素标记探针可以用亲和素柱或亲和素包被的磁珠亲和纯化回收。

注意，引入大量的生物素基团将导致核酸电泳移动速度下降。例如，每加入一个生物素-14-dCTP相当于给核酸增加了1.75个半胱氨酸的分子质量（Mertz et al. 1994）

参考文献

Forster AC, McInnes JL, Skingle DC, Symons RH. 1985. Non-radioactive hybridization probes prepared by the chemical labelling of DNA and RNA with a novel reagent, photobiotin. *Nucleic Acids Res* 13: 745–761.

French BT, Maul HM, Maul GG. 1986. Screening cDNA expression libraries with monoclonal and polyclonal antibodies using an amplified biotin-avidin-peroxidase technique. *Anal Biochem* 156: 417–423.

Green NM. 1975. Avidin. *Adv Protein Chem* 29: 85–133.

Green NM, Toms EJ. 1972. The dissociation of avidin–biotin complexes by guanidinium chloride. *Biochem J* 130: 707–711.

Green NM, Toms EJ. 1973. The properties of subunits of avidin coupled to Sepharose. *Biochem J* 133: 687–700.

McInnes JL, Symons RH. 1989. Preparation and detection of nonradioactive nucleic acid and oligonucleotide probes. In *Nucleic acid probes* (ed. Symons RH), pp. 33–80. CRC Press, Boca Raton, FL.

Mertz LM, Westfall B, Rashtian A. 1994. PCR nonradioactive labeling system for synthesis of biotinylated probes. *Focus* 16: 49–51.

Wilchek M, Bayer AE. 1990. Biotin-containing reagents. *Methods Enzymol* 184: 123–138.

Young RA, Bloom BR, Grosskinsky CM, Ivanyi J, Thomas D, Davis RW. 1985. Dissection of *Mycobacterium tuberculosis* antigens using recombinant DNA. *Proc Natl Acad Sci* 82: 2583–2587.

磁珠

自1989年被引入分子克隆以来（Hultman et al. 1989），磁珠（又名微球）已被用于多种目的，这包括PCR产物的纯化与测序、扣除探针cDNA文库的构建、DNA结合蛋白的亲和纯化、感染细胞中穿梭质粒的回收和共价连接的寡核苷酸的杂交。尽管传统的技术也可完成上述任务，但这些老方法都非常烦琐且效率低下。磁珠有许多优点，可以提高操作速度，以接近自由溶液中的动力学速率进行反应。由于磁珠的这些特性，配体的结合只需要数分钟，而磁性分离仅需数秒，大多数情况下洗涤与洗脱可在15min内完成。

磁珠是无孔、单分散度、由聚苯乙烯和二乙烯基苯构成的超级磁性颗粒，含有一个磁芯（8±2）$\times 10^{-3}$cgs单位，直径约为2.8μm。不同类型的磁珠在其表面共价结合有不同基团（OH、NH_2、OH[NH_2]、COOH等），用于共价连接蛋白和核酸配体（见Lund et al. 1988）。但大多数研究者喜欢购买预先共价连接有链霉亲和素的磁珠（Lea et al. 1988），它可将吸附任何生物素标记的核酸或蛋白质吸附在表面（综述见Haukanes and Kvam 1993）。注意，磁珠的大小、结构及其结合的配体大小不同，磁珠的结合量也不同。不同商标的磁珠上共价结合的链霉亲和素的量不同，所以来自不同制造商的磁珠的结合能力也不等同。另外，有些牌子的磁珠可以回收重复使用，而别的只能在一次性使用后丢弃。一旦连接好后，标记的配体就可用来从溶液中亲和捕获和纯化靶分子。由于表面积非常大（5～8m^2/g），磁珠在包被链霉亲和素后可结合相当多的生物素（>200pmol/mg）。而且，由于链霉亲和素与生物素之间高亲和力（K_{ass}=10^{15}L/mol；Wilchek and Bayer 1988），两者结合的速度非常快，一旦结合就对极端的 pH、有机溶剂和许多变性剂具有抵抗力（Green 1975）。严紧洗脱也不会导致连接上的配体从磁珠表面脱落，通过一轮亲和捕获富集倍数就可达到 100 000。磁珠主要的缺点是：①昂贵的价格；②需要一个有效的磁性颗粒分离装置。最好的这类装置包括一个或多个由铵-铁-硼构成的永久性磁铁，几家生产商以多种形式提供这种装置。

图 2 展示了用连接到磁珠上的生物素标记寡核苷酸配体亲和捕捉特异性 DNA 结合蛋白的一般程序。

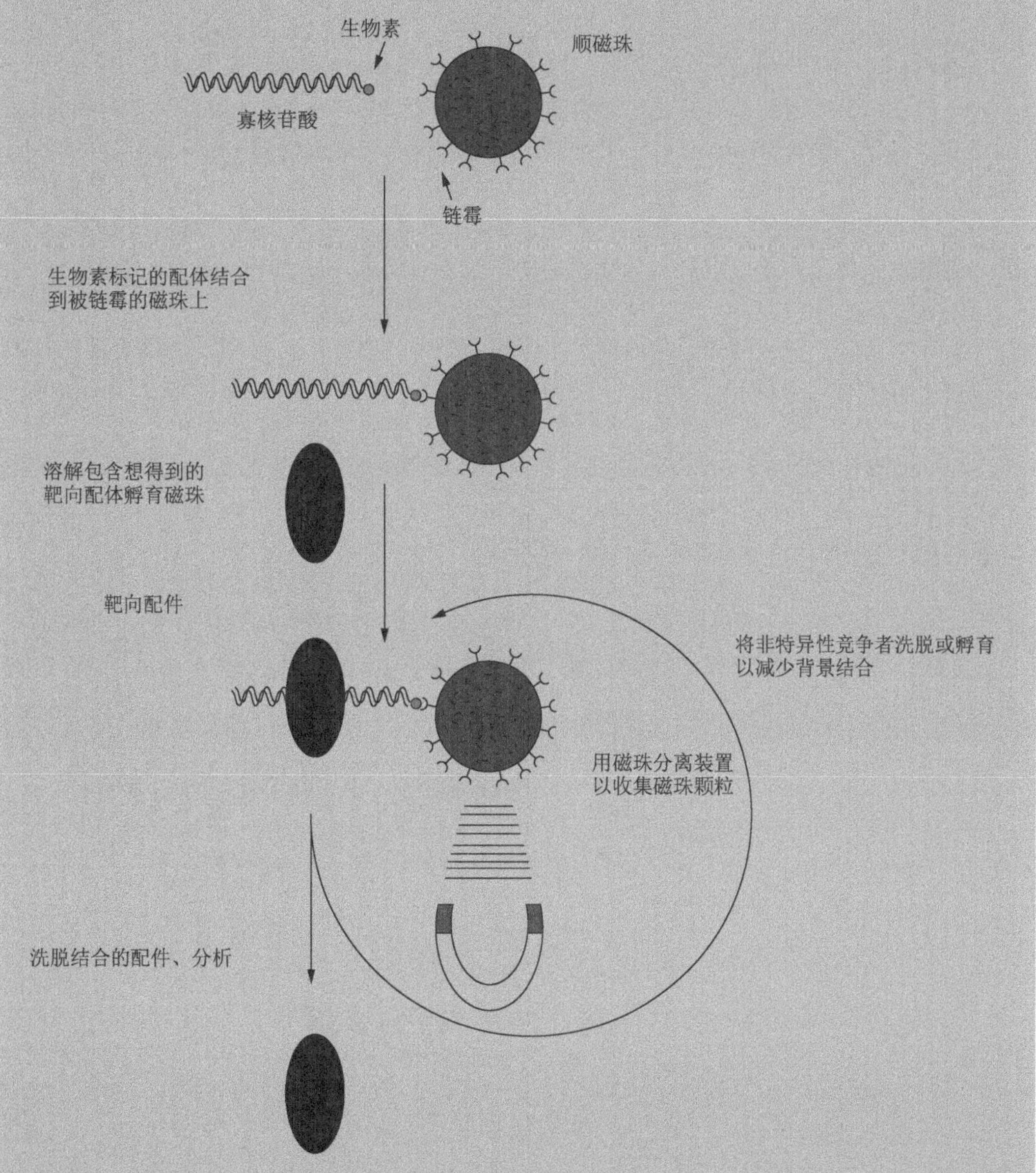

图 2 利用磁珠进行亲和选择和纯化。图中以一个 DNA 结合蛋白为例，给出了捕获特异性靶标配体的常规步骤。本例中生物素标记的配体是一段可能带有靶标蛋白结合位点的寡核苷酸，其与链霉亲和素包被的磁珠结合后，在含有靶标蛋白的溶液中温育。用磁性分离装置对磁珠进行分离收集，并用含非特异性竞争物的溶液反复洗涤磁珠。最后，洗脱结合的靶标配体并进行分析。

参考文献

Green NM. 1975. Avidin. *Adv Protein Chem* 29: 85–133.

Haukanes B-I, Kvam C. 1993. Application of magnetic beads in biosassays. *BioTechnology* 11: 60–63.

Hultman T, Stahl S, Hornes E, Uhlén M. 1989. Direct solid phase sequencing of genomic and plasmid DNA using magnetic beads as solid support. *Nucleic Acids Res* 17: 4937–4946.

Lea T, Vartdal F, Nustad K, Funderud S, Berge A, Ellingsen T, Schmid R, Stenstad P, Ugelstad J. 1988. Monosized, magnetic polymer particles: Their use in separation of cells and subcellular components, and in the study of lymphocyte function in vitro. *J Mol Recognit* 1: 9–18.

Lund V, Schmid R, Rickwood D, Hornes E. 1988. Assessment of methods for covalent binding of nucleic acids to magnetic beads, Dynabeads, and the characteristics of the bound nucleic acids in hybridization reactions. *Nucleic Acids Res* 16: 10861–10880.

Wilchek M, Bayer AE. 1988. The avidin–biotin complex in bioanalytical applications. *Anal Biochem* 171: 1–32.

DNA 片段化

大规模的全基因组测序依靠 DNA 随机打断策略，该策略的目的是构建一个重叠克隆文库，提供的克隆片段要涵盖整个基因组。通常采用机械剪切和酶切获得 DNA 片段，可精确控制操作得到想要大小的片段，这是本章描述的样品制备的标准操作。

市售适用于酶切制备样品的标准方法包括 Nextera System（Epicentre，现在是 Illumina 公司的一部分）和 NEBNext 双链 DNA 片段化酶（New England Biolabs 公司）。Nextera System 依赖于 Tn5 转座酶的一个突变体，DNA 打断和加接头在一步反应中完成。NEBNext 系统由两种酶组成，共同在 DNA 双链上形成缺口；其中，一种酶在 DNA 模板的一条链上随机产生缺口；另一种酶识别缺口位点并切断在缺口处切断另一条链，产生双链断裂。

机械剪切有几种不同的方法，通常采用超声处理和雾化法。这两种方法均是在拉力的作用下首先使双链 DNA 分子展开，然后在双链 DNA 分子中心区断开磷酸二酯键骨架，从而导致 DNA 断裂。现在已有很多市售的、在精确控制条件下采用超声处理法自动打断 DNA 的设备，例如，Covaris 提供一种利用高频声波能量打断 DNA 的设备，这种自动超声装置采用自适应聚焦超声（AFA）技术，该设备运用冲击波提供精确控制的脉冲能量打断 DNA 样品，获得所需大小的目的片段。

除了剪切方法以外，有时需要用限制性内切核酸酶或其他特殊切割方法打断 DNA。在其他情况下，如福尔马林固定样品、石蜡包埋组织切片、染色质免疫沉淀、年代久远的样品、降解样品中获得的 DNA，剪切是没有必要的，因为原始样品中 DNA 已经足够短。

（童贻刚　梁　龙　译，梁　龙　童贻刚　校）

第 12 章 哺乳动物细胞中 DNA 甲基化分析

导言

方案

信息栏

导　　言

DNA 甲基化修饰作为一种实验研究中最常检测的真核细胞表遗传改变，迄今已发表大量研究论文，并研发出了多种 DNA 甲基化检测方法。“甲基化组（methylome）”是指基因组中全部胞嘧啶的甲基化修饰情况。“甲基化组”一词在近年的文献中高频出现，反映出越来越多的科研人员正在从事相关领域的研究工作。有鉴于当前 DNA 甲基化研究中所检测到的实验样品尚局限于细胞群体中复杂表遗传修饰的一小部分，本章的部分读者可能会觉得现在使用“甲基化组”一词还为时过早。当前的 DNA 甲基化检测分析技术还有待进一步提高，本章将介绍用于研究胞嘧啶甲基化这一 DNA 化学修饰的主要方案及常规操作方法（图 12-1）。同时，也将讨论各种方法的优势和局限性。有关哺乳动物 DNA 甲基化的研究概况，可参见 Bird，以及 Klose 和 Bird 撰写的两篇综述（Bird 2002; Klose and Bird 2006）；有关 DNA 甲基化研究中的新技术新方法，可参见 Laird 的文章 (Laird 2010)。

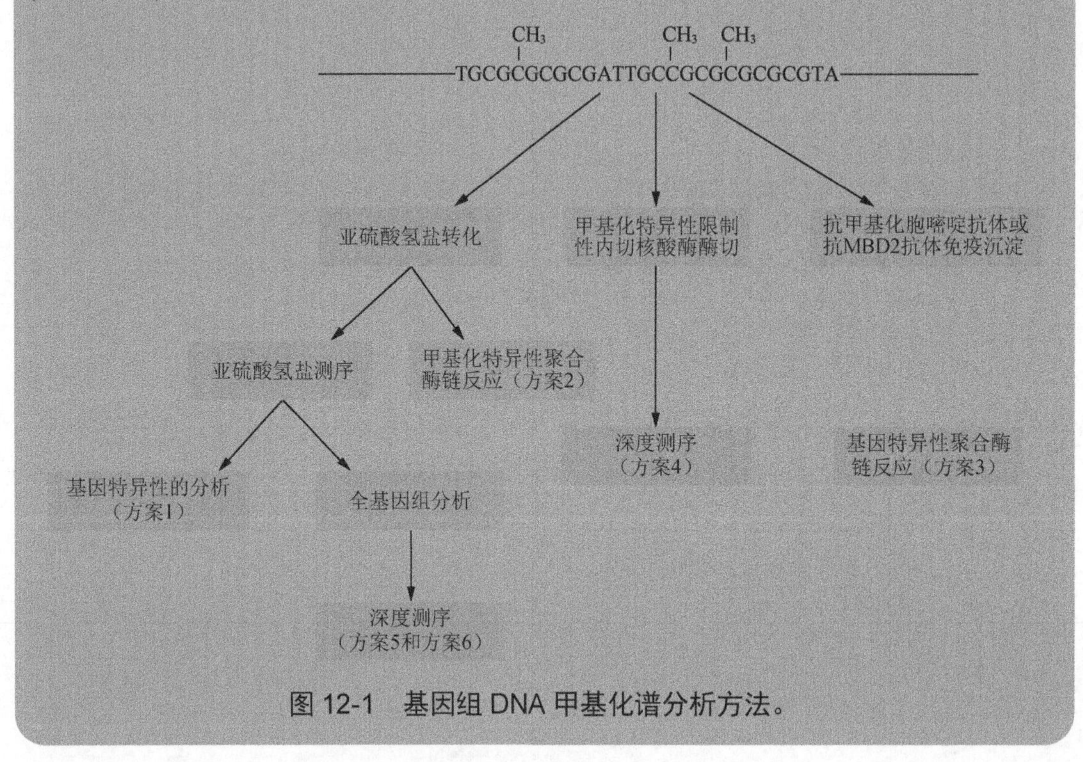

图 12-1　基因组 DNA 甲基化谱分析方法。

DNA 甲基化影响和揭示的生物学现象

成年哺乳动物细胞基因组中，约 40%的 CpG 岛二核苷酸序列的胞嘧啶 5 位碳原子（5′）上发生甲基化共价修饰。生殖细胞发育过程中，大部分的甲基化修饰被清除；随后，受精卵中来自父本的基因组被进一步去甲基化。DNA 甲基化标志的重建发生在胚胎发育早期，而在出生时基本完成重建过程。细胞分化过程中建立不同的甲基化标志亚群，并在不同体细胞系中遗传，由此构建细胞分裂过程中的关于谱系定向（developmental commitment）的稳定“记忆”。X 染色体失活和基因印记这两种稳定的染色体特异性的基因沉默现象就是这种“记忆”最具代表性的表现。体细胞中可遗传的 DNA 甲基化修饰所介导的基因沉默还发生在含有散在分布重复元件的基因组广泛区域中。在启动子相关的甲基化胞嘧啶富集区，也称“CpG岛（CpG island）”部位，DNA甲基化通过与PcG蛋白复合体（polycomb group protein complex）的结合而起始并稳定致密染色质状态。发生在这些位点的组蛋白修饰能够募集DNA甲基转移酶，并同时激活这些相互作用蛋白，最终使得甲基化胞嘧啶标志遍布整个CpG岛。这些化学修饰的改变影响启动子附近的DNA序列，构成在体细胞中遗传的、对体细胞重编程敏感并能调节特异染色质状态的表遗传调控机制。正常发育过程或炎症等病理过程中会发生特异位点的甲基化标志缺失。DNA甲基化调控也发生在没有进行细胞分裂的细胞中。最为著名的例子是白细胞介素2（interleukin-2，IL-2）基因的启动子-增强子区域在T淋巴细胞激活后会发生去甲基化（Bruniquel and Schwartz 2003; Murayama et al. 2006）；海马的神经元可塑性基因（neuronal plasticity gene）*reelin*在机体恐惧状态（contextual fear conditioning）下会发生去甲基化和基因的转录激活（Miller and Sweatt 2007）。上述现象表明，DNA甲基化修饰是高度动态、能被环境因素诱导的反应过程。

简而言之，DNA甲基化修饰就像是机体的动态二进制记录仪，未发生甲基化修饰的碱基可看成是二进制字符串中的“0”，而发生了甲基化修饰的碱基就是“1”，以此来记录基因组和环境之间的相互作用。鉴于生物学反应的高度复杂性/多样性，检测分析哺乳动物细胞中的DNA甲基化修饰情况，有可能揭示机体发育过程中因环境因素变化而导致的改变，并以细胞和组织特异性的方式反映机体生活史。由此，检测单个碱基水平的DNA甲基化修饰标志能够揭示发育过程中的事件，追踪正常或异常细胞，记录突发环境损害，并衡量细胞衰老（Shibata and Tavare 2006）。然而，基因组甲基化并不是绝对恒定的。由于DNA半保留复制过程中DNA甲基化修饰标志并不能完全遗传，因此会导致在原来的DNA甲基化模式上增加“噪声”干扰。在分裂细胞中发生的偶然复制失败和随机变异共同构成了由各个细胞的DNA修饰状态所组成的二进制字符串记录的细胞生物钟。

DNA甲基化和亚硫酸氢盐反应的化学过程

最为常见的DNA甲基化修饰是在CpG岛中的胞嘧啶上加入5′甲基基团，以mCG表示。在干祖细胞中还检测到其他类型的胞嘧啶甲基化修饰，如mCHG和mCHH（这里的H代表A、C或者T）(Lister et al. 2009)。此外，也有研究发现神经元细胞中存在胞嘧啶的羟甲基化（hmCG）修饰（Kriaucionis and Heintz 2009）。

检测胞嘧啶甲基化的“金标准”是以亚硫酸氢钠处理转化DNA，而后对其进行测序。该反应利用了胞嘧啶和甲基胞嘧啶脱氨基作用的动力学差异：在适当的实验条件下，胞嘧啶脱氨并转化为尿嘧啶的速度显著快于甲基胞嘧啶。当脱氨基的DNA通过聚合酶链反应(PCR)扩增时，模板DNA中新生成的尿嘧啶残基介导胸腺嘧啶的掺入。因此PCR结束时，在扩增的DNA产物中未发生甲基化修饰的胞嘧啶位置会出现胸腺嘧啶残基；而原来DNA样本中发生了甲基化修饰的胞嘧啶位置将维持不变。由于亚硫酸氢盐作用下的5-羟甲基胞嘧啶脱氨速度与5-甲基胞嘧啶的脱氨速度类似，因此该方法无法区分5-羟甲基胞嘧啶和5-甲基胞嘧啶这两种不同的碱基化学修饰。Huang等（2010）研究DNA中三种不同形式的胞嘧啶发生亚硫酸氢钠修饰的动力学特征时发现：5-甲基胞嘧啶的脱氨率约比胞嘧啶脱氨的速度慢两个数量级；同时，5-羟甲基胞嘧啶能够快速转化为不易进行脱氨反应的胞嘧啶-5-亚甲基磺酸盐（CMS），因此当5-羟甲基胞嘧啶位于CC二核苷酸序列中时，CMS加合物的形成可能引发一些特殊的问题。分析当前已获得的实验结果，在检测5hmC碱基修饰时，持续存在的CMS加合物可能由于*Taq*聚合酶停顿而使得PCR的扩增产量降低，因而限制了亚硫酸氢盐化学法的使用。

DNA 甲基化检测的实验方法

总体而言，通过 DNA 测序方法对每个碱基进行检测的方法能够对被修饰碱基进行更好的分析；但某些情况下，非测序检测方法更经济些。表 12-1 列举了常用的 DNA 甲基化检测方法。

表 12-1 DNA 甲基化检测方法一览表

甲基化依赖的处理方法	检测方法	检测类型	注释说明	消耗和时间	方案
亚硫酸氢盐转化[a]	克隆的 Sanger 测序	检测特异性位点	检测单个碱基	花费不多，耗时	方案 1
	PCR 产物 Sanger 测序	检测特异性位点	半定量评估 DNA 甲基化的平均水平；不很敏感	花费不多，速度快	
	甲基化特异性 PCR	检测特异性位点	半定量	花费不多，速度快	方案 2
	发夹-亚硫酸氢盐测序	检测特异性位点	检测双链的甲基化	花费不多，速度快	
	甲基化芯片	检测多个位点	中到高度复杂；检测单链；有一定的杂交倾向	贵，耗时	
	直接焦磷酸测序	检测多个位点	中度复杂，高通量单个碱基分析	贵，速度快	方案 5
	靶捕获后新一代测序	检测多个位点		贵，耗时	
	减少冗余后新一代测序	全基因组	全基因组搜索；高频位点单个碱基分析	贵，耗时	方案 6
	全基因组新一代测序	全基因组	全基因组测序；单个碱基分析	贵	方案 6
	质谱	检测多个位点	高度复杂	花费不多，速度快	
亲和富集[b]	定量 PCR	检测特异性位点		花费不多，速度快	方案 3
	芯片	全基因组		贵，耗时	
	新一代测序	全基因组		贵，耗时	
	胶依赖法	全基因组	分辨率低	花费不多，速度快	
甲基化敏感的酶切[c]	芯片	多个位点或全基因组	易受人为杂交影响	贵，耗时	
	新一代测序	全基因组		贵，耗时	方案 4

a. 适用于单链 DNA，精确，重复性好,能检测单个碱基，可能引起样本明显降解。

b. 适用于单链 DNA（甲基化胞嘧啶免疫沉淀，MeC IP）或双链 DNA（MBD），需要大量 DNA 样本，分辨率相对较低，无法区分 5mC 和 5hmC。

c. 需要制备高质量的单链 DNA，可能因不完全酶切导致产生假阳性结果。

DNA 亚硫酸氢盐测序法检测单核苷酸位点的 DNA 甲基化

最常用的胞嘧啶甲基化检测方法是对被亚硫酸氢钠修饰之后的 DNA 进行测序（方案 1）。该方法的优点是理论上能够监测每个候选胞嘧啶的甲基化状态；缺点是亚硫酸氢盐处理常导致 DNA 样本的片段化，使得持续可读的 DNA 链长度限制在 800 个碱基以内。

有针对性的亚硫酸氢盐测序法一般需要通过 PCR 技术对有限数量、感兴趣的基因位点进行扩增，然后用标准的 DNA 测序法检测分析这些 PCR 产物。另一个更令人感兴趣且成本更低的选择是使用 Sequenom 公司的 EpiTYPER 平台。EpiTYPER 技术将亚硫酸氢盐转化的 DNA 通过体外转录生成 RNA 分子，而后进行碱基特异性的切割和随后的对裂解片段的质谱分析。EpiTYPER 平台部分自动化，因此该平台非常适合于大量样品、中等大小 CpG 岛（48～96nt）的研究。在对人类 DNA 开展的研究中，常需要进行大量的 CpG 二核苷酸序列分析，此时 Infinium HumanMethylation 27 BeadChip 芯片（Illumina 公司）是一个很好的选择。该芯片有较高的覆盖率，价格尚可。该产品对亚硫酸盐转换的 DNA 进行检测，能够检测到与 14 475 个人类基因转录起始位点和 110 个 miRNA 启动子相关的 27 578 个 CpG 位点的甲基化状态。

通过甲基化特异性 PCR 检测特定基因的 DNA 甲基化情况

甲基化特异性 PCR（MS-PCR）技术是以亚硫酸氢盐转化后的 DNA 为模板，在适当条件下用两套不同的扩增引物对模板 DNA 进行扩增。其中一对引物能够扩增甲基化的 DNA；另一对引物则扩增未甲基化的 DNA（方案 2）。该方法尽管不能提供扩增 DNA 的单个碱基的修饰情况，但操作简便、灵活，实验成本低。

用抗体或甲基结合蛋白 2 免疫沉淀甲基化 DNA

该检测方法首先利用能够特异性结合含有 5mC 的 DNA 的蛋白质或抗体对含有甲基化胞嘧啶的 DNA 组分进行区分和富集（方案 3）。这类方法最适合进行单链 DNA 的分离，同时在试验中常需要较多的 DNA 样本。正如 Laird 等所述（Laird 2010），参与反应的 DNA 量及亲和试剂的比例影响富集效率，并且基因组中的 5mC 密度改变也会对富集效率产生影响。由于免疫沉淀方法获得的结果受到各种试剂化学计量学的影响，通过预实验优化实验方案显得尤为重要。进行免疫沉淀之后，可通过多种分析方法获得 DNA 甲基化数据。如今已有多种研究采用了免疫沉淀后进行 DNA 芯片分析（MeDIP）的方法。在今后的研究中将免疫沉淀技术与高通量深度测序技术相结合，有可能进一步推进相关研究的进展。

通过限制性内切核酸酶法进行 DNA 甲基化整体分析

限制性内切核酸酶技术在位点特异性 DNA 甲基化检测和全基因组 DNA 甲基化分析中显示出巨大作用。使用单一限制性内切核酸酶对检测序列有一定的限制，通过组合使用多个限制性内切核酸酶能够将基因组区分为甲基化富含区和未甲基化区。Irizarry 等（Irizarry 2008）指出，作为 DNA 甲基化芯片检测的替代方法，用甲基化依赖性限制性内切核酸酶 McrBC 联合优化的生物信息学分析法（CHARM）所获得的结果，与用相同的样品进行的 Illumina Infinium HumanMethylation 27 BeadChip 芯片检测结果之间具有相当高的相关性（相关系数 0.76）。该研究中评估的其他技术方法还包括 MeDIP、HELP（Oda and Greally 2009）和 McrBC（未进行 CHARM 数据分析）等，它们的检测结果与 Infinium 数据的相关系数分别为 0.38、0.48 和 0.63。有鉴于越来越多的研究者认为测序分析是研究甲基化敏感或甲基化依赖的限制性内切核酸酶消化获得的基因组区段的首选方法，本章对芯片检测方法未进行详细描述。

本章将讲述通过酶切使得基因组分成甲基化和非甲基化组分(Edwards et al. 2010)的全基因组 DNA 甲基化分析方案（方案 4）。由于此方法没有使用亚硫酸氢盐处理 DNA，因而能获得相对较长的 DNA 片段。此方法生成的末端配对文库中的 DNA 插入片段大小分别为 0.8～1.5kb、1.5～3kb 和 3～6kb。通常情况下，可以用 Applied Biosystems 公司的软件将末端配对结构定位到基因组上。此方法的基因组覆盖范围较广，研究成本相对可接受，并且能够对人类基因组中的重复序列元件进行甲基化状态分析。因为该方法获得的 DNA 样品能够覆盖相对较长的序列区域，所以在大多情况下能够获得哺乳动物基因组印记区域中有价值的链特异性信息。

高通量深度测序检测部分基因组或全基因组甲基化情况

第二代和第三代高通量测序平台（参见第 11 章）因为能够多次精细读取细胞基因组中每个基因位点的 DNA 甲基化修饰情况，在检测分析亚硫酸氢盐转化的 DNA 样本时显示出明显的优势。深度测序能够提供丰富而详尽的信息，特别是读取长度大于 150 个碱基的样本时（如 Roche 454 平台）优势更为显著。方案 5 描述了使用 Roche 454 平台对亚硫酸氢盐转换的 DNA 进行分析的方法步骤。Zeschnigk 等（2009）报道了人类血液和精子样本中 6000 多个 CpG 岛的 DNA 甲基化状态。这些 CpG 岛的甲基化谱研究发现，同一位点在不同检测分析中常显示出不同的甲基化修饰模式，提示印记特异性甲基化或等位基因特异性调节模式仍有待进一步研究阐明。

高通量深度测序法的另一个优点是能够发现发生在经典的CpG二核苷酸序列以外的胞嘧啶甲基化修饰。方案 6 提供了一种利用 Illumina 平台分析亚硫酸氢盐转化的 DNA 样本的方法（MethylC 测序，Lister et al. 2009，Popp et al. 2010）。通过该研究方法发现，胚胎干细胞中近 1/4 的甲基化发生在非 CG 序列，这种非 CG 序列位点的甲基化在分化后的胚胎干细胞中消失，而在诱导多能干细胞（induced pluripotent stem cell，iPS）中重新出现。这一研究进一步凸显出该检测方法在检测全基因组 DNA 甲基化修饰状态时的独特优势。

各 DNA 甲基化检测方法的优点和局限性

DNA 甲基化研究中，选用何种方法和技术平台取决于待解决的具体生物学问题、待分析样品的数量和种类、所需基因组信息的广度和精确度、研究预算等。

由于能获得的用于分析的 DNA 量的限制，有时需要通过 DNA 扩增来获得足够的检测样本。如果需要用亚硫酸氢盐对 DNA 进行修饰，则该步骤必须先于 DNA 扩增，以确保 DNA 甲基化模式的信息能够被保留下来。本章中描述的一些方法仅需 100ng 的基因组 DNA 样本，而另一些方法则需要 2～10mg 的样品。值得注意的是，一些全基因组测序方法，如利用 Illumina 平台的高通量方法所需的 DNA 样本量为 150ng（Popp et al. 2010）。

如果待检测的样品来源于癌细胞，就需要考虑可能存在的基因缺失、易位、区域扩增和重排等情况。由于这种情况下的实验结果可能因为基因拷贝数的变异而出现偏差，所以必须小心使用亲和富集研究法。而用限制性内切核酸酶的方法检测甲基化与非甲基化 DNA 之间的比率不易受到基因拷贝数的影响（Szpakowski et al. 2009）。

理想的基因检测覆盖范围和分辨率是实验设计及方法选择中的重点考虑因素。如果只需对几百个基因的启动子进行分析，亚硫酸氢盐测序或 MS-PCR 是很好的选择。前者能够检测 800 个碱基范围中每个核苷酸的情况，后者操作简单且成本较低。进行全基因组 DNA 的甲基化分析时，基因芯片会比测序方法更经济些；但测序法能提供更详尽的 DNA 甲基化信息。如果待分析的样品包含不同类型或不同发育阶段的细胞，则需要通过测序来获得不同克隆中同一基因位点的不同甲基化状态的信息。换句话说，克隆深度测序能够检测不同样本中各不相同的甲基化“数字化”信息。例如，通过超深测序技术能够检测到 200 个细胞样品中的一个细胞（或许是研究者感兴趣的祖细胞）中发生的一种罕见的甲基化修饰模式改变。

展望

本章写于 2011 年，单分子测序技术尚未完全开发。通过新技术的不断发展，在不久的将来有可能进行单分子水平的 DNA 甲基化数据检测，并实现数据的实时性和大规模并行分析。DNA 甲基化检测将可能使用生理条件下的限制性聚合酶（physically constrained polymerases）[例如，零模波导（Eid et al. 2009）]测序平台或物理方法处理[如纳米孔（Clarke et al. 2009）]的 DNA 链。区分 5-甲基胞嘧啶和 5-羟甲基胞嘧啶也将成为可能。事实上，Flusberg 等（2010）在 2010 年研发了一种能够不通过亚硫酸氢盐转化而直接检测 DNA 甲基化的单分子实时测序（singlemolecule, real-time，SMRT）技术。这种方法不仅能够检测 5-甲基胞嘧啶，也能对 N^6-甲基腺嘌呤和 5-羟甲基胞嘧啶进行检测。

参考文献

Bird A. 2002. DNA methylation patterns and epigenetic memory. *Genes Dev* 16: 6–21.

Bruniquel D, Schwartz RH. 2003. Selective, stable demethylation of the interleukin-2 gene enhances transcription by an active process. *Nat Immunol* 4: 235–240.

Clarke J, Wu HC, Jayasinghe L, Patel A, Reid S, Bayley H. 2009. Continuous base identification for single-molecule nanopore DNA sequencing. *Nat Nanotechnol* 4: 265–270.

Edwards JR, O'Donnell AH, Rollins RA, Peckham HE, Lee C, Milekic MH, Chanrion B, Fu Y, Su T, Hibshoosh H, et al. 2010. Chromatin and sequence features that define the fine and gross structure of genomic methylation patterns. *Genome Res* 20: 972–980.

Eid J, Fehr A, Gray J, Luong K, Lyle J, Otto G, Peluso P, Rank D, Baybayan P, Bettman B et al. 2009. Real-time DNA sequencing from single polymerase molecules. *Science* 323: 133–138.

Flusberg BA, Webster DR, Lee JH, Travers KJ, Olivares EC, Clark TA, Korlach J, Turner SW. 2010. Direct detection of DNA methylation during single-molecule, real-time sequencing. *Nat Methods* 7: 461–465.

Huang Y, Pastor WA, Shen Y, Tahiliani M, Liu DR, Rao A. 2010. The behaviour of 5-hydroxymethylcytosine in bisulfite sequencing. *PLoS ONE* 5: e8888. doi: 10.1371/journal.pone.0008888.

Irizarry RA, Ladd-Acosta C, Carvalho B, Wu H, Brandenburg SA, Jeddeloh JA, Wen B, Feinberg AP. 2008. Comprehensive high-throughput arrays for relative methylation (CHARM). *Genome Res* 18: 780–790.

Klose RJ, Bird AP. 2006. Genomic DNA methylation: The mark and its mediators. *Trends Biochem Sci* 31: 89–97.

Kriaucionis S, Heintz N. 2009. The nuclear DNA base 5-hydroxymethylcytosine is present in Purkinje neurons and the brain. *Science* 324: 929–930.

Laird PW. 2010. Principles and challenges of genome-wide DNA methylation analysis. *Nat Rev Genet* 11: 191–203.

Lister R, Pelizzola M, Dowen RH, Hawkins RD, Hon G, Tonti-Filippini J, Nery JR, Lee L, Ye Z, Ngo QM, et al. 2009. Human DNA methylomes at base resolution show widespread epigenomic differences. *Nature* 462: 315–322.

Miller CA, Sweatt JD. 2007. Covalent modification of DNA regulates memory formation. *Neuron* 53: 857–869.

Murayama A, Sakura K, Nakama M, Yasuzawa-Tanaka K, Fujita E, Tateishi Y, Wang Y, Ushijima T, Baba T, Shibuya K, et al. 2006. A specific CpG site demethylation in the human interleukin 2 gene promoter is an epigenetic memory. *EMBO J* 25: 1081–1092.

Oda M, Greally JM. 2009. The HELP assay. *Methods Mol Biol* 507: 77–87.

Popp C, Dean W, Feng S, Cokus SJ, Andrews S, Pellegrini M, Jacobsen SE, Reik W. 2010. Genome-wide erasure of DNA methylation in mouse primordial germ cells is affected by AID deficiency. *Nature* 463: 1101–1105.

Shibata D, Tavare S. 2006. Counting divisions in a human somatic cell tree: How, what and why? *Cell Cycle* 5: 610–614.

Szpakowski S, Sun X, Lage JM, Dyer A, Rubinstein J, Kowalski D, Sasaki C, Costa J, Lizardi PM. 2009. Loss of epigenetic silencing in tumors preferentially affects primate-specific retroelements. *Gene* 448: 151–167.

Zeschnigk M, Martin M, Betzl G, Kalbe A, Sirsch C, Buiting K, Gross S, Fritzilas E, Frey B, Rahmann S, et al. 2009. Massive parallel bisulfite sequencing of CG-rich DNA fragments reveals that methylation of many X-chromosomal CpG islands in female blood DNA is incomplete. *Hum Mol Genet* 18: 1439–1448.

方案 1　DNA 亚硫酸氢盐测序法检测单个核苷酸的甲基化

DNA 甲基化在多种生物学过程中发挥重要的作用。因此，检测 DNA 甲基化状态变化的方法具有广泛的应用意义。目前，最常见和可靠的 DNA 甲基化状态检测方法是亚硫酸氢盐测序法（Clark et al. 1994）。以亚硫酸氢钠处理变性的 DNA 分子（即单链 DNA），将未发生甲基化的胞嘧啶（C）残基转化成尿嘧啶（U）残基，而发生了甲基化修饰的胞嘧啶保持不变（图 12-2）。而后，以基因特异性引物扩增转化后的 DNA 分子。尿嘧啶（U）将会通过 PCR 扩增生成胸腺嘧啶（T），故能够通过测序对其进行鉴定。需要注意的是，最近在胚胎干细胞和浦肯野神经元细胞中发现了一类新的胞嘧啶修饰方式——5-羟甲基胞嘧啶修饰（Kriaucionis and Heintz 2009; Tahiliani et al. 2009）。亚硫酸氢盐转化法不能对 5-甲基胞嘧啶和 5-羟甲基胞嘧啶这两种修饰方式进行区分（图 12-2）。

DNA 亚硫酸氢盐测序使用相同的一组引物对甲基化的和未甲基化的 DNA 进行扩增。引物设计需要遵循一定的标准以便对特定基因区域进行有效扩增。亚硫酸氢盐测序方案的引物设计原则将在信息栏“亚硫酸氢盐测序和 MS-PCR 方案中用于扩增亚硫酸氢钠转换产物的引物设计”中加以讨论。本方案将论述亚硫酸氢盐转化和特定基因或特定的基因组区段（genomic region）检测的详细步骤。亚硫酸氢盐转化法关键步骤的流程如图 12-3 所示。

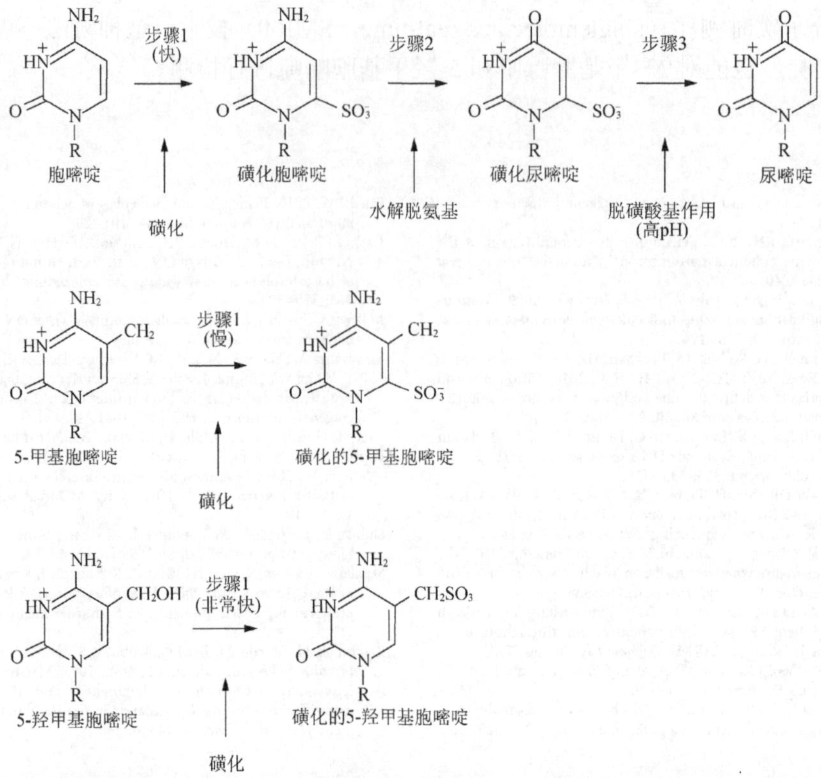

步骤1 (快)
步骤2
步骤3
胞嘧啶
磺化胞嘧啶
磺化尿嘧啶
尿嘧啶
磺化
水解脱氨基
脱磺酸基作用 (高pH)

步骤1 (慢)
5-甲基胞嘧啶
磺化的5-甲基胞嘧啶
磺化

步骤1 (非常快)
5-羟甲基胞嘧啶
磺化的5-羟甲基胞嘧啶
磺化

图 12-2 亚硫酸氢盐测序过程中胞嘧啶、5-甲基胞嘧啶和 5-羟甲基胞嘧啶的反应过程。亚硫酸氢盐处理后，胞嘧啶快速转化成尿嘧啶，而 5-甲基胞嘧啶和 5-羟甲基胞嘧啶对这种转换有一定抗性。

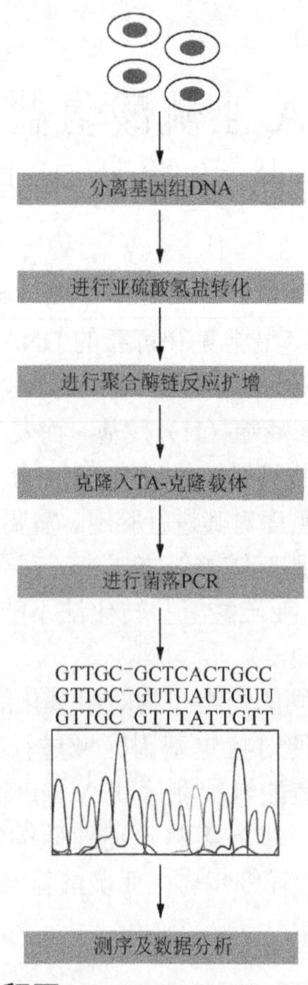

图 12-3 亚硫酸氢盐测序方案流程图。亚硫酸氢盐测序被看成当前 DNA 甲基化分析的“金标准”。

材料

为正确使用本方案中的器材和危险试剂，必须查阅相应的材料安全数据表并咨询所在机构的环境卫生和安全办公室。

本方案的专用试剂标注<R>，配方在本方案末提供。常用储备溶液、缓冲液和试剂标注<A>，配方见附录 1。储备溶液应稀释至适用浓度后使用。

试剂

乙酸

琼脂糖凝胶（请参阅第 2 章，方案 1）

乙酸铵

5-氮杂-2′-脱氧胞苷（5Aza2dC）

细菌细胞，超敏感受态

dNTP（10mmol/L）

EDTA

乙醇（70%和 100%）

溴化乙锭溶液

凝胶缓冲液（1×TBE）

基因组 DNA

> 体外培养细胞或外周血淋巴细胞可以用 QIAGEN 公司的“Blood and Cell Culture DNA Midi Kit”试剂盒制备 DNA。哺乳动物组织在液氮处理下粉碎后于 55℃消化过夜（10mmol/L 氯化钠，10mmol/L Tris pH8，25mmol/L EDTA pH 8，0.5% SDS，100ng/mL 蛋白酶 K），酚：氯仿抽提 DNA，乙醇沉淀，RNA 酶 A 消化，最后将 DNA 储存在 pH 8.0 的 TE 缓冲液中-20℃保存。琼脂糖凝胶电泳验证高分子质量 DNA 的质量，NanoDrop2000 进行 DNA 定量。

糖原（1mg/mL）

异丙醇

LB 氨苄青霉素板 <A>（含 100mg/mL 氨苄青霉素）

连接酶和连接酶缓冲液

矿物油

氢氧化钠（3mol/L）

PCR 缓冲液

PCR 纯化柱试剂盒（QIAGEN 公司）

菌落 PCR 引物

> 如果拟将克隆构建在 pGMT 载体中，可使用下列引物：
>
> 正向引物，5′-ATGCGATATAGAGGAGACCGT-3′
>
> 反向引物，5′-TCAGAAACGTGAGATTGAT-3′

QIAquick 凝胶提取试剂盒（QIAGEN 公司）

苯二酚（1,4-二羟基苯）

亚硫酸氢钠，饱和 <R>

> 在临用前准备新鲜的饱和亚硫酸氢钠溶液（步骤 3）。

TA 克隆试剂盒（Promega 公司）或 TOPO 克隆试剂盒（Life Technologies 公司）

Taq 聚合酶

X-Gal

仪器

序列比对软件

PCR 仪（Thermal cycler）

试验对照

第一次进行亚硫酸氢盐测序时，设置对照十分重要。可以用任意人类细胞株作为阳性对照。按 40%融合的密度接种细胞后，10mmol/L 的 5-氮杂-2′-脱氧胞苷（5Aza2dC）作用 3 天。制备基因组 DNA，按步骤以亚硫酸氢钠处理 DNA，而后以亚硫酸氢盐转化后的 DNA 作为阳性对照，应用于后续所有步骤。5Aza2dC 是一种 DNA 甲基转移酶抑制剂，以 DNA 复制依赖的方式使细胞内 DNA 去甲基化。因此，如果一个细胞的倍增周期为 24h，以 5Aza2dC 处理 3 天将去除细胞中近 75%的基因组 DNA 的甲基化修饰。

方法

亚硫酸氢盐转化 DNA

1. 在基因组 DNA 中加入终浓度为 0.3mol/L 的 NaOH 使 DNA 变性（例如，在 18μL 稀释好的 DNA 中加入 2μL 的 3mol/L NaOH）。

建议取 2μg DNA 用于亚硫酸氢盐转化反应。当能获得的 DNA 量有限时（例如，样品源自患者组织或石蜡块），也可用较少的 DNA（<100ng）进行反应。

2. PCR 仪程序如下：第一个循环为 37℃孵育 15min；而后 95℃反应 2min；最后 4℃反应 5min。先加入 DNA，而后运行程序，使 DNA 转变成单链形式。

要确保 PCR 仪的机盖温度高于 100℃，以避免稀释的 DNA 蒸发。

3. 配制反应液：

变性的 DNA	20μL
饱和亚硫酸氢钠（pH5.0）	208μL
喹啉（10mmol/L）	10μL
矿物油	200μL

轻柔混匀后离心，使反应液聚集至反应管底部。55℃避光孵育 4h 或过夜。

注意：要使用新配制的亚硫酸氢钠溶液，避光反应以防氧化，对已发生降解的 DNA 样本（如从石蜡包埋的组织块中分离获得的 DNA），进行亚硫酸氢盐转化时不要反应过夜。

4. 用 PCR 纯化柱，按照厂家的使用说明纯化亚硫酸盐转化后的基因组 DNA。

5. 加入终浓度为 0.3mol/L 的 NaOH 使 DNA 变性。混合液在 42℃孵育 20min。

6. 加入 0.25 倍体积的 5mol/L 乙酸铵（pH 8.0）以中和反应液。

乙酸铵能够使尿嘧啶磺酸盐转化为尿嘧啶。此步十分重要，因为磺化尿嘧啶衍生物会抑制 PCR 反应。

7. 加入 2 倍体积的乙醇沉淀 DNA。

如果用于亚硫酸氢盐转化反应的 DNA 量较低，可加入 1μg/mL 的糖原提高沉淀效率。使用等体积的异丙醇而非乙醇能够增加亚硫酸盐转化的 DNA 的产量。

8. 以 10 000 r/min 的转速 4℃离心 30min。

9. 倒出上清液，用 1mL 的 70%乙醇洗涤沉淀。完全干燥沉淀（吹干净的气流或将反应管放在真空干燥器内 20min)。以 40μL 无菌蒸馏水溶解沉淀。亚硫酸盐转化后的 DNA 最好尽早进行后续的 PCR 反应（也可以在-20℃储存 1～2 个月)。

经过亚硫酸氢盐转化后的 DNA 既能够直接用于基因特异性的 PCR 扩增（本研究方案），也可以进行整体测序（方案 5 和方案 6）。DNA 的亚硫酸氢盐处理也可用表 12-2 中描述的其他市售试剂盒进行。操作中使用亚硫酸氢盐转化试剂盒较方便，但会增加实验成本。

表 12-2　商业化的亚硫酸氢盐转化 DNA 试剂盒

供应商	特点
Life Technologies (MethylCode)	将所有未甲基化的胞嘧啶转化为尿嘧啶 在处理/回收过程中模板降解和 DNA 损失少 亚硫酸氢盐转化后的 DNA 产量高 一步完成 DNA 变性和亚硫酸氢盐转化 不需要沉淀 DNA 步骤
QIAGEN (EpitTect)	将所有未甲基化的胞嘧啶转化为尿嘧啶 采用了 DNA 保护系统增加检测敏感性 能保证>1ng 的 DNA 的转化效果 通过离心柱或 96 孔板进行纯化和脱磺酸基反应 使用 QIAGEN QIAcude 时可以完全自动化
Applied Biosystems (methylSEQr)	PCR 扩增过程中 DNA 降解极少 所有未甲基化的胞嘧啶转化为尿嘧啶 样品 DNA 可以保存长达 2.5 年
Millipore (CpGenome Fast)	所有未甲基化的胞嘧啶转化为尿嘧啶
Millipore (GpGenome Universal)	所有未甲基化的胞嘧啶转化为尿嘧啶
Zymo Research (EZ DNA Methylation)	在柱内进行脱磺酸基反应和恢复 在处理/回收过程中模板降解和 DNA 损失少 所有未甲基化的胞嘧啶转化为尿嘧啶
Sigma-Aldrich (Imprint DNA Mod. Kit)	至少需要 50pg 的 DNA 或 20 个细胞 整个操作过程耗时不到 2h 大于 99%的转化效率 极低的降解 可选用一步操作方案
Human Genetic Signatures (MethylEasy)	亚硫酸氢钠 DNA 丢失减少大于 90% 至少需要 100pg 的 DNA 不需要对 DNA 进行预处理 未转化率低
Human Genetic Signatures (MethylEasy Xceed)	至少需要 50pg 的 DNA 操作在柱内完成 可以在 PCR 管内用传统的烤箱或孵化器孵育 一个转换步骤后可以检测多个位点 整个过程耗时不足 90min
ActiveMotif (MethylDetector)	热变性和转换反应，不需要氢氧化钠介导 针对 G/C 含量高的序列和未切割的 DNA 非甲基化的胞嘧啶残基的转化效率达 99% 在纯化柱内进行洗脱沉淀和脱磺酸基步骤
BioChain (DNA Methylation Detection)	保证超过 99%的胞嘧啶被转化 保证超过 99%的 CpG 保护效率 检测的敏感范围为 2μg～500pg

扩增亚硫酸氢盐转化后的DNA

10. 配制 50μL 的 PCR 反应液：

PCR 缓冲液（10×）（含 1.5mmol/L 氯化镁）	5μL
dNTP（10mmol/L）	1μL
正向引物（10pmol）	1μL
反向引物（10pmol）	1μL
亚硫酸氢盐转化的 DNA（10%从步骤 9 获得的 DNA）	5μL
Taq 聚合酶（5U/μL）	1μL
H_2O	36μL

扩增 DNA。

扩增条件根据经验确定。最佳条件的确定受扩增基因大小及胞嘧啶和鸟嘌呤含量等若干因素的影响。总体而言，一般情况下最常用的复性温度是 48～50℃。

11. 1.5%琼脂糖凝胶分离 PCR 产物。

详见“疑难解答”。

12. 用 QIAquick 凝胶提取试剂盒（QIAquick gel extraction kit）纯化 PCR 扩增产物。

13. 用 10%的总 DNA 或从凝胶中洗脱获得的 DNA 和克隆试剂盒按照产品说明进行连接反应，16℃连接过夜。

14. 用一半的连接反应产物转化感受态细胞（转化率=10^8）。

15. 将细胞转移到两个已涂布了 10μL 的 1mol/L IPTG 和 50μL 的 50mg/mL 的 X-Gal 的 LB-氨苄青霉素培养板。LB 板在 37℃孵育 16～20h。

16. 挑选单个白色菌落，每个白色菌落稀释到 15mL 水中。

17. 进行菌落 PCR 反应，25μL 反应混合液配制如下：

PCR 缓冲液（10×）（含 1.5mmol/L 氯化镁）	2.5μL
dNTP（10mmol/L）	0.5μL
正向引物（10pmol）	0.5μL
反向引物（10pmol）	0.5μL
稀释的菌落	2.0μL
Taq 聚合酶（5U/μL）	0.5μL
H_2O	18.5μL

将反应管放入 PCR 仪，编程如下：

循环次数	变性	复性	聚合
35 个循环	95℃，30s	56℃，45s	72℃，30s

18. 将菌落 PCR 产物按 1∶10 的比例稀释至 1×TE（pH 8.0）缓冲液中，取 2μL 稀释液进行 Sanger 测序。测序引物为 2μL 的 SP6 引物（5μmol/L）。

19. 每个基因位点至少测 10 个菌落。

20. 对转换后的 DNA 数据进行配对排列（pairwise alignment）分析。此时，所有的胞嘧啶已替换成胸腺嘧啶。在 Linux 或 OS X 计算机上用 UNIX 命令<sed ‘s/C/T/g;s/c/t/g’ sequencefile>进行数据转换，序列文件采用标准的 NCBI DNA 序列。使用 EBI 的比对软件（http://www.ebi.ac.uk/Tools/psa/）对数据进行配对排列比对。使用 ClustalW 或 ClustalX 程序 (Thompson et al. 1997; Chenna et al. 2003; Larkin et al. 2007)能够很方便地进行序列对应排列比对。

疑难解答

问题（步骤 11）：PCR 未能扩增出亚硫酸氢盐转化后的 DNA。

解决方案：蛋白酶 K 对基因组 DNA 的处理不够充分。再次用蛋白酶 K 消化 DNA，而后乙醇沉淀。

问题（步骤 11）：PCR 未能扩增出亚硫酸氢盐转化后的 DNA，且 DNA 被降解。

解决方案：减少亚硫酸氢钠反应的孵育时间。

问题（步骤 11）：PCR 未能扩增出亚硫酸氢盐转换后的 DNA，但并非前面两个原因所致。

解决方案：请尝试下列方法中的一个或多个方法：

- 增加 PCR 中的亚硫酸氢盐转化后的 DNA 的量。
- 核对以确保亚硫酸氢盐 PCR 引物设计正确性。按照所有的胞嘧啶通过亚硫酸氢盐作用都转化为尿嘧啶来设计引物。
- 尝试不同的温度梯度以优化复性温度。
- 尝试巢式 PCR。依据经验，采用巢式 PCR 和较低的复性温度（50℃）往往能够有助于解决此类问题。

问题：PCR 扩增后出现非特异条带（步骤 11）。

解决方案：这可能是由于复性温度过低引起。尝试在不同的温度梯度条件下进行 PCR 反应。如果仍无效，则需要另外设计替代引物对，以避免引物在复性时非特异配对到其他基因组位点。此外，采用巢式 PCR 常常能够解决这个问题（见第 7 章，方案 7）。

试剂配方

为正确使用本方案中的器材和危险试剂，必须查阅相应的材料安全数据表并咨询所在机构的环境卫生和安全办公室。

饱和亚硫酸氢钠（pH5.0）

制备 10mL 饱和亚硫酸氢钠：

1. 称取 4.75g 焦亚硫酸钠（di-sodium disulfite, $Na_2S_2O_5$）加到 6.25mL 无菌双蒸水中。
2. 加入 1.75mL 的 2mol/L NaOH。
3. 加入 1.25mL 的 1mol/L 氢醌（称取 0.11g 氢醌加入 1mL 无菌双蒸水中）。
4. 避光加热到 50℃，反复翻转试管。
5. 调节 pH 至 5.0。

亚硫酸氢钠溶液应新鲜配制。整个反应避光操作以防氧化。

参考文献

Chenna R, Sugawara H, Koike T, Lopez R, Gibson TJ, Higgins DG, Thompson JD. 2003. Multiple sequence alignment with the Clustal series of programs. *Nucleic Acids Res* 31: 3497–3500.

Clark SJ, Harrison J, Paul CL, Frommer M. 1994. High sensitivity mapping of methylated cytosines. *Nucleic Acids Res* 22: 2990–2997.

Kriaucionis S, Heintz N. 2009. The nuclear DNA base 5-hydroxymethylcytosine is present in Purkinje neurons and the brain. *Science* 324: 929–930.

Larkin MA, Blackshields G, Brown NP, Chenna R, McGettigan PA, McWilliam H, Valentin F, Wallace IM, Wilm A, Lopez R, et al. 2007. Clustal W and Clustal X version 2.0. *Bioinformatics* 23: 2947–2948.

Tahiliani M, Koh KP, Shen Y, Pastor WA, Bandukwala H, Brudno Y, Agarwal S, Iyer LM, Liu DR, Aravind L, et al. 2009. Conversion of 5-methylcytosine to 5-hydroxymethylcytosine in mammalian DNA by MLL partner TET1. *Science* 324: 930–935.

Thompson JD, Gibson TJ, Plewniak F, Jeanmougin F, Higgins DG. 1997. The ClustalX windows interface: Flexible strategies for multiple sequence alignment aided by quality analysis tools. *Nucleic Acids Res* 25: 4876–4882.

方案 2　甲基化特异性聚合酶链反应法检测特定基因的 DNA 甲基化

Herman 等在 1996 年研发出甲基化特异性 PCR（MS-PCR）方法（Herman et al. 1996）。在最初的研究中，用这种方法分析了 4 个抑癌基因 *p16*、*p15*、*E-cadherin* 和 *VHL* 的甲基化状态。MS-PCR 法需要两组配对引物，分别用于扩增非甲基化的和甲基化的基因区段。MS-PCR 的引物设计原则将在信息栏“亚硫酸氢盐测序和 MS-PCR 方案中用于扩增亚硫酸氢钠转化产物的引物设计”中加以讨论。此方法只能获得某基因区段内的 CpG 岛甲基化密度的相对差异情况，而不能像亚硫酸氢盐测序法（方案 1）那样检测 CpG 岛中各核苷酸的甲基化修饰情况。与亚硫酸氢盐测序法相比，MS-PCR 是一个更为快速的检测 DNA 甲基化变化情况的试验方法。此外，通过引入一些自动化过程，样品制备和分析可以在 96 孔板中进行。该方法可用于定量（基于定量 PCR 技术的 MethyLight 检测法）（EADS et al. 2000）或定性（琼脂糖凝胶电泳法）检测 DNA 甲基化的变化。这两种方法都将在本方案中论述。图 12-4 显示的是 MS-PCR 方案的主要步骤。在 MS-PCR 中用到的一些商品化的试剂盒介绍见表 12-3。

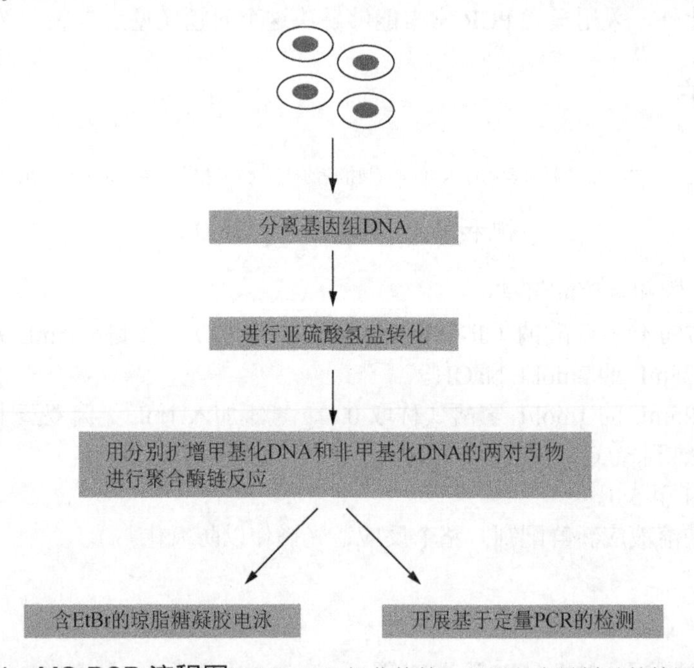

图 12-4　MS-PCR 流程图。MS-PCR 操作快捷，可用于大量样品的检测分析。

材料

为正确使用本方案中的器材和危险试剂，必须查阅相应的材料安全数据表并咨询所在机构的环境卫生和安全办公室。

试剂

琼脂糖凝胶（3%，含有 1mg/mL 的溴化乙锭）

乙酸铵

亚硫酸氢盐转化试剂（参见方案 1）

DNA 回收试剂盒（QIAGEN 公司）

dNTP（10mmol/L）

乙醇

溴化乙锭溶液

凝胶缓冲液（1 × TBE）

基因特异性的 TaqMan 探针

基因组 DNA

体外培养细胞或外周血淋巴细胞可以用 QIAGEN 公司的“Blood and Cell Culture DNA Midi Kit”试剂盒进行 DNA 制备。哺乳动物组织在液氮处理下粉碎后于 55℃消化过夜（10mmol/L 氯化钠，10mmol/L Tris pH8，25mmol/L EDTA pH8，0.5% SDS，100ng/mL 蛋白酶 K），酚：氯仿抽提 DNA，乙醇沉淀，RNase A 消化，最后将 DNA 储存在 pH8 的 TE 缓冲液中-20℃保存。琼脂糖凝胶电泳验证高分子质量 DNA 的质量，NanoDrop2000 进行 DNA 定量。

糖原

异丙醇

氯化镁

矿物油

5′带荧光染料（6FAM）、3′带猝灭染料（TAMRA）的寡核苷酸探针

PCR 缓冲液（10×；1.5mmol/L 氯化镁）

引物

所选用的特异性引物取决于是做定性分析还是做定量分析。

Taq 聚合酶（5U/μL）

TaqMan 探针缓冲液 A（包含参照染料和 *Taq* 聚合酶）

仪器

PCR 仪（Thermal cycler）

定量 PCR 仪

试验对照

与亚硫酸氢盐测序的对照设置类似，用 5Aza2dC 处理后细胞所制备的基因组 DNA 作为对照进行 MS-PCR 检测分析。详见方案 1 中的“试验对照”。

表 12-3 商业化的 MS-PCR 检测试剂盒

供应商	特点
QIAGEN (EpitTect)	● 结果假阳性低 ● 引物设计的灵活性 ● 操作简便 ● 使用“Master mix”反应液，以简化反应 MSP 能够对精确到对一个 CpG 位点进行检测分析
Millipore (CpGenome and CpG WIZ MSP)	● 能够检测 CpG 甲基化的发生概率 ● 将甲基化模式的变化与转录调控相关联 ● 适用于任何感兴趣基因的研究 ● Southern 杂交不需要使用限制性酶切 ● 可以用于检测≥1ng 的 DNA

方法

亚硫酸氢盐转化 DNA

1．按照方案 1 中的步骤 1～9 进行亚硫酸氢盐转化。

2．进行定性甲基化分析时，按下文中的方法 A 操作。进行 DNA 甲基化定量分析时，使用方法 B。

方法 A：通过琼脂糖凝胶电泳对甲基化特异性 PCR 产物进行检测

i．设置两个 PCR 反应，一个用于检测非甲基化的 DNA，另一个用于检测甲基化的 DNA。25μL 的 PCR 反应体系包含：

PCR 缓冲液（10×）（含 1.5mmol/L $MgCl_2$）	2.5μL
dNTP（10mmol/L）	0.5μL
正向引物（10pmol）	0.5μL
反向引物（10pmol）	0.5μL
亚硫酸氢盐转化的 DNA（5%的亚硫酸氢盐转化 DNA）	2.5μL
Taq 聚合酶（5U/μL）	0.5μL
H_2O	18.0μL①

ii．将反应管置于 PCR 仪中进行 DNA 扩增。最佳扩增条件通过试验摸索。

iii．PCR 产物在含溴化乙锭的 3%琼脂糖凝胶中电泳分离。其中一个泳道加入分子质量为 100～300bp 的电泳分子标志物。紫外灯下观察结果。

每 50mL 的琼脂糖凝胶中加入 5μL 的 10mg/mL 溴化乙锭。

参见“疑难解答”。*

方法 B：通过 Methylight 进行 DNA 甲基化的定量检测分析

亚硫酸氢盐转化后的 DNA 产物可以通过位点特异性的 PCR 引物进行荧光定量 PCR 反应，从而定量检测 DNA 的甲基化情况。该方法被命名为 MethyLight 技术，其灵敏度能够达到在 10 000 倍过量的未甲基化的 DNA 样本中检测到甲基化 DNA 的存在（Eads et al. 2000）。在最初的报道中，研究者通过此方法能够检测出 *MLH1* 基因是单等位基因还是双等位基因都发生了甲基化修饰（Eads et al. 2000）。需要注意的是，对序列的鉴别既可以在 PCR 扩增过程中进行，也可以通过荧光探针杂交进行。这两种基因鉴别方法都是依赖于完全匹配的寡核苷酸的复性温度与不匹配的寡核苷酸复性温度之间存在差异。如果在 PCR 扩增过程中进行序列鉴别，设计的引物（或者引物和探针）要与潜在的 CpG 二核苷酸序列重叠。通过设计位

---

① 原文中此处为 36μL，译者依据总体积 25μL 将其更改为 18μL。

于甲基化或非甲基化区域的引物进行序列鉴别是基于定量 PCR 技术的 MS-PCR 检测方法的核心。通过 MethyLight 定量检测样本 DNA 甲基化修饰水平差异的方法步骤如下。

i. 用侧翼带寡核苷酸探针的位点特异性 PCR 引物扩增亚硫酸盐转化后的基因组 DNA。5′寡核苷酸探针标荧光报告染料（6FAM），3′寡核苷酸探针标猝灭染料（TAMRA）。25μL 的 PCR 反应体系包括：

每个引物	600nmol/L
探针	200nmol/L
dATP、dCTP、dGTP	200μmol/L
dUTP	400μmol/L
$MgCl_2$	3.5mmol/L

TaqMan 探针缓冲液 A

含染料和 *Taq* DNA 聚合酶（1×）

亚硫酸氢盐转化的 DNA

或未转化的 DNA

对照样品进行系列稀释（如 5Aza2dC 处理的对照样本），绘制标准曲线。

ii. 将反应管放入 PCR 仪。PCR 循环参数如下：

50℃，2 min

95℃，10 min

40 个循环：95℃，15s；然后 60℃，1 min

iii. 使用现有的定量 PCR 数据分析方法进行数据分析，例如，第 9 章 Yuan 等报道的方法（Yuan et al. 2006）。

疑难解答

在亚硫酸氢盐测序法中遇到的各种技术问题也都可能影响 MS-PCR 的检测结果。请参阅方案 1 中的“疑难解答”部分。

参考文献

Eads CA, Danenberg KD, Kawakami K, Saltz LB, Blake C, Shibata D, Danenberg PV, Laird PW. 2000. MethyLight: A high-throughput assay to measure DNA methylation. *Nucleic Acids Res* 28: e32. doi: 10.1093/nar/28.8.e32.

Herman JG, Graff JR, Myohanen S, Nelkin BD, Baylin SB. 1996. Methylation-specific PCR: A novel PCR assay for methylation status of CpG islands. *Proc Natl Acad Sci* 93: 9821–9826.

Yuan JS, Reed A, Chen F, Stewart CN Jr. 2006. Statistical analysis of real-time PCR data. *BMC Bioinformatics* 7: 85. doi: 10.1186/1471-2105-7-85.

方案 3 基于甲基化胞嘧啶免疫沉淀技术的 DNA 甲基化分析

哺乳动物细胞中 DNA 的甲基化修饰通常发生在 CpG 二核苷酸序列中的胞嘧啶 5′位置，但某些情况（如人类胚胎干细胞中）也存在非 CpG 序列的胞嘧啶的甲基化修饰（Lister et al. 2009）。发生了甲基化修饰的 DNA 分子能够选择性地募集那些具有 5-甲基胞嘧啶（5mC）

结合活性的蛋白质分子。现已利用这些蛋白质（或抗体）对 5mC 的识别特性建立了多种能够富集含有甲基化的 5mC 的 DNA 或能够富集 5mC 识别蛋白的亲和纯化方案。本研究方法利用特异性的识别 5mC 的抗体来免疫沉淀甲基化 DNA。其他还有一些 5mC 免疫沉淀法是通过甲基结合蛋白来分析 DNA 的甲基化模式（Rauch and Pfeifer 2005, 2009）。2010 年，Huang 等（2010）发现，靶向 5mC 的抗体可以区分 5-甲基胞嘧啶（5mC）和 5-羟甲基胞嘧啶（5hmC），并由此推测将来还有可能研发出特异性识别 5hmC 的抗体。除此之外，本方案中描述的方法也可以扩大应用于全基因组 DNA 甲基化的研究分析，主要步骤流程如图 12-5 所示。免疫沉淀操作过程相对简单，且不需要事先对基因组 DNA 进行任何修饰。表 12-4 中列举的是一些已经商品化的基于免疫沉淀技术的 DNA 甲基化检测试剂盒。

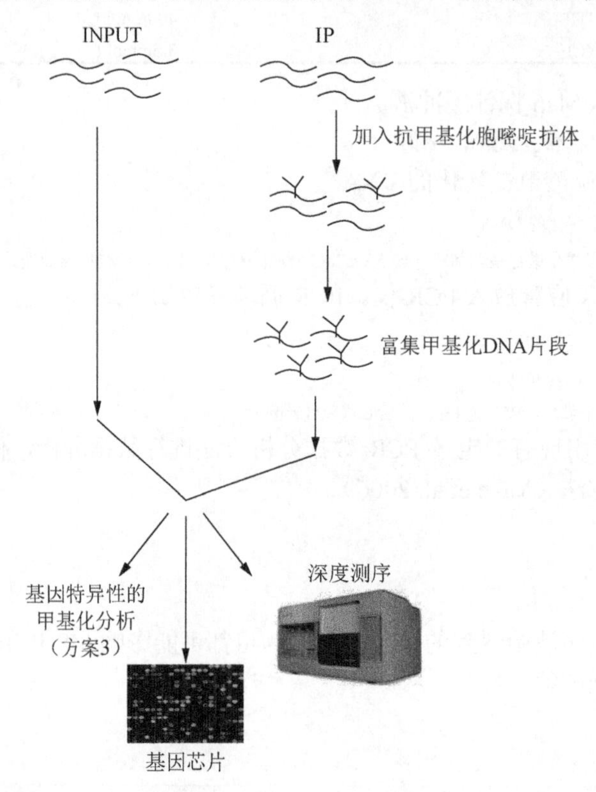

图 12-5 甲基化胞嘧啶免疫沉淀（meDIP）方案流程图。 meDIP 是基于免疫沉淀技术的研究方法，不需要事先对基因组 DNA 进行任何修饰。

表 12-4 商业化的基于免疫沉淀技术的 DNA 甲基化检测试剂盒

供应商	特点
Epigentek (EpiQuik)	直接免疫沉淀裂解液中的甲基化 DNA 富集＞95%的甲基化 DNA 手动或高通量的孔板条带操作 兼容所有 DNA 扩增为基础的研究方法
Diagenode (MeDIP)	提供自动化试剂盒，9h 完成操作 手动检测 3 天完成检测 含提取、剪切、IP 和 qPCR 的所有试剂 IP 材料和甲基化状态直接关联 所有操作在同一个检测管中进行 含作为内参的甲基化和非甲基化的 BAC 克隆
Zymo Research (Methylated DNA IP Kit)	含过操作过程监控所需的对照 DNA 和引物 甲基化 DNA 相对于非 DNA 甲基化的 DNA 的富集系数大于 100 倍 能在几个小时内完成甲基化 DNA 的分离

续表

供应商	特点
Active Motif (MethylCollector Ultra)	基于磁珠的方法 3h 内完成操作 能够检测 1ng～1μg 的 DNA 片段的 CpG 甲基化 含对照 DNA 和 PCR 引物 使用 MBD2b/MBD3L1 复合物，比单用 MBD2b 对甲基化 DNA 的亲和力更高
RiboMed (MethylMagnet)	使用 GST-MBD 融合蛋白和谷胱甘肽磁珠捕获甲基化的 DNA 可以用来分离 1ng～1μg 的 mCpG DNA 兼容所有 DNA 片段化方法和限制性内切核酸酶法获得的 DNA 碎片 灵敏度比抗体为基础的方法大 4 倍
Life Technologies (MethylMiner)	用 MBD2 蛋白捕获双链 DNA，并促进双链衔接子的连接 盐洗脱，无需蛋白酶 K 处理或酚：氯仿抽提 整个操作过程不到 4h

材料

为正确使用本方案中的器材和危险试剂，必须查阅相应的材料安全数据表并咨询所在机构的环境卫生和安全办公室。

本方案的专用试剂标注<R>，配方在本方案末提供。常用储备溶液、缓冲液和试剂标注<A>，配方见附录 1。储备溶液应稀释至适用浓度后使用。

试剂

琼脂糖凝胶（2%）
DNA 分子质量标记物（1kb DNA ladder）
乙醇（100%）
蛋白酶 K 处理的基因组 DNA（由细胞系、组织或临床样品制备获得）
IP 缓冲液（10×，1.4mol/L NaCl 和 0.5%的 Triton X-100）
M-280 羊抗鼠 IgG Dynal 磁珠（Life Technologies 公司）
甲基化胞嘧啶抗体（Methyl-C 抗体）
NaCl（500mmol/L）
PBS（1×），含 0.1%牛血清白蛋白 <A>
酚：氯仿：异戊醇溶液<A>
位点特异性的实时定量 PCR 引物
蛋白酶 K（储备溶液，20mg/mL）
蛋白酶 K 消化缓冲液<R>

仪器

收集 Dynal 磁珠的磁架
微量离心管，预装 Phase-Lock（5 PRIME 公司）
实时定量 PCR 仪
超声
水浴锅（可煮沸）

试验对照

将源自 5Aza2dC 处理细胞（见方案 1）和未处理细胞的基因组 DNA 以不同比例混合（例如，将 1 份甲基化 DNA 与 1/1000 的未甲基化 DNA 混合），超声处理后用作甲基胞嘧啶抗体免疫沉淀操作的阳性对照。当研究某个位点的甲基化修饰情况时，一定要确保该位点在未经 5Aza2dC 处理的细胞中是高甲基化状态。

方法

富集高甲基化的 DNA

1．超声 100μg 蛋白酶 K 处理过的基因组 DNA（DNA 总体积为 200μL，1×TE 缓冲液 pH 8.0），获得大小为 300～500bp 的 DNA 片段。

对照设置见“试验对照”栏。

2．取 200ng 超声处理后的 DNA 进行 2%琼脂糖凝胶电泳以确定超声后的 DNA 片段大小。以 1kb DNA ladder 作为分子质量标记物。

3．每组样品取 2μg 的超声处理后的 DNA，用 H_2O 稀释至终体积为 450μL，煮沸 10min。

4．迅速冰上冷却。加入 50μL 10× IP 缓冲液和 10μg 的甲基化胞嘧啶（methyl-C）抗体。保留少量超声处理的 DNA 供后续分析。

5．将含有 DNA 和 methyl-C 抗体的样品在 4℃孵育过夜。

6．对于每份样品，取 50μL 的 M-280 羊抗小鼠 IgG（Dynal 公司）磁珠，用含 0.1%BSA 的 PBS 洗 3 次，用 IP 缓冲液洗 1 次，吸净上清液（用磁架收集 Dynal 磁珠效果优于离心收集）。

7．将洗好的 Dynal 磁珠加入含有 DNA-抗体复合物的反应管（步骤 5 中获得）中，室温下翻转混匀 2h。

8．用磁架收集固定的 Dynal 磁珠。吸出上清液（作为未结合样本，已经去除甲基化修饰的 DNA 分子）。

9．用 500μL 的 IP 缓冲液洗磁珠 3 次。

10．将磁珠重悬于 500μL 的蛋白酶 K 消化缓冲液中，缓冲液内按 5μL/mL 的比例加入蛋白酶 K 储备溶液（储备溶液浓度为 20mg/mL）。50℃孵育 2h。

11．酚：氯仿提取 DNA（用 Phase-Lock 微离心管）。

12．用 500mmol/L 的 NaCl 和 2 倍体积的 100%乙醇沉淀 DNA。

13．用位点特异性 PCR 引物进行定量 PCR 检测，分析样品的 DNA 甲基化模式。

参见“疑难解答”。

疑难解答

问题（步骤 13）：背景高。

解决方案：请尝试下列一个或多个方法。

- 将抗体孵育时间从过夜减少至室温反应 2h。
- 减少 Dynal 磁珠的量。
- 增加 Dynal 公司磁珠-二抗复合体与 DNA 抗体复合物结合后的洗涤次数。
- 用源自 5Aza2dC 处理细胞的基因组 DNA 对免疫沉淀条件进行优化。

问题（步骤 13）：定量 PCR 没有信号和/或 DNA 免疫沉淀产量低。

解决方案：请尝试下列一个或多个方法。

- 增加用于免疫沉淀的 DNA 量。
- 增加 PCR 循环数。
- 以基因组 DNA 为模板进行标准 PCR，而后琼脂糖电泳观察扩增产物，以确保 PCR 引物的扩增能力。

配方

为正确使用本方案中的器材和危险试剂，必须查阅相应的材料安全数据表并咨询所在机构的环境卫生和安全办公室。

蛋白酶 K 消化缓冲液

Tris（pH 8.0）	50mmol/L
EDTA	10mmol/L
SDS	0.5%

方案 4 高通量深度测序法绘制哺乳动物细胞 DNA 甲基化图谱

在哺乳动物细胞 DNA 甲基化全基因组研究中，首要的问题是如何平衡降低成本与尽可能覆盖所有相关 CpG 二核苷酸序列之间的关系。另一个问题是如何获得哺乳动物细胞基因组中大量存在的重复 DNA 元件的甲基化信息。哺乳动物细胞中，重复 DNA 元件的甲基化状态不仅影响细胞表型，也与衰老、基因组不稳定性及细胞老化等疾病状态相关联（综述，Belancio et al. 2009）。本方案所讲述的“配对末端测序甲基化作图分析法（methylation mapping analysis by paired-end sequencing，methyl-MAPA）”能够解决上述问题（Edwards et al. 2010）。这里的“配对末端（paired-end）”不仅指建库方法，也表示测序时采用了“配对末端测序”技术（参见第 11 章）。除序列信息外，配对末端测序还能提供所读取的两端序列之间的物理距离信息。通常情况下，methyl-MAPA 能检测到基因组中 80%的 CpG 二核苷酸序列，以及含有重复元件的基因位点的甲基化状态。通过酶切将基因组区分为发生甲基化修饰的和未发生甲基化修饰的组分。由于本方案中没有用到亚硫酸氢盐转化法，因此能检测到各 DNA 片段的实际大小，进而获得插入 DNA 片段大小分别为 0.8～1.5kb、1.5～3kb 及 3～6kb 的配对末端库（配对末端库）。通常情况下，配对末端所读取的序列将覆盖大多数含重复元件的序列，而后通过配对末端构型（paired-end configuration）特异性地将其对应至基因组特定位点。

methyl-MAPA 方案能够鉴别所检测区域整体主要处于甲基化状态还是非甲基化状态，但无法确定某个碱基的 DNA 甲基化模式。Irizarry 等在验证此研究方案的可行性时将该方法的检测结果与亚硫酸氢盐结合 Illumina Infinium HumanMethylation27 BeadChip 芯片的检测结果相比较，结果发现 methyl-MAPA 法和 Infinium 亚硫酸氢盐分析法的 Pearson 相关系数范围为 0.84～0.87，显著优于芯片检测技术之间的相关系数（Irizarry et al. 2008）。下面描述的 methyl-MAPA 研究方案主要从 2010 年 Edwards 等的方案改进而来（Edwards et al. 2010），其主要步骤的流程见图 12-6。

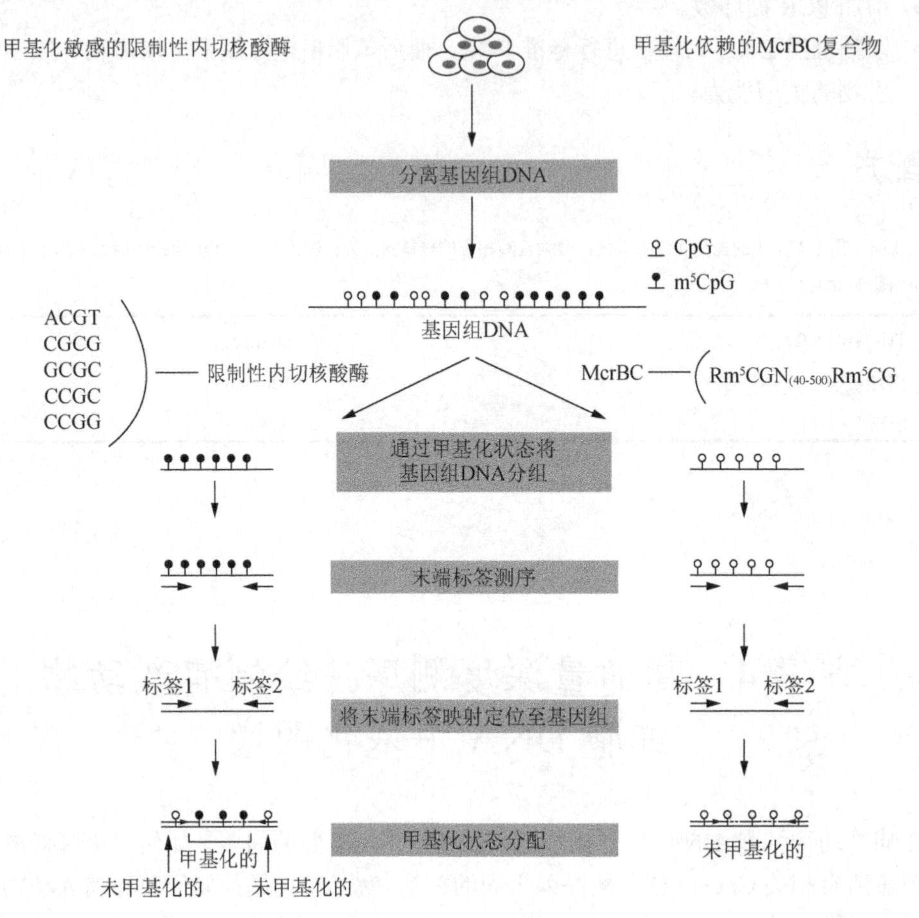

图 12-6 methyl-MAPA 方案流程图。通过限制性内切核酸酶构建 CpG 富含区的配对末端库，而后用 ABI 大规模配对测序平台进行测序（授权改编自 Edwards et al. 2010）。

材料

为正确使用本方案中的器材和危险试剂，必须查阅相应的材料安全数据表并咨询所在机构的环境卫生和安全办公室。

本方案的专用试剂标注<R>，配方在本方案末提供。常用储备溶液、缓冲液和试剂标注<A>，配方见附录 1。储备溶液应稀释至适用浓度后使用。

试剂

琼脂糖（常规琼脂糖和低熔点琼脂糖）

含聚蔗糖（Ficoll）的琼脂糖凝胶混合物（GenScript 公司，目录号 D0084）

ATP（10mmol/L）

BBW 缓冲（1 ×）<R>

生物素化的内部衔接子 T30B 和 T30（Applied Biosystems 公司）：

T30B 序列：5′-phos-CGTACA/iBiodT/CCGCCTTGGCCGT

T30 序列：5′-phos-GGCCAAGGCGGATGTACGGT

牛血清白蛋白（BSA，1mg/mL）

McrBC BSA 缓冲液（100×）（New England Biolabs 公司）

BW 缓冲液（1×）<R>

含 EcoP15I 位点的 CAP 衔接子（CAP adaptor）（Applied Biosystems 公司）

CAP 序列：5′-phos-ACAGCAG-3′和 5′-phos-CTGCTGTAC-3′（等摩尔量，以生成双链 DNA）

dATP（1mmol/L）

dATP、dGTP 和 dTTP 混合物（10mmol/L）

DNA ladder（25bp）（Life Technologies 公司，目录号 10597-011）

DNA 聚合酶 I

DNA 阻滞 PAGE 凝胶（6%）

使用置于 0.5×TBE 缓冲液中的 NOVEX 6%聚丙烯酰胺预制胶（Life Technologies 公司）。

dNTP 混合液（2.5nmol/L 的 dATP、dGTP、dTTP 和 dCTP）

限制性内切核酸酶 *Eco*P15I

限制性内切核酸酶 *Mcr*BC

限制性内切核酸酶 *Hpa*II、*Hpy*CH4IV、*Aci*I、*Hha*I 和 *Bst*UI

乙醇（70%和 100%）

溴化乙锭

基因组 DNA（按方案 1 所述方法分离）

GLASSMILK spin column kit（GENECLEAN 公司）

糖原（1mg/mL）

用于 McrBC 反应的 GTP（100×）（100mmol/L GTP）

Klenow DNA 聚合酶

LPCR-P1 和 LPCR-P2 引物（Applied Biosystems 公司）：

LPCR P1: 5′-CCACTACGCCTCCGCTTTCCTCTCTATG-3′

LPCR P2: 5′-CTGCCCCGGGTTCCTCATTCT-3′

Microcon 100 超滤柱（Amicon 公司）

MinElute Reaction Cleanup Kit（QIAGEN 公司）

NEBuffers 1、2、3（10×）（New England Biolabs 公司）

SOLiD DNA chemistry 寡核苷酸

PAGE 洗脱缓冲液（按 1∶5 混合 7.5mol/L 的乙酸铵和 1×TE）

P1ds 和 P2ds 接头（Applied Biosystems 公司）

酚∶氯仿∶异戊醇 <A>

Plasmid-safe DNase（62.5μmol/L ATP，0.0625U/mL ATP 依赖的 DNA 酶）(Epicentre 公司）

Platinum PCR Supermix（Life Technologies 公司）

PNK 缓冲液（10×）（New England Biolabs 公司）

QIAquick 胶纯化试剂盒（QIAGEN 公司）

快速连接酶试剂盒（New England Biolabs 公司，目录号 M2200S）

S-腺苷甲硫氨酸（SAM）（32mmol/L）（New England Biolabs 公司，目录号 B9003）

葡聚糖 G50 柱

西奈芬净（Enzo Life Sciences 公司，目录号 ALX-380-070-M001）

乙酸钠（3mol/L，pH5.3）

链抗生物素珠，M280（Life Technologies 公司）

SYBR Gold 或 SYBR Green solution（Life Technologies 公司）

T4 DNA 聚合酶

T4 多核苷酸激酶

TAE 缓冲液（50×）<A>
TBE 缓冲液（5×）<A>
TE（pH 8.0）<A>
含少量乙二胺四乙酸（EDTA）的 TE（10mmol/L Tris 和 0.01mmol/L 的 EDTA，pH 8.0）
未甲基化的 *c*I857 *Sam*7 λDNA（Promega 公司）

仪器

DNA 1000 芯片生物分析仪（Bioanalyzer DNA 1000 LabChip，Agilent 公司）
高通量测序系统（如美国 Applied Biosystems 公司的 SOLiD3 或 SOLiD4 测序系统）
序列分析软件
分光光度计（如 NanoDrop 1000 或 NanoDrop 2000，Thermo Scientific 公司）
水浴（或加热块，分别设定在 37℃、60℃、65℃和 70℃）

方法

酶切法将不同甲基化状态的基因组 DNA 片段化

取 10～15μg 的 DNA，用限制性内切核酸酶 *Mcr*BC 进行酶切，得到未甲基化 DNA 组分。同等量的 DNA 经 5 个"四核苷酸甲基化敏感的限制性内切核酸酶"（*Hpa*II、*Hpy*CH4IV、*Aci*I、*Hha*I、*Bst*UI，下面简称为"RE"）处理得到甲基化 DNA 组分。

制备非甲基化 DNA

1．准备 300μL 的非甲基化 DNA 酶切反应体系，具体如下：

基因组 DNA（0.5μg/μL）	30μL（共计 15μg）
NEBuffer 2（10×）	30μL
GTP（100×）	3μL
BSA（100×）	3μL
水	219μL
McrBC 酶（10 000 U/mL）	15μL

37℃酶切 4～6h。

2．酚∶氯仿∶异戊醇（25:24:1）（pH 8）抽提 DNA。

3．在 DNA 溶液中加入 0.01 倍体积的 1mg/mL 糖原、0.1 倍体积的 3mol/L 乙酸钠（pH5.3）和 2 倍体积的乙醇。-20℃孵育 15min 沉淀 DNA。

4．20 800*g*，4℃离心 15min 沉淀 DNA。

5．弃上清液，600μL 的 70%预冷乙醇洗涤沉淀，20 800*g*，4℃离心 15min 沉淀 DNA。

6．弃清洗上清液。空气中干燥后用 1×TE（pH8.0）重悬 DNA。

7．按操作说明用 Sephadex G50 柱纯化去除过量 GTP。NanoDrop 分光光度计测量 DNA 浓度，适当分组，每组含 10μg 的 DNA。加入 0.1 倍体积的 3mol/L 乙酸钠（pH5.3）和 2 倍体积的乙醇。-20℃孵育 15min 沉淀 DNA。保存一部分干燥的 DNA 用于后续的配对末端文库制备。

制备甲基化 DNA

8．在 15μg 的基因组 DNA 中按每微克 DNA 加入 10U *Hpa*II 和 *Hpy*CH4IV 限制性内切核酸酶的比例加入限制性内切核酸酶，同时加入的还有 1×NEBuffer 1。37℃孵育 4～6 h。

9．用酚：氯仿：异戊醇（25：24：1）（pH 8）抽提 DNA。重复步骤 3～6，但将 DNA 重悬于 30μL 的含少量 EDTA 的 TE 缓冲液中。37℃孵育 4～6h。

10．按每微克 DNA 加入 10U *ACi*I 和 *Hha*I 的比例加入限制性内切核酸酶，同时加入 1 × NEBuffer 3 和 1 × BSA。

11．用酚：氯仿：异戊醇（pH 8）抽提 DNA。重复步骤 3～6，将 DNA 重悬于 30μL 的含少量 EDTA 的 TE 缓冲液中。

12．每微克 DNA 中加入 10U 的 *Bst*UI 限制性内切核酸酶，同时加入 1 × NEBuffer 2。60℃孵育 2～3 h。

13．酚：氯仿：异戊醇（25:24:1）（pH 8）抽提 DNA。重复步骤 3～6，但将 DNA 重悬于 30μL 的含少量 EDTA 的 TE 缓冲液中。依据操作说明用 Sephadex G50 柱纯化 DNA。用 NanoDrop 分光光度计测量 DNA 浓度。加入 0.1 倍体积的 3mol/L 乙酸钠（pH 为 5.3）和 2 倍体积的乙醇，-20℃孵育 15min 沉淀 DNA。保存部分干燥的 DNA 用于后续的配对末端文库制备。

配对末端文库制备

下面的操作过程，是对 Applied Biosystems 公司的配对末端文库构建指南“SOLiD System Mate-Paired Library Preparation Guide（Part Number 4407413B）”改进之后的版本。欲了解更多有关配对末端测序的信息，请参见第 11 章。

内源 *Eco*P15I 位点的甲基化

14．每份 DNA 样品进行独立但操作相同的反应。用 T4 DNA 聚合酶和 T4 多核苷酸激酶对酶切后的 DNA 片段末端进行修复。100μL 反应体系中各组分最终浓度如下：

DNA	12μg
PNK 缓冲液（1 ×）	10μL 10 × PNK 缓冲液
BSA（0.1mg/mL）	10μL 1 mg/mL BSA
ATP（0.4mmol/L）	4μL 10 mmol/L ATP
dNTP（0.4mmol/L）	4μL 10 mmol/L dNTP
酶	50U
双蒸水	至终体积为 100μL

反应管在 12℃孵育 15min，而后在 25℃孵育 15min。

15．葡聚糖 G50 柱去除多余的未掺入 dNTP，而后酚：氯仿：异戊醇抽提。

16．内源 *Eco*P15I 位点的甲基化。每组反应体积为 125μL，加入 12μg 的末端修复后的 DNA（步骤 14 获得），具体组分构成如下：

10 U *Eco*P15I 每微克 DNA	12μL 10U/μL 的 *Eco*P15I 酶
NEBuffer 3（1 ×）	12.5μL 10 × NEBuffer 3
BSA（0.1mg/mL）	12.5μL 1mg/mL BSA
SAM（360μmol/L）	1.25μL 36mmol/L SAM
双蒸水	至终体积为 125μL

甲基化反应在 37℃孵育 2h 或反应过夜，同时设置对照反应组（见步骤 18）。

17．依照操作说明，用 QIAquick 凝胶提取试剂盒纯化 DNA。也可如下操作：

i．在甲基化的 DNA 样品中加入 3 倍体积的 QG 缓冲液和 1 倍体积的异丙醇。该混合物的正确颜色是黄色。如果混合物的颜色为橙色或紫色，加入 10μL 的 3mol/L 乙酸钠（pH 为 5.5），混匀。

DNA 能够被膜高效吸附的 pH≤7.5。

ii. 将溶解在 750μL 的 QG 缓冲液中的甲基化 DNA 过柱。每个 QIAquick 柱可加入的最高 DNA 量是 10μg。如必要，可使用多个提取柱。

iii. 室温下静置 2 min。≥10 000*g*（13 000r/min）离心 1min，弃流出液。

iv. 重复步骤 17.ii 和步骤 17.iii，直到加完所有样品。

v. 将 QIAquick 柱放回收集管，加入 750μL 的 PE 缓冲液洗柱。≥10 000*g*（13 000 r/min）离心 2 min，弃流出液。重复离心去除残留的洗涤缓冲液。

vi. QIAquick 柱风干 2min 以蒸发残留乙醇。

vii. 将 QIAquick 柱转移到干净的 1.5mL LoBind 管中。加 30μL 的 EB 缓冲液洗脱 DNA，放置 2min 后，≥10 000*g*（13 000r/min）离心 1min。

viii. 重复 EB 缓冲液洗脱步骤，混合两次洗脱 DNA 样品获得共 60μL 样品。

ix. 取 2μL 纯化的 DNA 用 NanoDrop 1000 分光光度计进行定量。

18. 通过测量 EcoP15I 位点甲基化的对照组样品与建库样品对 EcoP15I 的酶切抗性来确认 EcoP15I 位点甲基化是否成功。

引入衔接分子并将 DNA 按分子质量大小分离

19. 将 100 倍摩尔比过量的双链 CAP 衔接子（CAP adaptor，含 EcoP15I 位点）连接到进行过末端加工且 EcoP15I 位点被甲基化修饰的 DNA 片段上。一个 300μL 的反应体系配制如下：

洗脱获得的 DNA（从前述 QIAquick 纯化获得，溶解于 EB 缓冲液）	58μL
EcoP15I adaptors（双链，50pg/μL）	20μL
Quick ligase buffer（2×）	150μL
Quick ligase	7.5μL
双蒸水	64.5μL

室温（20～25℃）孵育 10min。

20. 等体积的酚：氯仿：异戊醇抽提 DNA。

21. 样品在 1% TAE 低熔点琼脂糖凝胶中电泳，45V 电泳 2.5h。

22. 去除小于 800bp 的降解 DNA 和未连接上的 GAP 衔接子，按分子质量大小分别收集不同分子质量的 DNA 片段（*Mcr*BC 组：0.8～2kb，2～5kb，>5kb；RE 组：0.8～1.5kb，1.5～3kb，3～6kb，>6kb）。

23. 用 GLASSMILK spin column kit 提取不同大小的 DNA。取 1μL 纯化的 DNA 用 NanoDrop 1000 分光光度计进行定量。

制备环状 DNA 分子

24. DNA 样品按分子质量大小分组分离后，每组取 2～3μg 的 DNA，与 3mol/L 过量的双链 T30B 生物素化的内部衔接子（internal adaptor）共孵育，使 DNA 环化。总体积为 730μL 的反应系统中包含以下成分：

DNA（2 μg）	60μL
Quick ligase buffer（2×）（含 2mmol/L ATP）	365μL
Internal adaptor（双链，50pg/μL）（2mmol/L 复性的 T30B 和 T30 寡核苷酸储备溶液，各 2mmol/L）	3μL
Quick ligase	18μL
双蒸水	284μL

在 20℃连接 12min 能够使各长度范围内的 DNA 分子的环化效率达到 95%。

欲了解更多详细信息，请参阅 ABI（美国应用生物系统公司）文件 No. 4407413B 第 92 页。

25．用 Plasmid-Safe DNase 降解未环化的 DNA 分子。取 1μg 的环化 DNA 在 100μL 的反应体系中进行反应：

DNA（1μg）	60μL
ATP（10mmol/L）	6.25μL
Plasmid-Safe buffer（10×）	10μL
Plasmid-Safe DNase（10U/μL）	3μL
双蒸水	20.8μL

反应混合物在 37℃下孵育 40 min。

26．70℃下 20min 热灭活 DNA 酶。

27．酚∶氯仿∶异戊醇抽提 DNA 以去除杂质。

28．按<2kb 和>2kb 两组混合 4 种限制性内切核酸酶酶切后组分。用 G50 葡聚糖凝胶柱去除过量的核苷酸。

加入 PCR 引物

29．用 EcoP15I 酶切环化后的 DNA。反应体系为 60μL：

EcoP15I	10U/100ng 环化的 DNA
NEBuffer 3	1×
BSA	1×
ATP	2mmol/L
西奈芬净（Sinefungin）	0.1mmol/L

37℃孵育过夜。

30．次日早上，于终止反应前 1h 在反应体系中添加新配制的 ATP、BSA 和西奈芬净。

西奈芬净能抑制 DNA 和 RNA 中碱基（如 5-甲基胞嘧啶或 N^6-甲基腺嘌呤）的甲基化。

31．加入 5U 的 Klenow DNA 聚合酶和 25μmol/L dNTP 室温孵育 30min 以补平酶切后的 DNA 末端。

32．65℃加热 20min 使酶失活。

33．将 60mol 过量的带 PCR 引物序列的 P1ds 和 P2ds 接头（linker）连接到 DNA 分子末端，200μL 反应体系：

1μg 环化 DNA（平均大小 1.5kb）	70μL
ds P1 linker（10μmol/L）	6μL
ds P2 linker（10μmol/L）	6μL
Quick ligase buffer（2×）（含 2mmol/L ATP）	100μL
Quick ligase	5μL
双蒸水	13μL

室温（20～25℃）孵育 10min。

M280 链抗生物素蛋白磁珠结合 DNA

34．依次用 1×BBW 缓冲液、1×BSA 和 1×BW 缓冲液冲洗 M280 链抗生物素蛋白磁珠。

35．将步骤 33 中得到的 DNA 与 15μL 预洗好的 M280 链抗生物素蛋白磁珠混合，在 1×BW 缓冲液中室温孵育 15min。DNA 分子将通过内部衔接子上的生物素标记结合到 M280 链抗生物素蛋白磁珠上。

36．用 500μL 的 1×BBW 缓冲液冲洗磁珠 1 次，而后用 1×BW 缓冲液冲洗 2 次，最后以 1×NEBuffer 2 冲洗磁珠 1 次。每次冲洗时先涡旋 15s，而后将反应管放置在 Dynal 磁珠收集磁架上 1.5 min，待磁珠被磁架吸附后吸弃上清液。

37．将磁珠重悬在100μL含有500μmol/L dNTP和15U DNA聚合酶I的1×NEBuffer 2中，16℃孵育30min。

PCR扩增DNA

38．检测PCR反应：取1μL的DNA（或取1%的磁珠悬浮液中的DNA），PCR检测是否获得了预计大小的（154～156 bp）DNA产物。此PCR产物序列特征为："配对"DNA序列覆盖约100个碱基大小的基因组DNA序列，而其两侧是P1（或P2）接头序列和CAP接头序列。154～156 bp的PCR产物是100bp的基因组DNA和PCR引物序列相加的结果。调节PCR循环次数直至获得的产物能够在4%琼脂糖凝胶电泳时出现清晰的染色带。

39．建立50 μL PCR反应体系，扩增所有结合到磁珠上的DNA序列：

磁珠模板	1μL
LPCR-P1引物（50μmol/L）	1μL
LPCR-P2引物（50μmol/L）	1μL
Platinum PCR Supermix	47μL

PCR反应参数如下：

循环次数	变性	复性	聚合
1个循环	95℃，15min		
18～22个循环	95℃，15s	62℃，15s	70℃，1min
末循环			70℃，5min

40．合并所有相同的反应管，乙醇沉淀DNA。此外，PCR反应液也可以常期4℃保存。

DNA的分离纯化

41．准备6%非变性聚丙烯酰胺DNA阻滞凝胶。115V预电泳5min。

42．将聚蔗糖上样染液加入待检测样品和25bp梯度分子质量标准物（每50μL PCR反应产物中加6μL的上样缓冲液）。1× TBE缓冲液，115V电泳45min。当使用的是1.0mm厚的凝胶时，五孔梳每孔最多可容纳60μL的样品。

为避免DNA变性，样品在加样前不能煮沸。

43．观察电泳条带。按1∶6000将10mg/mL的溴化乙锭稀释到1× TBE缓冲液中，凝胶染色5min，而后水中脱色2次。

44．从凝胶中切出156bp的DNA库条带，切碎后，置于微量离心管中，以13 000 r/min的转速离心3min。

45．将切碎的凝胶放入200μL的PAGE洗脱缓冲液，室温孵育20min提取DNA。13 000r/min离心1min，留取上清液。而后，再加入200μL的PAGE洗脱缓冲液进行第二次洗脱，37℃孵育40min，再次13 000r/min离心1min，留取上清液。混合两次离心获得的上清液，共获得400μL的洗脱液。

46．去除残留的凝胶微粒：将洗脱液离心通过0.45μm的过滤离心柱。加入0.1倍体积的3mol/L乙酸钠（pH为5.3）和2倍体积的乙醇，−20℃孵育，离心回收DNA沉淀。150μL的TE（pH8.0）重悬DNA。

47．用MinElute Reaction Cleanup Kit纯化重悬的DNA样品，操作依照说明书进行。用20μL的10mmol/L Tris缓冲液（pH8.0）洗脱DNA。用20μL的10mmol/L Tris缓冲液（pH8.0）重复洗脱DNA。混合2次洗脱液，最终获得40μL洗脱DNA。

48．NanoDrop 2000型分光光度计测定DNA浓度，并通过Bioanalyzer DNA 1000 LabChip或者常规的0.5×TBE缓冲液进行非变性6%聚丙烯酰胺凝胶电泳法来检测所获DNA的数量和质量。

DNA 测序

49．依据 SOLiD 乳液 PCR（emulsion PCR）标准操作方案，通过乳液 PCR 对 1μm 微珠上的 DNA 文库进行扩增。

50．用 SOLiD 3、SOLiD 4 或者 SOLiD 5500 DNA 测序进行配对末端测序。

从配对末端文库中获得的基因组序列是读取 25 个碱基还是读取 50 个碱基，取决于测序所使用的仪器和化学试剂。

数据分析：标签映射定位、数据过滤和 CpG 分析

用 SOLiD 数据分析软件包进行数据的标签映射定位。通过颜色编码对配对标签分别进行映射定位，每 25 个碱基的标签最多允许与“参照基因组（reference genome）”数据之间有两个错配。参照基因组数据源自 UCSC Genome Browser （http://genome.ucsc.edu）。如果一对标签能够特异性地与“参照”序列在顺序、方向和距离（0～15kb）上一一对应，则完成映射定位。

华盛顿大学 John Edwards 博士研发的客户 Perl 脚本（custom Perl scripts），能够分析 SOLiD 系统的输出数据，过滤掉那些末端没有 *Mcr*BC 和/或 RE 限制性内切核酸酶位点的序列（Dr. John Edwards, Washington University, St. Louis, MO 63130; jedwards@dom.wustl.edu）。CpG 岛、RepeatMasker、RefSeq gene data，以及其他的基因组注释信息可直接从网上下载（UCSC Genome Browser website）。其他的相关数据分析细节可参考 2010 年 Edwards 等的文章（Edwards et al. 2010）。Perl 脚本假定数据首先映射定位到参考基因组，从 Applied Biosystems 公司的 mate-pair mapping 工具生成的 F3_R3.mates 文件开始。最新版本的 Perl 脚本见 http://epigenomics.wustl.edu。更多有关 SOLiD 系统颜色映射定位工具（Color Space Mapping Tool）的信息可查阅 http://solidsoft waretools.com（cms_058717.pdf 文件）。F3_R3.mates 文件中包含 SOLiD 配对标签的数据信息和类别信息，每个配对标签数据包括如下内容（单行显示）：

TAG_ID F3_SEQUENCE R3_SEQUENCE F3_MISMATCHES
R3_MISMATCHES TOTAL_MISMATCHES F3_CHROMOSOME
R3_CHROMOSOMEF3_POSITION R3_POSITION CATEGORY

.mates file 输出数据的示例如下：

1279_39_68	T0022313110133320100000110	G2212303021113232121302011	0	0	0	20	20	30495426	30494696	AAA
1279_39_443	T0202111310221123002222231	G0022032122031213220301320	0	0	0	11	11	−119924797	−119925140	AAA
1279_39_491	T0103221133021130320012311	G3112001002203010233300330	2	1	3	24	24	57590725	57579600	AAA
1279_39_524	T2123021000202200202022100	G2100121130200121111031220	0	1	1	1	1	−76034016	−76034838	AAA

其他 Perl scripts 运行的要求包括：

1．安装 nibFrag 工具作为 BLAT suite 的一部分（Jim Kent at UCSC）。

2．每个染色体的.nib 格式文件。

3．用于 AB 绘图软件的 CMAP 文件。

4．CpG 位置文件。用 Tab-分隔文件，其中第一列是染色体（chr1 等），第二列是每个 CpG 位点在染色体上的坐标。

数据过滤和 CpG 叠加步骤（步骤 3～5）可以在整个基因组水平进行，但建议对每个染色体的数据单独处理，全部工作也可以分割由多个 CPU 或计算集群完成。

- **步骤 1**：解析 mates 文件（同时运行 McrBC 和 RE 两个.mates 文件）。

使用：parseMates.pl<cmapFile><inFile><outDir><libDescriptor[M, R] >

这一操作能够用 AB mate-pair mapping software 软件转化.mates 文件，并创建 BED 文件（按每个染色体进行）。

<cmapFile> = cmap file used for tag mapping

<inFile> = .mates file from tag mapping

<outDir> = location for bedFiles

<libDescriptor> = M for McrBC, R for RE

下面是一个完整的用 BED（(Browser Extensible Data）文件（http://genome.ucsc.edu/goldenPath/help/customTrack.html #BED）进行注释追踪的例子。步骤 1 的输出结果为：

track name = “chr20 M”description = “paired data M”RGB color = 0,0,255,

Chr 20	30494696	30495451	1279_39_68	1	+	30494696	30495451	0,0,255
Chr 20	46956060	46957272	1279_39_1695	1	+	46956060	46957272	0,0,255
Chr 20	47756101	47756710	1279_40_77	1	−	47756101	47756710	0,0,255
Chr 20	61157032	61157498	1279_40_592	1	−	61157032	61157498	0,0,255
Chr 20	45670721	45672414	1279_41_341	1	−	45670721	45672414	0,0,255

- **步骤 2**：筛选 *Mcr*BC 片段，选择那些至少有一个 *Mcr*BC 识别位点的序列。

使用：filterMcrBC.pl <bedFile>< outFile>

BED 文件来自步骤 1 中的 *Mcr*BC 数据。可以整合，也可以对每个染色体文件数据单独处理。

<bedFile> = bedFile or concatenated bedFile from Step 1

<outFile> = filtered output file

- **步骤 3**：筛选 RE 片段，选择那些至少有一个 RE 识别位点的序列。

使用：filterMcrBC.pl <bedFile>< outFile>

BED 文件来自步骤 1 中的 RE 数据。可以整合，也可以对每个染色体文件数据单独处理。

<bedFile> = bedFile or concatenated bedFile from Step 1

<outFile> = filtered output file

- **步骤 4**：对 *Mcr*BC 和 RE 片段进行规范化。此步骤不能完全自动化完成。为找到 *Mcr*BC 和 RE 片段之间的正确比率，某些染色体需要选用不同的比例。此外，还需要用步骤 5 和步骤 6 中的 scripts 来计算整体覆盖值。
- **步骤 5**：CpG 位点的片段重叠。

使用：overlapCpGsites.pl <CpGfile><McrBCfile><REfile><outFile>

这一步将 *Mcr*BC 和 RE 片段与基因组的 CpG 位点重叠。输出的是一个描述与各 CpG 位点重叠的 *McrBC* 和 RE 片段的数量的文本文件。

<CpGfile> = CpG position file. First column is chromosome, second is coordinate

<McrBCfile> = Filtered McrBC fragment bed file from step 2.

<REfile> = Filtered RE fragment bed file from step 3.

<outfile> = output file

输出文件格式：

第 1 栏：染色体

第 2 栏：CpG 位置

第 3 栏：CpG 位于内部（受到保护不发生甲基化）的 *Mcr*BC 片段数

第 4 栏：CpG 恰好位于片段内（可能的 McrBC 识别位点）的 *Mcr*BC 片段重叠数。其与边缘的距离被设为参数，默认是 50bp。

第 5 栏：与第 4 栏类似，但 CpG 刚好位于 *Mcr*BC 片段末端的外部。

第 6 栏：CpG 位于内部（受到保护不发生甲基化）的 RE 片段数。

第 7 栏：CpG 位于 RE 片段末端且部分位于 RE 切割位点（非甲基化）的 RE 片段数量。

步骤 5 的输出文件示例如下：

Chr20	8179	0	0	0	0	39
Chr20	8551	0	0	0	41	0
Chr20	8578	0	0	0	41	0
Chr20	8807	0	0	0	28	26
Chr20	8963	0	0	0	40	1
Chr20	9070	0	0	1	40	0
Chr20	9182	1	1	0	36	4
Chr20	9237	2	0	0	35	0

- **步骤 6**：计算甲基化分数。使用步骤 5 中的数据计算每一个 CpG 位点的甲基化分数。非 McrBC/非 RE 位点的分数是有效统计分数。建议该分数仅用于 *Mcr*BC 和 RE 位点，而对其他位点的评分要格外小心。

使用：calculateMethylationScores.pl <cpgFile><outFile>

<cpgFile> = output file from step 5

<outFile> = output file

outFile 格式

第 1 栏：染色体

第 2 栏：CpG 位置

第 3 栏：甲基化得分。0 = 完全非甲基化，1 = 完全甲基化

第 4 栏：非甲基化得分。1 = 完全非甲基化，0 = 完全甲基化

第 5 栏：覆盖性，覆盖任何给定的 CpG 位点的 McrBC 和 RE 片段数目

在 http://solidsoftwaretools.com/gf/可以找到用于协助分析 Applied Biosystems 公司 SOLiD 4 系统所产生的原始数据的开放工具软件。最常用的包括以下几种：

- SOLiD Accuracy Enhancement Tool (SAET) (http://solidsoftwaretools.com/gf/project/saet/)：此工具能够读取 SOLiD 系统产生的原始数据，在映射定位前或重叠群组装时纠正错读。
- SOLiD BaseQV Tool (http://solidsoftwaretools.com/gf/project/sam/)：此工具能够将 SOLiD 输出文件转换为碱基序列数据和相关的质量值。
- SOLiD System Alignment Browser (SAB) (http:// solidsoftwaretools.com/gf/project/sab/)：此工具是一个基于 Apollo 基因组注释策展工具的基因组注释查看器和编辑器，能够在 Windows、Linux 和 Mac OS 运行。
- SOLiD System Color Space Mapping Tool (mapreads) (http://solidsoftwaretools.com/gf/project/mapreads/)：此工具能够将 SOLiD 颜色数据映射定位到整个人类基因组的序列数据。
- SOLiD System Analysis Pipeline Tool (Corona Lite) http://solidsoftwaretools.com/gf/project/corona/)：此工具可以用来读取 SOLiD 颜色数据，将其映射定位至或大或小的基因组序列数据，并对读取的配对数据进行注释，分析单核苷酸多态性。

Methyl-Analyzer (Xin et al. 2011)是一个能分析 methyl-MAPS 配对测序得到的全基因组 DNA 甲基化数据的 Python 包，需要输入已经与参考基因组映射定位的配对末端读取数据。它是本章前面提到的由 John Edwards 博士开发的 Perl scripts 的一种替代方法。

Methyl-Analyzer 能够从 https://github.com/epigenomics/methylmaps 下载。

配方

为正确使用本方案中的器材和危险试剂，必须查阅相应的材料安全数据表并咨询所在机构的环境卫生和安全办公室。

BBW 缓冲液（1×）

试剂	终浓度
Tween 20	2%
Triton X- 100	2%
EDTA	10mmol/L

BW 缓冲液（1×）

试剂	终浓度
Tris-HCl（pH7.8）	10mmol/L
氯化钠	1mol/L
EDTA	1mmol/L

参考文献

Belancio VP, Deininger PL, Roy-Engel AM. 2009. LINE dancing in the human genome: Transposable elements and disease. *Genome Med* 1: 97. doi: 10.1186/gm97.

Edwards JR, O'Donnell AH, Rollins RA, Peckham HE, Lee C, Milekic MH, Chanrion B, Fu Y, Su T, Hibshoosh H, et al. 2010. Chromatin and sequence features that define the fine and gross structure of genomic methylation patterns. *Genome Res* 20: 972–980.

Irizarry RA, Ladd-Acosta C, Carvalho B, Wu H, Brandenburg SA, Jeddeloh JA, Wen B, Feinberg AP. 2008. Comprehensive high-throughput arrays for relative methylation (CHARM). *Genome Res* 18: 780–790.

Xin Y, Ge Y, Haghighi FG. 2011. Methyl-Analyzer—Whole genome DNA methylation profiling. *Bioinformatics* 27: 2296–2297.

网络资源

Methyl-Analyzer https://github.com/epigenomics/methylmaps

Open source tools for analyzing SOLiD 4 data http://solidsoftwaretools.com/gf/

Perl scripts to parse the output files from the SOLiD system http://epigenomics.wustl.edu

SOLiD-Related Information concerning the SOLiD System Color Space Mapping Tool http://solidsoftwaretools.com

UCSC Genome Browser http://genome.ucsc.edu

方案 5 亚硫酸氢盐转化的 DNA 文库的 Roche 454 克隆测序

Roche 公司的 454 测序技术先通过乳化 PCR（emulsion PCR）对克隆化的结合在 28μm 微珠上的单个 DNA 分子进行扩增，而后将其置入微微升（picoliter）数量级的孔内进行焦磷酸测序（详细内容参见第 11 章，方案 15～17）。测序循环过程中，每个与模板链互补的核苷酸的掺入都能激活一个化学发光反应，光信号能够被 FLX 基因组测序仪的 CCD 捕获，由此一一对应，快速、准确地读取待测模板的碱基序列。该测序平台的优点是读取的长度长，通常能达到 300～800bp。然而相较于其他测序平台，此平台测序结果在同聚体区（homopolymer region）的错误率较高，且测序成本较高。Roche 454 平台的 DNA 测序结果可用于检测 CpG 岛全长的 DNA 甲基化状态，通常能检测到较长区域内含有等位基因特异性信息的甲基化变化模式。为实现几乎全基因组的覆盖率，可通过对已完全测序的哺乳动物基因组的生物信息学分析来选择最合适的限制性内切核酸酶构建简并文库（reduce representation library）。

在下面的操作中，对 Zeschnigk 等（2009）的方法进行了改进，用 Roche 454 平台进行 CpG 岛全基因组测序。Zeschnigk 等对不同组合的限制性内切核酸酶进行评估后发现，当采用组合酶消化人类基因组时，能够产生富含 CpG 岛的一系列 DNA 片段。用亚硫酸氢盐处理按不同大小分组的酶切后的 DNA 片段，而后通过 Roche 454 GS FLX 平台建库。获得的 DNA 甲基化信息包含多个读取序列并有较长的读长。本方案的关键步骤如图 12-7 所示。

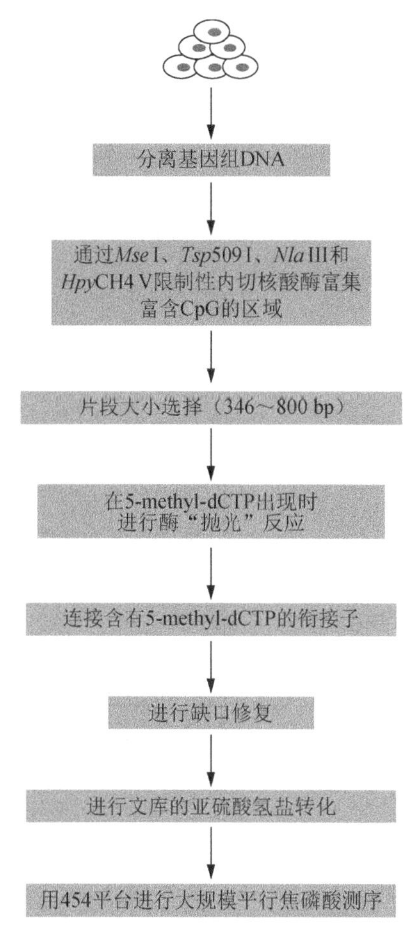

图 12-7　亚硫酸氢盐转化 DNA 文库的 Roche 454 克隆测序流程图。此方法先用限制性内切核酸酶富集 CpG 富含区域，继而进行文库的亚硫酸氢盐转化。最后对转化好的文库进行大规模并行焦磷酸测序。

材料

为正确使用本方案中的器材和危险试剂，必须查阅相应的材料安全数据表并咨询所在机构的环境卫生和安全办公室。

本方案的专用试剂标注<R>，配方在本方案末提供。常用储备溶液、缓冲液和试剂标注<A>，配方见附录 1。储备溶液应稀释至适用浓度后使用。

试剂

琼脂糖

Agarose loading gel mixture with Ficoll（GenScript 公司）

ATP（10mmol/L）

亚硫酸氢盐转化试剂（见方案 1）

Bst DNA 聚合酶（Epicentre Biotechnologies 公司）

dATP、dGTP、dTTP 混合物（10mmol/L）

DNA 梯度的分子质量标准物（100bp）（Life Technologies 公司，目录号 15628-019）

dNTP mix（2.5mmol/L 的 dATP、dGTP 和 dTTP，不含 dCTP）

限制性内切核酸酶 *Mse*I、*Tsp*509I、*Nla*III、*Hpy*CH4V（New England Biolabs 公司）

乙醇（70%和 100%）

基因组 DNA

GoTaq Green Master Mix（Promega 公司）

Klenow DNA 聚合酶

5 -甲基-dCTP（Jena Bioscience GmbH 公司）

MethylEasy Xceed 试剂盒（Human Genetic Signatures 公司）

MinElute 或 QIAquick PCR 纯化试剂盒（QIAGEN 公司）

MinElute 或 QIAquick PCR 的凝胶纯化试剂盒（QIAGEN 公司）

Microcon100 超滤装置（Amicon 公司）

NEBuffer 2（10 ×）

Roche 454 DNA 检测用到的寡核苷酸[衔接子（adaptors）A 和 B，引物 GSFLXA 和 GSFLXB]

序列源自 Margulies et al. (2005)。

为了能够在亚硫酸氢钠修饰过程中保证序列不变，44 bp 的衔接子 A 和 B 中为 5-甲基胞嘧啶而非胞嘧啶核苷酸。

44bp 的衔接子 A，CCATCTCATCCCTGCGTGTCCCATCTGTTCCCTCCCTGTCTCAG

44bp 的衔接子 B，5BioTEG/CCTATCCCCTGTGTGCCTTGCCTATCCCCTGTTGCGTGTCTCAG

引物 GSFLXA，20bp，与 44bp 的衔接子 A 的 5′端互补

引物 GSFLXB，20bp，与 44bp 的衔接子 B 的 5′端互补

酚：氯仿：异戊醇 <A>

Phusion 热启动高保真 DNA 聚合酶（New England Biolabs 公司）

QIAGEN 血液和细胞培养 DNA Midi 试剂盒（QIAGEN，目录号：13343）

快速连接酶试剂盒（New England Biolabs 公司，M2200S）

乙酸钠（3mol/L，pH5.3）

SYBR Green solution（Life Technologies 公司）

TAE 缓冲液（50 ×）<A>

T4 DNA 连接酶和 1 ×连接缓冲液

T4 DNA 聚合酶

TE（pH8.0）<A>

T4 多核苷酸激酶

未甲基化 *c*I857 *Sam*7 λ DNA（Promega 公司）

Wizard SV 凝胶和 PCR 纯化系统（Promega 公司）

仪器

2100 生物分析仪（Agilent 公司）

454 GS FLX 仪（Roche 公司）

RNA 6000 微型芯片实验室（Agilent Technologies 公司）

NanoDrop 1000 或 2000 分光光度计（Thermo Scientific 公司）

PCR 仪
水浴（或加热块）

方法

DNA 提取

1. 蛋白酶 K 处理分离组织 DNA。

本步骤可采用商品化的蛋白酶 K 组织 DNA 分离试剂盒（如 QIAamp DNA Mini kit）。体外培养细胞或外周血淋巴细胞可以用 QIAGEN Blood and Cell Culture DNA Midi Kit 制备基因组 DNA。

DNA 酶消化和按分子质量大小分离

2. 顺序使用限制性内切核酸酶 *Mse*I 和 *Tsp*509I 对 40μg 的基因组 DNA 进行酶切，操作按照说明书进行。每种酶加 40U 孵育 2h，然后再加 40U 的酶，继续孵育 2h。

3. 第二次孵育 *Tsp*509I 结束后，用酚∶氯仿∶异戊醇抽提纯化 DNA，乙醇沉淀。

4. 重悬 DNA，然后用限制性内切核酸酶 *Nla*III，接着是 *Hpy*CH4V 顺序酶切（操作参照步骤 2）。

5. 酚∶氯仿∶异戊醇抽提纯化 DNA，然后用 Microcon 100 device 超滤浓缩 DNA，500*g* 离心 5min。

6. 在 1.8%的琼脂糖凝胶中分离酶切后的 DNA，每道上 1.2μg DNA。100bp 的 DNA ladder 用作分子质量对照。电泳凝胶直到蓝色染料标记迁移超过凝胶的 2/3。

7. SYBR Green 染胶（见第 2 章，方案 2），手术刀切取 350～800bp 大小的 DNA。

8. 用 Wizard SV 凝胶和 PCR 纯化系统纯化胶内 DNA。

9. Microcon 100 device 超滤获取 DNA，500*g* 离心 5min。

DNA 文库制备

10. 按照罗氏公司的操作说明“GS FLX Titanium General Library Preparation Method Manual（Roche Diagnostics GmbH, April 2009a）”和“GS FLX Titanium General Library Preparation Quick Guide（Roche Diagnostics GmbH, April 2009b）”所描述的步骤进行 DNA 文库制备，具体修改如下：

i. 酶切平/抛光（polishing）反应（Roche 手册 3.4 节）。在含 5-甲基-dCTP 而非 dCTP 的 dNTP 中进行“抛光”反应。

ii. 衔接子（adaptor）连接（Roche 手册 3.5 节）。衔接子 A 和 B 均包括双链寡核苷酸，将其连接到已“抛光”的 DNA 片段末端。为在后续的亚硫酸氢盐修饰过程中保留 DNA 的序列特性，衔接子 A 和 B 的序列中用 5-甲基胞嘧啶代替了胞嘧啶。衔接子 B 上碱基的生物素修饰保持不变。

iii. “填写”（fill-in）反应（Roche 手册 3.8 节）。在此步骤中，链置换 DNA 聚合酶通过其链置换活性修复 DNA 分子上的缺口（nicks）。为保持衔接子序列中甲基化胞嘧啶的存在，在含 5-甲基-dCTP 而非 dCTP 的 dNTP 中进行反应。

DNA 文库的亚硫酸氢盐修饰

11. 按方案 1 中所述进行单链 DNA 片段的亚硫酸氢盐修饰。

12. 10μL 灭菌双蒸水重悬亚硫酸氢钠处理的 DNA。

Roche 454 GS FLX 系统大规模平行预测序

13．取 2μL 的亚硫酸盐转化后的 DNA 文库进行 PCR 反应，使用 GoTaq Green Master Mix 反应预混液，引物 GSFLXA 和 GSFLXB 各 200nmol/L，总体积为 25μL。

引物 GSFLXA 和 GSFLXB 均为 20 个核苷酸长短，分别结合在衔接子 A 和 B 的 5′部位。

14．PCR 扩增条件如下：

循环次数	变性	复性	聚合
1	95℃，2min		
20 个循环	95℃，30s	62℃，30s	72℃，1min
末循环			72℃，5min

15．为除去非特异反应产物，按步骤 6～9 所述在 1.8%琼脂糖凝胶中电泳 PCR 产物，回收 440～900bp 大小的 DNA 片段。

16．用 RNA 6000 Pico LabChip 在 Agilent 2100 生物分析仪上对 DNA 进行质量检测。

17．依据 Roche 基因组测序仪 FLX，GS emPCR Kit 试剂盒的用户使用手册“shotgun protocol”进行微珠制备和序列分析。

18．依照手册操作对扩增产物进行大规模并行焦磷酸测序（见第 11 章，方案 17）。

数据分析

用 Marcel Martin 开发的软件模块“cutadapt”（http://code.google.com/p/cutadapt/）进行简单的序列比对，查找 454 测序结果中是否有与衔接子序列重叠的序列。如果发现衔接子序列，则将它从结果中删除，然后用 Marcel Martin 研发的另一个 VerJInxer 软件将测序结果映射到基因组中（Zeschnigk et al. 2009）。VerJInxer 是一个可从 http://verjinxer.googlecode.com 下载的公开可用软件（source code under the Artistic License/GPL）。为映射从 CGI 富集片段读取的数据，从每个 CGI 序列两端包含有额外的 200 个核苷酸序列的 RepeatMasked 人类基因组参考序列中提取 UCSC 浏览器所定义的 CGI 序列，建立 CGI 参考序列。

为进一步读取亚硫酸氢盐测序结果的基因组映射定位，VerJInxer 软件创建了一个 CGI-RefSeq 的亚硫酸氢盐 q-gram 索引（这里的 q-gram 代表长度为 q 的序列子串）。索引是模拟亚硫酸氢盐处理过的序列，而非原本序列。模拟了每个在靶序列中发现的 q-gram 的所有可能的甲基化模式。所有得到的 q-gram 被记录在该位置的索引中。例如，对于 $q=5$，设参考序列某个位置上的序列是 CGACA。因为第一位的胞嘧啶可能发生甲基化也可能不发生甲基化，因此该位点的亚硫酸氢盐转化后的序列既可能是 CGATA 也可能是 TGATA。索引中则会包含有这两种 q-gram。VerJInxer 软件索引中还包括非亚硫酸氢盐处理的 q-gram，以便检测完全未修饰或部分未修饰的数据。考虑到亚硫酸氢钠处理的 DNA 经 PCR 扩增后，与未甲基化的 C 对应的 G 被替换成 A（相对于 RefSeq 序列），该索引中还模拟了所有 DNA 甲基化修饰中可能产生的 A 代替 G 的 q-gram；对于每个读取序列都会计算它的反向互补碱基并分别映射到参考序列中。模拟产生的 q-gram 的数目很大。平均每个 CGI-RefSeq 的亚硫酸氢钠 q-gram 索引（$q=10$）序列位置上含有 4.36 个 q-gram。匹配结果以 BED 格式输出。一个 BED 格式输出的读取数包括基因组坐标、链信息、html 颜色轨道说明（最后一栏）等。示例如下：

chr12	50687522	50687614	Read no.9	0	-	50687522	50687614	0,255,0
chr19	2311464	2311570	Read no. 53	0	+	2311464	2311570	0,255,0
chr19	2311464	2311570	Read no. 83	0	+	2311464	2311570	0,255,0

有关序列数据分析的更多详细信息，请参阅 Zeschnigk 等的文章（Zeschnigk et al. 2009）。

参考文献

Margulies M, Egholm M, Altman WE, Attiya S, Bader JS, Bemben LA, Berka J, Braverman MS, Chen YJ, Chen Z, et al. 2005. Genome sequencing in microfabricated high-density picolitre reactors. *Nature* 437: 376–380.

Roche Diagnostics GmbH. 2009a. *GS FLX Titanium General Library Preparation Method Manual: April 2009*. http://dna.uga.edu/docs/GS-FLX-Titanium-General-Library-Preparation-Method-Manual%20 (Roche).pdf. Roche Applied Science, Mannheim, Germany.

Roche Diagnostics GmbH. 2009b. *GS FLX Titanium General Library Preparation Quick Guide (April 2009)*. ftp://ftp.genome.ou.edu/pub/for_broe/titanium/GS%20FLX%20Titanium%20General%20Library%20Preparation%20Quick%20Guide%20(April%202009).pdf. Roche Applied Science, Mannheim, Germany.

Zeschnigk M, Martin M, Betzl G, Kalbe A, Sirsch C, Buiting K, Gross S, Fritzilas E, Frey B, Rahmann S, et al. 2009. Massive parallel bisulfite sequencing of CG-rich DNA fragments reveals that methylation of many X-chromosomal CpG islands in female blood DNA is incomplete. *Hum Mol Genet* 18: 1439–1448.

网络资源

cutadapt tool http://code.google.com/p/cutadapt/

VerJInxer software http://verjinxer.googlecode.com

方案 6　亚硫酸氢盐转化的 DNA 文库的 Illumina 测序

Illumina 公司的 Solexa 测序技术通过集群 PCR（cluster PCR）进行克隆序列的扩增。每个测序循环中，改良后的 DNA 聚合酶能够催化一个碱基的延伸。反应混合液中的 4 种核苷酸原料各自标有不同的荧光标记，并含一个可以被切割的终止结构区。每个循环完成（延伸了一个碱基）后都通过 4 个通道进行成像，由此读出该循环中延伸的是哪种核苷酸；而后进行荧光标记的化学切割并终止该轮反应，进入下一轮循环。Solexa 测序的读长通常为 36bp，但也可用于检测长达 100bp 的序列。此外，该技术也可用于 DNA 的配对末端测序（详细讨论参见第 11 章，方案 4～10）。

此技术平台的成本相对较低，因此是哺乳动物细胞全基因组甲基化测序的理想平台。该技术最早应用于亚硫酸氢钠简并文库测序（reduced representation bisulfite sequencing）（Meissner et al. 2008），将 *Msp*I 消化的 40～220bp 的小鼠基因组 DNA 进行亚硫酸氢盐转化，而后测序。两个研究小组分别使用 MethylC-seq（Lister et al. 2009）和 BS-seq（Popp et al. 2010）的方法对哺乳动物细胞的 DNA 甲基化组（DNA methylomes）进行了精确到核苷酸水平的映射定位。这两种方法之间的主要区别是使用的衔接子（adaptor）不同。在 MethylC-seq 方案中，用甲基化的衔接子构建测序文库；而 BS-seq 方案中使用的是两个不同的非甲基化衔接子。

本章中我们介绍通过 Illumina 的 Genome Analyzer Ⅱ平台进行的“单读（single-read）”测序。这是一个标准的 MethylC-seq 方案（Lister et al. 2009）。该方案将甲基化的测序衔接子连接到超声处理后的基因组 DNA 上，而后进行凝胶纯化、亚硫酸氢钠转化、PCR 扩增，最后测序。本方案的关键步骤参见图 12-8。

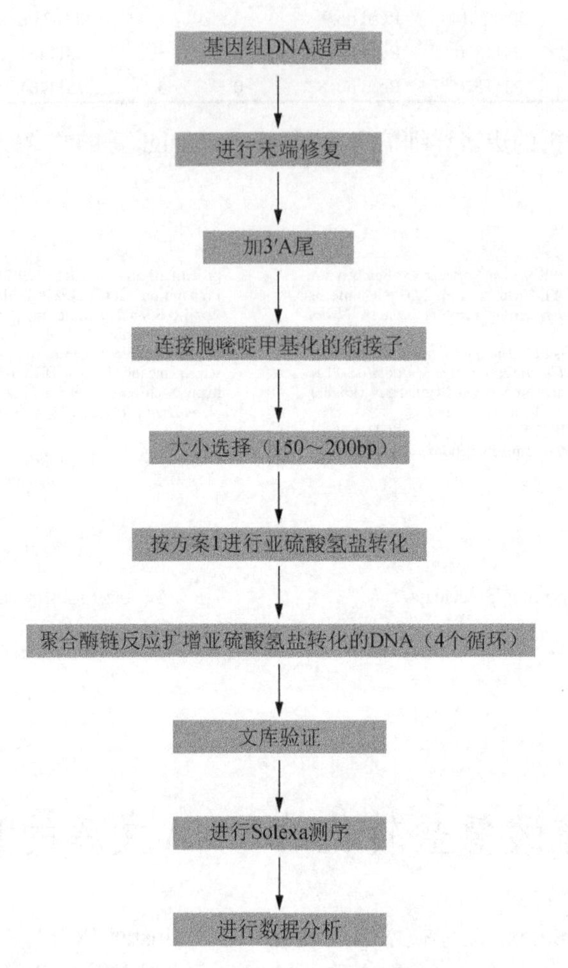

图 12-8 MethylC-seq 流程图。MethylC-seq 使用亚硫酸氢盐转化 DNA，而后用 Illumina 平台进行深度测序。

材料

为正确使用本方案中的器材和危险试剂，必须查阅相应的材料安全数据表并咨询所在机构的环境卫生和安全办公室。

本方案的专用试剂标注<R>，配方在本方案末提供。常用储备溶液、缓冲液和试剂标注<A>，配方见附录 1。储备溶液应稀释至适用浓度后使用。

试剂

琼脂糖(low-range ultra)
亚硫酸氢盐转化试剂（见方案 1）
胞嘧啶甲基化的衔接子寡核苷酸混合物（Illumina 公司）
dATP、dGTP、dTTP（100mmol/L）（Promega 公司）
DNA 分子质量标记物（50bp）（New England Biolabs 公司）
DNA 上样缓冲液（6×）（New England Biolabs 公司）
EB 缓冲（来自 QIAGEN 公司的 MinElute Purification Kit）
DNA 末端修复试剂盒（Epicentre Technologies 公司）

细胞系或组织中分离获得的基因组 DNA
Klenow 酶（3′→5′ Exo$^-$）片段 DNA 聚合酶
MinElute 凝胶纯化试剂盒（QIAGEN 公司）
MinElute PCR 纯化试剂盒（QIAGEN 公司）
NEBuffer 2（10×）
PCR 引物 PE 1.1　（25μmol/L）（Illumina 公司）
PCR 引物 PE 2.1　（25μmol/L）（Illumina 公司）
PfuTurbo Cx 热启动 DNA 聚合酶（Stratagene 公司）
快速连接酶试剂盒（New England Biolabs 公司，M2200S）
SYBR Gold solution（Life Technologies 公司）
TAE 缓冲液（50×）<A>
未甲基化的 cl857 *Sam*7 λ DNA（Promega 公司）

仪器

Bioruptor 非接触式全自动超声破碎仪（Diagenode 公司）
Dark Reader 荧光透射仪（BioExpress 公司）
基因分析仪 Genome Analyzer Ⅱ（Illumina 公司）
PCR 仪
水浴（或加热块）

方法

基因组 DNA 片段化

1．在 0.5mL 反应管中加入 5μg 基因组 DNA 和 25ng 非甲基化的 cl857 *Sam*7 λ DNA。加入 TE 使 DNA 样品的总体积为 100μL。

用 DNeasy Mini Kit 试剂盒提取细胞或组织的基因组 DNA。非甲基化的λ DNA 作为未转化率和测序错误频率的系统误差估算对照。

2．Bioruptor 非接触式全自动超声破碎仪设定超声 30s 后停 30s。
3．输出选择切换到“高”。
4．冰预冷的水装至低于最大装填线 0.5cm。
5．添加约 0.5cm 的冰。
6．将 DNA 样本放入 Bioruptor 。
7．在所有空位置上填满装有 100μL 水的 0.5mL 反应管。
8．将计时器设定为超声 DNA 样品 15min。
9．第一次运行后，将 DNA 样本放入冰内，泵出温水，然后重复步骤 4～8。

DNA 样本经过步骤 2～9 的操作后应剪切成大小为 50～500bp 的片段。对于不同的样本，需要进行超声条件的优化以获得合适的 DNA 片段。

10．按照操作说明，用 MinElute PCR 纯化试剂盒纯化 DNA。用 34μL 的 EB 缓冲液进行洗脱。

基因组DNA末端修复

11．准备50μL的末端修复（即末端补平）反应体系：

柱纯化的基因组DNA	34μL
末端修复缓冲液（10×）（末端DNA修复试剂盒）	5μL
dATP、dGTP和dTTP混合物（2.5mmol/L）	5μL
ATP（10mmol/L）	5μL
End-It enzyme mix (T4 DNA聚合酶和T4 PNK)	1μL

室温孵育45min。

12．按操作说明，用MinElute PCR纯化试剂盒纯化DNA。用32μL的EB缓冲液洗脱纯化柱。

3′端加-A

13．准备以下50μL加尾反应体系：

末端修复的DNA	32μL
NEBuffer 2（10×）	5μL
dATP（1mmol/L）	10μL
Klenow片段（5U/μL）	3μL

在37℃反应30min。

14．按说明用MinElute PCR纯化试剂盒纯化DNA。纯化柱以10μL的EB缓冲液洗脱。

胞嘧啶甲基化衔接子的连接

15．准备以下50μL连接反应：

柱纯化的DNA	10 μL
快速连接缓冲液（2×）	25 μL
胞嘧啶甲基化的衔接子寡核苷酸混合液	10 μL
快速T4 DNA连接酶（1U/μL）	5 μL

在室温下孵育15min。

此过程使用的衔接子与基因组DNA的摩尔比为10∶1（基于超声前定量的5 μg的DNA进行计算）。如果开始时的DNA用量不同，则衔接子的体积需要作相应调整。

16．按照说明，用MinElute PCR纯化试剂盒纯化DNA。纯化柱以40μL的EB缓冲液洗脱。

17．用1× TAE配制50mL的2%琼脂糖凝胶（low-range ultra agarose）。

18．在连接了衔接子的基因组DNA中加入8μL的6×DNA上样染料。

19．在凝胶上样孔中加入10μL的50bp的DNA分子质量标记物。

20．在凝胶的另一泳道的上样孔中加入全部的基因组 DNA 样本，样品和分子质量标记物之间至少要隔一个空泳道。

21．120V电泳，直至染料前沿迁移超过凝胶的2/3。

22．将10μL的10 000×SYBR Gold solution加入100mL的1×TAE缓冲液配制成染液，用于凝胶染色。用铝箔纸覆盖染色皿，室温轻柔摇动15～20min。

23．Dark Reader transilluminator检测凝胶。用干净的手术刀切除大小在150～200bp的条带。

参见“疑难解答”。

24．用 DNA MinElute Gel Extraction Kit 试剂盒纯化 DNA，操作按照使用说明进行。纯化柱以 30μL 的 EB 缓冲液洗脱。

亚硫酸氢盐转化

25．按照方案 1 中的步骤进行 DNA 的亚硫酸氢盐转化。

亚硫酸氢盐转化 DNA 的 PCR 扩增

26．将亚硫酸氢盐转化后的 DNA 均分成三份样品，分别加入 15μL 的 EB 缓冲液中。加入下列试剂，设立三个独立的扩增反应：

PfuTurbo 反应缓冲液（10×）	5μL
dNTP（2.5mmol/L）	4μL
PCR 引物 PE 1.1	1μL
PCR 引物 PE 2.1	1μL
蒸馏水	23μL
PfuTurbo CX 热启动 DNA 聚合酶（2.5 U/μL）	1μL

各占 1/3 的亚硫酸氢盐转换后的 DNA 样品被用来创建一个放大的文库；即步骤 25 中转化获得的 DNA 制备出三个库。此步骤中，扩增循环数较低，能够降低 PCR 放大导致的克隆读取错误率。

27．PCR 反应循环程序如下：

循环次数	变性	复性	聚合
1	95℃，2min		
2	98℃，45s	60℃，30s	72℃，4min
3、4、5	98℃，15s	60℃，30s	72℃，4min
末循环			72℃，10min
保持在 4℃			

28．当隔热盖温度升到 95℃时，将三个反应管（步骤 26）放置到 PCR 仪中开始运行。

29．按照使用说明，用 MinElute PCR 纯化试剂盒纯化每个扩增得到的 DNA 样本。纯化柱以 40μL 的 EB 缓冲液洗脱 DNA。

30．按步骤 17～24 中所描述的，用凝胶纯化 PCR 产物。

参见“疑难解答”。

文库验证

31．确定凝胶纯化的 DNA 在 260nm 和 280nm 处的吸光值。理想情况下，OD_{260}/OD_{280} 的比值应该是 1.8 左右。

32．通过 2%琼脂糖凝胶电泳再次确认纯化 DNA 样品的分子质量大小和浓度。

Solexa 测序和数据分析

33．用 Illumina Genome Analyzer Ⅱ进行文库测序，操作按照操作手册进行。“单读”（Single-read）测序分析可以进行多达 87 次循环，获得较长序列，能够进行更准确的人基因组序列映射。

34．对 Illumina 标准通道的读取数据进行预处理，去除低质量的碱基和衔接子，并用胸腺嘧啶替代所有的胞嘧啶。

35．将所的读取序列数据与两个计算转换的参考基因组序列进行比对。其中之一的胞嘧啶被胸腺嘧啶取代；另一个是腺嘌呤取代了鸟嘌呤。

36．将被胸腺嘧啶取代的胞嘧啶重新加入对比后的读取数据中以确定发生甲基化的胞嘧啶。

疑难解答

问题（步骤 23）：超声后的 DNA 分子太大。

解决方案：延长超声时间。

问题（步骤 30）：PCR 扩增后没有 PCR 产物（由于超声过程过热导致 DNA 降解）。

解决方案：任何时候都要保持样品冷却。

问题（步骤 30）：PCR 扩增后没有 PCR 产物（DNA 由于亚硫酸氢钠处理而降解）。

解决方案：减少亚硫酸氢盐转化的反应时间。

问题（步骤 30）：PCR 扩增后没有 PCR 产物（衔接子连接不成功）。

解决方案：调整衔接子与基因组 DNA 的比例，以获得最佳的连接反应，并延长连接反应时间。

问题（步骤 30）：PCR 扩增后没有 PCR 产物（末端修复和加 3′-A 的效率低）。

解决方案：延长反应时间。

参考文献

Lister R, Pelizzola M, Dowen RH, Hawkins RD, Hon G, Tonti-Filippini J, Nery JR, Lee L, Ye Z, Ngo QM, et al. 2009. Human DNA methylomes at base resolution show widespread epigenomic differences. *Nature* **462**: 315–322.

Meissner A, Mikkelsen TS, Gu H, Wernig M, Hanna J, Sivachenko A, Zhang X, Bernstein BE, Nusbaum C, Jaffe DB, et al. 2008. Genome-scale DNA methylation maps of pluripotent and differentiated cells. *Nature* **454**: 766–770.

Popp C, Dean W, Feng S, Cokus SJ, Andrews S, Pellegrini M, Jacobsen SE, Reik W. 2010. Genome-wide erasure of DNA methylation in mouse primordial germ cells is affected by AID deficiency. *Nature* **463**: 1101–1105.

信息栏

用于确定哺乳动物基因启动子区和编码区中 CpG 岛的公共软件

互联网上提供的一些免费程序能够使我们更方便地识别基因组中的 CpG 岛。表 1 列出了其中的部分程序。这里，我们简单地描述了两种较为常用的预测 CpG 岛（CGIS）的计算方法。

“CpG 簇（CpGcluster）”的 CpG 岛预测

源代码（perl）见 http://www.biomedcentral.com/content/supplementary/1471-2105-7-446-S7.zip。

“CpG 簇（CpGcluster）”是一个快速有效的算法，只使用整数算法预测那些统计学显著的 CpG 二核苷酸簇。该算法所预测的 CGI 的开始和结束序列都是 CpG 二核苷酸，这与其基于 CpG 二核苷酸的基因组功能相对应。CpGcluster 程序唯一需要的搜索参数是连续两个 CpG 之间的距离；而不需要 G+C 的丰度、CpG 分数、长度阈值等在其他搜索程序中常常用到的 CpG 岛统计学特征参数。这些参数可能会使 CpGcluster 预测结果具有较高的特异性，并降低与散在 Alu 元件间的重叠（Hackenberg et al. 2006, 2010）。

表 1　CpG 岛的鉴定程序

组织	网址	可用性	操作系统的兼容性	浏览器兼容性
European Bioinformatics Institute EMBOSS CpG Plot/ Report/Isochore	http://www.ebi.ac.uk/Tools/ emboss/cpgplot/index.html	免费（在线）		
University of Southern California CpG Island Searcher	http://cpgislands.usc.edu/	免费（在线）	Mac 或 Windows	IE
University of Lyon CpGProD	http://pbil.univ-lyon1.fr/ software/cpgprod_query.html	免费（在线）	Mac 或 Windows	
Iowa State University Finding CpG Islands	http://deepc2.psi.iastate.edu/aat/ mavg/cg.html	免费（在线或下载）	Mac 或 Windows	
Hong Kong University CpG Island Explorer	http://bioinfo.hku.hk/cpgieintro. html	免费（下载）	Mac, Windows, Linux, UNIX	
UHN Microarray Centrea[a] Human CpG Island Database	http://data.microarrays.ca/cpg/ index.htm	免费（在线）		
Bioinformatics Sequence Manipulation Suite	http://www.bioinformatics.org/ sms/	免费（在线）	Mac 或 Windows	Firefox, Safari, Netscape, IE
NCBI QUMA	http://quma.cdb.riken.jp/	免费（在线）	Mac 或 Windows	Firefox, Safari, Netscape, IE
Gregor Mendel Institute CyMATE	http://www.gmi.oeaw.ac.at/en/ cymate-index/	免费（在线）	Mac 或 Windows	
CpG PatternFinderb[b]			Windows	
CpG Analyzerb[b]			Windows	

a．能找到此软件的网站，但该程序不允许访问。

b．尽管有文章引用这两个程序，但未找到相应的程序。

基于 HMM 模型的 CpG 岛预测

该软件的网址为 http://rafalab.jhsph.edu/CGI/index.html。Irizarry 实验室开发的 CpG 岛的预测软件（make-CGI）以隐马尔可夫模型（HMM）为基础，建立了 30 个物种的基因组 HMM 模型。其相关结果可查阅加州圣塔克鲁兹大学（University of California Santa Cruz）的基因组浏览器(http://genome.ucsc.edu/ goldenPath/customTracks/cust-Tracks.html#Multi)。他们的研究结果支持一个新观点：DNA 甲基化在物种多样性和进化中发挥作用。CpG 岛和非 CpG 岛中“观察到的 CpG 残基”与“预期 CpG 残基”的比例（observed to expected ratio，O/E）沿着进化线分离，在更复杂的动物群体中二者都表现为显著丢失；但在 CpG 岛和非 CpG 导之间保持近乎恒定的 O/E 比例差异。一些物种的 CGI 列表可在 http://www.rafalab.org（Irizarry et al. 2009; Wu et al. 2010）中查到。

参考文献

Hackenberg M, Previti C, Luque-Escamilla PL, Carpena P, Martinez-Aroza J, Oliver JL. 2006. CpGcluster: A distance-based algorithm for CpG-island detection. *BMC Bioinformatics* 7: 446. doi: 10.1186/1471-2105-7-446.

Hackenberg M, Barturen G, Carpena P, Luque-Escamilla PL, Previti C, Oliver JL. 2010. Prediction of CpG-island function: CpG clustering vs. sliding-window methods. *BMC Genomics* 11: 327. doi: 10.1186/1471-2164-11-327.

Irizarry RA, Wu H, Feinberg AP. 2009. A species-generalized probabilistic model-based definition of CpG islands. *Mamm Genome* 20: 674–680.

Wu H, Caffo B, Jaffee HA, Irizarry RA, Feinberg AP. 2010. Redefining CpG islands using hidden Markov models. *Biostatistics* 11: 499–514.

网络资源

CpGcluster CpG island prediction http://www.biomedcentral.com/content/supplementary/1471-2105-7-446-S7.zip

HMM Model-Based CpG island prediction http://rafalab.jhsph.edu/CGI/index.html

Rafael Irizarry research page http://www.rafalab.org

亚硫酸氢盐测序和 MS-PCR 方案中用于扩增亚硫酸氢盐转化产物的引物设计

无论是亚硫酸氢盐测序法（方案 1）还是 MS-PCR 法（方案 2），都需要 PCR 引物对亚硫酸氢钠处理过的基因组 DNA 进行扩增。亚硫酸氢盐测序法使用一对引物同时扩增甲基化和非甲基化位点。MS-PCR 法则使用两个不同的引物对，分别对未甲基化或甲基化区域进行选择性地扩增。我们强烈建议用巢式 PCR 进行亚硫酸氢盐测序，以提高扩增的成功率并增加对被分析的基因组区域的特异性。通常情况下，如果只分析几个位点，可以使用下列的引物设计步骤；如果需要设计多个基因位点的引物，则选用表 2 列举的程序。

1. 将感兴趣的核苷酸序列剪切并粘贴到 Word 文档中。
2. 标记核苷酸序列中的 CpG 岛。
3. 将所有的胞嘧啶（C）更换为胸腺嘧啶（T）。
4. 对于亚硫酸氢盐测序，设计两套长度至少为 20 个核苷酸的巢式引物。所设计的引物不能与 CpG 二核苷酸序列重叠，否则这些引物无法正确地与亚硫酸氢盐转化后的 DNA 复性。

表 2 多个基因位点的引物的设计方案

组织	网址	可用性	MSP 或 BSP
Institute of Enzymology BiSearch	http://bisearch.enzim.hu/	免费（在线）	Both
Urogene MethPrimer	http://www.urogene.org/methprimer/index1.html	免费（在线）	Both
Sequenom EpiDesigner Beta	http://www.epidesigner.com/	免费（在线）	BSP
Ghent University methBLAST	http://medgen.ugent.be/methBLAST/	免费（在线）	Both
Ghent University MethPrimerDB	http://medgen.ugent.be/methprimerdb/index.php	免费（在线）	Both
Murdoch Children's Research Institute PerlPrimer	http://perlprimer.sourceforge.net/	免费（在线）	BSP
Applied Biosytems Methyl Primer Express 1.0	https://products.appliedbiosystems.com/ab/en/US/adirect/ab?cmd=catNavigate2&catID=602121&tab=Overview	免费（在线）	Both
University of Helsinki FastPCR	http://www.biocenter.helsinki.fi/bi/Programs/fastpcr.htm	免费（在线）	BSP
Chang Bioscience Primo MSP 3.4	http://www.changbioscience.com/primo/primom.html	免费（在线）	MSP

高通量亚硫酸氢盐深度测序数据的处理

高通量深度测序生成亿万字节的序列数据。深度测序技术是快速、可靠并相对经济的全基因组信息检测平台。如果分辨率足够高，甚至能够提供单个核苷酸的信息。但该技术的数据重复性还有待提高，数据分析费用也十分昂贵。因此，如果研究项目仅需要小规模、低解析度的序列信息，就无需使用高通量深度测序法。此外，由于缺乏有效的数据管理通用软件，对其获得的亿万数据的加工分析极其困难。表 3 介绍了一些常用的用于深度测序数据分析、比对、组合和可视化的软件程序。

迄今为止，尚没有对深度测序法得到的高通量全基因组数据进行分析的标准方法；因此开发一个统一的数据分析和管理流程及应用系统非常重要。标准化数据分析系统的建立对于重复分析源于不同实验室的全基因组 DNA 甲基化数据十分必要。为满足高通量深度测序技术提出的挑战，美国国家生物技术信息中心（National Center for Biotechnology Information, NCBI）已启动了这方面的工作，创建了一个称为序列数据存档（Sequence Read Archive, SRA）的门户网站。SRA 提供了一个短读测序数据的中央存储库，并提供链接到其他参考序列或使用这些数据的资源。它还能够进行基于辅助信息和序列比较的检索。此外，还建立了用户交互提交和检索平台。

表 3　不同的全基因组高通量深度测序 DNA 甲基化研究中使用的数据和统计分析方法汇总

测序平台	研究目标	测序数据分析和统计分析方法	参考文献
Roche/454	乳腺癌患者组织和血清中的全基因组 DNA 甲基化分析	本研究通过 MethylMapper 对测序数据和亚硫酸氢盐诱变的效率进行了分析。该研究还对数据集进行了检测，以确保每次扩增和每个患者的结果的代表性。进行 t 检验和判别分析以判断癌症样本与非癌症样本扩增产物之间是否存在显著改变。所有的统计分析使用 SAS（SAS Institute）和 R（R Foundation for Statistical Computing）软件	Bormann et al. 2010
	精子和女性白细胞的全基因组 CpG 岛的甲基化分析	首先通过数据预处理去除所有序列中的衔接子序列，然后使用 VerJInxer 软件（可在 http://verjinxer.googlecoe.com 获得）对其余序列进行映射。为进行 CpG 岛富含片段的映射，通过 UCSC 浏览器从 Repeat Masked human genome reference sequence 提取 CpG 岛序列并对其进行定义，从而获得 CpG 岛参考序列	Zeschnigk et al. 2009
ABI SOLiD	评估 SOLiD 在对大且复杂的基因组进行亚硫酸氢盐测序时的效用	首先，创建两个参考基因组：未经亚硫酸氢盐转化的参考基因组和用 T 取代 DH10B 基因组 DNA 链中所有的 C 的亚硫酸氢盐转化参考基因组。然后使用 SOLiD 系统的分析工具 SOLiD System Analysis Pipeline Tool（http://solidsoftwaretools.com/gf/ project/corona/ ）将测序获得的读取序列分别与亚硫酸盐转换的参考基因组和正常 DH10B 基因组进行比对，每次读取中最多允许有 5 个错配	Lister et al. 2008
	发现 Methyl-MAPS 方法，能够检测全基因组的非重复 DNA 序列和重复 DNA 序列的甲基化状态	使用 SOLiD 系统的分析工具（http://solidsoftwaretools.com/gf/project/corona/）进行初始标签序列的映射。配对末端标签则各自映射到相应的颜色相同的区段，每 25bp 最多允许出现 2 个不匹配，作为参考序列的人 hg18 序列从 UCSC 基因组浏览器获得。一个自定义的 Perl 脚本被用于进一步确定序列中的甲基化与非甲基化区域。CpG 岛，RepeatMasker，RefSeq 基因数据都从 UCSC 基因组浏览器下载。每个 CpG 岛根据它的基因组位置进行注释。距基因转录起始位点 1kb 以内的被定义为启动子岛	Edwards et al. 2010
Illumina / Solexa	多能干细胞和分化的细胞的全基因组 DNA 甲基化分析	用标准 Illumina base-calling software 和客户计算系统对亚硫酸盐转化文库测序的结果进行分析	Meissner et al. 2008
	拟南芥（*Arabidopsis*）单碱基分辨率的 DNA 甲基化谱	通过 Illumina Firecrest 和 Bustard 应用程序从图像文件提取序列信息，而后用 Illumina ELAND 算法将其映射定位到拟南芥（COL-0）的参考基因组序列（TAIR 7）中。读取的数据分别映射定位到亚硫酸氢盐转化后的基因组序列和未转化的基因组序列。能被对齐到三个基因组中的多个位置的读取数据通过 cross_match 算法与未转换的基因组对齐。要确定是否存在甲基化胞嘧啶，需要综合二项分布(binomial distribution)、测序深度（read depth）和预先计算获得的亚硫酸氢盐转换失败及测序错误造成的错误概率来确定每个碱基位点的显著性阈值。甲基胞嘧啶数据一旦低于某位点的甲基化所需的最低阈值，则判为未甲基化。这种方法能够保证不超过 5%的甲基胞嘧啶假阳性。研究人员还开发了一个称为 Anno-J 的基于网络的基因组数据可视化开源应用程序	Ruike et al. 2010
	人类 DNA 甲基化的单碱基分析	MethylC 序列测序数据通过 Illumina 的分析系统进行加工，FastQ 格式的读取数据通过 Bowtie alignment algorithm46 对齐到人参考基因组（hg18）。每条链上的每个参考位置的基础数据用来确定甲基化胞嘧啶的存在，其错误发现率为 1%	Lister et al. 2009

转载得到了 Gupta 等的许可（Gupta et al. 2010）

参考文献

Bormann Chung CA, Boyd VL, McKernan KJ, Fu Y, Monighetti C, Peckham HE, Barker M. 2010. Whole methylome analysis by ultra-deep sequencing using two-base encoding. *PLoS ONE* 5: e9320. doi: 10.1371/journal.pone.0009320.

Edwards JR, O'Donnell AH, Rollins RA, Peckham HE, Lee C, Milekic MH, Chanrion B, Fu Y, Su T, Hibshoosh H, et al. 2010. Chromatin and sequence features that define the fine and gross structure of genomic methylation patterns. *Genome Res* 20: 972–980.

Gupta R, Nagarajan A, Wajapeyee N. 2010. Advances in genome-wide DNA methylation analysis. *BioTechniques* 49: iii–xii.

Lister R, O'Malley RC, Tonti-Filippini J, Gregory BD, Berry CC, Millar AH, Ecker JR. 2008. Highly integrated single-base resolution maps of the epigenome in *Arabidopsis*. *Cell* 133: 523–536.

Lister R, Pelizzola M, Dowen RH, Hawkins RD, Hon G, Tonti-Filippini J, Nery JR, Lee L, Ye Z, Ngo QM, et al. 2009. Human DNA methylomes at base resolution show widespread epigenomic differences. *Nature* 462: 315–322.

Meissner A, Mikkelsen TS, Gu H, Wernig M, Hanna J, Sivachenko A, Zhang X, Bernstein BE, Nusbaum C, Jaffe DB, et al. 2008. Genome-scale DNA methylation maps of pluripotent and differentiated cells. *Nature* 454: 766–770.

Ruike Y, Imanaka Y, Sato F, Shimizu K, Tsujimoto G. 2010. Genome-wide analysis of aberrant methylation in human breast cancer cells using methyl-DNA immunoprecipitation combined with high-throughput sequencing. *BMC Genomics* 11: 137. doi: 10.1186/1471-2164-11-137.

Zeschnigk M, Martin M, Betzl G, Kalbe A, Sirsch C, Buiting K, Gross S, Fritzilas E, Frey B, Rahmann S, et al. 2009. Massive parallel bisulfite sequencing of CG-rich DNA fragments reveals that methylation of many X-chromosomal CpG islands in female blood DNA is incomplete. *Hum Mol Genet* 18: 1439–1448.

网络资源

SOLiD System Analysis Pipeline Tool http://solidsoftwaretools.com/gf/project/corona/

VerJInxer software http://verjinxer.googlecode.com

（宋 宜 译，赵志虎 校）

第 13 章 标记的 DNA 探针、RNA 探针和寡核苷酸探针的制备

导言

方案

信息栏

导　言

标记的核酸和寡核苷酸作为试剂或探针在分子克隆中的应用。

- 标记的克隆化 DNA 片段和特定长度的寡核苷酸片段可作为试剂用于分析 RNA，包括用 S1 核酸酶消化、RNA 酶保护和引物延伸。在这些实验中，标记试剂可形成不同分子质量的产物，能利用多种方法进行检测，其中凝胶电泳结合放射自显影法或光成像为最常见的方法。标记的 DNA 和 RNA 也可用作凝胶电泳的分子质量标志物。
- 标记的 DNA、RNA、LNA 和寡核苷酸探针可用于各种杂交技术以定位和结合 DNA 及 RNA 的互补序列。这些技术包括 Southern、Northern 分析和原位杂交。

上述应用的成功与否完全取决于通过各种酶法，如末端标记法、随机引物法、切口平移法、体外转录法和各种聚合酶链反应（PCR），将标记物顺利地引入核酸或寡核苷酸。一些方法可将标记物引入核酸分子中的特定位置（如 5′端或 3′端），或在核酸分子内多个位点标记；可获得标记的单链分子，亦可标记双链核酸分子；可合成固定长度的探针，亦可合成不同分子质量的标记分子群体。表 13-1 列出了标记核酸方法的种类，以指导研究者选择适合自己当前工作的方法。

表 13-1　体外标记核酸的方法

材料	方法	酶	探针类型	标记的位置	探针的长度	用途	放射性标记的比活性	可否非放射性标记	方案编号
DNA	随机引物法	Klenow	双链 DNA	内部	400～600 核苷酸	Southern 和 Northern 杂交	5×10^{8}～5×10^{9} dpm/μg	是	1，2
	切口平移	DNA 酶 I +DNA 聚合酶 I	双链 DNA	内部	约 400 核苷酸	Southern 和 Northern 杂交、原位杂交	5×10^{8}～5×10^{9} dpm/μg	是	3
	PCR	热稳定的 DNA 聚合酶（如 *Taq*）	单链或双链 DNA	内部	取决于引物的位置；产生固定长度的探针	S1 核酸酶作图 Southern 和 Northern 杂交	约 1×10^{9}～2×10^{9} dpm/μg	是	4
	引物延伸	T4 多聚核苷酸激酶	单链 DNA	内部	限制性酶消化后产生固定长度的探针	S1 核酸酶作图 Southern 和 Northern 杂交	约 1×10^{9} dpm/μg	否	第 6 章，方案 16
	体外转录	DNA 依赖的 RNA 聚合酶（如 T3、T7 或 SP6）	单链 RNA	内部	产生与模板等量的、固定长度的探针	RNA 酶保护 Southern 和 Northern 杂交、原位杂交	约 1×10^{9} dpm/μg	是	5（也见第 6 章方案 17）
	加核苷酸至 3′凹端	Klenow	双链 DNA	3′端	产生与模板近似等量的、固定长度的探针	S1 核酸酶作图 RNA 酶保护 引物延伸 分子质量标志物	约 1×10^{8}～-2×10^{8} dpm/μg	是	8
RNA	5′端磷酸化	T4 多核苷酸激酶	双链 DNA	5′端	产生与模板等量的、固定长度的探针	S1 核酸酶作图 RNA 酶保护 引物延伸 分子质量标志物	约 1×10^{8}～2×10^{8} dpm/μg	否	9，10，11
	随机引物	反转录酶 Klenow	单链 DNA 或 DNA-RNA 杂交体	内部	约 400～600 核苷酸	差异筛选	约 1×10^{9} dpm/μg	否	6，7
寡核苷酸或 LNA	5′端磷酸化	T4 多聚核苷酸激酶	单链 DNA	5′端	与寡核苷酸等量的、固定长度的探针	Southern 和 Northern 杂交	约 1×10^{8}～4×10^{8} dpm/μg	否	12
	加核苷酸至 3′端	末端脱氧核苷酸转移酶	单链 DNA	3′端	产生与模板近似等量的、固定长度的探针	Southern 和 Northern 杂交	3×10^{10} dpm/μg	是	13
	引物延伸	Klenow	双链 DNA 双链随后必须分离	内部	产生与模板近似等价的、固定长度的探针	Southern 和 Northern 杂交	2×10^{10} dpm/μg	否	14（也见第 6 章，方案 18）

核酸的放射性和非放射性标记

在常规的体外放射性标记中，放射性同位素——通常为 ^{32}P，通过取代非放射性同系物而掺入探针的天然结构中。在DNA和寡核苷酸的5′端标记反应中，[γ-^{32}P] ATP用于提供 ^{32}P 的来源，利用大肠杆菌T4多核苷酸激酶将 ^{32}P 转移至5′脱氧核苷三磷酸（dNTP）。这种磷酸化反应导致一个核酸分子中掺入一个 ^{32}P 原子。[α-^{32}P] dNTP的放射性衍生物在内标记法中用于替代反应中的非放射性标记物，这类反应在1个 ^{32}P dNTP和3个未标记的dNTP的存在下进行，使一个核酸分子中掺入多个 ^{32}P 原子。应用其中一种内标记酶法，如随机引物或引物延伸[用大肠杆菌DNA聚合酶I的Klenow片段（Pol I）]、切口平移（用DNA酶I和DNA聚合酶I）、PCR（用热稳定的DNA聚合酶如*Taq*）和体外转录（用噬菌体DNA依赖的RNA聚合酶），可将放射性核苷酸掺入核酸分子。这样，应用大肠杆菌DNA聚合酶的Klenow片段，将一个或多个放射性标记的[α-^{32}P] dNTP加至DNA 3′凹端而使之被标记，而应用末端脱氧核苷酸转移酶（TdT）催化非模板指导的核苷酸掺入单链DNA（ssDNA）的3′羟基端，可使寡核苷酸的3′端被标记。

与放射性标记法不同的是，非放射性标记法将核酸分子中非正常存在的化学基团或化合物作为掺入物。非放射性标记物可通过光化学法或合成反应（见综述，Kricka 1992; Mansfield et al. 1995）掺入探针，用于放射性标记的酶反应（如随机引物法、切口平移法、体外转录法）是将标记的核苷酸掺入探针的更常用的方法。然而，以下详细描述的方法不同于放射性标记，5′端的非放射性标记不能通过酶反应完成。与目标核酸杂交后，探针中修饰的基团可通过适当的指示系统检测。

选择标记物：放射性或非放射性？

放射性探针的主要优点是其高敏感性，主要的缺陷是使用有害的放射性同位素。^{32}P 衰变释放的高能量β粒子对于操作者的辐射可能很显著。近年来涉及同位素的文字工作，以及检测放射性物质的使用和处理所需的仪器设备量剧增。毫不奇怪，同位素现已成为一个负担。此外，储存和处理低水平的放射性废物所面临的实际及政治问题日益严峻，而且还在进一步加剧。在实际操作中亦存在不便，例如，实验必须根据放射性标记物到达的时间安排。

非放射性方法的优点在于可更快地获得结果、探针更稳定、成本更低。然而，选择非放射性检测方法不是一件轻松的事——市场上可供选择的非放射性检测试剂盒数量过多，尚有更多的产品随时出现。对于厂商声称的产品的敏感性和信噪比应当持谨慎态度。许多结果是根据理想条件下的实验获得的，这些条件对于缺乏经验的研究者在杂乱无序的实验室中则很难迅速或容易地得到重复，因此信噪比常常高于广告的宣传，初学者可能很难获得与传统放射性标记物敏感性相近的结果。许多试剂盒价格昂贵，只有对自己当前工作条件进行优化后，应用非放射性检测方法才划算。

在选择放射性或非放射性标记物时，或许需要考虑的主要因素是拟进行的实验类型。对于某些技术来说，放射性标记物的应用仍是主要的标记方法。例如，差异显示、消减杂交和应用S1核酸酶的RNA分析、RNA酶保护或引物延伸几乎专一性地依赖放射性标记的探针（见第6章）。在这些方法中，放射性标记产物首先通过凝胶电泳分离，然后通过放射性自显影或光成像检测。然而，值得注意的是，相应的非放射性改良方法已有报道（如Turnbow and Garner 1993; Chan et al. 1996）。

对于各种Southern和Northern杂交技术（分别见第2章和第6章），研究者可选择应用放射性标记物还是非放射性标记物。^{32}P 标记的探针敏感性高，能检测微量的、固相化的目标 DNA（<1pg），但也存在半衰期短（14.3 天）和不能用于高分辨率成像的缺点。非放射性探针有几个优点：比放射化学技术危害小、成本低，而且半衰期和储存期更长，杂交检测时比放射性探针更快。

目前，仅原位杂交技术专一性依赖非放射性标记的探针。传统检测组织中信使 RNA（mRNA）的原位杂交是用 ^{3}H 或 ^{35}S 标记的探针与切片材料进行杂交，这些探针需要用胶片感光乳剂覆盖于切片以检测信号。除产生放射性探针相关的固有问题，如安全和有限的储存期外，放射性衰减产生的散射极大地限制了该技术的空间分辨率。高敏感性非放射性标记探针的发展已使原位杂交可直接在完整胚胎、组织和荧光原位杂交（FISH）中应用，在单一细胞中显示难以置信的高分辨率。

本章中的方案提供了放射性标记探针的详细制备方法。若可应用非放射性方法，非放射性探针合成的材料和步骤也在该方案中描述。

非放射性检测系统的类型

间接检测系统

20 世纪 80 年代发展起来的第一个非放射性同位素检测方法是在用二硝基苯酚（Keller et al. 1988）、溴脱氧尿苷（Traincard et al. 1983）或生物素（Langer et al. 1981; Chu and Orgel 1985; Reisfeld et al. 1987）标记核酸探针的基础上建立的。而正是生物素为这些原型系统提供了最耐用及最敏感的复合物，迄今仍是最常用的非放射性标记技术之一。杂交后，生物素化的探针通过与报告酶（通常为碱性磷酸酶）标记的链霉抗生物素蛋白相互作用而加以检测。然后，膜暴露于一种能水解呈色、发射荧光或化学发光底物的酶。该系统的敏感性是由于酶能迅速地将底物转换为呈色或在特定波长下发射可见光或 UV 光的产物。产物的分布和强度对应于靶序列在膜上的空间分布和浓度。

由于报告酶并非直接结合于探针，而是通过桥联反应结合（在此例中为链霉抗生物素蛋白-生物素），因而这类非放射性检测系统被称为间接系统。目前许多商品化试剂盒仍依赖于间接检测系统，它们是最初的生物素：链霉抗生物素蛋白：报告酶方法精心改进后的产物。现在多数商品化的试剂盒采用生物素化的核酸（如生物素-11-dUTP、生物素-12-dUTP 或生物素-16-dUTP）（UTP 为三磷酸尿苷）作为标记试剂，生物素部分通过一条 11～16 碳原子的间隔基与核酸结合，这样就减少了生物素化核酸探针在合成及检测中形成空间位阻的可能性。大多数情况下，生物素化的探针作用良好，不会发生问题。然而，由于生物素（维生素 H）普遍存在于哺乳动物组织，生物素化的探针倾向于牢固地附着于某些类型的尼龙膜，进行原位杂交、Northern 杂交和 Southern 杂交时本底较高。为避免这些问题，探针的标记可改用具有如下特征的化合物：①对于各种类型的膜均具有低亲和性；②在自然情况下，不存在于哺乳动物组织。洋地黄类植物专一合成的复合物（Hegnauer 1971）——强心苷 DIG（DIG）（Pataki et al. 1953）恰好满足了以上两个标准（图 13-1）。

与生物素类似，DIG 也能通过化学方法偶联于接头和核苷酸，亦可通过标准的酶学方法将 DIG 标记的核苷酸掺入核酸探针。一般来说，这些探针比生物素标记探针的本底低得多。DIG 标记的杂交体可采用与报告酶[通常为碱性磷酸酶，较少的情况下采用辣根过氧化物酶（HRP），而β-半乳糖苷酶、黄嘌呤氧化酶或葡萄糖氧化酶则更不常用]偶联的抗 DIG Fab 片段检测（Höltke et al. 1990,1995; Seibl et al. 1990; Kessler 1991）。

图 13-1　紫花洋地黄。（根据 1927 年 Culbreth 图重新绘制）

第三种非放射性标记的探针为荧光素标记的探针（fluorescein-12-UTP 或-dUTP），可通过与碱性磷酸酶偶联的抗荧光素抗体检测。用荧光素、生物素或 DIG 进行核酸的标记均很容易，而且基于荧光素标记的间接系统的敏感性至少与生物素和 DIG 系统相同。三种标记系统均能检测在 Southern 和 Northern 杂交中亚皮克级水平的靶核酸。尽管如此，由于某些不清楚的原因，荧光素标记的间接系统迄今尚未达到与生物素和 DIG 系统相同的接受程度。

用生物素、DIG 或荧光素标记探针的方法

酶学方法

利用生物素化、DIG 化或荧光素化的核苷酸标记 DNA，可借助下述任意一种标准的酶学技术，如随机引物法、切口平移法和 PCR 法（见表 13-1）。通过 SP6、T3 或 T7 RNA 聚合酶催化的体外转录反应可合成标记的 RNA。DNA 探针的 3′端标记可通过 3′端填充反应完成，或通过 TdT 制备寡核苷酸探针。必须注意，与放射性标记不同的是，不能应用酶学法进行 5′端的非放射性标记。寡核苷酸 5′端的非放射性标记是在寡核苷酸合成过程中通过化学法将生物素或 DIG 琥珀酰亚胺酯直接加至 5′端的。大多数寡核苷酸合成公司可提供生物素或 DIG 标记寡核苷酸的服务。

在这些反应中的标记物为修饰的尿嘧啶核苷或脱氧核苷三磷酸，在标记反应中用它们来取代 UTP 或脱氧胸苷三磷酸（dTTP）。常用的修饰核苷酸包括生物素-11-dUTP、生物素-16-dUTP、DIG-11-dUTP 和荧光素-12-dUTP。这些核苷酸名称中，dUTP 前的数字为 dUTP 和标记物之间接头的骨架中碳原子的数目；多数应用中，接头长度 11 为最佳。

生物素、DIG 或荧光素偶联的核苷酸（探针或含有合成探针所需的所有试剂的标记试剂盒）均可从商品化渠道购买。这样的试剂盒由许多厂商提供（如 Ambion 公司、Enzo Life Sciences 公司、PerkinElmer 公司、Roche Applied Science 公司、Thermo Scientific 公司）。值得注意的是，偶联的核苷酸亦可自行合成。例如，可通过化学偶联烯丙胺-dUTP 和生物素或 DIG 的琥珀酰亚胺酯衍生物来合成标记的核苷酸（Henegariu et al. 2000）。

在标记过程中，同掺入效率可被监测以及合成探针最终的比活性容易计算的[^{32}P]NTP

或[^{32}P]dNTP 相比，尚无简单或快捷的方法来监测非同位素标记反应的进程或计算其标记效率。对于生物素和 DIG 标记的探针，据厂家介绍，探针中不超过 30%～35%的胸苷残基被标记的尿苷残基取代（见文献，Gebeyehu et al. 1987; Lanzillo 1990）。较高水平的置换可引起靶序列检测的敏感性降低，这可能是由于杂交步骤中紧密排列的加合物之间的空间位阻所致。然而，由于缺乏有效的监测系统，非放射性探针的合成仍然是一个特殊问题。因此，最好设立预反应，在标记反应的过程中，以一定时间间隔取样，在斑点印记或狭线印记中用不同稀释度的靶 DNA 检测标记产物。在掌握标记产物已具有所需的敏感度后，再设计及进行大规模标记反应。

光学标记

生物素和 DIG 可在光化学反应中附着于核酸。这两种标记物均结合于硝基苯叠氮基团，后者经 UV 或强可见光照射可转变为具高度反应性的氮宾（nitrene），能与 DNA 和 RNA 形成稳定的共价键（Forster et al. 1985; Habili et al. 1987）。光化学标记效率远远低于酶学标记：最好的情况下，150 个碱基中仅有 1 个碱基被修饰，产生的探针在哺乳动物 DNA 的 Southern 分析中不足以检测单拷贝序列。然而，新一代的生物素化探针将生物素与一种核苷酸的插入物——补骨脂素（psoralen）结合（如由 Applied Biosystems 公司提供的 BrightStar 补骨脂素-生物素标记的探针）。补骨脂素-生物素部分插入 RNA 内部，通过 UV 照射后可共价偶联。据说这种探针的敏感性比酶学标记的核苷酸高 2～4 倍。

杂交后非放射性标记探针的检测

Southern 和 Northern 杂交

Southern 和 Northern 杂交后，检测用生物素、荧光素或 DIG 标记的探针需要两个步骤。首先将膜暴露于合成的缀合物，该缀合物由报告酶和一个能高度特异性地紧密结合于标记部分的配基组成。对于生物素，大多数检测方法是利用生物素和与酶缀合的链霉抗生物素蛋白之间的高亲和反应。另一种可供选择的程序依赖于特异性单克隆或多克隆的抗生物素抗体。荧光素化的探针或 DIG 探针一般通过与特异性的酶偶联抗体的相互反应而被检测，然后再用显色、荧光或化学发光的底物来分析报告酶。

在比色实验中（见文献，Leary et al. 1983; Urdea et al. 1988; Rihn et al. 1995），两种染料组合用于检测已由标记的杂交体捕获的碱性磷酸酶。该酶催化自 BCIP（5-溴-4-氯-3-吲哚磷酸）除去磷酸基团（Horwitz et al. 1966），产生的产物能氧化及二聚化形成二溴二氯靛青。在二聚化反应中产生的还原等价物可将 NBT（四氮唑蓝）（McGadey 1970）还原为不溶性的紫色染料二甲臜（diformazan），从而使标记探针与其靶序列杂交的位点可见（Leary et al. 1983; Chan et al. 1985）。观察结果可通过肉眼分析并记录在常规摄影胶片上。比色检测使用硝酸纤维膜和 PVDF 膜效果良好，但在尼龙膜和荷电的尼龙膜上则略显逊色。遗憾的是，即使是在最佳情况下，比色法仍比其他非同位素检测系统（如化学发光法）的敏感性低两个数量级或更差（Bronstein et al. 1989a; Beck and Köster 1990; Kerkhof 1992; Kricka 1992）。因此，检测哺乳动物基因组单拷贝序列远非比色法能力所及（Düring 1993）。此外，有色沉淀物难以从膜上除去，因而很难甚至不可能进行重新检测。某些情况下，用于剥离沉淀物的程序（50～60℃时用 100%甲酰胺）可溶解膜或大大增加膜的脆性。

碱性磷酸酶的荧光测定可利用 HNPP（2-羟基-3-奈甲酸-2′-苯基-*N*-酰苯胺磷酸盐）进行（Kagiyama et al. 1992）。去磷酸化后，HNPP 在膜上产生荧光沉淀，可被透射仪发出的 290nm 辐射波长激发。利用与常规溴化乙锭染色凝胶相同的照相设定（滤片等），在 509 nm 波长处发射的光可被电荷耦合器件（CCD）相机或宝丽来（Palaroid）胶片捕获。利用 HNPP 的荧光分析较比色分析更敏感，将膜与底物温育 2～10h 后，能检测哺乳动物基因组 DNA

Southern 杂交中的单拷贝序列（Diamandis et al. 1993; Höltke et al. 1995）。荧光素沉淀可通过乙醇洗涤很容易地去除，滤膜在信噪比升高到不可接受的水平之前，还可再进行几轮杂交。

化学发光法利用含 HRP 或碱性磷酸酶（Beck et al. 1989; Bronstein et al. 1989b,c; Schaap et al. 1989）的缀合物检测生物素、荧光素或 DIG 标记的 DNA，是目前最迅速、最灵敏的检测方法。HRP-鲁米诺检测系统（Thorpe and Kricka 1986）现由几家公司提供（如 BioRad 公司、Life Technologies 公司、Sigma-Aldrich 公司）。HRP 在过氧化氢存在下能催化鲁米诺的氧化，产生高反应性的内过氧化物，在分解至基态时发射 425nm 波长的光。范围广泛的化合物包括苯并噻唑、酚、萘酚和芳香胺，能显著增强反应中的发光量（Thorpe and Kricka 1986; Pollard-Knight et al. 1990; Kricka and Ji 1995），这种高达 1000 倍的信号放大增强了 HRP-鲁米诺系统的灵敏度（Whitehead et al. 1983; Hodgson and Jones 1989），达到能检测哺乳类动物 DNA Southern 杂交中单拷贝基因的程度。反应的最初几分钟即能迅速地产生光信号，其后逐渐减弱，1～2h 后即不再能检测到。在理想的情况下，用灰色蓝光敏感的 X 射线胶片曝光 1h 或用预冷的 CCD 照相机可在 Southern 杂交中检测出约 1pg（5×10^{-17} mol/L）靶 DNA（Beck and Köster 1990; Durrant et al. 1990; Kessler 1992）。于 80℃加热可从滤膜上除去探针（Dubitsky et al. 1992）。

许多厂商（如 Applied Biosytems 公司、Life Technologies 公司、Roche Applied Science 公司、Sigma-Aldrich 公司）销售采用基于二氧环乙烷的化学发光底物（如 AMPPD 和 Lumigen-PPD 以及最新的衍生物 CSPD 和 CDP-Star）的碱性磷酸酶检测系统。CDP-Star 是迄今为止最灵敏的化学发光底物之一（Edwards et al. 1994; Höltke et al. 1994），其与 AMPPD 不同之处在于其金刚烷基和苯环中第 5 位携带卤素取代基，这就会抑制 1，2-二氧环乙烷的聚集倾向，并降低热降解引起的本底（Bronstein et al. 1991）。碱性磷酸酶切割 CDP-Star 的磷酸酯，使二氧环乙烷环的热稳定性显著降低，随后因 465nm 的光辐射而分解。尼龙膜（两性或正电荷）通过提供疏水域使信号明显增强（Tizard et al. 1990），化学发光反应中产生的去磷酸化中间体在这些疏水表位整合至前述疏水域，这使中间体得以稳定，并降低其非发光性分解。结果激发的二氧环乙烷阴离子发射光的强度作为辉光开始，强度在几分钟内增加，以后可持续几小时（Martin and Bronstein 1994）。尼龙膜和阴离子之间的疏水相互作用可引起发射光从 477nm 至 466nm 范围内约 10nm 的“蓝移”（blue shift）（Beck and Köster 1990; Bronstein 1990）。

在多数实验情况下，化学发光物在尼龙膜上的延长动力学是有益的，可为多次曝光的影像捕获赢得时间。然而，当碱性磷酸酶激发的化学发光用于检测极低浓度的 DNA、RNA 或蛋白质时，如滤膜上的靶带仅含 10^{-18}mol，慢动力学可能是不利的。在这种情况下，AMPPD 的卤代衍生物如 CSPD 可能是更好的选择。将氯原子加到金刚烷基团第 5 位，可限制其与尼龙膜的相互作用。应用此复合物，达到最大光发射的时间明显减少，因此极小量靶分子亦可被迅速测出（Martin et al. 1991）。

在理想的条件下，可检测到低达 1zmol（10^{-21}mol/L）的碱性磷酸酶或 1×10^{-19}mol 的 DNA 分子（Schapp et al. 1989; Beck and Köster 1990; Bronstein 1990; Kricka 1992）。这意味着当尼龙膜在浅灰色蓝光敏感的 X 射线胶片上曝光约 5min 或用冷 CCD 相机（Höltke et al. 1995）即可检测到哺乳类动物基因组 DNA Southern 杂交中单拷贝基因。在 65℃用 50%甲酰胺处理可除去探针（Dubitsky et al. 1992），尼龙膜则可再用于几轮杂交。

原位杂交

原位杂交的检测方法与用于 Southern 和 Northern 杂交中的方法相似，一般依赖于链霉抗生物素蛋白或特异性抗体检测生物素或 DIG 的比色分析。杂交后，将标本与碱性磷酸酶呈色试剂 NBT 和 BCIP 孵育，然后在明视场显微镜下观察。

在 FISH 分析中，则用荧光染料偶联的检测试剂如链霉抗生物素蛋白或异硫氰酸荧光素（FITC）、罗丹明或得克萨斯红标记的抗生物素或抗 DIG 抗体检测生物素或 DIG 部分，在荧光显微镜下观察。

直接检测系统

这类检测系统中，核酸探针可直接用荧光染料标记，诸如荧光素、得克萨斯红、罗丹明、Cy3 或 Cy5（Agrawal et al. 1986）、镧系元素螯合剂（铕）（Templeton et al. 1991; Dahlén et al. 1994）、吖啶酯（Nelson et al. 1992）或酶[如碱性磷酸酶（Jablonski et al. 1986）或 HRP（Renz and Kurz 1984）]。检测这类共价连接的加合物的存在，可采用包括比色法、化学发光法、生物发光法、时间分辨荧光测定术或能量转移/荧光猝灭等多种技术的任意一种进行。如用加合物特异性的酶-抗体缀合物，可将直接检测法转变成间接检测法。

由于荧光化合物直接标记核酸为自动化 DNA 测序奠定了基础（Smith et al. 1986; Ansorge et al. 1987; Prober et al. 1987），因而使分子生物学发生了革命性的变化（更多的讨论请见第 11 章导言）。当 DNA 在凝胶中时，每个 DNA 分子上的单个荧光加合物即足以被自动 DNA 测序仪测出。ABI 型自动测序仪具有精确区别不同荧光的能力，这意味着所有 4 个测序反应均可在凝胶的单一泳道中分析。然而，直接标记在自动测序中令人瞩目的成功经验仍未能扩展到分子克隆的其他领域。在这些领域中，直接非放射性标记检测方法很少应用的原因包括以下两点。

- 用于酶（如碱性磷酸酶）直接偶联的传统方法需广泛采用柱色谱法、聚丙烯酰胺凝胶电泳和/或高效液相层析法（HPLC），以获得纯化产物（Jablonski et al. 1986; Urdea et al. 1988; Farmar and Castaneda 1991）。虽有商品化试剂盒，但价格昂贵，且产物不纯。更新一些的偶联技术较为简单，但效率略低（Reyes and Cockerell 1993）。

  无论应用何种方法，每一种不同探针都需进行各自的偶联步骤。大分子的酶如碱性磷酸酶一经偶联，则可使探针复性的速率降低，在通常用于核酸复性的条件下可能不稳定。因此，杂交和洗涤需在低温下（通常小于 50℃）及水溶液中进行。在如此非严谨条件下，高本底是不可避免的问题。由于大量带电荷加合物的存在，酶直接标记的探针可非特异性且紧密地结合于某种类型的膜。例如，直接偶联于碱性磷酸酶的寡核苷酸探针在带电荷的尼龙膜上比在中性膜上的本底信号要强得多（Benzinger et al. 1995）。
- 哺乳类动物 DNA Southern 杂交中单拷贝序列的检测与许多直接检测方法的灵敏限度密切相关，除非有专用设备可供使用（Urdea et al. 1988）。例如，荧光加合物的检测需要用一种波长光照射，并在另一种波长下获得数据。因此，信号必须通过电子增强并以数字化储存。

毫不奇怪，正是由于存在这些问题，直接检测技术已经失宠，而间接检测技术已经成为 Southern 和 Northern 杂交中靶核酸定位的主导非放射性检测方法。然而，尽管存在这些问题，用碱性磷酸酶直接标记的探针现仍有商品生产，用于法医学和病理学分析。这些探针的敏感性接近同位素标记的探针（Dimo-Simonin et al. 1992; Klevan et al. 1993; Benzinger et al. 1995）。预计这种标准化的非同位素标记探针在构建大量 DNA 图型（profile）或感染性疾病诊断实验室中的应用将大为增加。

直接检测技术在 FISH 中的应用是一个更普及的领域，这可使杂交反应后探针-靶核酸杂交体在荧光显微镜下能够直接观察。直接荧光标记可通过以下两种方法中的任一种进行：可将荧光染料加至核酸的 5′端或 3′端（Bauman et al. 1980），或在酶标记反应中应用荧光染料缀合的 dNTP（Renz and Kurz 1984）。荧光标记的探针具有优于生物素或 DIG 标记探针的几个优点，包括特异性增强（由于使用的探针更短）和本底信号降低。然而，这些探针产生的信号强度较低，合成的成本较高，这使其在 FISH 中的广泛应用受到影响。

设计寡核苷酸用作探针

寡核苷酸探针的成功与否始于寡核苷酸的设计：①寡核苷酸能与靶核酸特异性杂交；②其物理特性（如长度和 GC 含量）不会对实验方案产生不必要的限制。在几种情况下，研究者对于寡核苷酸的设计无选择的余地。例如，当寡核苷酸作为等位基因特异性探针用于检测特定突变的存在与否时，寡核苷酸的显著特性在很大程度上受到其中突变的特殊序列的限制。 然而，在多数其他情况下，研究者经过对参数（如长度、序列及寡核苷酸碱基的组成）进行精心调整，可提高成功的概率。以下概括的原则可用于寡核苷酸杂交探针设计的优化。

解链温度和杂交温度

理想的寡核苷酸探针应只与其靶序列互补。这种互补的双链应十分稳定，能够耐受杂交后为去除非特异性结合于非靶序列的洗涤步骤。对于长度为 200 个核苷酸或小于 200 个核苷酸的寡核苷酸来说，理想的杂交体解链温度的倒数（T_m^{-1}，用凯氏温度表示）大致与寡核苷酸碱基数 n 的倒数（n^{-1}）呈正比，其中 n 为寡核苷酸的碱基数（见 Gait 1984）。

有几个公式可以计算寡核苷酸引物与互补靶序列形成的杂交体的解链温度。由于这些公式均不够完善，因此选择何种公式主要依个人所好（有关计算解链温度的其他信息，请参阅信息栏“解链温度”）。引物与靶二聚体的解链温度应当用同一公式计算。

可以采用所谓“Wallace 规则”的经验性简便公式（Suggs et al. 1981b; Thein and Wallace 1986）计算在高离子强度的溶液中（如 1 mol/L NaCl 或 6×SSC）长度为 15～20 个核苷酸的理想二聚体的 T_m：

$$T_m/℃ = 2(A + T) + 4(G + C)$$

式中，（$A + T$）是寡核苷酸中 A 残基与 T 残基的数目之和；（$G + C$）则是寡核苷酸中 G 残基与 C 残基的数目之和。

由 Bolton 和 McCarthy（1962）提出、经 Baldino 等（1989）修正的公式较合理地预测了长度在 100 个核苷酸以下、阳离子浓度在 0.5mol/L 以下、（$G + C$）含量为 30%～70%时的寡核苷酸 T_m。该公式亦可补偿寡核苷酸与靶序列碱基的错配。

$$T_m/℃ = 81.5℃ + 16.6(\log_{10}[Na^+]) + 0.41(\%[G + C]) - 675/n - 1.0m$$

式中，n 为寡核苷酸的碱基数目；m 为错配碱基所占的百分率。该公式亦可用于计算已知序列和长度的扩增寡核苷酸产物的解链温度。对于在标准条件下进行的 PCR 扩增，计算扩增产物的 T_m 理论值应当不超过 85℃，从而确保了在变性步骤中双链分子彻底解链分离。请注意，在 PCR 实验中的变性温度被更精确地定义为同源分子群发生不可逆解链时的温度，而不可逆解链时的温度要高于 T_m（例如，$G + C$ 的含量为 50%的 DNA 的变性温度为 92℃）（Wetmur 1991）。

以上两公式均未考虑碱基序列（相对于碱基组成而言）对寡核苷酸 T_m 的影响。如果将邻近碱基的热力学参数计算在内，则可以获得更为准确的 T_m 估算（Breslauer et al. 1986; Freier et al. 1986; Kierzek et al. 1986; Rychlik et al. 1990; Wetmur 1991; Rychlik 1994）。Wetmur（1991）提出的一个相对直接的公式如下：

$$T_m/℃ = (T^0\Delta H^0)/(\Delta H^0 - \Delta G^0 + RT^0 \ln[c]) + 16.6 \log_{10}([Na^+]/\{1.0 + 0.7[Na^+]\}) - 269.3$$

其中

$$\Delta H^0 = \sum_{nn}(N_{nn}\Delta H^0_{nn}) + \Delta H^0_p + \Delta H^0_e$$

$$\Delta G^0 = \sum_{nn}(N_{nn}\Delta G^0_{nn}) + \Delta G^0_i + \Delta G^0_e$$

式中，N_{nn}为最近邻数目（如十四聚体的第13位）；$R = 1.99$cal/mol（凯氏温度）；$T^0 = 298.2$°K；c为总摩尔链浓度；$[Na^+] \leqslant 1$mol/L。

几个热力学项的近似值如下：

平均最近邻焓

$$\Delta H^0_{nn} = -8.0\text{kcal/mol}$$

平均最近邻自由能

$$\Delta G^0_{nn} = -1.6\text{kcal/mol}$$

初始项

$$\Delta G^0_i = +2.2\text{kcal/mol}$$

平均突出端焓

$$\Delta H^0_e = -8.0\text{kcal/mol/末端}$$

平均突出端自由能

$$\Delta G^0_e = -1\text{kcal/mol/末端}$$

平均错配/循环焓

$$\Delta H^0_p = -8.0\text{kcal/mol/错配}$$

注意对每一个错配或循环的N_{nn}应减去2。

用寡核苷酸作为探针时，通常在低于理论T_m 5～12℃的条件下进行杂交，杂交后严格的洗涤是在低于T_m约5℃下进行的。在如此接近理论T_m的条件下进行反应会得到两个结果：①减少了错配杂交体的数量；②降低了特异杂交体形成的速率（这一结果并不需要）。

实际操作中，如果复性是在低于理论T_m值10℃左右进行，那么长度大于200个核苷酸的互补DNA分子间的杂交反应是不可逆的。因为这样长的特异结合的双螺旋体在常规的杂交反应条件下（68℃，约1mol/L $[Na^+]$）解旋的概率很小。但是，短寡核苷酸与其靶序列形成的杂合体（即使是特异结合的杂交体）在低于T_m值5～10℃条件下很容易发生解旋。因此，这类杂交反应被认为是可逆的。这一特点具有重要的实际意义。在杂交反应中，寡核苷酸的浓度要足够高（0.1～1.0pmol/mL），以使复性反应在3～8h内快速达到平衡。而杂交后洗涤应短暂（1～2min），最初在低强度下进行，然后在与杂交条件近似的严格条件下完成（Miyada and Wallace 1987）。

寡核苷酸探针的长度

寡核苷酸越长，对靶序列的特异性则越高。下面的公式常用于计算一条特定序列的核苷酸在基因中出现的可能性（Nei and Li 1979）：

$$K = \frac{[g/2]^{G+C} \times [(1-g)/2]^{A+T}}{N}$$

式中，K为特定核苷酸在基因组中出现频率的预期值；g为序列内G+C的相对含量，G、C、A、T为寡核苷酸中各种核苷酸的数目。在一个长度为N（以核苷酸表示）的双链基因组DNA中，与寡核苷酸互补的碱基位点数（n）应为$n = 2NK$。

用这个公式预测，14～15个核苷酸组成的寡核苷酸在N约为3.0×10^9的哺乳动物基因组中仅出现一次；而对于一个16个碱基的寡核苷酸，在典型的哺乳类互补DNA（cDNA）文库（约10^7复杂度）中含有完全互补于该寡核苷酸的概率仅为1/10。当然，这是以哺乳动物基因组中核苷酸完全随机分布的假设而推测的。然而，事实并非如此。因为在基因中存在密码子偏性（Lathe 1985），而且大部分基因组中存在重复序列和基因家族。正是因为这些因素的影响，即使用长度为20个核苷酸的探针和引物，能够在哺乳动物基因组精确定位的概率也不会超过85%（Bains 1994）。

为尽可能地减少非特异性杂交，建议使用长于统计学计算的最小要求的寡核苷酸。任何与探针杂交的克隆均有可能由目的基因衍生。切记，利用寡核苷酸探针筛选cDNA文库时，所观察到的阳性克隆数与统计学预测的出现频率并无相关性。例如，寡核苷酸匹配的序列恰好是丰度很高的mRNA，此时探针检出的杂交体就会比理论预计值高出许多。因此建议在合成寡核苷酸探针或引物之前，应先仔细浏览DNA数据库，确保拟合成的序列仅存在于所需基因，而不存在于载体、其他基因或重复序列中（见Mitsuhashi et al. 1994）。

很难量化不完全匹配序列杂交的效应，因为不同类型的错配（单个碱基错配、一条链成环、邻近或远距离多点错配）均对双链DNA（dsDNA）的稳定性产生不同的影响。例如，短寡核苷酸（约16个核苷酸）中心部位单碱基错配，仅约7℃的变化就会使杂交体不稳定（Wetmur 1991），随之将在很大程度上减弱杂交信号。另一方面，探针3′端的错配则对杂交信号几乎无影响（Ikuta et al. 1987），但可能严重影响寡核苷酸引导DNA合成的作用。

锁核酸

锁核酸（locked nucleic acid，LNA）是一类核酸衍生物，分子中的核糖的2′氧原子和4′碳原子通过亚甲基桥联而形成环状的特殊构型（参阅综述，Vester and Wengel 2004）。这种锁合结构有利于Watson-Crick最佳结合。当LNA掺入DNA寡核苷酸时，LNA可增加双链产物的稳定性，因而优化了寡核苷酸杂交的特性（如解链温度）。每掺入一个LNA，可使寡核苷酸的T_m值提高2～8℃。由于LNA提高了寡核苷酸的结合亲和力，因此可使用更短的探针。

LNA增强型寡核苷酸于1998年由Wengel及其同事首次合成（Koshkin et al. 1998），现在这种寡核苷酸已用于各种对特异性和敏感性要求过高的杂交分析实验，在原位杂交分析中作为探针亦颇受青睐（Thomsen et al. 2005; Kubota et al. 2006）。相对于DNA寡核苷酸来说，LNA的唯一劣势是成本较高。因此，DNA寡核苷酸仍为大多数研究者广泛接受。

LNA由许多厂商提供（如Exiqon公司、Integrated DNA Technologies公司、Bio-Synthesis Inc公司）。应用标准的DNA合成化学法可合成和掺入LNA碱基，LNA增强型寡核苷酸可通过用于DNA的相同标准方法来纯化和分析。由于LNA∶DNA双链的高亲和力和热稳定性，在一条寡核苷酸中掺入的LNA碱基应不超过15个，因为其可诱导自身杂交；对于各类杂交实验，一般推荐寡核苷酸中用LNA取代4～6个碱基。在寡核苷酸中LNA类似物的定位非常重要。为方便研究者，有几种软件程序可用于LNA的设计。其中应用最广泛的程序是OligoDesign（Tolstrup et al. 2003），可随时进入http://www.exiqon.com/oligo-tools网站使用该程序。OligoDesign软件以通过全基因组BLAST分析识别及过滤靶序列为特征，从而最大限度地减少与非靶序列的交叉杂交。而且该程序还可为预测解链温度、自身复性及LNA取代的寡核苷酸的二级结构，以及靶核苷酸序列的二级结构进行计算。

与DNA寡核苷酸相似的是，LNA寡核苷酸探针可通过酶学法标记5′端或3′端：5′端标记反应用T4多核苷酸激酶在[γ-^{32}P]ATP的存在下进行，而3′端标记则应用末端转移酶和放射性标记物、生物素、DIG或荧光素标记的核苷酸进行。

寡核苷酸简并库

在分子克隆中，常常会遇到这样的情况：对纯化蛋白质测序可得到一段短氨基酸序列。由于遗传密码的简并性，许多寡核苷酸可能编码这一段氨基酸。例如，可编码精氨酸-苯丙氨酸-酪氨酸-丙氨酸-色氨酸-赖氨酸的18个核苷酸就有64种之多。然而，在这些寡核苷酸中，只有一种与目的基因编码序列完全匹配。因为无法预知究竟哪一种寡核苷酸是该基因的真正配对物，只能合成含所有编码可能的寡核苷酸组合库来作为探针。根据氨基酸序列的长度及每一位置的简并核苷酸数，组合库可能含多达数百个寡核苷酸。如果能建立一种杂交条件，使仅有完全匹配的寡核苷酸与目的基因能形成稳定的杂交体，那么目的基因的克隆就能很容易地从基因组或 cDNA 文库中分离出来（见 Goeddel et al. 1980; Agarwal et al. 1981; Sood et al. 1981; Suggs et al. 1981b; Wallace et al. 1981; Toole et al. 1984; Jacobs et al. 1985; Lin et al. 1985）。

简并性寡核苷酸库通常用于筛选一系列候选克隆，然后再从这些克隆中进一步鉴定出真正的靶基因。通常应选用能检测到寡核苷酸库中富含 A/T 序列与其可能的靶序列之间形成完全匹配的杂交体的筛选条件。在此条件下形成的其他稳定杂交体，无论是否完全配对，都将其作为其他候选克隆。

精确计算单一寡核苷酸与其靶序列形成完全互补杂交体的 T_m 值较容易。然而，如果采用寡核苷酸库，其中各自的 G+C 含量又相差甚远，就不可能估算出完全一致的 T_m 值。由于无法得知成套寡核苷酸中究竟哪一个序列将与靶序列完全配对，所以必须采用能使 G+C 含量最低的寡核苷酸可实现有效杂交的条件。通常采用比成套寡核苷酸中 A+T 最丰富的成员的 T_m 计算值低 2℃的杂交条件（Suggs et al. 1981a）。不过，这种“最小公分母”式的条件会导致假阳性结果的出现，因为由 G+C 含量更高的寡核苷酸所形成的错配杂交体可能会比由正确的寡核苷酸所形成的完全配对的杂交体更为稳定。鉴于用成套寡核苷酸筛选 cDNA 文库所获阳性克隆的数目往往可大可小，所以在多数情况下这一问题并不严重。因此，就有可能通过其他试验（如 DNA 序列测定，或用对应于另一段氨基酸序列的第二套寡核苷酸进行杂交）区分假阳性克隆。

烷基季铵盐

当阳性克隆明显过多时，应考虑使用含季铵盐如氯化四乙铵（TEACl）或氯化四甲铵（TMACl）的杂交液（Melchior and von Hippel 1973; Jacobs et al. 1985, 1988; Wood et al. 1985; Gitschier et al. 1986; DiLella and Woo 1987）。季铵盐与富含 A/T 的聚合体结合（Shapiro et al. 1969），能减少 A/T 与 G/C 碱基对解链的差异（Melchior and von Hippel 1973; Riccelli and Benight 1993）。在有 TEACl 或 TMACl 存在的情况下，寡核苷酸与 DNA 杂交体的 T_m 值取决于其长度，而与其碱基组成的关系较小。依据寡核苷酸组合库中核苷酸长度选择适当的杂交温度，可最大限度地降低错配的可能性。

在应用寡核苷酸组合库筛选 cDNA 或基因组文库之前，精确估计含 TEAC1 或 TMAC1 时的 T_m 值十分重要。Jacobs 等（1988）测定了在含钠离子或烷基季铵盐离子溶液中，几种不同 G+C 含量的寡核苷酸探针长度与靶序列形成杂交体的 T_i 值（不可逆解链温度）之间的关系。长度为 16 个和 19 个核苷酸的杂交体在 TMAC1 中比在含钠盐的溶液中解链的温度范围小。例如，16 个核苷酸的寡核苷酸在含 TMAC1 的溶液中解链的温度范围为 3℃，而在 SSC 中为 17℃。

对于一定长度的寡核苷酸链，理想的杂交温度一般选择比该链的 T_i 值低 5℃为宜。17 个核苷酸在 3mol/L TMAC1 中的推荐温度为 48～50℃，19 个核苷酸为 55～57℃，20 个核苷酸为 58～66℃。有两点需要强调：第一，在含 TMAC1 溶液中杂交体的 T_i 值一般高于在含 TEAC1 的溶液中 15～20℃，而在含 TMAC1 的溶液中较高的 T_i 值有助于杂交时抑制固相载体（如尼龙膜）对探针的非特异性吸收；第二，寡核苷酸长度小于 16 个核苷酸时，使用含 TAMC1 的杂交液与含钠离子的杂交液相比无明显优势。

猜测体

猜测体是较长的合成寡核苷酸(通常为 30～75 个核苷酸)，其对应的氨基酸序列为 15～25 个氨基酸残基。由于遗传密码子的简并性，编码这段氨基酸的核苷酸序列可达数千种。

除非设计者有极好的运气，在每一个位置上都恰好选对了密码子，否则猜测体不可能与靶基因完全匹配。但因绝大多数氨基酸密码子仅在第三位有所区别，因此在密码子的三个核苷酸中至少有两个是完全匹配的。此外，可以通过选择特殊物种、细胞器或细胞类型的偏性密码子，将第三位的错配概率降至最低。因此，设计较长序列的猜测体，通过完全匹配碱基延伸片段的稳定性，有可能克服错配带来的不利影响。更详细的内容见信息栏“设计猜测体”。

设计猜测体

- 避免选择在密码子之间产生 CpG 序列的密码子。这种二核苷酸结构在哺乳动物 DNA 中显然不具代表性（Bird 1980），而密码子之间 CpG 的出现频率大约只有预期值的一半（Lathe 1985）。
- 选择在所研究的种属中编码特定氨基酸的常见密码子。基因中密码子相对使用频率比较表已由 Wada 等（1992）发表，或可从网址 http://www.kazusa.or.jp/codon 中检索。
- 切记，偶尔有某些基因家族明显表现出喜用或厌用某些密码子的倾向。例如，组蛋白基因喜用富含 A 和 T 的密码子，酵母中高表达的蛋白质则高度倾向于一组密码子（Bennetzen and Hall 1982），而很少用 UCG 和 UAU 来编码丝氨酸和异亮氨酸（Ogden et al. 1984）。
- 不同的哺乳类动物组织显示不同的密码子使用谱（见 Newgard et al. 1986）。因此，对于任何已克隆的并在同一组织中表达的目的基因，有必要确定其密码子的使用。
- 需要在 C 与 T 作出选择的位置上，如果没有较强的密码子偏性，应选用 T。对于这一规则仍有争议。但有证据显示，rG：rU 碱基对比 rA：rC 碱基对更稳定（Uhlenbeck et al. 1971）。但是，将此推广到 dG：dT 碱基对时（Wu 1972），则既有争议（Smith 1983）又有赞同（Martin et al. 1985）。
- 检查由选定的核苷酸所组成的序列中是否存在会降低杂交效率的内部互补区。尽可能避免选在杂交条件下可能形成稳定双螺旋体的序列。
- 确保寡核苷酸 5′端的位置不含胞嘧啶。由于尚不清楚的原因，寡核苷酸放射性标记的效率取决于其序列（van Houten et al. 1998）。5′端为胞嘧啶的寡核苷酸的标记效率仅为起始部位为 A 或 T 寡核苷酸的 1/4，是以 G 开始的寡核苷酸的标记效率低 1/6 倍。

能保证在模糊位置上选择出正确密码子的规则是不存在的，同样也不可能预计正确地选择多少个密码子才能取得成功。根据数学计算（Lathe 1985），即使在随机的基础上选用所有可能的密码子来设计探针，其与真实基因的同源性至少可望达到 76%；如果根据由统计学得出的目的种属的偏性密码子使用频率来选择可替换的密码子，预期同源性可增至 82%；如果选择缺少亮氨酸、精氨酸和丝氨酸（这三种氨基酸各由 6 个密码子编码）的区域，同源性还可以进一步提高（至 86%）。很明显，随着同源程度的提高，猜测体作为目的基因探针的特异性也更高，所形成的杂交体也能在更广泛的杂交条件下保持稳定。如果用猜测体作为探针，成功地将一个选定的基因分离出来，那么这段基因与相应猜测体序列之间的同源性可能在低至 71%与高达 97%的范围之间。除非密码子的选择十分不走运，否则猜测体与其靶基因的同源性可以设计在这个范围的上限。除总体同源性外，猜测体相邻位置上几个核苷酸完全匹配对于成功同样是十分重要的，已成功的猜测体几乎都含有这样与靶基因完全匹配的区域。尽管无法保证猜测体一定会含有完全匹配序列，但总体同源性的增加能够显著提高其出现的概率。

有时合成由 2～8 个猜测体组成的、囊括在某一氨基酸区域所有可能密码子的一小套寡核苷酸是可行的。当一个密码子简并性很高的氨基酸将肽段分为两段，而每段内可能仅有少数碱基错配时，采用这种有限替代法是非常有用的。通过这种方法，就有可能使猜测体内含有一段能与靶基因连续性完全配对的序列。然而，在使用猜测体的混合物作为探针时，由“正确的”猜测体探针所产生的杂交信号强度会减弱。对于由磷酸化或由凹端补平法标记的猜测体，即使杂交信号减弱至原来的1/8，亦无碍于对目的克隆的识别。

使用猜测体最关键的步骤或许就是选择杂交条件。所选用的温度必须足够高，以抑制探针与错误序列的杂交，但又不可过高，从而不利于正确序列（即使可能为错配）的杂交。因此，在使用寡核苷酸筛选文库之前，可先做一系列实验，在不同严谨程度的条件下进行Northern或基因组Southern杂交（Anderson and Kingston 1983; Wood et al. 1985）。Lathe（1985）提出了一组表示洗涤液温度与探针长度及同源性关系的理论曲线。以这些曲线为指导，可通过在不同温度下用寡核苷酸对一系列硝酸纤维素膜或尼龙膜进行杂交，来确定用于检测探针的互补序列的最适条件。可先在室温下用6×SSC洗涤，然后在杂交所用的温度下用6×SSC短暂洗涤5～10min。此法中杂交和洗涤均在相同的温度及离子强度下进行，结果要比在严谨性较低的条件下杂交和在严谨性较高的条件下洗涤的分辨力更强。如不能做预实验，可按以下方法估算解链温度（T_m）：

1．假定在所有简并位置上都含A或T，计算寡核苷酸的最低G+C含量。

2．根据所得G+C含量，按以下公式计算双链DNA的T_m值：

$$T_m = 81.5℃ + 16.6(\log_{10}[Na^+]) + 0.41(\%[G + C]) - 500/n$$

式中，n为核苷酸数目，$500/n$是由数家实验室测定的双链长度对解链温度影响的结果推导而来的（Hall et al. 1980），此公式仅适用于钠离子浓度等于或小于1.0mol/L时。

3．假设所选的简并密码子无一正确，计算可能出现的最大错配数。每出现1%的错配率，则从计算所得的T_m值中减去1℃，得出的值即为探针与其靶序列形成的错配最多的杂交体的T_m值。

几乎可以肯定，实际T_m值要高于按这种最坏条件计算的T_m值。假设简并性位点上使用的碱基是随机的，那么4个中应有1个是正确的，其中近一半预测为G或C。因此，所观察到的T_m值应大大高于预测值。但是，为了最大限度地减少目的克隆的丢失，最好在低于上述T_m预测值5～10℃的条件下杂交和洗涤。如果在此条件下出现非特异性杂交，则应在更高温度下重新杂交，或在更严格的条件下洗涤。

猜测体在20世纪80年代中期最为流行，此时正是新创建的重组DNA公司想方设法地尝试克隆有商业价值基因的时期，其间获得了许多有价值基因的cDNA及基因组克隆。然而，近年来猜测体已被使用一组过量引物的PCR法所制备的探针取代。这主要是由于基于PCR技术的方法只需要短得多的已知氨基酸序列。而如有足够长的氨基酸序列时，猜测体仍然为首选探针。应用猜测体有相当多成功的经验，且不会出现假象。而应用PCR法时，即使是最好的研究者，也可能获得假阳性结果。

通用碱基

通用碱基可降低氢键的特异性，因而能与模糊位置上的天然碱基配对，而不中断DNA双链。近几年来，首选的通用碱基是嘌呤核苷肌苷，它的中性碱基次黄嘌呤可与胞嘧啶、胸腺嘧啶及腺嘌呤稳定地配对。由于其缺少2位氨基基团，肌苷与胞苷间的碱基配对只有2个氢键（类似A：T碱基对），而不是C：G间的3个氢键（Corfield et al. 1987; Xuan and Weber 1992）。在大多数其他特性上，肌苷类似鸟苷。

- 肌苷天然出现于某些转移RNA（tRNA）的第一位（摇摆位）上，除与胞苷和尿苷配对外，还与腺苷配对。而正常情况下，这些核苷酸是与这一位置上的鸟苷配对的（Crick 1966）。

- 肌苷能够占据反密码子的中间位，并在此与腺苷配对（Davis et al. 1973）。在 B 型 DNA 双螺旋中，肌苷与腺苷间的配对，肌苷采取与呋喃糖部分成反式位，而腺苷则为顺式构象（Corfield et al. 1987）。这种排列形式与鸟苷和腺苷之间形成的错配十分相似（Brown et al. 1986）。
- 聚（rI）及聚（dI）与聚（rC）及聚（dC）之间形成的螺旋结构很稳定，足以用作各种 RNA 和 DNA 聚合酶的模板。酶可以把胞嘧啶掺入到聚合产物中（见综述，Felsenfeld and Miles 1967; Hall et al. 1985）。

含有肌苷的合成寡核苷酸和猜测体组合库已广泛用作杂交探针，以筛选 cDNA 或基因组文库，基于已知的部分氨基酸序列，获得蛋白质的编码基因。尽管肌苷能与其他三种核苷酸形成氢键，但其碱基对的稳定性不如等价含鸟苷的碱基对（Martin et al. 1985）。含肌苷双螺旋体的解链温度依与其配对的同类碱基及周围序列的不同而存在较大差异。与含其他碱基的双螺旋体相反，在最坏的情况下，含肌苷的合成寡核苷酸双螺旋体的解链温度可能会降低 15℃，相当于 2～3kcal/mol 的碱基对稳定性的差别（Martin et al. 1985; Kawase et al. 1986）。虽然这种情况不够理想，但尚有惊人的实验结果：用含肌苷的寡核苷酸已成功地从高度复杂的 cDNA 和基因组文库中克隆到许多基因（Jaye et al. 1983; Ohtsuka et al. 1985; Takahashi et al. 1985; Bray et al. 1986; Nagata et al. 1986）。

当设计用于筛选灵长类或哺乳类 cDNA 文库的寡核苷酸，且该寡核苷酸在不确定位含肌苷时，根据人类基因天然使用的密码子以及 CpG 序列在人 DNA 中不具备代表性，推荐使用表 13-2 列出的密码子。

表 13-2 推荐用于寡核苷酸探针的含肌苷的密码子

氨基酸	密码子	氨基酸	密码子
A (Ala)	GCI	M (Met)	ATG
C (Cys)	TGC[a]	N (Asn)	AAC[a]
D (Asp)	GAT	P (Pro)	CCI
E (Glu)	GAI	Q (Gln)	CAI
F (Phe)	TTC[a]	R (Arg)	CGI[c]
G (Gly)	GGI	S (Ser)	TCC[b,c]
H (his)	CAC[a]	T (Thr)	ACI
I (Ile)	ATI	V (Val)	GTI
K (Lys)	AAI	W (Trp)	TGG
L (Leu)	CTI[c]	Y (Tyr)	TAC[a]

注：a. 如果下一个密码子的第一位核苷酸是 G，该密码子第三位则用 T；
b. 如果下一个密码子的第一位核苷酸是 G，该密码子第三位则用 I；
c. 尽可能避开具有 6 个密码子的氨基酸。

在简并位置上含肌苷的寡核苷酸的杂交

虽然含中性碱基肌苷的寡核苷酸探针的杂交条件尚未进行广泛的研究，但仍可根据以下提示对 T_m 作出保守的估计：

- 从探针的核苷酸总数中减去肌苷的数量，得出 S。
- 计算 S 中的 G+C 含量。
- 用 Wallace 规则、Baldino 算法或 Wetmur 公式计算含 S 的完全匹配杂交体的 T_m。
- 杂交条件控制在比 T_m 预期值低 15～20℃。

含中性碱基的寡核苷酸杂交体的 T_m 也可以用方案 8 介绍的实验方法测算。含肌苷的寡核苷酸可使用含 TMACl 或 TEACl 的洗涤缓冲液（见 Andersson et al. 1989）。

参考文献

Agarwal KL, Brunstedt J, Noyes BE. 1981. A general method for detection and characterization of an mRNA using an oligonucleotide probe. *J Biol Chem* **256**: 1023–1028.

Agrawal S, Christodoulou C, Gait MJ. 1986. Efficient methods for attaching non-radioactive labels to the 5′ ends of synthetic oligodeoxyribonucleotides. *Nucleic Acids Res* **14**: 6227–6245.

Anderson S, Kingston IB. 1983. Isolation of a genomic clone for bovine pancreatic trypsin inhibitor by using a unique-sequence synthetic DNA probe. *Proc Natl Acad Sci* **80**: 6838–6842.

Andersson S, Davis DL, Dahlbäck H, Jörnvall H, Russell DW. 1989. Cloning, structure, and expression of the mitochondrial cytochrome P-450 sterol 26-hydroxylase, a bile acid synthetic enzyme. *J Biol Chem* **264**: 8222–8229.

Ansorge W, Sproat B, Stegemann J, Schwager C, Zenke M. 1987. Automated DNA sequencing: Ultrasensitive detection of fluorescent bands during electrophoresis. *Nucleic Acids Res* **15**: 4593–4602.

Bains W. 1994. Selection of oligonucleotide probes and experimental conditions for multiplex hybridization experiments. *Genet Anal Tech Appl* **11**: 49–62.

Baldino FJ, Chesselet MF, Lewis ME. 1989. High resolution in situ hybridization. *Methods Enzymol* **168**: 761–777.

Bauman JG, Wiegant J, Borst P, van Duijn P. 1980. A new method for fluorescence microscopical localization of specific DNA sequences by in situ hybridization of fluorochromelabelled RNA. *Exp Cell Res* **128**: 485–490.

Beck S, Köster H. 1990. Applications of dioxetane chemiluminescent probes to molecular biology. *Anal Chem* **62**: 2258–2270. (Erratum *Anal Chem* [1991] **63**: 848.)

Beck S, O'Keeffe T, Coull JM, Koster H. 1989. Chemiluminescent detection of DNA: Application for DNA sequencing and hybridization. *Nucleic Acids Res* **17**: 5115–5123.

Bennetzen JL, Hall BD. 1982. The primary structure of the *Saccharomyces cerevisiae* gene for alcohol dehydrogenase. *J Biol Chem* **257**: 3018–3025.

Benzinger EA, Riech AK, Shirley RE, Kucharik KR. 1995. Evaluation of the specificity of alkaline phosphatase-conjugated oligonucleotide probes for forensic DNA analysis. *Appl Theor Electrophor* **4**: 161–165.

Bird AP. 1980. DNA methylation and the frequency of CpG in animal DNA. *Nucleic Acids Res* **8**: 1499–1504.

Bolton ET, McCarthy BJ. 1962. A general method for the isolation of RNA complementary to DNA. *Proc Natl Acad Sci* **48**: 1390.

Bray P, Carter A, Simons C, Guo V, Puckett C, Kamholz J, Spiegel A, Nirenberg M. 1986. Human cDNA clones for four species of Gα_s signal transduction protein. *Proc Natl Acad Sci* **83**: 8893–8897.

Breslauer KJ, Frank R, Blöcker H, Marky LA. 1986. Predicting DNA duplex stability from the base sequence. *Proc Natl Acad Sci* **83**: 8893–8897.

Bronstein I. 1990. Chemiluminescent 1,2-dioxetane-based enzyme substrates and their applications. In *Luminescence immunoassays and molecular applications* (ed Van Dyke K, Van Dyke R), pp. 255–274. CRC, Boca Raton, FL.

Bronstein I, Edwards B, Voyta JC. 1989a. 1,2-dioxetanes: Novel chemiluminescent enzyme substrates. Applications to immunoassays. *J Biolumin Chemilumin* **4**: 99–111.

Bronstein I, Voyta JC, Edwards B. 1989b. A comparison of chemiluminescent and colorimetric substrates in a hepatitis B virus DNA hybridization assay. *Anal Biochem* **180**: 95–98.

Bronstein I, Cate RL, Lazzarri K, Ramachandran KL, Voyta JC. 1989c. Chemiluminescent 1,2-dioxetane based enzyme substrates and their application in the detection of DNA. *Photochem Photobiol* **49**: S9–S10.

Bronstein I, Joa RR, Voyta JC, Edwards B. 1991. Novel chemiluminescent adamantyl 1,2-dioxetane enzyme substrates. In *Proceedings of the 6th international symposium on bioluminescence and chemiluminescence: Current status* (ed Stanley PE, Kricka LJ), pp. 73–82. Wiley, Chichester, UK.

Brown T, Hunter WN, Kneale G, Kennard O. 1986. Molecular structure of the G·A base pair in DNA and its implications for the mechanism of transversion mutations. *Proc Natl Acad Sci* **83**: 2402–2406.

Chan SD, Dill K, Blomdahl J, Wada HG. 1996. Nonisotopic quantitation of mRNA using a novel RNase protection assay: Measurement of erbB-2 mRNA in tumor cell lines. *Anal Biochem* **242**: 214–220.

Chan VT, Fleming KA, McGee JO. 1985. Detection of sub-picogram quantities of specific DNA sequences on blot hybridization with biotinylated probes. *Nucleic Acids Res* **13**: 8083–8091.

Chu BC, Orgel LE. 1985. Detection of specific DNA sequences with short biotin-labeled probes. *DNA* **4**: 327–331.

Corfield PW, Hunter WN, Brown T, Robinson P, Kennard O. 1987. Inosine·adenine base pairs in a B-DNA duplex. *Nucleic Acids Res* **15**: 7935–7949.

Crick FH. 1966. Codon–anticodon pairing: The wobble hypothesis. *J Mol Biol* **19**: 548–555.

Dahlén P, Liukkonen L, Kwiatkowski M, Hurskainen P, Iitia A, Siitari H, Ylikoski J, Mukkala VM, Lovgren T. 1994. Europium-labeled oligonucleotide hybridization probes: Preparation and properties. *Bioconjug Chem* **5**: 268–272.

Davis BD, Anderson P, Sparling PF. 1973. Pairing of inosine with adenosine in codon position two in the translation of polyinosinic acid. *J Mol Biol* **76**: 223–232.

Diamandis EP, Hassapoglidou S, Bean CC. 1993. Evaluation of nonisotopic labeling and detection techniques for nucleic acid hybridization. *J Clin Lab Anal* **7**: 174–179.

DiLella AG, Woo SL. 1987. Hybridization of genomic DNA to oligonucleotide probes in the presence of tetramethylammonium chloride. *Methods Enzymol* **152**: 447–451.

Dimo-Simonin N, Brandt-Casadevall C, Gujer HR. 1992. Chemiluminescent DNA probes; evaluation and usefulness in forensic cases. *Forensic Sci Int* **57**: 119–127.

Dubitsky A, Brown J, Brandwein H. 1992. Chemiluminescent detection of DNA on nylon membranes. *BioTechniques* **13**: 392–400.

Düring K. 1993. Non-radioactive detection methods for nucleic acids separated by electrophoresis. *J Chromatogr* **618**: 105–131.

Durrant I, Benge LC, Sturrock C, Devenish AT, Howe R, Roe S, Moore M, Scozzafava G, Proudfoot LM, Richardson TC, et al. 1990. The application of enhanced chemiluminescence to membrane-based nucleic acid detection. *BioTechniques* **8**: 564–570.

Edwards B, Sparks A, Voyta JC, Bronstein I. 1994. New chemiluminescent dioxetane enzyme substrates. In *Proceedings of the 8th international symposium on bioluminescence and chemiluminescence: Fundamentals and applied aspects* (ed Campbell AK, et al.), pp. 56–59. Wiley, Chichester, UK.

Farmar JG, Castaneda M. 1991. An improved preparation and purification of oligonucleotide-alkaline phosphatase conjugates. *BioTechniques* **11**: 588–589.

Felsenfeld G, Miles HT. 1967. The physical and chemical properties of nucleic acids. *Annu Rev Biochem* **31**: 407–448.

Forster AC, McInnes JL, Skingle DC, Symons RH. 1985. Non-radioactive hybridization probes prepared by the chemical labelling of DNA and RNA with a novel reagent, photobiotin. *Nucleic Acids Res* **13**: 745–761.

Freier SM, Kierzek R, Jaeger JA, Sugimoto N, Caruthers MH, Neilson T, Turner DH. 1986. Improved free-energy parameters for predictions of RNA duplex stability. *Proc Natl Acad Sci* **83**: 9373–9377.

Gait MJ, ed. 1984. An introduction to modern methods of DNA synthesis. In *Oligonucleotide synthesis: A practical approach*, pp. 1–22. IRL, Oxford, UK.

Gebeyehu G, Rao PY, SooChan P, Simms DA, Klevan L. 1987. Novel biotinylated nucleotide: Analogs for labeling and colorimetric detection of DNA. *Nucleic Acids Res* **15**: 4513–4534.

Gitschier J, Wood WI, Shuman MA, Lawn RM. 1986. Identification of a missense mutation in the factor VIII gene of a mild hemophiliac. *Science* **232**: 1415–1416.

Goeddel DV, Yelverton E, Ullrich A, Heyneker HL, Miozzari G, Holmes W, Seeburg PH, Dull T, May L, Stebbing N, et al. 1980. Human leukocyte interferon produced by *E. coli* is biologically active. *Nature* **287**: 411–416.

Habili N, McInnes JL, Symons RH. 1987. Nonradioactive, photobiotin-labelled DNA probes for the routine diagnosis of barley yellow dwarf virus. *J Virol Methods* **16**: 225–237.

Hall K, Cruz P, Chamberlin MJ. 1985. Extensive synthesis of poly[r(G-C)] using *Escherichia coli* RNA polymerase. *Arch Biochem Biophys* **236**: 47–51.

Hall TJ, Grula JW, Davidson EH, Britten RJ. 1980. Evolution of sea urchin non-repetitive DNA. *J Mol Evol* **16**: 95–110.

Hegnauer R. 1971. Pflanzenstoffe und Pflanzensytematik (plant constituents and plant taxonomy). *Naturwissenschaften* **58**: 585–598.

Henegariu O, Bray-Ward P, Ward DC. 2000. Custom fluorescent-nucleotide synthesis as an alternative method for nucleic acid labeling. *Nat Biotechnol* **18**: 345–348.

Hodgson M, Jones P. 1989. Enhanced chemiluminescence in the peroxidase-luminol-H_2O_2 system: Anomalous reactivity of enhancer phenols with enzyme intermediates. *J Biolumin Chemilumin* **3**: 21–25.

Höltke H-J, Seibl R, Burg J, Mühlegger K, Kessler C. 1990. Non-radioactive labeling and detection of nucleic acids. II. Optimization of the digoxygenin system. *Biol Chem Hoppe-Seyler* **371**: 929–938.

Höltke H-J, Schneider S, Ettl I, Binsack R, Obermaier I, Seller M, Sagner G. 1994. Rapid and highly sensitive detection of dioxigenin-labelled nucleic acids by improved chemiluminescent substrates. In *Proceedings of the 8th symposium on bioluminscence and chemiluminscence: Fundamentals and applied aspects* (ed Campbell AK, et al.), pp. 273–276. Wiley, Chichester, UK.

Höltke H-J, Ankenbauer W, Mühlegger K, Rein R, Sagner G, Seibl R, Walter T. 1995. The digoxigenin (DIG) system for non-radioactive labelling and detection of nucleic acids: An overview. *Cell Mol Biol* **41:** 883–905.
Horwitz JP, Chua J, Noel M, Donatti JT, Freisler J. 1966. Substrates for cytochemical demonstration of enzyme activity. II. Some dihalo-3-indolyl phosphates and sulfates. *J Med Chem* **9:** 447.
Ikuta S, Takagi K, Wallace RB, Itakura K. 1987. Dissociation kinetics of 19 base paired oligonucleotide-DNA duplexes containing different single mismatched base pairs. *Nucleic Acids Res* **15:** 797–811.
Jablonski E, Moomaw EW, Tullis RH, Ruth JL. 1986. Preparation of oligodeoxynucleotide-alkaline phosphatase conjugates and their use as hybridization probes. *Nucleic Acids Res* **14:** 6115–6128.
Jacobs K, Shoemaker C, Rudersdorf R, Neill SD, Kaufman RJ, Mufson A, Seehra J, Jones SS, Hewick R, Fritsch EF, et al. 1985. Isolation and characterization of genomic and cDNA clones of human erythropoietin. *Nature* **313:** 806–810.
Jacobs KA, Rudersdorf R, Neill SD, Dougherty JP, Brown EL, Fritsch EF. 1988. The thermal stability of oligonucleotide duplexes is sequence independent in tetraalkylammonium salt solutions: Application to identifying recombinant DNA clones. *Nucleic Acids Res* **16:** 4637–4650.
Jaye M, de la Salle H, Schamber F, Balland A, Kohli V, Findeli A, Tolstoshev P, Lecocq JP. 1983. Isolation of a human anti-haemophilic factor IX cDNA clone using a unique 52-base synthetic oligonucleotide probe deduced from the amino acid sequence of bovine factor IX. *Nucleic Acids Res* **11:** 2325–2335.
Kagiyama N, Fujita S, Momiyama M, Saito H, Shirahama H, Hori SH. 1992. A fluorescent detection method for DNA hybridization using 2-hydroxy-3-naphthoic acid-2-phenylanilide phosphate as a substrate for alkaline phosphatase. *Acta Histochem Cytochem* **25:** 467–471.
Kawase Y, Iwai S, Inoue H, Miura K, Ohtsuka E. 1986. Studies on nucleic acid interactions. I. Stabilities of mini-duplexes (dG2A4XA4G2-dC2T4YT4C2) and self-complementary d(GGGAAXYTTCCC) containing deoxyinosine and other mismatched bases. *Nucleic Acids Res* **14:** 7727–7736.
Keller GH, Cumming CU, Huang DP, Manak MM, Ting R. 1988. A chemical method for introducing haptens onto DNA probes. *Anal Biochem* **170:** 441–450.
Kerkhof L. 1992. A comparison of substrates for quantifying the signal from a nonradiolabeled DNA probe. *Anal Biochem* **205:** 359–364.
Kessler C. 1991. The digoxigenin:anti-digoxigenin (DIG) technology: A survey on the concept and realization of a novel bioanalytical indicator system. *Mol Cell Probes* **5:** 161–205.
Kessler C. 1992. Nonradioactive labeling for nucleic acids. In *Nonisotopic DNA probe techniques* (ed Kricka LJ), pp. 28–92. Academic, New York.
Kierzek R, Caruthers MH, Longfellow CE, Swinton D, Turner DH, Freier SM. 1986. Polymer-supported RNA synthesis and its application to test the nearest-neighbor model for duplex stability. *Biochemistry* **25:** 7840–7846.
Klevan L, Horton E, Carlson DP, Eisenberg AJ. 1993. Chemiluminescent detection of DNA probes in forensic analysis. *The 2nd international symposium on the forensic aspects of DNA analysis.* FBI Academy, Quantico, VA (http://www.fbi.gov).
Koshkin A, Singh SK, Nielsen PS, Rajwanshi VK, Kumar R, Meldgaard M, Olsen CE, Wengel J. 1998. LNA (locked nucleic acids): Synthesis of the adenine, cytosine, guanine, 5-methylcytosine, thymine and uracil bicyclonucleoside monomers, oligomerisation, and unprecedented nucleic acid recognition. *Tetrahedron* **54:** 3607–3630.
Kricka LJ ed. 1992. Nucleic acid hybridization test formats: Strategies and applications. In *Nonisotopic DNA probe techniques*, pp. 3–27. Academic, New York.
Kricka LJ, Ji X. 1995. 4-Phenylylboronic acid: A new type of enhancer for the horseradish peroxidase catalysed chemiluminescent oxidation of luminol. *J Biolumin Chemilumin* **10:** 49–54.
Kubota K, Ohashi A, Imachi H, Harada H. 2006. Improved in situ hybridization efficiency with locked-nucleic-acid-incorporated DNA probes. *Appl Environ Microbiol* **72:** 5311–5317.
Langer PR, Waldrop AA, Ward DC. 1981. Enzymatic synthesis of biotin-labeled polynucleotides: Novel nucleic acid affinity probes. *Proc Natl Acad Sci* **78:** 6633–6637.
Lanzillo JJ. 1990. Preparation of digoxigenin-labeled probes by the polymerase chain reaction. *BioTechniques* **8:** 620–622.
Lathe R. 1985. Synthetic oligonucleotide probes deduced from amino acid sequence data. Theoretical and practical considerations. *J Mol Biol* **183:** 1–12.
Leary JJ, Brigati DJ, Ward DC. 1983. Rapid and sensitive colorimetric method for visualizing biotin-labeled DNA probes hybridized to DNA or RNA immobilized on nitrocellulose: Bio-blots. *Proc Natl Acad Sci* **80:** 4045–4049.
Lin FK, Suggs S, Lin CH, Browne JK, Smalling R, Egrie JC, Chen KK, Fox GM, Martin F, Stabinsky Z, et al. 1985. Cloning and expression of the human erythropoietin gene. *Proc Natl Acad Sci* **82:** 7580–7584.
Mansfield ES, Worley JM, McKenzie SE, Surrey S, Rappaport E, Fortina P. 1995. Nucleic acid detection using non-radioactive labelling methods. *Mol Cell Probes* **9:** 145–156.
Martin CS, Bronstein I. 1994. Imaging of chemiluminescent signals with cooled CCD camera systems. *J Biolumin Chemilumin* **9:** 145–153.
Martin FH, Castro MM, Aboul-ela F, Tinoco I Jr. 1985. Base pairing involving deoxyinosine: Implications for probe design. *Nucleic Acids Res* **13:** 8927–8938.
Martin CS, Bresnick L, Juo RR, Voyta JC, Bronstein I. 1991. Improved chemiluminescent DNA sequencing. *BioTechniques* **11:** 110–113.
McGadey J. 1970. A tetrazolium method for non-specific alkaline phosphatase. *Histochemie* **23:** 180–184.
Melchior WB Jr, von Hippel PH. 1973. Alteration of the relative stability of dA-dT and dG-dC base pairs in DNA. *Proc Natl Acad Sci* **70:** 298–302.
Mitsuhashi M, Cooper A, Ogura M, Shinagawa T, Yano K, Hosokawa T. 1994. Oligonucleotide probe design: A new approach. *Nature* **367:** 759–761.
Miyada CG, Wallace RB. 1987. Oligonucleotide hybridization techniques. *Methods Enzymol* **154:** 94–107.
Nagata S, Tsuchiya M, Asano S, Kaziro Y, Yamazaki T, Yamamoto O, Hirata Y, Kubota N, Oheda M, Nomura H, et al. 1986. Molecular cloning and expression of cDNA for human granulocyte colony-stimulating factor. *Nature* **319:** 415–418.
Nei M, Li WH. 1979. Mathematical model for studying genetic variation in terms of restriction endonucleases. *Proc Natl Acad Sci* **76:** 5269–5273.
Nelson NC, Reynolds MA, Arnold LJ Jr. 1992. Detection of acridinium esters by chemiluminescence. In *Nonisotopic DNA probe techniques* (ed Kricka LJ), pp. 276–311. Academic, New York.
Newgard CB, Nakano K, Hwang PK, Fletterick RJ. 1986. Sequence analysis of the cDNA encoding human liver glycogen phosphorylase reveals tissue-specific codon usage. *Proc Natl Acad Sci* **83:** 8132–8136.
Ogden RC, Lee MC, Knapp G. 1984. Transfer RNA splicing in *Saccharomyces cerevisiae*: Defining the substrates. *Nucleic Acids Res* **12:** 9367–9382.
Ohtsuka E, Matsuki S, Ikehara M, Takahashi Y, Matsubara K. 1985. An alternative approach to deoxyoligonucleotides as hybridization probes by insertion of deoxyinosine at ambiguous codon positions. *J Biol Chem* **260:** 2605–2608.
Pataki S, Meyer K, Reichstein T. 1953. Die Konfiguration des Digoxygenins Glykoside und Algycone 116, Mitteling. *Helv Chim Acta* **36:** 1295–1308.
Pollard-Knight D, Read CA, Downes MJ, Howard LA, Leadbetter MR, Pheby SA, McNaughton E, Syms A, Brady MA. 1990. Nonradioactive nucleic acid detection by enhanced chemiluminescence using probes directly labeled with horseradish peroxidase. *Anal Biochem* **185:** 84–89.
Prober JM, Trainor GL, Dam RJ, Hobbs FW, Robertson CW, Zagursky RJ, Cocuzza AJ, Jensen MA, Baumeister K. 1987. A system for rapid DNA sequencing with fluorescent chain-terminating dideoxynucleotides. *Science* **238:** 336–341.
Reisfeld A, Rothenberg JM, Bayer EA, Wilchek M. 1987. Nonradioactive hybridization probes prepared by the reaction of biotin hydrazide with DNA. *Biochem Biophys Res Commun* **142:** 519–526.
Renz M, Kurz C. 1984. A colorimetric method for DNA hybridization. *Nucleic Acids Res* **12:** 3435–3444.
Reyes RA, Cockerell GL. 1993. Preparation of pure oligonucleotide-alkaline phosphatase conjugates. *Nucleic Acids Res* **21:** 5532–5533.
Riccelli PV, Benight AS. 1993. Tetramethylammonium does not universally neutralize sequence dependent DNA stability. *Nucleic Acids Res* **21:** 3785–3788.

Rihn B, Bottin MC, Coulais C, Martinet N. 1995. Evaluation of non-radioactive labelling and detection of deoxyribonucleic acids. II. Colorigenic methods and comparison with chemiluminescent methods. *J Biochem Biophys Methods* **30:** 103–112.

Rychlik R. 1994. New algorithm for determining primer efficiency in PCR and sequencing. *J NIH Res* **6:** 78.

Rychlik W, Spencer WJ, Rhoads RE. 1990. Optimization of the annealing temperature for DNA amplification in vitro. *Nucleic Acids Res* **18:** 6409–6412. (Erratum *Nucleic Acids Res* [1991] **19:** 698.)

Schaap AP, Akhavan H, Romano LJ. 1989. Chemiluminescent substrates for alkaline phosphatase: Application to ultrasensitive enzyme-linked immunoassays and DNA probes. *Clin Chem* **35:** 1863–1864.

Seibl R, Höltke HJ, Rüger R, Meindl A, Zachau HG, Rasshofer R, Roggendorf M, Wolf H, Arnold N, Wienberg J, et al. 1990. Non-radioactive labeling and detection of nucleic acids. III. Applications of the digoxigenin system. *Biol Chem Hoppe-Seyler* **371:** 939–951.

Shapiro JT, Stannard BS, Felsenfeld G. 1969. The binding of small cations to deoxyribonucleic acid. Nucleotide specificity. *Biochemistry* **8:** 3233–3241.

Smith LM, Sanders JZ, Kaiser RJ, Hughes P, Dodd C, Connell CR, Heiner C, Kent SB, Hood LE. 1986. Fluorescence detection in automated DNA sequence analysis. *Nature* **321:** 674–679.

Smith M. 1983. Synthetic oligodeoxyribonucleotides as probes for nucleic acids and as primers in sequence determination. In *Methods of DNA and RNA sequencing* (ed Weissman SM), pp. 23–68. Praeger, New York.

Sood AK, Pereira D, Weissman SM. 1981. Isolation and partial nucleotide sequence of a cDNA clone for human histocompatibility antigen HLA-B by use of an oligodeoxynucleotide primer. *Proc Natl Acad Sci* **78:** 616–620.

Suggs SV, Wallace RB, Hirose T, Kawashima EH, Itakura K. 1981a. Use of synthetic oligonucleotides as hybridization probes: Isolation of cloned cDNA sequences for human β_2-microglobulin. *Proc Natl Acad Sci* **78:** 6613–6617.

Suggs SV, Hirose T, Miyake T, Kawashima EH, Johnson MJ, Itakura K, Wallace RB. 1981b. Use of synthetic oligodeoxyribonucleotides for the isolation of specific cloned DNA sequences. In *Developmental biology using purified genes* (ed Brown DB, et al.), pp. 683–693. Academic, New York.

Takahashi Y, Kato K, Hayashizaki Y, Wakabayashi T, Ohtsuka E, Matsuki S, Ikehara M, Matsubara K. 1985. Molecular cloning of the human cholecystokinin gene by use of a synthetic probe containing deoxyinosine. *Proc Natl Acad Sci* **82:** 1931–1935.

Templeton EF, Wong HE, Evangelista RA, Granger T, Pollak A. 1991. Time-resolved fluorescence detection of enzyme-amplified lanthanide luminescence for nucleic acid hybridization assays. *Clin Chem* **37:** 1506–1512.

Thein SL, Wallace RB. 1986. The use of synthetic oligonucleotides as specific hybridization probes in the diagnosis of genetic disorders. In *Human genetic diseases: A practical approach* (ed Davies KE), pp. 33–50. IRL, Oxford.

Thomsen R, Nielsen PS, Jensen TH. 2005. Dramatically improved RNA in situ hybridization signals using LNA-modified probes. *RNA* **11:** 1745–1748.

Thorpe GH, Kricka LJ. 1986. Enhanced chemiluminescent reactions catalyzed by horseradish peroxidase. *Methods Enzymol* **133:** 331–353.

Tizard R, Cate RL, Ramachandran KL, Wysk M, Voyta JC, Murphy OJ, Bronstein I. 1990. Imaging of DNA sequences with chemiluminescence. *Proc Natl Acad Sci* **87:** 4514–4518.

Tolstrup N, Nielsen PS, Kolberg JG, Frankel AM, Vissing H, Kauppinen S. 2003. OligoDesign: Optimal design of LNA (locked nucleic acid) oligonucleotide capture probes for gene expression profiling. *Nucleic Acids Res* **31:** 3758–3762.

Toole JJ, Knopf JL, Wozney JM, Sultzman LA, Buecker JL, Pittman DD, Kaufman RJ, Brown E, Shoemaker C, Orr EC, et al. 1984 Molecular cloning of a cDNA encoding human antihaemophilic factor. *Nature* **312:** 342–347.

Traincard F, Ternynck T, Danchin A, Avrameas S. 1983. An immunoenzyme technique for demonstrating the molecular hybridization of nucleic acids (translation). *Ann Immunol* **134D:** 399–404.

Turnbow MA, Garner CW. 1993. Ribonuclease protection assay: Use of biotinylated probes for the detection of two messenger RNAs. *BioTechniques* **15:** 267–270.

Uhlenbeck OC, Martin FH, Doty P. 1971. Self-complementary oligoribonucleotides: Effects of helix defects and guanylic acid-cytidylic acid base pairs. *J Mol Biol* **57:** 217–229.

Urdea MS, Warner BD, Running JA, Stempien M, Clyne J, Horn T. 1988. A comparison of non-radioisotopic hybridization assay methods using fluorescent, chemiluminescent and enzyme labeled synthetic oligodeoxyribonucleotide probes. *Nucleic Acids Res* **16:** 4937–4956.

van Houten V, Denkers F, van Dijk M, van den Brekel M, Brakenhoff R. 1998. Labeling efficiency of oligonucleotides by T4 polynucleotide kinase depends on 5′-nucleotide. *Anal Biochem* **265:** 386–389.

Vester B, Wengel J. 2004. LNA (locked nucleic acid): High-affinity targeting of complementary RNA and DNA. *Biochemistry* **43:** 13233–13241.

Wada K, Wada Y, Ishibashi F, Gojobori T, Ikemura T. 1992. Codon usage tabulated from the GenBank genetic sequence data. *Nucleic Acids Res* (suppl) **20:** 2111–2118.

Wallace RB, Johnson MJ, Hirose T, Miyake T, Kawashima EH, Itakura K. 1981. The use of synthetic oligonucleotides as hybridization probes. II. Hybridization of oligonucleotides of mixed sequence to rabbit β-globin DNA. *Nucleic Acids Res* **9:** 879–894.

Wetmur JG. 1991. DNA probes: Applications of the principles of nucleic acid hybridization. *Crit Rev Biochem Mol Biol* **26:** 227–259.

Whitehead TP, Thorpe GHG, Carter TJN, Groucutt C, Kricka LJ. 1983. Enhanced luminescence procedure for sensitive determination of peroxidase-labelled conjugates in immunoassay. *Nature* **305:** 158–159.

Wood WI, Gitschier J, Lasky LA, Lawn RM. 1985. Base composition-independent hybridization in tetramethylammonium chloride: A method for oligonucleotide screening of highly complex gene libraries. *Proc Natl Acad Sci* **82:** 1585–1588.

Wu R. 1972. Nucleotide sequence analysis of DNA. *Nat New Biol* **236:** 198–200.

Xuan JC, Weber IT. 1992. Crystal structure of a B-DNA dodecamer containing inosine, d(CGCIAATTCGCG), at 2.4 Å resolution and its comparison with other B-DNA dodecamers. *Nucleic Acids Res* **20:** 5457–5464.

网络资源

List of relative codon frequencies http://www.kazusa.or.jp/codon

Source of OligoDesign software http://www.exiqon.com/oligo-tools

方案 1 随机引物法：用随机寡核苷酸延伸法标记纯化的 DNA 片段

利用寡核苷酸作引物，DNA 聚合酶可沿单链模板起始 DNA 的合成（Goulian 1969）。如果寡核苷酸的序列不均一，它们就可在模板的多位点上杂交。因此模板上每一核苷酸（5′端的核苷酸除外）的互补物将以同样的频率掺入产物。用一种[α-^{32}P]放射性标记的 dNTP 及其他三种非标记 dNTP 作为前体，可合成放射性标记的 DNA，产生比活度为

5×10^8～5×10^9 dpm/μg 的探针。这种标记法亦适用于生物素、DIG 或荧光素标记的 dUTP 的非放射性标记。

Taylor 等（1976）首次报道了随机引物法制备的放射性标记探针应用于杂交。然而，直到20世纪80年代中期，有了商品化的DNA聚合酶及寡核苷酸引物，Feinberg和Vogelstein（1983，1984）建立起一套标准化的、严谨的反应条件之后，这个方法才被广泛接受。此后几个商品生产厂家将此反应条件随标记试剂盒推出投放市场，但由于随机引物反应简便易行，试剂盒实属不必要的奢侈。分别购买标记所用的各种试剂可使操作同样有效并且更经济。有关随机引物反应中各组分的讨论，见信息栏"随机引物反应的组分"。

与切口平移法（见方案 3）相比，随机引物法更为简单，因为它不需要两种酶（DNA 酶 I 和 5′→3′外切酶）参与反应。随机引物反应产生的放射性标记产物长度更为均一，在杂交反应中重复性更强。切口平移法无法精确地控制放射性标记产物的平均长度，而在随机引物反应中，由于探针的长度与引物的浓度呈负相关（Hodgson and Fisk 1987），因而探针 DNA 的平均长度可受研究者的控制。实验充分证实了随机引物法的优越性，它作为双链 DNA 探针的标准标记方法已完全取代了切口平移法。

随机引物反应的组分

DNA 聚合酶

包括 *Taq* 在内的几种 DNA 聚合酶均可催化随机引物反应（Sayavedra-Soto and Gresshoff 1992）。但是，就酶在各种条件下的效率及耐受性而言，大肠杆菌 DNA 聚合酶 I 的 Klenow 片段为首选酶。由于 Klenow 片段缺乏 5′→3′外切酶活性（见信息栏"大肠杆菌 DNA 聚合酶 I 和 Klenow 片段"），因此，放射性标记产物全部通过引物延伸而非切口平移合成，并且不会被外切核酸酶所降解。反应在 pH6.6 的条件下进行，此时该酶的 3′→5′外切酶活性很低（Lehman and Richardson 1964）。此外，亦可应用序列酶 Version 2.0（Affymetrix 公司）或 Klenow 片段的突变产物（Stratagene/Agilent Technologies 公司或 New England Biolabs 公司），此两种酶均缺乏 Klenow 片段的 3′→5′外切酶活性。

放射性标记物

随机引物反应一般以一种放射性标记的［α-^{32}P］dNTP（比活度 3000 Ci/mmol）和三种未标记的 dNTP 作为前体。在本方案的反应条件下，40%～80%的［α-^{32}P］dNTP 可掺入 DNA，放射性标记产物的比活度范围在 1×10^9～4×10^9 dpm/μg，它取决于反应中模板 DNA 含量。虽然用两种［α-^{32}P］dNTP 作为前体可使标记产物的比活度提高，但由于放射性化学衰变可导致探针的迅速降解（Stent and Fuerst 1960），因此标记后必须立即使用。当以低比活度的［α-^{32}P］dNTP 作为前体时（如比活度为 800 Ci/mmol），DNA 的产量可提高 4 倍，而它的比活性则降至小于 10^9 dpm/μg。但对于大多数实验，此种探针已游刃有余。在辐射分解造成探针降解之前，尚可冷冻保存数天。

非放射性标记物

在随机引物 DNA 标记反应中，可用生物素、DIG 或荧光素标记的 dUTP 取代 dTTP，其应用比例为 35% dUTP∶65% dTTP。在这些条件下，新合成的 DNA 探针中，每 25～36 个核苷酸即有标记的 dUTP 掺入（Kessler et al. 1990）。

最初的研究是将生物素-7-dATP 通过随机引物法引入核酸（Roy et al. 1988, 1989），此法与 ^{32}P 标记的探针相比敏感性相同或更高。应用随机引物法进一步修饰生物素化的 DNA 探针，可使 DNA 的检测水平达到亳微微克级（subfemtogram）（Eweida et al. 1989）。请注意 DIG-dUTP 是碱不稳定的，因此 DIG 标记的探针不可接触强碱（如 0.2mmol/L NaOH）。现在已有碱稳定的同类探针，但是在进行 Southern 印迹实验去除探针及重新标记时，建议用碱不稳定的配方。

引物

一般可通过商品渠道购买寡核苷酸引物，但亦可用DNA酶I酶解小牛胸腺DNA或在自动DNA合成仪上合成获得。引物的长度至关重要，短于6个碱基的引物是不可取的，而长于7个碱基的引物则增加了自身复性及自身引导的概率（Suganuma and Gupta 1995）。因此，适用于随机引物法的理想寡核苷酸引物集群的长度应当为6个或7个核苷酸，集群中所有可能的序列应当以相同的频率出现。

随机引物反应合成的探针的平均长度与引物的浓度成反比（Hodgson and Fisk 1987）：放射性标记产物的长度 = $k/\sqrt{\ln P_C}$，P_C表示引物的浓度。

此方案描述的标准引物反应采用60ng和125ng六聚体或七聚体的随机寡核苷酸，产生的放射性标记产物长度为400～600核苷酸，可用碱性琼脂糖凝胶或变性聚丙烯酰胺凝胶电泳测定探针的长度。较高浓度的引物可导致空间位阻或［α-^{32}P］dNTP前体耗竭而使产量降低；较低浓度的引物则导致放射性标记产物集群大小不均一（0.4～4kb）（Hodgson and Fisk 1987），从而引起杂交动力学异常。

模板DNA

此方案的反应条件系根据Feinberg和Vogelstein（1983，1984）的方法修改、优化而来，用以标记长度达1kb的线性双链DNA模板。较短的DNA模板产生的探针比活度低，在严谨条件下杂交效果不佳。闭环的双链DNA是低效模板，在进行随机引物反应之前，应当用限制性内切核酸酶消化成线性分子。条件允许的情况下，应尽可能用纯化的DNA片段代替完整质粒作模板，这样的放射性标记DNA在用作杂交探针时，可使本底水平显著降低（Feinberg and Vogelstein 1983，1984）。

材料

为正确使用本方案中的器材和危险试剂，必须查阅相应的材料安全数据表并咨询所在机构的环境卫生和安全办公室。

本方案的专用试剂标注<R>，配方在本方案末提供。常用储备溶液、缓冲液和试剂标注<A>，配方见附录1。储备溶液应稀释至适用浓度后使用。

试剂

碱性琼脂糖凝胶或变性聚丙烯酰胺凝胶（见步骤4）
乙酸铵（10mol/L）<A>（可选，见步骤5）
乙醇（可选，见步骤5）。
凝胶过滤介质（Sephadex G-50或Bio-Gel），用1×TEN平衡（pH 8.0）<A>
大肠杆菌聚合酶I Klenow片段
NA终止／储备缓冲液<R>
非放射性标记溶液

dNTP溶液，其中含浓度各为1mmol/L dATP、dCTP、dGTP和0.65 mmol/L dTTP

有关配制及储存dNTP储备溶液，见信息栏“dNTP储备溶液的制备”

生物素-dUTP、荧光素-dUTP或DIG-dUTP（0.35mmol/L）

或
放射性标记溶液

含三种未标记的 dNTP 溶液（各 5mmol/L）

此溶液的组分取决于欲使用的［α-^{32}P］dNTP。如应用放射性标记的 dATP，混合物应含各 5mmol/L 的 dCTP、dTTP 和 dGTP。如应用两种放射性标记的 dNTP，则溶液中应含各 5mmol/L 的其他两种 dNTP。有关制备和储存 dNTP 储备溶液，见信息栏“dNTP 储备溶液的制备”。

［α-^{32}P］dNTP（10mCi/mL，比活度大于 3000Ci/mmol）

为最大限度地减少前体的辐射分解，应尽可能在［^{32}P］dNTP 到达实验室的当天制备放射性标记探针。

长度为 6 或 7 个碱基的随机脱氧核苷酸引物（125ng/μL 溶于 TE, pH 7.6）

合成的随机寡核苷酸长度均一，无序列偏性，因此为引物的首选。最佳长度的寡核苷酸（六聚体和七聚体）（Suganuma and Gupta 1995）可从商业渠道购买（如 Sigma-Aldrich 公司或 Life Technologies 公司）或在自动 DNA 合成仪上合成。引物溶液应以小份分装储存于-20℃。

随机引物缓冲液（5×）<R>

模板 DNA（5～25ng/μL 溶于 TE, pH 7.6)

按第 1 章介绍的方法之一纯化欲进行标记的 DNA。

本方案中取 25ng 的模板 DNA 在 50μL 标准体积中反应最好。应用此法时模板 DNA 的量越大，产生的探针比活度越低；DNA 的量越小，则所需的反应时间越长（参看步骤 4 的注释）。

仪器

预热至 95℃的沸水浴或加热块

用于离心柱色谱法的仪器（玻璃棉和 1mL 一次性注射器）

Sephadex G-50 离心柱，用 pH 7.6 TE 平衡（可选，见步骤 5）

Sephadex G-50 凝胶过滤介质可用于从低分子质量物质（放射性前体保留在柱中）中分离 DNA（DNA 可穿过介质）。放射性标记 DNA 的纯化用 Sephadex G-50 柱可从几个商品渠道获得，如 Quick Spin Columns（Roche Applied Science 公司）。但是，用 1mL 装填硅化玻璃棉的一次性注射器很容易完成（见本方案步骤 6～14）。

方法

1．在一个 0.5mL 的微量离心管中加入溶于 30μL 水的模板 DNA（25ng）及 1μL 随机脱氧核苷酸引物（约 125ng）。盖紧微量离心管，置于沸水浴中 2min。

2．将微量离心管移至冰上放置 1min，4℃下离心 10s，使引物与模板的混合物沉降至管底，将微量离心管重新置于冰上。

3．应用以下一种反应混合物进行标记反应

制备放射性标记探针

在引物与模板的混合物中加入：

5mmol/L dNTP 溶液	1μL
5×随机引物缓冲液	10μL
10mCi/mL［α-^{32}P］dNTP	5μL（比活度 3000Ci/mmol）
H_2O	加至 50μL

制备 DIG、生物素或荧光素标记的探针

在引物与模板的混合物中加入：

1mmol/L dNTP 溶液	1μL（含 0.65mmol/L dTTP）
5×随机引物缓冲液	10μL
0.35mmol/L 标记的 dUTP	5μL
H_2O	加至 50μL

4．加入5U（约1μL）的Klenow片段，轻弹管壁以混合各组分。以最大速度离心1～2s，使所有液体沉降于管底。反应混合物室温下反应60min。

如标记大量的DNA，按步骤3和步骤4准备反应混合物，温育反应60min。如标记小量的DNA，则反应时间与加入模板的量成反比。例如，含有10ng DNA模板的随机引物反应，温育时间应为2.5h。

为监测反应的进程，检测放射性标记的dNTP掺入三氯乙酸（TCA）可沉淀物中的比例（见附录2）。

在这些反应条件下，放射性标记产物的长度约为400～600个核苷酸。通过碱性琼脂糖凝胶电泳（第6章，方案11）或变性聚丙烯酰胺凝胶电泳（第6章，方案11）可确定标记产物的分子质量。

5．在反应液中加入10μL NA终止/储备缓冲液，可根据需要进行以下步骤。

- 储存放射性标记的探针于-20℃以备杂交用。

  或

- 通过离心柱色谱法（按以下步骤6～14，使用商品化的柱子或自制的柱子）分离放射性标记的探针与未结合的dNTP或以乙酸铵和乙醇选择性地沉淀放射性标记的DNA（见第1章，方案4）。如果大于50%的放射性dNTP已在反应中掺入，可略过该步骤。

假定50%的放射活度在随机引物反应中已掺入TCA可沉淀部分，而且90%的产物系由模板DNA通过随机引物反应产生（非寡核苷酸自身引导），探针DNA的总比活度应约为4.5×10^7 dpm（可用于2～5次哺乳动物基因组DNA的Southern杂交）。探针的比活度可达约1.8×10^9 dpm/μg，反应中合成的DNA量可达9.7ng，足以通过Southern分析检测哺乳动物DNA单拷贝序列。

离心柱色谱法

6．将1mL一次性注射器的底部填入少量无菌的玻璃棉。最好用注射器的针筒将玻璃棉填实。

7．在注射器中填入Sephadex G-50或Bio-Gel P-60，用1×TEN缓冲液（pH 8.0）平衡。轻敲注射器针筒几次使缓冲液流出。再加入一些树脂，直至注射器完全充满。

注意，并非所有树脂皆可用于离心沉淀——DEAE Sephacel在离心过程中可形成不渗透的块状物。由于离心可使珠子被挤碎，因此不能使用更高级别的Sephadex（≥G-100）。如果需要大分子的筛选树脂，可使用Sepharose CL-4B。

8．将注射器插入一只15mL一次性塑料离心管，使用吊桶式转头台式离心机，1600*g*、室温下离心4min。无需担心柱子的外观，离心过程中树脂可沉淀呈部分脱水状。继续加入树脂并离心，直至柱子的体积达到约0.9mL且在离心后体积不变。

9．在柱子中加入0.1mL 1× TEN缓冲液，重复步骤8，再次离心。

10．重复步骤9两次。

如需要，在此阶段可储存离心柱备用。可同时制备几个离心柱，使用前储存于4℃1至数月。在注射器中加入1×TEN缓冲液，用Parafilm膜包裹以避免蒸发。将柱子直立储存于4℃。这样储存的离心柱在使用前可按照步骤9用1×TEN缓冲液洗1次。

11．将总体积为0.1mL的DNA样品加入柱中（用1×TEN缓冲液补充体积）。将离心柱放入一个新的一次性离心管，其中含一个去盖的微量离心管。

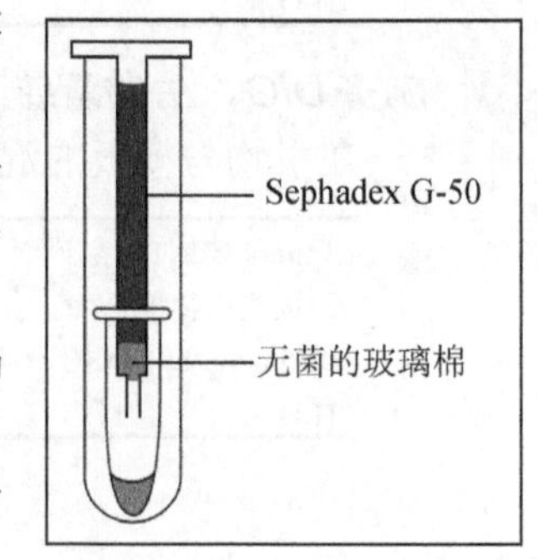

12．按步骤8离心，收集注射器底部流入去盖离心管的液体（约100μL）。

13．移去注射器，其中含未掺入的放射性标记的dNTP或其他小分子物质。用镊子小心取出含有洗脱的DNA的去盖离心管，将管中的液体转移至一个有盖并标注的微量离心管。

将注射器和洗脱的DNA置于手提式小型探测器，可粗略估计掺入核酸的放射性部分。

14．如果注射器具有放射性，小心弃于放射性废弃物中。将洗脱的DNA储存于-20℃以备用。

配方

为正确使用本方案中的器材和危险试剂，必须查阅相应的材料安全数据表并咨询所在机构的环境卫生和安全办公室。

NA 终止/储备缓冲液（1mL）

试剂	体积	终浓度
Tris-Cl (1mol/L, pH 7.5)	50μL	50mmol/L
NaCl (5mol/L)	10μL	50mmol/L
EDTA (0.5mol/L, pH 8.0)	10μL	5mmol/L
SDS (10%, *m/V*) 50μL	0.5%(*m/V*)	

随机引物缓冲液（1mL）

试剂	体积	终浓度
Tris-Cl (1mol/L, pH 8.0)	250μL	250mmol/L
$MgCl_2$ (1mol/L)	25μL	25mmol/L
NaCl (5mol/L)	20μL	100mmol/L
二硫苏糖醇(Dithiothreitol，DTT) (1mol/L)	10μL	10mmol/L
HEPES (2mol/L，用 4mol/L NaOH 调 pH 至 6.6)	500μL	1mol/L

使用前用 H_2O 稀释储存于−20℃的 1mol/L DTT 储备溶液。用后弃去稀释的 DTT 溶液。

参考文献

Eweida M, Sit TL, Sira S, AbouHaidar MG. 1989. Highly sensitive and specific non-radioactive biotinylated probes for dot-blot, Southern and colony hybridizations. *J Virol Methods* 26: 35–43.

Feinberg AP, Vogelstein B. 1983. A technique for radiolabeling DNA restriction endonuclease fragments to high specific activity. *Anal Biochem* 132: 6–13.

Feinberg AP, Vogelstein B. 1984. A technique for radiolabeling DNA restriction endonuclease fragments to high specific activity. Addendum. *Anal Biochem* 137: 266–267.

Goulian M. 1969. Initiation of the replication of single-stranded DNA by *Escherichia coli* DNA polymerase. *Cold Spring Harbor Symp Quant Biol* 33: 11–20.

Hodgson CP, Fisk RZ. 1987. Hybridization probe size control: Optimized "oligolabelling." *Nucleic Acids Res* 15: 6295.

Kessler C, Holtke HJ, Seibl R, Burg J, Muhlegger K. 1990. Non-radioactive labeling and detection of nucleic acids. I. A novel DNA labeling and detection system based on digoxigenin: anti-digoxigenin ELISA principle (digoxigenin system). *Biol Chem Hoppe Seyler* 371: 917–927.

Lehman IR, Richardson CC. 1964. The deoxyribonucleases of *Escherichia coli*. IV. An exonuclease activity present in purified preparations of deoxyribonucleic acid polymerase. *J Biol Chem* 239: 233–241.

Roy BP, AbouHaidar MG, Sit TL, Alexander A. 1988. Construction and use of cloned cDNA biotin and ^{32}P-labeled probes for the detection of papaya mosaic potexvirus RNA in plants. *Phytopathology* 78: 1425–1429.

Roy BP, AbouHaidar MG, Alexander A. 1989. Biotinylated RNA probes for the detection of potato spindle tuber viroid (PSTV) in plants. *J Virol Methods* 23: 149–155.

Sayavedra-Soto LA, Gresshoff PM. 1992. *Taq* DNA polymerase for labeling DNA using random primers. *BioTechniques* 13: 568, 570, 572.

Stent GS, Fuerst CR. 1960. Genetic and physiological effects of the decay of incorporated radioactive phosphorus in bacterial viruses and bacteria. *Adv Biol Med Phys* 7: 2–71.

Suganuma A, Gupta KC. 1995. An evaluation of primer length on random-primed DNA synthesis for nucleic acid hybridization: Longer is not better. *Anal Biochem* 224: 605–608.

Taylor JM, Illmensee R, Summers J. 1976. Efficient transcription of RNA into DNA by avian sarcoma virus polymerase. *Biochim Biophys Acta* 442: 324–330.

方案2　随机引物法：在融化琼脂糖存在下用随机寡核苷酸延伸法标记DNA

此法由方案 1 修改而成，可用于放射性标记从低熔点琼脂糖凝胶中回收的 DNA（Feinberg and Vogelstein 1983, 1984）。本方法中使用的大多数材料与方案 1 相同，仅标记缓冲液稍加修改，其中含未标记的 dNTP 和随机寡核苷酸引物。根据研究者的需要，标记反应可采用方案 1 中介绍的缓冲液或本法所述缓冲液。有关此法中所用材料、所合成的探针比活度和长度，见方案 1 中的导言部分。

材料

为正确使用本方案中的器材和危险试剂，必须查阅相应的材料安全数据表并咨询所在机构的环境卫生和安全办公室。

本方案的专用试剂标注<R>，配方在本方案末提供。常用储备溶液、缓冲液和试剂标注<A>，配方见附录 1。储备溶液应稀释至适用浓度后使用。

试剂

碱性琼脂糖凝胶或变性聚丙烯酰胺（见步骤 4）

[α-^{32}P]dNTP（10mCi/mL，比活度>3000Ci/mmol）

为最大限度地减少前体的辐射分解，应尽可能在［^{32}P］dNTP 到达实验室的当天制备放射性标记探针。

乙酸铵（10mol/L）<A>（可选，见步骤 5）

牛血清白蛋白（BSA）(10mg/mL）

乙醇（可选，见步骤 5）

溴化乙锭（10mg/mL）或 SYBR Green 染液

大肠杆菌 DNA 聚合酶 Klenow 片段

在每一随机引物反应中需要 Klenow 片段（5U）

NA 终止/储备缓冲液<R>

5×寡核苷酸标记缓冲液<R>

5×寡核苷酸标记缓冲液的组分取决于欲使用的[α-^{32}P]dNTP。如使用放射性标记的 dATP，缓冲液中应含有 dCTP、dTTP 和 dGTP。如使用两种放射性标记的 dNTP，缓冲液中则含有其他两种未标记的 dNTP。有关制备和储存 dNTP 储备缓冲液，见信息栏“dNTP 储备溶液的制备”。

长度为 6 个或 7 个碱基的随机脱氧核苷酸引物（125ng/μL 溶于 TE, pH 7.6）

合成的随机寡核苷酸引物长度均一，无序列偏性，因而是引物的首选。最佳长度的寡核苷酸（六聚体或七聚体）(Suganuma and Gupta 1995）可从商业渠道购买（如 Sigma-Aldrich 公司或 Life Technologies 公司）或在自动 DNA 合成仪上合成。引物溶液应分装成小份储存于-20℃，使用时将引物加入 5×寡核苷酸标记缓冲液。

模板 DNA

通过低熔点（LMT）琼脂糖凝胶（如 FMC SeaPlaque LMT 琼脂糖）回收待标记的 DNA（见本方案的步骤 1～3）。用 1×Tris-乙酸盐电泳缓冲液制备凝胶及电泳。关于低熔点琼脂糖凝胶的制备及凝胶电泳见第 2 章，方案 9。

此方案中应用 25ng 模板 DNA 于标准的 50μL 反应体积为最好。DNA 模板量越大，产生的探针比活度越低；DNA 模板量越小，则所需的反应时间越长。见步骤 4 的注释。

设备

沸水浴

Sephadex G-50 离心柱，用 TE（pH 7.6）平衡（可选，见步骤 5）。

Sephadex G-50 凝胶过滤介质可用于从低分子质量物质（放射性前体保留在柱中）中分离 DNA（DNA 可穿过介质）。放射性标记 DNA 纯化用的 Sephadex G-50 柱可从几个商业渠道获得，如 Quick Spin Columns（Roche Applied Science 公司）。但是，用 1mL 装填硅化玻璃棉的一次性注射器很容易完成（见方案 1，步骤 6～14）。

方法

1. 电泳后用溴化乙锭（终浓度 0.5μg/mL）或 SYBR Green 染胶，切下所需条带，尽可能切去多余的琼脂糖凝胶。
2. 将切下的条带放入预先称重的微量离心管中，称出条带的重量。每克琼脂糖凝胶加水 3mL。
3. 将微量离心管放在沸水浴中煮 7min 以使凝胶融化，同时也使 DNA 变性。

如立即进行放射性标记，可将离心管置于 37℃，直至需要加入模板；否则可储存于−20℃。但每次从−20℃取出后，含 DNA 的凝胶团要在 100℃加热 3～5 min，然后置于 37℃直至放射性标记反应开始。

4. 将一个新的微量离心管置于 37℃水浴或加热块上，按下列次序加入：

寡核苷酸标记缓冲液（5×）	10μL
牛血清白蛋白溶液（10mg/mL）	2μL
DNA（体积不超过 32μL）	20～50ng
[α-^{32}P]dNTP（10 mCi/mL）	5μL（比活度>3000 Ci/mmol）
Klenow 片段（5U）	1μL
H_2O	加至 50μL

用微量加样器彻底混合各组分，于室温温育 2～3h 或 37℃温育 60min。

如标记大量的 DNA，按比例调整反应液的体积，温育反应 60min。如标记小量的 DNA，则温育反应时间与加入模板的量成反比。例如，含 10ng 模板 DNA 的随机引物反应，温育时间应为 2.5h。

为监测反应的进程，可检测放射性标记 dNTP 掺入 TCA 可沉淀物中的比例（见附录 2）。

上述反应条件下，放射性标记产物的长度约为 400～600 个核苷酸，通过碱性琼脂糖凝胶（第 2 章，方案 9）或变性聚丙烯酰胺凝胶（第 6 章，方案 11）可确定标记产物的分子质量。

5. 在反应体系中加入 50μL NA 终止/储备缓冲液，根据需要继续进行下列步骤：
   - 储存放射性标记探针于−20℃以备杂交时用。

     或
   - 通过离心柱色谱法（按照方案 1，步骤 6～14，用商品化的柱子或自制的柱子）分离放射性标记的探针与未掺入的 dNTP，或用乙酸铵及乙醇选择性地沉淀放射性标记 DNA（见第 1 章，方案 4）。如大于 50%放射性标记的 dNTP 已在反应中掺入，此步骤可省去。

假设 50%的放射性活度已在随机引物反应中掺入 TCA 可沉淀的物质，且 90%的该物质系随机引物反应沿模板 DNA 产生（而非寡核苷酸的自身引导），探针 DNA 的总比活度则约为 4.5×10^7 dpm（足以进行 2～5 次哺乳动物基因组 DNA 的 Southern 杂交）。探针的比活度可达约 1.8×10^9 dpm/μg，反应中合成的 DNA 重量可达 9.7ng，足以检测单拷贝序列。

配方

为正确使用本方案中的器材和危险试剂，必须查阅相应的材料安全数据表并咨询所在机构的环境卫生和安全办公室。

NA 终止/储备缓冲液（1mL）

试剂	体积	终浓度
Tris-Cl (1mol/L, pH 7.5)	50μL	50mmol/L
NaCl (5mol/L)	10μL	50mmol/L
EDTA (0.5mol/L, pH 8.0)	10μL	5mmol/L
SDS (10%, *m/V*)	50μL	0.5% (*m/V*)

寡核苷酸标记缓冲液（1mL）

试剂	体积	终浓度
Tris-Cl (1mol/L, pH 8.0)	250μL	250mmol/L
$MgCl_2$ (1mol/L)	25μL	25mmol/L
DTT (1mol/L)	20μL	20mmol/L
未标记的 dNTP（100mmol/L）	20μL	每种 2mmol/L
HEPES (2mol/L, 用 4mol/L NaOH 调 pH 至 6.6)	585μL	1mol/L
随机寡核苷酸引物，长度为 6 个碱基（10mg/mL）	100μL	1mg/mL

分装小份储存于-20℃。此缓冲液冻融数次效果不受影响。

参考文献

Feinberg AP, Vogelstein B. 1983. A technique for radiolabeling DNA restriction endonuclease fragments to high specific activity. *Anal Biochem* 132: 6–13.

Feinberg AP, Vogelstein B. 1984. A technique for radiolabeling DNA restriction endonuclease fragments to high specific activity. Addendum. *Anal Biochem* 137: 266–267.

Suganuma A, Gupta KC. 1995. An evaluation of primer length on random-primed DNA synthesis for nucleic acid hybridization: Longer is not better. *Anal Biochem* 224: 605–608.

方案 3 用切口平移法标记 DNA 探针

切口平移需要两种不同的酶活性参与反应（图 13-2）。DNase I 可在双链靶 DNA 的两条链上的随机位点切割（切口）磷酸二酯键（在 Mg^{2+}存在下，DNase I 具有单链内切核酸酶活性）。大肠杆菌 DNA 聚合酶 I 则将脱氧核苷酸加到 DNase I 切割产生的 3′ 羟基端。DNA 聚合酶 I 除具有聚合酶活性，还具有 5′→3′外切核酸酶活性，因而能从切口 5′端去除核苷酸。5′端核苷酸的去除与 3′端标记核苷酸的加入同时进行，使切口沿着 DNA 链移动(切口平移)，产生高比活性的标记 DNA（Kelly et al. 1970）。反应产生的双链探针可用于多种研究目的，包括基因组和 cDNA 文库的筛选、Southern、Northern 和原位杂交。应用该法可合成放射性和非放射性的探针，但需要的 DNA 量较大（1μg），反应时间相对较长（2h），且反应温度（15℃）很重要。

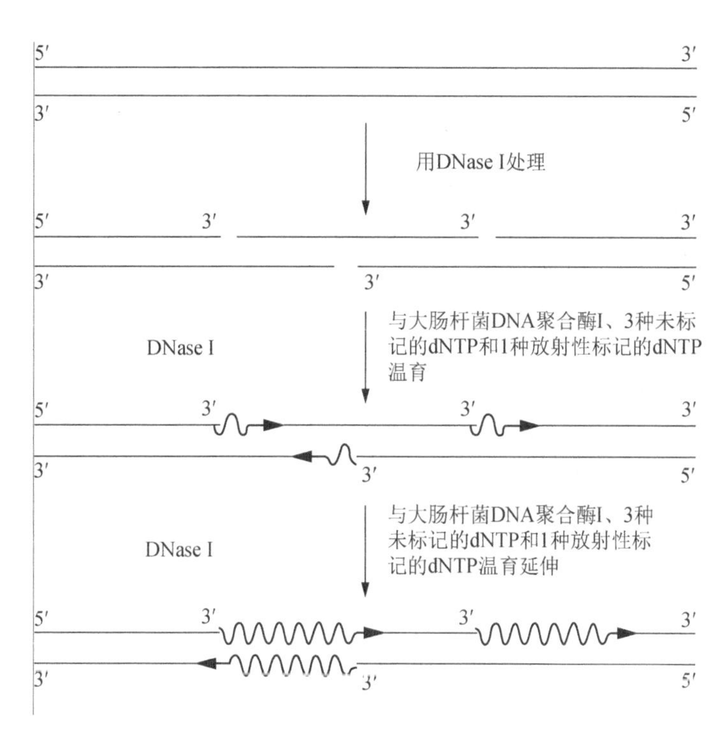

图 13-2　利用大肠杆菌 DNA 聚合酶的切口平移反应。（引用于 Krieg and Melton，1987，Elsevier 许可）。

切口平移作为放射性标记双链 DNA 的首选方法独领风骚多年之后，现已基本上被随机寡核苷酸引物法所取代，后者仅需一种酶参与反应。切口平移法长期存在的主要问题是平衡反应中的 DNA 聚合酶 I 及 DNase I 的活性。随着切口平移试剂盒的诞生（如 NIK-IT，Worthington Biochemical 公司），这个难题最终得以解决。切口平移反应中的注意事项描述于信息栏“优化切口平移反应”。

优化切口平移反应

切口平移反应中标记物掺入的量取决于 DNA 酶 I 切割产生的模板 DNA 中 3′ 羟基端的数目。切口过多会产生过多的起始位点，可导致放射性标记物的最大掺入，但却产生过短的 DNA 片段而不能用作杂交探针。另一方面，切口过少则使切口平移可用的起始位点数目受限，从而产生低比活度的产物。制备过程中每批 DNase I 的活性可有所不同，大肠杆菌 DNA 聚合酶 I 中所污染的 DNA 酶的量亦相差悬殊。因此需要测定每批 DNase I，摸索出酶的适当浓度，以产生所需比活度及长度的探针。当酶切（切口）和聚合反应同时进行时，在核苷酸的掺入开始之前可观察到微细滞后现象（Rigby et al. 1977），此滞后现象反映了 DNase I 在模板上产生切口的时间，而并不具实际意义。若以切口和聚合反应相继进行，取代两个反应同时进行，滞后现象即可消失（Koch et al. 1986）。

有必要摸索 DNase I 的合适浓度，以使约 40%的[α-^{32}P]dNTP 在反应中掺入。在此条件下，标准的切口平移反应可产生比活度高于 10^8cpm/μg 的放射性标记探针。标记 DNA 链的长度为 400～750 个核苷酸，因此必须依据实验确定每种酶的最佳用量，以获得高比活度及长度适当的探针。可通过固定 DNA 聚合酶的用量（如 2.5U）而改变 DNase I 的用量使优化反应得以实现。

虽然大肠杆菌DNA聚合酶I能在dNTP的浓度低至2μmol/L时作用，但在高浓度的底物存在时，酶催化DNA合成会更有效。为减少花费，切口平移反应中通常含有最低浓度的放射性标记dNTP（0.5～5μmol/L），而未标记的dNTP的浓度则高得多（1mmol/L）。很大程度上，反应中放射性标记的dNTP的比活度决定终产物的比活度。这样，用同源未标记的dNTP来稀释放射性标记的dNTP，可制备不同比活度的标记DNA。如需要制备高比活度（$>5\times10^8$ dpm/μg）的探针（用于重组DNA文库的筛选或用于复杂的哺乳类动物基因组DNA的Southern杂交检测单拷贝序列），切口平移反应中应含有所有4种放射性标记的dNTP（比活度>800Ci/mmol），而不含有未标记的dNTP。对于大多数研究目的，应用一种[α-^{32}P]（800Ci/mmol）标记的dNTP及三种未标记的dNTP即可，或用适量未标记的dNTP稀释每种[α-^{32}]dNTP，则足以满足需要。在比活度为800Ci/mmol（约12pmol/μL）的溶液中，放射性标记的dNTP浓度比在比活度为3000Ci/mmol（约3.3pmol/μL）的溶液中高约3.75倍。

材料

为正确使用本方案中的器材和危险试剂，必须查阅相应的材料安全数据表并咨询所在机构的环境卫生和安全办公室。

本方案的专用试剂标注<R>，配方在本方案末提供。常用储备溶液、缓冲液和试剂标注<A>，配方见附录1。储备溶液应稀释至适用浓度后使用。

试剂

[α-^{32}P]dATP（800Ci/mmol），0.5mmol/L 生物素-11-dUTP或0.5mmol/L DIG-11-dUTP

为最大限度地减少前体的辐射分解，应尽可能在［^{32}P］dNTP到达实验室的当天制备放射性标记探针。

DNase I (1mg/mL储备溶液，稀释1000倍或10 000倍，见以下的注释)

DNase I通常以溶液形式出售（无RNA酶和/或无蛋白酶），亦有浓度为2000～3000U/mg蛋白的冻干粉出售。制备储备溶液时，可将1mg DNase I冻干粉溶于1mL含20mmol/L Tris-Cl（pH 7.5）和1mmol/L $MgCl_2$的溶液。将溶液分装微量离心管，迅速置于干冰上，然后储存于-80℃。这样的溶液可保持酶活性储存达1年。使用时，将溶液在冰上融化，未用完的液体不可继续冻存。

当制备放射性标记的探针时，用含20mmol/L Tris-Cl（pH 7.5）、0.5mg/mL BSA和10mmol/L β-巯基乙醇的溶液稀释储备溶液10 000倍，此溶液在4℃下可储存达1个月。因此，在制备非放射性探针时，以1000倍稀释DNase I储备溶液。

dNTP溶液，含dTTP、dCTP和dGTP，每种浓度为0.5mmol/L

当制备非放射性探针时，用含dUTP、dCTP和dGTP（每种浓度为0.5mmol/L）的溶液代替含dTTP、dCTP和dGTP的dNTP溶液。

大肠杆菌DNA 聚合酶I（10U/μL）

EDTA（0.5mol/L, pH 8.0）<A>

切口平移反应缓冲液（10×）<R>

模板DNA（50～500ng/μL）/TE（pH 7.6）

应用本方案最好在标准的50μL反应体系中用50μg DNA。

设备

冰盒

Sephadex G-50 离心柱，用 pH 7.6 TE 平衡（可选；见步骤 4）

Sephadex G-50 凝胶过滤介质可用于从低分子质量物质（放射性前体保留在柱中）中分离 DNA（DNA 可穿过介质）。放射性标记 DNA 的纯化用 Sephadex G-50 柱可从几个商品渠道获得，如 Quick Spin Columns（Roche Applied Science 公司）。但是，用 1mL 装填硅化玻璃棉的一次性注射器很容易完成（见方案 1，步骤 6～14）。

水浴（15℃）

方法

1. 将 1.5mL 的微量离心管置于冰上，在管中加入下列组分：

切口平移反应缓冲液（10×）	5μL
dNTP 溶液	5μL
[α-^{32}P]dATP（50μCi），生物素-11-dUTP（0.5 mmol/L）或 DIG-11-dUTP（0.5mmol/L）	5μL
稀释的 DNase I	
大肠杆菌 DNA 聚合酶 I	2μL
在步骤 2 加入 DNA 后，水加至终体积	50μL

2. 用于放射性标记时加入 0.5μg DNA，用于生物素或 DIG 标记时加入 1μg DNA。盖好微量离心管的盖子，轻敲管壁以混合各组分。以最大速度离心 1～2s，使所有液体降至管底。

3. 制备放射性标记探针时，15℃下温育反应 1h。制备 DIG 或生物素标记探针时，15℃下延长温育反应时间至 2h。

制备非放射性标记探针时，延长反应时间可使修饰的脱氧核苷酸掺入的效率达到最佳。

4. 加入 2μL 0.5 mol/L EDTA 以终止反应，根据情况继续进行以下步骤。

- 储存放射性标记的探针于−20℃以备杂交。

  或

- 通过离心柱色谱法（按照方案 1，步骤 6～14，用商品化的柱子或自制的柱子）将放射性标记探针与未标记的 dNTP 分离，或以乙酸铵和乙醇选择性地沉淀放射性标记的 DNA（见第 1 章，方案 4）。如>50%放射性标记的 dNTP 已在反应中掺入，则此步骤可省去。

见“疑难解答”。

5. 通过适当的分子标记物和琼脂糖迷你胶电泳分析小量反应混合物。理想的情况下，消化的 DNA 分子质量应当在 100bp 和 500bp。如果探针的大小在 500bp 和 1000bp（或更长），可增加反应中 DNase I 的量。

见“疑难解答”。

疑难解答

问题（步骤 4）：标记物不能充分地掺入探针。

解决方案：反应时间太短或 DNase I 量太低。为使切口平移反应优化，需要优化反应时间和加入反应的 DNase I 的量。可建立一系列平行反应，采用不同的反应时间和酶量，检测[α-^{32}P]dATP 掺入探针的量，理想的情况下，探针中应当有 30%～40%的标记物掺入。

问题（步骤 4）：探针降解。

解决方案：反应时间过长或 DNase I 量过高。如上所述，建立一系列平行反应优化反应时间和酶量。

问题（步骤 5）：标记物不能充分地掺入探针。

解决方案：DNA 模板片段可能过短（<500 bp）。可增加 DNase I 量以确保 DNA 至少形成一个切口。

配方

为正确使用本方案中的器材和危险试剂，必须查阅相应的材料安全数据表并咨询所在机构的环境卫生和安全办公室。

切口平移反应缓冲液（10×）

试剂	体积（1mL）	终浓度
Tris-Cl (1mol/L, pH 7.5)	500μL	0.5mol/L
$MgCl_2$ (1mol/L)	100μL	0.1mol/L
DTT (1mol/L)	10μL	10mmol/L
BSA (10mg/mL)	50μL	0.5mg/mL

分装并储存于 -20℃

参考文献

Kelly RB, Cozzarelli NR, Deutscher MP, Lehman IR, Kornberg A. 1970. Enzymatic synthesis of deoxyribonucleic acid. XXXII. Replication of duplex deoxyribonucleic acid by polymerase at a single strand break. *J Biol Chem* 245: 39–45.

Koch J, Kolvraa S, Bolund L. 1986. An improved method for labelling of DNA probes by nick translation. *Nucleic Acids Res* 14: 7132.

Krieg PA, Melton DA. 1987. In vitro RNA synthesis with SP6 RNA polymerase. *Methods Enzymol* 155: 397–415.

Rigby PW, Dieckmann M, Rhodes C, Berg P. 1977. Labeling deoxyribonucleic acid to high specific activity in vitro by nick translation with DNA polymerase I. *J Mol Biol* 113: 237–251.

方案 4　用聚合酶链反应标记 DNA 探针

聚合酶链反应法（见第 7 章）可用于制备非放射性标记的 DNA 探针和高比活度的放射性标记的 DNA 探针。该法的优点如下：

- 可扩增和标记目的 DNA 的限定片段，而不依赖于限制性酶切位点的定位与类型。
- 不需要分离 DNA 片段或将片段亚克隆入含噬菌体启动子的载体。
- 仅需要小量的模板 DNA（2～10 ng 或约 1fmol)。
- 放射性标记扩增的 DNA 的比活性可达 10^9dpm/μg。

能同时扩增并放射性标记 DNA 的方法有四种。下述前三种方法需要靶 DNA 的序列信息，而第四种方法则无此需要。

- 应用常规 PCR 法可获得双链 DNA 探针，PCR 反应中含有同样浓度的上、下游引物。合成放射性探针时，反应中含有三种未标记的 dNTP，其浓度均超过各自的 K_m（200μmol/L），一种[α-^{32}P]标记的 dNTP 浓度等于或略高于其 K_m（2～3μmol/L）（Jansen and Ledley 1989; Schowalter and Sommer 1989)。合成非放射性探针时，反应中含有非放射性标记的脱氧核苷酸，如生物素-11-dUTP 或 DIG-11-dUTP，浓度为正常水平的 1/3（66.7μmol/L），其中，dTTP 的量降至正常水平的 2/3（133μmol/L）。
- 可通过 PCR 合成以 DNA 的一条链占优势的标记探针。此反应中，一条引物的浓度为另一条引物的 20～200 倍。在 PCR 最初的几个循环中，双链 DNA 以常规指数方式扩增。但当一条引物的浓度受限时，反应则以算术级数积聚单链 DNA，结果合成的 DNA 一条链的浓度大于另一条链 3～5 倍（Scully et al. 1990）（详见后文附加方案：不对称探针）。
- 通过热循环反应可合成完全由 DNA 的一条链构成的标记探针。此反应中含有双链 DNA 模板，但仅含有一条引物。通过 40 个循环反应，双链 DNA 模板（20ng）可产生约 200ng 的单链探针。通过引物结合位点下游的一个限制性位点，切割模板 DNA，可限定探针的长度（Stürzl and Roth 1990; Finckh et al. 1991）。注意，用细菌 T4 多核苷酸激酶和 Klenow 酶，通过引物延伸法亦可合成均一标记的单链 DNA 探针（见第 6 章，方案 16）。
- 靶 DNA 可用限制性内切核酸酶 *Cvi*J Ⅰ酶切。此酶以三磷酸腺苷（ATP）为辅助因子，能切割识别序列 GC（YGCR 除外，Y 为嘧啶，R 为嘌呤）（Swaminathan et al. 1996）。由于二核苷酸 GC 在大多数 DNA 中频繁出现，因而酶切后产生分子质量较小的平端 DNA 片段，长度为 20～60 个核苷酸。这些小片段可作为 PCR 反应中的序列特异性引物，其中一等份的靶 DNA 可作为模板，产生分子质量不均一的双链 DNA 分子群，其分子质量从最小约 60bp 至最大超过靶 DNA 分子不等（Swaminathan et al. 1994）。其中大分子片段被认为是自嵌合模板与引物产生的复杂而混乱的靶 DNA 版本。研究者们对应用其序列与原模板 DNA 呈非共线性关系的探针深感不安，希望避免使用这种方法，但该技术仍受到那些因缺乏 DNA 序列信息而又想应用 PCR 技术的人们的青睐。

下述方案由 Mala Mahendroo 和 Galvin Swift（得克萨斯州立大学，西南医学中心，达拉斯）提供，与 Schowalter 和 Sommer（1989）的制备放射性标记双链探针的方法十分接近。有关利用 PCR 法制备不对称探针的改进方法见后文附加方案：不对称探针。

材料

为正确使用本方案中的器材和危险试剂，必须查阅相应的材料安全数据表并咨询所在机构的环境卫生和安全办公室。

本方案的专用试剂标注<R>，配方在本方案末提供。常用储备溶液、缓冲液和试剂标注<A>，配方见附录 1。储备溶液应稀释至适用浓度后使用。

试剂

[α-^{32}P]dCTP（10mCi/mL，比活度为 3000Ci/mmol）

为最大限度地减少前体的辐射分解，应尽可能在［^{32}P］dNTP 到达实验室的当天制备放射性标记探针。

乙酸铵（10mol/L）<A>

扩增缓冲液（10×）<R>

生物素-11-dUTP 或 DIG-11-dUTP

用于乙醇沉淀放射性标记探针的载体（见步骤 5）

可使用糖原（储备溶液=50 mg/mL，水配制）或酵母 tRNA（储备溶液浓度为 10mg/mL，水配制）。

氯仿

dCTP（0.1mmol/L，用于放射性标记）

用 99 体积的 10mmol/L Tris-Cl（pH8.0）稀释 1 体积的 10mmol/L dCTP 储备溶液，将稀释后的溶液分装成 50μL 小份储存于-20℃。

dNTP 溶液

含 dATP、dGTP 和 dTTP 各 10mmol/L 的 dNTP 溶液 1

或

含 dATP、dGTP 和 dCTP 各 10mmol/L 的 dNTP 溶液 2

溶液 1 中加入放射性标记的 dCTP，溶液 2 中加入非放射性标记的 dUTP。关于制备和储存 dNTP 储备溶液，见信息栏“dNTP 储备溶液的制备”。

dTTP（5mmol/L，用于 DIG 或生物素标记）

乙醇

正向引物（20μmol/L）及反向引物（20μmol/L）（水配制）

每条引物的长度应为 20～30 个核苷酸，4 种碱基的数量应相近，G 和 C 残基分布平衡，不易形成稳定的二级结构。将引物储备溶液储存于-20℃。

自动 DNA 合成仪合成的寡核苷酸引物通常无需纯化即可用于标准的 PCR 反应。然而，如果将寡核苷酸引物用商品化的树脂层析纯化（如 NENSORB 公司、PerkinElmer Life Science 公司的产品）或通过变性聚丙烯酰胺凝胶电泳纯化，则哺乳动物基因组模板单拷贝的扩增和放射性标记常更有效（见第 2 章，方案 3）。

TE（pH 7.6）<A>

模板 DNA（2～10ng）

各种模板均可用于此方案，包括小量制备的质粒 DNA 粗提样品（见第 1 章，方案 1）、分离纯化的琼脂糖或聚丙烯酰胺凝胶中的 DNA 片段（见第 2 章，方案 1），以及低复杂性微生物的基因组 DNA（如细菌和酵母）。

当以重组质粒或其他类型的重组体为模板时，由于寡核苷酸引物与目的 DNA 两侧的载体序列互补或 PCR 在起始模板 DNA 上产生长的通读链，放射性标记的探针中可能会含有小量载体序列。对于大多数杂交实验，低水平载体序列的存在不会干扰实验结果。但是在筛选以高拷贝质粒（如 pUC、pBluescript 和 pGEM 载体）为载体的文库时，探针中的载体序列可导致本底增高。解决的办法包括：①采用定位于靶区内的正向和反向引物；②用凝胶纯化的 DNA 片段作为 PCR 扩增的起始模板；③用限制性内切核酸酶酶切模板 DNA 以防止通读链的合成。

热稳定的 DNA 聚合酶（如 *Taq* DNA 聚合酶）

每一扩增/标记反应需要热稳定的 DNA 聚合酶（2.5U）。

设备

自动微量进样器的屏障吸头

微量离心管（0.5mL，PCR 专用的薄壁小管）

正向置换进样器

Sephadex G-75 离心柱，用 TE（pH 7.6）平衡

Sephadex G-75 凝胶过滤介质可用于从低分子质量物质（放射性前体保留在柱中）中分离 DNA（DNA 可穿过介质）。但是，用 1mL 装填硅化玻璃棉的一次性注射器很容易完成（见方案 1，步骤 6～14，亦可用 Sephadex G-50 柱代替 Sephadex G-75。Sephadex G-50 柱可从商品渠道获得，如 Sigma-Aldrich 公司或 GE Healthcare Life Sciences 公司）。

可编程所需扩增方案的热循环仪

如果热循环仪无加热盖，可使用矿物油或石蜡珠以防止 PCR 过程中反应液蒸发。

方法

1．在一个 0.5mL 的薄壁微量管中设置下列任一扩增/放射性标记反应体系：

放射性标记

扩增缓冲液（10×）	5.0μL
dNTP 溶液 1（10mmol/L）	1.0μL
dCTP（0.1mmol/L）	1.0μL
正向寡核苷酸引物（20μmol/L）	2.5μL
反向寡核苷酸引物（20μmol/L）	2.5μL
模板 DNA（2～10ng 或约 1fmol）	5～10μL
[α-^{32}P]dCTP（10mCi/mL） （比活度 3000Ci/mmol）	5.0μL
H_2O	加至 48μL

DIG 或生物素标记

扩增缓冲液（10×）	5.0μL
dNTP 溶液 2（10mmol/L）	1.0μL
dTTP（5mmol/L）	1.33μL
正向寡核苷酸引物（20μmol/L）	2.5μL
反向寡核苷酸引物（20μmol/L）	2.5μL
模板 DNA（2～10ng 或约 1fmol）	5～10μL
生物素-11-dUTP 或 DIG-11-dUTP	至 66.7μmol/L
H_2O	加至 48μL

在反应体系中加入 2.5U 的热稳定 DNA 聚合酶。轻敲管壁以混合各组分。

如利用一对引物标记一个以上的 DNA 片段时，可先配制含所有反应组分的母液（DNA 模板除外），将反应母液分入各 PCR 管，在加入酶及开始反应之前，将不同的模板 DNA 加入各管。

2．如果热循环仪无加热盖，可加一滴（50μL）轻矿物油或一粒石蜡珠于反应混合物之上，以防止样品在反复加热及冷却的循环中蒸发。将微量管放入热循环仪。

3．通过变性、复性和聚合扩增样品，反应时间见下表。

循环数	变 性	复 性	聚 合
30 个循环	94℃，30～45 s	55～60℃，30～45 s	72℃，1～2 min
末循环	94℃，1 min	55℃，30 s	72℃，1 min

上述条件适用于 0.5mL 薄壁管、体积为 50μL 的反应。如应用其他类型的仪器及反应体积，可适当调整反应时间和温度。

每 1000bp 靶 DNA 的聚合时间应为 1min。

大多数热循环仪常规设有在扩增完毕后 4℃孵育的程序。样品可置于此温度直至取出或过夜，但取出后应储存于-20℃。

4．从热循环仪中取出反应管，用微量进样器尽可能地从反应液上层吸去矿物油。用 50μL 氯仿抽提反应液，以除去剩余的矿物油。室温下离心 1min 以使液相与有机相分离。

5．将上层水相转移到一个清洁的微量管中，加入载体 tRNA（10～100μg）或糖原（5μg），用等体积的 4mol/L 乙酸铵和 2.5 体积的乙醇沉淀 DNA，放置于-20℃、1～2h，或-70℃、10～20min。4℃下以最大速度离心 5～10min 收集沉淀的 DNA。

6．将 DNA 溶于 20μL TE（pH 7.6），按照方案 1 步骤 6～14，用 Sephadex G-75 离心柱色谱法除去残存的未掺入 dNTP 和寡核苷酸引物。

约 60%的放射性同位素应掺入 DNA，通过离心柱色谱法洗脱而存在于流出液中。

7．当制备放射性标记探针时，用液闪仪测定 1.0μL 离心柱中流出液的放射活性。储存剩余的放射性标记 DNA 于-20℃以备用。

放射性标记 DNA 的产量为 20～50ng，比活性为 1×10^9～2.5×10^9 dpm/μg。

附加方案　不对称探针

通过限制扩增反应中一条引物的用量，可使扩增反应中双链 DNA 模板的一条链的合成占优势（Gyllensten and Erlich 1988; Innis et al. 1988; Shyamala and Ames 1989,1993; McCabe 1990; Scully et al. 1990）。产生的不对称探针可用于 Northern 杂交中确定未知 DNA 中哪一条链为基因的有义链、哪一条链为反义链。

应用上述反应合成不对称探针时，可用 0.4μmol/L 的正向引物或反向引物代替标准的 20μmol/L 引物溶液（见方案 4，步骤 1）。其余步骤与以上描述的方法完全相同。

谨记不对称扩增最初是以指数速率进行，当一条寡核苷酸引物量受限时，扩增速度延缓而以算术速率进行。不对称探针的比活度与常规 PCR 合成的探针相同，但反应中合成的 DNA 量将明显降低。于步骤 1 设立多组反应可弥补探针总量的减少。

此外，反应中放射性标记的一条链合成占优势，但通常不超过另一条链的 5 倍。如有必要，此比率可加以改进，可通过：①利用凝胶电泳或阴离子交换层析分离单链与双链 DNA 产物；②用更为复杂的两步扩增法使单链探针能以大于 20 倍量合成（Finckh et al. 1991）。

配方

为正确使用本方案中的器材和危险试剂，必须查阅相应的材料安全数据表并咨询所在机构的环境卫生和安全办公室。

扩增缓冲液（10×）

试剂	体积（50mL）	终浓度
KCl（1mol/L）	25mL	0.5mol/L
Tris-Cl（1mol/L，pH 8.3）	5mL	0.1mol/L
$MgCl_2$ (1mol/L)	750μL	15mmol/L

将 10×缓冲液在液体循环 15psi（1.05kg/cm²）下灭菌 10 min。分装并储存于–20℃。

参考文献

Finckh U, Lingenfelter PA, Myerson D. 1991. Producing single-stranded DNA probes with the *Taq* DNA polymerase: A high yield protocol. *BioTechniques* 10: 35–39. (Erratum *BioTechniques* [1992] 12: 382.)

Gyllensten UB, Erlich HA. 1988. Generation of single-stranded DNA by the polymerase chain reaction and its application to direct sequencing of the *HLA-DQA* locus. *Proc Natl Acad Sci* 85: 7652–7656.

Innis MA, Myambo KB, Gelfand DH, Brow MAD. 1988. DNA sequencing with *Thermus aquaticus* DNA polymerase and direct sequencing of polymerase chain reaction–amplified DNA. *Proc Natl Acad Sci* 85: 9436–9440.

Jansen R, Ledley FD. 1989. Production of discrete high specific activity DNA probes using the polymerase chain reaction. *Gene Anal Tech* 6: 79–83.

McCabe PC. 1990. Production of single-stranded DNA by asymmetric PCR. In *PCR protocols: A guide to methods and applications* (ed Innis MA, et al.), pp. 76–83. Academic, New York.

Schowalter DB, Sommer SS. 1989. The generation of radiolabeled DNA and RNA probes with polymerase chain reaction. *Anal Biochem* 177: 90–94.

Scully SP, Joyce ME, Abidi N, Bolander ME. 1990. The use of polymerase chain reaction generated nucleotide sequences as probes for hybridization. *Mol Cell Probes* 4: 485–495.

Shyamala V, Ames GF. 1989. Genome walking by single-specific-primer polymerase chain reaction: SSP-PCR. *Gene* 84: 1–8.

Shymala V, Ames GF. 1993. Genome walking by single specific primer-polymerase chain reaction. *Methods Enzymol* 217: 436–446.

Stürzl M, Roth WK. 1990. Run-off synthesis and application of defined single-stranded DNA hybridization probes. *Anal Biochem* 185: 164–169.

Swaminathan N, George D, McMaster K, Szablewski J, Van Etten JL, Mead DA. 1994. Restriction generated oligonucleotides utilizing the two base recognition endonuclease *CviJI**. *Nucleic Acids Res* 22: 1470–1475.

Swaminathan N, Mead DA, McMaster K, George D, Van Etten JL, Skowron PM. 1996. Molecular cloning of the three base restriction endonuclease R.CviJI from eukaryotic *Chlorella* virus IL-3A. *Nucleic Acids Res* 24: 2463–2469.

方案 5　体外转录合成单链 RNA 探针

制备特异性的单链 RNA 探针不仅比 DNA 探针更容易，在杂交反应中，一般也比具相同比活性的 DNA 探针容易产生更强的信号，这可能是由于 RNA 的杂合链固有的更高稳定性的缘故（Casey and Davidson 1977）。虽然 DNA 探针仍普遍地应用于 Northern 和 Southern 杂交，但当分析哺乳类动物基因的转录时，放射性标记的 RNA 是目前首选探针。由于 RNA 酶 A 既耐用又容易控制，可用其来消化 RNA-RNA 杂交体，而不必用特异性 S1 核酸酶来消化 DNA-RNA 杂合分子，RNA 酶 A 可在较宽的浓度范围内使用而不影响实验结果（Zinn et al. 1983; Melton et al. 1984）（见第 6 章，方案 17）。应用体外转录法可合成放射性标记和非放射性标记的探针。

将含目的 DNA 片段及其上游带噬菌体强启动子的重组质粒线性化（图 13-3，见信息栏“用于体外转录的质粒载体”），或通过 PCR 合成 5′端含噬菌体启动子编码序列的模板（见本方案后的附加方案“用 PCR 法将噬菌体编码的 RNA 聚合酶启动子加至 DNA 片段上”），可产生体外转录 RNA 探针的模板。目前许多厂商销售体外转录试剂盒（如 MAXIscript 和 MEGAscript [Ambion 公司]、Riboprobe Gemini Systems [Promega 公司]）。对于第一次使用体外转录法的研究者来说，如果技术上存在问题，试剂盒显然很方便。但是，实验室里熟练的工作者很容易配制试剂盒中提供的试剂及缓冲液，单独购买酶则较经济。

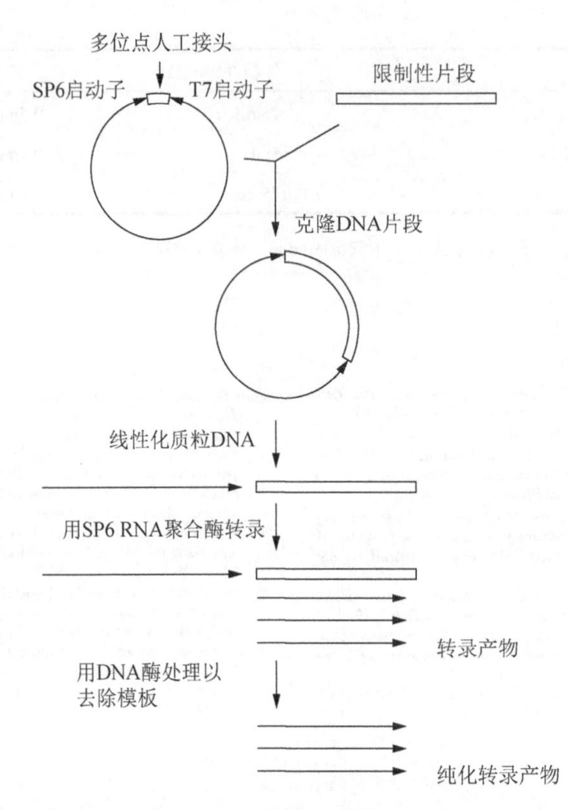

图 13-3 用噬菌体编码的 RNA 聚合酶体外合成 RNA。[本图由 Krieg 和 Melton（1987）提供，经 Elsevier 许可]。

在本方案中，我们介绍从含噬菌体编码的 RNA 聚合酶启动子的质粒中合成高特异性 RNA 探针的方法。以下附加方案介绍 PCR 产物的产生和转录。这两种方法的简介和背景信息见下述信息栏。

- 用于转录反应中 RNA 聚合酶的酶学特性详见本章末的信息栏“体外转录系统”。
- 减少 RNA 酶的污染应采取的必要措施概括于第 6 章信息栏“如何去除 RNase”。

用于体外转录的质粒载体

许多市售的质粒和噬菌粒载体带有各种不同噬菌体启动子和多克隆位点的组合 [如 pGEM 系列（Promega 公司）]。一些载体还编码 lacZ α互补片段，可利用含有 X-gal（5-溴-4-氯-3-蚓哚-β-D-半乳糖苷）的平板，根据颜色来筛选重组体。如何选用这些载体，在很大程度上要看个人所好。但是，假如需要同时得到两条模板链的转录物，那么选用带两种不同噬菌体启动子的载体会比将模板以两个方向插入只携带一种噬菌体启动子的载体更为有效。仔细考虑模板 DNA 内部及其下游限制性内切核酸酶位点的分布也很重要。转录的 5′端被噬菌体启动子所固定，而它的 3′端则由下游的限制性内切核酸酶位点所限定。所以采用同一质粒经不同的限制性内切核酸酶产生一系列线性模板，就可制备不同长度的 RNA 探针。然而，RNA 探针中的质粒序列会增加杂交背景，这些探针不能用于筛选质粒或黏粒文库。

制备模板DNA时，务必用一种限制酶完全切割超螺旋质粒DNA，少量的环形质粒DNA可导致多聚转录物的形成而使产率显著降低。造成平端或5′突出端的限制酶可产生最佳的线性模板。但是，两种末端产生的RNA产物的3′端很不均一（Melton et al. 1984; Milligan and Uhlenbeck 1989）。具3′突出端的模板会导致大量RNA分子在模板末端不正确地起始转录，从而产生双链RNA分子(Schenborn and Mierendorf 1985)，因此应避免采用产生3′突出端的限制性内切核酸酶。

除质粒外，一些噬菌体和黏粒载体也含有噬菌体启动子，通常分别以相反方向设计在可供外源DNA插入的克隆位点的两侧。当以这类载体构建的重组体被一种可在外源DNA内部切割数次的限制酶消化后，可产生大量的片段，其中之一将含有某特定噬菌体启动子及紧靠其下游的外源序列。假如所产生的片段不含3′突出端，那么只有带噬菌体启动子的片段才能作为体外转录反应的模板。所产生的放射性标记RNA与原外源DNA片段一侧的序列互补，可用作探针以筛选基因组DNA文库或cDNA文库相互重叠的克隆。这些载体大大简化了从一个重组克隆到另一个重组克隆的染色体步查的任务。以下是两个高效合成链特异性RNA探针的方法：

- 可将相关DNA片段克隆或亚克隆于含噬菌体编码的DNA依赖性RNA聚合酶启动子的特化质粒。以重组质粒作为双链模板的来源，体外转录成固定长度的、具链特异性的单链RNA（Zinn et al. 1983; Melton et al. 1984）。
- 在引物的5′端设计有噬菌体编码的、依赖DNA的RNA聚合酶的合成启动子，通过PCR扩增待转录的DNA片段。将PCR产物纯化后，可用作体外转录反应的双链模板（Logel et al. 1992; Bales et al. 1993; Urrutia et al. 1993）。

采用这两种方法均可极为有效地合成RNA。当体外转录反应随核苷三磷酸（rNTP）饱和时，模板可被转录许多次，产生的RNA的量可数倍于模板。rNTP浓度相对较低时（1～20μmol/L），噬菌体编码的、依赖DNA的RNA聚合酶也能在体外有效地发挥作用，所以合成高比活度全长探针的成本较低。此外，用无RNA酶的DNase I处理反应产物，即可从RNA探针中除去模板DNA，因而通常不必用凝胶电泳进行纯化。但是，当用高比活度的RNA探针检测稀有mRNA转录物时，变性凝胶电泳纯化后的探针可使杂交背景最低。

材料

为正确使用本方案中的器材和危险试剂，必须查阅相应的材料安全数据表并咨询所在机构的环境卫生和安全办公室。

本方案的专用试剂标注<R>，配方在本方案末提供。常用储备溶液、缓冲液和试剂标注<A>，配方见附录1。储备溶液应稀释至适用浓度后使用。

▲用于此方案的所有试剂均须用DEPC处理的水配制（见第6章的信息栏“如何去除RNase”）。

试剂

琼脂糖凝胶（0.8%～1.0%）（见步骤1）

[α-^{32}P] rGTP（10mCi/mL，比活度400～3000 Ci/mmol）

为最大限度地减少前体的辐射分解，应尽可能在[α-^{32}P]dNTP到达实验室的当天制备放射性标记探针。

乙酸铵（10mol/L）<A>（可选；见步骤8）

适当的限制性内切核酸酶（见步骤 1）

T4 噬菌体 DNA 聚合酶（2.5U/μL）（可选；见步骤 2）

10×T4 噬菌体 DNA 聚合酶缓冲液（可选；见步骤 2）

生物素-11-UTP 或 DIG-11-UTP（3.5mmol/L）

牛血清白蛋白（2mg/mL，片段 V，Sigma-Aldrich 公司）

DTT（1mol/L）<A>

T3、T7 或 SP6 噬菌体依赖 DNA 的 RNA 聚合酶

这些酶由几家公司提供，通常浓度为 10～20U/μL。大多数厂家还提供 10×转录缓冲液，系适用于各自制备的依赖 DNA 的 RNA 聚合酶的优化缓冲液。但如厂商未提供缓冲液，可采用普通的 10×转录缓冲液（见以下内容）。

dNTP 溶液，含各 2mmol/L dATP、dCTP、dGTP 和 dTTP（可选；见步骤 2）

有关配制及储存 dNTP 溶液，见信息栏“dNTP 储备溶液的制备”

乙醇

酚：氯仿（1：1，*V/V*）

胎盘 RNA 酶抑制剂（20U/μL）

rGTP（0.5mmol/L）（可选；见步骤 5）

无 RNA 酶的胰腺 DNase I（1mg/mL）

有几家厂商可提供这种酶（如 RQ1 无 RNA 酶的 DNA 酶 I [Promega 公司]）。

rNTP 溶液 1，含 rATP、rCTP 和 rUTP 各 5mmol/L

或

rNTP 溶液 2，含 rATP、rCTP 和 rGTP 各 10mmol/L 以及 rUTP（6.5mmol/L）

乙酸钠（3mol/L，pH 5.2）<A>

模板 DNA

体外转录的 DNA 片段应克隆于商品化的含噬菌体 RNA 聚合酶启动子质粒［如 pGEM （Promega 公司）或 pBluescript（Stratagene 公司）］中的多克隆位点两侧。按第 1 章所述的一种或多种方法纯化超螺旋重组质粒。

用作体外转录反应的模板 DNA 不需高度纯化，小量制备的粗制品即足以胜任。最基本的要求就是模板不含 RNA 酶。这一标准通常用酚：氯仿抽提质粒 DNA 两次即可达到。在纯化过程中，如去除蛋白后再用 RNA 酶处理，这时应通过以下方法用蛋白酶 K 处理而除去 RNA 酶：

1. 在质粒 DNA 样品中加入 0.1 体积 10×蛋白酶 K 缓冲液［100mmol/L Tris-Cl（pH 8.0）/50 mmol/L EDTA（pH 8.0）/500mmol/L NaCl］、0.1 体积 0.5%（*m/V*）SDS 和终浓度为 100μg/mL 的蛋白酶 K（储备溶液 20 mg/mL）。
2. 37℃温育反应 1 h。
3. 用酚：氯仿抽提及标准乙醇沉淀回收 DNA。
4. 将 DNA 悬浮于无 RNA 酶的 TE（pH 7.6）至浓度为大于等于 100μg/mL。

10×转录缓冲液<R>

设备

微量离心管（0.5mL）

Sephadex G-50 离心柱，用 10mmol/L Tris-Cl（pH7.5）平衡（可选；见步骤 8）。

Sephadex G-50 凝胶过滤介质可用于从低分子质量物质（放射性前体保留在柱中）中分离 DNA（DNA 可穿过介质）。放射性标记 DNA 的纯化用 Sephadex G-50 柱可从几个商品渠道获得［如 Quick Spin Columns（Roche Applied Science 公司）］。但是，用 1mL 装填硅化玻璃棉的一次性注射器很容易完成（见方案 1，步骤 6～14）。

水浴（40℃）（如在步骤 4 中应用 SP6 噬菌体依赖 DNA 的 RNA 聚合酶）

方法

1. 用适量的限制酶消化超螺旋质粒 DNA 制备 5pmol 的线性模板 DNA。取一小份消化的 DNA（100ng）进行琼脂糖凝胶电泳分析。如有必要，再补加限制酶继续温育，直至不再残存痕量的未消化 DNA。

2μg 3kb 质粒相当于约 1pmol。

▲质粒 DNA 模板必须酶切完全，因为痕量的闭环质粒 DNA 可产生含质粒序列的极长转录物。由于这些转录物很长，因而会占用相当比例的放射性标记 rNTP 掺入。

2. 如必须用产生 3′突出端的限制酶如 *Pst*I 或 *Sst*I，则应用 T4 噬菌体 DNA 聚合酶在 4 种 dNTP 的存在下处理消化的 DNA 片段，以除去产生的 3′突出端。

3′ 突出端可在依赖 DNA 的 RNA 聚合酶的作用下转移到模板的互补链，产生具有延伸二级结构的长 U 形回转转录物。T4 DNA 聚合酶具有 3′ → 5′外切核酸活性，对于单链底物的作用比双链底物更强，此酶能快速水解 3′突出端，然后继续以较慢的速度去除 DNA 底物的双链部分。然而，在高浓度 dNTP 的存在下，由外切核酸活性产生的凹进的 3′羟基端可作为模板的引物，通过 5′ → 3′聚合酶活性引导单核苷酸的加入。由于 T4 DNA 聚合酶的合成能力超过其外切核酸活性，突出的 3′端即转变成平端（Richardson et al. 1964）。

i. 酶切后先用酚：氯仿抽提，再用含 2.5mol/L 乙酸铵的乙醇沉淀，以纯化 DNA（见第 2 章，方案 4）。

ii. 将 DNA 沉淀溶于

10×T4 噬菌体 DNA 聚合酶缓冲液	2μL
未标记的 dNTP 溶液（2mmol/L）	1μL
T4 噬菌体 DNA 聚合酶（2.5U/μL）	1μL
H_2O	加至 20μL

iii. 37℃下温育反应 5min。

3. 用酚：氯仿抽提及标准乙醇沉淀纯化模板 DNA。将 DNA 溶解于水，使其终浓度为 100nmol/L（如 3kb 质粒为 200μg/mL）。

4. 选择下列配方之一，将前 6 种组分置于室温下复温。在一个灭菌的 0.5mL 微量离心管中，室温下按以下列顺序混合：

放射性标记

模板 DNA	0.2pmol（3kb 质粒为 400ng）
无 RNA 酶的水	加至 6μL
rNTP 溶液 1（5mmol/L）	2μL
DTT（100mmol/L）	2μL
转录缓冲液（10×）	2μL
牛血清白蛋白（2mg/mL）	1μL
[α-^{32}P]rGTP（10mCi/mL）	5μL（比活性 400～3000 Ci/mmol）

DIG 或生物素标记

模板 DNA	0.2pmol（3kb 质粒为 400ng）
无 RNA 酶的水	加至 9μL
rNTP 溶液 2（10mmol/L）	2μL（含 6.5mmol/L rUTP）
DTT（100mmol/L）	2μL
10×转录缓冲液	2μL
牛血清白蛋白（2mg/mL）	1μL
生物素-11-UTP 或 DIG-11-UTP（3.5mmol/L）	2μL

轻弹管外壁以使各组分混合。然后加入：

胎盘 RNA 酶抑制剂（10U）	1μL
噬菌体依赖 DNA 的 RNA 聚合酶（约 10U）	1μL

▲注意：在室温下按上述顺序加入各成分，以避免模板 DNA 被转录缓冲液中高浓度的亚精胺沉淀。

轻敲管壁外侧使反应物混合，离心 1～2s 以使所有液体沉降到管底。37℃（T3 和 T7 噬菌体依赖 DNA 的 RNA 聚合酶）或 40℃（SP6 噬菌体依赖 DNA 的 RNA 聚合酶）温育反应物 1～2h。

可依试剂的稀释程度调整反应体积至 20～50μL。

如按上述反应条件，一般能使 80%～90%的放射性标记物掺入 RNA。当[α-^{32}P]GTP 的比活性为 3000Ci/mmol 时，RNA 的产率约为 20 ng（比活性为 4.7×10^9 dpm/μg）；当前体的比活性为 400 Ci/mmol 时，RNA 产率约为 150ng（比活性为 6.2×10^8 dpm/μg）。

当使用生物素或 DIG 标记的 rNTP 时，反应中使用低浓度的修饰的核苷酸以确保仅有少量标记的核苷酸掺入探针的每个分子（每 20～25 个聚合的核苷酸中掺入约 1 个标记的核苷酸）。当仅有几个碱基被标记的同类物取代时，标记物在杂交后可被抗体更有效地识别。过多修饰核苷酸的掺入可减少探针与目标 mRNA 或 DNA 的杂交。

5．（可选）当制备放射性标记探针时，如需全长转录物，可加入 2μL 0.5mmol/L rGTP，在适宜该聚合酶的温度下再温育 60min。

6．加入 1μL 1mg/mL 无 RNA 酶的胰 DNase I 以终止体外转录反应。轻弹管外壁以混合各试剂。37℃温育反应混合物 15min。

7．加入 100μL 无 RNA 酶的水，通过用酚：氯仿抽提纯化 RNA。

在某些实验中，探针的长度更为重要（如 RNA 酶保护试验），应通过聚丙烯酰胺凝胶电泳纯化放射性标记的 RNA（见第 2 章，方案 3），此步骤可除去探针中截短的标记分子。

8．将水相转移至一个新的微量离心管，用下列三种方法中的任一方法将标记的 RNA 与不需要的小分子 RNA 和 rNTP 分开。

用乙醇沉淀纯化 RNA

i．在水相中加入 30μL 10mol/L 乙酸铵，混匀后再加入 250μL 冰预冷的乙醇。置于冰上 30min 后，在微量离心机中 4℃下以最大速度离心 10min 收集 RNA。

ii．小心地尽量吸去其中的乙醇，然后将管口敞开，在实验台上放置几分钟，使剩余的可见乙醇挥发干净。把 RNA 溶于 100μL 无 RNA 酶的水中。

iii．加 2 倍体积冰预冷的乙醇，于−70℃储存备用。

回收 RNA 时，吸出一份乙醇溶液，转移到新的微量离心管。加入 0.25 体积的 10mol/L 乙酸铵，混匀后将管置于−20℃至少 15min。在微量离心机中 4℃下以最大速度离心 10min。吸去乙醇，将 RNA 溶于适量体积的无 RNA 酶缓冲液中。

通过离心柱色谱法纯化 RNA

i．如不使用商品化的离心柱，将 Sephadex G-50 离心柱（见方案 1）平衡于 10mmol/L Tris-Cl（pH 7.5）中灭菌处理。

ii．按方案 1 用离心柱色谱法纯化 RNA。

iii．将洗脱的 RNA 储存于−70℃备用。

通过凝胶电泳纯化 RNA

i．按第 6 章，方案 11 准备中性聚丙烯酰胺凝胶。

ii．在水相中加入适量的凝胶上样缓冲液，通过凝胶电泳纯化 RNA。

iii. 按第 2 章，方案 7 通过放射性自显影定位 RNA。

iv. 按第 2 章，方案 10 用挤碎和浸泡的方法从凝胶块中纯化 RNA。

v. 将 RNA 储存于−70℃备用。

上述任一纯化方法均应能够从 RNA 中除去大于 99.0%未掺入的 rNTP。

见“疑难解答”。

疑难解答

问题（步骤 8）：无 RNA 合成。

解决方案：如果不见 RNA 合成，最常见的一个原因就是试管或试剂中污染了 RNA 酶。采取第 6 章概述中所述的注意事项可避免污染。

另一个不太常见的原因是 10×转录缓冲液中的亚精胺使 DNA 模板发生沉淀。务必注意在室温下并按所述顺序添加反应液各成分。如有必要，取少量反应液用琼脂糖凝胶电泳分析，确证模板处于溶解状态。

问题（步骤 8）：按错误的 DNA 链进行转录。

解决方案：通常由噬菌体依赖的 DNA 的 RNA 聚合酶体外合成的大于 99.8%转录物沿正确的 DNA 链产生（Melton et al. 1984），但只有采用非 3′突出端的线状模板才能获得这样高的特异性。模板中污染的超螺旋质粒 DNA 将会增加 RNA 链，同时在 DNA 的两条链上错误起始。而且噬菌体启动子下游的 3′突出端也将导致产生与全长的 DNA 错误链互补的转录物（如 U 形回转录物）。制备模板时多加小心即可避免这个问题（见步骤 1 和步骤 2）。

问题（步骤 8）：合成的转录物小于所需长度。

解决方案：合成产物未能达到全长的原因可能是由于所使用的特殊的依赖 DNA 的 RNA 聚合酶在某些终止转录的模板序列上停止转录；受前体（常为放射性标记的 rNTP）的浓度制约则可能为另一个原因。

为解决第一个问题，可构建一个新的质粒，在该质粒中由另一种噬菌体编码的聚合酶对目的序列进行转录。对于噬菌体依赖 DNA 的 RNA 聚合酶来说，转录终止子序列并不会同样有效地被各种酶所识别。

虽然转录终止信号的强度相差悬殊，但只要增加限速 rNTP 的浓度，除最强的终止信号外，所有终止信号均可能被超越，至少是部分被超越。在大多数情况下，增加反应中放射性标记 rNTP 的浓度是不切实际的，因为提高全长产物的产率是以降低探针的比活度为代价的。此时，可采用其他步骤：

- 降低转录反应的温度至 30℃（Krieg and Melton 1987）。
- 把待转录序列减到最小，这样有可能从克隆中去除终止序列。
- 按第 2 章，方案 1 或方案 3 所述，用聚丙烯酰胺或琼脂糖凝胶电泳纯化目的产物。由于转录反应的效率很高，即使它们在反应中仅占合成的总 RNA 中相对较少的一部分，亦常能纯化出足够量的目的 RNA。

附加方案 用PCR法将噬菌体编码的RNA聚合酶启动子加至DNA片段上

通过将目的DNA片段克隆到带噬菌体启动子的质粒中可产生噬菌体编码的RNA聚合酶作用的模板（方案5），亦可用基因特异性的引物通过PCR合成模板，该基因特异性引物5′端编码合成的启动子，供噬菌体编码的依赖DNA的RNA聚合酶起始转录。PCR产物经纯化后，可用作体外转录反应的双链模板（Logel et al. 1992; Bales et al. 1993; Urrutia et al. 1993）。这样通过采用含编码不同启动子的成对引物，可合成DNA片段，以此为模板用适当的RNA聚合酶即可进行链特异性的转录。PCR法的优越性如下：

- 探针可直接从不同群体的DNA片段扩增出来的DNA模板合成。
- 不需质粒的克隆及制备。
- 探针中不含质粒或多克隆位点序列。
- 可合成高比活性及任意大小的探针。

T3、T7噬菌体编码的RNA聚合酶可转录高特异性及含适当启动子的PCR扩增的DNA，但所获RNA的产率比线状质粒模板低3～4倍。当用PCR扩增的DNA作模板时，20%～30%标记的rNTP成为酸不溶性物质；而用线性质粒DNA作模板时，则大于75%标记的rNTP成为酸不溶性物质（Logel et al. 1992）。尽管如此，以PCR扩增产物合成的RNA的产率和比活性足以满足大多数实验目的。据报道，由SP6噬菌体编码的RNA聚合酶转录PCR扩增产物的效率远低于转录线性质粒DNA的效率（Logel et al. 1992）。因此，我们建议采用编码T3和T7噬菌体启动子的引物。

引物设计

通常引物很长（>50个核苷酸），由三个区域组成：

5′夹子	核心启动子	基因特异性序列 3′
（约10个核苷酸）	（约22个核苷酸）	（约20个核苷酸）

由T3和T7噬菌体RNA聚合酶识别的核心启动子序列由Jorgensen等（1991）报道（见信息栏“体外转录系统”）：

T7噬菌体核心启动子：	5′TAATACGACTCACTATAGGGAGA3′
T3噬菌体核心启动子：	5′ATTAACCCTCACTAAAGGGAGA3′

T3启动子的3′端的大多数二核苷酸可能为GA或AG。

引物对的每一条引物使用不同的夹子序列，推测夹子序列为（Logel et al. 1992）5′CAGAGATGCA3′和5′CCAAGCCTTC3′。应按常规设计基因特异性引物（见第7章导言中有关引物设计的讨论）。

扩增条件

扩增反应含10～20pg的单种模板DNA，如模板为DNA的复杂集群，则按比例增加模板量。其余扩增反应试剂均按标准浓度（见第7章，方案1）。以下列举的变性、复性和聚合时间适用于50μL反应体积、使用0.5mL薄壁小管及应用以下热循环仪，如Perkin-Elmer 9600或9700、Master Cycler（Eppendorf公司）及PTC 100（MJ Research公司）。如应用其他类型的仪器及不同的反应体积，反应时间和温度应适当调整。

循环数	变性	复性	聚合
1～4	94℃，1min	54℃，2min	72℃，3min
5～36	94℃，1min	65℃，1min	72℃，3min

每 1000bp 的靶 DNA 聚合时间应为 1min。

大多数热循环仪设置 4℃温育扩增样品的终末程序直至样品取出。样品在此温度下可过夜，但此后应储存于-20℃。

扩增 DNA 的纯化

虽然扩增的 DNA 不经纯化即可用作体外转录反应的模板(Bales et al. 1993; Urrutia et al. 1993)，但如通过低融点琼脂糖凝胶、Sephadex G-75 离心柱色谱法或通过商品化的树脂吸附/洗脱而除去剩余引物和扩增反应的副产品，如采用 Wizard PCR 样品纯化系统（Promega 公司）或 QIAquick（Qiagen 公司）进行纯化，RNA 合成的效率会更高。

扩增 DNA 的体外转录

在适当噬菌体编码的依赖 DNA 的 RNA 酶的催化下，约 0.5μg 纯化的扩增 DNA 可用作标准转录反应中的模板（见方案 5）。

配方

为正确使用本方案中的器材和危险试剂，必须查阅相应的材料安全数据表并咨询所在机构的环境卫生和安全办公室。

10×转录缓冲液

试剂	体积（1mL）	终浓度
Tris-Cl（1mol/L，pH 7.5）	400μL	400mmol/L
$MgCl_2$（1mol/L）	60μL	60mmol/L
Spermidine HCl（100mmol/L）	200μL	20mmol/L
NaCl（5mol/L）	10μL	50mmol/L

对 10×缓冲液进行过滤除菌，然后分装、储存于-20℃，使用后弃去。

参考文献

Bales KR, Hannon K, Smith CK II, Santerre RF. 1993. Single-stranded RNA probes generated from PCR-derived DNA templates. *Mol Cell Probes* 7: 269–275.

Casey J, Davidson N. 1977. Rates of formation and thermal stabilities of RNA:DNA and DNA:DNA duplexes at high concentrations of formamide. *Nucleic Acids Res* 4: 1539–1552.

Jorgensen ED, Durbin RK, Risman SS, McAllister WT. 1991. Specific contacts between the bacteriophage T3, T7, and SP6 RNA polymerases and their promoters. *J Biol Chem* 266: 645–651.

Krieg PA, Melton DA. 1987. In vitro RNA synthesis with SP6 RNA polymerase. *Methods Enzymol* 155: 397–415.

Logel J, Dill D, Leonard S. 1992. Synthesis of cRNA probes from PCR-generated DNA. *BioTechniques* 13: 604–610.

Melton DA, Krieg PA, Rebagliati MR, Maniatis T, Zinn K, Green MR. 1984. Efficient in vitro synthesis of biologically active RNA and RNA hybridization probes from plasmids containing a bacteriophage SP6 promoter. *Nucleic Acids Res* 12: 7035–7056.

Milligan JF, Uhlenbeck OC. 1989. Synthesis of small RNAs using T7 RNA polymerase. *Methods Enzymol* 180: 51–62.

Richardson CC, Schildkraut CL, Aposhian HV, Kornberg A. 1964. Enzymatic synthesis of deoxyribonucleic acid. XIV. Further purification and properties of deoxyribonucleic acid polymerase of *Escherichia coli*. *J Biol Chem* 239: 222–232.

Schenborn ET, Mierendorf RC Jr. 1985. A novel transcription property of SP6 and T7 RNA polymerases: Dependence on template structure. *Nucleic Acids Res* 13: 6223–6236.

Urrutia R, McNiven MA, Kachar B. 1993. Synthesis of RNA probes by the direct in vitro transcription of PCR-generated DNA templates. *J Biochem Biophys Methods* 26: 113–120.

Zinn K, DiMaio D, Maniatis T. 1983. Identification of two distinct regulatory regions adjacent to the human β-interferon gene. *Cell* 34: 865–879.

方案 6 用随机寡核苷酸引物法从 mRNA 合成 cDNA 探针

此法以 poly(A)$^+$ RNA 作为模板，通过随机引物反应合成放射性标记的 cDNA 探针，这类探针可用于 cDNA 文库的差异筛选。

材料

为正确使用本方案中的器材和危险试剂，必须查阅相应的材料安全数据表并咨询所在机构的环境卫生和安全办公室。

本方案的专用试剂标注<R>，配方在本方案末提供。常用储备溶液、缓冲液和试剂标注<A>，配方见附录 1。储备溶液应稀释至适用浓度后使用。

▲用于此方案的所有试剂均须用 DEPC 处理的水配制（见第 6 章的信息栏"如何去除 RNase"）。

试剂

[α-^{32}P] dCTP（10mCi/mL，比活度>3000Ci/mmol）

为最大限度地减少前体的辐射分解，应尽可能在[α-^{32}P]dNTP 到达实验室的当天制备放射性标记探针。

乙酸铵（10mol/L）<A>

dCTP（125μmmol/L）

在 160μL 25mmol/L Tris-Cl（pH 7.6）中加入 1μL 20mmol/L dCTP 储备溶液。将稀释的溶液以小份分装，储存于-20℃。

dNTP 溶液，含有 dATP、dGTP 和 dTTP 各 20mmol/L

有关配制及储存 dNTP 溶液，见信息栏"dNTP 储备溶液的制备"。

DTT（1mol/L）

EDTA（0.5mol/L, pH 8.0）

乙醇

HCl（2.5mol/L）

NaOH(3mol/L)

酚：氯仿（1∶1，*V/V*）

胎盘 RNA 酶抑制剂（20U/μL）

这些抑制剂有几家厂商以各种商品名销售（如 RNasin [Promega 公司]、RNaseOUT [Life Technologies 公司]。详情见第 6 章信息栏"RNase 的抑制剂"。

长度为 6 或 7 个碱基的随机脱氧核苷酸引物

随机序列的合成寡核苷酸长度均一，无序列偏性，因而作为首选引物。最佳长度的寡核苷酸（六聚体或七聚体）（Suganuma and Gupta 1995）可从商品来源获得（如 Sigma-Aldrich 公司和 Boehringer Mannheim 公司）或在自动 DNA 合成仪上合成。将引物溶于 TE（pH 7.6），浓度为 0.125μg/μL，分装成小份储存于-20℃。

反转录酶

Moloney 小鼠白血病病毒（Mo-MLV）pol 基因衍生的反转录酶在 cDNA 合成中的效率高于从禽髓系白血病病毒获得的反转录酶（见 Fargnoli et al. 1990）。克隆的 Mo-MLV 编码的反转录酶是本方案的首选酶。缺乏 RNase H 活性的酶的突变株［如 StrataScript（Stratagene 公司）或 Superscript II（Life Technologies 公司）］比野生型酶具有以下优越性：①全长延伸产物的产率高；②在 47℃和 37℃下均能有效作用（Gerard and D'Alessio 1993）。

Mo-MLV 反转录酶对温度很敏感，应储存于-20℃直至步骤 2 时使用。

10×反转录酶缓冲液<A>

SDS（10%, *m/V*）<A>

模板 mRNA

按第 6 章，方案 9 所述制备 poly(A)$^+$ RNA，溶于无 RNA 酶的水，浓度为 250μg/mL。

Tris-Cl（1mol/L, pH 7.4）<A>

设备

冰水浴

Sephadex G-50 离心柱，平衡于 TE（pH7.6）（可选；见步骤 7）。

Sephadex G-50 凝胶过滤介质可用于从低分子质量物质（放射性前体保留在柱中）中分离 DNA（DNA 可穿过介质）。放射性标记 DNA 纯化用 Sephadex G-50 柱可从几个商品渠道获得［如 Quick Spin Columns （Roche Applied Science 公司）］。但是，用 1mL 装填硅化玻璃棉的一次性注射器很容易完成（见方案 1，步骤 6～14）。

预热至 45℃、68℃和 70℃的水浴或加热块。

方法

1．将 1μg poly(A)$^+$RNA 转移至无菌的离心管。用无 RNA 酶的水将溶液的体积调至 4μL。盖紧微量离心管盖，于 70℃加热 5min，然后迅速将离心管置于冰水浴中。

2．在微量离心管的冷溶液中加入：

DTT（10mmol/L）	2.5μL
胎盘 RNA 酶抑制剂	20U
随机脱氧寡核苷酸引物	5μL
10×反转录缓冲液	2.5μL
dGTP、dATP 和 dTTP 溶液（20mmol/L）	1μL
dCTP 溶液（125μmol/L）	1μL
[α-^{32}P]dCTP（10mCi/mL） (比活性为>3000Ci/mmol)	10μL
无 RNA 酶的水	加至 24μL
反转录酶（200U）	1μL

▲ 最后加反转录酶。

由不同厂商提供的每单位反转录酶的活性不同。当使用一批新的酶时，应设立一系列含等量 poly(A)$^+$RNA、寡核苷酸引物及不同酶量的延伸反应。如有可能，应使用对于 poly(A)$^+$RNA 中以中等丰度存在的某一 mRNA 为特异性的引物。按本方案所述，通过凝胶电泳分析每次反应的产物。应用能产生最高得率的延伸产物所需的最小酶量。本方案中所述的酶单位对于大多数批次的 StrataScript 和 Superscript II 都适用。

轻敲管壁以混匀各成分，稍加离心以除去气泡。45℃温育反应混合物 1h。

可用比活性为 800 Ci/mmol 的[α-^{32}P]dCTP 代替反应混合物中的 125μmol/L dCTP。

3．加入下列试剂以终止反应：

EDTA（0.5 mol/L，pH 8.0）	1μL
SDS（10%，*m/V*）	1μL

充分混合管中的试剂。

单链放射性标记的 cDNA 很黏，能非特异性地附着于玻璃、滤膜和某些塑料制品。因此用于本方案步骤 3 的溶液至少应含 0.05% (*m/V*) SDS，以及杂交缓冲液中含 0.1%～1.0%SDS。

4．在反应管中加入 3μL 3mol/L NaOH，68℃温育混合物 30min 以水解 RNA。

5．使反应混合物的温度降至室温，加入 10μL 1mol/L Tris-Cl（pH 7.4）以中和溶液，完全混匀，然后加入 3μL 2.5mol/L HCl。取极小量液体在 pH 试纸上，以检测溶液的 pH。

6．用酚∶氯仿抽提纯化 cDNA。

7．用离心柱色谱法（按照方案 1 步骤 6～14 用商品化的柱子或自制的柱子）或在 2.5mol/L 乙酸铵存在下用乙醇选择性地沉淀（见第 1 章，方案 4），将放射性标记的探针与未掺入的 dNTP 分离。

8．确定放射性标记 dNTP 掺入 TCA 沉淀物中的比例（见附录 2）。

假定 30%的放射性活性在随机引物反应中掺入了 TCA 可沉淀物，且 90%该物质是沿模板 RNA 由随机引物反应产生的（而非寡核苷酸的自身引导），那么探针 DNA 的总活性将为约 6×10^7dpm，探针的比活性可达约 5×10^9dpm/μg，反应中合成的 DNA 量为 11.7ng。

如需标记大量的 cDNA，可按比例增加各成分的体积。重要的是保持 200U 反转录酶/μg mRNA 的比例，以确保最高产率。

纯化的放射性标记 cDNA 无须变性即可用于杂交。每张 150mm 滤膜可用 5×10^7 dpm 放射性标记的 cDNA，每张 90mm 滤膜可用 5×10^6～1×10^7 dpm 放射性标记的 cDNA。

参考文献

Fargnoli J, Holbrook NJ, Fornace AJ Jr. 1990. Low-ratio hybridization subtraction. *Anal Biochem* 187: 364–373.

Gerard GF, D'Alessio JM. 1993. Reverse transcriptase (EC2.7.7.49): The use of cloned Moloney murine leukemia virus reverse transcriptase to synthesize DNA from RNA. In *Enzymes of molecular biology* (ed Burrell MM), pp. 73–94. Humana, Totowa, NJ.

Suganuma A, Gupta KC. 1995. An evaluation of primer length on random-primed DNA synthesis for nucleic acid hybridization: Longer is not better. *Anal Biochem* 224: 605–608.

方案 7 用随机寡核苷酸延伸法制备放射性标记的消减 cDNA 探针

此方案中 cDNA 的合成是在 4 种饱和浓度的 dNTP 及一种痕量的放射性标记的 dNTP 中进行的。消减杂交后，在大肠杆菌 DNA 聚合酶 I 的 Klenow 片段作用下，富集的单链 cDNA 通过随机寡核苷酸引物延伸的二次合成反应，标记成高比活度的探针。由于第一轮反应中 dNTP 的浓度为非限制性的，所生成的 cDNA 的量及大小均高于标准方案，因此消减杂交步骤以高效进行。由此产生的 cDNA 群体不易受辐射分解的破坏，从而可长期储存，必要时尚可标记成较高比活度的探针。

如初始反应中合成的 cDNA 为全长或接近全长，本方案最为适用。所以本方案 cDNA 的合成以 oligo(dT)引导，而不以随机六核苷酸作引物。随后的放射性标记反应则以随机寡核苷酸作引物，产生较短的 DNA 产物，如此大小的片段是杂交的理想探针。

按本方案中步骤 1～10 所述制备的 cDNA 可转变成双链 DNA，并克隆到噬菌体或质粒载体而产生消减 cDNA 文库（Sargent and Dawid 1983; Davis 1986; Rhyner et al. 1986; Fargnoli et al. 1990），可用消减探针筛选 cDNA 文库。由于消减文库中富集了与低丰度 mRNA 相对应的 cDNA 克隆，所以要找到一个相应于稀有 mRNA 克隆所需的筛选量可减少 10 倍。本方案介绍的放射性标记的消减探针可检测到相当于每个哺乳类动物细胞表达 5 个 mRNA 分子水平的 cDNA。

材料

为正确使用本方案中的器材和危险试剂，必须查阅相应的材料安全数据表并咨询所在机构的环境卫生和安全办公室。

本方案的专用试剂标注<R>，配方在本方案末提供。常用储备溶液、缓冲液和试剂标注<A>，配方见附录 1。储备溶液应稀释至适用浓度后使用。

▲用于此方案的所有试剂均须用 DEPC 处理的水配制（见第 6 章的信息栏“如何去除 RNase”）。

试剂

[α-^{32}P]dATP（10mCi/mL，比活性>3000Ci/mmol）

[α-^{32}P]dCTP（10mCi/mL，比活性 800～3000Ci/mmol）

为最大限度地减少前体和探针的辐射分解，应尽可能在[α-^{32}P]dNTP 到达实验室的当天制备放射性标记探针。

乙酸铵（10mol/L）<A>

含 4 种 dNTP 各 5mmol/L 的 dNTP 溶液（完全溶液）

含 dCTP、dGTP 和 dTTP 各 5mmol/L 的 dNTP 溶液

▲此溶液中省去 dATP。

有关制备和储存 dNTP 溶液见信息栏“dNTP 储备溶液的制备”。

驱动 mRNA（见步骤 8）

DTT（1mol/L）<A>

EDTA（0.5mol/L, pH 8.0）<A>

乙醇

HCl（2.5mol/L）

异丁醇

大肠杆菌 DNA 聚合酶 I Klenow 片段

NaOH（3mol/L）

oligo(dT)$_{12\sim18}$

可购买 oligo(dT)$_{12\sim18}$，将其溶解于 TE（pH 7.6），浓度为 1mg/mL。-20℃储存。

酚：氯仿（1：1, *V*/*V*）

胎盘 RNA 酶抑制剂

几家厂商以不同的商品名出售这类抑制剂［如 Rnasin（Promega 公司）; RNaseOUT（Life Technologies 公司）]。详细内容见第 6 章的信息栏“RNase 的抑制剂”。

长度为 6 或 7 个碱基的随机脱氧核苷酸引物

随机序列的合成寡核苷酸长度均一、无序列偏性，为引物首选。最佳长度的寡核苷酸（六聚体和七聚体）（Suganuma and Gupta 1995）可从商业渠道购买（如 Sigma-Aldrich 公司和 Life Technologies 公司）或在自动 DNA 合成仪上合成。将引物溶于 TE（pH 7.6），浓度为 0.125μg/μL，分装成小份储存于-20℃。

5×随机引物缓冲液<A>

反转录酶

Moloney 小鼠白血病病毒（Mo-MLV）pol 基因衍生的反转录酶在 cDNA 合成中的效率高于从禽髓系白血病病毒获得的反转录酶（见 Fargnoli et al. 1990）。克隆的 Mo-MLV 编码的反转录酶是本方案的首选酶。缺乏 RNase H 活性的酶的突变株［如 StrataScript（Stratagene 公司）或 Superscript II（Life Technologies 公司）］比野生型酶具有以下优越性：①全长延伸产物的产率高；②在 47℃和 37℃下均能有效作用（Gerard and D'Alessio 1993）。

10×反转录酶缓冲液<A>

SDS（20%，*m*/*V*）<A>

SDS/EDTA 溶液

EDTA（30mmol/L, pH 8.0）

SDS（1.2%）

乙酸钠（3mol/L, pH 5.2）<A>

磷酸钠缓冲液（2mol/L, pH 6.8）<A>

SPS 缓冲液

磷酸钠缓冲液（0.12mol/L, pH 6.8）

SDS（0.1%，*m/V*）

模板 RNA

从表达目的 mRNA 的细胞或组织中两次过柱制备的 poly(A)$^+$丰富的 mRNA

从不表达目的 mRNA 的细胞或组织中两次过柱制备的 poly(A)$^+$丰富的 mRNA

通过 oligo(dT)磁珠制备和分离 mRNA 见第 6 章，方案 9。两种 RNA 应溶解于水，浓度约为 1mg/mL。

Tris-Cl（1mol/L, pH 7.4）<A>

无 RNA 酶的水

设备

Sephadex G-50 离心柱，平衡于 TE（pH 7.6）

Sephadex G-50 凝胶过滤介质可用于从低分子质量物质（放射性前体保留在柱中）中分离 DNA（DNA 可穿过介质）。放射性标记 DNA 纯化用 Sephadex G-50 柱可从几个商品渠道获得［如 Quick Spin Columns（Roche Applied Science 公司）］。但是，用 1mL 装填硅化玻璃棉的一次性注射器很容易完成（见方案 1，步骤 6～14）。

硅化的微量离心管（1.5mL）

预热至 45℃、60℃和 68℃的水浴或加热块

方法

1．4℃下在一个灭菌的微量离心管中混合下列组分以合成 cDNA 第一链：

模板 RNA（1mg/mL）	10μL
oligo(dT)$_{12\sim18}$ (1mg/mL)	10μL
dNTP 完全溶液（5mmol/L）	10μL
DTT（50mmol/L）	1μL
10×反转录酶缓冲液	5μL
[α-^{32}P]dCTP（10mCi/mL） （比活性 800Ci/mmol 或 3000Ci/mmol）	5μL
胎盘 RNA 酶抑制剂	25U
无 RNA 酶的水	加至 46μL
反转录酶（约 800U）	4μL

▲ 最后加反转录酶。

由不同厂商提供的每单位反转录酶的活性不同。当使用一批新的酶时，应设立一系列含等量 poly(A)$^+$RNA、寡核苷酸引物及不同酶量的延伸反应。如有可能，应使用对于 poly(A)$^+$RNA 中以中等丰度存在的某一 mRNA 为特异性的引物。按本方案所述，通过凝胶电泳分析每次反应的产物。应用能产生最高得率的延伸产物所需的最小酶量。本方案中所述的酶单位对于大多数批次的 StrataScript 和 Superscript II 都适用。

轻弹管外壁以混合各组分，稍加离心以收集管底的反应物。于 45℃温育反应物 1 h。

[α-^{32}P]dCTP 可用作示踪剂检测 cDNA 第一链的合成。

2．检测放射性标记的 dNTP 掺入 TCA 可沉淀物的比率（见附录 2）。用下列公式计算 cDNA 的产率。在含每种 dNTP 各 50nmol 的反应中：

$$\frac{\text{掺入的cpm}}{\text{总cpm}}\times 200\text{nmol dNTP}\times 330\text{ng nmol}=\text{合成的 cDNA（ng）}$$

3. 加入下列试剂以终止反应：

EDTA（0.5 mol/L，pH 8.0）	2μL
SDS（20%，*m/V*）	2μL

充分混匀微量管中的各成分。

单链放射性标记的 cDNA 很黏，能非特异性地附着于玻璃、滤膜和某些塑料制品。因此用于本方案步骤 3 的溶液至少应含 0.05% (*m/V*) SDS，以及杂交缓冲液中含 0.1%～1.0% SDS。

4. 在反应管中加入 5μL 3mol/L NaOH，于 68℃温育反应 30min 以水解 RNA。

5. 将反应物温度降至室温。加入 10μL 1mol/L Tris-Cl（pH 7.4），充分混匀以中和溶液，然后加 5μL 2.5mol/L HCl。点一小滴溶液（<1μL）在 pH 试纸上以检测溶液的 pH。

6. 用酚：氯仿抽提纯化 cDNA。

7. 用 Sephadex G-50 离心柱色谱法分离放射性标记的探针与未掺入的 dNTP（见方案 1，步骤 6～14）。

▲此步骤及随后的所有步骤均须使用硅化管（见附录 2）。

8. 按以下步骤进行两轮消减杂交：

i. 在放射性标记的 cDNA 中，加入 10 倍重量的驱动 mRNA（用于消减 cDNA 探针）、0.2 体积的 10mol/L 乙酸铵和 2.5 倍体积的冷乙醇。在 0℃下反应 10～15min，然后在 4℃下、微量离心机中以最大速度离心 5 min，以回收核酸。

ii. 吸去所有的乙醇，敞开管盖，置于实验台上，使大多数残留的乙醇蒸发。将核酸溶于 6μL 无 RNA 酶的水中。

iii. 在溶解的核酸中加入：

磷酸钠（2 mol/L, pH 6.8）	2μL
SDS/EDTA 溶液	2μL

iv. 用一滴轻矿物油覆盖于溶液上，将微量离心管置于沸水浴中 5min，然后转移至 68℃水浴，使核酸杂交至 $C_{r_0}t$ = 1000 mol-sec/L。

为计算达此 $C_{r_0}t$ 所需的时间，解下列方程求 t：

$$D/D_0 = e^{-kC_{r_0}t}$$

式中，D 为在 t 时刻未反应的单链 cDNA 的浓度；D_0 为投入 cDNA 的总量；e 为自然对数；k 为生成 RNA-DNA 杂交体的速度常数，取决于 mRNA 群体的复杂度，可假定为约 6.7×10^{-3}L/mol-sec，$C_{r_0}t$ 为 RNA 驱动方的初始浓度（在杂交反应中无显著变化）（有关此方程的精确描述见 Sargent 1987，其他信息请见 538 页 Davidson 1986）。

v. 从水浴中取出离心管，用一个尖部拉长的吸头连到微量进样器上，从微量离心管中吸出杂交液，将杂交反应液转移至含 1mL SPS 缓冲液的管中。

vi. 60℃下通过羟基磷灰石层析分离单链和双链核酸。

用液体闪烁计数仪测定每一组分中的放射性量。至少应有 90%投入的 [^{32}P] cDNA 已与 mRNA 杂交，应存在于>0.36 mol/L 磷酸钠洗涤液中。

vii. 合并含单链 cDNA 的各组分，用异丁醇反复抽提浓缩。加入等体积的异丁醇，涡旋振荡混匀两相，室温下以最大速度在微量离心机中离心 2min。弃上相（有机相）。反复用异丁醇抽提，直至水相体积小于 100μL。

viii. 用含 0.1% SDS 的 TE（pH 8.0）平衡的 Sephadex G-50 离心柱色谱法，去除 cDNA 中的盐（见方案 1，步骤 6～14）。

▲勿用乙醇沉淀浓缩 cDNA，因为磷酸离子的存在会干扰 DNA 沉淀。勿采用透析去除磷酸离子，因为 cDNA 会附着于透析袋。

ix．测定样品中的放射性量，计算消减探针中 DNA 的量。

x．重复步骤（i）～（ix）。

10%～30%的 cDNA 将在第二轮杂交中与驱动方 RNA 形成杂交体。

若探针用于检测 cDNA 文库，则无须对 cDNA 终产物进行浓缩或除盐。放射性标记的 cDNA 探针无须变性即可用于杂交。高比活性的放射性探针可因放射化学衰变而被迅速破坏，因此消减杂交应在实际情况许可的前提下尽快进行，探针亦尽早使用，切勿延误。每张 150mm 滤膜用 5×10^7 dpm 放射性标记的 cDNA，每张 90 mm 滤膜用 5×10^6～1×10^7dpm 放射性标记的 cDNA。

如用放射性标记的消减探针筛选基因组 DNA 文库，可将 oligo(dA)以 1μg/mL 的浓度加到预杂交和杂交反应液中，以防止 cDNA 的 oligo(dT) 尾与基因组 DNA 中 oligo(dA)非特异性杂交。

9．用异丁醇续贯抽提浓缩最终的 cDNA，按照上述步骤 8 中 vii 和 viii 所述，通过 Sephadex G-50 层析除盐。

10．通过标准的乙醇沉淀回收 cDNA（见第 1 章，方案 4）。将 cDNA 溶于水，终浓度为 15ng/μL。

▲ 在用离心柱色谱法去除磷酸离子之前不可用乙醇沉淀 cDNA，磷酸离子的存在会干扰 DNA 沉淀。

11．为制备高比活度的放射性标记的消减 cDNA 探针，在一个 0.5 mL 微量离心管中混合下列试剂：

消减 cDNA	5μL
随机脱氧核苷酸引物（125μg/mL）	5μL

12．于 60℃加热混合物 5 min，然后冷却至 4℃。

13．向引物：cDNA 模板混合物中加入：

5×随机引物缓冲液	10μL
含 dCTP、dGTP 和 dTTP 各 5mmol/L 的 dNTP 溶液	5μL
[α-^{32}P]dATP（10mCi/mL） （比活度大于 3000Ci/mmol）	25μL
Klenow 片段（12.5U）	2.5μL
H_2O	加至 50μL

室温下反应 4～6 h。每次随机引物反应需要 10～15U 的 Klenow 片段。

14．加入下列试剂以终止反应：

EDTA（0.5mol/L，pH 8.0）	1μL
SDS（20%，*m/V*）	2.5μL

15．用 Sephadex G-50 离心柱色谱法分离放射性标记的 cDNA 与未掺入的 dNTP（见方案 1，步骤 6～14）。

杂交前，放射性标记的 cDNA 应在 100℃加热 5min 变性。每张 138mm 滤膜用 5×10^7 dpm 放射性标记的 cDNA，每张 82mm 滤膜用 5×10^6～1×10^7dpm 放射性标记的 cDNA。探针经放射性标记后，应立即使用，以避免放射化学衰变导致的破坏。

配方

为正确使用本方案中的器材和危险试剂，必须查阅相应的材料安全数据表并咨询所在机构的环境卫生和安全办公室。

5×随机引物缓冲液

试剂	体积（1mL）	终浓度
Tris-Cl（1mol/L，pH 8.0）	250μL	250mmol/L
$MgCl_2$（1mol/L）	25μL	25mmol/L
NaCl（5mol/L）	20μL	100mmol/L
DTT（1mol/L）	10μL	10mmol/L
HEPES（2mol/L，用 4mol/L NaOH 调至 pH 6.6）	500μL	1mol/L

用水新鲜稀释储存于–20℃的 1mol/L DTT 储备溶液，使用后弃去稀释的 DTT 溶液。

参考文献

Davidson EH. 1986. *Gene activity in early development*, 3rd ed., pp. 538–540. Academic, New York.

Davis MM. 1986. Subtractive cDNA hybridization and the T-cell receptor genes. In *Handbook of experimental immunology* (ed Weir DM, et al.), vol. 2, pp. 76.1–76.13. Blackwell Scientific, Oxford.

Fargnoli J, Holbrook NJ, Fornace AJ Jr. 1990. Low-ratio hybridization subtraction. *Anal Biochem* 187: 364–373.

Gerard GF, D'Alessio JM. 1993. Reverse transcriptase (EC2.7.7.49): The use of cloned Moloney murine leukemia virus reverse transcriptase to synthesize DNA from RNA. In *Enzymes of molecular biology* (ed Burrell MM), pp. 73–94. Humana, Totowa, NJ.

Rhyner TA, Biguet NF, Berrard S, Borbély AA, Mallet J. 1986. An efficient approach for the selective isolation of specific transcripts from complex brain mRNA populations. *J Neurosci Res* 16: 167–181.

Sargent TD. 1987. Isolation of differentially expressed genes. *Methods Enzymol* 152: 423–432.

Sargent TD, Dawid IB. 1983. Differential gene expression in the gastrula of *Xenopus laevis*. *Science* 222: 135–139.

Suganuma A, Gupta KC. 1995. An evaluation of primer length on random-primed DNA synthesis for nucleic acid hybridization: Longer is not better. *Anal Biochem* 224: 605–608.

方案 8　用大肠杆菌 DNA 聚合酶 I 的 Klenow 片段标记双链 DNA 的 3′端

线性双链 DNA 最简单的标记方法是利用大肠杆菌 DNA 聚合酶 I 的 Klenow 片段催化一个或多个[α-^{32}P]dNTP 掺入 3′凹端（Telford et al. 1979; Cobianchi and Wilson 1987）。有关可用于 DNA 末端标记的其他方法的总结见表 13-3。可用适当的限制性内切核酸酶消化 DNA，产生末端补平反应适宜的模板片段，然后用 Klenow 酶催化 dNTP 附着于凹进的 3′羟基（见信息栏“大肠杆菌 DNA 聚合酶 I 和 Klenow 片段”）。标记反应为通用而迅速的反应，其优越之处在于反应能在限制酶消化中进行，无须更换缓冲液。由于 Klenow 酶的 3′→5′外切酶活性较弱，因而酶对于平端或 3′突出端核酸掺入的能力有限。根据 DNA 末端及标记反应中放射性标记的核苷酸的性质，可标记线性双链 DNA 分子 3′端的一端或两端（见信息栏“3′凹端和平端的标记”）。然而，多数情况下，标记反应中最好含有未标记的 dNTP，因而可在 3′凹端的任何位置进行标记。此外，在标记 dNTP 下游掺入未标记 dNTP，可保护标记的核苷酸免受惰性 3′→5′外切核酸酶的作用。两端均标记的 3′端片段可用作：

- Southern 杂交中的分子质量标准（见步骤 4 后的信息栏“制备凝胶电泳用的放射性标记分子质量标准”）
- 凝胶上小量 DNA 的示踪剂

只标记一端的片段可用于：

- S1 核酸酶进行 RNA 作图使用的探针（第 6 章，方案 16）
- 引物延伸反应中的引物

材料

为正确使用本方案中的器材和危险试剂，必须查阅相应的材料安全数据表并咨询所在机构的环境卫生和安全办公室。

本方案的专用试剂标注<R>，配方在本方案末提供。常用储备溶液、缓冲液和试剂标注<A>，配方见附录1。储备溶液应稀释至适用浓度后使用。

表 13-3 DNA 的末端标记

模板	标记位点	首选方法
单链 DNA 或 RNA	5′端	激酶反应：先用碱性磷酸酶如 CIP 或 SAP 从核酸的 5′端除去未标记的磷酸残基而产生一个羟基（方案 9），然后用 T4 噬菌体多核苷酸激酶将标记物从 ATP 的γ位转移到新产生的 5′ 羟基上（Wu et al.1976）（方案 10 和方案 11）。上述反应可在一只管中相继进行，但需以无机磷酸抑制磷酸酶活性（Chaconas and van de Sande 1980; Cobianchi and Wilson 1987）。另一可供选择的程序是限制性内切核酸酶消化及多核苷酸激酶 5′端标记一步进行，而不需借助碱性磷酸酶的作用（Oommen et al. 1990）。此反应机制尚不清楚 交换反应：将未标记的磷酸残基从核酸的 5′端转移到 ADP 上，而后被 ATP γ位的标记磷酸基所取代。两种反应均由 T4 噬菌体多核苷酸激酶催化，反应于同一试管中在过量的 ADP 及限量γ-标记 ATP 的存在下同步进行（Berkner and Folk 1977）。当标记的单链 DNA 长度>300 核苷酸时，交换反应的总效率可因反应混合物中加入大分子聚集剂如聚乙二醇（4%～10%）而大为改善（Harrison and Zimmerman 1986a,b）。尽管如此，5′端标记 DNA 的比活度总是低于激酶反应的标记产物 注意：T4 噬菌体多核苷酸激酶具有降解 ATP 的 3′磷酸酶活性。几家厂商则利用一株携带编码多核苷酸激酶的突变型基因的 T4 噬菌体（amN81 pseT1）感染细胞并从中制备该酶。该突变型酶缺乏 3′磷酸酶活性
单链 DNA	3′端	牛胸腺末端脱氧核苷酸转移酶可催化非模板依赖性的[α-^{32}P]NTP 聚合到单链 DNA 的 3′端，此反应需要 Co^{2+}作为辅助因子（方案 13，Deng and Wu 1983）。放射性标记的 DNA 继之在碱性条件下用碱性磷酸酶处理，以产生固定长度、均一标记的 DNA 片段（Roychoudhury et al. 1976,1979; Wu et al. 1976）。此外，应用[α-^{32}P]双脱氧 ATP（Yousaf et al. 1984）或[α-^{32}P]3′脱氧腺苷三磷酸（Tu and Cohen 1980）作为末端转移酶的底物，可使 3′端的掺入仅限于一个核苷酸。由于这些分子均无 3′羟基，因而无其他分子可被掺入。多数情况下，[α-^{32}P]双脱氧 ATP 是标记 3′端的优先底物，因为它的掺入比[α-^{32}P]3′脱氧腺苷三磷酸效率更高。但 3′端含脱氧腺苷残基的 DNA 分子有一个优点：它们能抵抗污染的外切核酸酶的消化，因而避免了单链 DNA 3′端核酸标记物的丢失 亦可用末端转移酶将生物素和荧光素化的脱氧或双脱氧核苷酸加到单链 DNA 片段的 3′端（见方案 13 可选方案“用 TdT 合成非放射性标记的探针”，见 Vincent et al.1982; Schneider et al. 1994）
带 5′突出端的双链 DNA	5′端	如上所述，用多核苷酸激酶可进行单链 DNA 5′端的标记（方案 10）
含平端或 5′凹端的双链 DNA	5′端	如上所述，用多核苷酸激酶可进行单链 DNA 5′端的标记（方案 11）。但是，用多核苷酸激酶标记含平端或 5′凹端的双链 DNA 分子的效率低于 5′ 突出端分子的标记，即使 5′凹端的部分反应仍可能需要大量的酶和[γ-^{32}P]ATP，或需要加入拥挤剂如 PEG（Lillehaug and Kleppe 1975; Harrison and Zimmerman 1986a）

续表

模板	标记位点	首 选 方 法
含平端和 3′凹端的双链 DNA	3′端	Klenow 片段保留了模板依赖性的 DNA 聚合酶活性和全酶 3′→5′外切核酸酶活性，但缺乏其强力的 5′→3′外切核酸酶活性，可用于双链 DNA 3′凹端的补平（方案 8）。通常反应混合物中 4 种 dNTP 中仅有 1 种被放射性标记。加入 3 种未标记 dNTP 有两个目的：避免模板 3′端的核苷酸被外切核酸酶除去；可使放射性标记的 dNTP 作为第 2、第 3 或第 4 个核苷酸加到 3′凹端。有时在反应混合物中仅有一个放射性标记的 dNTP 存在，可使两种不同的限制性内切核酸酶消化的双链 DNA 仅在一端被选择性标记。例如，DNA 被切割成 G　　　　　　G *Bam*HI CCTAG 和 *Eco*RI CTTAA 可在补平反应中，用[α-^{32}P]dGTP 作为放射性标记物的唯一来源，选择性地标记 *Bam*HI 末端。DNA 亦可由一种限制性内切核酸酶消化及放射性标记，然后再用第二种酶切割成两个 DNA 片段，每一个片段仅在一端带有放射性标记物 现已有可供 DNA 片段不对称标记用的特殊载体。例如，载体 pSP64CS 和 pSP65CS 含有被限制性内切核酸酶 *Tth*111I 切割的位点，该酶识别冗余序列 ↓ 5′ GACNNNGTC 3′ 3′ CTGNNNCAG 5′ ↑ 能产生单一突出的 5′核苷。将靶 DNA 克隆于两个 *Tth*111I 位点之间，能在两端产生含不同突出核苷的末端。DNA 经消化后，可通过 Klenow 片段及适当的[α-^{32}P]dNTP 选择性地标记 DNA 的一端或两端（Volkaert et al. 1984; Eckert 1987） 在 *Taq* 聚合酶的催化下，平端 DNA 片段可通过模板非依赖性的单个核苷酸添加（通常用[α-^{32}P]dATP）而被标记
带有 3′突出端的双链 DNA	3′端	T4 噬菌体 DNA 聚合酶具 5′→3′聚合酶活性和 3′→5′外切核酸酶活性，这种外切核酸酶切割单链 DNA 的活性比作用于双链 DNA 的活性更高。T4 噬菌体 DNA 聚合酶的外切核酸酶活性比 Klenow 片段的外切核酸酶强约 200 倍。因此，T4 DNA 聚合酶可用于含 3′突出端 DNA 分子的末端标记。此反应分两步进行。首先，强有力的 3′→5′外切核酸酶除去 DNA 的突出尾端产生 3′凹端。然后，在高浓度放射性标记前体的存在下，3′端 dNTP 的掺入使核酸外切降解得到平衡。此反应为 3′凹端或平端 DNA 的核苷酸去除和置换的循环，有时又称交换或置换反应（O'Farrell et al. 1980） 此外，突出的 3′端亦可用牛胸腺末端脱氧核苷酸转移酶、poly(A)聚合酶（见单链 DNA 3′端标记）或某些热稳定的 DNA 聚合酶如 *Taq* 催化，通过模板非依赖性的核苷酸添加而标记
RNA	3′端	T4 噬菌体 RNA 连接酶可催化终止性放射性标记的二磷酸核苷（[5′-^{32}P]pNp）连接到 RNA 的 3′羟基端（Uhlenbeck and Gumport 1982）。反应使 RNA 分子延伸一个核苷酸的长度，并在最后一个核苷酸间连键内产生一个[α-^{32}P]磷酸化的 3′端（England et al. 1977; Kikuchi et al. 1978; Tyc and Steitz 1989）。这个末端 3′磷酸基团可作为一个链终止子，通过防止进一步形成磷酸二酯键而起作用。这种标记方法主要用于标记小分子 RNA。然而，可能由于二级结构引起的位阻效应，标记物的掺入量常使底物 RNA 的相对丰度产生假象 poly(A)聚合酶可催化模板非依赖性 RNA 3′端添加腺苷残基。当[α-^{32}P]ATP 用作底物时，poly(A)区域内的磷酸二酯键含 ^{32}P 原子（Lingner and Keller 1993）。用 3′脱氧腺苷三磷酸（3′-dATP）取代 ATP，可导致单一 3′-dA 残基添加到 RNA 末端，因而此法成为 RNA 3′端放射性标记的有用方法。酵母 poly(A)聚合酶优先标记较长的 RNA 分子，而 RNA 连接酶则可更有效地标记短的 RNA 分子 末端转移酶已被用于将生物素标记的双脱氧核苷酸添到 RNA 的 3′端（Schneider et al. 1994），但这种反应的效率尚未被彻底地研究

3′凹端和平端的标记

此方案要求待末端标记的 DNA 含有某种序列，该序列可被某种限制性内切核酸酶识别和切割而产生 3′凹端。反应中所用 [α-^{32}P]dNTP 的选择取决于 DNA 末端 5′突出端的序列及实验目的。例如，用 *Eco*RI 切出的 DNA 末端可用[α-^{32}P]dATP 标记：

$$\begin{matrix} {}_{5'}\text{-G}_{\text{OH3}'} \\ {}_{3'}\text{-CTTAA}_{\text{P5}'} \end{matrix} + \begin{matrix} {}_{5'\text{P}}\text{AATTC}_{-3'} \\ {}_{3'\text{HO}}\text{G}_{-5'} \end{matrix} \xrightarrow[\text{[}\alpha\text{-}^{32}\text{P]dATP}]{\text{Klenow酶}} \begin{matrix} {}_{5'}\text{-GAA}_{\text{OH3}'} \\ {}_{3'}\text{-CTTAA}_{\text{P5}'} \end{matrix} + \begin{matrix} {}_{5'\text{P}}\text{AATTC}_{-3'} \\ {}_{3'\text{HO}}\text{AAG}_{-5'} \end{matrix}$$

两个近侧 5′突出的核苷酸均为胸苷残基，因此 Klenow 酶能够插入两个腺嘌呤残基。由 *Bam*HI 切割 DNA 产生的末端可用[α-^{32}P]dGTP 标记：

$$\begin{matrix} {}_{5'}\text{-G}_{\text{OH3}'} \\ {}_{3'}\text{-CCTAG}_{\text{P5}'} \end{matrix} + \begin{matrix} {}_{5'\text{P}}\text{GATCC}_{-3'} \\ {}_{3'\text{HO}}\text{G}_{-5'} \end{matrix} \xrightarrow[\text{[}\alpha\text{-}^{32}\text{P]dGTP}]{\text{Klenow酶}} \begin{matrix} {}_{5'}\text{-GG}_{\text{OH3}'} \\ {}_{3'}\text{-CCTAG}_{\text{P5}'} \end{matrix} + \begin{matrix} {}_{5'\text{P}}\text{GATCC}_{-3'} \\ {}_{3'\text{HO}}\text{GG}_{-5'} \end{matrix}$$

请注意，利用[α-^{32}P]dGTP 作为放射性标记底物的反应中，只有一个放射性标记的核苷酸掺入每一端。但是，如在聚合反应中加入未标记的 dGTP、dATP 和 dTTP，可用[α-^{32}P]dCTP 进行 DNA 片段的放射性标记。反应中加入未标记的 dNTP：①可使用任何与 5′突出端互补的放射性标记的 dNTP；②可避免 Klenow 酶的 3′→5′外切酶活性使核酸外切去除模板 3′端核苷酸的可能性；③确保所有放射性标记的 DNA 产物等长。

通过选择适当的[α-^{32}P]dNTP，可做到只标记双链 DNA 分子的一端。例如，用 *Eco*RI 切开 DNA 的一端，而另一端用 *Bam*HI 酶切，则可在反应中加入 [α-^{32}P]dATP（标记 *Eco*RI 位点）或用[α-^{32}P]dGTP（标记 *Bam*HI 位点）进行选择性标记。如待末端标记片段的序列是已知的，则某些限制酶识别序列中 N 核苷酸可被用于优先标记 DNA 的一端。例如，限制酶 *Hin*fI 识别序列 5′-GANTC-3′，并在 G 和 A 之间切割产生 3′凹端。如果 DNA 片段 5′端的 *Hin*fI 识别序列为 5′-GACTC-3′，而 3′端序列为 5′-GAGTC-3′，则可在反应中加入未标记的 dATP 和[α-^{32}P]dGTP 选择性地标记 DNA 片段的 5′端，或在反应中加入未标记的 dATP 和[α-^{32}P]dCTP 选择性地标记 DNA 片段的 3′端。限制性内切核酸酶如 *Dde*I、*Fnu*4H、*Bsu*36I 和 *Eco*O109I 均可用于多种类似的标记策略。

利用 Klenow 酶较弱的 3′→5′外切核酸酶活性和较强的聚合酶活性，可置换平端 DNA 片段的末端核苷酸。例如，识别 5′-AGCT-3′序列并在 G 和 C 之间切割 DNA 的限制酶 *Alu*I 所产生的 DNA 片段，在 Klenow 酶和[α-^{32}P]dGTP 存在下温育时，会导致外切核酸酶去除 dGMP，并被放射性标记的鸟嘌呤核苷酸取代：

$$\begin{matrix} {}_{5'}\text{-AG}_{\text{OH3}'} \\ {}_{3'}\text{-TC}_{\text{P5}'} \end{matrix} + \begin{matrix} {}_{5'\text{P}}\text{CT}_{-3'} \\ {}_{3'\text{OH}}\text{GA}_{-5'} \end{matrix} \xrightarrow{\text{Klenow酶}} \begin{matrix} {}_{5'}\text{-A}_{\text{OH3}'} \\ {}_{3'}\text{-TC}_{\text{P5}'} \end{matrix} + \begin{matrix} {}_{5'\text{P}}\text{CT}_{-3'} \\ {}_{3'\text{OH}}\text{A}_{-5'} \end{matrix} \xrightarrow[\text{[}\alpha\text{-}^{32}\text{P]dGTP}]{\text{Klenow酶}} \begin{matrix} {}_{5'}\text{-AG}_{\text{OH3}'} \\ {}_{3'}\text{-TC}_{\text{P5}'} \end{matrix} + \begin{matrix} {}_{5'\text{P}}\text{CT}_{-3'} \\ {}_{3'\text{OH}}\text{GA}_{-5'} \end{matrix}$$

虽然放射性标记平端 DNA 片段的比活度不高，但一般足以用作凝胶电泳中的分子质量标准。T4 噬菌体 DNA 聚合酶比 Klenow 片段的 3′→5′外切核酸酶活性强得多，用 T4 DNA 聚合酶标记平端分子更有效。

由 Klenow 酶催化的末端补平反应不限于放射性标记 dNTP，用半抗原如生物素、荧光素和 DIG 修饰的脱氧核苷酸亦可使用。

试剂

[α-^{32}P]dNTP（10mCi/mL，比活性 800～3000Ci/mmol）

为最大限度地减少前体和探针的辐射分解，应尽可能在[α-^{32}P]dGTP 到达实验室的当天制备放射性标记探针。

乙酸铵（10mol/L）（可选，见步骤 4）。

适宜的限制性内切核酸酶

选择产生 3′凹端的酶。

含适当未标记的 dNTP 各 1mmol/L 的 dNTP 溶液

有关制备和储存 dNTP 溶液，见信息栏“dNTP 储备溶液的制备”。

乙醇

大肠杆菌 DNA 聚合酶 I Klenow 片段

模板 DNA（0.1～5μg）

采用含适当 3′ 凹端的线性双链 DNA。

设备

Sephadex G-50 离心柱，用 TE（pH 7.6）平衡（可选；见步骤 4）

Sephadex G-50 凝胶过滤介质可用于从低分子质量物质（放射性前体保留在柱中）中分离 DNA（DNA 可穿过介质）。放射性标记 DNA 纯化用 Sephadex G-50 柱可从几个商品渠道获得[如 Quick Spin Columns（Roche Applied Science 公司）]。但是，用 1mL 装填硅化玻璃棉的一次性注射器很容易完成（见方案 1，步骤 6～14）。

水浴（75℃）

方法

1. 在 25～50μL 适当的限制酶缓冲液中，用所需限制酶消化 5μg 模板 DNA。

标记反应可在限制性内切核酸酶消化 DNA 后立即进行，且不必除去或灭活限制酶。鉴于 Klenow 片段在多种条件下均可作用（只要 Mg^{2+}以毫摩尔浓度存在），故也不必更换缓冲液。在限制性酶切反应结束时，加入 Klenow 酶、未标记的 dNTP 和适当的[α-^{32}P]dNTP，于室温下再反应 15min（如下述）。即使采用粗提的 DNA 样品（如小量制备的质粒），此程序亦可顺利进行。

2. 向完成的限制酶消化反应中加入：

[α-^{32}P]dNTP（10 mCi/mL）(比活性 800～3000 Ci/mmol)	2～50μCi
未标记的 dNTP	至终浓度为 100 μmol/L
Klenow 片段	1～5U

如本方案用于非放射性标记，则用修饰的核苷酸（如生物素-dUTP、DIG-dUTP 或荧光素-dUTP）取代一部分 dTTP，比率为 35%修饰的 dUTP 及 65%dTTP，而不用[α-^{32}P]dNTP。

室温温育反应 15min。

每微克模板 DNA（1μg 1000 bp 片段相当于约 3.1pmol 双链 DNA 的末端；见方案 9 中信息栏“计算 DNA 样品中 5′ 端含量”）需要约 0.5U 的 Klenow 酶。Klenow 酶在多数限制酶缓冲液中均可作用。

亦可用反转录酶（1～2U）替代本方案中的 Klenow 酶。但是，反转录酶对于缓冲液的条件要求较高。因此，反转录酶主要是在常规反转录酶缓冲液的反应中用于标记纯化的 DNA 片段。

当标记的 DNA 用于 S1 核酸酶绘制 mRNA 图谱时（见第 6 章，方案 16），则反应中标记 dNTP 的浓度应在实际情况允许的前提下增至最大。反应在室温进行 15min 后，加入终浓度各为 0.2mmol/L 的 4 种未标记 dNTP，在室温下继续反应 5min。这一冷追加措施可确保每个 3′ 凹端都被完全补平，并保证所有标记 DNA 分子都精确等长。

3．于 75℃加热 10min 以终止反应。

4．用 Sephadex G-50 离心柱色谱法分离放射性标记的 DNA 与未掺入的 dNTP（按照方案 1，步骤 6～14 用商品化或自制的柱子），或在 2.5mol/L 乙酸铵存在下进行两轮乙醇沉淀（见第 1 章，方案 4）。

制备凝胶电泳用的放射性标记分子质量标准

本方案制备的标记 DNA 片段可用作凝胶电泳的 DNA 分子质量标准物。由于 DNA 片段的标记程度与其摩尔浓度而不是大小成正比，所以限制酶消化后所产生的大片段与小片段均以同样的程度被标记。因此，通过放射自显影可定位那些由于分子质量太小而用溴化乙锭或其他染色无法看到的 DNA 条带。

凝胶电泳前，亦可从标记 DNA 中除去未掺入的[α-^{32}P]dNTP，但非必需。[α-^{32}P]dNTP 在聚丙烯酰胺和琼脂糖凝胶中的迁移率均比溴酚蓝快，因此除最小的 DNA 片段外，不会干扰任何样品的检测。但是，除去未掺入的标记物的优点在于，它可以避免放射性物质污染电泳槽的阳极缓冲液室，还可用手提式小型探测器估计加到凝胶上的放射性标记 DNA 的量，并可减少对 DNA 的放射化学破坏。

参考文献

Berkner KL, Folk WR. 1977. Polynucleotide kinase exchange reaction: Quantitative assay for restriction endonuclease-generated 5′-phosphoryl termini in DNA. *J Biol Chem* 252: 3176–3184.

Chaconas G, van de Sande JH. 1980. 5′-^{32}P labeling of RNA and DNA restriction fragments. *Methods Enzymol* 65: 75–85.

Cobianchi F, Wilson SH. 1987. Enzymes for modifying and labeling DNA and RNA. *Methods Enzymol* 152: 94–110.

Deng G, Wu R. 1983. Terminal transferase: Use of the tailing of DNA and for in vitro mutagenesis. *Methods Enzymol* 100: 96–116.

Eckert RL. 1987. New vectors for rapid sequencing of DNA fragments by chemical degradation. *Gene* 51: 247–254.

England TE, Gumport RI, Uhlenbeck OC. 1977. Dinucleoside pyrophosphate are substrates for T4-induced ligase. *Proc Natl Acad Sci* 74: 4839–4842.

Harrison B, Zimmerman SB. 1986a. T4 polynucleotide kinase: Macromolecular crowding increases the efficiency of reaction at DNA termini. *Anal Biochem* 158: 307–315.

Harrison B, Zimmerman SB. 1986b. Stabilization of T4 polynucleotide kinase by macromolecular crowding. *Nucleic Acids Res* 14: 1863–1870.

Kikuchi Y, Hishinuma F, Sakaguchi K. 1978. Addition of mononucleotides to oligoribonucleotide acceptors with T4 RNA ligase. *Proc Natl Acad Sci* 75: 1270–1273.

Lillehaug JR, Kleppe K. 1975. Effect of salts and polyamines polynucleotide kinase. *Biochemistry* 14: 1225–1229.

Lingner J, Keller W. 1993. 3′-End labeling of RNA with recombinant yeast poly(A) polymerase. *Nucleic Acids Res* 21: 2917–2920.

O'Farrell PH, Kutter E, Nakanishi M. 1980. A restriction map of the bacteriophage T4 genome. *Mol Gen Genet* 179: 421–435.

Oommen A, Ferrandis I, Wang MJ. 1990. Single-step labeling of DNA using restriction endonucleases and T4 polynucleotide kinase. *BioTechniques* 8: 482–486.

Roychoudhury R, Jay E, Wu R. 1976. Terminal labeling and addition of homopolymer tracts to duplex DNA fragments by terminal deoxynucleotidyl transferase. *Nucleic Acids Res* 3: 101–116.

Roychoudhury R, Tu CP, Wu R. 1979. Influence of nucleotide sequence adjacent to duplex DNA termini on 3′ terminal labeling by terminal transferase. *Nucleic Acids Res* 6: 1323–1333.

Schneider GS, Martin CS, Bronstein I. 1994. Chemiluminescent detection of RNA lableled with biotinylated dideoxynucleotides and terminal transferase. *J NIH Res* 6: 90.

Telford JL, Kressmann A, Koski RA, Grosschedl R, Müller F, Clarkson SG, Birnstiel ML. 1979. Delimitation of a promoter for RNA polymerase III by means of a functional test. *Proc Natl Acad Sci* 76: 2590–2594.

Tu CP, Cohen SN. 1980. 3′-End labeling of DNA with [α-^{32}P]cordycepin-5′-triphosphate. *Gene* 10: 177–183.

Tyc K, Steitz JA. 1989. U3, U8 and U13 comprise a new class of mammalian snRNPs localized in the cell nucleolus. *EMBO J* 8: 3113–3119.

Vincent C, Tchen P, Cohen-Solal M, Kourilsky P. 1982. Synthesis of 8-(2-4 dinitrophenyl 2-6 aminohexyl) aminoadenosine 5′ triphosphate: Biological properties and potential uses. *Nucleic Acids Res* 10: 6787–6796.

Volkaert G, de Vleeschouwer E, Blöcker H, Frank R. 1984. A novel type of cloning vector for ultrarapid chemical degradation sequencing of DNA. *Gene Anal Tech* 1: 52–59

Wu R, Jay E, Roychoudhury R. 1976. Nucleotide sequence analysis of DNA. *Methods Cancer Res* 12: 87–176.

Yousaf SI, Carroll AR, Clarke BE. 1984. A new and improved method for 3′-end labelling DNA using [α-^{32}P]ddATP. *Gene* 27: 309–313.

方案 9　用碱性磷酸酶进行 DNA 片段的去磷酸化

去除核酸的 5′磷酸可用来增强随后的[γ-^{32}P]ATP 的标记，减少质粒载体在连接反应中的环化，使 DNA 易受或抵抗其他作用于核酸的酶（如 λ 外切核酸酶）。究其实质，任何核苷磷酸酶［如细菌碱性磷酸酶、牛小肠磷酸酶（CIP）、胎盘磷酸酶、虾碱性磷酸酶（SAP）或几种酸性磷酸酶如红薯和前列腺酸性磷酸酶］均可催化核酸模板上 5′端磷酸的去除。事实上，这些酶优先作用于小分子底物如 *p*-硝基苯磷酸（PNPP）和核酸暴露的 5′端磷酸基，而非大分子球形蛋白类底物。详细内容见本章信息栏"碱性磷酸酶"。

由于 CIP 和 SAP 可从商业渠道获得，且容易灭活，因此是分子克隆中应用最广泛的磷酸酶。虽然每活性单位的 CIP 较便宜，但 SAP 具有在缺乏螯合剂时容易灭活的优点。实际操作中，DNA 修饰反应（如磷酸化和连接）能在同一反应管中连续进行，因而避免了酚：氯仿抽提和乙醇沉淀。

材料

为正确使用本方案中的器材和危险试剂，必须查阅相应的材料安全数据表并咨询所在机构的环境卫生和安全办公室。

本方案的专用试剂标注<R>，配方在本方案末提供。常用储备溶液、缓冲液和试剂标注<A>，配方见附录 1。储备溶液应稀释至适用浓度后使用。

试剂

氯仿

CIP 或 SAP（Affymetrix 公司，Roche Applied Sicence 公司或 Worthington Biochemicals 公司）

10×去磷酸化缓冲液（用于 CIP 或 SAP）<A>

DNA 样品（0.1～10μg [1～100 pmol]）

去磷酸反应通常在 25～50μL 体积中进行，含 1～100pmol 5′ 磷酸化的 DNA 末端。

EDTA（0.5mol/L, pH 8.0）<A>或 EGTA（0.5mol/L, pH 8.0）<A>（如使用 CIP）

乙醇

酚：氯仿（1：1, *V*/*V*）

蛋白酶 K

限制性内切核酸酶

SDS（10%，*m*/*V*）<A>（如使用 CIP）

乙酸钠（3mol/L，pH 7.0 [如使用 CIP]和 pH 5.2）<A>

之所以使用 pH 为 7.0 的 3 mol/L 的乙酸钠，是因为在酸性 pH 的条件下，EDTA 会从溶液中沉淀下来。

TE（pH 7.6）<A>

Tris-Cl（1mol/L, pH 8.5）<A>

设备

水浴或加热块（56℃、65℃或75℃ [用于 CIP] 或 70℃ [用于 SAP]）

计算 DNA 样品中 5′端含量

用下列公式计算待测定 DNA 样品中 5′端的 pmol 数。

双链 DNA

$$5'\text{端含量（pmol）} = [X/(Y \times 660\text{g/mol/bp})] \times 10^{12}\ \text{pmol/mol} \times 2\ \text{末端/分子}$$

式中，X 是 DNA 片段的质量（g）；Y 是 DNA 片段的长度（bp）。例如，1μg 线性化的 3 kb 质粒 DNA=1pmol 5′端，1μg 1kb 双链 DNA 片段 = 3pmol 5′端。

单链 DNA

$$5'\text{端含量（pmol）} = [X/(Y \times 330\ \text{g/mol/核苷酸})] \times 10^{12}\ \text{pmol/mol}$$

式中，X 是 DNA 片段的质量（g）；Y 是 DNA 片段的长度（核苷酸）。例如，1μg（约 0.03 OD_{260}）25-mer 寡核苷酸等于 120 pmol 5′端。

方法

1. 用所选择的限制性内切核酸酶完全消化 1～10μg（10～100pmol）待去磷酸化的 DNA。

   按照限制性内切核酸酶生产厂家建议的温育时间和温度进行反应。消化的进程可用琼脂糖凝胶电泳进行分析。

   在用 10×CIP 或 10×SAP 缓冲液调至 pH 8.5 的限制酶缓冲液中，CIP 和 SAP 将以略微降低的效率使 DNA 去磷酸化，见下一步骤。如仍不满意，可用酚：氯仿抽提及标准乙醇沉淀纯化 DNA，然后溶于最小体积的 10mmol/L Tris-Cl（pH 8.5）。

2. 用 CIP 或 SAP 使限制性酶切的 DNA 5′端去磷酸化。

用 CIP 进行 DNA 的去磷酸化

i. 向 DNA 中加入：

10×CIP 去磷酸化缓冲液	5μL
H_2O	加至 48μL

ii. 加入适量的 CIP。

1U 的 CIP 可使约 1pmol 5′磷酸化末端（5′凹端或平端）或约 50pmol 5′突出端去磷酸化。不同厂家的酶用量可稍有不同。

iii. 37℃温育反应 30min 后，加入第二份 CIP，继续温育 30min。

iv. 在温育反应结束后，加入 SDS 和 EDTA（pH 8.0）至终浓度分别为 0.5%和 5mmol/L 以灭活 CIP，充分混匀各试剂，再加入蛋白酶 K 至终浓度为 100μg/mL，56℃下温育 30 min。

v. 将反应物冷却至室温，先用酚：氯仿抽提 2 次，再以氯仿单独抽提 1 次以纯化 DNA。

用于灭活和消化 CIP 的蛋白酶 K 和 SDS 必须用酚：氯仿抽提完全去除，然后进行下步的酶处理（多核苷酸激酶的磷酸化或连接酶反应等）。

▲ 单独用氯仿抽提一次不足以使 SDS 浓度降低至不再抑制多核苷酸激酶的程度。因此，Kurien 等（1997）建议可能需要用氯仿抽提 4 次。

如反应中含小量 DNA（<100 ng），在酚：氯仿抽提前，可加入糖原或线性聚丙烯酰胺（Gaillard and Strauss 1990）作载体。勿加核酸载体（tRNA、鲑精 DNA 等），因为它们可在激酶反应中与去磷酸化的 DNA 竞争放射性标记的 ATP。

CIP 亦可在 10mmol/L EGTA（pH 8.0）存在下，65℃加热 30 min 灭活（或 75℃加热 10 min）。

▲ 用 EGTA，而不是 EDTA。

用 SAP 进行 DNA 去磷酸化

i. 在 DNA 中加入：

10×SAP 去磷酸化缓冲液	5μL
H_2O	加至 48μL

ii. 加入适量的 SAP。

1U 的 SAP 可使约 1 pmol 5′磷酸化末端（3′凹端或 5′凹端）或约 0.2pmol 平端 DNA 去磷酸化。不同厂家酶的用量可略有差异。

iii. 37℃温育反应 1h。

iv. 为灭活 SAP，将反应转移至 70℃加热 20min，然后冷却至室温。

3. 将水相转移至一个清洁的微量离心管中，在 0.1 体积的 3mol/L 乙酸钠（pH 5.2）（如用 SAP）或 0.1 体积的 3mol/L 乙酸钠（pH 7.0）（如用 CTP）的存在下，用标准乙醇沉淀回收 DNA。

4. 室温下干燥沉淀物，然后溶于 TE（pH 7.6），使 DNA 的浓度大于 2nmol/mL。

为自 RNA 中去除 5′磷酸基，使用 0.01U CIP/pmol 5′端，37℃温育 15min，然后在 55℃下继续温育 30min。亦可用 0.01～0.1U SAP/pmol 5′端，37℃温育 1h，以使 RNA 去磷酸化。

如果去磷酸化的 DNA 用作多核苷酸激酶的底物，则必须严格纯化。可通过离心柱色谱法、凝胶电泳、密度梯度离心或 Sepharose CL-4B 柱色谱法将其与低分子质量核酸分离。虽然此类污染物在制品中仅占核酸量的一小部分，但它们却能产生比例大得多的 5′端。在 T4 噬菌体多核苷酸激酶催化的反应中，污染的低分子质量 DNA 和 RNA 分子可作为占优势的核酸群体被标记，因此必须除去。

由于氨离子是 T4 噬菌体多核苷酸激酶的强力抑制剂，因此在多核苷酸激酶处理前，去磷酸化的 DNA 不应溶于含氨盐的缓冲液或在该缓冲液中沉淀。

参考文献

Gaillard C, Strauss F. 1990. Ethanol precipitation of DNA with linear polyacrylamide as carrier. *Nucleic Acids Res* **18**: 378.

Kurien BT, Scofield RH, Broyles RH. 1997. Efficient 5′ end labeling of dephosphorylated DNA. *Anal Biochem* **245**: 123–126.

方案 10　含 5′突出羟基端的 DNA 分子磷酸化

用磷酸酶去除核酸的 5′磷酸根，然后在 T4 噬菌体多核苷酸激酶的催化下，以放射性标记的形式重新将磷酸加到核酸上，这是一种广泛应用的制备 ^{32}P 标记探针的技术（见信息栏“用 T4 噬菌体多核苷酸激酶标记 DNA 5′端”）。当反应有效进行时，反应中 40%～50% 的 5′突出端可被放射性标记（Berkner and Folk 1977）。但产生的探针不如由其他放射性标记方法获得的比活性高，因为每个 DNA 分子中仅引入了一个放射性原子。尽管如此，比活性范围在 3000～7000Ci/mmol 的[γ-^{32}P]ATP 的实用性使探针的合成适用于多种研究目的，包括：

- 作为引物在引物延伸实验中进行 mRNA 5′端作图
- 在用 S1 核酸酶进行 RNA 结构分析时作为底物

本方案介绍一种标记去磷酸化的 5′突出端的方法。DNA 末端标记方法的总结可见方案 8 中的表 13-3。

用 T4 噬菌体多核苷酸激酶标记 DNA 5′端

催化核酸 5′端标记的首选酶为 T4 噬菌体多核苷酸激酶，该酶可将[γ-^{32}P]ATP 的γ磷酸残基转移到去磷酸化的单链 DNA、双链 DNA 和 RNA 的 5′羟基端。此外，该酶以低得多的效率，将磷酸残基恢复至位于双链 DNA 切口的 5′羟基上。T4 多核苷酸激酶是一个相对分子质量约为 142 000 的四聚体蛋白，由 T4 噬菌体结构基因 *pse*T 编码的 4 个相同的亚单位构成（见综述，Richardson 1971; Maunder 1993）。由 T4 噬菌体多核苷酸激酶催化的 ^{32}P 向 DNA 5′端的转移，可以两种方式进行（图 1）:

- 在正向反应中，首先用磷酸酶（CIP 或 SAP）处理单链或双链 DNA，以去除 5′端磷酸基团（方案 9）。然后，反应产生的 5′羟基末端在多核苷酸激酶催化的反应中，被[γ-^{32}P]ATP 转移来的γ-磷酸基重新磷酸化（本方案和方案 11）。放射性标记的效率取决于 DNA 的纯度（未纯化的 DNA 溶液中含有激酶抑制剂）和 DNA 5′端的序列。由于未知的原因，5′端带有一个胞嘧啶残基的寡核苷酸比以 A 或 T 开始的寡核苷酸的标记效率低 4 倍，比以 G 开始的寡核苷酸低 6 倍（van Houten et al. 1998）。
- 某些 DNA 模板如合成的寡核苷酸在激酶反应前不必用磷酸酶处理，合成的寡核苷酸几乎必定带有游离的 5′羟基。由于磷酸化反应是可逆的，T4 多核苷酸激酶在核苷二磷酸受体如 ADP 摩尔过量的条件下，将催化 5′端的去磷酸化（van de Sande et al. 1973）。标记的第二种方法（交换反应）利用该酶催化的正向和反向两种反应。

T4 多核苷酸激酶可在限制性内切核酸酶缓冲液中作用，但效率不高，然而，置换反应却可与 5′突出端的酶切反应同时进行。产生的 DNA 可在凝胶电泳中用作放射性标记的分子质量标准物（Oommen et al. 1990）。

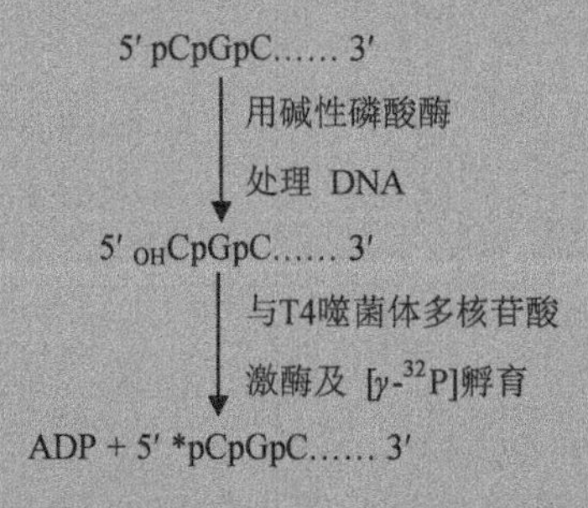

图 1 T4 噬菌体多核苷酸激酶可用于标记 DNA 分子的 5′端（详见正文）。

材料

为正确使用本方案中的器材和危险试剂，必须查阅相应的材料安全数据表并咨询所在机构的环境卫生和安全办公室。

本方案的专用试剂标注<R>，配方在本方案末提供。常用储备溶液、缓冲液和试剂标注<A>，配方见附录 1。储备溶液应稀释至适用浓度后使用。

试剂

乙酸铵（10mol/L）<A>（可选；见步骤 3）

T4 噬菌体多核苷酸激酶

野生型多核苷酸激酶具有 5′磷酸转移酶活性和 3′磷酸酶活性（Depew and Cozzarelli 1974; Sirotkin et al. 1978）。市售的突变型酶（Cameron et al. 1978）缺乏磷酸酶活性，但完好地保留了磷酸转移酶活性（如 Boehringer Mannheim 公司）。我们建议应尽可能用此突变型酶进行 5′端标记；催化 10～50pmol 去磷酸化的 5′突出端磷酸化需要 10～20U 的酶。

10×T4 噬菌体多核苷酸激酶缓冲液<A>

DNA（10～50pmol）

应按方案 9 所述进行 DNA 的去磷酸化或合成含 5′羟基端的 DNA 片段。DNA 样品中 5′端含量的计算见方案 9 信息栏内容。

EDTA（0.5 mol/L, pH 8.0）<A>

乙醇

[γ-^{32}P]ATP（10mCi/mL，比活性为 3000～7000 Ci/mmol）

为最大限度地减少前体和探针的辐射分解，应尽可能在[γ-^{32}P]dNTP 到达实验室的当天制备放射性标记探针。

设备

液体闪烁计数仪，可通过契仑科夫辐射定量 ^{32}P

Sephadex G-50 离心柱，用 TE（pH 7.6）平衡

或

Sephadex G-50 柱（1mL），用 TE（pH 7.6）平衡（上述两种可任选；见步骤 3）。

Sephadex G-50 凝胶过滤介质可用于从低分子质量物质（放射性前体保留在柱中）中分离 DNA（DNA 可穿过介质）。放射性标记 DNA 纯化用 Sephadex G-50 柱可从几个商业渠道获得[如 Quick Spin Columns(Roche Applied Science 公司)]。但是，用 1mL 装填硅化玻璃棉的一次性注射器很容易完成（见方案 1，步骤 6～14）。

方法

1. 在一个微量离心管中，按下列顺序混合各试剂：

去磷酸化的 DNA	10～50pmol
10×T4 噬菌体多核苷酸激酶缓冲液	5μL
[γ-^{32}P]ATP（10 mCi/mL）（比活度为 3000～7000 Ci/mmol）	50pmol
T4 噬菌体多核苷酸激酶	10U
H_2O	加至 50μL

37℃温育反应 1 h。

理想的条件下，ATP 应 5 倍摩尔过量于 DNA 5′端, DNA 末端的浓度应大于或等于 0.4μmol/L。因此，反应中 ATP 的浓度应大于 2μmol/L，但在实际中很少达到。为提高放射性标记探针的比活度，应增加磷酸化反应中[γ-^{32}P]ATP 的用量，减少水的体积，维持反应体积为 50μL。

2. 加入 2μL 0.5 mol/L EDTA（pH 8.0）以终止反应。用液体闪烁计数仪中的契仑科夫计数测量反应混合物中的总放射性。

3. 通过下列方法之一分离放射性标记的探针与未掺入的 dNTP：

- 用 Sephadex G-50 离心柱色谱法（按照方案 1，步骤 6～14 所述，用商品化的柱子或自制的柱子）

- 用 1mL Sephadex G-50 柱（用 TE 平衡）常规分子筛层析

或

- 用乙酸铵和乙醇对放射性标记的 DNA 进行两轮选择性沉淀（见第 1 章，方案 4）

4. 通过契仑科夫计数测定探针制品中的放射性量，用探针中放射性含量除以反应混合物中的放射性总量来计算放射性标记物转移到 5′端的效率（步骤 2）。

参考文献

Berkner KL, Folk WR. 1977. Polynucleotide kinase exchange reaction: Quantitative assay for restriction endonuclease-generated 5′-phosphoryl termini in DNA. *J Biol Chem* 252: 3176–3184.

Cameron V, Soltis D, Uhlenbeck OC. 1978. Polynucleotide kinase from a T4 mutant which lacks the 3′ phosphatase activity. *Nucleic Acids Res* 5: 825–833.

Depew RE, Cozzarelli NR. 1974. Genetics and physiology of bacteriophage T4 3′-phosphatase: Evidence for involvement of the enzyme in T4 DNA metabolism. *J Virol* 13: 888–897.

Maunders MJ. 1993. Polynucleotide kinase. *Methods Mol Biol* 16: 343–356.

Oommen A, Ferrandis I, Wang MJ. 1990. Single-step labeling of DNA using restriction endonucleases and T4 polynucleotide kinase. *BioTechniques* 8: 482–486.

Richardson CC. 1971. Polynucleotide kinase from *Escherichia coli* infected with bacteriophage T4. In *Procedures in nucleic acid research* (ed Cantoni GL, Davies DR), vol. 2, pp. 815–828. Harper and Row, New York.

Sirotkin K, Cooley W, Runnels J, Snyder LR. 1978. A role in true-late gene expression for the T4 bacteriophage 5′ polynucleotide kinase 3′ phosphatase. *J Mol Biol* 123: 221–233.

van de Sande JH, Kleppe K, Khorana HG. 1973. Reversal of bacteriophage T4 induced polynucleotide kinase action. *Biochemistry* 12: 5050–5055.

van Houten V, Denkers F, van Dijk M, van den Brekel M, Brakenhoff R. 1998. Labeling efficiency of oligonucleotides by T4 polynucleotide kinase depends on 5′-nucleotide. *Anal Biochem* 265: 386–389.

方案 11 去磷酸化的平端或 5′凹端 DNA 分子的磷酸化

在 T4 多核苷酸激酶催化的正向反应中，带有平端、5′凹端或分子内切口的 DNA 底物比含 5′突出端的双链 DNA 的标记效率低。例如，磷酸基掺入 DNA 内部切口比转移到 5′端的效率低 30 倍（Lillehaug et al. 1976; Berkner and Folk 1977）。然而，标记该类底物的困难可通过以下方法克服：①将 ATP 的浓度增至极高水平（>100 μmol/L）（Lillehaug and Kleppe 1975a）；②在反应中加入聚胺或聚乙二醇 8000（PEG 8000）（Lillehaug and Kleppe 1975b; Harrison and Zimmerman 1986a）。在 PEG 和镁的存在下，DNA 可折卷成高度凝聚态（Lerman 1971）。随后磷酸化反应效率提高，据信这是所产生的大分子群集的结果（Harrison and Zimmerman 1986b；综述见 Zimmerman and Minton 1993）。其刺激量取决于 PEG 的浓度。因此，检测 4%～10% PEG 浓度范围内反应效率可能是有益的。当使用长于 300 bp 的 DNA 时，PEG 的有益效应才变得显著。较小的 DNA 片段可能由于其刚性过强而不能折卷为凝聚态。有关用 T4 多核苷酸激酶标记 DNA 的其他信息见方案 10 概述中的信息栏“用 T4 噬菌体多核苷酸激酶标记 DNA 5′端”。DNA 末端标记方法的总结见方案 8 中的表 13-3。

本方案中，PEG 与高浓度的 ATP 及多核苷酸激酶一起加入，以提高平端或 5′凹端 DNA 片段的标记。

材料

为正确使用本方案中的器材和危险试剂，必须查阅相应的材料安全数据表并咨询所在机构的环境卫生和安全办公室。

本方案的专用试剂标注<R>，配方在本方案末提供。常用储备溶液、缓冲液和试剂标注<A>，配方见附录 1。储备溶液应稀释至适用浓度后使用。

试剂

乙酸铵（10mol/L）<A>（可选；见步骤 5）

T4 噬菌体多核苷酸激酶

野生型多核苷酸激酶具有 5′ 磷酸转移酶活性和 3′ 磷酸酶活性（Depew and Cozzarelli 1974; Sirotkin et al. 1978）。市售的突变型酶（Cameron et al. 1978）缺乏磷酸酶活性但完好地保留了磷酸转移酶活性（如 Boehringer Mannheim 公司）。我们建议应尽可能用此突变型酶进行 5′ 端标记。

DNA（10～50pmol，体积≤11μL）

按方案 9 所述进行 DNA 的去磷酸化或合成含 5′ 羟基端的 DNA 片段。DNA 样品中 5′ 端含量的计算见方案 9。

EDTA（0.5mol/L, pH 8.0）<A>

乙醇

10×咪唑缓冲液<R>

[γ-^{32}P]ATP（10mCi/mL，比活性 3000Ci/mmol）

为最大限度地减少前体和探针的辐射分解，尽可能在[γ-^{32}P]dNTP 到达实验室的当天制备放射性标记的探针。

PEG 8000（24%，*m*/*V*），水配制

设备

可通过契仑科夫辐射定量 ^{32}P 的液体闪烁计数仪

Sephadex G-50 离心柱，用 TE（pH 7.6）平衡

或

SephadexG-50 柱（1mL），用 TE（pH 7.6）平衡（上述两种任选，见步骤 5）。

Sephadex G-50 凝胶过滤介质可用于从低分子质量物质（放射性前体保留在柱中）中分离 DNA（DNA 可穿过介质）。放射性标记 DNA 纯化用 Sephadex G-50 柱可从几个商业渠道获得[如 Quick Spin Columns（Roche Applied Science 公司）]。但是，用 1mL 装填硅化玻璃棉的一次性注射器很容易完成（见方案 1，步骤 6～14）。

方法

1．在一个微量离心管中，按下列顺序混合：

去磷酸化的 DNA	10～50pmol
10×咪唑缓冲液	4μL
H_2O	加至 15μL
PEG（24%，*m*/*V*）	10μL

2．加入 40pmol [γ-^{32}P]ATP（10mCi/mL；比活性为 3000Ci/mmol），加水至反应终体积为 40μL。

理想的条件下，ATP 摩尔数应超过 DNA 5′端 5 倍以上。DNA 末端的浓度应为≥0.4μmol/L。因此，反应中 ATP 的浓度应>2μmol/L，但实际上很难达到。为提高放射性标记的 DNA 产物的比活性，可增加磷酸化反应中[γ-^{32}P]ATP 的用量，减少水的体积，以维持反应体积为 40μL。

3．在反应中加入 40U 的 T4 噬菌体多核苷酸激酶。轻弹管壁以混匀试剂，37℃温育反应 30min。

4．加入 2μL 0.5mol/L EDTA（pH 8.0）以终止反应。用液体闪烁计数仪的契仑科夫计数测定反应混合物的放射性活度。

5．通过以下方法之一分离放射性标记的探针与未掺入的 dNTP：

- 用 Sephadex G-50 离心柱色谱法（按照方案 1，步骤 6～14，用商品化的柱子或自制的柱子）；
- 用 1mL Sephadex G-50 柱（用 TE 平衡）常规分子筛层析；

或

- 用乙酸铵和乙醇对放射性标记的 DNA 进行两轮选择性沉淀（见第 1 章，方案 4）。

6．用契仑科夫计数检测探针的放射性。用探针的放射性含量除以反应混合物中的放射性总量来计算放射性标记物转移到 5′ 端的效率（步骤 4）。

配方

为正确使用本方案中的器材和危险试剂，必须查阅相应的材料安全数据表并咨询所在机构的环境卫生和安全办公室。

10×咪唑缓冲液

试剂	体积（1 mL）	终浓度
咪唑盐酸（1mol/L, pH 6.4）	500μL	500mmol/L
$MgCl_2$ （1mol/L）	180μL	180mmol/L
DTT（1mol/L）	50μL	50mmol/L
亚精胺盐酸（100mmol/L）	10μL	1mmol/L
EDTA（0.5mol/L, pH 8.0）	2μL	1mmol/L

参考文献

Berkner KL, Folk WR. 1977. Polynucleotide kinase exchange reaction: Quantitative assay for restriction endonuclease-generated 5′-phosphoryl termini in DNA. *J Biol Chem* 252: 3176–3184.

Cameron V, Soltis D, Uhlenbeck OC. 1978. Polynucleotide kinase from a T4 mutant which lacks the 3′ phosphatase activity. *Nucleic Acids Res* 5: 825–833.

Depew RE, Cozzarelli NR. 1974. Genetics and physiology of bacteriophage T4 3′-phosphatase: Evidence for involvement of the enzyme in T4 DNA metabolism. *J Virol* 13: 888–897.

Harrison B, Zimmerman SB. 1986a. T4 polynucleotide kinase: Macromolecular crowding increases the efficiency of reaction at DNA termini. *Anal Biochem* 158: 307–315.

Harrison B, Zimmerman SB. 1986b. Stabilization of T4 polynucleotide kinase by macromolecular crowding. *Nucleic Acids Res* 14: 1863–1870.

Lerman LS. 1971. A transition to a compact form of DNA in polymer solutions. *Proc Natl Acad Sci* 68: 1886–1890.

Lillehaug JR, Kleppe K. 1975a. Kinetics and specificity of T4 polynucleotide kinase. *Biochemistry* 14: 1221–1225.

Lillehaug JR, Kleppe K. 1975b. Effect of salts and polyamines polynucleotide kinase. *Biochemistry* 14: 1225–1229.

Lillehaug JR, Kleppe RK, Kleppe K. 1976. Phosphorylation of double-stranded DNAs by T4 polynucleotide kinase. *Biochemistry* 15: 1858–1865.

Sirotkin K, Cooley W, Runnels J, Snyder LR. 1978. A role in true-late gene expression for the T4 bacteriophage 5′ polynucleotide kinase 3′ phosphatase. *J Mol Biol* 123: 221–233.

Zimmerman SB, Minton AP. 1993. Macromolecular crowding: Biochemical, biophysical, and physiological consequences. *Annu Rev Biophys Biomol Struct* 22: 27–65.

方案 12　用 T4 多核苷酸激酶进行寡核苷酸 5′端的磷酸化

合成的寡核苷酸 5′端不含磷酸基，因此，通过 T4 噬菌体多核苷酸激酶催化[γ-^{32}P]ATP 的γ-^{32}P 转移的反应，可标记寡核苷酸的 5′端。用此法放射性标记的寡核苷酸可用作杂交探针和引物，用于 DNA 测序和 mRNA 5′端作图。

当反应在标准条件下进行时，>50%的寡核苷酸分子可被放射性标记。然而，由于某些未知的原因，寡核苷酸放射性标记的效率取决于寡核苷酸的序列（van Houten et al. 1998）。5′端带有一个胞嘧啶残基的寡核苷酸比以 A 或 T 开始的寡核苷酸的标记效率低 4 倍，比以 G 开始的寡核苷酸低 6 倍。当设计寡核苷酸探针时，应注意 5′端的位置不是胞嘧啶残基。

本方案描述的反应按标记高比活性(1×10^8～4×10^8 dpm/μg)的 10pmol 寡核苷酸设计。通过增加或减少反应的体积而维持所有组分的浓度不变，可很容易实现不同量的寡核苷酸的标记。

材料

为正确使用本方案中的器材和危险试剂，必须查阅相应的材料安全数据表并咨询所在机构的环境卫生和安全办公室。

本方案的专用试剂标注<R>，配方在本方案末提供。常用储备溶液、缓冲液和试剂标注<A>，配方见附录 1。储备溶液应稀释至适用浓度后使用。

试剂

T4 噬菌体多核苷酸激酶

野生型多核苷酸激酶具有 5′ 磷酸转移酶活性和 3′ 磷酸酶活性（Depew and Cozzarelli 1974; Sirotkin et al. 1978）。市售的突变型酶（Cameron et al. 1978）缺乏磷酸酶活性，但完好地保留了磷酸转移酶活性（如 Boehringer Mannheim 公司）。我们建议应尽可能用此突变型酶进行 5′ 端标记。催化 10～50pmol 去磷酸化的 5′突出端磷酸化需要 10～20U 的酶。

▲ 注意，已报道不同厂商出售的多核苷酸激酶制品催化单链合成寡核苷酸 5′ 端磷酸化的能力相差较大（van Houten et al. 1998）。

10×T4 噬菌体多核苷酸激酶缓冲液<A>

[γ-^{32}P]ATP 水溶液（10mCi/mL，比活性>5000 Ci/mmol）

标记 10 pmol 高比活性的去磷酸化的 5′ 端需要 10pmol [γ-^{32}P]ATP。

为最大限度地减少前体和探针的辐射分解，尽可能在[γ-^{32}P]dNTP 到达实验室的当天制备放射性标记的探针。

寡核苷酸

为获得标记的最大效率，应当通过 PAGE 纯化寡核苷酸。在多核苷酸激酶催化的反应中，寡核苷酸的粗制品标记效率较低（van Houten et al. 1998）。当使用未纯化的寡核苷酸制品时，确保合成的最后一个循环设定为“去三苯甲基”，即从固相合成载体中释放 DNA 之前，除去寡核苷酸引物 5′ 端的二甲氧基三苯基阻断基。

Tris-Cl（1mol/L, pH 8.0）<A>

设备

微量离心管（0.5mL）

水浴（68℃）

方法

1．在一个 0.5mL 含有下列试剂的微量离心管中配制反应体系：

合成的寡核苷酸（10 pmol/μL）	1μL
10×T4 噬菌体多核苷酸激酶缓冲液	2μL
[γ-^{32}P]ATP（10 pmol，比活性>5000Ci/mmol）	5μL
H_2O	加至 11.4μL

轻柔并持续敲击管壁混匀各组分。将 0.5μL 的反应混合物加入含 10μL 10mmol/L Tris-Cl（pH 8.0）的管中。放置待步骤 4 使用。

反应中含有等浓度的[γ-^{32}P]ATP 和寡核苷酸。一般来说，仅有 50%的标记物被转移至寡核苷酸。转移的效率可通过增加反应中寡核苷酸的浓度而提高 10 倍。这种效率的提高可使约 90%的标记物转移至寡核苷酸。但是，放射性标记的 DNA 比活性则减少约 5 倍。为标记高比活性的寡核苷酸，

- 提高反应中[γ-^{32}P]ATP 的浓度至 3 倍（如用 15μL 标记物而减少水的体积至 1.4μL）
- 寡核苷酸的量减至 3pmol

在此条件下，仅有约 10%的标记物被转移，但高比例的寡核苷酸可被放射性标记。

理想的情况下，ATP 的摩尔数应超过 DNA 5′ 端的 5 倍，DNA 末端的浓度应≥4μmol/L。因此，反应中 ATP 的浓度应>2μmol/L，但在实际情况下很难达到。

2．加入 10U（约 1μL）T4 噬菌体多核苷酸激酶至剩余的反应混合物。彻底混匀，在 37℃下温育反应混合物 1h。

3．反应结束时，将 0.5μL 反应混合物加入含 10μL 10mmol/L Tris-Cl（pH 8.0）的第二支管中。68℃下加热剩余的反应混合物 10min，以灭活多核苷酸激酶。将含有加热后的反应混合物的离心管置于冰上。

4．在进行下一步骤前，用一小份反应混合物测定转移至寡核苷酸底物的放射性标记物，以确定标记反应是否成功。将反应的样品（0.5μL）移至含有 10μL 10mmol/L Tris-Cl（pH 8.0）的管中。通过以下任一方法，用此样品（以及步骤 1 和步骤 3 的样品）测定 ATP 中的α-^{32}P 转移的效率：

- 测定放射性标记的 dNTP 掺入 TCA 可沉淀物中的比例（见附录 2）。

或

- 通过 Sephadex G-15 或 Bio-Rad P-60 分子排阻色谱评估随寡核苷酸迁移的标记物比例，以测定标记反应的效率。此方法的详细描述见方案 17。某些情况下，在两种方法中此法更为便捷，因为掺入和未掺入的相对放射性量可在层析过程中用手提式微型探测器估计。

如果比活性过低，请参看“疑难解答”。

5．如果寡核苷酸的比活性是可接受的，可按方案 15～17 纯化放射性标记的寡核苷酸。

疑难解答

问题（步骤 4）：探针的比活性过低。

解决方案：再加入 8U 的多核苷酸激酶，在 37℃下继续温育反应 30min（共 90min）。在 68℃下加热反应物 10min 以灭活酶，按照步骤 4 所述再次分析反应产物。

问题（步骤 4）：探针的比活性过低，增加一轮磷酸化反应仍未使寡核苷酸探针的比活性达到足够的要求。

解决方案：检查寡核苷酸的 5′端是否含有胞嘧啶残基。如果含有，请考虑重新设计寡核苷酸，使之 5′端为 G、A 或 T 残基（见本方案的概述）。此外，可尝试通过 Sep-Pak 层析纯化初始寡核苷酸制品（方案 17），然后重复本方案。

参考文献

Cameron V, Soltis D, Uhlenbeck OC. 1978. Polynucleotide kinase from a T4 mutant which lacks the 3′ phosphatase activity. *Nucleic Acids Res* 5: 825–833.

Depew RE, Cozzarelli NR. 1974. Genetics and physiology of bacteriophage T4 3′-phosphatase: Evidence for involvement of the enzyme in T4 DNA metabolism. *J Virol* 13: 888–897.

Sirotkin K, Cooley W, Runnels J, Snyder LR. 1978. A role in true-late gene expression for the T4 bacteriophage 5′ polynucleotide kinase 3′ phosphatase. *J Mol Biol* 123: 221–233.

van Houten V, Denkers F, van Dijk M, van den Brekel M, Brakenhoff R. 1998. Labeling efficiency of oligonucleotides by T4 polynucleotide kinase depends on 5′-nucleotide. *Anal Biochem* 265: 386–389.

方案 13　用末端脱氧核苷酸转移酶标记寡核苷酸 3′端

末端脱氧核苷酸转移酶（TdT，又简称为末端转移酶）是一种模板非依赖的聚合酶，可催化脱氧核苷酸和双脱氧核苷酸加至 DNA 分子的 3′羟基末端。钴（Co^{2+}）为该酶活性必需的辅因子。末端转移酶对单链 DNA 具有底物偏好，亦可将核苷酸加至突出、凹进或平端双链 DNA 片段，但效率较低。此反应在链终止类似物如双脱氧核苷酸（ddNTP，常为 [α-^{32}P]ddATP）存在下使用时，仅限于添加单一核苷酸（Yousaf et al. 1984）。在所谓的同聚物加尾反应（homopolymeric “tailing” reaction）中，此酶则能将几个（2～100）核苷酸加至 3′端（Deng and Wu 1983）（更多信息见本方案末的附加方案“加尾反应”）。除添加放射性核苷酸外，末端转移酶亦可用于添加非放射性标记物如生物素、DIG 或荧光素标记的核苷酸（Kumar et al. 1988; Igloi and Schiefermayr 1993）。非放射性标记通常用于促进几个核苷酸的添加，以提高探针的敏感性。虽然 3′端标记反应相对容易操作（见本方案末的可选方案“用 TdT 合成非放射性标记的探针”），几家厂商亦提供生物素和 DIG 3′端标记试剂盒（如 Thermo Scientific 公司和 Roche Applied Science 公司）。

材料

为正确使用本方案中的器材和危险试剂，必须查阅相应的材料安全数据表并咨询所在机构的环境卫生和安全办公室。

本方案的专用试剂标注<R>，配方在本方案末提供。常用储备溶液、缓冲液和试剂标注<A>，配方见附录 1。储备溶液应稀释至适用浓度后使用。

试剂

[α-^{32}P]ddATP（10mCi/mL，比活性 3000Ci/mmol）

$CoCl_2$ 溶液（25mmol/L）

DNA 寡核苷酸（约 10pmol DNA 3′端，10～100ng，取决于长度）

见方案 9 中信息栏“计算 DNA 样品中 5′端含量”。

EDTA（0.2mol/L，pH8.0）<A>（可选，见步骤 3）

重组末端转移酶（400U/μL）

重组形式的末端转移酶比天然酶的活性更高，由几家公司（如 Roche Applied Science 公司和 New England Biolabs 公司）提供。

5×末端转移酶反应缓冲液<R>

无核酸酶的无菌水

设备

水浴或加热块（37℃和 70℃）（可选）

方法

1．在一个置于冰上的微量离心管中，加入下列试剂：

末端转移酶反应缓冲液	10μL
$CoCl_2$（25nmol/L）	5μL
DNA 寡核苷酸（10pmol 3′端）	xμL[a]
[α-^{32}P]ddATP	5μL
末端转移酶	1μL
H_2O	加至终体积 50μL

a．根据 DNA 寡核苷酸的浓度决定适宜的体积。

轻柔而持续敲击管壁以混匀试剂。瞬时离心以收集管底部的溶液。将 0.5μL 的反应混合物加入一支含有 0.02mol/L EDTA 的管中，放置待步骤 4 时确定放射性标记物的掺入。

2．37℃下温育反应 60min。

3．70℃加热 10min 或加入 5μL 0.2mol/L EDTA（pH 8.0）以终止反应。

4．用一小份反应混合物测定转移至寡核苷酸底物的放射性标记物，以确定标记反应是否成功。将反应的样品（0.5μL）移至含有 0.02mol/L EDTA 的管中。通过以下任一方法，用此样品（以及步骤 1 的样品）测定 ^{32}P-ddATP 掺入的效率：

- 测定放射性标记的 dNTP 掺入 TCA 可沉淀物中的比例（见附录 2）。

或

- 通过 Sephadex G-15 或 Bio-Rad P-60 分子排阻色谱评估随寡核苷酸迁移的标记物比例，测定标记反应的效率。此方法的详细描述见方案 17。某些情况下，在两种方法中此法更为便捷，因为掺入和未掺入的相对量可在层析过程中用手提式微型探测器估计。至少应获得 30%的掺入率。

5．如果寡核苷酸的比活性是可接受的，可按方案 15～17 所述纯化放射性标记的寡核苷酸。

替代方案　用 TdT 合成非放射性标记的探针

方法

为改进上述方案以用于非放射性的核苷酸，可增加反应中 3′端的量至约 100pmol，使反应中 $CoCl_2$ 的量加倍至 5mmol/L。

1. 在一个置于冰上的微量离心管中加入下列试剂：

末端转移酶反应缓冲液	4μL
$CoCl_2$（25mmol/L）	4μL
DNA 寡核苷酸（100pmol 3′端）	*x*μL[a]
生物素、DIG 或荧光素-ddUTP	1μL
末端转移酶	1μL
H_2O	加至终体积 20μL

a. 根据 DNA 寡核苷酸的浓度决定适宜的体积。

轻柔而持续敲击管壁以混匀试剂。瞬时离心以收集管底部的溶液。

2. 37℃下温育反应 15min。
3. 70℃加热 10min 或加入 2μL 0.2mol/L EDTA（pH 8.0）以终止反应。
4. 按方案 15～17 所述从未掺入的标记物中分离纯化探针。

附加方案　加尾反应

加尾反应在标记的和未标记的 dATP、dTTP、dGTP 或 dCTP 的存在下进行。添加 dNTP 的速率和尾的长度取决于 DNA 3′端和 dNTP 浓度的比率，以及所用特异性的 dNTP。下列数据是在 37℃下温育 15min 得出的近似估算值。

pmol 3′端的比率 /（μmol/L dNTP）	尾长（37℃下温育 15min）（核苷酸）			
	dATP	dTTP	dGTP	dCTP
1:0.1	1～5	1～5	1～3	1～3
1:1	10～20	10～20	5～10	10～20
1:5	100～300	200～300	10～25	50～200
1:10	300～500	250～350	15～25	100～150

本方案中所述反应条件产生尾长为 75～125 个核苷酸的片段，用于尾部携 dATP 和 dTTP 的放射性标记探针，以及尾部携 dGTP 和 dCTP 的、长度为 15～30 个核苷酸的探针。

其他材料

试剂

dNTP 标记混合物（见步骤 1）

方法

1．为进行放射性标记，准备下列试剂：

$CoCl_2$ 溶液（15mmol/L 储备溶液)

放射性标记混合物

如使用 dATP 或 dTTP 标记混合物，将 1 倍体积 2.5mmol/L 的 dATP 或 dTTP 与 4 倍体积的[α-^{32}P]dATP 或[α-^{32}P]dTTP（800Ci/mmol）及 15 倍体积的水混合。如使用 dGTP 或 dCTP 标记混合物，将 1 倍体积 2 mmol/L 的 dGTP 或 dTTP 与 4 倍体积的[α-^{32}P]dATP 或[α-^{32}P]dTTP（800Ci/mmol）及 15 倍体积的水混合。

2．在一个置于冰上的微量离心管中，加入：

末端转移酶反应缓冲液	4μL
$CoCl_2$（15mmol/L）	2μL（用 dATP 或 dTTP 的加尾反应） 或 1μL（用 dGTP 或 dCTP 的加尾反应）
DNA 寡核苷酸（1pmol 3′端）	*x*μL[a]
放射性标记的 dNTP 标记混合物	1μL
末端转移酶	1μL
H_2O	加至终体积 20μL

a．根据 DNA 寡核苷酸的浓度决定适宜的体积。

轻柔而持续敲击管壁以混匀试剂。瞬时离心以收集管底部的溶液。

3．37℃下温育反应 15min。

4．70℃加热 10min，或加入 2μL 0.2mol/L EDTA（pH 8.0）以终止反应。

附加方案　合成非放射性标记探针的修饰

非放射性标记探针的加尾反应是在生物素-、DIG-或荧光素-dUTP，以及 dATP、dTTP、dGTP 或 dCTP 的存在下进行的。尾长反映了掺入标记的 dUTP 的数量，这取决于 dNTP 的类型和浓度，以及标记的 dUTP 核苷酸与未标记的核苷酸的比率。下列方案是在标记的 dUTP∶dNTP 比率为 1∶10 的条件下得出的结果。

	dATP	dTTP	dGTP	dCTP
平均尾长	50	10	15	25
尾长范围	10～100	1～20	5～10	10～40
标记的 dUTP 分子/尾	5	1	1.5	2.5

方法

1．在一个置于冰上的微量离心管中，加入下列试剂：

末端转移酶反应缓冲液	4μL
$CoCl_2$（25mmol/L）	4μL
DNA 寡核苷酸（100pmol 3′端）	*x*μL[a]
生物素-、DIG-或荧光素-dUTP（1mmol/L）	1μL
dATP、dTTP、dGTP 或 dCTP（10mmol/L）	1μL
末端转移酶	1μL
H_2O	加至终体积 20μL

a．根据 DNA 寡核苷酸的浓度决定适宜的体积。

轻柔而持续敲击管壁以混匀试剂。瞬时离心以收集管底部的溶液。

2. 37℃下温育反应 15min。
3. 70℃加热 10min 或加入 2μL 0.2mol/L EDTA（pH 8.0）以终止反应。

配方

为正确使用本方案中的器材和危险试剂，必须查阅相应的材料安全数据表并咨询所在机构的环境卫生和安全办公室。

5×末端转移反应缓冲液

试剂	体积（10mL）	终浓度
二甲基胂酸钾	1.76g	1mol/L
Tris-HCl（1mol/L，pH6.6）	1.25	0.125mol/L
BSA（10mg/mL）	12.5mL	1.25mg/mL

参考文献

Deng G, Wu R. 1983. Terminal transferase: Use of the tailing of DNA and for in vitro mutagenesis. *Methods Enzymol* 100: 96–116.

Igloi GL, Schiefermayr E. 1993. Enzymatic addition of fluorescein- or biotin-riboUTP to oligonucleotides results in primers suitable for DNA sequencing and PCR. *BioTechniques* 15: 486–488, 490–482, 494–487.

Kumar A, Tchen P, Roullet F, Cohen J. 1988. Nonradioactive labeling of synthetic oligonucleotide probes with terminal deoxynucleotidyl transferase. *Anal Biochem* 169: 376–382.

Yousaf SI, Carroll AR, Clarke BE. 1984. A new and improved method for 3′-end labelling DNA using [α-^{32}P]ddATP. *Gene* 27: 309–313.

方案 14 用大肠杆菌 DNA 聚合酶 I 的 Klenow 片段标记合成的寡核苷酸

用大肠杆菌 DNA 聚合酶 I 的 Klenow 片段合成与寡核苷酸互补的一条 DNA 链，可获得 5′和 3′端标记的高比活度的探针（Studencki and Wallace 1984; Ullrich et al. 1984b；综述见 Wetmur 1991）。先用一条短引物与待标记放射性探针序列互补的寡核苷酸杂交，再以模板指导的方式，用 Klenow 片段催化[α-^{32}P]dNTP 掺入使引物延伸。反应完成后，模板与产物通过变性及随后的变性聚丙烯酰胺凝胶电泳分离（图 13-4）。用这种方法制备寡核苷酸探针，可以使每个寡核苷酸分子含有数个放射性原子，获得比活度高达 2×10^{10} cpm/μg 的探针。由于反应的终产物为双链 DNA，需解开双链，分离标记的产物（见下述），因此，本方法一般不用于制备非放射性标记的寡核苷酸。为获得最佳结果，可考虑信息栏“优化用 Klenow 片段进行的寡核苷酸标记”中的要点。

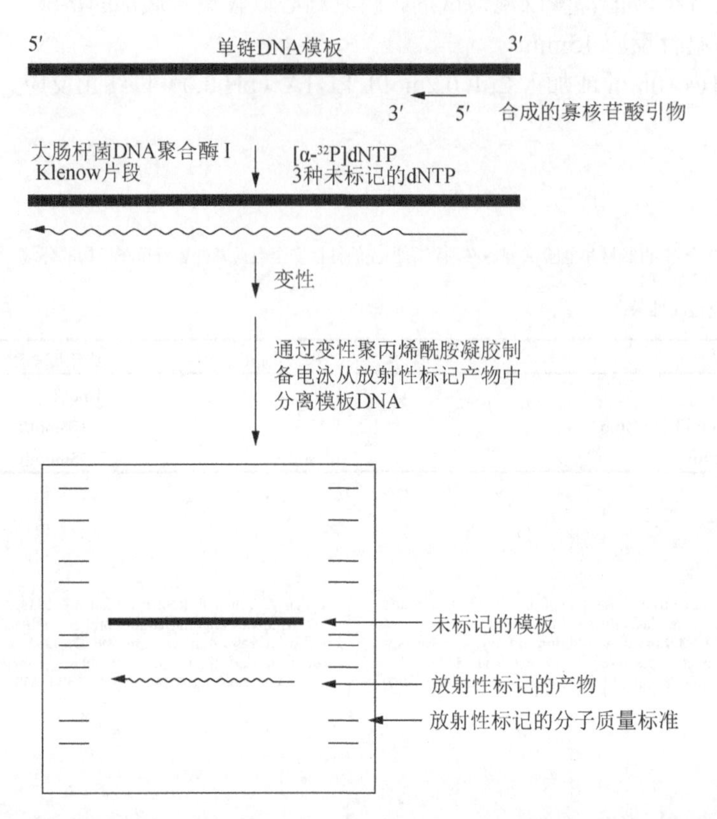

图 13-4　用大肠杆菌 DNA 聚合酶 I 的 Klenow 片段标记合成的寡核苷酸。

优化用 Klenow 片段进行的寡核苷酸标记

当设计此类标记实验时，请考虑下列几点：

- 反应中[α-^{32}P]dNTP 的比活度。所有α位磷酸根全部被 ^{32}P 取代的 dNTP 比活度为约 9000Ci/mmol，如低于此比活度，则为 ^{32}P 标记及未标记的寡核苷酸的混合物。假如参与合成反应的一种 dNTP 比活度为 3000Ci/mmol，而有 3 个位置供核苷酸掺入终产物，那么每一个探针分子中平均只含有 1 个 ^{32}P 原子（探针的比活度将与 T4 噬菌体多核苷酸激酶催化标记的探针大致相当）。如果已知所需探针的序列和可用的反应前体的比活度，就有可能预测在 1 种、2 种、3 种或全部 4 种[α-^{32}P]dNTP 参与反应时探针的比活度。
- 反应中 dNTP 的浓度。要使核苷酸多聚化反应能有效地进行，反应的全过程中每种 dNTP 的浓度始终维持在 1μmol/L 或更高（1μmol/L=约 0.66ng/μL）。假定反应中所有的单链序列都可以作为模板，计算掺入到探针中每一种 dNTP 的量。反应中每一种 dNTP 的总量应是掺入探针量加 0.66ng/μL 之和。
- 引物必须足够长，具有与模板结合的特异性，并能在适当的位点启动合成。用于此目的的引物长度一般为 7～9 个核苷酸，其序列与模板寡核苷酸 3′端或近 3′端序列互补。由于难以预测如此短的杂交体的稳定性，故在进行大规模标记反应之前，应确定能获得全长探针最高产率的模板与引物的比率。

- 终产物为双链 DNA 片段，其长度等于或稍短于模板（取决于与引物互补序列的位置）。为了更有效地发挥探针的作用，必须将未标记的模板链与互补的放射性标记产物分开。否则，由于两条互补的链复性，可使探针与靶序列杂交的效率降低。对于长度小于 30 个核苷酸的寡核苷酸，用 20%聚丙烯酰胺凝胶电泳是最有效的分离互补链的方法。如果两条互补链长度不等，分离的效果会更好。因此，应尽可能将引物设计在模板近末端的互补位置。如果引物不能杂交于模板 3′端 2～3 个核苷酸的位置上，放射性标记的产物将短于未标记的模板，因而更有利于电泳分离。即使二者长度完全相等，通过电泳仍有可能使模板与产物链在某种程度上分离，因为单链 DNA 在凝胶中移动的速率不仅取决于其长度，而且还取决于其碱基组成与序列。

在合成探针前，用非放射性的 ATP 将两条链之一（模板或引物）磷酸化（见方案 12），或通过保留连在引物 5′端的二甲氧三苯甲基（Studencki and Wallace 1984），可进一步提高分离度。由于不可能预料究竟何种方法对于某一特定的寡核苷酸最有效，所以通常有必要进行一系列预实验，以确定在各种条件下产物与模板的分离效率。

材料

为正确使用本方案中的器材和危险试剂，必须查阅相应的材料安全数据表并咨询所在机构的环境卫生和安全办公室。

本方案的专用试剂标注<R>，配方在本方案末提供。常用储备溶液、缓冲液和试剂标注<A>，配方见附录 1。储备溶液应稀释至适用浓度后使用。

试剂

[α-^{32}P]dNTP

为保持反应底物的高浓度，应在尽可能小的体积中进行链延伸反应。因此，最好使用溶于乙醇-水中的放射性标记 dNTP，而不是溶于缓冲的水溶液中。适量体积的醇溶性 [α-^{32}P]dNTP 可在用于进行反应的微量离心管中混合和蒸发干燥。为最大限度地减少前体和探针的辐射分解，尽可能在[^{32}P]dNTP 到达实验室的当天制备放射性标记的探针。

变性聚丙烯酰胺凝胶

聚丙烯酰胺在凝胶溶液中的比例及电泳条件，依反应混合液中寡核苷酸的大小不同而异，表 13-4 列出一些有用的提示。

表 13-4　不同寡核苷酸所需聚丙烯酰胺的浓度

寡核苷酸的长度	聚丙烯酰胺的浓度/%
12～15 个核苷酸	20
25～35 个核苷酸	15
35～45 个核苷酸	12
45～70 个核苷酸	10

聚丙烯酰胺凝胶通常用 1×TBE（89mmol/L TBE，2mmol/L EDTA）灌制，电泳亦在此缓冲液中进行。聚丙烯酰胺凝胶灌制与操作详见第 1 章，方案 3。

甲酰胺上样缓冲液<A>

10×Klenow 缓冲液<A>

大肠杆菌 DNA 聚合酶 I Klenow 片段

寡核苷酸引物

寡核苷酸引物应当通过 PAGE 纯化。为确保有效地放射性标记，反应混合液中的引物浓度应 3～10 倍摩尔过量于模板 DNA。

寡核苷酸模板

应当通过 PAGE 纯化模板寡核苷酸。寡核苷酸模板的序列应与所需放射性标记探针的序列互补。

设备

磷荧光粘贴标签（有商品供应）或热放射性墨水标记的粘贴标签<A>

水浴或加热块（80℃）

方法

1．计算出能达到比活度要求及足以使全部模板链完全合成所需的[α-^{32}P]dNTP 量，将其加入微量离心管中（见本方案的概述）。

在反应的任一阶段，dNTP 的浓度都不能低于 1μmol/L。为保持反应底物的高浓度，应在尽可能小的体积中进行延伸反应。

2．在离心管中加入适量的寡核苷酸引物和模板寡核苷酸。

为确保有效的放射性标记，反应液中引物的摩尔浓度应 3～10 倍过量于模板 DNA。

3．加入 0.1 倍体积的 10×Klenow 缓冲液，充分混匀。

4．按每 5μL 反应体积 2～4U 加入 Klenow 片段，充分混匀，14℃下反应 2～3h。

如有必要，反应过程中可取出小量（0.1μL）样品，测定可被 10% TCA 沉淀的放射性比例来监测反应的进程（见附录 2）。

5．用等体积甲酰胺上样缓冲液稀释反应混合液，于 80℃加热 3 min，然后将全部样品加至变性聚丙烯酰胺凝胶。

6．电泳结束后，卸下电泳装置，将聚丙烯酰胺凝胶黏附于一侧的玻璃上（详细操作见第 6 章，方案 11）。

▲未掺入的[α-^{32}P]dNTP 可能迁移到下层电泳槽中，使其带有放射性。此时应将凝胶、玻璃板、缓冲液及电泳装置均作为放射源处理。应在树脂玻璃防护屏后谨慎处理。

7．将凝胶及其背面的玻璃板一起包裹于塑料薄膜，记下指示染料的位置，用手提式小型监测仪检测凝胶上含寡核苷酸区域的放射性活度。在包裹样品的塑料膜的边缘粘贴一组用热放射性墨水或磷光圆点标签标记的粘贴标签，并用胶带覆盖放射性标签，以防放射性墨水污染胶片夹或增感屏。

8．将凝胶在放射性自显影胶片上曝光（见第 2 章，方案 5）。

通常掺入探针的放射性活度甚高，获得胶片图像的时间仅需数秒。

9．胶片显影后，将放射性墨水的影像和放射性标签重叠，以定位探针在凝胶上的位置。切下条带，按第 2 章，方案 11 所述方法回收放射性标记的寡核苷酸。

讨论

通过对这一放射性标记方法的改良，可以用两条 3′端序列互补的寡核苷酸合成更长的探针（Ullrich et al. 1984a）。首先将两条寡核苷酸通过它们互补的 3′端复性，然后在 Klenow 片段的催化下延伸。反应中两条链均可延伸（即被标记），所获得的双螺旋体长于最初的任一寡核苷酸。虽然这种方法需要两条寡核苷酸，但其优点在于产物的两条链均可被放射性标记。因此，放射性标记探针的分离和纯化不必非用聚丙烯酰胺凝胶电泳不可，而可以按方案 1 所述，选用 Sephadex G-50 或 Bio-Gel P-60 层析纯化放射性标记的探针。

参考文献

Studencki AB, Wallace RB. 1984. Allele-specific hybridization using oligonucleotide probes of very high specific activity: Discrimination of the human β A- and β S-globin genes. *DNA* 3: 7–15.

Ullrich A, Berman CH, Dull TJ, Gray A, Lee JM. 1984a. Isolation of the human insulin-like growth factor I gene using a single synthetic DNA probe. *EMBO J* 3: 361–364.

Ullrich A, Gray A, Wood WI, Hayflick J, Seeburg PH. 1984b. Isolation of a cDNA clone coding for the α-subunit of mouse nerve growth factor using a high-stringency selection procedure. *DNA* 3: 387–392.

Wetmur JG. 1991. DNA probes: Applications of the principles of nucleic acid hybridization. *Crit Rev Biochem Mol Biol* 26: 227–259.

方案 15　用乙醇沉淀法纯化标记的寡核苷酸

如果标记的寡核苷酸只是用作杂交探针的话，一般不必完全除去未掺入的标记物。然而，为了使本底降至最低，应当将未掺入的大部分标记物与标记的寡核苷酸分离。如果寡核苷酸长度超过 18 个核苷酸，则绝大部分未掺入的前体物质可通过乙醇分级沉淀除去。如需将未掺入的放射性标记物完全除去（如放射性标记的寡核苷酸用于引物延伸反应时），则必须用层析法（方案 17 和方案 18）或凝胶电泳法（主要在第 2 章、方案 3 中介绍）纯化。

材料

为正确使用本方案中的器材和危险试剂，必须查阅相应的材料安全数据表并咨询所在机构的环境卫生和安全办公室。

本方案的专用试剂标注<R>，配方在本方案末提供。常用储备溶液、缓冲液和试剂标注<A>，配方见附录 1。储备溶液应稀释至适用浓度后使用。

试剂

乙酸铵（10mol/L）<A>

乙醇

放射性标记的寡核苷酸

纯化的原始材料是方案 12（步骤 3 或步骤 5）或方案 13 的反应混合物，酶已被加热灭活或化学灭活。

TE（pH 7.6）<A>

方法

1. 在含有放射性标记的寡核苷酸的管中加入 40μL 水，充分混匀，再加入 240μL 5mol/L 的乙酸铵溶液。再次混匀后，加入用冰预冷的乙醇 750μL，混匀，于 0℃放置 30min。

   用乙酸铵代替乙酸钠以确保更有效地除去未掺入的核苷酸。核糖核苷酸与脱氧核糖核苷酸在乙醇-乙酸铵溶液中的溶解度大于乙醇-乙酸钠溶液。未掺入的核糖核苷酸在沉淀反应中被保留在乙醇相。

2. 在 4℃下以最大转速离心 20min，回收放射性标记的寡核苷酸。

3. 用装有一次性吸头的微量移液器小心吸去管中的所有上清。

   ▲在标记放射性探针时，上清中含有大部分未掺入的放射性核苷酸。因此，应小心、谨慎处理未掺入的放射性物质、移液器吸头及微量离心管。

4. 在管中加入 500μL 80%的乙醇，弹动管壁以洗涤核酸沉淀，再次在 4℃下以最大转速离心 5min。

5. 用装有一次性吸头的微量移液器小心吸去管中的上清（此时上清中仍含有相当剂量的放射性）。将离心管放置于实验台上树脂玻璃防护屏后（如果是放射性标记的寡核苷酸），打开管盖，让剩余的乙醇挥发干净。

6. 用 100μL TE（pH 7.6）溶解放射性标记的寡核苷酸。

放射性标记的寡核苷酸在–20℃下可以保存数天。但是，保存期延长时，^{32}P 的衰变引起的放射化学损伤会导致寡核苷酸与靶序列杂交的能力下降。非放射性标记的寡核苷酸可保存更久。

方案 16 用空间排阻层析法纯化标记的寡核苷酸

标记的寡核苷酸用于酶促反应如引物延伸反应时，需要完全除去未掺入的标记物。此时，层析法（本方案和方案 17）或凝胶电泳法（主要在第 2 章，方案 3 中介绍）则优于乙醇或十六烷基溴化吡啶（cetylpyridinium bromide, CPB）差异沉淀寡核苷酸的方法。本方案介绍的是利用空间排阻层析时寡核苷酸与单核苷酸移动速率差异，分离标记的寡核苷酸与未掺入的标记物的方法。几家公司（如 Biosearch Technologies 公司、 Dionex 公司、Roche Molecular Biochemicals 公司）出售即用型离心柱，提供了一种快速、简便的方法，可从标记反应中去除未掺入的核苷酸。

虽然空间排阻层析法能用于纯化放射性标记或非放射性标记的寡核苷酸，但本方案以纯化放射性标记的寡核苷酸为主，用小型探测器可检测柱中的流出液，通过液体闪烁计数仪可检测未掺入的核苷酸的分离情况。

材料

为正确使用本方案中的器材和危险试剂，必须查阅相应的材料安全数据表并咨询所在机构的环境卫生和安全办公室。

本方案的专用试剂标注<R>，配方在本方案末提供。常用储备溶液、缓冲液和试剂标注<A>，配方见附录 1。储备溶液应稀释至适用浓度后使用。

试剂

氯仿（可选；见步骤 7）

EDTA（0.5 mol/L, pH 8.0）<A>

乙醇

酚∶氯仿（可选；见步骤 7）

放射性标记的寡核苷酸

纯化的原始材料是方案 12（步骤 3 或步骤 5）或方案 13 的反应混合物，酶已被加热灭活或化学灭活。

乙酸钠（3mol/L, pH5.2）<A>（可选；见步骤 7）

TE（pH7.6）<A>

Tris-Cl（1mol/L, pH8.0）<A>（可选；见步骤 7）

Tris-SDS 层析缓冲液

Tris-Cl（pH 8.0）10 mmol/L

SDS（0.1%，*m/V*）

设备

凝胶过滤树脂（Bio-Gel P-60 [精细级] 或 Sephadex G-15）

Bio-Gel P-60(精细级)可以从 Bio-Rad 公司购买，大多数化学试剂供应商可提供 Sephadex G-15(如 Sigma-Aldrich 公司）。Bio-Gel P-60 是预胀后产品，而 Sephadex G-15 则必须在使用前膨胀及平衡。

玻璃棉

用铝箔包裹少量的玻璃棉，按包裹物的灭菌程序在 15psi（1.05 kg/cm^2）下高压灭菌 15min。

微量离心管（1.5mL）放于管架或分部收集器

用于收集从层析柱中洗脱的放射性标记的寡核苷酸。

巴斯德吸管

方法

1. 在含有放射性标记的寡核苷酸的管中加入 30μL 20mmol/L EDTA（pH 8.0）溶液。在准备空间阻排层析树脂时，将样品保存于 0℃。

为方便起见，本方案以 Bio-Gel P-60 树脂为例，亦可同样有效地应用于 Sephadex G-15。

2. 用消毒巴斯德吸管制备 Bio-Gel P-60 层析柱。

i. 将厂家提供的 Bio-Gel P-60 树脂用 10 倍体积的 Tris-SDS 层析缓冲液平衡。

如果有离心干燥机（Savant SpeedVac 或类似设备），可以用 0.1%的碳酸氢铵溶液制备 Bio-Gel P-60 层析柱及操作。收集的含放射性标记的寡核苷酸组分（见步骤 6）可以用离心蒸发器干燥，而不须用有机溶剂抽提和乙醇沉淀。

ii. 将一团灭菌后的玻璃棉塞入消毒的巴斯德吸管底部。

玻璃毛细管亦可作为很好的填塞工具。

iii. 准备好层析管后，倒入少量的 Tris-SDS 层析缓冲液，检查缓冲液流速（以数秒一滴为宜）。

iv. 将 Bio-Gel P-60 树脂浆倒入层析管。树脂随重力下沉，缓冲液流出，柱身迅速形成。再加入树脂浆，使玻璃棉塞至吸管顶端附近的溢痕处完全被充填。

v. 用 3mL Tris-SDS 层析缓冲液冲洗柱子。

▲勿让层析柱流干。必要时用封口膜封住管底。

3. 用吸管吸去树脂上多余的缓冲液，然后迅速将放射性标记的寡核苷酸加到树脂上（体积为 100μL 或稍小）。

4. 样品进入树脂后，立即加入 100μL 缓冲液，待缓冲液进入树脂后，即刻连续补充新的缓冲液，不要让层析柱流干。

5. 用手提式微型探测仪检测放射性标记寡核苷酸的流动。待流出液开始出现放射性时，用微量离心管收集两滴液体。

▲磷酸化反应常常使用大于 100μCi 放射性标记的 ATP，因此，洗脱液中放射性剂量相当可观，应小心、谨慎处理未掺入的放射性物质、移液器吸头及微量离心管。

6. 当放射性液体接近全部流出时，用液体闪烁计数仪测量各组分的契仑科夫计数。如果快速移动的洗脱峰（放射性标记的寡核苷酸）与移动较慢的未掺入的核苷酸能明显分离，可以合并所有的含放射性标记寡核苷酸的组分。如果各峰分离不明显，则取每一组分各约 0.5μL，通过薄层层析进行分析，再合并不含未掺入的放射性核苷酸的放射性标记寡核苷酸组分。

7．如放射性标记的寡核苷酸用于酶促反应，应进行下列步骤；否则，进行步骤 8。

i．用等体积酚：氯仿抽提合并的标记寡核苷酸组分。

ii．用 50μL 10mmol/L Tris-Cl（pH 8.0）反向抽提有机相，合并两次的水相。

iii．用等体积氯仿抽提合并的水相。

iv．加入 0.1 倍体积 3mol/L 乙酸钠（pH 5.2），充分混旋，再加入 3 倍体积的乙醇，0℃下放置 30min。在微量离心机中 4℃下以最大转速离心 20min。用装有一次性吸头的微量移液器吸去管中的乙醇（放射性含量应当很低）。

8．在离心管中加入 500μL 80%的乙醇，稍加振荡，再以最大转速离心 5min。

9．用装有一次性吸头的微量移液器吸去管中的乙醇。将离心管打开管口，放置在实验台树脂玻璃防护屏后，直到剩余的乙醇挥发干净。

10．用 20μL TE（pH 7.6）溶解沉淀的寡核苷酸，于 –20℃保存。

方案 17 用 Sep-Pak C_{18} 柱色谱法纯化标记的寡核苷酸

本方案介绍的是利用寡核苷酸对于硅胶反相亲和的特性，将放射性标记的寡核苷酸与未掺入的放射性标记物分离的方法。该方法是由 Lo 等（1984）、Sanchez-Pescador 和 Urdea（1984）及 Zoller 和 Smith（1984）介绍的方法改良而成的。本方案只可用于纯化含 5′端磷酸基团的放射性标记的或非标记的寡核苷酸。即用型 Sep-Pak C_{18} 层析柱由厂家提供（如 Science Kit, Millipore 公司的 Waters 部门）。

材料

为正确使用本方案中的器材和危险试剂，必须查阅相应的材料安全数据表并咨询所在机构的环境卫生和安全办公室。

本方案的专用试剂标注<R>，配方在本方案末提供。常用储备溶液、缓冲液和试剂标注<A>，配方见附录 1。储备溶液应稀释至适用浓度后使用。

试剂

乙腈（5%、30%和 100%）

每个 Sep-Pak 柱用 10mL 高效液相（HPLC）级乙腈（100%）。使用前用水稀释乙腈。

碳酸氢铵（25mmol/L, pH 8.0）

含 5%（*V*/*V*）乙腈的碳酸氢铵（25mmol/L, pH 8.0）

将 5mL 乙腈与 95mL 25mmol/L 碳酸氢铵混合。

放射性标记的寡核苷酸

纯化的原始材料是方案 12（步骤 3 或步骤 5）或方案 13 的反应混合物，酶已被加热灭活或化学灭活。

TE（pH 7.6）<A>

设备

离心干燥机（Savant SpeedVac 或同类设备）

微量离心管（1.5mL）放于管架或分部收集器

用于收集层析柱中的放射性标记寡核苷酸洗脱液。

Sep-Pak 经典层析柱，短柱身

每一 Sep-Pak 经典层析柱（可从 Millipore 公司的 Waters 部门购买）含有 360mg/柱疏水反相层析树脂（C_{18}）。纯化是利用寡核苷酸在溶剂极性较大时吸附于树脂，而在溶剂（如甲醇与水混合液）极性降低时脱离的原理。每一次磷酸化反应需要一个分离柱。

注射器（10mL 聚丙烯）

方法

1．按下列方法准备 Sep-Pak C_{18} 反相层析柱：

i．将装有 10mL 乙腈的聚丙烯注射器连接于 Sep-Pak C_{18} 柱。

ii．缓慢推动注射器，使乙腈流过 Sep-Pak 柱。

iii．先将注射器与 Sep-Pak 柱分离，再将注射器的柱芯抽出注射器针筒，这样可以防止空气抽入层析柱内。将注射器针筒再连于层析柱。

iv．用 10mL 无菌水洗去有机溶剂，共 2 次，每次冲洗后均重复步骤 1（iii）。

2．用无菌水将放射性标记的寡核苷酸稀释至 1.5mL，并将全部样品用注射器推入层析柱。

3．用下列 4 种溶液冲洗层析柱，每次冲洗后重复步骤 1（iii）。

碳酸氢铵（25mmol/L, pH 8.0）	10mL
碳酸氢铵/5%乙腈（25mmol/L, pH 8.0）	10mL
乙腈（5%）	10mL
乙腈（5%）	10mL

4．用 3 份 1mL 30%乙腈洗脱放射性标记的寡核苷酸，用 1.5mL 微量离心管分别收集每个组分，每次洗脱后重复步骤 1（iii）。

▲磷酸化反应常常使用大于 100μCi 放射性标记的 ATP，因此，洗脱液中的放射性剂量相当可观，应小心、谨慎处理未掺入的放射性标记物、移液器吸头及微量离心管。

5．用离心干燥机（Savant SpeedVac 或同类设备）干燥含寡核苷酸的洗脱液。

6．将放射性标记的寡核苷酸溶于小体积（10μL）TE（pH 7.6）。

参考文献

Lo K-M, Jones SS, Hackett NR, Khorana HG. 1984. Specific amino acid substitutions in bacterioopsin: Replacement of a restriction fragment in the structural gene by synthetic DNA fragments containing altered codons. *Proc Natl Acad Sci* 81: 2285–2289.

Sanchez-Pescador R, Urdea MS. 1984. Use of unpurified synthetic deoxynucleotide primers for rapid dideoxynucleotide chain termination sequencing. *DNA* 3: 339–343.

Zoller MJ, Smith M. 1984. Oligonucleotide-directed mutagenesis: A simple method using two oligonucleotide primers and a single-stranded DNA template. *DNA* 3: 479–488.

方案 18　寡核苷酸探针在水溶液中杂交：在含季铵盐缓冲液中洗涤

Jacobs 等（1988）介绍了在含季铵盐缓冲液中杂交的方法与原理。下述为该法的简单变通方案。杂交首先在低于解链温度的常规溶液中进行，随后在含有季铵盐缓冲液的严格条件下洗涤。TMACl 用于长度为 14～50 个核苷酸的探针，而 TEACl 则用于长度为 50～200 个核苷酸的探针。

图 13-5 中的曲线用于 TMACl 缓冲液中给定长度的寡核苷酸探针洗涤温度的估算。当使用 TEACl 缓冲液时，可用图中 TMACl 曲线的计算值减去 33℃。

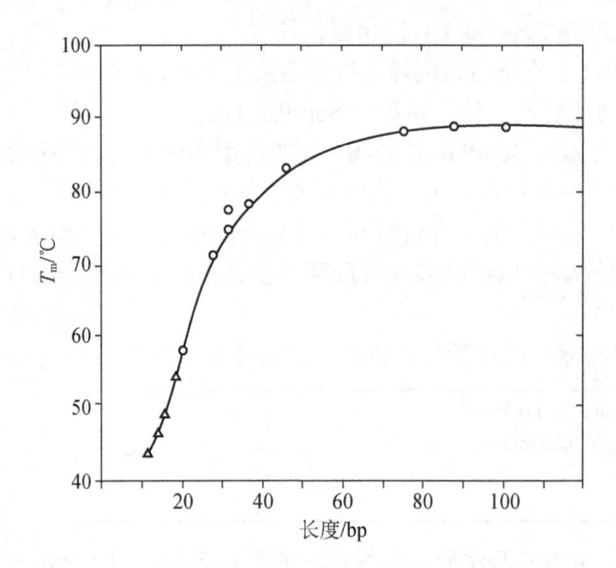

图 13-5　含 3.0mol/L TMACl 的缓冲液中 T_m 值的估算（示图来自 Wood 1985，经许可使用）。

材料

为正确使用本方案中的器材和危险试剂，必须查阅相应的材料安全数据表并咨询所在机构的环境卫生和安全办公室。

本方案的专用试剂标注<R>，配方在本方案末提供。常用储备溶液、缓冲液和试剂标注<A>，配方见附录 1。储备溶液应稀释至适用浓度后使用。

试剂

固定于硝酸纤维素滤膜、尼龙滤膜或其他滤膜的靶核酸（例如，Southern 或 Northern 印迹、裂解的细菌集落或噬菌体噬菌斑的滤膜）

寡核苷酸杂交溶液<R>

寡核苷酸预杂交溶液<R>

放射性标记的寡核苷酸探针

按方案 12 或方案 14 制备探针。我们推荐使用磷酸化的探针，杂交前按方案 16 所述用 CPB 沉淀法纯化探针。这种纯化方法可以除去未掺入的[^{32}P]ATP，从而减少放射性自显影时易与阳性杂交信号混淆的强放射性斑点（胡椒粉斑点）的数量。

6×SSC 或 SSPE<A>

在进行本方案步骤 4 和步骤 5 之前，将此溶液放置于冰上。

TEACl 洗涤液<R>

该洗涤液用于长度为 50～200 个核苷酸的探针。使用前须预温至所需温度（见步骤 6 和步骤 7）。

TMACl（5mol/L）或 TEACl（3mol/L）

配制 5mol/L TMACl 或 3mol/L TEACl 水溶液。TMACl 用于长度为 14～50 个核苷酸的探针，而 TEACl 则用于长度为 50～200 个核苷酸的探针。这两种试剂均可从 Sigma-Aldrich 公司购买。在 TMACl 或 TEACl 溶液中，加入终浓度约为 10%的活性炭，搅拌 20～30min。活性炭沉降下来后，用 Whatman 1 号滤纸过滤季铵盐溶液，并用硝酸纤维素滤膜（0.45μm 孔径）过滤除菌。测量溶液的折光指数，用下列公式精确计算季铵盐溶液浓度：$C = (n - 1.331)/0.018$，式中，C 是季铵盐溶液摩尔浓度；n 是折光指数。过滤的溶液可在室温下保存于棕色瓶中。

TMACl 洗涤液<R>

该洗涤液用于长度为 14～50 个核苷酸探针。使用前须预温至所需温度（见步骤 6 和步骤 7）。

设备

杂交装置（见步骤 1）

振荡培养器、水浴或杂交装置［预温至 37℃（步骤 1 和步骤 3），洗涤时调至适当的洗涤温度（步骤 7）］

方法

1．滤膜或膜在寡核苷酸预杂交液中 37℃下预杂交 4～16h。

圆形滤膜的预杂交、杂交与洗涤最好在 Seal-A-Meal 袋（Rival）或带有密封盖的塑料盒中进行。Southern 和 Northern 杂交膜可在有密封盖的玻璃管中进行。

2．弃预杂交液，置换成含 180pmol/L 的放射性标记的寡核苷酸探针的杂交液。

当数种寡核苷酸同时杂交时，每一种探针的浓度均应在 180pmol/L，放射性标记探针的比活度应在 5×10^5～1.5×10^6 cpm/pmol。

3．滤膜在 37℃下温育反应 12～16h。

4．将放射性的杂交液弃至适当的容器内，在 4℃下用预冷的 6×SSC 或 6×SSPE 洗涤滤膜 3 次，以洗去大部分硫酸右旋糖酐。

5．在 4℃下用预冷的 6×SSC 或 6×SSPE 洗涤滤膜 2 次，共 30min。

6．在 37℃下用 TMACl 或 TEACl 液洗涤滤膜 2 次。

此步骤的目的是用季铵盐溶液置换 SSC 或 SSPE，只有认真操作方可见 TEACl 或 TMACl 的优越性。

7．在低于图 13-5 指示的 T_m 值 2～4℃的温度下，用 TMACl 或 TEACl 洗涤液洗涤滤膜 2 次，每次 20min。

注意：杂交体在含 TEACl 的缓冲液中的 T_m 值比在含 TMACl 的缓冲液中低 33℃。确保缓冲液预温至所需温度，且温度波动小于±1℃。

8．从洗涤液中取出滤膜，室温下吸干液体，按第 2 章，方案 7 所述进行放射自显影。

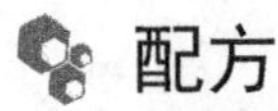

配方

为正确使用本方案中的器材和危险试剂，必须查阅相应的材料安全数据表并咨询所在机构的环境卫生和安全办公室。

寡核苷酸杂交液

试剂	体积（1 L）	终浓度
20×SSC 或 SSPE	300mL	6×
磷酸钠（0.1mol/L, pH 6.8）	500mL	0.05mol/L
EDTA (0.5mol/L, pH 8.0)	2mL	1mmol/L
50×Denhardt's 溶液<A>	100mL	5×
变性、断裂的鲑精 DNA（10mg/mL）	10mL	100μg/mL
右旋糖酐	100g	100mg/mL

变性、断裂的鲑精 DNA 可从 Pharmacia 公司购买或按附录 1 配制。

寡核苷酸预杂交液

试剂	体积（1 L）	终浓度
20×SSC 或 SSPE	300mL	6×
磷酸钠（0.1mol/L, pH 6.8）	500mL	0.05mol/L
EDTA (0.5mol/L, pH 8.0)	2mL	1mmol/L
50×Denhardt's 溶液<A>	100mL	5×
变性、断裂的鲑精 DNA（10 mg/mL）	10mL	100μg/mL

TEACl 洗涤液

试剂	体积（1 L）	终浓度
TEACl（5mol/L）	480mL	2.4mol/L
Tris-Cl（1mol/L, pH 8.0）	50mL	50mmol/L
EDTA (0.5mol/L, pH 7.6)	400μL	0.2mmol/L
SDS	1g	1mg/mL

TMACl 洗涤液

试剂	体积（1 L）	终浓度
TMACl（6mol/L）	500mL	3mol/L
Tris-Cl（1mol/L, pH 8.0）	50mL	50mmol/L
EDTA（0.5mol/L, pH 7.6）	400μL	0.2mmol/L
SDS	1g	1mg/mL

参考文献

Jacobs KA, Rudersdorf R, Neill SD, Dougherty JP, Brown EL, Fritsch EF. 1988. The thermal stability of oligonucleotide duplexes is sequence independent in tetraalkylammonium salt solutions: Application to identifying recombinant DNA clones. *Nucleic Acids Res* 16: 4637–4650.

Wood WI, Gitschier J, Lasky LA, Lawn RM. 1985. Base composition-independent hybridization in tetramethylammonium chloride: A method for oligonucleotide screening of highly complex gene libraries. *Proc Natl Acad Sci* 82: 1585–1588.

信息栏

dNTP 储备溶液的制备

pH 已校正的 dNTP 溶液可从许多厂家购买，也可用钠盐粉配制。根据研究者的需要，通常储备溶液中每一种 dNTP 的浓度为 10mmol/L 或 20mmol/L。储备溶液分装成小份，储存于 -20℃，使用时可稀释成每种 dNTP 浓度各为 5 mmol/L 的溶液。

用微量天平称取所需量的 dNTP，放入无菌的微量离心管中。当制备不同的 dNTP 溶液时，可使用一次性的小铲或每次称量后用乙醇彻底清洁小铲。下表显示配制 1mL 20mmol/L dNTP 储备溶液时需要的固体无水脱氧核苷酸的量。

脱氧核苷酸	F.W.	制备 1mL 20mmol/L 溶液所需量/mg
dATP	491.2	9.82
dCTP	467.2	9.34
dTTP	482.2	9.64
dGTP	507.2	10.14

把脱氧寡核苷酸溶解于小体积的水，然后用自动移液器加入 2mol/L NaOH 调整 pH，用 pH 试纸检测，直至 pH 达 8.0。亦可用脱氧核苷酸三磷酸钠盐配制储备溶液，将适量的干粉用 1 mL 水溶解，彻底混匀，分装小份，储存于 -20℃。

大肠杆菌 DNA 聚合酶 I 和 Klenow 片段

DNA 聚合酶 I（Kornberg et al. 1956）由单一多肽链组成（相对分子质量约 103 000；Joyce et al. 1982），由大肠杆菌 *polA* 基因编码（De Lucia and Cairns 1969）。除具有磷酸交换活性外，DNA 聚合酶 I 可通过三个明确的功能域执行三种酶反应（表 1）。

表 1　大肠杆菌 DNA 聚合酶 I 的结构域

结构域	活性	生化功能
羧基端结构域（543～928 位残基；约 46kDa）	5′→3′DNA 聚合酶	将 dNTP 的单核苷酸残基加到 RNA 或 DNA 引物的 3′羟基端。这些末端由双链 DNA 中的切口或裂缝以及与单链 DNA 分子碱基配对的 RNA 或 DNA 短片段组成。
中间结构域（326～542 位残基，约 22kDa）	3′→5′外切核酸酶	切割 3′羟基端的核苷酸残基，产生 3′凹端
氨基端结构域（1～325 位残基）	5′→3′外切核酸酶	碱基配对的 5′端寡核苷酸的切割

注：羧基端和中间结构域构成聚合酶 I 的 Klenow 片段。

在大肠杆菌的 DNA 复制期间，聚合酶 I 的酶活性以协调的方式进行，从新产生的 DNA 5′端除去 RNA 引物，补平 DNA 相邻片段之间的切口。有关这一过程的详细描述请见文献 Kornberg 和 Baker（1992）。聚合酶 I 用枯草芽孢杆菌蛋白酶温和处理后，可被切割成两个片段，其中较大的片段（包含残基 326～928）称为 Klenow 片段。Klenow 片段执行聚合酶I的DNA聚合酶和3′→5′外切核酸酶活性（Brutlag et al. 1969; Klenow and Henningsen 1970; Klenow and Overgaard-Hansen 1970; Klenow et al. 1971），而全酶的5′→3′外切核酸酶活性存在于较小的氨基端片段(残基为1～325)。该片段未命名(见综述，Joyce and Steitz 1987; 见表1)。

DNA聚合酶I基因已被测序（Joyce et al. 1982），并通过原核表达载体表达（Murray and Kelley 1979），这使纯化大量的蛋白质用于商业目的成为可能（Murray and Kelley 1979）。编码Klenow酶的聚合酶I基因片段也已被克隆至各种各样的表达载体（见Joyce and Grindley 1983; Pandey et al. 1993），因此能提供大量的纯化蛋白，足以用于商业目的和生物物理学及生物化学研究。

1985年通过X射线衍射获得了Klenow片段的三维结构（Ollis et al. 1985），由此产生了一系列一流的结构研究（Beese and Steitz 1991; Beese et al. 1993a,b）、动力学研究（Kuchta et al. 1987,1988; Cowart et al. 1989; Catalano et al. 1990; Guest et al. 1991），以及突变分析（Freemont et al. 1986; Derbyshire et al. 1988,1991; Polesky et al. 1990,1992）。这些采用不同方法的研究结果明显一致，证实了dNTP的聚合与3′→5′外切核酸酶消化活性位点分别位于Klenow片段的不同结构域，彼此相距30～35Å。

由于Klenow酶的小结构域（22 kDa）携带外切核酸酶活性（Joyce and Steitz 1987），可通过切除含有错配碱基或移码错误的DNA来执行校正功能（Bebenek et al.1990）。据信双链DNA的3′→5′消化遵循一个三步途径：底物结合至聚合酶结构域的裂缝处；3′端转位至外切核酸酶结构域的活性位点；化学性催化（Catalano et al. 1990）。在作为反应的限速步骤转位过程中，双链DNA的4～5个末端碱基对发生解链（Cowart et al.1989），产生缺损的3′端以纳摩尔范围K_m值结合于外切核酸酶结构域的活性位点（Kuchta et al. 1988）。活性位点中的三个羧基残基与1个或2个结合于外切核酸酶结构域的二价金属离子直接相互作用，这对于酶的切割是十分关键的。结合于外切核酸酶结构域的金属离子与底物末端磷酸残基相互作用（Derbyshire et al. 1991; Han et al. 1991），从而允许对暴露的磷酸二酯键进行亲核攻击（可能来自氢氧化物离子）（Freemont et al. 1988），此反应产物为dNMP 。高浓度下，dNMP作为单链DNA缺损末端，占据酶分子中相同的位点，而抑制了3′→5′外切核酸酶反应（Que et al.1978; Ollis et al. 1985）。外切核酸酶降解双链底物的速度很慢，k_{cat}值约为10^{-3}/s。然而，消化单链底物的速度却快约100倍，k_{cat}值为0.09/s（Kuchta et al. 1988; Derbyshire et al. 1991）。通过采用定点突变改变活性位点内的氨基酸，现已构建出突变型Klenow酶，保留了正常的聚合酶活性，而从根本上去除了外切核酸酶活性（Derbyshire et al. 1988, 1991）。这些酶的平均误差率为每聚合10 000～40 000个碱基发生1个碱基的置换，比野生型Klenow酶的误差率高7～30倍（Bebenek et al. 1990; Eger et al. 1991）。因此，Klenow酶的高保真特性更多的是来自聚合酶结构域对碱基的高精度选择，而并非通过外切核酸酶结构域进行复制后编辑。

聚合酶结构域中存在的一条大缝隙是引物:模板DNA的结合位点（Beese et al. 1993a）。直接参与结合底物及催化的氨基酸残基已通过定点突变获得鉴定（Polesky et al. 1990,1992），并通过对结合于双链DNA的Klenow片段的X射线晶体衍射分析加以证实（Beese et al. 1993a）。聚合酶Pol I和若干其他B型DNA聚合酶，包括来自水生栖热菌及T5和T7噬菌体的聚合酶，其聚合酶结构域内具有高度同源性（Delarue et al. 1990; Blanco et al. 1991）。这些同源性包括：①直接参与催化的残基簇；②与dNTP结合的酪氨酸残基（Beese et al. 1993b）。引物：模板的取向及Klenow片段的两个结构域的通用模型显示于图1。

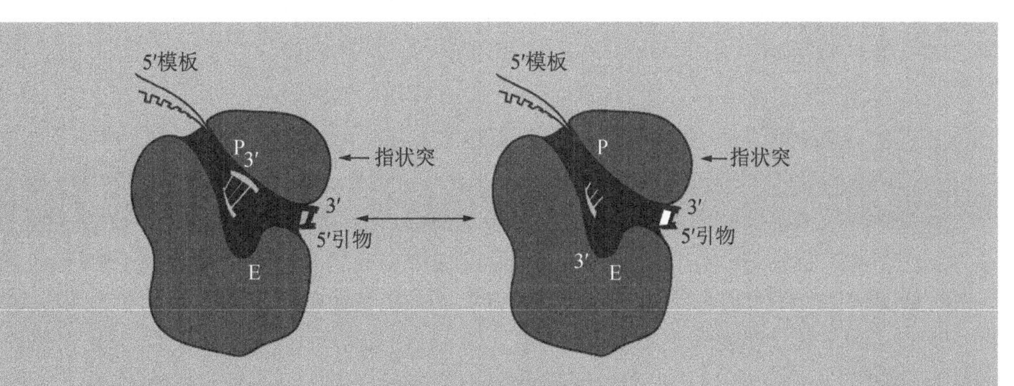

图1　DNA结合于Klenow DNA聚合酶的模型（经Beese et al. 1993a许可，版权归美国科学进展协会所有）。

大肠杆菌聚合酶I Klenow片段在分子克隆中的应用

补平由限制性内切核酸酶消化产生的3′凹端

许多情况下，单一缓冲液即可用于限制性内切核酸酶切割DNA及随后的3′凹端补平。可通过从反应中省去4种dNTP中的1种、2种或3种而控制末端补平反应，从而产生含有新的黏性末端部分补平的末端（图2和方案8）。

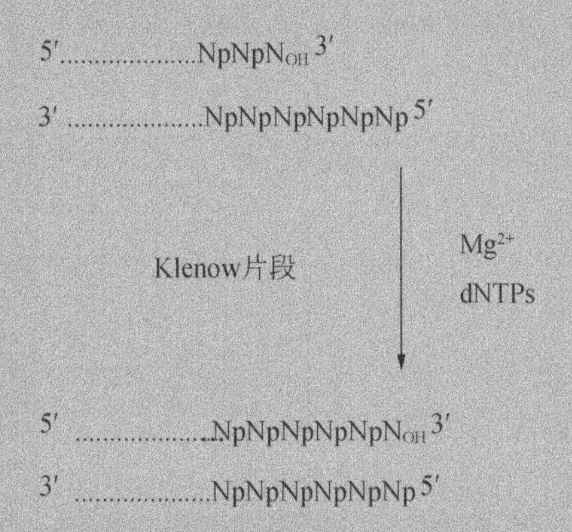

图2　用Klenow DNA聚合酶补平DNA片段的3′凹端。

通过放射性dNTP的掺入标记DNA片段的3′端

一般来说，标记反应含有的3种未标记的dNTP浓度均超过各自的K_m值，而放射性标记的dNTP浓度则远低于其K_m值。在这种情况下，即使反应速率远未达到最大限度，标记物掺入DNA的比例仍很高。3种未标记dNTP以高浓度存在可降低外切核酸酶从模板的3′端除去核苷酸的可能性。反应中需要加入哪一种α标记的dNTP取决于DNA末端的序列和性质。

- 任何可与5′突出端未配对碱基互补的dNTP均可用于标记3′凹端。根据研究者对放射性标记dNTP的选择，放射性可掺入重建末端内的任何位点。为确保所有放射性标记分子具有同样长度，可能有必要通过含有4种高浓度未标记的dNTP的“追加”反应来完成末端补平反应。

- 利用Klenow片段的两个结构域的酶反应可标记平端和3′突出端。首先，通过3′→5′外切核酸酶活性除去DNA的任何突出尾，产生3′凹端。然后，在一种高浓度的放射性标记前体存在的条件下，外切核酸酶降解作用由于在3′端掺入放射性标记的dNTP而被平衡。此反应从凹端或平端DNA循环去除及置换3′端而构成，有时又称为交换或置换反应。由于Klenow酶的3′→5′外切核酸酶作用相当缓慢，尤其是作用在双链底物上，因而可达到适度的特异性活性。T4 DNA聚合酶的3′→5′外切核酸酶活性比Klenow片段强约200倍，因而为这类反应的首选酶。

如用[^{35}S]dNTP代替常用的[α-^{32}P]dNTP，反应则仅限于一个循环的去除和置换，因为与T4 DNA聚合酶的外切核酸酶不同，大肠杆菌DNA聚合酶I的3′→5′外切核酸酶不能攻击硫酯键（Kunkel et al. 1981; Gupta et al. 1984）。

用随机引物法标记单链DNA

详见文献Feinberg和Vogelstein（1983,1984），以及方案1和方案2。

用引物延伸法合成单链探针

详见文献Meinkoth和Wahl（1984）、Studencki和Wallace（1984），以及第6章中的方案18。多年来，聚合酶I Klenow片段是质量最高的商品化DNA聚合酶，所以它曾是DNA体外合成的首选酶，也是最后的手段。然而，随着更适合各种合成任务的聚合酶的发现或工程化，Klenow已逐渐被取代而不再成为分子克隆中各种程序的首选酶。这些程序包括：

- 用Sanger法进行DNA测序。Klenow已经被阅读长度更长的噬菌体的或耐热的聚合酶所取代。
- 在体外诱变中从单链模板合成双链DNA。虽然Klenow片段仍广泛用于应用突变引物进行环状DNA体外合成，但它并非达到此目的的最好的酶。除非有大量的连接酶存在于聚合/延伸反应混合物中，否则Klenow酶会从模板链上移开致突变的寡核苷酸引物，从而减少所获突变分子的数量。DNA聚合酶不能引起链置换，用包括T4噬菌体DNA聚合酶（Nossal 1974; Lechner et al. 1983: Geisselsoder et al. 1987）、T7噬菌体DNA聚合酶（Bebenek and Kunkel 1989）和测序酶（Schena 1989）在内的DNA聚合酶可使这个问题得到解决。

  T4噬菌体基因32蛋白（单链DNA结合蛋白）可用于DNA聚合酶（包括Klenow酶）催化的引物延伸反应，以减少富含二级结构的模板引起的合成拖延问题（Craik et al. 1985; Kunkel et al. 1987）。
- 聚合酶链反应。Klenow片段是首先用于PCR的酶（Saiki et al. 1985）。然而，现在它已经完全被热稳定的DNA聚合酶所取代，从而不需在每一轮合成和变性后补加酶。

Klenow片段的事实与数据

用于检测Klenow片段聚合酶活性的标准试验是由用poly（d［A-T]）作为模板的Setlow（1974）法。一个单位的聚合酶活性是指在37℃下10min内催化3.3nmol dNTP掺入酸不溶性物质的酶量。纯的Klenow片段样品的特异性活性约为10 000U/mg蛋白（Derbyshire et al. 1993）。反应通常在Mg^{2+}的存在下进行。如用Mn^{2+}代替Mg^{2+}，则会增加错误掺入率，而降低校对的精确性（Carroll and Benkovic 1990）。酶对于4种dNTP的K_m变化范围为4～20μmol/L。Klenow片段的外切核酸酶活性的检测方法见文献Freemont等（1986）和Derbyshire等（1988）。

聚合酶 I 在分子克隆中的应用

- 用切口平移法标记 DNA（Maniatis et al. 1975; Rigby et al. 1977）。在这个反应中，酶结合于双链 DNA 的切口或短缝隙中，而后聚合酶 I 的 5′→3′外切核酸酶活性从 DNA 的一条链除去核苷酸，形成模板，用于同时合成 DNA 的生长链。通过 5′→3′外切核酸酶和 5′→3′聚合酶的联合作用，最初的切口沿着 DNA 分子被翻译。图 3 中，双链 DNA 上链的切口从左至右被翻译，新合成的 DNA 片段由深色的箭头表示。切口平移反应通常在 16℃下进行，以减少折返 DNA 的合成，折返 DNA 是在 DNA 环生长链的 3′羟基端自身返折成环，并引发发夹形 DNA 分子合成时产生的（Richardson et al. 1964a）。

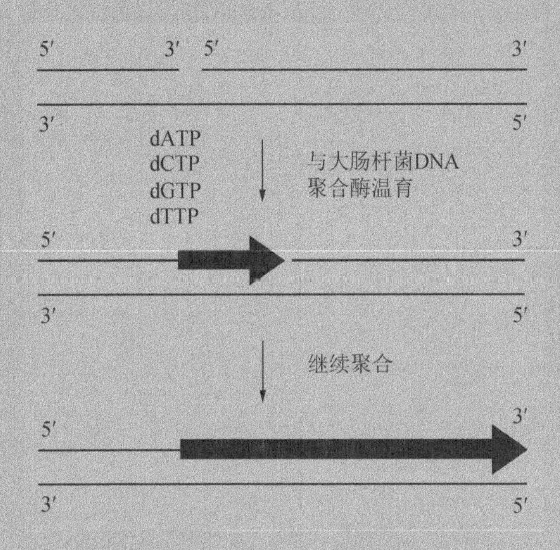

图 3　切口平移示意图。

- cDNA 第二链的置换合成（见文献，Gubler and Hoffman 1983）。在此方法中，第一链合成的产物 cDNA-mRNA 杂交体被用作切口平移反应的模板。RNase H 被用于在杂交体的 mRNA 链上产生切口和缝隙，造成一系列被聚合酶 I 用来起始第二链 cDNA 合成的 RNA 引物。
- 带 3′突出尾的 DNA 分子的末端标记。此反应分两步：首先，全酶的 3′→5′外切核酸酶活性去除 cDNA 的 3′突出尾，造成一个 3′凹端。然后，在一种高浓度的放射性标记前体的存在下，继续进行的核酸外切降解由于 3′端 dNTP 的掺入而得到平衡。虽然聚合酶 I 催化交换反应或取代反应相当有效，但 T4 噬菌体 DNA 聚合酶的 3′→5′外切核酸酶活性更强，因此它仍然是首选酶。

关于 DNA 聚合酶 I 的指标和参数

- 大多数厂商提供的聚合酶 I 是从（Kelley and Stump 1979）一株携单拷贝 *polA* 基因的 λ 噬菌体转导的溶源性大肠杆菌中分离所得（如 NM964）（Murray and Kelley 1979）。
- 1U DNA 聚合酶是指在 37℃下用 poly（d [A-T]）作模板，在 30min 内催化 10nmol 总 dNTP 转变为酸不溶型物质所需的酶量（Richardson et al. 1964b）。商品酶的比活性通常约为 5000U/mg 蛋白。
- 如同所有其他的 DNA 聚合酶，聚合酶 I 活性需要二价阳离子。精确复制选择 Mg^{2+}，而 Mn^{2+}则有目的地用于提高误差频率。

参考文献

Bebenek K, Kunkel TA. 1989. The use of native T7 DNA polymerase for site-directed mutagenesis. *Nucleic Acids Res* **17**: 5408.

Bebenek K, Joyce CM, Fitzgerald MP, Kunkel TA. 1990. The fidelity of DNA synthesis catalyzed by derivatives of *Escherichia coli* DNA polymerase I. *J Biol Chem* **265**: 13878–13887.

Beese LS, Steitz TA. 1991. Structural basis for the 3′-5′ exonuclease activity of *Escherichia coli* DNA polymerase I: A two metal ion mechanism. *EMBO J* **10**: 25–33.

Beese LS, Derbyshire VC, Steitz TA. 1993a. Structure of DNA polymerase I Klenow fragment bound to duplex DNA. *Science* **260**: 352–355.

Beese LS, Friedman JM, Steitz TA. 1993b. Crystal structures of the Klenow fragment of DNA polymerase I complexed with deoxynucleoside triphosphate and pyrophosphate. *Biochemistry* **32**: 14095–14101.

Blanco L, Bernad A, Blasco MA, Salas M. 1991. A general structure for DNA-dependent DNA polymerases *Gene* **100**: 27–38. (Erratum *Gene* [1991] **108**: 165.)

Brutlag D, Atkinson MR, Setlow P, Kornberg A. 1969. An active fragment of DNA polymerase produced by proteolytic cleavage. *Biochem Biophys Res Commun* **37**: 982–989.

Carroll SS, Benkovic SJ. 1990. Mechanistic aspects of DNA-polymerases: *Escherichia coli* DNA polymerase I (Klenow fragment) as a paradigm. *Chem Rev* **90**: 1291–1307.

Catalano CE, Allen DJ, Benkovic SJ. 1990. Interaction of *Escherichia coli* DNA polymerase I with azido DNA and fluorescent DNA probes: Identification of protein-DNA. *Biochemistry* **29**: 3612–3621.

Cowart M, Gibson KJ, Allen DJ, Benkovic SJ. 1989. DNA substrate structural requirements for the exonuclease and polymerase activities of procaryotic and phage DNA polymerases. *Biochemistry* **28**: 1975–1983.

Craik CS, Largman C, Fletcher T, Roczniak S, Barr PJ, Fletterick R, Rutter WJ. 1985. Redesigning trypsin: Alteration of substrate specificity. *Science* **228**: 291–297.

Delarue M, Poch O, Tordo N, Moras D, Argos P. 1990. An attempt to unify the structure of polymerases. *Protein Eng* **3**: 461–467.

De Lucia P, Cairns J. 1969. Isolation of an *E. coli* strain with a mutation affecting DNA polymerase. *Nature* **224**: 1164–1166.

Derbyshire V, Freemont PS, Sanderson MR, Beese L, Friedman JM, Joyce CM, Steitz TA. 1988. Genetic and crystallographic studies of the 3′,5′-exonucleolytic site of DNA polymerase I. *Science* **240**: 199–201.

Derbyshire V, Grindley NDF, Joyce CM. 1991. The 3′-5′ exonuclease of DNA polymerase I of *Escherichia coli*: Contribution of each amino acid at the active site to the reaction. *EMBO J* **10**: 17–24.

Derbyshire V, Astatke M, Joyce CM. 1993. Re-engineering the polymerase domain of Klenow fragment and evaluation of overproduction and purification strategies. *Nucleic Acids Res* **23**: 5439–5448.

Eger BT, Kuchta RD, Carroll SS, Benkovic PA, Dahlberg ME, Joyce CM, Benkovic SJ. 1991. Mechanism of DNA replication fidelity for three mutants of DNA polymerase I: Klenow fragment KF(exo$^+$), KF(polA5) and KF(exo$^-$). *Biochemistry* **30**: 1441–1448.

Feinberg AP, Vogelstein B. 1983. A technique for radiolabeling DNA restriction endonuclease fragments to high specific activity. *Anal Biochem* **132**: 6–13.

Feinberg AP, Vogelstein B. 1984. A technique for radiolabeling DNA restriction endonuclease fragments to high specific activity. Addendum. *Anal Biochem* **137**: 266–267.

Freemont PS, Ollis DL, Steitz TA, Joyce CM. 1986. A domain of the Klenow fragment of *Escherichia coli* DNA polymerase I has polymerase but no exonuclease activity. *Proteins* **1**: 66–73.

Freemont PS, Friedman JM, Beese LS, Sanderson MR, Steitz TA. 1988. Cocrystal structure of an editing complex of Klenow fragment with DNA. *Proc Natl Acad Sci* **85**: 8924–8928.

Geisselsoder J, Witney F, Yuckenberg P. 1987. Efficient site-directed in vitro mutagenesis. *BioTechniques* **5**: 786–791.

Gubler U, Hoffman BJ. 1983. A simple and very efficient method for generating cDNA libraries. *Gene* **25**: 263–269.

Guest CR, Hochstrasser RA, Dupuy CG, Allen DJ, Benkovic SJ, Millar DP. 1991. Interaction of DNA with the Klenow fragment of DNA polymerase I studied by time-resolved fluorescence spectroscopy. *Biochemistry* **30**: 8759–8770.

Gupta AP, Benkovic PA, Benkovic SJ. 1984. The effect of the 3′,5′ thiophosphoryl linkage on the exonuclease activities of T4 polymerase and the Klenow fragment. *Nucleic Acids Res* **12**: 5897–5911.

Han H, Rifkind JM, Mildvan AS. 1991. Role of divalent cations in the 3′,5′-exonuclease reaction of DNA polymerase I. *Biochemistry* **30**: 11104–11108.

Joyce CM, Grindley NDF. 1983. Construction of a plasmid that overproduces the large proteolytic fragment (Klenow fragment) of DNA polymerase I of *Escherichia coli*. *Proc Natl Acad Sci* **80**: 1830–1834.

Joyce CM, Steitz TA. 1987. DNA polymerase I: From crystal structure to function via genetics. *Trends Biochem Sci* **12**: 288–292.

Joyce CM, Kelley WS, Grindley NDF. 1982. Nucleotide sequence of the *Escherichia coli polA* gene and primary structure of DNA polymerase I. *J Biol Chem* **257**: 1958–1964.

Kelley WS, Stump KH. 1979. A rapid procedure for isolation of large quantities of *Escherichia coli* DNA polymerase utilizing a λ*polA* transducing phage. *J Biol Chem* **254**: 3206–3210.

Klenow H, Henningsen I. 1970. Selective elimination of the exonuclease activity of the deoxyribonucleic acid polymerase from *Escherichia coli* B by limited proteolytic digestion. *Proc Natl Acad Sci* **65**: 168–175.

Klenow H, Overgaard-Hansen K. 1970. Proteolytic cleavage of DNA polymerase from *Escherichia coli* B into an exonuclease unit and a polymerase unit. *FEBS Lett* **6**: 25–27.

Klenow H, Overgaard-Hansen K, Patkar SA. 1971. Proteolytic cleavage of native DNA polymerase into two different catalytic fragments. Influence of assay conditions on the change of exonuclease activity and polymerase-activity accompanying cleavage. *Eur J Biochem* **22**: 371–381.

Kornberg A, Baker TA. 1992. *DNA replication*, 2nd ed. W.H. Freeman, New York.

Kornberg A, Lehman IR, Bessman MJ, Simms ES. 1956. Enzymic synthesis of deoxyribonucleic acid. *Biochim Biophys Acta* **21**: 197–198.

Kuchta RD, Benkovic P, Benkovic SJ. 1988. Kinetic mechanism whereby DNA polymerase I (Klenow) replicates DNA with high fidelity. *Biochemistry* **27**: 6716–6725.

Kuchta RD, Mizrahi V, Benkovic PA, Johnson KA, Benkovic SJ. 1987. Kinetic mechanism of DNA polymerase I (Klenow). *Biochemistry* **26**: 8410–8417.

Kunkel TA, Eckstein F, Mildvan AS, Koplitz RM, Loeb LA. 1981. Deoxynucleoside [1-thio]triphosphates prevent proofreading during in vitro DNA synthesis. *Proc Natl Acad Sci* **78**: 6734–6738.

Kunkel TA, Roberts JD, Zakour RA. 1987. Rapid and efficient site-specific mutagenesis without phenotypic selection. *Methods Enzymol* **154**: 367–382.

Lechner RL, Engler MJ, Richardson CC. 1983. Characterization of strand displacement synthesis catalyzed by bacteriophage T7 DNA polymerase. *J Biol Chem* **258**: 11174–11184.

Maniatis T, Jeffrey A, Kleid DG. 1975. Nucleotide sequence of the rightward operator of phage λ. *Proc Natl Acad Sci* **72**: 1184–1188.

Meinkoth J, Wahl G. 1984. Hybridization of nucleic acids immobilized on solid supports. *Anal Biochem* **138**: 267–284.

Murray NE, Kelley WS. 1979. Characterization of λ*polA* transducing phages; effective expression of the *E coli polA* gene. *Mol Gen Genet* **175**: 77–87.

Nossal NG. 1974. DNA synthesis on a double-stranded DNA template by the T4 bacteriophage DNA polymerase and the T4 gene 32 DNA unwinding protein. *J Biol Chem* **249**: 5668–5676.

Ollis DL, Brick P, Hamlin R, Xuong NG, Steitz TA. 1985. Structure of the large fragment of *Escherichia coli* DNA polymerase complexed with dTMP. *Nature* **313**: 762–766.

Pandey VN, Kaushok N, Sanzgiri RP, Patil M, Modak M, Barik S. 1993. Site-directed mutagenesis of DNA polymerase I (Klenow) from *Escherichia coli*. *Eur J Biochem* **214**: 59–65.

Polesky AH, Dahlberg ME, Benkovic SJ, Grindley NDF, Joyce CM. 1992. Side chains involved in catalysis of the polymerase reaction of DNA polymerase I from *Escherichia coli*. *J Biol Chem* **267**: 8417–8428.

Polesky AH, Steitz TA, Grindley NDF, Joyce CM. 1990. Identification of residues critical for the polymerase activity of the Klenow fragment of DNA polymerase I from *Escherichia coli*. *J Biol Chem* **265**: 14579–14591.

Que BG, Downey KM, So A. 1978. Mechanisms of selective inhibition of 3′ to 5′ exonuclease activity of *Escherichia coli* DNA polymerase I by nucleoside 5′-monophosphates. *Biochemistry* **17**: 1603–1606.

Richardson CC, Inman RB, Kornberg A. 1964a. Enzymic synthesis of deoxyribonucleic acid. XVIII. The repair of partially single-stranded DNA templates by DNA polymerase. *J Mol Biol* **9**: 46–69.

Richardson CC, Schildkraut CL, Aposhian HV, Kornberg A. 1964b. Enzymatic synthesis of deoxyribonucleic acid. XIV. Further purification and properties of deoxyribonucleic acid polymerase of *Escherichia coli*. *J Biol Chem* **239**: 222–232.

Rigby PW, Dieckmann M, Rhodes C, Berg P. 1977. Labeling deoxyribonucleic acid to high specific activity in vitro by nick translation with DNA polymerase I. *J Mol Biol* **113**: 237–251.

Saiki RK, Scharf S, Faloona F, Mullis KB, Horn GT, Erlich HA, Arnheim N. 1985. Enzymatic amplification of α-globin genomic sequences and restriction site analysis for diagnosis of sickle cell anemia. *Science* **230**: 1350–1354.

Schena M. 1989. High efficiency oligonucleotide mutagenesis using Sequenase. Comments (U.S. Biochemical Corp.) **15**: 23.

Setlow P. 1974. DNA polymerase I from *Escherichia coli*. *Methods Enzymol* **29**: 3–12.

Studencki AB, Wallace RB. 1984. Allele-specific hybridization using oligonucleotide probes of very high specific activity: Discrimination of the human β A- and β S-globin genes. *DNA* **3**: 7–15.

体外转录系统

事实上，所有体外 DNA 转录成 RNA 都由噬菌体编码的依赖 DNA 的 RNA 聚合酶催化进行。噬菌体编码的依赖 DNA 的 RNA 聚合酶现已身价百倍，这是由于：①这些酶可在已明确的同源启动子上起始有效且选择性的转录（Melton et al. 1984）；②这些酶由单一肽链（约 900 个氨基酸）组成，不需辅助转录因子，这可能是由于其已进化至能高效转录特化基因组内的小量基因。

已充分鉴定的噬菌体 RNA 聚合酶为伤寒沙门氏菌 SP6 噬菌体（Butler and Chamberlin 1982; Green et al. 1983），以及大肠杆菌 T3 和 T7 噬菌体（Studier and Rosenberg 1981; Davanloo et al. 1984; Tabor and Richardson 1985）编码的 RNA 聚合酶。编码这三类 RNA 聚合酶的基因已被分离（Davannloo et al. 1984; Morris et al. 1986）、测序（Moffatt et al. 1984; McGraw et al. 1987; Kotani et al. 1987）及表达（Davanloo et al. 1984; Morris et al. 1985）。T7 聚合酶的晶体结构已经阐明（Doublie et al. 1998）。SP6、T3 和 T7 依赖 DNA 的 RNA 聚合酶以相似的方式发生作用，彼此之间未见其中某一种具明显的生化优势。虽然 SP6 酶最容易从噬菌体感染的细胞中制备，但它的价格通常却比 T7 和 T3 编码的酶贵 4～5 倍。

上述三种 RNA 聚合酶均能转录单链 DNA（Salvo et al. 1973; Milligan et al. 1987），但实际上体外转录的进行均以含适当启动子的双链线性 DNA 为模板（表 2）。

表 2　由噬菌体编码的 RNA 聚合酶识别的启动子序列

噬菌体	启动子
	−15　−10　−5　+1　+5
T7	TAATACGACTCACTATAGGGAGA
T3	AATTAACCCTCACTAAAGGGAGA
	T
SP6	ATTTAGGGGACACTATAGAAG

注：启动子的共有序列能被三种噬菌体编码的 RNA 聚合酶 T7（Dunn and Studier 1983）、T3（Beck et al. 1989）和 SP6（Brown et al.1986）所识别。所有噬菌体的启动子共有一个−7 到+1 的核心序列，提示该区域在启动子功能中具相同作用。位于启动子−8 到−10 的区域有所差异，提示启动子特异性的接触发生于该区域。按常规显示非模板链序列（经允许按 Jorgensen et al.改编，1991）。

由于噬菌体 RNA 聚合酶最小的启动子长度仅为 21bp（Jorgensen et al. 1991），因此易于用合成寡核苷酸制成便携式噬菌体启动子。含有噬菌体 RNA 聚合酶启动子的双链 DNA 接头可直接与纯化的 DNA 片段（Loewy et al. 1989）或 PCR 产物连接。通过合成适当的接头/衔接子，混合物中的一个 DNA 片段可被修饰，随后被体外转录。

合成启动子亦可被加至 PCR 扩增 DNA 所用引物的 5′端（见方案 5 的附加方案“用 PCR 法将噬菌体编码的 RNA 聚合酶启动子加至 DNA 片段上”）。因此，利用位于 DNA 分子的一端或两端的噬菌体启动子，几乎能扩增任何 DNA 分子。扩增的 DNA 是体外转录反应的有效模板。应用 PCR 也可以很方便地将限制性位点引入 DNA 片段的末端，使模板容易线性化，亦可将翻译信号引入 DNA 片段的 5′端，使 RNA 产物能在无细胞的蛋白合成系统中被有效地翻译（Browning 1989; Kain et al. 1991）。

噬菌体聚合酶与其启动子的亲和力相当低（约 10^{-7}/mol），因此需核苷三磷酸来稳定瞬时的启动子酶复合物。在一个短暂的延滞期后，RNA 的合成迅速达到37℃下每秒 200～300 个核苷酸的速率（T7 和 T3 聚合酶），与同样条件下大肠杆菌 RNA 聚合酶相比，速度几乎快 10 倍。T3 和 T7 RNA 聚合酶对于 ATP、UTP 和 CTP 的 K_m 值为 40～100μmol/L（Oakley et al.1979）。GTP 则相反，可能由于 GTP 被用作链起始核苷酸。例如，T3 RNA 聚合酶起始的 RNA 链以 pppGGGA 和 pppGGGG 开始（见综述 Chamberlin and Ryan 1982）。当模板 DNA 的浓度为 20nmol/L、每一 rNTP 的浓度大于 50μmol/L 时，RNA 合成速率至少在 1h 内呈线性关系，而反应的速率则与加入反应的酶量成正比。反应过程中，RNA 链在每一模板分子上起始多次；最佳条件下，每摩尔模板可产生 10～20mol 的全长转录物。然而，当用一个放射性标记的或修饰的碱基作为前体时，为优化罕见组分掺入而改变了反应条件，产率则大为降低。通常的做法是从反应中去除同源核苷酸或显著降低其浓度。但如反应中该核苷酸的浓度降至其 K_m 值以下，则不仅影响总产率，而且全长 RNA 链的比例亦将显著降低。

虽然三种噬菌体聚合酶共有许多生化特性，但对各自的启动子均显示相当大的偏性，不能在其他启动子的驱动下以显著的速率起始转录。噬菌体酶不能识别克隆 DNA 序列中的细菌、质粒或真核启动子。由于 RNA 链终止的有效信号亦属稀有，因此噬菌体编码的聚合酶能合成几乎任何置于适当启动子控制下的 DNA 的全长转录物。这些转录物仅与模板的一条链互补，因而它们是用于包括 Southern、Norhtern、原位杂交和 RNA 酶保护试验的所有杂交技术的极好的探针。此外，聚合酶能合成大量的、与哺乳类动物基因不稳定的初级转录物序列一致的长 RNA，导致真核 mRNA 3′端剪接与加工的体外试验发展（见文献，Green 1991）。合成的 RNA 亦是配体，供诸如人免疫缺陷病毒的 *tat* 基因产物的调控蛋白结合（Roy et al. 1990）。

体外制备的全长转录物常用作真核无细胞蛋白合成系统中的 mRNA。只有模板 RNA 5′端被加帽时，这些及其他反应（如体外剪接反应）才能有效进行。5′端帽结构的添加亦极大地改进了注射进卵母细胞中 RNA 的稳定性（见文献，Yisraeli and Melton 1989）。通过降低反应混合物中 GTP 浓度至 50μmol/L，加入 10 倍摩尔数过量的帽类似物（如 G [5′] ppp [5′] G）（Contreras et al. 1982; Konarska et al. 1984），加帽的 RNA 可在体外合成。在此条件下合成的大多数转录物于 5′帽状结构处起始合成。然而，一旦 RNA 合成开始，帽类似物的独特化学结构（含两个暴露的 3′羟基）可确保不再发生帽状核苷酸的掺入。

最后，在发展原核和真核表达系统的过程中，噬菌体 RNA 聚合酶的高度特异性已得到开发。将靶 cDNA 或基因克隆于噬菌体启动子序列的下游及适当转录终止序列的上游，再将所产生的重组质粒（第一个质粒）导入含有以可调控方式表达噬菌体 RNA 聚合酶的第二个质粒的细胞。因此，诱导聚合酶基因可导致第一个质粒中靶 DNA 的转录及其所编码产物随后的充分表达。T7 噬菌体 RNA 聚合酶和启动子为在大肠杆菌中应用最广泛的二元表达系统（Tabor and Richardson 1985; Studier and Moffatt 1986; Studier et al. 1990）。在真核细胞中，可通过感染含 T7 聚合酶基因的重组痘病毒（Fuerst et al.1986）或通过转染表达质粒而产生 T7 RNA 聚合酶。

事实和提示

为自大规模反应中获得毫克量级的 RNA，应使 $MgCl_2$ 的浓度比反应中总核苷酸浓度高 6nmol/L（Milligan and Uhlenbeck 1989），反应中应含有 5U/mL 的酵母无机焦磷酸酶（Cunningham and Ofengand 1990）。焦磷酸酶可防止 Mg^{2+}以焦磷酸镁的形式螯合。

噬菌体 RNA 聚合酶可接受生物素化的核苷酸作为前体。但是与放射性标记的 NTP 相比掺入效率不高，反应产物含有较高比例的截短 RNA（Grabowski and Sharp 1986; Yisraeli and Melton 1989）。

T7 RNA 聚合酶受 T7 溶菌酶的强烈抑制（Moffatt and Studier 1987; Ikeda and Bailey 1992），因而有人已应用 T7 溶菌酶基因共表达作为降低转化菌中 T7 聚合酶活性的方法（综述见 Studier et al. 1990）。

参考文献

Beck S, O'Keeffe T, Coull JM, Koster H. 1989. Chemiluminescent detection of DNA: Application for DNA sequencing and hybridization. *Nucleic Acids Res* **17:** 5115–5123.

Brown JE, Klement JF, McAllister WT. 1986. Sequences of three promoters for the bacteriophage SP6 RNA polymerase. *Nucleic Acids Res* **14:** 3521–3526.

Browning KS. 1989. Transcription and translation of mRNA from polymerase chain reaction-generated DNA. *Amplifications* **3:** 15–16.

Butler ET, Chamberlin MJ. 1982. Bacteriophage SP6-specific RNA polymerase. I. Isolation and characterization of the enzyme. *J Biol Chem* **257:** 5772–5778.

Chamberlin M, Ryan T. 1982. Bacteriophage DNA-dependent RNA polymerases. In *The enzymes*, 3rd ed. (ed Boyer PD), vol. 15, pp. 87–108. Academic, New York.

Contreras R, Cheroutre H, Degrave W, Fiers W. 1982. Simple, efficient in vitro synthesis of capped RNA useful for direct expression of cloned eukaryotic genes. *Nucleic Acids Res* **10:** 6353–6362.

Cunningham PR, Ofengand J. 1990. Use of inorganic pyrophosphatase to improve the yield of in vitro transcription reactions catalyzed by T7 RNA polymerase. *BioTechniques* **9:** 713–714.

Davanloo P, Rosenberg AH, Dunn JJ, Studier FW. 1984. Cloning and expression of the gene for bacteriophage T7 RNA polymerase. *Proc Natl Acad Sci* **81:** 2035–2039.

Doublie S, Tabor S, Long AM, Richardson CC, Ellenberger T. 1998. Crystal structure of a bacteriophage T7 DNA replication complex at 2.2 Å resolution. *Nature* **391:** 251–258.

Dunn JJ, Studier FW. 1983. Complete nucleotide sequence of bacteriophage T7 DNA and the locations of T7 genetic elements. *J Mol Biol* **166:** 477–535.

Fuerst TR, Niles EG, Studier FW, Moss B. 1986. Eukaryotic transient-expression system based on recombinant vaccinia virus that synthesizes bacteriophage T7 RNA polymerase. *Proc Natl Acad Sci* **83:** 8122–8126.

Grabowski PJ, Sharp PA. 1986. Affinity chromatography of splicing complexes: U2, U5, and U4+U6 small nuclear ribonucleoprotein particles in the spliceosome. *Science* **233:** 1294–1299.

Green MR. 1991. Biochemical mechanisms of constitutive and regulated pre-mRNA splicing. *Annu Rev Cell Biol* **7:** 559–599.

Green MR, Maniatis T, Melton DA. 1983. Human β-globin pre-mRNA synthesized in vitro is accurately spliced in *Xenopus* oocyte nuclei. *Cell* **32:** 681–694.

Ikeda RA, Bailey PA. 1992. Inhibition of T7 RNA polymerase by T7 lysozyme in vitro. *J Biol Chem* **267:** 20153–20158.

Jorgensen ED, Durbin RK, Risman SS, McAllister WT. 1991. Specific contacts between the bacteriophage T3, T7, and SP6 RNA polymerases and their promoters. *J Biol Chem* **266:** 645–651.

Kain KC, Orlandi PA, Lanar DE. 1991. Universal promoter for gene expression without cloning: Expression-PCR. *BioTechniques* **10:** 366–374.

Konarska MM, Padgett RA, Sharp PA. 1984. Recognition of cap structure in splicing in vitro of mRNA precursors. *Cell* **38:** 731–736.

Kotani H, Ishizaki Y, Hiraoka N, Obayashi A. 1987. Nucleotide sequence and expression of the cloned gene of bacteriophage SP6 RNA polymerase. *Nucleic Acids Res* **15:** 2653–2664.

Loewy ZG, Leary SL, Baum HJ. 1989. Site-directed transcription initiation with a mobile promoter. *Gene* **83:** 367–370.

McGraw NJ, Bailey JN, Cleaves GR, Dembinski DR, Gocke CR, Joliffe LK, MacWright RS, McAllister WT. 1985. Sequence and analysis of the gene for bacteriophage T3 RNA polymerase. *Nucleic Acids Res* **13:** 6753–6766.

Melton DA, Krieg PA, Rebagliati MR, Maniatis T, Zinn K, Green MR. 1984. Efficient in vitro synthesis of biologically active RNA and RNA hybridization probes from plasmids containing a bacteriophage SP6 promoter. *Nucleic Acids Res* **12:** 7035–7056.

Milligan JF, Uhlenbeck OC. 1989. Synthesis of small RNAs using T7 RNA polymerase. *Methods Enzymol* **180:** 51–62.

Milligan JF, Groebe DR, Witherell GW, Uhlenbeck OC. 1987. Oligoribonucleotide synthesis using T7 RNA polymerase and synthetic DNA templates. *Nucleic Acids Res* **15:** 8783–8798.

Moffatt BA, Studier FW. 1987. T7 lysozyme inhibits transcription by T7 RNA polymerase. *Cell* **49:** 221–227.

Moffatt BA, Dunn JJ, Studier FW. 1984. Nucleotide sequence of the gene for bacteriophage T7 RNA polymerase. *J Mol Biol* **173:** 265–269.

Morris CE, Klement JF, McAllister WT. 1986. Cloning and expression of the bacteriophage T3 RNA polymerase gene. *Gene* **41:** 193–200.

Oakley JL, Strothkamp RE, Sarris AH, Coleman JE. 1979. T7 RNA polymerase: Promoter structure and polymerase binding. *Biochemistry* **18:** 528–537.

Roy S, Delling U, Chen CH, Rosen CA, Sonenberg N. 1990. A bulge structure in HIV-1 TAR RNA is required for Tat binding and Tat-mediated *trans*-activation. *Genes Dev* **4:** 1365–1373.

Salvo RA, Chakraborty PR, Maitra U. 1973. Studies on T3-induced ribonucleic acid polymerase. IV. Transcription of denatured deoxyribonucleic acid preparations by T3 ribonucleic acid polymerase. *J Biol Chem* **248:** 6647–6654.

Studier FW, Moffatt BA. 1986. Use of bacteriophage T7 RNA polymerase to direct selective high-level expression of cloned genes. *J Mol Biol* **189:** 113–130.

Studier FW, Rosenberg AH. 1981. Genetic and physical mapping of the late region of bacteriophage T7 DNA by use of cloned fragments of T7 DNA. *J Mol Biol* **153:** 503–525.

Studier FW, Rosenberg AH, Dunn JJ, Dubendorff JW. 1990. Use of T7 RNA polymerase to direct expression of cloned genes. *Methods Enzymol* **185:** 60–89.

Tabor S, Richardson CC. 1985. A bacteriophage T7 RNA polymerase/promoter system for controlled exclusive expression of specific genes. *Proc Natl Acad Sci* **82:** 1074–1078.

Yisraeli JK, Melton DA. 1989. Synthesis of long, capped transcripts in vitro by SP6 and T7 RNA polymerases. *Methods Enzymol* **180:** 42–50.

 碱性磷酸酶

几种碱性磷酸酶（或碱性磷酸单酯酶）常用于分子克隆，包括细菌碱性磷酸酶（BAP）和牛小肠碱性磷酸酶（CIP、CIAP 或 CAP）。近年来又分离到类似的酶，如从更为神秘的冷血生物中分离的碱性磷酸酶（虾 SAP）可供使用，它们在去磷酸化反应之后比 BAP 或 CIP 更易灭活。所有的碱性磷酸酶均为 Zn（II）金属酶，它们通过形成磷酸化的丝氨酸中间体而催化磷酸单酯水解。碱性磷酸酶在分子克隆中用于三个目的：

- 去除核酸 5′端的磷酸残基，以便通过γ-标记 ATP 的[^{32}P]转移对所产生的 5′羟基进行放射性标记。第二种反应受 T4 噬菌体多核苷酸激酶的催化（Chaconas and van de Sande 1980）。
- 去除 DNA 片段 5′端磷酸残基，以防止自身连接。这种去磷酸反应主要用于抑制载体分子的自身连接，从而减少克隆过程中“空心”克隆产生的数目（Ullrich et al. 1977）。
- 作为非放射性系统中的报告酶检测及定位核酸和蛋白质。在这种情况下，碱性磷酸酶被偶联于配体，如能与生物素化靶分子特异性相互作用的链霉抗生物素蛋白（Leary et al. 1983）。

去磷酸化反应

碱性磷酸酶能从各种底物分子中去除 3′磷酸基，包括 3′磷酸化多核苷酸和 3′-单磷酸脱氧核苷（Reid and Wilson 1971）。但是，BAP、CIP 和 SAP 在分子克隆中的主要用途为催化单链或双链 DNA 和 RNA 5′端磷酸残基的去除。所产生的 5′羟基端不再参与连接反应，而成为多核苷酸激酶催化的放射性标记反应底物（Chaconas and van de Sande 1980）。

虽然碱性磷酸酶在 5′端核酸标记中的作用毋庸置疑，但其防止自身连接的价值仍有争议。毫无疑问，去磷酸化后减少了线性质粒 DNA 的重新环化，因而减少了含“空心”质粒的转化细菌集落的本底（Ullrich et al. 1977; Ish-Horowicz and Burke 1981; Evans et al. 1992）。但是更为常见的是携所需重组体的菌落数亦平行下降。此外，一些研究者认为 5′羟基的存在可导致重排或缺失克隆出现频率的增高。由于这些原因，只要有适宜的限制性酶切位点可用，定向克隆应为首选方法。

碱性磷酸酶的性质

用于分子克隆的碱性磷酸酶在碱性 Tris 缓冲液（pH 8.0～pH 9.0）及低浓度 Zn^{2+}（<1mmol/L）的存在下显示最高活性。

- BAP 以单体形式分泌（相对分子质量 47 000）到大肠杆菌的周质间隙内，在周质间隙中二聚化，成为有催化活性的酶分子（Bradshaw et al. 1981）。在中性或碱性 pH 下，二聚体 BAP 含多达 6 个 Zn^{2+}，其中 2 个对酶活性是必要的（见综述，Coleman and Gettins 1983）。每个二聚体的两个催化位点中仅有一个在低浓度人工底物下具有活性，而在高浓度下两个位点均有活性（Heppel et al. 1962; Fife 1967）。

BAP 是种非常稳定的酶，能抵抗加热及去垢剂的灭活。因此，BAP 在去磷酸反应后难以去除。

- CIP 是一个二聚体糖蛋白，由两个 514 个残基的单体构成，通过磷脂酰肌醇锚定于质膜（Hoffmann-Blume et al. 1991; Weissig et al. 1993），其最佳酶活性取决于 Mg^{2+}和 Zn^{2+}的浓度。某些结合于催化位点的 Zn^{2+}为催化活性所必需。Mg^{2+}为变构激活剂，它们结合于不同的位点。但是，如果 Zn^{2+}以高浓度存在，将竞争 Mg^{2+}的结合位点，并阻碍变构激活（Fernley 1971）。蛋白酶 K 和/或在 10mmol/L EGTA 的存在下加热（65℃ 30 min 或 75℃ 10～15 min）很容易灭活 CIP。去磷酸化的 DNA 可通过酚：氯仿抽提纯化。
- SAP 是自北极虾中分离，其酶的特性与 CIP 相似。与 BAP 不同的是，SAP 在温度升高时不稳定。据厂商介绍，将其加热至 65℃、15 min 可完全灭活。但在分子生物学的交流网站上常有顾客评论，认为短暂加热不能使酶完全灭活。公平地说，约同样数量的报告认为灭活 SAP 没有问题。但是为安全起见，我们建议加热至 70℃维持 20min，以确保 SAP 的完全灭活。

几种碱性磷酸酶均受无机正磷酸盐（Zittle and Della Monica 1950）及金属离子螯合剂如 EDTA 和 EGTA 的抑制，其他丝氨酸水解酶的强力抑制剂——二异丙基氟磷酸的抑制作用（Dabich and Neuhaus 1966）未达到具有统计学意义的水平。L-苯丙氨酸为 CIP 的非竞争性抑制剂（Weissig et al. 1993）。

参考文献

Bradshaw RA, Cancedda F, Ericsson LH, Neumann PA, Piccoli SP, Schlesinger MJ, Shriefer K, Walsh KA. 1981. Amino acid sequence of *Escherichia coli* alkaline phosphatase. *Proc Natl Acad Sci* 78: 3473–3477.

Chaconas G, van de Sande JH. 1980. 5′-^{32}P labeling of RNA and DNA restriction fragments. *Methods Enzymol* 65: 75–85.

Coleman JE, Gettins P. 1983. Alkaline phosphatase, solution structure, and mechanism. *Adv Enzymol Relat Areas Mol Biol* 55: 381–452.

Dabich D, Neuhaus OW. 1966. Purification and properties of bovine synovial fluid alkaline phosphatase. *J Biol Chem* 241: 415–420.

Evans GA, Snider K, Hermanson GG. 1992. Use of cosmids and arrayed clone libraries for genome analysis. *Methods Enzymol* 216: 530–548.

Fernley HN. 1971. Mammalian alkaline phosphatases. In *The enzymes*, 3rd ed. (ed Boyer PD), vol. 4, pp. 417–447. Academic, New York.

Fife WK. 1967. Phosphorylation of alkaline phosphatase (*E. coli*) with *o*- and *p*-nitrophenyl phosphate at pH below 6. *Biochem Biophys Res Commun* 28: 309–317.

Heppel LA, Harkness DR, Hilmoe RJ. 1962. A study of the substrate specificity and other properties of the alkaline phosphatase of *Escherichia coli*. *J Biol Chem* 237: 841–846.

Hoffmann-Blume E, Garcia Marenco MB, Ehle H, Bublitz R, Schulze M, Horn A. 1991. Evidence for glycosylphosphatidylinositol anchoring of intralumenal alkaline phosphatase of the calf intestine. *Eur J Biochem* 199: 305–312.

Ish-Horowicz D, Burke JF. 1981. Rapid and efficient cosmid cloning. *Nucleic Acids Res* 9: 2989–2998.

Leary JJ, Brigati DJ, Ward DC. 1983. Rapid and sensitive colorimetric method for visualizing biotin-labeled DNA probes hybridized to DNA or RNA immobilized on nitrocellulose: Bio-blots. *Proc Natl Acad Sci* 80: 4045–4049.

Reid TW, Wilson IB. 1971. *E coli* alkaline phosphatase In *The enzymes*, 3rd ed. (ed Boyer PD), vol. 4, pp. 373–415. Academic, New York.

Ullrich A, Shine J, Chirgwin J, Pictet R, Tischer E, Rutter WJ, Goodman HM. 1977. Rat insulin genes: Construction of plasmids containing the coding sequences. *Science* 196: 1313–1319.

Weissig H, Schildge A, Hoylaerts MF, Iqbal M, Millán JL. 1993. Cloning and expression of the bovine intestinal alkaline phosphatase gene: Biochemical characterization of the recombinant enzyme. *Biochem J* 290: 503–508.

Zittle CA, Della Monica ES. 1950. Effects of borate and other ions on the alkaline phosphatase of bovine milk and intestinal mucosa. *Arch Biochem Biophys* 26: 112–122.

解链温度

将双链 DNA 溶液加热，可使互补碱基间的氢键断裂而使双螺旋解开。单一氢键力相对较弱（约 5kcal/mol/键），因此很容易受加热破坏。然而，任意两条互补 DNA 链拥有的氢键数目越多，引起所有氢键断裂进而使 DNA 两条链分离所需的温度也越高。由温度引起的从双链（双螺旋）到单链（卷曲）构象的转变，可通过光吸收增强来监测，在构象转变的温度下，以消光系数急剧增加为特征。光吸收增加的中点所对应的温度称为解链温度（T_m）。用结构术语来描述，T_m为双链 DNA 中 50%的碱基对变性时的温度。核酸结构与热稳定性之间关系的实验探索已有 40 年了。

Marmur 和 Doty（1959, 1962）根据核酸与热稳定之间的关系提出，对于大多数 DNA 样品，其碱基组成与 T_m 呈线形关系。（G+C）含量每增加 1%，直线的斜率增加 0.41℃。对于 DNA 样品（G+C 的含量在 30%～75%之间）在 0.15mol/L NaCl 和 15mmol/L 柠檬酸钠溶液中变性，解链温度为：

$$T_m = 69.3℃ + 0.41（\% [G + C]） \tag{1}$$

利用此公式可很容易地通过测定样品的 T_m 来精确计算 DNA 样品的碱基组成。如检测其他盐溶液中 DNA 样品的 T_m，可以用下列更通用的公式：

$$T_m = 81.5℃ + 16.6 \log_{10} [M^+] + 0.41（\% [G + C]） \tag{2}$$

式中，$[M^+]$ 为 $M^+ \leqslant 0.5$mol/L 时的单价阳离子浓度。

分子杂交

20 世纪 60 年代发展起来的分子杂交技术一直是对于分子生物学家最有用的工具之一。分子杂交技术简单而灵敏，促使我们对于基因结构、基因表达和基因组构成理解的更新，并且也成为临床实验室及制药公司的诊断工具。

核酸探针与靶序列间分子杂交理想条件的建立须掌握靶序列：核酸探针双链体的 T_m 的知识。虽然在有些情况下，T_m 值可通过实验确定（见方案 7），但更多的是计算 T_m 值。目前已研究出多种公式，可用于估算一定条件下靶序列：探针双链体的 T_m。

当靶与探针均为寡核苷酸，在此 T_m 下，分子内存在由变性区将天然双链体拆开的伸展力。此时从双螺旋向卷曲构象的转变是在分子内进行的，因而不依赖于寡核苷酸的浓度（Wetmur 1991）。T_m 是碱基组成、溶剂成分、双螺旋长度和碱基错配程度的函数（Hall et al. 1980; Wahl et al. 1987; Baldino et al. 1989）。Wetmur（1991）对公式（2）作了改良，可用于 1 mol/L NaCl 高盐溶液中的杂交：

$$T_m = 81.5 + 16.6 \log_{10}([Na^+]/\{1.0 + 0.7[Na^+]\}) + 0.41(\%[G + C]) - 500/n - P - F \tag{3}$$

式中，n 是双螺旋体的长度；P 为碱基错配百分率的温度校正（一般每 1%错配为 1℃），每 1%甲酰胺浓度 F 为 0.63℃。对于 RNA 双螺旋：

$$T_m = 78 + 16.6 \log_{10}([Na^+]/\{1.0 + 0.7[Na^+]\}) + 0.7(\%[G + C]) - 500/n - P - F \tag{4}$$

式中，每 1%甲酰胺 F 为 0.35℃。对于 RNA 与 DNA 杂交体：

$$T_m = 67 + 16.6 \log_{10}([Na^+]/\{1.0 + 0.7[Na^+]\}) + 0.8(\%[G + C]) - 500/n - P - F \tag{5}$$

式中，每 1%甲酰胺 F 为 0.5℃。公式（4）与公式（5）分别由 Bodkin 和 Knudson（1985）及 Casey 和 Davidson（1977）提出。

当探针为寡核苷酸、温度为 T_m 时，半数双螺旋已解链。此时从双螺旋向卷曲构象的转变是在分子间进行的，因而 T_m 取决于寡核苷酸的浓度（Wetmur 1991）、序列和溶剂组成。虽然公式（3）、（4）、（5）的多种变通公式亦属常用，但仅用%（$G + C$）不足以预测 T_m。利用最近邻模型结合序列相关热力学数据，可估算出更精确的 T_m 值（Breslauer et al. 1986; Freier et al. 1986; Kierzek et al. 1986; Rychlik et al. 1990; Wetmur 1991; Rychlik 1994）。由此模型推导的公式是：

$$T_m/℃ = (T^0\Delta H^0)/(\Delta H^0 - \Delta G^0 + RT^0\ln[c]) + 16.6\log_{10}([Na^+]/\{1.0 + 0.7[Na^+]\}) - 269.3 \quad (6)$$

其中

$$\Delta H^0 = \sum_{nn}(_{nn}\Delta H^0_{nn}) + \Delta H^0_p + \Delta H^0_e$$

$$\Delta G^0 = \sum_{nn}(N_{nn}\Delta G^0_{nn}) + \Delta G^0_i + \Delta G^0_e$$

式中，N_{nn} 为最近邻数目（如 14 聚体的 13 位）；R =1.99 cal/mol（开氏温度）；T^0 = 298.2°K；C 是总摩尔链浓度；$[Na^+]\leqslant 1$ mol/L。

几个热力学术语的近似值：

平均最近邻焓：

$$\Delta H^0_{nn} = -8.0\ \text{kcal/mol}$$

平均最近邻自由能：

$$\Delta G^0_{nn} = -1.6\ \text{kcal/mol}$$

启动条件：

$$\Delta G^0_i = +2.2\ \text{kcal/mol}$$

平均自由末端焓：

$$\Delta H^0_e = -8.0\ \text{kcal/mol/末端}$$

平均自由末端自由能：

$$\Delta G^0_e = -1\ \text{kcal/mol/末端}$$

平均错配/环焓：

$$\Delta H^0_p = -8.0\ \text{kcal/mol/错配}$$

注意对每一个错配或环的 N_{nn} 应减去 2，在复杂范围内相反末端的公式为：

$$T_m = 2(A + T) + 4(G + C) \quad (7)$$

式中，（$A+T$）为寡核苷酸中腺嘌呤和胸腺嘧啶的数目；（$G + C$）是寡核苷酸中鸟嘌呤和胞嘧啶的数目，并在完全匹配靶序列的短寡核苷酸中起作用（Suggs et al. 1981）。更准确地讲，这一公式预测的是寡核苷酸与固相载体结合的靶序列的杂交体的解离温度（T_d）。有关 T_d 的详细讨论见文献 Wetmur（1991）。

上述方法计算出的 T_m 值可能有较大差异。例如，在 0.5mol/L NaCl 中，与靶 DNA 序列完全匹配（% $[G + C]$ = 50）的 14 个碱基的寡核苷酸探针杂交时的 T_m 的预测，用公式（3）为 59℃，公式（6）为 55℃，公式（7）为 42℃。

参考文献

Baldino FJ, Chesselet MF, Lewis ME. 1989. High resolution in situ hybridization. *Methods Enzymol* 168: 761–777.

Bodkin DK, Knudson DL. 1985. Assessment of sequence relatedness of double-stranded RNA genes by RNA-RNA blot hybridization. *J Virol Methods* 10: 45–52.

Breslauer KJ, Frank R, Blöcker H, Marky LA. 1986. Predicting DNA duplex stability from the base sequence. *Proc Natl Acad Sci* 83: 8893–8897.

Casey J, Davidson N. 1977. Rates of formation and thermal stabilities of RNA:DNA and DNA:DNA duplexes at high concentrations of formamide. *Nucleic Acids Res* 4: 1539–1552.

Freier SM, Kierzek R, Jaeger JA, Sugimoto N, Caruthers MH, Neilson T, Turner DH. 1986. Improved free-energy parameters for predictions of RNA duplex stability. *Proc Natl Acad Sci* 83: 9373–9377.

Hall TJ, Grula JW, Davidson EH, Britten RJ. 1980. Evolution of sea urchin non-repetitive DNA. *J Mol Evol* 16: 95–110.

Kierzek R, Caruthers MH, Longfellow CE, Swinton D, Turner DH, Freier SM. 1986. Polymer-supported RNA synthesis and its application to test the nearest-neighbor model for duplex stability. *Biochemistry* 25: 7840–7846.

Marmur J, Doty P. 1959. Heterogeneity in deoxyribonucleic acids. 1. Dependence on composition of the configurational stability of deoxyribonucleic acids. *Nature* 183: 1427–1429.

Marmur J, Doty P. 1962. Determination of the base composition of deoxyribonucleic acid from its thermal denaturation temperature. *J Mol Biol* 5: 109–118.

Rychlik R. 1994. New algorithm for determining primer efficiency in PCR and sequencing. *J NIH Res* 6: 78.

Rychlik W, Spencer WJ, Rhoads RE. 1990. Optimization of the annealing temperature for DNA amplification in vitro. *Nucleic Acids Res* 18: 6409–6412. (Erratum *Nucleic Acids Res* [1991] 19: 698.)

Suggs SV, Hirose T, Miyake T, Kawashima EH, Johnson MJ, Itakura K, Wallace RB. 1981. Use of synthetic oligodeoxyribonucleotides for the isolation of specific cloned DNA sequences. In *Developmental biology using purified genes* (ed Brown DB, et al.), pp. 683–693. Academic, New York.

Wahl GM, Berger SL, Kimmel AR. 1987. Molecular hybridization of immobilized nucleic acids: Theoretical concepts and practical considerations. *Methods Enzymol* 152: 399–407.

Wetmur JG. 1991. DNA probes: Applications of the principles of nucleic acid hybridization. *Crit Rev Biochem Mol Biol* 26: 227–259.

（郭　宁　译，王友亮　校）

第 14 章　体外诱变方法

导言

方案

信息栏

导　言

原核细胞和真核细胞经常受到外在因素和内在因素的刺激而发生 DNA 损伤，如果这种损伤不能被修复就会导致突变（Lombard et al. 2005；Boesch et al. 2011）。为了能在这种持续的基因毒性环境下继续存活并正确地复制基因组，原核细胞和真核细胞自身有一种特殊的专用 DNA 修复机制，以修复 DNA 损伤，放慢遗传突变在细胞内的积累（Lombard et al. 2005；Boesch et al. 2011）。然而，并不是所有的突变都对蛋白质的生物学功能产生影响。一旦生物体中出现基因突变，我们需要了解该突变的功能特性，探究该突变是否会对某一特定蛋白质或某一非编码 RNA 的功能产生影响。

有几种不同的诱导基因突变的方法可以在哺乳类动物基因的预定位点或区域引入突变。这些体外诱变的方法，可以帮助了解蛋白质、转录调控元件和非编码 RNA 的功能，是目前分子生物学研究不可或缺的一部分。本章中，介绍了几种最常用的诱导基因突变的实验方法，提供了这些常用诱变方法的详细实验方案（表 14-1）。表中描述的这 9 种不同的诱变方法研究者可根据研究需要引入突变。下面将介绍 3 种主要的诱变方法及其主要用途。

表 14-1　不同诱变方案的比较

方案	模板	突变体富集方法	特点/优点	缺点
1	双链 DNA	选择性 PCR 扩增突变 DNA	可引入广谱突变	无法实现特定位置突变
2	双链 DNA	重叠延伸	i. 可用于在某特定目标 DNA 序列的定点突变、插入或缺失 ii. 不需要限制性内切核酸酶	研究者需要预先知道拟进行的特定突变
3	双链 DNA	用 *Dpn* I 选择突变体	i. 可以精确地在目的基因中实现突变 ii. 转化后 80%的克隆含有携带预定突变的质粒	质粒大小超过 7kb 时，突变效率低
4	双链 DNA	突变体载体β-内酰胺酶活性改变	与其他定点突变方法一样，需要在 DNA 序列中预先确定突变的位置	质粒需含有抗生素筛选标记
5	双链 DNA	限制性酶切位点的缺失（USE 诱变）	可以精确地在目的基因中进行定点突变	突变回收率低
6	双链 DNA	基于 *Sap* I 的消化	可用于在一个目的基因的特定 DNA 序列中引入定点突变体文库	需要存在 *Sap* I 酶切位点
7	单链 DNA	选择尿嘧啶替换的 DNA	在目标位置引入广谱的氨基酸改变	在体外 DNA 合成的过程中发生诱变，产生的质粒文库中目标区域突变氨基酸分布具有偏向性
8	双链 DNA	用 *Dpn* I 选择突变体	通过一次克隆步骤即可引入多个独立的突变	i. 此方法需要的 PCR 轮数较多，一般有几个突变位点就需几轮 PCR 反应 ii. 当有 3 个以上突变位点时，用一些商品化化的试剂盒更省时
9	双链 DNA	大引物	i. 可以精确地在目的基因中进行突变； ii. 可以在同一个反应管中利用两轮 PCR 反应连续完成突变过程	突变体的产出率只有 82%左右

历史背景

现代体外诱变方法的发展过程以诺贝尔奖为铺路基石，目前已经从以生物整体为靶点的水平发展到以 DNA 分子特定位点为靶点的水平。1926 年，当得克萨斯大学的 Hermann J. Muller（1890～1967 年）阐述了 X 射线导致果蝇的基因突变以及染色体发生变化的证据时，震惊了整个科学界。1926 年，他在一次学术会议上宣布了自己的实验成果，随后在《科学》杂志上发表了论文 *Artificial Transmutation of the Gene*（Muller 1927）。X 射线照射产生突变这一方法在 1941 年 George Beadle 和 Edward Tatum 报道的关于脉孢菌（*Neurospora*）实验中发挥了重要作用。在文章中，他们根据实验结果提出"一个基因一个蛋白质"的假设（Beadle and Tatum 1941）。

1938～1940 年，Muller 和 Charlotte Auerbach（1899～1994 年）在爱丁堡大学对可以产生突变的物质进行研究。在 20 世纪 40 年代早期，Auerbach 和 J.M.Robson 利用芥子气使果蝇产生突变（Auerbach and Robson 1947; Stevens et al. 1950）。在后来的报道中，Auerbach 提到:

"在我看来，可能有很多种方法可以使基因的化学性质和染色体的物理完整性发生变化：与蛋白质或者核苷酸发生直接的化学反应、染色体周围的能量释放、与染色体代谢相关的酶失活，以及用竞争性类似物干扰基因的复制等"（Auerbach 1951）。

Auerbach 提出来的这些问题在 1953 年 James D. Watson 和 Francis H.C. Crick 发现 DNA 分子结构后变成了可能，这一发现也改变了诱变研究的性质。Michael Smith（1932～2000 年）关于寡核苷酸的合成和他在 Fred Sanger 实验室对大肠杆菌噬菌体的 1975 个测序，使得诱变技术具有很强的特异性。Smith 意识到诱变方法应该靶向特定的碱基。他发现小的寡核苷酸可以在低温下形成稳定二聚体，而 Clyde A. Hutchison III 和 Marshall H. Edgell 进行的研究显示"在转染之前利用野生型 DNA 互补片段对ϕX174 突变体进行复性反应可以恢复点突变"。他们以ϕX174 DNA 作为模板，以一个含有单核苷错配的 120 个核苷酸的寡聚体为引物，利用大肠杆菌 DNA 聚合酶，制备了一个在一条链中整合有这段寡核苷酸的闭合环状双链 DNA（Hutchison et al. 1978）。大概在同一时期，第一个限制酶的发现使得分离特异性 DNA 片段成为可能（Smith and Wilcox 1970）。

1983 年，Kary Mullis 发明了聚合酶链反应（PCR）（Saiki et al. 1985; Mullis et al. 1986），随之 PCR 很快成为体外定点诱变技术中不可缺少的部分。这也是体外突变最后一个关键要素。

关于诺贝尔奖获奖情况，1946 年 Muller 获生理学或医学奖，1993 年 Smith 和 Mullis 共同获得化学奖，1958 年 Beadle 和 Tatum 获生理学或医学奖，1962 年 Watson 和 Crick 获生理学或医学奖。

诱变术语

诱变术语有很多，有一些虽为同一种实验方法但名称不同，容易使人混淆。下列清单为众多诱变方法定义了术语。

5′ 添加诱变

一种基于 PCR 的方法，用于在 PCR 产物 5′ 端添加一段新的序列或者化学基团。

丙氨酸扫描诱变

该方法用于确定一个特定蛋白质的结构-功能关系。选择丙氨酸作为残基进行替代的原因是其消除了远端β-碳的侧链，然而不改变主链的构象，也不会产生极端静电或空间的效应（见“扫描诱变”）。

盒式诱变

用来高效率地插入突变寡聚核苷酸盒，这种方法可以对靶氨基酸密码子进行多种突变的饱和突变。

化学诱变

探究化学诱变剂的性质，如羟胺和*N*-乙基-*N*-亚硝基脲，在靶DNA序列中引入随机突变。

环状诱变

利用突变引物在环状DNA目标分子中引入定点突变。

密码子盒式诱变

使用通用的突变盒，在双链DNA的特定位点中插入单一密码子。

缺失诱变

用来在较大的DNA区域内产生随机位点和定向位点缺失，从而构建缺失突变体。

定向进化

用于蛋白质工程领域，利用自然选择的力量获得在自然界未发现的、具有某种期望特性的蛋白质或RNA。

定向诱变

见“定点诱变”。

区域诱变

用于在克隆DNA的一个特定区域引入多个突变。

插入诱变

用于在DNA模板上插入一个或者多个碱基。这种插入可以自然产生，如通过转座子；也可以人为地用实验室的装置产生。

接头扫描诱变

在接头扫描诱变中，首先需要建立一个5′端和3′端的缺失体集合，末端连接到一个寡核苷酸接头上。依赖于每个缺失突变体上的DNA序列，所产生的配对组合将被选择而产生一个新的DNA片段。在新的DNA片段中，接头准确地替换了一段原始序列，而不改变周围核苷酸的空间位置。

基于PCR的大引物诱变

要突变一个DNA序列，需要设计2个外侧寡核苷酸引物和1个内部突变引物，并通过两轮PCR反应实现。第一轮PCR用一个外侧引物和包含目的突变的突变引物，从而产生一个PCR中间产物，并以此作为第二轮反应的“大引物”，与另外一个外侧引物一起，进行第二轮PCR。最后一轮PCR产物被克隆到合适的载体中，进行下一步的应用。

错掺诱变

利用反转录酶作为易错聚合酶产生突变。

错配诱变

产生特定的DNA碱基错配。

多位点定向诱变

每个位点只需要一个单独的寡核苷酸引物，就能同时在多个位点实现诱变。

寡核苷酸指导的诱变

利用一个突变的寡核苷酸引物在DNA链中引入突变。此方法可以使用PCR，也可以不用PCR。

PCR诱变

统指使用PCR在一个特定的DNA序列中产生突变的诱变方法。

PCR 定点诱变

利用突变的寡核苷酸引物而引入预定的突变。

随机诱变

在一个特定DNA序列中产生随机突变，如紫外线辐射。

随机扫描诱变

一种基于寡核苷酸的方法，可以在一种蛋白质的某个氨基酸位点产生19种可能的替换。

反转录病毒插入诱变

利用反转录病毒颗粒产生插入诱变。

饱和诱变

定点诱变的一种形式，该方法可尝试在一个基因的特定位点或者很小的区域内产生所有可能的突变。

扫描诱变

通过对蛋白质每一个氨基酸位点进行丙氨酸或者半胱氨酸残基替换，构建突变体库研究蛋白质结构和功能的关系（见“丙氨酸扫描诱变”）。

序列饱和诱变

此方法应用于在一段目标序列每个单核苷酸位点产生突变。

信号标签诱变（STM）

一种用来研究基因功能的遗传技术，STM可通过观察突变在表型上的影响来推断特定基因的功能。STM最初和最常见的应用是发现某种病原体在宿主体内与其毒力相关的基因，从而可以设计更好的医治方案。

定点诱变

也称为“位点专一诱变”或“寡核苷酸指导的诱变”，是一种在 DNA 分子上特定位点产生预定突变的技术。

位点专一诱变

见“定点诱变”。

转座子诱变

也称为“转座诱变”，是一种将基因转入宿主染色体中阻断或修饰原有基因功能的生物过程。

诱变方法

寡核苷酸指导的诱变

寡核苷酸指导的诱变可用于检测蛋白质特定氨基酸残基对结构、催化活性和配体结合能力的作用。在缺乏三维结构（3D）的情况下，蛋白质工程依赖于对蛋白质结构，以及单个氨基酸残基在蛋白质稳定性和功能中作用的信息预测。关键问题是要鉴别影响局部结构的突变和对蛋白质的整体折叠或稳定性造成极大破坏性的突变。典型的实验是在编码一种酶的基因的不同位点上产生一定数量的点突变。当对这些突变体活性进行分析时，发现一些突变导致催化功能降低，另一些则没有改变。在缺乏其他数据的情况下，不可能只根据以上结果得出关于该酶结构的确切结论，无法确认用一个氨基酸替换另一个氨基酸的结果仅仅是影响该酶活性位点的功能还是有更多对整体功能的影响。即使知道野生型酶的三维结构仍无法回答这些问题，因为至今还没有一种算法能精确预测氨基酸残基的替换、添加或缺失等原因所引起的蛋白质结构变化，但通过对目的蛋白的折叠性进行独立分析有助于解决这些困难，这些分析方法通常包括分析蛋白质与特异性针对空间或线性表位的单克隆或多克隆抗体结合能力、分析蛋白质在细胞内正确转运和翻译后修饰、催化活性或者配基结合能力，以及分析突变体蛋白对蛋白酶消化的敏感性或抵抗力等。

如果有能够确定突变蛋白正确折叠的可靠分析方法，寡核苷酸指导的诱变就将成为具有精确特异性和应用非常广泛的分析技术。现在已经能够做到把一个在自然条件下从未被发现的突变精确地引入靶基因的特定位置，能够把蛋白质功能定位在特异结构区域内，能够消除酶的非必需活性从而提高所需的催化活性和物理特性。简言之，寡核苷酸指导的诱变已成为遗传工程的法宝。

饱和诱变

利用饱和诱变可在特定编码序列的多个位点上产生突变。尽可能以无偏好性的方式引入突变，而忽略关于单个氨基酸在野生型序列中功能的固有概念。目的是收集关于整个“序列空间”的信息，即氨基酸序列与蛋白质三维结构之间的关系。饱和诱变通常适用于编码单结构域的小片段 DNA。该方法最大的好处在于，它能提供对目标结构域结构和功能无损害作用的氨基酸或氨基酸组合。例如，对 λ 噬菌体阻抑物研究显示，大量氨基酸组合就能满足该分子疏水核及α螺旋的结构和功能需求（Reidhaar-Olson and Sauer 1988; Lim and Sauer 1989）。

扫描诱变

丙氨酸扫描诱变用于分析蛋白质表面上特定氨基酸残基的功能。蛋白质表面带电荷残基通常不是蛋白质整体结构所必需的，但一般参与配基结合、寡聚作用或催化作用。用丙氨酸残基系统地替换带电荷氨基酸残基，可消除β碳外的侧链，破坏氨基酸之间功能性相互作用，但不改变蛋白质主链构象。因此，丙氨酸扫描是研究蛋白质表面特定区域功能的一种非常有用的方法（Cunningham and Wells 1989）。半胱氨酸扫描诱变是丙氨酸扫描诱变方法的延伸，即用非配对半胱氨酸残基替代蛋白质特定位置上的单个氨基酸残基。非配对的半胱氨酸残基是中等大小、不带电荷的疏水性氨基酸。由于它们可有效地与 *N*-甲基顺丁烯二酰亚胺等修饰试剂相作用，通过扫描诱变引入的半胱氨酸可作为一种生化标签验证跨膜蛋白的拓扑结构，也可测定水相或脂相中残基与修饰试剂的可及性（例如，见 Akabas et al. 1992; Dunten et al. 1993; Kurz et al. 1995; Frillingos and Kaback 1996; He et al. 1996; Frillingos et al. 1997a, b, 1998）。

研究目的

体外诱变常用于改变一段 DNA 片段的碱基序列。这些改变可以是局部的或整体的，随机的或靶向性的。整体的、非特异性的诱变方法更适合用于分析基因的调控区，如利用易错 DNA 聚合酶进行的随机诱变（方案 1）；而精确的诱变常用于推断单个氨基酸或一组氨基酸对靶蛋白质结构和功能的影响，如重叠延伸 PCR、定点诱变或者基于 PCR 的大引物诱变方法（分别见方案 2、方案 3、方案 7）。随机诱变和靶向诱变这两种方法，都具有在体外产生突变体而不需进行表型筛选的优点。

在过去几十年里，根据不同需要，已经发展了若干种不同类型的突变方法。尽管这些方法有时可能有重叠的部分，但是根据研究的最终目的，可将这些技术进行分类。例如，如果研究者想分析蛋白质表面一些特定氨基酸残基的功能，最好的选择是扫描诱变方法。该方法的延伸被称为随机扫描诱变，这种方法可使研究者对靶位点测试更多种类氨基酸改变。关于该方法更详细的介绍，见方案 7。

如果研究者的目的是收集关于整个“序列空间”的信息（例如，关于蛋白质氨基酸序列和三维结构之间的关系），则应该利用“饱和诱变”的方法，关于该技术的详情，参考方案 6。

如果研究的目的是检测某特定残基对蛋白质结构、催化活性或者配基结合能力的作用，则应选择“寡核苷酸指导的诱变”的方法。关于该方法的完整描述详见方案 3 和方案 6。方案 8 和方案 9 分别介绍多位点定向诱变和基于 PCR 的大引物诱变。

商品化试剂盒

表 14-2 是可用于本章所描述诱变方案的商品化试剂盒。这些试剂盒使诱变方法的每一步骤和整个过程简化。而且试剂盒价格合理，在大多数情况下，能够提供优化的方案，保证诱变实验及时完成。

表 14-2 应用于诱变方案的商品化试剂盒

诱变方法	供应商	试剂盒名称	试剂盒突出的特点
随机诱变	Clontech	Diversify PCR Random 诱变试剂盒	在高浓度 Mg^{2+} 条件下，用 *Taq* 聚合酶进行诱变； 诱变速率可控； 扩增的 PCR 片段可以大至 4kb； 能产生范围较广的多样化的突变
	Agilent	GeneMorph II Random 诱变试剂盒	采用两种酶的混合物（一种易错 DNA 聚合酶和一种突变的 *Taq* DNA 聚合酶），用来减少突变偏差； 用该试剂盒可以只用一种缓冲液条件而实现每 1kb DNA 片段中引入 1～16 个突变； 通过调节反应体系中靶 DNA 的数量或者调节扩增循环数可以很容易地控制诱变速率
插入和缺失诱变	Affymetrix	Change-IT Multiple Mutation Site Directed 诱变试剂盒	可产生插入或缺失突变； 缺失片段可达到 300bp； 只需一天即可完成
	Finnzyme	Mutation Generation System 试剂盒	一个试剂盒可以产生成千上万个插入克隆； 在绘制相关突变体谱方面具有灵活性； 可以在所有 3 个阅读框中产生 5 个氨基酸的插入
	Epicentre Biotechnologies	EZ-Tn5 In-Frame Linker Insertion 试剂盒	可以在所有 3 个阅读框里产生可阅读的随机 57bp 的插入
定点诱变	Agilent	QuickChange Site-Directed 诱变试剂盒	使用基于 *Dpn* I 消化的方案（类似于本章讲述的方案 3）
	Affymetrix	Change-IT Multiple Mutation Site Directed 诱变试剂盒	可产生插入或缺失； 缺失片段可达到 300bp； 仅需一天即可完成
	New England Biolabs	Phusion Site-Directed 诱变试剂盒	方案只需简单的 3 个步骤； 需要对引物进行 5′ 端磷酸化
	Life Technologies	GeneArt Site-Directed 诱变试剂盒	在一个反应中将 DNA 甲基化和扩增步骤结合起来； 免除了突变后消化和纯化步骤
	Clontech	Transformer Site-Directed 诱变试剂盒	诱变效率高； 可用任何双链质粒； 无需亚克隆
多位点定向诱变试剂盒	Affymetrix	Change-IT Multiple Mutation Site Directed 诱变试剂盒	利用基于 *Dpn* I 酶消化的方法可在质粒中产生单个或者多个突变（方案 3）
	Agilent	QuickChange Lightning Multisite-Directed 诱变试剂盒	较其他多位点定向诱变试剂盒更快（4h 内就能完成诱变，转化过夜）
区域诱变	Agilent	GeneMorph II EZClone 区域诱变试剂盒	应用一种特殊的易错 DNA 聚合酶来实现一种均匀的突变谱； 可以消除在诱变过程中对限制性酶切位点和亚克隆的需求

参考文献

Akabas MH, Stauffer DA, Xu M, Karlin A. 1992. Acetylcholine receptor channel structure probed in cysteine-substitution mutants. *Science* 258: 307–310.

Auerbach C. 1951. Problems in chemical mutagenesis. *Cold Spring Harb Symp Quant Biol* 16: 199–213.

Auerbach C, Robson JM. 1947. Tests of chemical substances for mutagenic action. *Proc R Soc Edinb Biol* 62: 284–291.

Beadle GW, Tatum EL. 1941. Genetic control of biochemical reactions in *Neurospora. Proc Natl Acad Sci* 27: 499–506.

Boesch P, Weber-Lotfi F, Ibrahim N, Tarasenko V, Cosset A, Paulus F, Lightowlers RN, Dietrich A. 2011. DNA repair in organelles: Pathways, organization, regulation, relevance in disease and aging. *Biochim Biophys Acta* 1813: 186–200.

Cunningham BC, Wells JA. 1989. High-resolution epitope mapping of hGH-receptor interactions by alanine-scanning mutagenesis. *Science* 244: 1081–1085.

Dunten RL, Sahin-Toth M, Kaback HR. 1993. Cysteine scanning mutagenesis of putative helix XI in the lactose permease of *Escherichia coli. Biochemistry* 32: 12644–12650.

Frillingos S, Kaback HR. 1996. Probing the conformation of the lactose permease of *Escherichia coli* by in situ site-directed sulfhydryl modification. *Biochemistry* 35: 3950–3956.

Frillingos S, Gonzalez A, Kaback HR. 1997a. Cysteine-scanning mutagenesis of helix IV and the adjoining loops in the lactose permease of *Escherichia coli*: Glu126 and Arg144 are essential. *Biochemistry* 36: 14284–14290.

Frillingos S, Ujwal ML, Sun J, Kaback HR. 1997b. The role of helix VIII in the lactose permease of *Escherichia coli*: I. Cys-scanning mutagenesis. *Protein Sci* 6: 431–437.

Frillingos S, Sahin-Toth M, Wu J, Kaback HR. 1998. Cys-scanning mutagenesis: A novel approach to structure function relationships in polytopic membrane proteins. *FASEB J* 12: 1281–1299.

He MM, Sun J, Kaback HR. 1996. Cysteine-scanning mutagenesis of transmembrane domain XII and the flanking periplasmic loop in the lactose permease of *Escherichia coli. Biochemistry* 35: 12909–12914.

Hutchison CA III, Phillips S, Edgell MH, Gillam S, Jahnke P, Smith M. 1978. Mutagenesis at a specific position in a DNA sequence. *J Biol Chem* 253: 6551–6560.

Kurz LL, Zuhlke RD, Zhang HJ, Joho RH. 1995. Side-chain accessibilities in the pore of a K^+ channel probed by sulfhydryl-specific reagents after cysteine-scanning mutagenesis. *Biophys J* 68: 900–905.

Lombard DB, Chua KF, Mostoslavsky R, Franco S, Gostissa M, Alt FW. 2005. DNA repair, genome stability, and aging. *Cell* 120: 497–512.

Muller HJ. 1927. Artificial transmutation of the gene. *Science* 46: 84–87.

Mullis K, Faloona F, Scharf S, Saiki R, Horn G, Erlich H. 1986. Specific enzymatic amplification of DNA in vitro: The polymerase chain reaction. *Cold Spring Harb Symp Quant Biol* 51: 263–273.

Saiki RK, Scharf S, Faloona F, Mullis KB, Horn GT, Erlich HA, Arnheim N. 1985. Enzymatic amplification of β-globin genomic sequences and restriction site analysis for diagnosis of sickle cell anemia. *Science* 230: 1350–1354.

Smith HO, Wilcox KW. 1970. A restriction enzyme from *Hemophilus influenzae*. I. Purification and general properties. *J Mol Biol* 51: 379–391.

Stevens CM, Mylorie A, Auerbach C, Moser H, Kirk I, Jensen KA, Westergaard M. 1950. Biological action of 'mustard gas' compounds. *Nature* 166: 1019–1021.

方案 1 用易错 DNA 聚合酶进行随机诱变

随机诱变是指允许研究者针对某一特定 DNA 序列构建大容量突变体文库的技术。一旦构建完成，这些文库有多种用途，包括结构-功能分析和定向进化研究。随机诱变与其他诱变技术的不同在于它无需研究者预先了解关于目标 DNA 序列的任何结构特征，因此可以无偏向性地发现全新的或者有益的突变。正因如此，随机诱变在蛋白质进化研究中尤其有用。

该方案是根据 Mondon 等（2010）的技术方案改编的，该技术主要依赖于 DNA 聚合酶 X 和 Y 家族的超突变倾向特性。关于该方案中 DNA 聚合酶的内容见讨论部分。尽管还存在随机诱变的其他方法，如盒式诱变或化学诱变，但它们无法达到与该技术相同的突变谱或突变范围。

该方案描述了如何利用低保真 DNA 聚合酶进行诱变，并进一步对新生成的突变序列进行选择性 PCR 扩增来实现体外诱变的复制。最初的诱变 DNA 复制步骤是对模板 DNA 进行热变性和引物复性，复性引物包含 50 个与模板非互补的延长序列。使用非互补延长序列的目的是便于随后只对突变链模板进行选择。然后，在低保真 DNA 聚合酶（如聚合酶β、聚合酶η或聚合酶ι，或这三者的任意组合）作用下进行 DNA 复制。在模板引入突变后，利用 PCR 对诱变链进行选择性扩增。对突变链的选择性扩增是通过 PCR 步骤完成的，首先在第一轮循环中采用低杂交温度，然后在随后的选择性循环中采用高杂交温度，以确保未突变的原始模板不被扩增。图 14-1 列出了这一方案的主要步骤。

这一方法曾被 Mondon 等（2007）（人 DNA 聚合酶）和 Emond 等（2008）（人淀粉蔗糖酶）使用。

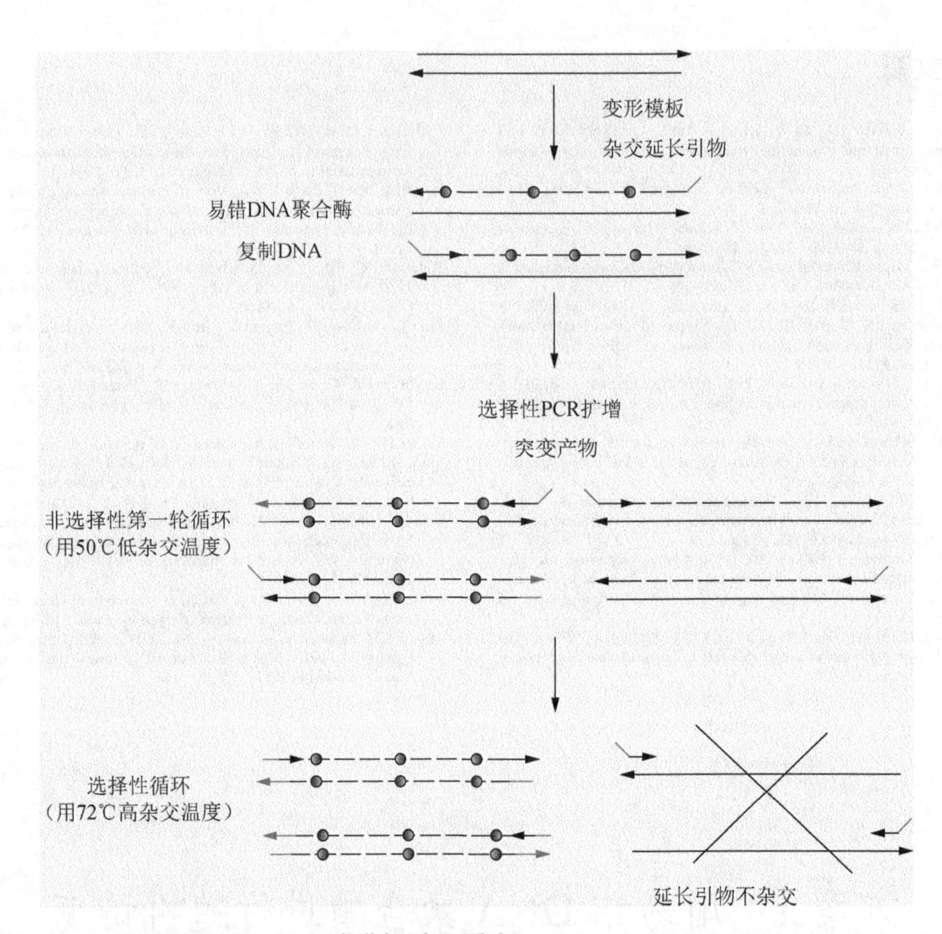

图 14-1 用易错 DNA 聚合酶进行随机诱变。易错 DNA 聚合酶致随机诱变的主要步骤。该方案包括一个单一的突变复制步骤，随后对复制产物进行选择性 PCR 扩增。引物设计中引入一段不与模板互补的延长序列（绿色）。在模板变性后，引物与模板杂交后在低保真 DNA 聚合酶作用下进行复制。突变的 DNA 拷贝（黑色）然后在 PCR 步骤下被选择性扩增，第一轮循环是在较低的杂交温度下进行，随后在一个高杂交温度下进行选择性扩增循环（一直到 25），此时原始模板不扩增。（红色循环）随机诱变位点（经 Springer Scienceþ Business Media 许可，改编于 Mondon et al. 2010），（彩图请扫封底二维码）。

材料

为正确使用本方案中的器材和危险试剂，必须查阅相应的材料安全数据表并咨询所在机构的环境卫生和安全办公室。

本方案专用的试剂标注<R>，配方在本方案末提供。常用储备溶液、缓冲液和试剂标注<A>，配方见附录 1。储备溶液应稀释至适用浓度后使用。

试剂

因为试剂较多，根据所采用的各试验方案对其进行了细分以方便使用。

人 DNA 聚合酶的克隆

氨苄青霉素（American BioAnalytical 公司）

人聚合酶（Pol）β、聚合酶η和聚合酶ι的 cDNA（步骤 1）

大肠杆菌 TOP10 菌株，化学感受态（Life Technologies 公司）

小量制备试剂盒（如 QIAprep Spin 小量制备试剂盒；QIAGEN 公司）

限制性内切核酸酶和缓冲液（New England Biolabs 公司）

载体 pMG20A 和 pMG20B

2×YT 培养基<A>

易错聚合酶表达与纯化

Bradford 蛋白质含量测定（Bio-Rad 公司）

考马斯亮蓝

透析缓冲液<R>

大肠杆菌 BL21（DE3）菌株，化学感受态（Stratagene 公司）

洗脱缓冲液<R>

甘油（EUROMEDEX 公司）

异丙基硫代-β-D-半乳糖苷（IPTG）（1mol/L 储备溶液，储存于−20°C）

裂解缓冲液<R>

蛋白酶抑制剂混合物（如 Roche 公司）

SDS-聚丙烯酰胺凝胶电泳（SDS-PAGE）胶 [40%丙烯酰胺/双丙烯酰胺 29∶1 溶液（Bio-Rad 公司），TEMED（EUROMEDEX 公司），10%过硫酰胺（Sigma-Aldrich 公司），20%SDS（EUROMEDEX 公司）]

洗脱缓冲液<R>

2×YT 琼脂培养基<R>

2×YT 琼脂培养基（氨苄青霉素/1%葡萄糖平板）

2×YT 琼脂培养基，含 100μg/mL 氨苄青霉素和 1%葡萄糖。抗生素和葡萄糖需在高压灭菌后当 2×YT 琼脂培养基温度冷却至 50℃以下添加。

DNA 模板制备

大肠杆菌 TOP10 菌株，化学感受态（Life Technologies 公司）

LB 培养基<R>

高压灭菌法灭菌

含氨苄青霉素的 LB 培养基<R>

含氨苄青霉素的 LB 琼脂平板<R>

待突变含 *X* 基因的质粒载体，pUC18-X（克隆所用的限制性内切核酸酶位点为 *Bam*H I 和 *Eco*R I）

易错聚合酶下的 DNA 复制实验

dNTP [每种脱氧腺苷三磷酸（dATP）、脱氧胸苷三磷酸（dTTP）、脱氧胞苷三磷酸（dCTP）和脱氧鸟苷三磷酸（dGTP）均为 2.5mmol/L]

二硫苏糖醇（DTT）

乙醇（100%无水和 70%乙醇，*V*/*V*）（Prolabo 公司）

正向引物 MutpUC18_S1 和反向引物 MutpUC18_R1（图 14-2）

10%甘油

人 DNA 聚合酶β、聚合酶η和聚合酶ι（从“易错 DNA 聚合酶表达与纯化”部分中通过纯化获得）

人 DNA 聚合酶β复制缓冲液<R>

人 DNA 聚合酶η和聚合酶 ι复制缓冲液<R>

酚∶氯仿（Sigma-Aldrich 公司）

质粒 DNA 模板（pUC18-X）

乙酸盐（3mol/L, pH 5.2）

蒸馏水

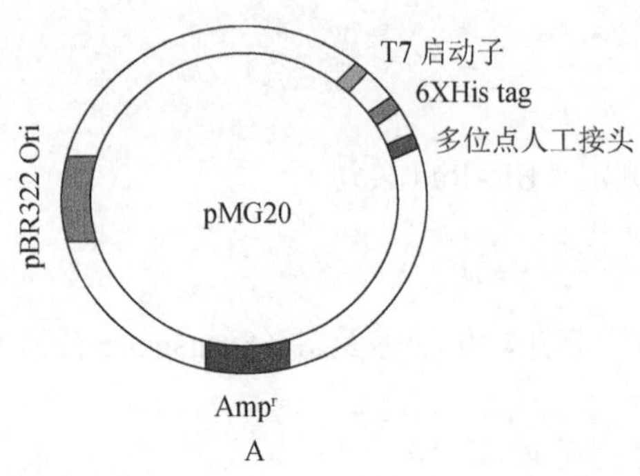

质粒 pMG20 的多克隆位点

*Bam*H I　*Xho* I　*Kpn* I　*Eco*R I　*Hin*d III

5′ GGGATCCGAGCTCGAGATCTGCAGCTGGTACCATTATGGGAATTCGAAGCTTCGATCCGGC 3′

B

图 14-2 随机诱变。A. pMG20A 载体；B. 质粒 pMG20 的多克隆位点(MCS)（经 Springer Science + Business Media 许可，改编于 Mondon et al. 2010)。

复制产物的选择性扩增

dNTP [每种脱氧腺苷三磷酸（dATP）、脱氧胸苷三磷酸（dTTP）、脱氧胞苷三磷酸（dCTP）和脱氧鸟苷三磷酸（dGTP）均为 2.5mmol/L]

$MgCl_2$（50mmol/L）（Life Technologies 公司）

Milli-Q 无菌水

Platinum *Taq* DNA 聚合酶（Life Technologies 公司）

10×Platinum *Taq* DNA 聚合酶缓冲液（含 500mmol/L KCl 和 200mmol/L Tris-HCl, pH 8.4）（Life Technologies 公司）

引物

正向引物 MutpUC18_S1 和反向引物 MutpUC18_R1（步骤 29）

突变体文库克隆

琼脂糖凝胶（1 %）（1 % [*m*/*V*] 琼脂糖溶于 1×TAE 缓冲液）

*Bam*H I 和 *Eco*R I 限制性内切核酸酶，NEB 2 缓冲液，100×BSA 溶液（New England Biolabs 公司）

大肠杆菌 XL1-Blue 电击感受态细胞（Stratagene 公司）

SOC 培养基<R>

T4 DNA 连接酶和连接缓冲液（New England Biolabs 公司）

50×TAE 缓冲液<R>

蒸馏水

2×YT 琼脂培养基<R>

2×YT 培养板/氨苄青霉素/1%葡萄糖

2×YT 培养基/氨苄青霉素/1%葡萄糖/15%甘油

1L 蒸馏水含 6g 细菌用胰蛋白胨、10g 酵母抽提物和 5g NaCl。高压蒸馏灭菌。抗生素、葡萄糖和甘油需在高压灭菌后当 2×YT 琼脂培养基溶液温度冷却至 50℃以下添加。

文库分析

含 100μg/mL 氨苄青霉素的 LB 培养基

引物 M13（－21）和引物 M13R（－29）

M13（－21）：5′-TGTAAAACGACGGCCAG-3′

M13（－29）：5′-CAGGAAACAGCTATGACC-3′

设备

离心过滤装置，Microcon PCR（Millipore 公司）

50mL 圆锥形的离心管（Falcon 公司）

冷水浴器

透析膜（Visking）

电转仪 2510（Eppendorf）和 0.2cm 电击杯（Cell Projects UK）

无菌玻璃锥形瓶（1L），（Pyrex）

超声波破碎仪（Bandelin SONOPULS HD2200，探针 TT13 平尖）

冷藏旋转式培养摇床（Sartorius）

Microcon PCR 离心柱装置（Millipore 公司）

MilleGen 高通量测序仪（步骤 46）

Montage 质粒小量制备 HTS 96 试剂盒

MutAnalyse 软件

Ni－NTA 树脂（QIAGEN 公司）

PCR 热循环仪（Thermo Cycler PT100 MJ Research）

质粒小量制备试剂盒（QIAGEN 公司）

Poly-Prep 层析柱，无填充物（Bio-Rad 公司）

QIAprep 离心式中量质粒提取试剂盒（QIAGEN 公司）

分光光度计

高速真空系统（ISS110，Thermo Savant 公司）

注射器（50mL）（Terumo 公司）

注射器式滤器（0.45μm）（Luer-Lok 公司）

Tecan Genesis RSP200 平台（或类似的机器人系统）

超净胶回收 DNA 提取试剂盒（MO BIO Laboratories）

方法

人 DNA 聚合酶的克隆

1．通过一个来源可靠的途径如从 Open Biosystems 中获取人聚合酶β的 cDNA（Pubmed 基因 ID:5434）、人聚合酶η的 cDNA（Pubmed 基因 ID：5429）和人聚合酶ι的 cDNA（Pubmed 基因 ID: 11201）。

2．将聚合酶β的 cDNA 亚克隆到 pMG20B 载体中以便表达；而聚合酶η和ι的 cDNA 则应亚克隆到 pMG20A 载体中（图 14-2）。

3．将含有聚合酶β、聚合酶η和聚合酶ι DNA 基因的质粒通过 3 次独立的转化，分别导入大肠杆菌 TOP10 化学感受态细胞中。各转化子在 5mL 含 100μg/mL 氨苄青霉素的 2×YT 培养基中小规模过夜培养。

4．用小规模“小量制备”方法（如 QIAprep Spin 小量制备试剂盒）从小规模培养物中分离质粒 DNA（步骤 3）。

5．建议在使用前对纯化的、含各自人 DNA 聚合酶基因的重组质粒载体进行双链 DNA 测序。

人易错聚合酶的表达与纯化

6．将各携带人易错 DNA 聚合酶 cDNA 的载体分别转化大肠杆菌菌株 BL21（DE3）。转化细胞涂布于含 100mg/mL 氨苄青霉素的 2×YT 琼脂平板上。37℃过夜孵育平板。

7．将 10mL 含 100mg/mL 氨苄青霉素的 2×YT 培养液转移到一系列的 50mL Falcon 试管中。每个平板挑取几个独立的转化子分别接种于这些试管中，在细菌摇床培养箱中 37℃振荡培养过夜。

8．分光光度计测量每种过夜培养物的 OD_{600nm} 值。准备 3 个锥形瓶/摇瓶，每个瓶中加入 300mL 2×YT 和 100mg/mL 氨苄青霉素。在每个大规模培养基中接种足量上述过夜培养物，使起始培养物最初的 OD_{600nm} 达到 0.1。以 230r/min 于 37℃振荡培养，监测 OD_{600nm} 值。

9．当培养物 OD_{600nm} 达到 0.8 时，将培养物转移至 15℃冷水浴中。每个摇瓶中加入 0.2mmol/L IPTG 诱导人聚合酶表达，以 230r/min 速度于 15℃振荡培养 5h。然后，将培养物以 3000*g* 离心 15min。将离心后细胞沉淀物保存于−20℃以备纯化。

10．将每种表达培养物的细胞沉淀物均匀地重悬于 20mL 含蛋白酶抑制剂的裂解缓冲液中（根据厂商说明书）。

11．超声波破碎仪器裂解浸入冷冰水烧杯内的细胞。若使用 Bandelin SONOPULS HD 2200（推荐），设定功率为 25%，2min 内释放 4 次脉冲，每次脉冲设定降温间隔。

12．裂解液于 4℃ 16 200*g* 离心 30min。

13．上清液用 50mL 注射器通过 0.45μm 滤膜过滤。将每种上清液用裂解缓冲液预先平衡的 1mL Ni-NTA 树脂柱（50%，*V*/*V*）过柱。

14．上清液过柱后，用至少 25mL 洗涤缓冲液冲洗树脂。

15．每次用 500mL 洗脱缓冲液分 5 份分步洗脱蛋白。分别用 Bradford 测定法（第 19 章，方案 10）和 SDS-PAGE（第 2 章，方案 3～方案 5）结合考马斯亮蓝染色评价每份样品中蛋白质的数量和质量。优先选择蛋白质大小正确、最高浓度的易错 DNA 聚合酶洗脱部分/组分。

见“疑难解答”。

16．利用步骤 15 的结果，分别集中 3 种 DNA 聚合酶对应的优先组分，并将其分别在大体积的冰冷透析缓冲液中，过夜透析。

17．加入终浓度为 50%（*V*/*V*）的甘油至透析后的蛋白质组分中。用 Bradford 蛋白质含量测定法测量最终蛋白质浓度。将收集的蛋白质组分保存于−80℃。

DNA 模板制备

18．将基因 *X* 通过 *Bam*H I 和 *Eco*R I 位点克隆到 pUC18-X 载体中以便进行随机诱变（图 14-3）。

基因 *X* 可以是一个编码某个基因或某个长达 3kb 基因片段的 cDNA。另外，如果基因 *X* 是通过 *Bam*H I 和 *Eco*R I 之外的酶切位点克隆的，则需要重新设计引入正确限制性酶切位点的引物 MutpUC18_S1 和 MutpUC18_R1。

19．将含 *X* 基因的 pUC18-X 载体转化到大肠杆菌 TOP10 感受态细胞中，并将其划线接种于 LB/氨苄青霉素琼脂平板上，37℃培养过夜。

20．将一个含 *Bam*H I 和 *Eco*R I 位点（译者认为应为：含 pUC18-X 载体）的大肠杆菌 TOP10 单克隆菌接种入 5mL 含 100μg/mL 氨苄青霉素的 LB 培养物中。200r/min 37℃振荡培养 16h。

21．培养后，根据厂商说明书，用 QIAprep Spin Midiprep 试剂盒提取质粒 DNA。纯化后的 pUC18-X 载体保存于−20℃。

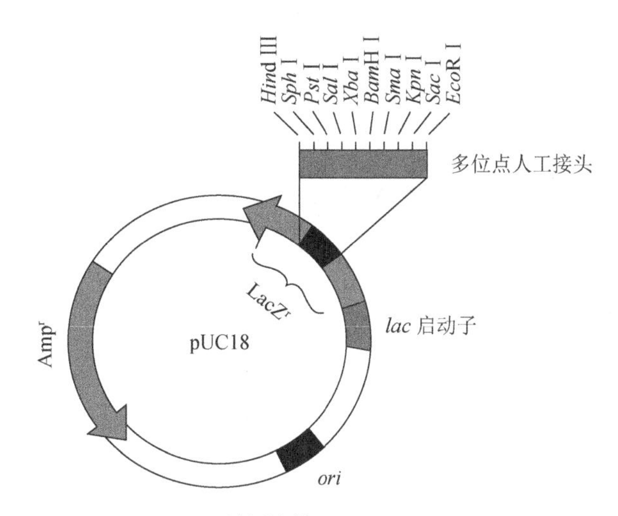

图 14-3 pUC18 质粒结构（引自 Griffiths et al. 2000）。

易错聚合酶进行 DNA 复制实验

22．下表列出了在 3 种 DNA 聚合酶类催化下，体外 DNA 合成反应中预期产生的突变频率。该频率（以每合成 1000 个碱基 DNA 的突变数表示）受反应混合物中 dATP 和 Mn^{2+} 浓度的影响。

	聚合酶β	聚合酶η	聚合酶ι
条件 A	2～4	ND	ND
条件 B	15～20	ND	ND
条件 E	6～10	ND	ND
条件 N	ND	7～9	10～12

注：ND，未测定。

某一特定 DNA 链上所需要的突变频率范围决定了所用人聚合酶类型（Pol β、Pol η或 Pol η-ι）和反应条件（步骤 23）。每种 DNA 聚合酶有其自己的突变特性，产生独特的突变谱。为了获得最大多样性的突变文库，最好将这 3 种 DNA 聚合酶产生的文库进行混合。

23．将 1μg pUC18-X DNA 质粒、200nmol/L 引物（MutpUC18_和 MutpUC18_R1）和 2μL 10×复制缓冲液混合于一个微量离心管中，加入需要量的 dNTP 和 Mn^{2+}，以获得预期的突变频率（下表）。加入适量水，将反应终体积调至 20μL。这将是 DNA 复制混合物。

	dATP/(μmol/L)	dNTP/(μmol/L)	dNTP/(μmol/L)	dNTP/(μmol/L)	Mn^{2+}/(mmol/L)
条件 A	50	50	100	100	N/A
条件 B	20	100	100	100	0.5
条件 E	20	100	100	100	0.25
条件 N	100	100	100	100	N/A

注：N/A，不适用。

24．DNA 复制混合物在水浴箱中 95℃孵育 5min 进行模板 DNA 变性。立即将微量离心管转移至冰浴箱中。

25．在 10μL 的 DNA 复制缓冲液中分别加入 4U DNA 聚合酶β、聚合酶η或聚合酶ι，并将其加入每管 DNA 复制混合物中。

在 37℃条件下，1h 内，将 1nmol 的 dNTP（全核苷酸）掺入酸性不溶物的酶量定义为 1 个单位（U）。

26．DNA 复制混合物于 37℃孵育 1h。

27．酚：氯仿抽提纯化反应混合物中的诱变 DNA（第 1 章）。

28. 加入 0.1 倍体积的 3mol/L 乙酸钠和 2.5 倍体积的无水乙醇沉淀 DNA。-20℃放置至少 2h，4℃，13 000*g* 离心 20min。以 500μL 的 70%乙醇洗涤沉淀 2 次，将沉淀在 Speed Vacrotary 蒸发器中干燥 3min，将干燥后沉淀溶解于 20μL 无菌 Milli-Q 水。分光光度计对 DNA 进行定量。

诱变 DNA 产物的选择性扩增

29. 诱变产物的选择性 PCR 扩增。PCR 反应总体积为 30μL，含 5ng 来自步骤 28 的纯化诱变复制产物、3μL 10×Platinum *Taq* 聚合酶缓冲液、200mmol/L dNTP、0.2μmol/L 引物 MutpUC18_S1 和 MutpUC18_R1，以及 1U 的 Platinum *Taq* 聚合酶。关于选择性 PCR 循环的原则如下表：

循环数	变性	复性	聚合反应
1（变性）	94℃，2min	N/A	N/A
2（低严紧度）	94℃，2min	58℃，10s	72℃，2min
3～28（高严紧度）	94℃，20s	72℃，90s	延续复性步骤

选择性 PCR 程序是基于两种不同复性温度。第一轮循环的复性温度（58℃）允许引物杂交。在第 3～第 28 轮中执行高严紧度循环，复性温度为 72℃。

设计的引物 MutpUC18_S1 和 MutpUC18_R1 分别复性到 pUC18 载体 *Bam*H I 位点上游的 5′端（27 个核苷酸）和 *Eco*R I 位点下游 3′端。

引物 MutpUC18_S1 和 MutpUC18_R1 序列如下表：

引物	序列	限制性酶切位点
MutpUC18_S1	5′-TCTGACGAGTACTAGCTGCTACATGCAGGTCGACTCTAGAGGATCC-3′	*Bam*H I
MutpUC18_R1	5′-ACAGCTACGTGATACGACTCACACTATGACCATGATTACGAATTCC-3′	*Eco*R I
M13（－21）	5′- TGTAAAACGACGGCCAG-3′	N/A
M13R（－29）	5′- CAGGAAACAGCTATGACC-3′	N/A

30. 根据厂商说明书用 Microcon 过滤器纯化 PCR 产物。分光光度计进行 DNA 定量。

见“疑难解答”。

突变体文库

31. 在各个反应中，分别用 60U *Bam*H I 和 60U *Eco*R I 消化全部 PCR 纯化产物和 2μg pUC18 载体。

32. 37℃孵育反应 6h。

33. 1%琼脂糖凝胶电泳纯化酶切的 DNA（PCR 产物和 pUC18）（第 2 章，方案 1 和方案 2）。用超纯凝胶回收 DNA 提取试剂盒回收 DNA。纯化的 DNA 混悬于 10μL 水中。用已知大小和浓度的 DNA 分子质量标准，通过 1%琼脂糖凝胶分析 1μL DNA 溶液来测量 DNA 的浓度。

34. 用 T4 DNA 连接酶和物质的量比为 1∶3 的载体和插入 DNA 进行连接反应。

35. 16℃孵育反应过夜。

36. 根据厂商说明书用 Microcon 过滤器纯化连接反应产物。

37. 取 2μL 纯化后连接产物加入 50μL XL1-Blue 电击感受态细胞中，将混合物转移至 0.2cm 间隙的电穿孔比色杯中（电击杯中）。

38. 以 1.8kV、25mF 和 200W 的参数电穿孔细胞。

39. 加 450μL SOC 培养基至电转化细胞中，37℃，轻摇微量离心管，孵育 1h。

40. 收集转化子并将其涂布于 1 或 2 块含 100μg/mL 氨苄青霉素和 1%葡萄糖的 2×YT

培养平板上。在含同样培养基的培养平板上，用梯度稀释涂布转化子来测定文库大小。

41．37℃孵育培养平板过夜。

42．计算梯度稀释涂布于平板上的菌落后，刮掉平板上的菌落并转移至含 15%甘油（*V/V*）的 2×YT 培养基中（含氨苄和 1%葡萄糖），-80℃保存菌种。

文库分析

43．从稀释平板上随机挑取 4×96 个克隆，接种到含有 100μg/mL 氨苄青霉素的 LB 液体培养基的 4 块 96 孔深孔板中（来自 Montage 质粒小量制备 HTS 96 试剂盒）。

44．96 孔深孔板在摇床中 37℃振荡（800r/min）培养过夜。

45．在一个集成机器人的 Tecan Genesis RSP200 平台上，用质粒小量制备 HTS 96 试剂盒分离提取质粒 DNA。

QIAGEN 公司和其他厂商也可提供这种类似的质粒小量制备机器人系统。

46．采用 MilleGen 高通量测序仪，用引物 M13（－21）和 M13R（－29）对 DNA 突变部分序列进行测序（引物设计见步骤 29 和表 14-3）。

47．用 MutAnalyse 软件分析序列，确定突变频率、文库质量（缺失、插入和置换出现频率）、野生序列出现频率、每种突变体的突变数量和整个诱变 DNA 序列上碱基置换的分布状态。

见“疑难解答”。

表 14-3　用于克隆 DNA 聚合酶β、聚合酶η和聚合酶ι的 cDNA 和构建随机诱变文库的引物

引物	序列	限制性酶切位点
ETAS1	5′-AATAGGATCCATGGCTACTGGACAGGATCG-3′	*Bam*R I
ETAR1	5′-AATAGAATTCCTAATGTGTTAATGGCTTAAAAAATGATTCC-3′	*Eco*R I
BetaS1	5′-TAGATCATATGAGCAAACGGAAGGCGCCG-3′	*Nde* I
BetaR1	5′-GACTAAGCTTAGGCCTCATTCGCTCCGGTC-3′	*Hin*d III
IOTAS1	5′-ATATGGATCCATGGAACTGGCGGACGTGGG-3′	*Bam*H I
IOTAR1	5′-TAATAAGCTTTTATTTATGTCCAATGTGGAAATCTGATCC-3′	*Hin*d III
MutpUC18_S1	5′- TCTGACGAGTACTAGCTGCTACATGCAGGTCGACTCTAGAGGATCC-3′	*Bam*H I
MutpUC18_R1	5′- ACAGCTACGTGATACGACTCACACTATGACCATGATTACGAATTCC-3′	*Eco*R I
M13（－21）	5′- TGTAAAACGACGGCCAG-3′	N/A
M13R（－29）	5′- CAGGAAACAGCTATGACC-3′	N/A

注：经 Springer Science+Business Media 许可，再版于 Mondon et al. 2010。

疑难解答

问题（步骤 15）：除了目标蛋白聚合酶外，洗脱液中还有其他的蛋白质。

解决方案：上样前用某一蛋白如 BSA 封闭树脂。洗脱前充分地洗涤树脂柱。

问题（步骤 15）：考马斯亮蓝分析仅仅检测到低浓度的聚合酶蛋白。

解决方案：一个可能的原因是聚合酶蛋白在纯化过程中被降解了。尝试加入更多蛋白酶抑制剂。也有可能是在步骤 9 中大肠杆菌细胞未处于 IPTG 有效诱导蛋白质表达的正确对数生长阶段。

问题（步骤 30）：选择性扩增诱变 PCR 产物后，PCR 产物量少或检测不到 PCR 产物。

解决方案：首先检查引物 MutpUC18_S1 和 MutpUC18_R1 是否能有效地启动 PCR 扩增。假如能够，通过调整 MutpUC18_S1 和 MutpUC18_R 引物的复性温度，进行梯度 PCR。

问题（步骤 47）：突变分析没有检测到诱变或诱变量少。

解决方案：在步骤 23 中，尝试其他复制条件。另外，在最初的诱变步骤中用一种不同的聚合酶或尝试不同的聚合酶组合。

讨论

大体上，DNA 聚合酶根据结构相似性分为 7 个不同的结构家族（A、B、C、D、X、Y 和 RT）（Rattray and Strathern 2003）。核苷酸掺入保真度随各 DNA 聚合酶家族的不同而变化。其他几个因素，如 3′→5′外切核酸酶结构域的存在也决定着保真度。例如，A、B 和 C 家族的复制 DNA 聚合酶具有较高保真度，核苷酸掺入错误率约为 10^{-6}（即每掺入 100 万个核苷酸有一个错误）。

另外，对核苷酸掺入的低保真度使 DNA 聚合酶 X 和 Y 结构家族最适合应用于随机诱变。例如，DNA 聚合酶β是 DNA 聚合酶 X 家族中一个代表性成员，其错误率范围为 10^{-3}～10^{-4}（Kunkel 1985）。聚合酶 Y 家族，也称为跨损伤修复（translesion synthesis，TLS）聚合酶，以分配的方式复制 DNA，并且缺乏外切核酸酶的校正活性。因此，它们在 DNA 聚合酶中显示出最高的错误率（10^{-1}～10^{-3}）（Yang 2005）也就不足为奇了。人类 3 个已知的聚合酶 Y 家族成员是聚合酶η、聚合酶ι和聚合酶 κ。

配方

为正确使用本方案中的器材和危险试剂，必须查阅相应的材料安全数据表并咨询所在机构的环境卫生和安全办公室。

透析缓冲液

试剂	终浓度
Tris-HCl (pH 8.0)	40mmol/L
DTT	2mmol/L
EDTA	0.2mmol/L
NaCl	200mmol/L

洗脱缓冲液

试剂	终浓度
NaH_2PO_4/Na_2HPO_4 (pH 8.0)	50mmol/L
NaCl	300mmol/L
咪唑	250mmol/L

人 DNA 聚合酶β复制缓冲液

试剂	终浓度
Tris-HCl (pH 8.8)	50mmol/L
$MgCl_2$	10mmol/L
KCl	100mmol/L
DTT	1mmol/L
甘油	10%

人 DNA 聚合酶η和ι复制缓冲液

试剂	终浓度
Tris-HCl (pH 7.2)	50mmol/L
DTT	1mmol/L
$MgCl_2$	5mmol/L
甘油	2.5% (*V*/*V*)

LB 培养基

试剂	量（1L）
细菌用胰蛋白胨	10g
酵母提取物	5g
NaCl	5g

溶入 1L 的蒸馏水中，高压灭菌。

LB/氨苄培养基

配制含 100μg/mL 氨苄青霉素（50mg/mL 储备于蒸馏水中）的 LB 培养基。

LB/氨苄培养板

配制含 1.5%（*m/V*）琼脂和 100μg/mL 氨苄青霉素（50mg/mL 储备于蒸馏水中）的 LB 培养基。

按上述配方配制液体 LB 培养基，当高压灭菌的 LB-琼脂溶液冷却至 50℃以下时加入抗生素。

裂解缓冲液

试剂	终浓度
NaH_2PO_4 (pH 8.0)	50mmol/L
NaCl	300mmol/L
咪唑	10mmol/L
Triton X-100	0.05%
EDTA	1mmol/L
DTT	1mmol/L
溶菌酶	1mg/mL

SOC 培养基

试剂	终浓度
胰蛋白胨	2%
酵母抽提物	0.5%
NaCl	10mmol/L
KCl	2.5mmol/L
$MgCl_2$	10mmol/L
$MgSO_4$	10mmol/L
葡萄糖	20mmol/L

TAE 缓冲液(50×)

试剂	量（1L）
Tris (hydroxymethyl) aminomethane	242g
乙酸	57.1mL
Na_2EDTA	7.43g

溶入蒸馏水中，定容至 1L。

洗涤缓冲液

试剂	终浓度
NaH_2PO_4/Na_2HPO_4 (pH 8.0)	50mmol/L
NaCl	300mmol/L
咪唑	20mmol/L
Triton X-100	0.05%
EDTA	1mmol/L
DTT	1mmol/L

YT 琼脂培养基(2×)

试剂	量（1L）
琼脂	15g
细菌用胰蛋白胨	16g
酵母提取物	10g
NaCl	5g

溶入 1L 的蒸馏水中，高压灭菌。

参考文献

Emond S, Mondon P, Pizzut-Serin S, Douchy L, Crozet F, Bouayadi K, Kharrat H, Potocki-Veronese G, Monsan P, Remaud-Simeon M. 2008. A novel random mutagenesis approach using human mutagenic DNA polymerases to generate enzyme variant libraries. *Protein Eng Des Sel* 21: 267–274.

Griffiths AJF, Miller JH, Suzuki DT, Lewontin RC, Gelbart WM. 2000. *An introduction to genetic analysis*, 7th ed. WH Freeman, New York.

Kegler-Ebo DM, Docktor CM, DiMaio D. 1994. Codon cassette mutagenesis: A general method to insert or replace individual codons by using universal mutagenic cassettes. *Nucleic Acids Res* 22: 1593–1599.

Kunkel TA. 1985. The mutational specificity of DNA polymerase-β during in vitro DNA synthesis. Production of frameshift, base substitution, and deletion mutations. *J Biol Chem* 260: 5787–5796.

Mondon P, Souyris N, Douchy L, Crozet F, Bouayadi K, Kharrat H. 2007. Method for generation of human hyperdiversified antibody fragment library. *Biotechnol J* 2: 76–82.

Mondon P, Grand D, Souyris N, Emond S, Bouayadi K, Kharrat H. 2010. Mutagen: A random mutagenesis method providing a complementary diversity generated by human error-prone DNA polymerases. *Methods Mol Biol* 634: 373–386.

Rattray AJ, Strathern JN. 2003. Error-prone DNA polymerases: When making a mistake is the only way to get ahead. *Annu Rev Genet* 37: 31–66.

Yang W. 2005. Portraits of a Y-family DNA polymerase. *FEBS Lett* 579: 868–872.

方案 2　重叠延伸 PCR 产生插入或缺失诱变

重叠延伸 PCR 可以在一段特定目标 DNA 序列中产生特定的点突变、插入或缺失突变。与其他诱变方法相比，重叠延伸 PCR 诱变方法无需事先准备，并且不需要使用限制酶。该方法的通用性使其应用越来越广泛。与随机诱变方法不同，使用重叠延伸 PCR 诱变引入插入和缺失突变需要事先考虑好将要进行的特定突变。

传统的重叠延伸 PCR 方法在一些关键步骤上还保留一些局限性，尤其是需要产生插入诱变和缺失时。例如，传统方法需要将所有序列变化含在引物中，但这样会使多于 30 个核苷酸片段插入突变很难实现。

该方案描述的重叠延伸 PCR 诱变方法比之前的方法更通用。该方法可以在所给的 DNA 序列的任何位点插入或缺失任何大小的片段。为产生插入突变，首先要利用第一步 PCR 制备拟插入的片段和两个两侧的片段，然后利用第二步 PCR 使插入的片段与从原始模板衍生来的两个两侧片段发生重组。该方法中的引物之所以称为“嵌合引物”，是因为它们是由一个来自原始模板的 18 个核苷酸序列和来自插入片段的 9 个核苷酸的序列连接而成。而位于嵌合引物 5′ 端的 9 个核苷酸片段非常关键，因为它使插入片段与两侧的 DNA 片段进行杂交。图 14-4A 是产生插入突变实验步骤总示意图。该方法也可以用来产生缺失突变，将在此方案的后面部分对其进行讨论（图 14-4B）。该方案摘自 Lee 等（2004，2010）的文献。

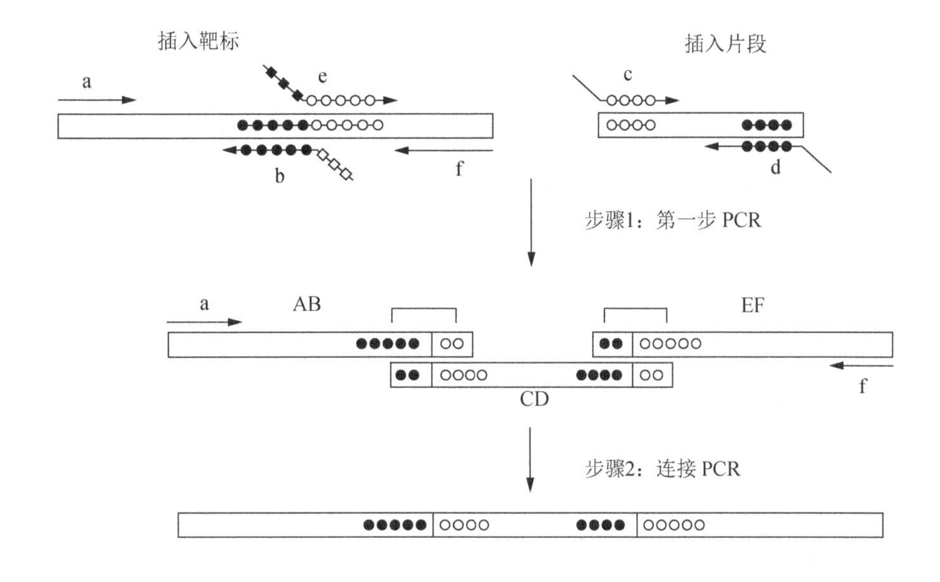

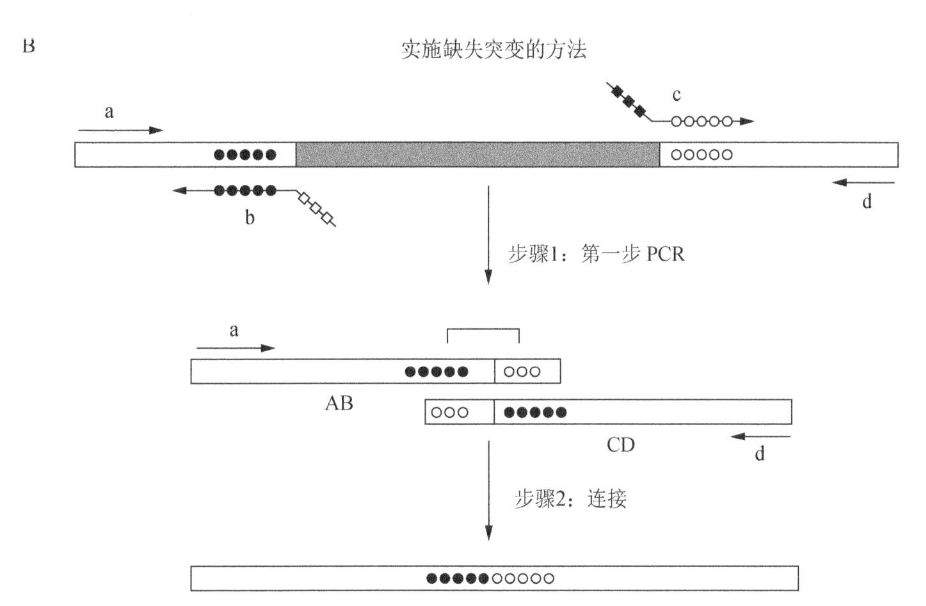

图 14-4　如何使用重叠延伸 PCR 产生插入和缺失。（A）重叠延伸 PCR 指导的插入诱变。六边形表示插入的片段（空心或实心）、圆圈表示两侧序列（空心或实心）。27 个核苷酸大小的嵌合引物（如图中 b 和 e）由来自模板（圆圈）的 18 个核苷酸片段和来自插入序列（六边形）的 9 个核苷酸片段组成。每个六边形或者圆圈代表 3 个核苷酸。箭头表示引物的 3′ 端。插入片段插入的位置被两个相邻的不同底纹的圆圈隔开（空心或实心）。在第一步 PCR 反应中，用适当的引物首先将 3 种 PCR 产物（图中 AB、CD 和 EF）分别制备出来。例如，DNA 片段 AB 是由引物 a 和 b 产生的 PCR 产物等。产物片段包含 18 个核苷酸重叠区域（括弧）在一端（AB 和 EF）或者两端（CD）。在另一个反应中，用前面 PCR 反应产生的 3 种产物作为此次 PCR 反应的模板，用最外侧的引物（a 和 f）进行第二次 PCR 反应。由于重叠区域中末端的互补性，这些产物会发生复性反应并在第二步 PCR 反应的第 1 个循环中进行延伸。在第二步 PCR 反应中，第一次 PCR 反应生成的产物将连接在一起。（B）分别用一个非嵌合和一个嵌合引物，即 a 和 b 或 c 和 d 制备拟缺失序列的两侧区域，获得两种 PCR 产物。在第二步 PCR 中，以来自第一步 PCR 的两种产物（AB 和 CD）为模板，以最外侧的引物对 a 和 d 进行连接 PCR 反应。灰色，拟缺失序列（圆圈、实心或空心）两侧区域（经 BioTechniques 许可，改编于 Lee et al. 2004，经 Springer Scienceþ Business Media 许可，改编于 Lee et al. 2010）

材料

为正确使用本方案中的器材和危险试剂，必须查阅相应的材料安全数据表并咨询所在机构的环境卫生和安全办公室。

本方案的专用试剂标注<R>，配方在本方案末提供。常用储备溶液、缓冲液和试剂标注<A>，配方见附录 1。储备溶液应稀释至适用浓度后使用。

试剂

含 0.5μg/mL 溴化乙锭的 1%琼脂糖凝胶

模板 DNA

用 PEG 沉淀方法或者商品化化试剂盒（如 QIAGEN 公司的 QIAprep Spin Miniprep kit）准备模板 DNA。纯化后将质粒 DNA 溶解在 1×Tris-EDTA 缓冲液中<R>

dNTP 溶液（包含 4 种 dNTP 的混合溶液，每种 dNTP 的浓度为 2.5mmol/L）

PCR 缓冲液（10×）<R>

PCR 聚合酶（2.5 U/μL）

要谨慎选择 *Taq* DNA 聚合酶。推荐选用 *Pfu* 聚合酶（Agilent）或其他高保真 *Taq* DNA 聚合酶。

无菌水

合成引物（设计引物说明，见方案）

将合成引物溶解在水中，浓度为 10 pmol/μL。

设备

凝胶电泳设备或 QIAquick 凝胶回收试剂盒（QIAGEN 公司）

微量离心管（0.5mL；PCR 扩增反应用薄壁离心管）

微量加样器

Nano Drop 机器（NanoDrop machine）

灭菌刀片（用于凝胶纯化）

热循环仪

紫外灯

方法

插入的产生

首先，利用合适的引物对进行 PCR 反应，制备插入片段和两条侧翼片段。两条侧翼片段在 5′ 端均含有重叠区域。待插入片段在两端都含有重叠区域。在第二步 PCR 反应中，将插入片段和两侧片段混合在一起，进行变性、复性和延伸反应，从而生成最终产物。在随后的 PCR 循环中，用最外侧引物对扩增可产生最终的延长产物（图 14-4A）。

引物设计

1．该方案共需要 6 条引物。其中 4 条为嵌合引物（引物 b、c、d 和 e），用于第一步 PCR。另 2 条引物（引物 a 和 f）是非嵌合引物，用于第二步 PCR。

2．4 条嵌合引物的序列（引物 b、c、d 和 e）一部分来自拟插入的 DNA 序列，一部分来自原始的 DNA 模板序列（因此命名为嵌合引物）。为制备两侧的 PCR 片段（图中 AB 和 EF），需要设计 1 个 27 个核苷酸的嵌合引物（引物 b 和 e），其中 18 个核苷酸来自模板，9 个核苷酸来自插入序列（图 14-4A）。在嵌合引物设计时要考虑正确的方向，即 18 个核苷酸序列应该位于 3′ 端，而 9 个核苷酸序列应该位于 5′ 端。

3．同样，为了产生插入片段（如 CD），应设计另外两个 27 个核苷酸嵌合引物（如引物 b 和 c），其中 18 个核苷酸来自插入序列，9 个核苷酸来自模板序列。利用这对引物在插入片段两侧引入与两侧 PCR 片段（图 14-4 中 AB 和 EF）互补的 9 个核苷酸序列，并以此作为第二步 PCR 的杂交模板。

4．两条最外侧的引物（图中 a 和 f）也是在第二步 PCR 反应中需要的。两侧的引物末端应该包括限制性酶切位点，以便于将 PCR 产物克隆到载体中。

第一步 PCR

在第一步 PCR 中，通过 3 个独立的 PCR 反应制备 AB、EF 和 CD 3 个 PCR 片段，进而在第二步 PCR 中通过将 3 个片段混合以产生延伸产物（图 14-4A）。第一步 PCR 反应的两个 PCR 产物对应的是掺入位点两侧区（图 14-4 中 AB 和 EF），第 3 个 PCR 产物对应的是插入片段区（图 14-4 中 CD）。分别用一个非嵌合引物和一个嵌合引物（a 和 b 或 e 和 f）制备两侧片段，并由此在两侧片段 AB 和 EF 中均各自引入插入序列区一端的 9 个核苷酸。由两个嵌合引物（图 14-4 中引物 c 和 d）制备插入序列（图 14-4 中 CD），在其两个末端引入与两侧 PCR 片段的重叠区。

5．3 个 PCR 片段（AB，CD 和 EF）的 PCR 反应体系均为 50μL，其中包含 10～20ng 待修饰的 PCR 模板 DNA 或拟插入片段，具体的反应体系如下：

PCR 模板 DNA	10～20ng
PCR 缓冲液（10×）	5μL
dNTP 混合液	4μL
引物 1（10μmol/L）	2μL
引物 2（10μmol/L）	2μL
Taq DNA 聚合酶（2.5U/μL）	0.5μL
无菌水	加至总体积为 50μL

不同 PCR 片段用不同的模板和引物扩增。

扩增 AB 片段：

将原始模板 DNA 与 a、b 引物混合。

扩增 CD 片段：

将拟插入片段的 DNA 与 c、d 引物混合。

扩增 EF 片段：

将原始模板 DNA 与 e、f 引物混合。

6．按如下程序在热循环仪中进行 PCR 反应。

循环数	变性	复性	聚合反应
1	98℃，2min		
2～26	98℃，10s	55℃，15s	72℃，1min

最后一轮反应结束后，将样品置于 72℃继续孵育 10min，保证延伸反应完全。

见“疑难解答”。

7．为了纯化 PCR 产物，以便进行第二步 PCR 反应，将全部 PCR 产物上样到含有 0.5mg/mL 溴化乙锭的 1%琼脂糖凝胶中，进行琼脂糖凝胶电泳（第 2 章）。电泳完毕，将琼脂糖凝胶置于紫外灯下观察 PCR 产物条带，以检查扩增效率。采用商品化试剂盒（如 QIAquick 胶回收试剂盒）回收 PCR 产物。在进行下一步骤前，用 NanoDrop 机器（NanoDrop machine）对纯化的 DNA 进行质量分析。

第二步 PCR

第二步 PCR 反应的目的是将在第一步 PCR 反应中获得的 3 个 PCR 片段连接在一起形成最终的产物。首先，将第一步 PCR 反应产生的片段（AB、CD 和 EF）混合，因末端核苷酸序列互补而发生复性反应。然后，杂交 DNA 分子在热稳定 DNA 聚合酶和最外侧引物（如 a 和 f）作用下进行延伸和扩增。

8．在微量离心管中制备 50μL 如下 PCR 反应体系，其中包含 3 个来自第一轮 PCR 反应的产物片段各 10～20ng。

凝胶纯化的第一轮 PCR 反应产物（AB、CD 和 EF 片段）	10～20ng
PCR 缓冲液（10×）	10μL
dNTP 混合液	4μL
引物 a（10μmol/L）	2μL
引物 f（10μmol/L）	2μL
热稳定 DNA 聚合酶（2.5U/μL）	0.5μL
无菌水	至总体积为 50μL

9．按如下程序在热循环仪中进行 PCR 反应。

循环数	变性	复性	聚合反应
1	98°C，2min		
2～26	98℃，10s	55°C，15s	72℃，1min

最后一轮反应结束后，样品置于 72℃继续孵育 10min，保证延伸反应完全。

见“疑难解答”。

10．如上所述纯化 PCR 产物，将最终的 PCR 产物克隆到合适的载体，进一步进行测序从而确定产生了所需的诱变。

缺失的产生

产生缺失突变的方法和前面讲述的产生插入突变的方法类似，但是在该方法中，第一步 PCR 反应中产生的 PCR 片段是 2 个，而不是前面所述的 3 个（图 14-4B）。为实现缺失突变，首先要利用 PCR 反应制备拟缺失序列两侧的片段，并在两个片段中引入来自缺失序列对侧模板的末端序列。这两个末端序列可以使该两侧的片段进行杂交，从而在第二步 PCR 反应中延伸产生变短了的最终产物。换言之，缺失即是两侧序列的连接或重组。

引物设计

11．制备缺失突变共需要 4 条引物：两条嵌合引物（引物 b 和 c）和两条非嵌合引物（引物 a 和 d）。

12．两条嵌合引物（如引物 b 和 c）由来自紧邻缺失片段两侧的 18 个核苷酸和来自对侧紧邻缺失片段的 9 个核苷酸组成（图 14-4B）。设计时要确保引物正确的方向性。

13．最外侧的两个引物（引物 a 和 d）是用来对最终的缺失后产物进行 PCR 扩增的。两侧引物末端应该包含限制性酶切位点，以便后续对最终的 PCR 产物进行克隆。

第一步 PCR

在第一步 PCR 反应中，通过两个独立的 PCR 过程分别扩增片段 AB 和 CD，以便将两片段在第二步 PCR 反应中进行杂交（图 14-4B）。第一步 PCR 产生的两个 PCR 产物分别来自被缺失片段的两侧，每个片段分别用一条嵌合引物和一条非嵌合引物扩增而来。

14．用 10～20ng 模板 DNA，对 AB 和 CD 片段进行 PCR 反应，50μL 反应体系如下。

原始 DNA 模板	10～20ng
PCR 缓冲液（10×）	5μL
dNTP 混合液	4μL
引物 1（10μmol/L）	2μL
引物 2（10μmol/L）	2μL
热稳定 DNA 聚合酶（2.5U/μL）	0.5μL
灭菌水	加至总体积为 50μL

扩增 AB 片段时：

用引物 a 和 b。

扩增 CD 片段时：

用引物 c 和 d。

15．按如下程序在热循环仪中进行 PCR 反应。

循环数	变性	复性	聚合反应
1	98°C，2min		
2～26	98℃，10s	55℃，15s	72℃，1min

最后一轮反应结束后，样品置于 72℃继续孵育 10min，保证延伸反应完全。

见“疑难解答”。

16．为了纯化 PCR 产物，以便进行第二步 PCR 反应，将全部 PCR 产物上样到含有 0.5mg/mL 溴化乙锭的 1%琼脂糖凝胶中，进行琼脂糖凝胶电泳（第 2 章）。电泳完毕，将琼脂糖凝胶置于紫外灯下观察 PCR 产物条带，以检查扩增效率。采用商品化试剂盒（如 QIAquick 胶回收试剂盒）回收 PCR 产物。在进行下一步骤前，用 NanoDrop 机器对纯化的 DNA 进行质量分析。

第二步 PCR

第二步 PCR 反应的目的是扩增第一步 PCR 反应的两种产物，从而得到缺失突变体。在第二步 PCR 反应中，PCR 产物 AB 和 CD 混合后并利用末端的互补区段发生复性。杂交的 DNA 分子在热稳定 DNA 聚合酶作用下进行延伸和扩增，从而生成缺失突变的目标产物。

17．在微量离心管中制备 50μL 如下 PCR 反应体系，其中包含两个来自第一轮 PCR 反应产物片段各 10～20ng。

凝胶纯化的第一轮 PCR 反应产物（AB 和 CD 片段）	10～20ng
PCR 缓冲液（10×）	10μL
dNTP 混合液	4μL
引物 a（10μmol/L）	2μL
引物 d（10μmol/L）	2μL
热稳定 DNA 聚合酶（2.5U/μL）	0.5μL
无菌水	加至总体积为 50μL

18．用如下程序在热循环仪中进行 PCR 反应。

循环数	变性	复性	聚合反应
1	98℃，2min		
2～26	98℃，10s	55℃，15s	72℃，1min

最后一轮反应结束后，样品再在 72℃继续孵育 10 min，保证延伸反应完全。

见“疑难解答”。

19．利用凝胶电泳纯化缺失突变产物（第 2 章），并将其克隆入选定的载体中，通过 DNA 序列测定确证缺失突变产物。

疑难解答

问题（步骤 6、步骤 9、步骤 15 和步骤 18）：PCR 产物出现错误。

解决方案：为减少错误，需控制拟扩增 PCR 产物长度小于 2.0kb。

问题（步骤 6、步骤 9、步骤 15 和步骤 18）：产物中出现一处或者多处突变。

解决方案：使用从未用 PCR 扩增过的质粒 DNA。

问题（步骤 6、步骤 9、步骤 15 和步骤 18）：产生不需要的副产物。

解决方案：在进行 PCR 之前有几点需要注意。首先，控制 PCR 程序循环数不超过 25 个（加上开始的变性循环数）。其次，根据引物预计的解链温度来调整复性温度，这点非常重要。

配方

为正确使用该方案中的器材和危险试剂，必须查阅相应的材料安全数据表并咨询所在机构的环境卫生和安全办公室。

10×PCR 缓冲液

试剂	终浓度
Tris-HCl (pH 8.3)	100mmol/L
KCl	500mmol/L
$MgCl_2$	15mmol/L
明胶	0.1%

1×Tris-EDTA 缓冲液

试剂	终浓度
Tris-HCl (pH 8.3)	10mmol/L
EDTA	1mmol/L

参考文献

Lee J, Lee HJ, Shin MK, Ryu WS. 2004. Versatile PCR-mediated insertion or deletion mutagenesis. *BioTechniques* 36: 398–400.

Lee J, Shin MK, Ryu DK, Kim S, Ryu WS. 2010. Insertion and deletion mutagenesis by overlap extension PCR. *Methods Mol Biol* 634: 137–146.

方案3　以双链DNA为模板的体外诱变：用*Dpn* I选择突变体

在该方案与方案5中，以变性质粒DNA为模板，在高保真聚合酶作用下，使用两条寡核苷酸链引导DNA合成。两条寡核苷酸链中均含有预定突变位点，并且两者在质粒DNA上的结合序列彼此反向互补。在该方案中，经多轮热循环，双链质粒DNA的全长均以线性形式扩增，最终产生一种DNA双链上带交错缺口的突变质粒DNA（图14-5）（Hemsley et al. 1989）。

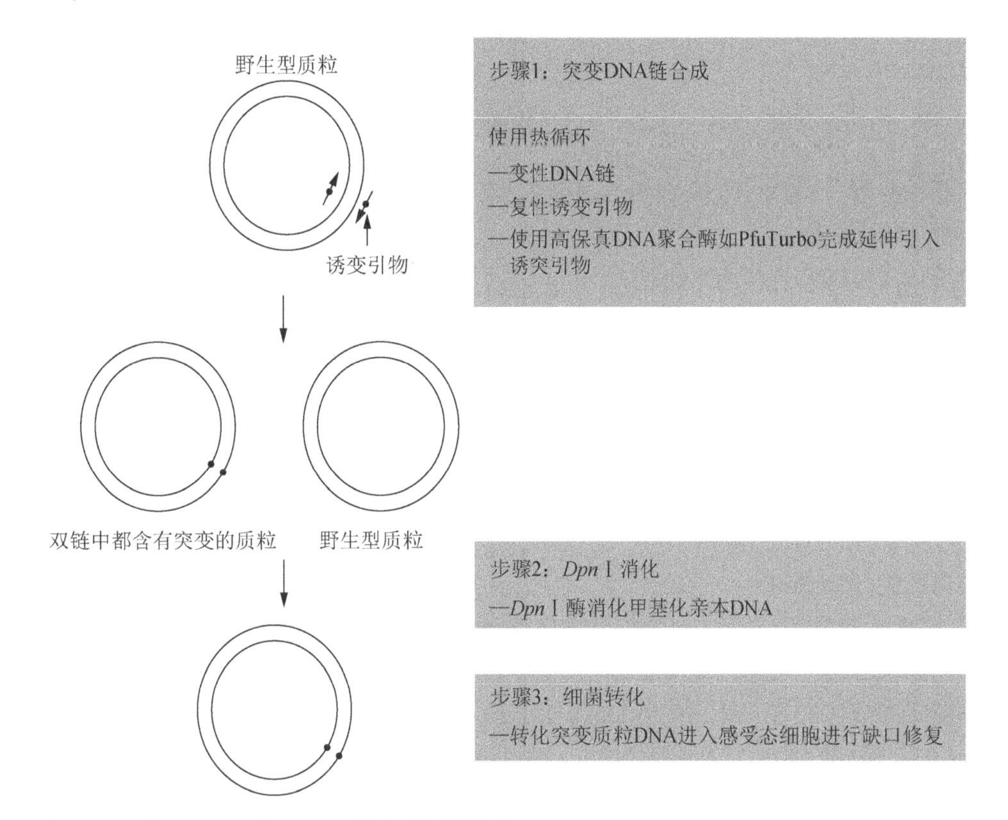

图14-5　用*Dpn* I和PCR进行定点诱变。在本方案中，一个含有目标基因片段的双链DNA（dsDNA）载体和两个包含所需突变位点的寡核苷酸引物（见方案1，图14-1）混合在一起。两个寡核苷酸引物在PCR中向相反方向进行扩增。形成的寡核苷酸引物生成一个含有交错缺口的诱变质粒。PCR扩增后，扩增产物用*Dpn* I处理。*Dpn* I限制性内切核酸酶主要消化甲基化和半甲基化的DNA，而亲本DNA模板是甲基化的，因此可以利用*Dpn* I的剪切能力消化去除模板DNA，从而使带有突变位点的PCR产物得到富集。黑色圆圈表示突变插入位点。

因为扩增反应中使用了一定数量的模板DNA，野生型质粒DNA的转化子背景将非常高，因此需要增加富集突变体DNA的步骤。该方案通过采用可以特异性消化完全甲基化序列（GMe6ATC序列，Vovis and Lacks 1977）的限制酶*Dpn* I处理线性扩增产物来实现这一目标。*Dpn* I酶可以消化扩增反应体系中大肠杆菌产生的模板DNA，而不能消化体外合成的 DNA（信息栏“N^6-甲基化腺嘌呤、DAM 甲基化酶和甲基化敏感限制酶”）。不能被 *Dpn* I 消化的诱变体分子可通过转化并筛选带有抗生素抗性的大肠杆菌而获得。根据诱变体的复杂性和DNA模板长度不同，最终将有15%～80%的转化子含有所需突变的质粒（Weiner et al. 1994）。该方法可成功应用于中等大小（<7kb）的质粒，将诱变体直接引入到全长 cDNA 中，免去了额外的亚克隆操作。

该方法（通常被称为环状诱变）成功的关键在于引物的设计和选择恰当的热稳定 DNA 聚合酶，这在该方案的讨论部分会有进一步的论述。环状诱变所使用的商品化试剂为 QuickChange 试剂盒（Agilent 公司），该试剂盒中含有一个质粒 DNA 模板和诱变引物，可作为阳性对照。这个试剂盒尤其适合首次进行环状诱变试验的研究人员使用。

材料

为正确使用该方案中的器材和危险试剂，必须查阅相应的材料安全数据表并咨询所在机构的环境卫生和安全办公室。

该方案的专用试剂标注<R>，配方在该方案末提供。常用储备溶液、缓冲液和试剂标注<A>，配方见附录 1。储备溶液应稀释至适用浓度后使用。

试剂

琼脂糖凝胶（1%），含 0.5μg/mL 溴化乙锭（步骤 8）

ATP（10mmol/L）

噬菌体 T4 DNA 连接酶（可选）

噬菌体 T4 多核苷酸激酶和缓冲液（可选；步骤 10）

hsdR17 基因型的大肠杆菌感受态菌株（如 XL1-Blue、XL2-Blue、MRF′ 或 DH5α）

DNA 分子质量标准（1kb）

dNTP 溶液（含有 4 种 dNTP，每种 5mmol/L）

Dpn I 限制性内切核酸酶和缓冲液

乙醇（70%），冰上预冷

溴化乙锭（5μg/mL）

长 PCR 缓冲液（10×）（当使用 DNA 聚合酶混合物时）<R>

矿物油或石蜡（可选；步骤 5）

诱变缓冲液（10×）（当使用 DNA 聚合酶如 *Pfu* 时） <R>

NaOH（1mol/L）/EDTA（1mmol/L）（可选）

寡聚核苷酸引物

关于设计的寡核苷酸引物，请参见本方案的导言部分。要想得到更好的实验结果，最好用快速高效液相层析（FPLC）或 PAGE 来纯化寡核苷酸引物，以便减少盐离子的干扰。将引物用蒸馏水配制成 20mmol/L。

酚：氯仿（可选；步骤 9）

质粒 DNA

用于诱变的模板 DNA 是一个含有目标基因或 cDNA 的环形互补质粒。一般来说，质粒越短越有利于目标 DNA 的扩增。质粒总长度 <7kb 效果最好。然而，也有质粒模板长达 11.5kb 的成功案例（Gatlin et al. 1995）。质粒 DNA 应该用含有低浓度 EDTA（< 0.1mmol/L；1×Tris EDTA 缓冲液 <R>）的 1mmol/L Tris-HCl （pH 7.6）缓冲液溶解至 1μg/mL。

乙酸钠（3mol/L, pH 4.8）（可选）

该溶液是用作中和剂，因此 pH 略低于用于分子克隆的乙酸钠溶液。

TE 缓冲液（pH 8.0） <R>

热稳定的 DNA 聚合酶（如 *Pfu* DNA 聚合酶）

该方案描述的条件是针对 PfuTurbo DNA 聚合酶进行优化获得的。但也适用于其他热稳定的聚合酶或聚合酶的混合物。Agilent 公司提供 3 种形式的 Pfu：一种是天然酶；另外一种是从 *Pfu* 基因克隆体中表达的重组酶；还有一种是复合型的 PfuTurbo 制剂。PfuTurbo 由两个成分组成，一种是重组的 *Pfu* DNA 聚合酶，一种是新的热稳定因子，目前对这种因子的特性还不是很清楚，但是该因子可以增强扩增产物的扩增效率，且不会改变 DNA 复制的保真度。制造商声称，PfuTurbo DNA 聚合酶能够扩增 15kb 的 DNA 片段。然而目前我们认为，当扩增的 DNA 片段超过 7～8kb 时，扩增效率就会降低。

设备

适用于自动微量加样器的带滤芯吸头

DNA 测序仪

凝胶电泳设备

微量离心管（0.5mL 的薄壁管，用来扩增反应）或微量滴定板

正排量移液器

设定好程序的热循环仪

如果热循环仪没有配备加热盖，使用矿物油或石蜡以防止反应混合物在 PCR 过程中蒸发。

附加材料

转化（步骤 14；见第 3 章）、杂交（步骤 15；见第 2 章）和测序（步骤 16；见第 11 章）所用的试剂和设备。

方法

用诱变引物扩增目标 DNA

步骤 1 和 2 可选（步骤 3 后的标注）。

1. 将 1～10μg 质粒 DNA 溶于含有 10μL 1mol/L NaOH/1mmol/L EDTA 的 40μL 的水中，37℃孵育 15min，使质粒 DNA 模板变性。

2. 加入 5μL 3mol/L 的乙酸钠（pH 4.8）中和反应液。用 150μL 预冷的乙醇沉淀 DNA。

3. 在 4℃离心 10min 以收集变性的质粒 DNA。小心倒出乙醇上清液，再用 150μL 的 70%乙醇洗涤沉淀。离心 2min，弃去上清液，并在室温晾干至乙醇完全蒸发。最后将 DNA 溶解于 20μL 水中。

理论上，在质粒 DNA 用作 PCR 模板前不需要使其变性。如果省略碱变性步骤，超螺旋的天然双链 DNA 也可以在 PCR 过程的第一个循环被加热至 94°C 而变性。之所以选择步骤 1 和步骤 2，是由于质粒 DNA 在碱溶液中持续变性后会形成特定的状态。在暴露于 0.2mol/L NaOH 期间，质粒 DNA 会折叠成一个致密的、不可逆转的变性线团状物，这种形式的质粒 DNA 可以作为 PCR 反应的模板，但没有明显转化细菌的能力。因此，包含非变异的野生型 DNA 克隆的背景将明显减少（Du et al. 1995; Dorrell et al. 1996）。相应地，在聚合酶链反应的第一循环中短时间将模板 DNA 暴露于 95°C 可打乱碱基配对，但并不会破坏质粒分子转化的能力。因此，转化后的克隆含有比例较高的非变异的亲本质粒分子。在实验最后阶段，当需要从克隆中筛选出含有突变的 DNA 的时候，碱性变性的优势便会体现出来。

如果诱变效率低且所选的 *Dpn* I 无效，含有野生型分子的克隆比例可能会异常高。

4．在无菌薄壁0.5mL离心管，加入一系列含有不同量（如5ng、10ng、25ng和50ng）质粒DNA和一定量两个寡核苷酸引物的反应混合物。

诱变缓冲液（10×）	5μL
模板质粒DNA	5～50ng
寡核苷酸引物1（20mmol/L）	2.5μL
寡核苷酸引物2（20mmol/L）	2.5μL
dNTP 混合物	2.5μL
H_2O	加至总体积50μL

在反应混合物中加入2.5U的PfuTurbo DNA聚合酶。

为了减少PfuTurbo 3′→5′外核酸酶活性降解引物的概率，按照上述顺序添加试剂是非常有必要的。

5．如果热循环仪未装有热盖，用1滴（约50μL）轻矿物油或石蜡覆盖反应混合物以防止反应混合液在重复循环的加热和冷却过程中发生蒸发。将管子放在热循环仪中。

6．扩增核酸使用的变性、复性和聚合反应时间和温度条件如下表所示。

循环数	变性	复性	聚合反应
1	95°C，1min		
2～18[a]	95°C，30s	55°C，1min	68℃进行反应2min/1000个碱基
最后一个循环	94°C，1min	55°C，1min	72°C，10min

这些时间适用于0.5mL管中的50μL反应体系，一般在以下型号的热循环仪中进行，如PerkinElmer 9600或9700、Mastercycler（Eppendorf公司）和PTC 100（MJ Research公司）等。对于不同的设备和反应体积，时间和温度可能需要加以调整。

a．对于单碱基替换，使用12个循环的线性扩增；对于一个氨基酸的替换（通常要进行两个或三个连续碱基的替换），使用16个循环；对于含有插入和（或）缺失的反应，使用18个循环。

使用*Pfu*进行扩增反应的扩增速率比使用*Taq*酶进行扩增反应要慢1.5～2.0倍。

使用大量的初始模板和较少循环数反应可用于减少质粒DNA和基因或cDNA扩增过程中的非特异突变。

7．DNA扩增完成后，将反应混合液放置在冰上。

8．取100μL反应产物在含有0.5μg/mL溴化乙锭的1%琼脂糖凝胶中进行电泳，以确定是否扩增获得目标DNA。同时在近旁的凝胶跑道中上样50ng未扩增的线性质粒DNA和1kb DNA分子质量标准作为对照。

如果扩增效率很低，可设置一系列反应来优化扩增反应体系和循环参数。

扩增产物的连接与转化

步骤9～步骤12均为可选，一般仅在诱变效率很低时使用（如构建插入和缺失突变时）。

9．用酚：氯仿抽提两次扩增的DNA，并用乙醇沉淀。

10．用以下试剂重悬DNA沉淀：

噬菌体T4多核苷酸激酶缓冲液（10×）	5μL
ATP（10mmol/L）	5μL
噬菌体T4多核苷酸激酶	5U
H_2O	加至总体积50μL

在37°C孵育反应1h。在68°C加热10min灭活激酶活性。用酚：氯仿提取磷酸化DNA两次，并用乙醇沉淀法收集DNA。

11．重悬磷酸化的 DNA 沉淀（每个样品约 0.9μg）于 90μL 的 TE 缓冲液。设置一系列浓度范围从 0.1～1μg/mL 的磷酸化 DNA 进行连接反应。

磷酸化 DNA	（10～100ng）
噬菌体 T4 DNA 连接酶缓冲液（10×）	10μL
ATP （10mmol/L）	10μL
噬菌体 T4 DNA 连接酶	4U
H_2O	加至总体积 100μL

在 16℃孵育反应 12～16h。

如果使用由制造商提供的 10×噬菌体 T4 连接酶缓冲液，其中包含 ATP，则省略上述连接反应中的 ATP。

连接反应形成环状单体的原理和条件等理论已经很成熟（Collins and Weissman 1984），但是在实践中很难实现。DNA 末端分子的物质的量浓度必须很低以易于形成内分子环状结构。但是，利用逆向 PCR 扩增获得的 DNA 分子很难计算其适当的浓度，因为末端完好的全长产物的比例是未知的。

12．用酚：氯仿提取两次连接后的 DNA 产物，并由乙醇沉淀 DNA。用 45μL 水重悬每个沉淀物。在每个管中添加 5μL 10×*Dpn* I 缓冲液。

13．通过直接向剩余的扩增反应液（步骤 7）或磷酸化并连接的 DNA（步骤 12）中添加 10U 的 *Dpn* I 来消化扩增后的 DNA 产物。混合后吹打溶液几次，微型离心机离心 5s，然后在 37°C 下孵育 1h。

如果温度循环在矿物油或石蜡中运行，重要的是要确保 Dpn I 添加到反应混合物的水溶液部分。使用带滤芯的微量吸管，并且一定要插入到矿物油或石蜡覆盖面以下。

14．用 1μL、2μL 和 5μL 消化后的 DNA 分别转化大肠杆菌感受态细胞（第 3 章）。

请确保没有矿物油从消化混合物转移到感受态细胞。

使用具有较强转化能力的 XL2-Blue MRF′大肠杆菌细胞（Agilent 公司）和改进后的转化步骤以利于诱变产物的回收（Dorrell et al. 1996）。然而，自制的高转化能力大肠杆菌亦可适用于大多数的环状诱变产物。

15．从至少 12 个独立转化克隆中提取质粒 DNA。用 DNA 测序方法筛选 DNA 突变体，或者用寡核苷酸杂交的方法（第 2 章）进行鉴定，如果引入的突变形成或破坏了一个限制酶识别位点，或模板中引入了插入或缺失突变，此时可以使用限制酶消化少量粗提质粒 DNA 的方法来鉴定。

见“疑难解答”。

16．测定一整段序列来验证目标 DNA 中所需的突变是否存在，同时在扩增过程中没有非预期突变生成（第 11 章）。

见“疑难解答”。

疑难解答

问题（步骤 15）：没有携带所需突变的质粒。

解决方案：用寡核苷酸杂交法筛选整个转化体群来找出所需的突变克隆。

问题（步骤 16）：扩增反应可以进行，但产量很低。

解决方案：*Dpn* I 可能是问题的关键所在。设置一系列反应来检查这种酶是否能够在 1×*Pfu* 反应缓冲液中完全消化 50ng 亲本质粒。如果有必要，调整 *Dpn* I 使用量和消化时间。如果 *Dpn* I 消化反应效率高，请考虑使用两步扩增反应（Wang and Malcolm 1999）。在第一阶段，进行两个单独的不对称扩增反应，每个反应使用两个寡核苷酸引物中的一个。

反应产物均是单链 DNA 分子，可以作为第二阶段线性扩增的模板，用这两个寡核苷酸作为引物进行扩增反应。第一阶段反应的目的是产生不与野生型的双链竞争且能与诱变引物完全结合的模板。

讨论

引物设计

两个寡核苷酸引物：

- 必须能与同一目标序列的互补链复性。
- 长度必须相等 （在 25 和 45 个碱基对之间）；计算出的解链温度为 78℃或更高。T_m 应足够高以防止错配，并且足够低以便允许引物-引物二聚体在扩增反应的变性步骤解开。
- 应终止在一个 G 或 C 残基。
- 不需要磷酸化。这是因为热稳定 DNA 聚合酶 *Pfu* 最常用于催化扩增反应，无论寡核苷酸是否磷酸化，*Pfu* 都无法取代寡核苷酸与目标序列杂交。
- 通常未经纯化便可使用。然而，如果使用快速液相色谱法（FPLC）或聚丙烯酰胺凝胶电泳（PAGE）纯化获得的引物进行突变，尤其是产生插入和缺失突变时，效率会更高。

当引入点突变时，一个引物带有野生型序列，而另一条引物含有所需的突变，并且在突变位置的两侧都至少有 12 个碱基的正确序列。如果产生缺失突变，两个引物都含有野生型序列，但它们的间距在模板上的距离与缺失片段的长度相关。产生插入突变的话，需要一个引物包含野生型序列而另一个引物的 5′ 端需含有插入片段的序列。

热稳定 DNA 聚合酶

用于对变性质粒模板进行诱变的热稳定性 DNA 聚合酶有 3 个必需的属性：

- 校对活性高；
- 碱基错配率低；
- 缺乏非模板末端转移酶活性。

Taq 不能满足这些条件，因此完全不适合定点诱变（Stemmer and Morris 1992；Watkins et al. 1993）。然而，160∶1 的 Klentaq（AB Peptides 公司）和 *Pfu* 聚合酶（Agilent 公司）也有了可用的试剂盒。一个典型的试剂盒中 1.2μL 总体积中分别含有 0.187U 的 *Pfu* 和 33.7U 的 Klentaq。Agilent 公司的 TaqPlus 和 Boehringer-Mannheim 公司的高保真 PCR 扩增系统均为可选的商品化试剂盒。

单一的热稳定性 DNA 聚合酶已成功地用于环状 PCR 反应，包括 *Pwo* DNA 聚合酶（Hidajat and McNicol 1997）、rTth DNA 聚合酶 XL（Du et al. 1995; Gatlin et al. 1995）、$Vent_R$ DNA 聚合酶（Hughes and Andrews 1996）和 *Pfu* DNA 聚合酶（见下文）。这些聚合酶有一个主要的缺点——对寡核苷酸引物浓度的要求相对较高，目的是：①抵消 3′→5′外切酶活性；②确保引物的物质的量浓度大于模板 DNA 浓度（50～100 倍）（第 7 章，表 7-1）。然而，这种高浓度有利于两个互补的寡核苷酸引物杂交，因此也降低了扩增效率。因为引物有效浓度不确定，一些研究人员利用预实验来优化扩增反应的组成体系。通常使用琼脂糖凝胶电泳来检测包含一定量 DNA 模板（通常为 50ng）和一系列不同浓度引物的扩增产物中线性全长 DNA 的量（如 Parikh and Guengerich 1998）。然而，在该方案中，引物浓度的优化不是必要的，除非突变非常复杂（3 个以上单碱基改变；或者超过 2 个核苷酸的缺失或插入突变）。

当使用单个热稳定 DNA 聚合酶时，可能需要采取其他步骤进一步降低非必要突变体在扩增期间积累的机会。

- dNTP 混合物和 Mg^{2+}在反应混合物中的初始浓度分别不能超过 250μmol/L 和 1.5mmol/L。
- 因为热稳定性 DNA 聚合酶如 *Pfu* 和 *Pwo*，比 *Taq* 需要更多的碱性缓冲液，故 Tris 缓冲液反应混合物的 pH 应为 8.9（25℃测量）。
- 线性扩增循环数必须保持到最低（本方案步骤 6），即使在扩增反应中要求使用相对较大量的 DNA 模板。

配方

为正确使用本方案中的器材和危险试剂，必须查阅相应的材料安全数据表并咨询所在机构的环境卫生和安全办公室。

长 PCR 缓冲液（10×）

将此缓冲液与 DNA 聚合酶的混合物一同使用

试剂	终浓度
Tris-Cl（pH 9.0，室温）	500mmol/L
硫酸铵	160mmol/L
$MgCl_2$	25mmol/L
牛血清白蛋白	1.5mg/mL

由制造商提供的缓冲液和适合的热稳定 DNA 聚合酶可以代替上述缓冲液。

诱变缓冲液（10×）

应用 DNA 聚合酶如 *Pfu* 时使用此配方

试剂	终浓度
KCl	100mmol/L
硫酸铵	100mmol/L
Tris（pH 8.9，室温）	200mmol/L
$MgSO_4$	20mmol/L
Triton X-100	1%
牛血清白蛋白（无核酸酶）	1mg/mL

Tris-EDTA（TE）缓冲液（1×）

试剂	终浓度
Tris-HCl（pH 8.0）	10mmol/L
EDTA	1mmol/L

参考文献

Collins FS, Weissman SM. 1984. Directional cloning of DNA fragments at a large distance from an initial probe: A circularization method. *Proc Natl Acad Sci* 81: 6812–6816.

Dorrell N, Gyselman VG, Foynes S, Li SR, Wren BW. 1996. Improved efficiency of inverse PCR mutagenesis. *BioTechniques* 21: 604–608.

Du Z, Regier DA, Desrosiers RC. 1995. Improved recombinant PCR mutagenesis procedure that uses alkaline-denatured plasmid template. *BioTechniques* 18: 376–378.

Gatlin J, Campbell LH, Schmidt MG, Arrigo SJ. 1995. Direct-rapid (DR) mutagenesis of large plasmids using PCR. *BioTechniques* 19: 559–564.

Hemsley A, Arnheim N, Toney MD, Cortopassi G, Galas DJ. 1989. A simple method for site-directed mutagenesis using the polymerase chain reaction. *Nucleic Acids Res* 17: 6545–6551.

Hidajat R, McNicol P. 1997. Primer-directed mutagenesis of an intact plasmid by using *Pwo* DNA polymerase in long distance inverse PCR. *BioTechniques* 22: 32–34.

Hughes MJ, Andrews DW. 1996. Creation of deletion, insertion and substitution mutations using a single pair of primers and PCR. *BioTechniques* 20: 188–196.

Parikh A, Guengerich FP. 1998. Random mutagenesis by whole-plasmid PCR amplification. *BioTechniques* 24: 428–431.

Stemmer WP, Morris SK. 1992. Enzymatic inverse PCR: A restriction site independent, single-fragment method for high-efficiency, site-directed mutagenesis. *BioTechniques* 13: 214–220.

Vovis GF, Lacks S. 1977. Complementary action of restriction enzymes endo R-DpnI and endo R-DpnII on bacteriophage f1 DNA. *J Mol Biol* 115: 525–538.

Wang W, Malcolm BA. 1999. Two-stage PCR protocol allowing introduction of multiple mutations, deletions and insertions using QuikChange Site-Directed Mutagenesis. *BioTechniques* 26: 680–682.

Watkins BA, Davis AE, Cocchi F, Reitz MSJ. 1993. A rapid method for site-specific mutagenesis using larger plasmids as templates. *BioTechniques* 15: 700–704.

Weiner MP, Costa GL, Schoettlin W, Cline J, Mathur E, Bauer JC. 1994. Site-directed mutagenesis of double-stranded DNA by the polymerase chain reaction. *Gene* 151: 119–123.

方案4　突变型β-内酰胺酶选择法定点诱变

有许多方法可以进行定点突变，本方案介绍一种最常用的定点突变方法，即突变型β-内酰胺酶选择法。β-内酰胺酶是一种氨苄青霉素切割酶，对细菌无作用。β-内酰胺酶特定活性位点的突变可以改变其酶切的底物特异性，使其对于头孢菌素类抗生素家族的水解活性增强，而野生型的β-内酰胺酶则不具有这种活性（Cantu et al. 1996）。与野生型大肠杆菌相比，带有β-内酰胺酶 3 个点突变（G238S：E240：R241G）的大肠杆菌表现出对头孢噻肟（cefotaxime）和头孢曲松（ceftriaxone）这两种头孢菌素类抗生素具有增强抗性。本方案利用这一特性来筛选含有定点突变的质粒。

具体来说，首先将含有一个待突变目的基因（基因 *X*）和一个β-内酰胺酶基因的双链质粒 DNA 模板进行碱变性，然后将两个寡核苷酸引物同时与其进行复性反应。其中一个寡核苷酸引物（抗生素选择寡核苷酸）——编码了氨基酸残基改变的β-内酰胺酶基因，使其对头孢菌素类抗生素具有增强的抗性。另一个寡核苷酸（诱变寡核苷酸），一是复性结合到 *X* 基因上；二是编码的突变序列要掺入 *X* 基因。诱变用寡核苷酸杂交到抗生素筛选用寡核苷酸的相同序列上，利用 DNA 聚合酶延伸两个寡核苷酸，可以得到一个异源双链体，其将改良的β-内酰胺酶基因和突变的基因 *X* 串联在一起。之后将这个双链 DNA 转化到 BMH71-18 mutS 突变的修复缺失型大肠杆菌中。这个细菌株可以用来在细胞中预先去除未发生所需突变的质粒。由 BMH71-18 mutS 中提取得到的质粒随即转化 JM109 细菌细胞株。最后，转入质粒的 JM109 感受态细胞涂布到含有头孢菌素混合物的 LB 平板上，从而筛选和纯化获得带有突变基因并串联有改良β-内酰胺酶的质粒。图 14-6 描述了本方案的主要步骤。该方案改编自 Andrews 和 Lesley（2002）的方法。

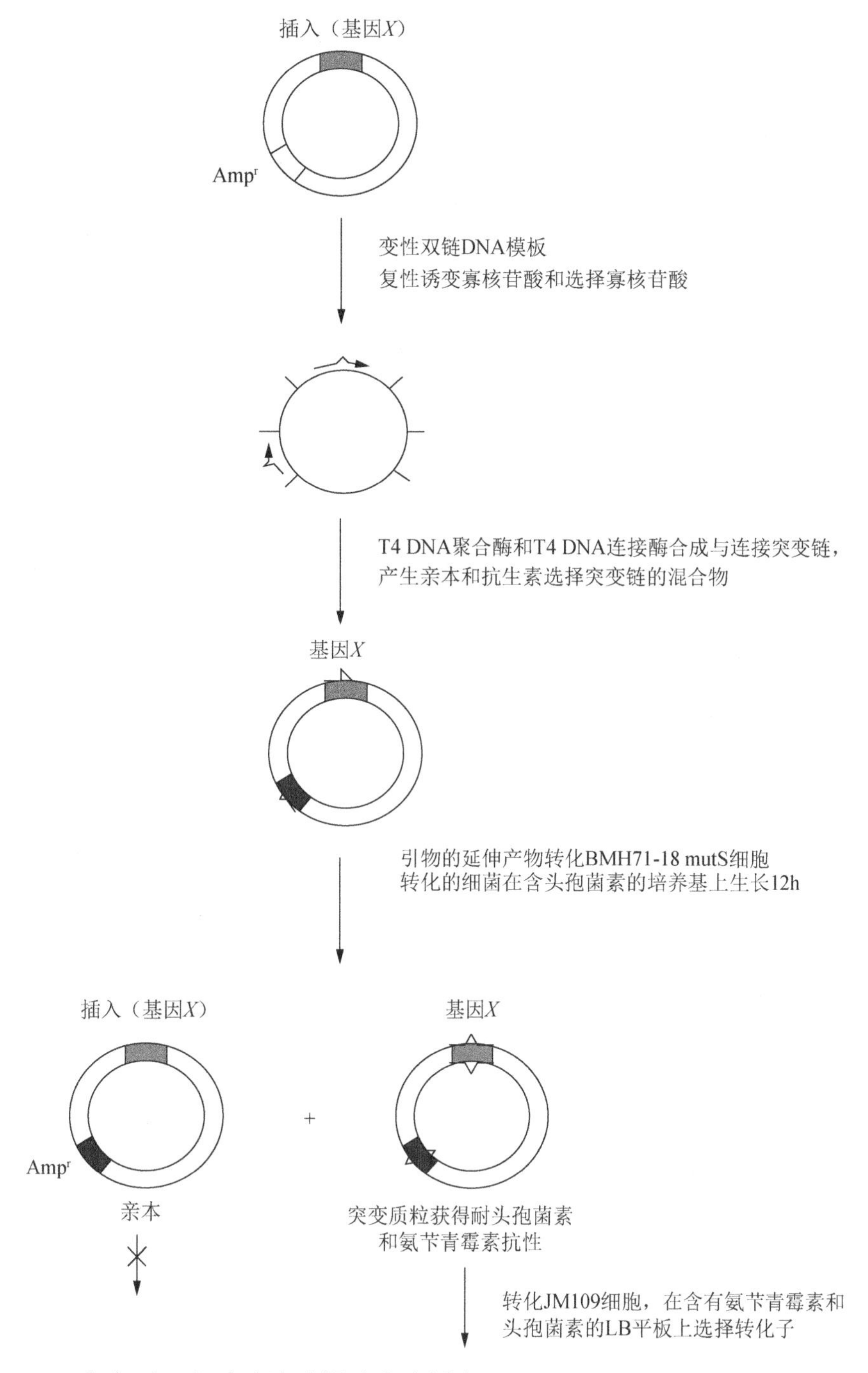

图 14-6　突变型β-内酰胺酶选择法定点诱变。双链质粒 DNA（dsDNA）模板第一次碱变性。两个寡核苷酸引物同时复性结合到模板中。第一个寡核苷酸编码的核苷酸改变β-内酰胺酶基因，赋予其增强的头孢菌素抗性。第二个寡核苷酸带有对基因 *X* 设计的突变，与作为抗生素筛选用的寡核苷酸都杂交到质粒 DNA 的同一条链。这两个寡核苷酸通过 DNA 聚合酶延伸，可产生一个异源双链体，将抗性基因与突变基因相连。此时质粒 DNA 转化到修复缺陷型大肠杆菌（如 BMH71-18 mutS）中，随后在修复完全型大肠杆菌中实现克隆分离（经 Oxford University Press 许可，改编于 Lewis and Thompson 1990）。

材料

为正确使用本方案中的器材和危险试剂，必须查阅相应的材料安全数据表并咨询所在机构的环境卫生和安全办公室。

本方案的专用试剂标注<R>，配方在本方案末提供。常用储备溶液、缓冲液和试剂标注<A>，配方见附录 1。储备溶液应稀释至适用浓度后使用。

试剂

▲ BMH71-18 mutS 和 JM109 大肠杆菌感受态细胞储存于-70℃，使用时取出融化。其他感受态使用前冻存于-20°C。筛选用抗生素冻融不得超过 5 次。

琼脂糖凝胶（1%）（第 2 章）

乙酸铵（2mol/L，pH 4.6）

氨苄青霉素溶液（100mg/mL；过滤除菌）

复性缓冲液（10 × ）<R>

抗生素的选择混合物 [5mg/mL 氨苄青霉素，25μg/mL 头孢噻肟，25mg/mL 头孢曲松（Sigma-Aldrich 公司），100mmol/L 磷酸钾（pH 6.0）]

氯仿：异戊醇（24：1） <A>

dsDNA 模板质粒

待诱变的候选基因（基因 *X*）应克隆至 pGEM-11Z（+）质粒（Promega 公司）。

大肠杆菌 BMH71-18 mutS 株

其他几个大肠杆菌菌株都能与 BMH81-18 mutS 共存，包括 BJ5183、JM107、SK1590、DH1、JM108、SK2287、DH5a、JM109、TB1、JM103、MC1061、TG1、JM105、MM294、XL1-blue、JM106、Q358 和 Y1088。选择 BMH71-18 mutS 是因为它可以抑制体内错配修复。

大肠杆菌 JM109 菌株

乙醇（70%和 100%）

LB 培养基 <R>

含氨苄青霉素的 LB 培养基 <R>

NaOH（2mol/L）/EDTA（2mmol/L）

pGEM-11Zf（+）（Promega 公司）

常规微量质粒小提试剂盒（QIAprep Spin Miniprep Kit）

引物：

筛选用抗生素寡核苷酸引物序列是

GATAAATCTGGAGCC<u>TCCAAGGGT</u>GGGTCTCGCGGT；加粗和下划线可替换。

诱变寡核苷酸引物（磷酸化的）合成信息，请参阅步骤 2。

合成缓冲液（10×）<R>

T4 DNA 连接酶（5U/μL）（NEB 公司）

T4 DNA 聚合酶（10U/μL）（NEB 公司）

TE 缓冲液 <R>

设备

琼脂糖凝胶电泳设备

细胞培养板

加热块

培养摇床

聚丙烯管（17mm×100mm），无菌

真空干燥机

水浴锅（42°C）

方法

双链 DNA 质粒模板制备

1．将待诱变基因 *X* 克隆到质粒 pGEM-11Zf（+）中（Promega 公司），该质粒中包含一个 TEM-1 β-内酰胺酶基因。转入该质粒的大肠杆菌具有氨苄青霉素抗性。

诱变和抗生素选择寡核苷酸制备

2．合成包含有所需突变的诱变寡核苷酸引物。

寡核苷酸和其互补 DNA 链之间形成的杂合双链的稳定性取决于许多因素，其中包括寡核苷酸引物的长度和 G+C 含量，以及复性条件。更多详细信息，见第 13 章。一般来说，要将诱变寡核苷酸的不匹配碱基设计在寡核苷酸中间 17～20 碱基的位置（详见本章其他方案的详细描述）。如果要构建含有两个或更多位点的突变，则寡核苷酸长度需要 25 个或更多碱基数，以便在错配位置的两端均有 12～15 个完全匹配的序列。

然后合成抗生素筛选的寡核苷酸引物序列（序列 GATAAATCTGGAGCC<u>**TCCAAGGGT**</u>-GGGTCTCGCGGT；粗体和下划线部分为可替换的野生型β-内酰胺酶基因序列）。

为了能用抗生素筛选出含双重突变的突变体，诱变寡核苷酸和抗生素筛选用寡核酸序列必须与质粒 DNA 的同一碱基链互补。

双链 DNA 模板的变性

3．将 2μg 带有 *X* 基因的双链 DNA 质粒进行碱变性。这个反应将产生足够可用于 10 个诱变反应的变性 DNA。将反应混合物在室温孵育 5min。

dsDNA 模板	0.5pmol（2μg）
NaOH（2mol/L），EDTA（2mmol/L）	2μL
无菌的去离子水	加至总体积 20μL

注：通常，ng 级 dsDNA=pmol 的 dsDNA×0.66×*N*，*N* 表示 dsDNA 的碱基长度。

4．向反应混合物中添加 2μL 的 2mol/L 乙酸铵（pH 4.6）和 75μL 的 100%乙醇（4°C）沉淀 DNA。

5．将以上混合物在 –70℃放置 30min。

6．最高转速（约 13 000 r/min），4°C 离心 15min 收集 DNA。

7．用 200μL 乙醇（4°C）浸洗 DNA 沉淀，用步骤 6 条件再次离心，并真空抽干 DNA 沉淀。

8．用 100μL 的 TE 缓冲液（pH 8.0）重悬 DNA。

诱变引物的复性

9．按下述体系制备引物复性反应混合物：

变性的模板 DNA（从步骤 8 获得）	10μL（0.05pmol）
选择寡核苷酸（2.9ng/μL），按步骤 1 方法磷酸化	1μL（0.25pmol）
诱变寡核苷酸，按步骤 1 方法磷酸化	1.25pmol
复性缓冲液（10×）	2μL
无菌去离子水	加至总体积 20μL

加热复性反应混合物到 75℃复性 5min，然后缓慢地自然冷却到 37°C。缓慢的冷却过程有助于使这两种诱变和筛选抗生素的引物非特异性复性最小化。建议冷却速率约 1.5℃/min。

最佳复性温度和时间可能取决于使用的诱变寡核苷酸组成。有必要尝试几个复性温度，以优化寡核苷酸的诱变效率。

见“疑难解答”。

突变链的合成与连接

10．当复性反应混合物冷却到 37°C 之后，短暂离心反应混合物将成分收集到离心管底部，之后按照以下体系配置反应混合物，以进行突变体的合成和连接反应。

无菌去离子水	5μL
合成缓冲液（10×）	3μL
T4 DNA 聚合酶（5～10U）	1μL
T4 DNA 连接酶（1～3U）	1μL
终体积	30μL

在这个反应中使用了 T4 DNA 聚合酶，因为它是一种高保真 DNA 聚合酶，不会引起杂合寡核苷酸的错配。因此，可以通过在一个插入 DNA 的多个不同位点与诱变寡核苷酸复性结合，来实现在同一个反应体系中对多个位点进行定点突变。

11．在 37°C 孵育反应体系 90min，以合成突变链，并完成连接反应。此时突变 DNA 可以用来转化 BMH71-18 mutS 突变株感受态。

采用 BMH71-18 mutS 是因为它可以抑制体内的错配修复。

BMH71-18 *mutS* 菌株感受态细胞的转化

12．将 17mm×100mm 聚丙烯管在冰上预冷。

13．解冻 100μL 的 BMH71-18 *mutS* 感受态大肠杆菌细胞，放入无菌聚丙烯管中，并将其置于冰上。添加 1.5μL 步骤 11 中获得的诱变反应混合物到感受态细胞中。轻轻混匀。

14．将感受态细胞与 DNA 的混合物在冰上孵育 10min。

15．在 42℃水浴中热激感受态细胞 45～50s。

16．将热激后的细胞放回冰上静置 2min。

17．向步骤 13～步骤 16 处理的 BMH71-18 *mutS* 细胞中加入 900μL 室温的 LB 培养基（不添加抗生素），并在 37°C 振荡 60min。

18．准备过夜培养物。向步骤 17 中的细胞加入 4mL LB 培养基，然后向培养基中添加 100mg/mL 的氨苄青霉素 100μL。

19．37℃剧烈振荡孵育过夜。

见“疑难解答”。

20．提取少量质粒 DNA。依照常规方案（第 1 章）提取和纯化质粒 DNA。

转化 JM109 细胞和克隆分离

21．在转化前，将含有 7.5mL/L 筛选用抗生素混合物（含头孢菌素）和熔化的 LB 培养基倒入培养板中，且每 1L 培养基中含有 1mL 100mg/mL 的氨苄青霉素溶液。

22．将 17mm×100mm 聚丙烯管在冰上预冷。

23．将 100μL 的 JM109 感受态细胞置于冰上，然后加入 1.5μL 从步骤 20 的 BMH71-18 *mutS* 突变感受态细胞中纯化获得的质粒 DNA 到 JM109 感受态细胞中。轻轻混匀。

24．将感受态细胞与 DNA 的混合物在冰上孵育 10min。

25．在 42℃水浴中热激感受态细胞 45～50s。

26．将热激后的细胞放回冰上静置 2min。

27．向转化后的 JM109 感受态细胞中加入 900μL 室温的 LB 培养基（不添加抗生素），并在 37℃振荡 60min。

28．从步骤 27 中取出 100μL 转化产物涂布到含筛选抗生素混合物和氨苄青霉素的 LB 琼脂平板上（步骤 21 准备的）。同时涂布无抗生素的 LB 琼脂平板作为对照。将平板在 37℃孵育 12～14h。

29．经过培养后，鉴定平板上的白色克隆。挑取至少 5 个克隆直接测序进行鉴定。

疑难解答

问题（步骤 9）：模板降解。

解决方案：聚合酶过量同时 dNTP 混合物不足可能影响聚合酶的外切酶活性，因此需要严格按照建议的体系配置反应混合物。

问题（步骤 19）：BMH *mutS* 过夜培养，平板中未长出克隆。

解决方案：减少培养基中的抗生素含量，同时仅使用高效率的感受态细胞。

配方

为正确使用本方案中的器材和危险试剂，必须查阅相应的材料安全数据表并咨询所在机构的环境卫生和安全办公室。

复性缓冲液（10×）

试剂	终浓度
Tris-HCl（pH 7.5）	200mmol/L
$MgCl_2$	100mmol/L
NaCl	500mmol/L

LB 培养基

试剂	含量
蛋白胨	10g/L
细菌用酵母提取物	5g/L
NaCl	10g/L

用 1L 蒸馏水溶解，用 5 mol/L NaOH 调节 pH 至 7.5，高压灭菌。

含有氨苄青霉素的 LB 平板

按前述方法配置 LB 培养基，在灭菌前加入 15g/L 的细菌蛋白胨，灭菌后在铺板前每毫升培养基中加入 125μg 的氨苄青霉素。

合成缓冲液（10×）

试剂	终浓度
Tris-HCl （pH 7.5）	100mmol/L
dNTP	5mmol/L
ATP	10mmol/L
DTT	20mmol/L

Tris-EDTA（TE）缓冲液（1×）

试剂	终浓度
Tris-HCl （pH 8.0）	10mmol/L
EDTA	1mmol/L

参考文献

Andrews CA, Lesley SA. 2002. Site-directed mutagenesis using altered β-lactamase specificity. *Methods Mol Biol* 182: 7–17.

Cantu C III, Huang W, Palzkill T. 1996. Selection and characterization of amino acid substitutions at residues 237–240 of TEM-1 β-lactamase with altered substrate specificity for aztreonam and ceftazidime. *J Biol Chem* 271: 22538–22545.

Lewis MK, Thompson DV. 1990. Efficient site directed in vitro mutagenesis using ampicillin selection. *Nucleic Acids Res* 18: 3439–3443.

方案5 通过单一限制性位点消除进行寡核苷酸指导的诱变（USE 诱变）

本方案中，两条寡核苷酸引物杂交到变性重组质粒 DNA 双链的同一条链上。一条引物（诱变引物）携带一个拟引入 DNA 序列的突变，第二条引物携带一个能破坏质粒单一限制酶位点的突变（称为单一限制性位点消除，unique site elimination，USE）（图 14-7）。两条引物的延伸反应由噬菌体 T4 或 T7 DNA 聚合酶催化。新合成 DNA 链上的缺口由噬菌体 T4 DNA 连接酶封口。该方法的第一阶段产生了由野生型亲本 DNA 链和携带预定突变且不含单一限制性位点的全长新 DNA 链组成的异源双链质粒。因此，反应后获得的质粒群体包括：①野生型质粒，在反应中它们从未被用作两条寡核苷酸引物的模板；②丢失了单一限制性位点并获得预定突变的异源双链质粒。

本方法的第二阶段，将混合质粒与切割单一位点的限制酶一起孵育。野生型分子被线性化，突变质粒则不被限制酶消化。用环形异源双链 DNA 和线性野生型 DNA 的混合物转化碱基错配修复功能缺陷的大肠杆菌菌株。因为线性 DNA 转化效率要比环型 DNA 低 10～1000 倍（Conley and Saunders 1984），许多野生型分子不能重新进入大肠杆菌。而环形异源双链分子开始在大肠杆菌中复制。因为错配碱基不能被修复，第一轮复制产生了携带原始限制酶位点的野生型质粒和不带原始限制酶位点的突变质粒。收集从第一组转化子获得的 DNA，用同一种限制酶再次消化，使野生型分子线性化，再转化至标准的实验用大肠杆菌菌株中。该种生物化学方法具有足够强大的选择能力，保证绝大部分转化子携带预定的突变（Deng and Nickoloff 1992；Zhu 1996）。

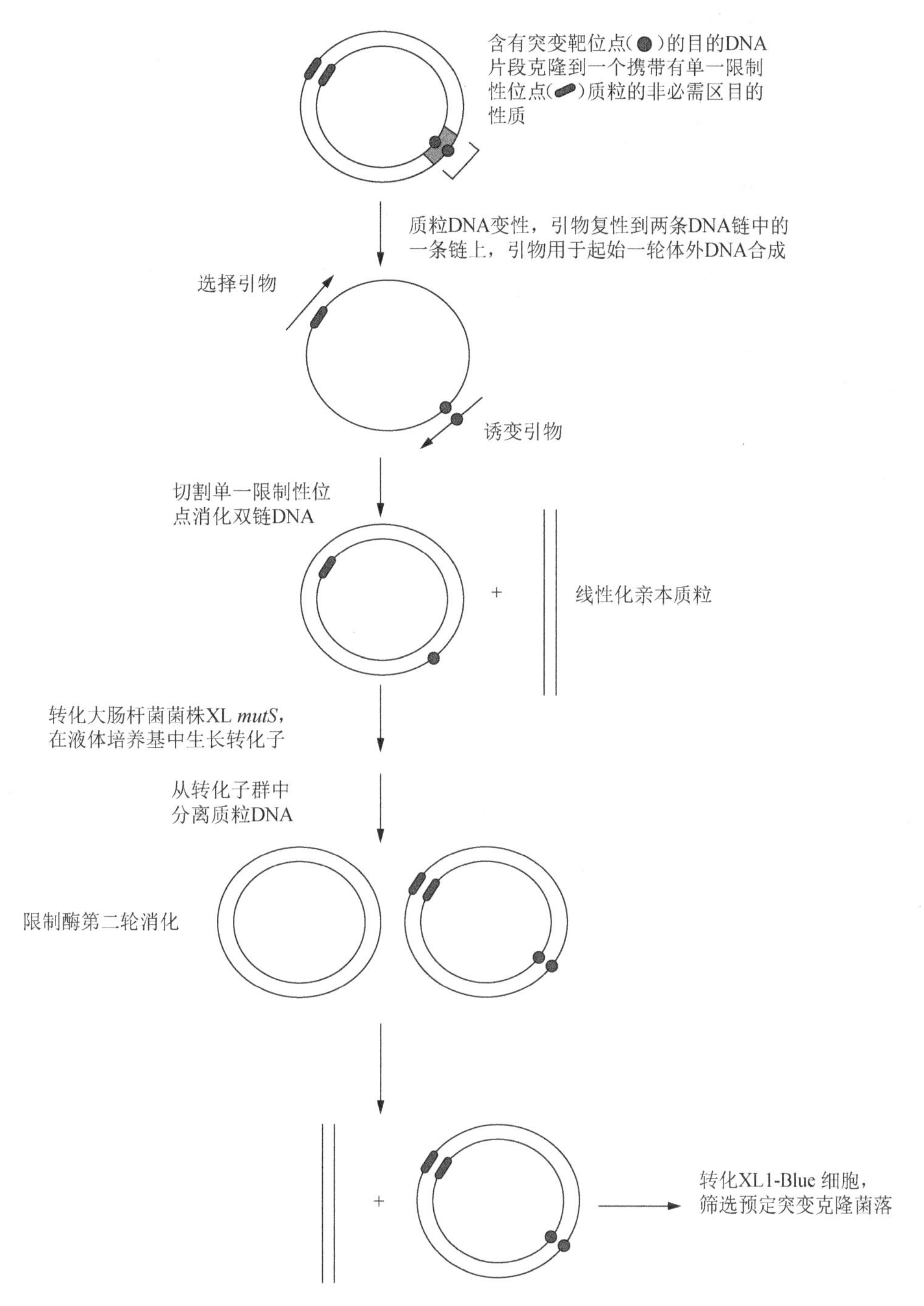

图 14-7　通过单一限制性位点消除进行寡核苷酸指导的诱变（USE 诱变）。用选择引物和诱变引物扩增目的质粒。如图所示，PCR 产物用于转化。本方案产生的定点突变效率约 90%（摘自 Braman et al. 2000）。

单一限制性位点消除（USE）

理论上，采用本方案描述的单一限制性位点消除（USE）标准方案形成突变体的最大产率是50%。然而，大多数实验室获得的突变频率为5%~30%，这取决于突变的复杂性和限制酶切割效率。如果需要，结合USE和Kunkel对含尿嘧啶模板DNA选择方法（Markvardsen et al. 1995），或将突变引物的浓度增加到10：1使反应有利于诱变引物，可使突变体回收率大大增加。

原则上，含单一限制酶位点和选择标记（如抗生素抗性基因）的双链环状载体上携带的基因都可以用USE方法进行诱变。几家公司销售USE诱变所需要的选择引物和含有USE诱变所需试剂的试剂盒（如Clontech公司销售的转换基因定点诱变试剂盒）。这些试剂盒能够成功地应用于多种广泛使用的载体。存在的问题见本节后面的"疑难解答"。

材料

为正确使用本方案中的器材和危险试剂，必须查阅相应的材料安全数据表并咨询所在机构的环境卫生和安全办公室。

本方案的专用试剂标注<R>，配方在本方案末提供。常用储备溶液、缓冲液和试剂标注<A>，配方见附录1。储备溶液应稀释至适用浓度后使用。

试剂

1%的琼脂糖凝胶（含0.5μg/mL溴化乙锭）

复性缓冲液(10×) <R>

噬菌体T4 DNA连接酶

噬菌体T4 DNA聚合酶或测序酶

噬菌体T4编码的天然DNA聚合酶不能从模板DNA上置换寡核苷酸引物（Nossal 1974; Kunkel 1985; Bebenek and Kunkel 1989; Schena 1989）。

带*mutS*基因型（如BMH71-18）的大肠杆菌，制备成感受态用于转化

带*mut*⁺基因型的大肠杆菌，制备成感受态用于转化（步骤14）

LB琼脂平板 <R>

含合适抗生素的LB培养基 <R>

质粒DNA

通过商品化销售的树脂柱层析或碱裂解法纯化闭合环状质粒DNA（第1章，方案1或方案2）。

引物（诱变引物和选择引物）

诱变引物和选择引物一定要能复性到靶DNA的同一条链上，每条引物的5′端一定要磷酸化。突变应位于引物的中间，突变位点两侧带有10~15个能与模板DNA完全配对的碱基。寡核苷酸引物在使用前用快速高效液相层析法（FPLC）或聚丙烯酰胺凝胶电泳（PAGE）纯化（第2章方案3）。

单一位点的限制性内切核酸酶

10×合成缓冲液 <R>

附加材料

用于转化大肠杆菌的试剂和设备（步骤7和步骤14；第3章）

用于小量制备质粒DNA的试剂和设备（步骤10和步骤16；第1章，方案1和方案2）

设备

细胞培养箱

凝胶电泳仪

水浴箱（煮沸、预调至 70℃或限制性内切核酸酶消化的合适温度）

方法

突变 DNA 链的合成

1．在微量离心管中混合以下成分：

10×复性缓冲液	2μL
质粒 DNA	0.025～0.25pmol
选择引物	25pmol
突变引物	25pmol
加水至	20μL

离心管在沸水中孵育 5min。

本方案允许引物和质粒 DNA 浓度在一个较宽的范围内。必要时以经验为主优化各试剂的量。

2．将离心管立即置于冰上冷却 5min。微型离心机上离心 5s，使液体沉积到离心管底层。

3．将以下成分加入到含复性引物和质粒 DNA 的离心管中：

10×合成缓冲液	3μL
噬菌体 T4 DNA 聚合酶（2～4U/μL）	1μL
噬菌体 T4 DNA 连接酶（4～6U/μL）	1μL
H_2O	5μL

用移液器轻轻地上下吹打几次将试剂混匀。微型离心机上离心 5s，使液体沉积到离心管底层。37℃孵育反应 1～2h。

4．37℃加热离心管至少 5min，灭活酶并终止反应。将离心管放置在实验台上冷却至室温。

通过限制性内切核酸酶消化进行初筛

5．将 NaCl 的浓度调节到适合单一限制酶反应的浓度。使用 10×复性缓冲液、NaCl 储存液或限制酶提供的 10×缓冲液。

在总体积为 30μL 的合成或连接混合物中，NaCl 浓度为 37.5mmol/L。如果限制消化反应不需要 NaCl 或需要低于上述浓度的 NaCl，可用乙醇沉淀合成连接缓冲液中的 DNA 混合物，或将 DNA 混合物通过一个离心柱，重悬在合适限制酶缓冲液中。

6．将 20U 应用于选择性筛选的限制性内切核酸酶加入到反应混合物中。在合适的温度下消化至少 1h。

▲反应中酶体积（包括聚合酶和连接酶）不应超过总反应体积的 10%。应按照以上比例相应地调节反应体积。

突变质粒的第一轮转化与富集

7．按照第 3 章描述的转化方案之一，用消化混合物中包含的质粒 DNA 转化 *mutS* 大肠杆菌菌株（如 BMH71-18）。

8．分别用 10μL、50μL 和 250μL 转化混合物涂布含抗生素的 LB 琼脂平板。37℃过夜孵育平板。在平板孵育期间进行步骤 9。

这些培养皿用于测定第一轮转化子的数量。每 50μL 转化混合物涂布的平板上应产生 100～300 个克隆。

9．加入 3mL 含适当抗生素的 LB 培养液至剩余的转化混合物中以扩增质粒。37℃振荡培养过夜。

10．第 2 天从大约 2.5mL 的过夜培养物中制备质粒 DNA（第 1 章）。

11．用选择性筛选的限制酶消化步骤 10 制备的质粒 DNA。如下：

质粒 DNA	500ng
10×限制酶缓冲液	2μL
单一位点的限制性内切核酸酶	20U
加水至	20μL

在适当温度中孵育反应 2h。

12．再加入 10U 的限制酶，继续孵育至少 1h。

13．取 5～10μL 质粒 DNA 经 1%的琼脂糖凝胶（含 0.5μg/mL 溴化乙锭）电泳来评估 DNA 消化程度（第 3 章，方案 1 和方案 2）。

线性化质粒 DNA 经电泳分离应为一条带。未消化的（环状）DNA 经电泳分离为两条带，它们分别对应松弛的环状形式或超螺旋结构形式 DNA。然而，由于亲本质粒占总质粒 DNA 的绝大多数，未被消化的突变体质粒的条带与被消化的亲本质粒 DNA 条带相比可能相当微弱。

最后一步转化

14．取 2～4μL 经消化的质粒 DNA（50～100ng），转化化学感受态大肠杆菌 *mutS*$^+$菌，或用灭菌水 5 倍稀释质粒 DNA（约 5ng），电击法转化大肠杆菌 *mutS*$^+$ 菌株（第 3 章，方案 4）。

15．分别取 10μL、50μL 和 250μL 转化混合物涂布含抗生素的 LB 琼脂平板。37℃孵育培养皿过夜。

16．第 2 天，至少挑取 12 个单克隆进行小量质粒 DNA 制备，用限制性内切核酸酶消化，琼脂糖凝胶电泳鉴定不被限制性内切核酸酶消化的质粒。

17．通过 DNA 序列测定确定含预定突变的质粒。

疑难解答

问题：突变体回收率低。

解决方案：尝试一种或多种下面的方法：

- 结合 USE 和 Kunkel 对含尿嘧啶模板 DNA 选择的方法（Markvardsen et al. 1995）。
- 增加诱变引物浓度，使两种引物的物质的量比达到 10∶1，使反应有利于诱变引物（Hutchinson and Allen 1997）。
- T4 DNA 聚合酶催化的延伸反应温度由 37℃改为 42℃（Pharmacia Instruction Booklet）。

问题：据报道，用 pBluescript 家族载体产生非常低的突变率，可能是因为它们二级结构含有一个结节(knotty)区域，它妨碍了 DNA 聚合酶在体外引物延伸反应中的向前移动。

解决方案：使用 pBluescript 家族载体以外的质粒载体，或使用热稳定 DNA 聚合酶和 DNA 连接酶在高温下孵育延伸反应可完全避免这一问题（Wong and Komaromy 1995）。

配方

为正确使用本方案中的器材和危险试剂，必须查阅相应的材料安全数据表并咨询所在机构的环境卫生和安全办公室。

10×复性缓冲液

试剂	终浓度
Tris-HCl (pH 7.5)	200mmol/L
$MgCl_2$	100mmol/L
NaCl	500mmol/L

LB 培养基

试剂	质量(1L)
细菌用胰蛋白胨	10g/L
酵母提取物	5g/L
NaCl	5g/L

溶入 1L 的蒸馏水中。用 5mol/L NaOH 调 pH 至 7.5。高压灭菌。

含氨苄青霉素的 LB 平板

按上述配方配制液体 LB 培养基，高压灭菌前加入终浓度 15g/L 的琼脂。高压灭菌后倒平板前加入终浓度 125μg / mL 的氨苄青霉素。

10×合成缓冲液

试剂	终浓度
Tris-HCl (pH 7.5)	100mmol/L
dNTP(dTTP，dATP，dCTP 和 dGTP)	各 5mmol/L
ATP	10mmol/L
DTT	20mmol/L

参考文献

Bebenek K, Kunkel TA. 1989. The use of native T7 DNA polymerase for site-directed mutagenesis. *Nucleic Acids Res* **17**: 5408.

Braman J, Papworth C, Greener A. 2000. Site-directed mutagenesis using double-stranded DNA templates. In *The nucleic acid protocols handbook* (ed Rapley R), pp. 835–844. Humana, Totowa, NJ.

Conley EC, Saunders JR. 1984. Recombination-dependent recircularization of linearized pBR322 plasmid DNA following transformation of *Escherichia coli*. *Mol Gen Genet* **194**: 211–218.

Deng WP, Nickoloff JA. 1992. Site-directed mutagenesis of virtually any plasmid by eliminating a unique site. *Anal Biochem* **200**: 81–88.

Hutchinson MJ, Allen JM. 1997. Improved efficiency of two-primer mutagenesis. *Elsevier Trends Journals Technical Tips Online (#40072)*.

Kunkel TA. 1985. Rapid and efficient site-specific mutagenesis without phenotypic selection. *Proc Natl Acad Sci* **82**: 488–492.

Markvardsen P, Lassen SF, Borchert V, Clausen IG. 1995. Uracil-USE, an improved method for site-directed mutagenesis on double-stranded plasmid DNA. *BioTechniques* **18**: 370–372.

Nossal NG. 1974. DNA synthesis on a double-stranded DNA template by the T4 bacteriophage DNA polymerase and the T4 gene 32 DNA unwinding protein. *J Biol Chem* **249**: 5668–5676.

Schena M. 1989. High efficiency oligonucleotide-directed mutagenesis using Sequenase. *Comments (US Biochemical Corp)* **15**: 23.

Wong F, Komaromy M. 1995. Site-directed mutagenesis using thermostable enzymes. *BioTechniques* **18**: 1034–1038.

Zhu L. 1996. In vitro site-directed mutagenesis using the unique restriction site elimination (USE) method. *Methods Mol Biol* **57**: 13–29.

方案 6　利用密码子盒插入进行饱和诱变

通过盒式插入的饱和诱变向靶基因中引入一个文库，这个文库中基因的特定位点突变成某个特定的 DNA 序列，这一策略在研究一个蛋白质的某个特定氨基酸残基在整个蛋白质结构中的功能时十分有效。一般来说，盒式插入诱变的含义是将目标区域用限制性内切核酸酶从两侧切除，并插入一个合成特定突变序列的寡核苷酸。当将某一特定位点替换时，这个策略十分有效；但是，当需要插入的突变文库在某些特定位点需要包含所有可能的氨基酸种类时，这一策略则捉襟见肘，因为合成所有种类突变的寡核苷酸序列十分昂贵。

本方案则可以克服这些问题并能达到这一目的（图 14-8）。这里将一套包含 11 种通用寡核苷酸盒用于构建突变体。这一方法的主要优点是，一套诱变密码子盒可以将所有可能种类的氨基酸插入一个基因中所有预先确定的位点。这 11 个寡核苷酸盒中的每一个都含有 2 个 *Sap* I 识别位点，可以用酶将密码子盒从两侧切下（图 14-9）。这两个 *Sap* I 的识别序列互为反向，由中心密码子隔开。在每个盒结构的末端，紧挨着 *Sap* I 位点，是一段 3 个碱基对的直接重复序列，即 *Sap* I 可以从这个序列中间切开。*Sap* I 酶切将导致在盒结构的两端生成 3 个碱基的单链黏末端。这 3 个碱基的单链黏末端可以自行连接成环，从而缺失盒式结构。而这 3 个重复的碱基最终将掺入模板。将图 14-9 中所示的所有盒结构中均存在的（5′－CAG…CAG-3′）3 碱基重复序列替换为其他序列，则可完成对所有可能氨基酸的置换。表 14-4 列出了该研究中建立的所有用于置换的全套 11 个通用寡核苷酸盒结构。

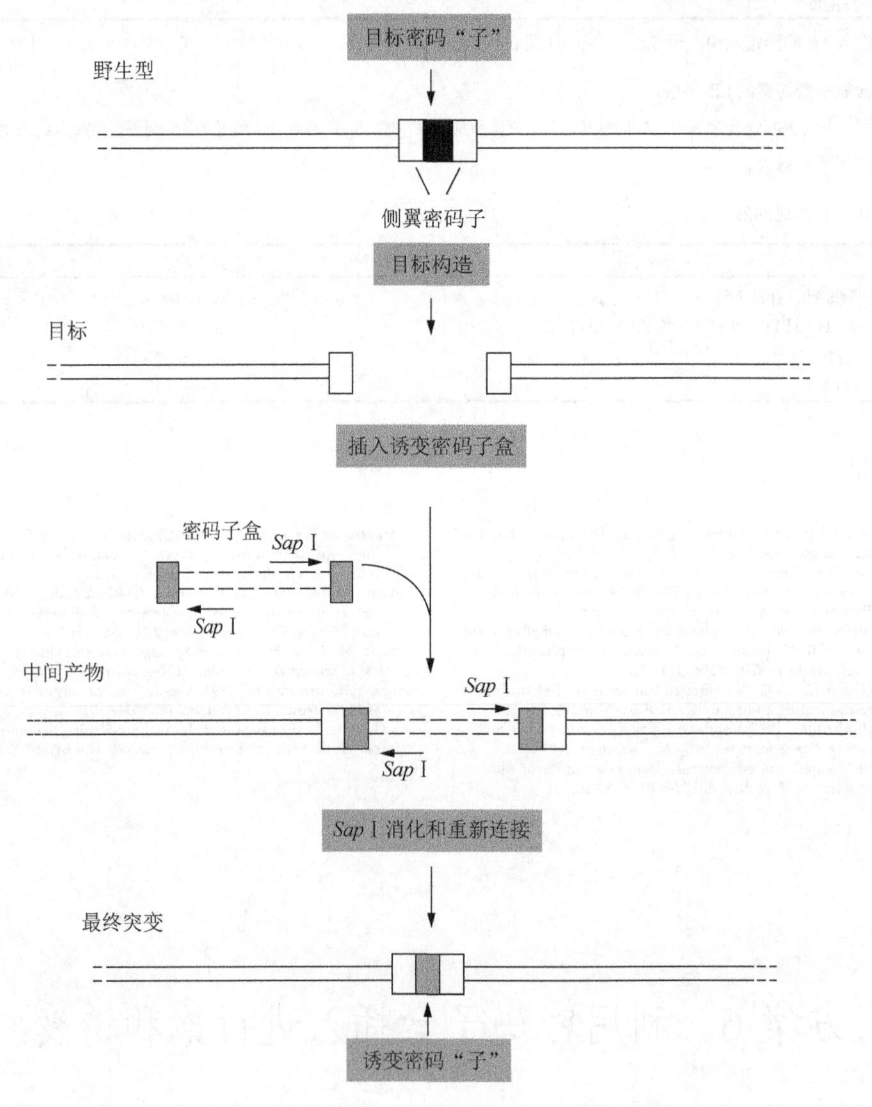

图 14-8 通过盒式法插入饱和突变。黑框表示用于突变的目标密码子；空白框表示邻近目标密码子的“侧翼密码子”；水平箭头表示 *Sap* I 切割位点（经 Science+Business Media 许可，改编于 Kegler-Ebo et al. 1996）。

整个步骤需要构建的密码子置换盒如图 14-8 所示。图 14-9 中所示的平末端诱变盒则是通过在平末端位点连接插入目标分子中，构建一个中间产物，这个“中间产物”之后被 *Sap* I 消化。最后 *Sap* I 酶切消化后的双链尾巴连接到一起生成了诱变分子。这样可以将 1 个拷贝的含 3 碱基重复从盒结构中转移到目标分子中，从而产生最终的诱变产物。这个方案来自 Kegler-Ebo 等（1994，1996）的方法。

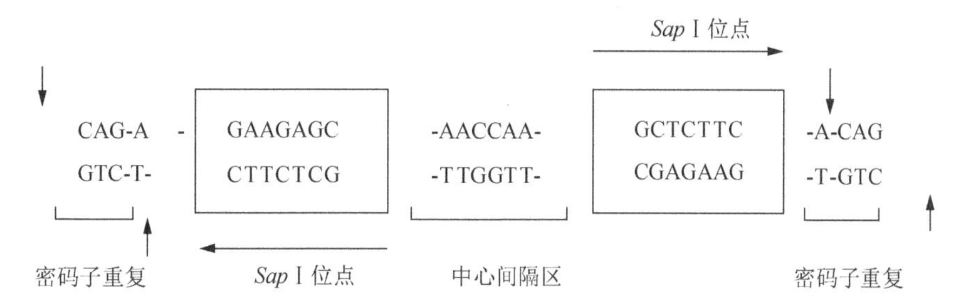

图 14-9　通用密码子盒的结构。方框表示 *Sap* I 识别序列；水平箭头表示 *Sap* I 酶切位点；垂直箭头表示 *Sap* I 切割位置。两端重复序列和中间区之间的区域为 2 个 *Sap* I 识别序列。盒结构表示插入编码 CAG（谷氨酰胺）和 CUG（亮氨酸）的密码子（经 Science+Business Media 许可，改编自 Kegler-Ebo et al. 1996）。

表 14-4　通用密码子盒设计

诱变盒 [a]	插入氨基酸 [b]
ATG…ATG	甲硫氨酸
TAC…TAC	组氨酸
TGG…TGG	色氨酸
ACC…ACC	脯氨酸
CAG…CAG	谷氨酰胺
GTC…GTC	亮氨酸
GAC…GAC	天冬氨酸
CTG…CTG	缬氨酸
AAC…AAC	天冬酰胺
TTG…TTG	缬氨酸
TAT…TAT	酪氨酸
ATA…ATA	异亮氨酸
GGC…GGC	甘氨酸
CCG…CCG	丙氨酸
AAA…AAA	赖氨酸
TTT…TTT	苯丙氨酸
TTC…TTC	苯丙氨酸
AAG…AAG	谷氨酸
AGA…AGA	精氨酸
TCT…TCT	丝氨酸
ACA…ACA	苏氨酸
TGT…TGT	半胱氨酸

由 Oxford University Press 授权，重印自 Kegler-Ebo 等 1994。

a. 表示通用密码子盒及其末端重复序列。第一行显示 5′ → 3′ 方向，第二行显示 3′ → 5′ 方向。

b. 第一列密码子盒所对应的氨基酸。对于每一个密码子盒，第一行表示按照第一列第一行方向插入时翻译的氨基酸，第二行表示按照第一列第二行方向插入时翻译的氨基酸。

材料

为正确使用本方案中的器材和危险试剂，必须查阅相应的材料安全数据表并咨询所在机构的环境卫生和安全办公室。

本方案的专用试剂标注<R>，配方在本方案末提供。常用储备溶液、缓冲液和试剂标注<A>，配方见附录 1。储备溶液应稀释至适用浓度后使用。

试剂

乙酸铵（3.75mol/L，pH 5.0）

用于 Klenow 反应的 dNTP 混合液（10×）

在 TE 缓冲液中，4 种 NTP 均为 500mmol/L；保存于−20℃。

大肠杆菌 DH5α

乙醇（100% 和 70%）

保存于−20℃。

DNA 聚合酶 I 的 Klenow 片段（5U/mL）

Klenow 反应缓冲液（10×）<R>

连接酶反应缓液（10×）<R>

酚：氯仿：异戊醇（PCA 溶液，为 25：24：1 TE 溶解的饱和苯酚、氯仿和异戊醇的混合物）

保存于 4°C。

来源于牛胰脏的核糖核酸酶 A（RNase A）

Sap I 反应缓冲液（10×） <R>

Sap I 限制性内切核酸酶（lU/μL）

乙酸钠（3mol/L，pH 5.2）

氢氧化钠（NaOH，1mol/L）

目标 DNA 分子

请参阅下面构建平末端靶 DNA 分子的方法。

T4 DNA 连接酶（400U/μL）TE 缓冲液 <R>

tRNA（10mg/mL 酵母 tRNA；Sigma-Aldrich）

保存于−20°C。

通用密码子盒

从 New England Biolabs 公司获得，并用 TE 缓冲液稀释至 10ng/mL <R>。

设备

凝胶电泳设备

QIAGEN 质粒小提试剂盒

分光光度计

热循环仪

涡旋振荡器

方法

构建平末端目标 DNA 分子

若要进行密码子盒式诱变，必须构造一个符合以下要求的目标 DNA 分子：①不包含任何内源性 *Sap* I 限制酶切割位点；②在待突变位点通过双链断裂，能生成线性的平末端。若要获得目标 DNA 分子，必须考虑以下原则和注意事项。

- 待突变目标 DNA 必须包含限制酶切割位点，以便在正确的位点获得平末端并将密码子替换或插入。
- 待突变目标 DNA 必须不含有任何内源性 *Sap* I 限制酶切割位点。

在密码子盒诱变构建之前，必须去除目标 DNA 上的所有 *Sap* I 限制酶切割位点。虽然 *Sap* I 识别序列只有 7 个碱基对，且在 DNA 序列中很少出现，但仍要仔细检查是否有此位点的出现，并用替换技术或者标准诱变技术（重叠诱变技术）将其进行修正。

设计待突变目标 DNA 时，在正确的位点设计一个可以产生平末端的策略十分重要，构建待突变目标 DNA 的一般策略包括在预替换的密码子区域设置 *Sap* I 位点，以及用 Klenow 片段填充单链末端，最终在适当位置获得平末端。这一步骤可以用于任意氨基酸序列，因为 *Sap* I 位点已经去除，并且位于突变两侧的野生型密码子均已重新生成。

1. 将 2μL 10×*Sap* I 反应缓冲液、5μL（5μg）的待突变目标 DNA、5μL *Sap* I 混合，加水至总体积 20μL，在 37℃孵育 4h。

2. 在反应体系中加入 3μL TE 缓冲液，之后加入 50μL 酚∶氯仿∶异戊醇（PCA）抽提液，涡旋振荡混匀，在微型离心机中短暂离心。将含有 DNA 的上层溶液转移到一个新 Eppendorf 管中，向管中加入 5μL 乙酸钠溶液，涡旋振荡，加入 100μL 乙醇，涡旋振荡，然后将离心管在-20°C 储存 2h 或在干冰上放置 15min。然后，离心法收集沉淀的 DNA，用 70%乙醇洗涤，风干 5min，用 20μL 的 TE 缓冲液溶解 DNA 沉淀。用分光光度计测定 260nm 处吸光度，以确定 DNA 含量。

3. 在 7μL 沉淀后的 *Sap* I 酶切产物中，添加 1μL 10×Klenow 反应缓冲液、1μL 10×dNTP 混合液，并加入 1μL Klenow 合成酶。混匀后，在 22°C 孵育 15min。

4. 按照步骤 2 纯化 DNA，并用 20μL 的 TE 缓冲液溶解 DNA 沉淀。

插入密码子盒生成中间分子

5. 在获得带有平末端的目标 DNA 后，即可进行 11 个密码子盒的连接反应。在每个反应中，平末端目标 DNA 与密码子盒的物质的量比约为 1∶25。按照下面的配方配制反应混合液，并过夜反应 16h。

连接酶反应缓冲液（10×）	1μL
平末端目标 DNA 分子	1μL
双链密码子盒	2.5μL
H_2O	4.5μL
T4 DNA 连接酶	1μL

6. 在每个反应中加入 40μL TE 缓冲液和 2μL 酵母 tRNA 载体，按照步骤 2 的方法再次抽提一遍，乙醇沉淀 DNA，离心，并将产物 DNA 沉淀溶解于 10μL TE 缓冲液中。

7．将 11 种反应的混合物（步骤 6）各取 2.5μL 分别转化感受态 DH5α大肠杆菌（第 3 章），涂布到含有适当抗生素的 LB 琼脂平板上。

8．使用商品化试剂盒从各个单克隆菌落中提取微量 DNA。将 DNA 溶解于含有 100μg/mL RNase A 的 20μL TE 缓冲液中（pH 8.0），储存于-20℃。

测序确认密码子的插入

9．在（步骤 8 中获得的）16μL 微量 DNA 中加入 4μL 1mol/L NaOH 溶液，室温孵育 10min 使其变性。

10．加入 2.5μL 乙酸铵并涡旋振荡混匀。加入 100μL 乙醇使 DNA 沉淀，并将 DNA 置于-70°C 20min 或-20°C 2h 将其制冷。

11．用微型离心机离心 DNA 使其沉淀，用冷的 70%乙醇洗涤一次，弃去乙醇后晾干 DNA 沉淀。

12．用 7μL 纯水溶解沉淀，按照 Sequenase Version 2.0 使用手册（United States Biochemical [1994] Step-by-Step Protocols for DNA Sequencing with Sequenase Version 2.0 T7 DNA Polymerase，8th ed.）的方法进行引物复性并测序。

消化中间分子获得终产物

13．为获得最终的突变产物，每一个分子都要经过一个独立的酶切反应。在每个试管中混合以下成分，并在 37°C 孵育至少 4h。

Sap I 反应缓冲液（10×）	2μL
制备微量的 DNA 中间产物（来自步骤 6）	5μL
H_2O	11μL
Sap I	2μL

14．利用凝胶电泳鉴定每个样品是否消化完全。

15．按以下配方配制反应体系，将酶切获得的中间分子环化。

T4 DNA 连接酶缓冲液（10×）	5μL
Sap I 消化的中间 DNA（来自步骤 13）	10μL
H_2O	34μL
T4 DNA 连接酶	1μL

室温孵育至少 1h。

16．使用酚：氯仿：异戊醇溶液抽提上述溶液，乙醇沉淀 DNA，用 10μL 的 TE 缓冲液溶解 DNA 沉淀。这个溶液即含有最后的突变产物。

17．将每个反应产生的 DNA 溶液各取 2～4μL 分别转化活化 DH5α大肠杆菌，并涂布到含有适当抗生素 LB 琼脂平板上，培养过夜。第二天挑取克隆至液体培养基中，小量提取 DNA，*Sap* I 酶切鉴定是否已插入所需突变盒，并且不含有线性化 DNA。

见“疑难解答”。

18．为检测缺少盒式插入突变的克隆，可通过克隆杂交实验进行筛选。有关详细信息请参阅 Kegler-Ebo（1994）的克隆杂交方法。或者，也可以使用 *Sap* I 消化筛选克隆（已插入突变盒的质粒不能被 *Sap* I 所消化）。

疑难解答

问题（步骤 17）： 涂板后未长出阳性克隆。

解决方案： 延长步骤 13 中 *Sap* I 消化时间，以确保酶切完全。

问题（步骤 17）： *Sap* I 消化线性质粒。

解决方案： 如果步骤 13 中使用 *Sap* I 消化密码子盒成功，则获得的质粒应该不能被该酶消化，如果插入的不是所需密码子盒，那么需确认密码子盒是否构建正确以及步骤 5 中的连接反应是否成功。

配方

为正确使用本方案中的器材和危险试剂，必须查阅相应的材料安全数据表并咨询所在机构的环境卫生和安全办公室。

Klenow 反应缓冲液（10×）

试剂	终浓度
Tris-HCl（pH 7.5）	100mmol/L
$MgCl_2$	50mmol/L
二硫苏糖醇	75mmol/L

连接酶反应缓冲液（10×）

试剂	终浓度
Tris-HCl（pH 7.8）	500mmol/L
$MgCl_2$	100mmol/L
二硫苏糖醇	100mmol/L
ATP	10mmol/L
牛血清白蛋白	250μg/mL

Sap I 反应缓冲液（10×）

试剂	终浓度
乙酸钾	500mmol/L
Tris 乙酸	200mmol/L
乙酸镁	100mmol/L
二硫苏糖醇	10mmol/L

调 pH 至 7.9。

TE 缓冲液

试剂	终浓度
Tris-HCl（pH 8.0）	10mmol/L
EDTA	1mmol/L

参考文献

Kegler-Ebo DM, Docktor CM, DiMaio D. 1994. Codon cassette mutagenesis: A general method to insert or replace individual codons by using universal mutagenic cassettes. *Nucleic Acids Res* 22: 1593–1599.

Kegler-Ebo DM, Polack GW, DiMaio D. 1996. Use of codon cassette mutagenesis for saturation mutagenesis. *Methods Mol Biol* 57: 297–310.

方案7 随机扫描诱变

体外寡核苷酸诱变和基于PCR的诱变技术的主要用途是通过改变基因的核苷酸序列研究其功能的重要性及其编码产物（Hutchison et al. 1978；Botstein and Shortle 1985；Kunkel 1985；Higuchi et al. 1988）。针对该问题的解决办法是系统地依次将该蛋白质上每一个氨基酸残基替换为丙氨酸（丙氨酸扫描诱变）或替换为一定数量的其他替代氨基酸（Cunningham and Wells 1989）。虽然这些策略可以提供有用信息，然而有时人们亟须检测目标位置上更广泛的氨基酸改变。近期，Smith及其同事发展了一种被称为随机扫描诱变的方案，用来检测某个氨基酸残基在人类免疫缺陷病毒（HIV）反转录酶保守结构域中的功能重要性，本方案即来自该方法（Smith et al. 2004，2006）。这一策略是一种基于寡核苷酸在蛋白质某一特定氨基酸位点生成所有19种可能替代氨基酸的方法（图14-10）。

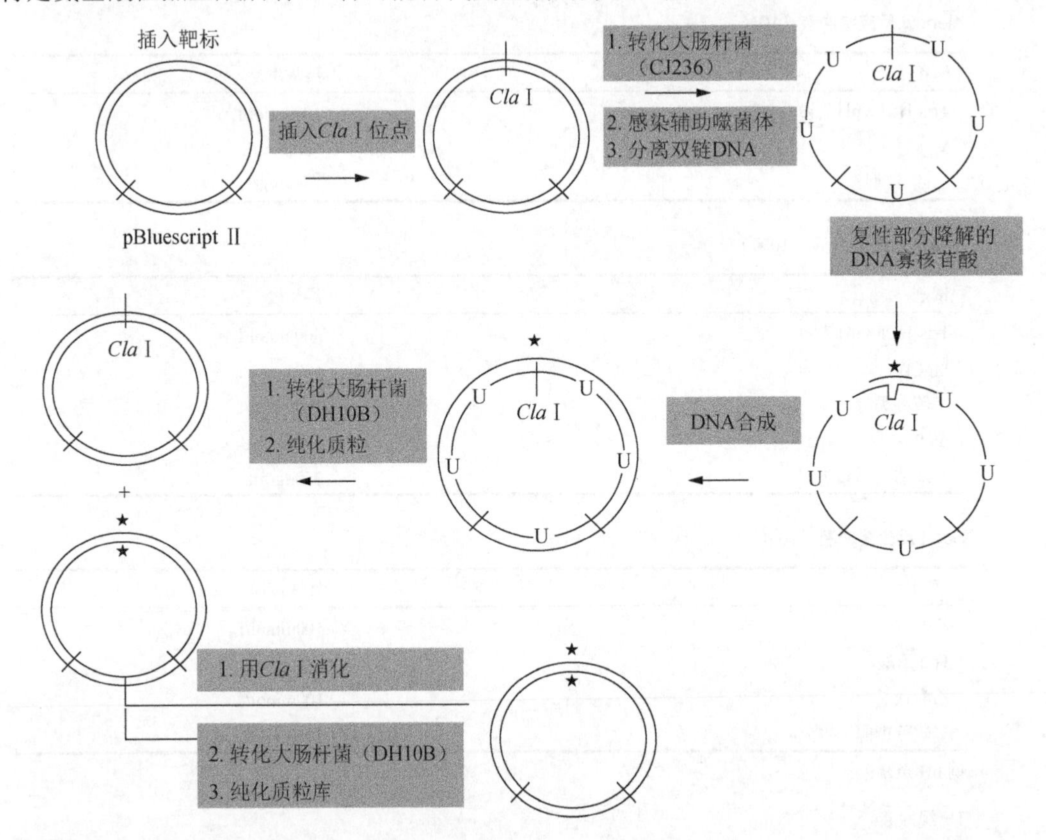

图14-10 随机扫描诱变方案。在此示例中，在靶区域中引入了一个*Cla* Ⅰ限制酶切割位点。突变后的质粒作为模板合成含有尿嘧啶的单链DNA。之后采用寡核苷酸引物库进行体外DNA合成，将质粒转染dUTPase^{+} UNG^{+}大肠杆菌感受态细胞，筛选出不含尿嘧啶的模板DNA。为进一步富集突变体库、质粒用*Cla* Ⅰ消化后再次转化大肠杆菌，由此产生的质粒文库极大地富集了在靶位点含有氨基酸替换突变的质粒。星号表示突变位点（经Springer Science＋Business Media许可，改编自 Smith 2010）。

材料

为正确使用本方案中的器材和危险试剂，必须查阅相应的材料安全数据表并咨询所在机构的环境卫生和安全办公室。

本方案的专用试剂标注<R>，配方在本方案末提供。常用储备溶液、缓冲液和试剂标注<A>，配方见附录1。储备溶液应稀释至适用浓度后使用。

试剂

氨苄青霉素（100mg/mL）
复性缓冲液（10×）　<R>
氯霉素（15μg/mL）
大肠杆菌株 DH10B（Life Technologies 公司）及 CJ236（Takara Bio Inc 公司）
乙醇（100%）
基因片段或待研究的可读框（ORF）
卡那霉素（70μg/mL）
LB-氨苄青霉素（100μg/mL）琼脂平板
LB-氨苄青霉素-氯霉素琼脂平板
LB 培养基 <R>
pBluescript II KS（－）载体（Agilent 公司）
PEG/NaOAc 溶液[20%（*m/V*）聚乙二醇 8000 溶于 2.5mol/L 乙酸钠]
酚：氯仿：异戊醇（25：24：1）
质粒 DNA 纯化试剂盒
RNase A（25mg/mL），无 DNA 酶
SOC 培养基　<A>
合成缓冲液（10×）　<R>
T4 DNA 连接酶（New England Biolabs 公司）
T7 DNA 聚合酶（New England Biolabs 公司）
VCSM13 耐干扰辅助噬菌体（Agilent 公司）
酵母蛋白胨肉汤（YT broth）（2×）　<R>

设备

离心机
DNA 测序仪
培养箱
培养皿
分光光度计
热循环仪
水浴箱或加热板

方法

1．通过寡核苷酸指导的诱变（方案 5）或者通过基于 PCR 的策略（方案 2），向目标 DNA 片段中引入单一的限制性内切核酸酶位点。

切记应通过扰乱聚合酶的可阅读框避免目标蛋白的表达。

制备含有尿嘧啶的ssDNA

2．将修饰后的质粒转化到脱氧尿苷三磷酸酶（dUTPase）和尿嘧啶DNA糖苷酶（UDG）活性缺陷的（第3章）化学感受态大肠杆菌宿主CJ236S。从而将尿嘧啶掺入质粒DNA。

诱变引物设计

诱变寡核苷酸应该足够长，以保证当与ssDNA模板发生复性时，该引物可以与两端20～25个碱基相配对。此外，最重要的是需确认寡核苷酸携带了5′磷酸基团。这可以通过化学合成引物时引入该诱变寡核苷酸，或者将寡核苷酸与T4多聚核苷酸激酶（T4 polynucleotide kinase）共同孵育获得该诱变寡核苷酸（第13章）。

其他重要因素

- 由于本方案需要获得单链DNA（ssDNA），质粒中必须含有f1复制起始位点。例如，pBluescript II KS（－）、pGEM-3Zf和pTZ18U等质粒，均可生产足够数量ssDNA用于辅助噬菌体感染。
- 如果对象是一个单一的密码子，引入的限制性酶切位点需要位于目标密码子处；相反，如果是随机的多个密码子，限制性酶切位点应该在目标区域的中间部位。
- 通过体外DNA合成进行诱变而产生的质粒文库会出现替代氨基酸在目标区域的不均匀分布，这是因为文库中的寡核苷酸引物存在遗传密码不对称性和复性能力不同。要克服这个问题，再合成寡核苷酸时应将稀有氨基酸分开，并以特定比例将它们混合后再在文库中进行反应。孵育感染噬菌体的培养物不要超过12h，否则，在最终的ssDNA产物中将会污染大量大肠杆菌基因组DNA和RNA。

3．将转化后的细菌接种在SOC培养基中，37℃孵育1h进行活化。

4．将细菌涂布于LB-氨苄青霉素-氯霉素平板，37℃孵育过夜。

5．从平板中挑取一个克隆，接种于2mL含氨苄青霉素（50～100μg/mL）和氯霉素（15μg/ mL）的2×YT培养基中，37℃孵育12h。

6．将2mL混合物转移到三角烧瓶中含有氨苄青霉素（50～100μg/mL）和氯霉素（15μg/mL）的300mL 2×YT培养基，并加入VCSM13辅助噬菌体至终浓度为2×10^8 pfu/mL。

7．将三角烧瓶在37℃培养2h，然后加入卡那霉素（70mg/mL），继续培养12h。

8．培养产物于7000*g* 4℃离心15min。小心移出含有噬菌体颗粒的上清液，放入一个新离心管中。

9．将上清液转移到新离心管后，重复上述离心步骤。

10．将80%的上清液转移到新离心管后，每管加入1/4体积的PEG/NaOAc溶液，混合以上液体并在冰上放置1h或者4℃放置过夜。噬菌体颗粒在此过程中发生沉淀。

11．将上述溶液于9000*g* 4℃离心25min。

12．弃上清，用2mL TE缓冲液（pH 8）重悬包含有噬菌体颗粒的沉淀物。

13．将噬菌体悬液分成两管（每个1mL），每管加入2μL无DNA酶的RNase A（25mg/ mL）。37℃孵育 1h。

14．将上述产物于15 000*g*离心5min，这一步是为了消除细胞或细胞碎片。将上清液转移到新离心管中，并向每管添加250μL PEG/NaOAc，并将离心管在冰上静置15min重新沉淀噬菌体颗粒，然后在14 000r/min 4℃离心5min。

15．弃上清，用300μL的TE缓冲液（pH 8）重悬噬菌体颗粒。

16．先用酚：氯仿（1：1）溶液，再用酚：氯仿：异戊醇（25：24：1）溶液抽提 ssDNA。

17．添加 1/10 体积 3mol/L NaOAc（pH 5）和 2 倍体积的 100%乙醇沉淀 ssDNA，冰上孵育 30min，之后于 14 000r/min 离心 15min。

18．弃上清，晾干 DNA 沉淀，用 500μL TE 缓冲液（pH 8）重悬，使用分光光度计测定 DNA 浓度，DNA 的 OD_{260}/OD_{280} 值应在 1.8 左右为宜。

诱变反应

19．后述步骤均应在冰上进行，并同时设立一个阴性对照（无引物）。每管加入 0.6pmol ssDNA 模板，然后加入 6.6pmol 寡核苷酸随机引物库，用双蒸水将体积调至 9μL。

20．每管加入 1μL 10×复性缓冲液。通过复性过程使引物结合到 ssDNA 上，在水浴锅中先将反应物温度升至 80℃，并自然冷却到 30℃，之后将离心管至于冰上冷却即可。

21．每管加入 1μL 10×合成缓冲液、6 个 Weiss 单位的 T4 DNA 连接酶和 T7 DNA 合成酶。吹打混匀后，在 37℃孵育 2h。

22．将 1μL 反应液接种到大肠杆菌中，宿主菌株必须同时含有脱氧尿苷三磷酸（dUTPase）和尿嘧啶 DNA 糖苷酶（UDG）活性，用来筛选具有尿嘧啶抗性的质粒。

23．复苏细胞，将细胞接种在 SOC 培养基中，37℃孵育 1h 进行活化。然后将 100μL 细胞涂布在 LB-氨苄青霉素琼脂平板上，37℃孵育过夜。同时，转移 200μL 细胞到一个三角瓶中含有氨苄青霉素（50～100mg/mL）的 100mL LB 培养基，37℃培养过夜。

24．将步骤 23 中收获的细菌培养物于 6000*g* 4℃条件下离心 15min。

25．对步骤 23 中氨苄青霉素平板上的菌落数量进行统计。如果诱变反应所得产物在平板上的菌落数量是阴性对照组平板上菌落数量的 3 倍以上，则说明诱变成功。从步骤 24 获得细菌沉淀中纯化质粒 DNA（第 1 章方案，或使用商品化提取试剂盒）。将纯化后的 DNA 储存于−20℃。

限制酶消化

26．用可以识别限制酶切割序列的酶消化 DNA 文库。

27．转化一整份的酶切产物到大肠杆菌菌株中（第 3 章），然后操作步骤 23。

28．使用 DNA 测序方法鉴定质粒文库中的每一个单克隆，并将其用于后续功能分析。

配方

为正确使用本方案中的器材和危险试剂，必须查阅相应的材料安全数据表并咨询所在机构的环境卫生和安全办公室。

复性缓冲液（10×）

试剂	终浓度
Tris-HCl（pH 7.4）	200mmol/L
$MgCl_2$	20nmol/L
NaCl	500mmol/L

高压灭菌并保存于−20℃。

LB 培养基

试剂	质量（1L）
细菌用胰蛋白胨	10g
细菌用酵母提取物	5g
NaCl	10g

溶于 1L 蒸馏水中。用 5 mol/L NaOH 调 pH 至 7.5。高压蒸汽灭菌。

合成缓冲液（10×）

试剂	终浓度
Tris-HCl（pH 7.4）	100mmol/L
dNTP 混合物（dTTP、dATP、dCTP 和 dGTP）	各 5mmol/L
ATP	10mmol/L
$MgCl_2$	50mmol/L
DTT	20mmol/L

分装并保存于–80℃。

酵母胰蛋白胨（YT）液体培养基（2×）

试剂	质量（1L）
细菌用胰蛋白胨	16g
细菌用酵母提取物	10g
NaCl	5g

溶于 1L 蒸馏水中。用 5 mol/L NaOH 调节 pH 至 7.0。高压蒸汽灭菌。

参考文献

Botstein D, Shortle D. 1985. Strategies and applications of in vitro mutagenesis. *Science* 229: 1193–1201.

Cunningham BC, Wells JA. 1989. High-resolution epitope mapping of hGH-receptor interactions by alanine-scanning mutagenesis. *Science* 244: 1081–1085.

Higuchi R, Krummel B, Saiki RK. 1988. A general method of in vitro preparation and specific mutagenesis of DNA fragments: Study of protein and DNA interactions. *Nucleic Acids Res* 16: 7351–7367.

Hutchison CA III, Phillips S, Edgell MH, Gillam S, Jahnke P, Smith M. 1978. Mutagenesis at a specific position in a DNA sequence. *J Biol Chem* 253: 6551–6560.

Kunkel TA. 1985. The mutational specificity of DNA polymerase-β during in vitro DNA synthesis. Production of frameshift, base substitution, and deletion mutations. *J Biol Chem* 260: 5787–5796.

Smith RA. 2010. Random-scanning mutagenesis. *Methods Mol Biol* 634: 387–397.

Smith RA, Anderson DJ, Preston BD. 2004. Purifying selection masks the mutational flexibility of HIV-1 reverse transcriptase. *J Biol Chem* 279: 26726–26734.

Smith RA, Anderson DJ, Preston BD. 2006. Hypersusceptibility to substrate analogs conferred by mutations in human immunodeficiency virus type 1 reverse transcriptase. *J Virol* 80: 7169–7178.

方案 8　多位点定向诱变

目前使用的绝大多数以 PCR 为基础的诱变方法是热稳定酶引入 PCR 后不久，直接从 20 世纪 80 年代后期描述的技术基础上衍生而来的 （Higuchi et al. 1988；Ho et al. 1989；Vallette et al. 1989）。PCR 介导的定点诱变（SDM）方法已广泛地应用于分子生物学选择性地改变基因序列，探究它们的功能。早期方案允许一次仅引入一个或两个点突变（方案 2），但最近，已发展的几个诱变方案能够高效率地产生多个独立突变 （Mikaelian and Sergeant 1992；Ishii et al. 1998；Kim and Maas 2000），并且现在已有几个商品化试剂盒可供使用。它们大多数不适合普通的多位点定向和靠近位点的诱变。一些方法要求引物 5′ 端进行磷酸化，其他的则要求比引入突变数更多轮次的 PCR 反应。

最近，Tian 等（2010）发展了一个有效的方法，仅通过一次克隆步骤就可引入多个独立突变，此处描述的方案摘自 Tian 等（2010）。该方法适合一般的多位点定向突变和靠近位点的诱变，是一个组合了 PCR、*Dpn* I 消化和重叠延伸的简单快速方案。该方法的关键点是使用重叠延伸形成一个环状 DNA 质粒，不需要引物磷酸化和连接反应。原则上，第一轮 PCR 中，新合成的 DNA 链中 3′ 端与第一对引物 5′ 端之间有缺口（图 14-11）。在随后轮次的 PCR 中，一对新的突变寡核苷酸产生的两条 DNA 片段通过两条引物内的重叠序列复性在一起。这个新的突变分子也含有与第一轮 PCR 中形成的位置不同的缺口，但它们通过重叠延伸已被“修复”。通过这种方法能够成功地引入突变。最后，环状 DNA 转化到大肠杆菌细胞中，缺口被连接形成环状质粒。一个重要的必要条件是含有靶基因的亲本质粒需要被 Dam 甲基化酶甲基化，或从 Dam^+ 大肠杆菌（DH5α）中提取该质粒。

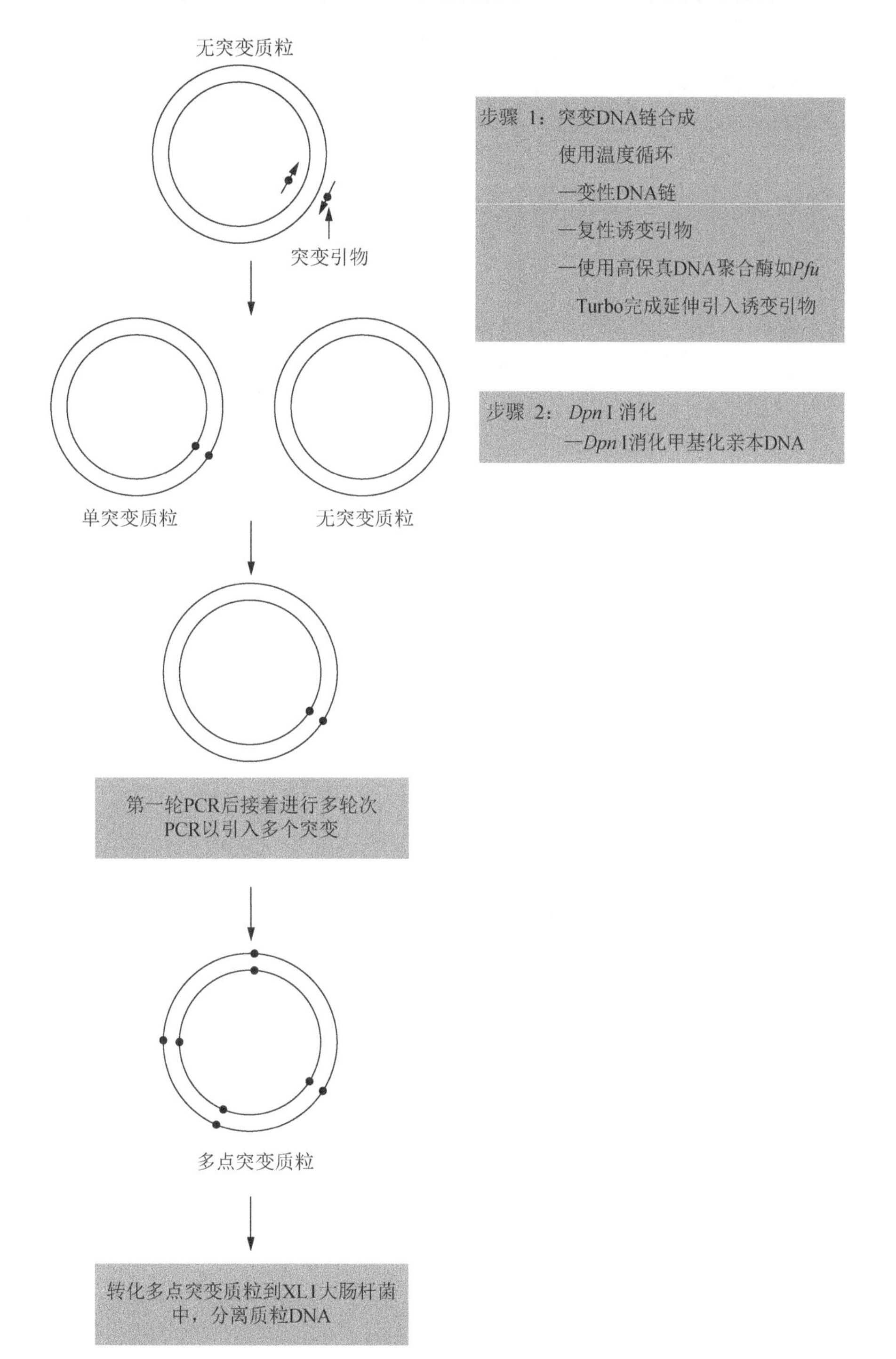

图 14-11　多位点定向诱变。含目标突变点和重叠序列的引物产生第一轮环状 DNA 分子。 用 *Dpn* I 酶消化亲本模板 DNA 富集突变 DNA，用不同突变引物进行随后轮次的 PCR。最后，含预定突变的 DNA 转化到感受态细菌中，分离和测序鉴定。黑色的圆圈表示突变（经 Elsevier 许可，摘自 Tian et al. 2010）。

优缺点

本方法的主要优点：

- 目标突变点之间能够相近或分开很远。
- 本方法仅仅需要一次克隆步骤。
- 本方法总成本低于商品化试剂盒。
- 不需要对引物磷酸化或 DNA 连接。

本方法的主要缺点：

- 在一个 4kb 质粒上完成的 3 个点突变效率约为 36.4%，低于商品化试剂盒的效率（大于 50%效率的 QuikChange 多位点定向诱变试剂盒，Agilent 公司）(Tian et al. 2010)。
- 本方法需要进行目标突变点数一样多轮次的 PCR。
- 产生 3 个以上点突变需要的时间多于商品化试剂盒的时间。

材料

为正确使用本方案中的器材和危险试剂，必须查阅相应的材料安全数据表并咨询所在机构的环境卫生和安全办公室。

本方案的专用试剂标注<R>，配方在本方案末提供。常用储备溶液、缓冲液和试剂标注<A>，配方见附录 1。储备溶液应稀释至适用浓度后使用。

试剂

琼脂糖凝胶电泳试剂

与菌株相配的抗生素

含拟突变克隆基因的 DNA 模板

dNTP 混合物

Dpn I（10U/μL）

大肠杆菌 XL-Blue 感受态细胞

LB 琼脂平板 <R>

LB 培养基 <R>

PCR 缓冲液（依照所使用的 DNA 聚合酶）

正向和反向突变引物

两条突变引物必须含预定突变，能够复性到质粒相对链的相同序列上。它们可以根据需要设计成含一个点的突变、插入或缺失。引物长度为 25～45 个碱基，在突变部位上应该至少有 10～15 个碱基互补。当多碱基错配出现时，这一点是特别重要的。

热稳定 DNA 聚合酶

设备

离心机

凝胶电泳仪

培养箱

培养皿

质粒 DNA 纯化试剂盒

热循环仪

水浴箱或加热板

方法

1．使用下面试剂进行 PCR 反应（同时见第 7 章）：

正向和反向突变引物	终浓度 0.4μmol/L
dNTP 混合物	每种终浓度 0.2mmol/L
DNA 模板	100ng

按下面的条件进行热循环 PCR：

循环数	变性	复性	聚合反应
1	94℃，5min		
30～40	94℃，30s	55～62℃，30s	68℃，2min
1			68℃，5min

2．直接加 1μL *Dpn* I（10U/μL）限制酶到各自扩增反应中。

3．通过来回地吸液几次轻轻充分混合各自反应混合液。微量离心机上离心反应混合液，然后立即 37℃孵育各自反应 1h 以消化亲代 DNA。

4．使用第一轮 PCR 产物和另一对拟引入不同突变点的突变引物进行另一轮 PCR。程序同步骤 1。

5．引入所有的预定突变点后，用 10μL 最终 PCR 产物转化 50～100μL 的大肠杆菌 XL-Blue1 感受态细胞（第 3 章）。冰上孵育细胞 15～30min，然后 42℃热激 90s。使细菌在 1mL LB 培养基里 37℃培养恢复 1h。将转化大肠杆菌细胞涂布含适当抗生素的琼脂平板，平板 37℃孵育过夜。

6．随机挑取 12 个克隆，在含适当抗生素的 2～3mL LB 培养基中孵育过夜。

7．用商品化试剂盒提取和纯化质粒 DNA。通过序列测定筛选含全部预定突变的质粒。

配方

为正确使用本方案中的器材和危险试剂，必须查阅相应的材料安全数据表并咨询所在机构的环境卫生和安全办公室。

LB 琼脂平板

按上述配方配制液体 LB 培养基，高压灭菌前加入终浓度 15g/L 的琼脂。高压灭菌后，倒平板前加入终浓度 125μg/mL 的氨苄青霉素。

LB 培养基

试剂	质量（1L）
细菌用胰蛋白胨	10g
酵母提取物	5g
NaCl	5g

溶入 1L 蒸馏水中。用 5mol/L NaOH 调 pH 至 7.5。高压灭菌。

参考文献

Higuchi R, Krummel B, Saiki RK. 1988. A general method of in vitro preparation and specific mutagenesis of DNA fragments: Study of protein and DNA interactions. *Nucleic Acids Res* 16: 7351–7367.

Ho SN, Hunt HD, Horton RM, Pullen JK, Pease LR. 1989. Site-directed mutagenesis by overlap extension using the polymerase chain reaction. *Gene* 77: 51–59.

Ishii TM, Zerr P, Xia XM, Bond CT, Maylie J, Adelman JP. 1998. Site-directed mutagenesis. *Methods Enzymol* 293: 53–71.

Kim YG, Maas S. 2000. Multiple site mutagenesis with high targeting efficiency in one cloning step. *BioTechniques* 28: 196–198.

Mikaelian I, Sergeant A. 1992. A general and fast method to generate multiple site directed mutations. *Nucleic Acids Res* 20: 376.

Tian J, Liu Q, Dong S, Qiao X, Ni J. 2010. A new method for multi-site-directed mutagenesis. *Anal Biochem* 406: 83–85.

Vallette F, Mege E, Reiss A, Adesnik M. 1989. Construction of mutant and chimeric genes using the polymerase chain reaction. *Nucleic Acids Res* 17: 723–733.

方案9 基于PCR的大引物诱变

大引物诱变是一种简单通用的方法，能够用于在特定靶区域内产生单一突变，也能够产生定点插入、缺失和基因融合（图14-12）。该方法使用3条寡核苷酸引物、两轮PCR和一个含有预定突变基因的DNA模板。如图14-12所示，A和B是两条侧翼引物，M是一条携带预定突变的引物，含一个拟引进DNA序列的突变；在第一轮PCR中用一条侧翼引物（如A）和突变引物（M）扩增出一条含有突变的DNA片段。第二轮PCR采用这个扩增片段（大引物）与另一条侧翼引物（如B）扩增出一条较长的DNA模板片段。最后的产物经纯化后克隆至适当的载体中。通过设计含有与选择载体一致的通用限制酶位点序列的侧翼引物，仅改变突变引物就可以产生不同的突变克隆。最近建立了改良的大引物方法，主要是使用具有显著不同解链温度的正向和反向侧翼引物。这种方案可以使研究人员在同一试管中执行两轮PCR（Ke and Madison 1997）。本方案描述的方案摘自Brons-Poulsen等（1998，2002）的方案。该方案已成功地应用于低或高G+C含量的模板扩增出71～800个碱基对长的大引物，最后的产物大小为400～2500个碱基对。此外，研究人员能够引入单碱基对突变，也能够进行长24个碱基对序列的缺失和替换。

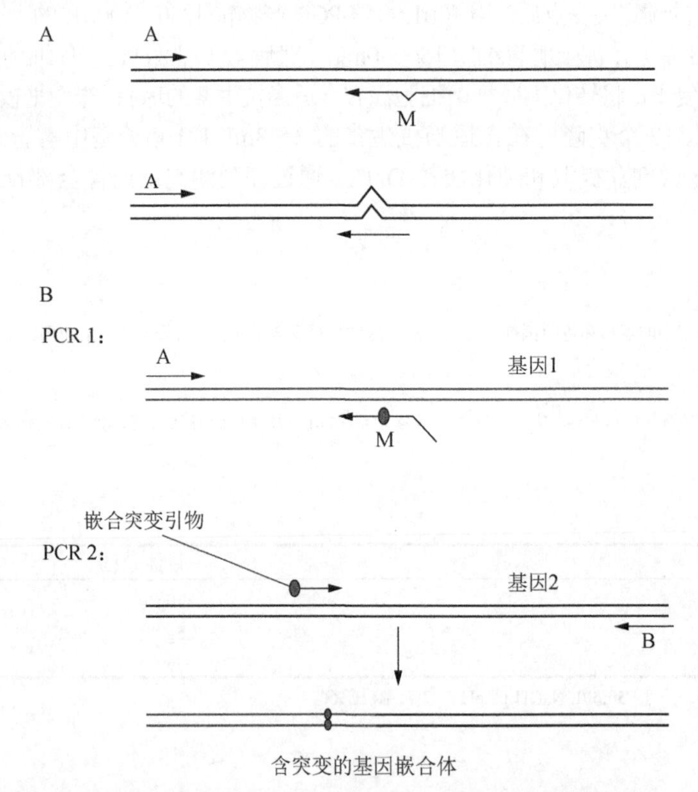

图14-12 使用大引物方法产生插入、缺失和基因融合的步骤。（A）表示插入（A，上）和缺失（A，下）诱变的第一轮PCR；随后如上面描述的一样，使用第一轮PCR产生的大引物、引物B和第一轮的DNA模板进行第二轮PCR扩增产生突变DNA片段。（B）表示基因融合，使用两个不同基因（分别为灰色和黑色线）进行第一轮和第二轮PCR。在第一轮PCR（PCR1）中的M引物必须有一段与第二个基因互补的序列，以允许大引物在第二轮PCR（PCR2）中能够复性到该DNA模板上。M引物上的蓝点表示拟引入到嵌合基因中的预定突变（经Springer Science + Business Media许可，摘自Barik 1997）。（彩图请扫书后二维码）。

材料

为正确使用本方案中的器材和危险试剂，必须查阅相应的材料安全数据表并咨询所在机构的环境卫生和安全办公室。

本方案的专用试剂标注<R>，配方在本方案末提供。常用储备溶液、缓冲液和试剂标注<A>，配方见附录 1。储备溶液应稀释至适用浓度后使用。

试剂

琼脂糖凝胶

含拟突变克隆基因的 DNA 模板

dNTP 混合物

寡核苷酸引物 A、B 和 M（关于引物设计见下面说明）

PCR 缓冲液（含酶）

模板和 PCR 产物纯化试剂

几个商品化试剂盒可用，但标准的酚：氯仿抽提也可行

热稳定 DNA 聚合酶

设备

PCR 产物的琼脂糖凝胶电泳设备（第 2 章，方案 1 和方案 2）

凝胶提取试剂盒

长波 UV 透射仪

热循环仪

引物设计

设计引物时，首先注意的是，由第二轮 PCR 产生的 PCR 产物长度必须与大引物不同。这确保凝胶电泳能够适当地分离两个片段。其次，M 引物的突变应该位于引物的中心。接近突变 5′端的突变能够削弱第二轮突变反应效率。突变位于 3′端能够抑制大引物的得率。突变位于引物中间影响解链温度。因此，为了确保有效的复性，引物长度需要调整。最后，A 和 B 引物应该包含特定限制性位点，以便最后的产物能够克隆至所选择的载体中。

当设计插入、缺失和基因融合的引物时，这些因素也适用。此外，通过在 M 引物中加入预定突变，基因融合能够与诱变相结合。

方法

大引物合成

1. 在无菌 0.5mL 微量离心管中混合以下成分进行第一轮 PCR：

10×扩增缓冲液	10μL
质粒模板 DNA	50～200ng
dNTP 混合物	200μmol/L（每一种 dNTP）
突变/侧翼引物	100pmol（每种引物）
热稳定 DNA 聚合酶	2.5U
加水至	100μL

循环程序：

循环数	变性	复性	聚合反应
1	94℃，2min		
10～25	94℃，20～45s	50～60℃，30～120s	72℃，30～90s
1			72℃，10min

2．取 PCR 反应产物进行琼脂糖凝胶电泳分离纯化（第 2 章，方案 1 和方案 2）。

3．切取含大引物的条带，使用琼脂糖凝胶提取试剂盒纯化该 DNA。

大引物第二轮 PCR

加第一轮 PCR 产生的大引物和引物 B 到 DNA 模板中进行第二轮 PCR。该步骤的关键点是引物的浓度。虽然这种现象具体的原因仍然不清楚，推测很可能与相当大的单链 DNA 到达临界浓度时形成的二级和三级结构有关。有些研究人员发现大引物浓度高于 0.01mmol/L 抑制反应。相反，其他的研究则显示，与 0.01mmol/L 及更低浓度的大引物相比，大引物浓度在 0.02～0.04mmol/L 是有利的。对于某一个大引物，可能会发生完全抑制反应。在这种情况下，引物的浓度应该降到一个绝对极小值。注意两条引物的浓度应该是相等的，以避免不对称扩增形成单链 DNA 产物。

4．在无菌 0.5mL 微量离心管中混合以下成分进行最后一轮 PCR：

10×扩增缓冲液	10μL
质粒模板 DNA	50～200ng
dNTP 混合物	200μmol/L（每一种 dNTP）
突变/侧翼引物	100pmol（每种引物）
热稳定 DNA 聚合酶	2.5U
加水至	100μL

使用下面的 PCR 条件进行最后突变产物的合成：

循环数	变性	复性	聚合反应
1	94℃，2min		
10～25	94℃，20～45s	50～60℃，120s	72℃，30～90s
1			72℃，10min

5．琼脂糖凝胶电泳分析 PCR 产物，回收较大分子质量的 DNA 带。

6．使用琼脂糖凝胶提取试剂盒纯化该 DNA 片段，并克隆至选择的载体中（第 3 章）。如果得率低，使用引物 A 和 B 以及标准的 PCR 方法对突变产物进行再次扩增。

参考文献

Barik S. 1997. Mutagenesis and gene fusion by megaprimer PCR. *Methods Mol Biol* 67: 173–182.

Brons-Poulsen J, Petersen NE, Horder M, Kristiansen K. 1998. An improved PCR-based method for site directed mutagenesis using megaprimers. *Mol Cell Probes* 12: 345–348.

Brons-Poulsen J, Nohr J, Larsen LK. 2002. Megaprimer method for polymerase chain reaction-mediated generation of specific mutations in DNA. *Methods Mol Biol* 182: 71–76.

Ke SH, Madison EL. 1997. Rapid and efficient site-directed mutagenesis by single-tube 'megaprimer' PCR method. *Nucleic Acids Res* 25: 3371–3372.

信息栏

区域诱变

区域诱变用于在克隆 DNA 的确定区域中引入多个突变。易错 PCR 方法（本章方案 1）是用于在蛋白质结构域和启动子元件中引入随机突变最有效的工具之一。GeneMorph II EZClone 区域诱变试剂盒（Agilent 公司）提供一个简单快速系统，用于在蛋白质结构域上进行定向随机诱变。该试剂盒需要一个含突变基因区域的双链 DNA 载体，诱变反应中产生的大引物，以及一个限制酶 *Dpn* I 消除未突变亲本质粒 DNA 的消化步骤。最后，突变文库转化到感受态大肠杆菌细胞中。与其他易错 PCR 酶相比，试剂盒中提供的 Mutazyme II DNA 聚合酶能引起更加一致的突变谱，产生最小限度的突变偏性，以便在碱基 A 和 T 以及 G 和 C 上产生的突变发生频率相同（图 1）。

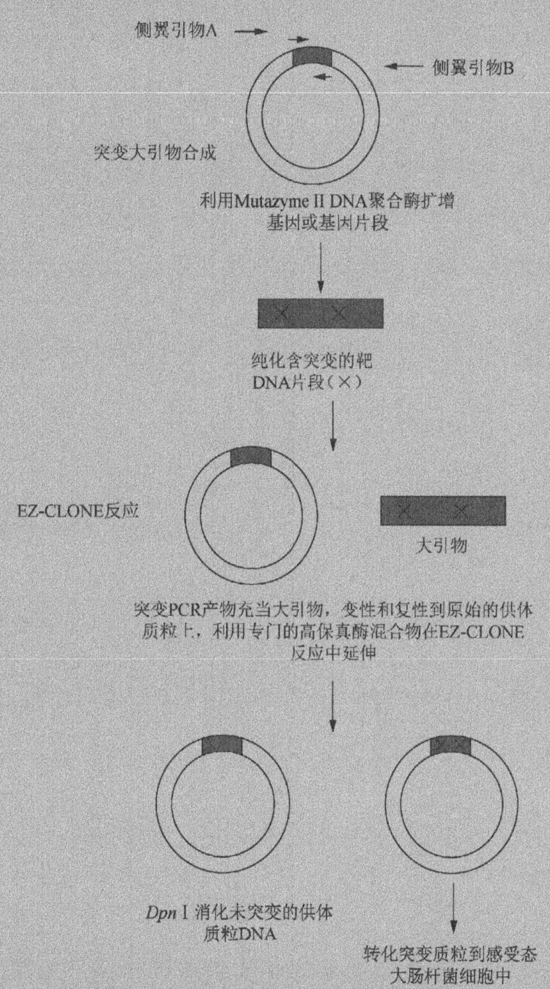

图 1　区域诱变。利用靶区域外部的引物对和易错 Mutazyme II DNA 聚合酶进行第一轮 PCR（突变大引物合成）。纯化的突变 PCR 产物充当第二轮 PCR（EZ-CLONE 反应）的大引物。该步骤采用第一轮 PCR 的同一模板，但使用高保真 DNA 聚合酶。最后，通过 *Dpn* I 消化除去亲本模板并转化大肠杆菌细胞以便富集突变载体。中间蓝色长方形示靶区域。黑色十字叉示突变碱基对[来自 GeneMorph II EZ-CLONE 区域诱变试剂盒说明书（Agilent Technologies，Stratagene Products Division）方案 1 中图 14-1，并进行修改。© Agilent Technologies，Inc. 经 Agilent Technologies，Inc.许可复制]。

质粒 DNA 高通量定点诱变

本信息栏简要介绍一个有效应用于体外高通量定点诱变的方法。本方案能够用于从任何来源 DNA 制备高达 21 个核苷酸长的插入、缺失和置换。不像其他许多方法，本方案不需要专门的载体、宿主菌株或限制性位点。仅需一对诱变寡核苷酸引物就能够产生需要的突变。Life Technologies 公司提供能够完成这种诱变的一个商品化试剂盒（GeneTailor 定点诱变系统）。

本方法是一个简单的三步方案，能够很容易地放大到在一个特定 DNA 序列上产生 96 个突变。首先，设计长度至少 30 个核苷酸的正向和反向引物，诱变引物上不能含有突变点。正向和反向引物在 5′ 端应该有 15～20 个核苷酸长的重叠区域，以便有效地进行末端连接诱变产物。突变位点应该仅仅位于其中的一条引物上，长达 21 个碱基。设计引物之后，甲基化处理模板质粒。为了完成模板质粒甲基化，在甲基化反应缓冲液将模板质粒和 DNA 甲基化酶 37℃孵育 1h。DNA 甲基化酶对双链 DNA 中各处特定序列内的胞嘧啶残基进行甲基化。因此，正如 Bandaru 等（1995）和 Wyszynski 等（1994）描述的，甲基化 DNA 易受大肠杆菌中的 Mcr 和 Mrr 限制系统影响。

然后，甲基化质粒用于进行诱变反应，加入突变引物和互补引物，并加入热稳定酶、dNTP、$MgSO_4$ 和 PCR 缓冲液。反应混合物执行 20 轮次的热循环反应。PCR 产物是含有目标突变的线性双链 DNA。最后，诱变混合物转化野生型大肠杆菌细胞。宿主细胞对线性突变 DNA 进行环化，内源宿主 McrBC 内切核酸酶消化除去原始甲基化模板，仅仅留住未甲基化的突变产物。然后，通过常规方法从大肠杆菌细胞中纯化突变质粒。

参考文献

Bandaru B, Wyszynski M, Bhagwat AS. 1995. HpaII methyltransferase is mutagenic in *Escherichia coli. J Bacteriol* 177: 2950–2952.

Wyszynski M, Gabbara S, Bhagwat AS. 1994. Cytosine deaminations catalyzed by DNA cytosine methyltransferases are unlikely to be the major cause of mutational hot spots at sites of cytosine methylation in *Escherichia coli. Proc Natl Acad Sci* 91: 1574–1578.

N^6-甲基化腺嘌呤、DAM 甲基化酶和甲基化敏感限制酶

Dam 甲基化酶对腺嘌呤残基的甲基化作用

在大肠杆菌细胞的 5′…GATC…3′ DNA 序列中，腺嘌呤的 N^6 原子上携带一个甲基基团（Hattman et al. 1978）。在双链 DNA 的回文识别序列中，99%以上这种修饰的腺嘌呤是由 DNA 腺嘌呤甲基化酶（Dam）作用形成的。该酶是一种单亚基非核苷酸依赖型（II 型）甲基转移酶，它将 *S*-腺苷甲硫氨酸的甲基基团转移到识别序列中的腺嘌呤残基上（Geier and Modrich 1979；综述见 Marinus 1987；Palmer and Marinus 1994）。

几种限制酶的识别位点（包括 *Pvu* I、*Bam*H I、*Bcl* I、*Bgl* II、*Xho* II、*Mbo* I 和 *Sau*3A I）含有 5′…GATC…3′ 序列，有一部分位点是能够被某些限制酶所识别，如 *Cla* I（约 1/4）、*Xba* I（1/16）、*Mbo* II（1/16）、*Taq* I（1/16）和 *Hph* I（1/16）。甲基基团转移到腺嘌呤 N^6 原子时能够在 B 型 DNA 的大沟中置入一个大的烷基取代基，可完全阻止一些限制酶的

体外裂解（如 *Mbo* I）（Dreiseikelmann et al. 1979）。其他限制酶最多也只是裂解它们识别位点的一个亚型，如 *Cla* I 识别 5′ ATCGAT 3′ 序列。如果该序列前面是 G 后面是 C，或两者都是，其中一个或两个腺嘌呤（A）残基将被甲基化，该位点则免遭切割。但是，甲基化并非绝对使 GATC 序列免于被所有限制酶切割。例如，限制酶 *Sau*3AI（*Mbo* I 的同裂酶）无论腺嘌呤是否甲基化都能够切割…GATC…，而 *Dpn* I 酶可完全切割甲基化的…G^{me6}ATC…序列（Lacks and Greenberg 1975，1977；Geier and Modrich 1979）。Dam 甲基化酶体外修饰的 DNA 仍保持对大肠杆菌 Mcr 和 Mrr 系统限制作用的敏感性。哺乳类动物 DNA 不在腺嘌呤 N^6 位置上发生甲基化，因而能被对原核 DNA 的 Dam 甲基化敏感的限制酶完全切割。

Kessler 和 Manta（1990）以及 McClelland 和 Nelson （1988）汇编了切割模式受 Dam 甲基化影响的限制酶表。进一步的信息可在大多数酶供应商的手册及限制和修饰酶数据库中查到。限制和修饰酶数据库（REBASE）的数据库网址为 http://rebase.neb.com/rebase/rebase.html。

当必须用 Dam 甲基化敏感的限制酶切割原核 DNA 的每一个可能位点时，DNA 必须从大肠杆菌 Dam^-菌株中分离（Marinus 1973；Backman 1980；Roberts et al. 1980；McClelland and Nelson 1988）。这些菌株（如 GM2163 可从 New England Biolabs 获取，JM110 从 ATCC 得到）显示一种奇异的表型，包括自发突变率和重组率提高、对紫外线的敏感性增加、重组效率提高，以及溶原性噬菌体的诱导效率增加（讨论见 Marinus 1987；Palmer and Marinus 1994）。因为 Dam 缺陷损害了错配修复系统，而不能纠正新生子链中的错误，所以 Dam^-菌株通常不如野生型 K-12 菌株生长得好（Lu et al. 1983；Pukkila et al. 1983；综述见 Modrich 1989；Palmer and Marinus 1994）。Dam 甲基化作用的缺乏导致自发突变率增加。Dam^-菌株还显示一类基因的异常调控和 DNA 复制起始效率的下降。由于这些问题，Dam^-菌株不应长期连续培养或在平板上保存或长期穿刺培养，而应分装成小份保存于 −70℃。一些大肠杆菌通过在氯霉素或卡那霉素存在下生长，保持其 *dam* 突变性状得以增强。这些菌株，*dam* 基因是通过插入编码氯霉素抗性的转座子 Tn9 而灭活的（Marinus et al. 1983），或用携带卡那霉素抗性标记的 DNA 片段替换 *dam* 基因中的部分片段而灭活 *dam* 基因（Parker and Marinus 1988）。Palmer 和 Marinus（1994）已列出常用的 Dam^-菌株目录。

GATC 中未甲基化和半甲基化腺嘌呤

在一些大肠杆菌菌株中，估计 18 000 个 5′…GATC…3′ 序列中的一小部分（约 0.2% 或更少）没有被甲基化（Ringquist and Smith 1992）。这些非修饰位点更趋向位于复制起始区附近或由体内 DNA 结合蛋白（如 cAMP 受体蛋白）保护而免受 Dam 甲基化修饰作用的基因组 DNA 区域（Ringquist and Smith 1992；Wang and Church 1992；Hale et al. 1994）。

大肠杆菌染色体唯一复制起始点（oriC）富含 GATC 序列。DNA 合成的起始时间受一些因子控制，包括这些序列的甲基化状态（综述见 Crooke 1995）。准时和及时的复制起始需要 oriC 近端的 GATC 序列完全被 Dam 核酸酶甲基化。半保留复制产生半甲基化 GATC 序列，该序列结合在细胞膜上而不再受 Dam 甲基化酶影响。在下一轮 DNA 合成起始前，oriC 区从膜上释放出来，此位置的 GATC 位点再一次被完全甲基化。这些过程是如何协调的还完全不清楚。

参考文献

Backman K. 1980. A cautionary note on the use of certain restriction endonucleases with methylated substrates. *Gene* 11: 169–171.

Crooke E. 1995. Regulation of chromosomal replication in *E. coli*: Sequestration and beyond. *Cell* 82: 877–880.

Dreiseikelmann B, Eichenlaub R, Wackernagel W. 1979. The effect of differential methylation by *Escherichia coli* of plasmid DNA and phage T7 and λ DNA on the cleavage by restriction endonuclease MboI from *Moraxella bovis*. *Biochim Biophys Acta* 562: 418–428.

Geier GE, Modrich P. 1979. Recognition sequence of the *dam* methylase of *Escherichia coli* K12 and mode of cleavage of *Dpn* I endonuclease. *J Biol Chem* 254: 1408–1413.

Hale WB, van der Woude MW, Low DA. 1994. Analysis of nonmethylated GATC sites in the *Escherichia coli* chromosome and identification of sites that are differentially methylated in response to environmental stimuli. *J Bacteriol* 176: 3438–3441.

Hattman S, van Ormondt H, de Waard A. 1978. Sequence specificity of the wild-type (dam^+) and mutant (dam^h) forms of bacteriophage T2 DNA adenine methylase. *J Mol Biol* 119: 361–376.

Kessler C, Manta V. 1990. Specificity of restriction endonucleases and DNA modification methyltransferases (review, edition 3). *Gene* 92: 1–248.

Lacks S, Greenberg B. 1975. A deoxyribonuclease of *Diplococcus pneumoniae* specific for methylated DNA. *J Biol Chem* 250: 4060–4066.

Lacks S, Greenberg B. 1977. Complementary specificity of restriction endonucleases of *Diplococcus pneumoniae* with respect to DNA methylation. *J Mol Biol* 114: 153–168.

Lu AL, Clark S, Modrich P. 1983. Methyl-directed repair of DNA base-pair mismatches in vitro. *Proc Natl Acad Sci* 80: 4639–4643.

Marinus MG. 1973. Location of DNA methylation genes on the *Escherichia coli* K-12 genetic map. *Mol Gen Genet* 127: 47–55.

Marinus MG. 1987. Methylation of DNA. In Escherichia coli *and* Salmonella typhimurium: *Cellular and molecular biology* (ed Neidhardt FC, et al.), Vol. 1, pp. 697–702. American Society for Microbiology, Washington, DC.

Marinus MG, Carraway M, Frey AZ, Brown L, Arraj JA. 1983. Insertion mutations in the *dam* gene of *Escherichia coli* K-12. *Mol Gen Genet* 192: 288–289.

McClelland M, Nelson M. 1988. The effect of site-specific DNA methylation on restriction endonucleases and DNA modification methyltransferases—A review. *Gene* 74: 291–304.

Modrich P. 1989. Methyl-directed DNA mismatch correction. *J Biol Chem* 264: 6597–6600.

Palmer BR, Marinus MG. 1994. The *dam* and *dcm* strains of *Escherichia coli*—A review. *Gene* 143: 1–12.

Parker B, Marinus MG. 1988. A simple and rapid method to obtain substitution mutations in *Escherichia coli*: Isolation of a *dam* deletion/insertion mutation. *Gene* 73: 531–535.

Pukkila PJ, Peterson J, Herman G, Modrich P, Meselson M. 1983. Effects of high levels of DNA adenine methylation on methyl-directed mismatch repair in *Escherichia coli*. *Genetics* 104: 571–582.

Ringquist S, Smith CL. 1992. The *Escherichia coli* chromosome contains specific, unmethylated *dam* and *dcm* sites. *Proc Natl Acad Sci* 89: 4539–3543.

Roberts TM, Swanberg SL, Poteete A, Riedel G, Backman K. 1980. A plasmid cloning vehicle allowing a positive selection for inserted fragments. *Gene* 12: 123–127.

Wang MX, Church GM. 1992. A whole genome approach to in vivo DNA–protein interactions in *E. coli*. *Nature* 360: 606–610.

（余云舟　仇玮祎　译，陈忠斌　校）

第 15 章　向培养的哺乳动物细胞中导入基因

导言

方案

信息栏

导 言

将基因导入真核细胞的方法可分为三类：生化方法转染、物理方法转染、病毒介导的转导。本章介绍前两类，病毒介导的转导将在第 16 章详述。

转染方法的选择取决于下列几个实验要素：

- 最终目的是基因表达还是蛋白质生产
- 采用的细胞类型（贴壁细胞或悬浮细胞，适应培养的细胞或原代细胞）
- 细胞系抵抗转染压力的能力
- 采用的筛选方法的类型
- 培养条件
- 转染的核酸种类（DNA、RNA、siRNA 或寡核苷酸）
- 系统所要求的效率
- 通量要求，低、中或高

商业化的转染试剂通常都针对多种细胞类型、不同的核酸和各种特定的用途进行了检验。在开始实验之前，建议查询转染试剂生产厂商网站上提供的选择指南，如果时间和条件允许，还可以对不同转染试剂的效率进行比较。

生化方法转染包括磷酸钙介导的转染和二乙氨乙基（DEAE）-葡聚糖介导的转染，此类方法应用于将核酸导入培养的细胞已有超过 45 年的历史。Graham 和 van der Eb（1973）在磷酸钙存在下用病毒 DNA 转化哺乳动物细胞，这一工作为用克隆的 DNA 对遗传标记的小鼠细胞进行生化转化（Maitland and McDougall 1977; Wigler et al. 1977），为克隆的基因在多种哺乳动物细胞中进行瞬时表达（如见 Gorman et al. 1983b），以及为细胞癌基因、抑癌基因及其他单拷贝哺乳动物基因进行分离和鉴定（如见 Wigler et al. 1978; Perucho and Wigler 1981; Weinberg 1985; Friend et al. 1988）奠定了基础。近年来，阳性/中性脂质（脂质体）试剂最为常用，因为其可将基因高效地导入多种细胞类型。在这种情况下，化学试剂与 DNA 形成复合物，中和或掩盖 DNA 分子上的负电荷（有时甚至呈现正电荷），从而使该复合物可与带负电荷的细胞质膜相互作用，便于被细胞内吞。

除了生化方法，一种物理转染方法——电穿孔法也被广泛采用。电穿孔是使用短暂的电脉冲在细胞膜上产生能够使核酸进入细胞质的瞬时小孔。核转染（nucleofection）是由 Amaxa 公司开发的一种改进的电穿孔技术，通过优化电转参数、结合细胞类型特异性的转染试剂，可将核酸直接导入细胞核内。最后，光学转染利用的是光线可在哺乳动物细胞质膜上产生瞬时小孔的能力（见信息栏“光学转染”）。

瞬时转染与稳定转染

将 DNA 导入真核细胞有两种不同的方法：瞬时转染与稳定转染。在瞬时转染中，重组 DNA 导入易感的细胞系，目的基因产生短暂但高水平的表达，转染的 DNA 不一定整合进入宿主染色体。当需要在短时间内分析大量的样品时，瞬时转染是优先选择的方式。通常情况下，在转染后 1～4 天收获细胞，得到的细胞裂解物用于检测目的基因表达。

稳定或永久的转染用于建立克隆细胞系，此时转染的目的基因整合进入染色体 DNA 并指导目的蛋白的合成，表达量通常为中等。一般而言（取决于细胞类型），形成稳定转染细胞的效率比瞬时转染要低 1～2 个数量级。采用可选择的遗传标记有利于从大量未转染的细胞中分离出少数的稳定转染体。该标记基因可存在于携带目的基因的重组质粒上，也可以在另一个单独的载体上，通过共转染与重组质粒一起导入到所需细胞系中（说明详见信息栏“共转化”和“用于稳定转化的筛选试剂”）。一般情况下，下面介绍的方法对于分析瞬时转染和获得稳定转染体均适用。

转染方法

在过去，克隆的 DNA 主要通过借助磷酸钙或 DEAE-葡聚糖的生化方法导入培养的真核细胞中。现在，脂质成为首选的试剂，因其可获得很高的转染效率，且这类试剂能够介导所有类型的核酸转染进入各种类型的细胞。此外，脂质试剂的优点还包括易于使用、重复性好、低毒性和能够高效转染悬浮培养体系。其他方法无法转染的细胞系可以考虑选择物理方法，如电穿孔和核转染。表 15-1 对各种转染方法给出了简单的总结。

表 15-1　转染方法

方法	表达		细胞毒性	细胞类型	注释	优势	劣势
	瞬时	稳定					
脂质体介导方案 1	可	可	可变	贴壁细胞，原代细胞系，悬浮培养体系	阳离子脂质与带负电荷的 DNA 结合，有的形成人工膜囊泡（脂质体）。产生的稳定阳离子复合物吸附并融合于带负电荷的细胞膜（Felgner et al. 1987, 1994）	免疫原性和细胞毒性低；可使用大质粒；安全风险低，操作程序简单、快速；对所有核酸（DNA、mRNA、siRNA 等）操作方案相同；相对低成本，适用于高通量系统	在原代和悬浮细胞中效率低且易变
磷酸钙介导方案 2 和方案 3	可	可	无	贴壁细胞（CHO、293）；悬浮培养体系	磷酸钙与 DNA 形成不可溶的共沉淀并吸附于细胞表面，通过内吞作用或吞噬作用被吸收（Graham and van der Eb 1973）	细胞毒性低，可使用大质粒，安全风险低，操作程序简单，非常廉价	试剂的一致性是获得高转染效率的关键；pH（±0.1）的微小变化即可对转染效率造成巨大影响；沉淀物的大小和质量至关重要；有时表现出免疫原性；对于不同的核酸需要调整方案，可能导致效率各异，贴壁细胞和悬浮细胞效率不同；对原代细胞无效；因细胞培养基中含有高浓度磷酸盐，所以不能在培养基中制备转染复合物
DEAE-葡聚糖介导方案 4	可	否	有	BSC-1、CV-1 和 COS	带正电荷的 DEAE-葡聚糖与 DNA 上带负电荷的磷酸基团结合，形成的聚合物结合带负电荷的质膜，可能通过内吞作用进入细胞，渗透性休克可增强内吞作用（Vaheri and Pagano 1965）	可使用大质粒，安全风险低，操作程序简单，廉价	具有免疫原性和细胞毒性；只能用于瞬时转染；对不同核酸可能需要调整方案，造成效率变化非常大，贴壁细胞和悬浮细胞效率不同；对原代细胞无效
电穿孔方案 5	可	可	有	多种；包括脂质体转染很难的细胞	应用短暂的高压电脉冲在多种哺乳动物和植物细胞质膜上形成纳米级微孔（Neumann et al. 1982; Zimmermann 1982）。DNA 直接通过这些微孔或者因微孔闭合伴随的细胞膜组分重分布而进入胞浆	可使用大质粒；安全风险低；操作程序较简单、快速；对所有核酸（DNA、mRNA、siRNA 等）操作方案相同；非化学方法，不改变细胞的生物结构或功能	对悬浮细胞和原代细胞毒性强、效率低；花费中等，需要专门的设备；根据使用的细胞类型要进行不同的实验设置
核转染在方案 5 中讨论	可	可	可变	多种；包括脂质体转染很难的细胞	核转染建立在电穿孔的物理方法基础上，将称为核转染仪（Nucleofector）的设备产生的电参数与细胞类型特异性试剂相结合，直接将核酸转移至细胞核和细胞质内（Greiner et al. 2004; Johnson et al. 2005）	对许多细胞类型毒性较低；可使用大质粒；安全风险低；对贴壁、悬浮和原代细胞均具有较好效率；操作程序较简单、快速；对所有核酸（DNA、mRNA、siRNA 等）操作方案相同	花费中等，需要专门的设备，且需要同一生产商提供的专用缓冲液；根据使用的细胞类型要进行不同的实验设置

转染的对照

所有的转染实验均应包括对照，以检验各个试剂和制备的质粒 DNA，以及检测将要引入的基因或构建体的毒性。

瞬时表达的对照

阴性对照

在瞬时转染实验中，需要用载体 DNA 和/或用于稀释待测质粒或基因的缓冲液转染一两个培养皿的细胞。通常采用鲑鱼精 DNA 或用于构建重组体的空载体等其他惰性载体代替待测基因转染贴壁细胞。转染后，培养的细胞不应从培养皿上脱落，外观上也不应变圆、变透明。

阳性对照

用编码一种易于检测的基因产物的质粒转染一两个培养皿的细胞，如氯霉素乙酰基转移酶、萤光素酶（第 17 章，方案 2 和方案 3）、大肠杆菌β-半乳糖苷酶（第 17 章，方案 1）或荧光蛋白如绿色荧光蛋白（GFP）及其衍生物（第 17 章，方案 4），这些基因的表达由通用启动子驱动，如人巨细胞病毒即早期基因区启动子及相应增强子。这种示踪质粒可从出售含有用于检测编码蛋白的酶和试剂的试剂盒的供应商处获得。由于这些报道基因的内源活性通常很低，酶活性或荧光强度的增加可直接反映转染效率及实验所用试剂的质量情况。在比较不同批次转染实验的结果时，阳性对照尤其重要。将报道基因质粒与待测质粒或基因组 DNA 共转染，还可以为转染全程非特异性毒性提供对照。关于这些报道系统的更多信息，见第 17 章及其信息栏。

稳定表达的对照

阴性对照

用鲑鱼精 DNA 等惰性核酸代替选择性标记基因转染一两个培养皿的细胞。在适宜的筛选试剂（如 G418、潮霉素、霉酚酸）存在下培养 2～3 周后，应无细胞集落出现。

阳性对照

用编码选择性标记的空质粒转染一两个培养皿的细胞。筛选 2～3 周后存活的克隆数目可衡量转染/筛选过程的效率。在同时导入选择性标记和待测质粒或基因的细胞培养皿中应出现数量接近的克隆。如果待测培养皿克隆数目与阳性对照培养皿出现明显差异，则可能提示基因产物有毒性（极少情况下，基因产物可能增强转染细胞的存活力）。如果证明一种 cDNA 或基因对受体细胞有毒性，那么可以考虑采用调控型启动子，如金属硫蛋白启动子（一种应答于 Zn^{2+}或 Cd^{2+}的 DNA）、小鼠乳腺瘤病毒长末端重复启动子（一种应答于糖皮质激素的 DNA），或者四环素调控启动子（第 17 章，方案 5）（Gossen and Bujard 1992; Gossen et al. 1995; Shockett et al. 1995）。

优化和特殊注意事项

无论采用何种方法将 DNA 导入细胞，瞬时转染或稳定转染的效率很大程度上取决于采用的细胞类型（见表 15-1）。不同系的培养细胞摄取和表达外源 DNA 的能力可相差几个数量级。此外，对一种类型的培养细胞效果很好的方法可能对另一种细胞行不通。本章所介绍的许多方案已采用标准的培养细胞系进行优化。当采用其他细胞系时，应注意比较几种不同方法的转染效率。方案 1～5 介绍了常用的转染技术，以及用标准技术难以转染的细胞系中获得成功的方法。商业化试剂盒可提供多种转染方法所需的成套试剂（表 15-2）。

表 15-2　用于转染的商品化试剂盒和试剂

厂家	网址	方法或试剂	试剂盒/产品
Bio-Rad	www.bio-rad.com	非脂质体型阳离子脂质	Transfectin
Clontech	www.clontech.com	非脂质体型聚合物	Xfect
GE Healthcare Life Sciences	www.gelifesciences.com	DEAE-葡聚糖	CellPhect Transfection Kit
Life Technologies	www.invitrogen.com	磷酸钙	Calcium phosphate transfection kit
		脂质体型阳离子脂质	Lipofectamine 2000
		脂质体型阳离子脂质	Lipofectamine LTX
Mirus Bio	www.mirusbio.com	非脂质体型阳离子脂质	*Trans*IT-2020
		非脂质体型阳离子脂质	*Trans*IT-LT1
Polyplus Transfection	www.polyplus-transfection.com	非脂质	jetPRIME, jetPEI
Promega	www.promega.com	磷酸钙	ProFection Mammalian Transfection System
		非脂质体型阳离子脂质	FuGENE HD Transfection System
		非脂质体型阳离子脂质	TransFast Transfection Reagent
		非脂质体型阳离子脂质	FuGENE 6 Transfection Reagent
QIAGEN	www.qiangen.com	非脂质体型阳离子脂质	Effectene Transfection Reagent
		非脂质体型阳离子脂质	Attractene Transfection Reagent
		活化的树状聚合物	SuperFect Transfection Reagent
		活化的树状聚合物	PolyFect Transfection Reagent
Roche Applied Science	www.roche-applied-science.com	脂质体型阳离子脂质	DOTAP Transfection Reagent
Sigma-Aldrich	www.sigmaaldrich.com	磷酸钙	Calcium phosphate transfection
		DEAE-葡聚糖	DEAE-dextran transfection kit
		非脂质体型阳离子脂质	Escort, DOTAP, DOPE

评价转染细胞系的细胞活力

在确定针对某一特定细胞系的最佳转染方法时，有必要评价转染对细胞活力的影响。对细胞状态的评价需要在一段时间内进行准确的定量和定性检测。可通过实验检测多种不同的标记物，这些标记物可反映死细胞数量（细胞毒性检测）、活细胞数量（细胞活力检测）、总细胞数量或细胞的死亡机制（如凋亡还是坏死）。DNA 含量、细胞内酶活性存在与否、细胞内 ATP 的数量、细胞膜完整性及代谢活性均是细胞完整性的指标。能够迅速获得可检测信号的方法（如 ATP 定量或 LDH 释放测定）与需要孵育几小时才能获得信号的方法［MTT 或刃天青（resazurin）］相比具有速度方面的优势。后者在对需经过几小时或数天才能作出反应的不同步、非均一性的细胞群体进行检测时非常有用。

检测灵敏度在评价药物毒性时是一个具有重要意义的参数，但在优化转染试剂时受到的关注有限，因为此时需要检测的是一个细胞群体的活力变化。此外，检测大量样品需要采用简单、稳定、非放射性且与自动化操作兼容的试剂的高通量方法。该方法还必须相对廉价、省力，且能够测定多种类型细胞的细胞生长动力学而不影响细胞的基本功能。正是基于以上原因，当处理大量样品时，经典的用于估算死细胞数目的台盼蓝拒染法不适宜应用，可采用其他易于操作、能够准确定量和定性指示细胞活力的检测方法。

方案 6～8 详述了三种试剂的使用：alamarBlue、乳酸脱氢酶（LDH）和 MTT [3-(4, 5-二甲基噻唑-2)-2, 5-二苯基四氮唑溴盐，一种黄色四唑盐]。alamarBlue 法和 MTT 法直接检测细胞活力，而 LDH 法检测细胞死亡，因而是一种细胞毒性检测方法。此外，尽管所有三种检测方法均能够对细胞死亡机制（即凋亡或坏死）进行时间相关性的定量，但只有 LDH 法能够在单一时间点的检测中区分出两种机制。LDH 法检测细胞质中一种酶的释放，该过程只在细胞坏死导致细胞膜完整性丧失之时发生。由于所有三种方法均适于高通量检测，所以它们已很大程度上代替旧有的放射性方法，如[^{3}H]胸苷整合入细胞 DNA。

致谢

感谢 Bio-Rad 公司的 Michelle Collins Life Technologies 公司的 Kevin Smoker 和 Lonza Cologne AG 公司的 Daniela Bruell 在技术和编辑方面的帮助。

参考文献

Felgner PL, Gadek TR, Holm M, Roman R, Chan HW, Wenz M, Northrop JP, Ringold GM, Danielsen M. 1987. Lipofection: A highly efficient, lipid-mediated DNA-transfection procedure. *Proc Natl Acad Sci* **84**: 7413–7417.

Felgner JH, Kumar R, Sridhar CN, Wheeler CJ, Tsai YJ, Border R, Ramsey P, Martin M, Felgner PL. 1994. Enhanced gene delivery and mechanism studies with a novel series of cationic lipid formulations. *J Biol Chem* **269**: 2550–2561.

Friend SH, Dryja TP, Weinberg RA. 1988. Oncogenes and tumor-suppressing genes. *N Engl J Med* **318**: 618–622.

Gorman C, Padmanabhan R, Howard BH. 1983. High efficiency DNA-mediated transformation of primate cells. *Science* **221**: 551–553.

Gossen M, Bujard H. 1992. Tight control of gene expression in mammalian cells by tetracycline-responsive promoters. *Proc Natl Acad Sci* **89**: 5547–5551.

Gossen M, Freundlieb S, Bender G, Müller G, Hillen W, Bujard H. 1995. Transcriptional activation by tetracyclines in mammalian cells. *Science* **268**: 1766–1769.

Graham FL, van der Eb AJ. 1973. A new technique for the assay of infectivity of human adenovirus 5 DNA. *Virology* **52**: 456–467.

Greiner J, Wiehe J, Wiesneth M, Zwaka TP, Prill T, Schwarz K, Bienek-Ziolkowski M, Schmitt M, Döhner H, Hombach V, et al. 2004. Transient genetic labeling of human CD34 positive hematopoietic stem cells using nucleofection. *Transfus Med Hemother* **31**: 136–141.

Johnson BD, Gershan JA, Natalia N, Zujewski H, Weber JJ, Yan X, Orentas RJ. 2005. Neuroblastoma cells transiently transfected to simultaneously express the co-stimulatory molecules CD54, CD80, CD86, and CD137L generate antitumor immunity in mice. *J Immunother* **28**: 449–460.

Maitland NJ, McDougall JK. 1977. Biochemical transformation of mouse cells by fragments of herpes simplex DNA. *Cell* **11**: 233–241.

Neumann E, Schaefer-Ridder M, Wang Y, Hofschneider PH. 1982. Gene transfer into mouse lyoma cells by electroporation in high electric fields. *EMBO J* **1**: 841–845.

Perucho M, Wigler M. 1981. Linkage and expression of foreign DNA in cultured animal cells. *Cold Spring Harb Symp Quant Biol* **45**: 829–838.

Shockett P, Difilippantonio M, Hellman N, Schatz D. 1995. A modified tetracycline-regulated system provides autoregulatory, inducible gene expression in cultured cells and transgenic mice. *Proc Natl Acad Sci* **92**: 6522–6526.

Vaheri A, Pagano JS. 1965. Infectious poliovirus RNA: A sensitive method of assay. *Virology* **27**: 434–436.

Weinberg RA. 1985. Oncogenes and the molecular basis of cancer. *Harvey Lect* **80**: 29–136.

Wigler M, Pellicer A, Silverstein S, Axel R. 1978. Biochemical transfer of single-copy eukaryotic genes using total cellular DNA as a donor. *Cell* **14**: 725–731.

Wigler M, Silverstein S, Lee LS, Pellicer A, Cheng VC, Axel R. 1977. Transfer of purified herpes virus thymidine kinase gene to cultured mouse cells. *Cell* **11**: 223–232.

Zimmermann U. 1982. Electric field-mediated fusion and related electrical phenomena. *Biochim Biophys Acta* **694**: 227–277.

方案 1　阳离子脂质试剂介导的 DNA 转染

不同的脂质体转染试剂在高效转染细胞系的能力方面存在差异，有些是通用型的，而有些对特定细胞类型效果最佳。非脂质体型 FuGENE 6 和阳离子脂质体 Lipofectamine 2000

能够成功转染大多数贴壁和悬浮细胞类型（包括几种原代细胞和难以转染的细胞类型），毒性极低，操作步骤少，是转染试剂的典型。很重要的一点是，两种试剂均能够于血清存在的条件下转染细胞，减少了转染过程的操作步骤。下面的主要方案中使用了这两个试剂，该方案已经过厂家（Roche Applied Science 公司和 Life Technologies 公司）许可，在原有形式上进行了修改。这里还给出了采用阳离子脂质试剂 Lipofectin 和 Transfectam 的替代方案。

由于多种可变因素影响脂质体转染的效率，建议以下面方案中列举的条件作为对转染系统进行系统性优化的起始条件（说明详见信息栏“脂质体转染”）。携带标准报道基因的质粒获得阳性信号后，可对信息栏“脂质体转染”中讨论的每个参数进行系统性的改变，以期达到最高信号背景比及减少重复试验间的变异。根据以上结果，即可形成检测目的基因表达的最优方案。

材料

为正确使用本方案中的器材和危险试剂，必须查阅相应的材料安全数据表并咨询所在机构的环境卫生和安全办公室。

试剂

细胞生长培养基（完全培养基、无血清培养基和选择性培养基[可选]）

指数生长期的哺乳动物细胞

FuGENE 6[1]（Promega 公司）

Giemsa 染液（10%）

Giemsa 染液须在使用前用磷酸盐缓冲液或水新鲜配制，通过 Whatman 1 号滤纸过滤。

Lipofectamine 2000[2]（Life Technologies 公司）

脂质体转染试剂

甲醇，预冷

质粒 DNA

如果是首次进行脂质体转染操作或使用一种不熟悉的细胞系，需要一个编码大肠杆菌β-半乳糖苷酶或绿色荧光蛋白的表达质粒（见第 17 章信息栏“β-半乳糖苷酶”和“荧光蛋白”），可从 Addgene（一个非盈利性质粒库）或几个生产商处购买（例如，Life Technologies 公司的 pCMV-SPORT-β-gal，或 Clontech 公司的 pEGFP-F，见图 15-1 和图 15-2）。

用能够有效去除细菌内毒素的转染级质粒 DNA 制备试剂盒（如 QIAGEN 公司的 EndoFree Plasmid Maxi Kit）纯化闭合环状质粒 DNA。此外，还可以通过柱层析或溴化乙锭-CsCl 梯度离心纯化 DNA。用无菌 Tris-EDTA 缓冲液或无菌水以 0.2～2μg/μL 的浓度溶解 DNA，用 260nm/280nm 比值检测 DNA 纯度，该比值应为 1.8。

一般情况下，尤其目的是获得稳定转染体时，更倾向于使用线性 DNA，即用限制酶进行 DNA 线性化（见信息栏“转染前的质粒线性化”）。

1. https://www.promega.com/de-de/aboutus/press-releases/2011/20110202-fugene6/.
2. http://www.invitrogen.com/site/us/en/home/Global/trademark-information/life-technologies-trademarks-list.html.

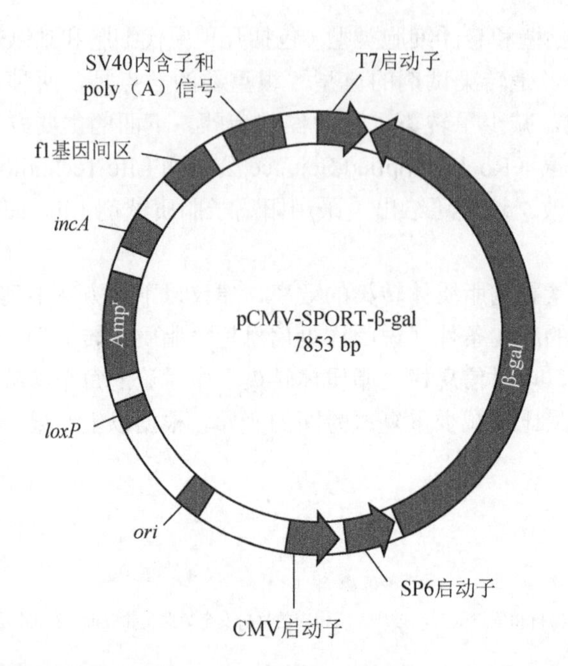

图 15-1 pCMV-SPORT-β-gal。 pCMV-SPORT-β-gal 是一个可用于监测转染效率的报道载体。该载体携带 CMV（巨细胞病毒）即早期启动子驱动的大肠杆菌β-半乳糖苷酶基因，CMV 启动子可在哺乳动物细胞中驱动高水平的转录。β-半乳糖苷酶序列下游的 SV40 多腺苷酸化信号在真核细胞中指导 mRNA 3′ 端的正确加工（此图经 Life Technologies 公司许可复制）。

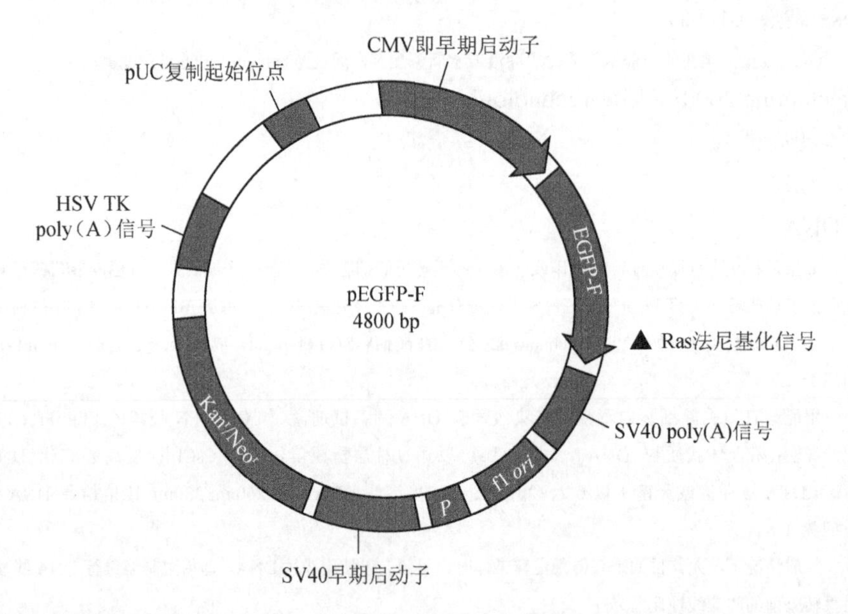

图 15-2 pEGFP-F。 pEGFP-F 是一个可用于监测转染效率和作为共转染标记的报道载体。该载体编码经改良的绿色荧光蛋白，即法尼基化的增强型 GFP（EGFP-F），EGFP-F 仍可与活细胞或固定细胞的质膜结合。该质粒携带使质粒能够在原核细胞（pUC ori）和真核细胞（SV40 ori）中复制的序列及便于质粒在原核细胞（卡那霉素）和真核细胞（新霉素）中进行筛选的标记基因。可借助荧光显微镜检测 EGFP-F 的存在（此图经 Clontech 公司许可改动）。

设备

微量离心管，聚丙烯（无菌）

多孔组织培养板（6 孔）或培养皿（35mm）

本方案为生长于 6 孔组织培养板或 35mm 培养皿的细胞而设计。如果采用其他直径大小的多孔板或培养皿，则可根据表 15-3 按比例调整细胞密度和接种体积。相应的转染试剂的起始体积和 DNA 用量根据生产商的说明书按比例调整。

表 15-3　用于细胞培养的平板直径

平板大小	生长面积/cm²	相对面积 [a]	建议体积
96 孔	0.32	0.04×	200μL
24 孔	1.88	0.25×	500μL
12 孔	3.83	0.5×	1.0mL
6 孔	9.4	1.2×	2.0mL
35mm	8.0	1.0×	2.0mL
60mm	21	2.6×	5.0mL
10cm	55	7.0×	10.0mL
培养瓶	25	3.0×	5.0mL
培养瓶	75	9.0×	12.0mL

a．相对面积表述为相当于 35mm 培养皿生长面积的倍数。

方法

用于转染的生长细胞的准备

1．脂质体转染前 24h，通过胰酶消化收集指数生长期的哺乳动物细胞，并将其按转染试剂所需的密度重新接种于 6 孔板或 35mm 培养皿（见下表）。加入 2mL 生长培养基，于含 5%～7% CO_2 的 37℃湿润温箱中培养 20～24h。

如果转染前培养时间少于 12h，细胞不能很好地贴附于基质，可能会在接触脂质过程中脱落。

对于悬浮细胞，使用下表所示的适当密度的新鲜传代细胞（35mm 培养皿或 6 孔板使用 2mL）。

转染试剂	贴壁细胞密度/（细胞/孔）	悬浮细胞密度/（细胞/mL）	转染时汇合度
FuGENE 6	1×10^5～3×10^5	5×10^4～1×10^6	50%～80%
Lipofectamine 2000	2×10^5～8×10^5	2×10^5～3×10^6	90%～95%
DOTMA	1×10^5～3×10^5	5×10^4～1×10^6	75%
DOGS	1×10^5～3×10^5	5×10^4～1×10^6	75%

FuGENE 6-DNA 复合物的制备

优化起始条件时，转染试剂（μL）与 DNA（μg）用量比例采用 3∶1、3∶2 和 6∶1。这种比例对于常用的贴壁和悬浮细胞可达到良好的转染效率。

2．将 FuGENE 6 试剂置于室温并于使用前通过漩涡振荡 1s 或翻转容器使其混匀。用不含抗生素或杀菌剂的无血清培养基稀释转染试剂，将 3 个小无菌管分别标记上“3∶1”、“3∶2”和“6∶1”。向前两个管中各加入 97μL 无血清培养基，后一个加入 94μL。将 FuGENE 6 直接加入到培养基中，前两管各加入 3μL，标记“6∶1”的管加入 6μL，加液时注意不要接触管壁。漩涡振荡 1s 或轻弹管体混匀，室温孵育 5min。

▲转染试剂-DNA 复合物必须用无血清培养基制备，而细胞转染可以在血清存在下进行。构成转染复合物的组分的加入顺序和方式是至关重要的。必须首先加入无血清培养基，未经稀释的 FuGENE 6 不能直接接触除吸头外的任何塑料表面（如盛有无血清培养基的管壁）。

3．向步骤 2 稀释的转染试剂中加入 50μL DNA。标记“3∶1”和“6∶1”的管中各加入 1μg 质粒 DNA，标记“3∶2”的管中加入 2μg DNA（总体积同样为 50μL）。

4．轻弹管壁或漩涡振荡 1s 以混匀内容物，室温孵育 15～45min。

5．继续进行步骤 10。

Lipofectamine 2000-DNA 复合物的制备

优化起始条件时，用于制备复合物的 Lipofectamine 2000（μL）与 DNA（μg）用量比例为 2∶1～3∶1。

6．温和混匀 Lipofectamine 2000，取出 10μL 用 250μL 无血清培养基稀释，室温孵育 5min。

▲在 25min 内进行步骤 8。

7．用 250μL 无血清培养基稀释 4μg DNA，温和混匀。

8．将稀释的 Lipofectamine 2000 与稀释的 DNA 混合（总体积为 500μL），温和混匀，室温孵育 20min（溶液可能呈混浊状）。

复合物在室温下 6h 内稳定。

9．继续进行步骤 10。

细胞的转染

10．向 6 孔板或 35mm 培养皿中培养于生长培养基的细胞（来自步骤 1）逐滴加入上述复合物，晃动培养板或培养皿以保证分布至整个表面。将细胞放回含 5%～7% CO_2 的 37℃湿润保温箱。

不必更换新鲜的生长培养基。但是，如果 Lipofectamine 2000 可能带来毒性，可在 4～6h 后更换生长培养基。

11．转染后 6～24h 可用台盼蓝拒染法（见第 17 章）分析细胞活力，或采用借助 alamarBlue、乳酸脱氢酶或 MTT 的细胞毒性检测定量细胞活力（分别见方案 6～8）。

见“疑难解答”。

12．如果目的是获得稳定转化的细胞株，进行步骤 13。若分析瞬时转染，脂质体转染后 24～96 h 用下述方法之一对细胞进行检测：

i．如果使用表达大肠杆菌β-半乳糖苷酶的质粒 DNA，按照第 17 章，方案 1 所述步骤检测细胞裂解物中的酶活性；或者依照附加方案“单层细胞组织化学染色检测β-半乳糖苷酶”中所述进行组织化学染色检测。

ii．如果使用荧光蛋白表达载体，使用荧光显微镜在适宜的激发条件下观察细胞（绿色荧光蛋白表达可在 450～490nm 下观察到）。或者，可取出少量细胞用流式细胞仪进行分析，以估计转染效率和细胞活力，该方法在第 17 章信息栏“荧光蛋白”中介绍。

iii．对于其他基因产物，可以通过体内代谢标记进行放射性免疫测定、免疫印迹、免疫沉淀，或者通过检测细胞抽提物的酶活性分析新合成的蛋白质。

为尽可能地减小各培养皿间转染效率的差异，最好：①每个构建体转染数个培养皿；②在培养 24h 后再用胰酶消化细胞；③将细胞汇集起来；④将它们重新接种于数个培养皿。

见“疑难解答”。

13．分离稳定转染体。

i．将细胞在完全培养基中孵育 48～72h，以使导入的基因有表达的时间。

ii. 胰酶消化细胞，将其接种至合适的选择性培养基中。

iii. 每 2～4 天更换培养基，持续 2～3 周，以除去死细胞碎片，促进抗性细胞生长。

iv. 克隆、扩增独立的细胞集落以用于分析（方法见 Jakoby and Pastan 1979, Spector et al. 1998）。

v. 将余下的细胞用预冷甲醇固定 15min，然后室温下用 10% Giemsa 染液染色 15min，流水冲洗，这样可以获得细胞克隆数目的永久记录。

疑难解答

问题（步骤 11）：细胞状态不佳。

解决方案：原因在于所使用的抗生素。建议使用以下办法：

- 转染 24～48h 后再加入筛选抗生素。
- 使用较低浓度（或一个浓度范围）的筛选抗生素。

问题（步骤 11）：细胞状态不佳。

解决方案：表达的蛋白质具有细胞毒性，或者表达水平过高。建议使用以下办法：

- 通过下列实验对照分析细胞毒性：未转染细胞、只用 DNA 处理而不加入转染试剂的细胞，以及只用转染试剂处理的细胞。将实验构建体转染的细胞与这些实验对照细胞进行比较。
- 建议用分泌型报道基因检测，如分泌型碱性磷酸酶（SEAP）或人生长激素（hGH）重复该实验。分泌型报道基因的细胞应表现极低的或完全没有细胞毒性。

问题（步骤 11）：细胞状态不佳。

解决方案：培养体系被支原体污染。建议使用以下办法：

- 采用商业化支原体检测试剂盒来确定是否被污染。
- 用 BM-Cyclin（Roche Applied Sciences 公司）之类的抗生素处理细胞以去除支原体，或者用全新的、干净的培养物重新开始。

问题（步骤 11）：细胞状态不佳。

解决方案：如果上述对策均无效，那么建议采用以下办法：

- 含高水平内毒素的 DNA 可能对某些敏感细胞系如 Huh-7 和原代细胞系等造成细胞毒性。使用内毒素清除试剂盒，或用有去除内毒素步骤的质粒制备试剂盒重新开始。
- 在极少情况下，转染试剂可能对所用的细胞系有毒性。可尝试改变条件重复实验，如在有胎牛血清存在下，减少转染试剂的接触时间，采用更高的细胞密度，以及改变脂质/DNA 的比例。

问题（步骤 12）：转染效率低。

解决方案：可能是核酸质量不好或数量不足。建议使用以下办法：

- 只采用高质量制备的质粒并使用推荐的浓度。
- 用含有 GFP 等标记基因的商业化转染级质粒进行对照转染实验。
- 含高水平内毒素的 DNA 可能对某些敏感细胞系如 Huh-7 和原代细胞系等造成细胞毒性。使用内毒素清除试剂盒，或用有去除内毒素步骤的质粒制备试剂盒重新开始。

问题（步骤 12）：转染效率低。

解决方案：转染试剂没有按要求存储。建议使用以下办法：

- 在厂家提供的初始容器中保存试剂，不要分装。

- 不要冷冻脂质转染试剂。

问题（步骤 12）：转染效率低。

解决方案：脂质/DNA 比例不够理想。有必要通过实验确定脂质转染试剂与用于转染的 DNA 的比例，该操作可在多孔板中进行，然后进行相应的放大。

问题（步骤 12）：转染效率低。

解决方案：如果上述对策均无效，那么建议采用以下办法：

- 有些脂质体转染试剂对接触塑料制品是高度敏感的，尤其是 FuGENE 6。应确保将试剂直接加入到培养基中。
- 在某些情况下，培养基中的血清和其他添加物能够抑制复合物形成。应在不含添加物（如血清、抗生素、促生长因子）的培养基中制备复合物。

替代方案　采用 DOTMA 和 DOGS 进行转染

下文详述了采用 DOTMA（Lipofectin[3]）和 DOGS（Transfectam[4]）在 60mm 组织培养皿中转染细胞的方案，与以上方案的主要差别在于，该转染需要在血清存在下进行（见信息栏“DOTMA 和 DOGS”）。

附加材料

为正确使用本方案中的器材和危险试剂，必须查阅相应的材料安全数据表并咨询所在机构的环境卫生和安全办公室。

试剂

脂质体转染试剂

Lipofectin（Life Technology 公司）

Transfectam（Promega 公司）

氯化钠（300mmol/L）

用作 DOGS 的稀释液。

柠檬酸钠（20mmol/L，pH 5.5），含 150mmol/L 氯化钠

当使用 DOGS 脂质体转染试剂时，用来取代无菌水作为质粒 DNA 的稀释液。

设备

试管，聚乙烯或聚苯乙烯

见步骤 2 的说明。

组织培养皿（60mm）

方法

1. 按照方案 1 的步骤 1 所述在 60mm 培养皿中培养细胞。

3. http://www.invitrogen.com/site/us/en/home/Global/trademark-information/life-technologies-trademarks-list.html.
4. http://www.promega.com/aboutus/corporate/trademarks/.

2．对于每个 60mm 培养皿的待转染细胞，用 100μL 无菌去离子水（用 Lipofectin 时）或含 150mmol/L 氯化钠的 20mmol/L 柠檬酸钠（pH5.5）（用 Transfectam 时）在聚乙烯或聚苯乙烯试管中稀释 1～10μg 质粒 DNA。在另一个试管中用无菌去离子水或 300mmol/L 氯化钠将 2～50μL 脂质稀释至终体积 100μL。将这些试管置室温孵育 10min。

▲当用 Lipofectin 进行转染时，使用聚苯乙烯试管，因为阳离子脂质 DOTMA 会与聚丙烯发生非特异性结合。

3．将脂质溶液加入到 DNA 中，反复吹打几次使溶液混匀。将混合物于室温孵育 10min。

4．在孵育 DNA-脂质溶液的同时，将待转染细胞用无血清培养基洗涤三次。第三次冲洗后，向每个 60mm 培养皿中加入 0.5mL 无血清培养基，然后将细胞放回至含 5%～7% CO_2 的 37℃湿润温箱中。

▲在加入脂质-DNA 脂质体之前用无血清培养基冲洗细胞。在某些情况下，血清是转染过程强有力的抑制剂（Felgner and Holm 1989）。类似地，细胞外基质组分如硫酸蛋白聚糖也能够抑制脂质体转染，推测是通过结合 DNA-脂质复合物并阻断其与受体细胞质膜的相互作用。

5．向每管中加入 900μL 无血清培养基，反复吹打几次使溶液混匀。再次室温孵育 10min。

6．将每管中的 DNA-脂质-培养基溶液转移至 60mm 培养皿的细胞中。在含 5%～7% CO_2 的 37℃湿润温箱中孵育细胞 1～24h。

7．在细胞与 DNA 接触达到适当时间后，用无血清培养基洗涤 3 次。向细胞加入完全培养基，放回至温箱中。分析细胞活力和转染效率，并/或按照方案 1 步骤 11～13 所述继续获得稳定转染体。

DOTMA 和 DOGS

尽管现在普遍采用由专利脂质混合物组成的商业化转染试剂，但也可以借助脂质制备自己的转染试剂；这里列举两个可能用到的脂质。

- Lipofectin（氯化三甲基-2, 3-二油酰丙基铵，DOTMA，图 1）。购买的该单价阳离子脂质通常与一种辅助脂质混合，浓度为 1mg/mL。DOTMA 还可以在有机化学研究人员的帮助下进行合成（Felgner et al. 1987）。如果是自己合成的，在聚苯乙烯管中（不能使用聚丙烯管）将干粉 DOTMA 和辅助脂质二油酰基磷脂酰乙醇胺（DOPE，可从 Sigma-Aldrich 购买）各 10mg 分别溶于 2mL 无菌去离子水。超声处理该混浊液以形成脂质体，然后稀释至终浓度 1mg/mL。溶液储存于 4℃。
- Transfectam（精胺-5-羧基-双十八烷基甘氨酰胺，DOGS，图 1）。依下述方法制备阳离子脂质 DOGS 的储备溶液：用 40μL 96%（*V*/*V*）乙醇溶解 1mg 该聚胺，室温频繁振荡 5min 溶解。加入 360μL 无菌水，溶液储存于 4℃。使用前振荡该溶液。聚胺类，如 DOGS，无需使用聚苯乙烯管，这些试剂使用聚丙烯管（即标准微量离心管）也是安全的。

尽管自制这两种脂质试剂可能确实节约成本（Loeffler and Behr 1993），但其缺点在于细胞毒性较高、只能转染少数细胞类型和转染过程中需要大量操作，因为血清的存在严重影响转染效率。

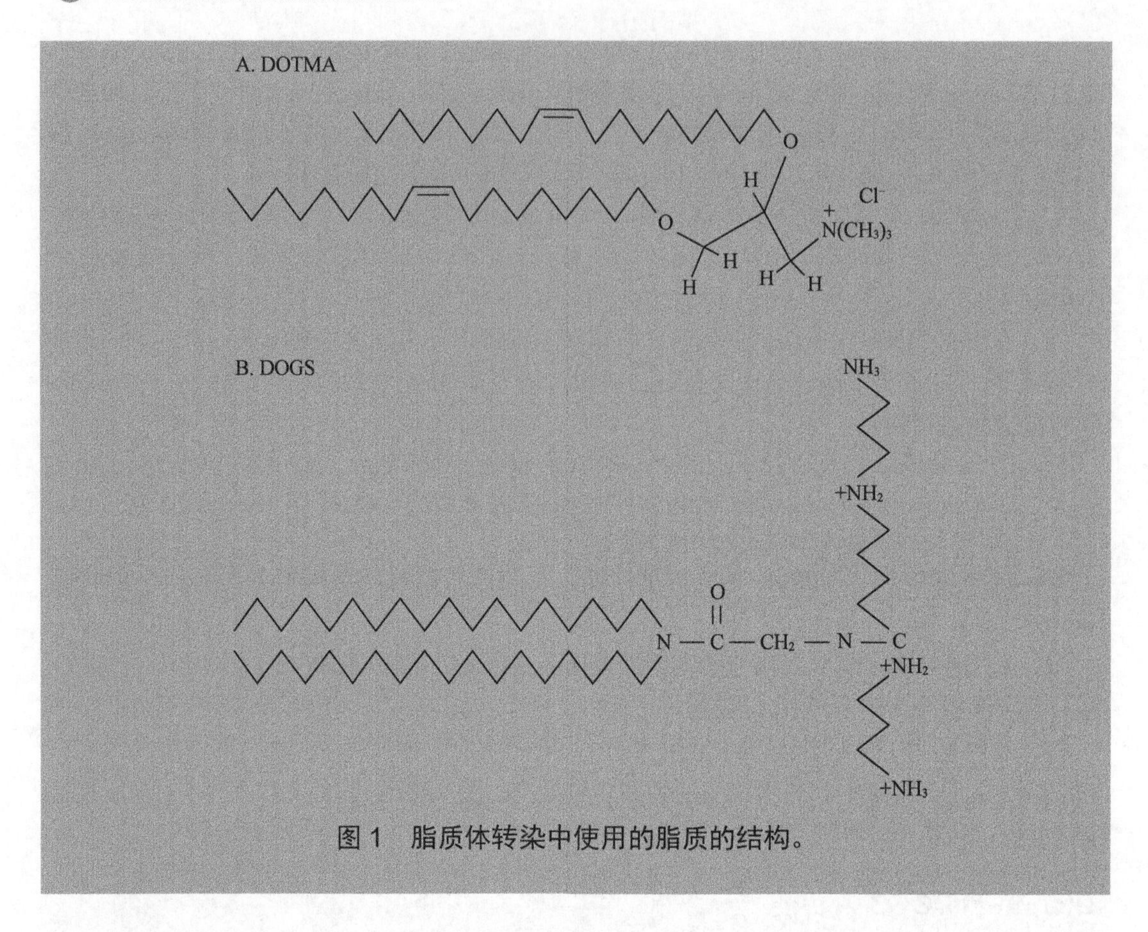

图 1　脂质体转染中使用的脂质的结构。

附加方案　单层细胞组织化学染色检测β-半乳糖苷酶

有几种用于分析瞬时转染成功与否的方法。如果使用表达大肠杆菌β-半乳糖苷酶的质粒，那么组织化学染色程序易于操作、结果可靠。下面的方法是为生长于 60mm 培养皿中的细胞而设计的，是对 Sanes 等（1986）建立的方法的改进。含有免疫组织化学检测β-半乳糖苷酶所有必需试剂的试剂盒可从几个厂商购买到。

附加材料

为正确使用本方案中的器材和危险试剂，必须查阅相应的材料安全数据表并咨询所在机构的环境卫生和安全办公室。

本方案的专用试剂标注<R>，配方在本方案未提供。常用储备溶液、缓冲液和试剂标注<A>，配方见附录 1。储备溶液应稀释至适用浓度后使用。

试剂

细胞固定剂 <R>

组织化学染色液 <R>

磷酸盐缓冲液 <A>

方法

1. 室温下用 2～3mL 磷酸盐缓冲液洗涤细胞两次。
2. 向细胞中加入 5mL 细胞固定剂。
3. 用磷酸盐缓冲液洗涤细胞一次。
4. 向细胞中加入 3～5mL 组织化学染色液。
5. 37℃孵育细胞 14～24h。
6. 用磷酸盐缓冲液洗涤单层细胞几次。
7. 用少量磷酸盐缓冲液覆盖单层细胞，然后在光学显微镜下观察。

   表达了β-半乳糖苷酶表达载体的细胞应呈亮蓝色。可通过计数染色和未染色细胞的相对数目来估计成功转染的比例。

配方

为正确使用本方案中的器材和危险试剂，必须查阅相应的材料安全数据表并咨询所在机构的环境卫生和安全办公室。

细胞固定剂

试剂	终浓度
甲醛	2% (*V*/*V*)
戊二醛	0.2% (*V*/*V*)
磷酸盐缓冲液	1×

细胞固定剂需在化学通风橱中配置，储存于室温。

组织化学染色液

试剂	终浓度
铁氰化钾（$K_3Fe[CN]_6$）	5mmol/L
亚铁氰化钾（$K_4Fe[CN]_6$）	5mmol/L
$MgCl_2$	2mmol/L
磷酸盐缓冲液	1×
X-Gal（5-溴-4-氯-3-吲哚-β-半乳糖苷）	1mg/mL

参考文献

Felgner PL, Holm M. 1989. Cationic liposome-mediated transfection. *Focus* 11: 21–25.
Felgner PL, Gadek TR, Holm M, Roman R, Chan HW, Wenz M, Northrop JP, Ringold GM, Danielsen M. 1987. Lipofection: A highly efficient, lipid-mediated DNA-transfection procedure. *Proc Natl Acad Sci* **84:** 7413–7417.
Jakoby WB, Pastan IH., eds. 1979. *Cell culture.* Methods in Enzymology, Vol. 58. Academic, New York.
Kichler A, Zauner W, Ogris M, Wagner E. 1998. Influence of the DNA complexation medium on the transfection efficiency of lipospermine/DNA particles. *Gene Ther* 5: 855–860.
Loeffler J-P, Behr J-P. 1993. Gene transfer into primary and established mammalian cell lines with lipopolyamine-coated DNA. *Methods Enzymol* 217: 599–618.
Sanes J, Rubinstein JL, Nicolas JF. 1986. Use of recombinant retroviruses to study post-implantation cell lineages in mouse embryos. *EMBO J* 5: 3133–3142.
Spector DL, Goldman RD, Leinwand LA. 1998. *Cells: A laboratory manual,* Vol. 2: *Light microscopy and cell structure.* Cold Spring Harbor Laboratory Press, Cold Spring Harbor, NY.

方案 2 磷酸钙介导的质粒 DNA 转染真核细胞

本方案介绍磷酸钙介导的质粒 DNA 转染贴壁细胞的方法是对 Jordan 等（1996）建立的方法的改进。Jordan 等大大优化了适用于中国仓鼠卵巢细胞和人胚肾 293 细胞的磷酸钙介导的转染方法。在本方案之后列举了一些在基本方法上的变化。

- 高效获得稳定转染体的方法见本方案后面的替代方案。
- 采用高分子质量基因组 DNA 见方案 3；采用胰酶消化从基质上脱离的贴壁细胞见方案 3 后面的替代方案。
- 采用非贴壁细胞见方案 3 后面的替代方案。

增加转染效率

当核酸以与磷酸钙和 DNA 共沉淀的形式转染培养细胞时，细胞对 DNA 的摄取明显增加。Graham 和 van der Eb（1973）首次阐述了该方法，他们的工作为将 DNA 导入哺乳动物细胞奠定了基础，并建立了用于细胞稳定转化和克隆 DNA 瞬时表达的可靠方法。关于这一过程的说明详见信息栏“用磷酸钙-DNA 共沉淀转染哺乳动物细胞”。

自该方法首次发表以来，通过结合运用甘油休克（Parker and Stark 1979）和/或氯喹处理（Luthman and Magnusson 1983）等辅助步骤，增加了转染效率。已证明丁酸钠处理能够促进猿类和人类细胞内含有 SV40 早期启动子/增强子的质粒的表达（Gorman et al. 1983a,b）。许多公司提供包含了对原始方案作出上述或其他改进的转染试剂盒（见导言中的表 15-2）。

材料

为正确使用本方案中的器材和危险试剂，必须查阅相应的材料安全数据表并咨询所在机构的环境卫生和安全办公室。

本方案的专用试剂标注<R>，配方在本方案未提供。常用储备溶液、缓冲液和试剂标注<A>，配方见附录 1。储备溶液应稀释至适用浓度后使用。

试剂

氯化钙（$CaCl_2$）（2.5mol/L）<A>

细胞生长培养基（完全培养基和选择性培养基[可选]）

二磷酸氯喹（100mmol/L）（可选）<R>

Giemsa 染液（10%）

Giemsa 染液须在使用前用磷酸盐缓冲液或水新鲜配制，用 Whatman 1 号滤纸过滤。

甘油（15%，*V*/*V*），溶于 1× HEPES 盐缓冲液（可选）

HEPES 盐缓冲液过滤除菌，使用前向其中加入 15%（*V*/*V*）的高压灭菌的甘油。见步骤 5。

HEPES 盐缓冲液（2×）<A>

指数生长的哺乳动物细胞

甲醇，冰冷的

磷酸盐缓冲液 <A>

溶液应在使用前过滤除菌，室温保存。

质粒 DNA

用 0.1×TE（pH7.6）溶解 DNA 至浓度为 25μg/mL，每毫升培养基需要 50μL 质粒溶液。DNA 溶液的 A_{260}/A_{280} 比值大于或等于 1.8 比较理想。待转染的质粒 DNA 应无蛋白质、RNA、化学和内毒素污染，可使用任何标准的 DNA 纯化试剂盒进行纯化。或者，DNA 还可用柱层析或溴化乙锭-CsCl 梯度离心进行纯化。如果质粒 DNA 的起始量有限，则加入运载 DNA 以调整终浓度至 25μg/mL。实验室制备的真核运载 DNA 一般比商业化 DNA（如小牛胸腺或鲑鱼精 DNA）的转染效率要高。使用前通过乙醇沉淀或氯仿抽提对运载 DNA 进行除菌。

丁酸钠（500mmol/L）（可选）<R>

TE（0.1×，pH 7.6）<A>

设备

组织培养皿（60mm）或组织培养板（12 孔）

方法

本方法为生长于 60mm 培养皿或 12 孔培养板中的细胞而设计。如果使用其他多孔板、细胞瓶或不同直径的培养皿，需要按相应比例调整细胞密度和试剂体积（见方案 1 中的表 15-3）。

1. 转染前 24h，通过胰酶消化收集指数生长的细胞，将其重新接种以使转染当天细胞达到 30%～60%汇合度。一般来说，在适宜的完全培养基中，60mm 组织培养皿或 12 孔培养板细胞密度保持在 1×10^5～4×10^5 细胞/cm^2。细胞在含 5%～7% CO_2 的 37℃湿润保温箱中培养 20～24h，在转染前 1～3h 更换培养基。

为获得最佳转染效率，应使用指数生长的细胞。用于转染的细胞系汇合度不能超过 80%。

2. 按照下列方法制备磷酸钙-DNA 共沉淀：

i. 于 5mL 无菌塑料管中混合 100μL 2.5mol/L $CaCl_2$ 和 25μg 质粒 DNA。如有必要，用 0.1×TE（pH 7.6）将终体积补足至 1mL。

ii. 室温下将以上 2× $CaCl_2$/DNA 混合物用移液管逐滴加入到等体积的 2× HEPES 盐缓冲液，加入过程中温和混匀。DNA 添加完毕后，因细小的磷酸钙-DNA 共沉淀的形成，溶液应呈现轻微不透明状。

iii. 溶液于室温孵育 30min。

如果需要转染更多的细胞，可将沉淀反应混合物体积扩大至 2 倍或 4 倍。通常，培养皿、孔或细胞瓶中每 1mL 培养基需加入 0.1mL 磷酸钙-DNA 共沉淀。但是，由于在较小体积的反应混合物中 DNA 共沉淀效率较高，因此转染较大培养皿时建议 DNA 浓度采用 0.2～1mg/mL。

3. 立即将磷酸钙-DNA 悬液加入到上述单层细胞的培养基中。每孔或 60 mm 培养皿中 1mL 培养基加入 0.1mL 悬液，温和摇动平板以混匀培养基，培养基将变为混浊的橙黄色。一旦形成 DNA 沉淀，转染效率会迅速降低，因此此步骤应尽可能地迅速完成。如果细胞需要用氯喹、甘油和/或丁酸钠进行处理，直接进行步骤 5。

在某些情况下，先除去培养基再向细胞中直接加入磷酸钙-DNA 悬液可以获得更高的转染效率。然后，室温下孵育细胞 15min，再加入培养基。

4. 如果转染的细胞不用转染促进剂进行处理，则将其置于含 5%～7% CO_2 的 37℃湿润保温箱中孵育。2～6h 后，吸出培养基及 DNA 沉淀物。加入 5mL 37℃预热的完全生长培养基，将细胞放回保温箱培养 1～6 天。如分析转染 DNA 的瞬时表达，则进行步骤 6；如目的是细胞的稳定转化，则进行步骤 7。

5. 将细胞在磷酸钙-DNA 沉淀存在下用氯喹处理，或者除去沉淀物后用甘油和丁酸钠处理，均能够促进细胞吸收 DNA。

用氯喹处理细胞

氯喹是一种弱碱，据推测通过抑制细胞内溶酶体水解酶对 DNA 的降解而发挥作用（Luthman and Magnusson 1983）。细胞对氯喹毒性的敏感性限制了生长培养基中加入氯喹的浓度和处理时间。需要通过实验确定所用细胞类型的最佳氯喹浓度（见信息栏“二磷酸氯喹”）。

i．在向细胞中加入磷酸钙-DNA 共沉淀之前或之后，按 1∶1000 将 100mmol/L 二磷酸氯喹直接加入到培养基中。

ii．细胞在含 5%～7% CO_2 的 37℃湿润保温箱中孵育 3～5h。

在氯喹存在下 3～5h 多数细胞能够存活。氯喹处理过程中细胞多出现小泡样的外观。

iii．细胞经 DNA 和氯喹处理后，除去培养基，用磷酸盐缓冲液洗涤细胞，加入 5mL 预热的完全生长培养基。将细胞放回到温箱中培养 1～6 天。如分析转染 DNA 的瞬时表达，则进行步骤 6；如目的是细胞的稳定转化，则进行步骤 7。

用甘油处理细胞

本操作可用在氯喹处理之后。由于各种细胞对甘油毒性的敏感性不同，每种类型的细胞必须预先确定最佳处理时间（30s 至 3 min）。

i．细胞在生长培养基（±氯喹）中经磷酸钙-DNA 处理 2～6h 之后，吸出培养基，单层细胞用磷酸盐缓冲液洗涤一次。

ii．每培养皿细胞加入 1.5mL 15%甘油-1×HEPES 盐缓冲液，根据预先确定的最佳时间于 37℃孵育细胞。

iii．吸出甘油，单层细胞用磷酸盐缓冲液洗涤一次。

iv．细胞中加入 5mL 预热的完全生长培养基，培养 1～6 天。如分析转染 DNA 的瞬时表达，则进行步骤 6；如目的是细胞的稳定转化，则进行步骤 7。

用丁酸钠处理细胞

丁酸钠的作用机制尚不确定，但该化合物是组蛋白去乙酰化作用的抑制剂（Lea and Randolph 1998），推测丁酸钠处理可能导致组蛋白过乙酰化和使导入的质粒 DNA 形成易于转录的染色质结构（Workman and Kingston 1998）。

i．在甘油休克处理之后，直接向生长培养基（用甘油处理细胞，步骤 5 iv）中加入 500mmol/L 丁酸钠。不同类型的细胞使用的丁酸钠浓度不同，例如：

CV-1	10mmol/L
NIH-3T3	7mmol/L
HeLa	5mmol/L
CHO	2mmol/L

其他转染细胞系的正确用量依实验而定。

ii．细胞培养 1～6 天。如分析转染 DNA 的瞬时表达，则进行步骤 6；如目的是细胞的稳定转化，则进行步骤 7。

6．为分析转染细胞中导入 DNA 的瞬时表达情况，在转染后 1～6 天收获细胞。通过杂交分析 RNA 或 DNA；通过体内代谢标记进行放射性免疫测定、免疫印迹、免疫沉淀，或者通过检测细胞抽提物的酶活性分析新合成的蛋白质。

为尽可能地减小各培养皿间转染效率的差异，最好：①每个构建体转染数个培养皿；②在培养 24h 后再胰酶消化细胞；③将细胞汇集起来；④将它们重新接种于数个培养皿。

见“疑难解答”。

7. 为分离稳定转染体，按如下操作。
   i. 在非选择性培养基中培养细胞 24～48h，以使转入的基因有时间表达。
   ii. 胰酶消化细胞然后重新接种于适宜的选择性培养基，或者直接将选择性培养基加到细胞中而无需进一步操作。
   iii. 每 2～4 天更换选择性培养基，持续 2～3 周，以除去死细胞碎片，促进抗性细胞生长。
   iv. 克隆、扩增独立的细胞集落以用于分析（方法见 Jakoby and Pastan 1979 或 Spector et al. 1998）。
   v. 将余下的细胞用预冷甲醇固定 15min，然后室温下用 10% Giemsa 染液染色 15min，流水冲洗，这样可以获得细胞克隆数目的永久记录。

   为得到独立的克隆，根据稳定转化的效率来确定转染细胞的稀释度，转染效率可能相差几个数量级（如见 Spandidos and Wilkie 1984）。转染效率取决于受体细胞类型 [即使同一细胞系的不同克隆或不同传代数之间也观察到显著的差异（Corsaro and Pearson 1981; Van Pel et al. 1985）]、导入基因的特性和相关转录控制信号的功效，以及转染中 DNA 的用量。

疑难解答

问题（步骤 6）：转染效率低，或者完全没有转染。

解决方案：可能因 2×HBS 溶液不再处于合适的 pH 导致沉淀物质量差。磷酸钙转染的最佳 pH 范围极窄（在 pH7.05～7.12）（Graham and van der Eb 1973）。溶液在储存过程中 pH 可能改变，旧的 2× HBS 溶液效果可能不好。检查 pH，并使用新鲜配制的合适 pH 的 2×HBS。

问题（步骤 6）：转染效率低，或者完全没有转染。

解决方案：可能因 2.5mol/L $CaCl_2$ 随时间变质而使得沉淀物质量差。制备新鲜溶液或使用新的冷冻分装的储备溶液。

问题（步骤 6）：转染效率低，或者完全没有转染。

解决方案：可能因复合物形成不是在室温下进行的而使得沉淀物质量差。应在室温（22～25℃）下混合 $CaCl_2$-DNA 和 2× HBS 溶液。

问题（步骤 6）：转染效率低，或者完全没有转染。

解决方案：可能因没有严格遵循制备复合物的步骤导致沉淀物质量差。$CaCl_2$-DNA 必须逐滴加入到 2× HBS 溶液中，并且要持续混合；沉淀物必须逐滴加入到含培养基的细胞中并使其迅速分布至整个培养皿；添加完毕后应彻底混匀培养基以使沉淀物均匀分布，避免细胞局部酸化。

问题（步骤 6）：转染效率低，或者完全没有转染。

解决方案：可能因关键步骤操作过程耗时过长导致沉淀物质量差。$CaCl_2$-DNA 逐滴加入到 2× HBS 溶液中应在 1min 内完成，之后的孵育时间不能超过 30min，延长孵育时间可能导致形成数量少但直径大的沉淀而降低转染效率。

问题（步骤 6）：转染效率低，或者完全没有转染。

解决方案：如果转染过程中培养基的 pH 变酸，将形成非常大的沉淀物，培养基将变为橙色。应按照方案中所述注意维持 7.2～7.4 的 pH 和保温箱中的 CO_2 浓度。适用于常规培养细胞的保温箱和培养基条件可能不能满足磷酸钙转染。

问题（步骤 6）：转染效率低，或者完全没有转染。

解决方案：可能是核酸质量不好或数量不足。建议以下办法：

- 只采用高质量制备的质粒并使用推荐的浓度。

- 用含有 GFP 等标记基因的商业化转染级质粒进行对照转染实验。
- 含高水平内毒素的 DNA 可能对某些敏感细胞系如 Huh-7 和原代细胞系等造成细胞毒性。使用内毒素清除试剂盒，或用有去除内毒素步骤的质粒制备试剂盒重新开始。
- 如果 DNA 量少（小于 1μg），可用剪切的鲑鱼精 DNA 或鲱鱼精 DNA 等运载 DNA 来补足，但对转染效率的影响可能各异。

问题（步骤 6）：转染效率低，或者完全没有转染。

解决方案：转染时的细胞密度可能过高或过低。转染当天细胞密度在 30%～60%汇合度是十分关键的。

问题（步骤 6）：细胞状态不佳。

解决方案：原因是用于筛选的抗生素。建议以下办法：

- 转染 24～48h 后再加入筛选抗生素。
- 使用较低浓度（或一个浓度范围）的筛选抗生素。

问题（步骤 6）：细胞状态不佳。

解决方案：表达的蛋白质具有细胞毒性，或者表达水平过高。建议以下办法：

- 通过下列实验对照分析细胞毒性：未转染细胞、只用 DNA 处理而不加入转染试剂的细胞，以及只用转染试剂处理的细胞。将实验构建体转染的细胞与这些实验对照细胞进行比较。
- 建议用分泌型报道基因检测，如分泌型碱性磷酸酶（SEAP）或人生长激素（hGH）重复该实验。分泌型报道基因的细胞应表现极低的或完全没有细胞毒性。

问题（步骤 6）：细胞状态不佳。

解决方案：培养体系被支原体污染。建议以下办法：

- 采用商业化支原体检测试剂盒来确定是否被污染。
- 用 BM-Cyclin（Roche Applied Sciences 公司）之类的抗生素处理细胞以去除支原体，或者用全新的、干净的培养物重新开始。

问题（步骤 6）：细胞状态不佳。

解决方案：如果上述对策均无效，那么建议采用以下办法：

- 含高水平内毒素的 DNA 可能对某些敏感细胞系如 Huh-7 和原代细胞系等造成细胞毒性，使用内毒素清除试剂盒，或用有去除内毒素步骤的质粒制备试剂盒重新开始。

替代方案　磷酸钙介导的质粒 DNA 高效转染真核细胞

Hiroto Okayama 及其同事对传统的磷酸钙转染方法进行改进，大大提高了转染效率（Chen and Okayama 1987, 1988）。他们的方法在分离超螺旋质粒 DNA 的稳定转染体时尤其有效。与传统方法的不同之处在于，磷酸钙-DNA 共沉淀是在特定的 pH（6.96）和较低的 CO_2 浓度（2%～4%）条件下，经过较长的孵育时间（15～24h）在培养基中形成的（见信息栏“影响转染效率的变量”）。

根据 Chen 与 Okayama（1987）的报道，该方法可用于对基因表达进行瞬时分析，而同时导入两个或更多的质粒会降低总体转染效率，但同其他磷酸钙方法相比，总体效率还

是高得多。当与选择性标记一起共转染时，通常有必要用含不同比例选择性标记质粒和目的基因质粒的混合物（如1∶2、1∶5和1∶10）来对系统进行优化。

影响转染效率的变量

影响转染的变量包括：DNA的纯度、形式和量；2×BES缓冲液的pH；温箱中CO_2的浓度。

细菌污染物的抑制效应使得不纯的质粒DNA转染效率极低。因此，使用商业化DNA纯化试剂盒获得的DNA可获得很好的结果。最好使用通过专门的层析树脂或两轮CsCl离心纯化获得的完全干净的质粒DNA。若有必要，可在1%（*m*/*V*）SDS存在下用酚：氯仿抽提进一步纯化质粒。

- 线性DNA的转化效率非常低，可能是因为磷酸钙-DNA共沉淀形成慢，使得DNA与胞内核酸酶接触时间过长。
- 沉淀的性质受到DNA用量的影响。在最适的DNA浓度（通常为2～3μg/mL生长培养基）下，会发生粗糙沉淀向精细沉淀的转变（显微镜下可见）。DNA最佳浓度范围较窄，需要针对每个细胞系进行实验来确定。
- 磷酸钙-DNA共沉淀形成较慢，需要在弱酸性pH和含低浓度CO_2的气体环境下孵育。pH曲线很陡，6.96为明确的最适值，而CO_2浓度在2%～4%最佳。
- $CaCl_2$-DNA和2× HBS溶液应在室温（22～25℃）下混合。沉淀形成的温度过高或过低均会导致转染效率降低。

附加材料

为正确使用本方案中的器材和危险试剂，必须查阅相应的材料安全数据表并咨询所在机构的环境卫生和安全办公室。

本方案的专用试剂标注<R>，配方在本方案未提供。常用储备溶液、缓冲液和试剂标注<A>，配方见附录1。储备溶液应稀释至合适浓度后使用。

试剂

BES盐缓冲液（BBS）（2×）<R>

$CaCl_2$（0.25mol/L）

将1.1g $CaCl_2·6H_2O$溶于20 mL蒸馏水，溶液通过0.22μm滤器过滤除菌，分装成1mL小份后－20℃保存。

超螺旋质粒（1μg/μL，溶于0.1× TE，pH 7.6）

设备

组织培养皿（90mm）

方法

本方法为生长于90mm培养皿的细胞而设计。如果使用其他多孔板、细胞瓶或不同直径的培养皿，需要按相应比例调整细胞密度和试剂体积（见方案1中的表15-3）。

1．转染前24h，通过胰酶消化收集指数生长的细胞，将$5×10^5$个细胞重新接种于90mm组织培养皿。加入10mL完全培养基，置于含5%～7% CO_2的37℃湿润保温箱中培养过夜。

2．将20～30μg超螺旋质粒DNA与0.5mL 0.25mol/L $CaCl_2$混合，加入0.5mL 2×BES盐缓冲液（BBS），将上述混合物于室温孵育10～20 min。

此期间不会出现可见的沉淀。

3．将上述 $CaCl_2$-DNA-BBS 溶液逐滴加入到细胞培养皿中，温和摇动混匀。将细胞在含 2%～4% CO_2 的 37℃湿润温箱中培养 15～24h。

4．吸出培养基，用培养基洗涤细胞两次。加入 10mL 非选择性培养基（non-selection medium），于含 5% CO_2 的 37℃湿润保温箱中培养细胞 18～24h。

5．在非选择性培养基中培养 18～24h 后，为使转入的基因表达，胰酶消化细胞然后重新接种于适宜的选择性培养基。每 2～4 天更换选择性培养基，持续 2～3 周，以除去死细胞碎片，促进抗性细胞生长。

为得到独立的克隆，根据稳定转化的效率来确定转染细胞的稀释度，转染效率可能相差几个数量级（如见 Spandidos and Wikie 1984）。转染效率决定于受体细胞类型 [即使同一细胞系的不同克隆或不同传代数之间也观察到显著的差异（Corsaro and Pearson 1981; Van Pel et al. 1985）]、 导入基因的特性和相关转录控制信号的功效，以及转染中 DNA 的用量。

6．克隆、扩增独立的细胞集落以用于分析（方法见 Jakoby and Pastan 1979；Spector et al. 1998）。

将余下的细胞用预冷甲醇固定 15min，然后室温下用 10% Giemsa 染液染色 15min，流水冲洗，这样可以获得细胞克隆数目的永久记录。Giemsa 染液应在使用前用磷酸盐缓冲液或水新鲜配制，用 Whatman 1 号滤纸过滤。

见“疑难解答”。

疑难解答

问题（步骤 6）：转染效率低，或者完全没有转染。

解决方案：使用 2×BBS 的转染高度依赖于沉淀形成过程中 BBS 的 pH 和保温箱中 CO_2 的比例。建议以下办法：

- 用不同 pH 的 2×BBS 缓冲液进行预实验以获得 pH 曲线。最佳 pH 在一个很窄的范围内（pH 6.95～6.98）。找到最佳缓冲液后即将其作为制备储备缓冲液的参考。
- 确保 2×BBS 和 2.5mol/L $CaCl_2$ 在加入至 DNA 之前已充分混合。加入氯化钙后形成晶体表明氯化钙浓度不正确，那么必须重做转染。
- 第一次过夜培养的理想 CO_2 浓度是 3%，但 1%的变化是可以接受的。过夜培养之后，培养基应为碱性（pH 7.6）。培养细胞前用 Fyrite 设备检测保温箱中的 CO_2 水平。

问题（步骤 6）：转染效率低，或者完全没有转染。

解决方案：DNA 的形式和用量可能不正确。使用 2×BBS 的方案只有超螺旋质粒 DNA 能够获得高转染效率。

配方

为正确使用本方案中的器材和危险试剂，必须查阅相应的材料安全数据表并咨询所在机构的环境卫生和安全办公室。

BES 盐缓冲液（BBS）（2×）

试剂	用量（每 100mL）	终浓度
BES [*N,N*-双(2-羟乙基)-2-氨基乙磺酸]	1.07g	50mmol/L
NaCl	1.6g	280mmol/L
$Na_2HPO_4 \cdot 2H_2O$	0.027g	1.5mmol/L

将上述试剂溶于 90mL 蒸馏水，室温下用 HCl 调整溶液的 pH 至 6.96，然后用蒸馏水补足体积至 100mL。溶液通过 0.22μm 滤器过滤除菌，分装成小份后－20℃冷冻保存。

二磷酸氯喹（100mmol/L）

二磷酸氯喹	52mg
去离子水	1mL

将52mg二磷酸氯喹溶于1mL去离子水。溶液通过0.22μm滤器过滤除菌，然后盛入锡箔包裹的试管，−20℃冷冻保存。见步骤5。

丁酸钠（500mmol/L）

在化学通风橱中，用10mol/L NaOH将一份丁酸储备溶液调整pH至7.0。溶液通过0.22μm滤器过滤除菌，分装成1mL小份后−20℃冷冻保存。见步骤5。

参考文献

Chen C, Okayama H. 1987. High-efficiency transformation of mammalian cells by plasmid DNA. *Mol Cell Biol* 7: 2745–2752.

Chen C, Okayama H. 1988. Calcium phosphate-mediated gene transfer: A highly efficient transfection system for stably transforming cells with plasmid DNA. *BioTechniques* 6: 632–638.

Corsaro CM, Pearson ML. 1981. Enhancing the efficiency of DNA-mediated gene transfer in mammalian cells. *Somat Cell Mol Genet* 7: 603–616.

Gorman CM, Howard BH, Reeves R. 1983a. Expression of recombinant plasmids in mammalian cells is enhanced by sodium butyrate. *Nucleic Acids Res* 11: 7631–7648.

Gorman C, Padmanabhan R, Howard BH. 1983b. High efficiency DNA-mediated transformation of primate cells. *Science* 221: 551–553.

Graham FL, van der Eb AJ. 1973. A new technique for the assay of infectivity of human adenovirus 5 DNA. *Virology* 52: 456–467.

Jakoby WB, Pastan IH, eds. 1979. *Cell culture.* Methods in Enzymology, Vol. 58. Academic, New York.

Jordan M, Schallhorn A, Wurm FW. 1996. Transfecting mammalian cells: Optimization of critical parameters affecting calcium-phosphate precipitate formation. *Nucleic Acids Res* 24: 596–601.

Lea MA, Randolph VM. 1998. Induction of reporter gene expression by inhibitors of histone deacetylase. *Anticancer Res* 18: 2717–2722.

Luthman H, Magnusson G. 1983. High efficiency polyoma DNA transfection of chloroquine treated cells. *Nucleic Acids Res* 11: 1295–1308.

Parker BA, Stark GR. 1979. Regulation of simian virus 40 transcription: Sensitive analysis of the RNA species present early in infections by virus or viral DNA. *J Virol* 31: 360– 369.

Spandidos DA, Wilkie NM. 1984. Expression of exogenous DNA in mammalian cells. In *Transcription and translation: A practical approach* (ed Hames BD, Higgins SJ), pp. 1–48. IRL, Oxford.

Spector DL, Goldman RD, Leinwand LA. 1998. *Cells: A laboratory manual,* Vol. 2: *Light microscopy and cell structure.* Cold Spring Harbor Laboratory Press, Cold Spring Harbor, NY.

Van Pel A, De Plaen E, Boon T. 1985. Selection of highly transfectable variant from mouse mastocytoma P815. *Somat Cell Mol Genet* 11: 467–475.

Workman JL, Kingston RE. 1998. Alteration of nucleosome structure as a mechanism of transcriptional regulation. *Annu Rev Biochem* 67: 545–579.

方案3 磷酸钙介导的高分子质量基因组DNA转染细胞

通过用基因组DNA转染培养的哺乳动物细胞、筛选目的基因，已经成功分离了多个哺乳动物基因，其中包括显性细胞癌基因、编码细胞表面分子的基因，由于筛选/鉴定策略和技术的改进，还分离了编码细胞内蛋白的基因。借助种属特异性的重复DNA元件或通过与共转染质粒相连接，将靶基因从稳定转染细胞的染色体DNA中分离出来。

下述方法是对Graham和van der Eb（1973）提出的磷酸钙方法的改进，用高分子质量基因组DNA代替了质粒DNA。该方法在获得转染了修复宿主染色体基因突变的基因的稳定细胞系方面尤其有效（Sege et al. 1984; Kingsley et al. 1986）。

本方案由P. Reddy（Amgen公司）和M. Krieger（麻省理工学院）提供。

材料

为正确使用本方案中的器材和危险试剂，必须查阅相应的材料安全数据表并咨询所在机构的环境卫生和安全办公室。

本方案的专用试剂标记为<R>，配方在本方案后面提供。常用储备溶液、缓冲液和试剂标记为<A>，配方见附录1。将储备溶液稀释至适当浓度。

试剂

$CaCl_2$（2mol/L）<A>

过滤除菌，分装成 5mL 小份后冷冻保存。

细胞生长培养基（完全培养基和选择性培养基）

指数生长的哺乳动物细胞

基因组 DNA

按照第 1 章中方案 12 和方案 13 所述从适当的细胞中制备高分子质量 DNA，用 TE（pH 7.6）稀释至 100μg/mL。转染每个 90mm 培养皿的培养细胞需要 20～25μg 基因组 DNA。转染细胞前，基因组 DNA 必须剪切为 45～60kb 大小（见步骤 2 和步骤 3）。剪切基因组 DNA 的适宜条件最好通过如下预实验来确定：用规格为 22#G 的针头剪切多份 2mL 高分子质量 DNA，剪切不同次数（如 3 次、4 次、5 次或 6 次）。0.6%（*m/V*）琼脂糖凝胶电泳、溴化乙锭或 SYBR Gold 染色检测 DNA，以单体或二聚体的线性噬菌体 λDNA 为标准。为优化其余步骤，需要将剪切为合适大小的 DNA 用无细胞的培养皿进行本方案的步骤 9。

Giemsa 染液（10%）

Giemsa 染液须在使用前用磷酸盐缓冲液或水新鲜配制，用 Whatman 1 号滤纸过滤。

甘油（15%，*V/V*），溶于 1× HEPES 盐缓冲液

HEPES 盐缓冲液过滤除菌，使用前向其中加入 15%（*V/V*）的高压灭菌的甘油。

HEPES 盐缓冲液 <A>

异丙醇

甲醇，预冷

NaCl（3mol/L）

过滤除菌，室温保存。

带有选择性标记的质粒（可选；见步骤 3 和步骤 12 的说明）

设备

聚乙烯试管（12mL）

Shepherd's Crook（弯头吸管）

硅化的、末端带钩的巴氏吸管。

组织培养皿（90mm）

方法

1. 实验第一天，每个 90mm 培养皿接种指数生长的细胞（如 CHO 细胞）5×10^5 个，培养于合适的含血清培养基，置于含 5% CO_2 的 37℃湿润保温箱中培养约 16h。

2. 第二天，按预实验确定的次数，使适量的高分子质量 DNA 通过规格为 22#G 的针头，将其剪切为 45～60kb 大小的片段（见上述“材料”部分“基因组 DNA”条目的说明）

每个 90mm 培养皿的细胞需要转染 20～25μg 基因组 DNA。

3. 加入 0.1 倍体积的 3mol/L NaCl 和 1 倍体积的异丙醇来沉淀剪切的 DNA，用弯头吸管收集 DNA。将沉淀在管壁上短暂干燥，然后转移到另一个盛有 HEPES 盐缓冲液（每 12～15μg DNA 加 1mL）的试管内。37℃温和旋转 2h 以重新溶解 DNA。继续下一步实验前确保所有的 DNA 已溶解。

当与选择性标记共转染时（见步骤 12 的说明），向基因组 DNA 中加入适当质粒的无菌溶液至终浓度为 0.5μg/mL。

4. 移取每等份 3mL 的剪切基因组 DNA 至 12mL 聚乙烯试管中（每等份 DNA 用于转染 2 个培养皿）。

不同细胞系所需转染的培养皿数目和可获得的转染体数量均不同，还受到筛选方法效率的影响。一般来说，要获得 3～10 个稳定转染体，必须转染 15～20 个培养皿的 CHO 细胞。

5. 温和振荡各等份的剪切基因组 DNA，然后逐滴加入 120μL 2mol/L $CaCl_2$，以形成磷酸钙-DNA 共沉淀。将试管于室温孵育 15～20min。

溶液应呈雾状，但不应形成可见的沉淀团块。

6. 从两个培养皿细胞（来自步骤 1）中吸出培养基，然后向每个培养皿中温和加入 1.5mL 磷酸钙-DNA 共沉淀物，小心旋转培养皿使沉淀物覆盖单层细胞。细胞于室温孵育 20min，期间旋转培养皿一次。

7. 向每个培养皿中温和加入 10mL 预热（37℃）的生长培养基，然后置于含 5% CO_2 的 37℃湿润保温箱中孵育 6h。

8. 重复步骤 5～7，直至所有培养皿的细胞中均含有磷酸钙-DNA 沉淀。

9. 孵育 6h 后，在光学显微镜下观察每个培养皿，可见“胡椒状”沉淀附于细胞上。沉淀剂不是粉末状的，也不是团块状的。

在显微镜下靠经验判断什么是“胡椒状”沉淀。如果此步骤看到粉末状或团块状沉淀，则终止实验。如果本步骤不能形成“胡椒状”沉淀或步骤 5 没有得到雾状溶液，原因可能在于使用的 HEPES 盐缓冲液 pH 不正确、步骤 5 孵育时间过长，或者是 $CaCl_2$ 或 DNA 浓度不合适。

10. 多数情况下，在这一步用甘油处理能够增加转染效率。用甘油使细胞休克：

i. 吸出含有磷酸钙-DNA 共沉淀的培养基。

ii. 向每个培养皿的细胞中加入 3mL 预热至 37℃、溶于 1×HEPES 盐缓冲液的 15% 甘油，室温下孵育不超过 3min。

应注意甘油-HEPES 盐缓冲液不能与细胞接触时间过长。最佳时间范围通常很窄，并随不同细胞系和不同实验室而变化。因此，一次只处理几个培养皿，并考虑吸出甘油-HEPES 盐缓冲液的时间。不要超过最适孵育时间，哪怕几秒也不行！

iii. 吸出甘油-HEPES 盐缓冲液，用 10mL 预热的生长培养基快速洗涤细胞两次。

iv. 加入 10mL 预热的生长培养基，置于含 5% CO_2 的 37℃湿润温箱中培养 12～15h。

11. 更换 10mL 新鲜的生长培养基，于含 5% CO_2 的 37℃湿润温箱中继续培养过夜。

12. 此时（第 4 天）显微镜下观察细胞应呈现正常的形态，可用胰酶消化细胞，然后重新接种至选择性培养基中。继续培养 2～3 周以形成互补和/或抗性克隆。每 2～3 天更换培养基。

筛选时间的长度、重新接种的细胞密度及筛选条件均取决于互补的突变或筛选基因。此步重新接种的最适细胞密度通常为每个 90mm 培养皿 2.5×10^5～1×10^6 个细胞。通过接种不同数量的未转染细胞，然后进行筛选程序。通过实验确定该参数。出于统筹方面的原因，使用能够确保高效细胞杀伤的最高细胞密度。

共转染（如用赋予宿主 G418 抗性的质粒）能够用于区分转染体和回复突变体。由于某些突变细胞系的回复频率可高达 10^{-6}（即每百万接种细胞发生 1 次），假阳性成为一个难题。转染频率通常为 2×10^{-7}，共转染频率约为 10^{-8}。将选择性标记（如 G418 抗性）与突变/基因的选择相结合应该能够消除假阳性。说明详见信息栏“共转化”。

13. 克隆、扩增独立的细胞集落以用于分析（方法见 Jakoby and Pastan 1979 或 Spector et al. 1998）。

14. 将余下的细胞用预冷甲醇固定 15min，然后室温下用 10% Giemsa 染液染色 15min，流水冲洗，这样可以获得细胞克隆数目的永久记录。

替代方案 磷酸钙介导的贴壁细胞的转染

本方案可用于所有类型的贴壁细胞，但尤其适用于极性上皮细胞，此类细胞的顶端质膜不能有效地通过内吞作用吸收物质。为提高转染效率，胰酶消化贴壁细胞，离心收集，将细胞重悬于磷酸钙-DNA 共沉淀中，然后再次接种于组织培养皿。

附加材料

为正确使用本方案中的器材和危险试剂，必须查阅相应的材料安全数据表并咨询所在机构的环境卫生和安全办公室。

本方案的专用试剂标注<R>，配方在本方案未提供。常用储备溶液、缓冲液和试剂标注<A>，配方见附录 1。储备溶液应稀释至合适浓度后使用。

试剂

磷酸盐缓冲液（PBS）<A>

设备

Sorvall H1000B 转子或同等设备

方法

1．通过胰酶消化收集指数生长的细胞，将细胞重悬于含血清生长培养基，然后分成约 10^6 细胞的等份，于 4℃、800*g*（Sorvall H1000B 转子用 2000r/min）离心 5min，弃上清。

2．制备磷酸钙-DNA 共沉淀，如果使用质粒 DNA 进行转染则按方案 2 步骤 2 所述，如果使用基因组 DNA 则按方案 3 步骤 5 所述。

注意制备含质粒 DNA 的共沉淀仅需约 5min，而制备含基因组 DNA 的共沉淀则需 25min 左右。进行本方案的前两个步骤时应使细胞和共沉淀物同时准备好。

3．将每个等份的 10^6 细胞重悬于 0.5mL 磷酸钙-DNA，室温孵育 15min。

将本方案简单修改即可用于大量细胞。例如，Chu 和 Sharp（1981）将 2mL 含 25μg DNA 的磷酸钙-DNA 悬液用于 10^8 细胞。这种情况下，孵育 15min 后，用 40mL 含 0.05× HEPES 盐缓冲液和 6.25 mmol/L $CaCl_2$ 的完全生长培养基稀释上述混合物，然后按每个 150mm 培养皿 $5×10^7$ 细胞的密度接种细胞。

4．向每等份细胞中加入 4.5mL 预热的生长培养基（氯喹可加可不加，见方案 2 步骤 5），然后将全部悬液（约 5mL）接种至一个 90mm 组织培养皿。于含 5%～7% CO_2 的 37℃湿润保温箱中培养细胞 24h。

5．某些类型的细胞可能需要进一步用甘油和丁酸钠处理以促进转染，见方案 2 步骤 5 操作。

6．然后，分析细胞的瞬时表达或将细胞置于适当的选择性培养基中来分离稳定转染体（见方案 2 步骤 6 和步骤 7）。

替代方案 磷酸钙介导的悬浮生长细胞的转染

本方案中介绍的改进的磷酸钙转染方法可用于转染几种悬浮生长的细胞系（如 HeLa 细胞*）。但是，大多数悬浮生长的细胞不能用磷酸钙转染，这些细胞系最好用电穿孔法（方案5）或脂质体转染法（方案1）转染。

附加材料

为正确使用本方案中的器材和危险试剂，必须查阅相应的材料安全数据表并咨询所在机构的环境卫生和安全办公室。

设备

Sorvall H1000B 转子或同等设备

方法

1. 4℃、800*g*（Sorvall H1000B 转子用 2000r/min）离心 5min 收集指数生长的悬浮细胞。弃上清，将细胞沉淀重悬于 20 倍体积的预冷 PBS 中，将悬液分成含 1×10^7 细胞的等份。再离心，弃上清。

2. 制备磷酸钙-DNA 共沉淀，如果使用质粒 DNA 进行转染则按方案2，步骤2所述，如果使用基因组 DNA 则按方案3，步骤5所述。

   注意制备含质粒 DNA 的共沉淀仅需约 5min，而制备含基因组 DNA 的共沉淀则需 25min 左右。进行本方案的前两个步骤时应使细胞和共沉淀物同时准备好。

3. 用 1mL 磷酸钙-DNA 悬液（含约 20μg DNA）轻柔重悬上述 1×10^7 细胞，将悬液室温放置 20min。

4. 向每管细胞中加入 10mL 完全生长培养基（氯喹可加可不加，见方案2，步骤5），然后将全部悬液接种至一个 90mm 组织培养皿。于含 5%～7% CO_2 的 37℃湿润温箱中培养细胞 6～24h。

5. （可选，适用于经甘油休克可以存活的细胞）在步骤4开始 4～6h 后，按如下操作（否则，直接进行步骤6）：

   i. 室温下 800*g*（Sorvall H1000B 转子用 2000r/min）离心 5min 收集细胞，PBS 洗涤一次。

   ii. 用 1mL 15%甘油/1× HEPES 盐缓冲液重悬细胞，37℃孵育细胞 30s 至 3min。

   见方案3步骤10 ii.中的说明。

   iii. 用 10mL PBS 稀释上述悬液，按步骤5 i.中所述离心收集细胞，PBS 洗涤一次。

   iv. 细胞用 10mL 完全生长培养基重悬，接种于 90mm 组织培养皿。于含 5%～7% CO_2 的 37℃湿润保温箱中培养细胞 48h。

6. 室温下 800*g*（Sorvall H1000B 转子用 2000r/min）离心 5min 收集细胞，PBS 洗涤一次。

7. 细胞重悬于 10mL 预热至 37℃的完全生长培养基，放回温箱中继续培养 48h，然后检测细胞的瞬时表达（见方案2，步骤6），或将细胞重新接种于选择性培养基中来分离稳定转染体（见方案2，步骤7）。

---

* HeLa 细胞贴壁生长，但原文如此——译者注。

参考文献

Chu G, Sharp PA. 1981. SV40 DNA transfection of cells in suspension: Analysis of efficiency of transcription and translation of T-antigen. *Gene* 13: 197–202.

Graham FL, van der Eb AJ. 1973. A new technique for the assay of infectivity of human adenovirus 5 DNA. *Virology* 52: 456–467.

Jakoby WB, Pastan IH, eds. 1979. *Cell culture.* Methods in Enzymology, Vol. 58. Academic, New York.

Kingsley DM, Sege RD, Kozarsky KF, Krieger M. 1986. DNA-mediated transfer of a human gene required for low-density lipoprotein receptor expression and for multiple Golgi processing pathways. *Mol Cell Biol* 6: 2734–2737.

Sege RD, Kozarsky K, Nelson DL, Krieger M. 1984. Expression and regulation of human low-density lipoprotein receptors in Chinese hamster ovary cells. *Nature* 307: 742–745.

Spector DL, Goldman RD, Leinwand LA. 1998. *Cells: A laboratory manual,* Vol. 2: *Light microscopy and cell structure.* Cold Spring Harbor Laboratory Press, Cold Spring Harbor, NY.

方案 4　DEAE-葡聚糖介导的转染：高效率的转染方法

DEAE-葡聚糖介导的转染与磷酸钙共沉淀介导的转染在三个方面有重要的不同。第一，该方法用于克隆基因的瞬时表达，而不是细胞的稳定转化（Gluzman 1981）。第二，该方法对 BSC-1、CV-1 和 COS 等细胞系非常有效，但对许多其他类型的细胞转染效果不理想。第三，DEAE-葡聚糖转染的 DNA 用量比磷酸钙共沉淀转染少。采用 0.1～1.0μg 超螺旋质粒 DNA 转染 10^5 个猿猴细胞可达到最高的转染效率，更大量的 DNA（大于 2～3μg）可能会有抑制效应。磷酸钙介导的转染需要高浓度的 DNA 以促进共沉淀的形成，与此相反，DEAE-葡聚糖转染方法很少用到运载 DNA。关于本方法的更多细节，见信息栏“DEAE-葡聚糖转染”。

在此，将介绍经典 DEAE-葡聚糖转染方法的两种变化形式。第一种方法中细胞经高浓度的 DEAE-葡聚糖短暂处理，转染效率较高但细胞毒性较大。第二种（见替代方案“DEAE-葡聚糖介导的转染：提高细胞活力的方案”）方法中细胞经较低浓度的 DEAE-葡聚糖处理较长时间，转染效率较低但细胞存活增加。

COS 细胞的转染

DEAE-葡聚糖方法常用于转染猿猴 COS 细胞。该细胞表达 SV40 大 T 抗原，是由 Yasha Gluzman（1981）获得的（关于 COS 细胞起源的报道，见 Witkowski et al. 2008）。引入 SV40 复制起点，尤其是采用 SV40 早期区域启动子-增强子/复制起点来表达基因或目的 cDNA，使得含有复制起点的质粒能够扩增至很高的拷贝数（Gluzman 1981）。这种扩增相应地导致转染的 cDNA 或基因产生高水平的表达，但是会严重干扰摄入质粒的细胞，最终导致细胞死亡。因此 COS 细胞常用作瞬时表达的宿主，在转染后 48～72h 进行分析。

DEAE-葡聚糖介导的 COS 细胞转染效率非常高，在培养皿的细胞中可达到 50%。因此，COS 常用在表达克隆中。高转染效率还使同时向细胞中导入多个质粒成为可能。例如，通过导入编码相应代谢通路中各种酶的表达质粒，可在 COS 细胞中重建整个中间物代谢通路（Zuber et al. 1988）。

材料

为正确使用本方案中的器材和危险试剂，必须查阅相应的材料安全数据表并咨询所在机构的环境卫生和安全办公室。

本方案的专用试剂标记为<R>，配方在本方案后面提供。常用储备溶液、缓冲液和试剂标记为<A>，配方见附录 1。将储备溶液稀释至适当浓度。

试剂

细胞生长培养基（完全培养基和无血清培养基）

二磷酸氯喹（100mmol/L）<R>

DEAE-葡聚糖（50mg/mL）<R>

DEAE-葡聚糖转染试剂盒

几家厂商销售的试剂盒提供本方案中列举的所有材料（如 Promega 公司的 ProFection Mammalian Transfection System）。这些试剂盒虽然有些昂贵，但在第一次 DEAE-葡聚糖转染实验时可提供有用的对照试剂。

指数生长的哺乳动物细胞

磷酸盐缓冲液（PBS）<A>

使用前过滤除菌，保存于室温。

质粒 DNA

采用能够很好地清除细菌内毒素的转染级质粒制备试剂盒来纯化闭合环状质粒 DNA（如 QIAGEN 公司的 EndoFree Plasmid Maxi Kit）。或者，DNA 还可以通过柱层析或溴化乙锭-CsCl 梯度离心进行纯化。将 DNA 按 0.2～2μg/μL 溶于无菌 Tris-EDTA 缓冲液或无菌水中。通过 260nm/280nm 比值测定 DNA 纯度，该比值应为 1.8。

含葡萄糖的 Tris 盐缓冲液（TBS-D）<R>

设备

组织培养皿（60mm 或 35mm）

方法

本方法为生长于 60mm 或 35mm 培养皿的细胞而设计。如果使用其他多孔板、细胞瓶或不同直径的培养皿，需要按相应比例调整细胞密度和试剂体积（见方案 1 中的表 15-3）。

1. 转染前 24h，通过胰酶消化收集指数生长的细胞，按 10^5 细胞/培养皿的密度接种于 60mm 组织培养皿（或 5×10^4 细胞/35mm 培养皿）。加入 5mL（35mm 培养皿为 3mL）完全生长培养基，于含 5%～7% CO_2 的 37℃湿润保温箱中培养 20～24h。

转染时细胞应达到约 75%汇合。如果转染前培养时间少于 12h，细胞不能很好地贴附于基质，可能会在接触 DEAE-葡聚糖过程中脱落。

2. 将 0.1～4μg 超螺旋或环状质粒 DNA 与 1mg/mL 溶于 TBS-D 的 DEAE-葡聚糖混合，制备 DNA/ DEAE-葡聚糖/TBS-D 溶液。

每个 60mm 培养皿需要 0.25mL 上述溶液，每个 35mm 培养皿需要 0.15mL 上述溶液。

达到最高瞬时表达水平的 DNA 用量取决于构建体的性质，应通过预实验来确定。如果构建体携带可在转染细胞中发挥作用的复制子（如 SV40 早期区域启动子/复制起点），每 10^5 个细胞用 100～200ng DNA 即可；如果没有复制子，则需要更多的 DNA（高达 1μg /10^5 个细胞）。

3．吸出细胞培养皿中的培养基，用预热（37℃）PBS 洗涤细胞两次、预热 TBS-D 洗涤一次。

4．加入 DNA/DEAE-葡聚糖/TBS-D 溶液（250μL/60 mm 培养皿，150μL/35mm 培养皿）。轻摇培养皿使溶液均匀铺满单层细胞。将细胞放回保温箱培养 30～90min（培养时间取决于各批次细胞对 DNA/DEAE-葡聚糖/TBS-D 溶液的敏感程度），每隔 15～20min，从温箱中取出培养皿，轻轻晃动，在显微镜下检测细胞形态。如果细胞仍然牢固贴附于基质，则继续培养。当细胞开始皱缩变圆时，停止孵育。

5．吸出 DNA/DEAE-葡聚糖/TBS-D 溶液，用预热的 TBS-D 温和洗涤细胞一次，再用预热的 PBS 洗涤一次，注意不要吸走转染的细胞。

6．加入 5mL（每 60mm 培养皿）或 3mL（每 35mm 培养皿）预热的、含血清和氯喹（终浓度 100μmol/L）的培养基，将细胞置于含 5%～7% CO_2 的 37℃湿润保温箱中培养 3～5h。

经氯喹处理后转染效率可增加数倍，氯喹可能通过抑制溶酶体水解酶降解 DNA 而发挥作用（Luthman and Magnusson 1983）。但需要注意，DEAE-葡聚糖与氯喹联用的细胞毒性效应可能很强。因此必须进行预实验，以确定细胞经 DEAE-葡聚糖处理后可与氯喹接触的最长时间（说明详见信息栏“二磷酸氯喹”）。

7．吸出培养基，用无血清培养基洗涤细胞 3 次。向细胞中加入 5mL（每 60mm 培养皿）或 3mL（每 35mm 培养皿）含血清培养基，置于含 5%～7% CO_2 的 37℃湿润保温箱中培养 36～60h，然后分析转染 DNA 的瞬时表达。

孵育时间需要针对所研究的特定细胞系和构建体进行优化。

8．为分析转染细胞中导入 DNA 的瞬时表达情况，在转染后 36～60h 收获细胞。通过杂交分析 RNA 或 DNA；通过体内代谢标记进行放射性免疫测定、免疫印迹、免疫沉淀，或者通过检测细胞抽提物的酶活性分析新合成的蛋白质。

为尽可能地减小各培养皿间转染效率的差异，最好：①每个构建体转染数个培养皿；②在培养 24h 后再用胰酶消化细胞；③将细胞汇集起来；④将它们重新接种于数个培养皿。

替代方案 DEAE-葡聚糖介导的转染：提高细胞活力的方案

与方案 4 中介绍的 DEAE-葡聚糖方法相反，此替代方案采用较低浓度的 DEAE-葡聚糖（250μg/mL），与细胞作用的时间较长（达 8h）。尽管不如使用高浓度 DEAE-葡聚糖的转染效率高，但低水平的 DEAE-葡聚糖细胞毒性小。

附加材料

为正确使用本方案中的器材和危险试剂，必须查阅相应的材料安全数据表并咨询所在机构的环境卫生和安全办公室。

试剂

DMEM 培养基

用 $NaHCO_3$ 缓冲、含血清的标准 DMEM 培养基。

HEPES 缓冲的 DMEM 培养基

无 $NaHCO_3$、含 10 mmol/L HEPES（pH 7.15）的 DMEM 培养基，不添加血清。

方法

1．转染前 24h，通过胰酶消化收集指数生长的细胞，按 10^5 个细胞/培养皿的密度接种于 60mm 组织培养皿（或 5×10^4 个细胞/35mm 培养皿）。加入 5mL（35mm 培养皿为 3mL）完全培养基，于含 5%～7% CO_2 的 37℃湿润保温箱中培养 20～24h。

转染时细胞应达到约 75%汇合。如果转染前培养时间少于 12h，细胞不能很好地贴附于基质，可能会在接触 DEAE-葡聚糖过程中脱落。

2．于 1mL HEPES 缓冲的 DMEM 中混合 0.1～1μg 超螺旋或环状质粒 DNA 和 250μg DEAE-葡聚糖。得到的溶液每 60mm 培养皿用量为 500μL，每 35mm 培养皿用量为 250μL。

达到最高瞬时表达水平的 DNA 用量取决于构建体的性质，应通过预实验来确定。如果构建体携带可在转染细胞中发挥作用的复制子（例如，SV40 早期区域启动子/复制起点），每 10^5 个细胞用 100～200ng DNA 即可；如果没有复制子，则需要更多的 DNA（高达 1μg /10^5 个细胞）。

3．吸出细胞培养皿中的培养基，用预热（37℃）的 HEPES 缓冲的 DMEM 洗涤细胞两次。

4．加入 DNA/DEAE-葡聚糖/DMEM 溶液（500μL/60mm 培养皿，250μL/35mm 培养皿），将细胞放回保温箱培养 8h。每 2h 轻摇培养皿，以保证细胞均匀接触 DNA/DEAE-葡聚糖/DMEM 溶液。

同时用二磷酸氯喹处理细胞可使转染效率增加数倍。如果使用氯喹，则应先将其加入 DNA/DEAE-葡聚糖溶液中（终浓度 100μmol/L），然后再将溶液加入细胞中。氯喹对细胞有毒性，此时孵育时间应限制在 3～5h。

据报道，对该步骤做一简单变动可使 COS 细胞的转染效率加倍（Gonzales and Joly 1995）：在实验开始时用带螺旋盖的小细胞瓶培养细胞，在步骤 4 中加入 DNA/DEAE-葡聚糖/DMEM 溶液后旋紧瓶盖。继续培养 8h，此期间由于细胞瓶中残留的少量 CO_2 被代谢掉，培养基缓慢变碱。培养基中酚红指示剂的颜色明显地从绯红逐渐加深至紫红色，这种变化可能会促进转染，与减少保温箱内 CO_2 浓度的效果类似（见方案 2 中的替代方案“磷酸钙介导的质粒 DNA 高效转染真核细胞”）。

5．吸出 DNA/DEAE-葡聚糖/DMEM 溶液，用预热（37℃）的、HEPES 缓冲的 DMEM 温和洗涤细胞两次。注意不要吸出转染细胞。

6．用预热的含血清 DMEM（$NaHCO_3$ 缓冲，无 HEPES）洗涤细胞一次。向细胞中加入 5mL（每 60mm 培养皿）或 3mL（每 35mm 培养皿）完全培养基，置于含 5%～7% CO_2 的 37℃湿润保温箱中培养 36～60h，然后分析转染 DNA 的瞬时表达。

7．为分析转染细胞中导入 DNA 的瞬时表达情况，在转染后 36～60h 收获细胞。通过杂交分析 RNA 或 DNA；通过体内代谢标记进行放射性免疫测定、免疫印迹、免疫沉淀，或者通过检测细胞抽提物的酶活性分析新合成的蛋白质。

为尽可能地减小各培养皿间转染效率的差异，最好：①每个构建体转染数个培养皿；②在培养 24h 后再用胰酶消化细胞；③将细胞汇集起来；④将它们重新接种于数个培养皿。

配方

为正确使用本方案中的器材和危险试剂，必须查阅相应的材料安全数据表并咨询所在机构的环境卫生和安全办公室。

本方案的专用试剂标注<R>，配方在本方案未提供。常用储备溶液、缓冲液和试剂标注<A>，配方见附录 1。储备溶液应稀释至适合浓度后使用。

二磷酸氯喹（100mmol/L）

二磷酸氯喹	60mg
去离子水	1mL

将 60mg 二磷酸氯喹溶于 1mL 去离子水，溶液通过 0.22μm 滤器过滤除菌，然后盛入锡箔包裹的试管并储存于−20℃。见信息栏“二磷酸氯喹”。

DEAE-葡聚糖（50mg/mL）

DEAE-葡聚糖（相对分子质量 500 000）	100mg
蒸馏水	2mL

将 100mg DEAE-葡聚糖（相对分子质量 500 000）溶于 2mL 蒸馏水，15psi（1.05kg/cm²）高压灭菌 20min。高压灭菌有助于多聚物的溶解。

最初用于转染的 DEAE-葡聚糖的相对分子质量大于 2×10^6（McCutchan and Pagano 1968）。尽管市场上已不再有该材料，但有时仍能够在化学试剂库房中找到。较老批次的高分子质量 DEAE-葡聚糖比现在买到的低分子质量多聚物的转染效率更高。

含葡萄糖的 Tris 盐缓冲液（TBS-D）

使用前向 TBS 溶液中加入 20%（*m*/*V*）葡萄糖（溶于水，高压或过滤除菌），葡萄糖终浓度为 0.1%（*V*/*V*）。

参考文献

Gluzman Y. 1981. SV40-transformed simian cells support the replication of early SV40 mutants. *Cell* 23: 175–182.
Gonzales AL, Joly E. 1995. A simple procedure to increase efficiency of DEAE-dextran transfection of COS cells. *Trends Genet* 11: 216–217.
Luthman H, Magnusson G. 1983. High efficiency polyoma DNA transfection of chloroquine treated cells. *Nucleic Acids Res* 11: 1295–1308.
McCutchan JH, Pagano JS. 1968. Enhancement of the infectivity of simian virus 40 deoxyribonucleic acid with diethyl aminoethyl-dextran. *J Natl Cancer Inst* 41: 351–357.
Witkowski JA, Gann A, Sambrook JA, eds. 2008. *Life illuminated: Selected papers from Cold Spring Harbor*, Vol. 2, 1972–1994, pp. 125–128. Cold Spring Harbor Laboratory Press, Cold Spring Harbor, NY.
Zuber MX, Mason JI, Simpson ER, Waterman MR. 1988. Simultaneous transfection of COS-1 cells with mitochondrial and microsomal steroid hydroxylases: Incorporation of a steroidogenic pathway into non-steroidogenic cells. *Proc Natl Acad Sci* 85: 699–703.

方案 5　电穿孔转染 DNA

电穿孔方法通过脉冲电场可将 DNA 导入到多种动物细胞（Neumann et al. 1982; Wong and Neumann 1982; Potter et al. 1984; Sugden et al. 1985; Toneguzzo et al. 1986; Tur-Kaspa et al. 1986）、植物细胞（Fromm et al. 1985, 1986; Ecker and Davis 1986）和细菌中。对于脂质体转染和磷酸钙-DNA 共沉淀等其他转化技术难以转染的细胞系，电穿孔可获得很好的转染效果。但是，正如其他转染方法一样，向未用过的细胞系中通过电穿孔转染 DNA 的最佳条件还需通过实验来确定。

市场上有几种不同的电穿孔设备，厂家提供应用于某些特定细胞类型的详细方案和针对其他类型细胞进行优化的指导。下面的方法介绍了采用 Gene Pulser Xcell[5] Electroporation System（Bio-Rad 公司）电穿孔转染哺乳动物细胞的条件。当采用新的实验系统时，应从优化程序入手，通过逐级递增电压来确定最佳电穿孔转染条件（见信息栏“电穿孔效率”）。借助可处理多孔电穿孔培养板的电穿孔仪，可极大地方便优化过程。关于电穿孔方法的历史、机制和优化方面更多的信息见本章末信息栏“电穿孔”。关于直接将 DNA 导入细胞核内的电穿孔技术的介绍见信息栏“通过核转染转染 DNA”。

5. http://www.bio-rad.com/evportal/evolutionPortal.portal?_nfpb=true&_pageLabel=trademarks_page&country=Us&lang=en&javascriptDisabled=true.

电穿孔效率

电穿孔效率受以下几种因素的影响：

- 外加电场的强度。电压过低，培养细胞质膜的改变不足以允许 DNA 通过；电压过高，细胞会受到不可逆的损伤。对于大多数哺乳动物细胞系，电压 250～500V/cm 时可达到最高瞬时表达水平。通常经过电穿孔，20%～50%的细胞能够存活（根据台盼蓝拒染法的检测结果）（Patterson 1979; Baum et al. 1994）。
- 电脉冲时间的长短。通常对细胞进行单次电脉冲。电脉冲的持续时间、电场形状和强度由电源容量及电穿孔杯尺寸决定。多数电穿孔装置允许研究者控制脉冲参数。电穿孔仪有指数衰减波和方形波两种电脉冲形状可供选择（关于脉冲波的特性，见本章末信息栏“电穿孔”）。
- 温度。有些研究者报道，电穿孔过程中将细胞维持在室温时瞬时表达水平最高（Chu et al. 1987）；而有的将细胞保持在 0℃获得了更好的结果（Reiss et al. 1986）。造成以上差异的原因可能是细胞类型不同或电穿孔过程中产热量不同，较高电压（大于 1000 V/cm）、较长时间电脉冲（大于 100ms）的情况容易产生较多的热量。电脉冲处理后再将细胞于电穿孔室内孵育 1～2min 可提高瞬时表达效率（Rabussay et al. 1987）。
- DNA 的构象与浓度。虽然线性和环状 DNA 均能够通过电穿孔进行转染，但采用线性 DNA 进行瞬时表达和稳定转化的水平均更高些（Neumann et al. 1982; Potter et al. 1984; Toneguzzo et al. 1986）。采用 1～40μg/mL 浓度的 DNA 可获得高效的转染。质粒纯度也是影响电穿孔效率的重要因素。对于大多数研究目的，使用多种商业化试剂盒（主要是包含除去细菌内毒素步骤的试剂盒）纯化的质粒 DNA 能够获得满意的结果。
- 培养基的离子成分。用缓冲盐溶液（如 HEPES 盐缓冲液）悬浮细胞，转染效率比用含甘露糖或蔗糖等非离子物质的缓冲液高数倍（Rabussay et al. 1987）。一些公司还销售适用于任何电穿孔仪、任何核酸和任何哺乳动物细胞系的专有缓冲液，如 Gene Pulser Electroporation Buffer（Bio-Rad 公司）或 Ingenio Electroporation Solution（Mirus Bio 公司）。
- 细胞的生理状态。生长活跃、状态健康、无污染、最好低代次的细胞可获得最佳转染效果。

通过核转染转染 DNA

“核转染”[6]是电穿孔的一种特殊形式，将核酸递送穿过核膜直接进入细胞核。由于 DNA 或 RNA 是直接导入细胞核内，所以核酸整合进入细胞无需细胞分裂。因此，对于神经元等不分裂的原代细胞及难以转染的细胞系，核转染可进行相对高效的转染。与其他常用的转染方法不同的是，针对任何核酸的核转染条件是相同的；然而，转染不同细胞类型的电参数和缓冲液是特异性的。

专用电子条件已预存于核转染设备中，只需要专用的细胞特异性溶液。正如其他转染技术一样，细胞情况（汇合度、代次等）、DNA 的数量和质量，以及处理细胞的方式都影响到转染效率。核转染仪器和试剂的生产商提供已针对 500 多种类型细胞进行优化的程序（见 http://www.lonzabio.com/resources/products-instructions/protocols/）。此外，还有可用于依照个人实验设置进行转染标准化的细胞系优化试剂盒和原代细胞优化试剂盒。

6. http://www.lonzabio.com/meta/legal/.

材料

为正确使用本方案中的器材和危险试剂，必须查阅相应的材料安全数据表并咨询所在机构的环境卫生和安全办公室。

本方案的专用试剂标注<R>，配方在本方案未提供。常用储备溶液、缓冲液和试剂标注<A>，配方见附录 1。储备溶液应稀释至适合浓度后使用。

试剂

运载 DNA（10mg/mL；例如，超声处理的鲑鱼精子 DNA；可选）

细胞生长培养基 [完全培养基和选择性培养基（可选）]

电穿孔缓冲液

电穿孔缓冲液需要根据细胞类型或生产商的建议进行优化。下列缓冲液均可使用：磷酸盐缓冲液 <A>；HEPES 盐缓冲液（HBS）<A>；蔗糖-磷酸盐缓冲液；蔗糖-HEPES 盐缓冲液。对于 Gene Pulser Xcell System 中所有预设的程序，生厂商建议采用 Opti-MEM 或无血清生长培养基作为电穿孔缓冲液。

指数生长的培养细胞

为得到最佳结果，细胞在电穿孔前 1～2 天传代，电穿孔当天收集 60%～80%汇合度的细胞。

线性化或环状质粒 DNA（1～5μg/μL，溶于无菌去离子水）

磷酸盐缓冲液（PBS）<A>

胰岛素

设备

电穿孔杯

电穿孔仪器

本方案假定使用的是配置有真核细胞用 ShockPod[7]电击槽的 Gene Pulser Xcell System（Bio-Rad 公司；货号 165-2661；操作电压 100～240 V）。

血细胞计数器

组织培养皿或多孔培养板

组织培养瓶（75cm²）

方法

1. 准备电穿孔用细胞。

对于贴壁细胞

i. 电穿孔前一天，通过胰酶消化释放贴壁细胞，将细胞转移到含新鲜生长培养基的 75cm² 细胞瓶中，接种密度应保证电穿孔当天细胞能够达到 50%～70%的汇合度（多数细胞系为每次电穿孔 1×10^5～10×10^5 细胞）。

ii. 实验当天，吸出生长培养基，PBS 洗涤细胞，胰酶消化释放贴壁细胞。取胰酶消化的细胞悬液，用血细胞计数板计数细胞密度。细胞悬液于室温下 500*g* 离心 5min。

iii. 用适当的电穿孔缓冲液按 1×10^6～5×10^6 细胞/mL 的密度重悬细胞沉淀。轻轻吹打细胞获得均一悬液。

---

7. http://www.bio-rad.com/evportal/evolutionPortal.portal?_nfpb=true&_pageLabel=trademarks_page&country=US&lang=en&javascriptDisabled=true.

对于悬浮细胞

i. 电穿孔前一天，于 75cm^2 细胞瓶中用新鲜生长培养基稀释细胞，以保证电穿孔当天细胞能够达到指数生长中期的汇合度（0.5×10^6～4×10^6 个细胞/mL）。计数细胞并按上述离心收集细胞。

ii. 用适当的电穿孔缓冲液按 1×10^6～5×10^6 个细胞/mL 的密度重悬细胞沉淀。轻轻吹打细胞获得均一悬液。

电穿孔

2. 在电穿孔仪器上设置参数。根据细胞类型选择预设程序或优化程序。对于指数程序（即指数衰减脉冲），通常电容为 1050μF，电压在 200～350V。一般 260V 起始电压、以 50V 递增对大多数细胞有效。内部阻抗设为无限大。

3. 向电穿孔杯中加入 10～50μg 质粒 DNA。如有必要，可加入运载 DNA（如鲑鱼精 DNA）使 DNA 总量达到 120μg。

4. 向电穿孔杯中加入细胞，轻轻反复吹打使细胞和 DNA 混匀。关于细胞密度和体积的建议，见表 15-4。

▲混匀过程不要在悬液中产生气泡。

表 15-4　采用 Bio-Rad ShockPod 进行电穿孔的推荐条件

电穿孔杯/cm	细胞密度/（细胞/mL）	细胞体积/μL	电穿孔后的生长条件
0.2[a]	1×10^6	100	含 0.5mL 生长培养基的 48 孔板
0.2	5×10^6	200	含 2mL 生长培养基的 6 孔板
0.4	2.5×10^6	400	含 2mL 生长培养基的 6 孔板

复制自 Bio-Rad Laboratories, Inc.

a. 不推荐用于真核细胞。

5. 将电穿孔杯放进电穿孔仪，盖上盖子，进行一次电脉冲。

记录每个电穿孔杯的实际脉冲时间和时间常数以便于各次实验间的比较。

6. 立即向电穿孔杯中加入 0.5mL 生长培养基，然后将电击后的细胞转移到合适大小的组织培养皿或多孔板中。如有必要，用生长培养基漂洗 0.2cm 或 0.4cm 电穿孔杯，然后将漂洗液加到培养皿或培养板内的细胞中。

7. 对每个样品和每个电压增量均重复步骤 5 和步骤 6。记录每个电穿孔杯的实际脉冲时间和时间常数以便于各次实验间的比较。对于哺乳动物细胞，最适条件是场强为 400～900V/cm、脉冲时间或时间常数为 10～40ms。轻轻晃动平板以使细胞均匀分布于整个孔或培养皿。

8. 将培养皿或培养板放到含 5%～7% CO_2 的 37℃湿润保温箱中培养细胞 6～24h。

9. 用方案 6～8 中所列的任何一种方法检测细胞活力。

10. 如要分离稳定转染体，按方案 1 中步骤 13 操作。

11. 对于瞬时表达，于电穿孔后 24～96h 用方案 1 步骤 12 中介绍的一种方法对细胞进行检测。

参考文献

Baum C, Forster P, Hegewisch-Becker S, Harbers K. 1994. An optimized electroporation protocol applicable to a wide range of cell lines. *BioTechniques* 17: 1058–1062.

Chu G, Hayakawa H, Berg P. 1987. Electroporation for the efficient transfection of mammalian cells with DNA. *Nucleic Acids Res* 15: 1311–1326.

Ecker JR, Davis RW. 1986. Inhibition of gene expression in plant cells by expression of antisense RNA. *Proc Natl Acad Sci* 83: 5372–5376.

Fromm M, Taylor LP, Walbot V. 1985. Expression of genes transferred into monocot and dicot plant cells by electroporation. *Proc Natl Acad Sci* 82: 5824–5828.

Fromm M, Taylor LP, Walbot V. 1986. Stable transformation of maize after gene transfer by electroporation. *Nature* 319: 791–793.

Neumann E, Schaefer-Ridder M, Wang Y, Hofschneider PH. 1982. Gene transfer into mouse lyoma cells by electroporation in high electric fields. *EMBO J* 1: 841–845.

Patterson MK Jr. 1979. Measurement of growth and viability of cells in culture. *Methods Enzymol* 58: 141–152.

Potter H, Weir L, Leder P. 1984. Enhancer-dependent expression of human κ immunoglobulin genes introduced into mouse pre-B lymphocytes by electroporation. *Proc Natl Acad Sci* 81: 7161–7165.

Rabussay D, Uher L, Bates G, Piastuch W. 1987. Electroporation of mammalian and plant cells. *Focus* 9: 1–3.

Reiss M, Jastreboff MM, Bertino JR, Narayanan R. 1986. DNA-mediated gene transfer into epidermal cells using electroporation. *Biochem Biophys Res Commun* 137: 244–249.

Sugden B, Marsh K, Yates J. 1985. A vector that replicates as a plasmid and can be efficiently selected in B-lymphoblasts transformed by Epstein-Barr virus. *Mol Cell Biol* 5: 410–413.

Toneguzzo F, Hayday AC, Keating A. 1986. Electric field-mediated DNA transfer: Transient and stable gene expression in human and mouse lymphoid cells. *Mol Cell Biol* 6: 703–706.

Tur-Kaspa R, Teicher L, Levine BJ, Skoultchi AI, Shafritz DA. 1986. Use of electroporation to introduce biologically active foreign genes into primary rat hepatocytes. *Mol Cell Biol* 6: 716–718.

Wong T-K, Neumann E. 1982. Electric field mediated gene transfer. *Biochem Biophys Res Commun* 107: 584–587.

方案 6　通过 alamarBlue 法分析细胞活力

水溶性染料 alamarBlue（化学试剂刃天青的注册商品名，见信息栏“刃天青”）已用于体外定量多种类型细胞的活力（Fields and Lancaster 1993; Ahmed et al. 1994）。该试剂极其稳定且无毒，因此可用于长时间连续监测细胞（Ahmed et al. 1994）。基于上述原因，alamarBlue 法被认为优于 MTT 检测等经典的细胞活力检测方法（方案 8）。在一个比较实验中，用 117 种不同的毒性分子分别处理细胞，对于大多数化合物，alamarBlue 法比 MTT 法略为灵敏（Hamid et al. 2004）。

下列方案介绍了对培养于 96 孔组织培养板的细胞进行活力检测。该检测方法可做改动以适应更大的培养板；但是对于初步分析转染试剂和转染方案参数对细胞活力的影响，96 孔板形式是最节约成本的。

刃天青（resazurin）

刃天青可透过细胞，几乎没有荧光。进入细胞后，刃天青通过接受来自 NADPH、$FADH_2$、NADH 和细胞色素的电子（O'Brien et al. 2000）被胞内氧化还原酶类（Gonzales and Tarloff 2001）还原为试卤灵（resorufin）（图 2）。该氧化还原反应伴随着从靛蓝色到红色荧光的颜色转变，明亮的红色荧光从细胞中扩散至培养基中，很容易用比色计或荧光计在 590nm 处进行检测。活细胞持续将刃天青转化为试卤灵，从而达到对细胞活力的定量检测。

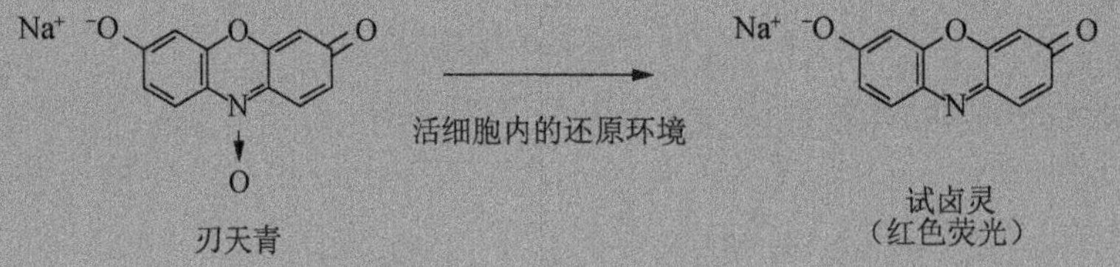

图 2　刃天青在活细胞中通过氧化还原反应转化为试卤灵。

材料

为正确使用本方案中的器材和危险试剂，必须查阅相应的材料安全数据表并咨询所在机构的环境卫生和安全办公室。

本方案的专用试剂标注<R>，配方在本方案未提供。常用储备溶液、缓冲液和试剂标注<A>，配方见附录 1。储备溶液应稀释至适合浓度后使用。

试剂

alamarBlue（Life Technologies 公司）

市面上供应的 alamarBlue 是 10×无菌溶液。alamarBlue 试剂中的刃天青染料和产生的试卤灵均对光敏感，应避免长时间光照。

已转染的哺乳动物细胞

SDS（3%，可选；见步骤 5）

设备

具读板功能的荧光计

反应读数测量的是还原型试卤灵，其最大激发/发射波长在 570nm/590nm，可通过吸光度或荧光强度来测量。测量荧光强度比测量吸光度更为敏感，因此是首选的检测方法。

96 孔板，标准平底

96 孔板，经组织培养处理

方法

1．在 96 孔板中每孔接种 50～50 000 细胞。每组条件做 3 个重复。

做一个未处理细胞和一个无细胞的对照孔。此外，如需要，可做含转染试剂但无细胞的孔和细胞毒性的阳性对照孔。

通常在经历基因毒性刺激后进行细胞活力检测。根据实验需要，毒性试剂可在检测过程中保留在细胞培养基内或在检测前除去。会干扰线粒体功能的毒性试剂可能产生误导性的结果，因为许多刃天青还原反应发生在线粒体内。

2．测量孔内培养基的体积，加入 0.1 倍体积的 alamarBlue。

细胞培养基中存在 pH 指示剂酚红不会干扰检测。

3．在 37℃组织培养孵箱中培养 1～4h。

因细胞系的代谢能力和与染料的孵育时间长度不同，不同类型的细胞将刃天青还原为试卤灵的能力有差异。对多数应用来说 1～4h 的孵育已足够。尽管 5000～50 000 个细胞孵育 1h 即可，但较少的 50～5000 个细胞可能需要 24h 的长时间孵育。对于筛选试验的优化，需通过实验来确定每孔细胞数和孵育时间长度。

4．将 100μL 细胞培养上清转移至平底 96 孔板，继续进行步骤 5 或步骤 6。

5．如果不马上进行读数，每 100μL 初始培养体积中加入 50μL 3% SDS 来终止和稳定反应。如将培养板避光并加盖防止蒸发，可在室温下保存达 24h 再继续下一步。

6．在 560nm 激发波长、590nm 发射波长下读板。如果使用固定波长的读板仪，可用的激发波长范围是 540～570nm，发射波长范围是 580～610nm。

如果读数超过荧光仪的检测限度，用细胞培养基或 PBS 将悬液稀释 10～100 倍，然后重复测量。

alamarBlue 检测还可用分光光度计测量 570nm 的吸光度，以 600nm 读数作为参比。然而，荧光检测比吸光度检测灵敏得多。

7．从每个读数中减去空白值（即无细胞孔），用校正值作图。读数与代谢活性和细胞活力成正比。

参考文献

Ahmed SA, Gogal RM Jr, Walsh JE. 1994. A new rapid and simple non-radioactive assay to monitor and determine the proliferation of lymphocytes: An alternative to [^{3}H]thymidine incorporation assay. *J Immunol Methods* 170: 211–224.
Fields RD, Lancaster MV. 1993. Dual-attribute continuous monitoring of cell proliferation/cytotoxicity. *Am Biotechnol Lab* 11: 48–50.
Gonzalez RJ, Tarloff JB. 2001. Evaluation of hepatic subcellular fractions for Alamar blue and MTT reductase activity. *Toxicol In Vitro* 15: 257–259.
Hamid R, Rotshteyn Y, Rabadi L, Parikh R, Bullock P. 2004. Comparison of alamar blue and MTT assays for high through-put screening. *Toxicol In Vitro* 18: 703–710.
O'Brien J, Wilson I, Orton T, Pognan F. 2000. Investigation of the Alamar Blue (resazurin) fluorescent dye for the assessment of mammalian cell cytotoxicity. *Eur J Biochem* 267: 5421–5426.

方案 7　通过乳酸脱氢酶法分析细胞活力

常用的细胞毒性测定方法的基础是测量受损细胞释放的胞浆酶的活性。乳酸脱氢酶（LDH）是一种所有细胞中均存在的稳定的胞浆酶。在不同类型的组织中存在 5 种不同的乳酸脱氢酶异构体，它们在数量、特异性和酶作用动力学方面存在差异。但所有不同的酶异构体均催化相同的丙酮酸和乳酸相互转化，伴随着 NADH 氧化为 NAD^+的反应（图 15-3）。

当质膜受损时，LDH 被迅速释放进入细胞培养上清中，这是细胞发生凋亡、坏死和其他形式损伤的一个重要特征。利用乳酸转化为丙酮酸过程中产生的 NADH，使一个偶联反应中的另一种化合物还原为易于定量的产物，由此可简单地定量 LDH 活性。本方案通过测量 492nm 的吸光度来反映黄色四唑盐 INT 被 NADH 还原为红色水溶性的甲臜类（formazan-class）染料的情况。甲臜的数量与培养体系中 LDH 的数量成正比，相应地，LDH 的数量与死细胞或受损细胞的数目成正比。有几家公司销售以 INT [2-(对碘苯基)-3-(对硝基苯基)-5-苯基四唑氯化物] 作为底物的试剂盒。Promega 公司销售的一种试剂盒以刃天青作为 LDH 法的偶联底物，可按照方案 6 中介绍的方法进行检测。

材料

为正确使用本方案中的器材和危险试剂，必须查阅相应的材料安全数据表并咨询所在机构的环境卫生和安全办公室。

本方案的专用试剂标注<R>，配方在本方案未提供。常用储备溶液、缓冲液和试剂标注<A>，配方见附录 1。储备溶液应稀释至适合浓度后使用。

试剂

已转染的哺乳动物细胞

本方法必须做三个重复。对于 LDH 法，需要留出一组不经毒性试剂处理的细胞孔以用于估计 LDH 的总量。

LDH 检测底物溶液 <R>

LDH 标准（可选；见步骤 8）

市场上供应纯化的 LDH。将 LDH 溶于细胞培养基中制备标准溶液，并稀释至所需浓度 0.2～2.0U/mL。

裂解液 [9%（*V*/*V*）Triton X-100，用于测量细胞总 LDH]

终止液 [含 50%二甲基甲酰胺（DMF）和 20% SDS，pH 4.7]

可用 1mol/L 盐酸来终止反应，但当用于含酚红的培养基时 DMF/SDS 溶液效果更好，因其能够中和背景吸附。

设备

微量滴定板分光光度计

96 孔板，标准平底

96 孔板，V 形底或圆底

组织培养皿（90mm）

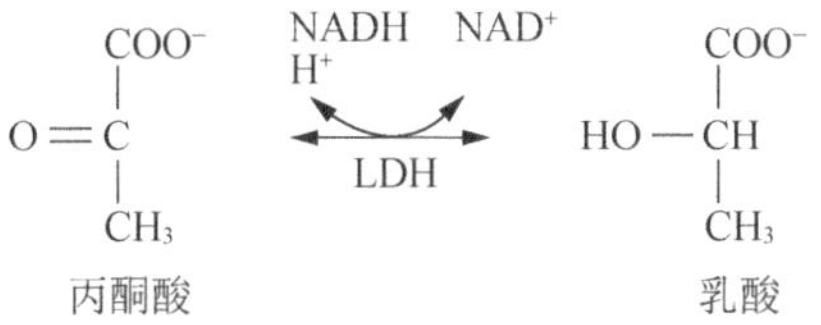

$$\text{O}=\underset{\underset{\text{CH}_3}{|}}{\overset{\overset{\text{COO}^-}{|}}{\text{C}}} \underset{\text{LDH}}{\overset{\text{NADH, H}^+ \quad \text{NAD}^+}{\rightleftharpoons}} \text{HO}-\underset{\underset{\text{CH}_3}{|}}{\overset{\overset{\text{COO}^-}{|}}{\text{CH}}}$$

丙酮酸　　乳酸

图 15-3　乳酸脱氢酶催化的可逆反应。

重要因素

细胞培养基中存在两种影响 LDH 法背景的因素——酚红和血清。用培养基对照的吸光度值来校正其他样品的测量值。也可采用无酚红的培养基消除来自酚红的背景吸光度。血清含有明显的 LDH 活性。人 AB 型血清的 LDH 活性低，而小牛血清 LDH 活性相对较高。总之，将血清浓度降至 5%可显著降低背景而不影响细胞活力。某些去垢剂（如 SDS 和溴棕三甲胺）能够抑制 LDH 活性。

当进行细胞毒性检测时，还需要额外接种一些细胞孔来做下面的对照。

1. 自发 LDH 释放组。该对照用来校正细胞内 LDH 的自发释放。孔中接种未转染的细胞。

2. 培养基背景组。该对照用于校正来自于培养基中的血清和酚红的 LDH 活性。孔中只加入培养基。

3. 最大 LDH 释放组。该对照获得的是在检测条件下如果孔中所有细胞被杀死可能释放的最大 LDH 活性。为此，用裂解液裂解未处理的靶细胞孔，然后按照步骤 1～8 所述进行检测。

方法

靶细胞数目的优化（总 LDH 释放测定）

不同类型的靶细胞（YAC-1、K562、Daudi 等）含有 LDH 的量不同，因此，需要采用实验所需类型的细胞进行预实验，以测定确保足够信噪比所需的最适靶细胞数目。

1. 制备靶细胞的稀释液（0 细胞/100μL、5000 细胞/100μL、10 000 细胞/100μL 和 20 000 细胞/100μL），向 V 形底或圆底 96 板的每个孔加入 100μL。做三个重复。

2. 向每孔加入 15μL 裂解液，将培养板 250*g* 离心 4min。

3. 转移 50μL 上清至 96 孔平底酶联板。

4．向培养基中加入 50μL LDH 检测底物。将板子用锡箔覆盖或装入不透明小盒以避光，37℃孵育 15～30min。

如需制备标准曲线，见步骤 8。

5．加入 100μL 终止液。

6．确保孔中无气泡。在加入终止液 1h 之内测量 490nm 处的吸光度。于 690nm 处测定背景吸光度，从主波长测量值（490nm）中减去该值。

7．对于吸光度值至少是培养基对照的背景吸光度两倍的细胞，测定其细胞密度。

8．（可选）向 50μL 不同的 LDH 标准中加入 50μL 检测底物。孵育 15min，然后同上测量吸光度。用得到的值制备标准曲线，用于比较待测样品的酶活性。

细胞毒性检测

9．转移 50μL 细胞培养上清至 96 孔板中。如果是悬浮培养的细胞，则先将细胞 250*g* 离心 4min，然后移取 50μL 上清。

10．向培养基中加入 50μL LDH 检测底物。将板子用锡箔覆盖或装入不透明小盒以避光，37℃孵育 15～30min。

11．加入 100μL 终止液。

12．确保孔中无气泡。在加入终止液 1h 之内测量 490nm 的吸光度。于 690nm 测定背景吸光度，从主波长测量值（490nm）中减去该值。

13．用下列等式计算测定细胞死亡百分比（细胞毒性百分比）：

$$\text{细胞毒性（\%）}=\frac{\text{实验组LDH释放量（}OD_{490}\text{）}}{\text{最大LDH释放量（}OD_{490}\text{）}}$$

14．（可选）向 50μL 不同的 LDH 标准中加入 50μL 检测底物。孵育 15min，然后同上测量吸光度。用得到的值制备标准曲线，用于比较待测样品的酶活性。

讨论

总 LDH 释放测定测量了存在于完整细胞细胞质中的乳酸脱氢酶活性。因此，裂解细胞释放内部 LDH 可定量细胞数目。此时，细胞数量与代表的总 LDH 活性的 490nm 处吸光度值成正比。获得的数据可以 490nm 处吸光度值为纵坐标、以细胞数为横坐标作图。

配方

为正确使用本方案中的器材和危险试剂，必须查阅相应的材料安全数据表并咨询所在机构的环境卫生和安全办公室。

INT 溶液

将 2-(对碘苯基)-3-(对硝基苯基)-5-苯基四唑氯化物（INT）溶于 PBS，终浓度为 100mmol/L。

LDH 检测底物溶液

L-(+)-乳酸	0.054mol/L
β-NAD$^+$	1.3mmol/L
2-(对碘苯基)-3-(对硝基苯基)-5-苯基四唑氯化物（INT）	0.66mmol/L
1-甲基吩嗪甲硫酸盐（MPMS）	0.28mmol/L
Tris-HCl 缓冲液（pH 8.2）	0.2mol/L

将各成分溶于 0.2mol/L Tris-HCl 缓冲液（pH 8.2）中。20 个反应需要 1mL 检测底物。

NADH 的磷酸盐溶液内会随着时间而形成 LDH 的竞争性抑制剂。每次须用储备溶液新鲜制备 LDH 检测底物溶液。

MPMS 溶液

将 1-甲基吩嗪甲硫酸盐（MPMS）溶于 PBS，浓度为 100mmol/L。4°C 可储存 1 个月。

方案 8　通过 MTT 法分析细胞活力

在众多依赖于活细胞将底物转化为生色产物的活力检测方法中，由 Mossman（1983）建立的 MTT 法仍是最通用、最流行的方法之一。在 MTT 法中，水溶性的黄色染料 MTT [3-(4,5-二甲基噻唑-2)-2,5-二苯基四唑溴盐] 在线粒体还原酶作用下转化为不溶性的紫色甲臜（图 15-4）。随后甲臜被溶解，其浓度通过 570nm 下的 OD 值被测定。检测结果很灵敏，直至每孔约 10^6 个细胞仍有良好线性。与 alamarBlue 法一样，代谢活性方面的微小变化能够在 MTT 中产生很大的变化，使得能够检测无直接细胞死亡的毒性试剂处理所致的细胞应力。该方法已针对生长于多孔板中的贴壁或非贴壁细胞进行了标准化。本方案使用标准 96 孔板，但可进行放大以适应不同规格的培养板。在 96 孔板每孔中接种 500～10 000 个细胞。该方法直至 10^6 个细胞仍有很好的线性。

MTT　——还原形式电子介质——→　MTT甲臜

图 15-4　MTT 还原为 MTT 甲臜。

材料

为正确使用本方案中的器材和危险试剂，必须查阅相应的材料安全数据表并咨询所在机构的环境卫生和安全办公室。

本方案的专用试剂标注<R>，配方在本方案未提供。常用储备溶液、缓冲液和试剂标注<A>，配方见附录 1。储备溶液应稀释至适合浓度后使用。

试剂

转染的哺乳动物细胞

多数类型的哺乳动物细胞在较低细胞数时即能够充分还原四唑盐以进行 MTT 法。然而，当使用血液细胞时，可能需要将细胞数增加到 1×10^5～5×10^5/mL 以获得有意义的 570 nm 处吸光度读数（Chen et al. 1990）。也可采用不同细胞数、每种重复 3 孔进行检测，通过实验确定用于该方法的最适细胞数。

DMSO

MTT 储备溶液 <R>

SDS-HCl 溶液（10%）<R>

组织培养基

设备

96 孔板，标准平底

96 孔板，V 形底或圆底

能够读取多孔组织培养板的分光光度计

方法

标记细胞

1．对于贴壁细胞，除去培养基，更换为 100μL 新鲜培养基。对于非贴壁细胞，离心微孔板使细胞沉淀，小心地尽可能除去培养基，更换为 100μL 新鲜培养基。

细胞培养基中的酚红指示剂会干扰 MTT 反应。可能需要在无指示剂的培养基中培养细胞，或者在加入 MTT 试剂之前更换为无指示剂的培养基。

2．向每孔加入 10μL 12mmol/L MTT 储备溶液。再做一个单独的 100μL 培养基中加入 10μL MTT 储备溶液的阴性对照。

3．将培养板于 37℃孵育 4h。细胞密度较高时（每孔大于 100 000 细胞），孵育时间可缩短至 2h。用 SDS-HCl 或 DMSO 溶解产生的甲臜。

几家公司销售原始形式的 MTT 法试剂盒。某些试剂盒（如 Promega 公司的 Cell Titer 96 Aqueous）用 MTS 代替 MTT 作为底物。MTS 四唑盐与 MTT 四唑盐类似，其优势在于 MTS 还原产生的甲臜可溶于细胞培养基，检测操作中无需溶解步骤。

用 SDS-HCl 溶解甲臜

4．向每孔加入 100μL SDS-HCl 溶液，用吸管彻底混匀，产生的甲臜被溶解。

5．将微孔板于 37℃湿润温箱中孵育 4～18h，时间的长短取决于形成的甲臜产物的多少。孵育时间过长会降低检测的灵敏度。

6．用吸管再次混匀每个样品，于 570nm 处读取吸光度。

用 DMSO 溶解甲臜

DMSO 是一种比 SDS-HCl 更迅速、更常用的溶解试剂。

7．从孔中吸出培养基，仅余 25μL。

对于非贴壁细胞，可能需要首先离心培养板以沉淀细胞。

8．向每孔加入 50μL DMSO，用吸管彻底混匀。

9．将培养板于 37℃孵育 10min。

10．再次混匀每个样品，于 540nm 处读取吸光度。

讨论

为计算死亡细胞的百分比，用 100%裂解的细胞作为阳性对照。加入 MTT 前通过冻融和吹打裂解细胞。用阳性对照（100%裂解的细胞）吸光度的平均值作为空白值，从所有其他吸光度值中减去该空白值，得到校正的吸光度值。将校正的 570nm 吸光度值（纵轴）与细胞毒性试剂浓度（横轴，对数刻度）如图 15-5 作图，通过定位对应最大吸光度值一半的横轴数值来测定 IC_{50}（IC_{50} 是杀死群体中一半细胞所需细胞毒性试剂的抑制浓度）。

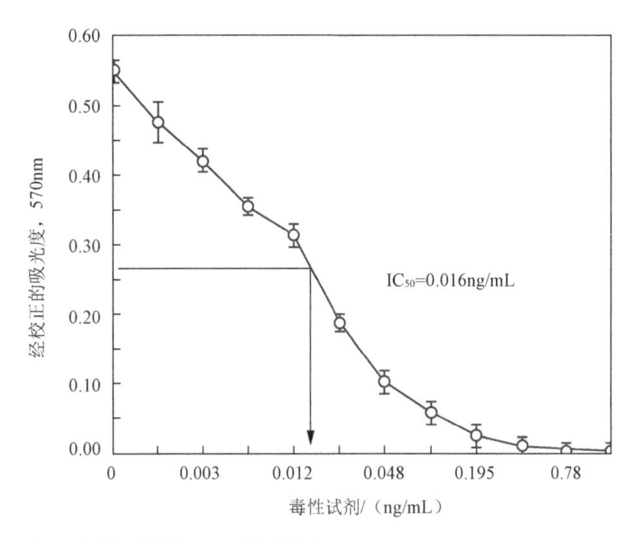

图 15-5　用于测定毒性试剂 IC_{50} 的样图（基于 TNF-α对 L929 细胞效应的检测，经 Promega 公司许可改动）。

配方

为正确使用本方案中的器材和危险试剂，必须查阅相应的材料安全数据表并咨询所在机构的环境卫生和安全办公室。

MTT 储备溶液（12mmol/L）

MTT	5mg
PBS	1mL

将 5mg MTT 溶于 1mL PBS 来制备 12mmol/L 储备溶液。该储备溶液足够用于 100 个反应（10μL/反应）。制备的 MTT 溶液可于 4℃避光保存 4 周。

SDS-HCl 溶液（10%）

SDS	1g
HCl（0.01 mol/L）	10mL

该溶液用于溶解反应最后形成的不溶性甲臜产物，通过将 1g SDS 溶于 10mL 0.01mol/L HCl 来制备。将溶液进行漩涡振荡直至 SDS 完全溶解。1mL 足够用于 100 个反应（10μL/反应）。或者，该甲臜产物还可溶于二甲基亚砜（DMSO）。

参考文献

Chen C-H, Campbell PA, Newman LS. 1990. MTT colorimetric assay detects mitogen responses of spleen but not blood lymphocytes. *Int Arch Allergy Appl Immunol* 93: 249–255.

Mossman T. 1983. Rapid colorimetric assay for cellular growth and survivals: Application to proliferation and cytotoxicity assays. *J Immunol Methods* 65: 55–63.

信息栏

 光学转染

聚焦激光形式的光线能够在哺乳动物细胞的质膜上产生瞬时小孔，质粒 DNA 和其他大分子能够通过该小孔进入（Tsukakoshi et al. 1984）。在这一现象的基础上，已建立了多种采用不同形式的光线向培养细胞内导入大分子的方法。这些方法被称为光学转染、光穿孔、光注射和激光转染；但通常用“光学转染”一词来指代所有这些技术（综述见 Yao et al. 2008）。尽管已根据激光光源的性质或大分子进入的方式对光学转染进行了分类，但更为人们普遍接受的分类是：①单独用激光进行转染；②化学试剂和激光联合转染。

最早的光学转染方法用激光作为光源。在 Tsukakoshi 等（1984）的第一篇报道中，355nm 的毫微秒脉冲激光器聚焦于正常的大鼠肾脏细胞质膜上一个直径 0.5μm 的点，而细胞悬浮于含质粒 DNA 的溶液，发现只有该区域内的细胞摄入了质粒 DNA。Tao 等（1987）采用的是 355nm、具有 23～67J 光脉冲能量的钇铝石榴石激光器（将光线聚焦于一个直径约 2μm 的点，转染效率可比磷酸钙转染高 100 倍）。毫微秒激光器大部分已被具有 800nm 发射光、50～225mW 激光功率的飞秒激光器所取代（Tirlapur and Konig 2002; Zeira et al. 2003; Stevenson et al. 2010）。这些激光器具有 800nm 或 1064 nm 的近红外波长发射光和飞秒脉冲，能够降低转染相关的细胞毒性（Brown et al. 2008; Yao et al. 2008）。

据推测，光学转染过程中大分子进入细胞的机制可能是通过激光束与细胞膜相互作用在细胞膜上形成的瞬时小孔，或者通过产生冲击波间接进入，在后一种情况下，聚焦的激光束与吸收介质（通常为聚酰亚胺）而不是与细胞相互作用。然后，吸收介质迅速升温，导致产生机械性应力波。该冲击波与邻近细胞相互作用，在质膜上产生瞬时改变。冲击波使细胞膜短暂通透化的确切本质还不清楚。但是，该方法可高效应用于贴壁细胞。

另一个命名为“光化学内化”（photochmical internalization，PCI）的光学转染方法，采用激光激活定位于内吞小泡膜上的光敏性化学试剂，在所需的大分子通过内吞作用被摄取后，立刻施加激光以激活光敏剂、诱导活性氧形成并引起内涵体膜破裂，小泡中内容物释放（Berg et al. 1999; Niemz 2003）。对该方法的一个改进是将细胞与吸光颗粒（如金纳米颗粒）相结合，然后将培养于含质粒 DNA 的培养基中的细胞照射激光（Pistillides et al. 2003）。

光学转染获得的最高转染效率与其他转染方法相当。然而，应用这些基于光学的方法的主要障碍是所需仪器设备价格昂贵且不能同时转染大量细胞。光学转染最大的潜力在于其能够靶向单个细胞，这是其他转染手段所没有的用途。目前可用于操作单个细胞的技术包括将病毒颗粒或纳米颗粒胶囊在光学显微镜下借助镊子显微注射进入细胞（Ashkin and Dziedzic 1987; Sun and Chiu 2004）。光学转染为这些方法提供了更为简单的替代选择。关于单个细胞的光学转染的综述，见 Stevenson 等（2010）。

目前正在探索将光学转染应用于在单细胞水平上解决各种生物学问题。例如，借助光学转染方法的研究表明，将 mRNA 注射进入神经元树突的结果不同于注射进入神经元细胞体的结果（Barrett et al. 2006）。应用光学转染方法，Sul 等（2009）研究表明，来自一种类型细胞的整个转录组能转移到另一种类型的细胞内，导致受体细胞的重编程。光学转染在克服设备的难题方面取得了重要进展，使得该技术能够更好地用于回答某些生物学上长久存在的问题。随着工作台缩小为微芯片大小，研究在单细胞水平开展，光学转染可能成为一种重要的工具。

参考文献

Ashkin A, Dziedzic JM. 1987. Optical trapping and manipulation of viruses and bacteria. *Science* 235: 1517–1520.

Barrett LE, Sul JY, Takano H, Van Bockstaele EJ, Haydon PG, Eberwine JH. 2006. Region-directed phototransfection reveals the functional significance of a dendritically synthesized transcription factor. *Nat Methods* 3: 455–460.

Berg K, Weyergang A, Prasmickaite L, Bonsted A, Høgset A, Strand MT, Wagner E, Selbo PK. 1999. Photochemical internalization: A novel technology for delivery of macromolecules into cytosol. *Cancer Res* 59: 1180–1183.

Brown CT, Stevenson DJ, Tsampoula X, McDougall C, Lagatsky AA, Sibbett W, Gunn-Moore FJ, Dholakia K. 2008. Enhanced operation of femtosecond lasers and applications in cell transfection. *J Biophotonics* 1: 183–199.

Niemz MH. 2003. *Laser–tissue interactions: Fundamentals and applications* Springer-Verlag, Berlin.

Pitsillides CM, Joe EK, Wei X, Anderson RR, Lin CP. 2003. Selective cell targeting with light-absorbing microparticles and nanoparticles. *Biophys J* 84: 4023–4032.

Stevenson DJ, Gunn-Moore FJ, Campbell P, Dholakia K. 2010. Single cell optical transfection. *J R Soc Interface* 7: 863–871.

Sul JY, Wu CW, Zeng F, Jochems J, Lee MT, Kim TK, Peritz T, Buckley P, Cappelleri DJ, Maronski M, et al. 2009. Transcriptome transfer produces a predictable cellular phenotype. *Proc Natl Acad Sci* 106: 7624–7629.

Sun B, Chiu DT. 2004. Synthesis, loading, and application of individual nanocapsules for probing single-cell signaling. *Langmuir* 20: 4614–4620.

Tao W, Wilkinson J, Stanbridge EJ, Berns MW. 1987. Direct gene transfer into human cultured cells facilitated by laser micropuncture of the cell membrane. *Proc Natl Acad Sci* 84: 4180–4184.

Tirlapur UK, Konig K. 2002. Femtosecond near-infrared laser pulses as a versatile non-invasive tool for intra-tissue nanoprocessing in plants without compromising viability. *Plant J* 31: 365–374.

Tsukakoshi M, Kurata S, Nomiya Y, Ikawa Y, Kasuya T. 1984. A novel method of DNA transfection by laser microbeam cell surgery. *Appl Phys B* 35: 135–140.

Yao CP, Zhang ZX, Rahmanzadeh R, Huettmann G. 2008. Laser-based gene transfection and gene therapy. *IEEE Trans Nanobioscience* 7: 111–119.

Zeira E, Manevitch A, Khatchatouriants A, Pappo O, Hyam E, Darash-Yahana M, Tavor E, Honigman A, Lewis A, Galun E. 2003. Femtosecond infrared laser—An efficient and safe in vivo gene delivery system for prolonged expression. *Mol Ther* 8: 342–350.

共转化

分析转染基因的功能和表达可能需要转染的 DNA 稳定整合进宿主染色体。进入细胞后，有些转染的核酸能够在细胞分裂过程中从细胞质进入细胞核。根据细胞类型，细胞群体中高达 80%的细胞将会以瞬时的方式表达转染的基因。有时在转染后的最初几小时内，外来 DNA 通过一系列的非同源性分子间重组和连接反应形成大的串联结构，最终整合进入细胞染色体。每个转化的细胞通常只含有一个这种大小超过 2Mb 的结构（Perucho et al. 1980）。然后，可以对携带整合的 DNA 的稳定细胞系进行分离。不同类型的细胞之间转化率有很大差异。最好的情况下，约 10^3 个初始转染细胞中有 1 个细胞稳定表达外源 DNA 所携带的基因。

由于 DNA 的摄取、整合和表达是小概率事件，通常通过筛选获得新表型的细胞来分离稳定转染体。一般情况下，这种新表型是由转染混合物中编码抗生素抗性的基因所赋予的。经过转化表达一个 DNA 分子上的遗传标记的细胞，经常也表达另一 DNA 分子携带的遗传标记。因此，稳定表达选择性标记（如抗生素抗性）的细胞可能也整合了载体 DNA 上的其他 DNA 序列。物理上没有关联的基因装配成一个整合序列并在同一转化细胞内表达的这种现象叫做共转化。

第一个广泛用于哺乳动物细胞中筛选的基因是编码胸苷激酶（TK）的病毒基因（单纯疱疹病毒，Wigler et al. 1977）。许多哺乳动物细胞系均表达胸苷激酶，但通过 5-溴脱氧尿苷（5-BrdU）的筛选，得到了几株 TK^-细胞系。如果病毒 *tk* 基因被转染并稳定整合到缺失胸苷激酶的细胞系的宿主基因组内，则可赋予细胞 TK^+表型，使细胞能够在氨基蝶呤存在下生长（关于筛选原理的讨论，见信息栏“用于稳定转化的筛选试剂”）。此后，该策略被用于通过共转染编码 *tk* 基因的质粒向哺乳动物细胞中导入外源基因（Perucho et al. 1980; Robins et al. 1981）。获得 tk^-突变体需花费额外精力且比较困难，促使人们寻找其他筛选方案，研究了在共转化中进行筛选的其他可行策略，开发了可表达赋予哺乳动物细胞系药物抗性的细菌蛋白的载体。例如，这些选择性标记包括氨基糖苷磷酸转移酶（对 G418 或新霉素有抗性）、潮霉素 B 磷酸转移酶（对潮霉素 B 有抗性）、黄嘌呤-鸟嘌呤磷酸核糖转移酶（对霉酚酸和氨基蝶呤有抗性）、嘌呤霉素-*N*-乙酰转移酶（对嘌呤霉素有抗性）和杀稻瘟菌素脱氨基酶（对杀稻瘟菌素 S 有抗性）。所有这些方法均已在建立稳定转化的哺乳动物细胞系中获得了很大的成功。

筛选除了提供一种将外源基因稳定导入哺乳动物细胞的方法外，还经常需要提高筛选条件的严格性以获得转染基因的高水平表达。可通过增加靶基因和抗性基因的拷贝数或将二者共扩增来提高表达水平。与一个特殊的标记基因共转染（并整合在其附近）的靶基因在筛选压力下与标记基因共同扩增的概率很高。例如，通过逐渐提高氨甲蝶呤水平来扩增二氢叶酸还原酶基因（*dhfr*）已被成功用于过表达共转染的外源基因（Schimke 1984）。同样，可通过逐步升高 2′-脱氧助间型霉素（dCF）浓度扩增编码腺苷脱氨酶（ADA）的基因（Kaufman et al. 1986；关于基因扩增的说明详见 Stark and Wahl 1984）。关于筛选原理以及上述这些系统所需筛选条件的说明详见信息栏“用于稳定转化的筛选试剂”。

优化稳定转染体的筛选

获得稳定表达目的基因的哺乳动物细胞系所需的选择性标记可以位于基因表达质粒上，或者位于单独的质粒上，与基因表达质粒共转染。如果存在于同一质粒上，则获得具药物抗性且表达目的基因的稳定转染体的概率更大。但共转染也是一种有效的方法。当采用共转染时，建议采用基因表达质粒和选择性标记质粒含量为 5～10∶1 的质粒混合物进行转染。这样的比例有助于保证稳定转染的细胞，同时表达目的基因和选择性标记。

参考文献

Kaufman RJ, Murtha P, Ingolia DE, Yeung CY, Kellems RE. 1986. Selection and amplification of heterologous genes encoding adenosine deaminase in mammalian cells. *Proc Natl Acad Sci* 83: 3136–3140.

Perucho M, Hanahan D, Wigler M. 1980. Genetic and physical linkage of exogenous sequences in transformed cells. *Cell* 22: 309–317.

Robins DM, Ripley S, Henderson AS, Axel R. 1981. Transforming DNA integrates into the host cell chromosome. *Cell* 23: 29–39.

Schimke RT. 1984. Gene amplification in cultured animal cells. *Cell* 37: 705–713.

Stark G, Wahl G. 1984. Gene amplification. *Annu Rev Biochem* 53: 447–491.

Wigler M, Silverstein S, Lee LS, Pellicer A, Cheng VC, Axel R. 1977. Transfer of purified herpes virus thymidine kinase gene to cultured mouse cells. *Cell* 11: 223–232.

用于稳定转化的筛选试剂

抗生素抗性可以有效地筛选共转化体，有时也可驱动基因扩增。

氨基蝶呤

作用模式

胸苷激酶催化由胸苷合成 dTTP 的旁路途径中的一个反应。该酶在正常生长条件下不是必需的，因为细胞通常由 dCDP 合成 dTTP。然而，在氨基蝶呤（二氢叶酸类似物）存在时，细胞不能通过正常途径合成 dTTP，因此需要胸苷激酶以利用旁路途径。

筛选条件

采用缺乏内源胸苷激酶活性的细胞系，培养于补加了 100μmol/L 次黄嘌呤、0.4μmol/L 氨基蝶呤、16μmol/L 胸苷和 3μmol/L 甘氨酸的培养基（HAT 培养基）中。

G418

作用模式

这种氨基糖苷类抗生素结构类似于新霉素、庆大霉素和卡那霉素，是稳定转染实验中最常用的筛选试剂。G418 及其类似物通过干扰核糖体功能来阻断蛋白合成。细菌转座子序列 Tn5 携带的的氨基糖苷磷酸转移酶将 G418 转变为无毒性形式。

筛选条件

由于每种真核细胞系对该抗生素的敏感度不同（某些细胞系能够完全抵抗该抗生素），针对每种用于稳定转染的新细胞系或株，杀死未转染细胞所需的最适浓度必须通过实验来确定。最适浓度通过建立细胞杀伤曲线来确定。在该实验中，携带 G418 抗性的质粒（如 pSV2neo 或 pSV3neo）（Southern and Berg 1982）被转染进入细胞，用不同浓度的 G418 处理细胞。经过 2～3 周的筛选后，通过肉眼观察，或用 Giemsa 染液或龙胆紫染色后进行克隆计数更佳，以确定获得存活克隆数目最多的 G418 浓度。

商业化制备的 G418 中活性抗生素浓度不同，一般纯度约为 50%。因此，在用于组织培养之前应对每个批次的 G418 进行浓度测定。尽管存在这样的差异，对于特性清楚的细胞系，可获得最佳转染克隆数的 G418 用量是稳定的。表 1 列举了几种常用细胞系使用的最适 G418 浓度范围。

表 1　G418 的筛选浓度

细胞系或微生物	G418 浓度/（μg/mL）
中国仓鼠卵巢（CHO）细胞	700～800
Madin-Darby 犬肾细胞（MDCK）细胞	500
人表皮 A431 细胞	400
猴 CV-1 细胞	500
盘基网柄菌属（*Dictyostelium*）	10～35
植物	10
酵母	125～500

潮霉素 B

作用模式

潮霉素 B 是由吸水链霉菌（*Streptomyces hygroscopicus*）产生的氨基环醇类抗生素（Pittenger et al. 1953）。潮霉素 B 通过干扰转位（Cabañas et al. 1978; Gonzólez et al. 1978）和在体内外引起错误翻译而抑制真核细胞与原核细胞内的蛋白质合成（Singh et al. 1979）。

位于细菌质粒上、编码 341 个氨基酸、可使该抗生素失活的潮霉素 B 磷酸转移酶（Rao et al. 1983）基因已经被鉴定和测序（Gritz and Davies 1983）。该基因已用作大肠杆菌的选择性标记，与适当启动子构建成的嵌合基因在酿酒酵母（Gritz and Davies 1983; Kaster et al. 1984）、哺乳动物细胞（Santerre et al. 1984; Sugden et al. 1985）和植物（van den Elzen 1985; Waldron et al. 1985）中作为显性选择性标记。

筛选条件

抑制各种生物所需的抗生素浓度见表 2。

表 2　潮霉素 B 的筛选浓度

细胞系或微生物	潮霉素 B 抑制浓度	参考文献
大肠杆菌	200μg/mL	Gritz and Davies 1983
酿酒酵母	200μg/mL	Gritz and Davies 1983
哺乳动物细胞系	12～400μg/mL（依细胞系而定）	Sugen et al. 1985; Palmer et al. 1987

氨甲蝶呤（MTX）

作用模式

氨甲蝶呤是二氢叶酸类似物，能够强烈抑制嘌呤生物合成所需的二氢叶酸还原酶（DHFR）。提高 MTX 水平能够引起编码 DHFR 的基因扩增并伴随其表达水平升高，因而此系统对扩增共转染基因非常有效（Simonsen and Levinson 1983）。

筛选条件

培养基通常补加 0.01～300μmol/L 氨甲蝶呤。

霉酚酸

作用模式

霉酚酸是一种具有抗生素特性的弱二元酸，可特异性地抑制在哺乳动物细胞内将肌苷酸（IMP）转化为黄嘌呤单磷酸（XMP）的肌苷酸脱氢酶。这种对鸟苷单磷酸（GMP）生物合成途径的阻断可通过给细胞补充黄嘌呤和大肠杆菌 *gpt* 功能基因而解除，*gpt* 基因编码黄嘌呤-鸟嘌呤磷酸核糖转移酶，可将黄嘌呤转化为 XMP。因此，大肠杆菌 *gpt* 基因可在霉酚酸存在下作为共转化任何类型哺乳动物细胞的显性选择性标记（Mulligan and Berg 1981a, b）。加入可阻断内源嘌呤生物合成途径的氨基蝶呤，筛选效率会更高（说明详见 Gorman et al. 1983）。

筛选条件

抑制哺乳动物细胞生长的抗生素浓度约为 25μg/mL。

嘌呤霉素

作用模式

嘌呤霉素是氨酰-tRNA 的类似物，通过引起提前链终止而抑制蛋白合成。在嘌呤霉素-*N*-乙酰转移酶作用下，嘌呤霉素被乙酰化而失活（de la Luna et al. 1988）。

筛选条件

抑制哺乳动物细胞系生长的抗生素浓度范围为 0.5～10μg/mL；对于许多转化细胞系，2μg/mL 的浓度可有效发挥作用。

杀稻瘟菌素 S

作用模式

杀稻瘟菌素 S 是一种肽核苷类抗生素，通过阻断氨酰-tRNA 形成后肽段从核糖体的释放而抑制肽键形成，从而抑制原核细胞和真核细胞中蛋白质的合成（Izumi et al. 1991; Kimura et al. 1994）。杀稻瘟菌素 S 用于筛选携带来自蜡样芽胞杆菌（*Bacillus cereus*）的 *bsr* 抗性基因或来自土曲霉（*Aspergillus terreus*）的 *BSD* 抗性基因的转染细胞，这种抗性基因编码杀稻瘟菌素脱氨基酶。细菌与哺乳动物物种间 CpG 二核苷酸表征的差异有时会通过 DNA 甲基化引起 *bsr* 基因表达沉默。为避免这种情况，真核表达载体中采用有功能的、CpG 减少（由 14 个减少到 4 个）的 *bsr* 基因，该基因还经过了密码子优化，使用哺乳动物细胞偏好的密码子以确保高水平表达。

筛选条件

杀稻瘟菌素 S 用于哺乳动物细胞系的工作浓度为 3～50μg/mL，必须针对每个细胞系测定其最佳浓度。加入该抗生素后，细胞迅速死亡，在转染后 7 天即可筛选出经转染的细胞。表 3 列举了筛选某些常用哺乳动物细胞的工作浓度。

表 3　杀稻瘟菌素 S 的筛选浓度

细胞系	浓度/（μg/mL）	参考文献
HeLa（人宫颈癌）	10～20	Kanada et al. 2008; Cheng et al. 2008
HEK293（人胚肾）	5～10	Oka et al. 2008; Jiang et al. 2008
HepG2（人肝细胞癌）	5	Maxson et al. 2009
MCF-7（人乳腺癌）	5	Denger et al. 2008
A549（肺癌）	10	Huang et al. 2008

参考文献

Cabañas MJ, Vázquez D, Modolell J. 1978. Dual interference of hygromycin B with ribosomal translocation and with aminoacyl-tRNA recognition. *Eur J Biochem* 87: 21–27.

Cheng N, He R, Tian J, Ye PP, Ye RD. 2008. Cutting edge: TLR2 is a functional receptor for acute-phase serum amyloid A. *J Immunol* 181: 22–26.

de la Luna S, Soria I, Pulido D, Ortin J, Jiminez A. 1988. Efficient transformation of mammalian cells with constructs containing puromycin-resistance marker. *Gene* 62: 121–126.

Denger S, Bähr-Ivacevic T, Brand H, Reid G, Blake J, Seifert M, Lin CY, May K, Benes V, Liu ET, Gannon F. 2008. Transcriptome profiling of estrogen-regulated genes in human primary osteoblasts reveals an osteoblast-specific regulation of the insulin-like growth factor binding protein 4 gene. *Mol Endocrinol* 22: 361–379.

González A, Jiménez A, Vázquez D, Davies JE, Schindler D. 1978. Studies on the mode of action of hygromycin B, an inhibitor of translocation in eukaryotes. *Biochim Biophys Acta* 521: 459–469.

Gorman C, Padmanabhan R, Howard BH. 1983. High efficiency DNA-mediated transformation of primate cells. *Science* 221: 551–553.

Gritz L, Davies J. 1983. Plasmid-encoded hygromycin-B resistance: The sequence of hygromycin-B-phosphotransferase and its expression in *E. coli* and *S. cerevisiae*. *Gene* 25: 179–188.

Huang G, Eisenberg R, Yan M, Monti S, Lawrence E, Fu P, Walbroehl J, Löwenberg E, Golub T, Merchan J, et al., 2008. 15-Hydroxyprostaglandin dehydrogenase is a target of hepatocyte nuclear factor 3β and a tumor suppressor in lung cancer. *Cancer Res* 68: 5040–5048.

脂质体转染

脂质体转染是用于将外源 DNA 导入培养的哺乳动物细胞中一系列技术的统称。在基本方法的基础上已发展了多种不同方法，但这些方法仍遵循相同的基本原则：待转染的 DNA 为脂质所包裹，而脂质与细胞质膜直接相互作用（Bangham 1992）或通过非受体介导的内吞作用被摄入细胞（Zhou and Huang 1994; Zabner et al. 1995），推测这可能是在内吞小体内进行膜融合的前奏（Pinnaduwage et al. 1989; Leventis and Silvius 1990; Rose et al. 1991）。然而，与其他转染技术一样，只有很小比例的脂质体将其运载的 DNA 递送进入细胞核（Tseng et al. 1997）。显微镜观察显示，大部分 DNA 仍与细胞的膜结构结合，不能被运送至细胞质并进入细胞核，而这一过程对于克隆基因的转录和表达是必需的（Zabner et al. 1995）。然而，当处于最佳情况时，脂质体转染比磷酸钙等聚阳离子沉淀方法递送 DNA 的效率更高，比电穿孔方法成本更低。

与其他转染技术一样，脂质体转染并不能处处适用，无论外源基因是瞬时表达还是稳定转染，不同的细胞系之间差别很大。不同类型的细胞可能对同一脂质体转染方案呈现多种反应。不同脂质体转染方案用于同一细胞系的结果可能相去甚远。然而，在很多标准转染方法效率极低的情况下，脂质体转染方法效果很好。例如，转染原代细胞或分化细胞（如见 Thompson et al. 1999），或向标准细胞系中导入高分子质量 DNA（如见 Strauss 1996）。因此，脂质体转染是在体外向分化细胞中导入基因以及旧的转染方法无效时的首选方法。

脂质体转染的化学过程

脂质体转染试剂有两大类：阴离子试剂与阳离子试剂。20 世纪 70 年代末，阴离子脂质体首次用于将 DNA 和 RNA 以生物活性形式递送进入细胞，要求将 DNA 包裹在大的人工薄片状脂质体内部的水相空间内（关于早期工作的综述，见 Fraley and Papahadjopoulos 1981, 1982; Fraley et al. 1981; Straubinger and Papahadjopoulos 1983）。但是，该技术的基本形式未得到广泛应用，可能是因其比较耗时，且不熟悉脂质化学的研究者也存在实验重复性的问题。

目前常用的脂质体转染技术基于 Peter Felgner 的独创性发现，阳离子脂质可自发地与 DNA 发生反应形成可与细胞膜融合的单层外壳（Felgner et al. 1987; Felgner and Ringold 1989）。DNA-脂质复合物的形成是由于带强正电荷的脂质头部基团与 DNA 上带负电荷的磷酸基团之间的离子相互作用，伴随着电荷的中和（见方案 1 替代方案“采用 DOTMA 和 DOGS 进行转染”中的图 1）。

第一代阳离子脂质是单阳离子双链两性分子，有带正电荷的四氨基头部基团（Duzgunes et al. 1989），通过醚键或酯键与脂质骨架相连。这种单阳离子脂质存在两个方面的主要问题：它们对多种类型的哺乳动物细胞和昆虫细胞具有毒性；其促进转染的能力仅限于少数细胞系（Felgner et al. 1987; Felgner and Ringold 1989）。新一代的阳离子脂质为聚阳离子，其适用范围非常广，且比之前的脂质毒性小得多（综述见 Gao and Huang 1993）。多数情况下，用于转染的阳离子脂质制剂是合成的阳离子脂质与助融合脂质（磷脂酰乙醇胺或 DOPE）的混合物。根据脂质混合物的组成，待转染的 DNA 被包裹进脂双层与水合 DNA 交替形成的多层结构中，或以蜂巢结构排列的六角柱中（Labat-Moleur et al. 1996; Koltover et al. 1998）。蜂巢中的每个柱形或管状结构由水合 DNA 分子作为中心核，周围是脂质单层组成的六角外壳。模式系统的实验表明，蜂巢形式的排列可比多层结构更有效地递送 DNA 穿透脂双层。

脂染体的过量

脂质易于与 DNA 形成转染结构的这一特性同时也带来了负面效应。其中主要的问题是普遍存在的毒性，表现为细胞变圆并从培养皿脱落。此外，脂质体转染容易受到血清中脂肪和脂蛋白、细胞外基质中硫酸软骨素等带电荷成分的干扰（Flegner and Holm 1989）。阳离子脂质和中性脂质现已被系统性修饰以克服这些缺陷（如见 Behr et al. 1989; Felgner et al. 1994），获得了多种高效脂质体转染试剂。这些试剂中大部分可购买到，但对于不同类型的细胞效率相差悬殊。尽管很少有关于转染效率的直接比较，但生产脂质体转染试剂的公司都提供其特定产品可有效转染的细胞系的详细列表。这些复合物的毒性因细胞系不同而变化，阳离子脂质与 DNA 的最佳比例以及对于给定细胞数的阳离子脂质用量亦是如此（如见 Felgner et al. 1987; Ho et al. 1991; Ponder et al. 1991; Farhood et al. 1992; Harrison et al. 1995）。

脂质体转染的优化

除了性质及化学组成外，还有其他若干变量影响阳离子脂质和中性脂质的脂质体转染效率，其中包括：

- 培养体系的细胞生理状态和起始密度。待转染的培养细胞处于汇合状态不应超过 24h。因实验室中培养的细胞会随时间而有所变化，而细胞行为的变化可能会影响转染效率。从冻存库中重新开始培养有助于恢复转染活性。转染过程中，单层细胞应处于对数中期，汇合度应为 40%～75%。

- 培养细胞所用的培养基和血清。阳离子脂质试剂引起细胞通透性增加，使得进入细胞的抗生素浓度升高，导致细胞毒性增加和转染效率降低。因此，转染培养基中不建议使用抗生素。只要 DNA-阳离子脂质试剂复合物是在无血清存在下形成的即可，转染过程中可以存在血清。某些血清蛋白会干扰复合物形成。
- DNA 的纯度。DNA 的 260nm∶280nm 比率应为 1.8。某些脂质可能建议用水溶解 DNA 而不是含 EDTA 的缓冲液。用于脂质体转染的 DNA 应无细菌脂多糖污染，最好采用阴离子交换树脂层析或 CsCl-溴化乙锭密度梯度离心进行纯化。
- DNA 的加入量。根据目的序列的浓度，可能需要 50ng 至 40μg DNA 以获得最强的报道基因信号。
- 阳离子脂质-DNA 复合物处理细胞的时间。从 0.1～24h 不等。

所有这些因素都应进行优化以实现对目标细胞系的最大转染效率。

参考文献

Bangham AD. 1992. Lipsomes: Realizing their promise. *Hosp Pract* 27: 51–62.

Behr J-P, Demeneix B, Loeffler J-P, Perez-Mutul J. 1989. Efficient gene transfer into mammalian primary endocrine cells with lipopolyamine-coated DNA. *Proc Natl Acad Sci* **86**: 6982–6986.

Duzgunes N, Goldstein JA, Friend DS, Felgner PL. 1989. Fusion of liposomes containing a novel cationic lipid, *N*-[2,3-(dioleyloxy)propyl]-*N,N,N*-trimethylammonium: Induction by multivalent anions and asymmetric fusion with acidic phospholipid vesicles. *Biochemistry* **28**: 9179–9184.

Farhood H, Bottega R, Epand RM, Huang L. 1992. Effect of cationic cholesterol derivatives on gene transfer and protein kinase C activity. *Biochim Biophys Acta* 1111: 239–246.

Felgner PL, Holm M. 1989. Cationic liposome-mediated transfection. *Focus* 11: 21–25.

Felgner PL, Ringold G. 1989. Cationic liposome-mediated transfection. *Nature* 337: 387–388.

Felgner PL, Gadek TR, Holm M, Roman R, Chan HW, Wenz M, Northrop JP, Ringold GM, Danielsen M. 1987. Lipofection: A highly efficient, lipid-mediated DNA-transfection procedure. *Proc Natl Acad Sci* **84**: 7413–7417.

Felgner JH, Kumar R, Sridhar CN, Wheeler CJ, Tsai YJ, Border R, Ramsey P, Martin M, Felgner PL. 1994. Enhanced gene delivery and mechanism studies with a novel series of cationic lipid formulations. *J Biol Chem* **269**: 2550–2561.

Fraley R, Papahadjopoulos D. 1981. New generation liposomes: The engineering of an efficient vehicle for intracellular delivery of nucleic acids. *Trends Biochem Sci* **6**: 77–80.

Fraley R, Papahadjopoulos D. 1982. Liposomes: The development of a new carrier system for introducing nucleic acid into plant and animal cells. *Curr Top Microbiol* **96**: 171–191.

Fraley R, Straubinger RM, Rule G, Springer EL, Papahadjopoulos D. 1981. Liposome-mediated delivery of deoxyribonucleic acid to cells: Enhanced efficiency of delivery related to lipid composition and incubation conditions. *Biochemistry* **20**: 6978–6987.

Gao X, Huang L. 1993. Cationic liposomes and polymers for gene transfer. *Liposome Res* **3**: 17–30.

Harrison GS, Wang Y, Tomczak J, Hogan C, Shpall EJ, Curiel TJ, Felgner PL. 1995. Optimization of gene transfer using catioinic lipids in cell lines and primary human $CD4^+$ and $CD34^+$ hematopoietic cells. *BioTechniques* **19**: 816–823.

Ho W-Z, Gonczol E, Srinivasan A, Douglas SD, Plotkin SA. 1991. Minitransfection: A simple, fast technique for transfections. *J Virol Methods* **32**: 79–88.

Koltover I, Salditt T, Radler JO, Safinya CR. 1998. An inverted hexagonal phase of cationic liposome–DNA complexes related to DNA release and delivery. *Science* 281: 78–81.

Labat-Moleur F, Steffan A-M, Brisson C, Perron H, Feugeas O, Furstenberger P, Oberling F, Brambilla E, Behr J-P. 1996. An electron microscopy study into the mechanism of gene transfer with lipopolyamines. *Gene Ther* 3: 1010–1017.

Leventis R, Silvius JR. 1990. Interactions of mammalian cells with lipid dispersions containing novel metabolizable cationic amphiphiles. *Biochim Biophys Acta* 1023: 124–132.

Pinnaduwage P, Schmitt L, Huang L. 1989. Use of a quaternary ammonium detergent in liposome mediated DNA transfection of mouse L-cells. *Biochim Biophys Acta* **985**: 33–37.

Ponder KP, Dunbar RP, Wilson DR, Darlington GJ, Woo SLC. 1991. Evaluation of relative promoter strength in primary hepatocytes using optimized lipofection. *Hum Gene Ther* 2: 41–52.

Rose JK, Buonocore L, Whitt MA. 1991. A new cationic liposome reagent mediating nearly quantitative transfection of animal cells. *BioTechniques* **10**: 520–525.

Straubinger RM, Papahadjopoulos D. 1983. Liposomes as carriers for intracellular delivery of nucleic acids. *Methods Enzymol* **101**: 512–527.

Strauss WM. 1996. Transfection of mammalian cells by lipofection. *Methods Mol Biol* **54**: 307–327.

Thompson CD, Frazier-Jessen MR, Rawat R, Nordan RP, Brown RT. 1999. Evaluation of methods for transient transfection of a murine macrophage cell line, RAW 264.7. *BioTechniques* **27**: 824–832.

Tseng W-C, Haselton FR, Giorgio TD. 1997. Transfection by cationic liposomes using simultaneous single cell measurements of plasmid delivery and transgene expression. *J Biol Chem* **272**: 25641–25647.

Zabner J, Fasbender AJ, Moninger T, Poellinger KA, Welsh MJ. 1995. Cellular and molecular barriers to gene transfer by a cationic lipid. *J Biol Chem* **270**: 18997–19007.

Zhou X, Huang L. 1994. DNA transfection mediated by cationic liposomes containing lipopolylysine: Characterization and mechanism of action. *Biochim Biophys Acta* 1189: 195–203.

转染前的质粒线性化

如果转染的质粒通过非同源重组整合进入细胞染色体，则产生稳定细胞系。重组位点是随机的，可能位于质粒内部的的任何区域，包括目的基因或选择性标记的表达盒子。在这些关键区域内的任何一处发生整合都是不利的。为增加在非必需区域的重组频率，可以用针对细菌复制子或细菌标记基因等非必需区域的限制酶将质粒线性化。线性化产生的 DNA 末端在内部位点发生重组的频率升高，从而促进在非必需质粒区域的整合。

用磷酸钙-DNA共沉淀转染哺乳动物细胞

DNA能够以与磷酸钙共沉淀的形式引入许多培养的哺乳动物细胞系中。有些共沉淀物在通过内吞作用进入细胞后，能够从内吞小体或溶酶体中逃脱而进入细胞质，然后再转移至细胞核内。该方法在高度转化且贴壁生长的细胞系中效果最好，如HeLa、NIH-3T3、CV-1、293T和CHO，在这些细胞系中，瞬时转染效率根据细胞系不同可达到50%～100%。整合有外源DNA的转化细胞系也可被筛选出来，只是发生转化的频率要低得多。不同细胞系之间的转化效率相差很多。在最好情况下，10^3个细胞中约有1个细胞稳定表达转染的DNA携带的选择性标记。

Frank Graham和Alex van der Eb（1973）首次采用磷酸钙介导的DNA转染将腺病毒和SV40 DNA导入贴壁培养的细胞。Graham和van der Eb研究出磷酸钙-DNA共沉淀形成及其作用于细胞的最佳条件。他们的工作为用克隆DNA通过生物化学方法转化遗传标记的小鼠细胞奠定了基础（Maitland and McDougall 1977; Wigler et al. 1977）；为克隆基因在多种哺乳动物细胞中的瞬时表达奠定了基础（如见Gorman 1985）；为细胞癌基因、抑癌基因和其他单拷贝哺乳动物基因的分离和鉴定奠定了基础（如见Wigler et al. 1978; Perucho and Wigler 1981; Weinberg 1985; Friend et al. 1988）。但是，Graham和van der Eb从未因他们的发现而得到任何经济利益。Wigler、Axel和他们的同事于1983年因用磷酸钙方法共转化不关联的DNA片段而获得了利润可观的专利（见信息栏"共转化"）。

文献中磷酸钙-DNA共沉淀的制备方式各不相同。例如，有些方法除了轻轻搅动外反对任何其他做法，并建议用电动移液器温和产生气泡以混匀DNA与磷酸钙缓冲液。其他方法则提倡DNA溶液加入过程中应缓慢混合，然后温和振荡。无论选择何种技术，目的均是避免产生会被细胞内吞然后加工而失效的大颗粒沉淀。除了混匀的速度，下列因素也影响转染效率：

- DNA的大小和浓度。共沉淀中包含高分子质量基因组DNA能够提高小分子DNA（例如质粒）的转染效率（如见Chen and Okayama 1987）。转染后，小分子DNA迅速整合到运载DNA上，通常形成头尾串联的排列，然后再整合进入被转染细胞的染色体中（Perucho and Wigler 1981）。
- 缓冲液的确切pH，以及钙离子和磷酸根离子的浓度（Jordan et al. 1996）。有些研究人员制备几批pH范围为6.90～7.15的HEPES盐缓冲液，测试每批用来制备磷酸钙-DNA沉淀的质量和转染的效率。
- 转染促进剂的使用。用甘油（Parker and Stark 1979）、氯喹（Luthman and Magnusson 1983）、可购买到的"转染增强剂"（如见Zhang and Kain 1996）或某些半胱氨酸蛋白酶抑制剂（Coonrod et al. 1997）处理细胞能够增加瞬时表达和稳定转化的效率。一般来说，这些试剂对细胞有毒性，并且它们对细胞活力和转染效率的影响因细胞系不同而变化。例如，氯喹是一种阻断内吞小体和溶酶体酸化并抑制溶酶体蛋白酶组织蛋白酶B的胺类（Wibo and Poole 1974），可提高某些类型细胞的转染效率，但降低另外一些类型细胞的转染效率（Chang 1994）。因此，应针对每种细胞系通过实验确定转染促进剂处理的最佳时机、时长及强度。

瞬时表达的水平主要是由启动子及与其相关联的顺式作用控制元件的转录强度决定的。在某些特定情况下，用激素、重金属或其他可激活适当细胞转录因子的物质处理待转染细胞可能能够增加表达水平。此外，用丁酸钠处理待转染的猿猴和人细胞能够提高含 SV40 增强子的质粒所携带的基因的表达（Gorman et al. 1983a, b）。许多公司（见导言中的表 15-2）提供适用于对原始方案进行以上这些或其他方面改进的试剂盒。

以磷酸钙共沉淀形式或用 DEAE-葡聚糖作为转染促进剂转染的 DNA 在所有考察的哺乳动物细胞中均发生高频率（每个基因约 1%）的突变（Calos et al. 1983; Lebkowski et al. 1984）。这种突变仅限于被转染的序列，不影响宿主细胞的染色体 DNA（Razzaque et al. 1983）。这些突变主要是碱基替换和缺失，可能在转染的 DNA 进入核内不久发生（Lebkowski et al. 1984）。但是外来 DNA 不一定要进行复制才会发生突变。由于几乎所有的碱基替换发生在 G：C 碱基对，那么突变前的主要事件可能是脱氧鸟苷残基糖基糖苷键的水解及胞嘧啶残基的去氨基化。这两个反应均易于发生在酸性 pH，当外来 DNA 穿过 pH 保持在 5 左右的内吞小体时（de Duve et al. 1974），线性 DNA 尤其易于发生缺失（Razzaque et al. 1983; Miller et al. 1984），推测因其是外切核酸酶喜好的底物。尽管这些突变发生频率很高，但它们几乎不会影响转染基因的瞬时表达，除非目的基因很大且/或 G+C 含量很高。大多数关于突变率的研究应用的是 LacI，它由 750bp 的 DNA 片段编码。长度为 10kb 的基因，根据其 G+C 含量不同，预计突变率会达到 12%或更高。

参考文献

Calos M, Lebkowski JS, Botchan MR. 1983. High mutation frequency in DNA transfected into mammalian cells. *Proc Natl Acad Sci* **80:** 3015–3019.

Chang PL. 1994. Calcium phosphate-mediated DNA transfection. In *Gene therapeutics: Methods and applications of direct gene transfer* (ed Wolfe JA, Crow JF), pp. 157–179. Birkhäuser, Boston.

Chen C, Okayama H. 1987. High-efficiency transformation of mammalian cells by plasmid DNA. *Mol Cell Biol* **7:** 2745–2752.

Coonrod A, Li F-Q, Horwitz M. 1997. On the mechanism of DNA transfection: Efficient gene transfer without viruses. *Gene Ther* **4:** 1313–1321.

de Duve C, de Barsy T, Poole B, Tronet A, Tulkens P, Van Hoof F. 1974. Lysosomotropic agents. *Biochem Pharmacol* **23:** 2495–2531.

Friend SH, Dryja TP, Weinberg RA. 1988. Oncogenes and tumor-suppressing genes. *N Engl J Med* **318:** 618–622.

Gorman C. 1985. High efficiency gene transfer into mammalian cells. In *DNA cloning: A practical approach* (ed Glover D), Vol. 2, pp. 143–190. IRL, Oxford.

Gorman CM, Howard BH, Reeves R. 1983a. Expression of recombinant plasmids in mammalian cells is enhanced by sodium butyrate. *Nucleic Acids Res* **11:** 7631–7648.

Gorman C, Padmanabhan R, Howard BH. 1983b. High efficiency DNA-mediated transformation of primate cells. *Science* **221:** 551–553.

Graham FL, van der Eb AJ. 1973. A new technique for the assay of infectivity of human adenovirus 5 DNA. *Virology* **52:** 456–467.

Jordan M, Schallhorn A, Wurm FW. 1996. Transfecting mammalian cells: Optimization of critical parameters affecting calcium-phosphate precipitate formation. *Nucleic Acids Res* **24:** 596–601.

Lebkowski JS, DuBridge RB, Antell EA, Greisen KS, Calos MP. 1984. Transfected DNA is mutated in monkey, mouse, and human cells. *Mol Cell Biol* **4:** 1951–1960.

Luthman H, Magnusson G. 1983. High efficiency polyoma DNA transfection of chloroquine treated cells. *Nucleic Acids Res* **11:** 1295–1308.

Maitland NJ, McDougall JK. 1977. Biochemical transformation of mouse cells by fragments of herpes simplex DNA. *Cell* **11:** 233–241.

Miller JH, Lebkowski JS, Greisen KS, Calos MP. 1984. Specificity of mutations induced in transfected DNA by mammalian cells. *EMBO J* **3:** 3117–3121.

Parker BA, Stark GR. 1979. Regulation of simian virus 40 transcription: Sensitive analysis of the RNA species present early in infections by virus or viral DNA. *J Virol* **31:** 360–369.

Perucho M, Wigler M. 1981. Linkage and expression of foreign DNA in cultured animal cells. *Cold Spring Harb Symp Quant Biol* **45:** 829–838.

Razzaque A, Mizusawa H, Seidman MM. 1983. Rearrangement and mutagenesis of a shuttle vector plasmid after passage in mammalian cells. *Proc Natl Acad Sci* **80:** 3010–3014.

Weinberg RA. 1985. Oncogenes and the molecular basis of cancer. *Harvey Lect* **80:** 29–136.

Wibo M, Poole B. 1974. Protein degradation in cultured cells. II. The uptake of chloroquine by rat fibroblasts and the inhibition of cellular protein degradation and cathepsin B1. *J Cell Biol* **63:** 430–440.

Wigler M, Pellicer A, Silverstein S, Axel R. 1978. Biochemical transfer of single-copy eukaryotic genes using total cellular DNA as a donor. *Cell* **14:** 725–731.

Wigler M, Silverstein S, Lee LS, Pellicer A, Cheng VC, Axel R. 1977. Transfer of purified herpes virus thymidine kinase gene to cultured mouse cells. *Cell* **11:** 223–232.

Zhang G, Kain SR. 1996. Transfection maximizer increases the efficiency of calcium phosphate transfections with mammalian cells. *BioTechniques* **21:** 940–945.

二磷酸氯喹

氯喹（F.W.=519.5）是一种阻断内吞小体和溶酶体酸化并抑制溶酶体蛋白酶组织蛋白酶 B 的胺类（Wibo and Poole 1974），可提高某些类型细胞的转染效率，但降低另外一些类型细胞的转染效率（Chang 1994）。通过抑制溶酶体酸化，氯喹能够阻断或减慢溶酶体水解酶降解转染的 DNA（Luthman and Magnusson 1983）。遗憾的是，氯喹的优点有限，并且不适用于所有细胞系。由于氯喹的优点和缺点的平衡点在各细胞系中差异很大，几乎无法预测在特定环境下氯喹是否会增加转染效率。但是，如果转染效率过低，当然值得尝试氯喹是否有效。针对每个细胞系，必须通过实验确定氯喹处理的最佳时机、时长和强度。但通常情况下，在用磷酸钙-DNA 共沉淀处理细胞之前、处理中或处理之后，或在用 DNA 与 DEAE-葡聚糖混合物处理细胞过程中，采用终浓度为 100μmol/L 的二磷酸氯喹处理细胞 3～5h。在氯喹存在下，细胞呈现小泡状表型。处理后，用磷酸盐缓冲液和培养基洗涤细胞，继续孵育 24～60h，然后分析转染 DNA 的表达。二磷酸氯喹制备成 100mmol/L 储备溶液（52mg/mL，溶于水），过滤除菌，盛入锡箔包裹的试管，−20℃保存。

参考文献

Chang PL. 1994. Calcium phosphate-mediated DNA transfection. In *Gene therapeutics: Methods and applications of direct gene transfer* (ed Wolfe JA, Crow JF), pp. 157–179. Birkhäuser, Boston.

Luthman H, Magnusson G. 1983. High efficiency polyoma DNA transfection of chloroquine treated cells. *Nucleic Acids Res* 11: 1295–1308.

Wibo M, Poole B. 1974. Protein degradation in cultured cells. II. The uptake of chloroquine by rat fibroblasts and the inhibition of cellular protein degradation and cathepsin B1. *J Cell Biol* 63: 430–440.

DEAE-葡聚糖转染

20 世纪 50 年代末开发的最早的转染方法采用高渗透压且聚阳离子的蛋白质来促进 DNA 进入细胞（综述见 Felgner 1990）。得到的结果很不稳定，且转染效率在最佳情况下也是非常低的。到 20 世纪 60 年代中叶，情况得到了巨大改善，DEAE-葡聚糖（二乙基氨基乙基-葡聚糖）被用于将脊髓灰质炎病毒 RNA（Pagano and Vaheri 1965），以及 SV40 和多瘤病毒 DNA（McCutchan and Pagano 1968; Warden and Thorne 1968）导入细胞中。该方案经过微小改动后，现在仍然广泛应用于病毒基因组和重组质粒转染培养细胞。DEAE-葡聚糖的作用机制还不完全了解，可能是高分子质量、带正电荷的聚合物在带负电荷的核酸与带负电荷的细胞表面之间起桥梁作用（Lieber et al. 1987; Holter et al. 1989）。在 DEAE-葡聚糖/DNA 复合物经内吞作用被内化后（Ryser 1967; Yang and Yang 1997），DNA 以某种方式从逐渐酸化的内吞小体中脱离并通过未知的机制穿过细胞质进入细胞核。

由于 DEAE-葡聚糖转染方法建立于 20 多年前，现已报道了许多变化的形式。在多数情况下，用预先制备的 DNA 和高分子质量 DEAE-葡聚糖（相对分子质量大于 500 000）的混合物处理细胞。但有一种改进的方案，先用 DEAE-葡聚糖，然后用 DNA 处理细胞（al-Moslih and Dubes 1973; Holter et al. 1989）。所有这些方法的目的都在于尽可能增加 DNA 的摄入和减少 DEAE-葡聚糖的细胞毒性效应。以下是影响转染效率的变量。

- DEAE-葡聚糖的使用浓度和处理细胞的时长。采用相对高浓度的 DEAE-葡聚糖（1mg/mL）处理较短时间（30 min～1.5h），或者较低浓度（250μg/mL）处理较长时间（长达 8h）均是可能的。第一种方案效率更高，但在用 DNA/DEAE-葡聚糖混合物处理过程中需要监控细胞不适的早期迹象。第二种技术要求不高且更为可靠，但是效率稍低，不过与休克处理（见下文）联合应用能够将转染效率提高至很高水平。
- DMSO、氯喹或甘油等转染促进剂的使用。如果用可干扰渗透作用并增加内吞效率的 DMSO、甘油、聚乙烯亚胺或 Starburst 树状聚合物等其他物质处理细胞，则可使通过 DEAE 转染导入的基因的瞬时表达效率增加约 50 倍（Lopata et al. 1984; Sussman and Milman 1984; Kukowska-Latello et al. 1996; Zauner et al. 1996; Godbey et al. 1999）。用可阻断内吞小体酸化并促进 DNA 及早释放进入胞浆的氯喹处理转染的细胞也可使某些培养细胞系转染效率增加（Luthman and Magnusson 1983）。在最好的情况下，DEAE-葡聚糖和转染促进剂联合使用时，转染群体中会有 80% 的细胞能够表达外源基因（如见 Kluxen and Lübbert 1993）。但是，采用 DEAE-葡聚糖联合转染促进剂进行 DNA 转染的效率在不同细胞系间差别很大。对于一个细胞系是最佳的条件可能对另一细胞系完全无效。对一个特定的细胞系，为获得稳定的高转染效率，需对以下因素进行标准化：

- 细胞密度及其生长状态
- 转染 DNA 的用量
- DEAE-葡聚糖的浓度和分子质量
- DNA 处理细胞的时长
- DEAE-葡聚糖与 DNA 同时加入还是依次加入到细胞中（al-Moslih and Dubes 1973; Holter et al. 1989）
- 转染后促进剂处理的时长和温度，以及促进剂的浓度
- 细胞是在固相支持物上生长时进行转染，还是首先从固相支持物上移除，再以悬浮状态转染（Golub et al. 1989）

关于以上部分或全部条件对转染效率的影响的分析的报道见 Holter 等（1989）、Fregeau 和 Bleackley（1991）、Kluxen 和 Lübbert（1993），以及 Luo 和 Saltzman（1999）。

DEAE-葡聚糖除了用作主要的转染试剂之外，还可作为增加电穿孔效率的佐剂。尽管其在不同细胞系中的效果可能不同，但在某些情况下电穿孔和 DEAE-葡聚糖联合使用可使转染效率提高 10～100 倍（Gauss and Leiber 1992）。

通过 DEAE-葡聚糖方法转染进入细胞的 DNA 容易发生突变。对于克隆至可在转染的哺乳动物细胞中进行复制的载体中的序列，尤其如此。例如，如果将大肠杆菌 *lac*I 基因克隆至含有 SV40 复制起点的质粒中，将其导入 COS-7 细胞并复制几代后，再次返回到大肠杆菌中，发生突变的频率在 1 至数个百分点（Calos et al. 1983）。在哺乳动物细胞内复制的过程中诱导产生的突变形式多种多样，包括缺失、插入和碱基替换（Razzaque et al. 1983; Lebkowski et al. 1984; Ashman and Davidson 1985）。一般认为是溶酶体中降解性酶类和低 pH 的作用，也可能是转染的 DNA 进入细胞核后染色质结构不完整引起的损伤导致产生了这样的突变（Miller et al. 1984; Reeves et al. 1985）。

参考文献

al-Moslih MI, Dubes GR. 1973. The kinetics of DEAE-dextran induced cell sensitization to transfection. *J Gen Virol* **18**: 189–193.

Ashman CR, Davidson RL. 1985. High spontaneous mutation frequency of BPV shuttle vector. *Somat Cell Mol Genet* 11: 499–504.

Calos M, Lebkowski JS, Botchan MR. 1983. High mutation frequency in DNA transfected into mammalian cells. *Proc Natl Acad Sci* **80**: 3015–3019.

Felgner PL. 1990. Particulate systems and polymers for in vitro and in vivo delivery of polynucleotides. *Adv Drug Delivery Rev* 5: 163–187.

Fregeau CJ, Bleackley RC. 1991. Factors influencing transient expression in cytotoxic T cells following DEAE dextran-mediated gene transfer. *Somat Cell Mol Genet* 17: 239–257.

Gauss GH, Lieber MR. 1992. DEAE-dextran enhances electroporation of mammalian cells. *Nucleic Acids Res* **20**: 6739–6740.

Godbey W, Wu K, Hirasaki G, Mikos A. 1999. Improved packing of poly-(ethyleneimine)/DNA complexes increases transfection efficiency. *Gene Ther* **6**: 1380–1388.

Golub EI, Kim H, Volsky DJ. 1989. Transfection of DNA into adherent cells by DEAE-dextran/DMSO method increases dramatically if the cells are removed from surface and treated in suspension. *Nucleic Acid Res* 17: 4902.

Holter W, Fordis CM, Howard BH. 1989. Efficient gene transfer by sequential treatment of mammalian cells with DEAE-dextran and deoxyribonucleic acid. *Exp Cell Res* **184**: 546–551.

Kluxen FW, Lübbert H. 1993. Maximal expression of recombinant cDNAs in COS cells for use in expression cloning. *Anal Biochem* **208**: 352–356.

Kukowska-Latello JF, Bielinska AU, Johnson J, Spindler R, Tomalia DA, Baker JR Jr. 1996. Efficient transfer of genetic material into mammalian cells using Starburst polyamidoamine dendrimers. *Proc Natl Acad Sci* 3: p4897– 4902.

Lebkowski JS, DuBridge RB, Antell EA, Greisen KS, Calos MP. 1984. Transfected DNA is mutated in monkey, mouse, and human cells. *Mol Cell Biol* 4: 1951–1960.

Lieber MR, Hesse JE, Mizuuchi K, Gellert M. 1987. Developmental stage specificity of the lymphoid V(D)J recombination activity. *Genes Dev* 1: 751–761.

Lopata MA, Cleveland DW, Sollner-Webb B. 1984. High level expression of a chloramphenicol acetyl transferase gene by DEAE-dextran mediated DNA transfection coupled with a dimethyl sulfoxide or glycerol shock treatment. *Nucleic Acids Res* 12: 5707–5717.

Luo DL, Saltzman WM. 1999. Synthetic DNA delivery systems. *Nat Biotechnol* 18: 33–37.

Luthman H, Magnusson G. 1983. High efficiency polyoma DNA transfection of chloroquine treated cells. *Nucleic Acids Res* 11: 1295–1308.

McCutchan JH, Pagano JS. 1968. Enhancement of the infectivity of simian virus 40 deoxyribonucleic acid with diethyl aminoethyl-dextran. *J Natl Cancer Inst* 41: 351–357.

Miller JH, Lebkowski JS, Greisen KS, Calos MP. 1984. Specificity of mutations induced in transfected DNA by mammalian cells. *EMBO J* 3: 3117–3121.

Pagano JS, Vaheri A. 1965. Enhancement of infectivity of poliovirus RNA with diethyl-aminoethyl-dextran (DEAE-D). *Arch Gesamte Virusforsch* 17: 456–464.

Razzaque A, Mizusawa H, Seidman MM. 1983. Rearrangement and mutagenesis of a shuttle vector plasmid after passage in mammalian cells. *Proc Natl Acad Sci* 80: 3010–3014.

Reeves R, Gorman CM, Howard BH. 1985. Minichromosome assembly of non-integrated plasmid DNA transfected into mammalian cells. *Nucleic Acids Res* 13: 3599–3615.

Ryser HJ-P. 1967. A membrane effect of basic polymers dependent on molecular size. *Nature* 215: 934–936.

Sussman DJ, Milman G. 1984. Short-term, high efficiency expression of transfected DNA. *Mol Cell Biol* 4: 1641–1643.

Warden D, Thorne HV. 1968. The infectivity of polyoma virus DNA for mouse embryo cells in the presence of diethylaminoethyl-dextran. *J Gen Virol* 3: 371–377.

Yang YW, Yang JC. 1997. Studies of DEAE-dextran-mediated gene transfer. *Biotechnol Appl Biochem* 25: 47–51.

Zauner W, Kichler A, Schmidt W, Sinski A, Wagner E. 1996. Glycerol enhancement of ligand-polylysine/DNA transfection. *BioTechniques* 20: 905–913.

电穿孔

核酸不能自主进入细胞，需要协助才能够穿透细胞边界上的物理屏障并到达使其能够进行表达和/或复制细胞内位点。瞬间电能处理能使多种类型细胞的细胞膜稳定性受到可逆性的破坏并瞬时诱导形成水性通道或膜孔（Neumann and Rosenheck 1972; Neumann et al. 1982; Wong and Neumann 1982; 综述见 Zimmermann 1982; Andreason and Evans 1988; Tsong 1991; Weaver 1993），从而促进 DNA 分子进入胞内（Neumann et al. 1982）。该方法被称为电穿孔，已发展成为一种快速、简单、高效的技术，可将 DNA 导入多种细胞中，包括细菌、酵母、植物细胞和许多培养的哺乳动物细胞系。电穿孔在应用方面的主要优势在于其适用细胞种类多，原核细胞和真核细胞均可，并且操作极其简单。

电穿孔的机制

由于电穿孔所伴随的细胞膜细胞结构的变化不能通过显微镜实时观察到，对于电穿孔机制的了解都是基于一些零星的间接证据。下面的模型（Weaver 1993）已使用多年，对跨膜电压从约 0.1V 的生理值增加至 0.5～1.0V 所引发的一系列事件的顺序提供了似乎合理的估计。图 3 显示了如下的事件顺序：

- 电穿孔攻击引起细胞膜凹陷，然后形成直径从最小 2nm 到最大数纳米波动的瞬时疏水小孔。
- 某些较大的疏水小孔转变为亲水小孔，这是由于随着跨膜电压的增加，形成水性小孔所需的能量降低，且维持较大的亲水性小孔所需的能量显著低于维持较大的疏水性小孔。因此，亲水性小孔的半衰期延长，且可能会因附着于下面的细胞骨架成分而更稳定。这种长时间亚稳定状态的小孔使得小离子和分子在跨膜电压恢复至低水平后很长时间仍可出入细胞（Rosenheck et al. 1975; Zimmermann et al. 1976; Lindner et al. 1977）。分子穿过亲水小孔的具体机制未知，可能包含电泳（Chermodnick et al. 1990）、电渗、扩散和细胞内吞作用（Weaver and Barnett 1992）。小孔重新闭合的过程似乎是随机的，将细胞保持在 0℃能够延迟该过程。小孔处于开放状态时，多达 0.5pg 的 DNA 可进入细胞（Bertling et al. 1987）。DNA 的大小似乎不成为障碍，因为高达 150kb 的 DNA 分子可通过这种孔（Knutson and Yee 1987）。由于 DNA 直接进入细胞质，因此不会接触到内吞小体和溶酶体中的酸性环境。这种路径可能导致了通过电穿孔导入到细胞中的 DNA（Drinkwater and Kleindienst 1986; Bertling et al. 1987）比磷酸钙共沉淀方法转染的 DNA（如见 Calos et al. 1983）突变率明显要低。尽管已经进行了深入研究，但还是没有观察到或获得关于这些小孔的其他证据。该技术的另一个命名“电通透作用”（electropermeabilization）指的是可能引起细胞膜可逆性通透的变化，不涉及“孔洞”，已用于解释 DNA 被摄入细胞的机制。

电通透作用可能由下列原因所致：

- 电场与跨膜电势差联合作用下产生的电压力。这些电压力将脂双层拉近，近距离使它们无法保持互相平行，破坏了组成质膜的脂类的有序堆积。

- 脂类极性头部方向的改变，通过 ^{31}P 磁共振的变化可检测到（Lopez et al. 1988）。
- 脂类上述的两种结构变化导致的水在脂质层中渗透（膜的水合作用）。这种机制似乎比较合理，它是采用经验证的分子动力学程序（Tieleman et al. 2003; Tarek 2005; Vernier and Ziegler 2007），对高跨膜电势差处理的细胞膜进行模拟而得到的，采用上述程序还揭示了脂类组成对细胞膜稳定性和电通透作用的影响。
- 跨膜蛋白结构可能发生的变化（Teissie et al. 2005）。

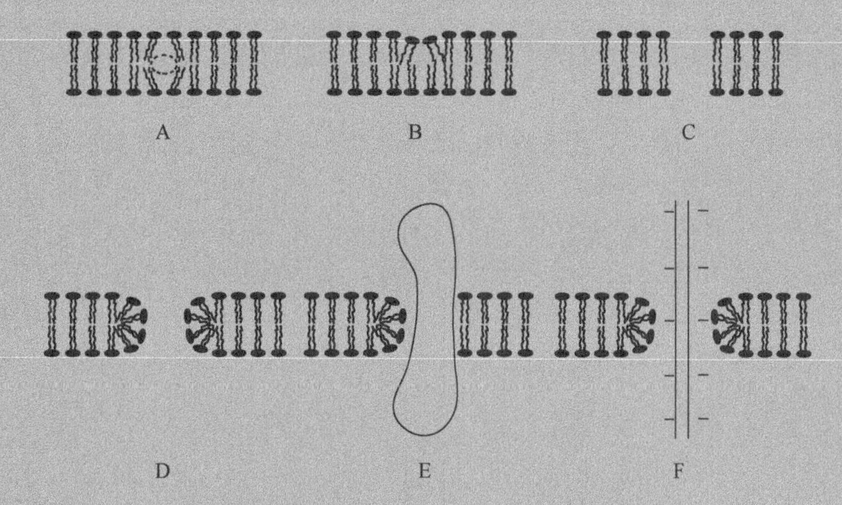

图 3　电穿孔导致的细胞膜瞬时与亚稳定状态假定结构图。（A）Fredd 体积波动；（B）水性突出或凹陷；（C，D）疏水小孔，通常认为是供离子和分子通过的“原始小孔”；（E）带有插入到亲水小孔中的“踏进门内”的荷电大分子的复合型小孔。瞬时水性小孔模型假定当 U 增大时，随着增加的频率发生了从 A→B→C 或 D 的转变。链状大分子进入小孔时可能出现 F 型，此时跨膜电压显著升高，且在 U 通过小孔传导已衰减至很小值时仍然持续。需要强调的是，这些假定的结构不是直接观察到的，而是通过对电学、光学、机械和分子转运行为等许多实验的解释推导的（经 John Wiley & Sons, Inc.许可，根据 Weaver 1993 重新绘制）。

在 Teissie 等（2005）的综述中有很好的关于细胞膜电穿孔和电通透作用机制的讨论。

对大肠杆菌而言，电穿孔是目前转染质粒最有效的方法。通过这种方法，超过 80% 的培养细胞可被转化具有氨苄青霉素抗性，据报道，转化效率可接近每分子质粒 DNA 一个转化体的理论最大值（Smith et al. 1990）。但是，所得转化体的数目与标记物相关。当携带两种抗生素（氨苄青霉素和四环素）抗性基因的 pBR322 通过电穿孔导入大肠杆菌时，四环素抗性转染体的数目比氨苄青霉素转染体的数目少约 100 倍（Steele et al. 1994）。当用氯化钙方法导入质粒时不会出现这种现象。一种可能原因是电穿孔破坏或改变了细菌质膜，使之不能有效地与四环素抗性蛋白发生作用。

一般情况下，经高强度电场作用后，50%～70%的细胞会被杀死。这种致死效应的强度会因细胞类型不同而变化，与发热或电解无关，也不依赖于电流强度和能量输入。相反，细胞死亡与电场强度和整体作用时间有关（Sale and Hamilton 1967）。导致细胞死亡最可能的原因是细胞膜的结构和屏障功能无法恢复，进而导致细胞膜破裂、离子平衡迅速打破及细胞内成分大量流失。但是，该过程仍被称为“可逆电穿孔”，而不应与细胞最终注定死亡的“不可逆电穿孔”相混淆。不可逆电穿孔用于采用非热电学方法进行房式心脏消融（Lavee et al. 2007）或肿瘤消融等医学方面（Edd et al. 2006; Al-Sakere et al. 2007）。

电穿孔所需的电学条件

当跨膜电压 $\Delta U(t)$ 提高到 0.5～1.0V 并持续几毫秒至微秒的时间时，几乎所有哺乳动物细胞均会被诱导电穿孔。换算成电场强度为 7.5～15.0kV/cm。由于这一数值是恒定的且与细胞膜的生化性质无关，因此细胞系之间电穿孔效率的差异可能是由脉冲结束后细胞膜恢复的速度和效率不同导致的。

电场所诱导的跨膜电压 $\Delta U(t)$ 与转染靶细胞的直径成正比（Knutson and Yee 1987）。例如，哺乳动物细胞（小于 10kV/cm）电穿孔比酵母或细菌（12.5～16.5kV/cm）电穿孔所需的电场强度要低。大多数电穿孔设备的供应商会提供关于使用其仪器转染特定类型细胞所需的大致电压值的文献资料。

脉冲的三个重要特性影响电穿孔效率：脉冲的长度、电场强度及其形状。大多数商用的电穿孔仪器采用电容性放电来产生可控脉冲，脉冲长度主要由介质的电容器的电容值及介质的导电性决定。这样，就可以根据厂家的说明书调节电容器或改变介质的离子强度，从而改变脉冲的时间常数。当来自电容的电荷指向位于两个电极之间的样品时，两电极间的电压迅速增加至峰值（V_0），并按照下列公式随时间（t）而下降：

$$V_t = V_0[e^{-F(t,T)}]$$

式中，t 为时间常数，等于电压下降至峰值的约 37%所经过的时间。T（以秒计）等于电阻（R，以欧姆计）与电容（C，以法拉计）的乘积：

$$T = RC$$

由该等式可见：①通过阻抗固定的介质放电时，电容越大，需要的时间越长；②如果电容大小固定，介质的阻抗越大，放电需要的时间越长。

脉冲的电场强度（E）与所加电压（V）成正比，与两个电极的间距（d）成反比，d 一般是由脉冲通过的电转化池的大小决定的：

$$E = F(V, d)$$

大多数厂家提供三种尺寸的电转化池，其电极间距分别为 0.1cm、0.2cm 和 0.4cm。当 1000V 的电压通过电转化池时，0.1cm 的池中 E_0 为 10 000 V/cm，0.2cm 的池中 E_0 为 5000V/cm，0.4cm 的池中 E_0 为 2500V/cm。像 Gene Pulse MXcell（Bio-Rad 公司）这种较新式的电穿孔设备还可使用较少的细胞数在孔板（12 孔、24 孔或 96 孔）中进行高通量的电穿孔。

脉冲的形状是电穿孔设备的设计决定的（图 4）。大多数商用设备产生的波形只是放电电容器的指数衰减形式。因此这种波形仅由两个参数——电场强度 E 和时间常数 T 来定义，含义同上。某些类型的电穿孔仪器可以获得方形波，方法是快速提高电压，使其在所需水平维持一段特定的时间（脉冲宽度），然后将电压快速降至 0。因此，方形波可由施加的电压、每次脉冲的长度、脉冲次数及脉冲间隔长度来定义。方形脉冲可分为两大类：电场强度很高、持续时间很短（一般 8kV/cm，5.4ms）（Neumann et al. 1982）；电场强度低、持续时间中等到很长（例如，小于 2kV/cm，大于 10ms）（如见 Potter et al. 1984）。尽管有报道称采用方形波可获得更高的细胞活力和转染效率，尤其是对于敏感的细胞系及体内应用（Hewapathirane and Haas 2008; Jordan et al. 2008），但在大多数应用中，大部分商用电穿孔设备产生的指数波形式的效果令人满意。

哺乳动物细胞的电穿孔通常在缓冲盐溶液或培养基中进行，脉冲长度为10～40ms，强度为400～900V/cm。

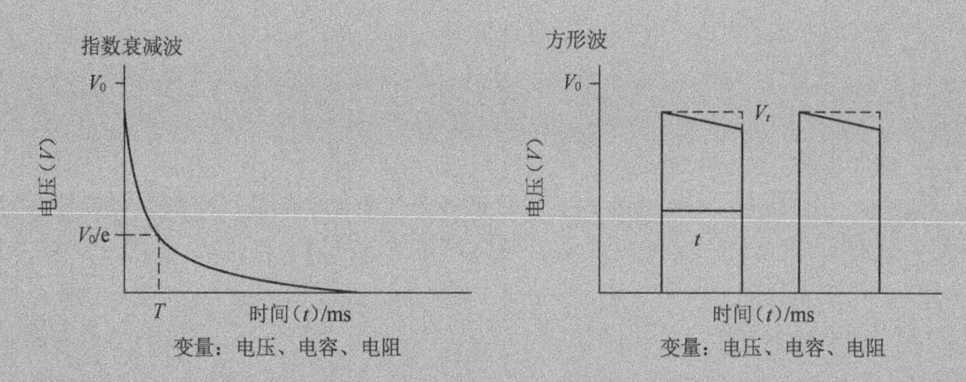

图4 电穿孔中使用的电脉冲。指数衰减脉冲：当充电至电压为V_0的电容器向细胞放电时，加在细胞上的电压随时间以指数形式降低。从V_0降至V_0/e所需的时间即为时间常数T，表示脉冲长度。方形波：当来自电容器的脉冲在放电后突然停止，则产生方形波脉冲。脉冲长度是细胞经历放电的时间。所有的仪器在脉冲长度内电压会有少许的下降，这种现象称为"脉冲倾斜"，用V_0的百分比来衡量。

电穿孔条件的优化

与其他转染方法相比，电穿孔的主要优势在于其可以对范围很广的哺乳动物细胞发挥作用，包括其他方法难以转染的细胞（如见Potter et al. 1984; Tur-Kaspa et al. 1986; Chu et al. 1987）。尽管有这样的优点，但对于向特定细胞系中导入DNA而言，电穿孔并不总是最有效的方法。例如，293T和Vero等大多数细胞系易于用脂质体转染方法进行转染。如果要确定电穿孔对某一特定细胞系是否有效，必须采用多种电场强度与脉冲长度/类型进行实验以确定得到最多转染体的条件。有50多种哺乳动物细胞的电穿孔条件已有报道，有时候阅读文献可以免去许多工作。大多数销售电穿孔仪器的公司会提供有关电穿孔转染的最新文章列表。这些目录是获得某一细胞系及其近缘细胞系特性的最简便的方法。但是，由于同一细胞系的不同变种之间特性有所差异，文献所述的条件对于研究者实验室培养的细胞是否为最佳条件必须进行验证。较新式的电穿孔仪可提供指数衰减波和方形波脉冲两种形式，以便于对DNA递送进入靶细胞的最佳条件进行优化。

由于转染和细胞死亡是由电场强度独立决定的（Chu et al. 1987），最好将各等份细胞置于强度逐渐增加的不同电场中，时间常数在50～200ms。对于每种电场强度，测定：①表达转染的报道基因（10～40μg/mL线性化质粒于电穿孔缓冲液中）的细胞数目；②电场处理后存活的细胞比例。铺平板检测效率比活细胞染色检测细胞存活更准确，因为电穿孔后，细胞在1～2h内仍可被台盼蓝等染液染色。下面是文献报道的其他影响电穿孔效率的因素。

- 电穿孔之前、过程中和之后细胞的温度（例如，Potter et al. 1984; Chu et al. 1987）。进行电穿孔的细胞通常预冷至0℃，电穿孔后细胞保持在0℃（以维持小孔的开放状态），然后用温热的培养基稀释铺板（Rabussay et al.1987）。

- DNA 的浓度和构象（例如，Neumann et al. 1982; Potter et al. 1984; Toneguzzo and Keating 1986）。稳定转化最好使用线性 DNA；瞬时转染最好使用环状 DNA。制备的 DNA 浓度在 1～80 μg/mL 最合适。
- 细胞的状态。采用处于生长指数中期、活跃分裂的培养细胞效果最好。

核转染

核转染是电穿孔的一种特殊形式，在标准化条件下，核转染可将核酸直接导入宿主细胞的细胞核和细胞质中。尽管未将电穿孔和核转染进行过直接比较，但根据 GFP 等核转染基因的早期表达动力学（转染后 30min）的测定结果，转染后 4h 通过定量聚合酶链反应在细胞核中检测到至少 3 个数量级拷贝的质粒 DNA（Greiner et al. 2004; Johnson et al. 2005），因此认为核转染可能在将物质直接转移至细胞核方面效率更高。核转染的操作成本（包括设备和专用试剂）很高，限制了其在干细胞、神经元、T 细胞、巨噬细胞和其他哺乳动物细胞等传统的脂类方法难以转染的原代细胞中的应用。不过，现在有其他的商家（如 Ingenio 品牌，Mirus Bio 公司）销售价格低些的、可与 Amaxa Nucleofector 兼容的细胞特异性核转染试剂。

核转染的优化

优化过程包括用不同电学参数（在核转染设备中称为“程序”）与不同核转染溶液的各种组合来处理细胞。选择转染效率最高、细胞死亡最少的转染条件来进行其余的研究。下面是重要的注意事项。

- 使用维持在尽可能最佳生长条件下且最好是低代次的细胞，能够将核转染过程中的细胞死亡率降至最低。
- 细胞处理应温和，转染前后应限制离心等过程并采用尽可能低的转速。
- 仅预热所需数量的培养基（而不是整瓶）以便细胞生长稳定且结果具有重复性。
- 培养细胞应无支原体污染，因其严重影响转染效率。
- 用于转染的 DNA 应为高纯度，OD_{260}/OD_{280} 比值大于或等于 1.8。DNA 应为新鲜制备，避免使用带切口的 DNA。

参考文献

Al-Sakere B, Bernat C, Andre F, Connault E, Opolon P, Davalos RV, Mir LM. 2007. A study of the immunological response to tumor ablation with irreversible electroporation. *Technol Cancer Res Treat* 6: 301–306.

Andreason GL, Evans GA. 1988. Introduction and expression of DNA molecules in eukaryotic cells by electroporation. *BioTechniques* 6: 650–660.

Bertling W, Hunger-Bertling K, Cline M-J. 1987. Intranuclear uptake and persistence of biologically active DNA after electroporation of mammalian cells. *J Biochem Biophys Methods* 14: 223–232.

Calos M, Lebkowski JS, Botchan MR. 1983. High mutation frequency in DNA transfected into mammalian cells. *Proc Natl Acad Sci* 80: 3015–3019.

Chermodnick LV, Sokolov AV, Budker VG. 1990. Electrostimulated uptake of DNA by liposomes. *Biochim Biophys Acta* 1024: 179–183.

Chu G, Hayakawa H, Berg P. 1987. Electroporation for the efficient transfection of mammalian cells with DNA. *Nucleic Acids Res* 15: 1311–1326.

Drinkwater NR, Kleindienst DK. 1986. Chemically induced mutagenesis in a shuttle vector with a low-background mutant frequency. *Proc Natl Acad Sci* 83: 3402–3406.

Edd JF, Horowitz L, Davalos RV, Mir LM, Rubinsky B. 2006. In vivo results of a new focal tissue ablation technique: Irreversible electroporation. *IEEE Trans Biomed Eng* 53: 1409–1415.

Greiner J, Wiehe J, Wiesneth M, Zwaka TP, Prill T, Schwarz K, Bienek-Ziolkowski M, Schmitt M, Döhner H, Hombach V, et al. 2004. Transient genetic labeling of human CD34 positive hematopoietic stem cells using nucleofection. *Transfus Med Hemother* 31: 136–141.

Hewapathirane DS, Haas K. 2008. Single cell electroporation in vivo within the intact developing brain. *J Vis Exp* **17**: 705.

Johnson BD, Gershan JA, Natalia N, Zujewski H, Weber JJ, Yan X, Orentas RJ. 2005. Neuroblastoma cells transiently transfected to simultaneously express the co-stimulatory molecules CD54, CD80, CD86, and CD137L generate antitumor immunity in mice. *J Immunother* **28**: 449–460.

Jordan ET, Collins M, Terefe J, Ugozzoli L, Rubio T. 2008. Optimizing electroporation conditions in primary and other difficult-to-transfect cells. *J Biomol Tech* **19**: 328–334.

Knutson JC, Yee D. 1987. Electroporation: Parameters affecting transfer of DNA into mammalian cells. *Anal Biochem* **164**: 44–52.

Lavee J, Onik G, Mikus P, Rubinsky B. 2007. A novel nonthermal energy source for surgical epicardial atrial ablation: Irreversible electroporation. *Heart Surg Forum* **10**: E162–E167.

Lindner P, Neumann E, Rosenheck K. 1977. Kinetics of permeability changes induced by electric impulses in chromaffin granules. *J Membr Biol* **32**: 231–254.

Lopez A, Rols MP, Teissie J. 1988. ^{31}P NMR analysis of membrane phospholipid organization in viable, reversibly electropermeabilized Chinese hamster ovary cells. *Biochemistry* **27**: 1222–1228.

Neumann E, Rosenheck K. 1972. Permeability changes induced by electric impulses in vesicular membranes. *J Membr Biol* **10**: 279–290.

Neumann E, Schaefer-Ridder M, Wang Y, Hofschneider PH. 1982. Gene transfer into mouse lyoma cells by electroporation in high electric fields. *EMBO J* **1**: 841–845.

Potter H, Weir L, Leder P. 1984. Enhancer-dependent expression of human κ immunoglobulin genes introduced into mouse pre-B lymphocytes by electroporation. *Proc Natl Acad Sci* **81**: 7161–7165.

Rabussay D, Uher L, Bates G, Piastuch W. 1987. Electroporation of mammalian and plant cells. *Focus* **9**: 1–3.

Rosenheck K, Lindner P, Pecht I. 1975. Effect of electric fields on light-scattering and fluorescence of chromaffin granules. *J Membr Biol* **12**: 1–12.

Sale AJH, Hamilton WA. 1967. Effects of high electric fields on microorganisms. I. Killing of bacteria and yeasts. *Biochim Biophys Acta* **148**: 781–788.

Smith M, Jessee J, Landers T, Jordan J. 1990. High efficiency bacterial electroporation 1×10^{10} *E. coli* transformants per microgram. *Focus* **12**: 38–40.

Steele C, Zhang S, Shillitoe EJ. 1994. Effect of different antibiotics on efficiency of transformation of bacteria by electroporation. *BioTechniques* **17**: 360–365.

Tarek M. 2005. Membrane electroporation: A molecular dynamics simulation. *Biophys J* **88**: 4045–4053.

Teissie J, Golzio M, Rols MP. 2005. Mechanisms of cell membrane electropermeabilization: A minireview of our present (lack of ?) knowledge. *Biochim Biophys Acta* **1724**: 270–280.

Tieleman DP, Leontiadou H, Mark AE, Marrink SJ. 2003. Simulation of pore formation in lipid bilayers by mechanical stress and electric fields. *J Am Chem Soc* **125**: 6382–6383.

Toneguzzo F, Keating A. 1986. Stable expression of selectable genes introduced into human hematopoietic stem cells by electric field-mediated DNA transfer. *Proc Natl Acad Sci* **83**: 3496–3499.

Tsong TY. 1991. Electroporation of cell membranes. *Biophys J* **60**: 297–306.

Tur-Kaspa R, Teicher L, Levine BJ, Skoultchi AI, Shafritz DA. 1986. Use of electroporation to introduce biologically active foreign genes into primary rat hepatocytes. *Mol Cell Biol* **6**: 716–718.

Vernier PT, Ziegler MJ. 2007. Nanosecond field alignment of head group and water dipoles in electroporating phospholipid bilayers. *J Phys Chem B* **111**: 12993–12996.

Weaver JC. 1993. Electroporation: A general phenomenon for manipulating cells and tissues. *J Cell Biochem* **51**: 426–435.

Weaver JC, Barnett A. 1992. Progress towards a theoretical model of electroporation mechanism: Membrane behavior and molecular transport. In *Guide to electroporation and electrofusion* (ed Chang DC, et al.), pp. 91–117. Academic, San Diego.

Wong T-K, Neumann E. 1982. Electric field mediated gene transfer. *Biochem Biophys Res Commun* **107**: 584–587.

Zimmermann U. 1982. Electric field-mediated fusion and related electrical phenomena. *Biochim Biophys Acta* **694**: 227–277.

Zimmermann U, Riemann F, Pilwat G. 1976. Enzyme loading of electrically homogeneous human red blood cell ghosts prepared by dielectric breakdown. *Biochim Biophys Acta* **436**: 460–474.

（叶玲玲 陈昭烈 译，王 俊 校）

第 16 章 向哺乳动物细胞中导入基因：病毒载体

导言

方案

信息栏

导　言

最初人们相信克隆得到的哺乳动物编码序列能够插入原核载体中，在细菌宿主中进行高水平表达，表达出的蛋白质经过纯化后仍可保持活性形式，这样得到的蛋白质不仅可用于研究，还能用于临床治疗。这些早期观点让分子克隆成为令人兴奋的领域。首选的宿主微生物是大肠杆菌（*Escherichia coli*），因为人们对 *E. coli* 的生理学和遗传学的认识较为透彻，而且它具有生长速度快、容易操作等优点。一些研究显示 *E. coli* 可用于克隆和表达一些小的真核蛋白，如人生长激素（Goedell et al. 1979）和大鼠胰岛素（Ullrich et al. 1977），这些激动人心的工作为 20 世纪 70 年代晚期和 80 年代早期 DNA 克隆技术迅速商业化提供了巨大的动力。人们觉得用 *E. coli* 合成大量具有生物活性的哺乳动物蛋白也不会有什么大问题，即使遇到什么问题也应该很快能解决，许多早期致力于重组 DNA 的公司就建立在这些乐观的看法上。然而最初膨胀起的自信很快化为乌有，人们逐渐发现许多 *E. coli* 表达的真核蛋白不具有生物活性，会变性和/或聚集成不溶性的包含体，有些真核蛋白的表达水平非常低，也有一些根本不能被表达，或对它们的细菌宿主有毒性。纯化包含体并在体外重新折叠蛋白提供了一种可能有效的解决方案。但是不同蛋白质重新折叠所需的条件各异，其效率即使在实验条件优化后也普遍较低。

导致这些问题的主要原因是 *E. coli* 表达的真核蛋白不能形成与其天然宿主中相同的折叠、结构域和三维结构。通常只有那些分子质量较小（<23kDa）、带电荷氨基酸含量较高、连续疏水基团少的球形细胞质蛋白能够在 *E. coli* 中以可溶形式表达。在某些情况下，表达蛋白的溶解性可以通过添加亲水标签来提高（Dyson et al. 2004），或者通过遗传学筛选来提高（Lim et al. 2009）。然而，大多数真核蛋白远远大于 23kDa，是以复杂的方式折叠，由数个亚基组成的。在 20 世纪 80 年代早期，人们逐渐明白，克隆的编码哺乳动物蛋白的 cDNA 最好在这样的宿主细胞中表达——能够进行合适的转录后修饰，具有使新生真核多肽精确快速折叠和组装所必需的特定分子伴侣、结合蛋白和细胞转运系统。

过去的 30 年，用于在培养的哺乳动物细胞中基因表达（通常是互补 DNA [cDNA]）的系统发展得越来越成熟。这些系统主要有两种类型：①用于 DNA 瞬时转染或稳定表达的载体（见第 15 章）；②病毒表达载体。病毒表达载体利用了病毒进入哺乳动物细胞的多种机制，一旦进入就可以利用细胞的元件表达它们携带的遗传物质。

近几年，基于哺乳动物细胞病毒不同的生物学特性和嗜性，已开发了许多不同的病毒载体系统。一些系统仍在早期探索阶段，一些被设计用于解决特定生物学问题，还有一些需要更多对其亲代病毒生物学进行了解。

在自然状态下，一些载体的病毒颗粒以 DNA 作为它们的遗传载体，还有一些是 RNA 病毒。但是不论载体基因组是什么形式的，都可以通过标准化的体外技术将表达盒连入克隆的载体基因组 DNA，然后在转染了载体和表达盒的细胞中进行重组获得重组体。如果外源 DNA 替换了对病毒生长非必需的病毒序列，重组 DNA 就可以转染到适当的细胞类型中，并在几天后就可以收获重组病毒颗粒。如果外源 DNA 片段替换了一个或更多的对生长必需的病毒基因，缺失的功能必须通过独立的表达来提供，可以来自辅助病毒，或由预先整合在包装细胞上的关键基因组成性表达提供。

选择病毒载体需考虑的因素

由于哺乳动物病毒具有十分多样的遗传学结构和生物学行为，所以当研究者想要使用病毒载体在哺乳动物细胞中引入和/或表达基因，就会面临多种选择，一般来说，选择载体至少需要考虑以下因素。

实验目的

需要制备怎样的病毒载体取决于实验目的是什么。如果目的是制备具有生物学活性的蛋白质，主要考虑的因素包括以下几种：

1. 需要蛋白质的量和可用载体生产蛋白的预期得率。
2. 表达盒的大小，表达盒必须适合载体基因组所能承受的范围。
3. 用于监测蛋白生产和检测蛋白生物学活性的实验方法。
4. 是否需要纯化蛋白。如果实验的主要目的是表达和分析目的蛋白的多种突变形式，这是一个重要的考虑因素。
5. 该方案能否用于量产，以及预计的成本（包括时间和材料）。在一些情况下（如分析一系列突变蛋白的活性），最便宜和快速的方法可能是用转染系统而不是病毒载体。而且由于实验对经验和技巧有一定要求，最好的选择可能是购买商品化的病毒表达试剂盒。

如果实验的目的是在哺乳动物细胞中稳定表达基因，最佳选择是用反转录病毒或慢病毒载体，因为它们可以整合到基因组中且不杀死宿主细胞。

设计插入载体的表达盒

从哺乳动物病毒中已经克隆了大量的基因表达元件[启动子、剪切信号、转录终止子、poly（A）添加位点等]，人们可以依据所需蛋白质的表达水平和蛋白表达的细胞，使用这些元件构建各种不同表达盒。许多大的供应商以预克隆模块的形式提供构建表达盒所需的不同控制元件，其中多家公司还销售预装配好的空表达盒。

为蛋白质合成设计的多数载体使用从病毒基因组中克隆的强启动子。这些启动子比真核基因的启动子简单和有效得多，其中许多不受宿主细胞的物种和组织来源的影响。常用于表达盒中的病毒启动子包括巨细胞病毒早期即刻启动子（CME-1E）、SV40 早期启动子（SV40-E）和小鼠与鸟反转录病毒的长末端重复序列（LTR）。表达盒中常用的其他控制元件包括 poly（A）添加位点（一般源于 SV40）和允许两个可读框从一个信使 RNA（mRNA）翻译出来的内部核糖体进入位点（IRES）（见综述，Felipe 2002）。

想实现细胞类型或组织类型特异性的表达，最佳选择是采用来自在目的细胞或组织类型中特异性高表达的基因启动子和相关的顺式作用元件。组织特异性启动子的目录可见 Papadakis 等（2004）。本章最后的信息栏“病毒载体中的基本元件”展示了常用的表达盒的示意图。

载体是否能够容纳外源 DNA 片段

许多作为载体使用的病毒（如腺病毒和 SV40）对能够有效包装成病毒颗粒的基因组尺寸有严格的限制。试图突破经过长期进化所建立和优化的包装限制是没有意义的。

是否有合适的细胞系可用

没有一种细胞系是可以被所有病毒载体感染的。例如，许多反转录病毒有很强的种属特异性，对分裂细胞有明显的偏好。另外，腺病毒和腺相关病毒（AAVs）可以有效感染多种类型的哺乳动物细胞，而 SV40 截然相反，对其天然猿类宿主的细胞有极强的偏向性（更多细节请见下文中对不同载体系统的描述）。

为了增加插入表达盒的可用空间，可以删除用于复制或其他病毒功能必需的基因。使用这种载体中构建重组病毒需要独立表达所删除的病毒关键基因，可以来自辅助细胞、辅助病毒或共转染编码那些功能基因的质粒。要了解依赖辅助病毒的载体和表达功能基因的辅助细胞的更多信息，请参见下文关于腺病毒载体和反转录病毒载体的部分。

时间限制和操作技巧

合成重组病毒是一个较漫长的过程，需要选择合适的载体、设计和构建模块化表达盒、将表达盒插入到载体骨架中、转染细胞、收获重组病毒，然后制备和纯化高滴度的储液，以及确认重组结构的基因组成（最好通过 DNA 测序确定）。整个过程需要操作者具有一系列实验技能，即便是那些具有动物病毒学经验的人也最少要花费几周时间完成。对于第一次使用动物病毒载体的人，建议考虑使用公司提供的商品化试剂盒来构建、纯化和滴定腺病毒、慢病毒及腺相关病毒载体。

当前作为载体使用的主要病毒类型

20 世纪 80 年代早期，SV40 被用于表达高水平的流感病毒红细胞凝集素基因（Gething and Sambrook 1981），哺乳动物病毒载体的力量在此得以展示。新生的红细胞凝集素亚基大量合成、转位至内质网，被糖基化后组装成为成熟的三聚体，然后高效地转运到细胞表面。此后，几乎每种类型的哺乳动物病毒都被用来作为载体表达各种类型的蛋白质。其中，包括 SV40 在内的一些病毒自身的基因组太小，无法装载超过几千个碱基对的外源基因，因此限制了它们的使用；其他一些至今仍在使用。但在过去十年中，载体主要是从四种类型的病毒发展而来（腺病毒、AAV、慢病毒和反转录病毒），能满足大多数的实验需求。这四种载体在生物特性和制备方法方面都十分不同。腺病毒和 AAV 以游离形式高效感染宿主细胞，并大量表达它们所携带的外源基因编码的蛋白质。相反，慢病毒和反转录病毒则整合到宿主细胞基因组中。这些载体不会杀死宿主细胞，可以用于稳定转染哺乳动物细胞。虽然商业化的试剂盒可以大大减轻工作量，但是实验人员仍需要经过动物细胞培养和病毒液操作的培训才能进行病毒相关的实验。

重组腺病毒载体

人们对腺病毒的分子生物学已经有了深入的了解：腺病毒操作简单，且可以生长到较高滴度（10^9～10^{10}pfu/mL 培养基），它们既可以感染分裂细胞，也可以感染不分裂细胞，复制不需要病毒 DNA 整合到细胞基因组中，病毒颗粒可以轻松携带约 36kb 的 DNA。具有这样吸引人的特质，难怪腺病毒成为了表达真核蛋白与进行基因治疗实验的首选载体（综述请见 Hitt and Graham 2000; McConnell and Imperiale 2004; Palmer and Ng 2008）。

50 多种能感染人类的腺病毒可以分为 6 类，即 A～F，分类基于抗原关系、致瘤性、DNA 同源性、G/C 含量、限制性内切酶图谱及其他特征。事实上，所有的腺病毒载体都是基于 C 种的 2 型和 5 型腺病毒发展起来的（图 16-1）。在 20 世纪 70 年代和 80 年代，限制性内切核酸酶分析的发现使得人们能够对这些腺病毒的基因组进行分析，鉴定出其约 36kb 的线性病毒 DNA 上的不同转录物和功能区。目前，这两种病毒的 DNA 序列都可以在 GenBank 上查询到。

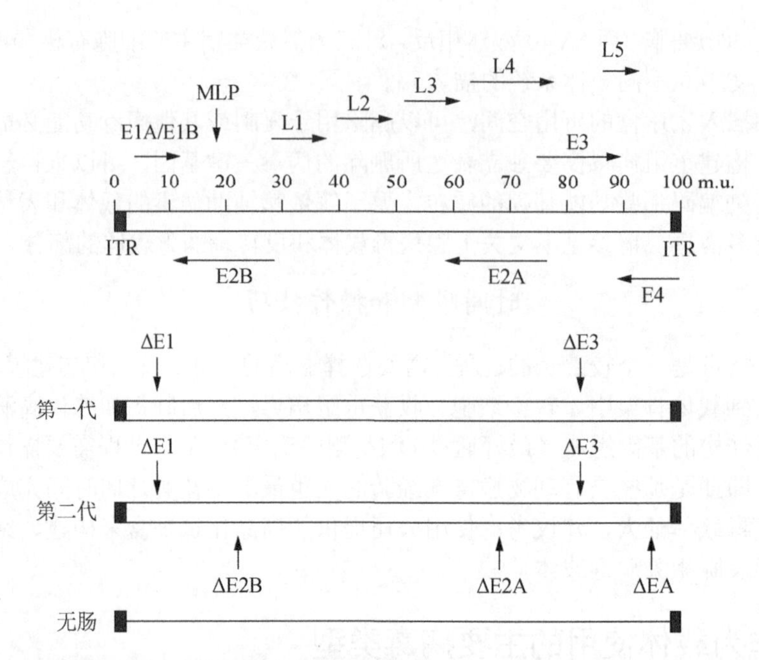

图 16-1　2 型和 5 型人类腺病毒的转录图谱。（上）病毒基因组（约 36kb）以带有图距单位（m.u.）的水平线表示。转录单元如箭头所示方向转录。图中有 4 个早期转录单元（E1～E4）和 5 个晚期 RNA 家族（L1～L5），是单个主要晚期启动子（MLP）表达的通用前体选择性剪接的产物。双链基因组末端包含参与病毒 DNA 复制的 103bp 反向重复序列（ITR）。病毒 DNA 在病毒颗粒装配期间的衣壳包装信号位于病毒基因组左端 190～380 核苷酸。（下）三代腺病毒载体（第一、第二和无肠）的结构示意图。（向下箭头）第一和第二代载体中被删除的病毒区域。所有第二代载体都缺少早期 E1 和 E3 区；一些载体也缺少早期 E2A 和 E4 区。无肠腺病毒载体中唯一保留的是 ITR 和包装信号（重画自 Wu et al. 2001，得到 Bentham Science Publishers Ltd.的许可）。

第一代重组腺病毒载体

2 型和 5 型腺病毒颗粒最多可以携带约 37kb 的双链 DNA（dsDNA）。E3 区域（78.5～84.3m.u.）对于病毒在培养细胞中生长是非必需的。去除 E3 的突变体可以存活，并且能接受多达 4.4kb 长度的 DNA 片段，对于容纳小表达盒来说足够了，但是对多数克隆实验来说又太小了。然而 C 型腺病毒的克隆能力可以通过同时删除非必需的 E3 区域和必需的 E1A 区域来提高，E1A 区域编码了一套能够激活三个其他早期区域（E2～E4，见图 16-1）转录的早期蛋白。缺失 E1 的突变体在标准培养细胞系中生长状况很差或根本不生长，表现出病毒复制的缺陷。然而，当病毒在 293 或 911 辅助人类细胞系中扩增，E1 区就不再是必需，因为这些细胞系已经被改造成能够稳定表达 E1 区域的细胞株。E1/E3 双缺失的重组腺病毒可以承载多达 6.5kb 长度的外源基因，对于一般尺寸的表达盒来说足够了。虽然在 E1/E3 缺失突变体中构建的重组子不像野生型腺病毒生长得那么好，它们通常也可以在适合的细胞系中增殖达到 10^8～10^9pfu/mL。E1/E3 缺失突变体的病毒颗粒足够经受标准纯化步骤[如通过氯化铯（CsCl）密度梯度离心（Gerard 1995）]。E1/E3 缺失突变体已经成为制备许多重组蛋白首选的腺病毒载体，因为它们操作简单且有合理的克隆能力。许多在细节之处有差异的第一代载体已经在近年来的学术文献中被描述过，还有一些已经商业化（综述请见 Danthinne and Imperiale 2000）。

第二代和第三代（无肠）重组腺病毒载体

第二代载体缺失 3 个（E1、E2 和 E3 或 E1、E3 和 E4）在感染后早期表达的区域（见

Gao et al. 1996; Amalfitano et al. 1998; Lusky et al. 1998; Moorhead et al. 1999）。虽然这些突变体较第一代载体能携带更多外源基因，但它们仍具有引起炎症和细胞毒性反应的能力，这会导致身体清除被病毒感染的细胞。为了缓解这个问题，人们构建了缺失所有病毒基因的重组腺病毒载体，这些载体在体内能够高水平表达外源基因，持续时间更长，且克隆容量大大扩增（约 36kb），对免疫系统的刺激大大降低（Schiedner et al. 1998; Kochanek et al. 2001）。然而制备这种不需要辅助病毒的无肠载体比早期腺病毒载体更富挑战。构建和使用这些无肠腺病毒载体的更多信息请见：Parks et al. 1996; Kochanek et al. 2001; Alba et al. 2005; Palmer and Ng 2008。

表达盒可以通过直接连入携带 E1 缺失载体全长拷贝的质粒（如见 He et al. 1998; Mizuguchi et al. 2001）或黏粒（Giampaoli et al. 2002）的方法克隆进第一代腺病毒载体的 DNA（见方案 1）。

表达盒也可以通过在哺乳动物细胞或 *E. coli* 中进行重组来引入腺病毒载体的骨架，表达整合的腺病毒 E1 区的细胞可以产生重组体，并让病毒生长（表 16-1）。这些辅助细胞用以下二者进行共转染：①E1/E3 缺失的腺病毒基因组 DNA；②携带有与 E1 缺失片段的上游和下游病毒 DNA 同源序列的表达质粒。转染进入辅助细胞系的质粒和病毒 DNA 之间发生同源重组，产生 E1 区被表达盒替换的重组体（图 16-2）。

表 16-1　支持 E1 突变腺病毒生长的辅助细胞系

细胞系	描述	参考文献
293	用剪切的 5 型腺病毒的 DNA 片段转化正常的人胚肾细胞系而获得。转化的细胞包含 5 型腺病毒基因组左端 4.5kb 序列整合在 HEK 细胞的 19 号染色体中	Graham et al. 1977; Louis et al. 1997
911	用含有 5 型腺病毒左端序列（Ad5 基因组 79～5789bp）的质粒转化人类胚胎视网膜母细胞而获得。据称比 293 细胞更好（更快形成噬菌斑[4～5 天，而非 5～8 天]，更高病毒得率）	Fallaux et al. 1996
N52.E6	用 5 型腺病毒 E1 DNA 转化原代人羊水细胞而获得	Schiedner et al. 2000
PER.C6	包含在人磷酸甘油激酶启动子驱动下的 5 型腺病毒的 *E1A* 和 *E1B* 基因。重复感染的腺病毒得率与 911 细胞相当	Fallaux et al. 1998

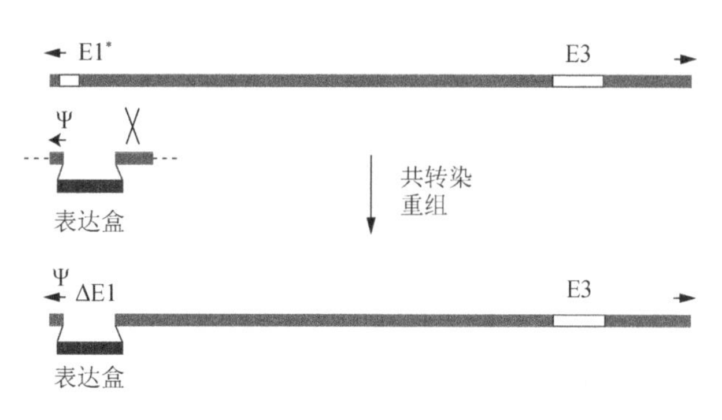

图 16-2　构建第一代重组腺病毒载体。用含有两端有来自腺病毒基因组“左端”序列的外源基因表达盒的穿梭质粒和腺病毒基因组 DNA 共转染能补偿 E1 功能的细胞（如 293 细胞）。基因组 DNA 的 E1 区（“E1”）既可以是来自病毒，也可以是来自质粒，应当经过修改以减少亲本基因组的感染性。穿梭载体和基因组序列之间同源重组会得到第一代载体，带有取代 E1 的表达盒。灰框代表腺病毒序列；蓝框代表异源 DNA；白框代表对在代偿 E1 的细胞系中构建第一代载体非必需的腺病毒基因组序列（重新绘图自 Hitt and Graham 2000，经 Elsevier 公司许可）。

通过表达质粒中的E1序列与载体DNA之间的同源重组，将表达盒整合进病毒载体的E1区。这样重组获得的病毒颗粒可以感染辅助细胞，而单个噬菌斑内的病毒DNA可以通过聚合酶链反应（PCR）和/或限制酶切割来筛选。不过由载体和整合入辅助细胞基因组中的病毒 DNA 序列重组而成的野生型腺病毒也会掺杂在获得的病毒中。从重组体中去除野生型腺病毒的污染需要至少两轮噬菌斑纯化和筛选。通过使用携带比293细胞更小的腺病毒基因组的911等细胞系，也可以减少野生型污染的比例，但是不能完全消除。

通过直接将表达盒体外插入到第二代载体或者通过体内重组来构建、纯化和产生高滴度的重组腺病毒储液的实验周期较长，即便对有经验的实验者来说也要用数周完成。如果只需要一个或两个重组病毒，借助中心实验室或公司提供的病毒服务或使用商业化试剂盒会更便宜高效。商业化重组系统可以从 Clontech 公司（AdenoX system, http://www.clontech.com/images/pt/PT3674-1.pdf）和Qbiogene公司（AdEasy system, http://www.qbiogene.com/products/adenovirus/adeasy.shtml）购得。

如果您的实验室需要经常制备重组腺病毒，最好选择建立一个先进的体外重组系统，或基于连接的直接克隆体系来降低野生型腺病毒的污染，如可以用 *E. coli* 或 cre-loxP 重组系统（Chartier et al. 1996; He et al. 1998; Luo et al. 2007; Reddy et al. 2007）或用标准分子克隆技术直接将外源基因表达盒插入到重组腺病毒基因组的缺失E1的位点（Mizuguchi et al. 1998, 2001; Gao et al. 2003）。后者将在本章的方案1中详细描述。

腺相关病毒载体

乍看上去AAV几乎不具备好载体所需的性质。它们的单链DNA基因组较小（4.7kb），复制需要依赖与辅助病毒（如腺病毒、单纯疱疹病毒、乳头状瘤病毒）共转染细胞。在缺乏那些由早期E1、E2a、VA RNA和E4区编码的腺病毒蛋白等提供的辅助病毒功能的情况下，野生型 AAV 基因组会在培养的人类细胞基因组的特定基因座（19q13.3-qter）发生整合而进入潜伏状态。但是，重组AAV载体能够在靶组织中高水平表达外源基因，持续时间更长，在某些情况下超过10年保持不变。其他的优势包括：没有致病性、能感染多种细胞类型（增殖中或静息状态中均可），以及能通过用辅助病毒进行重复感染或共转染辅助质粒载体使其从整合状态中回复（综述请见 Buning et al. 2008; Daya and Berns 2008）。

大多数AAV重组病毒是由2型AAV得到的，它的线性基因组长度为4675个核苷酸（Srivastava et al. 1983），由一个长单链编码区及其两边的145bp末端反向重复组成。每个重复可折叠成T形的、朝向内部的发夹样结构，包含了起始合成互补DNA链的必需信息。其产物是单体长度的二倍体，一端共价闭合。这种交联结构产生出复制起始位点，当被病毒Rep蛋白激活后即产生滚动的发夹结构，使复制叉可以在病毒基因组中上下滑动。通过在闭合的环状病毒DNA末端引入特定的缺口可以将子代基因组游离出来，然后正义和反义的单链病毒DNA都会高效地包装到病毒颗粒中。更多信息请见Cotmore和Tattersall（1996）。

病毒基因组编码区包括两个可读框（*rep*和*cap*）。*rep*编码4个蛋白质：①Rep 78；②它的剪接体Rep 40；③Rep 68；④它的剪接体Rep 52（图16-3）。*cap*编码三个病毒衣壳蛋白VP1、VP 和 V3，它们的氨基酸序列仅仅在氨基端有差异。衣壳蛋白的氨基酸序列的差异会导致不同血清型AAV不同的组织嗜性，也构成了被宿主免疫系统识别的表位。

rAAV载体可在标准质粒中用简单的分子克隆方法构建得到。rAAV载体不编码整合必需的Rep蛋白，因此长期表达外源基因依赖于载体基因组的染色体外串联体的持续存在。关于AAV载体体内应用的讨论请见“体内表达”部分。

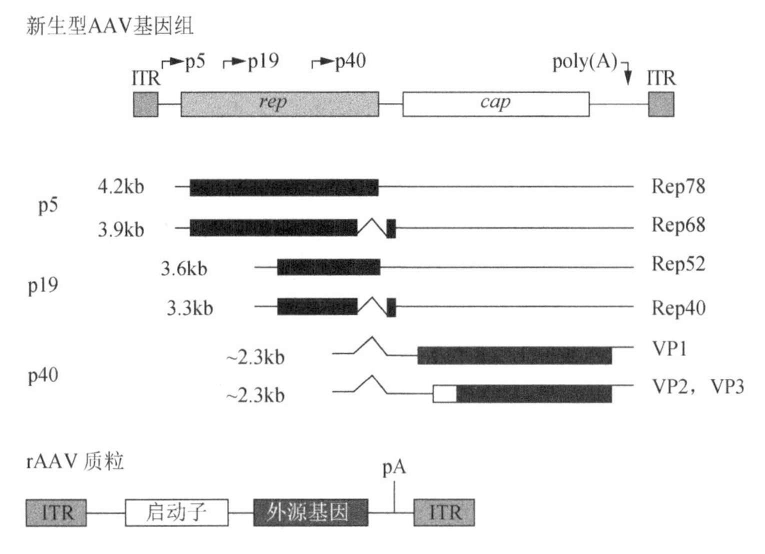

图 16-3　腺相关病毒（AAV）载体结构。野生型 AAV 由编码不同的 rep（Rep78、Rep68、Rep52、Rep42）和 cap（VP1、VP2、VP3）蛋白的病毒基因 *rep* 和 *cap*、AAV 启动子（p5、p19、p40）、多聚腺苷酸位点（pA）和反向末端重复序列（ITR）组成。在 rAAV 载体中，病毒 *rep* 和 *cap* 基因由携带启动子、外源基因和 pA 位点的外源基因盒所取代（重绘自 Walther and Stein 2000，经 Wolters Kluwer Pharma Solutions 公司许可）。

反转录病毒

用反转录病毒将外源表达基因导入培养的哺乳动物细胞中并进行基因治疗的探索已经有很长的历史。在反转录病毒颗粒中，病毒基因组与核衣壳蛋白在脂类外壳内形成复合物，病毒糖蛋白镶嵌其中。病毒糖蛋白和细胞表面受体的相互作用决定了病毒的嗜性。病毒基因组包括两个相同的单链 RNA（ssRNA）拷贝，长度为 8～10kb。病毒 RNA 复制通过稳定整合在被感染细胞基因组中，DNA 的重组反应由病毒编码的整合酶所催化。制造子代病毒颗粒需要在宿主编码的 RNA 聚合酶 II（Pol II）作用下转录整合的病毒 DNA。产生的 mRNA 会被进一步处理、转运并在宿主细胞的翻译装置中翻译。子代病毒颗粒会在细胞表面装配并出芽。

所有的反转录基因组都至少包括 3 个基因（图 16-4）。在小鼠反转录病毒中，这 3 个基因分别是：*gag* 基因，它编码 Gag 聚合蛋白，最终被剪切成为病毒基质、衣壳和核衣壳蛋白；*pol* 基因，它编码蛋白酶、反转录酶和整合酶；*env* 基因，它编码一种聚合蛋白，会被病毒蛋白酶剪切成表面糖蛋白（gp70）和跨膜蛋白（p15E）。

病毒基因组调节 DNA 合成和转录的区域集中在 2 个 LTR，由 3 个功能区组成，具体见表 16-2。5′-LTR 下游的区域包括一个转运 RNA 的结合位点，可以作为反转录酶介导起始 DNA 合成的引物。最后，包装病毒 RNA 所需的序列位于引物结合位点和 *gag* 可读框之间。

表 16-2　LTR 调节 DNA 合成和转录的病毒基因组区域包含 3 个功能区域

LTR 区域	功能
U3（unique-3′）	转录的启动子和增强子
R（repeat）	反转录和复制；多聚腺苷酸化
U5（unique-5′）	起始反转录

注：LTR（long terminal repeat），长末端重复。

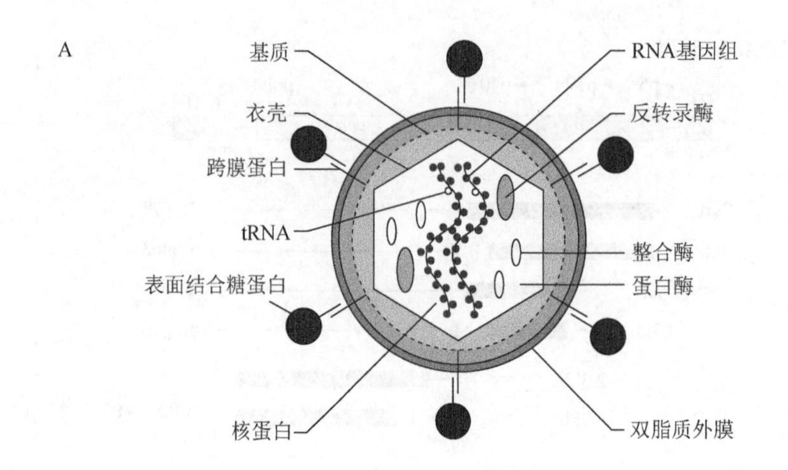

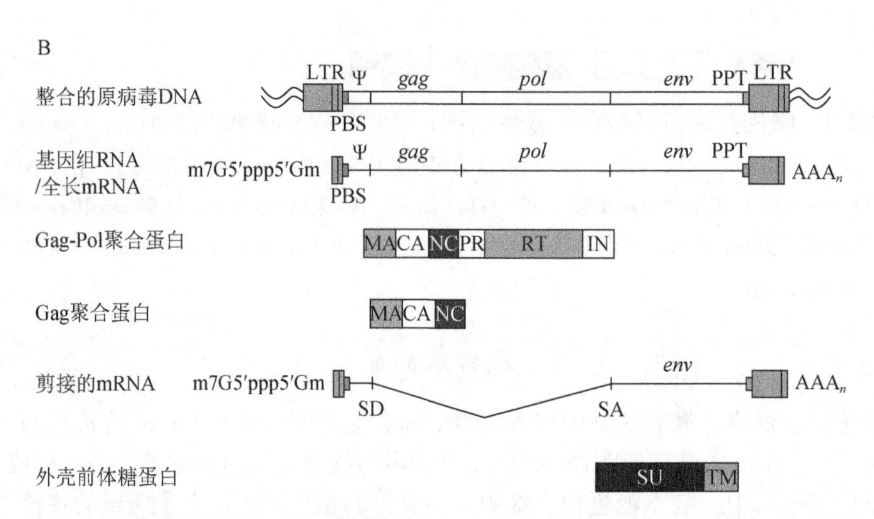

图 16-4 反转录病毒颗粒和基因组结构。（A）展示了反转录病毒颗粒各元件的大体位置，反转录病毒蛋白用标准双字母法命名。（B）一个简单反转录病毒的基因组结构和基因表达模式示例，展示了一个整合的原病毒与宿主细胞 DNA 在其 LTR 序列（U3-R-U5）末端的两翼相连，作为基因组 RNA，以及用于将 *gag* 和 *pol* 可读框（ORF）翻译成聚合蛋白的 mRNA 的全长 RNA。*env* 的 mRNA 通过剪切得到，编码一个 Env 前体糖蛋白。LTR，对于原病毒 DNA 是（U3-R-U5），是来自基因组 RNA 中 5′cap 下游的 R-U5 和 3′ poly（A）上游的 U3-R；PBS，引物结合位点；Ψ，包装信号；PPT，多嘌呤序列；SD，剪接供体位点；SA，剪接受体位点（重绘自 Pedersen and Duch 2003，经 John Wiley & Sons 公司许可）。

目前使用的大多数反转录病毒载体来源于莫罗尼氏鼠白血病病毒（Mo-MLV），它是一种双嗜性病毒，能够感染小鼠和人类细胞。重组病毒是通过在克隆的载体基因组中用经适当设计的外源基因置换病毒的 *gag*、*pol* 和 *env* 基因而获得的。能够有效克隆到反转录载体中的外源基因的最大尺寸约为 6.5kb。外源基因的表达是由位于 LTR 上游的天然的 Mo-MLV 控制元件或与外源基因一起克隆的启动子（如 CMV 启动子）所驱动的。

为了生产重组病毒，将体外构建的重组反转录病毒 DNA 转染进入包装细胞系，该包装细胞表达三个颗粒形成和复制所必需的病毒基因：*gag*、*pol* 和 *env*。载体骨架提供了将重组基因组包装成病毒颗粒所需的顺式信号（ψ）。由包装细胞系表达的病毒 Env 蛋白决定了子代病毒颗粒的宿主范围。例如，Clontech 公司出售的 EcoPack 2-293 细胞系会产生只能感染鼠细胞的亲嗜性重组病毒。而其他的细胞系，如 AmphoPack-293 和 RetroPack PT67 细胞（均来自 Clontech 公司）分别产生双嗜性（amphotropic）和兼嗜性（dual-tropic）病毒，能够感染多种类型的哺乳动物细胞系。如果必要，通过使用表达水疱性口炎病毒（VSV）的 G 糖蛋白的包装细胞系（如 Clontech 公司的 GP2-293）进行生产能够进一步扩展重组病毒的宿主范围，G 糖蛋白可以介导病毒以与脂类结合并与质膜融合的方式进入细胞，而不是和特定的细胞表面受体结合。

包装细胞产生的反转录病毒可以用于感染分裂活跃的靶细胞。与慢病毒（见后）不同的是，重组的小鼠反转录病毒只能转导分裂活跃的细胞。因为小鼠病毒的整合前复合物不能进入非分裂中细胞的核。一旦重组的原病毒穿过细胞核，病毒基因组会整合到细胞基因组中，使得外源基因能够长期表达。每个被转导的细胞都携带整合在不同染色体位点的外源基因，整合不是位点或序列特异性的。重组的小鼠病毒基因组整合到靠近细胞癌基因的染色体位点上（Montini et al. 2009）会导致接受基因治疗的 X-连锁严重联合免疫缺陷患者（SCID-XI; Hacein-bey et al. 2001）的 T 细胞克隆增殖，这一点给人们使用重组小鼠反转录病毒进行治疗带来了很大的阻碍。

慢病毒作为反转录病毒家族的一份子，远比小鼠反转录病毒复杂。除了 3 个经典基因（*gag*、*pol* 和 *env*），它们的基因组还编码至少 6 个其他蛋白质（tat、rev、vpr、vpu、nef 和 vif），这些蛋白质以不同方式参与调节病毒致病性。不过与小鼠反转录病毒载体相比，来源于 1 型人免疫缺陷病毒（HIV-1）的慢病毒有两个优势：①慢病毒基因组可以稳定整合在分裂和非分裂的细胞基因组中（Naldini et al. 1996a,b）；②慢病毒的基因毒性似乎比小鼠反转录病毒低得多（Montini et al. 2009）。

慢病毒载体可以作为简单的表达质粒瞬时转染培养细胞，或者它们也可以包装成高滴度的病毒储液用于培养中或体内细胞的遗传修饰。另外，慢病毒可以用来制备转基因动物，通过转导培养的小鼠胚胎干（ES）细胞（Pfeifer et al. 2002），或者通过将载体储液注射到小鼠单细胞期胚胎的卵周间隙中（Lois et al. 2002）来实现。

对研究基因功能和调控非常有用的文库已经在慢病毒载体中构建出来：

- RNAi Consortium 的小发夹 RNA（shRNA）文库，shRNA 用 U6 启动子表达，靶向大多数的小鼠和人类基因（由 Sigma-Aldrich 公司和 Open Biosystems 公司商品化）；
- microRNA（miRNA）-adapted shRNA （shRNAmir）文库，shRNA 由 RNA 聚合酶 II 启动子从 miRNA 前体中表达（Open Biosystems 公司）；
- miRNA 前体文库（Open Biosystems 公司）或 cDNA 文库（Open Biosystems 公司；GeneCopoeia 公司）。

基于慢病毒的文库的巨大优势是它们可以显著提高对神经元等一些用传统方法很难转染的原代培养细胞进行基因组范围高通量筛选的能力。重要的是，慢病毒载体介导的转导看上去不会显著改变靶细胞的基因表达模式（Cassani et al. 2009）。

用于不同目的的慢病毒表达系统的例子：

- 双顺反子载体，在这个系统中，外源基因与药物筛选基因或荧光蛋白（或两者兼有）共表达，使得能够对转导的细胞进行筛选和容易鉴定（综述请见 Felipe 2002）；
- 多顺抗子载体，它编码了 4 个将体细胞诱导成多能干（iPS）细胞必需的转录因子及绿色荧光蛋白（GFP）（Carey et al. 2009）（Cell Bio-systems 公司）；
- 能够以受药物调控的方式表达 cDNA（Pluta et al. 2005）、shRNA（Szulc et al. 2006; Wiznerowicz et al. 2006）（Open Bio-Systems 公司；Addgene 公司）和 shRNAmir（Stemeier et al. 2005）（Open Bio-Systems 公司）的载体。

许多慢病毒载体可从 Life Tehchnologies、Open Biosystems、Cell Biolabs 和 GeneCopoeia 等公司购得，或从 Addgene.org 获得，质粒寄存于此为其他研究机构使用。图 16-5 展示了存在 Addgene 的一个基本慢病毒骨架例子，包含了所有对培养细胞或体内进行高效转染必需的元件。展示的载体是 pPRLSIN. cPPT.PGK-GFP. WPRE，该载体是最早整合了能增强慢病毒载体转导和安全性的慢病毒载体之一（Follenzi et al. 2000）。许多其他携带多种不同启动子的慢病毒载体也可以从 Addgene 获得。

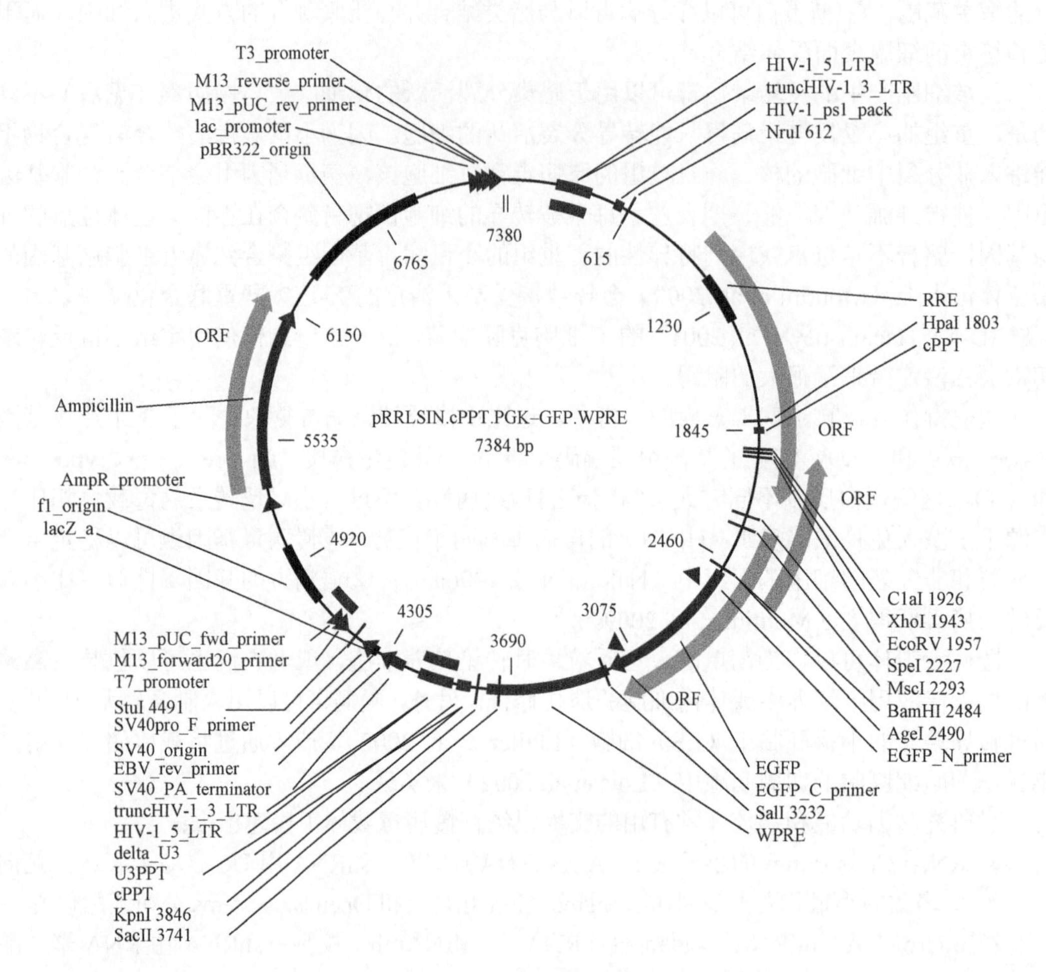

图 16-5 pPRLSIN. cPPT.PGK-GFP. WPRE 载体。包含在培养细胞或体内高效表达外源基因所需的全部元件的慢病毒载体基因组示例。（重绘自 Addgene 的质粒 12252，http://www.addgene.org/pgvec1?f=c&cmd=findpl&identifier=12252, and Follenzi et al. 2000）（彩图请扫封底二维码）。

慢病毒载体可以用来获得能产生高水平重组哺乳动物蛋白的哺乳动物细胞系。因为慢病毒载体稳定转导靶细胞，可以通过连续几轮转导和筛选增强重组蛋白表达水平。将 GFP（或任何其他荧光标记蛋白）与目的外源基因置于相同启动子控制下的双顺反子载体，可以通过荧光细胞分选筛选最明亮的细胞，以及通过重复感染等方法获得所需表达水平。

对许多实验室来说，慢病毒载体是最佳哺乳动物载体。它们能够通过标准重组 DNA 技术来操作，可以用作简单的表达质粒，载体储液的制备快速直接，只需要简单地与包装质粒共转染 293 细胞，几天后就可从上清液中收获重组病毒。正因如此，慢病毒载体可能是快速表达和筛选大量突变重组蛋白的最佳系统。

体内表达

尽管用慢病毒来完成对培养细胞和体内的遗传修饰的方法被越来越多地采用，使用这些载体仍有很多限制条件，包括它们的整体外源基因容量（约 8kb）和有限的体内转导能力。大容量的载体系统（如大容量腺病毒载体[Schiedner et al. 1998]和 1 型单纯疱疹扩增子[高达约 150kb，Geller and Breakfield 1998]）已经可以将整个基因组座位递送到靶细胞来调节基因表达（Wade-Martins et al. 2001）。然而这些载体很难制备出高滴度的储液，也很难进行长效的目的基因的表达。

rAAV 载体与慢病毒载体有很多共性；AAV 质粒可以很容易地通过标准重组 DNA 技术获得，可以作为传统的表达质粒来使用。然而 AAV 载体最有用的特性是它们在体内表达外源基因的效率格外高，时间很长，在很多情况下甚至能持续在实验动物整个生存时期表达。在用编码一个灵长类外源基因的 AAV 载体进行肌肉注射的恒河猴中，11 年后表达仍不见减弱（G Gao, pers. comm.）。而且，AAV 载体的体内基因递送效率非常高，对成年动物进行单次静脉注射即可几乎完全实现对肝、心脏、骨骼肌和中枢神经系统（CNS）的转导（Gregorevic et al. 2004; Wang et al. 2005; Inagaki et al. 2006; Duque et al. 2009; Foust et al. 2009; Hester et al. 2009）。尽管具有这些突出的特性，但 AAV 载体对培养中的分裂细胞的转导来说不是最佳选择，因为它们不能整合到靶细胞基因组，会随着时间慢慢丢失。

腺病毒载体

重组腺病毒是将目的基因插入携带复制缺陷的腺病毒基因组中获得的。这种方法由 Mizuguchi 和 Kay（1998）开发成为一个简单高效的、基于连接的平台，并且已经商品化，商标是 Adeno-X Expression System（Clontech 公司）。Gao 及其同事（2003）进一步完善了系统，加入了方便的绿-白筛选特征，便于分离外源基因阳性的重组腺病毒克隆。利用基于连接的直接克隆系统，借助同源重组获得重组腺病毒比传统方法更快速、高效。直接连接虽然更快速高效，但技术上难度更大，需要有熟练操作大质粒（>36kb）的技巧。同源重组通常会产生一个重组体的混合物，包括了有复制能力的腺病毒（RCA），清除它们需要费时的多轮噬菌斑纯化和鉴定。

生产重组腺病毒仅仅需要将具有感染能力的克隆通过限制酶 *Pac*I 酶切线性化，然后转染到人胚肾 293 细胞或其他能够补充载体骨架构建过程中缺失的病毒基因的包装细胞系中（见表 16-1）。图 16-6 描述了用具有绿-白筛选的直接克隆方法生产重组腺病毒载体的全部流程。该流程最初是将目的基因克隆到穿梭质粒 pShuttle-*pk*-GFP（pSh-*pk*GFP）中，然后通过另一次克隆将外源基因表达盒从穿梭质粒转移到腺病毒克隆 pAd-*pk*GFP 中。pSh-*pk*GFP 和 pAd-*pk*GFP 质粒均携带原核绿色荧光蛋白（GFP）表达盒，很容易筛选外源基因阳性/GFP 阴性的细菌克隆。下一步就是将重组腺病毒质粒用 *Pac*I 线性化以暴露反向末端重复（ITR），接下来将其转染 293 细胞来扩增。最后，通过氯化铯（CsCl）梯度沉降制备高滴度重组腺病毒储液，鉴定载体基因组结构、载体颗粒滴度和感染滴度，以及检测 RCA 的存在。

方案 1 提供了用这种方法制备重组腺病毒的逐步说明。方案 2 描述了病毒挽救和扩增的过程。方案 3 描述了通过梯度沉降方法纯化腺病毒载体的方法。最后一套方案（方案 4～6）是一系列用于详细鉴定重组腺病毒储液的辅助方案。

策略规划

载体骨架和相应包装细胞系的选择

选择载体时需要考虑一些重要因素，包括实验的对象（如培养细胞或动物的组织/器官）、载体的免疫原性对基因传递的影响、载体毒性、外源基因大小，以及所需的外源基因表达水平（表 16-3）。对于需要外源基因瞬时高表达的简单的培养细胞基因传递实验，具有 E1 或 E1/E3 缺失的骨架是理想的选择（见信息栏“病毒载体的基本元件”）。然而，如果用重组腺病毒进行全身给药，肝脏毒性和 T 细胞对病毒和靶细胞表达的外源基因产物产生的强烈反应会限制对基因传递数据的解释，或者当需要更长时间的外源基因表达时，E1/E4双缺失的载体骨架是更恰当的选择。

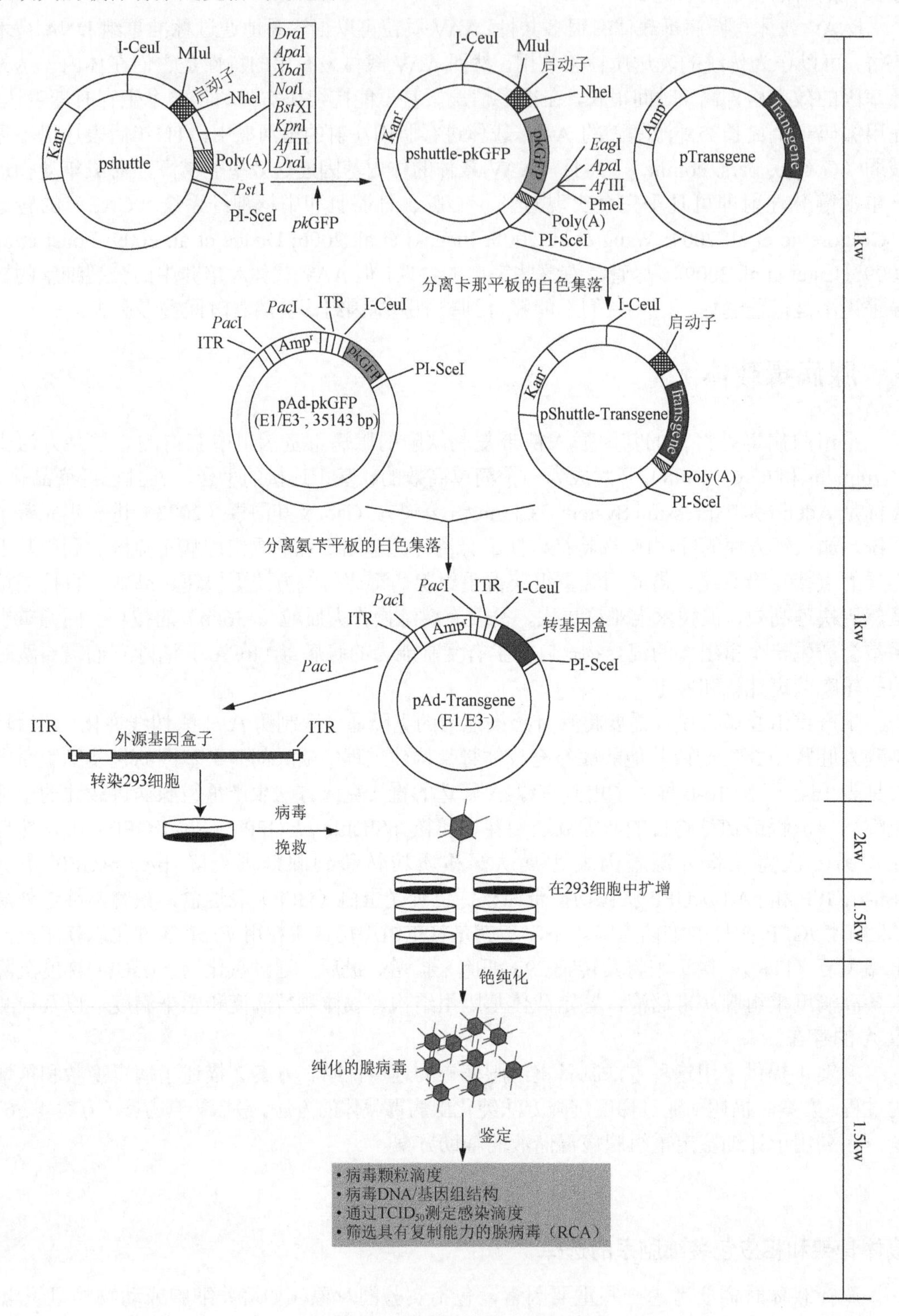

图 16-6 直接克隆制备腺病毒载体的流程图（方案 1）。

表 16-3 四种常用 RNA 和 DNA 病毒载体的主要特征

载体	转基因能力	滴度	可否扩增	效率/稳定性	偏嗜性和主要应用	宿主反应性	遗传学命运（基因毒性）	生物安全
Retro-	最大 7kb	10^6～10^8 IU/mL	难	低/稳定	体外、半体外的分裂细胞	低 具免疫原性有毒	整合[a]	BSL-II
Lenti-	最大 7.5kb	10^6～10^{10}IU/mL	难	中-高/稳定	分裂/非分裂中细胞，衣壳/假型依赖的组织偏嗜性/体外和体内	低 具免疫原性有毒	整合[a]	BSL-II
Adeno-	最大 35kb	10^{12}～10^{13}病毒颗粒/mL	可扩增	高/瞬时	体外和体内广泛	高 具免疫原性有毒	不整合	BSL-II
AAV	最大 4.5kb	10^{12}～10^{13}GC/mL	可扩增	高/瞬时	体内广泛	低 具免疫原性有毒	不整合	BSL-I

a 详见慢病毒载体信息栏。

对于需要表达较大外源基因的实验，可以使用两种类型的骨架。一种是 E1/E3/E4 三区域缺失载体骨架，其外源基因容量高达 8kb；此时，需要用 E1/E4 双互补细胞系进行包装，如 10-3 细胞。因为持续高水平表达 E4 对 293 细胞会产生毒性，10-3 细胞携带一个由金属硫蛋白启动子驱动的 E4 orf6 表达盒，可以由重金属诱导表达（表 16-4）。或者，也可以去除 E1/E3 双缺失载体骨架上除 orf6 以外的大部分 E4 区域，以此来增加其外源基因容量。因为 E4 orf6 足以提供 E4 基因的主要功能，E1/E3 完整而 E4 部分缺失的腺病毒骨架可以在常规的 293 细胞中被挽救并生长，外源基因容量高达 7kb（表 16-4）。

表 16-4 克隆腺病毒载体的骨架的选择

载体骨架	病毒基因表达	基因容量/表达	包装细胞系	载体得率	免疫原性			载体毒性
					先天（细胞因子）	T 细胞		
						病毒	外源基因	
ΔE1	可检测	4kb/强	293 细胞	高	IL6 和 IL10 升高	强	强	高
ΔE1+E3	相同	6kb/强	293 细胞	相同	相同	相同	相同	相同
ΔE1+E3+E4	微弱	8kb/弱	10-3 细胞	低	相同	弱	弱	弱

用于外源基因表达的启动子的选择

对表 16-4 所列的大多数载体骨架来说，巨细胞病毒（CMV）早期即刻启动子等强病毒启动子均能够在细胞和体内驱动高水平外源基因表达。然而，CMV 启动子会在 E4 缺失的腺病毒重组子全身注射到动物体内一段时间后关闭（Armentano et al. 1997）。在这种情况下，载体设计时应考虑使用强的组成型启动子。此外，当腺病毒载体携带调节细胞周期或有细胞毒性的外源基因时，在载体制备时要考虑使用可调控表达的策略。否则表达产物表达会引起转染或感染的细胞损失，显著减少载体得率或完全阻止病毒挽救和感染（Bruder et al. 2000）。

腺相关病毒载体

到目前为止，至少已经有 5 种不同方法被开发出来制备重组腺相关病毒（rAAV）载体

（Zhang et al. 2009）。其中包括：①不需要辅助细胞的 293 细胞三重转染；②用 Ad-AAV 杂合子感染稳定的 rep/cap 细胞系；③用野生型辅助腺病毒感染产生 rAAV 细胞系；④两个重组单纯疱疹病毒（rHSV）载体共感染 293 细胞；⑤基于杆状病毒的重组系统。其中不需要辅助细胞的 293 三重转染方法是实验室最常用的制备 rAAV 载体的方法（Grieger et al. 2006）。本章所述的方法简单通用且能被大多数实验室采用。这种方法简便灵活，使实验者可以同时生产携带不同外源基因、具有相同或不同衣壳的 rAAV。它的两个缺陷是量产困难和载体制备过程中可能产生少量能够复制的 AAV（rcAAV）。

使用无辅助细胞的三重转染 293 细胞来制备 rAAV 的方法概览可见图 16-7。在这个系统中，病毒包装所需的元件由三个质粒提供：①携带目的基因表达盒的载体质粒或 pCis，该表达盒两侧为 ITR，这是唯一的 AAV 来源的病毒元件（<4%的 AAV 基因组）；②表达 AAV Rep 和 Cap 蛋白的包装质粒或 pTrans，可以挽救和包装载体基因组；③腺病毒辅助质粒，提供了必需的 E2a、E4 和 VA RNA 基因，但没有 E1 基因，E1 基因可以由表达 E1 的 293 细胞来提供。

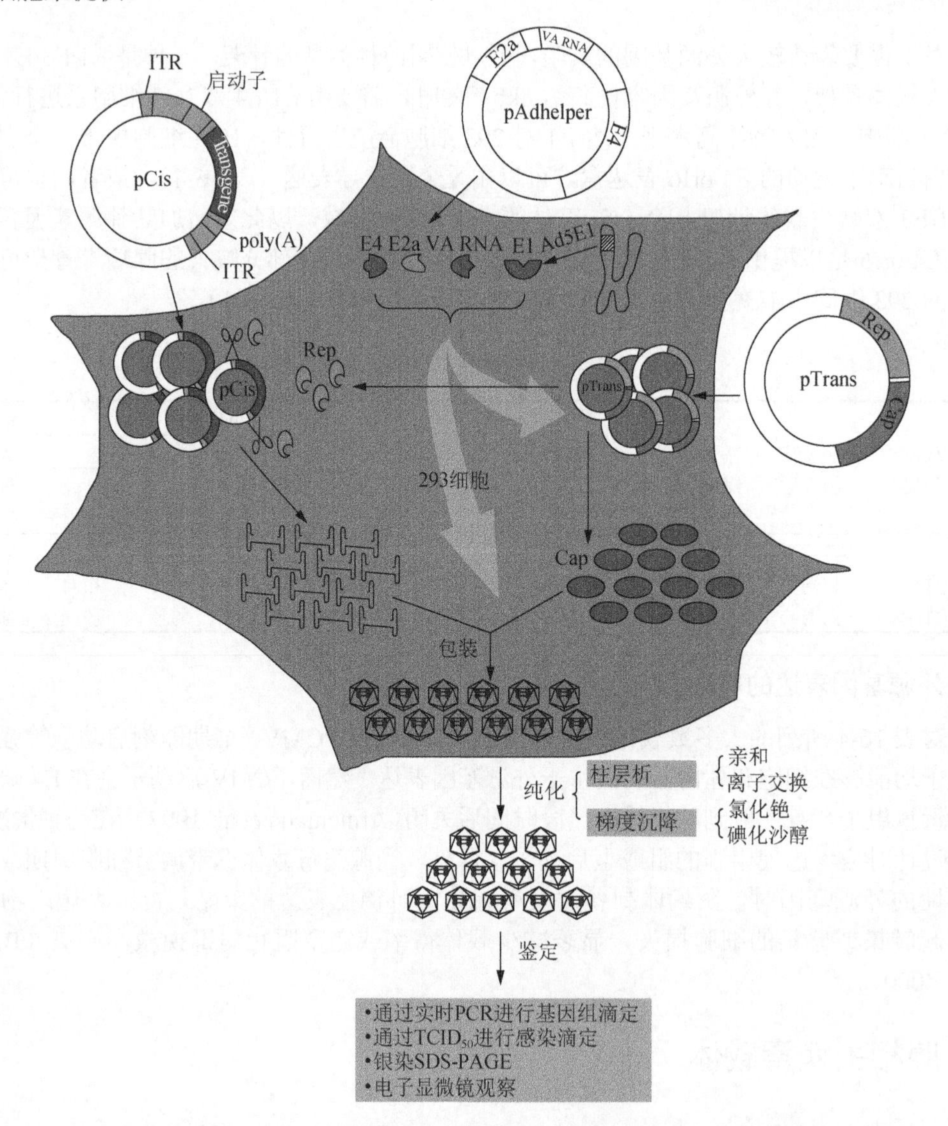

图 16-7　三重转染 293 细胞制备和纯化重组腺相关病毒的方法流程图（方案 7）。

制备 AAV 重组病毒的第一步是得到携带目的基因表达盒的 pCis 质粒。这是通过将 cDNA、小发夹 RNA（shRNA）或人工合成的 miRNA 形式的目的基因亚克隆到 pCis 载体质粒中，该质粒包含侧翼为 AAV ITR 的所选转录元件（启动子和多聚腺苷酸信号）（图 16-7）。大部分 AAV 载体制备的第二步是选择特定 AAV 亚型的衣壳表达质粒（pTrans）。第三步是将 pCis、pTrans 和 pAd 包装质粒共转到 293 细胞来进行 AAV 载体基因组挽救和包装（方案 7）。最后一步是纯化从转染细胞中获得的病毒颗粒粗产物。

梯度沉降

最初的纯化方法是在氯化铯（CsCl）或碘化沙醇形成的浓度梯度中通过超速离心纯化 rAAV（方案 8 或方案 9）（Grieger et al. 2006）。基于梯度离心的方法的主要优势是可以把携带载体基因组的病毒和空病毒颗粒分离开来。CsCl 梯度离心是实验室最常用的纯化 AAV 载体的方法，这种方法费时且很难用于量产。另外，它需要去除在梯度沉降过程中掺入的有毒化合物，需要在生理缓冲液中重建病毒。

基于柱层析的纯化方法

纯化病毒的第二类方法基于柱层析，包括亲和层析（方案 10）和离子交换柱层析（方案 11）（Grieger et al. 2006）。总的说来，基于柱层析的方法要更快速，去除细胞和病毒杂质更高效。然而它们也有缺陷，包括对所有亚型不能区分，以及不能分离空载体。一种高效的富集完全包装病毒的策略是将梯度离心和柱层析结合起来，这将在方案 11 中具体描述。

最后，经过纯化的 rAAV 基因组需要用 real-time PCR 定量（方案 12）；rAAV 的感染能力需要用感染 rep-cap 细胞系和 real-time PCR 来测定（方案 13）。rAAV 的形态可以用电子显微镜来观察（方案 14），它的纯度可以用 SDS-PAGE 和银染法来测定（方案 15）。

策略规划

设计外源基因表达盒

大多数 AAV 病毒颗粒能进行有效包装的基因组最大尺寸是 4.7～4.8kb。对载体尺寸的限制决定了在设计 rAAV 载体时需要采取表达元件最小化原则，只选择表达所需的关键转录元件（使用最小尺寸的启动子和多聚腺苷酸信号）。启动子的选择需要考虑是想要广泛表达还是组织特异性表达等（Le Bec and Douar 2006）。如果是前者，可以选择杂交的启动子如 CBA（也叫 CAG 或 CB），是由 CMV 增强子和鸡β-actin 启动子融合而成的，该启动子可以在大多数培养的细胞中或体内驱动靶基因的稳定。强病毒启动子如 CMV 能够驱动靶基因在肝脏以外的大多数组织器官表达，而在肝脏中 CMV 启动外源基因表达会很快关闭。选用组织或细胞类型特异性的启动子可以让外源基因仅局限表达在想让它们表达的靶细胞中。组织特异性的表达可以通过在载体中克隆入在靶组织（无）和非靶组织（有）中差异表达的 miRNA 所能识别的目的 mRNA 序列来实现。最后，药物调节的 rAAV 介导的外源基因表达可以通过将转录调节元件和外源基因框分到两个载体基因组中，分别包装，共同注射到靶组织中来实现（Rivera et al. 1999; Ye et al. 1999）。

亚型选择

重组 AAV 携带相同的外源基因组（相同的 AAV2 ITR 旁的特定外源基因表达盒），但是从不同 AAV 亚型中得到的衣壳是不同的，展现了显著的体内转化特性的差异（Gao et al. 2005）。AAV 衣壳决定了 AAV 载体的细胞/组织嗜性和其他生物学特征。为某一特定实验选择 AAV 衣壳，应该根据它所用的递送方法和所要转化的靶组织来选择（Gao et al. 2005）。表 16-5 列出了主要的 AAV 亚型及它们的细胞受体，靶组织和转化培养细胞（293 细胞）及体内转化的相对效率。具有不同衣壳的 AAV 载体产物可以由以下部分组成：①通过独立表达的衣壳蛋白包装相同的 AAV2 基因组（位于两个 ITR 之间的序列）；②衣壳蛋白由携带 AAV2 的 *rep* 基因的嵌合包装质粒表达（对于包装过程中 AAV2 ITR 侧基因组复制是必需）；③所选 AAV 亚型的 *cap* 基因。

表 16-5　选择靶组织特异的 AAV 衣壳

衣壳	受体	可选靶组织	转化能力（293 细胞/体内）
AAV1	*N*-linked sialic acid	骨骼肌，CNS	一般/好
AAV2	HSPG aVb5 integrin FGFR1 Laminin	骨骼肌，CNS	好/差
AAV4	*O*-linked sialic acid	CNS，眼睛/视网膜上皮	差/一般
AAV5	*N*-linked sialic acid PDGFR	CNS，肺，眼睛/RPE	差/一般
AAV6	*N*-linked sialic acid	骨骼肌、心脏	差/好
AAV7	未知	骨骼肌、胰腺、肝脏	差/好
AAV8	Laminin	肝脏、骨骼肌、胰腺	差/好
AAV9	Laminin	肝脏、肺、骨骼肌、心脏、CNS	差/好
rh.10	未知	肺、CNS	差/好

AAV 重组子的一个比较矛盾的特性就是它们对培养细胞来说递送基因的效率较低，但体内转化效率非常好。不考虑衣壳类型来说这些载体对培养细胞的转化效率，比腺病毒或慢病毒载体低得多。有趣的是，AAV2 重组子对培养细胞的基因递送效率是最高的，但是在体内基因递送实验中效率最低。

反转录病毒和慢病毒载体

反转录病毒载体是最早被科研界广泛接受，并用于在细胞工程中递送目的基因的载体工具之一。大多数反转录病毒载体是从莫罗尼氏鼠白血病病毒（Mo-MLV）产生，这些年来人们也对它做了一些设计改进。最快速和高效的产生反转录病毒载体储液的方法就是通过瞬时转染基于 293 的包装细胞系如 Phoenix-ECO 和 Phoenix-AMPHO（Dr. Gary P. Nolan, Stanford University）或其他商业化的细胞系如 Plat-A、Plat-E、Plat-GP（Cell Biolabs），以及 AmphoPak-293、EcoPak2-293、RetroPack PT67（Clontech）。对使用其他包装蛋白如疱疹性口炎病毒糖蛋白（VSV-G）的假型反转录病毒载体，可以使用只表达 Mo-MLV *gag-pol* 基因的细胞系（Plat-GP 细胞，Cell Biolabs; GP2-293 细胞，Clontech），将载体质粒和表达感兴趣的包膜蛋白的质粒一起共转细胞。另一种方法是将反转录病毒载体质粒和两个分别编码 Mo-MLV *gag-pol* 基因和包膜蛋白的表达质粒共转染 293 细胞。生产和滴定反转录病毒的方案与慢病毒相同。

最有效的生产高滴度慢病毒载体的方法是将转运载体质粒、包装质粒和包膜表达质粒瞬时共转染人胚肾 293T 细胞。令人吃惊的是慢病毒能够接受其他病毒来源的包膜蛋白，这被称为假型。因此 VSV-G 成为制备重组慢病毒载体最常用的包膜蛋白。这主要是因为 VSV-G 假型慢病毒载体具有广泛的嗜性，可以感染各种组织来源的细胞类型，体内、体外均可。另外，这些载体可以通过超速离心富集到超过 10^{10}TU/mL 的滴度，对体内的基因递送实验来说非常有用（图 16-8）。本章包含了描述产生通过携带 VSV-G 包膜假型化的 HIV-1 来源的慢病毒的实验方案，这些载体已经成为这一类别中应用最广泛的。慢病毒载体对分裂中和非分裂细胞都有很高的感染效率，因此它们大大地取代了基于 Mo-MLV 的反转录病毒载体，后者需要细胞处于分裂中，成为研究基因功能和调节的工具选择。另外，基因递送系统已经发展出基于其他慢病毒如马传染性贫血病毒（EIAV）、猿猴免疫缺陷病毒（SIV）和猫免疫缺陷病毒（FIV）的系统。这里所描述的方法很容易改造制备任何反转录病毒/慢病毒载体，只需要变换转运载体和编码包装功能的质粒。

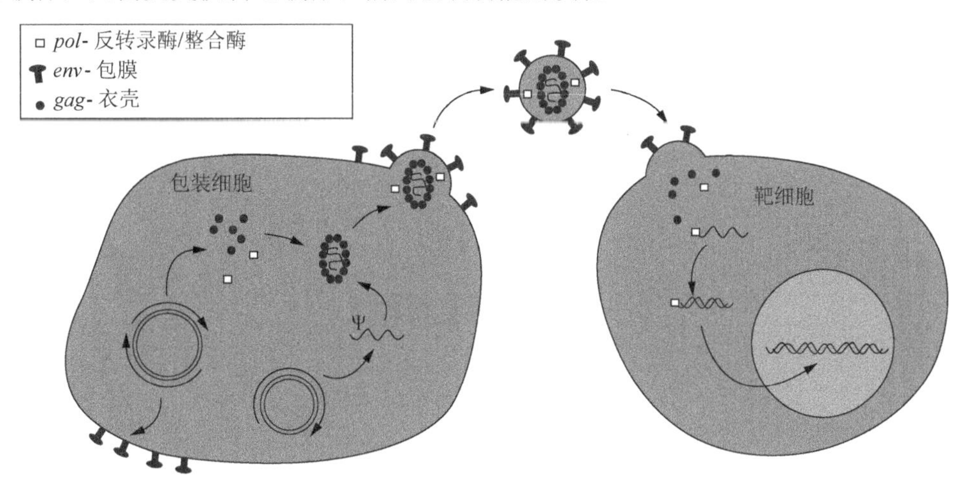

图 16-8　慢病毒载体的包装和感染。在生产慢病毒的过程中，慢病毒载体质粒所产生的基因组 RNA 被转运到细胞质里，在细胞膜上与由包装质粒编码的结构蛋白组装（左图）。在完全进入靶细胞后，慢病毒基因组在预整合复合体中进行反转录，转运到分裂和非分裂中的细胞核内。一旦到达细胞核，病毒整合酶（预整合复合体的一部分）就会介导载体基因组和宿主细胞基因组整合。整合到宿主细胞基因组中对慢病毒介导的外源基因表达来说不是必需的，整合酶缺失的载体同样可以介导稳定的表达。

在制备方法（方案 16）之后，我们描述了测定慢病毒载体滴度的不同方法（方案 17），最后还提供了一个筛选具有复制能力慢病毒（RCL）的方法（方案 18）。这些实验方案也适用于其他反转录病毒/慢病毒载体系统。

设计策略

反转录病毒载体设计

反转录病毒载体可以容纳多达 7～8kb 外源序列。Babe-Puro 反转录病毒载体（Morgenstern and Land 1990）是至今仍在使用的经典设计。在这个载体中，感兴趣的基因由 Mo-MLV LTR 启动子介导表达，SV40 早期即刻启动子驱动一个抗药标记（puromycin, neomycin 或 hygromycin）的表达（图 16-9）。这些载体经过一些修饰以减少其在包装过程中产生具有复制能力的反转录病毒（RCR）的风险。新一代的反转录病毒载体（图 16-9B）携带内部哺乳动物或病毒启动子，并设计了自失活机制以防止 5′-LTR 和内部启动子之间发生冲突。在反转录病毒反转录的时候，基因组RNA 3′ 端的U 3 区域复制到病毒前体的5′-LTR 中。因此缺失反转录病毒（或慢病毒）3′-LTR 的 U3 增强元件会导致病毒前体中整合的 5′-和 3′-LTR 失去转录活性。有趣的是，Mo-MLV 反转录载体的 3′-LTR 是决定它们基因毒性的关键因素（Montini et al. 2009）。为了减少通过重组产生 RCR 的风险，5′-LTR 中的 U3 启动子被其他病毒启动子如 CMV 或劳斯肉瘤病毒（RSV）启动子替换。另外，在表达盒的 3′端加入一些转录后调节元件，如土拨鼠肝炎病毒转录后调节元件（WPRE）或来自 Mason-Pfizer 猴病毒的持续转运元件（CTE），可以非常有效地增强外源基因的表达。Mo-MLV 反转录病毒载体的一个缺点就是它们不能转化（感染）非分裂细胞。这是因为它们的预整合复合体只能在有丝分裂核丧失核膜完整性的时候进入宿主细胞基因组。多数最初为反转录病毒载体设计的功能也适用于慢病毒载体。

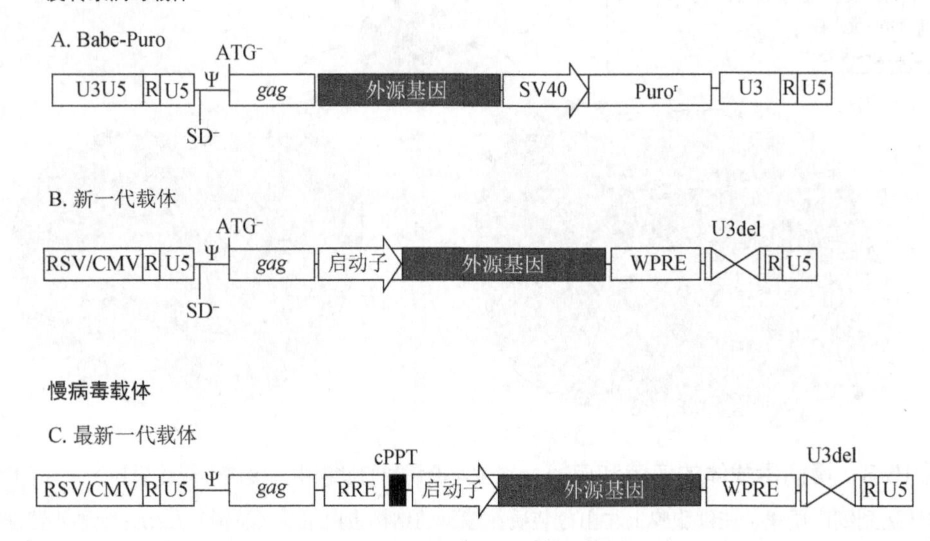

图 16-9　反转录病毒和 HIV-1 慢病毒载体的基本结构。（A）Babe-Puro 反转录病毒载体是沿用至今的经典设计。经由上一代载体优化，减少了包装过程中产生具复制能力反转录病毒（RCRs）的风险。由莫洛尼病毒 LTR 启动子控制目的基因的表达。载体还携带了 SV-40 启动子控制下的抗药基因如嘌呤霉素（其他版本带有新霉素或潮霉素基因），可以用以培养下转化细胞的筛选。（B）新一代反转录病毒载体携带具自失活机制（SIN）设计的哺乳动物内部或病毒启动子，即启动子 3′LTR 的元件（U3 区）被删除，导致整合后的病毒基因组所有 LTR 元件的失活。许多此类载体也携带土拨鼠肝炎病毒转录后调节元件（WPRE）以提高转基因表达水平，也可以用 CMV 或 RSV 启动子替换 5′LTR 中的 U3 启动子元件。（C）慢病毒载体设计与新一代反转录病毒载体的设计相同。多数基于 HIV-1 的慢病毒载体能实现自失活，5′LTR 中 HIV-L 的 U3 启动子元件由 CMV 或 RSV 启动子替换，这些载体进行包装是 Tat 非依赖的，可以与第三代包装系统兼容。5′-LTR 之后即是包装信号（ψ），所有载体都有部分 *gag* 基因。另外，所有载体都带有 Rev 响应元件（RRE），它是载体 RNA 基因组转运出核包装或病毒颗粒所必需。加入中心多嘌呤序列（cPPT）可以显著增强转化效率。WPRE 也常被加入慢病毒载体。控制转基因表达的内部启动子的选择取决于实验目的。

慢病毒载体设计

慢病毒载体可以容纳多达 7.5～8kb 的外源基因序列，因此适用于许多不同实验目的的设计选择。其基本组成可以在安全性、递送基因、使外源基因表达有效性等多方面进行增强（图 16-9）：①5′-LTR 的 U3 启动子区可以由 RSV 或 CMV 启动子替换，使这些载体可以独立于 Tat 表达包装；②缺失 3′-UTR 的 U3 启动子元件会在整合到宿主基因组后另 LTR 元件丧失转录活性。这些载体被叫做 SIN，最近一些证据提示这是降低病毒载体基因毒性的一个重要因素（见信息栏"慢病毒载体"）；③在载体基因组中加入第二个多嘌呤序列，中心多嘌呤序列或中心 flap 对于预整合复合物的核转运及显著增加感染效率来说非常重要（Follenzi et al. 2000; Sirven et al. 2000）；④加入一个 WPRE 来源的转录后调节元件可以增强外源基因表达（Zufferey et al. 1999）。一些慢病毒载体经设计开发可达到以下目的：

- 通过引入组织特异性启动子和/或 miRNA 靶基因实现组织特异性表达，消除脱靶效应；
- 用单个载体表达多个蛋白质可以通过使用 IRES、双向启动子或由自切割的 2A 多肽分开的多可读框实现；
- shRNA 和 miRNA 表达；
- 生成 cDNA、shRNA（Moffat et al. 2006）和 miRNA（Open Biosystems, Inc.）文库；
- 由药物调节的基因表达。

包膜的选择

由 HIV-1 改造而来的慢病毒载体可以包装在不同包膜蛋白中。VSV-G 假型化的慢病毒载体在体内、体外基因递送中都有很高的效率。用其他病毒或靶向细胞表面受体的包膜蛋白假型化慢病毒的方法，已经成功地增加了对特定细胞系的基因递送和转导效率（Cockrell and Kafri 2007）。

致谢

感谢 University of Massachusetts Medical School 的 Qin Su 与 Ran He 提供技术支持，以及 University of Pennsylvania 的 Julio Sanmiguel 和 Michael Korn 对本章写作的帮助。

参考文献

Alba R, Bosch A, Chillon M. 2005. Gutless adenovirus: Last-generation adenovirus for gene therapy. *Gene Ther* **12:** S18–S27.

Amalfitano A, Hauser MA, Hu H, Serra D, Begy CR, Chamberlain JS. 1998. Production and characterization of improved adenovirus vectors with the E1, E2b, and E3 genes deleted. *J Virol* **72:** 926–933.

Armentano D, Zabner J, Sacks C, Sookdeo CC, Smith MP, St George JA, Wadsworth SC, Smith AE, Gregory RJ. 1997. Effect of the E4 region on the persistence of transgene expression from adenovirus vectors. *J Virol* **71:** 2408–2416.

Bruder JT, Appiah A, Kirkman WM III, Chen P, Tian J, Reddy D, Brough DE, Lizonova A, Kovesdi I. 2000. Improved production of adenovirus vectors expressing apoptotic transgenes. *Hum Gene Ther* **11:** 139–149.

Büning H, Perabo L, Coutelle O, Quadt-Humme S, Hallek M. 2008. Recent developments in adeno-associated virus vector technology. *J Gene Med* **10:** 717–733.

Carey BW, Markoulaki S, Hanna J, Saha K, Gao Q, Mitalipova M, Jaenisch R. 2009. Reprogramming of murine and human somatic cells using a single polycistronic vector. *Proc Natl Acad Sci* **106:** 157–162.

Cassani B, Montini E, Maruggi G, Ambrosi A, Mirolo M, Selleri S, Biral E, Frugnoli I, Hernandez-Trujillo V, Di Serio C, et al. 2009. Integration of retroviral vectors induces minor changes in the transcriptional activity of T cells from ADA-SCID patients treated with gene therapy. *Blood* **114:** 3546–3556.

Chartier C, Degryse E, Gantzer M, Dieterle A, Pavirani A, Mehtali M. 1996. Efficient generation of recombinant adenovirus vectors by homologous recombination in *Escherichia coli*. *J Virol* **70:** 4805–4810.

Cockrell AS, Kafri T. 2007. Gene delivery by lentivirus vectors. *Mol Biotechnol* **36:** 184–204.

Cotmore SF, Tattersall P. 1996. Parvovirus DNA replication. In *DNA replication in eukaryotic cells*, p. 799–813. Cold Spring Harbor Laboratory Press, Cold Spring Harbor, NY.

Danthinne X, Imperiale MJ. 2000. Production of first generation adenovirus vectors: A review. *Gene Ther* **7**: 1707–1714.

Daya S, Berns KI. 2008. Gene therapy using adeno-associated virus vectors. *Clin Microbiol Rev* **21**: 583–593.

de Felipe P. 2002. Polycistronic viral vectors. *Curr Gene Ther* **2**: 355–378.

Duque S, Joussemet B, Riviere C, Marais T, Dubreil L, Douar AM, Fyfe J, Moullier P, Colle MA, Barkats M. 2009. Intravenous administration of self-complementary AAV9 enables transgene delivery to adult motor neurons. *Mol Ther* **17**: 1187–1196.

Dyson MR, Shadbolt SP, Vincent KJ, Perera RL, McCafferty J. 2004. Production of soluble mammalian proteins in *Escherichia coli*: Identification of protein features that correlate with successful expression. *BMC Biotechnol* **4**: 32.

Fallaux FJ, Kranenburg O, Cramer SJ, Houweling A, Van Ormondt H, Hoeben RC, Van Der Eb AJ. 1996. Characterization of 911: A new helper cell line for the titration and propagation of early region 1-deleted adenoviral vectors. *Hum Gene Ther* **7**: 215–222.

Fallaux FJ, Bout A, van der Velde I, van den Wollenberg DJ, Hehir KM, Keegan J, Auger C, Cramer SJ, van Ormondt H, van der Eb AJ, et al. 1998. New helper cells and matched early region 1-deleted adenovirus vectors prevent generation of replication-competent adenoviruses. *Hum Gene Ther* **9**: 1909–1917.

Follenzi A, Ailles LE, Bakovic S, Geuna M, Naldini L. 2000. Gene transfer by lentiviral vectors is limited by nuclear translocation and rescued by HIV-1 pol sequences. *Nat Genet* **25**: 217–222.

Foust KD, Nurre E, Montgomery CL, Hernandez A, Chan CM, Kaspar BK. 2009. Intravascular AAV9 preferentially targets neonatal neurons and adult astrocytes. *Nat Biotechnol* **27**: 59–65.

Frecha C, Szecsi J, Cosset FL, Verhoeyen E. 2008. Strategies for targeting lentiviral vectors. *Curr Gene Ther* **8**: 449–460.

Gao GP, Yang Y, Wilson JM. 1996. Biology of adenovirus vectors with E1 and E4 deletions for liver-directed gene therapy. *J Virol* **70**: 8934–8943.

Gao G, Zhou X, Alvira MR, Tran P, Marsh J, Lynd K, Xiao W, Wilson JM. 2003. High throughput creation of recombinant adenovirus vectors=by direct cloning, green-white selection and I-Sce I-mediated rescue of circular adenovirus plasmids in 293 cells. *Gene Ther* **10**: 1926–1930.

Gao G, Vandenberghe LH, Wilson JM. 2005. New recombinant serotypes of AAV vectors. *Curr Gene Ther* **5**: 285–297.

Geller AI, Breakefield XO. 1988. A defective HSV-1 vector expresses *Escherichia coli* β-galactosidase in cultured peripheral neurons. *Science* **241**: 1667–1669.

Gerard RD. 1995. Adenovirus vectors. In *DNA cloning: Mammalian systems* (ed Glover BD, Hames BD), pp. 285–330. Oxford University Press, Oxford.

Gething MJ, Sambrook J. 1981. Cell-surface expression of influenza haemagglutinin from a cloned DNA copy of the RNA gene. *Nature* **293**: 620–625.

Giampaoli S, Nicolaus G, Delmastro P, Cortese R. 2002. Adeno-cosmid cloning vectors for regulated gene expression. *J Gene Med* **4**: 490–497.

Goeddel DV, Heyneker HL, Hozumi T, Arentzen R, Itakura K, Yansura DG, Ross MJ, Miozzari G, Crea R, Seeburg PH. 1979. Direct expression in *Escherichia coli* of a DNA sequence coding for human growth hormone. *Nature* **281**: 544–548.

Graham FL, Smiley J, Russell WC, Nairn R. 1977. Characteristics of a human cell line transformed by DNA from human adenovirus type 5. *J Gen Virol* **36**: 59–74.

Gregorevic P, Blankinship MJ, Allen JM, Crawford RW, Meuse L, Miller DG, Russell DW, Chamberlain JS. 2004. Systemic delivery of genes to striated muscles using adeno-associated viral vectors. *Nat Med* **10**: 828–834.

Grieger JC, Choi VW, Samulski RJ. 2006. Production and characterization of adeno-associated viral vectors. *Nature Protocols* **1**: 1412–1428.

Hacein-Bey S, Gross F, Nusbaum P, Yvon E, Fischer A, Cavazzana-Calvo M. 2001. Gene therapy of X-linked sever combined immunologic deficiency (SCID-X1). *Pathol Biol (Paris)* **49**: 57–66.

He TC, Zhou S, da Costa LT, Yu J, Kinzler KW, Vogelstein B. 1998. A simplified system for generating recombinant adenoviruses. *Proc Natl Acad Sci* **95**: 2509–2514.

Hester ME, Foust KD, Kaspar RW, Kaspar BK. 2009. AAV as a gene transfer vector for the treatment of neurological disorders: Novel treatment thoughts for ALS. *Curr Gene Ther* **9**: 428–433.

Hitt MM, Graham FL. 2000. Adenovirus vectors for human gene therapy. *Adv Virus Res* **55**: 479–505.

Inagaki K, Fuess S, Storm TA, Gibson GA, McTiernan CF, Kay MA, Nakai H. 2006. Robust systemic transduction with AAV9 vectors in mice: Efficient global cardiac gene transfer superior to that of AAV8. *Mol Ther* **14**: 45–53.

Kochanek S, Schiedner G, Volpers C. 2001. High-capacity "gutless" adenoviral vectors. *Curr Opin Mol Ther* **3**: 454–463.

Le Bec C, Douar AM. 2006. Gene therapy progress and prospects–vectorology: Design and production of expression cassettes in AAV vectors. *Gene Ther* **13**: 805–813.

Lim HK, Mansell TJ, Linderman SW, Fisher AC, Dyson MR, DeLisa MP. 2009. Mining mammalian genomes for folding competent proteins using Tat-dependent genetic selection in *Escherichia coli*. *Protein Sci* **18**: 2537–2549.

Lois C, Hong EJ, Pease S, Brown EJ, Baltimore D. 2002. Germline transmission and tissue-specific expression of transgenes delivered by lentiviral vectors. *Science* **295**: 868–872.

Louis N, Evelegh C, Graham FL. 1997. Cloning and sequencing of the cellular-viral junctions from the human adenovirus type 5 transformed 293 cell line. *Virology* **233**: 423–429.

Luo J, Deng ZL, Luo X, Tang N, Song WX, Chen J, Sharff KA, Luu HH, Haydon RC, Kinzler KW, et al. 2007. A protocol for rapid generation of recombinant adenoviruses using the AdEasy system. *Nature Protocols* **2**: 1236–1247.

Lusky M, Christ M, Rittner K, Dieterle A, Dreyer D, Mourot B, Schultz H, Stoeckel F, Pavirani A, Mehtali M. 1998. In vitro and in vivo biology of recombinant adenovirus vectors with E1, E1/E2A, or E1/E4 deleted. *J Virol* **72**: 2022–2032.

McConnell MJ, Imperiale MJ. 2004. Biology of adenovirus and its use as a vector for gene therapy. *Hum Gene Ther* **15**: 1022–1033.

Mizuguchi H, Kay MA. 1998. Efficient construction of a recombinant adenovirus vector by an improved in vitro ligation method. *Hum Gene Ther* **9**: 2577–2583.

Mizuguchi H, Kay MA, Hayakawa T. 2001. Approaches for generating recombinant adenovirus vectors. *Adv Drug Deliv Rev* **52**: 165–176.

Moffat J, Grueneberg DA, Yang X, Kim SY, Kloepfer AM, Hinkle G, Piqani B, Eisenhaure TM, Luo B, Grenier JK, et al. 2006. A lentiviral RNAi library for human and mouse genes applied to an arrayed viral high-content screen. *Cell* **124**: 1283–1298.

Montini E, Cesana D, Schmidt M, Sanvito F, Bartholomae CC, Ranzani M, Benedicenti F, Sergi LS, Ambrosi A, Ponzoni M, et al. 2009. The genotoxic potential of retroviral vectors is strongly modulated by vector design and integration site selection in a mouse model of HSC gene therapy. *J Clin Invest* **119**: 964–975.

Moorhead JW, Clayton GH, Smith RL, Schaack J. 1999. A replication-incompetent adenovirus vector with the preterminal protein gene deleted efficiently transduces mouse ears. *J Virol* **73**: 1046–1053.

Naldini L, Blomer U, Gage FH, Trono D, Verma IM. 1996a. Efficient transfer, integration, and sustained long-term expression of the transgene in adult rat brains injected with a lentiviral vector. *Proc Natl Acad Sci* **93**: 11382–11388.

Naldini L, Blomer U, Gallay P, Ory D, Mulligan R, Gage FH, Verma IM, Trono D 1996b. In vivo gene delivery and stable transduction of nondividing cells by a lentiviral vector. *Science* **272**: 263–267.

Palmer DJ, Ng P. 2008. Methods for the production of first generation adenoviral vectors. *Methods Mol Biol* **43**: 55–78.

Papadakis ED, Nicklin SA, Baker AH, White SJ. 2004. Promoters and control elements: Designing expression cassettes for gene therapy. *Curr Gene Ther* **4**: 89–113.

Parks RJ, Chen L, Anton M, Sankar U, Rudnicki MA, Graham FL. 1996. A helper-dependent adenovirus vector system: Removal of helper virus by Cre-mediated excision of the viral packaging signal. *Proc Natl Acad Sci* **93**: 13565–13570.

Pedersen FS, Duch M. 2003. Retroviral replication. In *Encyclopedia of life sciences*. Wiley & Sons, Chichester. doi: 101038/npgels0000430 (http://onlinelibrarywileycom/doi/101002/9780470015902a0000430 pub3/otherversions).

Pfeifer A, Ikawa M, Dayn Y, Verma IM 2002. Transgenesis by lentiviral vectors: Lack of gene silencing in mammalian embryonic stem cells and preimplantation embryos. *Proc Natl Acad Sci* **99:** 2140–2145.
Pluta K, Luce MJ, Bao L, Agha-Mohammadi S, Reiser J. 2005. Tight control of transgene expression by lentivirus vectors containing second-generation tetracycline-responsive promoters. *J Gene Med* **7:** 803–817.
Reddy PS, Ganesh S, Hawkins L, Idamakanti N. 2007. Generation of recombinant adenovirus using the *Escherichia coli* BJ5183 recombination system. *Methods Mol Med* **130:** 61–68.
Rivera VM, Ye X, Courage NL, Sachar J, Cerasoli F Jr, Wilson JM, Gilman M. 1999. Long-term regulated expression of growth hormone in mice after intramuscular gene transfer. *Proc Natl Acad Sci* **96:** 8657–8662.
Schiedner G, Morral N, Parks RJ, Wu Y, Koopmans SC, Langston C, Graham FL, Beaudet AL, Kochanek S. 1998. Genomic DNA transfer with a high-capacity adenovirus vector results in improved in vivo gene expression and decreased toxicity. *Nat Genet* **18:** 180–183.
Schiedner G, Hertel S, Kochanek S 2000. Efficient transformation of primary human amniocytes by E1 functions of Ad5: Generation of new cell lines for adenoviral vector production. *Hum Gene Ther* **11:** 2105–2116.
Sirven A, Pflumio F, Zennou V, Titeux M, Vainchenker W, Coulombel L, Dubart-Kupperschmitt A, Charneau P. 2000. The human immunodeficiency virus type-1 central DNA flap is a crucial determinant for lentiviral vector nuclear import and gene transduction of human hematopoietic stem cells. *Blood* **96:** 4103–4110.
Srivastava A, Lusby EW, Berns KI. 1983. Nucleotide sequence and organization of the adeno-associated virus 2 genome. *J Virol* **45:** 555–564.
Stegmeier F, Hu G, Rickles RJ, Hannon GJ, Elledge SJ. 2005. A lentiviral microRNA-based system for single-copy polymerase II-regulated RNA interference in mammalian cells. *Proc Natl Acad Sci* **102:** 13212–13217.
Szulc J, Wiznerowicz M, Sauvain MO, Trono D, Aebischer P. 2006. A versatile tool for conditional gene expression and knockdown. *Nat Meth* **3:** 109–116.
Ullrich A, Shine J, Chirgwin J, Pictet R, Tischer E, Rutter WJ, Goodman HM. 1977. Rat insulin genes: Construction of plasmids containing the coding sequences. *Science* **196:** 1313–1319.
Wade-Martins R, Smith ER, Tyminski E, Chiocca EA, Saeki Y. 2001. An infectious transfer and expression system for genomic DNA loci in human and mouse cells. *Nat Biotechnol* **19:** 1067–1070.
Walther W, Stein U. 2000. Viral vectors for gene transfer. *Drugs* **60:** 249–271.
Wang Z, Zhu T, Qiao C, Zhou L, Wang B, Zhang J, Chen C, Li J, Xiao X. 2005. Adeno-associated virus serotype 8 efficiently delivers genes to muscle and heart. *Nat Biotechnol* **23:** 321–328.
Wiznerowicz M, Szulc J, Trono D. 2006. Tuning silence: Conditional systems for RNA interference. *Nat Meth* **3:** 682–688.
Wu Q, Moyana T, Xiang J. 2001. Cancer gene therapy by adenovirus-mediated gene transfer. *Curr Gene Ther* **1:** 101–122.
Ye X, Rivers VM, Zoltick P, Cerasoli F Jr, Schnell MA, Gao G, Hughes JV, Gilman M, Wilson JM. 1999. Regulated delivery of therapeutic proteins after in vivo somatic cell gene transfer. *Science* **283:** 88–91.
Zhang H, Xie J, Xie Q, Wilson JM, Gao G. 2009. Adenovirus-adeno-associated virus hybrid for large-scale recombinant adeno-associated virus production. *Hum Gene Ther* **20:** 922–929.
Zufferey R, Donello JE, Trono D, Hope TJ. 1999. Woodchuck hepatitis virus posttranscriptional regulatory element enhances expression of transgenes delivered by retroviral vectors. *J Virol* **73:** 2886–2892.

方案 1　直接克隆法构建重组腺病毒基因组

本方案阐述了通过直接连接和克隆生成具有感染能力的腺病毒载体的方法。这是制备重组腺病毒载体的第一步。本节首先介绍了一种用抗生素抗性和 GFP 阴性克隆方便、有效地进行双筛选的步骤（导言部分的图 16-6）。在这一节中，穿梭载体 pSh-pkGFP 中表达 GFP 的原核表达盒被外源基因替换，得到的 pShuttle-Transgene 质粒再用来将外源基因表达盒克隆到 pAd-pkGFP 中，用相同的双筛方法进行筛选（导言部分的图 16-6）。

生物安全

根据《NIH 重组 DNA 分子相关研究指南》（2000 年 4 月），所有野生型和重组 AAV 都被归为第二类生物危害物质，与此类相关的疾病一般来说是可治疗、可预防的，且很少出现较严重症状。所有需要操作 AAV 质粒的工作可以在获得生物安全委员会认可的国内研究机构的二级生物安全（Biosafety Level 2, BL2）实验室中完成。

本实验方案由 Xiangyang Zhou 提供（Vaccine Research Center, Wistar Institute, Philadelphia, Pennsylvania）。

材料

为正确使用本方案中的器材和危险试剂，必须查阅相应的材料安全数据表并咨询所在机构的环境卫生和安全办公室。

本方案的专用试剂标注<R>，配方在本方案末提供。常用储备溶液、缓冲液和试剂标注<A>，配方见附录 1。储备溶液应稀释至适用浓度后使用。

试剂

琼脂培养皿

抗生素（氨苄青霉素、卡那霉素）

ATP（20mmol/L）

小牛肠碱性磷酸酶

DH5α *E. coli* 感受态细胞（Life Technologies）

包含目的基因的质粒或 PCR 片段

甘油（20%）

I-CeuI（5U/μL）

KCM 缓冲液（5×）<R>

LB 培养基<A>

低融点琼脂糖（LMA）（1%）

PI-SceI（1U/μL）和 10×PI-SceI 缓冲液

质粒 DNA 小提和中提纯化试剂盒（QIAGEN）

pSh-*pkGFP* 和 pAd-*pkGFP* 质粒（可从 University of Pennsylvania, Penn Vector Core 获得，vector@mail.med.upenn.edu）

限制性内切核酸酶和相应缓冲液（10×）

Stbl2 *E. coli* 感受态细胞（Life Technologies）

T4 DNA 连接酶（5U/μL）及其缓冲液

设备

细菌培养箱

电泳仪

加热块（65℃）

冰盒

小型离心机

振荡摇床

聚丙烯圆底试管（14mL）

台式冷冻离心机

UV 显微镜

水浴槽（37℃）

方法

将目的基因克隆到 pShuttle 质粒中

pShuttle 质粒被用来将携带的目的基因转移到腺病毒载体骨架中。步骤 1～9 阐述了将目的基因克隆到有双筛选系统的 pSh-*pkGFP* 质粒中（本章导言部分图 16-6）。目前在使用的 pShuttle 或 pSh-*pkGFP* 中包含一个 CMV 启动子驱动的表达盒，图 16-6 显示了详细的限制性内切核酸酶位点，可以用来克隆外源基因或替换启动子。

1. 在无菌的 0.5mL 离心管中将外源基因载体和 pSh-*pkGFP* 载体分别用以下条件消化：

DNA	1～2μg
限制性内切核酸酶 A	0.5μL
限制性内切核酸酶 B	0.5μL
限制性内切核酸酶缓冲液（10×）	2.0μL

加水至总体积达 20μL，混匀，37℃水浴 1h。

2. 取 2μL 消化产物在 1%低融点琼脂糖凝胶中电泳，分析确认条带与质粒图谱一致。

3. 按照说明书用小牛肠碱性磷酸酶去磷酸化 pShuttle 骨架。

4. 将余下 18μL 消化产物通过 1% LMA 凝胶电泳分离条带，将含有插入的外源基因和穿梭载体骨架的条带切下，分别装在 2 个 1.5mL 离心管中。

5. 将装着凝胶的离心管置于 65℃热激 3～5min。凝胶融化后按照下文所述准备连接反应：

穿梭载体骨架 DNA	DNA 总体积为 10μL（最多 200ng）
拟插入的外源基因 DNA	骨架：插入片段的分子比例为 1：3
T4 DNA 连接酶（5U/μL）	1μL
连接酶缓冲液（5×）	4μL
ATP（20mmol/L）	1μL
H_2O	4μL

连接反应混合物放在 16℃过夜。

6. 第二天将连接反应物放在 65℃热激 3～5min，加入 40μL 的 5×KCM 缓冲液与 140μL 无核酸酶水，吹打混匀。冰上放置 3～5min。将一个 14mL 聚丙烯圆底试管放在冰上预冷。

7. 将 DH5α *E. coli* 感受态细胞放在冰上融化，在 50μL 感受态细胞中加入 25μL 稀释后的连接产物，将混合物加入圆底试管底部轻柔混合，冰上转化至少 30min。按照感受态细胞的说明书完成余下步骤。然后将加了 50mg/L 卡那霉素的感受态细胞铺在 LB 琼脂糖培养皿上，37℃孵育过夜。

8. 将 LB 培养皿放在 UV 显微镜下，通过 FITC 通道在 510nm 波长下观察。在紫外光的激发下，已经被 pSh-*pkGFP* 成功转化的质粒会发出绿色荧光。在其中挑选白色克隆放在 2mL 的 LB 培养基中（含 50mg/L 卡那霉素），37℃摇床培养 18h。

9. 用商品化的小提质粒试剂盒从细菌培养物中提取质粒 DNA。用限制性内切核酸酶消化法鉴定确认 pShuttle-Transgene 阳性克隆的质粒 DNA 结构是否正确。

制备表达目的基因的腺病毒载体质粒

在 pShuttle-Transgene 质粒中，目的基因表达盒两侧是两个限制性内切核酸酶位点——CeuI 和 PI-SceI，用于将表达盒克隆到 pAd-pkGFP。可用的载体骨架是 pAd-pkGFP 质粒的不同版本，带着 E1-、E1/E3-（即图 16-6 所展示的版本，35 143bp）、E1/E4-或 E1/E3/E4 缺失的腺病毒基因组。GFP 表达盒由原核启动子驱动，用同样的 CeuI 和 PI-SceI 位点插入到 E1-缺失位点侧。

10. 按下面描述的体系消化 pShuttle-Transgene（获得插入片段）和 pAd-pkGFP（获得骨架 DNA），准备插入片段和质粒骨架。

DNA	1～2μg
I-CeuI	1.0μL
PI-SceI	2.0μL
PI-SceI 缓冲液（10×）	4.0μL
H_2O	加至 40μL

消化产物 37℃孵育 2～3h。

11. 重复步骤 2～8，但有以下变化。

i. 37℃转化 Stbl2 *E. coli* 感受态细胞。

ii. 离心转化产物，1000r/min，5min。去除 800μL 上清，将细菌用余下的 200μL 培养基重悬。将所有重悬产物铺在一个 LB 培养皿上，37℃培养。

iii. 将所有细菌培养物放在 LB 培养基中，30℃条件下培养。

iv. 用氨苄青霉素作为筛选转化产物的抗生素。

v. 转化 16～18h 后，培养皿上应该有 50～100 个可用克隆，90%应该是白色。至少 50%的白色克隆应该包含有外源基因的腺病毒载体（Gao et al. 2003）。

如果重组腺病毒的分子克隆不成功，请见“疑难解答”部分。

12. 小提白色克隆的 DNA，通过限制性内切核酸酶消化实验来确认腺病毒重组子的结构无误。除了外源基因框内特异性的酶，限制性内切核酸酶如 *Bgl*II、*Xho*I 和 *Hin*dIII 可以用来在腺病毒 DNA 的不同区域多次酶切。

13. 用 QIAGEN 中提试剂盒提取正确克隆的 DNA。将一小部分确认正确的克隆置于含 20%甘油的培养基中-80℃保存备份。

疑难解答

问题（步骤 11）：LB 培养皿上只有很少或没有白色克隆。克隆不含外源基因框，或它们用限制性内切核酸酶消化后的图谱与所给出的图谱不同。

解决方案：腺病毒载体是尺寸较大的质粒（>36kb），包含了全部的腺病毒载体基因组和不稳定的重复 ITR 序列。培养和操作大质粒尤其是那些包含不稳定重复元件的载体时需要特别小心。可以对本实验步骤作出如下调整。

- 将 50μL 稀释后反应产物加到 100μL 的 Stbl 2 感受态细胞中进行转化实验，或者用 Stbl 4 转化态细胞或电转来进行转化；
- 将载体骨架 DNA 的量减少到 100ng，骨架和插入片段的分子比为 1∶3；
- 勿将 DNA 暴露在紫外光下。当把 DNA 从琼脂凝胶中切下时，用分子 Marker 和银染法来定位想要的 DNA 片段所在位置，不暴露在紫外光下将它们切下。

讨论

直接克隆法来制备重组腺病毒载体的优势是高效，但需要研究者具有操作大质粒的经验。将外源基因从 pShuttle 克隆到腺病毒载体骨架上可能会是限速步骤。可以考虑使用如在低熔解度胶上进行的固相连接、抗生素和绿-白双筛选、在 32℃培养细菌产物，用低速搅拌等策略可以提高克隆效率和成功率。

配方

为正确使用本方案中的器材和危险试剂，必须查阅相应的材料安全数据表并咨询所在机构的环境卫生和安全办公室。

KCM 缓冲液（5×）

试剂	体积（总体积 0.1L）	终浓度
KCL（1mol/L）	50mL	500mmol/L
$CaCl_2$（2.5mol/L）	6mL	150mmol/L
$MgCl_2$（1mol/L）	25mL	250mmol/L
H_2O	19mL	

混匀，用 0.22μm 孔径滤膜过滤除菌，室温储存。

参考文献

Gao G, Zhou X, Alvira MR, Tran P, Marsh J, Lynd K, Xiao W, Wilson JM. 2003. High throughput creation of recombinant adenovirus vectors by direct cloning, green-white selection and I-Sce I-mediated rescue of circular adenovirus plasmids in 293 cells. *Gene Ther* **10:** 1926–1930.

NIH Guidelines for Research Involving Recombinant DNA Molecules. (April) 2000. http://oba.od.nih.gov/rdna/nih_guidelines_oba.html.

方案 2 将克隆的重组腺病毒基因组释放用于挽救和扩增

在重组腺病毒质粒通过直接克隆制备之后，病毒基因组必须从质粒中释放出来，经过病毒挽救，在相应包装细胞系中扩增。这个方案阐述了如何进行重组腺病毒的挽救并大量生产被挽救的病毒。

生物安全

根据《NIH 重组 DNA 分子相关研究指南》(2000 年 4 月)，所有野生型和重组 AAV 都被归为第二类生物危害物质，与此类相关的疾病一般来说是可治疗、可预防的，且很少出现较严重症状。所有需要操作 AAV 质粒的工作可以在获得生物安全委员会认可的国内研究机构的二级生物安全（Biosafety Level 2, BL2）实验室中完成。

材料

为正确使用本方案中的器材和危险试剂，必须查阅相应的材料安全数据表并咨询所在机构的环境卫生和安全办公室。

本方案的专用试剂标注<R>，配方在本方案末提供。常用储备溶液、缓冲液和试剂标注<A>，配方见附录 1。储备溶液应稀释至适用浓度后使用。

试剂

琼脂糖凝胶（1%）

$CaCl_2$ 溶液（2mol/L）

磷酸钙转染试剂盒（Promega ProFection Mammalian Transfection System）

10-3 细胞（可从 University of Pennsylvania, Penn Vector Core 获得）或购买其他商品化细胞

完全培养基<R>

Dulbecco’s 必需基本培养基（DMEM）

Dulbecco’s 磷酸盐缓冲液（D-PBS）

胚胎牛血清（FBS）

HBS 溶液（2×）<R>

HEK-293 细胞系[American Type Culture Selection（ATCC），目录号 CRL-1573]

脂质体（Life Technologies）

*Pac*I 限制性内切核酸酶和缓冲液

青霉素-链霉素（P/S）溶液（100×）

重组腺病毒质粒（来自方案 1）
Tris（10mmol/L, pH8.0）
胰酶-EDTA（0.05%）
$ZnSO_4$（见步骤 4.iv）

设备

生物安全等级二级组织培养柜
离心瓶，无菌（150mL 和 500mL）
锥底管，无菌（15mL 和 50mL）
干冰/乙醇浴槽
冷冻机（-80℃）
凝胶电泳仪
细胞培养箱（37℃, 5%CO_2）
小型离心机
与真空泵相连的移液器
聚苯乙烯带盖子的圆底试管（5mL）
T-25 培养瓶
台式离心机
涡旋搅拌器
水浴槽（37℃）

方法

直接克隆法准备转染用重组腺病毒载体质粒 DNA

▲以下步骤要注意无菌操作

1. 用 *Pac*I 内切核酸酶消化重组腺病质粒释放完整的病毒载体基因组。在腺病毒载体基因组 5′-和 3′-ITR 两侧均有 *Pac*I 位点。反应条件如下：

重组腺病毒质粒 DNA	5mg
*Pac*I	2μL
*Pac*I 缓冲液（10×）	5μL
H_2O	至 50μL

酶切反应在 37℃孵育 60min。

2. 取 5μL 反应产物在 1%凝胶中电泳，确定载体基因组已经成功从质粒骨架中释放出来。

用线性化腺病毒载体 DNA 转染包装细胞挽救病毒

3. 转染前一天将较早或中间代数的 HEK-293 细胞（31～60 代，用于 E1 缺失、E1/E3 缺失、E1/E3 缺失且有 E4 orf6 的腺病毒载体）或者 10-3 细胞（用于 E1/E4 缺失或 E1/E3/E4 缺失的腺病毒）传代到 T-25 组织培养瓶中，每瓶 2×10^6 个细胞。

4. 第二天，当细胞长满 50%～70%的时候，进行下面的转染步骤。

用脂质体进行转染

▲不能有血清或抗生素。

i. 为每个转染准备两个 5mL 圆底带盖聚苯乙烯试管，分别标上 A 和 B。加 5mg 用

*Pac*I 酶切过的重组腺病毒质粒 DNA 到试管 A，并加 DMEM 到总体积 300mL。将 32mL 脂质体和 268mL 的 DMEM 加入试管 B 中。轻柔混匀每管内容物，不要用涡旋振荡。将 A 管和 B 管中的溶液混合在一起，轻柔混匀，不要涡旋振荡。将混合物在室温放置 45min 以形成 DNA 和脂质体的复合物。

ii. 孵育结束前 5min，用在 37℃预热过的 DMEM 洗一遍，然后加入 3mL 的 DMEM。将转染混合物逐滴加到细胞上，轻柔晃动培养瓶，然后将其放回培养箱。3h 后加入 300μL 的 FBS，然后孵育过夜。

iii. 第二天用新鲜完全培养基换掉转染培养基，继续孵育转染后细胞。每三天将 1mL 新鲜的完全培养基加入培养瓶中，检查细胞的细胞病变效应（CPE）。

CPE 反映了培养细胞在感染后的形态改变。这种独特的形态改变是由于新制造出的子代病毒聚集导致。CPE 和坏死不同，CPE 最初的表现是黏附细胞变圆，然后会从培养皿脱落，它们可能形成葡萄样的簇，漂浮在生长培养基中。

iv. 为了挽救缺失了 E4 区的腺病毒载体，将 175mmol/L 的 $ZnSO_4$ 溶液加入 10-3 细胞的培养基中（在步骤 4.iii）。

$ZnSO_4$ 是 10-3 细胞中诱导金属硫蛋白启动子驱动 E4-orf6 表达所必需的。

用磷酸钙转染

i. 转染 3h 前，将 T-25 培养瓶中的生长培养基替换成 3mL 在 37℃预热过的新鲜完全培养基。

ii. 将磷酸钙转染试剂盒中的所有试剂在室温下融化。在两个 5mL 聚苯乙烯带盖圆底试管盖子上分别标上 A 和 B。将 300μL 的 2×HBS 缓冲液放在管 A 中，在管 B 中准备 300μL 的 DNA 混合物，该混合物是将 5mg 的 *Pac*I 线性化后的重组腺病毒质粒 DNA 加入 37.5μL 的 2mmol/L $CaCl_2$，用无菌水补足体积。将管 B 中的 DNA 混合物逐滴加入放了 2×HBS 的管 A 中，涡旋振荡混匀。将转染混合物在室温孵育 20min 来形成 DNA-磷酸钙沉淀。溶液会变得混浊。孵育结束后将转染混合物缓慢加入 T-25 培养瓶中。轻摇培养瓶使 DNA-钙沉淀能均匀分布在整个单层细胞上，然后将细胞放回孵箱。

iii. 第二天早晨，先用 37℃预热过的 DMEM 轻轻洗一遍细胞，然后加入新鲜完全培养基继续培养。每三天加入 1mL 新鲜培养基并检查细胞 CPE 的情况。

iv. 为挽救缺失 E4 的腺病毒载体，将 175mmol/L 的 $ZnSO_4$ 溶液加入 10-3 细胞的完全培养基中。

$ZnSO_4$ 是 10-3 细胞中诱导金属硫蛋白启动子驱动 E4-orf6 表达所必需的。

5. 当 90%的细胞出现 CPE，就在生物安全柜中将剩下的细胞从培养瓶壁上用培养基轻轻吹打下来。将细胞悬液转移到一个 15mL 锥底离心管中并在−80℃储存备用。

如果转染后细胞在两周后仍然没有 CPE 的迹象，参考“疑难解答”。

为大规模制备扩增腺病毒载体

6. 病毒感染前一天将 7×10^6 个 HEK-293 细胞种在 150mm 培养皿中，共两皿。

i. 将从步骤 5 中得到的细胞悬液放在 37℃水浴中融化，然后干冰/乙醇浴中冷冻，继续重复冻融步骤两轮来获得粗细胞裂解物。每次冻融后都要晃动试管确保细胞保持悬浮。

ii. 用台式离心机在 4℃以 3200r/min 离心细胞 10min。

iii. 除去上清，然后将之直接加入两个长满培养皿 70%～80%的 HEK-293 细胞中。将细胞放回培养箱继续孵育并每天观察 CPE 的情况。

通常 CPE 在感染 24h 后就能观察到，2～3 天后就非常明显。

7. 当90%细胞都出现CPE后收获细胞，和之前一样，先在4℃以3200r/min离心10min。除去上清液，将细胞用2mL的pH8.0、10mmol/L Tris重悬。三轮冻融之后将粗细胞裂解产物用3200r/min、4℃离心10min，收集上清液用于感染8个培养皿的HEK-293细胞，如步骤6所述。

8. 在感染40～45h之后，或者当90%的感染后细胞都显示出CPE，如前所述收获细胞，4℃以3200r/min离心10min，重悬细胞在8mL的pH8.0、10mmol/L Tris中，储存于-80℃。

i. 用10-3细胞来扩增E4缺失的腺病毒载体，在完全培养基中补充175mmol/L的$ZnSO_4$来诱导对这个载体复制必需的E4 orf6表达。

如果粗提的病毒裂解产物不能在7天后扩增，请参考“疑难解答”。

大规模制备腺病毒载体

9. 感染前1天接种HEK-293（或10-3）细胞。将100%长满的状态良好的细胞按照1∶3的比例传代。进行感染实验时细胞应该长满培养皿的70%～80%。准备40个150mm培养皿的HEK-293细胞，每个皿中有20mL完全培养基。

要大规模制备E4缺失的腺病毒载体，可用10-3细胞并且在培养基中添加175mmol/L的$ZnSO_4$。

10. 按步骤6所述方法、用步骤8得到细胞悬液制备粗制上清。感染40个皿的细胞需要将8mL的上清转移到装了112mL完全培养基的150mL无菌瓶中，旋转混匀。

11. 将组织培养皿从培养箱中取出（每次最多拿出12个）。将3mL步骤10得到的感染培养基轻柔地沿着培养皿边缘加入细胞，避免将细胞吹起。重复这个步骤直到所有的培养皿都已经被感染。期间要不时晃动装着接种液的瓶子。将培养皿放回培养箱。

12. 转染后最多40～45h，或者当90%的细胞都出现CPE后，将培养皿从培养箱中取出放在生物安全柜中，用25mL移液器将晃动后（盖着盖子）还黏附在培养皿上的细胞轻柔地吹下来，将40个培养皿的上清平均分到两个500mL无菌锥底离心瓶中。

13. 用台式冷冻离心机将细胞以3200r/min，4℃离心15min。

14. 用连接着真空泵的移液器将上清吸除。细胞沉淀以每皿0.5mL的pH8.0、10mmol/L Tris中重悬。例如，每瓶含有20个皿的细胞，就用10mL的pH8.0、10mmol/L Tris重悬沉淀。用10mL移液管吹打轻柔混匀悬浮液。

15. 将悬浮液转移到无菌的50mL锥底离心管中。-80℃储存备用。

纯化作为大规模感染的种子病毒

16. 在冰盒里融化冷冻着的腺病毒种子储液。要感染40个150mm培养皿的细胞，将足够的腺病毒种子储液装在一个装有120mL培养基的150mL无菌瓶子里，这样的感染复数（MOI）就是每个细胞2000个腺病毒颗粒；例如，（培养皿数）×（2000载体颗粒/细胞）×（2×10^7细胞/皿）=所需要的病毒颗粒数。将病毒液/培养基通过轻柔旋转瓶子完全混匀。

17. 从上面步骤10开始操作。

疑难解答

问题（步骤5）：转染2周后的HEK-293细胞仍然没有出现CPE。

解决方案：用7.5mg的线性化重组腺病毒质粒DNA重复转染。

用其他转染方法。

- 将转染后的观察时间延长到4周。
- 如果外源基因是已知具有细胞毒性或有细胞抑制作用，需要在外源基因表达盒中加入一个调节基因的结构。

问题（步骤 8）：病毒粗裂解物不能在 HEK-293 细胞（或 10-3 细胞）里扩增。

解决方案：有几种导致这个问题产生的原因，包括：表达的外源基因具有细胞毒性，会使细胞死亡而不是产生病毒 CPE；可能是外源基因框的尺寸过大；可能是载体骨架里缺失早期基因的类型和数目（如只缺失 E1、E1/E3 缺失、E1/E3/E4 缺失）；细胞系能补充缺失功能的基因的表达水平（如 10-3 细胞）；非同步病毒感染导致的低 MOI。如果是最后一种情况，细胞以低 MOI 被感染时，若要达到完全的 CPE，需要多次病毒储液的传代。载体感染过程缓慢和延迟，可能导致很难区分死亡的细胞和病毒 CPE。可以考虑用接下来的策略克服这个问题。

- 构建可诱导的外源基因表达盒来调节对 293 细胞具有毒性的外源基因的表达。
- 减慢扩增步骤。先将初代病毒粗产物从 1 个 150mm 培养皿的 293 细胞扩增到 3 个，然后 12 个，最后 40 个。
- 在扩增过程中，如果细胞在 72h 后达不到完全的 CPE，就将全部感染获得的粗裂解物澄清来用作下一步感染。

讨论

如本章导论部分图 16-6 所示，对于没有毒性也没有超尺寸的外源基因来说，挽救重组腺病毒质粒扩增得到的病毒，大规模扩增被挽救的感染病毒载体可以在大约 3 周内完成。若是重组腺病毒质粒含有具毒性的外源基因或尺寸过大，病毒载体挽救和扩增步骤需要 12 周。

配方

为正确使用本方案中的器材和危险试剂，必须查阅相应的材料安全数据表并咨询所在机构的环境卫生和安全办公室。

完全培养基

试剂	体积（总体积 1L）	终浓度
DMEM	890mL	
FBS	100mL	10%
青霉素/链霉素溶液（100×）	10mL	1×

4℃储存。

HBS 缓冲液（2×）

试剂	体积（总体积 1L）	终浓度
NaCl	16.4g	280mmol/L
HEPES（$C_8H_{18}N_2O_4S$）	11.9g	50mmol/L
$Na_2HPO_4 \cdot 7H_2O$	0.38g	1.42mmol/L
H_2O	至 1L	

用 10mol/L 的 NaOH 调整 pH 至 7.05。用 0.22μm 孔径滤膜过滤除菌，室温储存。

参考文献

Gao GP, Yang Y, Wilson JM. 1996. Biology of adenovirus vectors with E1 and E4 deletions for liver-directed gene therapy. *J Virol* 70: 8934-8943.

NIH Guidelines for Research Involving Recombinant DNA Molecules. (April) 2000. http://oba.od.nih.gov/rdna/nih_guidelines_ oba.html

方案3 氯化铯梯度沉降法纯化重组腺病毒

氯化铯梯度离心法是应用最广的纯化重组腺病毒的方法。本实验方案阐述了从制备和纯化粗病毒裂解物到制取和储存纯化病毒的全部过程。

生物安全

根据《NIH 重组 DNA 分子相关研究指南》（2000 年 4 月），所有野生型和重组 AAV 都被归为第二类生物危害物质，与此类相关的疾病一般来说是可治疗、可预防的，且很少出现较严重症状。所有需要操作 AAV 质粒的工作可以在获得生物安全委员会认可的国内研究机构的二级生物安全（Biosafety Level 2, BL2）实验室中完成。

材料

为正确使用本方案中的器材和危险试剂，必须查阅相应的材料安全数据表并咨询所在机构的环境卫生和安全办公室。

本方案的专用试剂标注<R>，配方在本方案末提供。常用储备溶液、缓冲液和试剂标注<A>，配方见附录 1。储备溶液应稀释至适用浓度后使用。

试剂

腺病毒细胞悬浮液（来自方案 2）

漂白剂（10%）

Dulbecco's 磷酸盐缓冲液（D-PBS）

乙醇（70%）

甘油，高压灭菌

重 CsCl（H-CsCl）溶液<R>

轻 CsCl（L-CsCl）溶液<R>

Milli-Q 纯水，高压灭菌

磷酸盐缓冲液

Tris（10mmol/L, pH8.0）<R>

设备

塑料烧杯（4L）

细胞培养生物安全柜

锥底离心管（15mL）

无菌冻存管

干冰/乙醇浴

磁性搅拌器

无菌一次性注射器针头（21G 和 18G）

铁环架

Slide-A-Lyzer 透析盒[10 000 分子质量 cut-off（MWCO）, Pierce]

无菌一次性注射器（3mL 和 5mL）

超速离心机（SW28 和 SW41 转子；Beckman）

超速离心管（SW28 和 SW41；Beckman）

UV 分光光度计

水浴槽（37℃）

冰

方法

病毒裂解物的准备和澄清

1. 将装有感染了腺病毒的细胞悬液的 50mL 锥底离心管从-80℃冰箱中取出，在 37℃水浴中融化，然后在干冰/乙醇浴中冷冻。如此反复冻融两轮。4℃，4000r/min 离心细胞裂解物 20min，去除细胞碎片令溶液清澈。

2. 将装裂解物的管子从离心机中取出放在生物培养安全柜中。将上清液转移到另一个无菌的 50mL 锥底管中。将管子放在冰上。将细胞裂解产物用每个培养皿 0.5mL 的 pH8.0、10mmol/L Tris 溶液重悬。

3. 重复一遍冻融的循环。按步骤 1 所描述的离心细胞裂解物，将离心后收集到的上清液合并。将管子放在冰上。用一个无菌吸头测量管中上清液的总体积（约为 36mL）。如果总体积小于 36mL，加入 pH8.0、10mmol/L 的 Tris 溶液补足。

准备超速离心用的 CsCl 浓度梯度溶液

4. 用 10mL 无菌移液管，向两个 SW28 超速离心管中各加 9mL 的 L-CsCl 溶液。然后在 10mL 移液管中吸 9mL 的 H-CsCl 溶液，小心将移液管穿过 L-CsCl 层伸入管底，将 H-CsCl 溶液缓慢加入管底，避免搅拌以使两种溶液之间形成清晰界面。在每个 SW28 离心管中用 10mL 移液管缓慢加入 18mL 澄清的裂解物（来自步骤 2）至双层 CsCl 梯度的顶部。

将腺病毒上清液从管侧加入避免扰乱溶液梯度。

5. 要非常小心以免破坏液体梯度，将离心管放入 SW28 离心机的转子中，配平。4℃，20 000r/min 至少离心 2h。

6. 离心后小心将筒子从转子中取出，将管子从筒子中取出并放在环架上，用 70%乙醇擦拭管子外壁。目测检查试管。两个明显的条带应该能在离心管的中间观察到。上面的带通常包括空的或者不完全包装的病毒，底部的带包括完整的、具有感染能力的病毒（图 16-10A）。

7. 将 18G 或 21G 针头从离心管底小心插入下层溶液，针头与 5mL 注射器相连避免扰乱分层。吸出并收集下层溶液。小心，只收集含病毒的液层及小部分的氯化铯溶液（图 16-10A）。

根据每管里的不同液层体积，每管可以收集到 1～4mL 病毒液。

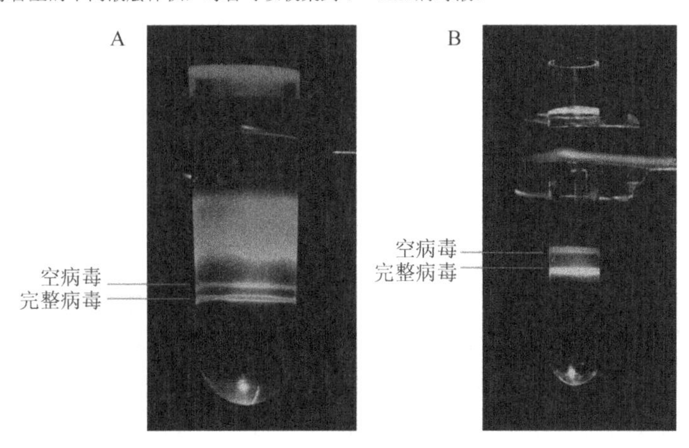

图 16-10　腺病毒载体经过第一轮（A）和第二轮（B）CsCl 梯度离心纯化后的条带照片（方案 3）。

8. 取出针头后，将病毒溶液转移到无菌的 15mL 锥底管中，置于冰上。离心管中剩下的废液移至一个含有 10%漂白剂的烧杯中消毒后丢弃。

9. 用另一个离心管重复步骤 5～8。用 pH8.0、10mmol/L Tris 溶液稀释从每个 SW41 管收集到的病毒悬液至总体积 3.5mL。

10. 用 5mL 吸头，将 3.5mL 的 L-CsCl 溶液加到 SW41 超速离心管中。按照步骤 4 所描述的方法将 3.5mL 的 H-CsCl 注入其液面下，然后小心将 3.5mL 病毒悬液加在双层 CsCl 梯度溶液的上层。将 SW41 管放在管套中配平。将管套挂在 SW41 转子上，4℃，20 000r/min 离心 15～18h。

11. 离心后重复步骤 5～8，用 3mL 注射器收集病毒载体层（图 16-10B）。

第二次离心后，只有一条带可见。如果能看到两条带，那么可能是在第一次离心后一些空病毒颗粒带也被收集。在这种情况下之取下面的那条带（图 16-10B）。

12. 用连着 18G 针头的 5mL 注射器将病毒转移到 0.5～3mL 或 3～12mL Slide-A-Lyzer 透析盒（10 000 MWCO），选择哪个取决于收集到的病毒载体体积。将盒子放在含有 3L 冷的、pH7.6 的 PBS 的 4L 烧杯中透析，4℃下用磁力搅拌器缓慢持续搅拌。每 2～3h 更换一次冷 PBS，如此持续 12h。

13. 用装了 18G 针头的 5mL 注射器将脱盐后的病毒从透析盒中转移至无菌 15mL 锥底离心管中并吹打混匀。

14. 测定病毒颗粒的滴度，将 10mL 病毒转移到一个无菌的、装有 90mL 无菌水的 Eppendorf 管中。将病毒稀释液吹打混匀。用 UV 分光光度计测量样品在 260nm 和 280nm 波长下的吸光度，用水作为空白对照。用下面的公式来计算病毒颗粒的浓度：

$$OD_{260}\times \text{稀释倍数}\times 10^{12}=\text{病毒颗粒数/mL}$$

OD_{260} 的读数可信范围在 0.1～1 之间。如果读数超过这个范围，调整相应稀释倍数。质量好的载体的 OD_{260}/OD_{280} 应该在 1.20～1.40。

15. 将无菌甘油加到病毒液中，甘油终浓度为 10%，轻柔吹打混匀。重复步骤 14 测定最终的病毒颗粒浓度。将病毒载体分装到无菌冻存管中。立刻储存在-80℃中。

疑难解答

问题（步骤 14）：纯化的重组腺病毒得率过低。

解决方案：最常见的原因是大规模感染不同步。换言之，因为细胞以低 MOI 被感染，为了达到完全的 CPE 状态，会需要初次感染后的细胞释放出新形成的复制病毒到感染培养基中第二次甚至第三次感染细胞。最佳解决方案是减慢病毒扩增的步骤，聚集足够量的感染病毒来同步化完成 40 个培养皿的产率高的感染，这通常意味着在感染 48h 后就应该能观察到 90%的细胞有了 CPE。

讨论

用 CsCl 梯度超速离心法纯化相对来说直接而且快速，只要制造出区分很好的多层梯度。纯化和富集腺病毒悬液应该呈现出不透明的外观，且带有淡蓝色泽。在 10%甘油/PBS 调制后，将腺病毒储存在-80℃避免反复冻融。三次冻融会导致 90%的感染能力丧失。若需要重复使用并在短时间内储存（最多 2 周），有效避免冻存带来的负面效应的策略是加入更多甘油到纯化的腺病毒中达到终浓度 40%，将病毒放在-20℃储存。

若需要在培养细胞上进行基因递送，对大多数不支持病毒复制的细胞类型来说推荐的 MOI 范围是 1000～10 000 病毒颗粒/细胞（每细胞 10～100 感染单位）。这可能会受一些靶细胞自身特性的影响，如细胞表面表达腺病毒受体的水平（如整合素和 Coxsackie 腺病毒受体）及感染时的细胞密度（OD 应为 60%～70%）。若是需要在体内进行基因递送，剂量则要根据实验目的、试图靶向的组织和给药方式来选择。例如，重组腺病毒需要经过静脉注射靶向肝脏，则推荐剂量是 5×10^{12} 个病毒颗粒/kg 或每只小鼠 10^{11} 个病毒颗粒。通过气管或鼻灌肺的推荐剂量是每只小鼠 5×10^{10} 个病毒颗粒，该剂量可以进行有效的基因递送。单位置的肌肉注射的推荐剂量是每只小鼠 5×10^{10} 个病毒颗粒。

因为腺病毒载体有强免疫原性，外源基因表达需一周的时间达到峰值，之后外源基因的表达会随着转化细胞被相应病毒蛋白的 T 细胞清除掉而逐渐减弱。当用腺病毒载体研究基因功能的时候，需要一个没有包含感兴趣外源基因的空白对照载体来排除腺病毒感染引起的细胞反应。

配方

为正确使用本方案中的器材和危险试剂，必须查阅相应的材料安全数据表并咨询所在机构的环境卫生和安全办公室。

重 CsCl 溶液（H-CsCl，密度=1.45g/mL）

将 442.3g 生物学级别的 CsCl 溶解于 578mL 的 10mmol/L Tris-Cl（pH8.0）溶液中，用 0.22μm 孔径滤膜过滤除菌，室温储存。

轻 CsCl（L-CsCl，密度=1.25g/mL）

将 223.9g 生物学级别的 CsCl 溶解于 776mL 的 10mmol/L Tris-Cl（pH8.0）溶液中，用 0.22μm 孔径滤膜过滤除菌，室温储存。

Tris-Cl（10mmol/L，pH8.0）

将 10mL 的 1mol/L Tris-Cl（pH 8.0）和 990mL 水混合，用 0.22μm 孔径滤膜过滤除菌，室温储存。

参考文献

NIH Guidelines for Research Involving Recombinant DNA Molecules. (April) 2000. http://oba.od.nih.gov/rdna/nih_guidelines_oba.html.

方案 4　限制性内切核酸酶消化法鉴定纯化后的重组腺病毒基因组

鉴定从纯化后的重组腺病毒分离的基因组 DNA 的结构，最简单的办法就是用限制性内切核酸酶酶切和凝胶电泳。该方法用于分析起始整个挽救和扩增的腺病毒载体 DNA 的限制酶切图谱病毒骨架、转基因和病毒 ITR 是否完整可通过该方法检测。

生物安全

根据《NIH 重组 DNA 分子相关研究指南》（2000 年 4 月），所有野生型和重组 AAV 都被归为第二类生物危害物质，与此类相关的疾病一般来说是可治疗、可预防的，且很少出现较严重症状。所有需要操作 AAV 质粒的工作可以在获得生物安全委员会认可的国内研究机构的二级生物安全（Biosafety Level 2, BL2）实验室中完成。

材料

为正确使用本方案中的器材和危险试剂，必须查阅相应的材料安全数据表并咨询所在机构的环境卫生和安全办公室。

本方案的专用试剂标注<R>，配方在本方案末提供。常用储备溶液、缓冲液和试剂标注<A>，配方见附录 1。储备溶液应稀释至适用浓度后使用。

试剂

琼脂
DNA 分子质量标准（1kb）
EDTA（0.5mol/L, pH8.0）
乙醇（70%和 100%）
溴化乙锭（0.5mg/mL）

这是有毒化合物，操作前请先阅读安全说明。

异丙醇
酚：氯仿：异戊醇溶液（25：24：1, *V*/*V*）
腺病毒载体克隆相应的质粒 DNA（由实验室构建并用于挽救和制备病毒的载体）
链霉蛋白酶溶液（2×）<R>
限制性内切核酸酶及其缓冲液
RNase A（20mg/mL）
SDS（10%）
乙酸钠（3mol/L, pH5.2）
无菌水
TAE 电泳缓冲液<A>
TE 缓冲液（1×, pH8.0）<A>
Tris-HCl（1mol/L, pH7.6）

设备

凝胶电泳
图像工作站或 Polaroid 相机
小型离心机
台式冷冻离心机
分光光度计
涡旋搅拌器
水浴槽（37℃）

方法

从纯化病毒中提取重组腺病毒基因组 DNA

1. 将含有 $0.5\times10^{12}\sim1\times10^{12}$ 病毒颗粒的、适当体积的纯化后腺病毒载体溶液置于 1.5mL 离心管中。加入等量的 2×链霉蛋白酶溶液。颠倒混匀并至少反应 4h 或让酶切反应在 37℃水浴中过夜。

另一种选择是加入等量的无菌 TE 缓冲液，然后加入与缓冲液和病毒液总体积等量的 2×链霉蛋白酶溶液。稀释病毒液可以让酶切更充分。

2. 在消化产物中加入等量的酚∶氯仿∶异戊醇溶液。不断颠倒管子至少 1min 使之混匀。室温 13 000 r/min 离心 10min。

3. 将上层吸出并转移到一个新的 1.5mL 离心管中（小心不要扰乱分层）。将 10%体积的 pH5.2、3mol/L 乙酸钠加入，然后加入等体积异丙醇。颠倒数次混匀溶液，室温至少孵育 20min。4℃，13 000r/min 离心 20min。

4. 将管子里的异丙醇倒出，加入 1mL 冷 70%乙醇，快速涡旋搅拌 5s 来洗沉淀。4℃，13 000r/min 离心 5min。

5. 重复一遍步骤 4，倒掉 70%乙醇，瞬时离心，然后用小吸头将剩下的所有液体都吸走(要一直注意不要丢掉沉淀)。让沉淀自然晾干 1min，用 50μL pH8.0、含有 20mg/mL 的 RNase A TE 缓冲液重悬载体，室温过夜。将 DNA 按照 1∶20 稀释后用分光光度计测定 DNA 浓度。

病毒载体基因组的限制性内切核酸酶分析

6. 基于方案 1 中制作的重组腺病毒质粒的电泳图谱挑选可以用来消化的、合适的限制性内切核酸酶。被选择的酶要不仅能切开外源基因，也要能切开载体基因组，得到的片段一般在 0.5～5kb 的范围内，并最好不互相重叠。一些比较适宜的酶包括 *Bgl*II、*Hin*dIII、*Xho*I。需要选择两种酶切方案（可以是单酶切也可以是双酶切）鉴定病毒 DNA 和亲本质粒 DNA 样品。

7. 用 10mL 1×酶切缓冲液和 1μL 酶来消化 0.75μg 病毒 DNA 或 0.5μg 质粒 DNA。室温孵育混合物至少 2h。

8. 短暂离心消化产物，在 0.8%凝胶中电泳，同时加上 1kb 的 DNA 分子质量标准，电泳用含 0.5mg/mL 溴化乙锭的 1×TAE 缓冲液、4～5V/cm（10cm 的凝胶 100～110V）的恒定电压。分两次为凝胶拍照，当 DNA 分子质量标准染料：①到达 1/4～1/5 处时；②到达凝胶底端时。这样就可以看到短于 0.5kb 的小片段并分离 2～10kb 的大片段。

9. 对比电泳得到的 DNA 条带样式和图谱。注意是否所有病毒载体基因组消化片段（不包括含 ITR 的片段）都符合载体质粒的特征，即除了含 ITR 元件的片段外，任何其他的丢失或大小错误的片段（如图谱上不能预测到的）都应该在空的腺病毒载体质粒消化产物中看到。要仔细查看是否有任何病毒基因组在被挽救和生长后发生重排的迹象（图 16-11）。

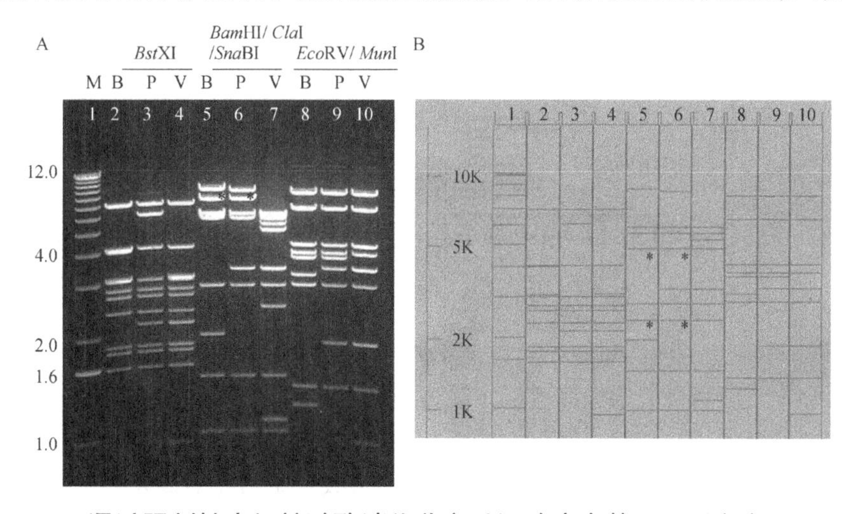

图 16-11　通过限制性内切核酸酶消化鉴定重组腺病毒基因组（方案 4）。1μg 携带空的腺病毒的载体 DNA、携带重组腺病毒的质粒和被不同限制性内切核酸酶消化的空载体经过琼脂糖凝胶电泳的图谱。（A）溴化乙锭染色的凝胶。M，1kb 分子质量标准；B，携带重组结构的 EGFP 载体质；P，携带空腺病毒载体的质粒；V，病毒载体 DNA。（B）由 Vector NTI DNA 软件（Life Technologies）预测的限制性内切核酸酶消化模式。星号表示 *Cla* I 位点的 Dam 甲基化导致预测的 4871bp 和 2409bp 条带变成 7280bp 单一条带（方案 4）。

讨论

重组腺病毒载体基因组可以用标准分子生物学技术如 DNA 提取、限制性内切核酸酶消化、凝胶电泳等鉴定。然而必须要注意病毒载体基因组可能出现的缺失和重排，特别是在外源基因表达盒中。如果高水平的外源基因表达干扰了腺病毒自身的生物学进程，载体基因组可能会在外源基因框中发生缺失或重排，或者发生会导致外源基因表达减弱的突变，而生长优势会让它们在重复循环的病毒生长过程中成为主要克隆。因此，对于病毒基因组结构的鉴定试验对经历了重复扩增过程的载体来说特别重要。

配方

为正确使用本方案中的器材和危险试剂，必须查阅相应的材料安全数据表并咨询所在机构的环境卫生和安全办公室。

链霉蛋白酶溶液（2×）

试剂	用量（总体积 20mL）	终浓度
链霉蛋白酶（RoChe）	40mg	0.2%
Tris-Cl（1mol/L, pH7.6）	2mL	100mmol/L
EDTA（0.5mol/L, pH8.0）	0.08mL	2mmol/L
SDS（10%）	2mL	1%
H_2O	15.9mL	

涡旋混匀并在 37℃孵育 45min 来进行自消化和激活，然后将其分装到 1.5mL 离心管中待用，在-20℃储存。

参考文献

NIH Guidelines for Research Involving Recombinant DNA Molecules. (April) 2000. http://oba.od.nih.gov/rdna/nih_guidelines_oba.html.

方案 5 TCID50 终点稀释结合 qPCR 测定重组腺病毒感染滴度

腺病毒和重组腺病毒的感染滴度测定的传统方法是用空斑形成实验，即用系列稀释的腺病毒储液感染细胞，然后铺在琼脂上，感染发生一次就会相应形成一个空斑（Lawrence and Ginsberg 1967）。虽然这种方法可以进行量化（空斑数目比稀释倍数），但仍然有敏感性和可重复性的问题，尤其是当用那些感染标准细胞系效率较低的腺病毒亚型时。

替代方案是将系列稀释液铺在一个 96 孔板细胞中，确定能让 50%的孔都被感染的稀释倍数。这种被称为“半数组织培养感染量”（$TCID_{50}$）终点稀释法的古老但可靠的技术用来滴定多种病毒，特别是那些不能稳定形成空斑的病毒（Heldt et al. 2006）。通常被感染的孔可以通过直接检查 CPE 或细胞活性来确认。结合 96 孔 $TCID_{50}$ 和定量 PCR（qPCR）就可以大大提高敏感度——我们的实验显示能提高 10 倍，很多外源基因和腺病毒亚型都能够达到。

接下来的实验方法阐述用了 96 孔 $TCID_{50}$ 结合使用 qPCR 来使阳性孔判断的敏感度提高且能够量化，测定腺病毒载体的感染滴度。

生物安全

根据《NIH 重组 DNA 分子相关研究指南》(2000 年 4 月)，所有野生型和重组 AAV 都被归为第二类生物危害物质，与此类相关的疾病一般来说是可治疗、可预防的，且很少出现较严重症状。所有需要操作 AAV 质粒的工作可以在获得生物安全委员会认可的国内研究机构的二级生物安全（Biosafety Level 2, BL2）实验室中完成。

本实验方案由 Martin Lock, Michael Korn 和 James Wilson（Gene Therapy Program, University of Pennsylvania, Philadelphia）提供。

材料

为正确使用本方案中的器材和危险试剂，必须查阅相应的材料安全数据表并咨询所在机构的环境卫生和安全办公室。

本方案的专用试剂标注<R>，配方在本方案末提供。常用储备溶液、缓冲液和试剂标注<A>，配方见附录 1。储备溶液应稀释至适用浓度后使用。

试剂

腺病毒测试载体（按方案 1 制备）
完全培养基（DMEM+10% FBS+1% P/S）<R>
脱氧胆酸钠（DOC）（10%）<R>
DNA 浓缩液<R>
HEK-293 细胞
PCR 标准品（一套 8 个，10～10^8 个拷贝）

关于如何准备 qPCR 所用 DNA 标准品请见方案 5 后的附加方案。

磷酸盐缓冲液（PBS）
蛋白酶 K（1.2mg/mL）
蛋白酶 K 缓冲液（10×）<R>
qPCR 预混液<R>
qPCR 混合液（2×）

qPCR 混合液包含缓冲液，核苷酸，及可从多种渠道（加 Applied Biosystem，目录号 4326614）获得的聚合酶。

qPCR 引物/探针，针对载体基因组的 E2a 区

qPCR 的引物和探针设计已经在许多已发表文献中有很多描述。从 Applied Biosystems 网站（www.appliedbiosystems.com）可以得到有用的信息。也可以参考第 7 章和第 9 章。

无血清的培养基（DMEM+1% P/S）<R>
无菌水
台盼蓝染料
胰酶-EDTA 溶液（0.25%）
Tween 溶液<R>

设备

Adhesive AirPore Tape Sheets 封口膜（QIAGEN 公司，目录号 120001）
细胞培养生物安全柜
可用 96 孔板的离心机

锥底管（15mL 和 50mL）
血细胞计数板
细胞培养箱（37℃, 5%CO_2）
杂交炉
小吸头（20μL 和 200μL）
显微镜
PCR 板（96 孔）和可视平板封膜
移液器（8 道或 12 道）
qPCR 仪（96 孔）
无菌储液槽（12 孔）
多道移液器用的无菌储液槽
无菌冻存管（每个被检测载体需要 9 个）
能离心平板的台式离心机
涡旋搅拌器
水浴槽（37℃）

方法

接种细胞

1. 将完全培养基、PBS、胰酶放在 37℃水浴中预热。

所有接下来的步骤都要在细胞培养生物安全柜中进行，并注意无菌操作。

2. 移除已经长满 HEK-293 细胞的培养基。

HEK-293 细胞是人胚肾细胞，经过腺病毒 E1 区转化，被广泛使用。不同代数的 HEK-293 细胞常会表现出对腺病毒感染的敏感度的区别。最好用较早代数的细胞。细胞可以从 American Type Culture Collection （ATCC）（目录号 CRL1573）购得。

3. 用 10mL PBS 洗一遍细胞，吸掉 PBS 后将 2mL 胰酶加入细胞，37℃消化 5min。轻轻吹打让细胞脱落，然后加 8mL 完全培养基并将细胞悬液转移到一个 50mL 锥底管中。在其他的培养瓶中重复胰酶消化步骤，将所有细胞悬液都收集到 50mL 锥底管中。彻底混匀细胞悬液并用血细胞计数板和台盼蓝染料对活细胞计数。

4. 用完全培养基稀释细胞悬液至 8×10^5 细胞/mL 浓度。混匀稀释后的悬液并将其倒入无菌塑料储液槽。用 12 道移液器，以每孔 50μL 的量将细胞液分装在 96 孔板中。将培养板放在 37℃培养箱中培养过夜。

加入细胞悬液的时候要以一定角度持培养板，将液体沿着孔壁加入并尽量避免产生泡沫。

感染

5. 用无血清培养基准备载体稀释液。将载体放在冰上融化，吹打混匀。为每个载体准备 8 个 1mL 体积的系列稀释液，放在冻存管中。例如，可用下面的稀释方法：

1×10^{-2}=990μL 稀释液+10μL 储液
1×10^{-4}=990μL 稀释液+10μL 上级稀释液
1×10^{-6}=990μL 稀释液+10μL 上级稀释液
1×10^{-7}=990μL 稀释液+100μL 上级稀释液
1×10^{-8}=990μL 稀释液+100μL 上级稀释液

1×10^{-9}=990μL 稀释液+100μL 上级稀释液

1×10^{-10}=990μL 稀释液+100μL 上级稀释液

1×10^{-11}=990μL 稀释液+100μL 上级稀释液

稀释范围要根据对不同载体和载体亚型实验确定。

6. 用稀释的载体感染 96 孔板里的 HEK-293 细胞。

感染方法与图 16-12 所示类似，可以根据研究者的不同需求调整。可以使用 12 道移液器和储液槽来简化这个步骤。

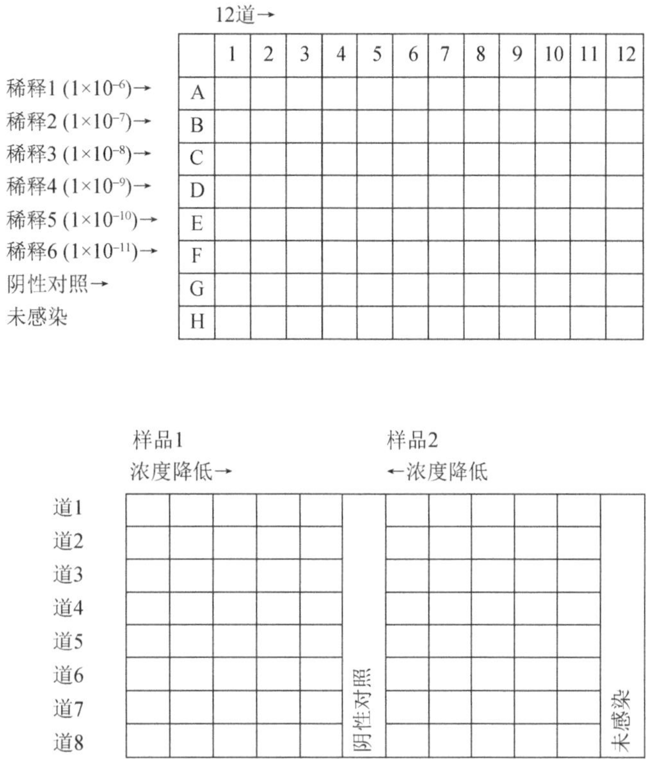

12道→

		1	2	3	4	5	6	7	8	9	10	11	12
稀释1 (1×10^{-6})→	A												
稀释2 (1×10^{-7})→	B												
稀释3 (1×10^{-8})→	C												
稀释4 (1×10^{-9})→	D												
稀释5 (1×10^{-10})→	E												
稀释6 (1×10^{-11})→	F												
阴性对照→	G												
未感染	H												

	样品1 浓度降低→						样品2 ←浓度降低					
道1						阴性对照						未感染
道2												
道3												
道4												
道5												
道6												
道7												
道8												

图 16-12　腺病毒载体感染滴度测定实验中平板的布局设定。前两个稀释浓度（如 1×10^{-2} 和 1×10^{-4}）不会被使用。

7. 将装有不同稀释倍数的载体溶液放在 12 道移液器用储液槽中，并按顺序将储液槽排列好，对应相应的培养孔道。

打开装载体的冻存管时要小心，远离储液槽减少交叉污染。

8. 用 200μL 无塞塑料吸头将培养液从 96 孔板上的细胞上吸出，操作时要将培养板倾斜一定角度并从孔侧面吸。

9. 向 96 孔板的第一列或第一行中加入 50μL 病毒稀释液（见图 16-12），仍要保证液体是沿孔侧壁加入。重复操作直到所有载体稀释液都被加入。将空白稀释液加入一个阴性对照孔。

当吸取载体稀释液时，吸头从与相应培养孔相连的一边进入吸取液体，以保证吸头未越过其他孔。

10. 用盖子盖上平板，做好标记，放入培养箱，37℃培养 2h。

11. 37℃水浴预热完全培养基，每个 12 孔储液槽中加入 1mL 培养基，每个细胞感染平板用一个新的 12 孔储液槽。用 12 道加样器给每个铺着被感染细胞的 96 孔板孔加入 50μL 完全培养基。避免碰到感染培养基。

培养板以相反方向放置，这样培养基就可以从与加载体稀释液的孔壁对侧壁加入。

12. 用黏性 AirPore 膜封住平板，加盖，并将培养板放回 37℃ CO_2 细胞培养箱，培养 72h。

用黏性 AirPore 膜封口可以减少 3 天的培养中气溶胶带来的交叉污染。

提取 DNA

13. 准备足量的 DNA 提取溶液，按照配方合成试剂清单上所列试剂。

14. 将 96 孔板 1500 r/min 离心 30s 让所有液体沉在孔底。

15. 小心揭掉 AirPore 封膜（从最下面一行向上揭起），在显微镜下观察细胞 CPE 的情况。每孔加入 100μL 的 DNA 提取溶液。吹打 5 次混匀反应液，小心避免污染相邻的孔。

16. 用封膜封住 96 孔板，放在杂交炉中：37℃，1h；55℃，2h；95℃，30min（热激活蛋白酶 K）。包含 DNA 样品的平板即可用于 PCR，或用封膜盖住可于 4℃保存 7 天。

Real-Time PCR

17. 用一个专门做 PCR 的设备或在化学品用通风橱中操作，以与感染平板相同的方式设置 PCR 平板，还要加上定量用标准品和无模板的对照（水）。图 16-13 列举了一种 PCR 的设置方法。

		1	2	3	4	5	6	7	8	9	10	11	12
稀释 1 (1×10^{-6}) →	A												
稀释 2 (1×10^{-7}) →	B												
稀释 3 (1×10^{-8}) →	C												
稀释 4 (1×10^{-9}) →	D												
稀释 5 (1×10^{-10}) →	E												
稀释 6 (1×10^{-11}) →	F												
阴性对照 →	G												
标准品 →	H	10^8	10^7	10^6	10^5	10^4	10^3	10^2	10^1	H_2O			

图 16-13 腺病毒载体感染滴度测定实验的有代表性 qPCR 板布局设定。

18. 按照本方案结尾处配方部分所述为每个平板配置 100 个反应的 qPCR 预混合液。

qPCR 预混液包括 PCR 引物和 TaqMan 探针，特异性针对腺病毒载体中的一个元件。这些试剂通常被设计成针对某个特定亚型腺病毒的 DNA 结合蛋白（E2A 基因），这样它们就可以用于检测多种从这个亚型改构而来的载体。一些 PCR 混合物，包括其他的 PCR 必需物质（脱氧核苷酸、缓冲液、热稳定酶），可从许多商业公司购得。

19. 将所需体积的试剂放在一个 15mL 锥底管中，混合均匀，然后在每个 96 孔 PCR 板的孔中加入 45μL 的 qPCR 预混液。每个标准品吸取 5μL 加入到 96 孔 PCR 板 H 行的孔的 qPCR 预混液中。吹打 10 次混匀溶液。加 2.5μL 水到剩下的每个孔中。无模板对照孔不用加，因为那里面应该已经加了 5μL 水。

加入标准品的时候要格外小心，尽量减少与其他孔的交叉污染。确保吸头没有在加不同标准品时混用。

20. 加 2.5μL 细胞裂解液（步骤 16 中准备的）到相应孔的 qPCR 预混液中。

21. 用光学级封膜将 PCP 板盖好，确保密封。按照操作说明用 real-time qPCR 仪来进行 PCR。

常用的设定是：95℃，10min 变性，95℃，15s 60℃，1min。40 个循环。

数据收集

22. 按照相应仪器的用户说明的指导来分析数据。通用的步骤包括：检查扩增曲线、设定基线和阈值。在 PCR 最初的循环中，用背景信号来确定荧光的基线。将阈值的区域设定在指数扩增区。对 ABI7500 或类似仪器来说，基线常规设定在 3～12 个循环，阈值可以调整到标准品的 10^8 读数在 13.09 Ct。或者也可以让软件自动设置基线和 Ct。重点是要一直用相同的设定。

见“疑难解答”。

数据分析

23. 首先计算每个稀释比例下的载体上样量，将载体上样的浓度（病毒基因组/mL）乘以稀释倍数，然后除以 20 即可得到每 50μL 的基因组接种物的量。例如，

载体上样浓度=1×10^{12} 基因组/mL，

稀释倍数=1×10^{-8}，

上样的载体基因组拷贝数=（1×10^{12} 基因组/mL$\times1\times10^{-8}$）/ 20=500。

24. 将在某个稀释倍数检测到的拷贝数乘以 80（样品在所有操作中最后被稀释的倍数）就得到在该孔的载体基因组拷贝数。减去每孔上样时加入的载体基因组数；每个稀释浓度的结果都这样处理。

例如，在 1×10^{-8} 稀释倍数下通过 PCR 检测到的基因组拷贝数=50 000，那么这个反应中的基因组拷贝数=（50 000×80）−500=3.99×10^6。

25. 接着确定每个稀释浓度下的阳性复制数。在该实验中 qPCR 最低能检测到的量是 10 个载体拷贝，乘以稀释倍数 80，即每个孔 800 拷贝。因此上样量减去拷贝数，结果小于如 800 拷贝数都被认为是背景。上样量减去载体拷贝数大于 800 被认为是感染阳性的颗粒。

见“疑难解答”。

26. 可以将数据转化成典型的“hits per dilution”形式的计算是算 50%的孔被感染的组织培养感染剂量（$TCID_{50}$）的基础。在我们实验室中，我们用 Spearman-Karber 公式来进行计算：

$$\log TCID_{50}=\sum_{i=1}^{K-1}(P_{i+1}-P_i)\times\frac{1}{2}(X_{i+1}-X_i)$$

式中，K 代表剂量数（或稀释倍数）；X_i 是在 i 倍时剂量数的对数；P_i 为在 i 稀释倍数下每孔含复制腺病毒 DNA 的比例。

剂量数指的是稀释倍数的对数值，而不是基因组拷贝数。基因组拷贝数仅仅用来量化每个孔是否被计为一次感染（腺病毒 DNA 经过了扩增），如步骤 24 和步骤 25 所述，$\log TCID_{50}$ 可以表示感染滴度是用 $\log X_i$ 谱（log 稀释倍数）和感染比例（P_i），利用 Spearman-Karber 公共计算的，具体如上所示。P_i 是在某个稀释倍数（i）时包含的复制的 DNA，具体定义见步骤 24 和 25。

因此这个公式将包含经过复制的腺病毒 DNA（P_i）的比例转化成在某一稀释倍数下（i）的 $\log TCID_{50}$。例如

log 稀释倍数（X）	Hit 比例（P）
X_1=−8	P_1=0
X_2=−9	P_2=1/12
X_3=−6	P_3=8/12
X_4=−5	P_4=1

若 K=4，按照公式，i=1～3（K−1），则

$\log TCID_{50}$=（P_2-P_1）×（1/2）（X_2+X_1）…i=1

＋（P_3-P_2）×（1/2）（X_3+X_2）…i=2

＋（P_4-P_3）×（1/2）（X_4+X_3）…i=3

最后计算得到 $\log TCID_{50}$ 为−6.25。

单位感染（IU）滴度则可以按下面方法计算得到：

$$\text{TCID}_{50}\ \text{IU/mL}=10^{-(\log \text{TCID}_{50})}/\text{A}$$

式中，A 是接种物的量（单位为 mL）。一个方便的计算 TCID_{50} IU 的计算机程序已经被写出来（Lynn 1999）。注意，0.7 TCID_{50} IU 相当于空斑形成实验的 1U。

疑难解答

问题（步骤 22）：阴性对照孔有阳性信号。

解决方案：注意减少孔间交叉污染。装有载体稀释液的管子要在远离感染和 PCR 平板的地方打开。吸头不要在不同稀释浓度孔中混用。在打开板子的覆膜前先离心，以便让液体落入管底。揭掉封膜的时候要按照从载体浓度最低到最高的方向来揭。将阴性对照安排在最高稀释度的孔旁。

问题（步骤 25）：所有的稀释载体都有阳性 PCR 信号；随着稀释倍数增加，拷贝数没有明显减少。

解决方案：确保选择了正确的稀释范围。最有可能导致这个问题的两个原因分别是：①交叉污染（见上）；②载体稀释倍数不够。当第一次滴定某一载体的时候（或者某一亚型载体），要将稀释范围扩大，多检测几个板子。从中选取最合适的 6 个稀释倍数进行实验。

问题（步骤 25）：载体稀释液孔中没有阳性信号。

解决方案：确保选择了正确 qPCR 的引物-探针及正确的稀释范围。可能是载体被稀释得过稀。我们推荐当第一次滴定某一载体的时候（或者某一亚型载体），要将稀释范围扩大，多检测几个板子。用一个已经被验证过的载体，最好是具有同样或相似载体基因组的、作为对照来确认不存在一些更普通的问题（如引物或探针发生了降解）。靶序列要和引物-探针的序列进行比对，检测是否有错配。

讨论

本实验能敏感测定腺病毒载体的感染滴度。另外介绍的 96 孔模式非常易于操作，而且能够用于自动化操作。一个 qPCR 定量敏感性高带来的缺点是少量的病毒载体基因组拷贝的交叉污染也会被检测出来，造成假阳性。不过，只要按照上面章节所述正确且小心操作，就能减少这种现象的发生，并且能有非常好的可重复性。

配方

为正确使用本方案中的器材和危险试剂，必须查阅相应的材料安全数据表并咨询所在机构的环境卫生和安全办公室。

完全培养基

试剂	体积（总体积 1L）	终浓度
DMEM	890mL	
FBS	100mL	10%
青霉素/链霉素溶液（100×）	10mL	1×

4℃储存。

脱氧胆酸钠（DOC）（10%）

试剂	体积（总体积 100mL）	终浓度
脱氧胆酸钠	10g	10%，*m*/*V*
H_2O	至 100mL	

将 10g 脱氧胆酸钠溶于 85mL dH_2O 中，将体积补齐到 100mL，用 0.22μm 孔径滤膜过滤除菌，室温储存。

DNA 提取溶液

试剂	体积（总体积 10mL）	终浓度
DOC（10%）	0.5mL	0.25%
Tween 溶液（10%）	0.9mL	0.45%
蛋白酶 K 缓冲液（10×）	2mL	2×
蛋白酶 K（10mg/mL）	0.6mL	0.3mg/mL
H_2O	6mL	

不要储存，使用前新鲜配制。

蛋白酶 K 缓冲液

试剂浓度	体积（总体积 100mL）	终浓度
Tris-HCl（1mol/L, pH 8）	1mL	10mol/L
EDTA（500mmol/L）	2mL	10mol/L
SDS（10%）	10mL	1%
H_2O	87mL	0.3mg/mL

用 0.22μm 孔径滤膜过滤除菌，室温储存。

qPCR 预混液

试剂	储液	1 个反应/μL	100 个反应/uL	终浓度
qPCR 混合液（2×）	2×	25μL	2500μL	1×
正向引物	10μmol/L	1μL	100μL	200nmol/L
反向引物	10μmol/L	1μL	100μL	200nmol/L
探针	10μmol/L	0.5μL	50μL	100nmol/L
水	NA	17.5μL	1750μL	NA
总体积		45μL	4500μL	

4℃储存。

无血清培养基

试剂	体积（总体积 1L）	终浓度
DMEM	965mL	
HEPES（1mol/L, pH 8.0）	25mL	25mmol/L
青霉素/链霉素溶液（100×）	10mL	1×

4℃储存。

Tween 溶液

试剂浓度	体积（总体积 1L）	终浓度
Tween 20（50%）	10mL	10%，*m*/*V*
HEPES（1mol/L, pH 8.0）	1mL	20mmol/L
水	39mL	

将 50%的 Tween 20 按照 1∶1 比例用水稀释。将 10mL 的 50%的 Tween 20、1mL HEPES 和 39mL 水混合制成 50mL 储液。用 0.22μm 孔径滤膜过滤除菌，4℃储存。

附加方案　准备 qPCR 的 DNA 标准品

生物安全

根据《NIH 重组 DNA 分子相关研究指南》（2000 年 4 月），所有野生型和重组 AAV 都被归为第二类生物危害物质，与此类相关的疾病一般来说是可治疗、可预防的，且很少出现较严重症状。所有需要操作 AAV 质粒的工作可以在获得生物安全委员会认可的国内研究机构的二级生物安全（Biosafety Level 2, BL2）实验室中完成。

材料

为正确使用本方案中的器材和危险试剂，必须查阅相应的材料安全数据表并咨询所在机构的环境卫生和安全办公室。

本方案的专用试剂标注<R>，配方在本方案末提供。常用储备溶液、缓冲液和试剂标注<A>，配方见附录 1。储备溶液应稀释至适用浓度后使用。

试剂

DNA 纯化试剂盒（例如，QIAGEN 公司，目录号 28104）
无 RNA 酶水
PCR 扩增缓冲液（10×；Applied Biosystems，目录号 N8080189）
模板质粒
限制性内切核酸酶及相应缓冲液
鲑鱼精（SSS）DNA

设备

生物安全柜
分光光度计
涡旋搅拌器

方法

利用生物安全柜避免实验室环境中的潜在污染，实时 PCR 对污染极为敏感。

1. 在含有限制性内切核酸酶的 4 个 100μL 反应体系中线性化 40μg 标准质粒 DNA，使其在 PCR 靶序列外切断 DNA。利用合适的 DNA 纯化试剂盒，从每个反应体系中纯化出线性质粒。

勿使用酚：氯仿：异戊醇纯化酶切产物，任何苯酚污染将会影响分光光度计读数的精准度。

2. 按 1∶20 用水稀释线性化质粒，分光光度计测量浓度，并将浓度换算成 g/L。

确保读数落在仪器的线性范围内。如有需要，可使用浓缩化的样品集。以缓冲液为空白对照进行参比读数，并应用 320nm 背景校正。

3. 计算标准质粒的公式化分子质量(F.W.)：F.W. =质粒大小(碱基对数)×662 g/mol.bp。计算线性质粒的摩尔浓度（M）：M =mol/L =（mass（g）/F.W.）/1L

4. 以摩尔浓度为基础，确定每微升线性质粒的拷贝数，1mol/L 相当于 6.02×10^{23} 拷贝。用 1×PCR 缓冲液和 2ng/μL SSS DNA 稀释线性质粒，使其在 1×PCR 缓冲液/2ng/μL SSS DNA 稀释液中终浓度为 2×10^{11} 拷贝/100μL（1×10^{10} 拷贝/5μL）。

所含鲑鱼精 DNA 可作为封闭剂，阻止由表面非特异性吸附造成的质粒丢失。

5. 以 1×PCR 缓冲液/2ng/μL SSS DNA 为稀释液，10 倍梯度稀释储存的标准线性质粒 DNA。用 1×10^8 拷贝/5μL 到 10 拷贝/5μL 梯度浓度稀释液作为测试标准液。

所有标准液需等分并存于-20℃，避免反复冻融。

参考文献

Lawrence WC, Ginsberg HS. 1967. Intracellular uncoating of type 5 adenovirus deoxyribonucleic acid. *J Virol* **1**: 851–867.

Lynn DE. 1992. A BASIC computer program for analyzing endpoint assays. *BioTechniques* **12**: 880–881.

NIH Guidelines for Research Involving Recombinant DNA Molecules. (April) 2000. http://oba.od.nih.gov/rdna/nih_guidelines_oba.html.

方案 6　浓缩传代和 Real-Time qPCR 法检测有复制能力腺病毒（RCA）

复制缺陷的腺病毒载体通常缺乏早期病毒基因 *E1*，它们一般可在如 HEK-293 一类的细胞系中生长。此类细胞系通常会表达整合在基因组中的 *E1* 基因拷贝，从而能够弥补腺病毒基因组的缺陷（Louis et al. 1997）。宿主细胞的 E1 是必要的，但它的存在也可能带来一些问题，载体与宿主细胞基因组之间的重组可能会导致载体重新获取 E1 并形成复制型腺病毒。实际上，这个问题早就被意识到了，人们也采取了某些措施来解决该问题。例如，尽量减少插入到宿主基因组的腺病毒基因与载体基因组 5′端残留的病毒序列的序列同源性，减少重组和复制型腺病毒形成（Fallaux 1998）。尽管如此，在临床应用时，仍需确保给患者的载体剂量包含不超过一个 RCA 感染颗粒（NIH2001）。过去这是通过将载体储液加在不含腺病毒 E1 基因的细胞上，然后肉眼计数 RCA 的细胞病变效应（CPE）来完成的（Hehir et al. 1996）。实验的敏感性可以通过将已知量的 RCA 代替物（如野生型的人第 5 亚型腺病毒 HuAd5）加入载体储液中，然后将样品和受试载体一起进行检测。依赖 CPE 的检测实验的灵敏度较低，一般仅能筛选出相对 RCA 量比较大的。最近开始用定量 PCR 对腺病毒 E1 直接检测，这增强了实验的灵敏性，同时也缩短了实验时间（Schalk 2007）。实验的灵敏度同样也会受到“干扰”现象的影响，较低的 RCA 会被数量过多的空载体竞争性抑制，过多的载体会占用细胞表面的病毒受体进而阻止复制途径。过多的载体还会引发细胞毒性，造成细胞死亡。因此，必须将病毒与细胞的初始比例（或 MOI）保持在一定水平，以将毒性和干扰的程度降至最低点，达到组织培养所能负担的合理水平。

检测的灵敏度可以通过 RCA 的多次传代进行生物学扩增来提高。我们将这种技术的扩展称为“浓缩传代”（concentration passage），该技术中，将第一次接种的复制的 RCA 收集并继续感染 1/10 原初数目的细胞。这能显著提高检测到 RCA 的概率。将该方法与用 qPCR 检测 RCA E1 基因的方法结合起来使用，实验敏感性能达到从 10^{11} 个病毒颗粒中检测出 1IU RCA 的程度。这里阐述的实验方法是对用野生型 HuAd5 作为 RCA 替换的 HuAd5 载体适用的。我们也可以将这个技术调整成为对基于其他腺病毒亚型的载体适用，达到相似的敏感度。如果是用其他腺病毒亚型进行实验，要仔细考虑 RCA 的替代质粒。严格说来，如果载体是在 HEK-293 细胞或类似细胞系中扩增，RCA 替代质粒应该是包含 HuAd5 E1 基因的杂交病毒。

生物安全

根据《NIH 重组 DNA 分子相关研究指南》（2000 年 4 月），所有野生型和重组 AAV 都被归为第二类生物危害物质，与此类相关的疾病一般来说是可治疗、可预防的，且很少出现较严重症状。所有需要操作 AAV 质粒的工作可以在获得生物安全委员会认可的国内研究机构的二级生物安全（Biosafety Level 2, BL2）实验室中完成。

本实验方案由 Martin Lock、Mauricio Alvira 和 James Wilson（Gene TherapyProgram, University of Pennsylvania, Philadelphia）提供。

材料

为正确使用本方案中的器材和危险试剂，必须查阅相应的材料安全数据表并咨询所在机构的环境卫生和安全办公室。

本方案的专用试剂标注<R>，配方在本方案末提供。常用储备溶液、缓冲液和试剂标注<A>，配方见附录 1。储备溶液应稀释至适用浓度后使用。

试剂

A549 细胞（160 个 150mm 培养皿）

10%漂白剂

完全培养基<R>

干冰

Dulbecco's 磷酸盐缓冲液（D-PBS）

乙醇（70%与 100%）

F-12/K 培养基

胎牛血清（FBS）

HEPES（1mol/L, pH 8.0）

感染培养基<R>

non-spiked 反应预混液<R>

Spiked 反应预混液<R>

PCR 标准品（8 个，10～10^8 拷贝）

制备 qPCR 的 DNA 标准品参见“附加方案”。

青霉素-链霉素（P/S）

QIAamp DNA Mini 试剂盒（QIAGEN 公司，目录号 51104）

qPCR 混合液（2×）

qPCR 混合物包含缓冲溶液、核苷酸和耐热聚合酶，可从多种途径获得(如 Applied Biosystems, 目录号 4326614)。

qPCR 引物/探针：HuAd5

正引向物 AGATACACCCGGTGGTCCC

反引向物 CGACGCCCACCAACTCTC

探针 6FAM-CTGTGCCCATTAAACCAGTTGCCG-TAMRA

Spike DNA（H5 E1 标准质粒）

无菌水

补充培养基

测试载体

台盼蓝溶液（0.4%）

胰蛋白酶-EDTA 溶液（1×，0.25%）

滴度为 1×10^{12} 颗粒/mL 或更高的野生型 HuAd5 腺病毒

HuAd5 腺病毒可从 Penn Vector Core（vector@mail.med.upenn.edu）获得。

设备

ABI 7500 Fast Real-Time PCR 系统或类似仪器
可离心平板的离心机
Falcon 管（50mL）
血细胞计数板
细胞培养箱（37℃, 5% CO_2）
带 UV 灯的层流生物安全柜
移液器吸头（20μL、200μL 和 1000μL）
PCR 板，96 孔，带有光学级覆膜
移液器机器吸头，一次性无菌
qPCR 仪，96 孔
台式冷冻离心机
无菌带螺旋帽的试管
无菌滤器（0.2μm）
T-225 组织培养瓶
组织培养皿（150mm）
涡旋振荡器
水浴槽（37℃）

方法

细胞培养工作分成两个阶段。第一阶段是将 5×10^{11} 的受试载体颗粒与相同量的、具有 5 IU 的 RCA 替代质粒（加标对照皿），以及只有 5 IU 的 RCA 替代品（阳性对照皿）分别接种到 50 皿 A549 细胞中。这里用 50 个皿是因为只有 1×10^{10} 个颗粒可以加到一个皿中而不产生毒性（MOI=3300 颗粒/细胞，约为 330 $TCID_{50}$IU/细胞，约为 33pfu/细胞）。在第二个阶段，将第一阶段的 50 个培养板中取得的裂解物感染 5 个皿的 A549 细胞。这种操作即被称为“浓缩传代”。

这个实验要求用到野生型腺病毒。因此，步骤 25 之前的所有涉及操作野生型腺病毒的工作都要留在当天最后在生物安全柜中进行。首先，将培养基分装是很好的做法，每套培养皿分别用一个培养基的管子，丢弃其他的。操作完野生型腺病毒后要彻底用漂白液和乙醇消毒生物安全柜。用 UV 光照射至少 1h。不要将阳性对照皿和其他皿同时转移。将所有对野生型腺病毒暴露过的塑料制品在从生物安全柜中取出前都要用漂白液处理。对每一滴溅出的液体都要严肃对待，彻底用漂白液清理。

细胞培养：第一阶段

在这个阶段里，每个受试质粒都需要准备 160 个 150mm 培养皿的 A549 细胞。每个皿的细胞数在实验前要达到 3×10^6。

准备细胞

1. 将 A549 细胞培养在 T-255 培养瓶中，按需要用完全培养基传代。细胞必须在传代前长满。

2. 用 1×胰酶-EDTA 溶液，消化 23 个长满的 T-255 培养瓶里的 A549 细胞到 230mL 完全培养基中。

3. 将细胞以 1∶2 稀释在台盼蓝溶液中，在血细胞计数板上计数。

4. 准备在完全培养基中的密度为 1.5×10^5 细胞/mL 的细胞悬液，每个 150mm 培养皿中加入 20mL 完全培养基（每皿的 A549 细胞总数达到 3×10^6）。记录加在每个皿中的细胞数目，37℃、5% CO_2 培养过夜。

载体/病毒稀释和接种

注意 A549 细胞的密度；细胞要在下一步实验前长满培养皿的 80%～90%。

5. 培养皿要分组且被下列的载体/替代质粒 RCA 混合物感染：

A 组，受试样品：仅是 5×10^{11} 颗粒的受试载体（50 皿）

B 组，加标样品：5×10^{11} 颗粒的受试载体+5 IU 的 RCA 替代样品（wtHuAd5）（50 皿）

C 组，阳性对照：5 IU 的 RCA 替代样品（wtHuAd5）（50 皿）

D 组，阴性对照：只有培养基（10 皿）

RCA 替代物的滴度（$TCID_{50}$IU/mL）是由方案 5 所述感染滴度测定实验确定的。注意 1 IU=0.7 $TCID_{50}$IU。载体颗粒数目由 OD_{260} 测定。这里需要滴定载体颗粒是因为这种测量方法通常用于设立实验动物和患者的所用剂量。

6. 用漂白液清理细胞培养生物安全柜的工作台面，然后用乙醇清理。让漂白液通过移液器软管。将台前玻璃放低，打开 UV 灯照射至少 10～15min。

7. 准备所需要的感染培养基（160皿×4mL/150mm皿×1.2=768mL），然后用 0.2μm 滤器过滤。

系列稀释 RCA 替代物

下面是一个用 wtHuAd5 作为 RCA 替代物（4.42×10^{10}IU/mL），以 HuAd5 作为受试载体（6.5×10^{12}pt/mL）时的稀释表的例子。

8. 用感染培养基在螺旋盖试管中按以下设定稀释 HuAd5 溶液：

稀释浓度	样品	感染培养基
4.42×10^8 IU/mL（10^{-2}）	40μL 储液	3.96mL
4.42×10^7 IU/mL（10^{-3}）	10^{-2}，1mL	9mL
4.42×10^6 IU/mL（10^{-4}）	10^{-3}，1mL	9mL
4.42×10^5 IU/mL（10^{-5}）	10^{-4}，1mL	9mL
4.42×10^4 IU/mL（10^{-6}）	10^{-5}，1mL	9mL
4.42×10^3 IU/mL（10^{-7}）	10^{-6}，1mL	9mL
4.42×10^2 IU/mL（10^{-8}）	10^{-7}，1mL	9mL
4.42×10^1 IU/mL（10^{-9}）	10^{-8}，1mL	9mL
4.42 IU/mL（稀释原液）	10^{-9}，1mL	9mL

为步骤 5 中 A～C 组、每组 60 皿准备足够的培养液（准备 60 个而不是 50 个皿的培养液，以防止移液时出现损耗的现象）。该数量培养液与 6IU 的 wtHuAd5 和/或 240mL 感染介质中 6×10^{11} 受试载体颗粒数相一致。在该例中，需要如下的数量：

wtHuAd5 稀释原液：6 IU/4.42=1.357mL

HuAD5 载体浓缩液：$6.5\times10^{12}/1000=6\times10^{11}/92.3$μL

9. 按如下所述准备每份接种液

A 组

92.3μL 的 HuAd5 载体浓缩储液

239.9mL 的感染培养基

B 组

1.357mL 的 wtHuAd5 稀释储液

92.3μL 的 HuAd5 载体浓缩储液

238.63mL 感染培养基

C 组

1.357mL 的 wtHuAd5 稀释储液

238.64mL 感染培养基

D 组

40mL 感染培养基

10. 分别从不同组的培养皿中吸掉培养基，并根据步骤 9 中设定的顺序向每个培养皿添加适当的培养液。

最小数量和最大感染时间对于利用浓缩传达法检测数量极少的复制型腺病毒来说十分关键。

使培养皿保持水平十分重要，将其按照每三个一组叠放。

11. 摇动培养皿，使培养基均匀分布，随后将其按照每三个一组叠放入 37℃培养箱。为每组培养皿准备单独的架子，确保其保持水平。

12. 感染步骤完成后，按照步骤 6 所述清理生物安全柜，打开 UV 灯照射 1h。

13. 感染后 24h，将 15mL 过滤后的补充培养基加入每个皿里。继续培养直到感染后第 8 天。

确保给每组培养皿加液时用了不同的吸头。

细胞培养：第二阶段（转染后第 7 天）

14. 为步骤 9 中 A 至 C 组被感染的每个培养皿准备 5 个新 150mm 皿的 A549 细胞，依据步骤 1～4 的说明，为 D 组准备 1 个培养皿。

浓缩传代（感染后第 8 天）

在这个阶段，如果需要可以检查并计数培养皿中的 CPE。下面主要阐述了传代具有复制能力的病毒到新的细胞中，并将 50 个皿的培养板中的成分浓缩到 5 个皿，每个含有 5×10^{11} 个病毒颗粒的步骤。

15. 用 5mL 的 D-PBS 洗每皿的细胞，然后加入 1mL 的 1×胰酶-EDTA 溶液（0.25%），室温孵育 5min。确保所有细胞从皿上脱落下来。

16. 每个皿中加入 4mL 感染培养基。将每组中的 10 个皿的细胞悬液收集到一个 50mL 的 Falcon 管中。

确保用不同的吸头。D-PBS 和培养基要分装使用。

17. 4℃，1500r/min 离心 20min。抽出上清液，留 5mL 覆盖细胞沉淀。将相同组的细胞沉淀集中在一起，冻融 3 轮（干冰/37℃）。4℃，2000r/min 离心 10min 令裂解物澄清。

18. 感染后第 7 天从 150mm 培养皿中抽出培养基，用从 50 个皿中收集的大约 25mL 澄清的裂解物（步骤 17）感染 5 个皿。

19. 将被感染的平板放在 37℃培养箱中孵育过夜，确保培养皿水平。按照步骤 6 所述清理实验台，用 UV 灯照射 1h。

20. 用传代浓缩物感染 24h 后，将 15mL 过滤后的添加培养基加入每个皿，然后将皿放回培养箱。37℃培养直到感染后第 15 天（在第一阶段的感染后）。

确保用不同的吸头。培养基要分装使用。

收获 DNA（感染后 15 天）

从被感染细胞中提取总 DNA，使用 QIAGEN QIAamp DNA Mini 试剂盒，按照试剂盒的说明书进行操作。

21. 用 5mL 的 D-PBS 洗每皿的细胞，然后加入 1mL 的 1×胰酶-EDTA 溶液（0.25%），室温孵育 5min。确保所有细胞从皿上脱落下来。

22. 加 5mL 完全培养基到每个平板，然后将 1.5mL 的细胞悬液转移到离心管。

23. 用小型冷冻离心机 4℃，300*g* 离心 5min，用 200μL 的 PBS 重悬沉淀（管子可以在 −80℃储存）。

24. 每 200μL 的细胞悬液（A～C 组的每一组有 5 份，D 组有 1 份），按照 QIAGEN QIAamp DNA Mini 试剂盒说明书提取 DNA。将 A～C 组的每一组里的 5 份 DNA 洗脱后收集在一起。

25. 将 20μL 洗脱液和阴性对照用水按 1∶5 的比例稀释，测定 OD_{260}/OD_{280}。

E1 qPCR

为了检测 RCA，0.5～1μg 的提取出的 DNA 用来进行 real-time PCR，用引物-探针套装来直接检测 HuAd5 E1 基因（wtHuAd5 RCA 替代物）。用含 HuAd5 E1 的质粒作为标准品。

26. 用专门做 PCR 的设备或在化学品用通风橱中操作，按照图 16-14 所示布置 PCR 平板。加在平板中的样品如下所述。

i. 无模板对照（NTC）：6 次重复

ii. 加标对照（SC）：每个组一次重复

iii. 定量标准品（Std），两套，10～10^8 个拷贝的 DNA 标准品

iv. 样品（Spl），两套：每个 PCR 用 1mg 的 DNA

	1	2	3	4	5	6	7	8	9	10	11	12
A	NTC	NTC	NTC	NTC	NTC	NTC	Std 10^8	Std 10^8	Std 10^7	Std 10^7	Std 10^6	Std 10^6
B	Std 10^5	Std 10^5	Std 10^4	Std 10^4	Std 10^3	Std 10^3	Std 10^2	Std 10^2	Std 10^1	Std 10^1	Spl A1	Spl A2
C	Spl B1	Spl B2	Spl C1	Spl C2	Spl D1	Spl D4	SC A	SC B	SC C	SC D		
D												
E												
F												
G												
H												

图 16-14 检测所制备腺病毒载体中 RCA 的 qPCR 平板加样示意图。

27. 准备两份预混液：

i. 非加标反应所用预混液（反应数=6 NTC+16 Std +8 Spl=30）

ii. 加标反应（对照）所用预混液（反应数=4）

为反应次数计算试剂体积；应当考虑额外两次反应，以应对吸取所造成的损耗。将适量的不同试剂放入 15mL 的圆锥试管中，摇动试管以便混合。

28. 根据图 16-14 所示，将两份预混液中的 45μL 等分至适当的 PCR 反应孔；随后添加 5μl 适当的 DNA（100～200ng/μL）至标准孔，受试孔以及加标孔。多次吹打进行混合。

涡漩混匀加标的预混液以确保每个反应间的一致性。加标准品时应小心操作尽量避免不同孔间交叉污染。吸头伸入平板的底部或侧面，只从相应孔上越过。

29. 用光学级封膜将 PCP 板盖好，确保密封。快速离心确保所有试剂沉入孔底。按照操作说明用 ABI 7500 Fast Real-time PCR 机来进行 PCR（或类似机器）。

常用的设定是 95℃，10min 变性，（95℃，15s）40 个循环，60℃，1min。

数据收集

30. 按照相应仪器的用户说明的指导来分析数据。通用的步骤包括：检查扩增曲线、设定基线和阈值。在 PCR 最初的循环中，用背景信号来确定荧光的基线。将阈值的区域设

定在指数扩增区。对 ABI7500 或类似仪器来说，基线常规设定在 3～12 个循环，阈值可以调整到标准品的 10^8 读数在 13.09 Ct。或者也可以让软件自动设置基线和 Ct。重点是要一直用相同的设定（见第 9 章）。

数据分析

31. 在所获得的数据进行分析前，首先有必要确保所有的对照结果都在预期范围中。很重要的是阴性对照孔（D 组）应该提供信号的背景水平，接近无模板对照（C_T 为 35 或更高）。D 组的加标 DNA 对照孔应该是接近 1×10^5 个拷贝，这意味着提取的 DNA 样品没有抑制 PCR 反应。用标准品质粒的 C_T 值对拷贝数做散点图，在扩增效率为 95%～100%时斜率约为−3.3。一旦这些确认后，wtHuAd5 加标受试样品（B 组）和阳性对照（C 组）相比检测 RCA 复制质粒干扰的程度。理想情况下，B 组得到的信号应该和 C 组相似。

32. 最后检查受试载体信号。假如对照的结果符合预期、受试孔的拷贝数和背景水平接近，那么样品就是每 1×10^{11} 个载体颗粒中包含低于 1 IU RCA。而假如所有对照结果符合预期，有比背景水平明显高的阳性信号，则意味着有 RCA 的污染。

见“疑难解答”。

疑难解答

问题（步骤 31）：阴性对照组有阳性信号。

解决方案：采取措施降低交叉污染。对于不同的组别以及腺病毒代替物应使用不同的吸取管，受到污染的吸取管应当在生物安全柜中 10%的漂白剂溶液中浸泡。在丢弃空的培养板之前，也应当将它们在漂白剂溶液中浸泡 5min。

可能发生交叉污染的第二个地方是 qPCR 阶段。再次说明，根据文中所述顺序加样，注意不要让含有复制型腺病毒 DNA 或标准品的吸头越过含有阴性对照或受试样品的孔。

问题（步骤 31）：D 组加标 DNA 的 PCR 对照孔的值低于 1×10^5 拷贝 5 倍。

解决方案：稀释样品克服抑制作用。可能是纯化的 DNA 中的痕量污染干扰了 PCR，它们可以被稀释到足够低水平不再引起问题。

问题（步骤 31）：RCA 替代物-加标载体对照（B 组）信号远远低于 RCA 替代物阳性对照（C 组）。

解决方案：减少每孔加样量，同时做一个原加样量的板子来确定是剂量的问题。如果加标载体对照的信号远比阳性对照低，可能是腺病毒载体被 RCA 替代物干扰。理想情况下，加到每孔的适宜的载体量应该在正式实验前用实验确定，特别是当使用不同腺病毒亚型的时候。

讨论

如果操作得当，该实验应该能从 1×10^{11} HuAd5 载体颗粒中检测 1IU 的 wtHuAd5。实验的灵敏度源于生物的放大效应和对 qPCR 的使用。与所有 RCA 实验一样，在初始的感染阶段需要大量细胞来获得高剂量无毒性或干涉效应的载体；在第二次传代时，细胞数目减少了 10 倍。这种浓缩传代对于减少工作量和材料消耗非常有用，同时也增强了检测灵敏度。

乍一看，载体制备的 RCA 含量似乎可以直接用简单对 *E1* 基因定量来测定。然而这种方法往往不被考虑，主要因为它不能证明这个 DNA 是从感染的 RCA 获得，检测到的可能是宿主细胞的 E1 DNA 污染。在建立本文所描述的方法的过程中，我们发现过量的外源 E1 DNA 加标到载体中会随着第一次传代被稀释和清除，在 DNA 提取物中无法检测，也无法被 qPCR 定量。因此实验就可区分非感染的宿主细胞 E1 DNA 和真正的 RCA，使假阳性的可能性最小。

实验测定的拷贝数不是直接的量，因为最初的 RCA 污染会经过扩增。如果需要，半定量实验可以测量污染的程度，通过测定附加的对加标对照因为有 RCA 替代物所增加的 IU 值，受试载体信号可以和附加的对照进行比较，RCA 污染的范围就可以被确定。

 配方

为正确使用本方案中的器材和危险试剂，必须查阅相应的材料安全数据表并咨询所在机构的环境卫生和安全办公室。

完全培养基

试剂	体积（总体积 1L）	终浓度
DMEM	890mL	
FBS	100mL	10%
青霉素/链霉素溶液（100×）	10mL	1×

4℃储存。

感染培养基（2%）

试剂	体积（总体积 1L）	终浓度
DMEM	945mL	
FBS	20mL	2 %
HEPES（1mol/L, pH 8.0）	25mL	25mmol/L
青霉素/链霉素溶液（100×）	10mL	1×

4℃储存。

非加标反应所用预混液

试剂	储液	1 个反应	32 个反应	反应液
qPCR mix（2×）	2×	25μL	800μL	1×
正向引物	3μmol/L	5.0μL	160μL	300nmol/L
反向引物	3μmol/L	5.0μL	160μL	300nmol/L
探针	2μmol/L	5.0μL	160μL	200nmol/L
H_2O		5.0μL	160μL	
总体积		45μL	1440μL	

加标反应所用预混液

试剂	储液	1 个反应	32 个反应	反应液
qPCR mix（2×）	2×	25μL	100μL	1×
正向引物	3μmol/L	5.0μL	20μL	300nmol/L
反向引物	3μmol/L	5.0μL	20μL	300nmol/L
探针	2μmol/L	5.0μL	20μL	200nmol/L
H_2O		4.0μL	20μL	
加标 DNA	10^5 拷贝/μL	1μL	4μL	10^5 拷贝
总体积		45μL	184μL	

附加培养基（20%）

试剂	体积（总体积 1L）	终浓度
F-12/K 培养基	790mL	
FBS	200mL	20%
青霉素/链霉素溶液（100×）	10mL	1×

4℃储存。

参考文献

Fallaux FJ, Bout A, van der Velde I, van den Wollenberg DJ, Hehir KM, Keegan J, Auger C, Cramer SJ, van Ormondt H, van der Eb AJ, et al. 1998. New helper cells and matched early region 1-deleted adenovirus vectors prevent generation of replication-competent adenoviruses. *Hum Gene Ther* **9:** 1909–1917.

Hehir KM, Armentano D, Cardoza LM, Choquette TL, Berthelette PB, White GA, Couture LA, Everton MB, Keegan J, Martin JM, et al. 1996. Molecular characterization of replication-competent variants of adenovirus vectors and genome modifications to prevent their occurrence. *J Virol* **70:** 8459–8467.

Louis N, Evelegh C, Graham FL. 1997. Cloning and sequencing of the cellular-viral junctions from the human adenovirus type 5 transformed 293 cell line. *Virology* **233:** 423–429.

NIH. 2001. Guidance for human somatic cell therapy and gene therapy. *Hum Gene Ther* **12:** 303–314.

NIH Guidelines for Research Involving Recombinant DNA Molecules. (April) 2000. http://oba.od.nih.gov/rdna/nih_guidelines_oba.html.

Schalk JA, de Vries CG, Orzechowski TJ, Rots MG. 2007. A rapid and sensitive assay for detection of replication-competent adenoviruses by a combination of microcarrier cell culture and quantitative PCR. *J Virol Methods* **145:** 89–95.

方案 7 瞬时转染法制备 rAAV

实验室最常用的制备 rAAV 的方法是将 AAV 顺式质粒和反式质粒、腺病毒辅助质粒瞬时三重转染 293 细胞。本方案描述了各种纯化病毒方法（后续方案）相应的转染细胞悬液的制备过程。

生物安全

根据《NIH 重组 DNA 分子相关研究指南》(2000 年 4 月)，如果外源基因不编码潜在的致癌基因产物或毒性分子，并且在无辅助病毒时表达，野生型 AAV 和重组 AAV 构建载体均与健康成年人疾病不相关。所有 AAV 载体相关工作需经所在机构的生物安全委员会批准，并在生物安全一级（BL1）条件下进行。

材料

为正确使用本方案中的器材和危险试剂，必须查阅相应的材料安全数据表并咨询所在机构的环境卫生和安全办公室。

本方案的专用试剂标注<R>，配方在本方案末提供。常用储备溶液、缓冲液和试剂标注<A>，配方见附录 1。储备溶液应稀释至适用浓度后使用。

试剂

$CaCl_2$ 溶液（2.5mol/L）<R>

含目的基因的顺式质粒

完全培养基<R>

ΔF6 腺病毒辅助质粒（Penn Vector Core 提供，vector@mail.med.upenn.edu）

DMEM 培养基

D-PBS

胎牛血清（FBS）

HBS 溶液（2×）<R>

Milli-Q 水，无菌

青霉素-链霉素（P/S）

不同血清型的反式质粒（Gao et al. 2002, 2003, 2004）（Penn Vector Core 提供，vector@mail.med.upenn.edu）

Tris（50mmol/L, pH7.4）， $MgCl_2$（1mmol/L）缓冲液（见步骤 8.1）

Tris（50mmol/L），NaCl（150mmol/L）缓冲液（见步骤 8.2）

设备

移液管，无菌组织培养皿（150mm）

细胞刮板，无菌

离心瓶，无菌（125mL 和 500mL）

锥底管，无菌（50mL）

恒湿细胞培养箱（37℃，5% CO_2）

一次性无菌吸头

无菌瓶（125mL）

台式冷冻离心机

涡旋仪

水浴槽（37℃）

方法

准备 293 细胞

1. 准备完全培养基。每个 150mm 培养皿需要 20mL 培养基。大规模 rAAV 制备则需要准备 800mL 完全培养基，用于培养 40 个培养皿的 293 细胞。

2. 转染前 1 天，以 7×10^6 个细胞/150mm 培养皿的密度接种 293 细胞。转染时细胞需生长至约 70%～80%汇合。

传代 100～130 次的 293 细胞适合制备 AAV 载体（从 ATCC 获得 293 细胞通常处于 40 代左右）。

3. 转染当天，在转染前 2h 细胞更换新鲜完全培养基，每个培养皿加入 20mL 培养基，小心操作以防破坏单细胞层。

保持完整的单细胞层结构对有效转染起关键作用。具体见“疑难解答”。

制备转染混合物

4. 在 125mL 无菌瓶中制备 DNA 混合物：

无菌 Milli-Q 水使终体积达到	54mL
$CaCl_2$（2.5mol/L）	5.2mL
pΔF6 腺病毒辅助质粒	1040μg
反式质粒	520μg
顺式质粒	520μg

以上为转染 40 个培养皿所需。

5. 准备 4 个 50mL 锥底管，每管含 12.5mL 的 2×HBS 溶液。向每个含有 2×HBS 的锥底管中逐滴加入 12.5mL 步骤 4 中的混合物，同时涡旋混匀，即为转染混合物。室温孵育 5min。

孵育 5min 后，转染混合物应呈均一白色混浊液。如果不混浊或有大块沉淀，参考“疑难解答”。

转染293细胞

6. 将2.5mL转染混合物逐滴加入步骤2准备的培养皿中。轻晃培养皿，使转染混合物均匀分布到整个单细胞层上，将培养皿放回37℃、5% CO_2细胞培养箱中。16h后吸出培养皿中的培养基，更换新鲜完全培养基。

换液操作时一次从孵箱中取出的培养皿不要超过12个。缓慢地沿培养皿壁加入培养液，防止吹起单细胞层。

收获转染细胞

7. 转染约72h后，用无菌刮板将细胞刮至培养基中，然后用25mL移液管将所有培养皿的细胞悬液转移至2个500mL无菌离心瓶中。

8. 使用台式冷冻离心机将细胞悬液以4000r/min，4℃离心20min。弃上清液，根据纯化AAV载体的方法选取处理细胞沉淀的方法。

氯化铯梯度纯化

i. 用约14mL Tris缓冲液（50mmol/L Tris，1mmol/L $MgCl_2$，pH7.4）重悬每个500mL离心瓶中的细胞沉淀，将细胞悬液转移至1个50mL无菌锥底离心管中。

ii. 用7mL上述缓冲液冲洗500mL离心瓶。

iii. 将冲洗后的缓冲液与50mL锥底离心管中的细胞悬液合并，−80℃保存备用。

碘克沙醇梯度纯化

i. 共用40mL Tris缓冲液（50mmol/L Tris，150mmol/L NaCl，pH8.4）重悬500mL离心瓶中的细胞沉淀。

ii. 将细胞重悬液合并至1个50mL锥底离心管中，−80℃保存备用。

肝素层析纯化柱纯化

i. 共用110mL DMEM重悬细胞沉淀，分装至4个50mL锥底管中，−80℃保存备用。

疑难解答

问题（步骤3）：细胞在换液过程中脱落。

解决方案：换液时，一次从孵箱中取出的培养皿不要超过12个。移除培养基时，保留几毫升原培养基，保持细胞被培养基覆盖，再添加20mL新鲜培养基。

问题（步骤5）：转染混合物没有混浊或有大块沉淀物。

解决方案：

- 确认2×HBS的pH为7.05。
- 检查2.5mol/L $CaCl_2$是否已经加入至转染混合物中。
- 在准备转染混合物之前，将转染试剂从冰箱中取出，室温下放置30min。

讨论

转染步骤的效率决定了此制备方法rAAV产物总得率。保证高转染率（>70%）的关键之一是细心准备2×HBS溶液，并检测其pH无误。制备溶液时，要确保pH计已校正。每批转染试剂在用于制备rAAV之前，都要用增强绿色荧光蛋白（EGFP）表达质粒测试其293细胞转染效率。商业化FBS质量和批次的不同也会对转染效率有显著影响。我们强烈建议采用磷酸钙沉淀法测试不同批号和不同生产商的FBS对转染产生的影响。另外，培养皿中培养基的pH也是影响转染效率的一个因素。从培养箱中每次取出的培养皿最好不要超过12个，立刻滴加转染混合物后迅速放回培养箱。

pCis 载体的结构对于有效包装 rAAV 基因组也十分关键。pCis 质粒上的 ITR 序列不只是 Rep 蛋白将病毒基因组从质粒骨架上释放出来的识别和切割位点，也是复制起点和包装信号。因此，确认 pCis 质粒上的 ITR 序列是否完整是制备 rAAV 的一个关键步骤。最简单和有效的确认方法是单用限制性内切核酸酶 *Sma*I（在 ITR 上有多处识别位点）或与其他 ITR 附近的单/双酶切位点酶联用，对 pCis 质粒进行酶切分析。

配方

为正确使用本方案中的器材和危险试剂，必须查阅相应的材料安全数据表并咨询所在机构的环境卫生和安全办公室。

$CaCl_2$ 溶液（2.5mol/L）

将 183.74g 氯化钙（$CaCl_2$）溶解在 500mL 水中，用 0.22μm 滤膜过滤除菌，室温下储存。

完全培养基

试剂	体积（1L 中含）	终浓度
DMEM	890mL	
FBS	100mL	10%
P/S 溶液（100×）	10mL	1×

HBS 溶液（2×）

试剂	体积（1L 中含）	终浓度
NaCl	16.4g	280mmol/L
HEPES（$C_8H_{18}N_2O_4S$）	11.9g	50mmol/L
$Na_2HPO_4 \cdot 7H_2O$	0.38g	1.42mmol/L
H_2O	加至 1L	

用 10mol/L 的 NaOH 调 pH 至 7.05。用 0.22μm 滤膜过滤除菌，室温下储存。

参考文献

Gao GP, Alvira MR, Wang L, Calcedo R, Johnston J, Wilson JM. 2002. Novel adeno-associated viruses from rhesus monkeys as vectors for human gene therapy. *Proc Natl Acad Sci* **99:** 11854–11859.

Gao G, Alvira MR, Somanathan S, Lu Y, Vandenberghe LH, Rux JJ, Calcedo R, Sanmiguel J, Abbas Z, Wilson JM. 2003. Adeno-associated viruses undergo substantial evolution in primates during natural infections. *Proc Natl Acad Sci* **100:** 6081–6086.

Gao G, Vandenberghe LH, Alvira MR, Lu Y, Calcedo R, Zhou X, Wilson JM. 2004. Clades of adeno-associated viruses are widely disseminated in human tissues. *J Virol* **78:** 6381–6388.

NIH Guidelines for Research Involving Recombinant DNA Molecules. (April) 2000. http://oba.od.nih.gov/rdna/nih_guidelines_oba.html.

方案 8　氯化铯梯度沉降法纯化 rAAV

应用氯化铯（CsCl）梯度离心法纯化病毒已有 40 余年之久。在高离心力作用一段时间后 CsCl 溶液会形成密度梯度，由于浮力密度不同，空的、部分包装和完全包装的病毒颗粒可与粗裂解物里的细胞碎片、蛋白质、核酸分离。本方案描述了利用 CsCl 梯度从粗病毒裂解物中纯化 AAV 的方法。

生物安全

根据《NIH 重组 DNA 分子相关研究指南》（2000 年 4 月），如果外源基因不编码潜在的致癌基因产物或毒性分子，并且在无辅助病毒时表达，野生型 AAV 和重组 AAV 构建载体均与健康成年人疾病不相关。所有 AAV 载体相关工作需经所在机构的生物安全委员会批准，并在生物安全一级（BL1）条件下进行。

材料

为正确使用本方案中的器材和危险试剂，必须查阅相应的材料安全数据表并咨询所在机构的环境卫生和安全办公室。

本方案的专用试剂标注<R>，配方在本方案末提供。常用储备溶液、缓冲液和试剂标注<A>，配方见附录 1。储备溶液应稀释至适用浓度后使用。

试剂

广谱核酸酶（Benzonase, EMD Chemicals, Gibbstown, NJ）
CsCl 梯度纯化用细胞重悬缓冲液<R>
冷冻的细胞悬液（来自方案 7）
超纯 CsCl，10%去氧胆酸
D-山梨醇（5%）/D-PBS（pH7.6）<R>
D-PBS
乙醇（70%）
无菌丙三醇（100%）
rAAV 纯化用重 CsCl（H-CsCl）溶液<R>
rAAV 纯化用轻 CsCl（L-CsCl）溶液<R>
Tris（50mmol/L, pH7.4），$MgCl_2$（1mmol/L）缓冲液

设备

锥底离心管（15mL）
玻璃烧杯（1L 和 4L），高压灭菌
玻璃棒，高压灭菌
冰水浴槽
磁力搅拌板
注射器针头（16G 和 18G×1.5in）
快速封口离心管，适用 70.1 Ti 转子
折光仪（Milton Roy 公司）
台式冷冻离心机
Slide-A-Lyzer 透析盒（0.5～3mL 或 3～12mL）
超声仪
SW28 离心管
SW28 转子
注射器（3mL 和 10mL）
70.1 Ti 转子（Beckman 公司）
无线封口器（Beckman Coulter 公司, Fullerton, CA）
超速离心机（Beckman 公司）
水浴槽（37℃）

方法

处理转染细胞悬液

1. 将含有35mL冷冻细胞悬液（来自方案7）的50mL锥底离心管置于37℃水浴中融化10min。在冰水浴中以25%输出功率超声处理细胞裂解物1min，重复2次，每次间隔2min。此过程中保持离心管在冰上。

2. 加150μL广谱核酸酶至超声过的细胞裂解物中，终浓度为100U/mL，轻轻倒置离心管混匀。37℃下孵育20min，每5min颠倒混匀一次。然后加入1.25mL 10%去氧胆酸；轻轻颠倒混匀，37℃下继续孵育10min，然后立即将离心管于冰上放置10～20min。经台式冷冻离心机以4000 r/min、4℃离心30min后，得到澄清的上清液，将其转移至50mL无菌锥底管中。

广谱核酸酶是来自黏质沙雷氏菌的基因工程内切核酸酶。它没有蛋白水解活性，但能将所有形式的DNA和RNA（单链、双链、线性和环形）降解为2～5个碱基的5'-单磷酸末端的寡核苷酸。对于从粗病毒裂解物中去除核酸（细胞和质粒来源的）以降低黏性和提高病毒纯度，核酸酶是理想的工具。

去氧胆酸钠在此用作生物去垢剂，帮助裂解293细胞，从细胞中和膜上组分释放与之结合的rAAV病毒粒子。

第一次氯化铯梯度离心

3. 每毫升裂解物上清液中加0.454g超纯CsCl，轻轻颠倒混匀。病毒裂解物终体积应该约为40mL。

4. 向2个SW28离心管中分别加入9mL的轻CsCl溶液。用10mL移液管吸取9mL重CsCl溶液，小心穿过轻CsCl层伸入管底，将重CsCl溶液缓慢加入管底，避免混合，使两种溶液之间形成清晰界面。向每个SW28离心管中用10mL移液管缓慢加入18～20mL裂解物上清（来自步骤2）至双层CsCl梯度液之上，仍要小心，以免裂解物与轻CsCl层混合。

5. 要非常小心，以免破坏液体梯度，将离心管放入离心机SW28转子筒中，配平，将筒置于SW28转子中，15℃、25 000r/min超速离心18～20h。

6. 为每个SW28离心管准备16个无菌1.5mL离心管收集组分梯度。

7. 将1个离心管从筒中取出，避免破坏梯度，小心置于离心管架上。将18G×1.5in针头从管底小心插入，避免破坏梯度（图16-15A），首先吸出11mL液体至15mL锥底管中，并正确丢弃。

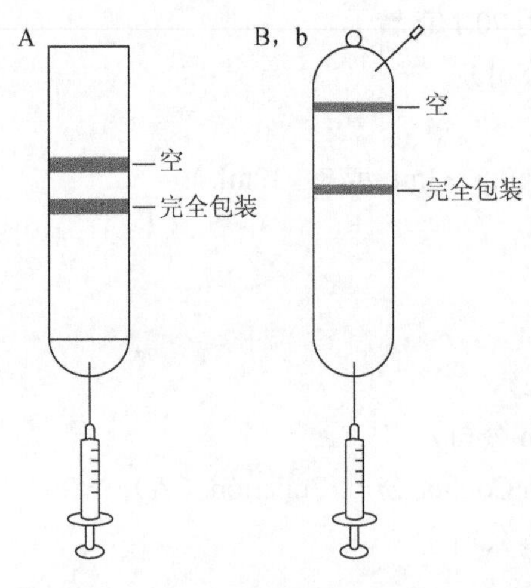

图16-15 第一次（A）、第二次（B）和第三次（b）CsCl梯度离心后的CsCl梯度。

8. 接下来收集的 16mL 液体加至 16 个 1.5mL 离心管中，每管 1mL，依次标号。每管取 5μL 用折光仪测量其折光率。含 rAAV 病毒的收集液的折光率应该在 1.3650～1.3760 之间。丢弃该范围外的收集液。

9. 对另一个 SW28 离心管的操作重复步骤 7 和步骤 8。

第二次氯化铯梯度离心

10. 将所有折光率在 1.3650～1.3760 间的收集液合并，用 10mL 注射器（18G×1.5in 针头）移至 2 个 70.1 Ti 快速封口管中。加入 1.4g/mL 的轻 CsCl 溶液至管满。用无线封口器封口。15℃、60 000r/min 离心 20～24h。

11. 准备 13 个无菌 1.5mL 离心管用于收集二次离心得到的梯度组分。小心将一个离心管从转子上取下，避免破坏梯度，小心置于离心管架上，从顶部插入一个 16G 针头，然后在其底部插入一个 18G×1.5in 针头（图 16-15B）。

12. 收集 13mL 分别移至 13 个 1.5mL 离心管中，每管 1mL，依次标号。从每管取出 5μL 用折光仪测量其折光率。含 rAAV 病毒的收集液的折光率应该在 1.3650～1.3760 之间。

13. 对另一个离心管中梯度的操作重复步骤 11 和步骤 12。

第三次氯化铯梯度离心

14. 将 2 个 70.1 Ti 管中含 rAAV 的收集液合并，用带 18G 针头的 10mL 注射器将其移至一个新的 70.1 Ti 快速封口管中。加入 1.4g/mL 的轻 CsCl 溶液至管满，封口后按照步骤 10 的描述离心。

15. 重复步骤 11，用 26 个无菌 1.5mL 离心管共收集 13mL 液体，每管 0.5mL。如步骤 12，检测各管收集液折光率。在这最后一次离心后，将折光率为 1.3670～1.3740 的含 rAAV 病毒粒子的收集液合并。

脱盐、配方（formulation）和储存

16. 根据病毒溶液体积，用带有 18G×1.5in 针头的 5mL 注射器将步骤 15 收集的 rAAV 转移至 0.5～3mL 或 3～12mL 的 Slide-A-Lyzer 透析盒中。将透析盒放入含有 3L 预冷 D-PBS（pH7.6）的 4L 塑料烧杯中透析，4℃下在磁力搅拌板上缓慢持续搅拌。每 3h 更换一次预冷的新鲜 PBS，共换 3 次，最后用预冷的 5%山梨醇/PBS（pH 7.6）过夜透析，即可使用，或在透析缓冲液中储存。

17. 用带有 18G×1.5in 针头的 5mL 注射器将脱盐后的病毒从透析盒中转移至无菌 15mL 锥底离心管中，分别取 20μL 测定基因组拷贝滴度数（方案 12），测定感染滴度（方案 13），进行电子显微镜分析（方案 14），银染 SDS-PAGE（方案 15）。在鉴定病毒时，剩余 rAAV 置于 4℃暂时保存。

由于制备的病毒衣壳和病毒颗粒浓度不同，可能出现病毒颗粒聚集导致的白色沉淀。聚集是我们不希望看到的，因为这会导致基因递送特别是全身性递送效率的降低。防止 rAAV 聚集的方法见“疑难解答”。

18. 将 rAAV 分装在冻存管中，−80℃储存。

疑难解答

问题（步骤 17）：纯化后的 rAAV 中出现白色沉淀。

解决方案：

- 为了降低收集的 CsCl 梯度在透析前聚集的风险，用快速 SDS-PAGE 银染实验测

定 SDS-PAGE 样本中病毒颗粒的浓度（见方案 15）。如果浓度超过 2×10^{13}～3×10^{13} 病毒颗粒/mL，加入同体积 PBS 进行 1∶1 稀释后再进行透析。

- 如果纯化脱盐后的病毒液的基因组拷贝数（GC）大于 1×10^{13}/mL，在冻存前将其稀释为 1×10^{13}GC/mL。高滴度的病毒可能会在冻存后聚集。
- 一旦病毒已经发生聚集，很难在不影响病毒完整性的情况下将它们重悬。聚集现象会明显影响病毒在全身递送中的活性。更多细节请参阅讨论部分。

讨论

众所周知，高浓度 AAV2 载体和重组子有聚集倾向，这对 rAA2 的转导效率、生物分布、免疫学方面会产生不利影响。利于聚集的因素、防止聚集的配方已经被深入研究过（Wright et al. 2005）。将 AAV2 载体和重组子储存在高离子强度的缓冲液中可以防止聚集发生。每个 rAAV 的生物学特性都是由暴露在病毒衣壳表面的氨基酸所决定的，因此，我们合理地推断不同的 rAAV 衣壳由不同的表面组成成分，并可能带有不同的总电荷，这可能会导致溶解度和聚集倾向的差异，但除 rAAV2 之外的 rAAV 衣壳仍有待研究。虽然如此，通用的预防措施仍是最好将其他血清型 rAAV 以不超过 2×10^{13}～3×10^{13} 病毒颗粒/mL（或 GC/mL）储存，除非它们已是防止聚集的配方。

根据滴度和纯度，经过 CsCl 梯度离心纯化的 rAAV 病毒液应该是无色的溶液。与腺病毒重组子相比，纯化的 AAV 重组子对温度和 pH 变化有更强的稳定性。事实上，如果腺病毒用于辅助制备 rAAV，使 rAAV 制备液中腺病毒失活的有效方法就是 56℃水浴 0.5～1h。热处理会导致腺病毒快速失活，但几乎不会对 rAAV 载体的感染活力产生影响。若需长期储存，rAAV 应-80℃保存。一旦融化，最好将 rAAV 置于 4℃保存，数周内都会保持稳定。

配方

为正确使用本方案中的器材和危险试剂，必须查阅相应的材料安全数据表并咨询所在机构的环境卫生和安全办公室。

CsCl 梯度纯化用细胞重悬缓冲液

试剂	体积（1L 中含）	终浓度
Tris-Cl（1mol/L, pH7.4）	50mL	50mmol/L
$MgCl_2$（1mol/L）	1mL	1mmol/L
H_2O	至 1L	

混匀，用 0.22μm 滤膜过滤除菌，室温储存。

D-山梨醇/D-PBS（pH7.6）（5%）

将 25g 的 D-山梨醇溶解于 pH7.6 的 D-PBS 中。用 0.22μm 滤膜过滤除菌，储存于 4℃。

用于 AAV 纯化的重 CsCl（密度=1.61g/mL）

将 672.1g 生物学级别的 CsCl 溶解于 672.9mL 的 10mmol/L Tris-Cl（pH8.0）溶液中，用 0.22μm 孔径滤膜过滤除菌，室温储存。

用于 AAV 纯化的轻 CsCl（密度=1.41g/mL）

将 513.89g 生物学级别的 CsCl 溶解于 786mL 的 10mmol/L Tris-Cl（pH8.0）溶液中，用 0.22μm 孔径滤膜过滤除菌，室温储存。

参考文献

NIH Guidelines for Research Involving Recombinant DNA Molecules. (April) 2000. http://oba.od.nih.gov/rdna/nih_guidelines_oba.html.
Wright JF, Le T, Prado J, Bahr-Davidson J, Smith PH, Zhen Z, Sommer JM, Pierce GF, Qu G. 2005. Identification of factors that contribute to recombinant AAV2 particle aggregation and methods to prevent its occurrence during vector purification and formulation. *Mol Ther* 12: 171–178.

方案 9　碘克沙醇梯度离心法纯化 rAAV

该方法能够简单、快速地制备用于体内基因递送的 rAAV 储备溶液。载体输注到大脑中，有良好的耐受性，无显著不良反应（Hermens et al. 1999）。载体的纯度远远低于通过 CsCl 梯度离心或碘克沙醇梯度超离心结合柱层析法所获得的载体纯度。

生物安全

根据《NIH 重组 DNA 分子相关研究指南》（2000 年 4 月），如果外源基因不编码潜在的致癌基因产物或毒性分子，并且在无辅助病毒时表达，野生型 AAV 和重组 AAV 构建载体均与健康成年人疾病不相关。所有 AAV 载体相关工作需经所在机构的生物安全委员会批准，并在生物安全一级（BL1）条件下进行。

材料

为正确使用本方案中的器材和危险试剂，必须查阅相应的材料安全数据表并咨询所在机构的环境卫生和安全办公室。

本方案的专用试剂标注<R>，配方在本方案末提供。常用储备溶液、缓冲液和试剂标注<A>，配方见附录 1。储备溶液应稀释至适用浓度后使用。

试剂

广谱核酸酶（Benzonase, EMD Chemicals 公司, Gibbstown, NJ）
冷冻的细胞悬液（来自方案 7）
D-PBS
7%乙醇
15%碘克沙醇溶液（OptiPrep；Sigma-Aldrich 公司）<R>
25%碘克沙醇溶液（OptiPrep；Sigma-Aldrich 公司）<R>
40%碘克沙醇溶液（OptiPrep；Sigma-Aldrich 公司）<R>
60%碘克沙醇溶液（OptiPrep；Sigma-Aldrich 公司）<R>
0.5%酚红<R>

设备

Amicon Ultra-15 100K 超滤离心管
Beckman 超速离心机
锥底管（15mL 和 50mL）
干冰/乙醇浴槽

微量玻璃吸管

针头（16G 和 18G×1.5in）

快速封口离心管（25mm×89mm）

台式冷冻离心机

一次性塑料注射器（5mL 和 10mL）

70 Ti 转子

水浴槽（37℃）

方法

处理转染细胞悬液

1. 在 37℃水浴槽中解冻 50mL 锥底管中的 40mL 冷冻细胞悬液（来自方案 7）。颠倒数次混匀。使用干冰/乙醇水浴和 37℃水浴再进行 2 次冻融循环。

2. 加入广谱核酸酶至终浓度为 50U/mL，37℃孵育 30min。

广谱核酸酶是一种内切酶，用于降解细胞裂解液中所有形式的 DNA 和 RNA（单链、双链、线性和环形）。

3. 在台式冷冻离心机中，以 4000*g*、4℃离心 20min。将上清液转移至一个新的 50mL 锥底管中，弃细胞沉淀。

不连续碘克沙醇梯度离心

4. 用带有 18G×1.5in 针头的 20mL 注射器，吸取 12mL 上清液至每个快速封口离心管中。

5. 将微量玻璃吸管插入离心管中，与导管的一端相连。

6. 用 10mL 一次性塑料注射器吸取 9mL 15%的碘克沙醇溶液，注射器与导管的另一端连接，在上清液下方缓慢注入碘克沙醇溶液，使其与上清液形成一个清晰的分界面，二者不可混合。

确保导管和注射器中没有气泡，因为它们会干扰碘克沙醇梯度的形成。

7. 完成输注后，拔下注射器，吸入下一种碘克沙醇溶液，如此重复进行。按以下体积和顺序输注碘克沙醇溶液（用酚红将各浓度碘克沙醇溶液染成不同颜色，使其在梯度中易于分辨），才能形成碘克沙醇梯度（图 16-16）：

15%的碘克沙醇溶液（橙色）	9mL
25%的碘克沙醇溶液（红色）	6mL
40%的碘克沙醇溶液（透明）	5mL
60%的碘克沙醇溶液（浅黄色）	5mL

8. 输注完所有梯度溶液后，根据使用说明书，小心加入 D-PBS 至管满。

9. 将离心管封口，使用 Beckman 70 Ti 转子，以 70 000r/min、20℃离心 1h。

10. 从转子中小心取出离心管，以免破坏溶液梯度。用 16G×1.5in 针头扎破离心管体顶部附近。用带有 16G×1.5in 针头的 5mL 一次性塑料注射器在距 40%～60%碘克沙醇界面下方 2～3mm 处扎入（如图 16-14），倾斜并吸取 4mL 40%～60%界面处液体，防止吸到 25%～40%界面处液体。吸出的溶液转移至一个新的 15mL 锥底离心管中。

接近 25%溶液层底部的白色条带不含 rAAV。

11. 将含有 rAAV 的 15mL 离心管储存于 4℃次日使用，或冻存于−20℃。

12. 步骤 10 中吸取的含有 rAAV 的溶液，可按以下步骤去除碘克沙醇，或使用阴离子交换层析柱进一步纯化（方案 11）。

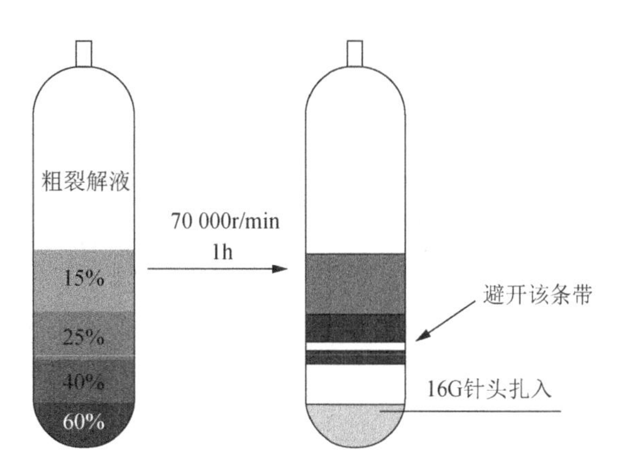

图 16-16 碘克沙醇梯度（彩图请扫封底二维码）。

碘克沙醇的去除及 rAAV 的浓缩

13. 向 2 个 Amicon Ultra-15 100K 超滤离心管中加入 70%乙醇，室温放置 20～30min。

14. 轻轻倒出 70%乙醇。加入 D-PBS，使用台式离心机，在室温条件下，2600*g* 离心 10min。弃底管中的 D-PBS，重复一次。

15. 向含碘克沙醇的载体溶液中加入 4 倍体积的 D-PBS（1∶5 稀释），以降低溶液黏稠度。吸取 15mL 至每个超滤离心管中，使用台式冷冻离心机，以 2600*g*、4℃离心 20～30min。如有必要，可延长离心时间，使浓缩后体积<1mL。重复此步骤，直至浓缩完所有含载体溶液。

参见"疑难解答"。

16. 用 D-PBS 清洗 3 次。加入 14～15mL 的 D-PBS 轻轻吹打混匀，条件如前进行离心，直至每个超滤管中的溶液体积为 200～300μL。

17. 经过 3 个脱盐/浓缩循环后，根据使用说明书，离心收集 rAAV。分装并储存于−80℃。

疑难解答

问题（步骤 15）：溶液无法滤过超滤离心管。

解决方案：可用 D-PBS 进一步稀释载体溶液中的碘克沙醇，并用相同的办法进行浓缩。也可以延长离心时间。

讨论

这种 rAAV 纯化方法对于多种血清型 rAAV 的纯化效果一致。在使用离心设备除去碘克沙醇的过程中，载体的浓度大大增加，可能导致衣壳的聚集，这会显著影响 AAV 载体的体内基因递送。通过该方法纯化的 AAV 载体可用于体内递送基因至中枢神经系统，且没有明显副作用。然而，细胞蛋白质污染可能会影响转导效率和/或载体的免疫学性质。

配方

为正确使用本方案中的器材和危险试剂，必须查阅相应的材料安全数据表并咨询所在机构的环境卫生和安全办公室。

碘克沙醇溶液（15%）

试剂	体积（100mL 中含）	终浓度
碘克沙醇储备溶液	25mL	15%, *m/V*
D-PBS（10×）	10mL	1×
NaCl（5mol/L）	20mL	1mol/L
$MgCl_2$（1mol/L）	100μL	1mmol/L
KCl（1mol/L）	250μL	2.5mmol/L
酚红（0.5%）	150μL	
H_2O	至 100mL	

碘克沙醇溶液（25%）

试剂	体积（100mL 中含）	终浓度
碘克沙醇储备溶液	41.66mL	25%, *m/V*
D-PBS（10×）	10mL	1×
$MgCl_2$（1mol/L）	100μL	1mmol/L
KCl（1mol/L）	250μL	2.5mmol/L
酚红（0.5%）	200μL	
H_2O	至 100mL	

碘克沙醇溶液（40%）

试剂	体积（100mL 中含）	终浓度
碘克沙醇储备溶液	66.8mL	40%, *m/V*
D-PBS（10×）	10mL	1×
$MgCl_2$（1mol/L）	100μL	1mmol/L
KCl（1mol/L）	250μL	2.5mmol/L
H_2O	至 100mL	

碘克沙醇溶液（60%）

试剂	体积（100mL 中含）	终浓度
碘克沙醇储备溶液	100mL	约 60%, *m/V*
$MgCl_2$（1mol/L）	100μL	1mmol/L
KCl（1mol/L）	250μL	2.5mmol/L
酚红（0.5%）	50μL	
H_2O	至 100mL	

酚红（0.5%, *m/V*）

将 0.25g 酚红加到 50mL 的 50%乙醇中。

参考文献

Hermens WT, ter Brake O, Dijkhuizen PA, Sonnemans MA, Grimm D, Kleinschmidt JA, Verhaagen J. 1999. Purification of recombinant adeno-associated virus by iodixanol gradient ultracentrifugation allows rapid and reproducible preparation of vector stocks for gene transfer in the nervous system. *Hum Gene Ther* **10**: 1885–1891.

NIH Guidelines for Research Involving Recombinant DNA Molecules. (April) 2000. http://oba.od.nih.gov/rdna/nih_guidelines_oba.html.

方案 10　肝素亲和层析法纯化 rAAV2

本方案描述了一种简单的一步柱纯化（single-step column purification，SSCP）rAAV2 的方法，该方法基于 rAAV2 与肝素的亲和力，依靠重力，无需超速离心。此方法重现性好，可纯化出高滴度、高感染活力、高纯度的 AAV2 载体（Auricchio et al. 2001）。

生物安全

根据《NIH 重组 DNA 分子相关研究指南》（2000 年 4 月），如果外源基因不编码潜在的致癌基因产物或毒性分子，并且在无辅助病毒时表达，野生型 AAV 和重组 AAV 构建载体均与健康成年人疾病不相关。所有 AAV 载体相关工作需经所在机构的生物安全委员会批准，并在生物安全一级（BL1）条件下进行。

该方案由 Alberto Auricchio 提供（Department of Pediatrics, “Federico II” University and Telethon Institute of Genetics and Medicine, Napoli, Italy）。

材料

为正确使用本方案中的器材和危险试剂，必须查阅相应的材料安全数据表并咨询所在机构的环境卫生和安全办公室。

本方案的专用试剂标注<R>，配方在本方案末提供。常用储备溶液、缓冲液和试剂标注<A>，配方见附录 1。储备溶液应稀释至适用浓度后使用。

试剂

冷冻的细胞悬液（来自方案 7）
提取自牛胰腺的 DNase I，II 级（20mg/mL）
高糖 DMEM 培养基
洗脱缓冲液<R>
无菌甘油
I 型肝素琼脂糖，生理盐水重悬（Sigma-Aldrich 公司）
磷酸盐缓冲液（PBS; 1×, pH7.4）
提取自牛胰腺的 RNase A，II 级（20mg/mL）
去氧胆酸钠（10%，*m/V*）
洗涤缓冲液<R>

设备

直角持夹器，蝴蝶夹
锥底离心瓶（500mL）
干冰/乙醇浴槽
液相层析柱，Luer-Lok（柱体积 98mL，2.5cm×20cm）。
磁力搅拌器
台式冷冻离心机
样本扩散盘
Slide-A-Lyzer 透析盒（10 000 MWCO, 0.5～3mL）
注射器式过滤器（5μm 和 0.8μm）
Luer-Lok 三通旋塞阀
水浴槽（37℃）

方法

粗细胞裂解液的制备

1. 从-80℃冰箱中取出含有转染细胞无血清 DMEM 悬液的 50mL 锥底离心管（来自方案 7），37℃水浴解冻，利用干冰/乙醇浴和 37℃水浴反复冻融 2 次。将粗病毒裂解液转移至 500mL 锥底离心瓶中。

反复冻融 2 次（而不是 3 次）非常关键，冻融 3 次会减少感染性病毒的产量。

2. 加入 250μL DNase（20mg/mL，10 000U）和 250μL RNase（20mg/mL）。37℃孵育 30min。在室温下 1900*g*，离心 10min，小心吸取上清至另一新的 500mL 锥底离心瓶中。

在加入去氧胆酸钠之前，去除细胞碎片可提高病毒的得率和纯度。

3. 加入去氧胆酸钠（10%，*m/V*）至裂解液上清液中，终浓度为 0.5%。混匀，37℃孵育 10min。使用 50mL 注射器吸取裂解液，先经 5μm 孔径过滤器过滤，再经 0.8μm 过滤器过滤。

向裂解液中加入去氧胆酸钠是另一关键步骤，否则病毒就不能与肝素结合。去氧胆酸钠是一种生物去垢剂，有助于 293 细胞的裂解，将 rAAV 从与其结合并干扰其与肝素结合的细胞中及膜上的组分分离。

亲和柱层析

4. 组装液相层析柱和 Luer-Lok，并将其安装到持夹器上（柱子可重复用于纯化同一种病毒，但应每次使用新的扩散盘）。每根柱子加入 8mL 肝素琼脂糖凝胶，并确认肝素琼脂糖凝胶已充分混匀。完全打开 Luer-Lok，让液体流入废液盘。

5. 将扩散盘轻轻置于柱中肝素琼脂糖上。用 24mL PBS 缓冲液平衡柱子，完全打开 Luer-Lok，待液体完全流经柱子后将其关闭。

6. 小心将过滤后的裂解液加入柱中，打开 Luer-Lok，控制流速为 1 滴/s。继续加入裂解液，直到全都流经柱子，然后关闭 Luer-Lok。

7. 加入洗涤缓冲液，每柱 40mL，并打开 Luer-Lok，控制流速为 1 滴/s。当所有洗涤缓冲液都流经层析柱后，关闭 Luer-Lok。

8. 加入洗脱缓冲液，每柱 5mL，重悬肝素琼脂糖。再次打开 Luer-Lok，使洗脱缓冲液滴入一个 15mL 的锥底离心管中。

脱盐、配方（formulation）和储存

9. 300*g* 离心 3min 后，将上清液转移至 Slide-A-Lyzer 透析盒中。置于 2L 冷 PBS 中，4℃透析过夜。次日上午，更换 PBS，继续透析 3～4h。收集 rAAV 载体并加入无菌甘油至终浓度为 5%。吹打混匀并等量分装至冻存管中，储存于-80℃。

讨论

此纯化方法与传统的氯化铯梯度离心相比有以下优点：①与商品化的质粒 DNA 层析柱纯化相比，不要求更高的实验技能或设备；②只需半天时间即可纯化病毒，与最常用的氯化铯纯化方法需要至少 3 天时间相比，大大减少了总纯化时间；③尽管亲和纯化 rAAV2 可能更易富集空病毒颗粒，但不存在如氯化铯密度梯度离心等物理纯化时产生的细胞污染物；④rAAV2 在 CsCl 中是不稳定的，但这种方法可得到高传染性的病毒，其基因组拷贝数与转导单位之比高达 6。当然，与其他层析柱纯化方法一样，肝素亲和柱纯化过程不能将空病毒颗粒与完整病毒颗粒分离。

配方

为正确使用本方案中的器材和危险试剂，必须查阅相应的材料安全数据表并咨询所在机构的环境卫生和安全办公室。

洗脱缓冲液（含 0.4mol/L NaCl 的 PBS）

试剂	质量（1L 中含）	终浓度
NaCl	23.38g	0.4mol/L

用 PBS 定容至 1L，并用 0.45μm 过滤器过滤，室温保存。

洗涤缓冲液（含 0.1mol/L NaCl 的 PBS）

试剂	质量（1L 中含）	终浓度
NaCl	5.84g	0.1mol/L

用 PBS 定容至 1L，并用 0.45μm 过滤器过滤，室温保存。

参考文献

Auricchio A, Hildinger M, O'Connor E, Gao G, Wilson JM. 2001. Isolation of highly infectious and pure Adeno-Associated Virus type 2 vectors with a single-step gravity-flow column. *Hum Gene Ther* **12**: 71–76.

NIH Guidelines for Research Involving Recombinant DNA Molecules. (April) 2000. http://oba.od.nih.gov/rdna/nih_guidelines_oba.html.

方案 11　阴离子交换柱层析法从碘克沙醇梯度离心后的 rAAV 样本中富集完全包装病毒

这种快速、有效制备高度纯化的 rAAV 的方法最先由 Zolotukhin 等（2002）描述，其原理是 pH 依赖的带负电荷的 rAAV 核衣壳与阴离子交换树脂的结合。不同 rAAV 核衣壳的等电点（pI）可能会略有不同，因此，对于新的血清型（核衣壳），需要优化缓冲液 A 的 pH，以确保其完全荷负电，从而有效地结合到阴离子交换树脂上。由于 rAAV 核衣壳稳定的 pH 范围很宽，也可使用阳离子交换层析。事实上，无需超速离心的阳离子阴离子串联交换层析已用于纯化 rAAV（Debelak et al. 2000）。但重要的是，要知悉仅仅使用层析法并不适合从 rAAV 载体制备物中彻底去除空核衣壳，但可以优化洗脱缓冲液组分，如离子种类和 pH，以最大限度地将空核衣壳从完全包装核衣壳中分离出来（Qu et al. 2007）。本方案所描述的条件对于纯化 rAAV1、2、5、rh8 和 8 型载体非常有效（Debelak et al. 2000; Gao et al. 2000; Zolotukhin et al. 2002; Qu et al. 2007）。

生物安全

根据《NIH 重组 DNA 分子相关研究指南》（2000 年 4 月），如果外源基因不编码潜在的致癌基因产物或毒性分子，并且在无辅助病毒时表达，野生型 AAV 和重组 AAV 构建载体均与健康成年人疾病不相关。所有 AAV 载体相关工作需经所在机构的生物安全委员会批准，并在生物安全一级（BL1）条件下进行。

材料

为正确使用本方案中的器材和危险试剂，必须查阅相应的材料安全数据表并咨询所在机构的环境卫生和安全办公室。

本方案的专用试剂标注<R>，配方在本方案末提供。常用储备溶液、缓冲液和试剂标注<A>，配方见附录 1。储备溶液应稀释至适用浓度后使用。

试剂

缓冲液 A<R>
缓冲液 B<R>
PBS

设备

锥底试管（50mL）

快速蛋白质液相层析（FPLC）系统

HiTrap Q 阴离子交换层析柱（5mL）或等效设备

Luer-Lok 一次性塑料注射器

台式冷冻离心机

Slide-A-Lyzer 透析盒（10 000 MWCO）或 Amicon Ultra-15 100K 超滤离心管

注射式过滤器（0.22μm）

圆底试管（15mL 或 5mL）

方法

1. 按照方案 9 中的描述，操作碘克沙醇梯度离心。将所有含 rAAV 的收集液（约 12mL）移至 50mL 锥底试管中，加缓冲液 A 使体积至 50mL。

2. 将 5mL HiTrap Q 柱安装至 FPLC 系统，将 5mL 或 15mL 圆底一次性试管置于收集器中。

3. 设置程序：

i. 25mL 缓冲液 A 平衡层析柱，流速 5mL/min

ii. 注射样品（50mL）至柱中，流速 2mL/min

iii. 50mL 缓冲液 A 洗柱，流速 5mL/min

iv. 用 50mL 缓冲液 B 以 0%～100%梯度洗脱（15～500mmol/L NaCl），流速 2mL/min，收集流出液，每管 2mL，洗脱体积超过 50mL。

如果该方法是首次使用，或用于一个新血清型，请将系统设置为样品注射入柱后即刻收集流出液。

4. 运行程序。4℃储存收集液。

HiTrap Q 柱可重复用于纯化同种 rAAV。用 100%缓冲液 B、流速 5mL/min（或以不超过最大推荐柱压的流速）冲洗，然后用 100%缓冲液 A 冲洗。配制储备缓冲液（根据操作手册），4℃储存。为了避免交叉污染，不可使用同一层析柱纯化不同的 rAAV。

5. PCR 筛选含 rAAV 的收集液。每管取 1μL 加至微量离心管中的 100μL 水中，然后取 1μL 用于 PCR 扩增，引物设计为可特异性结合纯化 AAV 基因组。图 16-17 是典型的 rAAV1 载体层析图，并标明了阳性收集液。

见“疑难解答”。

6. 将所有 rAAV 阳性收集液收集到一个试管中。将 0.22μm 注射式过滤器安装到 20mL Luer-Lok 一次性塑料注射器上，过滤 rAAV 溶液至 5mL 无菌锥底试管中。

7. 按照方案 8 步骤 14 和方案 10 步骤 9 所描述，4℃下，使用 Slide-A-lyzer 透析盒（10 000 MWCO）透析，经过多次交换，将缓冲液换为无菌 PBS。

8. 也可以使用方案 9 中描述的条件，使用超滤离心管将缓冲液换为 PBS。

9. 将 rAAV 浓缩液从 Slide-A-lyzer 透析盒或超滤离心管中移出，分装，−80℃下储存。

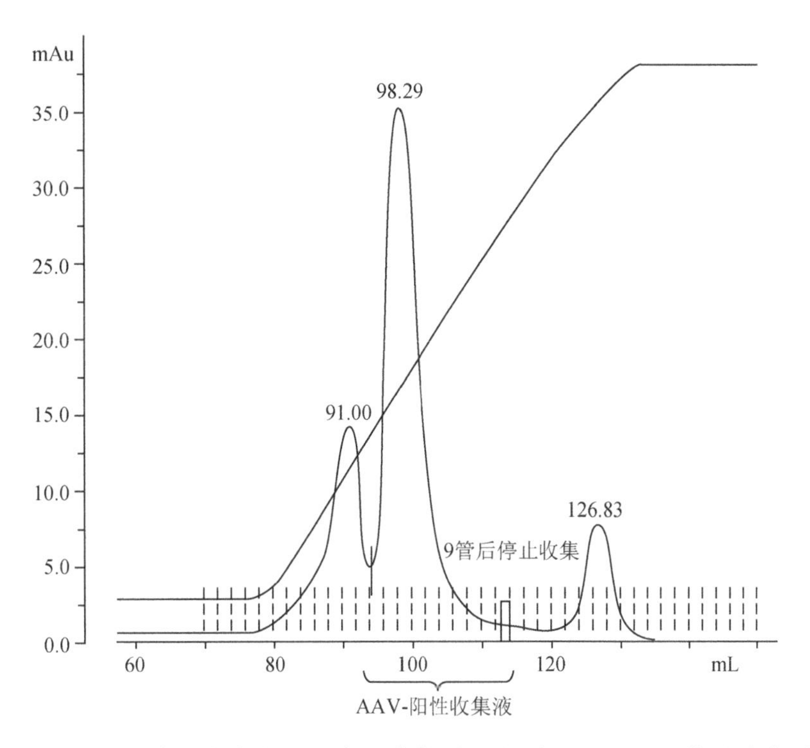

图 16-17 碘克沙醇梯度离心后阴离子交换柱层析法纯化 rAAV 载体的典型层析图。

疑难解答

问题（步骤 5）：在层析图上检测不到洗脱峰。

解决方案：

- FPLC 系统同时测量多个参数，包括一个或多个波长处（最常用 280nm）的吸光度、电导、温度、压力和 pH（取决于系统）。碘克沙醇在 280nm 处的吸收非常强烈，导致系统为了提供吸光度值而自动重设吸光度范围。在这个扩大的范围内，rAAV 制备物蛋白质的吸光度变得几乎不能与基线区分开来。为解决这个问题，在分析软件中将层析图范围重设为最高的 50～100mAU。洗脱峰应该就显现出来了。
- 在整个过程中，都要检查电导记录。确保洗脱开始前低电导（约 4mS/cm），洗脱时的电导为 10～15mS/cm。
- 检查缓冲液 A 和 B 的 pH。
- 当使用这种方法纯化一种新的 rAAV 血清型/核衣壳时，应使用不同 pH 的缓冲液 A 和 B 检测其与阴离子交换树脂的结合。

讨论

这是一种有效的方法，可获得高度纯化的 rAAV，其滴度高、培养物和体内转化效果好，而且比 CsCl 梯度超速离心法（方案 8）节省大量时间。然而，这种基于层析的方法并不能从 rAAV 制备物中完全去除空核衣壳，而且对于纯化每种新 rAAV 血清型，都必须进行试验和优化。

 配方

为正确使用本方案中的器材和危险试剂，必须查阅相应的材料安全数据表并咨询所在机构的环境卫生和安全办公室。

缓冲液 A（pH8.5）

试剂	体积（1L 中含）	终浓度
Tris-HCl（1mol/L，pH 8.5）	20mL	20mmol/L
NaCl（5mol/L）	3mL	15mmol/L
H_2O	加至 1L	

终溶液的 pH 调节至 8.5。在 FPLC 系统使用前，经 0.22μm 滤器过滤，10min 除气泡。

缓冲液 B（pH8.5）

试剂	体积（1L 中含）	终浓度
Tris-HCl（1mol/L，pH 8.5）	20mL	20mmol/L
NaCl（5mol/L）	100mL	500mmol/L
H_2O	加至 1L	

终溶液的 pH 调节至 8.5。在 FPLC 系统使用前，经 0.22μm 滤器过滤，10min 除气泡。

参考文献

Debelak D, Fisher J, Iuliano S, Sesholtz D, Sloane DL, Atkinson EM. 2000. Cation-exchange high-performance liquid chromatography of recombinant adeno-associated virus type 2. *J Chromatogr* **740**: 195–202.

Gao G, Qu G, Burnham MS, Huang J, Chirmule N, Joshi B, Yu QC, Marsh JA, Conceicao CM, Wilson JM. 2000. Purification of recombinant adeno-associated virus vectors by column chromatography and its performance in vivo. *Hum Gene Ther* 11: 2079–2091.

NIH Guidelines for Research Involving Recombinant DNA Molecules. (April) 2000. http://oba.od.nih.gov/rdna/nih_guidelines_oba.html.

Qu G, Bahr-Davidson J, Prado J, Tai A, Cataniag F, McDonnell J, Zhou J, Hauck B, Luna J, Sommer JM, et al. 2007. Separation of adeno-associated virus type 2 empty particles from genome containing vectors by anion-exchange column chromatography. *J Virol Methods* **140**: 183–192.

Zolotukhin S, Potter M, Zolotukhin I, Sakai Y, Loiler S, Fraites TJ Jr, Chiodo VA, Phillipsberg T, Muzyczka N, Hauswirth WW, et al. 2002. Production and purification of serotype 1, 2, and 5 recombinant adeno-associated viral vectors. *Methods* **2**: 158–167.

方案 12 实时定量 PCR 法测定 rAAV 基因组拷贝数

本方案用于测定纯化的 rAAV 中抗 DNase 的载体基因组（即包装于核衣壳内）的浓度。首先用 DNase I 处理载体储备溶液，去除未包装的 rAAV DNA 或者污染质粒 DNA。然后热处理灭活 DNase I，破坏病毒衣壳，释放包装的载体基因组，利用含有已知拷贝数的系列标准品（线性化的用于制备载体的 pCis 质粒），进行实时 PCR 定量。为了实现高通量滴定，通常将实时 PCR 中使用的引物和探针组设计为针对大多数 rAAV 基因组中的共同元件，如启动子和 poly（A）信号。这一策略显著减少了 PCR 次数、对照品和实验周期。实验中应包括的几个重要的对照如下：首先，需要已知拷贝数的 rAAV 基因组质粒作对照，加或不加 DNase I，用于测试 DNase I 处理的有效性。为了控制样本制备过程中潜在的样本之间的交叉污染，含无核酸酶水的空白对照，进行平行处理和实验。每次实验中还应包括已知滴度的验证载体样本来检测实验间变异。最后，针对 PCR 运行，无模板对照（NTC）用于指示在 PCR 运行过程中发生的交叉污染。

生物安全

根据《NIH 重组 DNA 分子相关研究指南》（2000 年 4 月），如果外源基因不编码潜在

的致癌基因产物或毒性分子，并且在无辅助病毒时表达，野生型 AAV 和重组 AAV 构建载体均与健康成年人疾病不相关。所有 AAV 载体相关工作需经所在机构的生物安全委员会批准，并在生物安全一级（BL1）条件下进行。

材料

为正确使用本方案中的器材和危险试剂，必须查阅相应的材料安全数据表并咨询所在机构的环境卫生和安全办公室。

本方案的专用试剂标注<R>，配方在本方案末提供。常用储备溶液、缓冲液和试剂标注<A>，配方见附录 1。储备溶液应稀释至适用浓度后使用。

试剂

DNase I 和 DNase 缓冲液
DNA 系列标准品（见方案 5 后的附加方案“准备 qPCR 的 DNA 标准品”）
6FAM 荧光探针储备液（2μmol/L）
正向引物储备液（9μmol/L）
GeneAmp PCR 缓冲液（10×; Applied Biosystems 公司，CA）
无核酸酶水
系列 rAAV 基因组标准品和 NTC
反向引物浓缩液（9μmol/L）
样本稀释缓冲液<R>
剪切的鲑鱼精子（SSS）DNA（Applied Biosystems 公司）
TaqMan 通用 PCR 混合物，无 UNG（尿嘧啶-*N*-糖苷酶）（Applied Biosystems 公司）
待测 rAAV 和 rAAV 验证样本

设备

盖管器和 8 联超透明管盖
微量离心管（0.65mL 和 1.7mL）和管架
PCR 专用柜
厂家提供的 real-time PCR 系统
涡旋仪

方法

样本制备

1. 将 0.65mL 微量离心管置于管架上，贴上标签，标记为 10 倍稀释的待测载体样本、验证载体样本、（+）和（−）DNase 处理对照、样本制备空白对照。

2. 配制 DNase 消化反应预混液于 1.7mL 微量离心管中，方法如下：

无核酸酶水	38μL
DNase 缓冲液（10×）	5μL
DNase I，无 RNase	2μL（20U）

用每个样本用量（上文）乘以所有样本数（载体和对照），计算出预混液中每种试剂的总体积。在加入 DNase 前，先取 43μL 不含 DNase I 的 DNase 消化反应预混液，加入 2μL 无核酸酶水，制备总体积为 45μL 的（−）DNase I 对照，涡旋混匀。然后将 DNase 加入到

剩余 DNase 消化反应预混液中（至少 1 个样本用量，即 2μL），涡旋混匀，各取 45μL 至其他所有离心管中。

3. 在 PCR 专用柜中，将 5μL 待测 rAAV 样本或对照按以下顺序加入到指定离心管中：

i. 对照质粒（5×10^7GC/μL）至（+）DNase 对照管中

ii. 待测 rAAV

iii. 无核酸酶水至样本制备空白对照管

iv. 对照质粒（5×10^7GC/μL）至（-）DNase 对照管中

v. rAAV 验证样本

37℃下孵育 30min。

4. 孵育期间，将第 2 批微量离心管置于管架上，用于制备以下 10 倍系列稀释液：

待测载体	100～10 000 倍
空白对照	100 倍
（+）DNase 对照	100 倍
（-）DNase 对照	100～1000 倍
验证载体样本	稀释度取决于载体的浓度（例如，滴度在 10^{12}GC/mL 范围内的验证载体稀释 1000 倍）

5. 将样本稀释缓冲液置于冰上解冻，至第 2 批微量离心管（步骤 4 中放置）每管分装 45μL，置于室温，进行下述步骤。

实时 PCR

6. 样本制备前解冻引物和探针。TaqMan 通用 PCR 混合物（无 UNG）应在 4℃下保存。系列 DNA 标准品使用前迅速解冻。

7. 此时 DNase 消化仍在进行，样本稀释缓冲液分装至稀释管之后，准备如下实时 PCR 预混液：

TaqMan 通用 PCR 混合物（2×）	25μL
正向引物（9μmol/L）	5μL
反向引物（9μmol/L）	5μL
6FAM 荧光探针（2μmol/L）	5μL
无核酸酶水	5μL
待测载体样本	5μL

8. 每个反应的各种试剂（除了待测载体样本）体积乘 3（3 组），乘以样本总数，再加上 2 倍体积抵消移液误差。15mL 锥底管中配制实时 PCR 预混液，涡旋混匀，冰上放置。

为了最大限度地降低交叉污染，在分装试剂或样本时，未在使用的所有容器和离心管保持密闭。此外，未在使用时的吸头盒盖保持闭合。

9. 各吸 45μL PCR 预混液至 96 孔板，NTC、标准品（1～10^8拷贝数）、待测载体、（-）DNase I 质粒 DNA（2 个稀释度）、（+）DNase I 质粒 DNA、空白对照、验证载体各 3 个复孔，板置于冰上。

10. DNase 消化完成后，在 PCR 专用柜中，使用步骤 4 中准备的微量离心管，配制 10 倍系列稀释的 DNase I 处理的待测载体、验证载体样本和对照。

11. 从无核酸酶水 NTC、适当稀释的标准品、待测载体、对照、验证样本中各吸 5μL 至已有 45μL 的 PCR 预混液的 96 孔板上的孔中，每个样本 3 个复孔，顺序如下：

i. 标准品（10 倍系列稀释的 1～10^8基因组拷贝数，升序）

ii. DNase I 处理的待测质粒（10 000 倍稀释）

iii. DNase I 未处理的质粒对照（1000 倍稀释）

iv. DNase I 未处理的质粒对照（100 倍稀释）

v. DNase I 处理的质粒对照（100 倍稀释）

vi. 样本制备空白对照（100 倍稀释）

vii. DNase I 处理的 rAAV 验证对照

viii. NTC 的作为无核酸酶水

12. 使用 8 联超透明管盖和盖管器（或薄膜）紧紧密封 96 孔板，置于热循环仪座中，按照以下程序运行 PCR：

i. 50℃、2min，1 个循环

ii. 95℃、10min，释放衣壳中的病毒 DNA

iii. 95℃、15s，40 个循环

iv. 60℃、1min

13. PCR 运行结束后，按照使用说明书分析数据。使用以下公式，利用换算系数和 AAV 基因组单链性质计算最终载体基因组拷贝滴度：

PCR 运行得到的平均拷贝数÷5μL
×2（因为多数 rAAV 是单链）
×稀释倍数（DNase 处理稀释 10 倍×后续稀释 10 000 倍）
×1000（μL/mL）= GC 滴度/mL

疑难解答

本方案中经常出现的疑难和问题，也常见于方案 5 中滴定腺病毒载体感染活力的 qPCR 步骤。解决方案见方案 5 中的相应部分。

配方

为正确使用本方案中的器材和危险试剂，必须查阅相应的材料安全数据表并咨询所在机构的环境卫生和安全办公室。

样品稀释缓冲液（1×PCR 缓冲液/20ng/μL SSS DNA）

试剂	体积（10mL 中含）	终浓度
GenAmp PCR 缓冲液（10×）	1mL	1×
SSSDNA（1mg/mL）	0.2mL	0.02mg/mL
无核酸酶水	8.8mL	

混匀，分装至 1.5mL EP 管中，-20℃储存。

参考文献

NIH Guidelines for Research Involving Recombinant DNA Molecules. (April) 2000. http://oba.od.nih.gov/rdna/nih_guidelines_oba.html.

方案 13　TCID$_{50}$ 终点稀释结合 qPCR 法灵敏测定 rAAV 感染滴度

AAV 重组子是目前许多基因治疗应用的首选载体。随着实验性治疗向临床试验推进，越发鉴定 rAAV 具有准确性和重复性。准确测定 rAAV 的感染滴度对于确定每批活性和批次间的一致性非常重要。早期测定rAAV感染滴度的方法，如感染中心法(Salvetti et al. 1998)和基于杂交的96孔$TCID_{50}$法（Atkinson et al. 1998），摆脱不了背景水平高、对感染事件的判定主观性强和灵敏度低的缺点。

与方案5中描述的腺病毒感染活力测定法十分相似，实时qPCR的功能与96孔$TCID_{50}$形式相结合，可大大提高灵敏度，实现单次rAAV感染事件的检测（Zen et al. 2004)。本实验室对方案5所描述的96孔$TCID_{50}$形式和qPCR检测法进行改动，开发了以下方案，适用于测定rAAV的感染滴度。

仅不同于方案5的试剂和方法在下文有详细描述，对相同的步骤则进行了注明。

生物安全

根据《NIH重组DNA分子相关研究指南》(2000年4月)，如果外源基因不编码潜在的致癌基因产物或毒性分子，并且在无辅助病毒时表达，野生型AAV和重组AAV构建载体均与健康成年人疾病不相关。所有AAV载体相关工作需经所在机构的生物安全委员会批准，并在生物安全一级（BL1）条件下进行。

本方案由Martin Lock和James Wilson（Gene Therapy Program, University of Pennsylvania, Philadelphia）提供。

材料

为正确使用本方案中的器材和危险试剂，必须查阅相应的材料安全数据表并咨询所在机构的环境卫生和安全办公室。

本方案的专用试剂标注<R>，配方在本方案末提供。常用储备溶液、缓冲液和试剂标注<A>，配方见附录1。储备溶液应稀释至适用浓度后使用。

所有试剂、设备和配方见方案5，此处仅列出与方案5不同的rAAV滴定所需的试剂。

试剂

人类腺病毒5（HuAd5），滴度至少为$1×10^{12}$颗粒/mL

等分HuAd5购自Penn Vector Core（vector@mail.med.upenn.edu）。

待测rAAV载体

RC32细胞（ATCC CRL-2972）

RC32细胞、表达AAV2 *rep*和*cap*基因的HeLa转化细胞（Chadeuf et al. 2000），由美国典型培养物保藏中心直接提供（www.atcc.org）。另外，另一种由HeLa细胞构建的AAV2 rep/cap细胞系（Gao et al. 1998）——B50细胞，可从Penn Vector Core（vector@mail.med.upenn.edu）获得。在实验中，这些细胞系完全可以通用。

方法

该测定rAAV感染滴度的方法中有很多步骤与测定腺病毒载体滴度（方案5）相同。不同的步骤详述如下。

细胞平板接种

1. 将完全培养基、PBS和胰蛋白酶水浴加热至37℃。使用无菌技术在生物安全柜中进行所有的后续步骤。
2. 吸弃铺满RC32单细胞层的培养基。

   腺病毒和rAAV共转染的RC32细胞内存在AAV2的*rep*和*cap*基因，使rAAV基因组扩增并包装到新核衣壳中，进行第2个载体感染周期，从而提高了检测灵敏度。

3. 按照方案5中的步骤3和步骤4，接种RC32细胞。

感染

4. 次日上午，用无血清培养基（SFM）制备含 HuAd5 的稀释液，浓度为 3.2×10^8 病毒颗粒/mL。每个 96 孔板需要 15mL 稀释液。

5. 制备 rAAV 稀释液。冰上解冻载体，吹打混匀。制备每种载体的 8 个 1mL 连续稀释液于离心管中。根据经验确定每种载体或载体血清型的板孔稀释度范围。例如，使用以下稀释方案：

1×10^{-2} = 990μL 稀释液+10μL 储备溶液
1×10^{-4}= 990μL 稀释液+10μL 上步溶液
1×10^{-6} = 990μL 稀释液+10μL 上步溶液
1×10^{-7} = 900μL 稀释液+100μL 上步溶液
1×10^{-8} = 900μL 稀释液+100μL 上步溶液
1×10^{-9} = 900μL 稀释液+100μL 上步溶液
1×10^{-10} =900μL 稀释液+100μL 上步溶液
1×10^{-11} = 900μL 稀释液+100μL 上步溶液

6～12. 按照方案 5 中步骤 6～12 进行实验。

DNA 提取

13～16. 完全按照方案 5 步骤 13～16 所描述，提取 96 孔板中感染细胞的 DNA。

实时 PCR

17. 在 PCR 专用实验室或化学通风柜中操作，PCR 板与感染板的布局相同，但还包括定量标准品和 NTC 对照（水）。PCR 布局如方案 5 图 16-13 所示。

18. 每板需要制备 100 个反应的预混液（见方案 5，qPCR 预混液配方）。

预混液含有 PCR 引物和特异性结合 rAAV 表达盒中元件的 TaqMan 探针。为方便起见，这些试剂通常会被设计成针对多聚腺苷酸化信号或启动子序列，使它们可以用于多种载体。几种含有其他 PCR 必需组分（三磷酸核苷、缓冲液和热稳定性酶）的 2×混合物已有商业化产品。

19～21. 按方案 5 中步骤 19～21 操作。

数据收集

22. 按方案 5 中步骤 22 收集数据。

数据分析

23～26. 按方案 5 中步骤 23～26 分析数据。

疑难解答

见方案 5“疑难解答”。

讨论

该方法测定 rAAV 感染滴度的灵敏度高于早期感染滴度方法（在我们看来，高 5～10 倍以上），并具有对阳性孔判定的非主观和定量的特点。此外，96 孔板的形式简化并加速了检测，开启了一条技术改造以适应自动化的道路。一个不希望出现的 qPCR 定量灵敏度的结果是检测到了AAV基因组拷贝的低水平交叉污染，可能会导致对rAAV感染孔的假阳性判定，然而，通过正确操作和注意方案5中所列的注意事项，会将出现这种现象的可能性降到最低，可能会得到非常好的批间重复性。

值得一提的是，不同批次的同一血清型载体的体外感染活力测定对于评价某种载体制备物的相对效价很有帮助，然而，不能凭借这些结果预测不同血清型之间的体内转导活性。总体来讲，早代rAAV，如rAAV2，转导细胞培养物效果很好，但体内通常效果不佳；相反，来自于新分离的灵长类AAV的载体，转导细胞培养物非常低效，但用于体内基因递送则是高效的。

参考文献

Atkinson EM, Debelak DJ, Hart LA, Reynolds TC. 1998. A high-throughput hybridization method for titer determination of viruses and gene therapy vectors. *Nucleic Acids Res* **26:** 2821–2823.

Chadeuf G, Favre D, Tessier J, Provost N, Nony P, Kleinschmidt J, Moullier P, Salvetti A. 2000. Efficient recombinant adeno-associated virus production by a stable rep-cap HeLa cell line correlates with adenovirus-induced amplification of the integrated rep-cap genome. *J Gene Med* **2:** 260–268.

Gao GP, Qu G, Faust LZ, Engdahl RK, Xiao W, Hughes JV, Zoltick PW, Wilson JM. 1998. High-titer adeno-associated viral vectors from a Rep/Cap cell line and hybrid shuttle virus. *Hum Gene Ther* **9:** 2353–2362.

NIH Guidelines for Research Involving Recombinant DNA Molecules. (April) 2000. http://oba.od.nih.gov/rdna/nih_guidelines_oba.html.

Salvetti A, Oreve S, Chadeuf G, Favre D, Cherel Y, Champion-Arnaud P, David-Ameline J, Moullier P. 1998. Factors influencing recombinant adeno-associated virus production. *Hum Gene Ther* **9:** 695–706.

Zen Z, Espinoza Y, Bleu T, Sommer JM, Wright JF. 2004. Infectious titer assay for adeno-associated virus vectors with sensitivity sufficient to detect single infectious events. *Hum Gene Ther* **15:** 709–715.

方案14　负染色法和高分辨电子显微镜分析rAAV样本形态

负染色法是一种研究小颗粒标本的形态和超微结构[如病毒、细菌、细胞碎片和分离的大分子（如蛋白质和核酸）]的简单而快速的方法。负染的样本保留了极完整的结构，因为染料不仅使超微结构显现出来，还作为固定剂保护样本免受电子束的辐照损伤。负染还降低气-液界面的表面张力，从而减少收缩和标本崩裂。负染染料中的重金属盐也促进了这些作用。虽然负染色法是在电子显微镜水平下研究颗粒样本超微结构的最古老技术之一，但它以低至2nm级分辨率确定病毒、细菌和大分子等样本的表面结构、大小和形状，从未被任何其他的技术超越（Hayat 2000）。由于负染简单而快速，结合高分辨率透射电子显微镜，成为一种非常有效的确定rAAV形态和相对纯度的方法。快速扫描放大40 000～50 000倍的拍摄图像，能够区分空的与完全包装的病毒颗粒。对于研究级实验室的rAAV样本，验收标准是完全包装与空核衣壳比例至少为20%，而比例越高，rAAV的体内应用结果越好。

负染色法的一项技术涉及使细胞颗粒或碎片置于载膜上，然后滴加金属盐溶液，使颗粒黏附在载膜上。染料渗透到颗粒之间的空隙中，从而呈现出颗粒。此时，迅速干燥制备物，溶解物以非结晶状态以0.1nm级从溶液中沉淀出来，沉积在载片上，暴露于样本表面。好的负染染料理论上要求：①密度高，以提供高对比度；②溶解度高，不能过早，只在最后干燥阶段从溶液中沉淀出来；③熔点和沸点高，不会在电子束引起的高温下蒸发；④低至分辨率下限时，染料中沉淀物应该基本上是非晶形的。

生物安全

根据《NIH重组DNA分子相关研究指南》（2000年4月），如果外源基因不编码潜在的致癌基因产物或毒性分子，并且在无辅助病毒时表达，野生型AAV和重组AAV构建载

体均与健康成年人疾病不相关。所有 AAV 载体相关工作需经所在机构的生物安全委员会批准，并在生物安全一级（BL1）条件下进行。

本方案由 Gregory Hendricks（Electronic Microscopy Core, University of Massachusetts Medical School, Worcester）提供。

材料

为正确使用本方案中的器材和危险试剂，必须查阅相应的材料安全数据表并咨询所在机构的环境卫生和安全办公室。

本方案的专用试剂标注<R>，配方在本方案末提供。常用储备溶液、缓冲液和试剂标注<A>，配方见附录 1。储备溶液应稀释至适用浓度后使用。

试剂

rAAV 样本

乙酸双氧铀（1%, *m*/*V*）<R>

设备

滤纸

200 目铜网上碳稳定的 Formvar 载膜

恒湿实验箱，相对湿度控制在 60%

透射电子显微镜

方法

1. 在 200 目铜网上的新鲜制备的碳稳定 Formvar 载膜上，进行下列步骤。
2. 将 5μL rAAV 溶液加到 Formvar 载膜上，静置 30s。

   缓冲液中有时含有用于稳定病毒的过多的糖，能够导致高滴度样本的假性负染色。请参阅“疑难解答”的解决方案，以尽量减少假象。

3. 用滤纸吸去多余的液体，向铜网上滴 6 滴 1%乙酸双氧铀，以固定并对比分散的病毒颗粒。
4. 用滤纸吸去多余的染料，并在恒湿实验箱（相对湿度 60%）中干燥样本。用透射电子显微镜检查样本，在病毒结构清晰可见的放大倍率下记录图像（图 16-18A）。

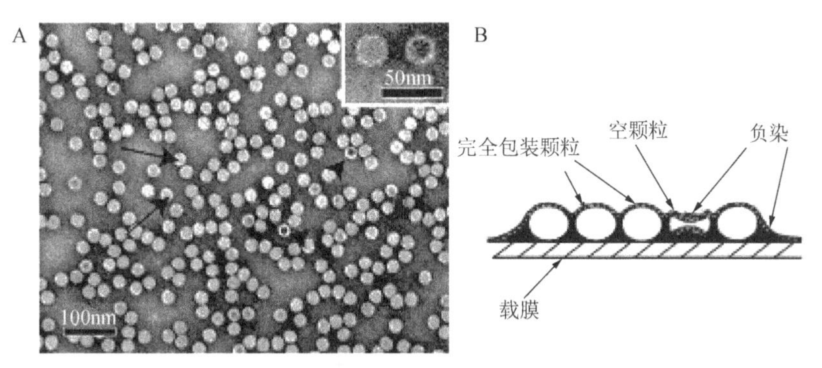

图 16-18 透射电子显微镜下的负染 AAV 重组子。（A）按照方案 14 中的描述制备的 rAAV 颗粒分散在新鲜制备的碳包衣的 Formvar 载膜上，被 1%乙酸铀染色。大图中病毒颗粒放大倍率 92 000×（右上角插图 190 000×）。在完全包装颗粒（箭号）视野中，有两个箭头指向两个空病毒颗粒。（插图）一个完全包装病毒颗粒（左），相邻的是一个空病毒颗粒，AAV 六边形形状清晰易见。（B）乙酸双氧铀染料沉积在空 rAAV 颗粒的凹陷处，空 rAAV 颗粒因而显示出甜甜圈样形状（彩图请扫书后二维码）。

疑难解答

问题（步骤 2）：制备高滴度病毒样本所用的含糖缓冲液中的过量糖造成了假负染。

解决方案：用几滴蒸馏水冲洗载膜，用滤纸吸去过量的水，然后进行负染色。

讨论

负染色方法依据的理论是染料与标本之间不发生反应，这通过调节染料的 pH，使其和标本之间的吸引力忽略不计而实现。很多因素会影响制备的负染样本的形态。病毒颗粒的形状和大小受所用染料及其使用方法的影响。醛预固定通常使内部组分可见，但是由于染料中的金属离子与极性甲酰基上非常活泼的电负性氧之间会发生反应，因此过剩的未反应醛基可能会导致染色过程中出现假象。用于纯化和稳定很多病毒制备物的缓冲溶液中过量的糖可与金属盐发生反应，在糖分子上生成糖醛残基，导致染料-糖复合物晶体的形成（Hayat 2000）。如前所述，电子束与样本的相互作用会产生图像中的对比度。在负染显微镜下，电子束主要与染料相互作用。当染料加入到样本中，染料包围样本，但不占据样本的体积，因此使用“负染”这一术语（图 16-18B）。

值得一提的是，图 16-18A 中有凹陷（黑色）中心的病毒颗粒是空颗粒。根据负染过程的原理，在加入重金属染色液并干燥后，空颗粒的黑色中心应该是其核衣壳表面上凹池中沉积的染料，从而表明空的和完全包装的核衣壳的结构是不同的。图 16-18A 右上角插图图示了一个“空”病毒颗粒、一个完整的病毒颗粒及其上堆积的厚厚染料，图 16-18B 显示了非常薄的、覆盖在所有颗粒表面上的染料层。

配方

为正确使用本方案中的器材和危险试剂，必须查阅相应的材料安全数据表并咨询所在机构的环境卫生和安全办公室。

乙酸双氧铀（1%，*m/V*）

将 10mL 双蒸水加入含有 10mg 乙酸双氧铀粉末的 15mL 锥底离心管中。锡箔纸包裹，低温房间内旋转数天，直至完全溶解。使用 ddH$_2$O 预清洗的 0.22μm 注射器式过滤器过滤。如果 4℃、储存于锡箔纸包裹的管中，过滤后的染料至少可用 1 年。

参考文献

Hayat MA. 2000. *Principles and techniques of electron microscopy: Biological applications*, pp. 367–399. Cambridge University Press, Cambridge.

NIH Guidelines for Research Involving Recombinant DNA Molecules. (April) 2000. http://oba.od.nih.gov/rdna/nih_guidelines_oba.html.

方案 15　银染 SDS-PAGE 分析 rAAV 纯度

AAV 病毒颗粒由 3 种主要的衣壳蛋白 VP1、VP2、VP3 按照 1∶1∶18 的比例组成。在银染 SDS-聚丙烯酰胺凝胶上，VP1、VP2 和 VP3 应是高度纯化的 rAAV 样品中仅有的可见条带，其分子质量分别是 87kDa、73kDa 和 62kDa。利用银染 SDS-PAGE 分析 rAAV 样品的目的是精确检测其纯度，确定是否存在细胞或转基因蛋白污染物。然而，这种方法不能区分空病毒颗粒与完整包装的病毒颗粒，而是由电子显微镜检查负染病毒样品来完成（见方案 14）。

本方案介绍了如何利用 SDS-PAGE 和银染法确定 rAAV 样品的纯度。此外，使用已知病毒滴度的高度纯化 rAAV 样品，该法可以半定量估计待测载体的病毒颗粒浓度（图 16-19）。需要注意的是，这种根据待测载体的单次上样估计病毒滴度的方法有时是不可靠的。请参阅“疑难解答”。

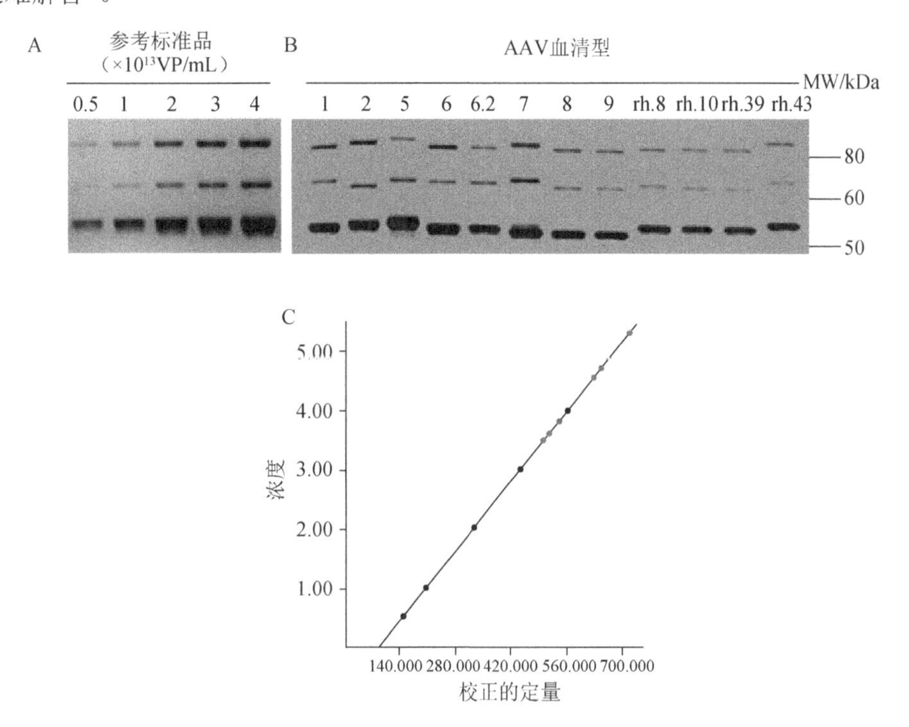

图 16-19　CsCl 梯度纯化的 12 个血清型 rAAV 的银染 SDS-PAGE 分析。（A）0.5μL、1μL、2μL、3μL 和 4μL 浓度为 1×10^{13} 病毒颗粒/mL 的 AAV2 载体分别加入相应孔中，作为参考标准品。（B）AAV1、2、5、6、6.2、7、8、9、rh.8、rh.10、rh.39、rh.43 分别加入相应孔中，每孔约 1.5×10^{10} 个病毒颗粒。（C）线性回归图比较标准品（黑点）和未知样品（蓝点）。回归方程为 Conc=8.45E-006*Vol−0.762，R^2=0.999521（彩图请扫封底二维码）。

生物安全

根据《NIH 重组 DNA 分子相关研究指南》（2000 年 4 月），如果外源基因不编码潜在的致癌基因产物或毒性分子，无辅助病毒时表达，野生型 AAV 和重组 AAV 构建载体均与健康成年人疾病不相关。所有 AAV 载体相关工作需经所在机构的生物安全委员会批准，并在生物安全一级（BL1）条件下进行。

材料

为正确使用本方案中的器材和危险试剂，必须查阅相应的材料安全数据表并咨询所在机构的环境卫生和安全办公室。

本方案的专用试剂标注<R>，配方在本方案末提供。常用储备溶液、缓冲液和试剂标注<A>，配方见附录 1。储备溶液应稀释至适用浓度后使用。

试剂

Novex 15 孔 Tris-甘氨酸（10%）凝胶（Life Technologies 公司）或等效产品
Novex Tris-甘氨酸 SDS 电泳缓冲液（10×；Life Technologies 公司）
NuPAGE 还原剂（10×；Life Technologies 公司）
20～220kDa 范围的蛋白质分子质量标准
参考标准品（10^{13} 个病毒颗粒/mL 的 rAAV）

参考标准品从基因组浓度已知的或可估计的 rAAV 样品中选出，测定这些 rAAV 样品每毫升的 GC 滴度，然后通过电子显微镜和银染 SDS-PAGE 进行分析。用作参考标准品的载体样品滴度需≥1×10^{13}GC/mL，空病毒颗粒不超过 10%，且仅含 VP1、VP2 和 VP3 条带。

SilverXpress 银染试剂盒（Life Technologies 公司）或等效产品
待测 rAAV
Tris-甘氨酸 SDS 样品缓冲液（2×；Life Technologies 公司）

设备

凝胶电泳仪
凝胶成像系统（Universal Hood II 型，Bio-Rad 公司），Quantity One 1-D 分析软件
微量离心管（0.5mL 和 0.65mL）

方法

1. 将 10×Novex Tris-甘氨酸 SDS 储备电泳缓冲液稀释为 1×凝胶电泳缓冲液。
2. 按照如下方法准备参考标准品和待测 rAAV：
   i. 1×10^{13} 病毒颗粒/mL 的 rAAV 参考标准品。

参考标准品	0.5μL、1μL、2μL、3μL 和 4μL 分别置于 0.65mL 微量离心管中
Tris-甘氨酸 SDS 样品缓冲液（2×）	5μL
NuPAGE 还原剂（10×）	1μL
蒸馏水	至 10μL

样品制备中，NuPAGE 还原剂有助于解离和稳定 VP1、VP2、VP3 病毒衣壳蛋白。

   ii. 待测 rAAV。

待测 rAAV	2μL、6μL 分别置于 0.5mL 离心管中
Tris-甘氨酸 SDS 样品缓冲液（2×）	7.5μL
NuPAGE 还原剂（10×）	1.5μL
蒸馏水	至 15μL

样品制备中，NuPAGE 还原剂有助于解离和稳定 VP1、VP2、VP3 病毒衣壳蛋白。

3. 根据使用说明书制备适量的蛋白质分子质量标准。
4. 混匀样品，95℃加热 5min，短暂离心。
5. 准备凝胶装置。将 10μL 的参考标准品和 12μL 的待测样品分别加入各孔中。125 V，运行 1.5～2h。

见“疑难解答”。

6. 根据使用说明书用银染试剂盒进行凝胶银染。
7. 使用凝胶成像仪（如 UniversalHood II 型，Bio-Rad 公司）扫描银染凝胶，使用 Quantity One 1-D 分析软件（Bio-Rad 公司）（见图 16-19），根据标准品与未知样品的线性回归比较和插值来进行待测载体的半定量分析（见图 16-19C）。

疑难解答

问题（步骤 5）：基于单次上样对载体的病毒颗粒滴度进行的半定量估计可靠性欠佳。

解决方案：准备双份待测样品用于分析。将稀释参考标准品加入中间孔道，两组未知样品分别在参考标准品的左右两侧。

参考文献

NIH Guidelines for Research Involving Recombinant DNA Molecules. (April) 2000. http://oba.od.nih.gov/rdna/nih_guidelines_oba.html.

方案 16　高滴度反转录病毒和慢病毒载体的制备

在实验室准备反转录病毒和慢病毒载体的常用方法是将慢病毒载体质粒、基因组包装质粒和包膜表达质粒瞬时转染 293T 细胞。通过超速离心，浓缩载体上清液获得高滴度的病毒储备溶液。

生物安全

《NIH 重组 DNA 分子相关研究指南》未直接提及慢病毒载体相关工作。因此，重组 DNA 咨询委员会（RAC）发布了如何进行慢病毒载体研究风险评估的指南。慢病毒载体研究的主要风险是可能产生复制型慢病毒（RCL）和致癌。在实验室环境中，BL2 或加强 BL2 防护规程能够满足大多数不涉及高致癌潜力的转基因操作。本单位生物安全委员会（IBC）根据慢病毒载体设计和包装系统、插入的外源基因的性质、载体滴度和制备载体的总量、动物宿主的固有生物防护和阴性 RCL 检测所做出的风险评估来决定适用的操作规程。必须由本单位 IBC 审核批准才能启动有关慢病毒载体的工作。

材料

为正确使用本方案中的器材和危险试剂，必须查阅相应的材料安全数据表并咨询所在机构的环境卫生和安全办公室。

本方案的专用试剂标注<R>，配方在本方案末提供。常用储备溶液、缓冲液和试剂标注<A>，配方见附录 1。储备溶液应稀释至适用浓度后使用。

试剂

$CaCl_2$ 溶液（2mol/L）<R>

完全培养基<R>

DMEM 培养基

乙醇（或异丙醇）（70%）

胎牛血清（FBS）

HBS 溶液（2×）<R>

HEPES（2.5mmol/L，pH 7.3）

OptiMEM+1%青霉素/链霉素（P/S）
OptiMEM，无 P/S
pCMVDΔR8.91 质粒。

该质粒由 Didier Trono 博士（Swiss Institutes of Technology [EPFL], Lausanne, Switzerland）提供；其他第二代和第三代包装质粒见 Addgene.com。

青霉素/链霉素（P/S）溶液（100×）
磷酸盐缓冲液（PBS）
pUMVC 质粒（Addgene 质粒编号 8449）

该质粒编码 Mo-MLV *gag-pol* 基因，通过三重瞬时转染 293T 细胞可以制备 Mo-MLV 反转录病毒载体。

pVSV-G 质粒（Addgene 质粒编号 8454）

该质粒可购自 Clontech 公司；类似 VSV-G 包膜表达质粒见 Addgene.com。

喷雾瓶
293T 细胞
穿梭慢病毒载体质粒
胰蛋白酶-EDTA（0.05%）

设备

小型台式离心机
生物安全柜
漂白剂（14%）
细胞培养箱（37℃）
无菌锥底管（15mL 和 50mL）
培养皿（150mm）
血细胞计数器
恒湿细胞培养箱（37℃，5%CO_2）
冰和冰桶
带有无菌滤芯（sterile barrier）吸头的微量移液器（20μL、200μL 和 1000μL）
PVDF（聚偏二氟乙烯）Durapore 过滤装置（150mL，0.45μm 孔径）与真空管
SW32 或 SW28 转子
试管架
无菌试管（0.65mL）
SW32 或 SW28 转子的超速离心机（Beckman）
一次性超透明圆底管（25mm×89mm；Beckman）
UV 光源
涡旋仪

方法

转染用 293T 细胞平板接种

1. 将 293T 细胞接种于 150mm 平皿的 20mL 完全培养基中， 37℃、5%CO_2 恒湿细胞培养箱培养，每 3 或 4 天 1∶10 传代细胞。

2. 转染前 1 天，弃完全培养基，用 10mL PBS 洗涤细胞，弃 PBS 后加入 5mL 0.05%胰蛋白酶-EDTA。室温放置 5～10min，来回摇动平板直至细胞脱离板底。加入 5mL 完全培养

基中和胰蛋白酶，然后用力吹打，使胰蛋白酶-EDTA 溶液击打板底，产生单细胞悬液。将细胞悬液转移到 50mL 锥底管中。

3. 使用血细胞计数器计算悬浮液中细胞浓度。一个 150mm 平皿中 293T 细胞汇合约为 60×10^6～80×10^6 个细胞。

4. 将 21×10^6 个 293T 细胞接种于 37℃预热的 150mm 平皿中 20mL 完全培养基中。轻轻来回倾斜摇动平皿使细胞均匀分布，然后将平皿置于 37℃细胞培养箱中过夜。准备 5 个平皿。当准备多个平皿时，计算 150mm 平皿所需细胞悬液体积，然后制备终浓度为 4.2×10^6 个细胞/mL 的细胞悬液。每平皿加入 15mL 完全培养基，再加 5mL 细胞悬液。如上述均匀地分散细胞。

慢病毒载体和辅助质粒共转染 293T 细胞

5. 第 1 天，转染前 2～4h，将所有平皿的培养基更换为 20mL 新鲜完全培养基，37℃预热。

6. 准备以下 2 个试管，即足够转染 5 个 150mm 平皿的 DNA。使用带有无菌滤芯的吸头降低污染风险。

i. 管 1：混合 DNA（无菌 15mL 锥底管中）

慢病毒载体质粒	90μg
pCMVΔR8.91 质粒	90μg
pVSV-G 质粒	60μg
$CaCl_2$（2mol/L）	486μg
HEPES（2.5mmol/L）	至总体积为 3.9mL

ii. 管 2：HBS 溶液（无菌 50mL 锥底管中）

HBS（2×）	3.9mL

7. 用 70%乙醇彻底喷洒涡旋仪，用纸巾擦拭，将其放入生物安全细胞培养柜中。

8. 高速涡旋管 2 的同时，在 1～2min 内，逐滴地向管 2 中加入管 1 的混合液。室温下孵育 20～30min。

如果用于转染 10 个或更多的平皿，管 2 应是大于 50mL 锥底管，以避免在混合过程中转染溶液溅出。

9. 加入 1.56mL 步骤 8 中的转染溶液至每个 150mm 平皿中（步骤 5 中制备）。轻轻来回倾斜摇动平皿使细胞均匀分布，然后将平皿放回 37℃细胞培养箱中孵育过夜。

10. 第 2 天早晨，弃培养液，用 15mL、37℃预热的 DMEM 清洗细胞 2 次。尽可能除去洗涤液。

洗涤过程中应非常谨慎，以避免 293T 细胞从板底脱落。添加培养液时，应对着皿壁，而不直接对着细胞。不要使用 PBS 洗涤细胞，因为它会导致细胞从板底脱落。

见“疑难解答”。

11. 将 37℃预热的含 1% P/S 的 15mL OptiMEM 加入细胞培养皿中。再将细胞培养皿放回 37℃细胞培养箱。

需要注意的是，37℃培养箱和支架必须保持水平，以确保平皿中培养液均匀分布。倾斜的支架（或培养箱）可能导致平皿中体积相对小的培养液区域干燥，细胞相应地死亡，从而降低载体总量。

见“疑难解答”。

收获慢病毒载体上清

12. 第 4 天上午，将所有培养皿中的培养基转移到 2 个 50mL 锥底管中，盖紧盖子，并喷洒 70%乙醇，从生物安全柜中取出。

见“疑难解答”。

13. 4℃、500*g* 离心 50mL 锥底管 10min，弃细胞。

14. 将上清液转移到 150mL、0.45μm 孔径的 PVDF 过滤装置中，并与抽真空装置连接。收集病毒滤液（约 70mL），冰上放置。

15. 此刻，慢病毒载体上清的滴度应为 10^6～10^8 个转导单位（TU）/mL，这取决于载体和转入基因。如果滴度满足所需，则可分装慢病毒载体上清液并储存于-80℃。否则立即继续浓缩步骤。

反复冻融能显著降低慢病毒载体储备溶液的滴度。

分装体积应适于每个分装样品仅使用一次。

超速离心浓缩慢病毒载体上清

16. 打开 SW32 桶，桶置于管架上，盖内侧朝上，以确保其充分暴露在紫外线下。在生物安全柜中用紫外线照射桶和盖 10～20min，或者使用 70%乙醇处理桶和盖 20～30min。风干桶和盖，除去乙醇。

17. 将 2 个 25mm×89mm 超离心管放置架上，加满 70%乙醇，处理 20～30min。

18. 倒出 70%乙醇。用连接抽真空装置的无菌巴斯德移液管尽可能去除乙醇。用无菌 PBS 洗涤离心管 2 次。

19. 将步骤 14 得到的 70mL 过滤的慢病毒上清平均分配在 SW32 桶中，盖紧后从生物安全柜中取出。桶在冰上放置 10min。此外，浓缩慢病毒载体上清的前一天晚上，将 SW32（或 SW28）转子 4℃放置。否则，超速离心机需要相当长的时间使巨大的转子降温。

20. 使用 SW32 或 SW28 转子，离心管在 4℃下、28 000r/min 离心 75min。

21. 从转子中取出筒，并将其放置在冰上。70%乙醇喷洒桶，然后转移到生物安全柜中。在生物安全柜中打开筒，用干净的镊子从筒中取出离心管，将上清液倾倒于 1 个瓶中，然后加入 1/6 体积 14%的漂白剂处理 1h 后丢弃。在纸巾上倒置超离心管，用连接抽真空装置的无菌巴斯德移液管尽可能吸除管壁上的培养基，避免接触管的圆底。

22. 使用 200μL 带无菌滤芯吸头的微量移液器，加 50～100μL 的 OptiMEM（无 P/S）至每个试管的圆底中心，室温下静置 5～10min。也可用 50～100μL 的 PBS 重悬慢病毒载体。吸头轻轻吹打重悬慢病毒载体病毒颗粒，避免产生气泡。另一种方法是在生物安全柜中将管放置在冰上 2h，然后轻轻吹打。

慢病毒载体颗粒是透明的，在管底很难辨认。但经小心重悬后，浓缩的慢病毒载体储备液比 OptiMEM 稍微混浊。

23. 将慢病毒悬液转移到一个 0.65mL 无菌管中并混匀。10μL 分装，储存于-80℃。

疑难解答

问题：扩增 pCMVdR8.91 质粒困难。

解决方案：在大肠杆菌 HB101 中扩增质粒。

问题：慢病毒编码的转基因在靶细胞中不表达，或没有观察到预期的生物效应。

解决方案：

- 明确问题出在制备阶段还是滴定/感染阶段。使用编码 GFP 的慢病毒来测试。试验期间，监测转染 293T 细胞中 GFP 的表达，第 4 天的 GFP 阳性细胞应>90%。进行感染测试：向 293T 细胞加入逐渐增量的上清液，在感染后 2～3 天用荧光显微镜分析 GFP 表达。使用有限稀释滴定法（方案 17）进行滴定。如果以上试验表明有转染效率，但没有转导效果，可从公司或学术核心机构获得编码 GFP 慢病毒载体测试上清，进行感染测试，若没有问题，则表明用于共转染 293T 细胞的某一质粒有问题。理想的情况是，研究人员应该在着手制备慢病毒前，准备足够量的基因组包装质粒和包膜表达质粒，以便明确导致包装效率变化的一个或两个因素，如慢病毒载体质粒的结构，包装过程中 293T 细胞中转基因过表达产生的潜在毒性。

- 通过分析限制性内切核酸酶酶切图谱来鉴定所有质粒。
- 使用商业化包装混合物测试慢病毒制备。
- 测试不同的质粒制备方法/试剂盒。

问题：制备的病毒滴度低。

解决方案：磷酸钙沉淀法的转染效率高度依赖于许多参数，应在初步试验中，利用强功能启动子下（如 CMV 立即早期启动子）编码 GFP 的慢病毒质粒在 293T 细胞中进行转染效率的优化。转染后第 3 天，达到 70%以上转染效率，对于获得滴度高于 1×10^7TU/mL 的慢病毒载体储备液是至关重要的。以下为影响转染效率的几个参数。

- 2×HBS 溶液的 pH。制备慢病毒载体前，通过测试缓冲液优化 2×HBS 溶液的 pH，通过几批测试缓冲液，将室温条件下 pH 调整为 6.95～7.05，优化缓冲液组分以用于特定条件。使用参比溶液精确校准的 pH 计至关重要。或者使用商业化的试剂盒。
- 胎牛血清（FBS）。转染过程中胎牛血清的来源和批次可显著影响转染效率。我们建议测试不同批次和不同供应商提供的胎牛血清，保证高转染效率。
- 细胞密度。如果在该方案的试验条件下，没有产生预期的转染效率，则测试不同的细胞密度。
- 质粒质量。DNA 质量对转染效率至关重要。柱纯化的质粒与氯化铯超速离心纯化的质粒效果相当。然而，部分通过柱层析纯化的质粒试剂盒中的树脂残留可能严重干扰转染效率。可用 TE 缓冲液重悬乙醇沉淀的质粒，在室温下利用台式离心机 15 000*g* 离心 5min 沉淀树脂。转移不含树脂的上清液即可。

问题（步骤 10～12）：在慢病毒载体制备过程中有异常大量的细胞死亡/脱落。

解决方案：

- 使用 VSV-G 包膜包装慢病毒载体，会导致一定程度的细胞融合和细胞脱落，尤其在第 4 天。细胞脱落大多发生于无血清培养基培养 293T 细胞。因此，在使用移液管更换培养基时要特别小心，防止细胞从培养板上脱落。
- 检查培养板是否有某个区域的细胞损失。若出现此情况，则表明培养箱和/或支架不是水平的，导致培养基分布不均匀。在慢病毒制备过程中水平放置培养箱和/或支架，或多加 OptiMEM 培养基（20mL 而非 15mL）到细胞板中。
- 在编码 GFP 的慢病毒载体制备过程中检查是否仍然存在细胞脱落。如果仍然存在，可增加细胞密度，并比较实验室配制的相关试剂与商业化试剂盒。如果问题仍存在，试用其他方法或试剂盒制备质粒。
- 某个转基因的过量表达对于转染的 293T 细胞可能有毒性。如果是这种情况，可以考虑使用药物调控的慢病毒载体。

问题：利用 VSV-G 包膜包装的慢病毒载体能有效转导 293T 细胞，但转导靶细胞无效。

解决方案：

- 用编码 GFP 的相同慢病毒载体转染靶细胞，测试病毒载体中启动子的功能。如果 GFP 基因表达量低，则寻找在靶细胞中有更好活性的启动子。
- 查阅文献，确定一个已被用于有效转导靶细胞的假慢病毒载体的包膜蛋白。获取相应的包膜蛋白表达质粒，并重复实验。Addgene.com 提供多种包膜蛋白表达质粒。需要注意的是，在超速离心时其他假慢病毒比 VSV-G 稳定性差（即在离心过程中功能慢病毒载体有相当大的损失）。可以使用替代方法，如更长时间的低速离心。此外，其他假慢病毒的制备可能需经优化，才能获得高滴度的病毒。实验开始时就要设计转染混合物中包膜蛋白表达质粒的不同转染量。最后，由于有的包膜蛋白转染 293T 细胞（或常用于滴定的其他细胞）效率较差，导致滴度低估，可能需要使用其他滴定方案。

问题：高滴度慢病毒储备液对某种特定类型的靶细胞（如原代培养的神经元细胞）有毒性。

解决方案：

- 进行超速离心时，在慢病毒载体上清液下方加入 4mL 20%蔗糖缓冲液[20%蔗糖，100mmol/L NaCl，20mmol/L HEPES（pH 7.4），1mmol/L EDTA]。
- 增加使用 Mustang Q 盘的阴离子交换层析纯化步骤，Kutner 等描述（2009）。

讨论

这是一个高效的、重现性好的方案，按照该方案生产的未浓缩上清液中慢病毒载体滴度为 10^7～10^8TU/mL，超速离心浓缩上清液中为 10^9～10^{10}TU/mL。该瞬时转染方案还非常经典，几乎适用于任何慢病毒与很多构建载体共转染。制备可知滴度的慢病毒载体储备液可在 1 周内完成。需要注意的是，慢病毒载体储备液反复冻融可导致滴度明显下降，因此慢病毒载体应按一次用量分装，并储存于−80℃。目前，对于在−80℃条件下长期保存慢病毒载体储备液的稳定性还不明确。

在 293T 细胞中确定的转导滴度可能有一定误导性，因为这种细胞很容易用 VSV-G 假慢病毒载体转导。对于测试新的细胞系，较好的起始，感染复数（MOI；每个靶细胞的 TU 数目）为 5、10、20、50、100。重要的是，尽可能减少感染体积，以提高转导概率。在培养液中加聚凝胺（4～16μg/mL）或硫酸鱼精蛋白（5μg/mL）可以提高转导效率。此外，也可以试用一些商业化的转导增强剂。但是，这些试剂对某些细胞系或原代细胞会产生不利影响。例如，小鼠原代神经元细胞对聚凝胺高度敏感，没有它才能完成转导。使用了转导增强剂，MOI 值为 10、50 和 100，就能得到接近 100%的转导。尽管 VSV-G 包膜具有广泛的嗜细胞性，但是许多类型的细胞对于这个包膜蛋白假型慢病毒载体的转导是耐受的。例如，人骨髓间充质干细胞和静止的 T 细胞分别被带有 RD114（Zhang et al. 2004）和麻疹病毒糖蛋白的假型慢病毒载体（Frecha et al. 2008）有效地转导。对于那些已经被证明难以用 VSV-G 假型慢病毒载体转导的细胞，可以测试其他包膜糖蛋白的假慢病毒载体的转导效率。

配方

为正确使用本方案中的器材和危险试剂，必须查阅相应的材料安全数据表并咨询所在机构的环境卫生和安全办公室。

氯化钙溶液（2mol/L）

溶解 147.02g 二水合物氯化钙（$CaCl_2 \cdot 2H_2O$）在 500mL 水中。利用 0.22μm 的过滤器除菌后室温储存。

完全培养基

试剂	体积（1L 中含）	终浓度
DMEM	890mL	
FBS	100mL	10%
P/S 溶液（100 倍）	10mL	1 倍

HBS（2×）

试剂	质量（1L 中含）	终浓度
氯化钠	16.4g	280mmol/L
HEPES（$C_8H_{18}N_2O_4S$）	11.9g	50mmol/L
$Na_2HPO_4 \cdot 7H_2O$	0.38g	1.42mmol/L
H_2O	至 1L	

用 10mol/L NaOH 调节 pH 至 7.05。通过 0.22μm 过滤器除菌后室温储存。

参考文献

Frecha C, Costa C, Negre D, Gauthier E, Russell SJ, Cosset FL, Verhoeyen E. 2008. Stable transduction of quiescent T cells without induction of cycle progression by a novel lentiviral vector pseudotyped with measles virus glycoproteins. *Blood* **112:** 4843–4852.

Kutner RH, Zhang XY, Reiser J. 2009. Production, concentration and titration of pseudotyped HIV-1-based lentiviral vectors. *Nature Protocols* **4:** 495–505.

Zhang XY, La Russa VF, Reiser J. 2004. Transduction of bone-marrow-derived mesenchymal stem cells by using lentivirus vectors pseudotyped with modified RD114 envelope glycoproteins. *J Virol* **78:** 1219–1229.

方案 17　慢病毒载体的滴定

慢病毒载体的滴度常用转导单位/mL 表示，它是一个功能滴度，反映在特定条件下慢病毒转导特定细胞系的能力。对于其他细胞系的转导能力可能不同，需要优化。绝大多数的慢病毒载体都由 VSV-G 包膜蛋白包装，可以适用于各种常用的细胞系，如 293、293T、HT-1080、HeLa 细胞。除了 VSV-G，慢病毒载体还被来自其他病毒的各种包膜蛋白假型毒化（携带不同于天然 HIV-1 包膜的包膜蛋白），赋予假型慢病毒转导其他一些特定靶细胞的能力（Cockrell and Kafri 2007）。然而，由于转导的参考细胞系表面可能低表达或根本没有特殊包膜蛋白的受体，可能会测得不准确的低滴度。在这种情况下，用酶联免疫吸附试验（ELISA）测定 p24 浓度就能计算出滴度，然而需要谨记这不是一个功能滴度。

293T 细胞用于制备慢病毒储备液，它们很容易被 VSV-G 假型慢病毒载体转导，因此该细胞系常用于测定 VSV-G 包膜制备的慢病毒载体储备液功能滴度。对于在 293T 细胞中可发挥功能的启动子下的编码荧光蛋白的慢病毒载体，用有限稀释法或流式细胞仪测定滴度。对于缺乏荧光标记物或携带非 293T 细胞功能启动子的慢病毒载体，可通过对转导细胞基因组 DNA 上病毒基因组进行实时定量 PCR 或者利用 ELISA 方法检测 p24 浓度来测定滴度。

生物安全

《NIH 重组 DNA 分子相关研究指南》未直接提及慢病毒载体相关工作。因此，重组 DNA 咨询委员会（RAC）发布了如何进行慢病毒载体研究风险评估的指南。慢病毒载体研究的主要风险是可能产生复制型慢病毒（RCL）和致癌。在实验室环境中，BL2 或加强 BL2 防护规程能够满足大多数不涉及高致癌潜力的转基因操作。本单位生物安全委员会（IBC）根据慢病毒载体设计和包装系统、插入的外源基因的性质、载体滴度和制备载体的总量、动物宿主的固有生物防护和阴性 RCL 检测所做出的风险评估将决定适用的操作规程。必须由本单位 IBC 审核批准才能启动有关慢病毒载体的工作。

材料

为正确使用本方案中的器材和危险试剂，必须查阅相应的材料安全数据表并咨询所在机构的环境卫生和安全办公室。

本方案的专用试剂标注<R>，配方在本方案末提供。常用储备溶液、缓冲液和试剂标注<A>，配方见附录 1。储备溶液应稀释至适用浓度后使用。

试剂

完全培养基<R>
DMEM 培养基
胎牛血清（FBS）
慢病毒载体储备液
多聚甲醛（4%）（可选；见步骤 15）
青霉素/慢病毒滴定试剂盒链霉素溶液（P/S）（100×）
磷酸盐缓冲盐水（PBS）
聚凝胺（海美溴铵）（8mg/mL）<R>
QuickTiter（慢病毒相关的 HIV p24）（Cell Biolabs 公司）
293T 细胞
胰蛋白酶-EDTA（0.05%）
UltraRapid 慢病毒滴度测定试剂盒（System Biosciences 公司）（可选；见步骤 23）

设备

12 孔培养板
流式细胞仪
血细胞计数器
恒湿细胞培养箱（37℃，5% CO_2 ）
配备观察荧光蛋白滤光片的倒置荧光显微镜
微量移液器
可读 450nm 的微孔板酶标仪
带有无菌滤芯的移液器吸头（20μL、200μL 和 1000μL）
无菌试管（1.5mL）

有限稀释法测定病毒滴度

该方案仅适用于 293T 细胞功能启动子下表达绿色荧光蛋白的慢病毒。

1. 滴定实验前 1 天，向 12 孔板上含 1mL 完全培养基的每孔中接种 3×10^5 个 293T 细胞。轻轻来回晃动倾斜平板确保细胞均匀分布。一块板上只能有一种慢病毒载体储备液。37℃、5%CO_2 细胞培养箱中培养过夜。

2. 第 1 天，用 0.5mL 37℃预热的、含 8μg/mL 聚凝胺（1∶1000 稀释 8mg/mL 的聚凝胺储备液）的完全培养基更换孔中的完全培养基。

3. 用完全培养基连续稀释慢病毒载体：对于非浓缩储备液，进行 1∶10、1∶10^2 和 1∶10^3 稀释；对于浓缩储备液，进行 1∶10^2、1∶10^3、1∶10^4 和 1∶10^5 稀释。每孔加 5μL 载体稀释液，重复 3 次（每个稀释度 3 孔）。对于非浓缩储备液，还包括一组 5μL 原液孔。37℃培养箱进行培养。

4. 第 2 天，加入 37℃ 预热的 0.5mL 完全培养基。在细胞培养箱中培养 2 天。

5. 第 4 天，小心地移除每孔中的完全培养基，加入 1mL PBS。

6. 使用配备观察绿色荧光蛋白滤光片的倒置荧光显微镜，在 10 倍物镜下计数每个视野的克隆数目。选择在每个视野中有 1～20 个克隆的稀释度。该稀释度每孔随机计数 5 个视野（3 孔×5 视野/孔=15 个观察视野）计数。计算出平均克隆数/观察视野后，根据如下公式计算滴度

$$滴度（TU/mL）=（N \times C \times D）/0.005$$

式中，N 为平均克隆数/观察视野；C 为孔面积除以视野面积；D 为载体储备液的稀释倍数。先确定观察视野的直径（$FOV_\emptyset$），即目镜的视野数（该数值一般写在目镜一侧，例如，22 对应 22mm）除以物镜放大倍数（如 10），然后使用公式，面积= $\pi \times (FOV_\emptyset/2)^2$，计算观察视野面积。

流式细胞仪测定滴度

7. 准备滴定用 293T 细胞，具体见步骤 1。在 12 孔板上除了准备必要数目的孔，还要再增加 3 个孔。

8. 第 1 天，对 3 个孔进行细胞计数。弃去完全培养基，用 1mL PBS 洗涤细胞，加入 0.5mL 0.05%胰蛋白酶-EDTA，室温下孵育 5min。加 0.5mL 完全培养基充分混匀细胞后转移细胞悬液到 1.5mL 试管中，利用血细胞计数器确定细胞浓度。计算出每孔细胞的平均数。

9. 按照步骤 2～4 进行滴定。

10. 在第 4 天，弃去完全培养基，用 1mL PBS 洗涤细胞，加入 0.5mL 0.05%胰蛋白酶-EDTA，并在室温下孵育 5min。

11. 每孔加 0.5mL 完全培养基充分混匀细胞，转移细胞悬液至 1.5mL 试管中。

12. 室温下以 500*g* 离心细胞 5min。吸弃完全培养基后用 1mL PBS 重悬细胞。

13. 再次在室温下以 500*g* 离心细胞 5min。弃去完全培养基，用 1～2mL PBS 重悬细胞。

14. 使用流式细胞仪确定荧光阳性细胞的百分比。

如果 1h 内不进行分析，用 4%多聚甲醛-PBS 固定细胞 30min，再用 PBS 洗涤，在 PBS 中 4℃储存。

15. 根据如下公式计算滴度（TU/mL）

$$滴度（TU/mL）=（N \times F \times D）/0.005$$

式中，N 为第 1 天每孔细胞平均数；F 是荧光细胞的百分比；D 为载体储备液的稀释倍数。

滴度的准确度取决于落在载体流与荧光细胞百分比呈线性相关的范围内的载体量，如果百分比>40%，用其他的稀释度重复测定。

对转导细胞基因组 DNA 上的载体基因组进行 PCR 定量以测定滴度

16. 按步骤 1～4 进行。

一些方案中还包括在第 2 天用 DNase I 消化可能存在于慢病毒载体上清中的质粒 DNA 这一步骤（Kutner et al. 2009）。

17. 第 4 天，弃完全培养基，每孔用 1mL 的 PBS 洗涤细胞，每孔加入 0.5mL 的 0.05%胰蛋白酶-EDTA，室温孵育 5min。

18. 每孔加 0.5mL 完全培养基，重悬细胞。将细胞悬液转移至 1.5mL 试管中。

19. 在室温下以 500*g* 离心细胞 5min。弃培养基，用 1mL 的 PBS 重悬细胞。

20. 在室温下再次 500*g* 离心细胞 5min。

21. 用商业化试剂盒（例如，DNeasy 组织试剂盒，QIAGEN 公司）从转导细胞分离基因组 DNA，测定基因组 DNA 浓度。

22. 利用定量 PCR 确定每个靶细胞二倍体基因组上慢病毒载体的拷贝数（Kutner et al. 2009），也可以按照使用说明书（省略步骤 18～24），使用基于定量 PCR 的 UltraRapid 慢病

毒滴定试剂盒（System Biosciences 公司，Mountain View，CA）。

23. 根据如下公式计算慢病毒载体滴度

$$滴度（TU/mL）=（N\times C\times D）/0.005$$

式中，N 是第 1 天每孔细胞平均数；C 是每个二倍体基因组中慢病毒载体拷贝数；D 为载体储备液的稀释倍数。

ELISA 测定 p24 浓度从而确定滴度

另一种基于转导试验的方法是利用ELISA测定慢病毒载体储备液中HIV-1 p24的浓度。该方法的局限是慢病毒载体上清液被制备过程中转染细胞产生的游离 p24 所污染。大多数 ELISA 试剂盒能定量上清液中 p24 抗原总量。QuickTiter 慢病毒滴定 ELISA 试剂盒（Cell Biolabs 公司）利用专有试剂分离游离 p24 与慢病毒颗粒，从而定量慢病毒颗粒上的 p24。

24. 对于非浓缩慢病毒载体储备液，利用 OptiMEM 进行 1∶10 和 1∶10^2 稀释，每个稀释度重复测定 3 次。对于浓缩慢病毒载体储备液，利用 OptiMEM 进行 1∶10^2、1∶10^3 和 1∶10^4 稀释，每个稀释度重复测定 3 次。

25. 按照使用说明书，使用 QuickTiter 慢病毒滴定 ELISA 试剂盒测定慢病毒载体储备液中病毒颗粒上 p24 的浓度。

根据使用说明书，每个慢病毒颗粒（LP）有 2000 个 p24 分子，1ng 的 p24 对应 1.25×10^7LP。

讨论

对靶细胞中载体基因组的实时定量PCR法是测定慢病毒样本滴度最准确但也是最耗时的方法，该方法不依赖用于测定滴度的细胞中的启动子功能，但是该方法仅用于表达其他假型慢病毒载体的包膜糖蛋白的必要表面受体的细胞。在这种情况下，还有两个可供选择的方法。一个是基于慢病毒粒子相关的 p24 水平来确定滴度，另一个方法是改造细胞系，使其过表达适用的细胞表面受体。重要的是，要考虑到慢病毒滴度是在特定条件下使用特定细胞系测定的功能滴度（转导单位/mL）。靶细胞类型和转导条件的变化对转导效率有显著影响。因此，对于新细胞系、原代细胞和体内基因递送，慢病毒载体滴度应该是设计经验性转导实验的指南。

配方

为正确使用本方案中的器材和危险试剂，必须查阅相应的材料安全数据表并咨询所在机构的环境卫生和安全办公室。

完全培养基

试剂	体积（1L 中含）	终浓度
DMEM	890mL	
FBS	100mL	10%
P/S 溶液（100×）	10mL	1×

聚凝胺（海美溴铵）（8mg/mL）

溶解 100mg 的聚凝胺（海美溴铵）于 12.5mL 水中。用 0.22μm 过滤器除菌，4℃储存。

参考文献

Cockrell AS, Kafri T. 2007. Gene delivery by lentivirus vectors. *Mol Biotechnol* **36**: 184–204.

Kutner RH, Zhang XY, Reiser J. 2009. Production, concentration and titration of pseudotyped HIV-1-based lentiviral vectors. *Nature Protocols* **4**: 495–505.

方案 18　监测慢病毒载体储备液中的可复制型病毒

在载体制备过程中有可能生成 RCL，生物安全风险极大，这促使慢病毒载体制备系统开发至今，已将生成 RCL 风险降至最低。第二代和第三代慢病毒载体生产系统似乎是安全的，因为没有在这些系统中生成 RCL 的报道。筛选含 RCL 载体储备液需要转导细胞传代 30 天，每周用 ELISA 试剂盒监测上清液中 p24 浓度。

生物安全

《NIH 重组 DNA 分子相关研究指南》未直接提及慢病毒载体相关工作。因此，重组 DNA 咨询委员会（RAC）发布了如何进行慢病毒载体研究风险评估的指南。慢病毒载体研究的主要风险是可能产生复制型慢病毒（RCL）和致癌。在实验室环境中，BL2 或加强 BL2 防护规程能够满足大多数不涉及高致癌潜力的转基因操作。本单位生物安全委员会（IBC）根据慢病毒载体设计和包装系统、插入的外源基因的性质、载体滴度和制备载体的总量、动物宿主的固有生物防护和阴性 RCL 检测所做出的风险评估将决定适用的操作规程。必须由本单位 IBC 审核批准才能启动有关慢病毒载体的工作。

材料

为正确使用本方案中的器材和危险试剂，必须查阅相应的材料安全数据表并咨询所在机构的环境卫生和安全办公室。

本方案的专用试剂标注<R>，配方在本方案末提供。常用储备溶液、缓冲液和试剂标注<A>，配方见附录 1。储备溶液应稀释至适用浓度后使用。

试剂

完全培养基<R>
DMEM 培养基
胎牛血清（FBS）
慢病毒载体储备液
OptiMEM-I
青霉素/链霉素（P/S）溶液（100×）
磷酸盐缓冲盐水（PBS）
聚凝胺（海美溴铵）（8mg/mL）<R>
QuickTiter 慢病毒滴定试剂盒（慢病毒相关的 HIV p24）（Cell Biolabs 公司）
293T 细胞
胰蛋白酶-EDTA（0.05%）

设备

培养板（12 孔）
恒湿细胞培养箱（37℃，5%CO_2）
血细胞计数器
微量移液器
450nm 可读微孔板酶标仪
带有无菌滤芯的移液器吸头（20μL、200μL 和 1000μL）

注射器式 PVDF 膜过滤器（0.45μm）

T-25 培养瓶

试管，无菌（1.5mL）

方法

1. 在转导前 1 天，向 12 孔板上含 1mL 完全培养基的每个孔中接种 3×10^5 个 293T 细胞。37℃、5% CO_2 细胞培养箱培养过夜。

2. 第 1 天，将 250μL 未浓缩载体储备液与含有 16μg/mL 聚凝胺（1∶500 稀释 8mg/mL 聚凝胺储备液）的 250μL 完全培养基混合。对于浓缩慢病毒载体储备液，加 5μL 至含有 8μg/mL 聚凝胺的 0.5mL 完全培养基中。重复制备 3 次。准备含有等体积 OptiMEM-I 的试管，作为慢病毒载体储备液空白转导对照。

3. 吸弃一个孔中的完全培养基，更换为含终浓度 8μg/mL 聚凝胺的 0.5mL 载体稀释液，重复该操作，载体储备液和空白对照各 3 个复孔。在细胞培养箱中，37℃、5% CO_2 培养过夜。

4. 次日，将转染孔（载体储备液和空白对照）中的上清移至无菌 1.5mL 管中，再加入 37℃预热的 1mL 完全培养基。

5. 在室温下以 500*g* 离心第 1 天的上清液 10min。将上清液转移到 1 个新的试管中，标记为"第 1 天"，标明载体或空白对照。-80℃储存。

6. 第 4 天，弃慢病毒和对照转染孔中的上清液，用 1mL 的 PBS 洗涤细胞。弃 PBS，加入 0.5mL 0.05%胰酶-EDTA，室温孵育 5min。加入 0.5mL 完全培养基，并通过反复吹打悬浮细胞。分别转移每孔中所有细胞至含 5mL 完全培养基的 T-25 培养瓶中（载体储备液和空白对照各需 3 个培养瓶），在培养箱中继续培养。

7. 第 7 天，将培养上清液利用 0.45μm 注射器式过滤器过滤到新的 1.5mL 试管中，载体或对照均标记"第 7 天"。-80℃储存。按照 1∶10 传代细胞，每周 2 次。

8. 在第 15、21 和 30 天重复步骤 7。

9. 使用 QuickTiter 慢病毒滴定 ELISA 试剂盒测定所有上清液。对照包括载体储备液和 293T 细胞上清液。第 1 天的上清液中应含有来自慢病毒载体储备液的 p24，但它应该逐渐消失，在之后的时间点检测不到，与空白转导上清液水平相当。

配方

为正确使用本方案中的器材和危险试剂，必须查阅相应的材料安全数据表并咨询所在机构的环境卫生和安全办公室。

完全培养基

试剂	体积（1L 中含）	终浓度
DMEM	890mL	
FBS	100mL	10%
P/S 溶液（100×）	10mL	1×

聚凝胺（海美溴铵）（8mg/mL）

溶解 100mg 的凝聚胺（海美溴铵）于 12.5mL 水中。利用 0.22μm 过滤器除菌并存储在 4℃

信息栏

腺病毒载体

腺病毒属于腺病毒科，分为两个属：禽腺病毒属（鸟腺病毒）和哺乳动物腺病毒属（人、猴、牛、马、猪、羊、犬和负鼠腺病毒）。这些病毒均携带一个线性双链 DNA 基因组，由直径为 70～100mm 的二十面体衣壳蛋白包裹。约 36kb 的基因组包括 4 个提供调控和复制功能的早期转录单位（E1、E2、E3、E4）、2 个延迟早期单位（Ⅸ和 IVa2）和 1 个指导包括衣壳蛋白在内的蛋白合成的主要晚期转录单位（Wold and Horwitz 2007）。人类感染腺病毒的主要临床后遗症为急性发热性呼吸道综合征（Wold and Horwitz 2007）。

来自于人类腺病毒血清 2 型和 5 型的腺病毒载体具有广泛的转导细胞类型和组织嗜性，以及对培养物和体内的高效基因转导，因此在实验室中被最广泛使用。事实上，它们也是双链 DNA 病毒载体中最有效的基因转导工具（Amalfitano 2004）。为了容纳外源基因表达盒，大多数腺病毒载体 E1 区被删除从而复制缺陷。这些载体在稳定整合血清 5 型腺病毒 E1 区的 293 细胞内进行常规包装，能够反式互补载体基因组复制和包装必需的 E1 功能。在大多靶细胞内，腺病毒载体基因组为非复制游离体（Wold and Horwitz 2007）。

利用腺病毒载体在体内进行体细胞基因转导的主要缺点是它们会诱导针对病毒蛋白和外源基因产物（Jooss and Chirmmle 2003）的强烈细胞免疫反应。腺病毒载体诱导的宿主强烈的免疫反应有两个层面：针对病毒衣壳蛋白的先天免疫反应，以及载体基因组上的其他病毒基因和外源基因的从头合成表达引发的获得性 T 细胞免疫。病毒衣壳蛋白激发的先天性免疫反应导致炎性细胞因子，如 IL-6 和 IL-10 的短暂升高，而获得性 T 细胞免疫会导致特异性针对病毒和外源基因蛋白的毒性 T 细胞清除转导细胞（Jooss and Chirmmle 2003）。

在过去的十年中，对删除载体基因组中其他早期基因以减少 T 细胞免疫原性的新一代腺病毒载体的研发已取得了重大进步。最先进的一代是无肠腺病毒载体，其中所有的病毒基因均被去除。无肠腺病毒载体不仅消除了针对从头合成病毒蛋白的细胞免疫反应，还显著增强其外源基因盒的容纳能力。因为无肠腺病毒的制备需要共感染 E1 缺失的腺病毒的辅助功能，所以从无肠载体样本中有效清除辅助病毒至关重要（Altaras et al. 2005）。值得关注的是，解决慢病毒载体介导的体内基因递送后针对病毒包膜蛋白的先天性免疫反应的进展甚微。

参考文献

Altaras NE, Aunins JG, Evans RK, Kamen A, Konz JO, Wolf JJ. 2005. Production and formulation of adenovirus vectors. *Adv Biochem Eng Biotechnol* 99: 193–260.

Amalfitano A. 2004. Utilization of adenovirus vectors for multiple gene transfer applications. *Methods* 33: 173–178.

Jooss K, Chirmule N. 2003. Immunity to adenovirus and adeno-associated viral vectors: Implications for gene therapy. *Gene Ther* 10: 955–963.

Wold WSM, Horwitz MS. 2007. Adenoviruses. In *Fields virology* (ed Knipe D, et al.), pp. 2395–2436. Wolters Kluwer Health/Lippincott Williams & Wilkins, Philadelphia.

AAV 载体

腺相关病毒（AAV）是第一个也是唯一的改造用于基因递送的 ssDNA 病毒，无包膜，直径 20～26nm 的二十面体核衣壳包裹着一条 4.7kb 线性 ssDNA 基因组。腺相关病毒是已知最小的哺乳动物病毒，因最早发现为腺病毒样本中的一个病毒污染成分而得名。没有辅助病毒，如腺病毒共感染时，它的天然复制能力缺失，与任何人类疾病不相关（Daya and Berns 2008）。

在 20 世纪 80 年代后期，腺相关病毒最先经基因工程改造为基因递送载体。此后，因其临床用于慢性疾病的基因治疗具有效性和安全性，已成为最有前途的基因递送工具（Daya and Berns 2008）。广泛研究已经表明，腺相关病毒载体非常高效地转导许多活体组织，包括肌肉、肝脏、心脏、CNS 中的分裂和非分裂/静止细胞。更重要的是，腺相关病毒介导的活体基因递送似乎不发生组织病理改变或载体相关毒性（Daya and Berns 2008）。

与腺病毒载体不同，小型和大型动物模型接种腺相关病毒载体通常不会引起宿主对于转导细胞的免疫反应，因而转入基因（治疗基因）在体内长期表达（Jooss and Chirmmle 2003）。腺相关病毒载体通过形成环状单体和多价体在宿主细胞中持久游离存在，介导基因的稳定表达（McCarty et al. 2004）。腺相关病毒的一个主要缺点是它最多仅可以容纳约 5kb 载体基因组（Daya and Berns 2008）。

最近的研究发现了由 120 多个新的灵长类动物腺相关病毒组成的另一科具有独特的组织和细胞类型嗤性以及高效的基因转移能力（Gao et al. 2002, 2003, 2004, 2005），这一重大进展显著扩大了腺相关病毒载体的潜在应用范围。另一个载体基因组设计的重大进展是引入了野生型 ITR 元件和改构的 ITR 元件，使得双链或自身互补基因组被包装（McCarty 2008）。自身互补的腺相关病毒（scAAV）载体能够在靶细胞核中脱核衣壳后立即启动转基因的表达，这个巧妙的载体基因组设计绕过了转导过程中 AAV 载体加工的限速步骤，即第二链合成（SSS）。该设计显著提高了 AAV 载体的培养物和体内转导效率。然而，scAAV 载体基因组设计将转基因容量减少到 2.5kb，限制了其潜在应用。目前，Zhong 和他的同事对 AAV2 衣壳上表面暴露的关键酪氨酸残基进行突变，避免了泛素化降解，因而避免了蛋白酶体介导的降解，这一简单的改良使这些载体在体外人类细胞和活体小鼠肝细胞内得到高效转导（Zhong et al. 2008）。

参考文献

Daya S, Berns KI. 2008. Gene therapy using adeno-associated virus vectors. *Clin Microbiol Rev* 21: 583–593.

Gao GP, Alvira MR, Wang L, Calcedo R, Johnston J, Wilson JM. 2002. Novel adeno-associated viruses from rhesus monkeys as vectors for human gene therapy. *Proc Natl Acad Sci* 99: 11854–11859.

Gao G, Zhou X, Alvira MR, Tran P, Marsh J, Lynd K, Xiao W, Wilson JM. 2003. High throughput creation of recombinant adenovirus vectors=by direct cloning, green-white selection and I-Sce I-mediated rescue of circular adenovirus plasmids in 293 cells. *Gene Ther* 10: 1926–1930.

Gao G, Vandenberghe LH, Alvira MR, Lu Y, Calcedo R, Zhou X, Wilson JM. 2004. Clades of adeno-associated viruses are widely disseminated in human tissues. *J Virol* 78: 6381–6388.

Gao G, Vandenberghe LH, Wilson JM. 2005. New recombinant serotypes of AAV vectors. *Curr Gene Ther* 5: 285–297.

Jooss K, Chirmule N. 2003. Immunity to adenovirus and adeno-associated viral vectors: Implications for gene therapy. *Gene Ther* 10: 955–963.

McCarty DM. 2008. Self-complementary AAV vectors: Advances and applications. *Mol Ther* 16: 1648–1656.

McCarty DM, Young SM Jr, Samulski RJ. 2004. Integration of adeno-associated virus (AAV) and recombinant AAV vectors. *Ann Rev Genet* 38: 819–845.

Zhong L, Li B, Mah CS, Govindasamy L, Agbandje-McKenna M, Cooper M, Herzog RW, Zolotukhin I, Warrington KH Jr, Weigel-Van Aken KA, et al. 2008. Next generation of adeno-associated virus 2 vectors: Point mutations in tyrosines lead to high-efficiency transduction at lower doses. *Proc Natl Acad Sci* 105: 7827–7832.

慢病毒载体

慢病毒属于反转录病毒科，与该科其他病毒一样，病毒粒子携带 ssRNA，必须反转录并整合至宿主细胞基因组（原病毒）产生有效感染。慢病毒的显著特点是其基因组复杂、圆柱形或圆锥形的核衣壳携带病毒基因组。核衣壳被携带包膜糖蛋白的双层膜包裹，包膜糖蛋白负责与细胞表面受体进行相互作用及进入宿主细胞。反转录病毒是几乎所有脊椎动物的主要病原体。人类免疫缺陷病毒 1 型（HIV -1）感染人类，导致获得性免疫缺陷综合征（AIDS）。

基于 HIV-1 的慢病毒载体最早被设计为基因递送工具，对于分化和未分化细胞具有很高的转导效率（Cockrell and Kafri 2007）。原因很明显，HIV-1 来源的慢病毒载体包装系统（图 1）经过多年的发展，将辅助质粒中 HIV 基因的数量减至最少，从而降低了制备过程中产生可复制型慢病毒（RCL）的概率。第一代包装系统基于携带 HIV -1 基因组的一个表达质粒，其删除了包装信号（Ψ）和 *env* 基因，LTR 元件由 CMV 即早期启动子和多聚腺苷酸化信号所替换（Cockrell and Kafri 2007）。第二代包装系统中的互补质粒

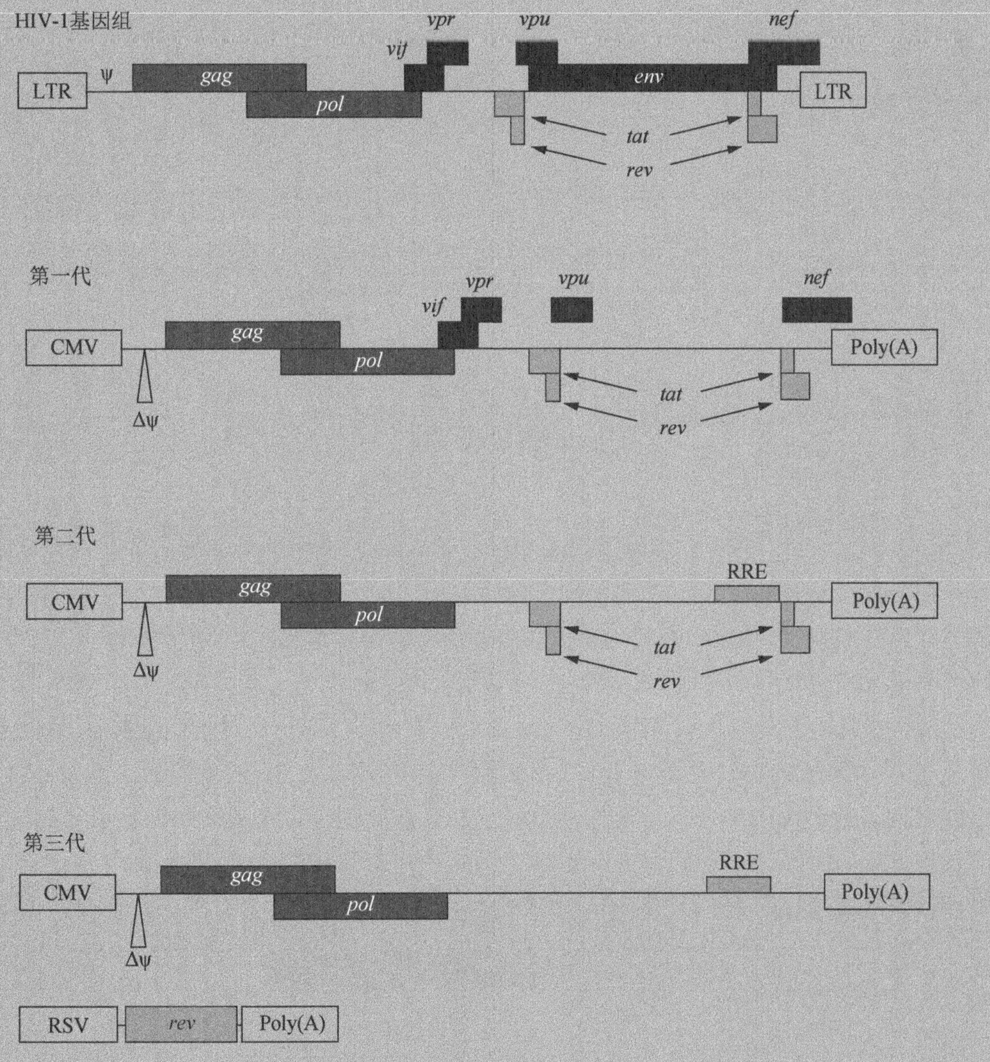

图 1　基于 HIV-1 的慢病毒载体包装系统。（上两个结构来自于 Dull et al. 1998。下两个结构来自于 Zufferey et al. 1997）。

携带 4 个 HIV 基因：*gag*、*pol*（结构）、*tat* 和 *rev*（调控）。而在第三代包装系统中，将 *gag*、*pol* 和 *rev* 分配给了 2 个质粒。第三代系统仅用于制备携带嵌合 5′-LTR 的慢病毒载体，其中 HIV-1 的启动子被替换为 CMV 或 RSV 启动子，启动包装所需的载体基因组 RNA 的合成不依赖于 Tat（第三代包装系统中缺失）。目前使用的大多数慢病毒载体均携带嵌合的 5′-LTR 元件（Cockrell and Kafri 2007）。

反转录病毒和慢病毒载体整合到宿主细胞基因组是一个优点，能够获得永久遗传修饰的靶细胞，但是，这也引起了对插入突变的潜在致癌性的安全担忧。这个问题显现在严重联合免疫缺陷病（SCID）临床试验，一些接受反转录病毒载体改造的造血干/祖细胞的患者罹患了白血病。显然，基于 MLV 的反转录病毒载体易于整合到启动子区域，导致癌基因的转录。有趣的是，慢病毒载体的整合模式并没有显示此偏好。最近的研究表明，反转录病毒或慢病毒载体体外修饰的造血干/祖细胞致癌和异常转录活性与载体原病毒（即载体整合在宿主基因组上）上的转录活性 LTR 元件有关。但是，携带转录活性 LTR 元件的慢病毒载体比相似的基于 MLV 反转录病毒载体诱发肿瘤的可能性小 10 倍。自失活的反转录病毒或慢病毒载体的 LTR 元件在整合到宿主基因组后失活，致癌潜力明显减少/不存在（Montini et al. 2009）。

参考文献

Cockrell AS, Kafri T. 2007. Gene delivery by lentivirus vectors. *Mol Biotechnol* 36: 184–204.

Dull T, Zufferey R, Kelly M, Mandel RJ, Nguyen M, Trono D, Naldini L. 1998. A third-generation lentivirus vector with a conditional packaging system. *J Virol* 72: 8463–8471.

Montini E, Cesana D, Schmidt M, Sanvito F, Bartholomae CC, Ranzani M, Benedicenti F, Sergi LS, Ambrosi A, Ponzoni M, et al. 2009. The genotoxic potential of retroviral vectors is strongly modulated by vector design and integration site selection in a mouse model of HSC gene therapy. *J Clin Invest* 119: 964–975.

Zufferey R, Nagy D, Mandel RJ, Naldini L, Trono D. 1997. Multiply attenuated lentiviral vector achieves efficient gene delivery in vivo. *Nat Biotechnol* 15: 871–875.

病毒载体的基本元件

反转录病毒载体

最常用的反转录病毒载体基于 Mo-MLV。第一代载体所携带的转基因的两侧是 2 个完整的 LTR，由增强子（U3）、R 区（即转录起始区，在病毒颗粒中的载体基因组两端均存在）及 U5 区构成。病毒载体的包装主要由包装信号序列（Ψ）介导，而邻近的 *gag* 序列能够显著提高其包装效率。所有反转录病毒载体均携带一个由 Ψ 序列和部分 *gag* 序列组成的扩展包装信号序列，经改造去除了起始密码子。第一代载体由 LTR 启动子起始转录（图中第一个载体）。这些载体的问题之一是在体内经过一段时间后，启动子关闭，这就促使了新一代 SIN 反转录病毒载体应运而生，它们携带几乎彻底去除了 U3 增强子序列的 3′-LTR，内含起始转录的哺乳动物启动子。在反转录过程中，去除 U3 区的基因组载体的 3′端复制成 5′-LTR 区，从而产生一个无活性 LTR 启动子。

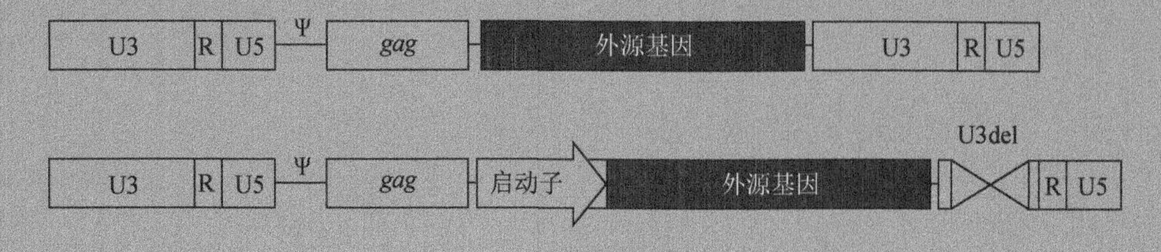

慢病毒载体

目前，人类基因治疗和实验室应用的慢病毒载体绝大多数来源于 HIV-1，因此，该类载体的设计都考虑到了安全性。这类载体包含一个与反转录病毒相同的扩展包装信号序列（Ψ+*gag*），可以自失活（删除 U3 的 3′-LTR），还携带一个嵌合的 5′-LTR 区域，该区域包含源于 RSV 或 CMV 早期基因启动子的增强序列。这种设计似乎可以显著增加病毒滴度，因此在反转录病毒中也有应用。此外，HIV-1 慢病毒需要 RRE 的存在，该序列对于病毒基因组有效运输到细胞质并高效包装是必需的。如同反转录病毒，慢病毒在其 3′-LTR 附近也包含一个多嘌呤序列（PPT），该位点对于反转录过程中正链 DNA 合成的起始是必需的。对携带一个 PPT 序列的第一代慢病毒载体的困惑之一是观察到对成人大脑中有丝分裂期后神经细胞的转导要比成人非分裂的肝细胞中高效得多（Park et al. 2000）。不久后发现在慢病毒载体中心区引入的第二个 PPT 序列对于有丝分裂后细胞中的前整合复合物的核转位至关重要（Follenzi et al. 2000; Zennou et al. 2000）。中心区 PPT（cPPT）或中心区 DNA“瓣”（flap）的引入使慢病毒载体在分裂细胞和非分裂细胞中均可以高效转导遗传信息。目前多数慢病毒载体的另一个元件是肝炎病毒土拨鼠转录后调控元件（WPRE），该元件如果置于转基因序列的正义方向下游，能使表达效率提高 5～8 倍（Zufferey et al. 1999）。

AAV 载体

大多数 AAV 载体的转基因表达盒的两侧是 AAV2 ITR，在这些载体上没有源于野生型病毒的其他基因组元件。来自其他血清型 AAV 的 ITR 元件也很常见（Desmaris et al. 2004; Hewitt et al. 2009）。用 ssAAV 载体转导的最大问题是它在转导细胞中转变为有转录活性的 dsDNA。自身互补或 dsAAV 载体携带了一个去除末端解离位点的 ITR，使双链基因组包装，快速介导转导后转基因的表达。双链 AAV 载体最大可包装约 2.4kb，而传统的单链 AAV 载体则可达到 4.7～4.8kb。这些载体显示了体内基因表达的高效性和稳定性，而在体外培养的细胞中其作用效果远不及其他载体。

腺病毒载体

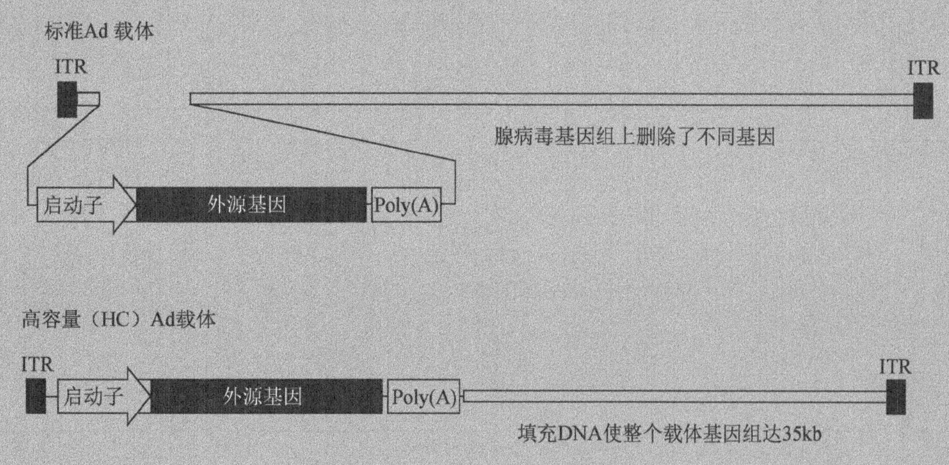

多数腺病毒载体基于 Ad5，携带的转基因表达盒插入 E1 早期转录单元中，载体上保留了大部分野生型基因组，仅删除了一个或多个早期转录单元（见下文）。大容量腺病

毒载体（HC-Ad）通常只含有腺病毒 ITR、一个转基因表达盒和填充 DNA，使载体约 35kb。HC-Ad 载体不包含任何源于野生腺病毒基因组的其他遗传元件，不会像 Ad 介导的体内基因递送一样，因获得性免疫造成免疫并发症。病毒衣壳激活的先天性免疫仍有待解决。

参考文献

Desmaris N, Verot L, Puech JP, Caillaud C, Vanier MT, Heard JM. 2004. Prevention of neuropathology in the mouse model of Hurler syndrome. *Ann Neurol* 56: 68–76.

Follenzi A, Ailles LE, Bakovic S, Geuna M, Naldini L. 2000. Gene transfer by lentiviral vectors is limited by nuclear translocation and rescued by HIV-1 pol sequences. *Nat Genet* 25: 217–222.

Hewitt FC, Li C, Gray SJ, Cockrell S, Washburn M, Samulski RJ. 2009. Reducing the risk of adeno-associated virus (AAV) vector mobilization with AAV type 5 vectors. *J Virol* 83: 3919–3929.

Park F, Ohashi K, Chiu W, Naldini L, Kay MA. 2000. Efficient lentiviral transduction of liver requires cell cycling in vivo. *Nat Genet* 24: 49–52.

Zennou V, Petit C, Guetard D, Nerhbass U, Montagnier L, Charneau P. 2000. HIV-1 genome nuclear import is mediated by a central DNA flap. *Cell* 101: 173–185.

Zufferey R, Donello JE, Trono D, Hope TJ. 1999. Woodchuck hepatitis virus posttranscriptional regulatory element enhances expression of transgenes delivered by retroviral vectors. *J Virol* 73: 2886–2892.

转导细胞的检测分析

1. 制备载体储备液。
2. 以每个靶细胞不同的 MOI 或载体剂量转导靶细胞。

   腺病毒载体：100～10 000 个病毒颗粒/靶细胞。

   腺相关病毒载体：10 000～100 000 个病毒基因组/靶细胞。

   慢病毒载体：MOI 5～500。
3. 在转导后 3～5 天对转入基因的表达进行评价。

   对于*载体编码蛋白质*，有多种方法可用来评价转导细胞中转入基因的表达，这取决于转基因的类型、亚细胞定位、可用的抗体或生物检测方法。

   - 如果载体编码了荧光标记蛋白，可以使用配有适用滤光器的荧光显微镜来评价转导。继续下一步。
   - 提取总细胞蛋白，通过免疫印迹法或 ELISA 定量分析转基因表达。
   - 使用荧光激活细胞分选术（FACS）分析转入基因的表达，此方法可定量阳性细胞百分比和转入基因表达强度。
   - 使用免疫荧光和免疫细胞化学法分析表达及亚细胞定位。

i. 为了区别于内源蛋白，或者在免疫沉淀实验中缺乏有效目的蛋白的一抗时，引入了载体编码的蛋白质 N 端或者 C 端的蛋白质标签（表 1）。此外，含有 4 个半胱氨酸的小肽可用于活细胞成像分析蛋白质表达和定位，当二亚砷酸盐化合物存在时，可与带有此标签的蛋白质发生特异结合而发出荧光（Griffin et al.1998）。

表 1　表位标签的氨基酸序列

标签名称	氨基酸序列
HA	YPYDVPDYA
c-MYC	EQKLISEEDL
His_6	HHHHHH
FLAG	DYKDDDDK
AU1	DTYRYI
EE (Glu-Glu)	EYMPME
IRS	RYIRS
半胱氨酸短肽	CCPGCC[a]
GFP	—

注：在目的蛋白和标签之间加入几个甘氨酸残基是非常重要的。

HA，血凝素；IRS，胰岛素受体底物；GFP，绿色荧光蛋白。

a. 此标签使活细胞中特定标记的重组蛋白与二亚砷酸盐化合物共孵育时，发出荧光。注意由 Life Technologies 公司商业化的载体中这个标签插入蛋白羧基端时，前后有序列 GAGGCCPGCCGGG。

ii. 这些标签对于蛋白质的生物化学和功能的潜在影响值得慎重考虑和分析。另一种方法是将载体转导至不表达特定蛋白质的细胞中，实验从而在空白背景下进行。

iii. 检测培养细胞或体内载体编码蛋白的生物学效应[例如，使用转基因特异性酶学检测、监测离子通道（如囊性纤维化跨膜传导调节因子）转导细胞的电流调节的变化]。

对于载体*编码的 shRNA/miRNA* 的检测可使用以下方法。

- 提取总细胞蛋白，通过免疫印迹法、ELISA 法、FACS 或免疫染色法对转基因的细胞或空载体对照细胞进行分析。
- 缺乏抗体时，提取总 RNA，应用实时 PCR 测定天然细胞和载体转导细胞中靶基因 mRNA 水平，持家基因（GAPDH、β-actin 或 18S rRNA）作为内参。
- 靶基因下调的生物学效应。

参考文献

Griffin BA, Adams SR, Tsien RY. 1998. Specific covalent labeling of recombinant protein molecules inside live cells. *Science* 281: 269–272.

转基因表达盒

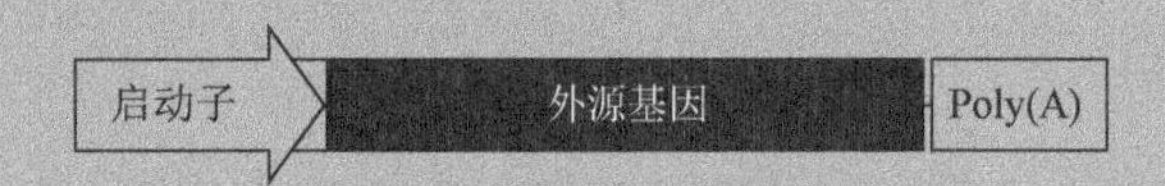

病毒载体最常用的有遍在启动子（ubiquitous promoters）、细胞类型特异性启动子和多聚腺苷酸化信号。

遍在启动子

- 人类 CMV 立即早期启动子
- 小鼠干细胞病毒（MSCV）启动子
- CMV 增强子与鸡β-actin 启动子融合的 CAG 杂合启动子（也称为 CGA、CBA 或 CB；在不同版本中的长度不同）
- 人类 EF-1α
- 人类磷酸甘油酸激酶 1（PGK1）启动子
- 泛素启动子

细胞类型特异性启动子

- 用于肝特异表达的 α1 抗胰蛋白酶启动子
- 用于骨骼肌特异表达的肌肉肌酸激酶（MCK）启动子
- 用于神经元细胞特异表达的人类突触蛋白-1（SYN-1）或大鼠神经元特异性烯醇化酶（NSE）启动子
- 用于肺特异表达的人类 Clara 细胞 10kDa 蛋白（CC10）启动子
- 用于视网膜特异表达的人类视黄醇类结合蛋白（IRBP）启动子

病毒载体中常用的多聚腺苷酸化信号

- 牛生长激素（BGH）
- 兔β球蛋白（RBG）
- SV40
- 存在于反转录病毒和慢病毒载体 LTR 元件上的天然信号

在表达盒中通常存在内含子以加强转基因表达，包括人工及天然内含子（如 RBG 内含子）。

插入转录后调控元件已被证明能提高转基因表达效率。最常用的元件来源于 WPRE（Donello et al. 1998）。

将 miRNA 的靶序列插入到病毒载体的 3′UTR 区将导致外源基因在特定 miRNA 高表达的细胞中转录中止。这种方法成功用于阻止体内抗原提呈细胞中外源基因的表达，进而减轻了外源基因诱发的获得性免疫反应。

插入 loxP-stop-loxP 盒使在特定细胞类型表达 Cre 重组酶的转基因小鼠中进行细胞类型特异性表达。

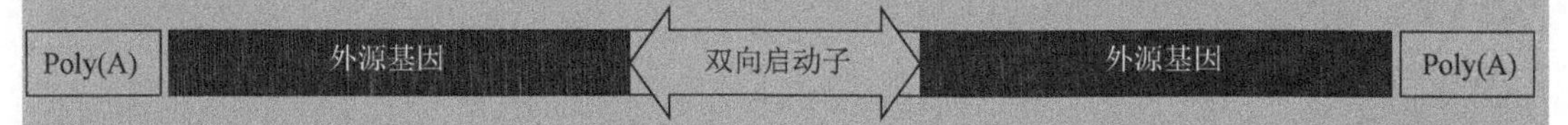

上图所示载体中在同一启动子下表达两个外源基因。启动子两侧外源基因的表达效率不一定完全相同。这可能不是使两个基因表达效率相同的最好设计（见其他设计），但就研究 miRNA 对基因表达的调控来说却是一个很好的设计（Brown and Naldini 2009）。在一个转基因的 3′UTR 区引入 miRNA 靶序列，在第二个外源基因，可能是标记基因（如 GFP）基础转录时，实现 miRNA 调控研究。

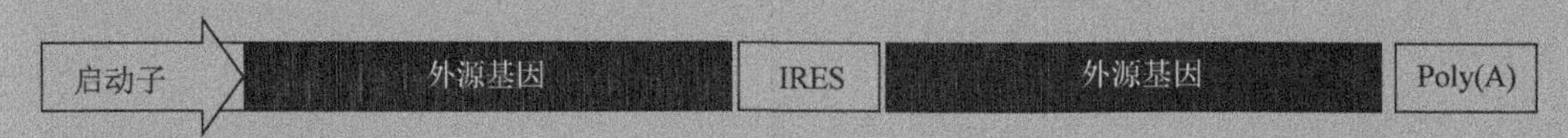

在这个载体中，一个转录物中的外源基因表达为天然状态的独立蛋白质。通常情况下，内部核糖体进入位点（IRES）下游的基因表达效率低于上游基因，但这种情况还是取决于 IRES 元件。最常用的 IRES 元件来源于脑心肌炎病毒。最近出现的 IRES 元件比以前更加高效（Chappell et al. 2000; Wang et al. 2005）。这类表达盒通常设计为是将目的基因与毒性药物抗性标记基因（如嘌呤霉素、潮霉素、新霉素）或使转导细胞易于鉴定的荧光蛋白共表达。目前，已经开发出多种能够进行荧光和生物发光成像的蛋白质（Wurdinger et al. 2008; Tannous 2009）。

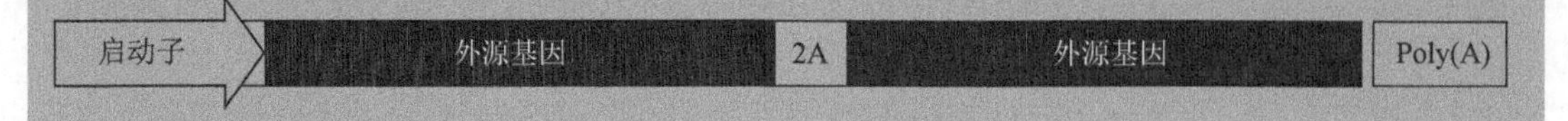

在以上图示中，一个编码多个蛋白的外源基因被 2A 序列/sec 隔开。多聚蛋白质在翻译过程中可自我加工成几个独立的蛋白质，即多个蛋白质的表达可以源于一个多聚蛋白[例如，产生 iPS 细胞的 4 个必需转录因子（Sommer et al. 2009），抗体轻重链可同时表达（Fang et al. 2005）]。

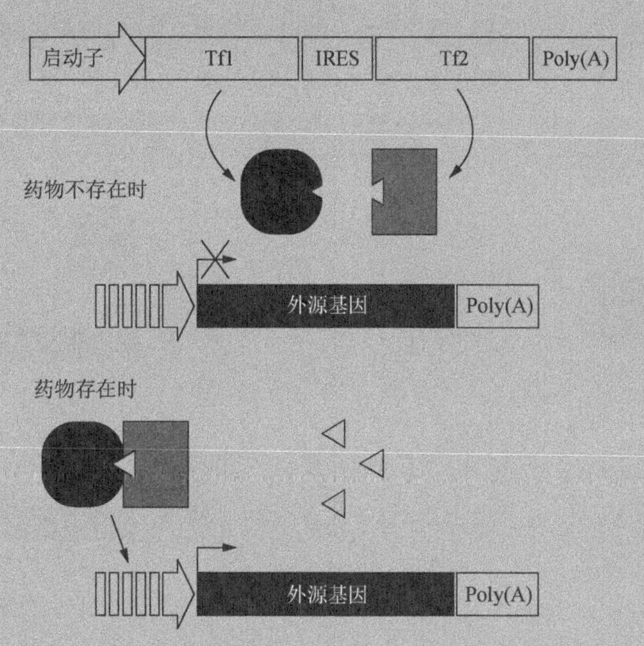

该系统利用双重转录因子复合物调控基因表达。一种质粒/载体携带的外源基因在 12 个 ZFHD-1 结合位点构成诱导性启动子下，再上游是最小 IL-2 启动子，另一种质粒/载体是双顺反子，其编码两个融合蛋白，分别作为转录激活因子和 DNA 结合蛋白。雷帕霉素存在时，人 FKBP12 和 FKBP-雷帕霉素-相关蛋白（FRAP）结构域二聚体化，形成转录复合物。转录激活因子（Tf1）由人 FRAP 蛋白的 FRB 结构域与人 NF-κB p65 亚基来源的激活结构域融合构成。DNA 结合蛋白（Tf2）由 ZFHD1 的 DNA 结合结构域与 3 个拷贝的人 FKBP12 融合构成（Ye et al. 1999; Rivera et al. 1999）。

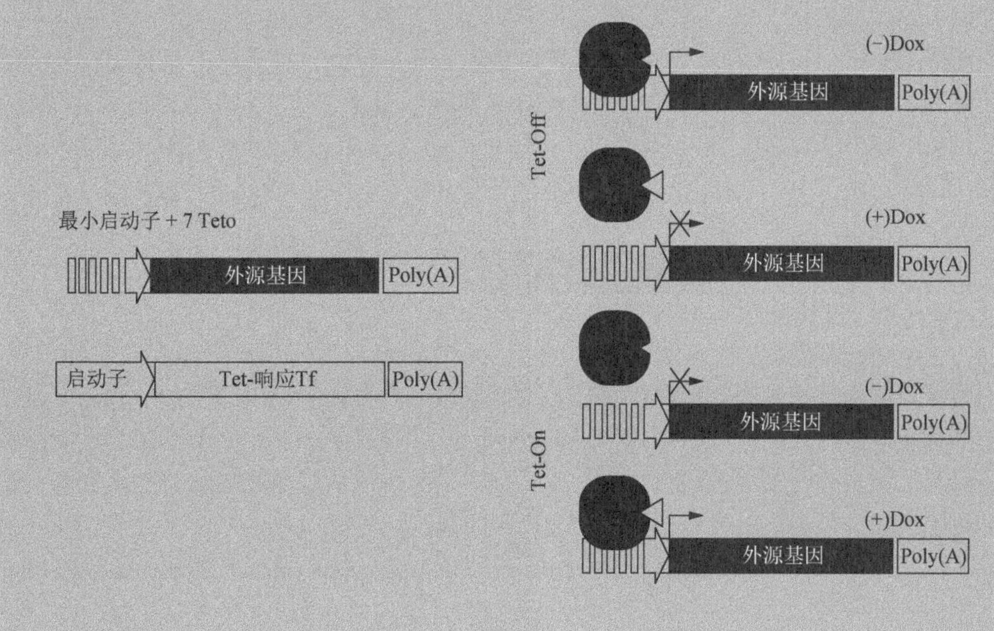

四环素调控的基因表达系统是最早开发用于哺乳动物细胞/组织的表达系统之一，继续被广泛应用于生物学中药物调控的基因表达。该系统应用细菌来源的四环素响应转录因子，由细菌的四环素结合结构域（TetR）与 HSV-1 VP16 的转录激活结构域融合而成。开发了 tTA 和 rtTA 这 2 个转录因子，在四环素或其衍生抗生素如多西环素（doxycycline）存在时，Tet-On 系统（Gossen et al. 1995）可以结合 Tet 同源操纵子（tetO）；而其不存在时，则 Tet-Off 系统（Gossen and Bujard 1992）可以结合 Tet 同源操纵子（tetO）。优化的 Tet-响应转录因子 rtTA2^{S}-M2，表现出极低的 tetO 残余结合，且低浓度多西环素就可以最大限度地诱导基因表达（Urlinger et al. 2000）。

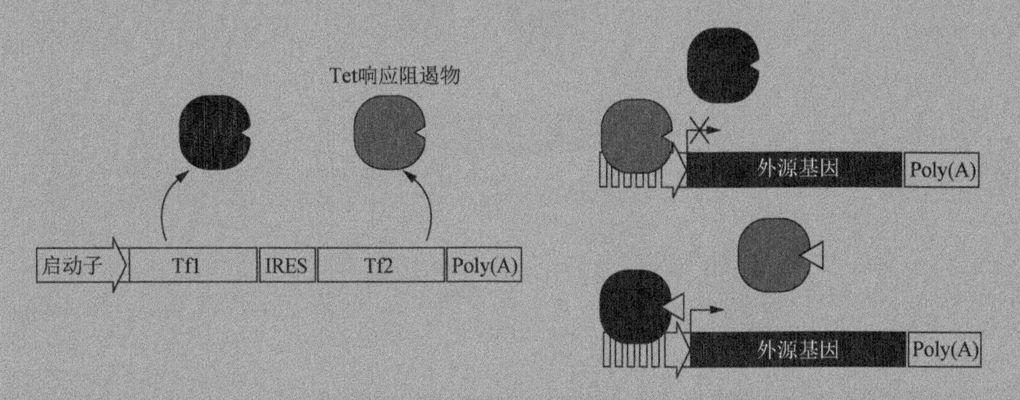

该 Tet 调控系统是 Tet 响应转录沉默因子（tTS^{Kid}）和 rtTA 转录激活因子的组合，能够严谨控制几个数量级水平的基因表达（Freundlieb et al. 1999）。在关闭状态时，tTS^{Kid} 使转录活性处于抑制状态。对于存在其他增强子元件可能反式激活 Tet-响应启动子从而导致外源基因的高水平基础表达的病毒载体而言，该设计非常重要。目前，该设计已成功应用于多种病毒载体系统（Pluta et al. 2005; Candolfi et al. 2007）。

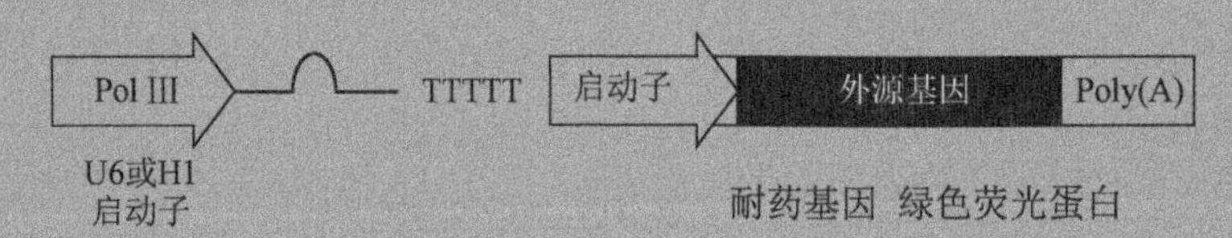

用于 RNA 干扰（RNAi）病毒载体的常见设计基于 RNA 聚合酶 III（Pol III）的启动子，如 U6 和 H1（Sibley et al. 2010）。shRNA 的下游是由 5 个 T 串联组成的终止序列。经剪切酶（Dicer）加工，shRNA 失去了 6bp 环，留下含 2bp 突出端的 21bp 双链分子。TetO 序列和 H1 或 U6 的组合可实现药物调控的 shRNA 表达（Pluta et al. 2007）。

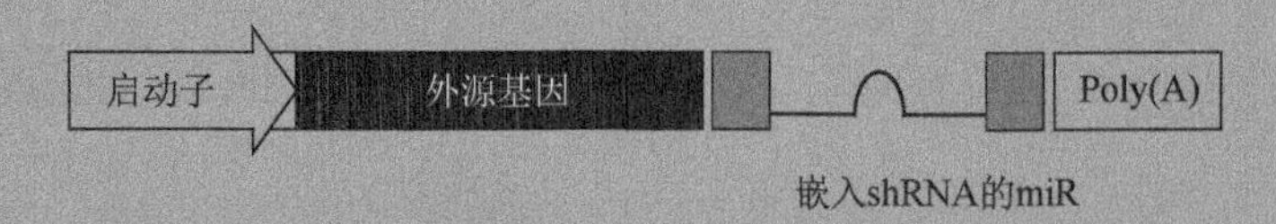

位于已插入外源基因表达盒 3′UTR 区的 miRNA 中的 shRNA 的表达（Stegmeier et al. 2005）似乎表现出较低的体内毒性（McBride et al. 2008; Boudreau et al. 2009）。此外，该设计与大多数外源基因表达盒使用的 RNA 聚合酶 II 的启动子相容，可以实现许多目标，如组织特异性表达、发育控制或药物控制的表达。

参考文献

Boudreau RL, Martins I, Davidson BL. 2009. Artificial microRNAs as siRNA shuttles: Improved safety as compared to shRNAs in vitro and in vivo. *Mol Ther* **17**: 169–175.

Brown BD, Naldini L. 2009. Exploiting and antagonizing microRNA regulation for therapeutic and experimental applications. *Nat Rev Genet* **10**: 578–585.

Candolfi M, Pluhar GE, Kroeger K, Puntel M, Curtin J, Barcia C, Muhammad AK, Xiong W, Liu C, Mondkar S, et al. 2007. Optimization of adenoviral vector-mediated transgene expression in the canine brain in vivo, and in canine glioma cells in vitro. *Neuro Oncol* **9**: 245–258.

Chappell SA, Edelman GM, Mauro VP. 2000. A 9-nt segment of a cellular mRNA can function as an internal ribosome entry site (IRES) and when present in linked multiple copies greatly enhances IRES activity. *Proc Natl Acad Sci* **97**: 1536–1541.

Donello JE, Loeb JE, Hope TJ. 1998. Woodchuck hepatitis virus contains a tripartite posttranscriptional regulatory element. *J Virol* **72**: 5085–5092.

Fang J, Qian JJ, Yi S, Harding TC, Tu GH, VanRoey M, Jooss K. 2005. Stable antibody expression at therapeutic levels using the 2A peptide. *Nat Biotechnol* **23**: 584–590.

Freundlieb S, Schirra-Muller C, Bujard H. 1999. A tetracycline controlled activation/repression system with increased potential for gene transfer into mammalian cells. *J Gene Med* **1**: 4–12.

Gossen M, Bujard H. 1992. Tight control of gene expression in mammalian cells by tetracycline-responsive promoters. *Proc Natl Acad Sci* **89**: 5547–5551.

Gossen M, Freundlieb S, Bender G, Muller G, Hillen W, Bujard H. 1995. Transcriptional activation by tetracyclines in mammalian cells. *Science* **268**: 1766–1769.

McBride JL, Boudreau RL, Harper SQ, Staber PD, Monteys AM, Martins I, Gilmore BL, Burstein H, Peluso RW, Polisky B, et al. 2008. Artificial miRNAs mitigate shRNA-mediated toxicity in the brain: Implications for the therapeutic development of RNAi. *Proc Natl Acad Sci* **105**: 5868–5873.

Pluta K, Luce MJ, Bao L, Agha-Mohammadi S, Reiser J. 2005. Tight control of transgene expression by lentivirus vectors containing second-generation tetracycline-responsive promoters. *J Gene Med* **7**: 803–817.

Pluta K, Diehl W, Zhang XY, Kutner R, Bialkowska A, Reiser J. 2007. Lentiviral vectors encoding tetracycline-dependent repressors and transactivators for reversible knockdown of gene expression: A comparative study. *BMC Biotechnol* **7**: 41.

Rivera VM, Ye X, Courage NL, Sachar J, Cerasoli F Jr, Wilson JM, Gilman M. 1999. Long-term regulated expression of growth hormone in mice after intramuscular gene transfer. *Proc Natl Acad Sci* **96**: 8657–8662.

Sibley CR, Seow Y, Wood MJ. 2010. Novel RNA-based strategies for therapeutic gene silencing. *Mol Ther* **18**: 466–476.

Sommer CA, Stadtfeld M, Murphy GJ, Hochedlinger K, Kotton DN, Mostoslavsky G. 2009. Induced pluripotent stem cell generation using a single lentiviral stem cell cassette. *Stem Cells* **27**: 543–549.

Stegmeier F, Hu G, Rickles RJ, Hannon GJ, Elledge SJ. 2005. A lentiviral microRNA-based system for single-copy polymerase II-regulated RNA interference in mammalian cells. *Proc Natl Acad Sci* **102**: 13212–13217.

Tannous BA. 2009. Gaussia luciferase reporter assay for monitoring biological processes in culture and in vivo. *Nat Protoc* **4**: 582–591.

Urlinger S, Baron U, Thellmann M, Hasan MT, Bujard H, Hillen W. 2000. Exploring the sequence space for tetracycline-dependent transcriptional activators: Novel mutations yield expanded range and sensitivity. *Proc Natl Acad Sci* **97**: 7963–7968.

Wang Y, Iyer M, Annala AJ, Chappell S, Mauro V, Gambhir SS. 2005. Noninvasive monitoring of target gene expression by imaging reporter gene expression in living animals using improved bicistronic vectors. *J Nucl Med* **46**: 667–674.

Wurdinger T, Badr C, Pike L, de Kleine R, Weissleder R, Breakefield XO, Tannous BA. 2008. A secreted luciferase for ex vivo monitoring of in vivo processes. *Nat Meth* **5**: 171–173.

Ye X, Rivera VM, Zoltick P, Cerasoli F Jr, Schnell MA, Gao G, Hughes JV, Gilman M, Wilson JM. 1999. Regulated delivery of therapeutic proteins after in vivo somatic cell gene transfer. *Science* **283**: 88–91.

（王　俊　于学玲　译，叶玲玲　孙　强　校）